KB002159
사람은 누구나 창의적이랍니다.
창의력 과학 의
세계로 오심을
환영합니다!!

국내 최초로
중고등과정의 과학의 전부와 과학 창의력 문제의 전부를
중등기초 - 중등완성 - 고등기초 - 고등완성 - 실전 문제 풀이의 5단계로 구성한
세페이드 과학 시리즈 - 무한상상편!
이제 편안하게 과학공부를 즐길 수 있습니다.

결국은 창의력입니다.

창의력은 유익하고 새로운 것을 생각해 내는 능력입니다.
창의력의 요소로는 자기만의 의견을 내는 독창성, 다른 주제와 연관성을 나타내는 융통성, 여러 의견을 내는 유창성, 조금 더 정확하고 치밀한 의견을 내는 정교성, 날카롭고 신속한 의견을 내는 민감성 등이 있습니다.
한편, 각종 입시와 대회에서는 창의적 문제해결력을 측정하고 평가합니다.
최근 교육계의 가장 큰 이슈가 되고 있는 STEAM 교육도 서로 별개로 보아 왔던 과학, 기술 분야와 예술 분야를 융합할 수 있는 "창의적 융합인재 양성"을 목표로 하고 있습니다.

창의력과학 세페이드 시리즈는 과학적 창의력을 강화시킵니다.

창의력과학 세페이드 시리즈의 구성

1F	중등 기초(상,하)	물리(상,하) 화학(상,하)	과학을 처음 접하는 사람 과학을 차근차근 배우고 싶은 사람 창의력을 키우고 싶은 사람
2F	중등 완성(상,하)	물리(상,하) 지구과학(상,하) 화학(상,하) 생명과학(상,하)	중학교 과학을 완성하고 싶은 사람 중등 수준 창의력을 숙달하고 싶은 사람
3F	고등 I (상,하)	물리(상,하) 지구과학(상,하) 화학(상,하) 생명과학(상,하)	고등학교 과학 I 을 완성하고 싶은 사람 고등 수준 창의력을 키우고 싶은 사람
4F	고등 II (상,하)	물리(상,하) 지구과학(상,하) 화학(상,하) 생명과학(상,하)	고등학교 과학 II 을 완성하고 싶은 사람 고등 수준 창의력을 숙달하고 싶은 사람
5F	실전 문제 풀이	물리, 화학, 생명과학, 지구과학	고급 문제, 심화 문제, 융합 문제를 통한 각 시험과 대회를 대비하고자 하는 사람

1. 고개를 숙인다.
2. 고개를 든다.
3. 뛰어간다.
4. 무한상상한다.

세페이드

3F. 생명과학(하)

윤찬섭
무한상상 영재교육 연구소

〈온라인 문제풀이〉
「스스로실력높이기」는 동영상 문제풀이를 합니다.
http://cafe.naver.com/creativeini
▶ 창의력과학 세페이드 배너 아무 곳이나 클릭하세요.

무한상상 http://cafe.naver.com/creativeini

단원별 내용 구성

이론 - 유형 - 창의력 - 과제 등의 단계별 학습으로 가장 효과적인 자기주도학습이 가능합니다. 새로운 문제에 도전해 보세요!

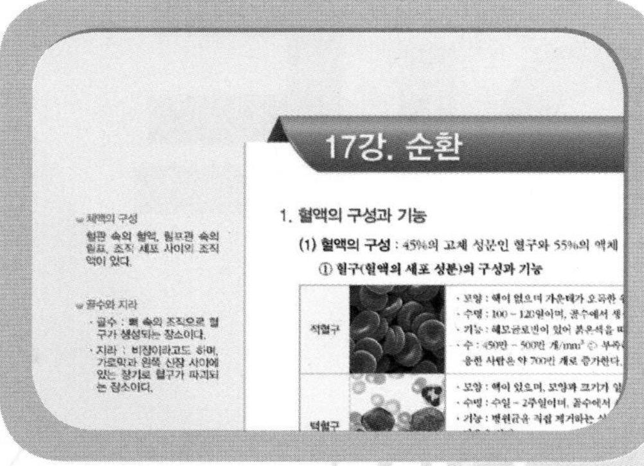
17강. 순환

1. 혈액의 구성과 기능

(1) 혈액의 구성 : 45%의 고체 성분인 혈구와 55%의 액체

① 혈구(혈액의 세포 성분)의 구성과 기능

1.강의

관련 소단원 내용을 4~6편으로 나누어 강의용/학습용으로 구성했습니다. 개념에 대한 이해를 돕기 위해 보조단에는 풍부한 자료와 심화 내용을 수록했습니다.

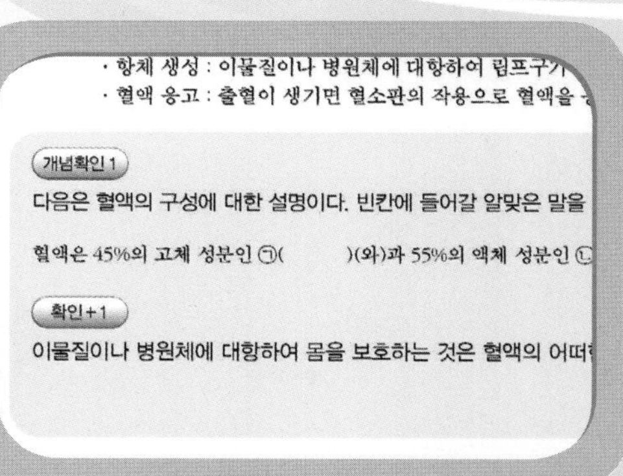
· 항체 생성 : 이물질이나 병원체에 대항하여 림프구가

· 혈액 응고 : 출혈이 생기면 혈소판의 작용으로 혈액을

개념확인 1

다음은 혈액의 구성에 대한 설명이다. 빈칸에 들어갈 알맞은 말을

혈액은 45%의 고체 성분인 ㉠(　　　)(와)과 55%의 액체 성분인 ㉡

확인+1

이물질이나 병원체에 대항하여 몸을 보호하는 것은 혈액의 어떠한

2.개념확인, 확인+,

강의 내용을 이용하여 쉽게 풀고 내용을 정리할 수 있는 문제로 구성하였습니다.

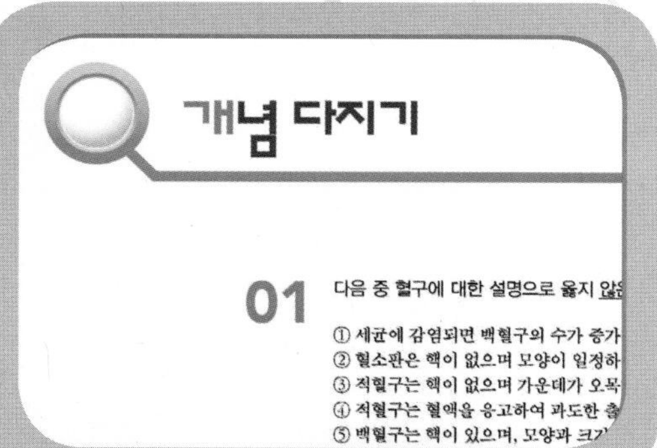
개념 다지기

01 다음 중 혈구에 대한 설명으로 옳지 않은

① 세균에 감염되면 백혈구의 수가 증가

② 혈소판은 핵이 없으며 모양이 일정하

③ 적혈구는 핵이 없으며 가운데가 오목

④ 적혈구는 혈액을 응고하여 과도한 출

⑤ 백혈구는 핵이 있으며, 모양과 크기

3.개념다지기

관련 소단원 내용을 전반적으로 이해하고 있는지 테스트합니다. 내용에 국한하여 쉽게 해결할 수 있는 문제로 구성하였습니다.

4. 유형익히기 하브루타

관련 소단원 내용을 유형별로 나누어서 각 유형에 따른 대표 문제를 구성하였고, 연습문제를 제시하였습니다.

5.창의력 & 토론 마당

주로 관련 소단원 내용에 대한 심화 문제로 구성하였고, 다른 단원과의 연계 문제도 제시됩니다. 논리 서술형 문제, 단계적 해결형 문제 등도 같이 구성하여 창의력과 동시에 논술, 구술 능력도 향상할 수 있습니다.

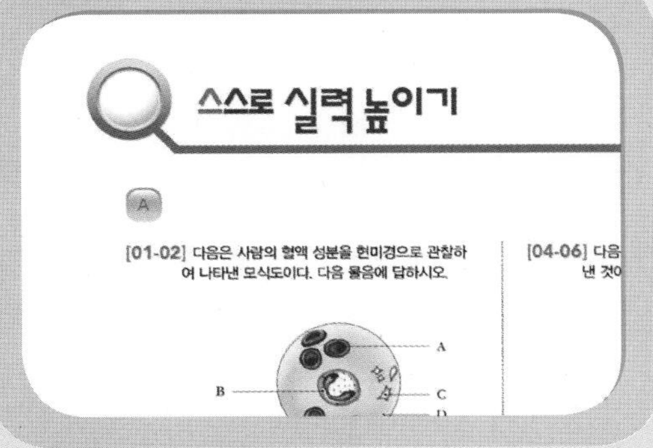

6.스스로 실력 높이기

A단계(기초) – B단계(완성) – C단계(응용) – D단계(심화)로 구성하여 단계적으로 자기주도 학습이 가능하도록 하였습니다.

7.Project

대단원이 마무리될 때마다 읽기 자료, 실험 자료 등을 제시하여 서술형/논술형 답안을 작성하도록 하였고, 단원의 주요 실험을 자기주도적으로 실시하여 실험보고서 작성을 할 수 있도록 하였습니다.

CONTENTS / 목차

3F. 생명과학(상)

1. 생명 과학의 이해

2. 세포와 생명의 연속성

3F. 생명과학(하)

1. 항상성과 건강

2. 생태계의 구성과 기능

I 항상성과 건강

생명 활동을 하는데 필요한 활동에 대해 알아보자.

14강. 세포의 생명 활동과 에너지

1. 세포의 생명 활동

(1) 물질대사 : 생물체 내에서 일어나는 모든 화학 반응을 물질대사라고 하며, 세포는 물질대사를 통해 에너지와 함께 세포의 생리 작용 조절에 필요한 물질을 얻는다.

(2) 물질대사의 특징

① 물질대사가 일어날 때는 반드시 에너지가 흡수되거나 방출되는 과정이 함께 일어난다.
⇨ 항상 에너지의 출입이 따르므로 '에너지 대사' 라고도 한다.
② 세포를 바탕으로 이루어지며, 효소에 의해 반응이 진행된다.
⇨ 효소가 작용할 수 있는 체온 범위의 온도(약 37 ℃)에서 빠르게 진행된다.
③ 에너지가 여러 단계에 걸쳐 조금씩 출입한다.

(3) 물질대사의 종류

구분	동화 작용	이화 작용
정의	간단하고 작은 물질을 복잡하고 큰 물질로 합성하는 반응	복잡하고 큰 물질을 간단하고 작은 물질로 분해하는 반응
물질의 변화	고분자 물질 동화 작용 / 흡열 반응 / 에너지 흡수 / 합성 / 효소 저분자 물질	고분자 물질 이화 작용 / 발열 반응 / 에너지 방출 / 분해 / 효소 저분자 물질
	물질의 합성 (저분자 물질 → 고분자 물질)	물질의 분해 (고분자 물질 → 저분자 물질)
	세포의 구성 성분이나 생명 활동에 필요한 물질을 합성한다.	물질을 분해하여 세포의 생명 활동에 필요한 에너지를 얻는다.
에너지 출입	에너지가 흡수되어 생성물에 저장된다. (흡열 반응)	저장되어 있던 에너지가 방출된다 (발열 반응)
예	· 광합성 : 이산화 탄소 + 물 → 포도당 · 단백질 합성 : 아미노산 → 단백질	· 세포 호흡 : 포도당 → 물 + 이산화 탄소 · 소화 : 단백질 → 아미노산

● 화학 반응
화학적 성질이 변하는 현상

● 효소
· 생물체 내의 화학 반응 과정에서 반응 속도를 증가시켜주는 생체 촉매이다.
· 단백질이 주성분이다.
⇨ 온도나 pH 의 영향을 크게 받으며, 특정 온도(체온)의 범위에서만 활발하게 작용한다.

● 물질대사에서 에너지의 출입

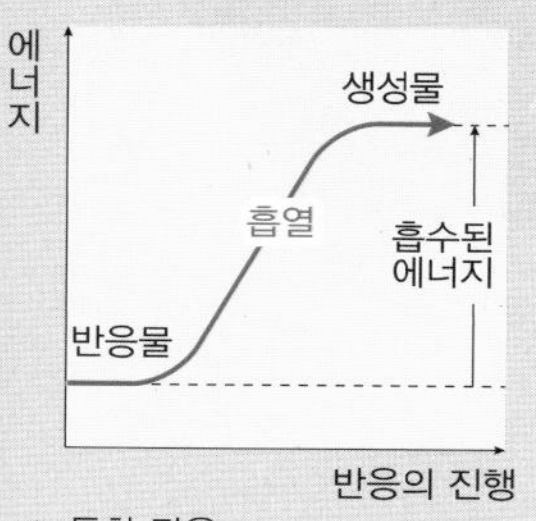

▲ 동화 작용

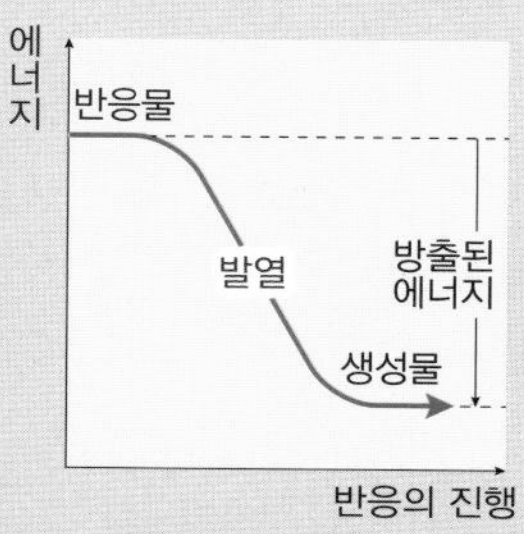

▲ 이화 작용

· 동화 작용에서 에너지 : 반응물 < 생성물
· 이화 작용에서 에너지 : 반응물 > 생성물

개념확인 1

생명 활동을 유지하기 위해 생물체 내에서 일어나는 물질의 합성과 분해 반응을 무엇이라고 하는가?

( )

확인+1

다음 글을 읽고 빈칸에 들어갈 알맞은 단어를 써 넣으시오.

> 동화 작용은 에너지가 흡수되어 생성물에 저장되는 ㉠( )반응이고, 이화 작용은 저장된 에너지가 방출되는 ㉡( )반응이다.

㉠ : ( ), ㉡ : ( )

2. 세포 호흡

(1) 세포 호흡 : 세포에서 유기 영양소를 분해하여 생명 활동에 필요한 에너지(ATP)를 얻는 과정이다.

① **세포 호흡의 장소** : 미토콘드리아를 중심으로 일어나며 세포질에서도 세포 호흡의 일부 과정이 진행된다.

② **호흡 기질** : 세포 호흡에 이용되는 유기 영양소로, 포도당(탄수화물)이 주로 이용되며 단백질과 지방도 소화 과정을 거쳐 흡수된 다음 세포 호흡에 이용된다.

③ **세포 호흡의 과정**

i . 포도당이 세포질을 거쳐 미토콘드리아에서 분해된다.

ii . 포도당이 산소와 반응하여 물과 이산화 탄소로 완전히 분해된다.

iii. 포도당의 분해 결과로 에너지가 방출되고, 방출된 에너지의 약 40 % 는 ATP 에 화학 에너지로 저장되고, 약 60 % 는 열에너지로 방출된다.

$$C_6H_{12}O_6\ (\text{포도당}) + 6O_2 + 6H_2O \longrightarrow 6CO_2 + 12H_2O + \text{에너지}\ (38\ \text{ATP} + \text{열에너지})$$

▲ 세포 호흡의 화학 반응식

(2) ATP(Adenosine TriPhosphate) : 세포 호흡 결과로 생성되는 에너지 저장 물질이다.

① **ATP 의 구조** : 아데노신(리보스+아데닌)에 3 개의 인산기가 결합된 화합물로, 인산과 인산은 고에너지 인산 결합을 하고 있다.

② **ATP 의 에너지 저장과 방출** : ADP 와 무기 인산을 결합시켜 ATP 를 합성함으로써 에너지를 저장하고, ATP 가 ADP 와 무기 인산으로 분해됨으로써 에너지를 방출한다.

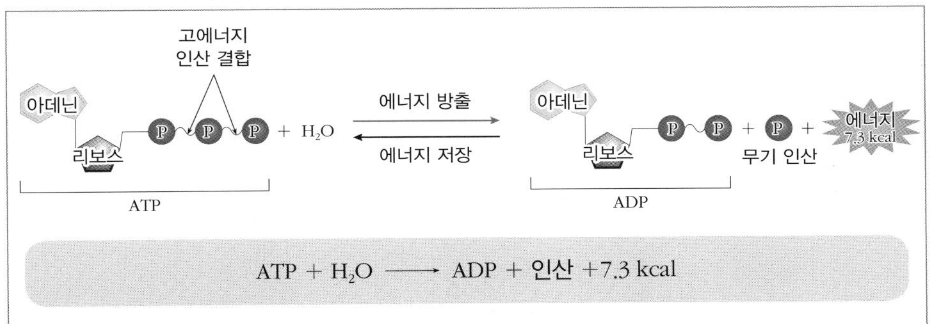

$$\text{ATP} + H_2O \longrightarrow \text{ADP} + \text{인산} + 7.3\ \text{kcal}$$

▲ ATP 의 에너지 저장과 방출 ATP 의 고에너지 인산 결합이 끊어져 인산 한 분자를 떨어뜨리고 ADP 가 될 때 약 7.3 kcal 의 에너지가 방출되며, 이 에너지는 생명 활동에 이용된다. 세포 호흡으로 방출된 에너지에 의해 ADP 가 인산 한 분자와 결합하면 ATP 로 저장된다.

개념확인 2   정답 및 해설 02쪽

세포에서 유기 영양소를 분해하여 생명 활동에 필요한 에너지를 얻는 과정을 무엇이라고 하는가?

(   )

확인+2

다음 세포 호흡에 대한 설명 중 옳은 것은 ○표, 옳지 않은 것은 ×표 하시오.

(1) 세포 호흡은 미토콘드리아에서만 일어난다. (   )

(2) 세포 호흡의 결과로 생성되는 에너지는 ATP 에 저장된다. (   )

(3) 포도당을 분해하여 얻은 에너지는 모두 ATP 에 저장된다. (   )

● 세포 호흡

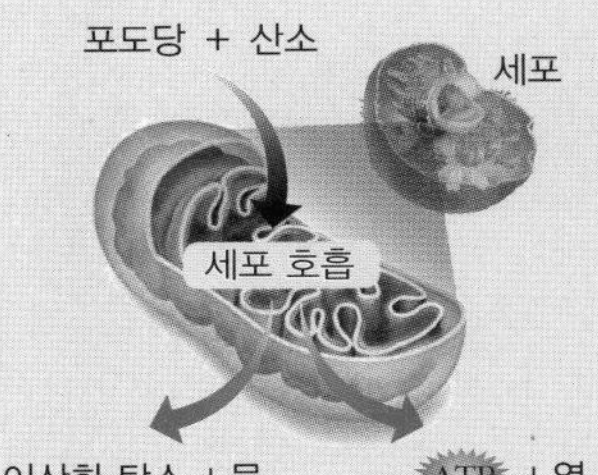

세포 호흡은 주로 미토콘드리아에서 이루어지며 세포 호흡을 통해 생명 활동에 필요한 에너지를 얻는다.

● AMP, ADP, ATP

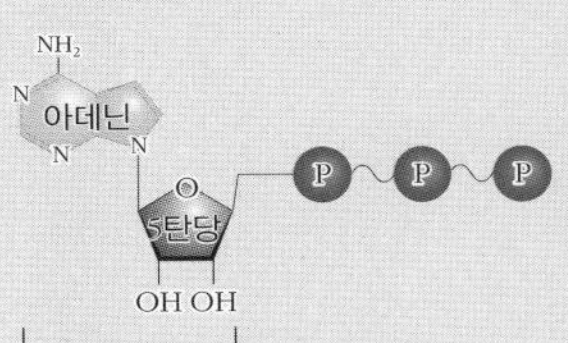

아데노신 (adenosine)

AMP (adenosine **mono**phosphate)

ADP (adenosine **di**phosphate)

ATP (adenosine **tri**phosphate)

- 아데노신 : DNA 와 RNA 를 구성하는 염기의 일종인 아데닌과 5탄당이 결합한 물질
- AMP : 아데노신에 인산이 1 개 결합한 물질
- ADP : 아데노신에 인산이 2 개 결합한 물질
- ATP : 아데노신에 인산이 3 개 결합한 물질

● 에너지를 ATP 로 저장하는 이유

- 세포의 생명 활동에 필요한 에너지는 아주 소량이다.
- 에너지가 필요할 때마다 포도당이 분해된다면 많은 에너지가 열로 손실된다.

⇨ 포도당의 에너지를 ATP 에 저장했다가 필요할 때 쉽게 꺼내어 쓴다.

미니사전

무기 인산 ATP 에 붙은 세 개의 인산기를 무기 인산이라고 하며, ATP 자체는 유기 인산이라고 한다.

고에너지 인산 결합 대부분의 화학 결합은 2~3 kcal 의 에너지를 가지고 있는데, ATP 의 끝 부분의 2 개의 인산 결합은 각각 7.3 kcal 의 에너지를 함유하고 있어 이를 고에너지 인산 결합이라고 한다.

3. 에너지의 전환과 이용 1

(1) 세포 호흡으로 얻은 에너지의 전환과 이용 : 세포 호흡에 의해 유기 영양소의 에너지는 ATP 에 화학 에너지의 형태로 저장되며, ATP 의 에너지는 여러 가지 형태의 에너지로 전환되어 생명 활동에 이용된다.

① **근육 운동** : 근육은 수축과 이완을 할 수 있는 특수한 세포인 근육 섬유로 이루어져 있으며, 근육 섬유가 수축과 이완의 기계적인 운동을 할 때 ATP 가 사용된다.

② **능동 수송** : 에너지를 사용하여 농도가 낮은 쪽에서 높은 쪽으로 물질을 이동시키는 작용을 능동 수송이라고 한다.

예 뉴런의 Na^+ - K^+ 펌프, 소장 벽에서의 영양소 흡수, 콩팥의 세뇨관에서의 재흡수 등

③ **물질 합성** : 저분자 물질이 고분자 물질로 합성되는 동화 작용을 할 때, ATP 의 에너지가 생성물의 화학 에너지로 저장된다.

예 광합성, 단백질 · 인지질 · 핵산 · 호르몬 등의 합성

④ **체온 유지** : 세포 호흡 과정에서 ATP 의 화학 에너지로 저장되지 못하고 방출된 열에너지는 생물들의 체온 유지에 이용된다.

⑤ **기타** : 발광, 발성, 뇌 활동, 정보의 전달 등

에너지의 전환
- 기계적 에너지
  예 근육 운동, 능동 수송, 발성
- 화학 에너지
  예 물질 합성
- 빛에너지
  예 발광 : 반딧불이의 발광 세포에서 빛을 내는데 에너지가 이용된다.
- 열에너지
  예 체온 유지
- 전기 에너지
  예 발전 : 전기뱀장어의 발전세포에서 전기를 발생하는데 에너지가 이용된다.

Na^+ − K^+ 펌프
- 세포막에 존재하는 막단백질이다.
- ATP 를 가수분해하는 효소를 가지고 있어 ATP 를 이용해 세포막 안쪽으로 K^+ 을 흡수하고 Na^+ 을 배출하여 삼투압을 유지하는 역할을 한다.

(2) 광합성과 세포 호흡 : 광합성은 포도당을 합성하여 에너지를 저장하는 작용이고, 세포 호흡은 포도당을 분해하여 저장된 에너지를 방출하는 작용이다.

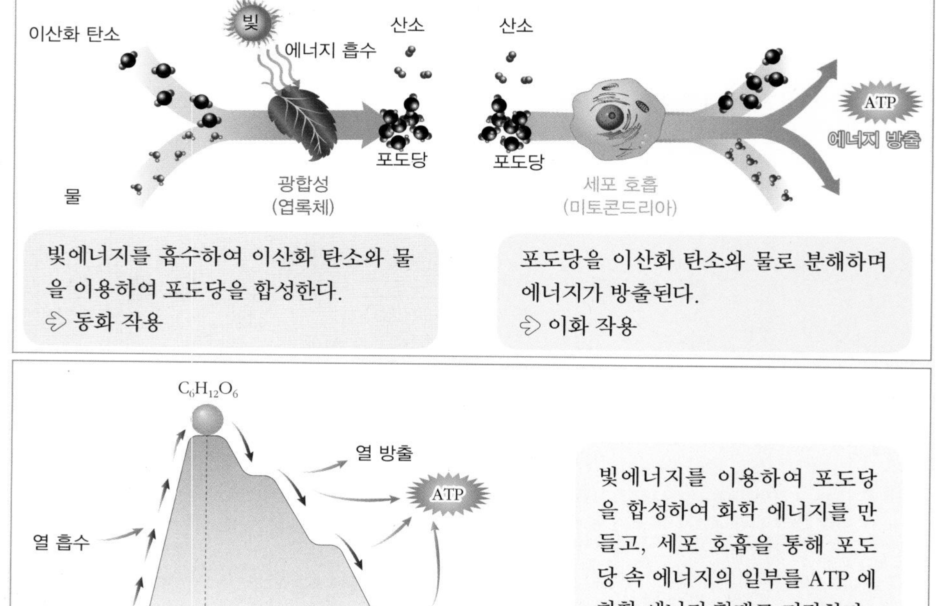

◀ 에너지의 출입

광합성과 호흡에서 에너지의 전환 과정

태양 에너지 (빛에너지)
↓ 광합성
포도당 (화학 에너지)
↓ 세포 호흡
ATP (화학 에너지)
↓ 분해
생명 활동 에너지

개념확인 3

다음 중 세포 호흡으로 얻은 화학적 에너지가 기계적 에너지로 전환되는 생명 활동은 무엇인가?

① 발광 ② 광합성 ③ 능동 수송 ④ 체온 유지 ⑤ 호르몬 합성

확인+3

다음 광합성과 세포 호흡에 대한 설명 중 옳은 것은 ○표, 옳지 않은 것은 ×표 하시오.

(1) 광합성은 빛에너지를 방출하는 동화 작용이다. (　　)

(2) 호흡은 고분자 물질을 저분자 물질로 분해하는 이화 작용이다. (　　)

4. 에너지의 전환과 이용 2

(1) 세포 호흡과 연소 : 세포 호흡과 연소는 모두 산소를 이용하여 에너지를 방출하는 반응이다.

구분	세포 호흡	연소
화학 반응식	〈포도당의 세포 호흡〉 포도당 + 산소 → 이산화 탄소 + 물 + 열에너지 + 38 ATP	〈포도당의 연소〉 포도당 + 산소 → 이산화 탄소 + 물 + 686 kcal/mol
반응 온도	37 ℃ (체온 범위)	400 ℃ 이상
효소	필요	불필요
반응 속도	단계적으로 진행되어 상대적으로 느림	한 번에 진행되므로 매우 빠름
에너지 전환	화학 에너지(포도당) → ATP, 열	화학 에너지(포도당) → 빛, 열
에너지 방출	포도당 높음 에너지 낮음 소량의 에너지가 단계적으로 방출되어 일부는 ATP 로 저장되고, 나머지는 열의 형태로 방출된다. (CO_2 + H_2O)	포도당 높음 에너지 낮음 다량의 에너지가 빛과 열의 형태로 한꺼번에 방출된다. (CO_2 + H_2O)
공통점	산소가 필요한 산화 반응이고, 에너지가 방출되는 발열 반응이다.	

(2) 산소 호흡과 무산소 호흡 : 유기물을 분해하여 에너지를 얻는 과정에서 산소의 이용 유무에 따라 산소 호흡과 무산소 호흡으로 구분한다.

구분	산소 호흡(유기 호흡)	무산소 호흡(무기 호흡)
ATP 생성량	포도당 높음 에너지 낮음 다량의 ATP 가 생성된다. ATP ATP ATP ATP ATP ATP 완전 분해 (CO_2 + H_2O)	포도당 높음 에너지 낮음 소량의 ATP 가 생성된다. ATP 분해 산물 불완전 분해
정의	산소를 이용하여 유기 영양소를 이산화 탄소와 물로 분해하여 ATP 를 생산하는 호흡	산소가 부족하거나 없는 상태에서 유기 영양소를 분해하여 ATP 를 생산하는 호흡
유기물 분해	유기물이 완전히 분해	유기물이 불완전하게 분해
생성 물질	이산화 탄소, 물	에너지가 많은 중간 산물
예	세포 호흡	발효와 부패
공통점	효소가 필요하며, 물질이 분해되는 이화 작용이다.	

개념확인 4

정답 및 해설 02쪽

고온에서 반응이 일어나며, 반응이 한 번에 진행되어 매우 빠르게 일어나 빛과 열을 발생시키는 반응을 무엇이라고 하는가?

( )

확인+4

유기물이 완전히 분해되어 많은 양의 ATP 를 생산하는 호흡은 무엇인가?

( )

세포 호흡과 연소

반응물의 종류와 양이 같으면, 세포 호흡에서 단계적으로 방출되는 에너지의 총량과 연소에서 방출되는 에너지의 총량은 같다.

발효

무산소 호흡 결과로 생성된 중간 산물이 인간에게 유용한 물질인 경우

예 효모의 알코올 발효 (술 · 빵의 제조)

포도당 → 에탄올 + 이산화 탄소 + ATP

젖산 발효 (김치 · 요구르트의 제조)

포도당 → 젖산 + ATP

부패

무산소 호흡의 결과로 생성된 중간 산물이 인간에게 해로운 물질인 경우

예 음식물의 부패

근육의 무산소 호흡

격렬한 운동을 할 때는 산소 호흡만으로는 에너지를 충분히 공급하기가 어렵다. 운동에 필요한 에너지를 충분히 공급하기 위해 근육 세포는 무산소 호흡을 통해 ATP 를 생산하여 근육 운동에 사용한다. 근육 세포에서 무산소 호흡이 일어나면 포도당이 완전히 분해되지 못하여 젖산이 생성되며, 젖산이 쌓이면 근육이 피로해진다.

포도당 1 몰이 산소 호흡과 무산소 호흡할 때의 ATP 생성량

- 산소 호흡 할 때 (완전 산화) ⇨ 36 ~ 38 ATP
- 무산소 호흡 할 때 (불완전 산화) ⇨ 2 ATP

미니사전

산화 [酸 시다 化 되다] 산소와 결합하거나, 전자를 빼앗기는 변화

중간 산물 완전 분해되지 않아 더 분해가 가능한 탄소 화합물

몰 [mol] 분자, 원자, 이온 등의 묶음 단위로 1 몰은 6.02×10^{23} 개를 의미한다.

개념 다지기

01 물질대사에 대한 설명으로 옳은 것만을 〈보기〉에서 있는 대로 고른 것은?

〈 보기 〉

ㄱ. 물질대사가 일어날 때에 반드시 에너지의 출입이 일어난다.
ㄴ. 세포를 바탕으로 이루어지며, 흡열 반응에만 효소가 이용된다.
ㄷ. 에너지가 한 번에 진행되므로 매우 빠르게 일어난다.

① ㄱ ② ㄴ ③ ㄱ, ㄴ ④ ㄴ, ㄷ ⑤ ㄱ, ㄴ, ㄷ

02 다음 중 이화 작용과 관련된 것들을 모두 고르시오.

① 광합성 ② 세포 호흡 ③ 물질의 합성
④ 물질의 분해 ⑤ 발열 반응

03 세포 호흡에 대한 설명 중 옳은 것은 ○표, 옳지 않은 것은 ×표 하시오.

(1) 호흡 기질에는 주로 단백질이 이용된다. ( )
(2) 세포에서 유기 영양소를 분해하여 에너지를 얻는 과정이다. ( )
(3) 포도당의 분해 결과로 생성된 에너지는 대부분 화학 에너지로 저장된다. ( )
(4) 미토콘드리아를 중심으로 일어나며 세포질에서도 세포 호흡 과정이 진행된다. ( )

04 다음 설명에 해당되는 것은 무엇인가?

· 세포 호흡 결과로 생성되는 에너지 저장 물질이다.
· 리보스와 아데닌이 결합한 화합물에 3개의 인산기가 결합된 것으로 고에너지 인산 결합을 하고있다.

① 에너지 ② AMP ③ ADP
④ ATP ⑤ 아데노신

05

다음 생명 활동에서 ATP 가 어떤 에너지로 전환 되는지 각각 쓰시오.

(1) 근육 운동 : 화학 에너지 → (   ) 에너지
(2) 체온의 유지 : 화학 에너지 → (   ) 에너지
(3) 인지질의 합성 : 화학 에너지 → (   ) 에너지
(4) 반딧불이의 발광 : 화학 에너지 → (   ) 에너지

06

광합성과 세포 호흡에 대한 설명으로 옳은 것만을 〈보기〉 에서 있는 대로 고른 것은?

〈 보기 〉

ㄱ. 광합성은 빛에너지를 화학 에너지로 전환하는 작용을 한다.
ㄴ. 광합성은 포도당을 분해하여 에너지를 방출하는 작용을 한다.
ㄷ. 세포 호흡은 포도당 속의 화학 에너지를 ATP 에 화학 에너지 형태로 저장한다.

① ㄱ ② ㄴ ③ ㄱ, ㄴ ④ ㄱ, ㄷ ⑤ ㄴ, ㄷ

07

다음 중 세포 호흡과 연소에 대한 설명으로 옳지 않은 것은?

① 세포 호흡을 할 때에는 효소가 필요하다.
② 세포 호흡과 연소는 모두 산화 반응이다.
③ 연소는 한 번에 진행되어 반응 속도가 매우 빠르다.
④ 포도당이 세포 호흡을 할 때 열에너지와 ATP 가 생성된다.
⑤ 포도당이 세포 호흡을 할 때 발생한 에너지의 총합은 포도당이 연소할 때 발생한 에너지의 총합보다 작다.

08

다음 중 산소 호흡의 특징에는 '산', 무산소 호흡의 특징에는 '무' 라고 쓰시오.

(1) ATP 의 생성량이 많다. (   )
(2) 유기물이 완전히 분해된다. (   )
(3) 에너지가 많은 중간 산물이 생성된다. (   )
(4) 술이나 빵을 제조할 때 일어나는 발효가 해당된다. (   )

유형 익히기 & 하브루타

[유형14-1] 세포의 생명 활동

다음은 물질대사가 일어날 때 에너지의 출입을 나타낸 것이다.

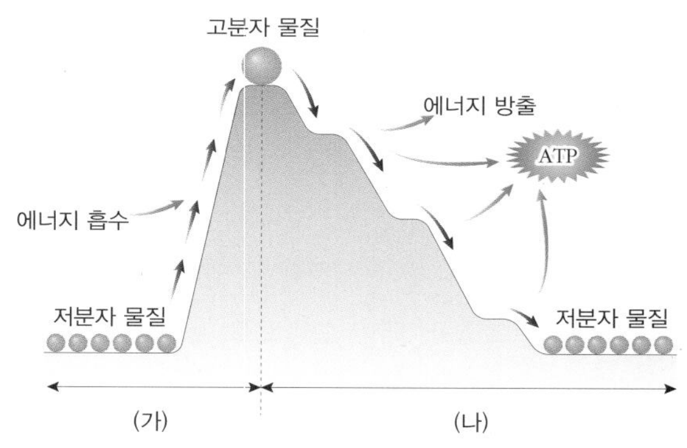

이에 대한 설명으로 옳은 것은 ○표, 옳지 않은 것은 ×표 하시오.

(1) (가) 작용은 동화 작용으로 식물에서만 일어난다. ( )

(2) (가) 작용은 에너지가 흡수되어 생산물에 저장된다. ( )

(3) (나) 작용에서는 발열 반응이 일어난다. ( )

(4) (나) 작용에서는 반응물의 에너지가 생성물의 에너지보다 작다. ( )

01 다음 중 물질대사의 특징으로 옳은 것만을 〈보기〉에서 있는 대로 고르시오.

〈 보기 〉

ㄱ. 반응의 결과로 빛과 열이 발생한다.
ㄴ. 반응이 한 번에 매우 빠르게 진행된다.
ㄷ. 에너지의 출입이 반드시 함께 일어난다.
ㄹ. 세포를 바탕으로 이루어지며, 체온 범위 안에서 주로 진행된다.

( )

02 다음 글을 읽고 빈칸에 들어갈 알맞은 단어를 써 넣으시오.

물질대사는 세포를 바탕으로 이루어지며 ㉠( )에 의해 반응이 진행된다. ㉠(은)는 생물체 내의 화학 반응 과정에서 반응 속도를 증가시켜 주는 ㉡( )역할을 한다.

㉠ : ( ), ㉡ : ( )

[유형14-2] 세포 호흡

다음은 세포 호흡의 결과로 생성된 에너지가 저장되고 방출되는 과정을 모식적으로 나타낸 것이다.

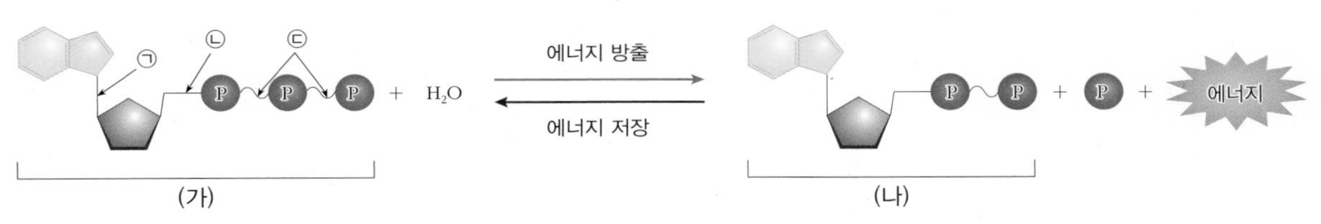

이에 대한 설명으로 옳은 것만을 〈보기〉에서 있는 대로 고르시오.

〈 보기 〉

ㄱ. (가)에 에너지가 저장되는 과정은 세포에서 일어난다.
ㄴ. (가)에서는 ㉡에 가장 많은 에너지가 저장되어 있다.
ㄷ. (가)에서는 아데노신을 볼 수 있지만, (나)에는 아데노신이 없다.
ㄹ. (나)와 무기 인산이 결합할 때 에너지가 방출된다.

( )

03 오른쪽 그림은 ATP의 구조를 나타낸 것이다. (가) ~ (라)에 해당하는 이름을 각각 쓰시오.

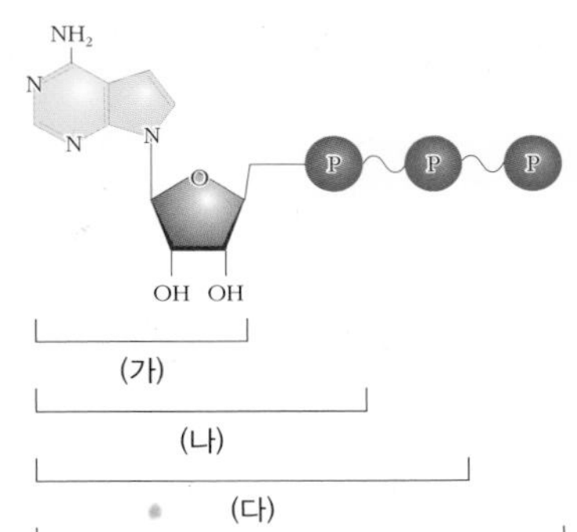

(가) : ( )
(나) : ( )
(다) : ( )
(라) : ( )

04 다음 글을 읽고 빈칸에 들어갈 알맞은 숫자를 써 넣으시오.

포도당의 분해 결과로 방출된 에너지의 약 ㉠( ) %는 ATP에 화학 에너지로 저장되고, 약 ㉡( ) %는 열에너지로 방출된다.

㉠ : ( ), ㉡ : ( )

유형 익히기 & 하브루타

[유형14-3] 에너지의 전환과 이용 1

다음은 광합성과 세포 호흡이 일어나는 것을 모식적으로 나타낸 것이다. ㉠ 과 ㉡ 은 각각 광합성과 세포 호흡의 결과로 생성된 물질을 나타낸 것이다. 다음 물음에 답하시오.

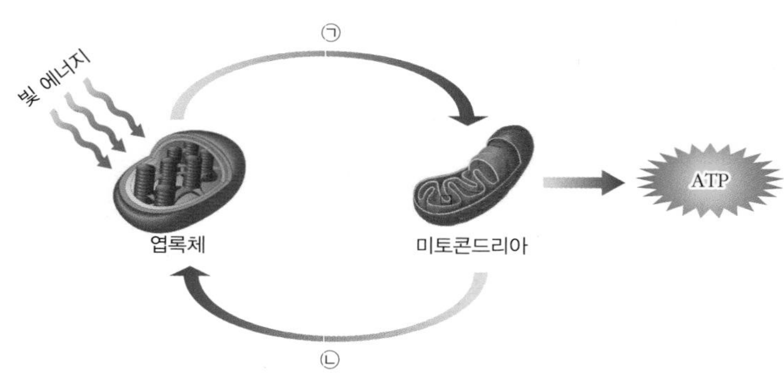

(1) 엽록체에서 일어나는 광합성의 결과로 생성되어 세포 호흡에 쓰이는 물질 ㉠ 에 해당하는 것을 2 가지 쓰시오.
( )

(2) 세포 호흡의 결과로 생성되어 광합성에 쓰이는 물질 ㉡ 에 해당하는 것을 2 가지 쓰시오. ( )

(3) 광합성과 세포 호흡 중 에너지를 저장하는 작용은 무엇인가? ( )

05 다음 중 에너지의 전환과 이용에 대한 설명으로 옳지 않은 것은?

① 능동 수송은 기계적 에너지에 해당된다.
② 농도 차에 의한 확산 현상에도 ATP 가 사용된다.
③ ATP 로 저장되지 못하고 방출된 열에너지는 체온 유지에 이용된다.
④ 근육 섬유가 수축과 이완의 기계적인 운동을 할 때 ATP 가 사용된다.
⑤ 저분자 물질이 고분자 물질로 합성되는 동화 작용을 할 때 ATP 가 화학 에너지로 전환된다.

06 다음은 광합성과 호흡이 차례대로 일어날 때, 태양 에너지가 전환되는 과정을 나타낸 것이다. 빈칸에 들어갈 알맞은 에너지의 종류를 써넣으시오.

태양 에너지 ㉠( )에너지 —광합성→ 포도당 ㉡( )에너지 —세포 호흡→ ATP ㉢( )에너지 —분해→ 생명 활동 에너지

㉠ ( ) 에너지, ㉡ ( ) 에너지, ㉢ ( ) 에너지

[유형14-4] 에너지의 전환과 이용 2

다음은 산소 호흡과 무산소 호흡을 할 때 에너지가 방출되는 모습을 모식적으로 나타낸 것이다. 이에 대한 설명으로 옳은 것은 ○표, 옳지 않은 것은 ×표 하시오.

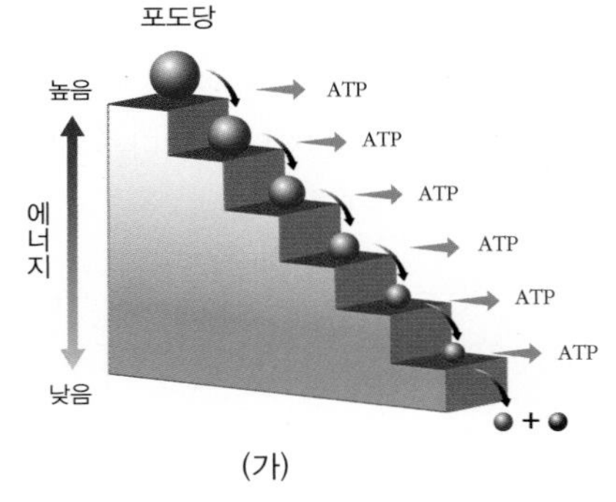

(가)

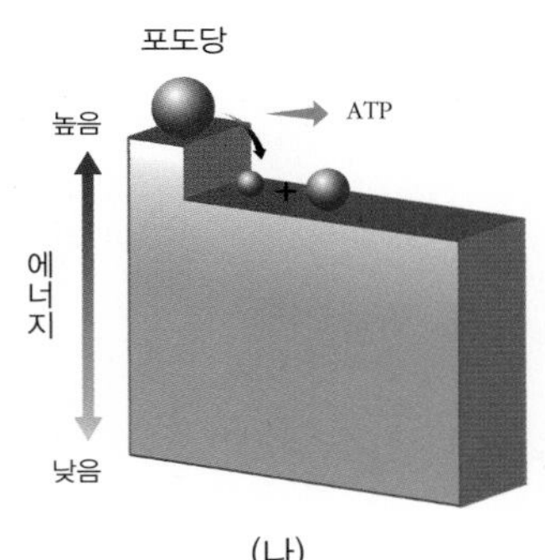

(나)

(1) (가) 의 결과로 이산화 탄소와 물이 생성된다. ( )
(2) (나) 는 유기물이 완전하게 분해된다. ( )
(3) (가) 와 (나) 에서 생성되는 ATP 의 양은 같다. ( )
(4) (가) 와 (나) 는 모두 효소가 필요한 반응이다. ( )

07

다음 중 세포 호흡과 연소의 공통점으로 옳은 것을 모두 고르시오.

① 효소가 필요하다.
② 반응 속도가 매우 빠르다.
③ 산소를 이용하는 산화 반응이다.
④ 에너지가 방출되는 발열 반응이다.
⑤ 400 ℃ 이상의 고온에서만 일어난다.

08

다음 글을 읽고 빈칸에 들어갈 알맞은 단어를 써 넣으시오.

> 무산소 호흡의 결과로 생성된 ㉠( )(이)가 인간에게 해로운 물질인 경우를 ㉡( )라고 하며, 인간에게 유용한 물질인 경우 ㉢( )라고 한다.

㉠ ( ), ㉡ ( ), ㉢ ( )

창의력&토론마당

01

근육 운동에 필요한 에너지는 다음과 같이 산소 호흡과 무산소 호흡을 통해 얻을 수 있다.

· 산소 호흡 : $C_6H_{12}O_6$ (포도당) + $6O_2$ + $6H_2O$ ⟶ $6CO_2$ + $12H_2O$ + 에너지
· 무산소 호흡 : 글리코겐 ⟶ 젖산 + 에너지

아래의 그래프는 체중이 50 kg 인 어떤 학생의 에너지 소모량에 따른 산소 소비량과 젖산 축적량의 변화를 나타낸 것이다. 다음 물음에 답하시오.

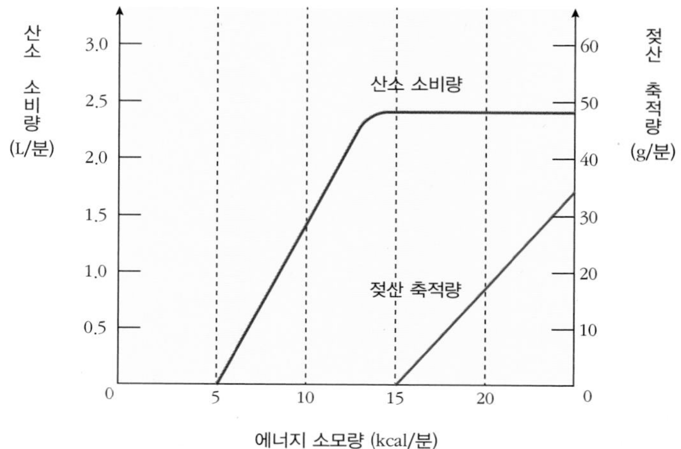

(1) 위 그래프에 대한 설명으로 옳은 것은?

① 산소 소비량은 에너지 소모량과 비례한다.
② 무산소 호흡에 의해 더 많은 에너지가 생성된다.
③ 젖산 축적량이 많을수록 강도가 높은 운동을 오랫동안 지속할 수 있다.
④ 운동의 강도가 15 kcal/분 이상일 때 산소 호흡과 무산소 호흡이 함께 일어난다.
⑤ 강도가 낮은 운동을 오래 할 때, 강도가 높은 운동을 짧게 할 때 보다 젖산이 많이 생성된다.

(2) 근육에서 일어나는 산소 호흡과 무산소 호흡을 비교하여 설명하시오.

02 다음은 지구상에 최초로 생명체가 탄생하는 과정의 가설을 설명한 것이다. 자료를 읽고 아래의 물음에 답하시오.

▲ 원시 지구 환경을 상상한 모습

(가) 화학 반응으로 생성된 간단한 유기물이 화학적 진화에 의해 복잡한 유기물로 합성되고, 이 물질들이 막으로 둘러싸여 원시적인 세포로 진화하였을 것이다. 이후 유전 물질을 가지며 에너지를 획득하는 능력을 가질 수 있게 진화함으로써 생명체가 탄생하였을 것이다. 원시 지구의 대기에는 산소가 없고 오존층이 형성되어 있지 않아 자외선이 그대로 유입되어, 육지는 뜨겁고 건조하여 생명체가 생겨나거나 생존할 수 있는 환경이 아니었기 때문에 최초의 생명체는 원시 바다의 물속에서 생겨났을 것이다.

(나) 초기의 종속 영양 생물의 수가 증가하면서 원시 바다에 있던 유기물들이 많이 소모되고, 종속 영양 생물들이 호흡 과정에서 방출한 이산화 탄소에 의해 원시 바다와 대기에 이산화 탄소의 농도가 증가함에 따라 빛을 이용하여 이산화 탄소를 유기물로 합성하는 독립 영양 생물이 서서히 출현하였을 것이다.

(1) 지구 상에 최초로 생성된 원시 생명체가 어떤 호흡을 하였으며, 그 이유가 무엇인지 함께 서술하시오.

(2) 광합성을 할 수 있는 생명체가 나타남에 따라 대기의 산소 농도가 높아지면서 새롭게 나타난 생물들은 어떤 호흡을 하겠는가?

(3) 산소 호흡을 하는 생물과 무산소 호흡을 하는 생물 중 경쟁에서 우위를 차지하는 것은 무엇인지 그 이유와 함께 서술하시오.

창의력&토론마당

03 건강을 유지하기 위해서는 음식물을 통해 적절한 영양을 섭취하여 에너지를 충분히 공급하며, 규칙적인 운동을 통해 에너지 대사의 균형을 이루는 것이 중요하다. 다음 그림 (가) 는 세 학생이 하루 동안 섭취하는 영양소의 평균 에너지양을 나타낸 것이고, 표 (나) 는 한국인의 1 일 영양 권장량의 일부를 나타낸 것이다. 자료를 읽고 다음 물음에 답하시오.

[수능 기출]

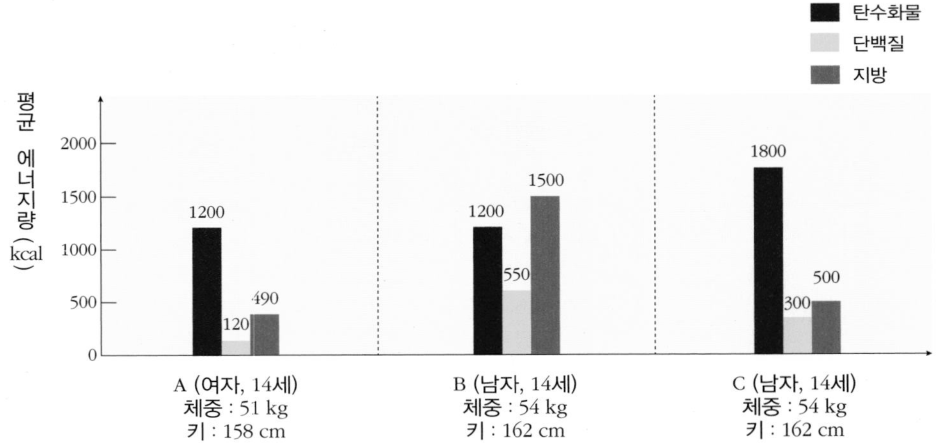

(가) A ~ C 학생의 하루 동안 섭취하는 평균 에너지양

성별	나이	체중(kg)	키(cm)	에너지양(kcal)	단백질(g)
남	13~15 세	54	162	2500	70
여	13~15 세	51	158	2100	65

(나) 한국인의 1 일 영양 권장량의 일부

(1) A ~ C 의 단백질 섭취량을 각각 구하시오.

A : (   ) g, B : (   ) g, C : (   ) g

(2) A ~ C 중 비만이 될 가능성이 가장 높은 사람은 누구인지 그 이유와 함께 쓰시오.

(3) A ~ C 중 에너지양을 권장량에 가장 가깝게 섭취한 사람은 누구인가?

(4) A ~ C 중 성장 장애 등의 이상이 나타날 가능성이 가장 높은 사람은 누구인지 그 이유와 함께 쓰시오.

04

다음은 효모의 호흡에 의한 기체 발생 실험을 나타낸 것이다. 자료를 읽고 다음 물음에 답하시오.

[실험 과정]

① 4 개의 발효관 Ⅰ ~ Ⅲ 에 서로 다른 음료수와 효모액을 다음과 같이 넣는다.

발효관	내용물
Ⅰ	음료수 A 15 mL + 효모액 15 mL
Ⅱ	음료수 B 15 mL + 효모액 15 mL
Ⅲ	음료수 C 15 mL + 효모액 15 mL
Ⅳ	음료수 D 15 mL + 효모액 15 mL

② 맹관부에 기포가 들어가지 않도록 발효관을 세운 다음 입구를 솜마개로 막고, 발생하는 기체의 부피를 5 분 간격으로 측정한다.

③ 맹관부에 모인 기체의 부피가 더이상 증가하지 않으면 최종 부피를 기록한다.

④ 최종 부피 측정 후, 스포이트로 팽대부에서 용액을 최대한 많이 덜어낸 후 수산화 칼륨(KOH) 수용액을 15 mL 넣고 맹관부에 모인 기체의 부피 변화를 관찰한다.

*수산화 칼륨 수용액은 이산화 탄소를 흡수하는 성질이 있다.

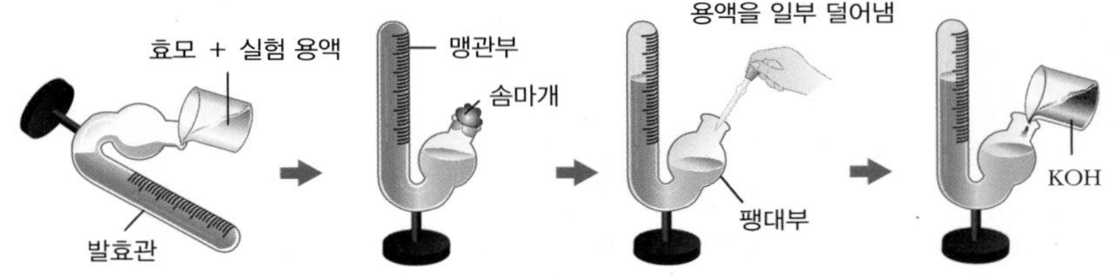

[실험 결과]

(+ 의 개수가 많을수록 기체 발생량이 많음)

발효관	기체 발생량	KOH 수용액 첨가 후 맹관부의 변화
Ⅰ	없음	변화 없음
Ⅱ	+	기체 부피 감소
Ⅲ	++	기체 부피 감소
Ⅳ	+++	기체 부피 감소

(1) 발효관의 입구를 솜마개로 막은 이유는 무엇인가?

(2) 효모에 의해 발효관 안에서 생성된 기체는 무엇이며, 그렇게 생각한 이유는 무엇인가?

(3) 실험 결과 기체가 가장 많이 발생한 발효관은 무엇이며, 이 결과는 무엇을 의미하는지 발효관 안의 내용물과 연관지어 설명하시오.

스스로 실력 높이기

01 에너지와 함께 세포의 생리 작용 조절에 필요한 물질을 얻는 과정으로, 생물체 내에서 일어나는 모든 화학 반응을 무엇이라고 하는가?

(　　　　　　　)

02 물질대사에서 반응물과 생성물의 에너지의 크기를 부등호로 비교하시오.

(1) 동화 작용 : 반응물 (　　) 생성물

(2) 이화 작용 : 반응물 (　　) 생성물

03 물질대사에 대한 설명 중 옳은 것은 ○표, 옳지 않은 것은 ×표 하시오.

(1) 동화 작용의 예로는 단백질의 합성이 있다. (　　)

(2) 모든 물질대사는 미토콘드리아를 중심으로 일어난다. (　　)

(3) 고분자 물질을 저분자 물질로 분해하는 반응에서 에너지가 방출된다. (　　)

(4) 물질대사가 체온 범위의 온도에서 일어나는 이유는 에너지가 방출되기 때문이다. (　　)

04 다음 글을 읽고 빈칸에 들어갈 알맞은 단어를 써넣으시오.

> 세포 호흡에 이용되는 유기 영양소를 ㉠(　　　) 이라고 하고, 주로 ㉡(　　　)(이)가 이용된다.

㉠ (　　　　　　), ㉡ (　　　　　　)

05 세포 호흡의 결과로 생성되는 에너지 저장 물질을 무엇이라고 하는가?

(　　　　　　　)

06 다음은 세포 호흡 결과로 생성되는 에너지 저장 물질의 구조를 나타낸 것이다. ㉠ ~ ㉢ 중 세포 호흡 과정에서 방출된 에너지를 저장하는 곳의 기호와 그 결합의 이름을 쓰시오.

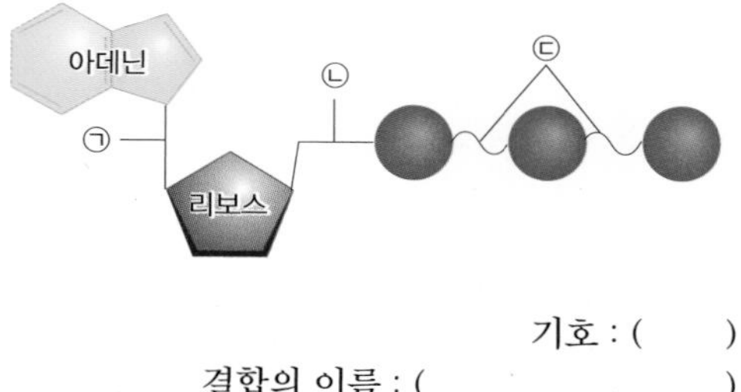

기호 : (　　)

결합의 이름 : (　　　　　　)

07 다음은 광합성과 세포 호흡을 할 때 일어나는 에너지 전환 과정을 모식적으로 나타낸 것이다.

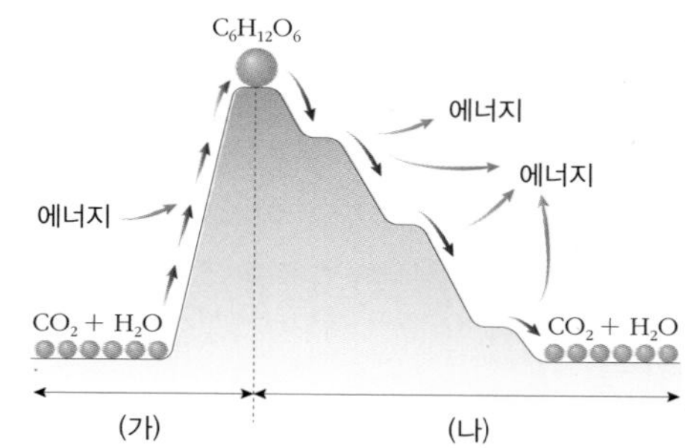

이에 대한 설명으로 옳지 않은 것은?

① 엽록체에서 (가) 와 같은 작용이 일어난다.
② (가) 는 동화 작용, (나) 는 이화 작용이다.
③ (가) 는 열을 흡수하여 에너지를 저장하는 작용이다.
④ (나) 로 방출된 에너지는 대부분 화학 에너지 형태로 저장이 된다.
⑤ (나) 는 반응물을 분해하여 저장된 에너지를 방출하는 작용을 한다.

08 다음 중 에너지 전환의 예가 바르게 연결되어 있지 않은 것은?

① 열에너지 - 체온 유지
② 화학 에너지 - 능동 수송
③ 기계적 에너지 - 근육 운동
④ 빛에너지 - 반딧불이의 발광
⑤ 전기 에너지 - 전기뱀장어의 발전

09 다음은 포도당이 분해되는 과정을 모식적으로 나타낸 것이다. (가) 와 (나) 는 연소와 세포 호흡 중 각각 무엇에 해당하는지 쓰시오.

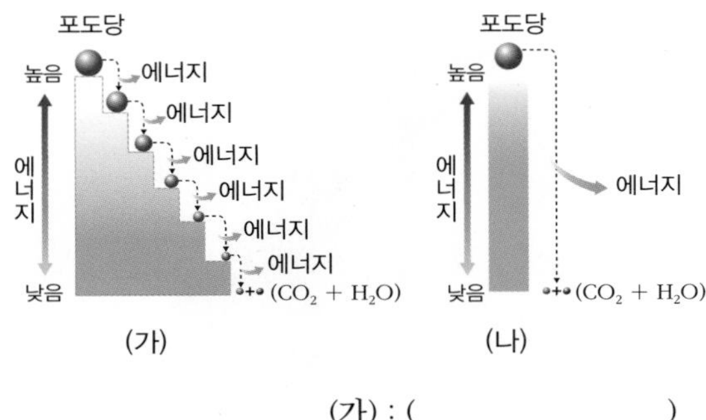

(가) : (　　　　　　　　)
(나) : (　　　　　　　　)

10 다음 중 무산소 호흡의 특징에 대한 설명으로 옳지 않은 것은?

① 효소가 필요하다.
② ATP 가 소량으로 생성된다.
③ 유기물이 완전하게 분해된다.
④ 에너지가 많은 중간 산물이 생성된다.
⑤ 산소가 부족하거나 없는 상태에서 일어나는 호흡이다.

11 다음은 어떤 생물체 내의 물질대사에서 나타나는 에너지 변화를 그린 그래프이다.

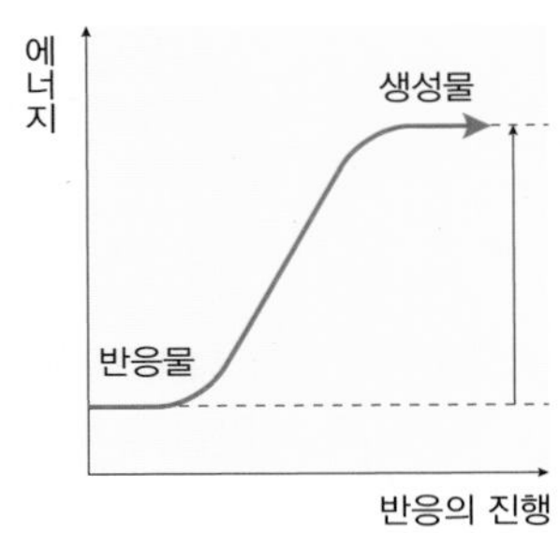

이에 대한 설명 중 옳은 것을 모두 고르시오.

① 에너지가 흡수되는 흡열 반응이다.
② 고분자 물질을 저분자 물질로 분해하는 과정이다.
③ 반응물의 에너지량이 생성물의 에너지량보다 크다.
④ 물질을 분해하여 세포의 생명 활동에 필요한 에너지를 얻는다.
⑤ 아미노산이 펩타이드 결합을 하여 단백질을 합성할 때 위와 같은 에너지 변화가 나타난다.

12 다음 그림은 ATP 와 ADP 사이의 전환을 나타낸 것이다.

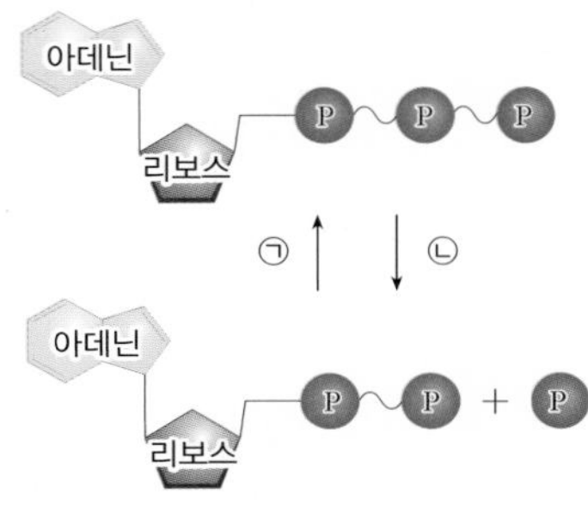

이에 대한 설명으로 옳은 것만을 〈보기〉 에서 있는 대로 고른 것은?

〈 보기 〉
ㄱ. ㉠ 반응의 결과로 ATP 에서 에너지가 방출된다.
ㄴ. 미토콘드리아에서 ㉡ 의 반응이 일어난다.
ㄷ. ADP 가 무기 인산 한 분자와 결합하면 ATP 가 된다.

① ㄱ　② ㄴ　③ ㄷ
④ ㄱ, ㄴ　⑤ ㄴ, ㄷ

13 다음은 세포에서 일어나는 에너지 전환 과정의 일부를 나타낸 것이다.

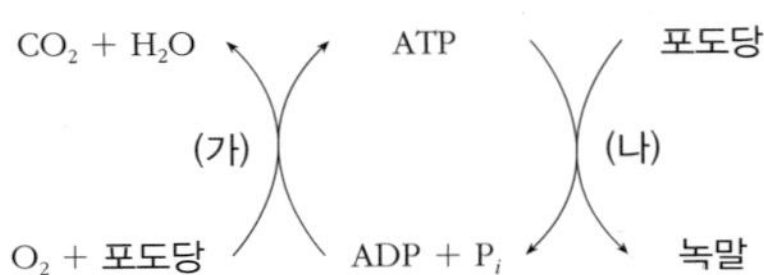

이에 대한 설명으로 옳은 것만을 〈보기〉 에서 있는 대로 고른 것은?

〈 보기 〉
ㄱ. (가) 는 발열 반응이다.
ㄴ. (나) 에서 에너지는 흡수된다.
ㄷ. 식물에서만 일어나는 (가) 과정에서는 빛에너지가 반드시 필요하다.

① ㄱ　② ㄴ　③ ㄱ, ㄴ
④ ㄴ, ㄷ　⑤ ㄱ, ㄴ, ㄷ

스스로 실력 높이기

14 다음은 생명체 내에서 일어나는 에너지 전환 과정을 나타낸 것이다.

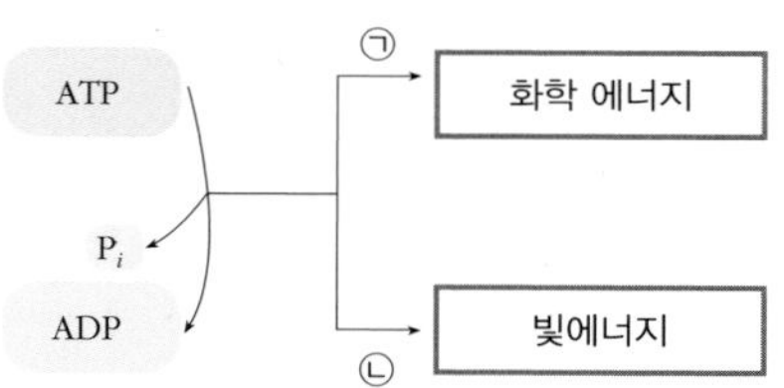

이에 대한 설명으로 옳은 것만을 〈보기〉 에서 있는 대로 고른 것은?

〈 보기 〉

ㄱ. 생물체 내에서 일어나는 동화 작용을 할 때, ㉠ 과 같은 에너지 전환이 일어난다.
ㄴ. 신경 세포의 Na^+ - K^+ 펌프는 ㉠ 에 해당한다.
ㄷ. 전기가오리의 발전세포에서 전기를 발생할 때 ㉡ 과 같은 에너지 전환이 일어난다.

① ㄱ ② ㄴ ③ ㄱ, ㄴ
④ ㄴ, ㄷ ⑤ ㄱ, ㄴ, ㄷ

15 다음은 광합성과 세포 호흡에서의 에너지와 물질의 이동을 나타낸 것이다. (가) 와 (나) 는 각각 광합성과 세포 호흡 중 하나이다.

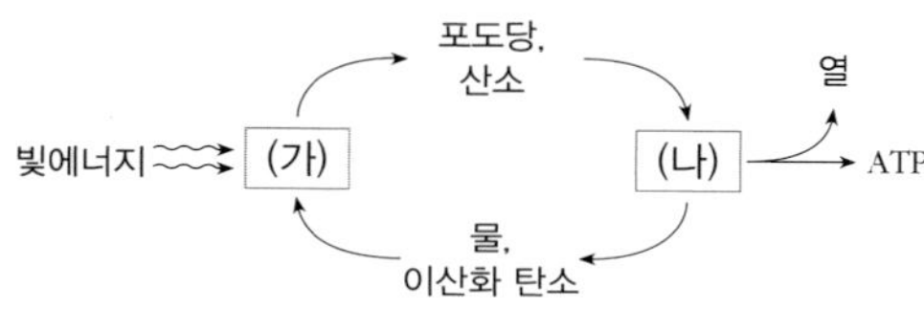

이에 대한 설명으로 옳은 것만을 〈보기〉 에서 있는 대로 고른 것은?

〈 보기 〉

ㄱ. (가) 과정은 엽록체에서 일어난다.
ㄴ. 식물의 잎에서는 (나) 과정이 일어난다.
ㄷ. 포도당의 에너지는 모두 ATP 에 저장된다.

① ㄱ ② ㄴ ③ ㄱ, ㄴ
④ ㄱ, ㄷ ⑤ ㄴ, ㄷ

16 다음 그림은 어떤 반응이 일어날 때 에너지가 방출되는 모습을 나타낸 것이다.

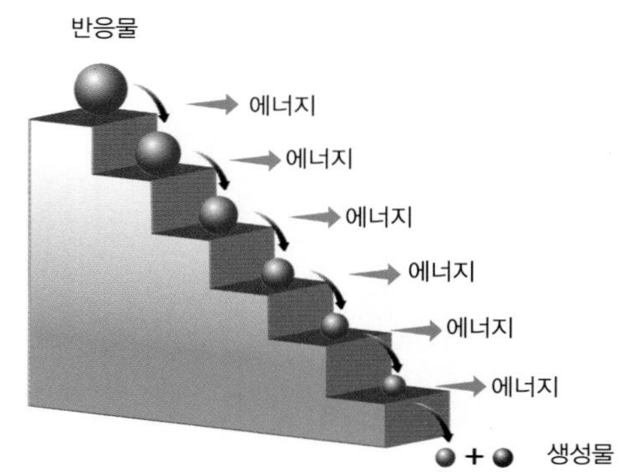

위 그림에 해당되는 예를 〈보기〉 에서 있는 대로 고른 것은?

〈 보기 〉

ㄱ. 자동차 연료의 연소
ㄴ. 엽록체에서 일어나는 광합성
ㄷ. 미토콘드리아에서 일어나는 세포 호흡

① ㄱ ② ㄴ ③ ㄷ
④ ㄱ, ㄴ ⑤ ㄴ, ㄷ

17 다음 중 포도당이 체내에서 분해될 때와 포도당이 연소될 때 나타나는 특징에 대한 설명으로 옳은 것은?

① 연소 반응이 일어날 때에는 산소가 필요하지 않다.
② 포도당이 체내에서 분해될 때 총 38ATP만큼의 에너지만 생성된다.
③ 포도당이 체내에서 분해되어 생성된 기체는 배설계를 통해 배출된다.
④ 체내에서 포도당이 분해될 때에는 효소로 인해 체온 범위의 온도에서만 반응이 일어난다.
⑤ 포도당이 체내에서 분해될 때 생성되는 에너지의 총량은 같은 양의 포도당이 연소될 때 생성되는 에너지보다 작다.

18 다음 중 산소 호흡과 무산소 호흡의 공통점으로 옳은 것은?

① 효소가 필요한 반응이다.
② 유기물이 완전히 분해된다.
③ 물질이 합성되는 동화 작용이다.
④ 인간에게 유용한 중간 산물이 생성된다.
⑤ 고온에서 한 번에 진행되며 반응 속도가 빠르다.

19 다음은 같은 양의 포도당이 산소 호흡과 무산소 호흡을 통해 분해되는 과정을 나타낸 것이다.

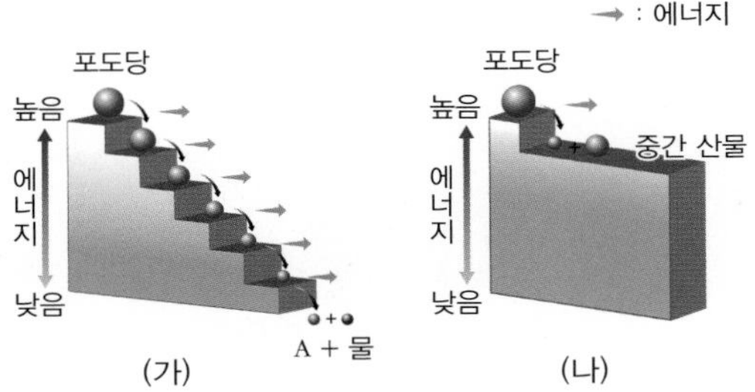

이에 대한 설명 중 옳지 <u>않은</u> 것은?

① (가) 는 에너지가 흡수되는 흡열반응이다.
② (가) 에서 생성된 물질 A는 광합성에 이용되는 기체이다.
③ (나) 의 ATP 생성량은 (가) 보다 적다.
④ (가) 와 (나) 는 모두 이화 작용이다.
⑤ (가) 와 (나) 는 모두 효소가 필요하다.

20 다음은 생물체 내에서 일어나는 화학 반응을 화학 반응식으로 나타낸 것이다.

$$C_6H_{12}O_6 + 6O_2 + 6H_2O \longrightarrow 6CO_2 + 12H_2O + \text{에너지}$$

이에 대한 설명 중 옳지 <u>않은</u> 것은?

① 이 반응은 이화 작용으로 발열 반응이다.
② 이 반응의 결과로 방출된 에너지는 2 종류이다.
③ 위 반응에서는 포도당이 호흡 기질로 사용되었다.
④ 세포의 미토콘드리아를 중심으로 일어나는 반응이다.
⑤ 이 반응의 결과로 에너지가 많은 중간 산물이 생성된다.

21 다음은 미토콘드리아에서 일어나는 물질대사 작용을 나타낸 것이다. A 와 B 는 각각 다른 기체이다.

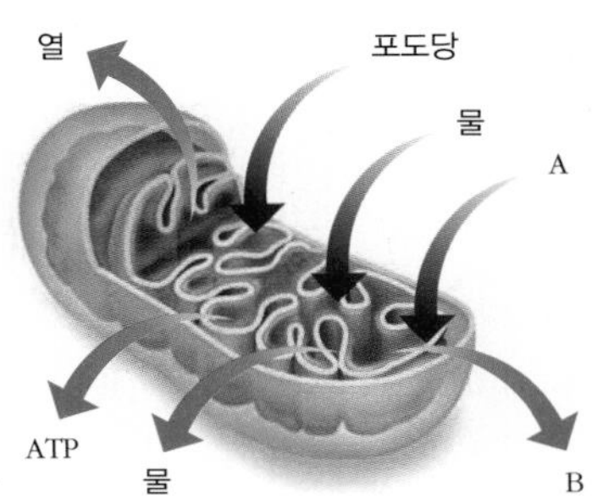

이에 대한 설명으로 옳은 것만을 〈보기〉 에서 있는 대로 고른 것은?

〈 보기 〉
ㄱ. A 를 석회수에 통과시키면 석회수가 뿌옇게 흐려진다.
ㄴ. 엽록체에서 B 와 물을 이용하여 포도당을 합성한다.
ㄷ. '포도당+A' 의 에너지양은 '물+B' 의 에너지양보다 작다.

① ㄱ ② ㄴ ③ ㄱ, ㄴ
④ ㄱ, ㄷ ⑤ ㄴ, ㄷ

22 다음은 사람의 몸속에서 일어나는 물질대사 과정을 나타낸 것이다.

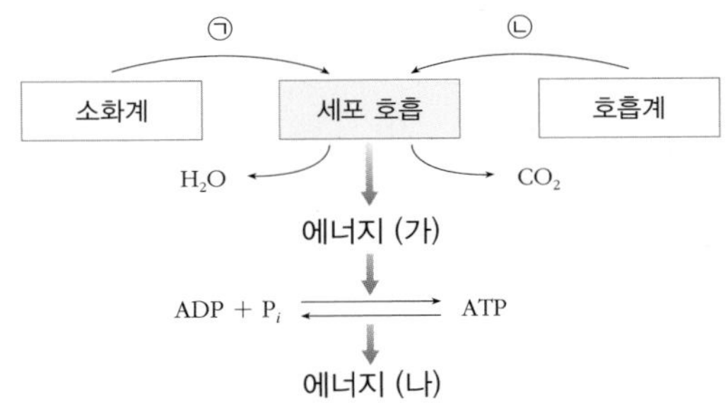

이에 대한 설명으로 옳은 것을 <u>모두</u> 고르시오. (단, ㉠ 과 ㉡ 은 각각 O_2와 포도당 중 하나이다.)

① ㉠ 은 산화 반응을 할 때 필요한 것이다.
② ㉡ 은 발효와 부패가 일어날 때 필요한 것이다.
③ 에너지 (가) 는 모두 화학 에너지로 저장된다.
④ 에너지 (나) 는 직접 생명 활동에 이용된다.
⑤ 세포 호흡에서 ㉠ 은 ㉡ 에 의해 산화된다.

스스로 실력 높이기

23

다음은 동물체 내에서 에너지의 흐름을 나타낸 것이다.

음식물 → 소화 흡수 (→ 열) → 영양소 → 세포 호흡 (→ 열) → ATP → 생명 활동 ⇝ 열

이에 대한 설명으로 옳은 것만을 〈보기〉에서 있는 대로 고른 것은?

〈 보기 〉

ㄱ. 호흡 기질은 3 대 영양소가 모두 이용된다.
ㄴ. 동물은 생명 활동에 필요한 에너지원을 외부로부터 흡수한다.
ㄷ. 세포 호흡으로 생성된 ATP 는 영양소를 흡수할 때에도 사용된다.

① ㄱ ② ㄴ ③ ㄱ, ㄴ
④ ㄴ, ㄷ ⑤ ㄱ, ㄴ, ㄷ

24

다음은 체내에서 일어나는 에너지 대사 과정을 나타낸 것이다.

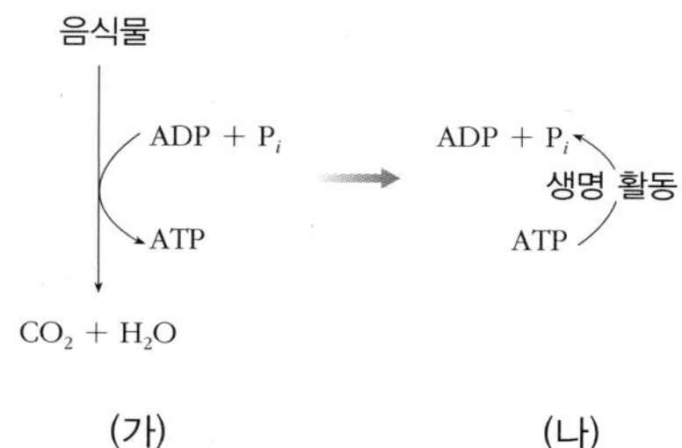

이에 대한 설명으로 옳은 것만을 〈보기〉에서 있는 대로 고른 것은?

〈 보기 〉

ㄱ. (가) 과정은 효소에 의해 반응이 한 번에 진행된다.
ㄴ. (나) 과정에서 고에너지 인산 결합이 생성되어 에너지가 방출된다.
ㄷ. ATP 는 여러 가지 형태의 에너지로 전환되어 생명 활동에 이용된다.

① ㄱ ② ㄴ ③ ㄷ
④ ㄱ, ㄴ ⑤ ㄴ, ㄷ

25

다음은 근육 수축이 일어날 때의 에너지 공급 과정을 나타낸 것이다.

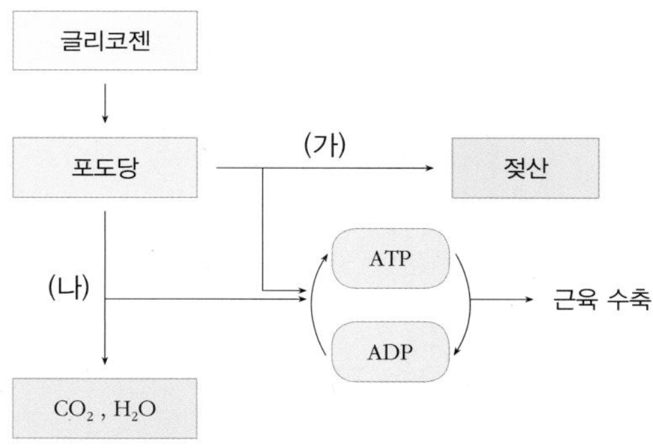

이에 대한 설명으로 옳은 것만을 〈보기〉에서 있는 대로 고른 것은?

〈 보기 〉

ㄱ. (가) 와 (나) 과정 모두 이화 작용이다.
ㄴ. 격렬한 운동을 할 때에는 (나) 과정 대신 (가) 과정이 일어난다.
ㄷ. 젖산은 피로 물질로 작용한다.

① ㄱ ② ㄴ ③ ㄱ, ㄴ
④ ㄱ, ㄷ ⑤ ㄴ, ㄷ

26 다음은 서로 다른 3 가지 반응에서 에너지가 전환되는 비율을 나타낸 것이다. (가) ~ (다) 는 각각 포도당의 세포 호흡, 포도당의 연소, 자동차 연료의 연소 중 하나이다.

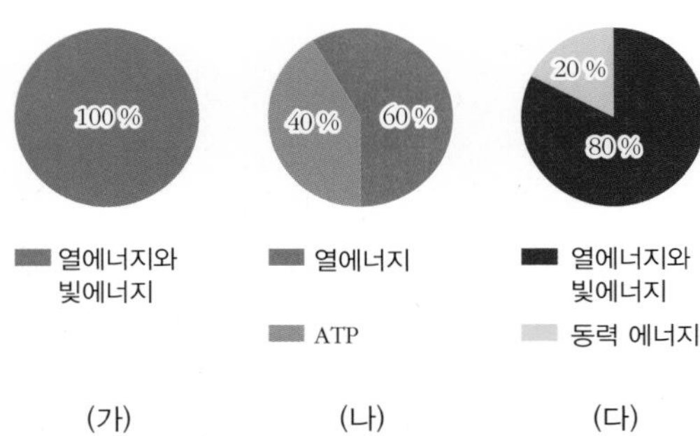

이에 대한 설명으로 옳은 것만을 〈보기〉 에서 있는 대로 고르시오. (단, 반응물의 양은 모두 같다고 가정한다.)

〈 보기 〉

ㄱ. (가) 는 (나) 보다 방출되는 에너지량이 더 많다.
ㄴ. (나) 에서 생명 활동에 필요한 에너지의 비율은 (다) 의 에너지 효율의 두 배이다.
ㄷ. (가) 는 반응이 단계적으로 일어나고, (다) 는 반응이 한 번에 매우 빠르게 진행된다.
ㄹ. (가) ~ (다) 중 (나) 가 가장 낮은 온도에서 반응이 일어난다.

( )

심화

27 지구 상의 생물이 사용하는 에너지의 근원과, 이 에너지의 근원이 생물체로 유입되는 과정을 서술하시오.

28 유기 영양소에 들어 있는 에너지가 생물체 내에서 세포의 생명 활동에 어떻게 이용되는지 그 과정을 서술하시오.

29 다음은 암실에서 양초의 연소와 콩의 호흡을 비교한 실험이다.

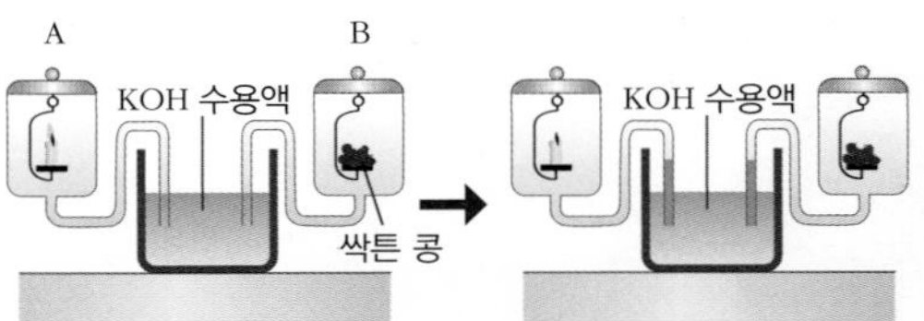

이에 대한 설명으로 옳은 것만을 〈보기〉 에서 있는 대로 고르시오. (단, 열에 의한 공기의 팽창은 없다고 가정하며, KOH 는 이산화 탄소를 흡수한다.)

〈 보기 〉

ㄱ. A 와 B 에서는 이화 작용이 일어난다.
ㄴ. KOH 수용액의 초기 상승 속도는 A 가 B 보다 더 빠르다.
ㄷ. 이 실험에서 싹튼 콩은 포도당을 합성할 수 있다.

( )

30 상상이는 효모의 알코올 발효에 의해 발생하는 기체가 무엇인지 확인해 보는 실험을 하였다. 다음 중 실험에 이용되는 시료로 가장 적당한 것은 무엇인지 그 이유와 함께 서술하시오.

증류수 콜라 오렌지 주스

15강. 소화

1. 영양소

영양소의 섭취 비율과 인체의 구성 성분 비교

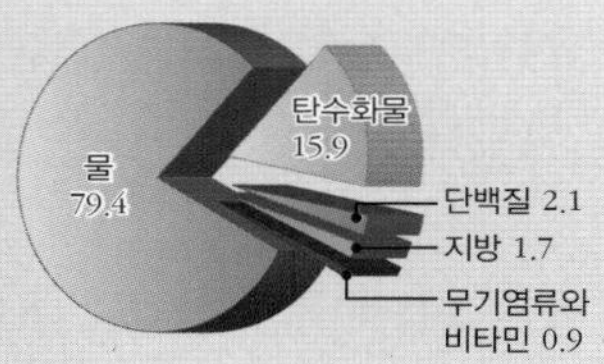

▲ 영양소별 섭취 비율(단위:%)

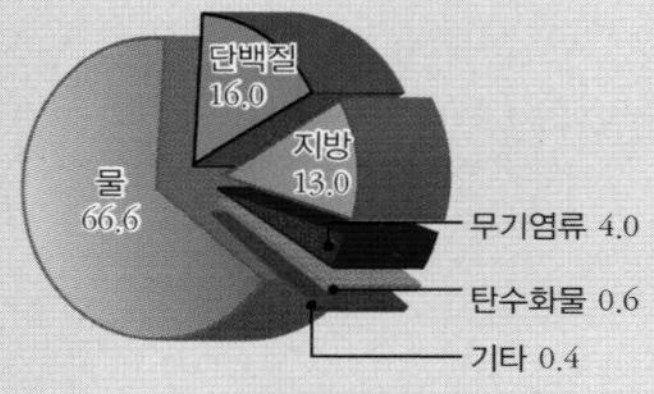

▲ 인체의 구성 성분(단위:%)

무기 염류의 종류와 기능

종류	기능
철	헤모글로빈의 성분
칼슘	뼈와 치아의 구성 성분
나트륨 칼륨	삼투압을 조절하여 세포 내 수분량 조절
인	뼈, 치아, 신경의 성분
아이오딘	갑상선 호르몬의 성분

(1) **영양소** : 몸을 구성하거나 에너지원으로 쓰이는 등 생명 활동에 필요한 물질로 음식물을 통해 얻는다.

① **주영양소(3 대 영양소)** : 몸을 구성하면서, 호흡 기질로 이용되어 에너지를 낼 수 있는 탄수화물, 단백질, 중성 지방을 주영양소라고 한다.

구분	탄수화물	단백질	중성 지방
구성 원소	C, H, O	C, H, O, N	C, H, O
열량	4 kcal/g	4 kcal/g	9 kcal/g
기능 · 특징	· 주에너지원으로 쓰여 섭취량에 비해 체구성 비율이 낮다. · 여분의 탄수화물은 글리코젠과 지방 등으로 전환되어 저장된다.	· 탄수화물이나 지방이 부족할 때 에너지원으로 쓰인다. · 세포의 주요 구성 성분이며 효소, 호르몬, 항체의 주성분이다. · 생리 작용을 조절한다.	· 저장 에너지원으로 쓰인다. · 피부 밑에 저장되어 열 손실을 막고 체온을 유지하는데 도움을 준다.
최종 소화 산물	단당류	아미노산	지방산, 모노글리세리드

② **부영양소** : 생리 기능을 조절하지만, 에너지원으로 쓰이지 않는 물, 무기염류, 바이타민을 부영양소라고 한다.

구분	물	무기 염류	바이타민
기능	· 몸의 구성 성분이다. · 용매로 이용되어 물질을 운반하는데 용이하다. · 물질대사의 매개체가 된다.	· 몸의 구성 성분이다. · 생리 기능을 조절한다. · 체내에서 합성되지 않으므로 음식물로 섭취해야 한다.	· 적은 양으로 생리 작용을 조절한다. · 체내에서 합성되지 않으므로 음식물로 섭취해야 한다.
특징	· 비열과 기화열이 커서 체온 조절에 도움을 준다. · 인체의 구성 성분 중 가장 많은 비율을 차지한다.	· 여러 가지 무기물이 세포액과 혈액에서는 이온의 상태로, 뼈와 치아에서는 염을 이루어 존재한다. · 나트륨, 칼슘, 인 등	· 몸의 구성 성분이 아니다. · 지용성 바이타민(A, D, E, K)과 수용성 바이타민(B군, C)으로 구분된다.

개념확인 1

몸을 구성하고, 호흡 기질로 이용되어 에너지를 낼 수 있는 영양소를 총칭하여 무엇이라고 하는가?

( )

확인+1

다음 글을 읽고 빈칸에 들어갈 알맞은 단어를 써 넣으시오.

> 부영양소는 몸의 구성 성분으로 ㉠( )(을)를 조절하지만 ㉡( )으로는 쓰이지 않는다.

㉠ : ( ), ㉡ : ( )

2. 영양소의 소화 1

(1) 소화 : 고분자 상태의 음식물을 체내에서 흡수할 수 있을 정도의 작은 분자의 영양소로 분해하는 작용을 소화라고 한다.

(2) 소화의 종류

① **기계적 소화** : 음식을 잘게 부수어 크기를 작게 하고, 음식물을 이동시키거나 소화액과 잘 섞어 화학적 소화가 효율적으로 일어나게 도와주는 과정을 기계적 소화라고 한다.

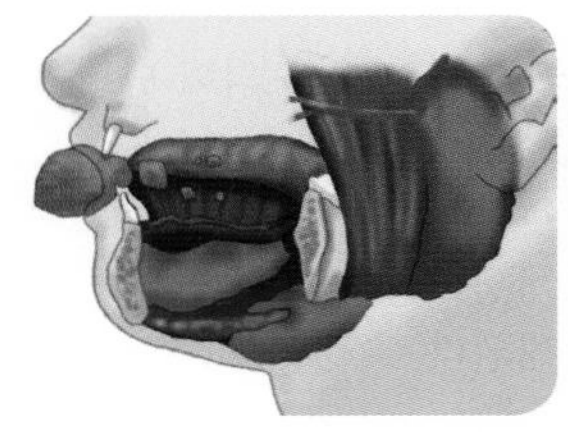
▲ 씹는 운동(저작 운동)
음식물을 이로 잘게 부수는 운동

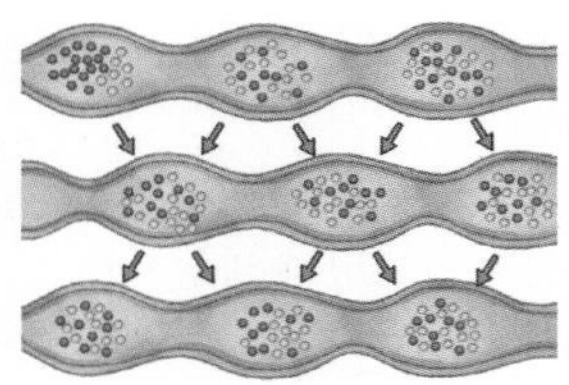
▲ 혼합 운동(분절 운동)
음식물과 소화액을 섞는 운동

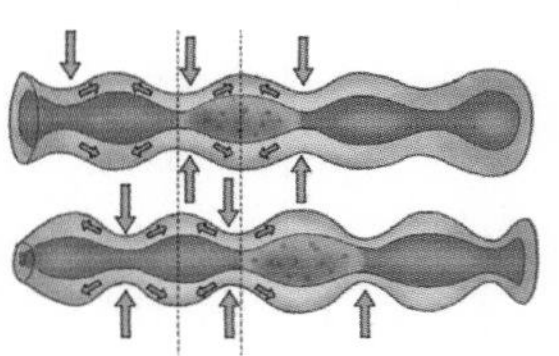
▲ 꿈틀 운동(연동 운동)
음식물을 이동시키는 운동

② **화학적 소화** : 소화 효소의 작용으로 고분자 물질이 저분자 물질로 분해되는 화학적 과정으로 물질의 화학적 성질이 변한다.(이화 작용)
· 음식물의 소화가 빨리 일어나도록 도와준다.
· 특정 소화 효소는 특정 영양소만 분해한다.
(예) 아밀레이스는 탄수화물의 소화 효소로 단백질과 지방을 소화시킬 수 없다.
· 소화 효소의 주성분은 단백질이기 때문에 열에 약하고, 소화 효소의 종류에 따라 활발하게 작용하는 최적의 pH 가 있다.

(3) 사람의 소화계

① **소화관** : 입, 식도, 위, 소장, 대장으로 이어지는 관으로 음식물이 지나가면서 소화가 되는 통로이다.
② **소화샘** : 침샘(귀밑샘, 턱밑샘, 혀밑샘 등), 위샘, 간, 쓸개, 이자 등으로 구성되며 소화액을 분비하는 기관이다.

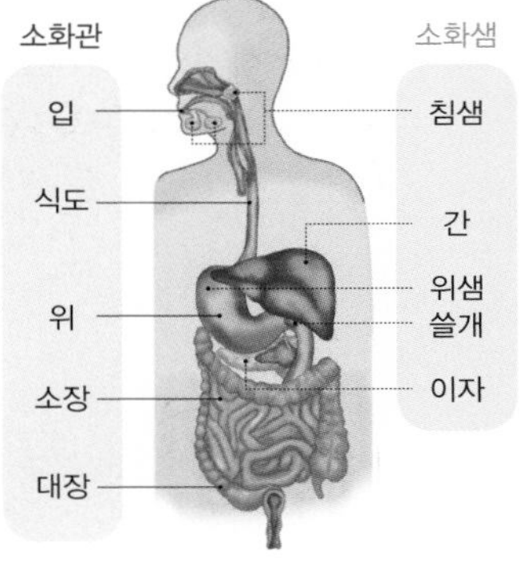

▲ 사람의 소화계

(4) 소화의 필요성 : 음식물 속의 고분자 영양소(녹말, 단백질, 지방)는 분자의 크기가 커서 세포막을 통과할 수 없으므로 소화 과정을 통해 크기가 작은 저분자 영양소로 분해되어야 한다.

개념확인 2

정답 및 해설 08쪽

고분자 상태의 음식을 체내에서 흡수할 수 있을 정도의 작은 분자의 영양소로 분해하는 작용을 무엇이라고 하는가?

( )

확인+2

소화에 대한 설명 중 옳은 것은 ○표, 옳지 않은 것은 ×표 하시오.

(1) 음식물과 소화액을 섞는 운동은 기계적 소화 중 혼합 운동에 해당한다. ( )
(2) 기계적 소화는 이화 작용에 해당한다. ( )
(3) 화학적 소화는 효소에 의해서 진행되는 물질대사에 해당한다. ( )

소화샘에서 분비되는 소화액
· 침샘 ⇨ 아밀레이스
· 위샘 ⇨ 위액
· 간 ⇨ 쓸개즙 생성
· 쓸개 ⇨ 쓸개즙 저장
· 이자 ⇨ 이자액
· 소장 ⇨ 장액

소화를 돕는 기관의 작용
· 간 : 여러 가지 화학 반응이 일어나는 장소이며 해독 작용을 하고 쓸개즙을 생성한다.
· 쓸개 : 쓸개즙을 저장하고 분비한다.
· 이자 : 3 대 영양소의 소화 효소, 탄산수소 나트륨($NaHCO_3$: 산성 음식물 중화), 호르몬(인슐린, 글루카곤)을 분비한다.

간의 기능
· 글리코젠의 분해와 합성을 통해 혈당량을 0.1 % 로 유지한다.
· 수명이 다한 적혈구를 파괴하여 쓸개즙을 생성한다.
· 아미노산의 분해 결과로 생성된 암모니아를 독성이 적은 요소로 합성한다.
· 알코올 등 약물의 독성을 해독한다.
· 체내 발열량의 20 % 에 해당하는 열을 생성하여 체온을 조절한다.
· 혈액 응고와 관련있는 효소(프로트롬빈)와 물질(헤파린)을 생성한다.

3. 영양소의 소화 2

(5) 탄수화물의 소화

① **녹말의 소화** : 녹말은 입과 소장을 지나면서 침과 이자액에 포함되어 있는 아밀레이스에 의해 이당류인 엿당으로 분해된다.

· 녹말은 포도당으로 구성된 다당류로 물에 녹지 않으며 단맛이 없다.
· 녹말은 입에서 기계적 소화와 화학적 소화가 모두 일어난다.
· 녹말은 아밀레이스에 의해 엿당과 덱스트린으로 분해된다.

② **이당류의 소화** : 이당류는 소장 상피 세포에서 분비되는 소화 효소에 의해 단당류로 최종 분해된다.

· 엿당은 말테이스에 의해 포도당으로 최종 분해된다.
· 설탕은 수크레이스에 의해 포도당과 과당으로 최종 분해된다.
· 젖당은 락테이스에 의해 포도당과 갈락토스로 최종 분해된다.

(6) 단백질의 소화

① **단백질 소화** : 단백질은 위를 지나면서 폴리펩타이드로 분해된다.

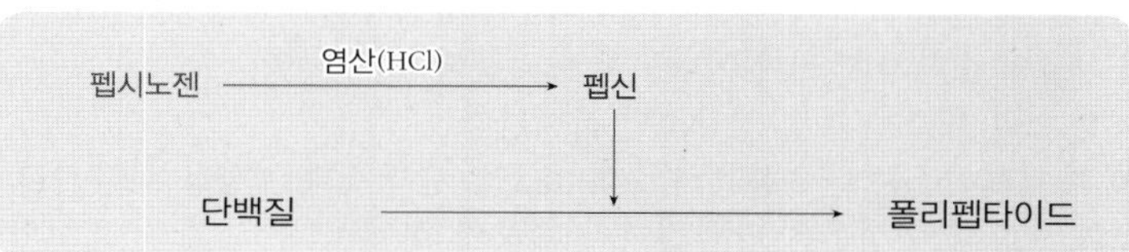

② **폴리펩타이드의 소화** : 폴리펩타이드는 이자액에 포함되어 있는 트립시노젠과 키모트립시노젠의 활성에 의해 다이펩타이드 또는 트라이펩타이드로 분해된다.

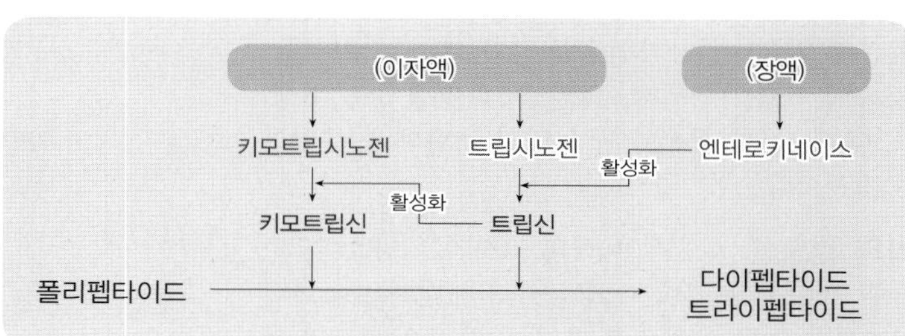

③ **다이 · 트라이펩타이드의 소화** : 장액에서 분비되는 펩티데이스에 의해 아미노산으로 최종 분해된다.

3 대 영양소의 화학적 소화 장소

· 탄수화물 : 입, 소장
· 단백질 : 위, 소장
· 지방 : 소장

이자액과 장액

· 이자액은 이자에서 생성되어 십이지장(소장의 첫 부분)으로 분비된다.
예 아밀레이스, 트립신, 라이페이스
· 장액은 소장의 상피 세포의 장샘에서 생성되어 소장으로 분비된다.
예 펩티데이스, 말테이스, 수크레이스, 락테이스

엿당과 덱스트린

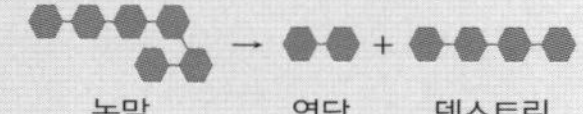

· 녹말에서 엿당으로 분해되기까지의 중간 산물을 통틀어 덱스트린이라고 한다.
· 덱스트린도 아밀레이스에 의해 엿당으로 분해된다.

위액의 성분

· 염산(HCl) : 펩시노젠을 펩신으로 활성화시키고, 살균 작용을 일으켜 음식물의 부패를 방지한다.
· 펩시노젠 : 염산에 의해 펩신으로 활성화되어 단백질을 폴리펩타이드로 분해한다.
· 뮤신 : 점액성 물질로 염산과 펩신에 의해 위벽이 손상되지 않도록 보호한다.

단백질의 소화 효소

· 우리 몸을 구성하는 세포의 주 성분이 단백질이므로, 단백질 소화효소가 그대로 분비된다면 세포도 소화될 위험이 생기게 된다. 따라서 단백질 소화 효소는 비활성화된 상태에서 분비된 후 소화관 내부에서 활성화된다.
· 위샘에서 펩시노젠이 분비된 후 염산에 의해 펩신으로 활성화된다.
· 이자에서 트립시노젠이 소장으로 분비된 후 소장에서 분비되는 엔테로키네이스에 의해 트립신으로 활성화된다.

개념확인 3

다음 중 탄수화물, 단백질, 중성 지방의 소화가 모두 일어나는 장소는 어느 곳인가?

① 입 ② 위 ③ 간 ④ 쓸개 ⑤ 소장

(7) 중성 지방의 소화

① **지방의 유화**

- 간에서 쓸개즙이 분비되어 쓸개에 저장되었다가 십이지장으로 분비되어 지방을 유화시켜 라이페이스의 작용을 돕는다.
- 쓸개즙에는 소화 효소는 없지만 지방을 유화시켜 지방이 라이페이스와 접촉하는 표면적을 넓혀준다.

② **지방의 소화** : 이자액에 포함되어있는 라이페이스에 의해 지방산과 모노글리세리드로 분해된다.

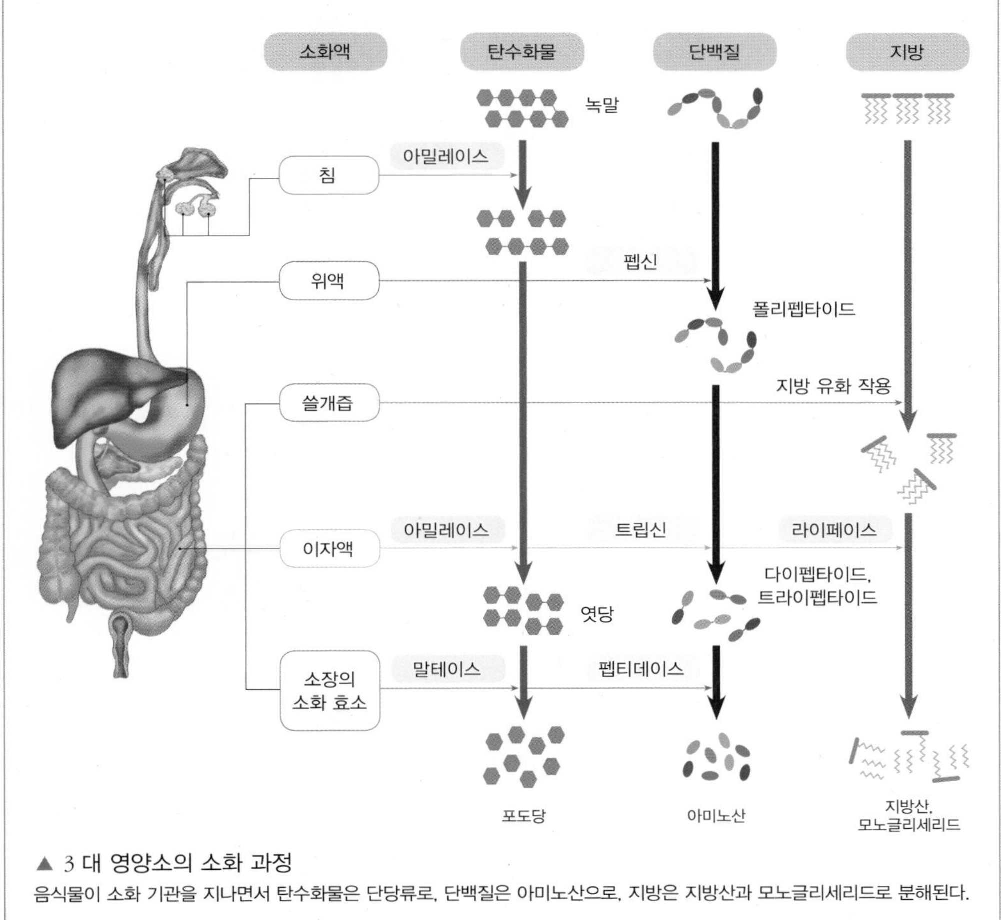

▲ 3 대 영양소의 소화 과정
음식물이 소화 기관을 지나면서 탄수화물은 단당류로, 단백질은 아미노산으로, 지방은 지방산과 모노글리세리드로 분해된다.

확인+3

정답 및 해설 08쪽

쓸개즙이 생성되는 장소는 어느 곳인가?

( )

쓸개즙의 유화 작용

▲ 쓸개즙의 유화 작용

- 쓸개즙은 간에서 생성되어 쓸개에 저장된 뒤 소장(십이지장)으로 분비된다.
- 쓸개즙을 이용해 큰 지방 덩어리들을 작은 지방 덩어리로 쪼개어 소화 효소와의 접촉 면적을 넓혀주는 작용이다.
- 유화 작용으로 지방의 화학 구조나 화학적 성질은 변하지 않는다.

모노글리세리드

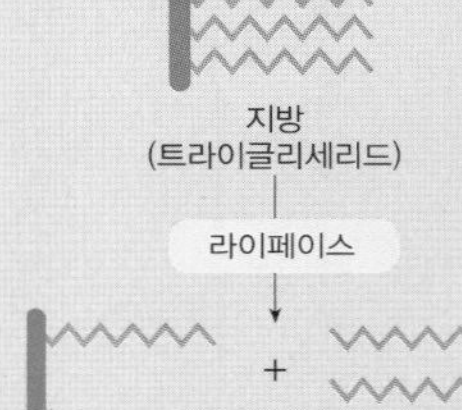

- 지방은 1 분자의 글리세롤과 3 분자의 지방산이 결합한 구조이다. (트라이글리세리드)
- 모노글리세리드는 1 분자의 글리세롤과 1 분자의 지방산이 결합한 것이다.

대장의 기능

- 대장에서는 소화 효소가 분비되지 않아 화학적 소화는 일어나지 않는다.
- 소장에서 흡수되고 남은 물이 흡수된다.
- 대장균에 의해 셀룰로스의 분해가 일어난다.

미니사전

유화[乳 젖 化 되다] 작용 큰 지방 덩어리가 작은 지방 알갱이로 분산되면서 용액이 젖(우유)처럼 뿌옇게 되는 작용

4. 영양소의 흡수와 이동

(1) **영양소의 흡수** : 최종 소화된 영양소는 소장의 융털에서 확산과 능동 수송에 의해 흡수된다.

① **수용성 영양소**(단당류, 아미노산, 무기 염류, 수용성 바이타민) : 융털의 모세혈관으로 흡수된다.

② **지용성 영양소**(지방산, 모노글리세리드, 지용성 바이타민) : 융털의 암죽관으로 흡수된다.

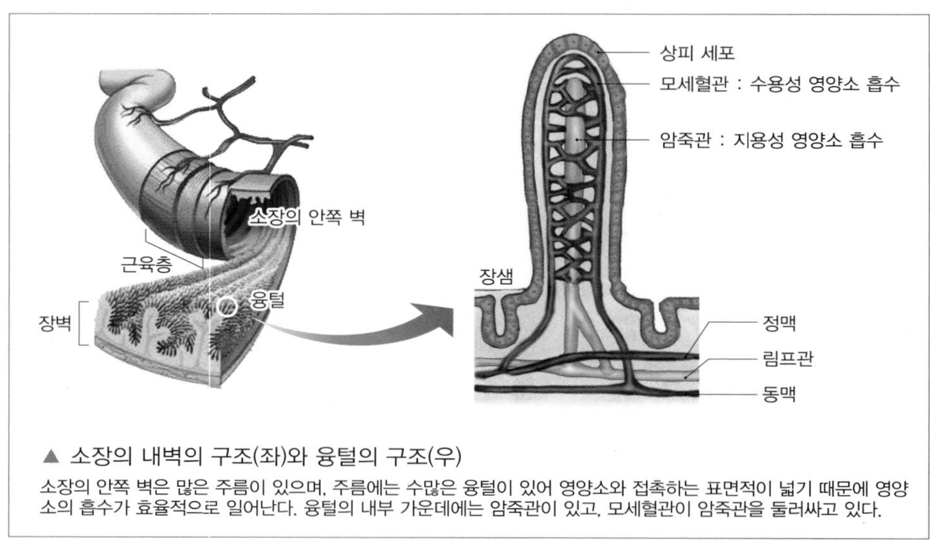

▲ 소장의 내벽의 구조(좌)와 융털의 구조(우)

소장의 안쪽 벽은 많은 주름이 있으며, 주름에는 수많은 융털이 있어 영양소와 접촉하는 표면적이 넓기 때문에 영양소의 흡수가 효율적으로 일어난다. 융털의 내부 가운데에는 암죽관이 있고, 모세혈관이 암죽관을 둘러싸고 있다.

(2) **영양소의 이동** : 흡수된 영양소는 심장으로 이동하여 온몸의 조직 세포로 운반되어 생명 활동에 쓰이거나 저장된다.

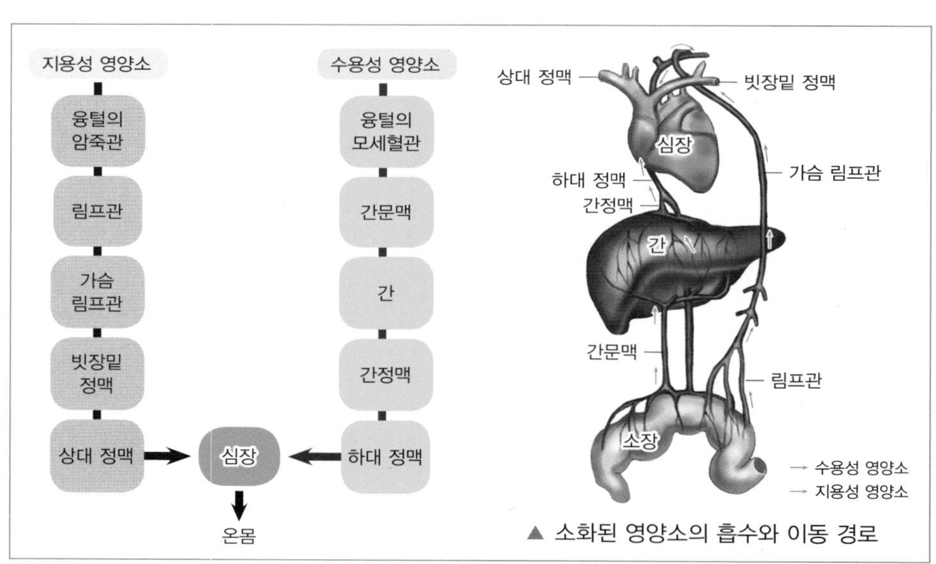

▲ 소화된 영양소의 흡수와 이동 경로

● 지방의 흡수와 이동

· 지방은 물에 녹지 않기 때문에 지방을 흡수하기 위해서는 특별한 과정이 필요하다.

· 라이페이스에 의해 지방은 지방산과 모노글리세리드로 분해된 후 소장 융털의 상피 세포로 흡수된다.

· 흡수된 지방산과 모노글리세리드는 상피 세포 내에서 지방으로 재합성되고, 콜레스테롤이나 단백질 등과 결합하여 수용성 덩어리가 된 후 암죽관으로 이동한다.

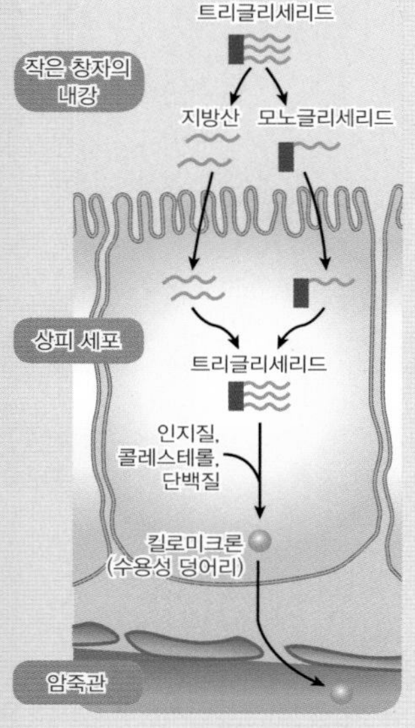

● 간문맥과 간정맥

· 간문맥 : 위, 장, 이자, 지라 등에서 나온 혈액을 모아 간으로 보내는 혈관으로 간과 장 사이의 혈관

· 간정맥 : 간에 들어온 피를 심장으로 보내는 정맥으로 간과 대정맥 사이의 혈관

● 가슴 림프관

척추동물에서 림프를 운반하는 림프관의 본관으로 가슴을 지나가는 림프관

개념확인 4

정답 및 해설 09쪽

다음 중 융털의 모세혈관으로 흡수되는 영양소를 모두 고르시오.

① 단당류 ② 지방산 ③ 무기 염류 ④ 바이타민 A ⑤ 바이타민 C

확인+4

다음은 지용성 영양소의 이동 경로를 나타낸 것이다. 빈칸에 들어갈 알맞은 장소를 쓰시오.

융털의 ㉠( ) → 림프관 → 가슴 림프관 → ㉡( ) → 상대 정맥 → 심장

[참고 자료 : 소화 효소]

소화 효소의 특성

· 생체 촉매 ⇨ 활성화 에너지를 낮추어 반응 속도를 빠르게 해주며, 반응이 진행되어도 소모되지 않기 때문에 반복하여 사용된다.
· 기질 특이성 ⇨ 효소의 활성 부위에 결합할 수 있는 특정 영양소에 대해서만 촉매 작용이 일어난다.
· 최적 온도와 최적 pH ⇨ 효소의 주성분이 단백질이므로 온도와 pH 의 영향을 받는다. 단백질의 입체 구조는 온도와 pH 에 따라 변하기 때문이다.

소화 효소의 작용에 영향을 미치는 요인

· 온도

▶ 일정 온도까지는 온도가 높아짐에 따라 반응 속도가 빨라진다.
▶ 소화 효소가 가장 활발하게 작용하는 온도 범위가 있다.
⇨ 최적 온도는 체온 범위로 약 37 ℃ 이다.
▶ 40 ℃ 이상의 고온에서는 반응 속도가 급격하게 감소한다.
⇨ 고온에서는 효소의 주성분인 단백질의 입체 구조가 변성하여 제 기능을 하지 못하기 때문이다.

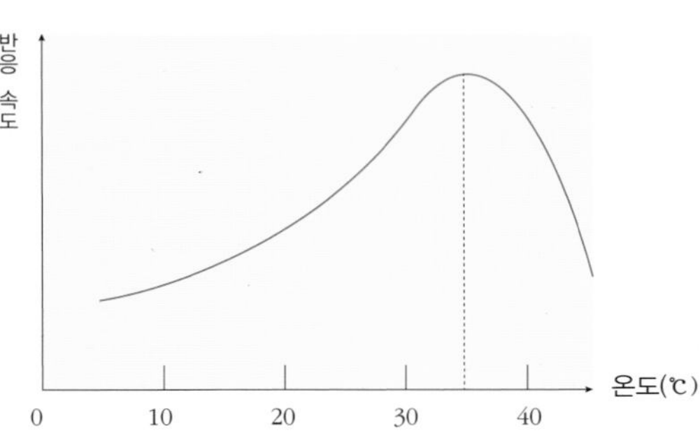

▲ 온도와 소화 효소의 반응 속도

· pH

▶ 소화 효소는 종류에 따라 가장 활발하게 작용하는 pH 가 있다. (최적 pH)
▶ 대부분의 효소는 중성에서 최대로 활성화되지만 종류에 따라 최적 pH 가 다르다.
  · 펩신의 최적 pH = 2
  · 아밀레이스의 최적 pH = 7
  · 트립신의 최적 pH = 8
  · 라이페이스의 최적 pH = 9

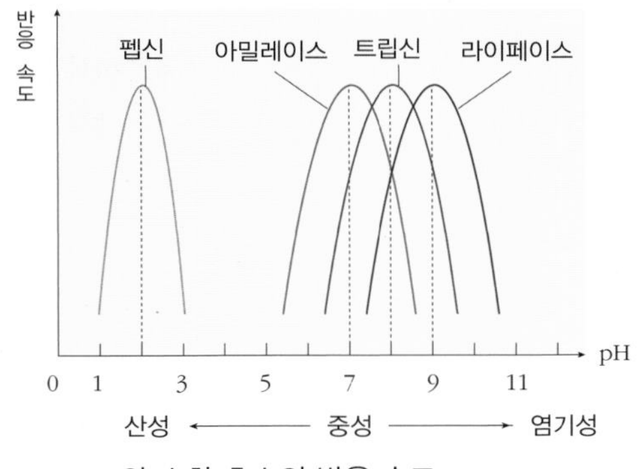

▲ pH 와 소화 효소의 반응 속도

· 소화 기관의 pH

▶ 입은 중성 상태로, 아밀레이스의 최적 pH 가 7 이므로 탄수화물의 소화가 일어난다.
▶ 위는 염산이 분비되어 산성 상태로, 펩신에 의한 단백질의 분해가 일어나지만, 아밀레이스는 변성되어 기능을 잃는다.
▶ 소장은 탄산수소 나트륨이 분비되어 약한 염기성을 띤다. 말테이스, 트립신, 라이페이스 등의 최적 pH 는 8 ~ 9 정도이므로 탄수화물과 단백질, 지방의 분해가 일어나지만, 펩신은 변성되어 기능을 잃는다.

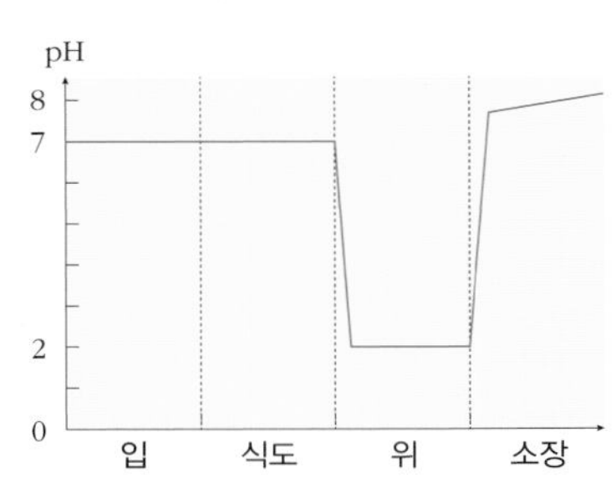

▲ 소화 기관의 pH

영양소의 검출 방법

· 녹말 검출 : 아이오딘-아이오딘화 칼륨 용액을 이용 ⇨ 청람색으로 변한다.

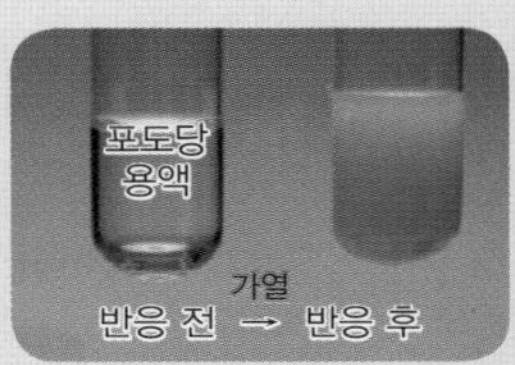

· 포도당 검출 : 베네딕트 용액을 이용한 뒤 가열 ⇨ 황적색으로 변한다.

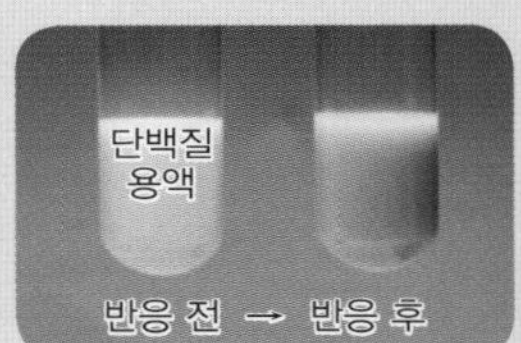

· 단백질 검출 : 5 % 수산화 나트륨 수용액과 1 % 황산 구리 수용액(뷰렛 용액)을 이용 ⇨ 보라색으로 변한다.

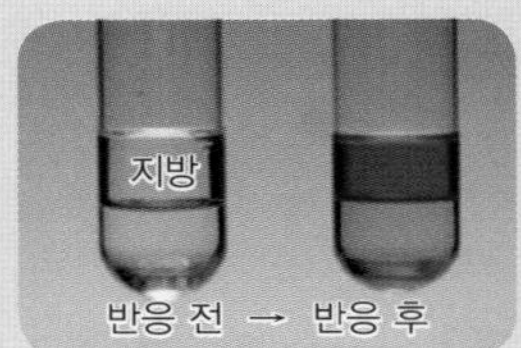

· 지방 검출 : 수단 Ⅲ 용액 이용 ⇨ 선홍색으로 변한다.

01

주영양소에 대한 설명으로 옳은 것만을 〈보기〉에서 있는 대로 고른 것은?

〈 보기 〉

ㄱ. 몸을 구성하는 영양소로 음식물을 통해 얻는다.
ㄴ. 호흡 기질로 이용되어 에너지를 낼 수 있다.
ㄷ. 3 대 영양소 중 가장 많은 열량을 내는 것은 탄수화물이다.

① ㄱ　② ㄴ　③ ㄱ, ㄴ　④ ㄴ, ㄷ　⑤ ㄱ, ㄴ, ㄷ

02

다음 설명에 해당되는 것은 무엇인가?

· 적은 양으로 생리 작용을 조절하며 체내에서 합성이 되지 않아 음식물로 섭취해야 한다.
· 몸의 구성 성분이 아니다.

① 물　② 중성 지방　③ 단백질
④ 바이타민　⑤ 무기 염류

03

다음 중 기계적 소화와 관련된 것들을 모두 고르시오.

① 효소　② 이화 작용　③ 꿈틀 운동
④ 씹는 운동　⑤ 혼합 운동

04

사람의 소화계에 대한 설명 중 옳은 것은 ○표, 옳지 않은 것은 ×표 하시오.

(1) 사람의 소화계는 크게 소화관과 소화샘으로 구분된다. (　　)
(2) 소화관은 음식물이 지나가면서 소화가 되는 통로이다. (　　)
(3) 소화샘은 소화액을 분비하는 기관으로 식도, 위, 소장 등이 해당한다. (　　)
(4) 음식물 속의 영양소는 분자의 크기가 크지만 에너지를 이용하여 세포막을 통과할 수 있다. (　　)

05

다음 영양소가 최종 분해되면 어떤 물질이 되는지 각각 쓰시오.

(1) 녹말 → (   )
(2) 중성 지방 → (   )
(3) 단백질 → (   )

06

영양소의 소화에 대한 설명으로 옳은 것만을 〈보기〉에서 있는 대로 고른 것은?

〈 보기 〉

ㄱ. 위에서 분비되는 펩신은 단백질의 소화 효소이다.
ㄴ. 모노글리세리드는 1 분자의 글리세롤과 2 분자의 지방산이 결합한 형태이다.
ㄷ. 탄수화물은 입에서 화학적 소화가 일어나지만 단백질은 입에서 화학적 소화가 일어나지 않는다.

① ㄱ　② ㄴ　③ ㄱ, ㄴ　④ ㄱ, ㄷ　⑤ ㄴ, ㄷ

07

다음 중 융털의 모세혈관으로 흡수되는 영양소는 '모', 융털의 암죽관으로 흡수되는 영양소는 '암'이라고 쓰시오.

(1) 포도당 (　　)
(2) 나트륨 (　　)
(3) 지방산 (　　)
(4) 아미노산 (　　)
(5) 바이타민 K (　　)

08

다음은 수용성 영양소의 이동 경로를 나타낸 것이다. 빈칸에 들어갈 알맞은 장소를 쓰시오.

융털의 ㉠(　　　) → ㉡(　　　) → 간 → ㉢(　　　) → 하대정맥 → ㉣(　　　) → 온몸

유형 익히기 & 하브루타

[유형15-1] 영양소

다음 그림은 탄수화물과 바이타민의 공통점과 차이점을 모식적으로 나타낸 것이다.

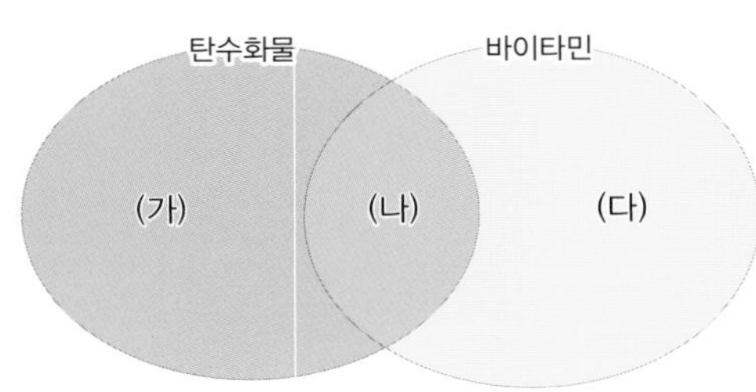

이에 대한 설명으로 옳은 것은 ○표, 옳지 않은 것은 ×표 하시오.

(1) '호흡 기질로 이용된다.' 는 (가) 에 해당한다. ( )
(2) '세포의 주요 구성 성분이다.' 는 (가) 에 해당한다. ( )
(3) '몸의 구성 성분이다.' 는 (나) 에 해당한다. ( )
(4) '생리 작용을 조절한다.' 는 (다) 에 해당한다. ( )

01 다음 중 에너지원으로 사용될 수 있는 것으로 옳은 것만을 〈보기〉 에서 있는 대로 고르시오.

〈 보기 〉

ㄱ. 물	ㄴ. 칼슘	ㄷ. 아이오딘
ㄹ. 녹말	ㅁ. 단백질	ㅂ. 바이타민

( )

02 다음과 같은 특성을 갖는 영양소는 무엇인가?

· 에너지원으로 1 g 당 9 kcal 의 열량을 낸다.
· 주로 저장 에너지원으로 쓰인다.
· 피부 밑에 저장되어 열 손실을 막고 체온을 유지하는 데 도움을 준다.

( )

[유형15-2] 영양소의 소화 1

다음은 소화의 과정 중 일부를 모식적으로 나타낸 것이다.

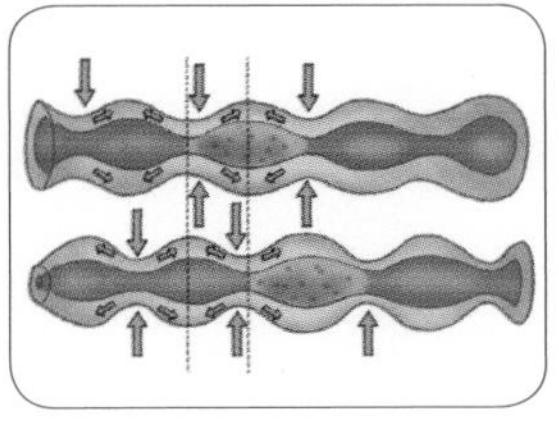

(가)

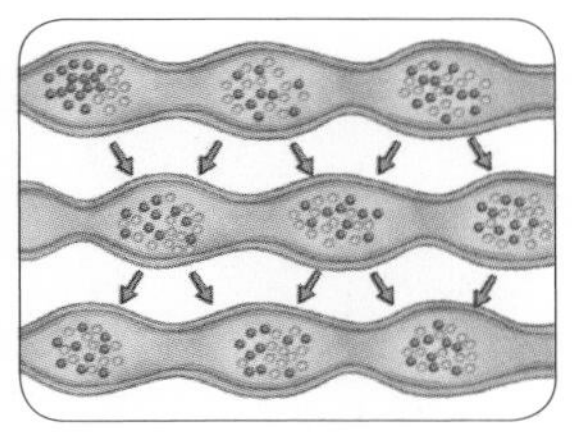
(나)

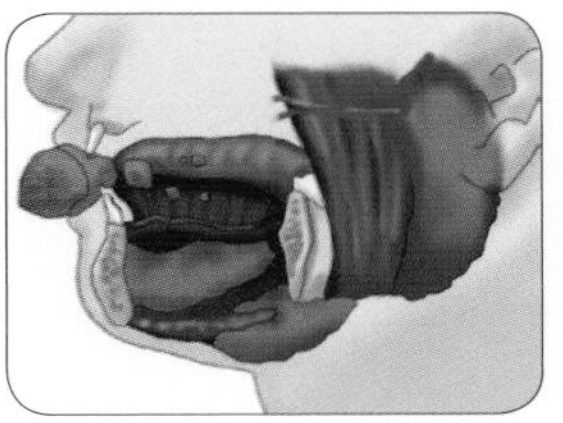
(다)

이에 대한 설명으로 옳은 것만을 〈보기〉에서 있는 대로 고르시오.

〈 보기 〉

ㄱ. (가)와 (나)는 화학적 소화, (다)는 기계적 소화에 해당한다.
ㄴ. (나) 운동은 음식물과 소화액을 섞는 혼합 운동이다.
ㄷ. (다) 운동으로 녹말이 이당류로 분해된다.

( )

03 오른쪽 그림은 사람의 소화샘을 나타낸 것이다. A ~ E 중 소화 효소가 생성되지 않는 기관을 모두 골라 쓰시오.

( )

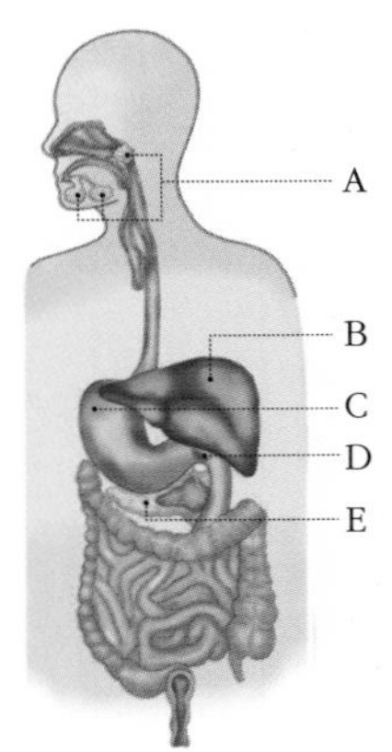

04 다음 글을 읽고 빈칸에 들어갈 알맞은 말을 써 넣으시오.

㉠( )소화는 소화 효소의 작용으로 고분자 물질이 저분자 물질로 분해되는 과정으로 물질의 화학적 성질이 변하는 ㉡( ) 작용에 해당한다.

㉠ : ( ), ㉡ : ( )

유형 익히기 & 하브루타

[유형15-3] 영양소의 소화 2

다음 그림은 사람의 소화 기관의 일부를 나타낸 것이다. A ~ E 에 대한 설명으로 옳은 것은?

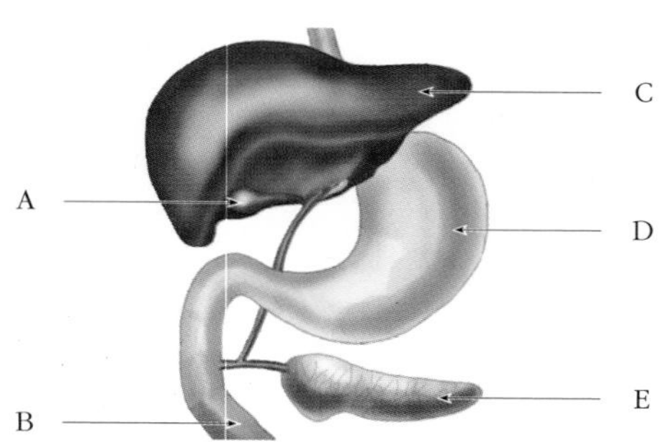

① B 는 십이지장으로 단백질의 소화가 처음으로 일어나는 장소이다.
② C 에서 합성되는 소화 효소는 A 에 저장되었다가 B 로 분비된다.
③ D 에서는 3 대 영양소를 분해하는 소화 효소가 분비된다.
④ E 에서는 단백질의 소화가 일어난다.
⑤ E 에서 3 대 영양소의 소화 효소가 생성된다.

05 다음은 음식물의 이동 경로를 나타낸 것이다. 다음 빈칸에 들어갈 알맞은 말을 쓰시오.

입 → ㉠(　　　　) → 위 → ㉡(　　　　) → 대장 → 항문

㉠ (　　　　), ㉡ (　　　　)

06 다음 영양소가 소화될 때, 소화에 관여하는 소화 효소를 쓰시오.

(1) 녹말 $\xrightarrow{㉠}$ 엿당 $\xrightarrow{㉡}$ 포도당

(2) 중성 지방 $\xrightarrow{㉢}$ 지방산 + 모노글리세리드

㉠ (　　　　), ㉡ (　　　　), ㉢ (　　　　)

[유형15-4] 영양소의 흡수와 이동

다음 그림은 소장의 융털의 구조를 나타낸 것이다. 다음 물음에 답하시오.

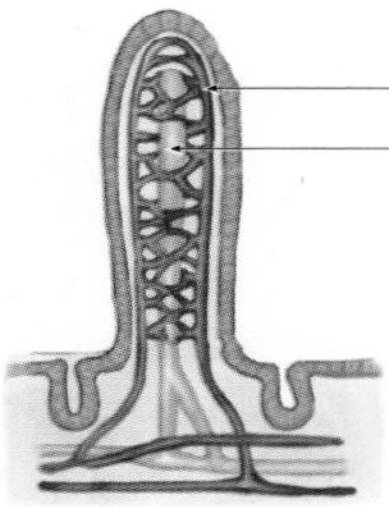

A
B

(1) A 와 B 의 이름을 각각 쓰시오.

A : ( ), B : ( )

(2) 다음 중 A 를 통해 흡수하여 이동하는 영양소를 〈보기〉 에서 있는 대로 골라 기호로 쓰시오.

〈 보기 〉

ㄱ. 칼슘 ㄴ. 엿당 ㄷ. 아미노산 ㄹ. 바이타민 A ㅁ. 바이타민 C ㅂ. 모노글리세리드

( )

07

다음 글을 읽고 빈칸에 들어갈 알맞은 단어를 써 넣으시오.

> 소장 안쪽 벽에는 수많은 ㉠( )(이)가 돋아 있어 영양소와 접촉하는 ㉡( )(이)가 넓기 때문에 영양소의 흡수가 효율적으로 일어난다.

㉠ ( ), ㉡ ( )

08

영양소의 흡수와 이동에 대한 설명 중 옳은 것은 ○표, 옳지 않은 것은 ×표 하시오.

(1) 지용성 영양소는 간으로 이동한다. ( )

(2) 모든 영양소는 심장을 거쳐 온몸으로 이동된다. ( )

(3) 소장의 융털에서 영양소가 흡수되는 원리는 확산과 삼투 현상이다. ( )

(4) 중성 지방은 지방산과 모노글리세리드로 분해된 후 상피 세포 내에서 지방으로 재합성된다. ( )

창의력&토론마당

01 다음은 셀룰로스에 대한 설명글이다. 자료를 읽고 다음 물음에 답하시오.

(가) 셀룰로스는 지구 상에서 가장 풍부하게 존재하는 물질로 포도당 분자들로 구성되어 있지만, 너무 조밀하게 결합되어 있어 분해하기가 어렵다. 셀룰로스는 셀룰레이스라는 소화 효소에 의해 포도당으로 분해된다. 사람은 셀룰로스를 분해하는 소화 효소가 없지만, 달팽이나 균류 같은 소수의 생물은 셀룰레이스를 생성한다. 또한, 초식성 동물이나 흰개미들은 직접 이 효소를 생성하지는 않지만, 장 내에 셀룰로스를 분해할 수 있는 미생물이 있어 이들이 분해한 셀룰로스의 분해 산물인 포도당을 장을 통해 흡수한다.

(나) 최근 식물에서 얻은 에탄올을 자동차의 연료로 사용하기 시작하였다. 이는 친환경 에너지로서 많은 관심을 받고 있다. 그러나 이 에탄올은 주로 곡물 알갱이를 원료로 쓰기 때문에 식량 가격을 폭등시키고 식량난 문제에까지 영향을 줄 수 있어 많은 비판이 있다. 따라서 현재는 곡물이나 옥수수가 아닌 식물 줄기나 목재를 원료로 한 셀룰로스 에탄올 개발이 한창이다.

(1) 풀의 주요 성분은 셀룰로스이다. 풀을 뜯어먹고 사는 토끼와 사람의 소화 작용을 알아보기 위해 다음과 같이 셀룰로스 10 ml 에 A, B, C, D 와 같은 재료를 넣고 실험을 하였다.

구분	A	B	C	D
셀룰로스 용액	10 ml	10 ml	10 ml	10 ml
시료	토끼 위의 순수 분비액	사람 위의 순수 분비액	토끼 위에서 분리된 미생물	사람 위에서 분리된 미생물

실험 결과 베네딕트 반응을 보인 시험관과 이를 통해 알 수 있는 사실을 정리하여 쓰시오.

(2) (나) 글의 문제점을 해결할 수 있는 방법을 (가) 글을 바탕으로 다양하게 써 보시오.

02

다음 제시된 자료를 읽고 물음에 답하시오.

[자료 1] 캡슐 요구르트

유산균들이 강산의 환경인 위 속을 통과해 장까지 살아가는 것은 그리 쉬운 일이 아니다. 대개 일반 요구르트 내의 유산균이 장 속에서 살아 갈 수 있는 양은 처음 양의 50 % 에 불과하다. 물론 생존한 50 % 의 유산균의 양은 150 mL 의 요구르트 중에 750억 마리나 되므로 적은 것은 아니다. 하지만 마신 요구르트에 포함된 유산균 대부분이 대장에 많이 전달될 수 있다면 더 좋지 않을까? 이러한 문제를 해결하기 위해 유산균에 보호막을 입혀 장까지 살아서 갈 수 있도록 만든 캡슐 요구르트가 개발되었다.

[자료 2] pH 에 따른 유산균의 생존률

pH	2	3	4	5	6	7	8
생존률(%)	5	15	30	40	91	92	90

[자료 3]

아침에 일어나면 신진대사가 일어나면서 위액(위산)이 분비되는데, 아침을 거르면 위산은 계속 분비되고 그 위산이 위점막을 상하게 한다. 특히 밤 사이에 비록 적은 양이지만 지속적으로 위액이 분비되기 때문에 자고 일어난 후에는 위의 산도가 매우 높아지게 된다. 따라서 아침을 거르게 되면 위궤양이 쉽게 생기므로 아침 식사를 하는 습관이 중요하다.

(1) 유산균을 섭취했을 때 소장까지 산 채로 도달하는 유산균이 적은 이유는 무엇인가?

(2) 유산균의 대부분이 소장까지 안전하게 살아서 도달하기 위해서는 어떤 성분의 캡슐을 이용하여야 하는지 그 이유와 함께 쓰시오.

(3) 아침 식사 전과 후 중, 요구르트를 섭취하기에 적절한 시기는 언제이며, 그렇게 생각한 까닭은 무엇인가?

03 아래의 자료를 읽고 다음 물음에 답하시오.

(1) 일반적으로 초식동물과 잡식동물은 육식동물과 비교해 볼 때 몸길이에 비해 긴 소화 기관을 가지고 있다. 채소 등 식물은 세포벽을 가지고 있어 고기보다 소화하기 어렵기 때문이다. 긴 소화관은 소화가 오랫동안 진행될 수 있게 해주고 더 넓은 표면적은 영양분 흡수가 더 많이 일어나게 해준다.

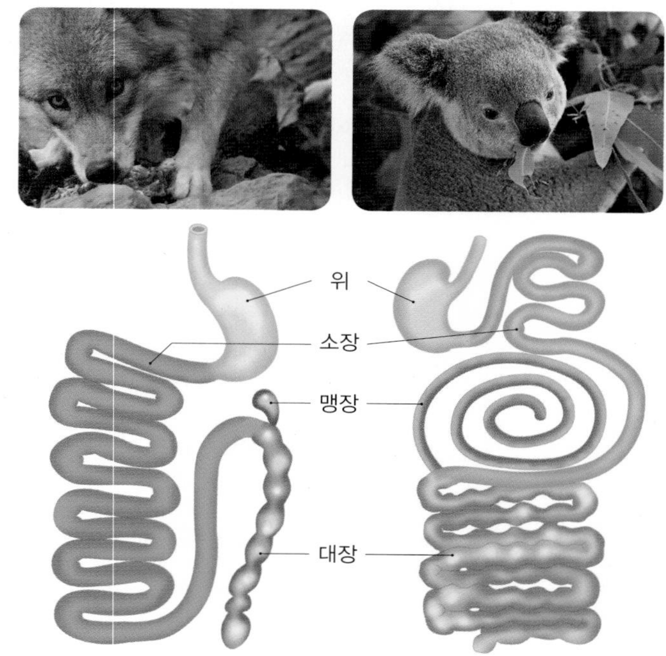

▲ 육식동물(늑대)의 소화 기관 ▲ 초식동물(코알라)의 소화 기관

(2) 코알라의 소화관은 유칼립투스 잎을 소화하기 위해 특화되었다. 또한, 많이 씹어서 잎을 조그마한 조각으로 쪼개어 음식물이 소화액과 접촉하는 것을 늘려준다. 코알라의 맹장은 발효 방으로 기능을 하는데, 여기에는 공생하는 세균이 있어 절단된 잎을 더 영양분이 풍부한 물질로 바꿔준다.

(1) 소화하기 힘든 식물을 소화하기 위해서 긴 소화관이 가지는 장점 두 가지를 쓰시오.

(2) 동물의 소화계는 공생 세균이 서식하는 데 어떠한 이점을 가지는가?

04

다음은 식욕 조절 호르몬에 대한 설명이다. 자료를 읽고 다음 물음에 답하시오.

[자료 1]

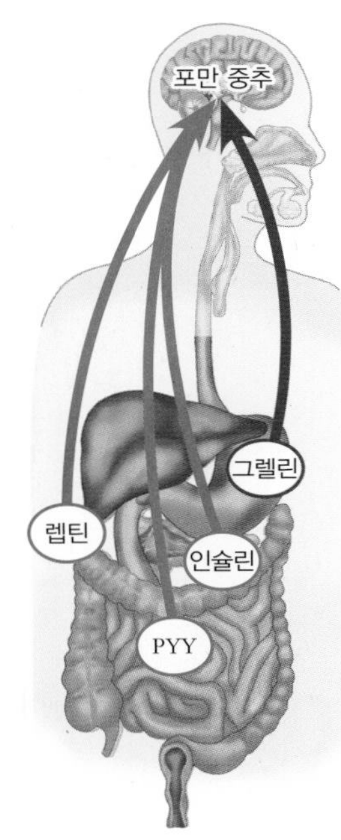

▲ 식욕 조절 호르몬

다양한 기관과 조직에서 분비되는 호르몬은 혈액을 타고 뇌에 도달한다. 식욕 조절 호르몬은 포만 중추를 조절하는 뇌 부분에 작용한다. 포만 중추는 신경 자극을 발생시켜 배고픔과 포만감을 느끼게 한다. 그렐린 호르몬은 식욕 촉진제이며, 렙틴, 인슐린, PYY 는 식욕 억제제이다.

(1) 위벽에서 분비되는 그렐린은 식사 시간이 다가올 때 허기짐을 느끼도록 하는 신호 중의 하나이다. 체중을 감량하고 다이어트 중인 사람에게서 그렐린의 농도가 증가한다. 따라서 다이어트 중인 사람들은 그렐린의 작용으로 인해 허기지게 되고 다이어트를 유지하기가 어렵게 된다.
(2) 식사 후 혈중 포도당의 농도가 증가하면, 이자에서 인슐린을 분비하도록 자극한다. 인슐린은 뇌에 작용하여 식욕을 억제하는 기능이 있다.
(3) 지방 조직에서 만들어지는 렙틴은 농도가 올라가면 식욕을 억제시킨다. 체내 지방이 줄어들면 렙틴의 농도가 떨어져 식욕이 증가한다. 식사를 빠르게 할수록 렙틴 호르몬의 분비는 천천히 일어나게 된다.
(4) 식사 후 소장에서 분비되는 호르몬인 PYY 는 식욕 억제제로 식욕을 자극하는 그렐린과 반대로 작용한다.

[자료 2]

렙틴과 렙틴 수용체는 장기간 식욕 회로를 조절하는데 중요한 물질이다. 렙틴이 지방세포의 산물이기 때문에 체내 지방이 증가하면 렙틴 양이 증가한다. 증가된 렙틴은 식욕을 억제하는 역할을 한다. 거꾸로 지방의 감소는 렙틴 농도를 감소시키고 이로 인해 뇌에서는 식욕이 증가된다. 이러한 방법으로 렙틴에 의해 만들어진 피드백 신호는 체내 지방을 일정 선에서 유지하게 된다.

(1) 유전적으로 렙틴 생성 경로에 문제가 생겨 혈중 렙틴의 농도가 비정상적으로 낮은 사람이 오랜 시간에 걸쳐 정해진 양만큼의 규칙적인 식사를 한다면 렙틴의 양은 어떻게 변할까?

(2) 비만인 사람일수록 혈중 렙틴의 농도가 높은 것으로 나타나는데, 그 이유가 무엇일지 쓰시오.

(3) 당지수가 높은 음식을 먹을 때와 당지수가 낮은 음식을 먹을 때 포만감에는 어떠한 차이가 생기는가?

스스로 실력 높이기

A

01 탄수화물에 대한 설명 중 옳은 것은 ○표, 옳지 않은 것은 ×표 하시오.

(1) 탄수화물은 주된 에너지원이지만 몸의 구성 성분이 아니다. (　　)
(2) 탄수화물의 최종 소화 산물은 이당류로 주로 호흡 기질로 이용된다. (　　)
(3) 탄수화물이 체내에서 에너지원으로 이용되면 1 g 당 4 kcal 의 열량을 낸다. (　　)

02 다음 중 단백질과 바이타민의 공통점은 무엇인가?

① 몸의 구성 성분이다.
② 에너지원으로 쓰인다.
③ 생리 작용을 조절한다.
④ 수용성과 지용성으로 구분된다.
⑤ 효소, 호르몬, 항체의 주 성분이다.

03 다음 글을 읽고 빈칸에 들어갈 알맞은 단어를 써 넣으시오.

> 음식을 잘게 부수어 크기를 작게 하거나 이동시키는 것을 ㉠(　　)소화라고 하며, 소화 효소의 작용으로 고분자 물질이 저분자 물질로 분해되는 것을 ㉡(　　)소화라고 한다.

㉠ (　　　　　) , ㉡ (　　　　　)

04 다음 중 소화액이 분비되는 장소가 아닌 것은?

① 위　② 간
③ 침샘　④ 소장
⑤ 식도

05 다음 글이 설명하는 운동은 무엇인가?

> 근육의 수축에 따라 소화관이 굵어졌다 가늘어지는 운동과, 길어졌다 짧아지는 운동을 반복하여 음식물을 아래로 내려 보낸다.

(　　　　　) 운동

06 위액에서 분비되는 물질로 펩시노젠을 활성화시키고, 살균 작용을 일으며 음식물의 부패를 방지하는 것은 무엇인가?

(　　　　　)

07 다음 중 녹말의 화학적 소화가 처음으로 일어나는 장소는 어느 곳인가?

① 입　② 식도
③ 위　④ 소장
⑤ 대장

08 다음 중 단백질의 소화에 관여하는 효소가 아닌 것은?

① 펩신　② 펩시노젠
③ 라이페이스　④ 키모트립신
⑤ 펩티데이스

09 지방의 소화에 대한 설명 중 옳은 것은 ○표, 옳지 않은 것은 ×표 하시오.

(1) 쓸개즙에는 소화 효소가 없다. (　　)
(2) 지방의 화학적 소화는 소장에서 시작된다. (　　)
(3) 지방의 소화 효소는 산성의 환경에서 활발하게 작용한다. (　　)

10 다음 바이타민 중 흡수와 이동 경로가 나트륨과 같은 것을 모두 고르시오.

① 바이타민 A　② 바이타민 B군
③ 바이타민 C　④ 바이타민 D
⑤ 바이타민 E

B

11 다음 중 영양소의 기능으로 옳지 않은 것은?

① 에너지원 ② 산소 운반
③ 체온 유지 ④ 몸의 구성
⑤ 생리 작용 조절

12 다음 중 소화 효소에 대한 설명으로 옳은 것만을 〈보기〉 에서 있는 대로 고른 것은?

〈 보기 〉
ㄱ. 소화 효소는 한 번 사용되면 파괴된다.
ㄴ. 특정 소화 효소는 여러 영양소에 작용된다.
ㄷ. 효소마다 최적 pH 가 다르다.

① ㄱ ② ㄴ ③ ㄷ
④ ㄱ, ㄴ ⑤ ㄴ, ㄷ

13 다음 중 영양소와 그 영양소의 최종 분해 산물을 바르게 연결한 것은?

① 녹말 - 엿당
② 녹말 - 덱스트린
③ 단백질 - 아미노산
④ 단백질 - 다이펩타이드
⑤ 지방 - 지방산, 글리코젠

[14-15] 다음 그림은 사람의 소화 기관을 나타낸 것이다. 다음 물음에 답하시오.

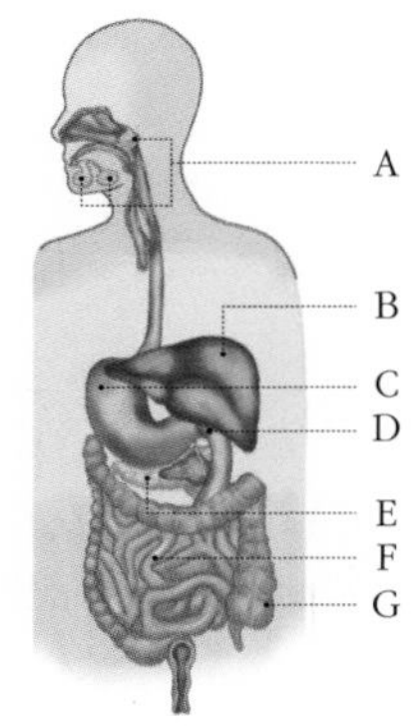

14 소화 기관과 생성되는 소화액이 바르게 짝지어 지지 않은 것은?

① A - 침 ② C - 위액
③ D - 쓸개즙 ④ E - 이자액
⑤ F - 장액

15 A ~ G 중 소화 효소가 생성되지 않는 기관을 모두 골라 기호로 쓰시오.

( )

16 다음은 단백질, 지방, 녹말의 소화 과정을 나타낸 표이다.

소화 기관 / 영양소	입(pH 7)	위(pH 2)	소장(pH 8.5)		
	침	위액	이자액	소장	최종 산물
단백질		A →	B →	C →	
지방			D →		
녹말	E →		E →	F →	

이에 대한 설명으로 옳지 않은 것은? (단, A ~ F 는 소화 효소이다.)

① A 는 산성에서 활성이 높다.
② B 는 이자에서 분비되어 소장에서 작용한다.
③ C 는 소장의 상피 세포에서 만들어지며 단백질의 최종 분해를 담당한다.
④ D 는 비활성화 된 상태로 분비되었다가, 쓸개즙의 작용으로 활성화된다.
⑤ E 가 만들어지는 장소는 침샘과 이자이다.

스스로 실력 높이기

17 다음은 쓸개 주위의 소화 기관과 쓸개즙의 분비 및 기능에 대한 자료이다.

[쓸개 주위의 소화 기관]

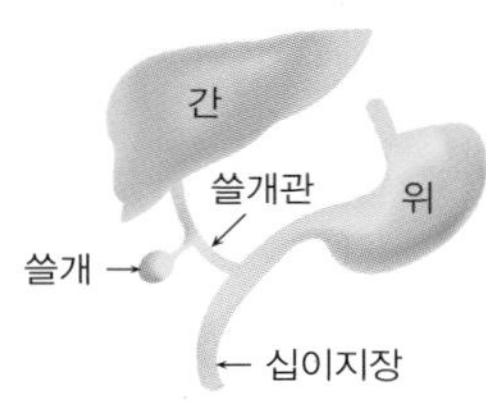

[쓸개즙의 분비 및 기능]

- 쓸개즙은 간에서 만들어져 쓸개에 저장된다.
- 음식물이 십이지장에 들어오면 쓸개관을 통하여 쓸개즙이 십이지장으로 분비된다.
- 쓸개즙은 지방을 유화시킨다.

쓸개즙의 성분인 콜레스테롤의 양이 지나치게 많아지면 담석이 되어 쓸개관을 막게 되는데, 이를 담석증이라 한다. 담석증에 걸릴 경우 몸 안에서 나타나게 되는 현상으로 옳은 것만을 〈보기〉에서 있는 대로 고른 것은?

[수능 기출 유형]

〈 보기 〉

ㄱ. 라이페이스의 활성이 증가된다.
ㄴ. 위액이 쓸개즙의 작용을 대신하게 된다.
ㄷ. 단백질의 소화는 크게 영향을 받지 않는다.
ㄹ. 지방의 소화가 효과적으로 일어나지 못하게 된다.

① ㄱ, ㄴ ② ㄱ, ㄷ ③ ㄴ, ㄷ
④ ㄴ, ㄹ ⑤ ㄷ, ㄹ

18 다음 중 대장에 대한 설명으로 옳은 것은?

① 지방의 소화가 일어난다.
② 수분의 흡수가 일어나고 찌꺼기는 몸 밖으로 내보낸다.
③ 대장에서는 기계적 소화보다는 화학적 소화가 주로 일어난다.
④ 음식물과 소화액을 잘 섞어주는 혼합 운동과 꿈틀 운동이 일어난다.
⑤ 소화되지 않은 영양소를 분해하기 위해 3 대 영양소를 분해할 수 있는 소화액이 분비된다.

19 다음 그림 (가) 는 감자가 덩어리로 있을 때(A) 와 부서져 있을 때(B) 를, 그래프 (나) 는 A 와 B 가 각각 침에서 분비되는 소화 효소에 의해 분해되는 정도를 시간에 따라 나타낸 것이다.

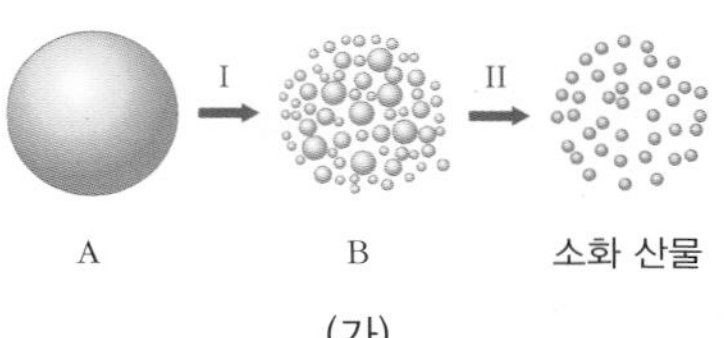

(가)

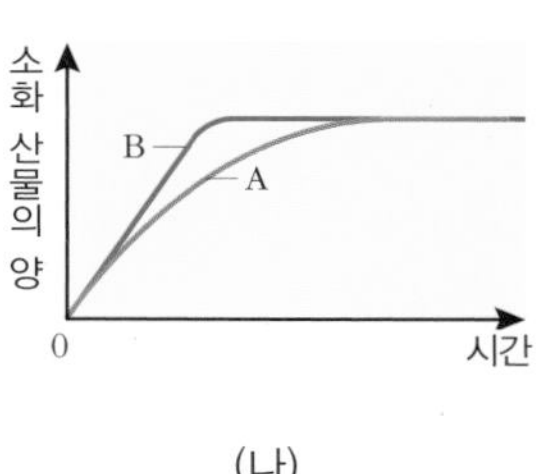

(나)

이에 대한 설명으로 옳지 않은 것은? (단, A 와 B 의 총질량은 같다.)

① 표면적은 A < B 이다.
② A 와 B 의 최종 소화 산물의 총량은 같다.
③ 완전히 소화되는 데 걸리는 시간은 B < A 이다.
④ 과정 I 이 일어나지 않아도 과정 II 가 일어날 수 있다.
⑤ 과정 I 은 입과 소장에서, 과정 II 는 소장에서 일어난다.

20 다음 중 소장의 융털에서 흡수된 수용성 영양소의 이동 경로로 옳은 것은?

① 암죽관 → 간 → 심장 → 온몸
② 모세혈관 → 심장 → 간 → 온몸
③ 모세혈관 → 간 → 심장 → 온몸
④ 암죽관 → 림프관 → 심장 → 온몸
⑤ 모세혈관 → 림프관 → 심장 → 온몸

21 다음은 단백질의 소화 작용에 관한 실험이다.

[실험 과정]

1. 칸막이를 한 유리 용기 A ~ E 에 한천액, 단백질액, 뷰렛 용액을 각각 같은 양씩 넣어 섞었더니 용액의 색깔이 보라색이 되었다.
2. A ~ E 의 용액을 굳힌 후 각각의 한천 덩어리에 홈을 만들어 아래 그림과 같은 물질을 넣은 후 하룻동안 35 ℃ 를 유지하였다.

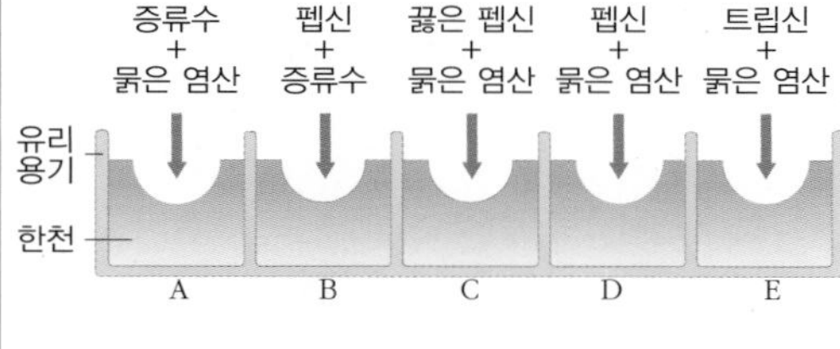

[실험 결과]
유리 용기 D 에서만 홈 주변의 보라색이 사라졌다.

위 실험에 대한 설명으로 옳지 않은 것은?

① 펩신은 단백질의 소화 효소이다.
② 펩신은 산성 환경에서 단백질을 분해한다.
③ 펩신은 고온에서 효소의 기능을 상실한다.
④ 트립신은 산성 환경에서 작용하지 않는다.
⑤ 펩신과 트립신은 같은 소화 기관에서 작용한다.

22 다음은 하루 동안 사람의 소화 기관을 통해 출입하는 물질의 양을 나타낸 것이다.

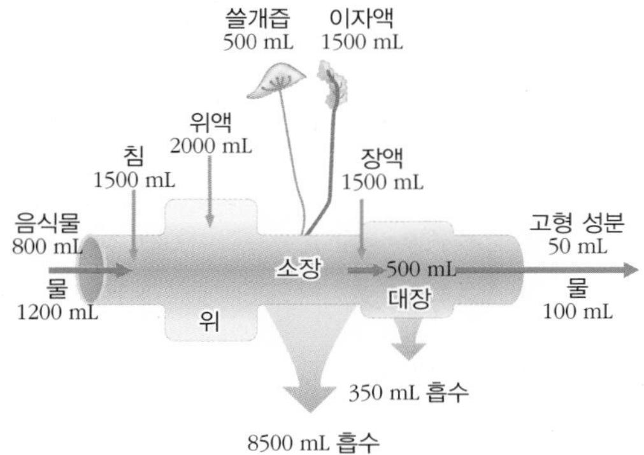

위 자료에 대한 설명으로 옳은 것은?

① 모든 소화액에는 소화 효소가 포함되어 있다.
② 소장보다 위로 분비되는 소화액의 양이 더 많다.
③ 소장보다 대장에서 흡수하는 수분량이 더 많다.
④ 대장의 기능에 이상이 있으면 설사나 변비가 나타날 수 있다.
⑤ 하루 동안 체내로 섭취하는 물질의 양과 체내로 배출하는 물질의 양은 같다.

23 다음 표는 동일한 양의 쇠고기를 크기가 다르게 자른 다음, pH 가 다른 펩신 용액에 넣어 일정 시간 처리한 결과를 나타낸 것이다.

구분	펩신 용액의 pH	소화율 (%)	
		작은 조각	큰 조각
날 쇠고기	1.0	91.6	83.1
	2.0	93.0	84.8
	3.0	74.6	71.3
익힌 쇠고기	1.0	93.0	84.8
	2.0	96.6	94.9
	3.0	83.1	74.6

이에 대한 설명으로 옳은 것만을 〈보기〉 에서 있는 대로 고른 것은?

[수능 기출 유형]

〈 보기 〉

ㄱ. 쇠고기 단백질은 익혔을 때 소화가 더 잘 된다.
ㄴ. 쇠고기를 여러 번 씹어서 삼킬수록 소화가 더 잘 된다.
ㄷ. 고기를 익히거나 조각의 크기가 달라지면 펩신의 최적 pH 는 달라진다.

① ㄱ ② ㄴ ③ ㄷ
④ ㄱ, ㄴ ⑤ ㄴ, ㄷ

스스로 실력 높이기

24 다음 그래프는 십이지장에 염산, 지방, 단백질이 각각 존재할 때 이자에서 분비되는 탄산수소 나트륨과 소화 효소의 양을 나타낸 것이다.

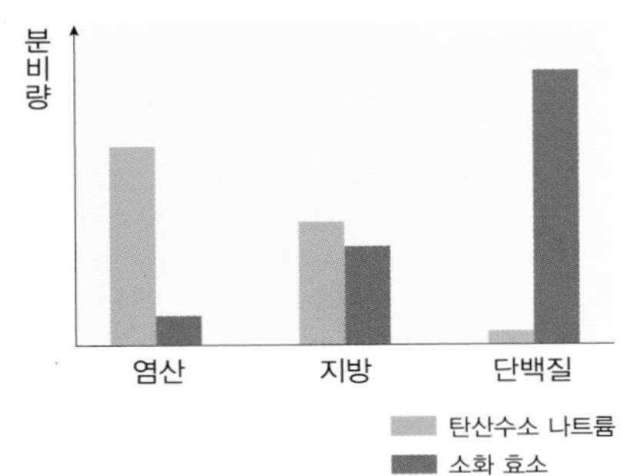

이에 대한 설명으로 옳은 것만을 〈보기〉 에서 있는 대로 고른 것은?

〈 보기 〉

ㄱ. 이자액은 산성 음식물을 중화시키는 물질을 분비한다.
ㄴ. 십이지장 내부가 산성화될 때 이자액의 분비량이 가장 많다.
ㄷ. 이자액의 성분비는 십이지장에 존재하는 물질의 종류에 따라 다르다.

① ㄱ ② ㄴ ③ ㄱ, ㄴ
④ ㄱ, ㄷ ⑤ ㄴ, ㄷ

25 다음은 주영양소 A ~ C 의 소화 과정과 흡수 및 이동 경로를 나타낸 것이다.

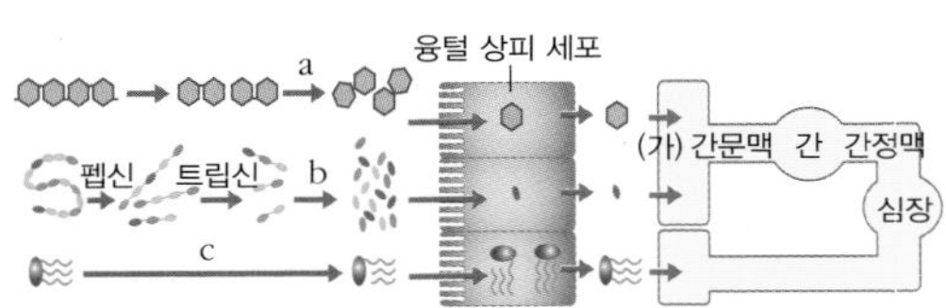

이에 대한 설명으로 옳은 것만을 〈보기〉 에서 있는 대로 고른 것은?

〈 보기 〉

ㄱ. a 는 아밀레이스, b 는 펩티데이스이다.
ㄴ. 바이타민 B군은 (가) 를 통해 심장으로 이동한 뒤 온몸으로 운반된다.
ㄷ. c 는 쓸개즙으로 지방을 유화시키는 역할을 한다.

① ㄱ ② ㄴ ③ ㄷ
④ ㄱ, ㄴ ⑤ ㄴ, ㄷ

26 다음 그림은 중성 지방의 소화 · 흡수 · 이동 과정을 나타낸 것이다.

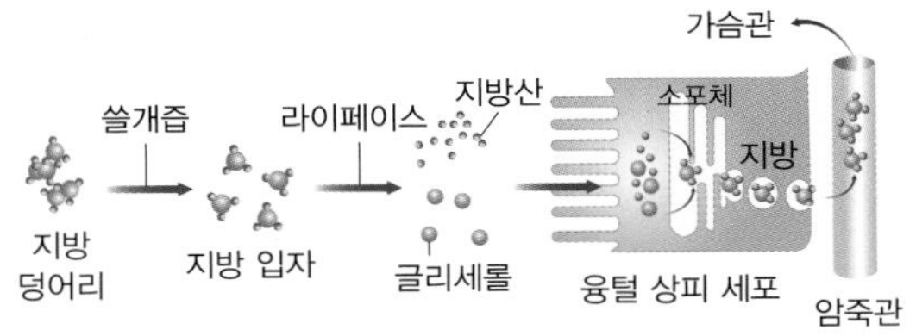

이에 대한 설명으로 옳은 것만을 〈보기〉 에서 있는 대로 고른 것은?

[수능 기출 유형]

〈 보기 〉

ㄱ. 쓸개즙이 있으면 라이페이스의 작용이 억제된다.
ㄴ. 중성 지방은 지방산과 모노글리세리드로 분해되어 융털 상피 세포로 흡수된다.
ㄷ. 융털 상피 세포에서 지방산과 모노글리세리드는 지방으로 다시 합성된다.

① ㄱ ② ㄴ ③ ㄷ
④ ㄱ, ㄴ ⑤ ㄴ, ㄷ

심화

[27-28] 효신이는 간의 기능을 연구하기 위해 다음과 같은 실험을 하였다. 다음 물음에 답하시오.

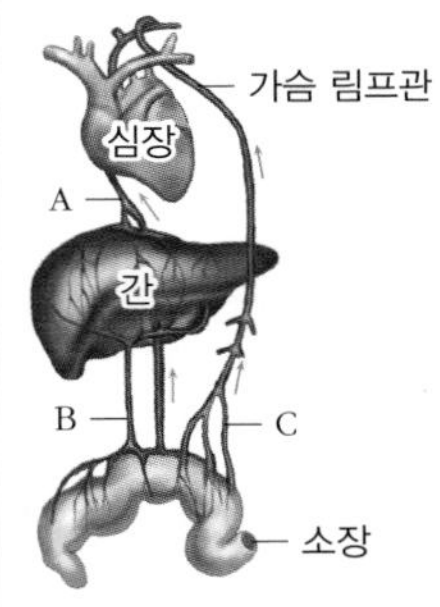

[실험 방법]

1. 실험용 쥐에 10 g 의 사료를 먹였다. (사료 구성 성분 : 녹말 90 %, 물 10 %)

2. A 와 B 에서 영양소의 농도 변화를 관찰하였다.

[실험 결과]

A 의 포도당 농도는 B 의 $\frac{1}{5}$ 이었다.

27 A ~ C 에서 추출한 혈액 중 베네딕트 반응을 보이는 곳을 모두 기호로 쓰시오.

( )

28 위 자료에 대한 설명으로 옳지 않은 것은?

① 사료가 소화 과정을 거쳐 생성된 산물은 포도당이다.
② 굶긴 쥐에서는 포도당의 농도가 B 보다 A 가 더 높다.
③ 소장에서 흡수된 포도당 대부분은 간에서 분해된 것이다.
④ B 에서 추출한 혈액은 아이오딘 반응을 보이지 않는다.
⑤ 소장에서 흡수된 포도당은 간을 거쳐 심장을 통해 온몸으로 운반된다.

29 그림 (가) 는 사람의 소화계의 일부를, (나) 는 소화 효소 활성화 과정의 일부를 나타낸 것이다. A ~ D 는 각각 간, 위, 이자, 소장 중 하나이다.

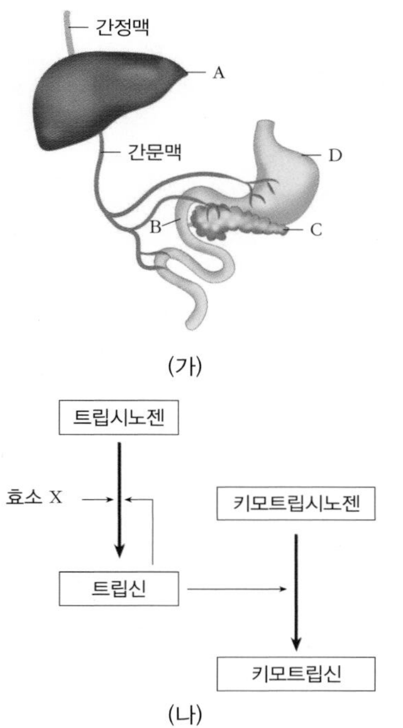

이에 대한 설명으로 옳은 것만을 〈보기〉 에서 있는 대로 고르시오.

〈 보기 〉
ㄱ. 암죽관은 간문맥에 직접 연결되어 있다.
ㄴ. (나) 의 효소 X 를 합성하는 세포는 B 에 있다.
ㄷ. 지방 유화 작용에 이용되는 물질은 A 에서 생성된다.

( )

30 다음 표는 두 약품의 주성분과 특징을 나타낸 것이다.

약품	주성분	특징
피임약	스테로이드	주로 위에서 흡수된다.
인슐린	단백질	주로 소장에서 흡수된다.

알약 형태인 피임약은 입으로 먹지만, 인슐린은 주사로 투여한다. 이와 같이 투약법의 차이가 있는 이유를 영양소의 소화 과정과 관련지어 설명하시오.

16강. 호흡

동물의 호흡 기관

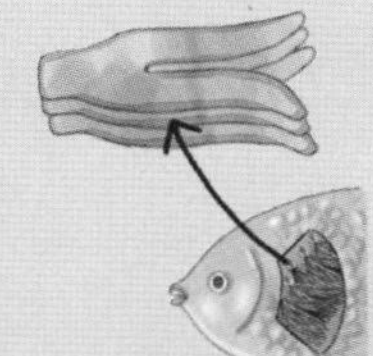

▲ 어류
아가미가 빗살 모양으로 갈라져 있어 물과 접촉 면적이 넓어 물 속에 녹아 있는 산소를 효율적으로 받아들일 수 있다.

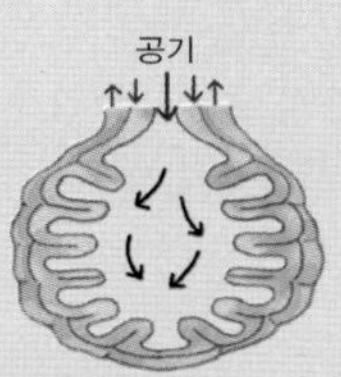

▲ 양서류
한 쌍의 폐가 있으며 그 구조가 간단하여 폐뿐만 아니라 피부로도 호흡을 한다.

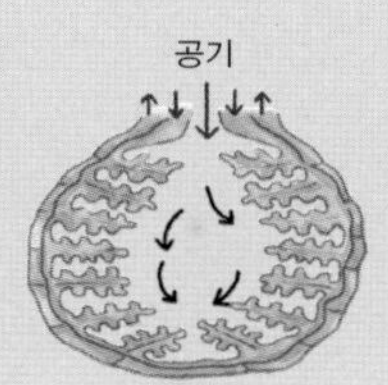

▲ 파충류
한 쌍의 폐가 있으나 가로막이 없어 갈비뼈를 이용해 호흡을 한다.

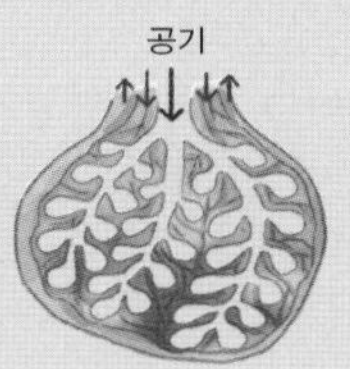

▲ 포유류
가장 발달된 구조의 폐를 한 쌍 가지고 있다.

폐포

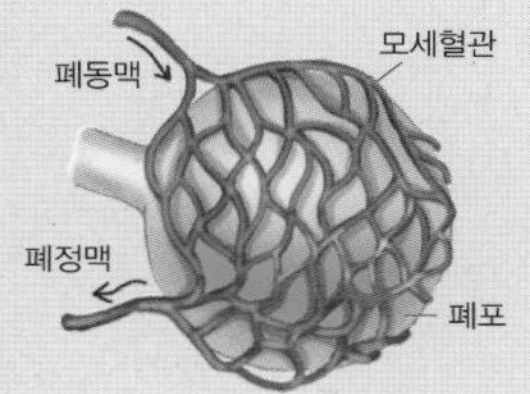

폐포는 비누 거품 모양으로 모세혈관이 폐포를 둘러싸고 있다. 전체 표면적은 테니스 경기장의 절반에 해당될 정도로 매우 넓어 기체 교환이 효율적으로 일어난다.

1. 호흡과 호흡 기관

(1) 호흡 : 산소를 이용해 영양소를 분해하여 생물이 살아가는 데 필요한 에너지를 얻는 과정을 호흡이라고 한다.

(2) 사람의 호흡 기관

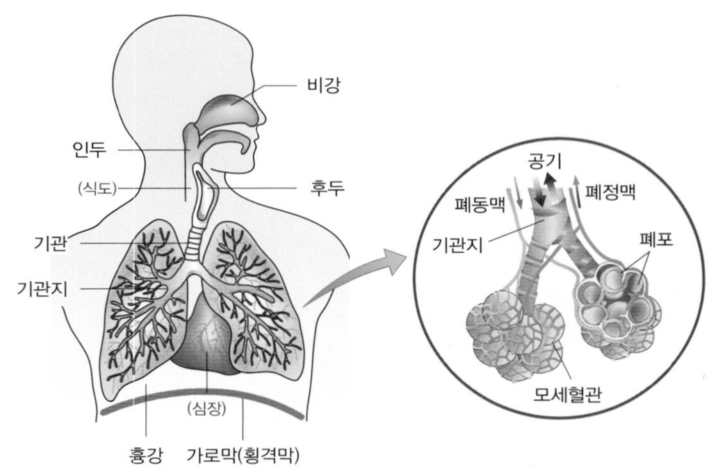

호흡 기관	기능 및 특징
비강(콧속)	· 콧털이 나 있어 외부 이물질이 콧속으로 들어오는 것을 방지한다. · 점액질이 있어 외부에서 들어온 공기를 일정한 온도와 습도를 갖게 해준다.
인두	· 입 안의 끝부터 식도의 첫 머리 사이의 근육으로 된 부분으로 음식물이 이동하는 소화계의 역할과 기체가 이동하는 호흡계의 역할을 동시에 한다.
후두	· 인두와 기관 사이에 있는 부분으로 성대가 있어 발성의 기능을 하며 음식물이 기도로 들어가지 않도록 차단하는 역할도 한다.
기관	· 후두를 거쳐 들어온 공기가 드나드는 통로이다. · 내벽은 섬모와 점액질로 덮여 있어 공기 중의 먼지와 세균을 걸러준다.
기관지	· 기관의 말단에서 좌우로 갈라진 부분으로, 무수히 많은 세기관지로 갈라지며 그 끝은 폐포와 연결되어 있다.
폐	· 갈비뼈와 가로막으로 둘러싸인 흉강의 안쪽 가슴 부위 좌우에 하나씩 존재하는 기관으로 수많은 폐포로 이루어져 있다.
폐포	· 폐의 기능적 단위로 폐포의 표면에는 모세혈관이 둘러싸고 있어 기체 교환이 일어난다. · 한 층의 세포로 되어 있어 기체 교환이 용이하게 일어난다. · 폐는 약 3억 ~ 4억 개의 폐포로 구성되어 있어 공기와 접촉할 수 있는 표면적을 넓게 하여 기체 교환이 효율적으로 일어난다.
가로막(횡격막)	· 수축과 이완을 하면서 흉강의 부피를 조절하여 폐에 공기가 드나들게 한다.

(3) 공기의 흐름 : 비강 → 인두 → 후두 → 기관 → 기관지 → 세기관지 → 폐포

개념확인 1

폐의 기능적 단위로, 공기와 접촉할 수 있는 표면적을 넓게 하여 기체 교환이 효율적으로 일어나게 하는 기관을 무엇이라고 하는가?

( )

확인+1

다음은 공기의 이동 경로를 나타낸 것이다. 빈칸에 들어갈 알맞은 말을 쓰시오.

비강 → ㉠( ) → 후두 → 기관 → ㉡( ) → 세기관지 → 폐포

2. 호흡 운동

(1) 호흡 운동의 원리 : 폐는 근육으로 되어있지 않아 스스로 운동하지 못하기 때문에, 갈비뼈와 가로막의 상하 운동으로 흉강의 부피를 조절하여 압력의 변화를 일으켜 공기의 출입이 이루어지도록 한다.

① **들숨(흡기)** : 외늑간근 수축, 내늑간근 이완 → 갈비뼈 상승 → 가로막 수축으로 인한 가로막 하강 → 흉강 내 부피 증가 → 흉강 내 압력 감소 → 폐의 팽창으로 폐의 압력이 대기압보다 낮아짐 → 공기가 외부에서 폐로 들어옴

② **날숨(호기)** : 외늑간근 이완, 내늑간근 수축 → 갈비뼈 하강 → 가로막 이완으로 인한 가로막 상승 → 흉강 내 부피 감소 → 흉강 내 압력 증가 → 폐의 수축으로 폐의 압력이 대기압보다 높아짐 → 공기가 폐에서 외부로 나감

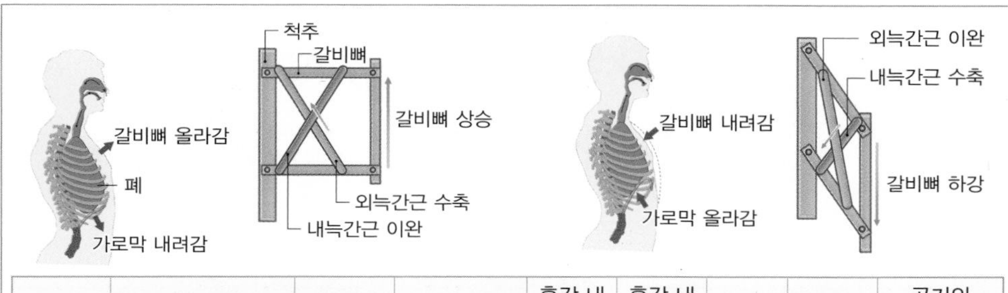

구분	늑간근(갈비사이근)	갈비뼈	가로막	흉강 내 부피	흉강 내 압력	폐	폐 압력	공기의 이동
들숨 (흡기)	외늑간근 수축 내늑간근 이완	상승	수축 → 하강	커짐	낮아짐	팽창	낮아짐	외부 → 폐
날숨 (호기)	외늑간근 이완 내늑간근 수축	하강	이완 → 상승	작아짐	높아짐	수축	높아짐	폐 → 외부

(2) 호흡 운동 시 압력 변화 : 흉강의 부피가 변하여 압력이 변하면 흉강 압력은 폐포 압력에 영향을 주며, 폐포 내압이 대기압보다 낮으면 들숨, 대기압보다 높으면 날숨이 일어난다.

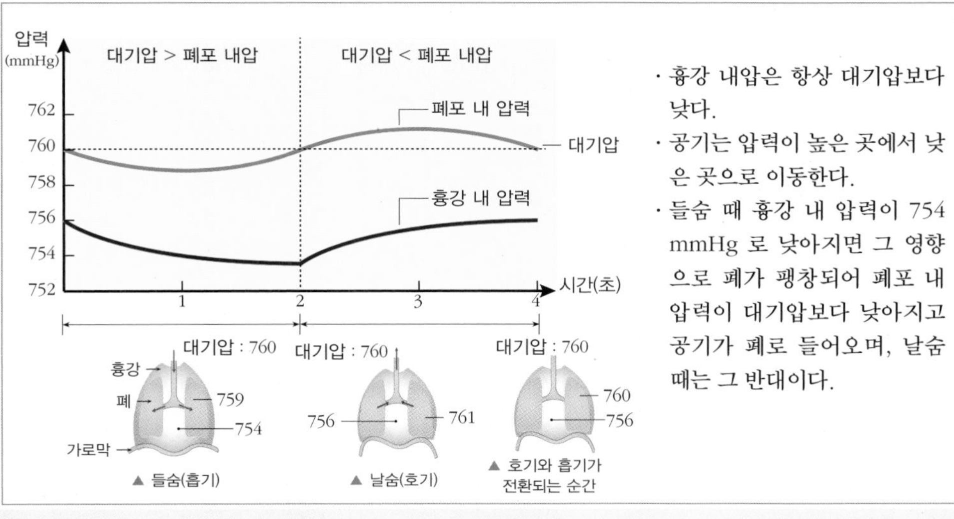

· 흉강 내압은 항상 대기압보다 낮다.
· 공기는 압력이 높은 곳에서 낮은 곳으로 이동한다.
· 들숨 때 흉강 내 압력이 754 mmHg 로 낮아지면 그 영향으로 폐가 팽창되어 폐포 내 압력이 대기압보다 낮아지고 공기가 폐로 들어오며, 날숨 때는 그 반대이다.

개념확인 2 정답 및 해설 14 쪽

다음은 호흡 운동의 원리를 설명한 것이다. 빈칸에 들어갈 알맞은 말을 쓰시오.

호흡 운동은 ㉠(　　　　　)과 ㉡(　　　　　)의 상하 운동에 의한 흉강 내 압력 변화로 일어난다.

확인+2

들숨이 일어날 때 나타나는 변화로 옳은 것을 고르시오.

갈비뼈가 ㉠(상승 , 하강) 하고, 가로막이 ㉡(상승 , 하강)하며, 흉강 내 부피는 ㉢(커진다 , 작아진다).

● 호흡 운동의 원리

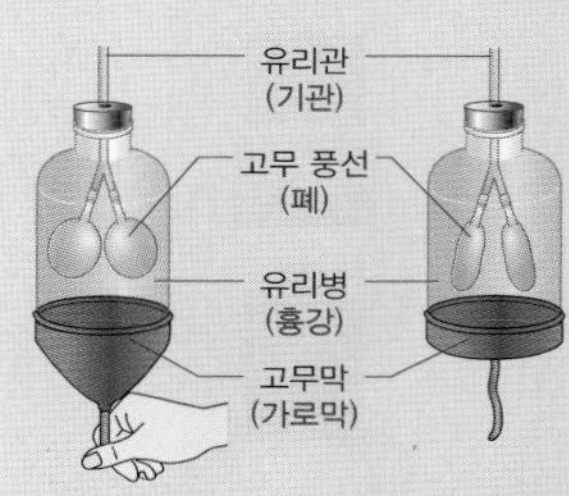

▲ 고무막을 잡아당겼을 때　▲ 고무막을 놓았을 때

· 고무막을 잡아당겼을 때 : 유리병 속의 부피 증가로 압력이 감소하였으므로 외부 공기가 들어와 고무 풍선이 부풀어 오른다. ⇨ 들숨에 해당
· 고무막을 놓았을 때 : 유리병 속의 부피 감소로 압력이 증가하므로 외부로 공기가 나가 고무 풍선이 오므라든다. ⇨ 날숨에 해당

● 호흡 운동의 조절

· 호흡 속도는 혈액 속의 이산화 탄소 농도에 따라 연수에서 조절된다.
· 혈액 속 CO_2 농도 증가 → 연수 → 교감 신경 → 아드레날린 분비 → 호흡 운동 촉진
· 혈액 속 CO_2 농도 감소 → 연수 → 부교감 신경 → 아세틸콜린 분비 → 호흡 운동 억제

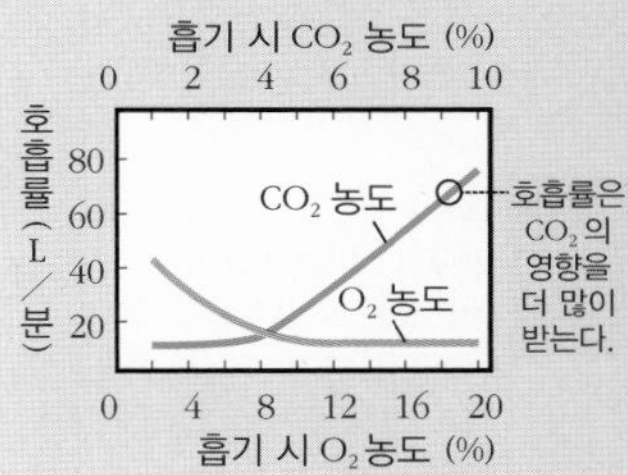

▲ CO_2와 O_2의 농도에 따른 호흡률

미니사전

연수 교뇌와 척수 사이에 위치하며 호흡, 순환, 운동, 뇌신경 기능을 담당하는 뇌줄기의 하부 구조

교감 신경 자율신경계를 구성하는 말초신경계의 일종으로 몸이 위험한 상황에 대처할 수 있도록 긴장된 상태를 만들어 준다.

부교감 신경 교감 신경과 반대되는 작용을 하며 에너지를 보존하는 역할을 한다.

3. 기체 교환

(1) 기체 교환의 원리 : 기체의 분압차에 의한 확산 현상으로 일어난다.

(2) 외호흡과 내호흡

① **외호흡** : 폐포와 모세혈관 사이에서 이루어지는 기체 교환이다.
② **내호흡** : 모세혈관과 조직 세포 사이에서 이루어지는 기체 교환이다.

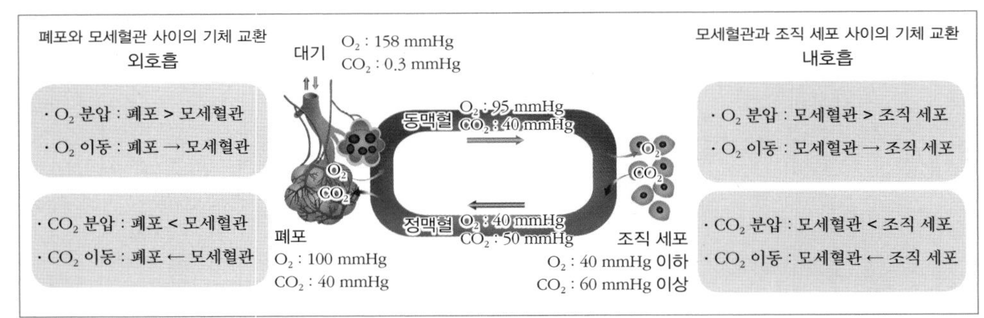

(3) 기체 교환의 원리

아래의 그림은 혈액이 폐포와 모세혈관 사이를 지나면서 혈액 속 산소 분압과 이산화 탄소 분압을 나타낸 것이다.

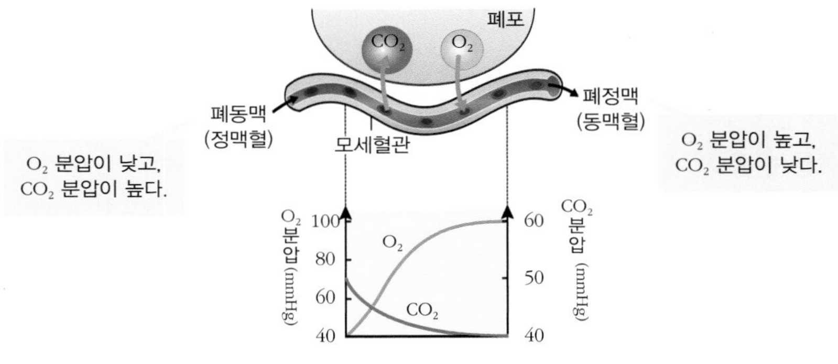

❶ 폐동맥(정맥혈) : O_2 분압 40 mmHg, CO_2 분압 50 mmHg
❷ 폐정맥(동맥혈) : O_2 분압 100 mmHg, CO_2 분압 40 mmHg
❸ 폐포에서의 기체 교환 : 분압 차에 의한 확산으로 이루어진다.
- 폐동맥에서 폐정맥 쪽으로 갈수록 혈액의 O_2 분압이 증가한다. ⇨ O_2는 폐포에서 모세혈관으로 확산된다.
- 폐동맥에서 폐정맥 쪽으로 갈수록 혈액의 CO_2 분압이 감소한다. ⇨ CO_2는 모세혈관에서 폐포로 확산된다.

❹ 모세혈관과 폐포 사이의 기체 분압 차이가 클수록 기체 교환이 활발하게 일어난다.

개념확인 3

다음은 기체 교환의 원리에 대해 설명한 것이다. 빈칸에 들어갈 알맞은 말을 쓰시오.

기체의 ㉠(　　　)차에 의한 ㉡(　　　)에 의해 기체는 분압이 높은 곳에서 낮은 곳으로 이동한다.

확인+3

모세혈관과 조직 세포 사이에서 이루어지는 기체 교환을 무엇이라고 하는가?

(　　　　　　　　　　)

● 외호흡과 내호흡

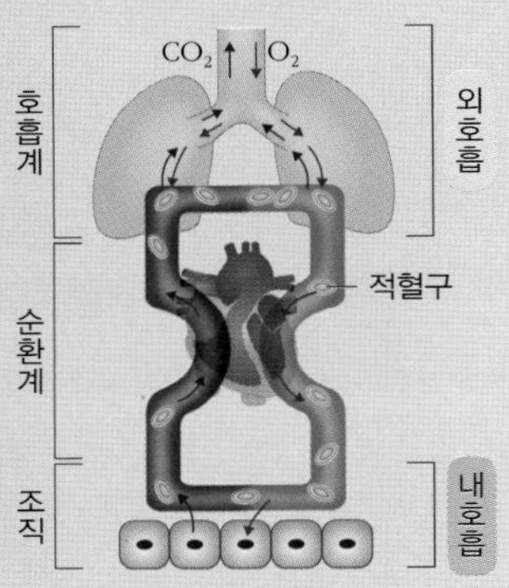

폐포 ⇄ 모세혈관 ⇄ 조직 세포 (O_2 →, CO_2 ←)

● 내호흡
- 내호흡은 세포에서 에너지를 만드는 세포 호흡의 과정을 포함한다.
- 세포 호흡이란 세포 내 미토콘드리아에서 생활에 필요한 에너지를 얻기 위해 산소를 이용하여 유기물을 분해하는 과정이다.

● 동맥혈과 정맥혈
- 동맥혈 : 산소가 많이 포함된 혈액으로 선홍색을 띤다.
- 정맥혈 : 산소가 적게 포함된 혈액으로 암적색을 띤다.

● 폐활량
- 평상시 폐로 출입하는 공기의 양은 약 0.5 L이다.
- 최대한 들이마셨다가 내쉴 수 있는 공기의 최대량으로 성인 남자의 경우 약 3.5 L, 성인 여자의 경우 약 2.5 L이다.
- 평상시에는 약 1.5 L의 공기가, 최대 배출 시에는 약 0.5 L의 공기가 폐에 남아 있다.

미니사전

분압[分 나누다 壓 누르다] 혼합 기체에서 각 기체가 차지하는 압력

확산[擴 넓히다 散 흩어지다] 물질이 퍼져 나가는 현상으로, 압력이나 농도가 높은 곳에서 낮은 곳으로 물질이 이동하는 현상

4. 기체 운반

(1) **산소의 운반** : 대부분 적혈구 속의 헤모글로빈(Hb)에 의해 운반되고, 일부는 혈장에 녹아 운반된다.

① **헤모글로빈** : 적혈구 속에 포함된 붉은 색소 단백질로 산소와 이산화 탄소를 운반한다.

- 폐포에서는 산소 분압이 높으므로 헤모글로빈은 산소와 결합하고, 조직에서는 산소 분압이 낮으므로 헤모글로빈이 산소를 해리하여 조직 세포에 산소를 공급해 준다.
- 1 분자의 헤모글로빈은 4 분자의 산소를 운반한다.

$$Hb + 4O_2 \underset{\text{해리(조직 세포)}}{\overset{\text{결합(폐포)}}{\rightleftarrows}} Hb(O_2)_4$$

② **산소 해리 곡선** : 산소 분압에 따라 헤모글로빈과 산소의 결합 정도를 나타낸 그래프로, S 자형의 곡선을 나타낸다.

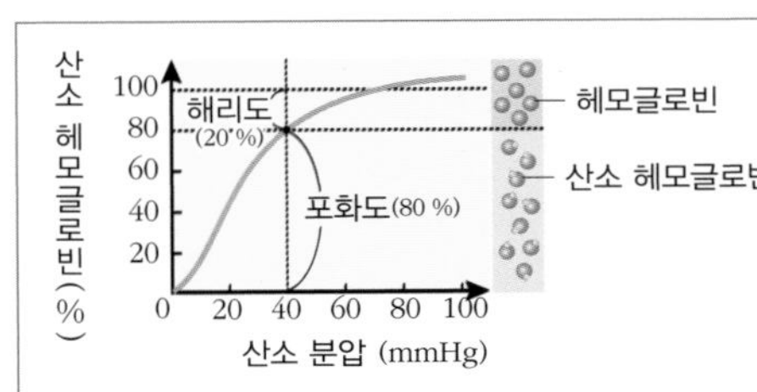

▲ 산소 해리 곡선

- 산소 포화도 : 헤모글로빈이 산소와 결합하는 정도(%)이다.
- 산소 해리도 : 산소헤모글로빈이 산소와 분리되는 정도(%)이다.

산소 해리도(%) = 100 − 산소 포화도(%)

③ **산소 해리 곡선에 영향을 주는 요인**

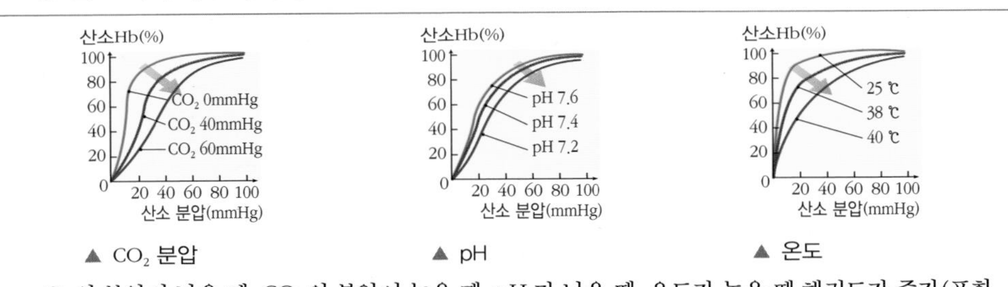

▲ CO_2 분압 ▲ pH ▲ 온도

- O_2 의 분압이 낮을 때, CO_2 의 분압이 높을 때, pH 가 낮을 때, 온도가 높을 때 해리도가 증가(포화도 감소)한다.
- 그래프가 오른쪽으로 이동할수록 CO_2 의 분압이 증가하고, pH 가 낮아지고, 온도가 증가한다.
  ⇨ 그래프가 오른쪽으로 이동할수록 산소 해리도가 증가하고, 산소 포화도가 감소한다.

(2) **이산화 탄소의 운반** : 적혈구와 혈장에 의해 운반된다.

① **헤모글로빈에 의한 운반** : 약 23 % 의 CO_2 는 헤모글로빈과 직접 결합하여 $HbCO_2$(카바미노헤모글로빈)의 형태로 운반된다. ($Hb + CO_2 \longrightarrow HbCO_2$)

② **혈장에 의한 운반** : 약 7 % 의 CO_2 는 혈장에 직접 용해되어 운반된다.

③ 약 70 % 의 CO_2 는 탄산수소 이온(HCO_3^-) 또는 탄산수소 나트륨($NaHCO_3$)의 형태로 운반된다.

개념확인 4 정답 및 해설 14쪽

적혈구 속에 포함된 색소 단백질로, 산소를 운반하는 역할을 하는 단백질은 무엇인가?

( )

확인+4

다음 중 산소의 분압이 일정할 때, 산소 해리도가 증가하는 조건을 모두 고르시오.

① CO_2 분압 증가 ② CO_2 분압 감소 ③ pH 증가 ④ pH 감소 ⑤ 온도 상승

● 헤모글로빈 (Hemoglobin)

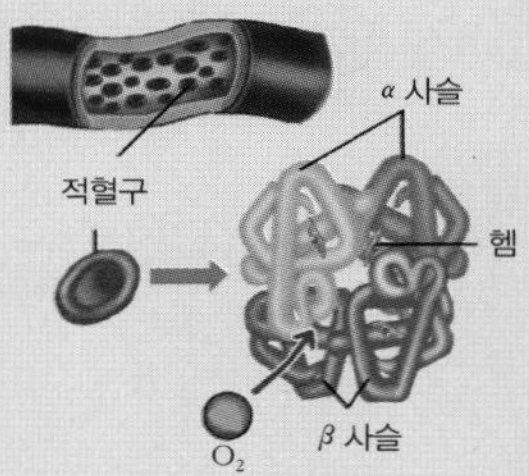

- 색소 단백질로 4 개의 폴리펩타이드 사슬(2 개의 α 사슬과 2 개의 β 사슬)에 철을 포함한 헴(heme) 색소가 각각 결합되어 있다.
- 헤모글로빈 한 분자에는 4 개의 헴이 있으며, 헴은 산소 분자와 결합을 할 수 있는 철(Fe)을 가지고 있다.

● 산소 해리도 구하기

- 기체의 분압이 아래와 같을 때, 조직에서의 산소 해리도 구하기

▶ 폐포
- O_2 분압 100 mmHg
- CO_2 분압 40 mmHg

▶ 조직 세포
- O_2 분압 50 mmHg
- CO_2 분압 60 mmHg

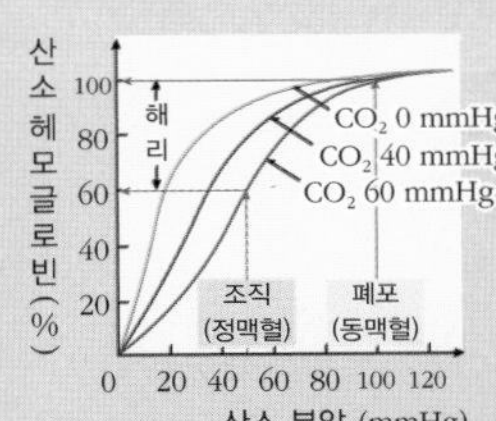

- 폐포에서 산소 포화도는 100 % 이다.
- 조직 세포에서 산소 포화도는 60 %, 산소 해리도는 40 % 이다. ⇨ 조직에 40 % 의 산소가 공급되었다.

미니사전

해리[解 풀다 離 떨어뜨리다] 화합물이 원소나 더 작은 화합물로 분리되는 현상으로 산소 해리 곡선에서는 산소가 헤모글로빈에서 떨어져 나오는 현상을 의미한다.

01 다음 중 사람의 호흡 기관에 대한 설명으로 옳은 것은?

① 기관지 끝에 폐포가 하나씩 달려 있다.
② 폐포의 주변에는 모세혈관이 감싸고 있다.
③ 폐포는 폐의 부피를 크게 해주는 역할을 한다.
④ 후두는 비강을 통해 들어온 공기의 이동 통로이다.
⑤ 폐포는 여러 겹의 세포층으로 되어 있어 기체 교환 시 미세 먼지를 걸러준다.

02 다음 중 공기의 이동 경로에 해당하지 않는 곳은?

① 코 ② 인두 ③ 후두
④ 흉강 ⑤ 폐포

03 호흡 운동의 원리에 대한 설명 중 옳은 것은 ○표, 옳지 않은 것은 ×표 하시오.

(1) 흉강 내 압력이 증가하면 폐가 이완한다. ( )
(2) 들숨이 일어날 때 가로막은 수축하여 하강한다. ( )
(3) 폐는 근육으로 이루어져 스스로 운동을 할 수 있다. ( )
(4) 갈비뼈와 가로막의 상하 운동으로 공기의 출입이 일어난다. ( )

04 호흡 운동과 압력의 변화에 대한 설명으로 옳은 것만은 〈보기〉에서 있는 대로 고른 것은?

〈 보기 〉
ㄱ. 흉강 내압은 항상 대기압보다 높다.
ㄴ. 공기는 압력이 높은 곳에서 낮은 곳으로 이동한다.
ㄷ. 폐포 내 압력이 대기압보다 낮으면 들숨이 일어난다.

① ㄱ ② ㄴ ③ ㄱ, ㄴ ④ ㄱ, ㄷ ⑤ ㄴ, ㄷ

05

외호흡과 내호흡이 일어날 때 산소와 이산화 탄소의 분압을 부등호로 나타내시오.

(1) 산소의 분압

폐포 ( ) 모세혈관 ( ) 조직세포

(2) 이산화 탄소의 분압

폐포 ( ) 모세혈관 ( ) 조직세포

06

다음 중 기체 교환의 원리로 옳은 것은?

① 분압차에 의한 확산
② ATP 를 이용한 능동 수송
③ 근육의 수축과 이완 운동
④ 삼투압으로 인한 용매 이동
⑤ 갈비뼈와 가로막의 상하 운동

07

다음 중 헤모글로빈과 산소의 해리도가 증가하는 조건끼리 짝지은 것은?

① pH 가 낮을 때, 온도가 낮을 때
② pH 가 높을 때, 온도가 낮을 때
③ O_2 분압이 낮을 때, CO_2 분압이 낮을 때
④ O_2 분압이 낮을 때, CO_2 분압이 높을 때
⑤ O_2 분압이 높을 때, CO_2 분압이 높을 때

08

이산화 탄소의 운반에 대한 설명 중 옳은 것은 ○표, 옳지 않은 것은 ×표 하시오.

(1) 이산화 탄소는 대부분 헤모글로빈에 의해 운반된다. ( )
(2) 약 7 % 의 이산화 탄소는 혈장에 직접 용해되어 운반된다. ( )
(3) 탄산수소 이온 또는 탄산수소 나트륨의 형태로 운반되기도 한다. ( )

유형 익히기 & 하브루타

[유형16-1] 호흡과 호흡 기관

다음은 사람의 호흡 기관을 모식적으로 나타낸 그림이다.

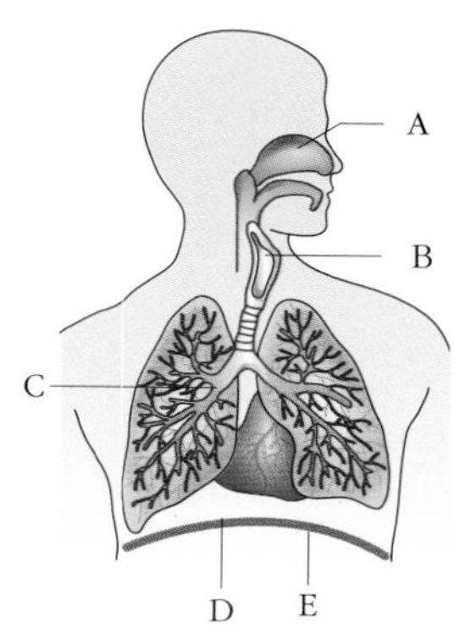

이에 대한 설명으로 옳은 것은 ○표, 옳지 않은 것은 ×표 하시오.

(1) A 에서는 외부에서 들어온 공기가 일정한 온도와 습도를 갖게 해준다. ( )

(2) B 는 후두를 거쳐 들어온 공기가 드나드는 통로로 공기 중의 먼지와 세균을 걸러준다. ( )

(3) C 는 기관지로 무수히 많은 세기관지로 다시 갈라지며, 세기관지의 끝은 폐포와 연결되어 있다. ( )

(4) D 의 수축과 이완 운동으로 E를 조절하여 폐에 공기가 드나들 수 있게 한다. ( )

01 오른쪽 그림은 폐의 기능적 단위인 폐포를 나타낸 것이다. 이에 대한 설명으로 옳은 것만을 〈보기〉 에서 있는 대로 고르시오.

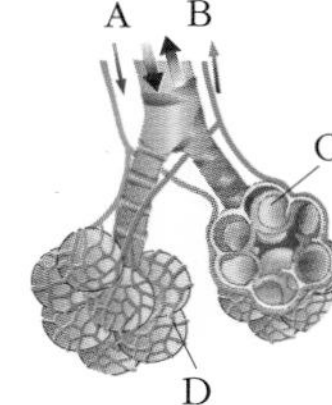

〈 보기 〉

ㄱ. A 는 폐정맥, B 는 폐동맥이다.
ㄴ. C 는 폐로 들어오는 기체의 이물질을 걸러주는 역할을 한다.
ㄷ. D 가 C 를 감싸고 있어 D 에서 기체 교환이 일어난다.

( )

02 다음은 사람의 호흡 기관에서 공기의 흐름을 차례대로 나타낸 것이다. 빈칸에 들어갈 알맞은 기관을 쓰시오.

비강 → ㉠( ) → 후두 → ㉡( ) → 기관지 → ㉢( ) → 폐포

[유형16-2] 호흡 운동

다음 그림은 폐의 호흡 운동 원리를 알아보기 위한 실험 장치를 나타낸 것이다.

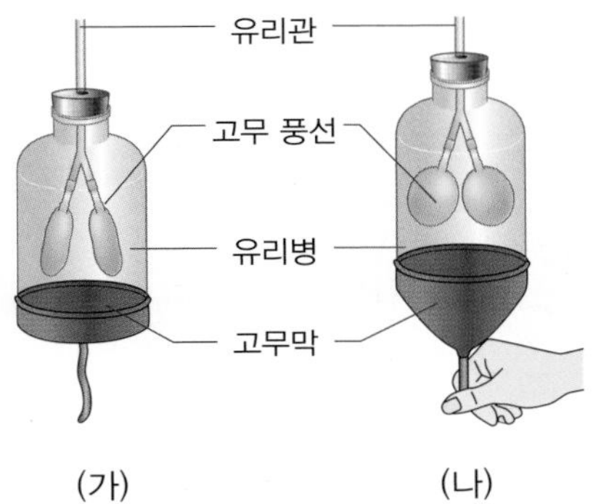

이에 대한 설명으로 옳지 않은 것은?

① (가) 의 상태는 날숨에 해당한다.
② 고무막은 사람의 가로막에 해당한다.
③ 잡아당긴 고무막을 놓으면 병속의 압력은 증가한다.
④ 고무풍선에 해당하는 우리 몸의 기관은 두꺼운 근육으로 되어 있다.
⑤ (나) 는 가로막은 아래로 , 갈비뼈는 위로 운동하고 있는 상태에 해당한다.

03 호흡 운동에 따른 근육의 변화에 대한 설명으로 옳은 것만을 〈보기〉 에서 있는 대로 고르시오.

〈 보기 〉

ㄱ. 날숨이 일어나기 위해서는 가로막은 위로 올라가야 한다.
ㄴ. 들숨이 일어날 때 외늑간근이 이완한다.
ㄷ. 흉강 내 압력이 낮아질 때 내늑간근은 이완한다.
ㄹ. 폐포 내압이 대기압보다 낮아지면 외부의 공기가 몸 안으로 들어온다.

( )

04 다음 글을 읽고 빈칸에 들어갈 알맞은 단어를 써 넣으시오.

· 폐포 내압이 ㉠( )보다 낮으면 들숨, 높으면 날숨이 일어난다.
· 흉강 내압은 항상 대기압보다 ㉡( ).

㉠ : ( ), ㉡ : ( )

유형 익히기 & 하브루타

[유형16-3] 기체 교환

다음 그림은 몸에서 일어나는 기체 교환을 나타낸 것이다.

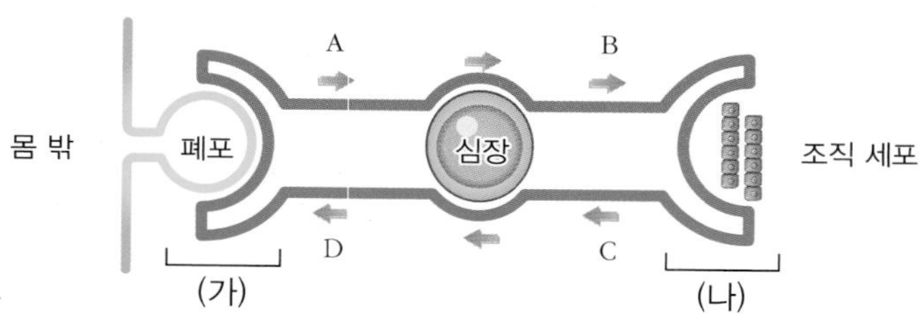

위 그림에 대한 설명으로 옳은 것은?

① (가) 는 내호흡 과정이다.
② (나) 는 외호흡 과정이다.
③ C, D 로 이동하는 기체는 산소이다.
④ A 와 B 에 흐르는 혈액은 동맥혈이다.
⑤ A, B 로 이동하는 기체는 조직 세포에서 형성되어 심장으로 이동한다.

05 다음 그림은 폐포에서 기체 교환이 일어나는 과정을 나타낸 것이다. 다음 물음에 답하시오.

(1) (가) 와 (나) 에 해당하는 기체의 이름을 쓰시오.

(가) : (　　　　　　　), (나) : (　　　　　　　)

(2) 폐포와 모세혈관 중 (나) 의 분압이 높은 곳은 어디인가?

(　　　　　　　)

06 외호흡과 내호흡에 대한 설명 중 옳은 것은 ○표, 옳지 않은 것은 ×표 하시오.

(1) 내호흡은 조직 세포와 모세혈관 사이에서 일어나는 기체 교환 과정이다. (　　)

(2) 외호흡은 에너지를 만드는 과정이고, 내호흡은 세포에서 물질을 합성하는 과정이다. (　　)

(3) 외호흡 결과 모세혈관으로 들어온 산소는 적혈구에 의해 조직 세포로 이동한다. (　　)

[유형16-4] 기체 운반

다음은 헤모글로빈의 산소 해리 곡선을 나타낸 것이다. 이에 대한 설명으로 옳지 않은 것은?

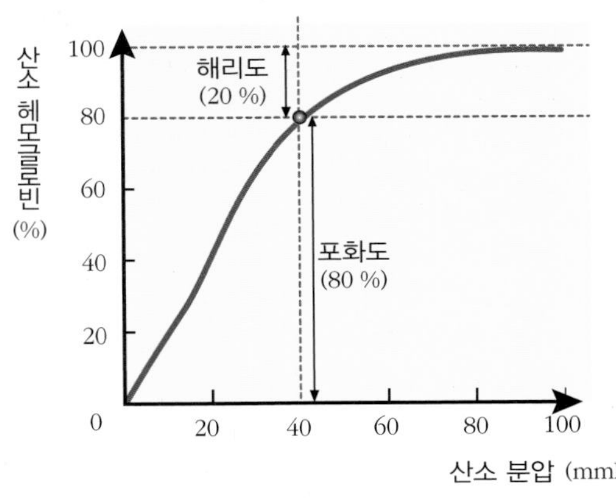

① 폐포 근처에서 산소 포화도 100 % 가 된다.
② pH 가 높아질수록 산소 해리도가 증가한다.
③ 온도가 낮아질수록 산소 포화도는 증가한다.
④ 산소 분압이 높아질수록 산소 포화도는 증가한다.
⑤ 이산화 탄소 분압이 높아질수록 산소 해리도는 증가한다.

07 오른쪽 그래프는 산소 해리 곡선을 나타낸 것이다. 산소 해리도가 가장 낮은 그래프의 기호를 쓰시오.

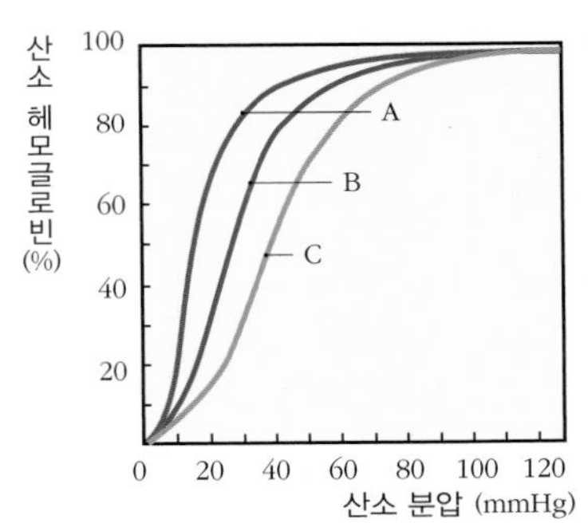

(　　　　　　)

08 오른쪽 그래프는 산소 해리 곡선을 나타낸 것이다. 이산화 탄소 분압이 40 mmHg 인 상태에서 헤모글로빈의 산소 포화도가 80 % 였다면, 그 곳의 산소 분압은 몇 mmHg 인가?

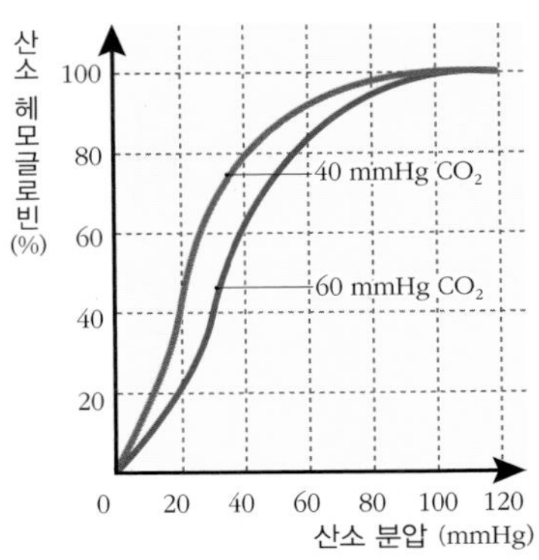

(　　　　　　) mmHg

창의력&토론마당

01

다음 자료를 읽고 물음에 답하시오.

[자료 1]

오른쪽 사진의 주인공들은 '스머프 가족' 혹은 '청색 인종 가족'이라는 별명이 붙은 퓌가트 가족이다. 퓌가트 부부의 일곱 명 자녀 중 네 명이 푸른색 피부를 갖고 태어났다. 그들의 자손 역시 파란 피부로 태어났고 이는 150 년 이상 지속되었다. 푸른 피부의 자손들이 태어난 것은 마르탱 퓌가트와 엘리바베스 스미스 모두가 유전성 메트헤모글로빈혈증이라는 질환을 앓고 있었기 때문이다.

[자료 2]

적혈구의 헤모글로빈이 산소와 결합되려면 환원된 상태이어야 한다. 다양한 유기 촉매나 효소가 헤모글로빈을 환원된 상태로 유지시켜 산소와 결합이 잘 일어나도록 한다. 유전성 메트헤모글로빈혈증은 태어나면서부터 효소 체계에 결함으로 헤모글로빈 분자가 지속적으로 산화된 상태를 유지하는 메트헤모글로빈의 농도가 높아질 때 발생한다.

[자료 3]

최근 영국 세인트앤드루스대 연구팀은 "건강하게 보이려면 혈액에 산소를 많이 포함하고 있어야 한다는 사실을 알아냈다" 고 밝혔다. 연구팀은 혈액 내 산소량에 따른 피부색 변화를 측정한 결과 혈류량과 혈액에 포함된 산소량이 적으면 혈액의 색은 갈색을 띠게 되며 피부와 점막은 청색으로 변하게 되며 산소량이 많을 때는 피부색이 붉고 밝은 빛을 띠어 건강하게 보이는 것으로 나타났다고 하였다.

출처 : KISTI의 과학 향기

(1) 혈중 메트헤모글로빈의 수치와 산소 포화도의 관계를 조사한 결과 오른쪽 그래프와 같은 결과를 얻었다. 이와 같은 결과가 나온 이유를 추리하여 보시오.

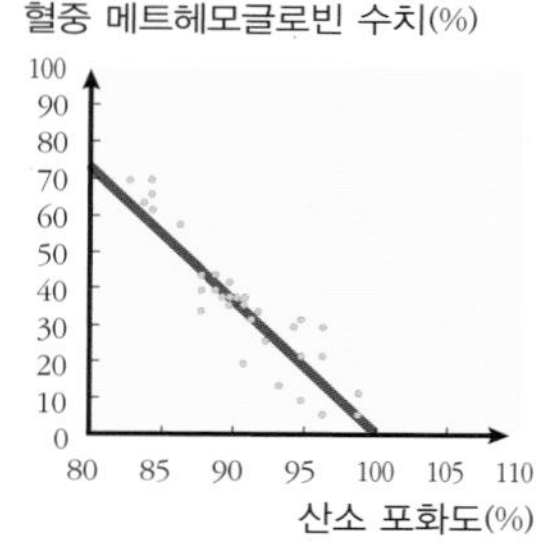

(2) 위의 제시글을 참고하여 메트헤모글로빈혈증에 의해 푸른색 피부가 나타나는 이유를 설명하시오.

(3) 혈액에 메트헤모글로빈의 농도가 높아지면 어떤 신체적 증상들이 나타날지 예상하시오.

02 어류는 아가미 호흡을 한다. 아래 모식도에서와 같이 아가미 호흡이 일어나는 장소인 라멜라(호흡기 표면)에서 물의 흐름 방향과 혈액의 흐름 방향은 서로 반대이다. 이 때문에 언제나 아가미의 모세혈관 쪽으로 확산에 의해 산소가 이동한다.

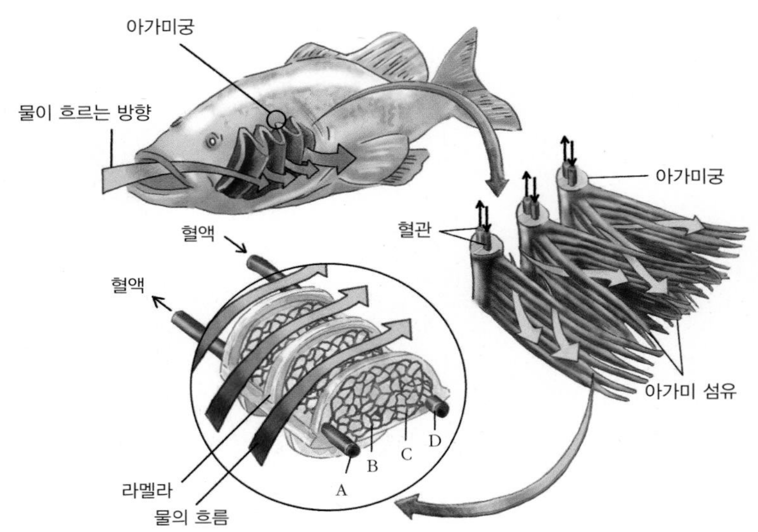

다음 중 어류의 아가미에서 일어나는 기체 교환에 대한 설명으로 옳은 것을 모두 고르시오.

[한국 과학창의력대회 기출 유형]

① 산소 함유량 정도를 비교하면 A > B > C > D 순이다.
② 어류의 아가미 표면의 수분을 유지하는데 에너지가 필요하다.
③ 물속의 산소가 모세혈관으로 이동할 때 많은 에너지가 소비된다.
④ 건조한 환경에서도 아가미의 호흡 표면으로 공기가 잘 녹아 들어간다.
⑤ 아가미에서 물이 흐르는 방향과 모세혈관의 혈액이 흐르는 방향이 같으면 모세혈관으로의 산소 이동량은 줄어든다.

창의력&토론마당

03

20 세까지 해안지대에 살던 정상인 A 가 고산지대(해발 4,000 m)로 이주하여 5 년이 경과하였다. 다음은 이주 전과 이주 5 년 후에 측정한 A의 혈액 속 산소 분압에 대한 산소 함유량을 나타낸 것이다.

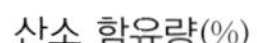

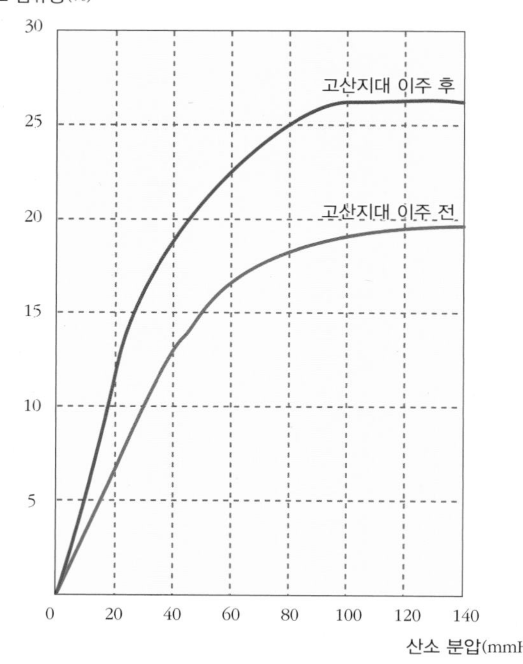

이주 전과 비교하여 이주 5 년 후에 나타난 A 의 생리적 변화에 대한 설명으로 옳은 것만을 〈보기〉 에서 있는 대로 고르고, 옳은 것과 옳지 않은 것의 이유를 각각 서술하시오.

〈 보기 〉

ㄱ. 헤모글로빈의 양이 증가한다.
ㄴ. 동맥혈의 산소 분압이 감소한다.
ㄷ. 심장의 근육 세포의 미토콘드리아 수가 감소한다.

답 :
이유 :

04 다음 그림 (가) 는 에베레스트 산 주위를 날고 있는 인도 기러기(줄기러기)의 모습이고, 그림 (나) 는 새가 가지고 있는 기낭(공기 주머니)을 나타낸 그림이다.

(가)

흡식(들숨) 시 기낭이 채워진다.

(나)

이 철새들이 어떻게 고산 산맥을 횡단할 수 있는지 이 철새의 호흡과 관련된 적응 현상으로 옳은 것을 모두 고르시오.

[한국 과학창의력대회 기출 유형]

① 폐까지 이어지는 기관의 길이가 사람보다 길다.
② 새는 몸집이 작기 때문에 단위 체중 당 필요한 산소가 사람보다 적다.
③ 혈액이 조직으로 산소를 운반하는 능력이 새보다 사람이 더 효율적이다.
④ 새는 기낭을 가지고 있어 산소를 보관할 수 있어 효율적으로 호흡할 수 있다.
⑤ 새는 들어가는 공기와 나오는 공기가 모두 한 방향으로 흐르기 때문에 효율적으로 산소를 얻을 수 있다.

스스로 실력 높이기

A

01 다음 중 호흡을 하는 가장 근본적인 이유는 무엇인가?

① 폐포에서 산소와 이산화 탄소를 교환하기 위해서
② 조직 세포에 산소를 공급하고 이산화 탄소를 받아서 밖으로 배출하기 위해서
③ 영양소를 분해하고 흡수하여 조직 세포에 전달하기 위해서
④ 온 몸을 돌고 난 후 혈액을 깨끗한 혈액으로 바꾸어 주기 위해서
⑤ 조직 세포에서 영양소를 산화시켜 생활에 필요한 에너지를 얻기 위해서

02 다음 그림은 사람의 호흡 기관의 구조를 나타낸 것이다.

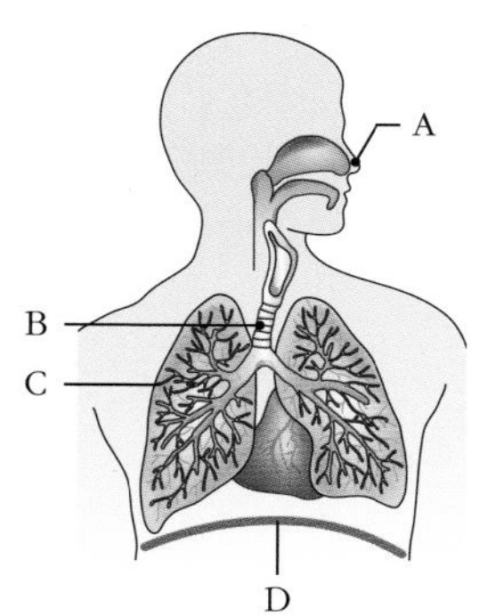

각 기관에 대한 설명으로 옳은 것을 모두 고르시오.

① A 는 공기가 드나드는 출입구이다.
② B 는 코와 이어진 긴 관으로 내벽에서는 점액이 분비되고, 섬모가 있어 폐로 들어오는 먼지와 세균을 막아준다.
③ C 는 흉강 내에 있는 호흡 기관으로 좌우에 2 개씩 모두 2 쌍이 있다.
④ D 는 가슴과 배를 구분하는 막이고 D 와 B 의 상하 운동으로 호흡 운동이 일어난다.
⑤ 공기의 이동 경로는 A → B → C 이다.

03 다음 그림은 사람의 호흡 기관의 일부를 나타낸 것이다. 각 부분의 명칭을 바르게 쓰시오.

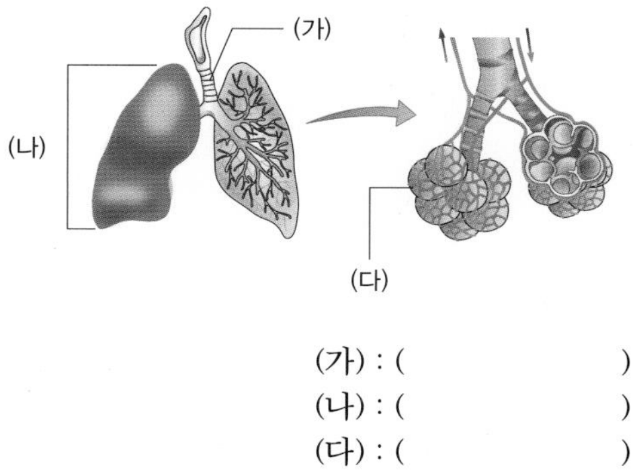

(가) : (   )
(나) : (   )
(다) : (   )

04 다음 중 사람이 호흡할 때 공기가 지나가는 기관을 순서대로 바르게 나열한 것은?

① 코 → 기관 → 기관지 → 세기관지 → 비강 → 폐포
② 코 → 비강 → 기관 → 기관지 → 세기관지 → 폐포
③ 코 → 비강 → 기관지 → 세기관지 → 기관 → 폐포
④ 코 → 비강 → 기관지 → 기관 → 세기관지 → 폐포
⑤ 코 → 기관 → 기관지 → 비강 → 세기관지 → 폐포

05 사람의 호흡 기관인 폐는 하나의 큰 덩어리가 아닌 매우 작은 수많은 폐포로 이루어져 있다. 이와 같이 폐가 수많은 폐포로 이루어져 있기 때문에 나타나는 이점을 바르게 설명한 것은?

① 폐의 근육 운동을 돕는다.
② 폐로 들어오는 산소의 농도를 증가시킨다.
③ 이산화 탄소가 몸속으로 들어오는 것을 차단한다.
④ 표면적을 넓혀 기체 교환이 효율적으로 일어나도록 한다.
⑤ 폐로 들어오는 이물질이 제거될 수 있도록 필터 역할을 한다.

06 호흡 운동에 대한 설명으로 옳은 것만을 〈보기〉에서 있는 대로 고르시오.

〈 보기 〉

ㄱ. 갈비뼈와 가로막의 상하 운동에 의해 이루어진다.
ㄴ. 늑간근의 수축과 이완에 의해 이루어진다.
ㄷ. 폐를 둘러싸고 있는 근육에 의해 이루어진다.
ㄹ. 흉강 내 부피 변화에 따른 압력의 변화에 의해 폐로 공기가 드나든다.

( )

07 다음 중 들숨과 날숨이 일어날 때, 사람의 호흡 운동을 바르게 나타낸 것은?

	구조	들숨	날숨
①	갈비뼈	내려감	올라감
②	가로막	올라감	내려감
③	흉강 내 압력	작아짐	커짐
④	폐의 크기	작아짐	커짐
⑤	공기 흐름	폐 → 외부	외부 → 폐

08 다음 그림은 사람의 호흡 기관을 나타낸 것이다. 가로막이 그림과 같이 움직일 때 나타나는 변화로 옳은 것은?

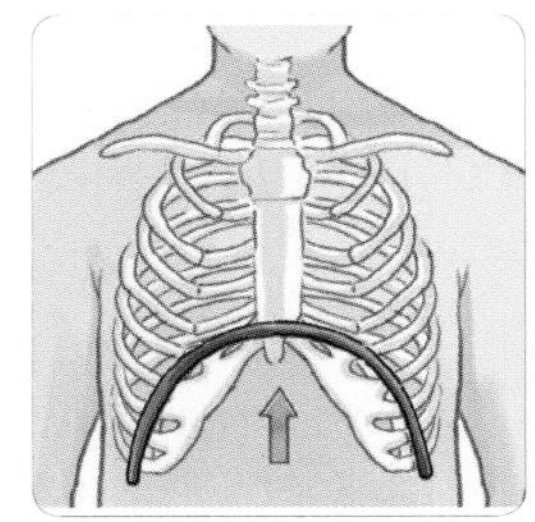

① 갈비뼈가 위로 올라간다.
② 폐 속의 부피가 커진다.
③ 흉강 내 압력이 높아진다.
④ 외부에서 폐로 공기가 들어온다.
⑤ 폐의 근육 운동에 의해 공기가 몸 밖으로 밀려 나간다.

09 다음은 호흡 운동의 원리를 설명하기 위한 모형이다.

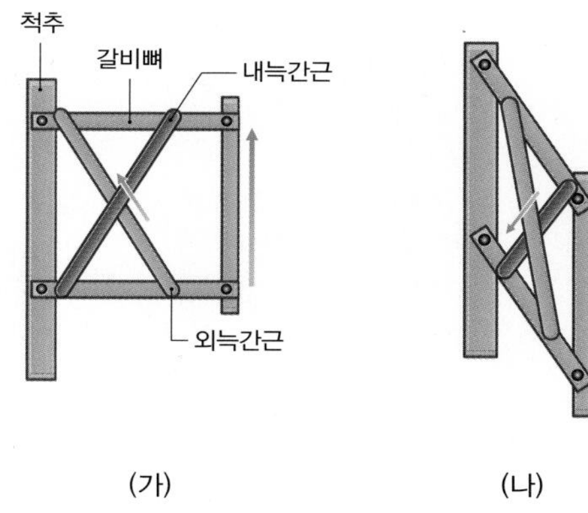

(가) (나)

위 그림에 대한 설명으로 옳은 것은?

① (가) 에서는 갈비뼈가 내려간다.
② (가) 는 들숨 때 나타나는 모습이다.
③ (가) 는 외늑간근이 이완한 상태이다.
④ (나) 는 내늑간근이 이완한 상태이다.
⑤ (나) 에서는 흉강 내 부피가 증가한다.

10 오른쪽의 그림은 사람의 호흡 운동의 원리를 보여 주기 위한 실험 장치이다. 오른쪽 그림과 같은 상태에서 일어나는 몸의 변화로 옳지 <u>않은</u> 것은?

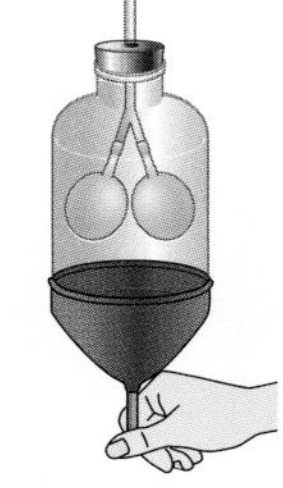

① 가로막은 하강한다.
② 갈비뼈는 상승한다.
③ 폐의 부피는 증가한다.
④ 흉강의 부피는 감소한다.
⑤ 흉강 내 압력은 감소한다.

스스로 실력 높이기

11 다음 중 폐포의 구조와 같은 원리로 설명할 수 있는 것을 모두 고르시오.

① 소장의 안쪽 벽에는 많은 융털이 있다.
② 추운 겨울에는 창문의 안쪽에 성에가 생긴다.
③ 날씨가 추워지면 입모근이 수축하여 털이 수직으로 선다.
④ 반투과성 막을 경계로 농도가 낮은 쪽의 물이 높은 쪽으로 이동한다.
⑤ 기계적 소화는 음식물을 잘게 부수는 과정으로 효율적인 소화가 일어나도록 돕는다.

12 아래 그림과 같이 비커에 석회수를 넣은 다음 공기 펌프로 공기를 주입시켰을 때와 빨대로 입김을 불어 넣었을 때의 결과가 아래의 표와 같이 나왔다.

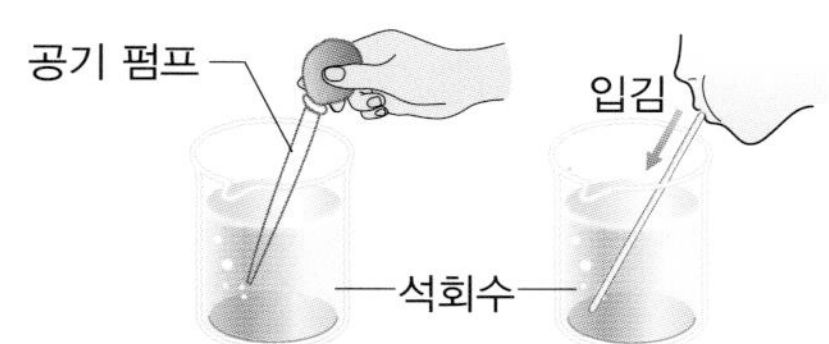

구분	공기 펌프	빨대
결과	변화 없음	뿌옇게 흐려짐

이 실험 결과 알 수 있는 날숨 속에 포함된 기체는 무엇인가?

( )

13 다음 그림은 호흡 기관의 일부를 모식적으로 나타낸 것이다. 정상적으로 호흡 운동이 일어날 때 들숨과 날숨의 상태에서 A, B, C 의 압력의 크기를 바르게 비교한 것은?

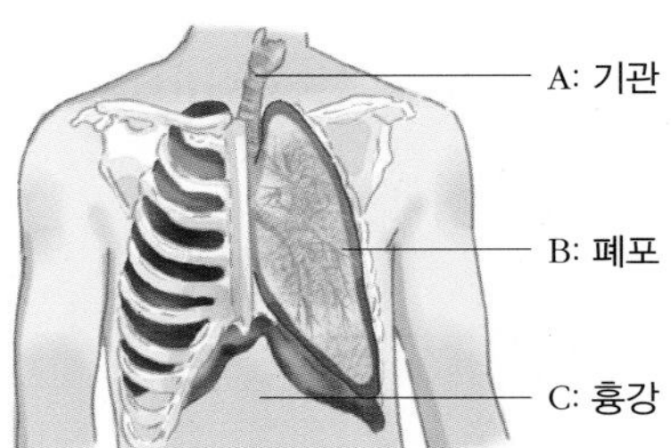

	들숨	날숨
①	A > B > C	C > B > A
②	A > B > C	B > A > C
③	A > C > B	A > B > C
④	B > A > C	A > B > C
⑤	A > C > B	B > A > C

14 다음 그래프는 호흡 운동을 할 때 흉강과 폐의 압력 변화를 나타낸 것이다.

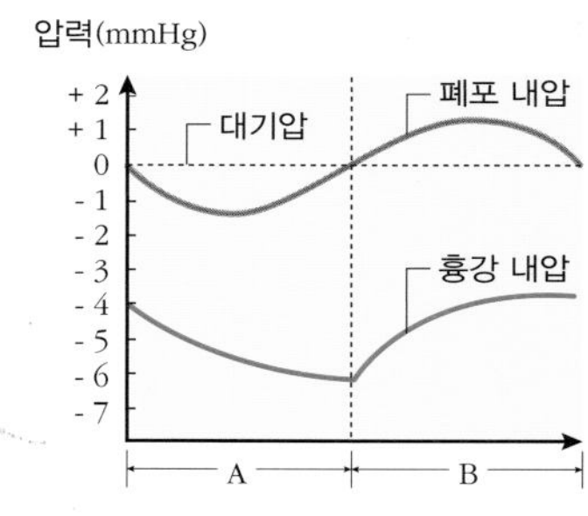

이에 대한 설명으로 옳은 것만을 〈보기〉 에서 있는 대로 고른 것은?

〈 보기 〉
ㄱ. A 시기에는 폐에서 외부로 공기가 나간다.
ㄴ. B 시기에는 갈비뼈는 하강하고 가로막은 상승한다.
ㄷ. A 와 B 시기에 모두 외부에서 폐로 공기가 들어온다.
ㄹ. 흉강 내압은 항상 대기압보다 낮다.

① ㄱ, ㄹ ② ㄴ, ㄷ ③ ㄴ, ㄹ
④ ㄷ, ㄹ ⑤ ㄱ, ㄴ, ㄹ

15 다음 중 사람의 호흡과 관련된 근육에 대한 설명 중 옳은 것은?

[생물 올림피아드 기출 유형]

① 숨을 내쉴 때 외늑간근은 수축하고 가로막은 내려간다.
② 숨을 들이마실 때, 내늑간근만 수축하고 가로막은 내려간다.
③ 외늑간근과 내늑간근은 숨을 들이마실 때 작용하고, 가로막은 숨을 내쉴 때 작용한다.
④ 부드럽게 숨을 내쉴 때 내늑간근을 수축하고, 흉강의 부피를 감소시킴으로써 숨을 내쉬는 것을 마칠 수 있다.
⑤ 부드럽게 숨을 들이마실 때 내늑간은 수축하고 가로막이 올라감으로써 깊이 숨을 들이마시는 것을 마칠 수 있다.

16 다음은 숨을 들이쉴 때와 내쉴 때의 과정을 모식적으로 나타낸 그림이다.

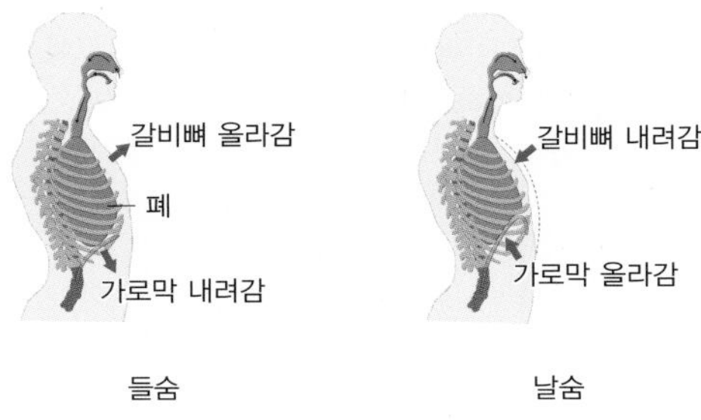

사람은 일반적으로 과식을 하면 숨쉬기가 어려워진다. 위의 그림을 참고하여 그 이유를 설명한 것으로 옳은 것만을 〈보기〉 에서 모두 고른 것은?

〈 보기 〉

ㄱ. 갈비사이근의 수축이 어려워진다.
ㄴ. 가로막의 수축이 어려워진다.
ㄷ. 갈비뼈가 쉽게 움직이지 않는다.
ㄹ. 흉강 내의 압력 변화의 폭이 감소한다.

① ㄱ, ㄴ ② ㄱ, ㄷ ③ ㄴ, ㄷ
④ ㄴ, ㄹ ⑤ ㄷ, ㄹ

17 모든 동물의 기체 교환에 필요한 구조, 모양 및 과정으로 옳은 것만을 〈보기〉 에서 있는 대로 고르시오.

[생물 올림피아드 기출 유형]

〈 보기 〉

ㄱ. 적혈구 ㄴ. 얇고 젖은 표면
ㄷ. 확산 현상 ㄹ. 산소를 포함한 물이나 공기
ㅁ. 폐와 기관지 ㅂ. 헤모글로빈과 같은 호흡 색소

( )

18 다음 중 기체가 교환되는 원리로 일어나는 현상은 무엇인가?

① 눈이 내리는 날은 포근하다.
② 물에 떨어진 잉크가 퍼져 나간다.
③ 알코올을 손에 바르면 시원하게 느껴진다.
④ 빙판 위에서 스케이트 날이 잘 미끄러진다.
⑤ 짠 음식을 많이 먹으면 갈증이 나서 물을 많이 섭취하게 된다.

19 헤모글로빈으로부터 산소의 해리를 촉진시키는 요소는 무엇인가?

[한국 과학창의력대회 기출 유형]

① 동물 조직의 낮은 산소 분압, 낮은 pH, 낮은 온도
② 동물 조직의 높은 산소 분압, 높은 pH, 높은 온도
③ 동물 조직의 높은 산소 분압, 낮은 pH, 낮은 온도
④ 동물 조직의 낮은 산소 분압, 낮은 pH, 높은 온도
⑤ 동물 조직의 낮은 이산화 탄소 분압, 높은 pH, 높은 온도

스스로 실력 높이기

C

20 다음은 혈액 속의 산소 농도(산소 분압)에 따른 혈액의 산소 포화도를 나타낸 그래프이다. 혈액이 산소를 조직 세포에 운반하는 역할을 할 수 있는 이유는 이 그래프에 의해서 뒷받침되고 있다.

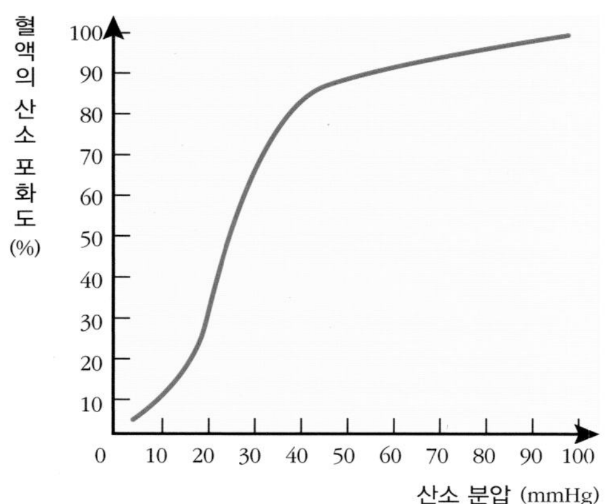

혈액의 산소 운반 기능과 관련하여 그래프로부터 알 수 있는 사실로 옳은 것은 ○표, 옳지 않은 것은 ×표 하시오.

(1) 공기 중에 산소가 적은 곳에서는 호흡수가 늘어나게 된다. (　　)

(2) 산소 분압에 따라 혈액의 산소 포화도는 일정하게 증가할 것이다. (　　)

(3) 혈액이 폐에서 많은 양의 산소와 접하면 산소 포화도가 높아질 것이다. (　　)

(4) 산소가 부족한 조직에 산소가 많은 혈액이 지나가면 혈액의 산소 포화도는 더 높아질 것이다. (　　)

21 다음 그림은 호흡에 따른 흉강과 폐포의 부피 및 압력 변화를 나타낸 것이다.

(단위 : mmHg)

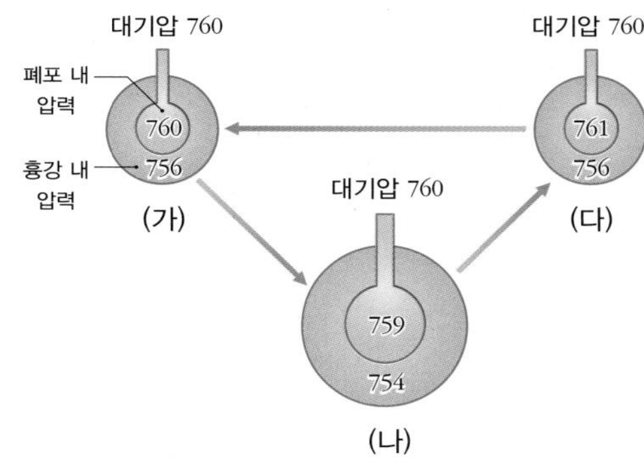

이에 대한 설명 중 옳은 것은 ○표, 옳지 않은 것은 ×표 하시오.

(1) 흉강의 압력이 폐포의 부피 변화를 유도한다. (　　)

(2) 폐포 내의 압력이 대기압보다 낮아지면 날숨이 일어난다. (　　)

(3) (가) 에서 (나) 로 될 때 갈비뼈는 상승하고, 가로막은 수축하여 하강한다. (　　)

(4) (나) 에서 (다) 로 될 때 폐포의 내압이 높아지므로 흉강의 내압도 증가한다. (　　)

(5) (다) 에서 (가) 로 될 때 흉강과 폐포의 부피가 감소하므로 폐포 내의 기체가 밖으로 이동한다. (　　)

22 다음 그림 (가) 는 날숨이 끝날 때 폐포 내의 공기압($P_{폐포}$), 흉강 벽과 폐포 사이의 공간이 갖는 압력($P_{공간}$)과 대기압($P_{대기}$)과의 관계를 나타낸 것이다. 그림 (나) 는 날숨 때의 흉강 속의 폐와 가로막을 나타낸 것이다. 그림 (가) 에서는 수많은 폐포 중 하나만을 단순화시켜 나타냈다.

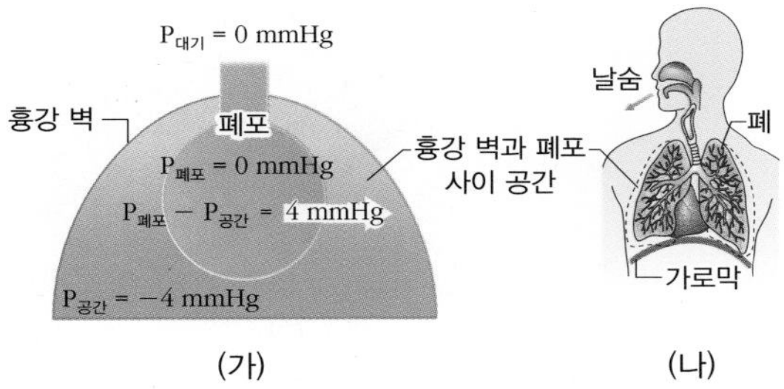

(가) (나)

사람이 숨을 내쉬고 들이쉴 때 이들 압력의 관계를 바르게 설명한 것을 모두 고르시오.

[한국 과학창의력대회 기출 유형]

① $P_{폐포}$ 값은 들숨이 끝날 때 가장 낮다.
② 들숨이 끝날 때 $P_{폐포}$ 의 값은 0 mmHg 이다.
③ 숨을 들이쉴 때 $P_{공간}$ 과 $P_{폐포}$ 는 더욱 낮아진다.
④ 들숨과 날숨에서 공기의 이동은 $P_{폐포}$ 와 $P_{대기}$ 사이의 차이에 의해 결정된다.
⑤ 숨을 내쉴 때 늑간근과 가로막은 수축을 해서 흉강의 크기를 줄이고 $P_{폐포}$ 는 양의 값으로 증가한다.

23 온도가 올라갈수록 기체(산소)의 용해도는 낮아진다. 따라서 물에 사는 척추동물의 체액 속에 있는 헤모글로빈의 양도 그들이 살고 있는 물의 온도에 따라 달라진다. 다음의 그래프 곡선 ㉠ ~ ㉣ 중 이와 같은 특성을 잘 나타낸 그래프는 무엇인가?

[생물 올림피아드 기출 유형]

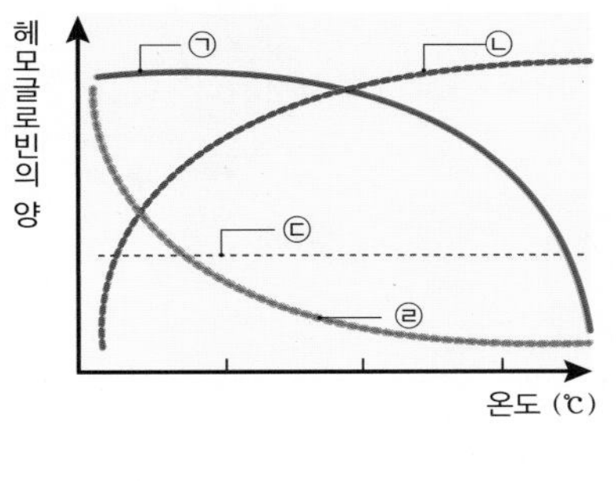

( )

24 다음 그림 (가) 는 폐포에서의 외호흡, (나) 는 폐포의 모세혈관 A 지점에서 B 지점에 이르기까지 O_2와 CO_2의 분압 변화를 나타낸 것이다.

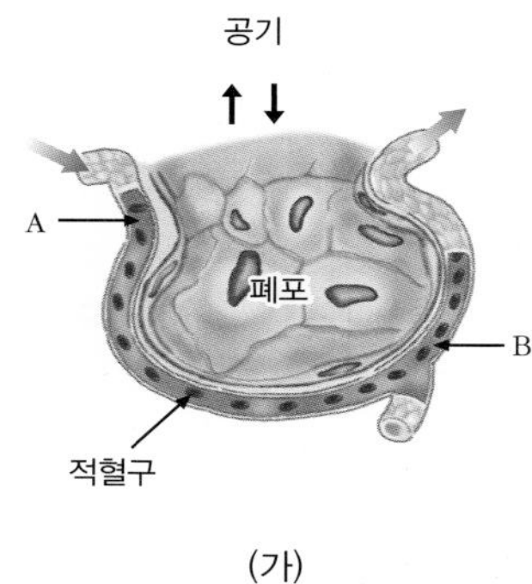

(가)

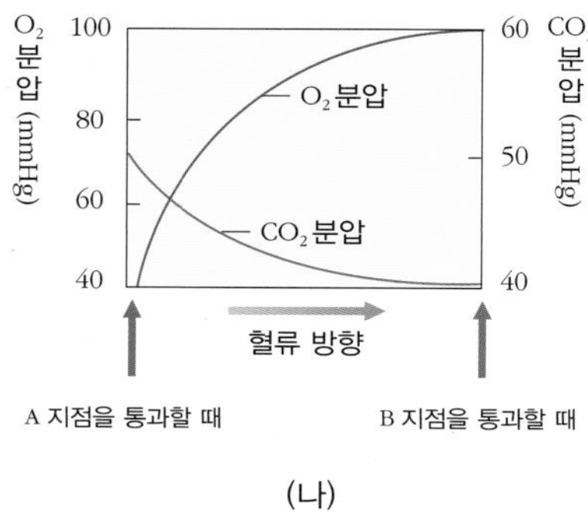

(나)

이에 대한 설명으로 옳은 것을 <u>모두</u> 고르시오.

① 폐포의 모세혈관 B 는 A 보다 산소 분압이 더 높다.
② A 에는 동맥혈이 흐르고, B 에는 정맥혈이 흐른다.
③ 폐포에서의 가스 교환은 분압차에 의한 확산 현상으로 일어난다.
④ 혈액의 CO_2 분압은 A 에서 B 로 갈수록 30 mmHg 정도 감소된다.
⑤ A 에서 B 로 이동하는 동안 폐포와 모세혈관 사이에서 이동하는 기체의 양은 O_2가 CO_2보다 더 많다.

25 그림 (가) 는 모세혈관과 조직 세포 사이의 기체 교환을 모식적으로 나타낸 것이고, (나) 는 Ⅰ 과 Ⅱ 지점에서 기체 A, B 의 분압을 나타낸 그래프이다.

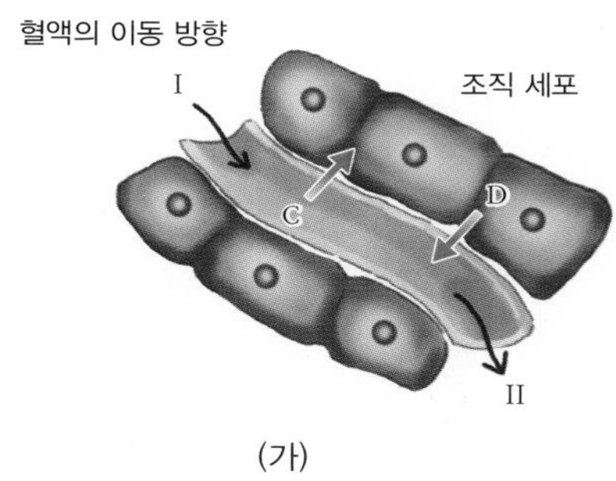

(가)

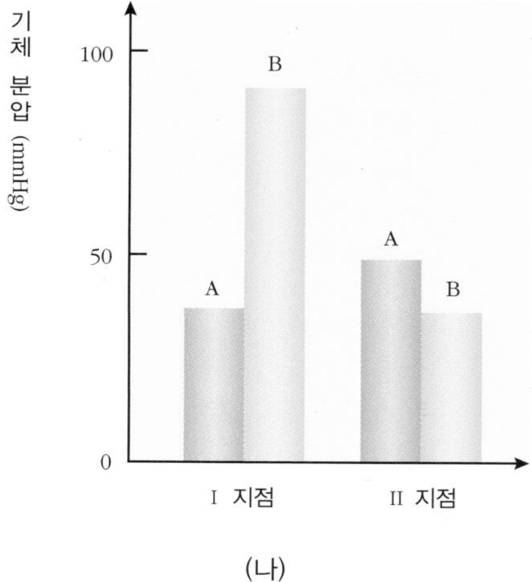

(나)

이에 대한 설명 중 옳지 <u>않은</u> 것은?

① A 는 B 보다 기체 분압의 변화가 작다.
② 기체 C 는 기체 B 와 같은 종류의 기체이다.
③ 조직 세포에서 모세혈관으로 이동하는 기체 D 는 이산화 탄소이다.
④ 운동을 격렬하게 하면 조직 세포에서 소비하는 기체 B 의 양이 증가한다.
⑤ Ⅰ 에서 Ⅱ 로 혈액이 이동하는 동안 혈액은 검붉은 색에서 점차 선홍색으로 변한다.

심화

26 모체의 적혈구 헤모글로빈에 의해 운반되어 온 산소는 태반에서 태아에게 전달된다. 아래의 그래프는 모체와 태아의 헤모글로빈의 산소 해리 곡선을 비교하여 나타낸 것이다.

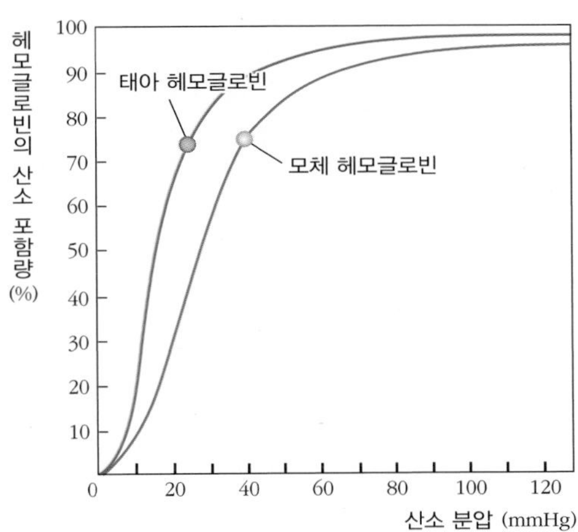

이 그래프와 관련된 추론으로 타당한 것을 모두 고르시오.

[한국 과학창의력대회 기출 유형]

① 태반에서 태아 혈액의 산소 분압은 모체 혈액의 산소 분압보다 높다.
② 태아의 헤모글로빈은 모체의 헤모글로빈보다 산소에 대한 친화력이 더 높다.
③ 태아의 적혈구 1개에 들어 있는 헤모글로빈의 수는 모체의 헤모글로빈 수보다 더 적다.
④ 모체의 헤모글로빈 분자는 태아의 헤모글로빈 분자보다 결합하는 산소의 분자수가 더 많다.
⑤ 태반에서 태아의 헤모글로빈은 모체의 헤모글로빈보다 동일한 산소 분압에서 산소 포화량이 더 많다.

27 다음 그림 (가) 는 적혈구의 헤모글로빈이 산소와 결합하거나 해리되는 과정을 나타낸 것이고, (나) 는 pH 에 따른 산소 해리 곡선을 나타낸 것이다.

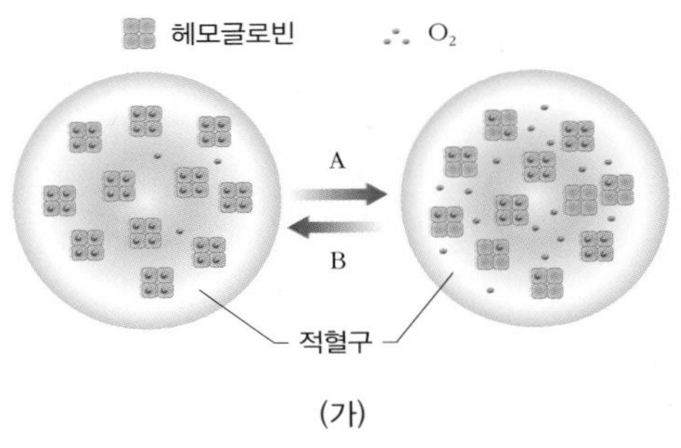

(가)

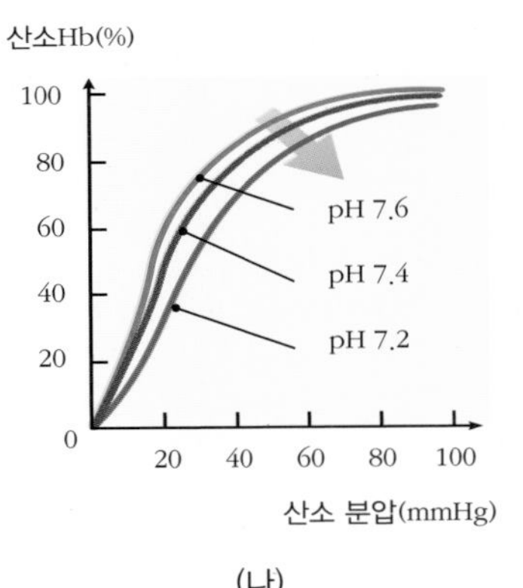

(나)

위 자료에 대한 설명으로 옳은 것만을 〈보기〉 에서 있는 대로 고른 것은?

〈 보기 〉

ㄱ. 혈액의 pH 가 증가할수록 A 방향의 반응이 촉진된다.
ㄴ. B 방향의 반응은 주로 폐포 근처의 모세혈관에서 나타난다.
ㄷ. 물질대사 활동이 활발하게 일어날 때 산소 해리 곡선은 왼쪽으로 이동한다.

① ㄱ ② ㄴ ③ ㄱ, ㄴ
④ ㄱ, ㄷ ⑤ ㄴ, ㄷ

스스로 실력 높이기

28 다음 그래프 (가) 는 산소 분압에 따른 미오글로빈과 헤모글로빈의 산소 포화도를 나타낸 것이며, 그래프 (나) 는 모체와 태아, 라마의 산소 포화도를 나타낸 것이다. (단, 미오글로빈은 근육 속에 산소를 저장하는 색소 단백질이며, 라마는 낙타과 동물이다.)

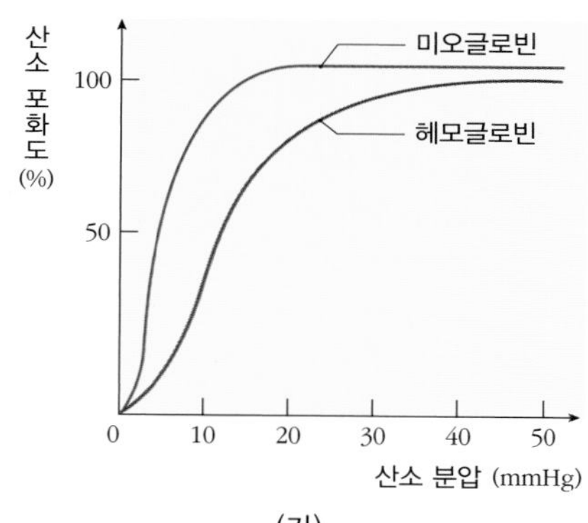

(가)

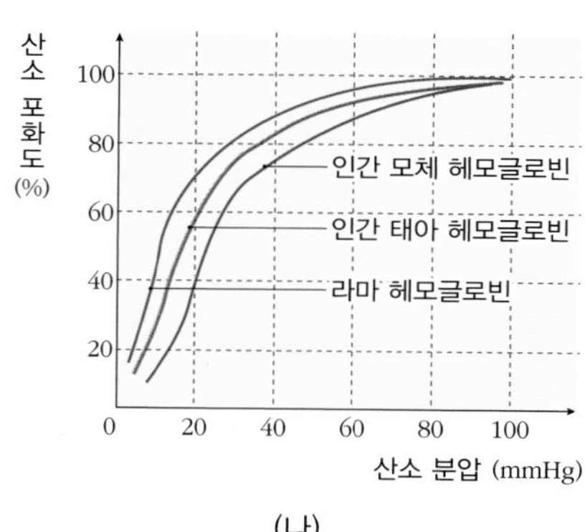

(나)

위 자료에 대한 설명으로 옳지 않은 것은?

① 산소는 모체에서 태아로 전달된다.
② 미오글로빈이 헤모글로빈보다 산소와의 결합력이 더 크다.
③ 산소와의 결합력은 모체보다 태아의 헤모글로빈이 더 크다.
④ 라마는 산소가 희박한 고산 지대에서 인간보다 더 잘 살아갈 수 있다.
⑤ 산소 분압이 높아질수록 모체와 태아 헤모글로빈의 산소 포화도의 차이는 계속 증가한다.

29 다음 그래프는 산소와 이산화 탄소의 농도를 다르게 하였을 때 호흡 속도와 폐활량의 변화를 나타낸 것이다.

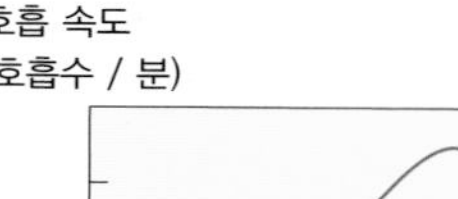

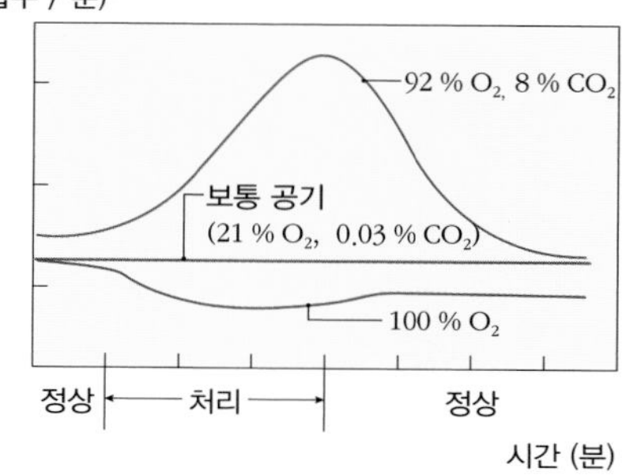

▲ O_2와 CO_2의 농도에 따른 호흡 속도의 변화

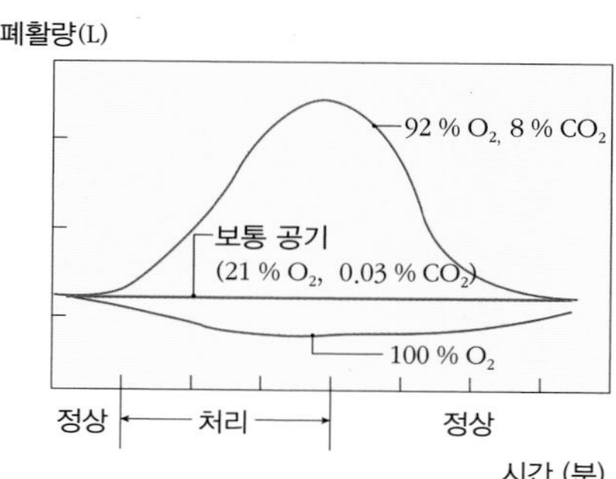

▲ O_2와 CO_2의 농도에 따른 폐활량의 변화

위 자료에 대한 설명으로 옳은 것을 모두 고르시오.

① 호흡 속도가 빨라지면 숨을 깊이 쉬지 않는다.
② 산소의 농도가 높을수록 호흡 속도가 빨라진다.
③ 이산화 탄소의 농도가 높을수록 호흡의 속도는 빨라진다.
④ 호흡 속도는 산소보다 이산화 탄소의 영향을 더 많이 받는다.
⑤ 혈액 내 CO_2 농도가 높아지면 1 회 호흡 시 드나드는 공기의 양이 증가한다.

30 다음 그래프는 정상인이 평상시 호흡을 하다가 최대로 숨을 들이마신 후 내쉬었을 때의 폐의 부피 변화를 나타낸 것이다. 다음 물음에 답하시오.

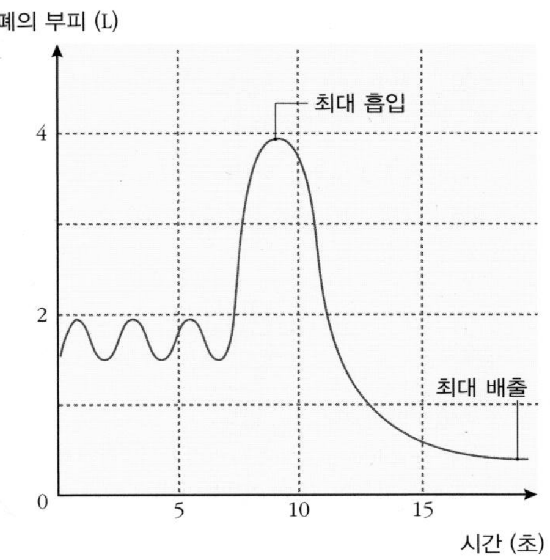

(1) 위 그래프에 대한 설명 중 옳은 것은 ○표, 옳지 않은 것은 ×표 하시오.

① 최대로 숨을 들이마시면 평소보다 약 2 L 의 공기를 더 흡입할 수 있다. ( )

② 평상 시 일어나는 날숨에 방출되는 기체의 부피는 약 1.5 L 이다. ( )

③ 날숨을 통해 최대로 방출할 수 있는 기체의 부피는 약 3.5 L 이다. ( )

(2) 위 자료에 대한 설명으로 옳은 것만을 〈보기〉에서 있는 대로 고르시오.

〈 보기 〉

ㄱ. 폐의 부피 변화를 통해 폐 속으로 드나드는 공기의 양을 측정할 수 있다.

ㄴ. 이 사람이 쉬고 있을 때 호흡량은 0.5 L 이다.

ㄷ. 최대로 숨을 내쉬더라도 폐 속에는 약간의 공기가 남는다.

ㄹ. 최대로 들이마셨을 때 폐의 부피와 평상시 들숨 상태의 폐의 부피 차는 2 L 정도이다.

( )

17강. 순환

1. 혈액의 구성과 기능

(1) 혈액의 구성 : 45 % 의 고체 성분인 혈구와 55 % 의 액체 성분인 혈장으로 구성된다.

① 혈구(혈액의 세포 성분)의 구성과 기능

적혈구	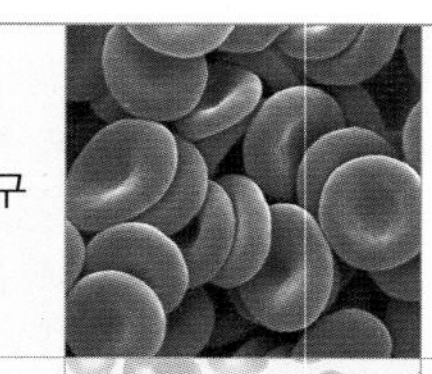	· 모양 : 핵이 없으며 가운데가 오목한 원반형이다. · 수명 : 100 ~ 120 일이며, 골수에서 생성되고, 간이나 지라에서 파괴된다. · 기능 : 헤모글로빈이 있어 붉은색을 띠며, 산소를 운반한다. · 수 : 450만 ~ 500만 개/mm^3 ⇨ 부족하면 빈혈 증세를 보이며, 고산 지대에 적응한 사람은 약 700만 개로 증가한다.
백혈구	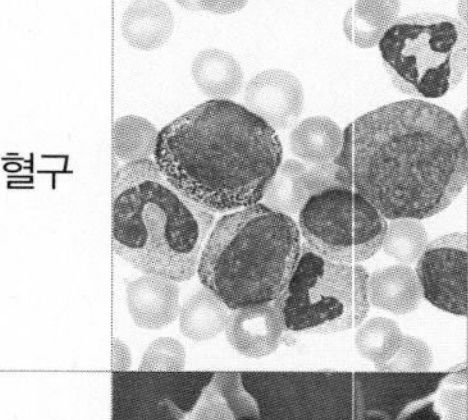	· 모양 : 핵이 있으며, 모양과 크기가 일정하지 않다. · 수명 : 수일 ~ 2 주일이며, 골수에서 생성되고, 골수와 지라에서 파괴된다. · 기능 : 병원균을 직접 제거하는 식균 작용과 림프구가 생성한 항체에 의한 면역 작용을 한다. · 종류 : 호중성 · 호산성 · 호염기성 백혈구, 림프구 등이 있다. · 수 : 6000 ~ 8000 개/mm^3 ⇨ 세균에 감염되면 백혈구의 수가 증가한다.
혈소판		· 모양 : 핵이 없으며 모양이 일정하지 않다. · 수명 : 2 ~ 3 일이며, 골수에서 생성되고 지라에서 파괴된다. · 기능 : 혈액 응고에 관여하는 효소(트롬보키네이스)가 있어 혈액을 응고하여 과도한 출혈을 막아 준다. · 수 : 25만 ~ 40만 개/mm^3 ⇨ 혈소판이 부족한 경우 지혈이 잘 되지 않는다.

② 혈장(혈액의 액체 성분)의 구성과 기능

물	· 혈장의 약 90 % 를 차지한다. · 용매로 작용하여 영양소, 산소, 이산화 탄소, 호르몬, 노폐물 등을 운반한다. · 비열이 높기 때문에 체온을 유지하는데 중요한 역할을 한다.
혈장 단백질	· 혈장의 7 ~ 9 % 를 차지한다. · 파이브리노젠 : 혈액 응고에 관여한다. · 알부민 : 혈액의 점성과 삼투압 유지에 관여한다. · 글로불린 : 항체의 원료로 쓰이며, γ-글로불린은 항체의 성분으로 면역에 관여한다.
무기 염류	· 혈장의 약 1 % 를 차지하며 삼투압과 pH 의 유지에 관여한다.
기타	· 포도당(0.1 %)과 노폐물, 호르몬, 항체 등을 포함한다.

(2) 혈액의 기능

① **운반 작용** : 영양소와 노폐물, 산소와 이산화 탄소, 호르몬과 항체 등을 운반한다.
② **조절 작용** : 혈액의 삼투압, 혈당량, pH, 체온 등의 항상성을 조절한다.
③ **방어 작용**
· 식균 작용 : 체내에 이물질이나 세균이 들어오면 백혈구가 아메바 운동으로 잡아먹는다.
· 항체 생성 : 이물질이나 병원체에 대항하여 림프구가 항체를 생산하여 몸을 보호한다.
· 혈액 응고 : 출혈이 생기면 혈소판의 작용으로 혈액을 응고시켜 출혈을 막는다.

개념확인 1

다음은 혈액의 구성에 대한 설명이다. 빈칸에 들어갈 알맞은 말을 쓰시오.

혈액은 45 % 의 고체 성분인 ㉠(　　　)(와)과 55 % 의 액체 성분인 ㉡(　　　)(으)로 구성된다.

확인+1

이물질이나 병원체에 대항하여 몸을 보호하는 것은 혈액의 어떠한 기능인가?

(　　　　　　　　) 작용

체액의 구성
혈관 속의 혈액, 림프관 속의 림프, 조직 세포 사이의 조직액이 있다.

골수와 지라
· 골수 : 뼈 속의 조직으로 혈구가 생성되는 장소이다.
· 지라 : 비장이라고도 하며, 가로막과 왼쪽 신장 사이에 있는 장기로 혈구가 파괴되는 장소이다.

아메바 운동과 식균 작용
· 아메바 운동 : 세포질의 일부에서 세포질 돌기(위족)를 형성하여 움직이는 운동이다.
· 식균 작용 : 세균을 잡아먹는 작용이다.

항원과 항체
· 항원 : 병원체나 병원체로부터 분비된 독소 등으로 외부로부터 유입된 이물질을 뜻한다.
· 항체 : 항원이 침입했을 때 이를 제거하기 위해 체내에서 만들어지는 물질이다.

혈액 응고 과정
① 상처 부위에서 흘러나온 혈액이 공기와 접촉하면 혈소판이 파괴되어 트롬보키네이스가 방출된다.
② 트롬보키네이스는 혈장 속의 칼슘 이온과 함께 프로트롬빈을 트롬빈으로 활성화시킨다.
③ 트롬빈은 파이브리노젠을 파이브린으로 변화시키고, 파이브린은 혈병(피떡)을 만들어 혈액을 응고시킨다.

혈액 응고 방지법
· 효소 작용을 억제하기 위해 저온 처리를 한다.
· 시트르산 나트륨 또는 옥살산 나트륨을 첨가하여 칼슘 이온을 제거한다.
· 헤파린이나 히루딘을 첨가하여 트롬빈의 작용을 억제한다.
· 유리 막대로 저어 파이브린을 제거한다.

2. 심장

(1) 심장의 구조 : 심장은 주먹만한 크기의 근육질 주머니로 2 심방 2 심실로 되어 있다.

① **심방** : 심장으로 혈액이 들어오는 부분으로, 심실에 비해 크기가 작고 내벽이 얇다.
② **심실** : 심장에서 혈액이 나가는 부분으로, 내벽이 두껍고 탄력이 있다.
③ **판막** : 심방과 심실, 심실과 동맥 사이에 있으며 심장의 수축과 이완에 따라 열리고 닫혀 혈액의 역류를 방지한다.

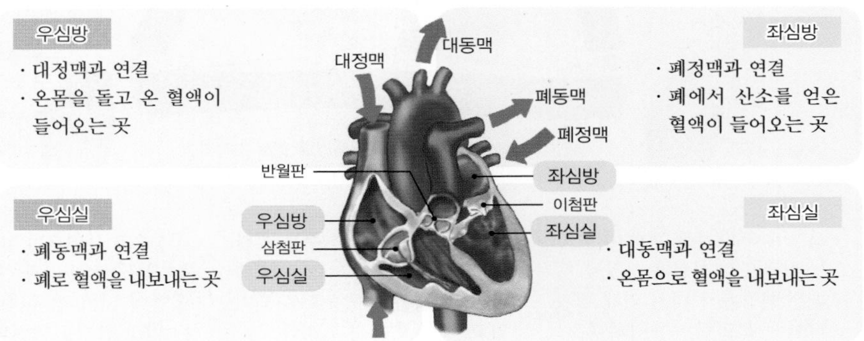

(2) 심장 박동 : 심방과 심실의 규칙적인 수축과 이완 운동으로, 혈액 순환의 원동력이다.

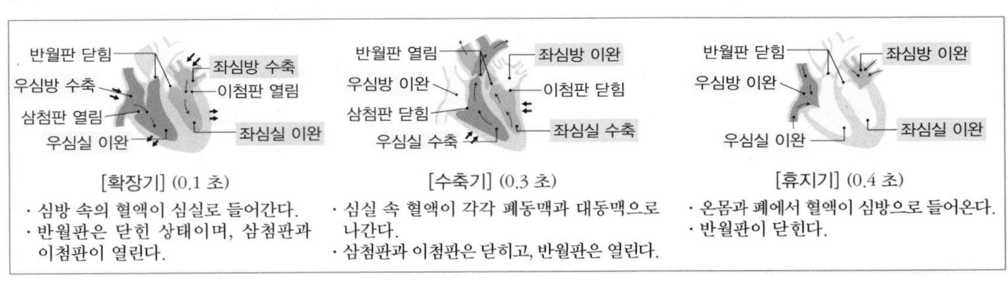

[확장기] (0.1 초)
· 심방 속의 혈액이 심실로 들어간다.
· 반월판은 닫힌 상태이며, 삼첨판과 이첨판이 열린다.

[수축기] (0.3 초)
· 심실 속 혈액이 각각 폐동맥과 대동맥으로 나간다.
· 삼첨판과 이첨판은 닫히고, 반월판은 열린다.

[휴지기] (0.4 초)
· 온몸과 폐에서 혈액이 심방으로 들어온다.
· 반월판이 닫힌다.

(3) 심장 박동의 자동성 : 심장은 다른 기관과 달리 심장 자신의 충격에 의해서 박동이 스스로 일어난다.

· 심장 자체에 자극 전도계가 있어서 박동원인 굴심방 결절의 흥분이 좌우 심방과 심실로 전해지면서 스스로 박동한다.
· 심장 박동의 흥분 전달 경로
① 굴심방 결절의 흥분에 의해 심방이 수축한다.
② 굴심방 결절의 흥분이 심방과 심실 사이의 방실 결절을 자극한다.
③ 방실 결절의 흥분이 히스 다발과 푸르키네 섬유로 전해져 심실이 수축한다.

(4) 심장 박동의 조절 : 심장 박동의 중추는 연수이고, 혈중 CO_2 의 농도에 따라 자율 신경에 의해 박동의 세기와 속도가 조절된다.

· 혈중 CO_2 농도 증가 → 연수 → 교감 신경 → 아드레날린 → 굴심방 결절 흥분 촉진 → 박동 촉진
· 혈중 CO_2 농도 감소 → 연수 → 부교감 신경 → 아세틸콜린 → 굴심방 결절 흥분 억제 → 박동 억제

개념확인 2 정답 및 해설 20쪽

다음은 심장 내에서 혈액의 흐름을 나타낸 것이다. 빈칸에 들어갈 알맞은 혈관을 쓰시오.

대정맥 → 우심방 → 우심실 → ㉠(   ) → 폐 → ㉡(   ) → 좌심방 → 좌심실 → 대동맥

확인+2

다음은 심장 박동의 조절에 대한 설명이다. 빈칸에 들어갈 알맞은 말을 쓰시오.

심장 박동의 중추는 ㉠(   )이고, ㉡(   ) 신경에 의해 박동의 세기가 조절된다.

● 심장 판막의 종류와 위치
· 삼첨판 : 우심방과 우심실 사이 3 개의 판
· 이첨판 : 좌심방과 좌심실 사이 2 개의 판
· 반월판 : 우심실과 폐동맥 사이, 좌심실과 대동맥 사이의 3 개의 판

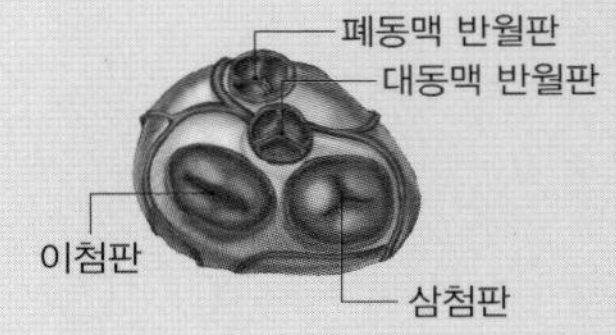

● 좌심실의 내벽
높은 압력으로 혈액을 대동맥으로 보내야 하기 때문에 좌심실의 내벽이 가장 두껍다.

● 심장 내에서의 혈액의 흐름
대정맥 → 우심방 → 우심실 → 폐동맥 → 폐 → 폐정맥 → 좌심방 → 좌심실 → 대동맥

● 심음
· 심장에서 나는 소리로 판막이 닫힐 때 난다.
· 제 1 심음은 삼첨판과 이첨판이 닫힐 때 난다.
· 제 2 심음은 반월판이 닫힐 때 난다.

● 심장 박동의 자동성

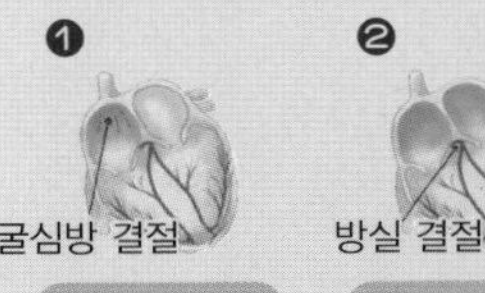

❸ ❹

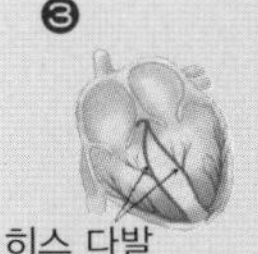

히스 다발을 거쳐 흥분 전달
심실의 수축

미니사전
굴심방 결절 심장에서 전기 자극을 형성하는 부위로, 대정맥과 우심방의 접합부에 위치한다.

3. 혈관

(1) 혈관의 종류와 특징

동맥	모세혈관	정맥
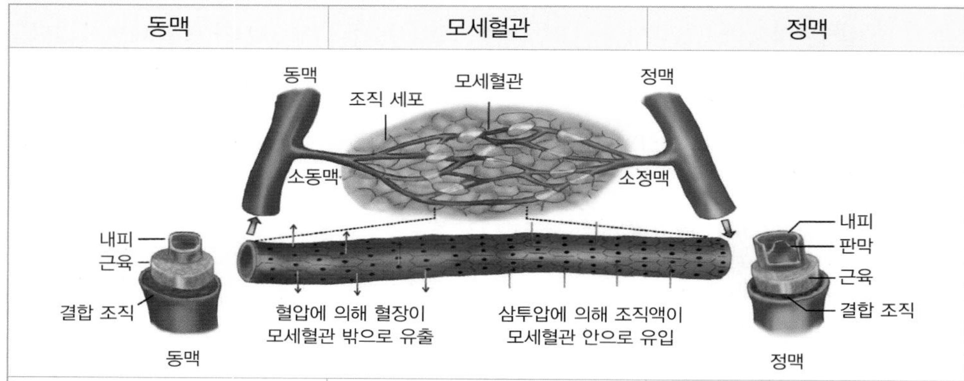		
· 심장에서 나가는 혈액이 흐르는 혈관으로 심실과 연결된다. · 높은 혈압을 견디기 위해 혈관벽이 두껍고 탄력이 강하다. · 맥박이 나타난다. · 몸 속 깊은 곳에 분포한다.	· 동맥과 정맥을 이어 주는 혈관이다. · 한 겹의 얇은 세포층으로 되어 있고, 혈류 속도가 느리다. · 조직 세포와 물질 교환이 효과적으로 일어난다. · 온몸에 그물처럼 퍼져있다.	· 심장으로 들어오는 혈액이 흐르는 혈관으로 심방과 연결된다. · 혈압이 낮아 혈관벽이 동맥보다 얇고 탄력도 약하다. · 혈압이 낮아 혈액의 역류를 방지하기 위해 판막이 존재한다. · 몸의 표면에 분포한다.

(2) 혈관의 비교

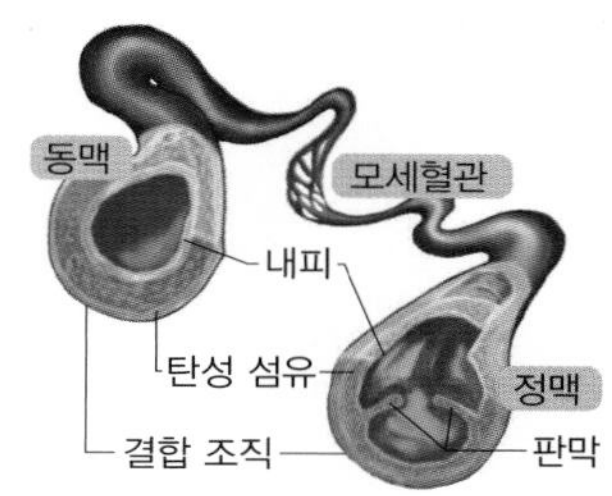

① **혈관벽의 두께** : 동맥 > 정맥 > 모세혈관
② **혈압** : 동맥 > 모세혈관 > 정맥
③ **혈관벽의 탄력성** : 동맥 > 정맥
④ **혈류 속도** : 동맥 > 정맥 > 모세혈관
⑤ **총 단면적** : 모세혈관 > 정맥 > 동맥

(3) 동맥과 정맥에서 혈액의 이동

① **동맥에서의 혈액 이동** : 심실의 강한 수축에 의해 혈액이 혈관벽에 압력을 가하면서 한 방향으로만 이동한다.
② **정맥에서의 혈액 이동** : 정맥 주변 근육의 수축과 이완에 의해 생긴 압력과 판막의 역할로 혈액이 심장 쪽으로 이동한다.

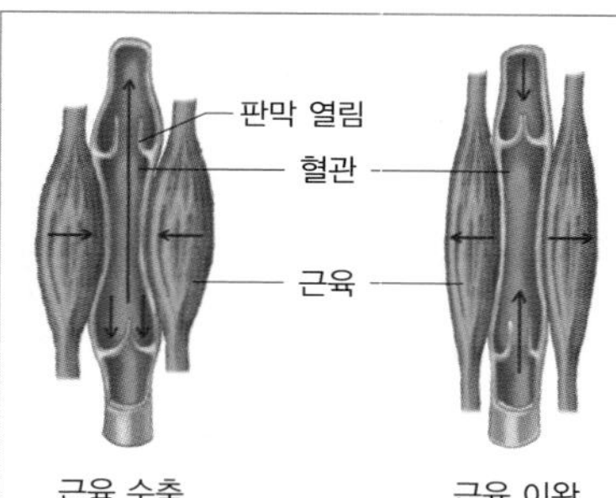

[정맥에서 혈액의 이동]
· 정맥이 심장의 위치보다 아래에 있을 경우에 중력을 이기고 거꾸로 올라가야 한다. 이때 정맥에서 흐르는 혈액을 심장으로 다시 돌아가게 하는 중요한 힘은 근육의 수축과 이에 의한 압력 변화이다.
· 근육이 수축할 때 심장 쪽 판막은 열리고 반대쪽 판막은 닫힌다.
· 근육이 이완할 때 심장 쪽 판막이 닫히고 반대쪽 판막은 열린다.

개념확인 3

㉠혈압이 가장 높은 혈관과 ㉡판막이 있는 혈관을 차례대로 쓰시오.

㉠ : (　　　　　), ㉡ : (　　　　　)

확인+3

정맥에서 혈액의 이동에 대한 설명이다. 빈칸에 들어갈 알맞은 말을 쓰시오.

㉠(　　　)과 정맥 주변의 ㉡(　　　)의 수축과 이완에 의해 혈액이 ㉢(　　　)쪽으로 이동한다.

● 혈압
· 혈액이 혈관벽에 미치는 압력을 혈압이라고 한다.
· 건강한 사람의 경우 최고 혈압은 120 mmHg, 최저 혈압은 80 mmHg 이다.

● 맥박

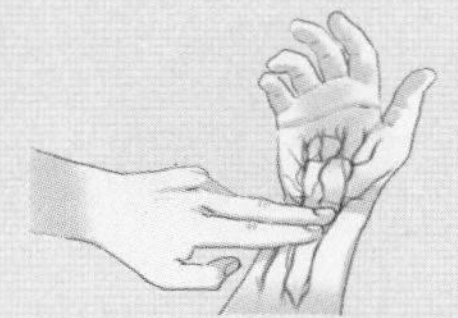

· 심장 박동에 따라 동맥이 수축 · 이완을 하는 것이다.
· 심실이 한 번 수축하면 동맥의 맥박도 한 번 뛰기 때문에 맥박 수는 심장의 박동수와 거의 같다.

● 혈관의 특성

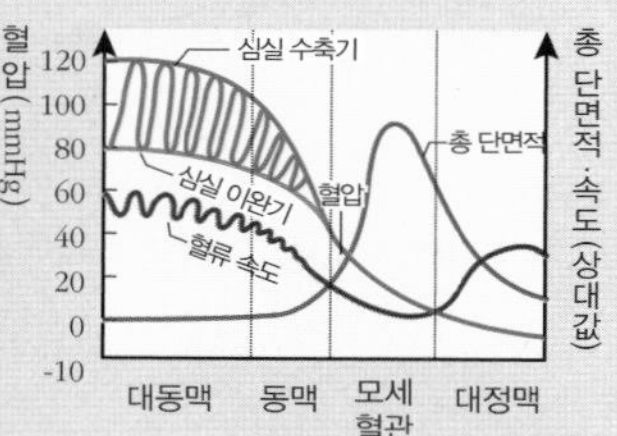

· 좌심실이 수축하면 최고 혈압, 좌심실이 이완하면 최저 혈압이 나타난다.
· 좌심실 수축 시에는 혈압이 세지고, 이완 시에는 혈압이 내려가는 과정이 반복되어 동맥에서 혈류 속도가 물결 모양으로 나타난다. → 혈압의 굴곡은 모세혈관으로 가면 나타나지 않는다.
· 정맥에서 혈압은 음압이지만 판막과 정맥 주변 근육의 수축과 이완에 의한 압력 변화 때문에 혈액의 역류가 일어나지 않는다.

● 혈관벽의 두께
혈관의 직경(안지름)은 정맥이 동맥보다 크지만, 혈관벽의 두께는 동맥이 더 두껍다.

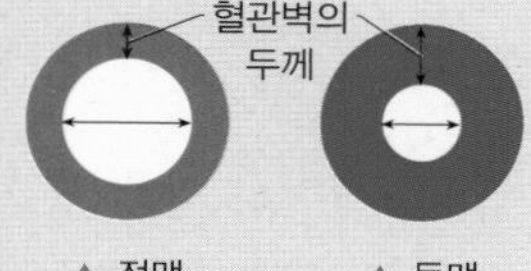

▲ 정맥　▲ 동맥

4. 혈액 순환

(1) 혈액의 순환

① **온몸 순환** : 좌심실에서 나온 동맥혈이 온몸을 돌면서 조직 세포에 산소와 영양소를 주고, 조직 세포에서 생긴 이산화 탄소와 노폐물을 받아 정맥혈이 되어 우심방으로 들어오는 혈액 순환 과정이다.

좌심실 → 대동맥 → 온몸의 모세혈관(물질 교환) → 대정맥 → 우심방

② **폐순환** : 우심실에서 나온 정맥혈이 폐를 순환한 후 이산화 탄소를 내보내고 산소를 받아 동맥혈이 되어 좌심방으로 들어오는 혈액 순환 과정이다.

우심실 → 폐동맥 → 폐포의 모세혈관(기체 교환) → 폐정맥 → 좌심방

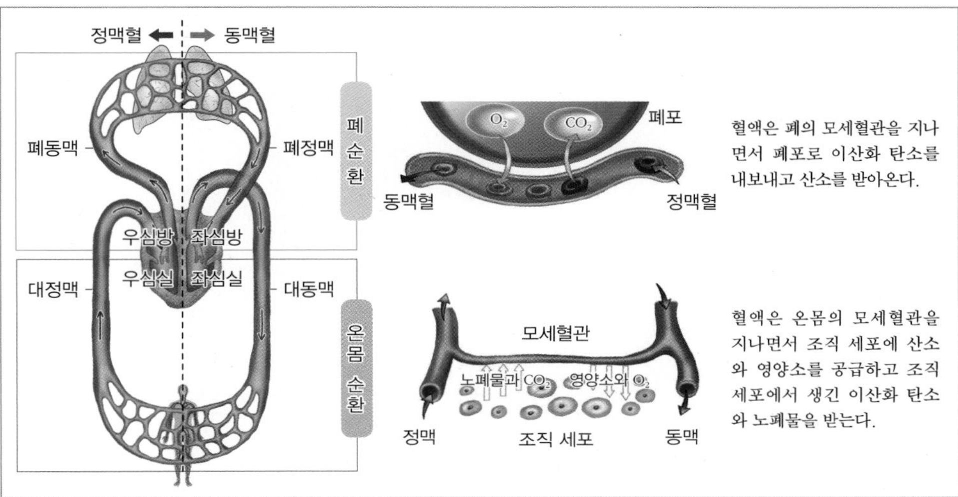

(2) 림프의 순환

① **조직액** : 혈장 성분의 일부가 모세혈관에서 조직 세포 사이로 빠져나온 물질로, 조직액을 통해 혈액과 조직 세포 사이의 물질 교환이 이루어진다.

② **림프계** : 림프, 림프관, 림프절을 합쳐 림프계라고 한다.

ⅰ. 림프 : 조직액의 일부가 림프관으로 들어간 것으로 림프구와 림프장으로 구성된다.

· 림프구 : 백혈구의 일종으로 B 림프구와 T 림프구가 있으며, 항체 생성과 면역에 관여한다.

· 림프장 : 액체 성분으로 물질(특히 지방)을 운반하며 항상성 유지에 관여한다. 또한 혈장과 비슷한 성분이지만 단백질 함량이 적다.

ⅱ. 림프관 : 림프가 흐르는 관으로 판막이 있으며, 림프관의 한쪽은 조직 세포 사이에 분포해 있고 다른 한쪽 끝은 정맥에 연결되어 있다.

ⅲ. 림프절 : 림프구를 생성하고, 세균과 같은 이물질을 식균 작용으로 제거함으로써 면역에 중요한 역할을 한다.

③ **림프의 순환** : 림프관의 수축과 근육 운동에 의해 림프의 순환이 일어난다. 림프관을 통해 이동하는 림프는 좌우 림프총관에서 모여 이동하다가 좌우 빗장밑정맥에서 혈액과 합류하여 심장으로 들어간다.

개념확인 4

정답 및 해설 20쪽

정맥혈이 이산화 탄소를 내보내고 산소를 받아 동맥혈이 되어 좌심방으로 들어오는 혈액 순환 과정을 무엇이라고 하는가?

( )

확인+4

림프관을 흐르던 림프는 어느 곳에서 혈액과 합쳐서 심장으로 이동하는가?

( )

동맥혈과 정맥혈

구분	동맥혈	정맥혈
의미	산소가 풍부한 혈액	산소가 적은 혈액
색깔	선홍색	암적색
흐르는 혈관	대동맥, 폐정맥	대정맥, 폐동맥
흐르는 심장 구조	좌심방, 좌심실	우심방, 우심실

사람의 림프계

오른쪽 상반신의 림프관이 모여서 우림프총관을 이루고, 하반신에 분포한 가는 림프관이 모여 가슴관을 이루고, 가슴관은 왼쪽 상반신의 림프관과 함께 좌림프총관을 이룬다.

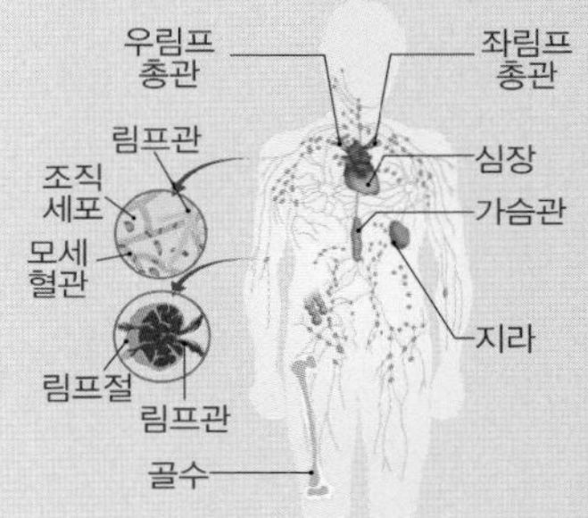

조직액

대부분의 조직액은 다시 모세혈관으로 흡수되고, 나머지는 림프관으로 들어가 림프가 된다.

림프절

· 림프관의 곳곳에 있는 마디 모양의 구조물로 림프선이라고도 한다.
· 림프절은 림프구와 백혈구가 많이 들어있어 면역 작용에 관여한다.
· 목, 겨드랑이 및 사타구니 부위에 특히 많이 분포한다.

정맥과 림프관의 공통점

· 판막이 있다.
· 주위 근육의 수축과 이완에 의해 물질이 이동한다.

개념 다지기

01 다음 중 혈구에 대한 설명으로 옳지 않은 것은?

① 세균에 감염되면 백혈구의 수가 증가한다.
② 혈소판은 핵이 없으며 모양이 일정하지 않다.
③ 적혈구는 핵이 없으며 가운데가 오목한 원반형이다.
④ 적혈구는 혈액을 응고하여 과도한 출혈을 막아준다.
⑤ 백혈구는 핵이 있으며, 모양과 크기가 일정하지 않다.

02 다음 중 혈장에 해당하지 않는 것은?

① 물　② 알부민　③ 포도당
④ 노폐물　⑤ 림프구

03 오른쪽 그림은 사람의 심장 구조를 나타낸 것이다. 이에 대한 설명 중 옳은 것은 ○표, 옳지 않은 것은 ×표 하시오.

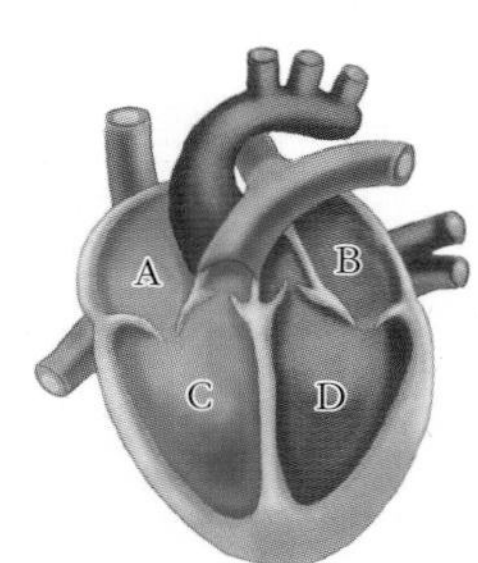

(1) A 는 우심방으로 대정맥과 연결된다. (　　)
(2) B 에는 폐에서 산소를 얻은 혈액이 들어온다. (　　)
(3) C 는 대동맥과 연결되어 온몸으로 혈액을 내보낸다. (　　)
(4) D 의 내벽이 가장 두껍고 탄력이 있다. (　　)

04 심장 박동에 대한 설명으로 옳은 것만을 〈보기〉에서 있는 대로 고른 것은?

〈 보기 〉

ㄱ. 심방과 심실의 규칙적인 수축 · 이완 운동이다.
ㄴ. 심장 주변의 근육과 갈비뼈의 운동으로 심장이 운동할 수 있다.
ㄷ. 심장 박동의 중추는 연수이고, 산소의 농도에 따라 박동 세기와 속도가 조절된다.

① ㄱ　② ㄴ　③ ㄱ, ㄴ　④ ㄱ, ㄷ　⑤ ㄴ, ㄷ

05

혈관의 종류와 특징에 대한 설명으로 옳은 것을 모두 고르시오.

① 정맥은 몸의 표면에 분포한다.
② 모세혈관에서 맥박이 나타난다.
③ 동맥은 심실과 연결된 혈관이다.
④ 정맥은 동맥보다 두껍고 탄력이 강하다.
⑤ 동맥은 한 겹의 얇은 세포층으로 되어 있다.

06

다음 중 혈관에 따른 혈류 속도를 바르게 비교한 것은?

① 모세혈관 > 정맥 > 동맥
② 동맥 > 정맥 > 모세혈관
③ 정맥 > 동맥 > 모세혈관
④ 동맥 > 모세혈관 > 정맥
⑤ 정맥 > 모세혈관 > 동맥

07

다음 중 온몸 순환의 경로로 옳은 것은?

① 좌심방 → 대정맥 → 모세혈관 → 대동맥 → 좌심실
② 좌심방 → 대동맥 → 모세혈관 → 대정맥 → 우심실
③ 우심실 → 대동맥 → 모세혈관 → 대정맥 → 좌심방
④ 좌심실 → 대정맥 → 모세혈관 → 대동맥 → 우심방
⑤ 좌심실 → 대동맥 → 모세혈관 → 대정맥 → 우심방

08

림프의 대한 설명 중 옳은 것은 ○표, 옳지 않은 것은 ×표 하시오.

(1) 림프는 조직액의 일부가 림프관으로 들어간 것이다. ( )
(2) 림프구는 적혈구의 일종으로 B 림프구와 T 림프구가 있다. ( )
(3) 림프관의 수축과 근육 운동에 의해 림프의 순환이 일어난다. ( )

유형 익히기 & 하브루타

[유형17-1] 혈액의 구성과 기능

다음은 사람의 혈액 성분을 현미경으로 관찰하여 나타낸 모식도이다.

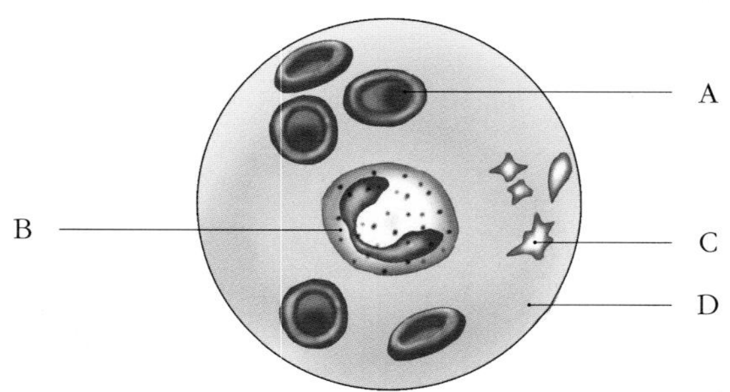

이에 대한 설명으로 옳은 것은 ○표, 옳지 않은 것은 ×표 하시오.

(1) A 는 골수에서 생성되고, 간이나 지라에서 파괴된다. ( )
(2) B 는 혈액의 점성과 삼투압 유지에 관여한다. ( )
(3) C 에는 글로불린이 있어 혈액을 응고하는 역할에 관여하여 과도한 출혈을 막아준다. ( )
(4) D 의 대부분은 물이며 영양소, 산소, 이산화 탄소, 호르몬, 노폐물 등을 운반한다. ( )

01 다음 중 세균에 감염되었을 때 증가하는 것은?

① 적혈구 ② 백혈구 ③ 혈소판
④ 노폐물 ⑤ 호르몬

02 다음은 혈액의 방어 작용에 대한 설명이다. 옳은 것만을 〈보기〉 에서 있는 대로 고르시오.

〈 보기 〉

ㄱ. 출혈이 생기면 혈액을 응고시켜 출혈을 막는다.
ㄴ. 병원체에 대항하여 혈소판이 항체를 생산하여 몸을 보호한다.
ㄷ. 체내에 이물질이 들어오면 백혈구가 아메바 운동으로 잡아먹는다.

( )

[유형17-2] 심장

다음 그림은 사람의 심장 구조를 나타낸 것이다. 다음 물음에 답하시오.

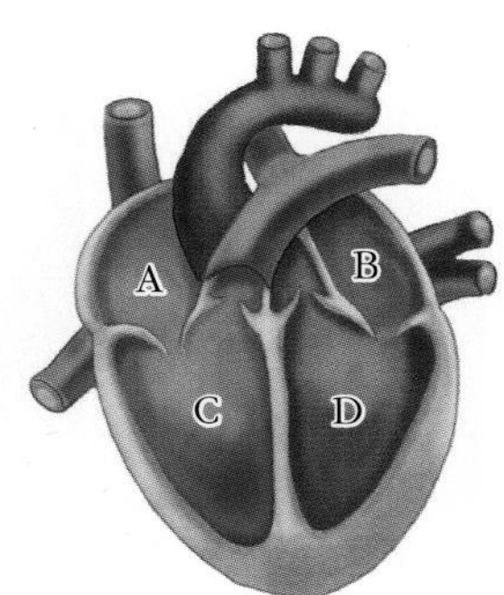

(1) 대정맥과 연결되어 있으며, 온몸을 돌고 온 혈액이 들어오는 곳의 기호와 이름을 쓰시오.

기호 : (　　), 이름 : (　　　　　　)

(2) 대동맥과 연결되어 있으며, 온몸으로 혈액을 내보내는 곳의 기호와 이름을 쓰시오.

기호 : (　　), 이름 : (　　　　　　)

(3) 다음은 심장내에서 혈액의 흐름을 나타낸 것이다. 빈칸에 들어갈 알맞은 말을 쓰시오.

대정맥 → ㉠(　　　　) → ㉡(　　　　) → 폐동맥 → 폐 → 폐정맥 → ㉢(　　　　) → ㉣(　　　　) → 대동맥

03

심장 박동의 자동성에 대한 설명으로 옳은 것만을 〈보기〉 에서 있는 대로 고르시오.

〈 보기 〉

ㄱ. 심장 박동은 심장의 충격에 의해서 박동이 스스로 일어난다.
ㄴ. 심장 자체에 있는 자극 전도계가 있으며, 박동원은 굴심방 결절이다.
ㄷ. 굴심방 결절의 흥분으로 심실이 수축한다.
ㄹ. 방실 결절의 흥분이 히스 다발과 푸르키네 섬유로 전해져 심방이 수축한다.

(　　　　　　)

04

다음은 심장 박동의 조절에 대한 설명이다. 빈칸 안에 들어갈 알맞은 말을 쓰시오.

혈중 ㉠(　　　　)의 농도가 감소하면, 연수의 부교감 신경에서 ㉡(　　　　) (을)를 분비하여 동방 결절의 흥분을 ㉢(　　　　)하여 박동이 억제된다.

㉠ : (　　　　), ㉡ : (　　　　), ㉢ : (　　　　)

유형 익히기 & 하브루타

[유형17-3] 혈관

다음 그림은 혈관의 구조를 나타낸 것이다.

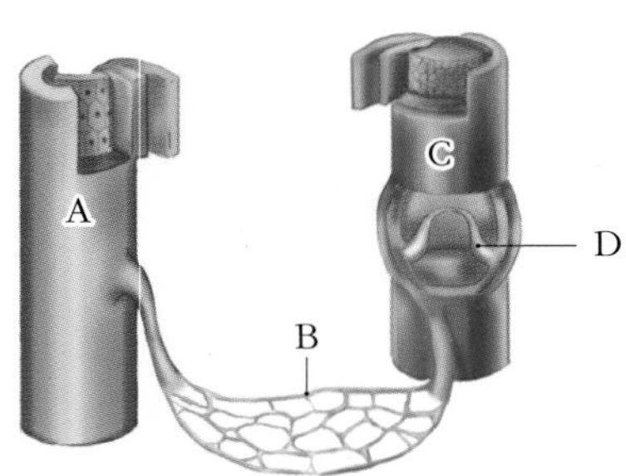

이에 대한 설명 중 옳은 것은 ○표, 옳지 않은 것은 ×표 하시오.

(1) A 는 정맥, B 는 모세혈관, C 는 동맥이다. ( )
(2) 혈액은 C → B → A 방향으로 이동한다. ( )
(3) C 는 A 에 비해 혈관벽이 두껍고 탄력성이 크다. ( )
(4) D 는 판막으로 혈액의 역류를 방지한다. ( )
(5) C 보다 B 의 혈압이 높다. ( )

05 다음 그림은 혈관을 나타낸 것이다. A ~ C 는 각각 정맥, 동맥, 모세혈관 중 하나이다. 다음 물음에 답하시오.

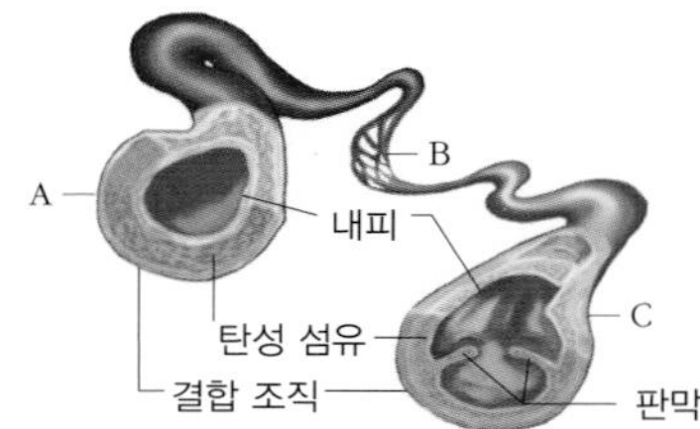

(1) 혈관벽의 두께가 두꺼운 혈관부터 혈관의 이름을 차례대로 쓰시오.

(> >)

(2) 혈관의 총 단면적이 넓은 혈관부터 혈관의 이름을 차례대로 쓰시오.

(> >)

06 정맥에서 혈액이 이동할 때 판막의 상태로 옳은 것을 고르시오.

> 근육이 수축할 때 심장 쪽 판막은 ㉠(열리고 / 닫히고), 반대쪽 판막은 ㉡(열린다 / 닫힌다).

[유형17-4] 혈액 순환

오른쪽 그림은 사람의 혈액 순환 경로를 나타낸 것이다. 다음 물음에 답하시오.

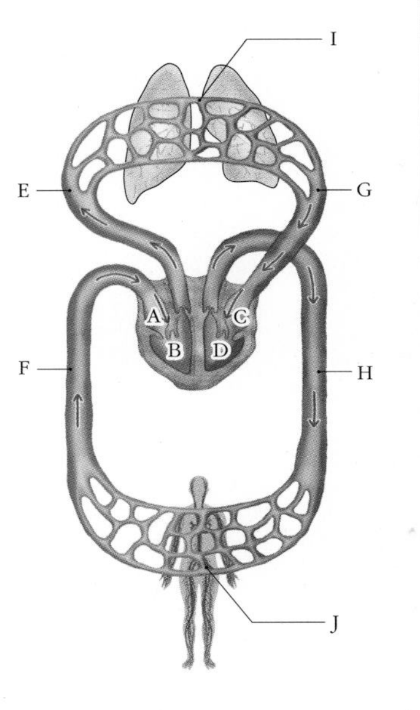

(1) 산소가 많이 포함되어 있는 혈액을 무엇이라고 하는지 쓰고, 그 혈액이 흐르는 혈관의 기호를 쓰시오.

혈액의 이름 : (   ), 흐르는 혈관 : (   )

(1) 이산화 탄소가 많이 포함되어 있는 혈액을 무엇이라고 하는지 쓰고, 그 혈액이 흐르는 혈관의 기호를 쓰시오.

혈액의 이름 : (   ), 흐르는 혈관 : (   )

(3) 온몸 순환의 경로를 심실부터 차례대로 기호로 쓰시오.

(   ) → (   ) → (   ) → (   ) → (   )

(4) 폐순환의 경로를 심실부터 차례대로 기호로 쓰시오.

(   ) → (   ) → (   ) → (   ) → (   )

07

(가) 와 (나) 중 혈액이 모세혈관을 지나면서 조직 세포에 산소와 영양소를 공급하고 이산화 탄소와 노폐물을 받는 과정을 나타낸 것은 무엇인지 기호를 쓰고, 그 과정이 포함된 순환의 이름을 쓰시오.

(가)

모세혈관
정맥
동맥

(나)

기호 : (   ), 이름 : (   )

08

다음은 림프에 대한 설명이다. 빈칸에 들어갈 알맞은 말을 쓰시오.

> 혈장 성분의 일부가 모세혈관에서 조직 세포 사이로 빠져나온 물질을 ㉠(   )(이)라고 하며, ㉠ 의 일부가 림프관으로 들어간 것을 ㉡(   )(이)라고 한다. ㉡ (은)는 림프관의 수축과 ㉢(   ) 운동에 의해 순환이 일어난다.

㉠ : (   ), ㉡ : (   ), ㉢ : (   )

창의력&토론마당

01

다음 자료를 읽고 물음에 답하시오.

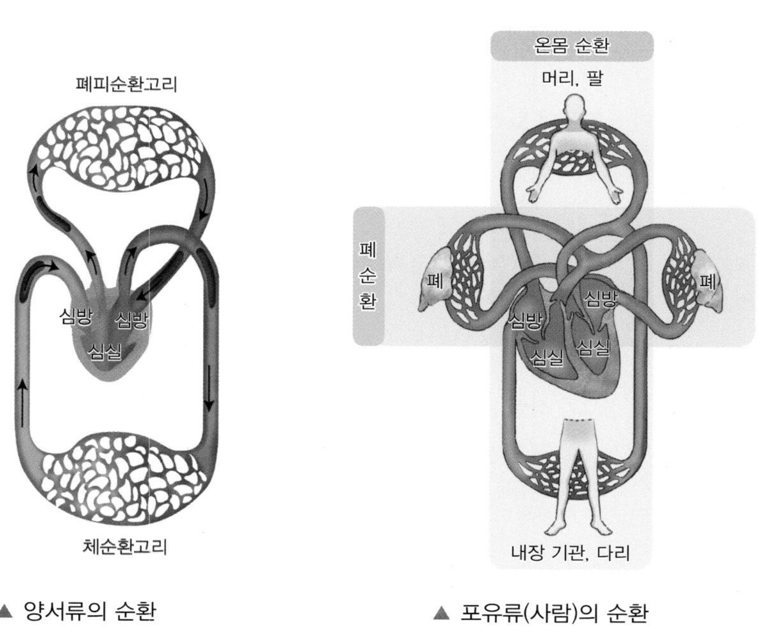

▲ 양서류의 순환 ▲ 포유류(사람)의 순환

· 개구리를 비롯한 양서류들의 심장은 세 개의 방을 가지고 있다. 즉, 두 개의 심방과 하나의 심실을 갖는다. 심실 내 돌출 부위가 있어 우심방에서 온 정맥혈의 대부분(약 90 %)을 폐피순환고리(폐와 피부에 퍼져 있는 모세혈관망)로 보내고 좌심방으로 들어온 동맥혈은 체순환고리(온몸에 퍼져있는 모세혈관망)로 보낸다. 물에 잠긴 상태에서 개구리는 순환계 적응을 하여 잠시 기능이 떨어진 폐로 가는 혈류를 막고, 유일한 기체 교환 장소라고 할 수 있는 피부로의 혈류는 그대로 유지한다.
· 모두 포유류와 조류의 심장은 심실이 완전히 나누어져 있다. 심장의 왼쪽은 언제나 동맥혈만을 받아 펌프질하고, 오른쪽은 정맥혈만 받아 내보낸다. 포유류나 조류 같은 항온동물은 변온동물에 비해 약 10 배 가량의 에너지를 소모한다. 따라서 10 배의 영양분과 산소의 공급을 필요로 하기 때문에 폐순환과 체순환을 분리하여 독립적인 가압을 하고, 심장의 크기가 커져 많은 양의 혈액을 보낼 수 있게 진화하였다.

(1) 불완전한 격벽을 갖는 양서류의 심장은 왜 포유류와 다른 구조로 진화되었을까?

(2) 사람의 태아는 좌심실과 우심실 사이에 구멍이 있다. 경우에 따라서는 이 구멍이 닫히지 않고 태어나는 경우가 있다. 만약 이런 경우 수술을 통해 바로잡지 않는다면, 체순환계로 들어가는 혈액의 산소 함량은 일반인과 어떤 차이가 나타날까?

02 다음은 심전도에 대한 설명이다.

심전도(ECG : eletrocardiogram) 검사는 체표면에 전극을 부착하여 심장에서 일어나는 전위의 변화를 기록한 것으로, 그 결과로 얻은 그래프는 심장 주기의 각 단계에 따라 전형적인 형태로 나타난다. 심전도 검사를 통해 협심증, 심근 경색, 부정맥 등을 알 수 있다.

· P 파 : 심방 수축기(심방 수축, 심실 이완)이며 약 0.11 초이다.
· QRS 파 : 심실 수축기(심방 이완, 심실 수축)이며 약 0.27 초이다.
· T 파 : 심실 이완기(심방, 심실 이완)이며 약 0.42 초이다.
· 박동 주기 : P + QRS + T = 0.11 + 0.27 + 0.42 ≒ 0.8 (초)

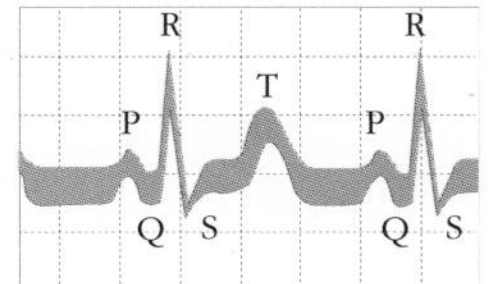

(1) 다음은 정상인과 심장병을 앓고 있는 사람의 심전도를 나타낸 것이다. 두 사람의 심전도를 비교하여 심장병 환자의 심장 박동 상태에 대해 추론해 보시오.

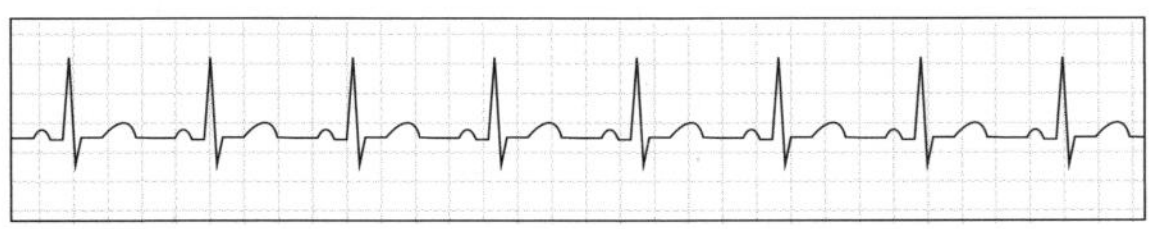
정상인의 심전도

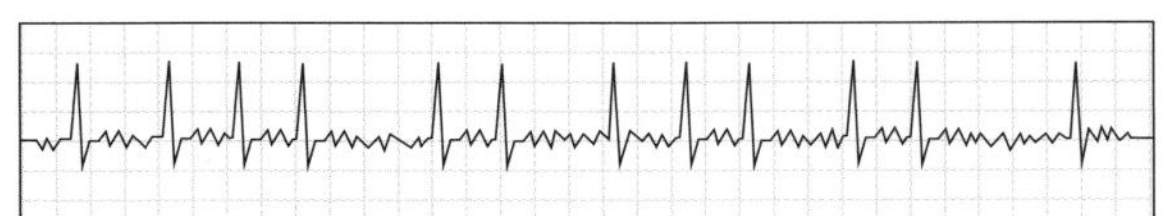
심장병을 앓고 있는 사람의 심전도

(2) 다음 그래프 (가) 에서 시점 t 에서의 판막의 개폐 여부를 그림 (나) 에 표시하고, 혈액의 흐름을 화살표로 그리시오.

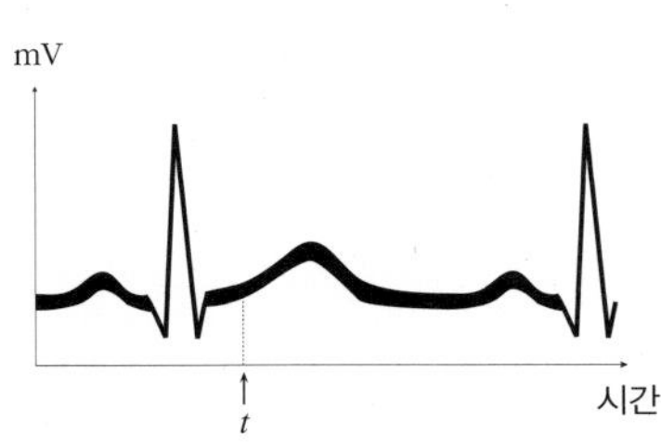

(가)

(나)

창의력&토론마당

03 다음은 심장 박동 주기의 조절과정을 나타낸 것이다.

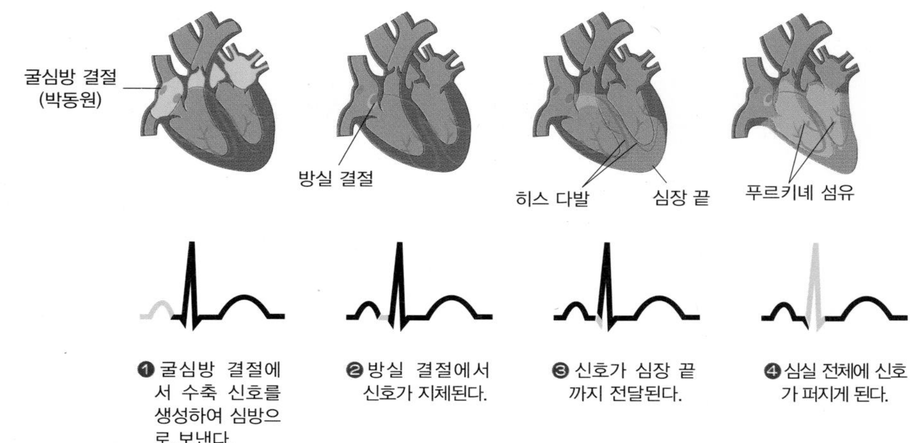

(1) 방실 결절에서 신호가 지체되는 이유는 무엇일까?

(2) 민지는 몇 달 동안 규칙적인 운동을 한 결과 휴식기의 심장 박동수가 줄어든 것을 발견했다. 심장 박동수의 변화 외에 휴식기의 심장에 어떠한 기능적인 변화가 생길지 이유와 함께 쓰시오.

04

다음 자료를 읽고 다음 물음에 답하시오.

[자료1]
정맥은 혈압이 아주 낮기 때문에 심장 박동에 의해 혈액이 이동하지 못하고, 정맥 내부의 판막이나 정맥 주변 근육의 수축과 이완 작용을 통해 혈액이 이동한다. 따라서 움직이지 않고 오래 서 있거나 신발을 벗고 의자에 오래 앉아 있으면 근육의 수축과 이완 작용이 없어 혈액이 이동하지 못하고 한 곳에 모여 정맥이 팽창하게 되면서 결국 다리가 붓고, 저리게 되는 사람이 나타나는 것이다.

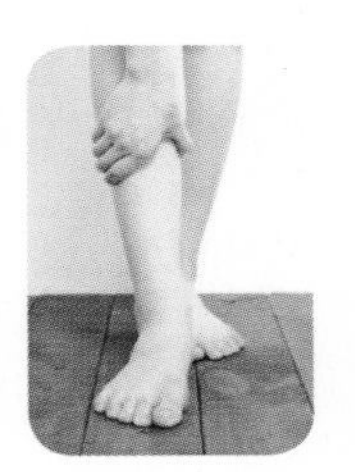

[자료2]
모세혈관 내의 혈장은 혈압과 혈장 삼투압의 차이에 의해 이동한다. 모세혈관의 혈압이 높으면 모세혈관 내 혈장 성분이 조직 사이로 퍼져 나가고, 혈장 삼투압이 혈압에 비해 크면 조직 세포 사이로 퍼져 나간 액체(조직액)가 모세혈관 안으로 스며들어 온다.

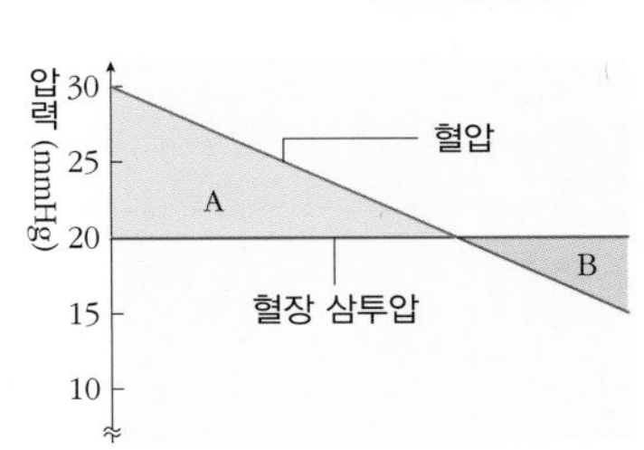

(1) 다리가 붓는 이유를 모세혈관의 혈압과 조직 세포 내 체액의 변화로 설명하시오.

(2) 다리에 근육이 없는 사람은 다리가 잘 붓는다고 한다. 이 결과를 바탕으로 알 수 있는 근육의 역할은 무엇인가?

(3) 다리가 붓는 것을 방지할 수 있는 방법들을 적어 보시오.

스스로 실력 높이기

[01-02] 다음은 사람의 혈액 성분을 현미경으로 관찰하여 나타낸 모식도이다. 다음 물음에 답하시오.

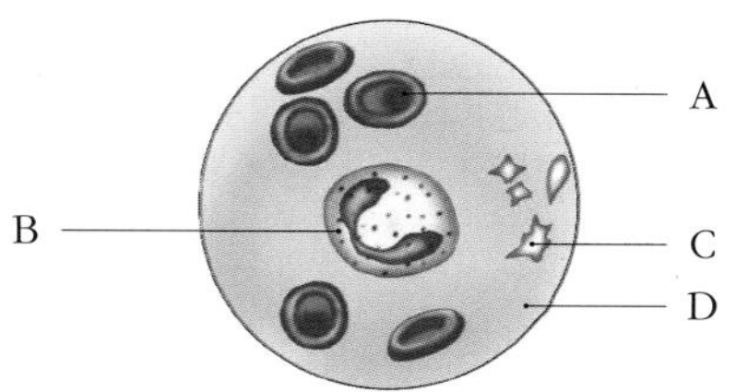

01 A ~ D 중 영양분과 노폐물을 운반하는 작용을 하는 것의 기호와 이름을 쓰시오.

기호 : (　　), 이름 : (　　　　)

02 다음 중 B 의 주요 작용에 해당하는 것은?

① 운반 작용　② 조절 작용
③ 식균 작용　④ 혈액 응고 작용
⑤ 항상성 유지 작용

03 다음 중 혈액의 방어 작용에 해당하는 것을 모두 고르시오.

① 출혈이 생겼을 때 혈액을 응고시키는 작용
② 이물질에 대항하여 항체를 생산하는 작용
③ 혈액의 혈당량과 삼투압을 조절하는 작용
④ 세균이 침입하였을 때 백혈구의 식균 작용
⑤ 호르몬과 항체 등을 조직 세포에 운반하는 작용

[04-06] 다음은 사람의 심장의 구조를 모식적으로 나타낸 것이다. 다음 물음에 답하시오.

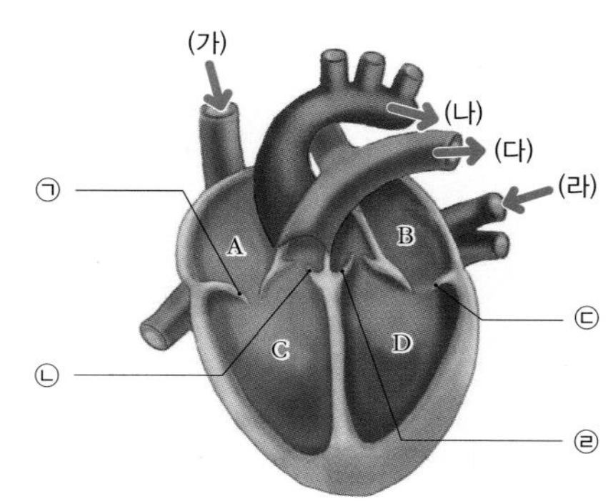

04 (가) ~ (라) 중 동맥혈이 흐르는 혈관의 기호를 쓰시오.

(　　　　)

05 심장의 구조 중 A ~ D 의 이름을 각각 쓰시오.

A : (　　　　), B : (　　　　)
C : (　　　　), D : (　　　　)

06 ㉠ ~ ㉣ 중 2 개의 판으로 이루어진 판막의 기호와 이름을 쓰시오.

기호 : (　　), 이름 : (　　　　)

07 다음은 사람 혈관의 연결 상태를 모식적으로 나타낸 것이다.

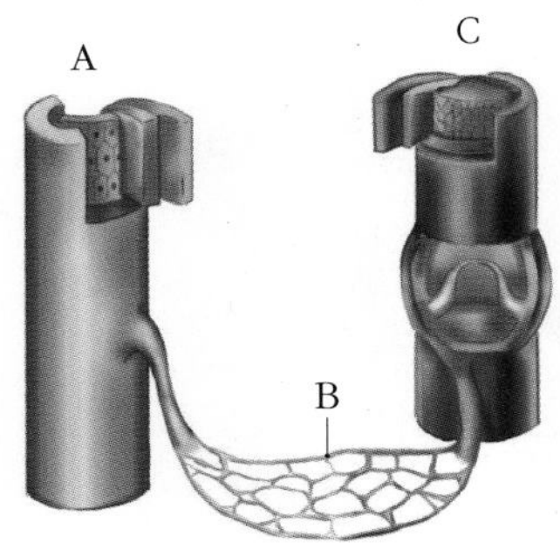

다음 설명에 해당하는 혈관의 기호를 찾아 쓰시오.

(1) 맥박이 나타난다. ( )
(2) 몸의 표면에 분포한다. ( )
(3) 조직 세포와 물질 교환이 효과적으로 일어난다. ( )

08 다음 중 혈관의 구조와 특성에 대한 설명으로 옳은 것은?

① 총 단면적이 가장 큰 혈관은 동맥이다.
② 혈류 속도가 느린 모세혈관에는 판막이 존재한다.
③ 혈액은 정맥 → 모세혈관 → 동맥의 방향으로 흐른다.
④ 심장에서 나가는 혈액이 흐르는 정맥은 혈관벽이 가장 두껍다.
⑤ 심실의 강한 수축에 의해 동맥에서는 혈액이 한 방향으로만 흐른다.

09 다음 중 폐순환의 의의에 대한 설명으로 옳은 것은?

① 체온이 항상 일정할 수 있도록 조절해 준다.
② 동맥과 정맥 사이의 혈압 차이를 조절해 준다.
③ 온몸의 조직 세포에 산소와 영양분을 공급해 준다.
④ 혈액 속의 이산화 탄소를 내보내고, 산소를 공급받는다.
⑤ 심장이 수축과 이완 작용을 스스로 할 수 있도록 조절한다.

10 다음 중 조직액에 대한 설명으로 옳은 것을 모두 고르시오.

① 항체를 생성한다.
② 백혈구를 생성한다.
③ 물질 교환의 매개체이다.
④ 모세혈관에서 빠져 나온 혈장 성분이다.
⑤ 대부분의 조직액은 모세혈관으로 흡수되고, 나머지는 림프관으로 들어간다.

11 다음은 혈액의 구성 성분 중 한 종류를 나타낸 것이다. 이와 같은 혈액의 구성 성분이 가진 특징으로 옳은 것은?

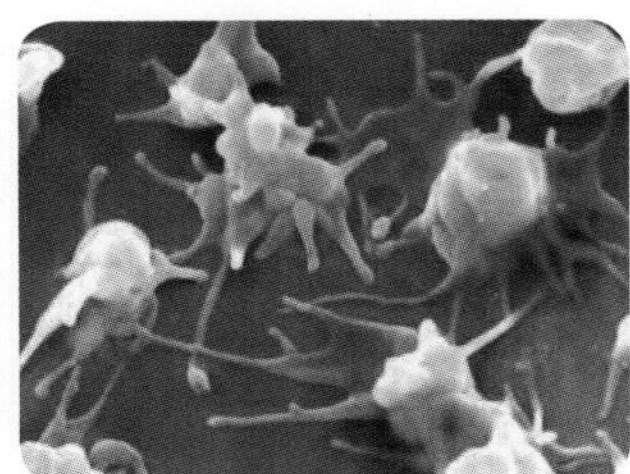

① 헤모글로빈이 있어 산소를 운반한다.
② 병원균을 제거하며 면역 작용에 관여한다.
③ 핵이 있으며, 모양과 크기가 일정하지 않다.
④ 트롬보키네이스가 있어 혈액 응고에 관여한다.
⑤ 단백질 성분이 함유되어 있어 혈액의 점성과 삼투압 유지에 관여한다.

12 다음 중 혈액의 응고를 방지하기 위한 방법으로 옳지 않은 것은?

① 혈액을 저온 처리한다.
② 시트르산 나트륨을 첨가한다.
③ 칼슘 이온을 첨가하여 트롬빈의 활성을 막는다.
④ 유리 막대로 혈액을 저어 파이브린을 제거한다.
⑤ 트롬빈의 작용을 억제하기 위해 헤파린이나 히루딘을 첨가한다.

스스로 실력 높이기

13 다음은 심장 판막의 종류와 위치를 나타낸 그림이다.

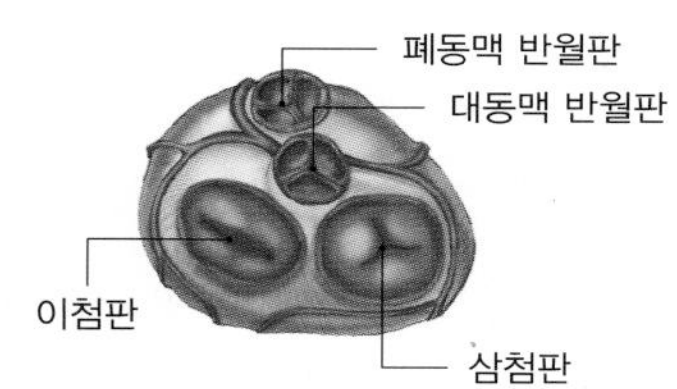

다음 중 심실 속 혈액이 각각 폐동맥과 대동맥으로 나갈 때 열리는 판막으로만 짝지은 것은?

① 삼첨판 ② 이첨판
③ 삼첨판, 이첨판 ④ 반월판
⑤ 반월판, 이첨판

14 다음은 심장 박동이 조절되는 과정을 나타낸 것이다.

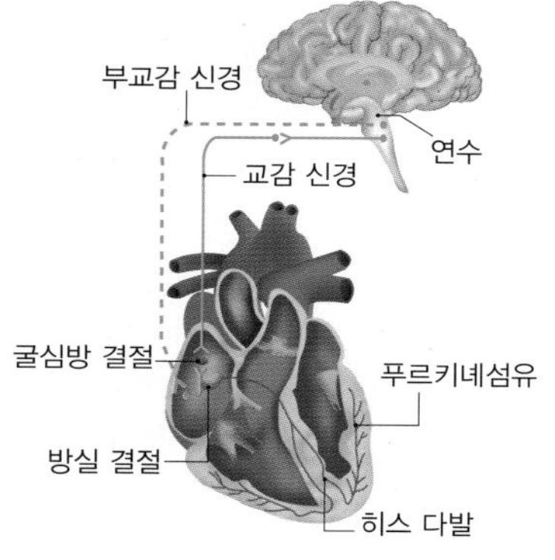

이 그림에 대한 설명으로 옳은 것만을 〈보기〉에서 있는 대로 고른 것은?

〈 보기 〉
ㄱ. 흥분 전달 경로는 굴심방 결절 → 방실 결절 → 히스 다발 → 심방 → 심실이다.
ㄴ. 부교감 신경이 흥분하면 심장 박동이 억제된다.
ㄷ. 연수는 혈액 속의 이산화 탄소의 농도에 따라 심장 박동을 조절한다.

① ㄱ ② ㄴ ③ ㄱ, ㄷ
④ ㄴ, ㄷ ⑤ ㄱ, ㄴ, ㄷ

15 다음 그림 (가) 는 혈압계 압박대의 압력을, 그래프 (나) 는 대동맥에서의 혈압 변화를 나타낸 것이다.

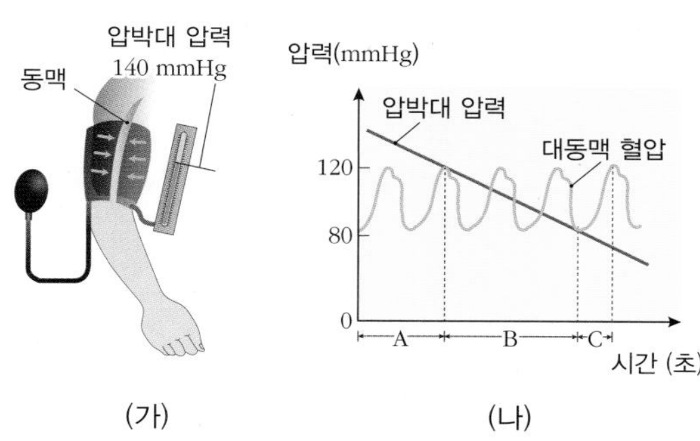

(가) (나)

이에 대한 설명으로 옳은 것만을 〈보기〉에서 있는 대로 고른 것은?

〈 보기 〉
ㄱ. A 구간에서는 혈액이 흐르지 않는다.
ㄴ. B 구간을 지나면서 혈압은 점점 낮아진다.
ㄷ. C 구간에서 이첨판은 열리고, 반월판은 닫힌다.

① ㄱ ② ㄴ ③ ㄱ, ㄴ
④ ㄱ, ㄷ ⑤ ㄴ, ㄷ

16 다음 중 사람의 혈관계 중 혈액의 속도가 가장 느린 곳은?

[한국 과학창의력대회 기출 유형]

① 정맥 ② 대정맥 ③ 동맥
④ 대동맥 ⑤ 모세혈관

17 다음 중 사람의 혈액의 흐름의 방향을 바르게 나타낸 것은?

[한국 과학창의력대회 기출 유형]

① 심장 → 뇌 → 간 → 다리 → 심장
② 심장 → 폐 → 심장 → 다리 → 심장
③ 심장 → 다리 → 심장 → 폐 → 다리 → 심장
④ 심장 → 신장 → 심장 → 폐 → 다리 → 심장
⑤ 심장 → 다리 → 폐 → 심장 → 다리 → 심장

18 다음은 사람의 혈관에서 혈압 변화와 혈관의 특성을 나타낸 자료이다.

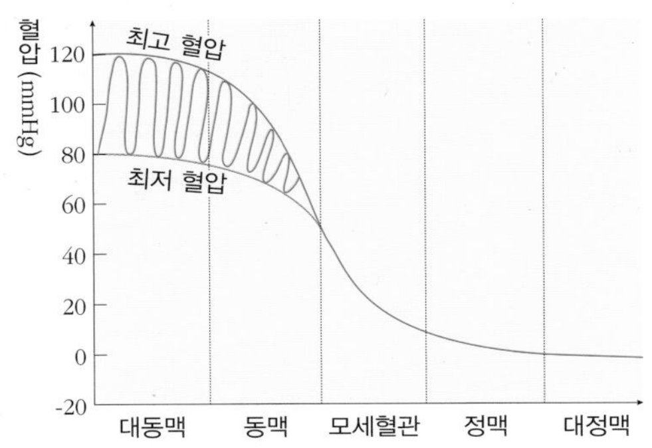

혈관	안쪽 지름 (mm)	벽의 두께 (mm)	총 단면적 (cm^2)
대동맥	25	2	4.5
동맥	4	1	20
모세혈관	0.006	0.001	4500
정맥	5	0.5	40
대정맥	30	1.5	18

이 자료에 대한 설명으로 옳지 않은 것은? [수능 기출]

① 동맥에서의 최저 혈압은 심실이 이완될 때 나타난다.
② 혈관벽을 통한 물질 교환은 모세혈관에서 가장 잘 일어난다.
③ 대동맥의 혈관벽은 매우 두꺼워서 높은 혈압을 견딜 수 있다.
④ 심실의 수축기와 이완기의 혈압 차이는 좌심실에 가까운 동맥일수록 더 크다.
⑤ 모세혈관은 벽의 두께가 매우 얇아서 대부분이 주변 조직으로 빠져나간다.

19 다음 그림은 근육의 이완 시 정맥에서의 혈액 이동을 나타낸 것이다.

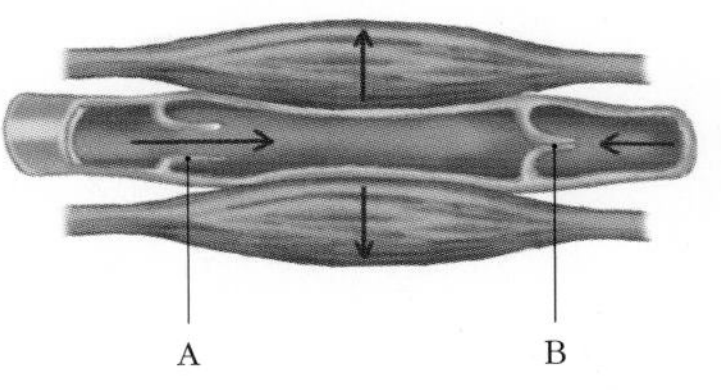

이에 대한 설명으로 옳은 것만을 〈보기〉 에서 있는 대로 고르시오.

〈 보기 〉

ㄱ. 근육 운동을 하면 정맥에서 혈액의 이동이 원활해진다.
ㄴ. A 는 심장 쪽, B 는 심장 반대쪽 판막에 해당한다.
ㄷ. 근육이 수축할 때에는 A 는 닫히고, B 는 열리게 된다.
ㄹ. 정맥에서 흐르는 혈액을 심장으로 다시 돌아가게 하는 중요한 힘은 판막의 운동이다.

( )

20 다음 그림은 조직에 분포하는 모세혈관과 림프관을 나타낸 것이다.

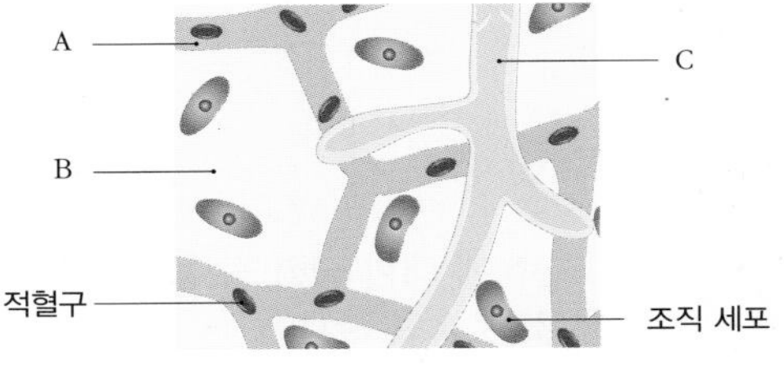

이에 대한 설명으로 옳은 것만을 〈보기〉 에서 있는 대로 고른 것은? [수능 기출]

〈 보기 〉

ㄱ. A 에 포함된 백혈구는 B 로 이동할 수 있다.
ㄴ. B 에서 C 로 물질 이동은 일어나지 않는다.
ㄷ. B 의 pH 가 낮아지면 A 에서 B 로 이동하는 산소량이 감소한다.

① ㄱ ② ㄴ ③ ㄷ
④ ㄱ, ㄴ ⑤ ㄴ, ㄷ

스스로 실력 높이기

[21-22] 다음 그림 (가) 는 혈액 응고 과정을 나타낸 것이고, 그림 (나) 는 혈액 응고에 관련된 실험을 하기 위한 장치이다. 다음 물음에 답하시오.

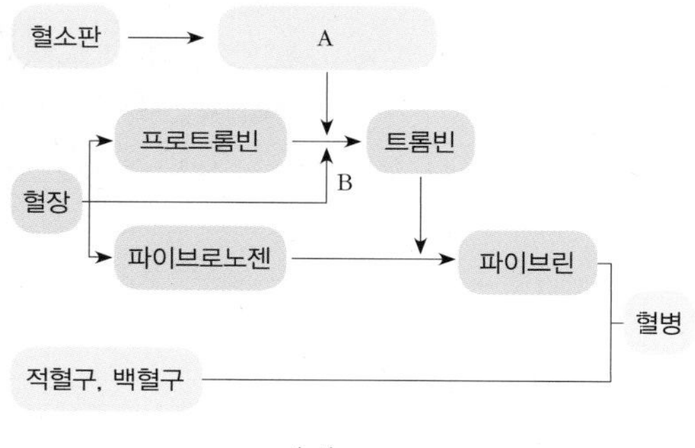

(가)

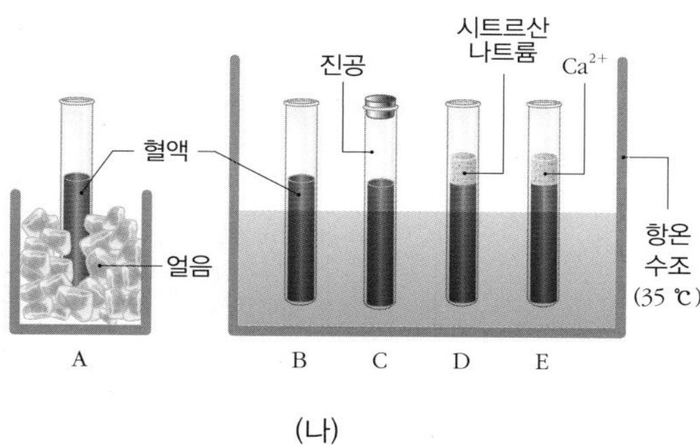

(나)

21

(가) 그림에서 A 와 B 에 해당하는 물질은 무엇인가?

A : (　　　　　　　　), B : (　　　　　　　　)

22

(나) 실험에 대한 설명 중 옳은 것은 ○표, 옳지 않은 것은 ×표 하시오.

(1) A 에서는 저온 처리를 통해 효소들이 변형되지 않기 때문에 혈액이 응고된다. (　　)

(2) B 에서는 체온의 온도 상태를 유지했기 때문에 혈액이 응고되지 않는다. (　　)

(3) C에서는 혈액이 공기와 접하지 않기 때문에 혈소판이 파괴되지 않아 혈액이 응고되지 않는다. (　　)

(4) D 에서 시트르산 나트륨 대신에 옥살산 나트륨을 첨가하여도 혈액은 응고되지 않는다.(　　)

(5) E 에서 Ca^{2+} 이 혈액의 응고를 방지해 주는 역할을 한다. (　　)

[23-24] 다음은 심장 박동에 따른 좌심방, 좌심실, 대동맥의 압력 변화를 표와 그래프로 각각 나타낸 것이다. 다음 물음에 답하시오.

시기	압력 비교
A	대동맥 > 좌심실 > 좌심방
B	좌심실 > 대동맥 > 좌심방
C	대동맥 > 좌심실 > 좌심방
D	대동맥 > 좌심방 > 좌심실

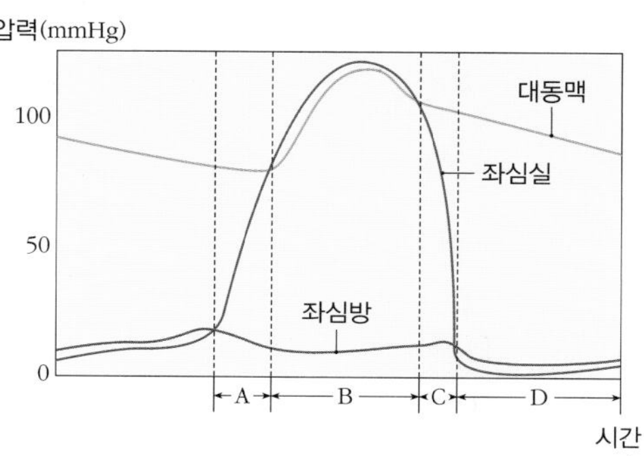

23

B 시기가 시작될 때 판막의 개폐 여부 및 혈류 방향을 바르게 나타낸 것은?

	이첨판	반월판	혈류 방향
①	열림	열림	좌심방 → 좌심실
②	열림	닫힘	좌심실 → 대동맥
③	닫힘	열림	좌심실 → 대동맥
④	닫힘	열림	좌심방 → 좌심실
⑤	닫힘	닫힘	좌심실 → 대동맥

24

위의 표와 그래프에 대한 설명으로 옳은 것을 모두 고르시오.

① 최고 혈압은 구간 B에서 일어난다.
② B 시기에서 C 시기로 넘어가는 순간 반월판이 닫힌다.
③ C 는 심장에서 일시적으로 혈액이 흐르지 않는 시기이다.
④ 좌심실이 수축하며 혈액이 좌심실에서 대동맥으로 흐르는 시기는 D 시기이다.
⑤ C 시기에서 D 시기로 넘어가는 순간 이첨판이 닫힌다.

25 다음은 혈관에 작용하는 혈압과 혈장 삼투압의 관계를 나타낸 것이다.

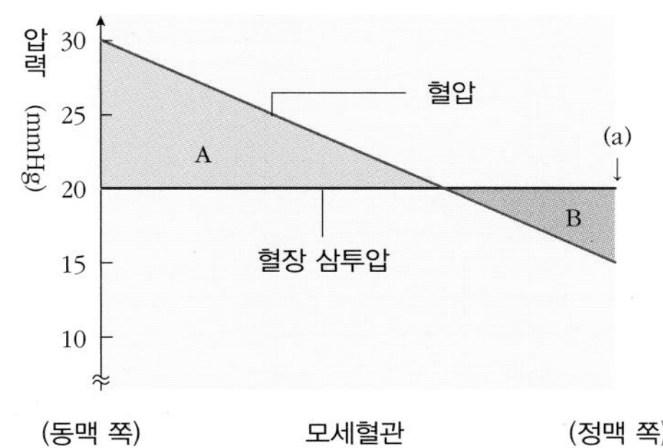

위 그래프에 대한 해석으로 옳은 것만을 〈보기〉에서 있는 대로 고른 것은?

〈 보기 〉

ㄱ. A 만큼 혈장이 조직 세포 쪽으로 빠져나온다.
ㄴ. A 에서 B 를 뺀 값은 림프관으로 이동하는 림프의 양이다.
ㄷ. (a) 지점에서 조직액이 모세혈관으로 흡수되는 압력은 15 mmHg 이다.

① ㄱ ② ㄴ ③ ㄷ
④ ㄱ, ㄴ ⑤ ㄴ, ㄷ

26 다음 그림은 정상적인 사람의 동맥 혈관 단면 (가) 와 비만인 사람의 동맥 혈관 단면 (나) 를 나타낸 것이다.

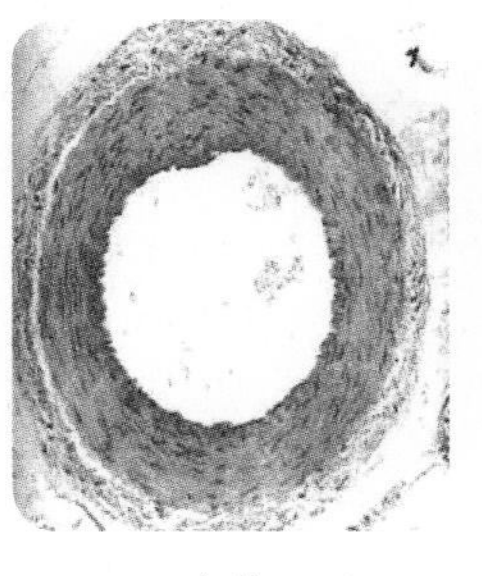
(가)

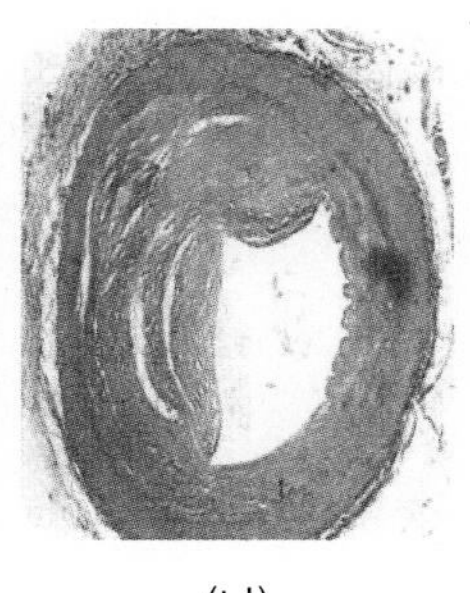
(나)

신체의 한 부분에서 혈관의 단면이 (가) 에서 (나) 로 변함에 따라 일어날 수 있는 현상을 추리한 것으로 옳은 것만을 〈보기〉 에서 있는 대로 고르시오.

〈 보기 〉

ㄱ. 혈액의 압력이 증가할 것이다.
ㄴ. 혈구의 구성 성분이 그대로이다.
ㄷ. 혈액의 흐르는 양이 감소한다.
ㄹ. 혈관벽이 파열될 수도 있을 것이다.

( )

스스로 실력 높이기

심화

27 다음은 심장 박동 시 좌심실의 부피 변화 및 심장 박동음을 나타낸 것이다. 다음 물음에 답하시오.

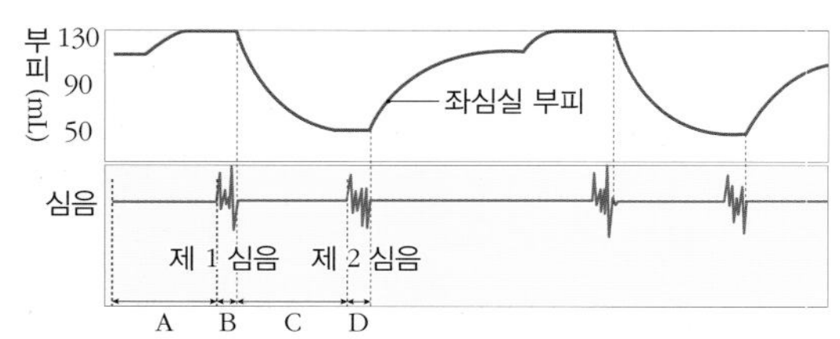

(1) 다음 (가) ~ (라) 는 심장의 운동 상태를 순서 없이 나타낸 것이다. 각각에 해당하는 시기를 위 그래프에서 찾아 기호(A ~ D)로 쓰시오.

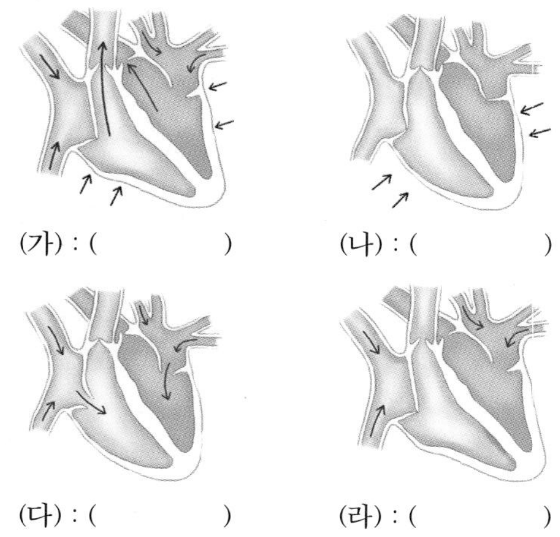

(가) : (　　　　)　(나) : (　　　　)

(다) : (　　　　)　(라) : (　　　　)

(2) 위 자료에 대한 설명 중 옳은 것은 ○표, 옳지 않은 것은 ×표 하시오.

① A 와 D 시기에는 이첨판이 닫혀 있다. (　　)

② 제 1 심음은 혈액이 좌심실에서 좌심방으로 역류하는 것을 막기 위해 판막이 닫히면서 나는 소리이다. (　　)

③ 제 2 심음이 발생한 이후 혈액이 좌심실에서 대동맥으로 흐른다. (　　)

④ C 시기에 좌심실과 대동맥 사이에 있는 반월판이 열린다. (　　)

28 그림 (가) 는 평상시 어떤 사람의 심장이 1 회 박동할 때의 주기를 나타낸 것이고, 그림 (나) 는 이 사람의 심장이 활동할 때 발생하는 전위 변화를 기록한 심전도를 나타낸 것이다. 다음 물음에 답하시오.

[과학고 기출 유형]

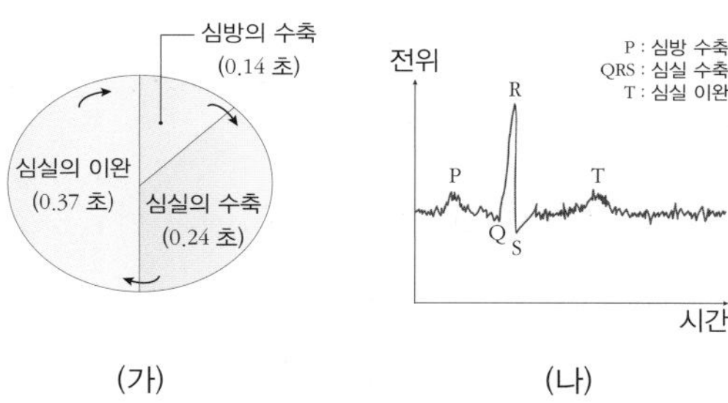

(가)　　(나)

(1) P 파 발생 시 심장에서 혈액이 이동하는 방향을 설명하시오.

(　　　　　　　　　　　　　　　　)

(2) 평상시 위 사람의 1 분간 심장 박동수를 구하시오.

(　　　　) 회

(3) 위 사람의 혈액의 총량은 5.6 L 이고, 한 번의 박동으로 심장에서 나가는 혈액의 양이 70 mL 라면, 체내의 모든 혈액이 심장을 1 번 통과하는 데 소요되는 시간을 구하시오.

(　　　　)분

29 다음은 헌혈 과정을 나타낸 것이다. 자료를 읽고 다음 물음에 답하시오.

> [헌혈 과정]
> ❶ 헌혈 전 여러 검사를 통해 헌혈할 조건을 갖추고 있는지 판단한다.
> ❷ 팔의 위쪽을 고무줄로 묶은 후 아래쪽의 부풀어 오른 혈관 A 에 주사 바늘을 꽂는다.
> ❸ 흰색 용액이 들어있는 채혈 봉투에 주사 바늘을 연결한다.
> ❹ 주먹을 쥐었다, 폈다를 반복하며 체혈한다.

(1) 혈관 A 가 가지는 특징을 3 가지 이상 쓰시오.

(2) 헌혈 과정의 ❸ 에서 채혈 봉투에 들어 있던 흰색 용액의 역할은 무엇일지 추리하여 설명하시오.

30 다음 그림은 어류와 포유류의 순환계를 그림으로 나타낸 것이다.

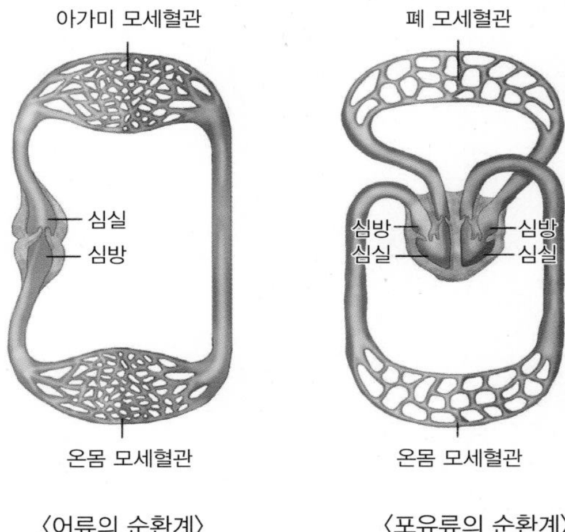

〈어류의 순환계〉 〈포유류의 순환계〉

이 그림에 대한 설명 중 옳은 것은 ○표, 옳지 않은 것은 ×표 하시오.

(1) 포유류의 경우 심장의 4개의 방에서 동맥혈과 정맥혈이 섞인다. ( )

(2) 어류의 심장은 포유류의 심장과는 달리 산소가 결핍된 혈액만을 받아들이고 내보낸다. ( )

(3) 어류와 포유류의 순환계는 혈액이 전체를 순환하는 동안 심장을 한번 지나간다. ( )

18강. 배설

1. 노폐물의 생성과 배설

(1) 노폐물의 생성 : 소화 과정을 통해 체내에 흡수된 영양소가 세포 호흡을 통해 분해되는 과정에서 이산화 탄소, 물, 암모니아와 같은 노폐물이 생성된다.

영양소	구성 원소	생성되는 노폐물
탄수화물, 지방	탄소(C), 수소(H), 산소(O)	이산화 탄소(CO_2), 물(H_2O)
단백질	탄소(C), 수소(H), 산소(O), 질소(N)	이산화 탄소(CO_2), 물(H_2O), 암모니아(NH_3)

(2) 노폐물의 배설 : 생성된 노폐물은 혈액을 통해 폐, 콩팥, 땀샘을 통해 몸 밖으로 배출된다.

① **이산화 탄소** : 날숨을 통해 몸 밖으로 배출된다.
② **물** : 날숨을 통해 배출되거나, 오줌이나 땀을 통해 배출된다.
③ **암모니아** : 암모니아는 독성이 강해 체내에 축적되면 세포에 손상을 주므로, 간에서 독성이 거의 없는 요소로 전환되어 오줌과 땀을 통해 몸 밖으로 배출된다.

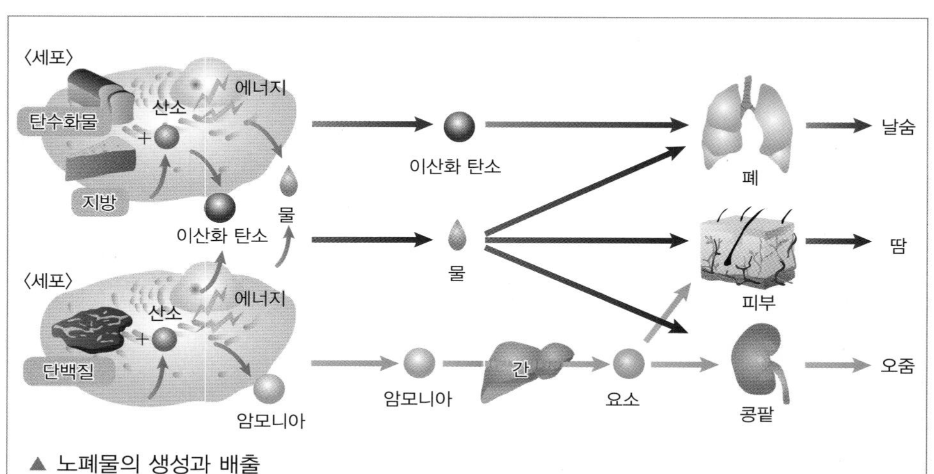

▲ 노폐물의 생성과 배출
단백질의 구성 성분인 질소(N)는 질소성 노폐물인 암모니아(NH_3)를 생성한다. 독성이 많은 암모니아를 간에서 오르니틴 회로를 통해 요소로 합성한다.

(3) 배설의 의의

① **노폐물 배설** : 생명 활동의 결과로 생성된 노폐물을 체외로 배출한다.
② **항상성 유지** : 물과 무기 염류의 배설량을 조절하여 체액의 삼투압과 pH 등을 일정하게 조절하며, 땀을 통해 체온이 급격하게 변하는 것을 막아주기도 한다.

개념확인 1

3 대 영양소에서 공통적으로 생성되는 노폐물을 모두 분자식으로 쓰시오.

( )

확인+1

다음 글을 읽고 빈칸에 들어갈 알맞은 단어를 써 넣으시오.

> 암모니아는 독성이 강해 ㉠(　　)에서 독성이 거의 없는 ㉡(　　)(으)로 전환되어 오줌과 땀을 통해 몸 밖으로 배출된다.

㉠ : (　　), ㉡ : (　　)

암모니아(NH_3)

· 단백질이나 핵산과 같이 질소(N)를 포함한 영양소가 분해될 때 만들어진다.
· 물에 잘 녹고 독성이 있어 체내에 축적되면 세포에 손상을 주며, 체액의 pH 를 상승시킨다.
· 암모니아는 간에서 독성이 거의 없는 요소로 전환된 후 배설된다.

요소의 전환 : 오르니틴 회로

· 암모니아를 독성이 약한 요소로 전환시키는 해독 작용을 뜻한다.
· 오르니틴 회로는 간에서 진행된다.
· 오르니틴 회로 과정에는 ATP 가 필요하며, 암모니아와 이산화 탄소를 결합시켜 오르니틴 → 시트룰린 → 아르지닌의 단계로 전환된다.
· 아르지닌은 아르지네이스라는 효소에 의해 오르니틴과 요소로 분해된다.

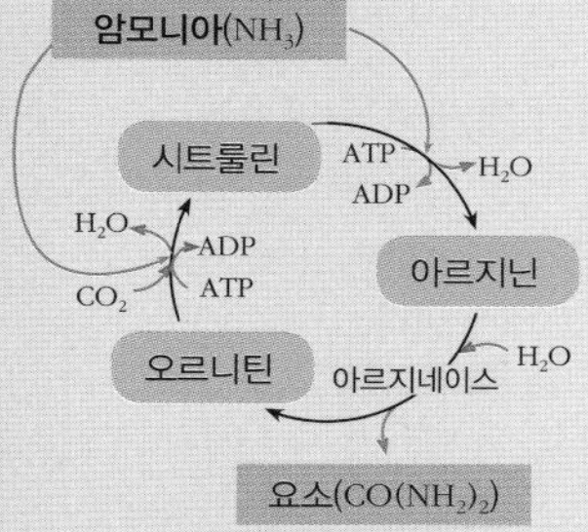

질소성 노폐물

· 동물이 배설하는 질소성 노폐물의 종류는 동물의 서식지와 관계가 있다.
· 수분이 풍부한 곳에 사는 동물들은 암모니아의 형태로 배설하여도, 물에 암모니아가 희석되므로 암모니아의 피해를 줄일 수 있다.
· 수분이 적은 곳에 사는 동물들은 암모니아의 독성을 희석시키지 못해 요소나 요산의 형태로 배설한다.

질소성 노폐물 종류	특징	해당 동물
암모니아	수용성 독성 강함	경골 어류, 수생 무척추동물
요소	수용성 독성 거의 없음	양서류, 연골 어류, 포유류
요산	불용성 독성 거의 없음	조류, 파충류, 곤충류

2. 배설계

(1) 사람의 배설 기관 : 노폐물의 배설을 담당하는 기관들의 모임을 배설계라고 하며 콩팥, 오줌관, 방광, 요도 등으로 구성되어 있다.

① **콩팥** : 혈액 속의 노폐물을 걸러내어 오줌을 생성하는 기관이다.
② **오줌관** : 콩팥에서 만들어진 오줌을 방광으로 보내는 통로이다.
③ **방광** : 오줌관 끝에 있으며, 오줌을 저장하는 주머니이다.
④ **요도** : 방광에 모인 오줌이 몸 밖으로 나가는 통로이다.

(2) 콩팥의 구조와 기능 : 콩팥은 강낭콩 모양의 암적색 기관으로, 길이는 약 10 cm 정도이며, 가로막 아래의 등쪽에 좌우 한 쌍이 존재한다.

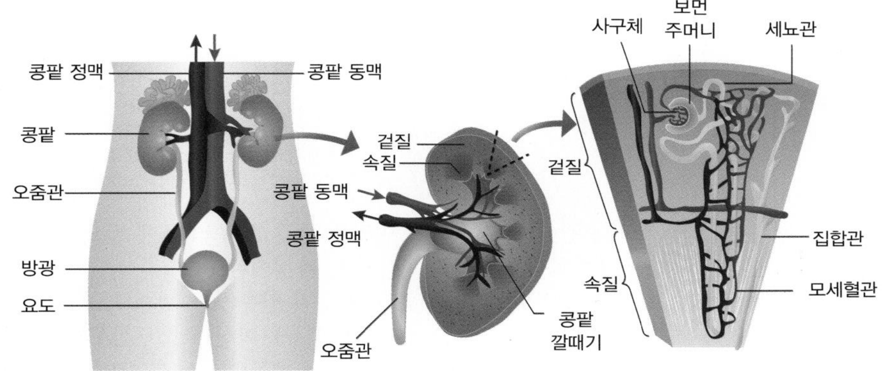

겉질	· 콩팥의 겉부분으로 사구체, 보먼주머니, 세뇨관이 분포한다. - 사구체(토리) : 모세혈관이 실타래처럼 얽혀있는 덩어리로, 혈액의 여과가 일어난다. - 보먼주머니 : 사구체를 둘러싸고 있는 주머니로 세뇨관과 연결된다. - 세뇨관 : 보먼주머니와 연결된 가늘고 긴 관으로 물질의 재흡수와 분비가 일어나며, 겉질과 속질에 걸쳐 분포한다. · 오줌을 생성하는 콩팥의 구조적 · 기능적 단위를 네프론(nephron)이라고 한다. 네프론 = 말피기 소체(사구체+보먼주머니) + 세뇨관
속질	· 콩팥의 안쪽 부분으로 세뇨관과 집합관이 분포한다. - 집합관 : 세뇨관이 모여 형성된 관으로 콩팥 깔때기로 연결된다.
콩팥 깔때기	· 콩팥 속질의 안쪽 빈 공간으로, 집합관을 통해 이동한 오줌을 일시적으로 저장하였다가, 오줌관을 통해 방광으로 보낸다.

개념확인 2

정답 및 해설 26쪽

오줌을 생성하는 콩팥의 구조적 · 기능적 단위를 무엇이라고 하는가?

( )

확인+2

다음 콩팥의 구조와 기능에 대한 설명 중 옳은 것은 ○표, 옳지 않은 것은 ×표 하시오.

(1) 콩팥은 척추 좌우에 1 쌍이 있다. ( )
(2) 보먼주머니는 사구체를 감싸고 있다. ( )
(3) 콩팥 깔때기는 오줌관 끝에 있으며, 오줌을 저장하는 주머니이다. ( )

네프론(nephron)

· 네프(neph)는 콩팥(kidney)을 의미하므로 nephron은 콩팥을 구성하는 단위라는 뜻이다.
· 콩팥의 한 쪽에 약 100만 개 정도의 네프론이 존재한다.

말피기 소체

이탈리아의 생리학자인 말피기(Malpighi)가 발견하여 붙여진 이름으로, 사구체와 보먼주머니를 합쳐 말피기 소체라고 한다.

사구체(토리)

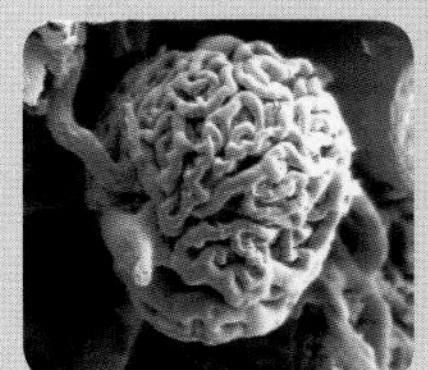

콩팥 동맥에서 갈라진 모세혈관이 실뭉치처럼 뭉쳐 공모양의 덩어리를 이룬 것이다.

헨레 고리

· 척추동물의 콩팥에서 근위세뇨관과 원위세뇨관 사이의 U 자형 머리핀 구조를 이루는 고리로, 물과 무기염류의 재흡수를 담당한다.
· 근위세뇨관 : 콩팥에서 보먼주머니 바로 다음에 위치하는 네프론의 한 부분으로 원뇨를 운반하고 정제한다.
· 원위세뇨관 : 원뇨를 정제한 후 오줌관으로 보내는 작용을 하며 체액의 칼륨 이온과 염화 나트륨의 농도를 결정하는 데 중요한 역할을 담당한다.

3. 오줌의 생성

(1) 오줌의 생성 : 콩팥 동맥을 통해 콩팥으로 들어온 혈액이 네프론에서 여과, 재흡수, 분비 과정을 거쳐치면서 오줌을 생성한다.

① **여과** : 사구체로 들어온 혈액 일부가 압력차에 의해 보먼주머니로 빠져나오는 과정으로, 이때 여과된 여과액을 원뇨라고 한다.

· 이동 물질 : 물, 포도당, 아미노산, 무기 염류, 요소, 요산, 크레아틴 등
(분자량이 큰 혈구, 단백질, 지방은 여과되지 않는다.)

· 이동 원리 : 혈압차에 의한 이동 ➾ 사구체로 들어가는 혈관이 사구체에서 나오는 혈관보다 굵어서 사구체 내부의 혈압이 높아 혈액 성분의 일부가 보먼주머니로 여과된다.

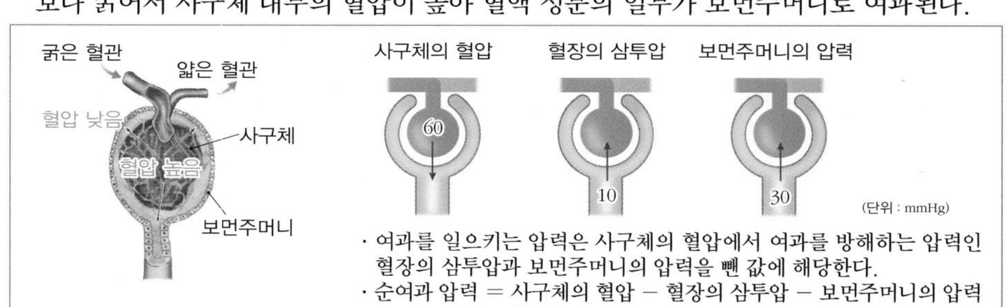

· 여과를 일으키는 압력은 사구체의 혈압에서 여과를 방해하는 압력인 혈장의 삼투압과 보먼주머니의 압력을 뺀 값에 해당한다.
· 순여과 압력 = 사구체의 혈압 − 혈장의 삼투압 − 보먼주머니의 압력
= 60 mmHg − 10 mmHg − 30 mmHg = 20 mmHg

② **재흡수** : 원뇨가 세뇨관을 지나는 동안 여과된 물질 중 우리 몸에 필요한 성분이 세뇨관을 둘러싸고 있는 모세혈관으로 다시 흡수되는 과정이다.

· 이동 물질 : 포도당과 아미노산(100 %), 물과 무기 염류(90 ~ 99 %), 요소(50 %) 등
· 이동 원리 : 능동 수송(포도당, 아미노산, 무기 염류), 확산(요소), 삼투 현상(물)

③ **분비** : 미처 여과되지 않고 모세혈관에 남아 있던 노폐물이 세뇨관으로 이동하는 과정이다.

· 이동 물질 : 요소, 크레아틴 등
· 이동 원리 : 능동 수송

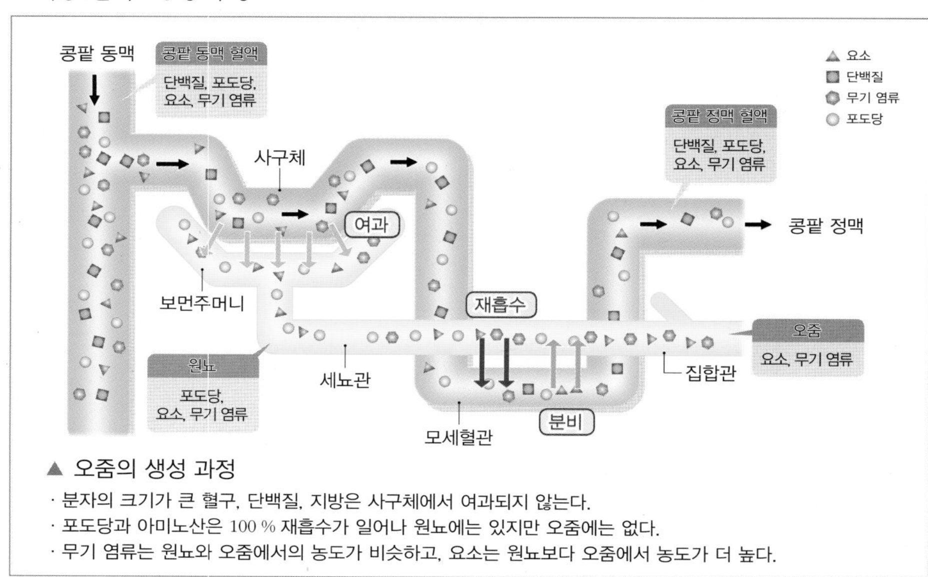

▲ 오줌의 생성 과정

· 분자의 크기가 큰 혈구, 단백질, 지방은 사구체에서 여과되지 않는다.
· 포도당과 아미노산은 100 % 재흡수가 일어나 원뇨에는 있지만 오줌에는 없다.
· 무기 염류는 원뇨와 오줌에서의 농도가 비슷하고, 요소는 원뇨보다 오줌에서 농도가 더 높다.

(2) 오줌의 이동 경로 : 콩팥에서 여과, 재흡수, 분비 과정을 거쳐 만들어진 오줌은 콩팥 깔때기와 오줌관을 거쳐 방광에 모였다가 요도를 통해 몸 밖으로 나간다.

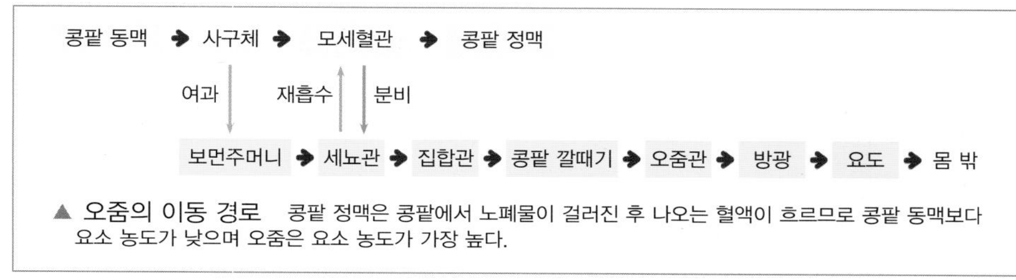

▲ 오줌의 이동 경로 콩팥 정맥은 콩팥에서 노폐물이 걸러진 후 나오는 혈액이 흐르므로 콩팥 동맥보다 요소 농도가 낮으며 오줌은 요소 농도가 가장 높다.

◉ 여과, 재흡수, 분비

구분	이동 경로	이동 물질	이동 원리
여과	사구체 → 보먼주머니	크기가 작은 물질	혈압차
재흡수	세뇨관 → 모세혈관	포도당, 아미노산, 무기 염류, 물, 요소	능동 수송, 삼투(물), 확산(요소)
분비	모세혈관 → 세뇨관	몸에 불필요한 물질	능동 수송

◉ 능동 수송

ATP 를 소모하며 물질을 저농도에서 고농도로 이동시키는 작용이다. (저농도 → 고농도)

◉ 확산

물질의 농도가 높은 쪽에서 낮은 쪽으로 물질이 이동하는 현상으로 에너지가 소모되지 않는다. (고농도 → 저농도)

◉ 삼투 현상

세포막이나 반투과성 막을 경계로 용액의 농도가 낮은 쪽에서 높은 쪽으로 물이 이동하는 현상으로 에너지가 소모되지 않는다. (저장액 → 고장액)

◉ 여러 가지 물질의 이동 경로

· 여과되지 않는 물질
➾ 단백질, 지방
· 완전 재흡수되는 물질
➾ 포도당, 아미노산
· 일부 재흡수되는 물질
➾ 물, 무기 염류, 요소
· 분비되는 물질
➾ 노폐물(요소, 크레아틴)
· 여과 후 배설되는 물질
➾ 이눌린
· 재흡수와 분비가 일어나지 않는 물질
➾ 크레아티닌
(크레아틴의 분해산물)

미니사전

원뇨 [原 근원 尿 오줌] 오줌의 원료라는 뜻으로, 혈액의 성분 중 사구체에서 보먼주머니로 여과된 성분을 말한다.

크레아틴 근육 수축의 에너지원의 구성 성분으로 근육 속에 존재하며, 무리한 일을 하면 크레아틴의 양이 증가한다.

이눌린 다당류의 일종으로, 사구체에서 여과된 후 재흡수나 분비가 일어나지 않고 바로 오줌으로 배설되는 물질로 여과량을 알아보는 데 쓰인다.

4. 기관계의 통합적 작용

(1) 소화, 순환, 호흡, 배설의 유기적 관계 :

① **영양소의 획득과 산소의 운반** : 소화계를 통해 흡수된 영양소와, 호흡계를 통해 흡수된 산소가 순환계에 의해 온몸의 조직 세포로 운반되어 세포 호흡에 쓰인다.

② **노폐물 배설** : 세포 호흡 결과로 발생한 이산화 탄소와 질소 노폐물은 순환계에 의해 운반되어 호흡계와 배설계를 통해 몸 밖으로 배출된다.

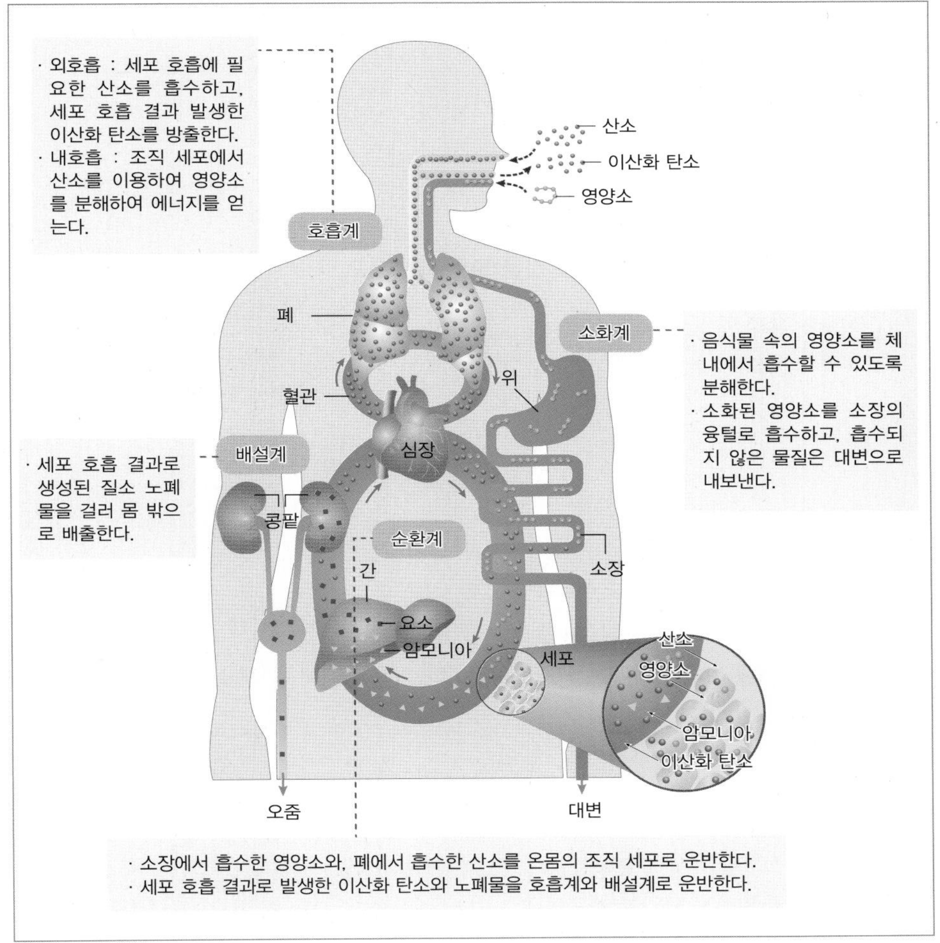

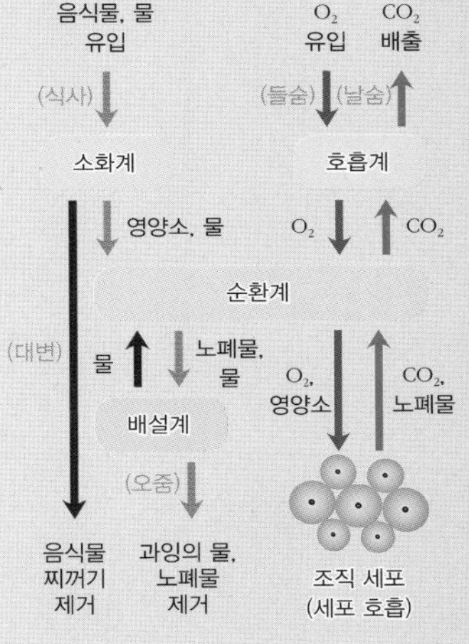

개념확인 3 　　　정답 및 해설 **26쪽**

사구체로 들어온 혈액이 이동하는 원리는 무엇인가?

① 확산 현상　② 삼투 현상　③ 능동 수송　④ 혈압 차이　⑤ pH 의 차이

확인+3

여과되지 않고 모세혈관에 남아 있던 노폐물이 세뇨관으로 이동하는 과정을 무엇이라고 하는가?

(　　　　)

개념확인 4

㉠영양소를 흡수하는 기관계와, ㉡흡수된 영양소를 운반하는 기관계를 차례대로 쓰시오.

㉠ : (　　　　), ㉡ : (　　　　)

확인+4

세포 호흡에 필요한 산소를 얻거나, 생성물인 이산화 탄소를 체외로 배출하는 기관계는 무엇인가?

(　　　　)

개념 다지기

01 다음 중 탄수화물이 세포 호흡을 통해 분해되는 과정에서 생성되는 노폐물에 해당하는 것을 모두 고르시오.

① 물　② 요산　③ 요소
④ 암모니아　⑤ 이산화 탄소

02 다음 중 배설의 의의에 해당하는 것을 모두 고르시오.

① 영양소 흡수　② 항상성 유지　③ 물질의 합성
④ 노폐물 배설　⑤ 노폐물 이동

03 다음은 배설계를 이루는 기관들을 나타낸 것이다. 다음 설명에 해당하는 기관의 이름을 쓰시오.

콩팥	요도	방광	오줌관

(1) 오줌을 저장하는 주머니이다. (　　　)
(2) 오줌이 몸 밖으로 나가는 통로이다. (　　　)
(3) 혈액 속의 노폐물을 걸러내는 기관이다. (　　　)
(4) 만들어진 오줌을 방광으로 보내는 통로이다. (　　　)

04 다음 중 오줌을 생성하는 콩팥의 기본 단위의 이름과 그 구성을 바르게 짝지은 것은?

① 네프론, 말피기 소체 + 세뇨관
② 네프론, 말피기 소체 + 보먼주머니
③ 말피기 소체, 사구체 + 세뇨관
④ 말피기 소체, 사구체 + 보먼주머니
⑤ 말피기 소체, 사구체 + 보먼주머니 + 세뇨관

05

오줌의 생성 과정 중 여과에 대한 설명으로 옳은 것은 ○표, 옳지 않은 것은 ×표 하시오.

(1) 보면주머니에서 혈액의 일부가 모세혈관으로 빠져나오는 과정이다. ( )

(2) 포도당, 아미노산은 여과가 되지만, 백혈구와 지방은 여과되지 않는다. ( )

(3) 사구체로 들어가는 혈관이 사구체에서 나오는 혈관보다 굵어서 생기는 혈압 차이에 의해 물질들이 이동한다. ( )

(4) 여과를 일으키는 압력은 사구체의 혈압에서 혈장의 삼투압과 보먼주머니의 압력을 뺀 값에 해당한다. ( )

06

재흡수에 대한 설명으로 옳은 것만을 〈보기〉 에서 있는 대로 고른 것은?

〈 보기 〉

ㄱ. 재흡수되는 물질들은 모세혈관에서 세뇨관으로 이동한다.
ㄴ. 포도당과 아미노산은 100 % 재흡수된다.
ㄷ. 요소는 확산 현상에 의해 에너지를 소모하면서 이동한다.

① ㄱ ② ㄴ ③ ㄱ, ㄴ ④ ㄱ, ㄷ ⑤ ㄴ, ㄷ

07

다음 중 분비되는 물질이 이동하는 원리로 옳은 것은?

① 혈압 차에 의한 이동
② 능동 수송에 의한 이동
③ 삼투 현상에 의한 이동
④ 확산 현상에 의한 이동
⑤ 이동 물질의 크기 차이에 의한 여과 작용

08

다음 설명에 해당되는 기관계를 각각 쓰시오.

(1) 영양소를 분해하여 에너지를 얻는다. ( )

(2) 산소를 온몸의 조직 세포로 운반한다. ( )

(3) 영양소를 체내에서 흡수할 수 있도록 분해한다. ( )

유형 익히기 & 하브루타

[유형18-1] 노폐물의 생성과 배설

다음 그림은 영양소에서 생성되는 노폐물과, 그 노폐물이 배설되는 과정을 나타낸 것이다.

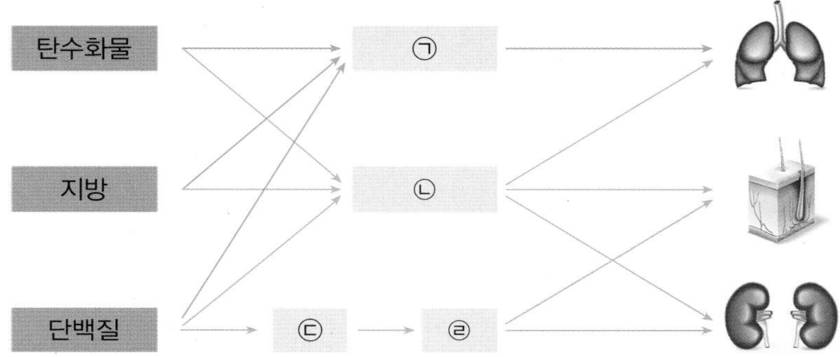

이에 대한 설명으로 옳은 것은 ○표, 옳지 않은 것은 ×표 하시오.

(1) ㉠ 은 이산화 탄소로 폐에서 외호흡을 통해 날숨으로 체외로 배출된다. ( )
(2) ㉡ 은 물로 들숨, 땀, 오줌을 통해 체외로 배출된다. ( )
(3) ㉢ 은 암모니아로 수용성이며 독성이 강하다. ( )
(4) ㉢ 은 콩팥에서 ㉣ 로 전환되어 체외로 배출된다. ( )

01 노폐물의 생성과 배설에 대한 설명으로 옳은 것만을 〈보기〉 에서 있는 대로 고르시오.

〈 보기 〉

ㄱ. 탄수화물과 지방의 구성 원소와 생성되는 노폐물은 모두 같다.
ㄴ. 암모니아는 질소를 포함한 영양소가 분해될 때 만들어진다.
ㄷ. 날숨을 통해 3 대 영양소에서 생성되는 모든 노폐물이 체외로 배출된다.

( )

02 배설과 관련된 다음 글을 읽고 빈칸에 들어갈 알맞은 단어를 써 넣으시오.

배설을 통해 생명 활동의 결과로 생성된 ㉠( )(을)를 체외로 배출하며, 물과 무기 염류의 배설량을 조절하여 ㉡( ) 유지의 역할을 한다.

㉠ : ( ), ㉡ : ( )

[유형18-2] 배설계

다음은 콩팥의 구조를 모식적으로 나타낸 것이다.

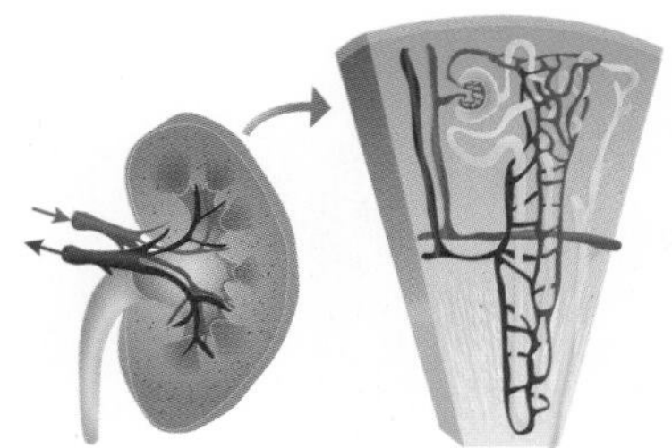

이에 대한 설명으로 옳은 것만을 〈보기〉에서 있는 대로 고르시오.

〈 보기 〉

ㄱ. 콩팥의 겉부분을 겉질이라고 하며 사구체, 보먼주머니, 세뇨관이 분포한다.
ㄴ. 콩팥의 안쪽 부분을 속질이라고 하며 세뇨관과 집합관이 분포한다.
ㄷ. 콩팥 속질의 빈 공간을 콩팥 깔때기라고 하며, 오줌을 일시적으로 저장한다.

( )

03 오른쪽 그림은 사람의 배설계의 구조를 나타낸 것이다. (가) ~ (라)에 해당하는 이름을 각각 쓰시오.

(가) : ( )
(나) : ( )
(다) : ( )
(라) : ( )

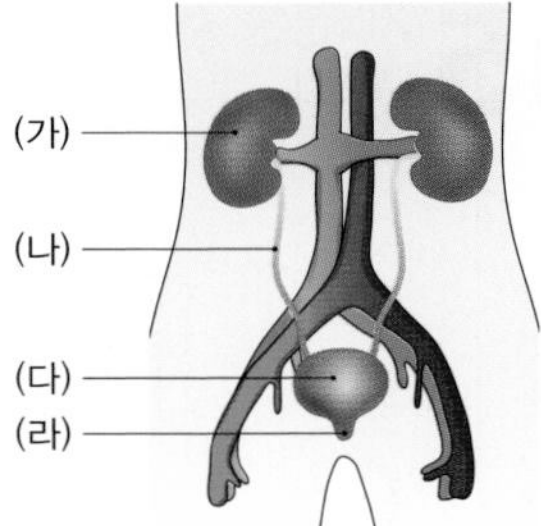

04 다음 글을 읽고 빈칸에 들어갈 알맞은 단어를 써 넣으시오.

콩팥을 구성하는 구조적 · 기능적 단위를 ( )(이)라고 하며, 콩팥 1개에 약 100만 개 이상 분포한다.

( )

유형 익히기 & 하브루타

[유형18-3] 오줌의 생성

다음은 건강한 사람의 네프론에서 오줌이 만들어지는 과정을 모식적으로 나타낸 것이다. 다음 물음에 답하시오.

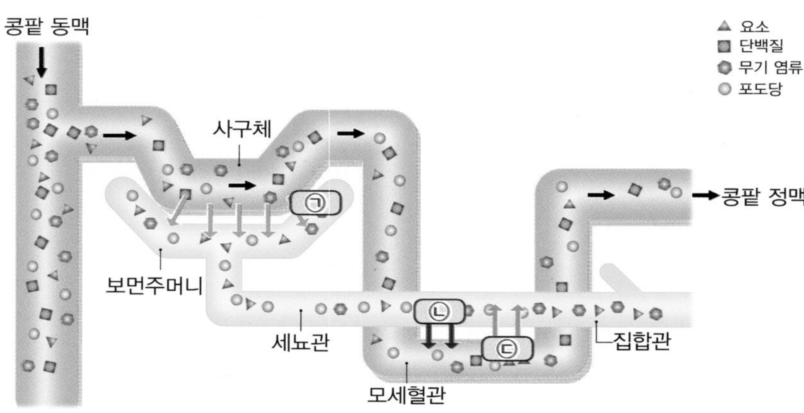

(1) ㉠ ~ ㉢ 중, 원뇨 중에서 우리 몸에 필요한 물질이 능동 수송에 의해 다시 흡수되는 과정의 기호와 이름을 쓰시오.

기호 : (　　　), 이름 : (　　　　　　　)

(2) ㉠ ~ ㉢ 중, 혈압차에 의해 물질이 이동하는 과정의 기호와 이름을 쓰시오.

기호 : (　　　), 이름 : (　　　　　　　)

(3) ㉠ ~ ㉢ 중, 미처 여과되지 않은 노폐물이 세뇨관으로 이동하는 과정의 기호와 이름을 쓰시오.

기호 : (　　　), 이름 : (　　　　　　　)

05 다음은 사구체의 혈압, 혈장의 삼투압, 보먼주머니의 압력을 각각 나타낸 것이다.

사구체의 혈압　혈장의 삼투압　보먼주머니의 압력

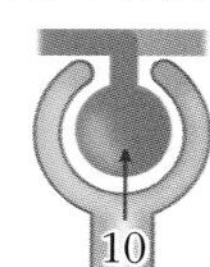

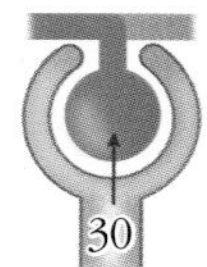

(단위 : mmHg)

위 자료를 바탕으로 알 수 있는 순여과 압력은 얼마인가?

(　　　　　　) mmHg

06 다음은 원뇨의 이동 경로를 나타낸 것이다. 빈칸에 들어갈 알맞은 장소를 쓰시오.

보먼주머니 → 세뇨관 → 집합관 → ㉠ → 오줌관 → 방광 → ㉡ → 몸 밖

㉠ (　　　　　　), ㉡ (　　　　　　)

[유형18-4] 기관계의 통합적 작용

다음은 소화계, 호흡계, 순환계, 배설계의 상호 작용을 모식적으로 나타낸 것이다. 이에 대한 설명으로 옳은 것은 ○표, 옳지 않은 것은 ×표 하시오.

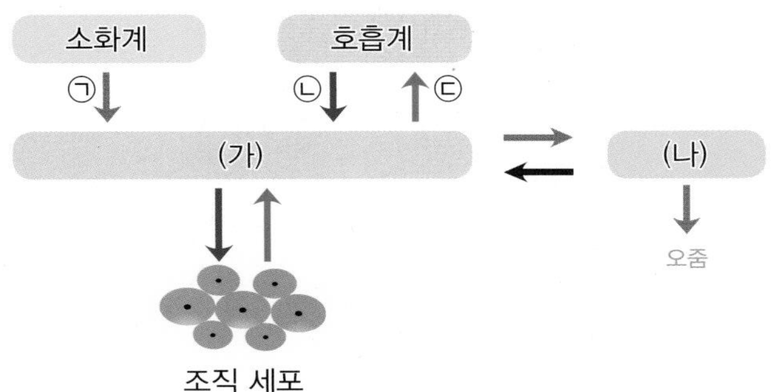

(1) 물과 노폐물은 ㉠ 의 경로로 이동한다. ( )

(2) ㉡ 은 이산화 탄소, ㉢ 은 산소에 해당한다. ( )

(3) (가) 는 순환계, (나) 는 배설계에 해당한다. ( )

07

다음 중 여러 기관계의 작용에 대한 설명으로 옳은 것을 모두 고르시오.

① 소화계, 호흡계, 배설계는 순환계에 의해 기능적으로 연결된다.
② 호흡계를 통해 들어오는 기체는 영양소와 함께 소화관을 통해 이동한다.
③ 조직 세포에서 에너지를 얻는 과정은 호흡계에서 독자적으로 일어나는 작용이다.
④ 세포 호흡 결과로 만들어진 노폐물은 호흡계와 배설계를 통해 몸 밖으로 배출된다.
⑤ 식사를 통해 섭취한 음식물의 찌꺼기가 대변으로 배출되는 것은 배설계의 작용에 의해 일어난다.

08

다음 글을 읽고 빈칸에 들어갈 알맞은 단어를 써 넣으시오.

> 우리 몸에서 노폐물을 걸러 오줌의 형태로 내보내는 기관계는 ㉠( )이고, 소화관에서 흡수되지 않은 물질을 배출하는 기관계는 ㉡( )이다.

㉠ ( ), ㉡ ( )

창의력&토론마당

01 콩팥의 단위인 네프론에서 혈액은 사구체를 지나면서 보먼주머니로 여과된다. 다음은 혈액에 있는 용질이 사구체에서 투과될 때 용질의 크기와 전하가 투과에 미치는 영향을 나타낸 것이다.

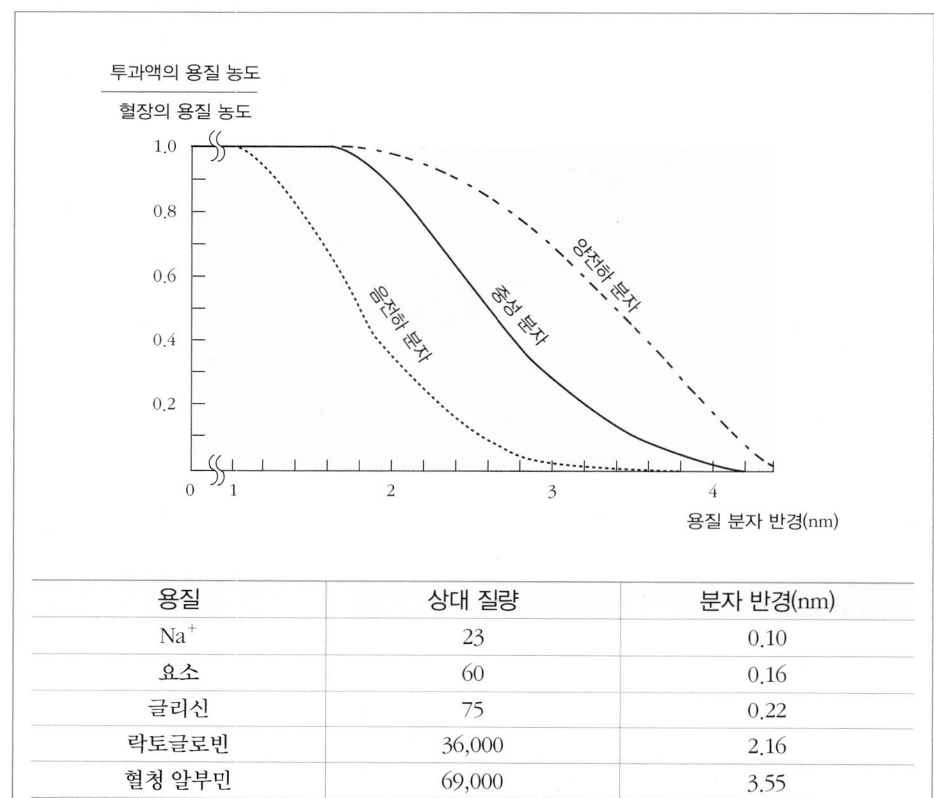

용질	상대 질량	분자 반경(nm)
Na^{+}	23	0.10
요소	60	0.16
글리신	75	0.22
락토글로빈	36,000	2.16
혈청 알부민	69,000	3.55

위 현상과 관련된 설명이나 추론으로 옳은 것만을 〈보기〉에서 있는대로 골라 기호로 쓰시오.

〈 보기 〉

ㄱ. 혈장에서 농도가 높은 용질일수록 사구체에서 많이 투과된다.
ㄴ. 혈청 알부민이 음전하를 띠고 있다면 사구체에서 거의 투과되지 않는다.
ㄷ. 락토글로빈과 동일한 크기를 갖는 혈장 단백질은 사구체에서 투과된다.
ㄹ. Na^{+}, 물, 요소, 글리신은 사구체에서 자유롭게 투과되지만, 포도당은 자유롭게 투과되지 못한다.

02 다음 표는 어떤 사람에서 물질 A 와 B 가 오줌으로 배설될 때 혈장 농도에 따른 콩팥에서의 분당 여과량과 배설량을 나타낸 것이다.

A			B		
혈장 농도 (mg/100 mL)	분당 여과량 (mg/분)	분당 배설량 (mg/분)	혈장 농도 (mg/100 mL)	분당 여과량 (mg/분)	분당 배설량 (mg/분)
100	125.0	0.0	10	12.5	62.5
200	250.0	0.0	20	25.0	105.0
300	375.0	25.0	30	37.5	117.5
400	500.0	150.0	40	50.0	130.0
500	625.0	275.0	50	62.5	142.5

A 와 B 의 배설에 대한 설명으로 옳은 것만을 〈보기〉 에서 있는대로 골라 기호로 쓰시오.

〈 보기 〉

ㄱ. A 의 최대 재흡수량은 350 mg/분 이다.
ㄴ. B 는 A 보다 콩팥을 통해 더 잘 배설된다.
ㄷ. A 의 사구체 여과율(분당 여과량)은 B 보다 크다.

03

다음은 어떤 사람의 혈액, 심장, 콩팥의 생리 지표를 나타낸 것이다.

- 혈액 중 혈구가 차지하는 부피의 비 : 0.4
- 심실이 한 번 수축할 때 좌심실에서 심장 밖으로 내보내는 혈액량 : 80 mL
- 심장 박동수 : 100 회/분
- 콩팥 혈류량 : 심박 출량의 20 %
- 콩팥의 여과율 : 20 %

이 사람의 사구체 여과율(mL/분)은 얼마인지 계산 과정을 함께 서술하시오.

답 : (   ) mL/분

풀이 과정

04

다음은 사람의 콩팥에서 세뇨관을 따라 이동하는 3 가지 물질 A ~ C 에 관한 자료이다.

[자료 1]

· A ~ C 는 각각 물, 요소, 크레아티닌 중 하나이다.
· 하루 동안 여과되는 양은 180 L 이고, 사구체 여과분율은 0.2 이다.

$$\text{사구체 여과분율} = \frac{\text{사구체 여과율}}{\text{콩팥을 지나가는 혈장의 양}}$$

· A ~ C 가 세뇨관을 따라 이동할 때 물질량의 비는 다음과 같다.

$$\text{물질량의 비} = \frac{\text{세뇨관 내 물질량}}{\text{사구체에서 여과된 물질량}}$$

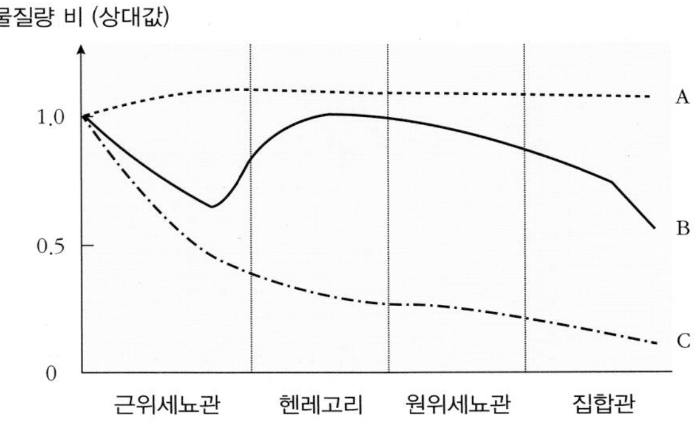

[자료 2]

항이뇨호르몬은 콩팥에서 오줌으로 만들어져 몸 밖으로 배출되는 물을 다시 흡수함으로써 몸 안의 수분함량을 높이는 역할을 한다. 이 호르몬은 콩팥의 집합관에 작용하여, 집합관을 통해 모인 물이 집합관의 상피세포를 투과하여 혈관으로 들어가도록 만든다. 결국 몸 밖으로 나오는 오줌의 양은 줄어들고, 혈액의 농도는 낮아지며, 혈관이 팽창하여 부피가 늘어나게 된다.

위 자료에 대한 설명으로 옳은 것만을 〈보기〉 에서 있는대로 골라 기호로 쓰시오.

〈 보기 〉

ㄱ. 단위 시간당 $\frac{\text{콩팥 동맥을 흐르는 양}}{\text{콩팥 정맥을 흐르는 양}}$ 은 B 가 A 보다 크다.
ㄴ. 항이뇨호르몬이 결핍되면 집합관에서 C 의 물질량 비는 증가한다.
ㄷ. 콩팥을 지나가는 혈장의 양은 분당 500 mL 이다.

스스로 실력 높이기

A

01 다음 중 배설의 의의를 설명한 것으로 옳지 않은 것은?

① 몸속의 항상성을 유지시킨다.
② 몸속의 수분의 양을 조절한다.
③ 조직 세포에 필요한 산소를 공급해 준다.
④ 땀을 흘려서 체온이 상승하는 것을 방지한다.
⑤ 몸속에서 생성된 노폐물을 몸 밖으로 배출한다.

02 다음 중 3 대 영양소의 호흡 과정에서 공통적으로 생성되는 노폐물로만 짝지어진 것은?

① 물 ② 물, 산소
③ 물, 이산화 탄소 ④ 물, 요소
⑤ 물, 이산화 탄소, 암모니아

03 다음 그림은 사람의 배설 기관을 나타낸 것이다.

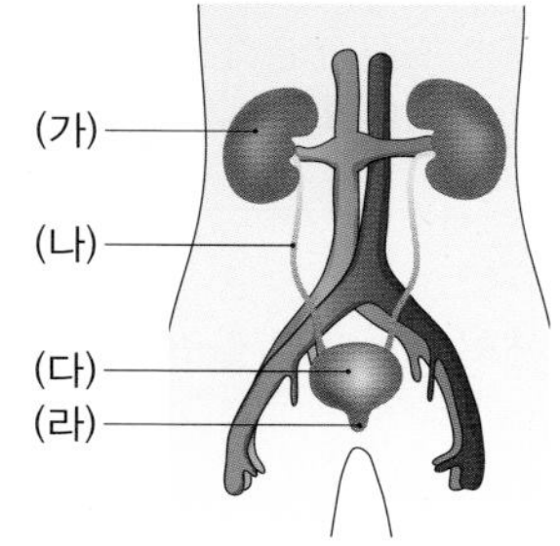

다음 설명에 해당하는 기관의 기호와 이름을 쓰시오.

(1) 오줌을 저장하는 주머니
기호 : (　　), 이름 : (　　　　)
(2) 오줌이 밖으로 나가는 통로
기호 : (　　), 이름 : (　　　　)
(3) 혈액 속의 노폐물을 걸러내어 오줌을 생성하는 기관
기호 : (　　), 이름 : (　　　　)

04 다음은 콩팥의 구조를 나타낸 것이다. ㉠ ~ ㉢에 들어갈 알맞은 말을 쓰시오.

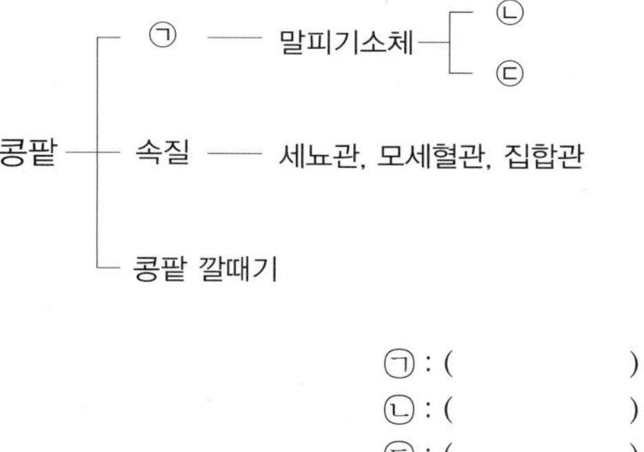

㉠ : (　　　　)
㉡ : (　　　　)
㉢ : (　　　　)

[05-07] 다음 그림은 네프론의 구조를 모식적으로 나타낸 것이다. 다음 물음에 답하시오.

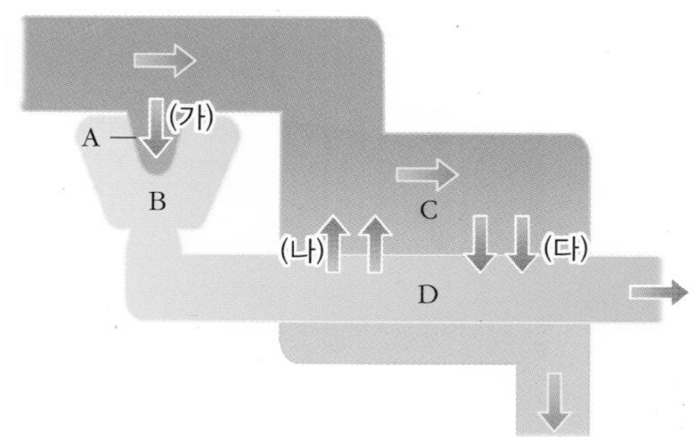

05 위 그림에 해당하는 A ~ D 의 이름을 쓰시오.

A : (　　　　), B : (　　　　)
C : (　　　　), D : (　　　　)

06 다음 중 A 에는 있지만 B 에는 없는 성분을 〈보기〉에서 있는 대로 고르시오.

〈 보기 〉

ㄱ. 물　ㄴ. 요소　ㄷ. 혈구
ㄹ. 포도당　ㅁ. 단백질　ㅂ. 크레아틴
ㅂ. 무기 염류　ㅅ. 암모니아

(　　　　)

07 다음 설명에 해당하는 과정 (가) ~ (다) 의 기호를 쓰고, 그 과정의 이름을 쓰시오.

(1) 여과되지 않고 모세혈관에 남아 있던 노폐물이 세뇨관으로 이동한다.

기호 : (　　), 이름 : (　　　　)

(2) 우리 몸에 필요한 성분이 세뇨관을 둘러싸고 있는 모세혈관으로 흡수된다.

기호 : (　　), 이름 : (　　　　)

(3) 사구체로 들어온 혈액이 압력차에 의해 보먼주머니로 빠져 나온다.

기호 : (　　), 이름 : (　　　　)

08 지방은 콩팥에서 여과가 일어나지 않는다. 그 이유로 옳은 것은?

① 물에 잘 녹는 물질이기 때문에
② 물에 잘 녹지 않는 물질이기 때문에
③ 체액의 농도를 높이는 물질이기 때문에
④ 분자의 크기가 너무 작은 물질이기 때문에
⑤ 분자의 크기가 커서 혈관 밖으로 이동하지 못하기 때문에

09 다음 중 네프론에서 물질의 여과, 물의 재흡수, 요소의 분비가 일어나는 원리를 바르게 짝지은 것은?

	물질의 여과	물의 재흡수	요소의 분비
①	압력 차	삼투	능동 수송
②	압력 차	확산	압력 차
③	확산	압력 차	확산
④	확산	능동 수송	삼투
⑤	삼투	확산	능동 수송

10 다음은 인체에 있는 각 기관계와 조직 세포 사이에서 일어나는 통합적 작용을 나타낸 것이다. (가) ~ (다) 는 각각 배설계, 호흡계, 소화계 중 하나이다.

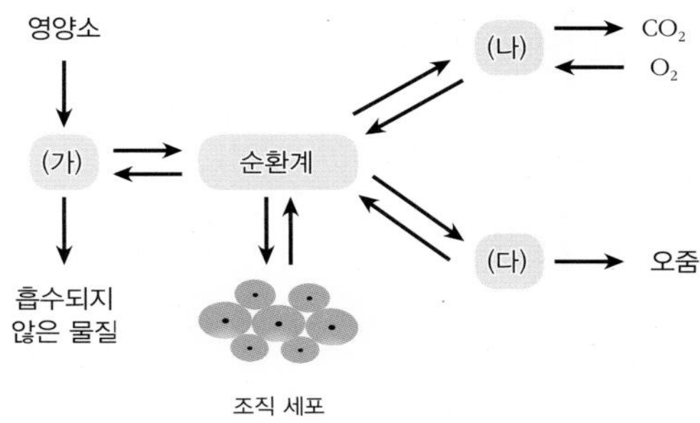

이에 대한 설명으로 옳은 것만을 〈보기〉 에서 있는 대로 고른 것은?

〈 보기 〉
ㄱ. (가) 에서는 동화 작용이 일어난다.
ㄴ. (나) 에 해당하는 기관에는 심장, 혈관 등이 있다.
ㄷ. 요소는 (다) 를 통해 배출된다.

① ㄱ　② ㄴ　③ ㄷ　④ ㄱ, ㄴ　⑤ ㄴ, ㄷ

B

11 다음은 우리 몸에서 일어나는 물질대사 과정을 나타낸 것이다.

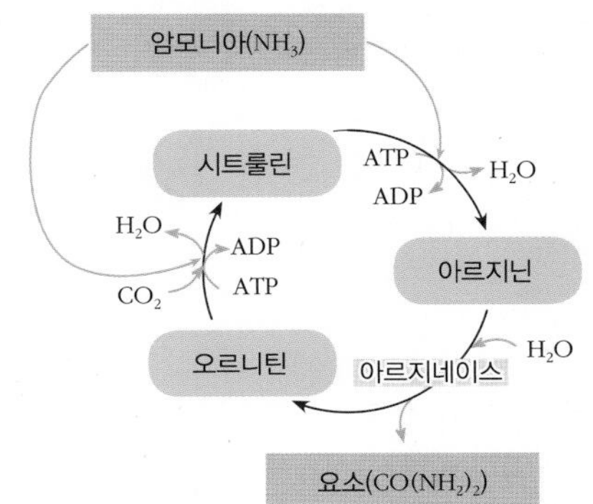

위의 물질대사 과정에 대한 설명으로 옳은 것은?

① 이 반응을 통해 ATP 가 생성된다.
② 콩팥에서 요소를 생성하는 과정이다.
③ 요소는 아르지닌의 분해로 만들어진다.
④ 암모니아의 독성을 강화시키는 과정이다.
⑤ 이 반응의 결과로 암모니아와 이산화 탄소가 생성된다.

스스로 실력 높이기

12 다음 그림은 영양소가 흡수된 뒤, 세포 호흡에서 생성된 노폐물의 배출을 나타낸 그림이다.

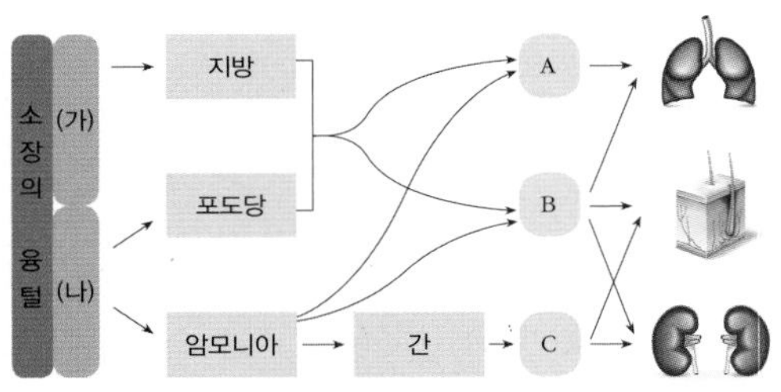

위 자료에 대한 설명으로 옳은 것을 모두 고르시오.

① (가) 는 모세혈관이고, (나) 는 암죽관이다.
② A 는 폐에서 내호흡에 의해 몸 밖으로 배설된다.
③ A 가 과도하게 생성되면 세포 내 pH 가 높아진다.
④ B 와 C 는 땀과 오줌으로 배출된다.
⑤ C 를 생성하는 기관은 지방의 소화를 돕는 물질인 쓸개즙을 생성한다.

13 다음은 콩팥의 일부분을 네프론 중심으로 나타낸 것이다.

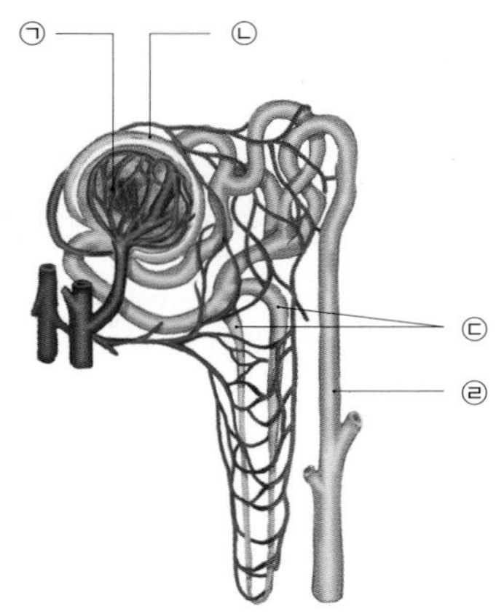

다음 〈보기〉 는 네 사람을 대상으로 ㉠ ~ ㉣ 부위에서 채취한 물질을 검사한 결과를 나타낸 것이다. 〈보기〉 중 콩팥 기능에 이상이 있는 사람을 모두 고르시오.

〈 보기 〉

서영 : ㉠ 에서 단백질, 지방, 포도당, 아미노산이 검출됨
은영 : ㉡ 에서 포도당과 아미노산이 검출됨
이진 : ㉢ 에서 다량의 단백질과 요산이 검출됨
지연 : ㉣ 에서 아미노산과 포도당이 다량 검출됨

14 다음은 서로 다른 음식을 먹은 A 와 B 의 오줌 속에 포함된 질소 노폐물의 양을 나타낸 것이다.

(단위 : mg/일)

성분	암모니아	요소	요산	크레아틴	염분	오줌의 양
A	0.48	14.7	0.18	0.58	19.0	1840
B	0.42	2.2	0.09	0.60	5.0	1510

위 표에 대한 해석으로 옳은 것은?

① A 는 B 보다 물을 적게 마신다.
② A 는 B 보다 음식을 싱겁게 먹는다.
③ A 는 B 보다 단백질 섭취량이 많다.
④ A 와 B 는 모두 지방을 많이 섭취한다.
⑤ A 는 B 보다 탄수화물을 많이 섭취한다.

15 다음은 네프론에서 오줌이 만들어 지는 과정에서 혈관 (가) ~ (다) 를 지나는 동안 혈액의 양의 변화를 나타낸 것이다. 다음 물음에 답하시오.

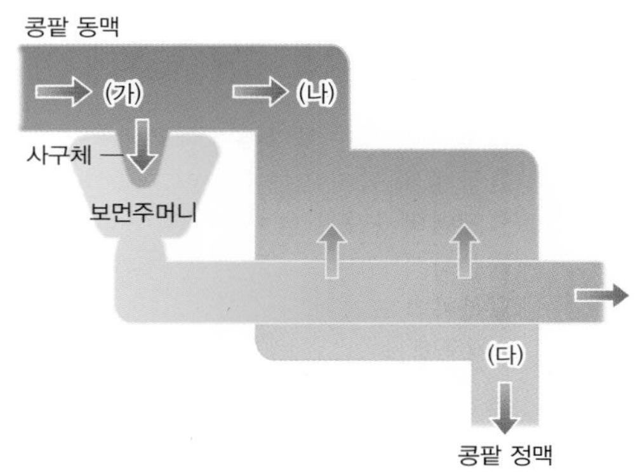

구분	(가)	(나)	(다)
1 분 동안 지나는 혈액의 양 (mL/분)	1200	1075	1199

(1) 1 분 동안 여과되는 원뇨의 양을 얼마인가?

( ) mL

(2) 이론 상 방광에서 오줌이 150 mL 만들어지는데 걸리는 시간은 얼마인가?

( ) 분

16 다음은 혈중 농도에 따른 물질 X 의 콩팥에서의 여과율(F), 재흡수율(R), 배설율(E)을 나타낸 것이다.

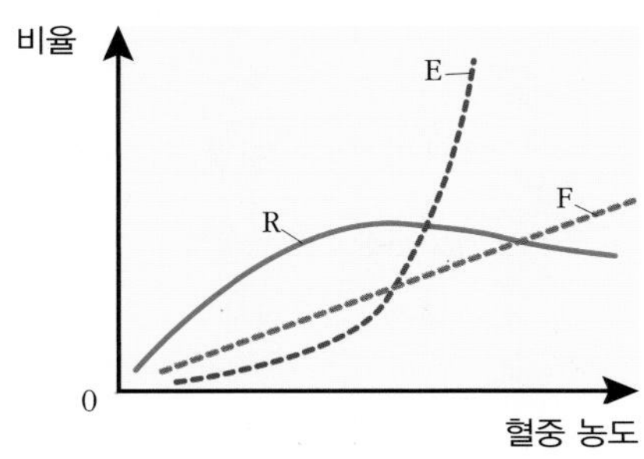

이에 대한 설명으로 옳지 않은 것은?

① X 의 여과율은 혈중 X 의 농도에 비례한다.
② 물질 X 의 재흡수율과 배설율은 서로 상관관계가 있다.
③ 오줌 속의 X 의 농도는 사구체에서 여과된 양보다 많을 것이다.
④ X 의 혈중 농도가 어느 수준에 도달하면, 배설율이 급격히 증가한다.
⑤ X 의 재흡수는 어느 일정 수준까지는 혈액 속 X 의 농도에 영향을 받는다.

17 다음 표는 오줌의 생성 과정에서 오줌, 원뇨와 혈장 등이 포함하고 있는 각 성분의 농도(g/100 mL)를 조사하여 나타낸 것이다.

물질	오줌	원뇨	혈장
요소	1.80	0.03	0.03
포도당	0.00	0.10	0.10
단백질	0.00	0.00	8.00
아미노산	0.00	0.05	0.05

다음과 같은 경우에 해당하는 물질들로 바르게 연결된 것은 무엇인가? [한국 과학창의력대회 기출]

> (가) 세뇨관에서 재흡수되는 물질
> (나) 오줌의 생성 과정에서 다량의 물이 재흡수 되었다는 사실을 알 수 있는 물질

	(가)	(나)
①	요소	포도당, 아미노산
②	포도당, 아미노산	요소
③	단백질	요소
④	포도당, 아미노산	단백질
⑤	요소	단백질

[18-19] 다음 그래프 (가) 는 혈당량에 따른 포도당의 여과량과 재흡수량, 배설량을 나타낸 것이며, 그래프 (나) 는 혈액 내 물질 X 의 농도에 따른 여과량, 분비량, 배설량을 나타낸 것이다. 다음 물음에 답하시오.

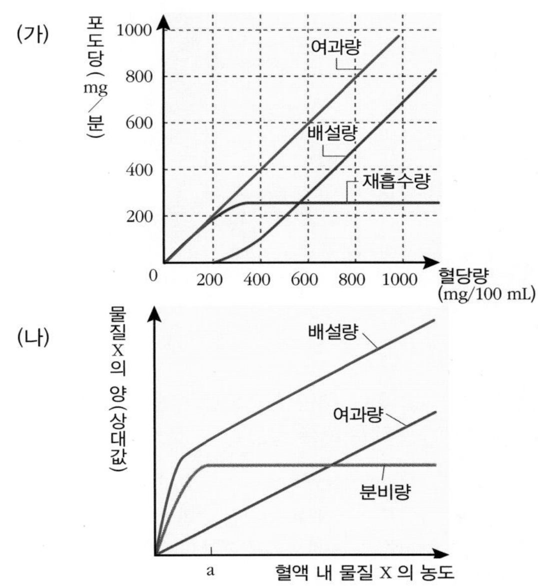

18 (가) 그래프에 대한 설명으로 옳은 것을 모두 고르시오.

① 혈당량이 100 mg/100 mL인 사람은 정상이다.
② 배설량은 여과량에서 재흡수량을 뺀 값에 해당한다.
③ 혈당량이 300 mg/100 mL인 사람은 당뇨 증상을 나타낸다.
④ 정상인의 경우 여과된 포도당의 양이 증가할수록 배설량도 증가한다.
⑤ 혈당량이 높아질수록 포도당의 재흡수량도 증가하기 때문에 오줌에서는 포도당이 검출되지 않는다.

19 (나) 그래프를 참고하여 주어진 조건에서 물질 X 가 어떤 경로로 이동할 지 아래의 그림에서 골라 기호로 쓰시오.

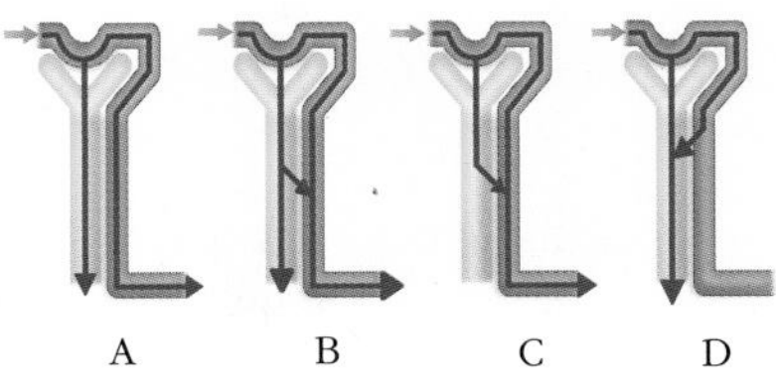

(1) 물질 X 가 분비되는 경우 (　　　)

(2) 물질 X 가 분비되지 않는 경우 (　　　)

스스로 실력 높이기

20 다음은 인체에서 일어나는 기관계의 통합적인 상호 작용을 모식적으로 나타낸 것이다.

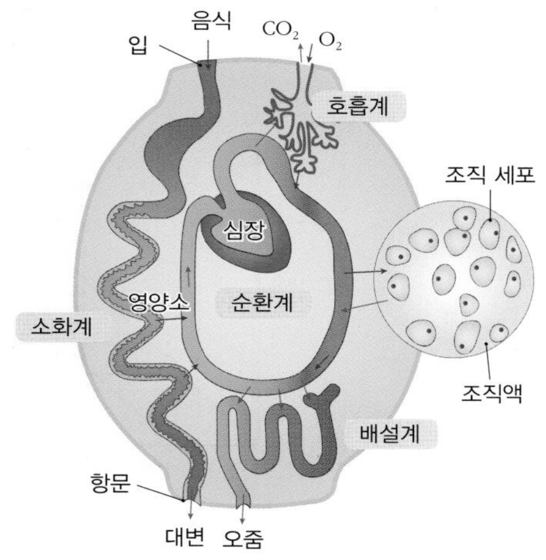

이에 대한 설명으로 옳은 것만을 〈보기〉 에서 있는 대로 고른 것은?

〈 보기 〉

ㄱ. 혈관과 심장은 순환계에 해당한다.
ㄴ. 소화관에서 흡수되지 않는 물질은 순환계로 이동하여 배설계를 통해 배출된다.
ㄷ. 심장은 가로막과 갈비뼈의 상하 운동으로 혈액을 순환시킨다.

① ㄱ ② ㄴ ③ ㄱ, ㄷ ④ ㄴ, ㄷ ⑤ ㄱ, ㄴ, ㄷ

21 그림은 콩팥의 구조를 나타낸 것이다.

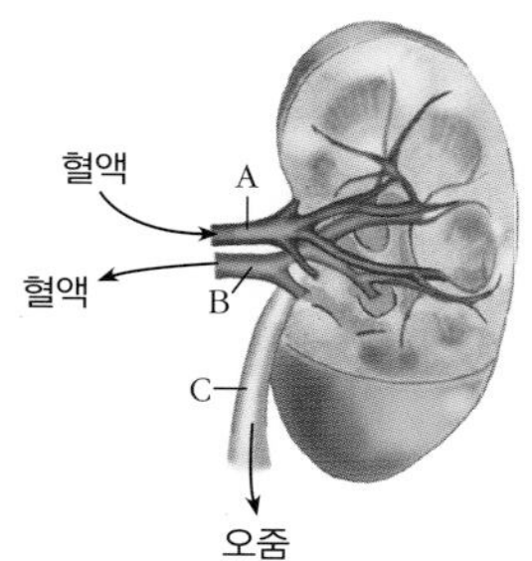

이에 대한 설명으로 옳은 것만을 〈보기〉 에서 있는 대로 고른 것은?

〈 보기 〉

ㄱ. 요소의 농도는 A > B 이다.
ㄴ. 체내 삼투압이 높아지면 C 의 오줌 농도는 진해진다.
ㄷ. C 에서 질소성 노폐물은 요소 > 암모니아이다.

① ㄱ ② ㄴ ③ ㄱ, ㄷ
④ ㄴ, ㄷ ⑤ ㄱ, ㄴ, ㄷ

22 다음 표는 A, B, C 세 학생을 대상으로 소변을 채취하여 영양소 검출 반응을 한 결과를 나타낸 것이다. 다음 물음에 답하시오.

구분	A	B	C
아이오딘 반응	담황색	담황색	담황색
베네딕트 반응	엷은 청색	황적색	엷은 청색
뷰렛 반응	청색	청색	보라색

(1) A ~ C 중 당뇨병일 가능성이 있는 사람은 누구인가? ( )

(2) A ~ C 중 콩팥 기능 이상으로 단백질이 여과되는 사람은 누구인가? ( )

23 사람의 콩팥에서는 물질 여과 등 여러 작용이 일어난다. (가) 와 (나) 는 콩팥의 작용에 관한 자료이다.

(가) 콩팥에서 물질의 여과량과 배설량

구분	여과량(g/일)	배설량(g/일)
포도당	150.0	0
크레아틴	1.5	1.8
요소	50.0	25.0

(나) 콩팥에서의 물질 이동 형태를 나타내는 모식도

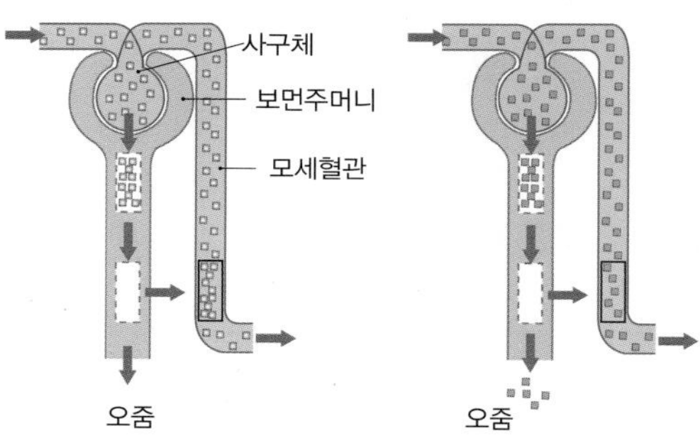

위 자료에 대한 설명으로 옳은 것만을 〈보기〉 에서 있는 대로 고른 것은? [수능 기출]

〈 보기 〉

ㄱ. 포도당은 그림 A 형태의 물질 이동을 한다.
ㄴ. 크레아틴은 그림 B 형태의 물질 이동을 한다.
ㄷ. 요소는 그림 B 형태의 물질 이동을 한다.
ㄹ. 여과되는 양이 많을수록 많이 배설된다.

① ㄱ, ㄴ ② ㄱ, ㄷ ③ ㄴ, ㄷ
④ ㄴ, ㄹ ⑤ ㄷ, ㄹ

24 다음은 동물의 질소 화합물 배설에 관한 자료이다.

(가) 동물이 질소 1 g 을 배설하려면 암모니아 상태로는 물 500 mL 가, 요소 상태로는 물 50 mL 가 필요하다.

(나) 개구리의 발생 단계별 질소 배설물의 종류 및 구성비 (%)

구분	암모니아	요소	기타	계
올챙이	75.0	10.0	15.0	100.0
개구리	3.2	91.4	5.4	100.0

(다) 개구리의 발생 단계별 요소 합성에 필요한 효소의 활성도

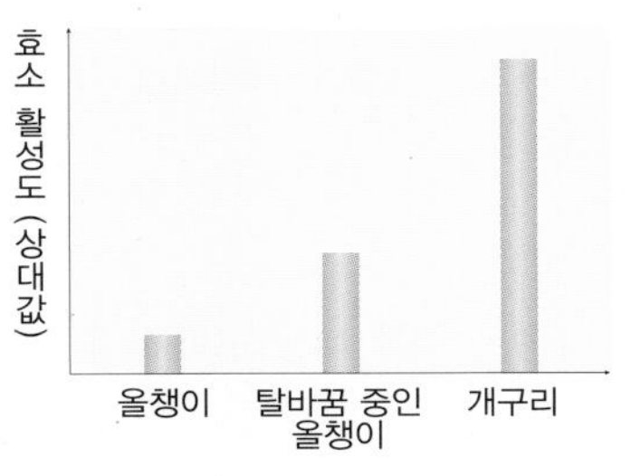

위 자료를 바르게 해석한 것으로 옳은 것만을 〈보기〉 에서 있는 대로 고른 것은?

[수능 기출]

〈 보기 〉

ㄱ. 개구리가 배설하는 주된 질소 화합물의 종류는 발생 단계에 따라 다르다.
ㄴ. 같은 양의 질소를 배설하는 데 개구리는 올챙이보다 더 많은 물이 필요하다.
ㄷ. 올챙이나 개구리가 배설하는 주된 질소 화합물의 종류는 이들의 서식지와 관계가 있다.
ㄹ. 질소 배설물 중 요소가 차지하는 비율과 요소 합성에 필요한 효소의 활성도는 관계가 없다.

① ㄱ, ㄷ ② ㄱ, ㄹ ③ ㄴ, ㄷ
④ ㄴ, ㄹ ⑤ ㄷ, ㄹ

25 다음 그림 (가) 는 콩팥의 네프론에서 물질의 이동 방식을 모식적으로 나타낸 것이고, (나) 는 혈당량에 따른 포도당의 여과량과 재흡수량을 나타낸 그래프이다.

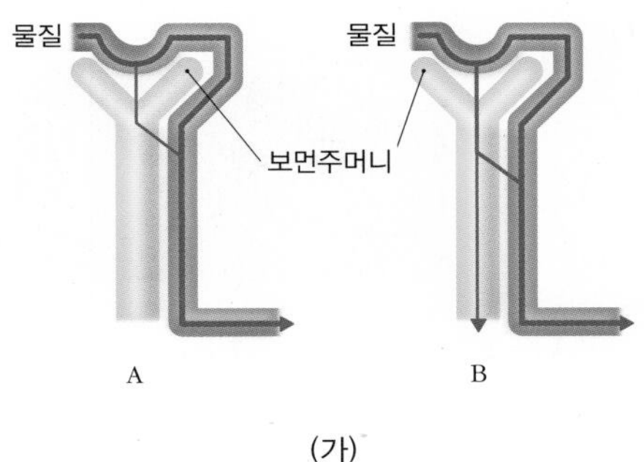

(가)

포도당(mg/분): 600, 400, 200 — 여과량, 재흡수량 — 혈당량(mg/100 mL): 0, 200, 400, 600

(나)

이에 대한 설명으로 옳은 것만을 〈보기〉 에서 있는 대로 고른 것은?

〈 보기 〉

ㄱ. 포도당의 배출량은 '여과량 − 재흡수량' 이다.
ㄴ. 혈당량이 300 mg/100 mL 이상이면, 당뇨 증상이 나타난다.
ㄷ. 혈당량이 200 mg/100 mL 이하이면, 포도당은 B 의 방식으로 이동한다.

① ㄱ ② ㄴ ③ ㄱ, ㄴ
④ ㄴ, ㄷ ⑤ ㄱ, ㄴ, ㄷ

스스로 실력 높이기

26 다음은 캥거루쥐의 모습이다. 캥거루처럼 힘센 꼬리와 긴 다리를 가지고 있어서 캥거루쥐라고 부르며, 야행성으로 암석 밑에 약 90 cm 의 터널을 파고 그곳에서 산다.

다음은 인간과 캥거루쥐의 수분 균형을 나타낸 것이다.

(단위 : mL)

구분	인간 (몸무게 60 kg)		캥거루쥐 (몸무게 200 g)	
수분 섭취	음식	750	먹이	0.2
	음료	1,500		
	체내 반응에서 얻는 물	250	체내 반응에서 얻는 물	1.8
수분 손실	대변	100	대변	0.09
	오줌	1,500	오줌	0.45
	증발	900	증발	1.46

위 자료에 대한 설명으로 옳은 것만을 <보기> 에서 있는 대로 고르시오.

〈 보기 〉

ㄱ. 캥거루쥐는 인간에 비해 콩팥에서 물을 효율적으로 재흡수한다.
ㄴ. 캥거루쥐의 먹이에 들어 있는 수분 함량은 인간의 먹이보다 높을 것이다.
ㄷ. 캥거루쥐의 서식지는 강수량이 적은 건조한 지역일 것이다.
ㄹ. 캥거루쥐의 수분 손실은 주로 숨을 쉬면서 일어난다.

( )

심화

27 바다표범과 같은 해양 포유류는 바닷물보다 염분 농도가 낮은 혈액을 가지고 있다. 이런 해양 포유류가 생존을 위해 체내 수분을 얻고 이를 보존하는 방식에 대한 설명 중 옳은 것을 모두 고르시오.

[한국 과학창의력대회 기출]

① 매우 농축된 오줌을 배설한다.
② 바닷물을 마셔 체내에 필요한 수분을 공급 받는다.
③ 물을 얻기 위해 바닷물의 농도와 같은 체액을 가진 먹이를 선호한다.
④ 피하 지방층을 두껍게 하여 체내의 수분이 외부로 빠져나가는 것을 방지한다.
⑤ $\frac{\text{표면적}}{\text{부피}}$ 의 비율을 낮게 하기 위해 몸집을 크게하는 방향으로 진화하였다.

28 다음은 쥐를 이용하여 간과 콩팥의 기능을 알아보기 위한 실험 과정이다.

[실험 과정]

(1) A 와 B 두 마리의 쥐에서 각각 혈액을 채취하여 혈액 속의 암모니아와 요소의 농도를 측정한다.
(2) A 쥐의 간을 제거하고 일정한 시간이 지난 후 혈액 속의 암모니아와 요소의 농도를 측정한다.
(3) B 쥐의 콩팥을 제거하고 일정한 시간이 지난 후 혈액 속의 암모니아와 요소의 농도를 측정한다.

위 자료를 바탕으로 다음 물음에 답하시오.

(1) 실험 결과 쥐 A 와 B 의 혈액 속에 암모니아와 요소의 농도가 각각 어떻게 변화하였을지 쓰시오.

구분	암모니아 농도	요소의 농도
쥐 A	㉠( )	㉡( )
쥐 B	㉢( )	㉣( )

(2) 위의 실험 결과가 나타난 이유를 간과 콩팥의 기능을 이용하여 설명하시오.

29 여과량을 구하기 위해 이눌린을 이용하여 다음과 같이 실험하였다. 자료를 바탕으로 다음 물음에 답하시오.

> 사람의 콩팥에서 여과되는 혈액량을 조사하기 위해서는 이눌린이라는 물질을 사용하는데, 이눌린은 사구체에서 여과된 후 세뇨관에서 재흡수와 분비가 일어나지 않고 바로 오줌으로 배설된다. 사람의 혈관 속에 이눌린을 주입하여 이눌린 농도를 혈액 1 L 당 6 mg 으로 유지하면서 오줌을 분석한 결과, 하루 동안 배설된 오줌에서 1.02 g 의 이눌린이 나왔다.

(1) 사구체에서 하루 동안 여과되는 혈액의 양을 구하시오.

(2) 어떤 사람에게 이눌린을 투여하여 이눌린 농도를 혈액 1 L 당 8 mg 으로 유지하면서 오줌을 분석한 결과, 오줌 속에서 1.28 g 의 이눌린이 나왔다. 이때 사구체에서 하루 동안 여과된 혈액의 양을 쓰시오.

30 인공 콩팥은 혈액의 노폐물을 확산 현상에 의해 걸러내는 장치로, 반투과성 막을 경계로 한쪽으로는 환자의 혈액이 흐르고, 다른쪽으로는 투석액이 흐르도록 되어있다.

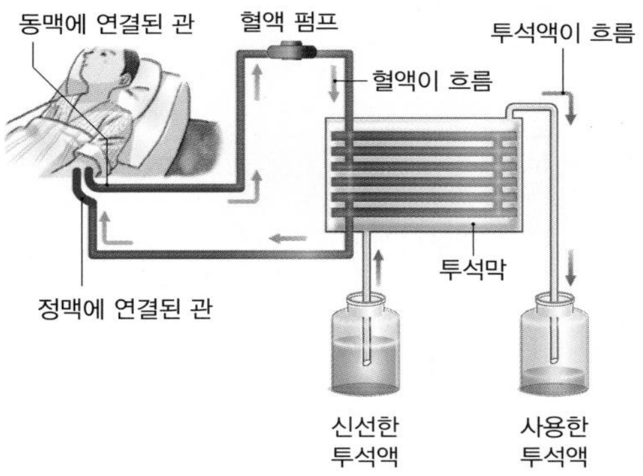

다음은 투석액과 환자의 혈액 속에 포함된 몇 가지 물질의 양을 비교한 것이다.

> · 포도당 : 투석액과 혈액 속의 농도가 같다.
> · 단백질, 요소 : 혈액 속에는 들어있으나 투석액 속에는 거의 없다.

다음 중 위 자료를 볼 때 인공 콩팥에 대한 설명으로 옳은 것은?

① 단백질은 투석막의 양쪽 방향으로 이동한다.
② 요소는 환자의 혈액 → 투석액으로만 이동한다.
③ 포도당은 투석액 → 환자의 혈액으로만 이동한다.
④ 포도당은 환자의 혈액 → 투석액으로만 이동한다.
⑤ 투석이 끝나면 투석액보다 혈액의 요소 농도가 높아진다.

19강. 자극의 전달

1. 뉴런

(1) 뉴런 : 신경계를 구성하는 구조적 · 기본적 단위로 신경 세포라고도 한다.

(2) 뉴런의 구조

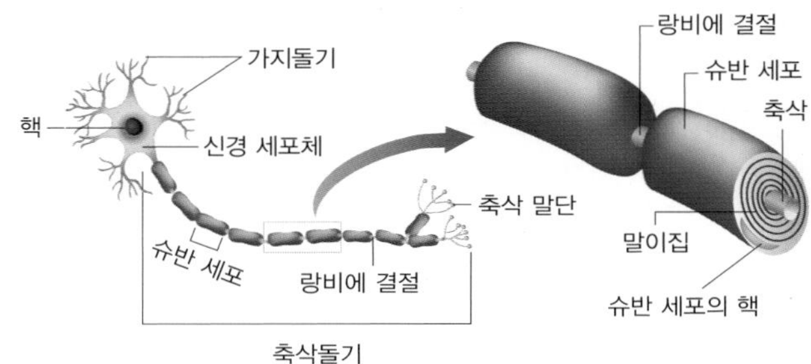

① **신경 세포체** : 핵과 세포질로 구성되며, 뉴런의 물질대사와 생장 및 영양 공급에 관여한다.
② **가지돌기** : 신경 세포체에서 뻗어 나온 짧은 돌기로, 감각기나 다른 뉴런으로부터 자극을 받아들인다.
③ **축삭돌기** : 신경 세포체에서 뻗어 나온 긴 돌기로, 다른 뉴런이나 반응기로 자극을 전달한다.
- 말이집 : 슈반 세포의 세포막이 길게 늘어나 축삭을 여러 겹으로 감싸고 있는 것으로, 미엘린이라는 지질 성분으로 되어 있어 절연체 역할을 한다.
- 랑비에 결절 : 말이집 신경에서 말이집과 다음 말이집 사이에 축삭이 드러나 있는 부분을 말한다.

(3) 뉴런의 종류

① 구조에 따른 구분 : 뉴런의 축삭돌기의 말이집 유무에 따라 말이집 신경과 민말이집 신경으로 구분한다.
② 기능에 따른 구분

감각 뉴런 (구심성 뉴런)	· 감각 신경을 이루며, 감각기에서 받아들인 자극을 중추 신경으로 전달한다. · 가지돌기가 길게 발달되어 있고, 그 끝이 감각기에 분포한다. · 신경 세포체가 작으며, 신경 세포체가 축삭돌기의 한쪽 옆에 붙어있다.
연합 뉴런	· 뇌, 척수와 같은 중추 신경을 이룬다. · 감각 뉴런과 운동 뉴런을 연결하며, 그 사이에서 흥분을 중계하고 정보를 처리한다. · 가지돌기가 발달되어 있다.
운동 뉴런 (원심성 뉴런)	· 운동 신경을 이루며, 중추 신경의 명령을 반응기에 전달한다. · 신경 세포체와 가지돌기가 발달되어 있다. · 축삭돌기가 길게 발달하여 그 끝이 반응기에 분포한다.

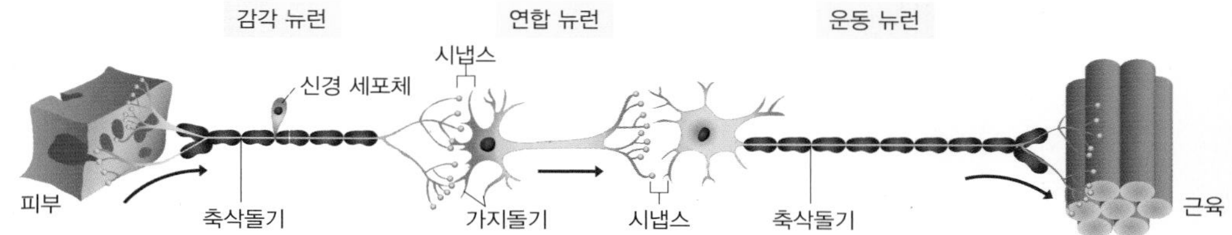

▲ 흥분의 전달 경로 자극 → 감각기 → 감각 뉴런 → 연합 뉴런 → 운동 뉴런 → 반응기 → 반응

개념확인 1

신경계를 구성하는 구조적 · 기본적 단위를 무엇이라고 하는가?

( )

확인+1

뇌, 척수와 같은 중추 신경을 이루며, 흥분을 중계하고 정보를 처리하는 신경 세포는 무엇인가?

( )

슈반 세포

말이집 신경에서 축삭을 둘러싸고 있는 세포로, 축삭에 영양을 공급하고 말이집 형성에 관여한다.

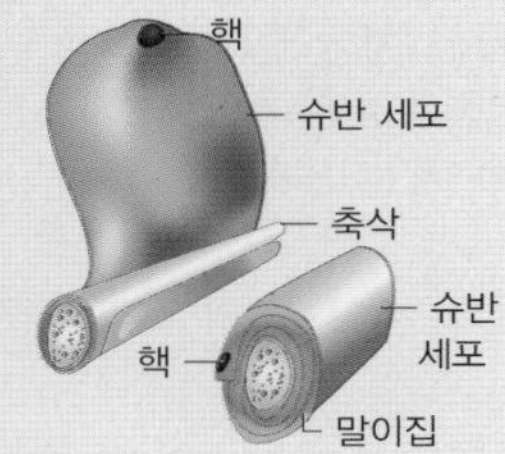

시냅스

· 한 뉴런의 축삭돌기 말단은 다른 뉴런의 가지돌기나 신경 세포체와 접속하고 있는데, 이 접속 부위를 시냅스라고 한다.
· 시냅스를 이루는 두 뉴런은 맞닿아 있지 않고, 약 20 nm 정도의 간격을 두고 떨어져 있는데, 이를 시냅스 틈이라고 한다.

말이집 신경과 민말이집 신경

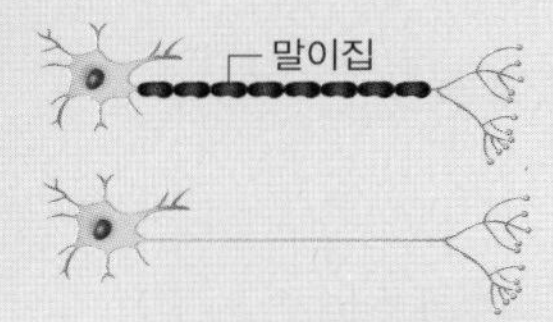

말이집 신경	· 뉴런의 축삭돌기가 말이집에 싸여 있는 신경이다. · 도약 전도가 일어나 민말이집 신경보다 흥분 전도 속도가 빠르다. 예 척추동물의 감각 신경과 운동 신경
민말이집 신경	· 뉴런의 축삭돌기에 말이집이 없는 신경이다. · 흥분 전도 속도가 느리다. 예 무척추동물의 신경과 자율 신경의 신경절 이후 뉴런

감각기와 반응기

· 감각기 : 감각 수용기를 통하여 몸 내부나 외부로부터 오는 자극에 반응하여 신호를 일으키는 부위
예 눈, 코, 귀, 피부 등
· 반응기 : 신경으로부터 전달된 신호를 받아 실제로 작동하는 기관
예 근육, 내분비샘 등

미니사전

구심성 뉴런 먼 곳에서 중심으로 가까워지려는 성질로, 감각 뉴런은 감각기에서 받아들인 자극을 중추 신경으로 전달하기 때문에 구심성 뉴런이라고 한다.

원심성 뉴런 중심으로부터 멀어지려는 성질로, 운동 뉴런은 중추 신경의 명령을 반응기에 전달하기 때문에 원심성 뉴런이라고 한다.

2. 흥분의 전도 1

(1) 흥분 : 뉴런이 자극을 받아 세포막의 전기적인 특성이 변하는 현상을 흥분이라고 하며, 뉴런이 자극을 받아 발생한 흥분이 축삭돌기를 따라 이동하는 것을 흥분의 전도라고 한다.

(2) 흥분의 발생 과정 : 흥분의 전도는 일정 세기 이상의 자극을 받은 뉴런에서 활동 전위가 생성됨으로써 시작되며 분극, 탈분극, 재분극의 순서로 일어난다.

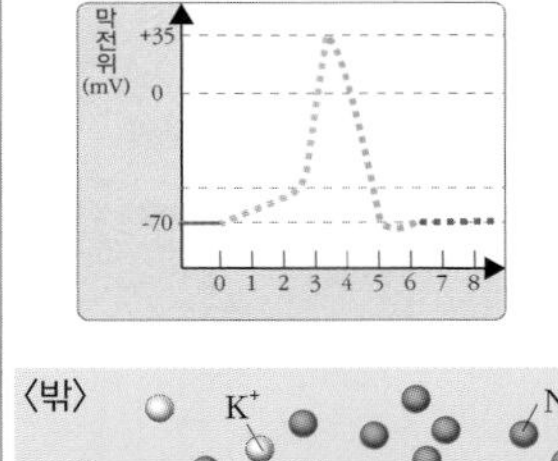

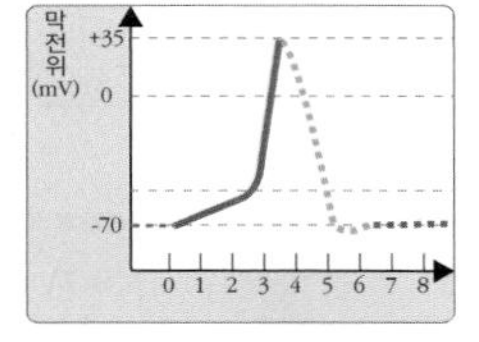

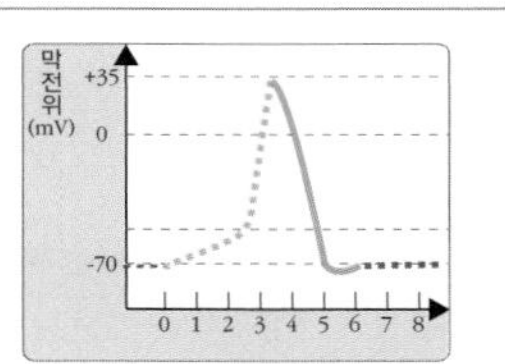

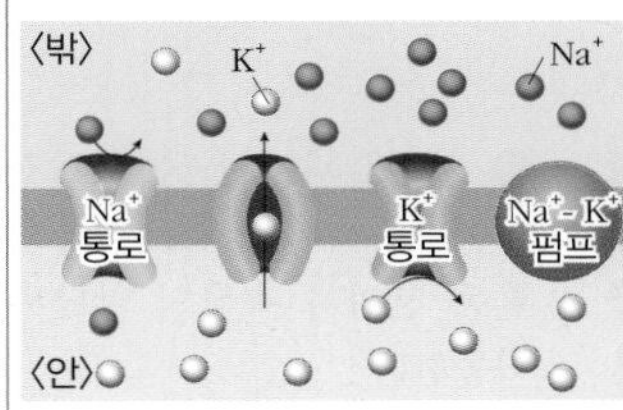

① 분극 상태일 때

Na^+-K^+ 펌프에 의해 이온 농도차가 유지되며 세포 안에는 K^+ 이, 밖에는 Na^+ 이 많다.

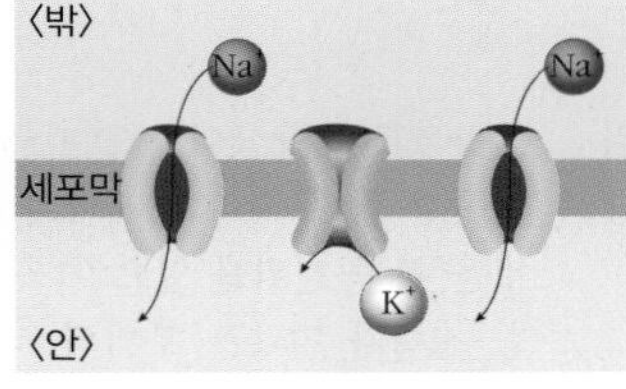

② 탈분극이 일어날 때

자극을 받아 Na^+ 통로가 열려 Na^+ 이 확산되어 활동 전위가 발생한다.

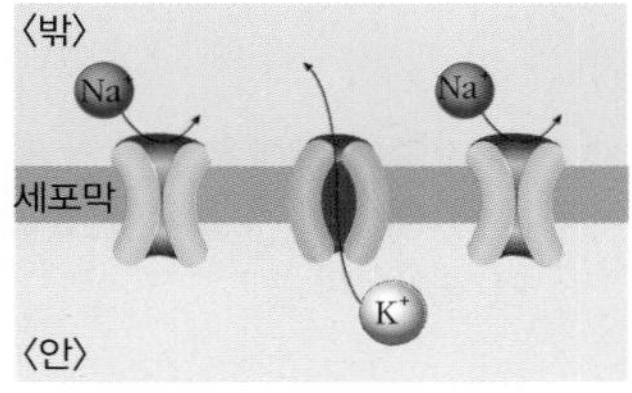

③ 재분극이 일어날 때

Na^+ 통로가 닫히고 K^+ 통로가 열려 K^+ 이 확산되어 막전위가 하강하고 이후 Na^+-K^+ 펌프에 의해 Na^+과 K^+ 이 재배치 되어 휴지 막전위를 회복한다.

① **분극** : 뉴런이 자극을 받지 않았을 때 세포막을 경계로 안쪽은 음(−)전하, 바깥쪽은 양(+)전하를 띠고 있는 상태이다.

이온의 이동과 분포	· Na^+-K^+ 펌프 : Na^+-K^+ 펌프가 ATP를 소모하여 Na^+ 은 세포 바깥쪽, K^+ 은 세포 안쪽으로 이동시킨다. (능동 수송) · 일부 열려있는 K^+ 통로를 통해 세포 안쪽의 K^+ 은 세포 바깥으로 확산되지만, Na^+ 은 닫혀 있어 안쪽의 Na^+ 은 확산되기 어렵기 때문에 세포막 안팎의 이온 분포가 불균등해진다.
대전 상태	세포 안쪽은 음이온이 양이온보다 많아 음(−)전하를 띠고, 세포 밖은 상대적으로 양(+)전하를 띤다.
막전위	휴지 막전위(휴지 전위) : 분극 상태에서 나타나는 세포막 안팎의 전위차로, 자극을 받지 않은 상태의 뉴런의 막전위로 약 −70 mV 이다.

② **탈분극** : 뉴런이 역치 이상의 자극을 받아 Na^+ 통로가 열려 Na^+ 이 빠르게 세포 안쪽으로 확산되어 막전위가 상승하는 현상이다.

이온의 이동과 분포	· 뉴런이 역치 이상의 자극을 받으면 막투과성이 변하여 Na^+ 통로가 열린다. ⇨ Na^+ 이 농도차에 의해 Na^+ 통로를 통해 빠르게 확산된다.
대전 상태	Na^+ 의 확산으로 세포 안쪽의 막전위가 상승하는 탈분극이 일어나 세포 안쪽은 양(+)전하, 세포 바깥쪽은 음(−)전하를 띠게 된다.
막전위	활동 전위 : Na^+ 의 유입에 의해 나타나는 막전위로, 막전위가 약 +35 mV 까지 상승한다.

③ **재분극** : 탈분극이 일어났던 부위에 다시 Na^+ 통로가 닫히고 K^+ 통로가 열려 K^+ 이 세포 바깥쪽으로 확산되어 원래의 막전위 상태로 돌아가는 현상이다.

이온의 이동과 분포	Na^+ 통로는 닫히고 K^+ 통로가 열린다. ⇨ K^+ 이 세포 바깥쪽으로 확산된다.
대전 상태	K^+ 의 확산으로 세포 안쪽은 음(−)전하, 세포 바깥쪽은 양(+)전하로 회복된다.
막전위	휴지 막전위로 회복 : 막전위가 하강하여 휴지 막전위로 되돌아온다.

개념확인 2

정답 및 해설 32쪽

분극 상태에서 ㉠세포막 안쪽의 전하와 ㉡바깥쪽의 전하의 종류를 차례대로 쓰시오.

㉠ (　　　　　　), ㉡ (　　　　　　)

확인+2

뉴런이 역치 이상의 자극을 받았을 때 세포막 안쪽과 바깥쪽의 전위가 역전된 상태는 무엇인가?

(　　　　　　)

분극 상태에서 뉴런 안팎의 이온 분포

이온	뉴런 안쪽	뉴런 바깥쪽
Na^+	15 mM	150 mM
K^+	140 mM	5 mM
Cl^-	10 mM	120 mM
단백질 음이온	100 mM	-

· 염화 이온이나 단백질 음이온의 세포막 투과성은 무시할 수 있기 때문에 뉴런 안팎의 전하는 K^+ 으로 결정된다.
· K^+ 의 세포 밖으로의 이동으로 인해 세포 안이 음전하를 띠게 된다.
· 기준 전위($E = 0$)와 비교하여 세포 안쪽이 바깥쪽에 비해 약 70 mV 정도 낮은 전위를 유지하는데 이를 −70 mV 라고 한다.

막전위

뉴런의 세포막을 경계로 나타나는 세포 안과 밖의 전위 차이를 막전위라고 한다.

막전위의 측정

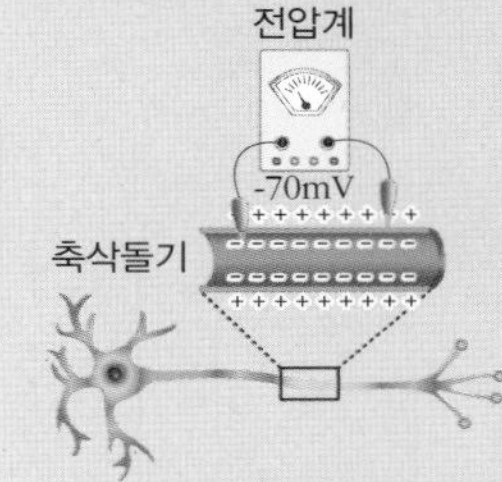

막전위를 측정할 때에는 뉴런의 세포막 안과 바깥에 미세 전극을 삽입하여 측정한다.

Na^+의 농도

Na^+ 통로를 통한 Na^+ 의 이동은 확산에 의해 일어나므로 세포 안의 Na^+ 농도가 바깥보다 높아질 수 없다. ⇨ 탈분극이 일어났을 때에도 Na^+ 의 농도는 세포 안보다 바깥이 더 높다.

이온의 이동 방법

· Na^+-K^+ 펌프 : ATP 에너지를 이용하여 Na^+ 은 세포 밖으로, K^+ 은 세포 안으로 이동시킨다. (능동 수송)
· 이온 통로(Na^+ 통로와 K^+ 통로) : 이온의 농도 차이에 의해 이온이 이동한다. (확산)

역치

뉴런이 활동 전위를 일으킬 수 있는 최소한의 자극의 세기로, 역치 미만의 자극에는 활동 전위가 발생하지 않는다.

실무율

단일 세포의 경우 역치 이상의 자극에서는 자극의 세기와 관계없이 반응의 크기가 항상 일정한데, 이를 실무율이라고 한다.

3. 흥분의 전도 2

(3) **흥분의 전도 원리** : 뉴런의 특정 부위에 탈분극이 일어나면 세포 안으로 유입된 Na^+ 이 옆으로 확산되면서 연속적으로 탈분극을 일으켜 흥분이 전도된다.

(4) **흥분의 전도 과정**

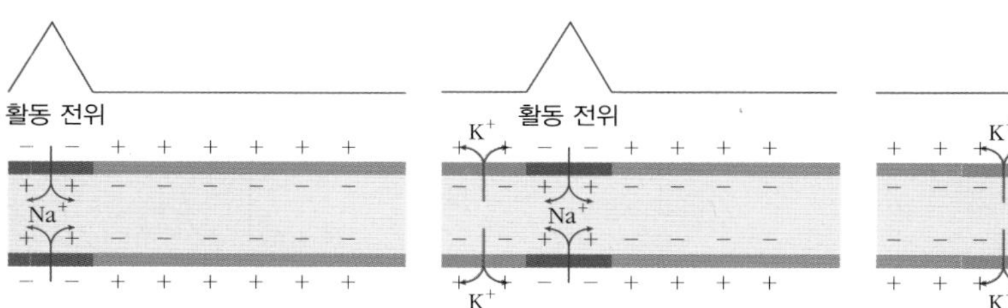

❶ 자극에 의해 뉴런의 한 부위에서 Na^+ 이 유입되어 탈분극이 일어난다.

❷ Na^+ 이 확산되어 탈분극이 이웃한 막 부위로 퍼져나가 새로운 활동 전위를 일으킨다. 활동 전위가 지나온 부위의 막은 K^+ 의 유출로 재분극이 된다.

❸ 탈분극과 재분극의 과정이 다음 막 부위에서도 반복되어 활동 전위가 축삭의 말단까지 이동한다.

(5) **흥분의 전도 속도에 영향을 주는 요인**

① **말이집의 유무** : 말이집 신경의 말이집은 절연체 역할을 하므로, 랑비에 결절에서만 흥분이 발생하는 도약 전도가 일어나기 때문에 말이집 신경이 민말이집 신경보다 흥분 전도 속도가 빠르다.

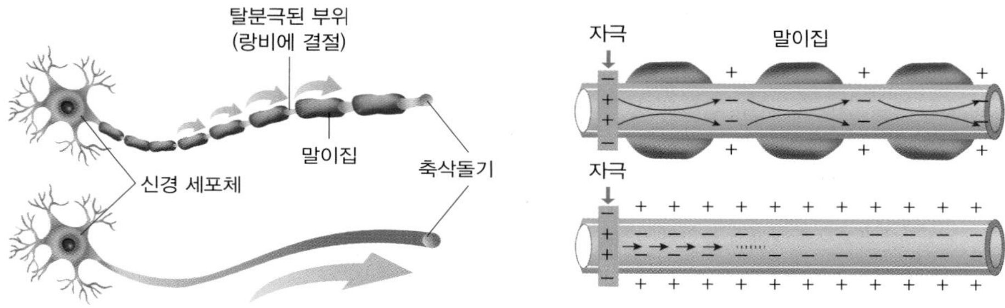

② **축삭의 지름** : 축삭의 지름이 클수록 이온의 이동에 대한 저항이 감소하여 흥분의 전도 속도가 빠르다.

(6) **흥분 전도의 방향성** : 유입된 Na^+ 이 양방향으로 확산되므로 뉴런 내에서 흥분은 양방향으로 전도된다.

자극의 세기와 흥분 전도 속도

· 역치 이상에서는 자극의 세기에 관계없이 동일한 뉴런에서의 흥분 전도 속도는 일정하다.

· 강한 자극을 받으면 약한 자극을 받았을 때보다 활동 전위가 더 자주 생성된다.

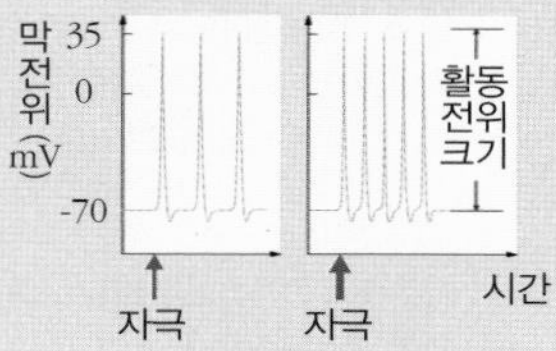

도약 전도

말이집 신경에서 흥분의 전도가 랑비에 결절에서 다음 랑비에 결절로 건너뛰듯이 일어나는 것이다.

흥분의 전도 속도

· 말이집 신경이 민말이집 신경보다 흥분의 전도 속도가 빠르다.

· 축삭의 지름이 클수록 흥분의 전도 속도가 빠르다.

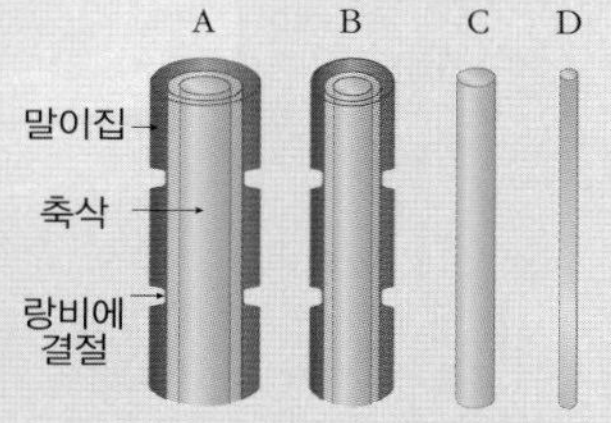

온도가 같을 때, 흥분 전도 속도는 A > B > C > D 이다.

개념확인 3

한 뉴런 내에서 흥분이 이동하는 현상을 무엇이라고 하는가?

흥분의 (   )

확인+3

말이집 신경에서 흥분이 랑비에 결절에서 다음 랑비에 결절로 건너뛰듯이 이동하는 현상을 무엇이라고 하는가?

(   )

4. 흥분의 전달

(1) 흥분의 전달 : 한 뉴런에서 다른 뉴런으로 흥분이 이동하는 현상으로, 흥분의 전달은 화학 물질인 신경 전달 물질의 확산에 의해 이루어진다.

(2) 흥분의 전달 과정

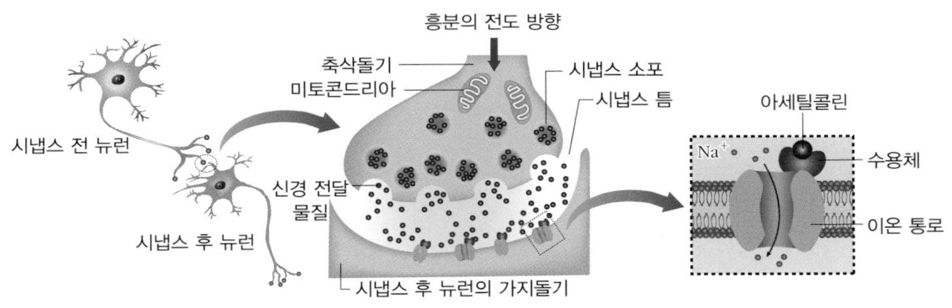

① 흥분이 축삭돌기 말단까지 전도되어 축삭돌기 말단에 활동 전위가 발생한다.
② 축삭돌기 말단의 시냅스 소포가 세포막과 융합하여 시냅스 소포 안에 있던 신경 전달 물질(아세틸콜린)이 시냅스 틈으로 분비된다.
③ 신경 전달 물질이 확산되어 시냅스 후 뉴런의 가지돌기나 신경 세포체의 세포막에 있는 수용체와 결합한다.
④ 시냅스 후 뉴런의 Na^+ 통로가 열려 세포 안쪽으로 Na^+ 이 유입되면 탈분극이 일어나 흥분을 전달한다.

(3) 흥분의 전달 속도 : 시냅스에서 흥분의 전달은 화학 물질의 확산에 의해 일어나므로 축삭에서 일어나는 흥분의 전기적 전도보다 속도가 느리다.

(4) 흥분 전달의 방향성

· 신경 전달 물질이 들어 있는 시냅스 소포는 축삭돌기 말단에만 있다.
· 신경 전달 물질의 수용체는 가지돌기와 신경 세포체에만 있고, 축삭돌기 쪽에는 없다.
⇨ 흥분은 시냅스 전 뉴런의 축삭돌기 말단에서 시냅스 후 뉴런의 가지돌기나 신경 세포체 쪽으로만 전달된다.

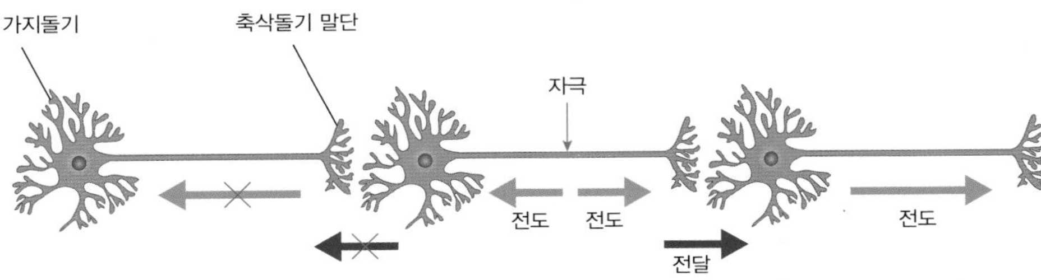

개념확인 4

정답 및 해설 32쪽

한 뉴런에서 다음 뉴런으로 흥분이 이동하는 현상을 무엇이라고 하는가?

흥분의 (   )

확인+4

신경 전달 물질이 들어 있는 장소는 어디인가?

㉠(   )돌기 말단의 ㉡(   )

신경 전달 물질
뉴런에서 분비되어 인접해 있는 다른 뉴런이나 반응기 등에 신호를 전달하는 화학 물질로, 아세틸콜린, 아드레날린, 글루타메이트, 도파민, 세로토닌, 가바가 대표적이며 이외에도 수십 가지가 있다.

아세틸콜린(acetylcholine)
동물의 신경 조직에 들어 있는 염기성 물질로, 운동 신경의 말단에서 분비되어 근육에 흥분을 전달하고, 자율 신경의 신경절 및 부교감 신경의 말단에서도 분비되는 신경 전달 물질이다.

신경 전달 물질의 작용과 제거
· 신경 전달 물질은 시냅스 전 뉴런으로 다시 흡수되거나, 효소에 의해 분해되어 시냅스 후 뉴런으로 흥분이 계속 이동하지 않는다.
· 신경 전달 물질의 분해 산물도 시냅스 전 뉴런으로 흡수되어 신경 전달 물질로 재합성 된다.

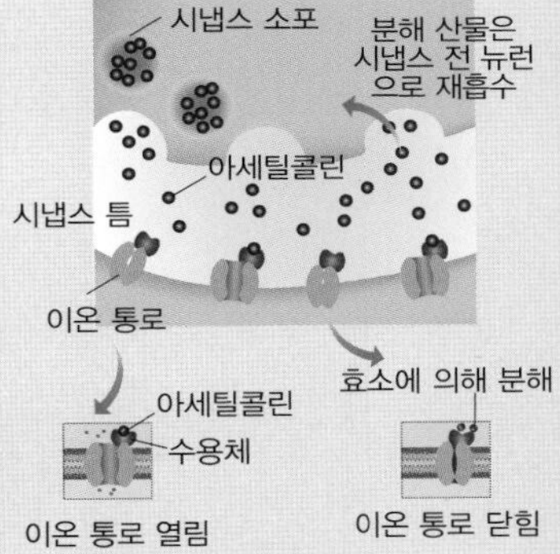

흥분의 전도와 전달
· 뉴런 내에서는 흥분이 양방향으로 전도되지만, 뉴런과 뉴런 사이에서는 흥분이 시냅스 전 뉴런의 축삭돌기 말단에서 시냅스 후 뉴런의 가지돌기나 신경 세포체 쪽으로만 전달된다.
· 축삭돌기에서는 이온들의 이동을 통한 전기적 전도가 일어난다.
· 시냅스에서는 신경 전달 물질에 의한 화학적 전달이 일어난다.

개념 다지기

01 뉴런에 대한 설명으로 옳은 것만을 〈보기〉에서 있는 대로 고른 것은?

〈보기〉

ㄱ. 신경 세포체에는 유전 물질이 존재한다.
ㄴ. 가지돌기에서 반응기로 자극을 전달한다.
ㄷ. 축삭돌기의 말이집 유무에 따라 말이집 신경과 민말이집 신경으로 구분한다.

① ㄱ ② ㄴ ③ ㄱ, ㄴ ④ ㄱ, ㄷ ⑤ ㄴ, ㄷ

02 다음 중 감각 뉴런에 대한 설명으로 옳은 것을 모두 고르시오.

① 원심성 뉴런이다.
② 구심성 뉴런이다.
③ 축삭돌기가 길게 발달하여 그 끝이 반응기에 분포한다.
④ 신경 세포체가 작으며, 가지돌기가 길게 발달되어있다.
⑤ 뇌와 척수 같은 중추 신경을 이루며, 흥분을 중계하고 정보를 처리한다.

03 흥분의 발생 과정에 대한 설명 중 옳은 것은 ○표, 옳지 않은 것은 ×표 하시오.

(1) 흥분의 전도는 탈분극, 분극, 재분극의 순서로 일어난다. ( )
(2) 분극은 뉴런이 자극을 받지 않았을 때의 상태로 세포막 안쪽은 음(−)전하, 세포막 바깥쪽은 양(+)전하를 띠고 있다. ( )
(3) 재분극 때에는 막전위가 하강하여 휴지막 전위로 되돌아온다. ( )
(4) 탈분극 때에는 K^+ 통로가 열려 K^+이 빠르게 확산되어 이동한다. ( )

04 다음 설명에 해당되는 것은 무엇인가?

ATP 에너지를 이용하여 Na^+은 세포 바깥으로, K^+은 세포 안쪽으로 이동시킨다.

① Na^+ 통로 ② K^+ 통로 ③ 연합 뉴런
④ 운동 뉴런 ⑤ Na^+-K^+ 펌프

05 다음 〈보기〉는 흥분의 전도 과정을 순서 없이 나타낸 것이다. 다음 중 흥분의 전도 과정을 차례대로 나타낸 것은?

〈 보기 〉

ㄱ. 자극에 의해 뉴런의 한 부위에서 Na^+ 이 유입되어 탈분극이 일어난다.
ㄴ. 탈분극과 재분극의 과정이 다음 막 부위에서도 반복되어 활동 전위가 축삭의 말단까지 이동한다.
ㄷ. Na^+ 이 확산되어 탈분극이 이웃한 막 부위로 퍼져 나가 새로운 활동 전위를 일으키며 활동 전위가 지나온 부위의 막은 K^+ 의 유출로 재분극 된다.

① ㄱ - ㄴ - ㄷ ② ㄱ - ㄷ - ㄴ ③ ㄴ - ㄷ - ㄱ
④ ㄴ - ㄱ - ㄷ ⑤ ㄷ - ㄱ - ㄴ

06 다음 중 흥분의 전도 속도가 가장 빠른 것은?

① 축삭의 지름이 1 ㎛인 말이집 신경
② 축삭의 지름이 2 ㎛인 말이집 신경
③ 축삭의 지름이 1 ㎛인 민말이집 신경
④ 축삭의 지름이 2 ㎛인 민말이집 신경
⑤ 축삭의 지름이 3 ㎛인 민말이집 신경

07 다음 중 흥분의 전달 과정에 대한 설명으로 옳지 <u>않은</u> 것은?

① 흥분이 축삭돌기 말단까지 전도되어 축삭돌기 말단에 활동 전위가 발생한다.
② 축삭돌기 말단의 시냅스 소포가 세포막과 융합하여 신경 전달 물질이 시냅스 틈으로 분비된다.
③ 신경 전달 물질이 다음 뉴런의 축삭돌기의 세포막에 있는 수용체와 결합한다.
④ 시냅스 후 뉴런의 Na^+ 통로가 열려 세포 안쪽으로 Na^+ 이 유입되어 탈분극이 일어난다.
⑤ 사용된 신경 전달 물질은 효소에 의해 분해되고, 시냅스 전 뉴런으로 흡수되어 신경 전달 물질로 재합성된다.

08 흥분의 전달에 대한 설명 중 옳은 것은 ○표, 옳지 않은 것은 ×표 하시오.

(1) 시냅스 소포는 축삭돌기 말단에만 있다. ( )
(2) 흥분은 자극이 일어난 뉴런의 양방향으로 전달된다. ( )
(3) 축삭에서 흥분 전도 속도가 시냅스의 흥분 전달 속도보다 느리다. ( )

유형 익히기 & 하브루타

[유형19-1] 뉴런

다음은 뉴런의 구조를 나타낸 것이다.

이에 대한 설명으로 옳은 것은 ○표, 옳지 않은 것은 ×표 하시오.

(1) A 는 감각기나 다른 뉴런으로부터 자극을 받아들인다. ( )
(2) B 는 뉴런의 물질대사와 생장 및 영양 공급에 관여한다. ( )
(3) C 는 슈반 세포로 도약 전도가 일어난다. ( )
(4) D 는 말이집과 말이집 사이에 축삭이 드러나 있는 부분으로 절연체 역할을 한다. ( )
(5) E 는 다른 뉴런이나 반응기로 자극을 전달한다. ( )

01 다음은 기능이 서로 다른 3개의 뉴런의 연결을 나타낸 것이다.

설명에 해당하는 뉴런의 기호와 이름을 쓰시오.

(1) 중추 신경을 이루는 뉴런이다. (,)
(2) 구심성 뉴런으로 가지돌기가 길게 발달되어 있다. (,)
(3) 운동 신경을 이루며 반응기로 신호를 전달한다. (,)

02 다음 글이 설명하는 신경의 종류를 쓰시오.

· 뉴런의 축삭돌기에 슈반 세포가 없어 말이집이 없는 신경이다.
· 흥분 전도 속도가 느리다.
· 척추동물의 후각 신경과 자율 신경의 신경절 이후 뉴런에 해당한다.

( )

[유형19-2] 흥분의 전도 1

다음은 뉴런에 1 번의 자극을 주었을 때의 막전위 변화를 나타낸 것이다.

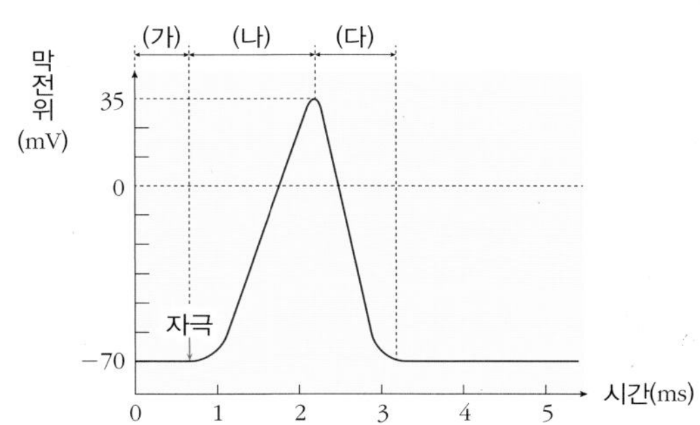

이에 대한 설명으로 옳은 것만을 〈보기〉 에서 있는 대로 고르시오.

〈 보기 〉

ㄱ. (가) 에서 뉴런 안쪽은 양(+)전하, 바깥쪽은 음(−)전하를 띠고 있는 상태이다.
ㄴ. (나) 에서 Na^+ 이 세포 안쪽으로 들어올 때 에너지가 필요하다.
ㄷ. (다) 에서 K^+ 이 뉴런 밖으로 다량 이동한다.

( )

03

다음 글을 읽고 빈칸에 들어갈 알맞은 이동 원리를 쓰시오.

> Na^+-K^+ 펌프는 에너지를 이용하여 Na^+ 은 세포 밖으로, K^+ 은 세포 안으로 이동시키는 ㉠( )(을)를 하고, 이온 통로는 이온의 농도 차이에 의해 이온이 ㉡( )되어 이동한다.

㉠ : ( ), ㉡ : ( )

04

다음은 탈분극 상태의 뉴런에 대한 설명이다. 괄호 안에 들어갈 알맞은 말을 고르시오.

(1) 뉴런이 역치 이상의 자극을 받아 (Na^+ , K^+) 통로가 열린다.

(2) 탈분극이 일어나면 세포 안쪽은 ㉠(양 , 음)전하, 세포 바깥쪽은 ㉡(양 , 음)전하를 띠게 된다.

(3) (휴지 , 활동) 전위가 되어, 막전위가 약 +35 mV 까지 상승한다.

유형 익히기 & 하브루타

[유형19-3] 흥분의 전도 2

다음은 흥분의 전도 과정을 나타낸 것이다.

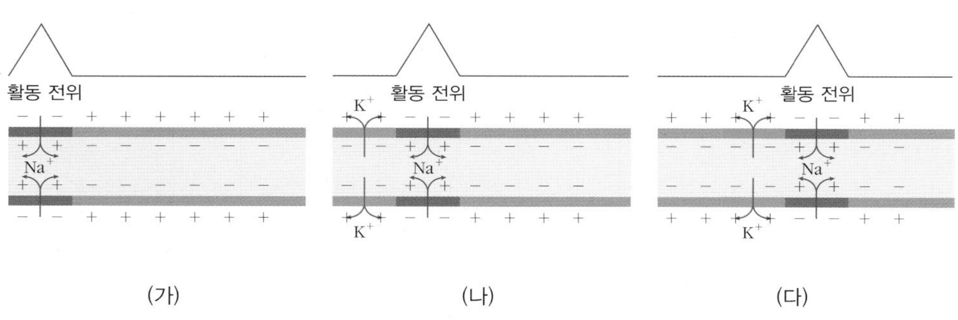

위 자료에 대한 설명 중 옳은 것은 ○표, 옳지 않은 것은 ×표 하시오.

(1) (가) 과정에서 자극에 의해 K^{+} 이 유입되어 탈분극이 일어난다. (　　)

(2) (나) 과정에서 Na^{+} 은 양방향으로 전도가 일어난다. (　　)

(3) (다) 과정에서 탈분극과 재분극 과정이 반복되어 활동 전위가 가지돌기의 말단까지 이동한다. (　　)

05 말이집 신경이 민말이집 신경보다 흥분 전도 속도가 빠른 이유로 옳은 것은?

① 역치가 크기 때문에
② 활동 전위가 크기 때문에
③ Na^{+} 통로가 더 많기 때문에
④ 도약 전도가 일어나기 때문에
⑤ 축삭의 지름이 더 크기 때문에

06 오른쪽 그림은 4 개의 뉴런 A ~ D 의 축삭 돌기 일부를 나타낸 것이다. 흥분 전도의 속도가 ㉠가장 큰 것과 ㉡가장 작은 것을 차례대로 쓰시오.

A　B　C　D

㉠ : (　　　　　　)
㉡ : (　　　　　　)

[유형19-4] 흥분의 전달

다음은 뉴런 (가) 와 (나) 사이에 형성된 시냅스를 모식적으로 나타낸 것이다. 이에 대한 설명으로 옳은 것은 ○표, 옳지 않은 것은 ×표 하시오.

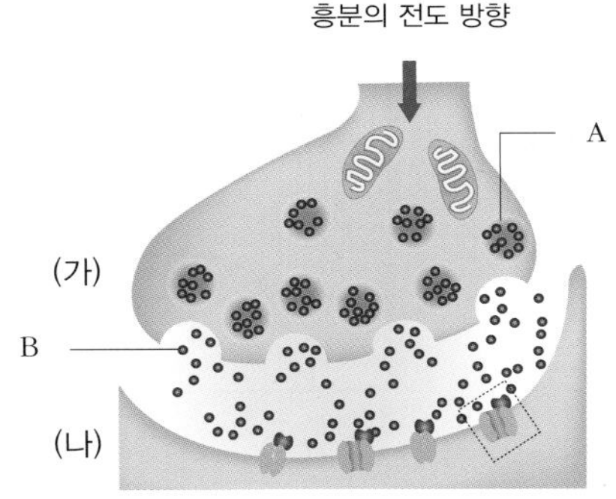

(1) 흥분은 (가) 에서 (나), (나) 에서 (가) 양방향으로 전달된다. ( )

(2) (가) 와 (나) 사이 약 20 ㎚ 의 간격을 시냅스 틈이라고 한다. ( )

(3) A 에는 신경 전달 물질이 들어있으며 가지돌기 말단에만 있다. ( )

(4) B 의 수용체는 가지돌기와 신경 세포체에만 있다. ( )

07 다음 중 신경 전달 물질에 대한 설명으로 옳은 것만을 〈보기〉 에서 있는 대로 고른 것은?

〈 보기 〉

ㄱ. 신경 전달 물질은 시냅스 전 뉴런으로 다시 흡수되기도 한다.
ㄴ. 아세틸콜린, 도파민 등의 화학 물질로 신호를 전달하는 역할을 한다.
ㄷ. 신경 전달 물질이 효소에 의해 분해되면 노폐물이 되어 혈관으로 흡수된다.

① ㄱ ② ㄴ ③ ㄱ, ㄴ ④ ㄴ, ㄷ ⑤ ㄱ, ㄴ, ㄷ

08 다음은 3 개의 뉴런이 연결된 모습을 나타낸 것이다. (가) 에 역치 이상의 자극을 주었을 때 A ~ F 중 활동 전위가 발생하는 지점을 모두 쓰시오.

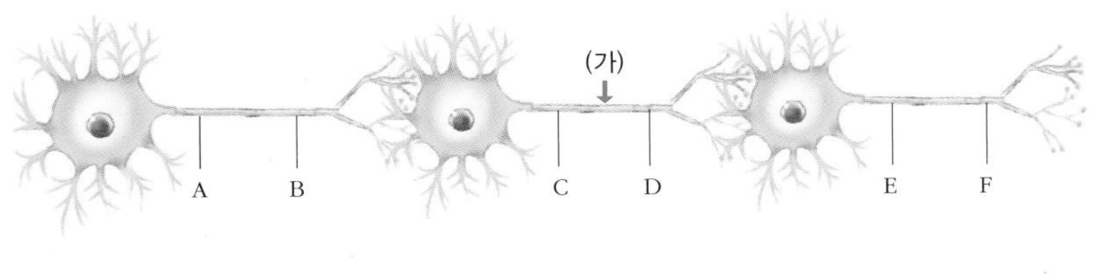

( )

01 다음은 뉴런이 역치 이상의 자극을 받았을 때 막전위의 변화를 나타낸 그래프이다.

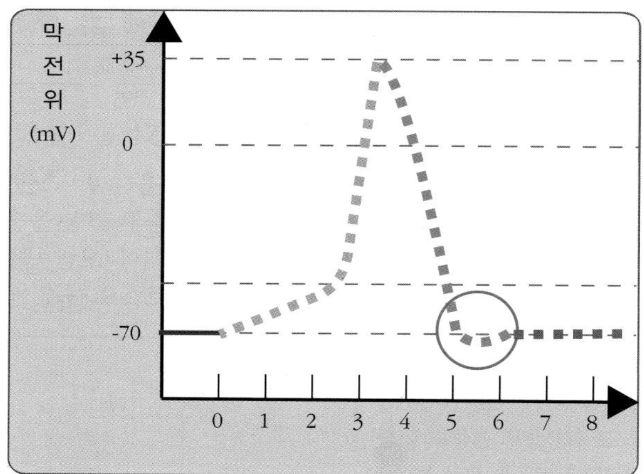

재분극이 일어날 때 막전위가 휴지 전위 이하로 떨어지는 지점이 있는데 이와 같은 시기를 과분극이라고 한다. 과분극 현상이 일어나는 이유가 무엇일지 각자의 의견을 서술하시오.

02

다음 자료는 역치와 실무율에 대한 설명이다.

> · 역치 : 감각 세포에 흥분을 일으킬 수 있는 최소의 자극의 크기를 말하며, 문턱값이라고도 한다. 역치는 세포의 종류에 따라 다르고 같은 세포일지라도 그 세포가 자극을 받는 상태에 따라서도 달라진다. 역치는 그 세포가 흥분하기 쉬운가 어려운가를 뜻하므로, 흥분성은 일반적으로 역치값의 역수로 표시한다. 즉 약한 자극에도 흥분하면 역치가 낮고, 강한 자극을 주어야만 흥분하면 역치가 높은 것이다
>
> · 실무율 : 단일 근섬유나 신경 섬유가 역치 이하의 자극에서는 반응하지 않고 역치 이상의 자극에서 자극의 세기에 관계없이 항상 반응의 크기가 일정하게 나타나는 현상이다.

다음은 단일 근육 섬유에서의 반응과 전체 근육에서의 반응을 각각 그래프로 나타낸 것이다.

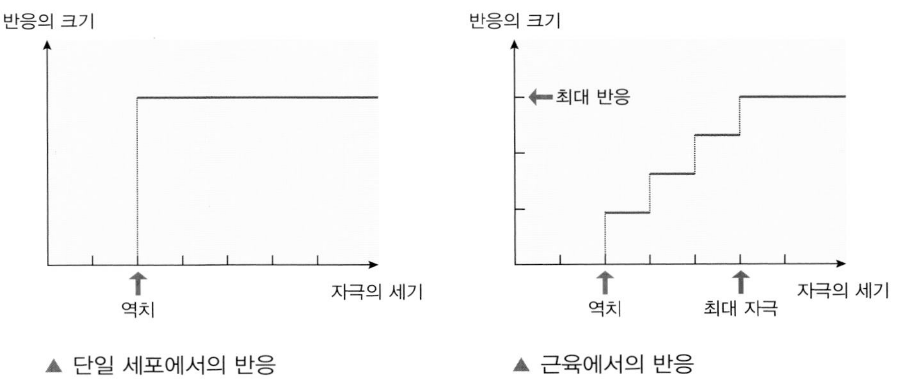

▲ 단일 세포에서의 반응 ▲ 근육에서의 반응

위와 같이 단일 근육 섬유와 전체 근육에서의 반응이 서로 다르게 나타나는 이유가 무엇일지 위의 자료와 연관 지어 비교 서술하시오.

03 다음 [자료 1]은 다발성경화증과 관련된 설명이고, [자료 2]는 단계적 전위와 활동 전위에 대한 설명이다. 다음 물음에 답하시오.

[자료 1]

다발성경화증(multiple sclerosis)은 중추 신경계의 말이집이 파괴되어 발생하는 자가면역질환이다. [그림 1] 은 B 지점의 말이집이 파괴된 다발성경화증 환자의 뉴런을 나타낸 것이다. (가) 지점에 전기 자극을 준 후, (나) 지점의 막전위를 측정한 결과가 [그림 2] 와 같다.

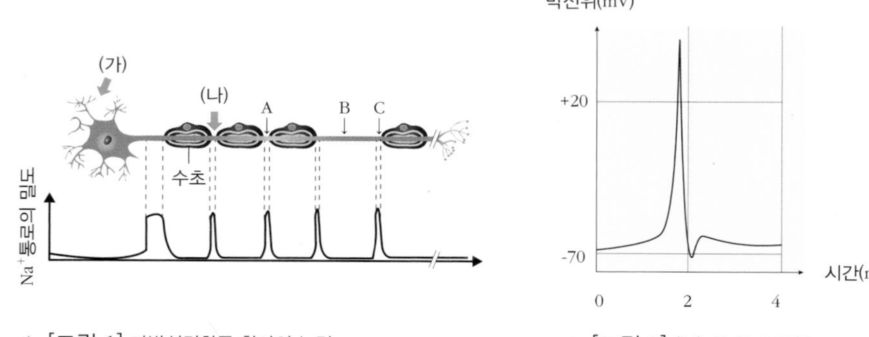

▲ [그림 1] 다발성경화증 환자의 뉴런

▲ [그림 2] (나) 의 활동 전위

[자료 2]

· 과분극 및 탈분극과 같은 막전위 변화 정도는 자극의 크기에 따라서 결정된다. 역치 값 미만의 자극에서 나타나는 세포막 전위 차이를 단계적 전위(graded potential)라고 부른다. 단계적 전위에 의해 유도되는 작은 크기의 전류는 막을 따라 전달되는 과정 중에 세포 밖으로 유출된다. 따라서 단계적 전위는 발생 지점으로부터 거리가 멀어짐에 따라 쉽게 소멸된다. 단계적 전위는 축삭을 따라서 이동하는 실질적인 신경 신호의 형태는 아니지만, 신경 신호의 생성에 큰 영향을 준다.

· 활동 전위는 뉴런의 세포막에 있는 전압 개폐성 이온 통로에 의해 생성된다. 전압 개폐성 이온 통로는 막전위의 변화에 따라 열리고 닫힌다. 막전위가 탈분극되면 Na^+ 통로가 열려 뉴런 안쪽으로 Na^+이 유입되어 막전위를 더욱더 탈분극시킨다. 활동 전위는 탈분극에 의해 막전위가 역치 값에 이르면 발생하게 된다.

(1) 활동 전위와 단계적 전위의 차이점은 무엇인가?

(2) [자료1] 의 [그림 1] 에 표시된 A, B, C 각 지점에 나타날 수 있는 축삭의 막전위를 표현한 것으로 옳은 것을 〈보기〉 에서 골라 기호로 나타내시오.

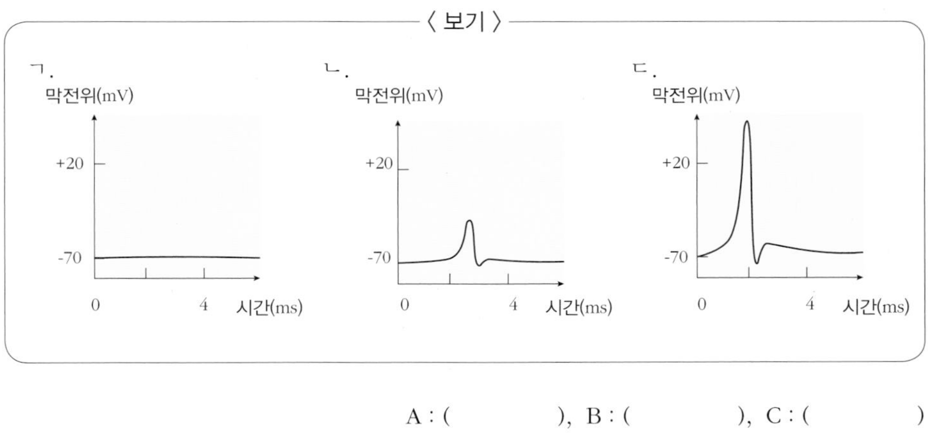

A : ( ), B : ( ), C : ( )

04 다음 그림 (가) 는 사람 뇌의 시냅스에서 흥분이 전달되는 과정을, 그림 (나) 는 마약이 뇌의 시냅스에 미치는 작용을 나타낸 것이다.

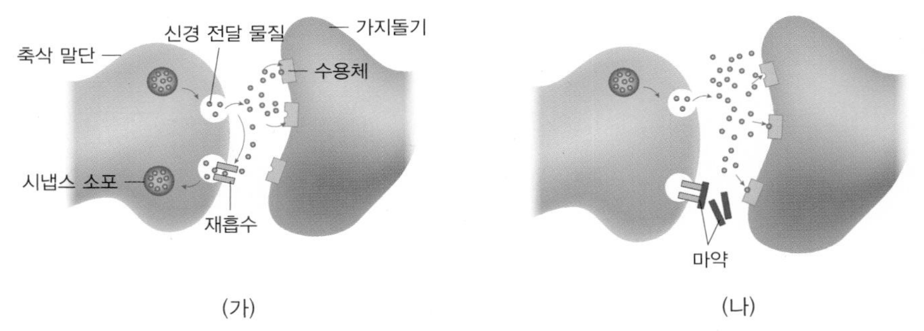

(가) (나)

마약을 복용하면 과도한 흥분 상태와 환각 증상이 나타난다. 그 이유가 무엇인지 위 그림과 관련지어 서술하시오.

스스로 실력 높이기

[01-03] 다음은 뉴런의 구조를 나타낸 것이다. 다음 물음에 답하시오.

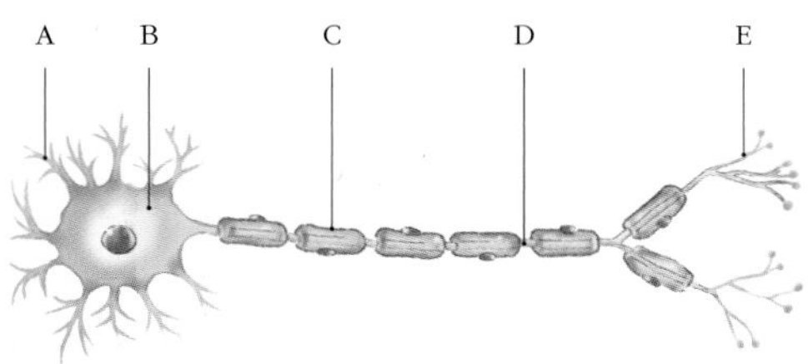

01 축삭돌기에 영양을 공급하고 말이집 형성에 관여하는 세포의 기호와 이름을 쓰시오.

기호 : (　　　), 이름 : (　　　　　　)

02 뉴런의 물질대사와 생장 및 영양 공급에 관여하는 부분의 기호와 이름을 쓰시오.

기호 : (　　　), 이름 : (　　　　　　)

03 신경 세포체에서 뻗어나온 돌기로 감각기나 다른 뉴런으로부터 자극을 받아들이는 부분의 기호와 이름을 쓰시오.

기호 : (　　　), 이름 : (　　　　　　)

04 다음 척추동물의 신경 중 민말이집 신경에 해당하는 것은?

① 척수　② 청각 신경
③ 후각 신경　④ 피부 신경
⑤ 근육 신경

05 다음 뉴런에 대한 설명 중 옳은 것은 ○표, 옳지 않은 것은 ×표 하시오.

(1) 감각 뉴런은 신경 세포체가 축삭돌기의 한쪽 옆에 붙어있다. (　　)

(2) 연합 뉴런은 가지돌기가 발달되어 있으며 감각 뉴런과 운동 뉴런을 연결한다. (　　)

(3) 운동 뉴런은 구심성 뉴런이라고도 한다. (　　)

06 다음은 분극 상태에 대한 설명이다. 괄호 안에 알맞은 단어를 고르시오.

> 뉴런이 자극을 받지 않았을 때 세포막을 경계로 안쪽은 ㉠(양 , 음)전하를 띠며, Na^+ 은 세포 바깥쪽으로, K^+ 은 세포 안쪽으로 ㉡(확산 , 능동 수송) 된다.

㉠, (　　　　　　), ㉡ (　　　　　　)

07 탈분극이 일어난 결과 나타나는 막전위를 무엇이라고 하는가?

(　　　　　　)

08 다음 글을 읽고 빈칸에 들어갈 알맞은 말을 써넣으시오.

> ㉠(　　　　　) 신경에서 흥분이 랑비에 결절에서 다음 랑비에 결절로 건너뛰듯이 이동하는 현상을 ㉡(　　　　　)(이)라고 한다.

㉠, (　　　　　　), ㉡ (　　　　　　)

09 뉴런과 뉴런의 연접 부위를 무엇이라고 하는가?

(　　　　　　)

10 다음 뉴런 내에서의 흥분 전도와 시냅스에서의 흥분 전달에 대한 설명 중 옳은 것은 ○표, 옳지 않은 것은 ×표 하시오.

(1) 흥분 전달 속도가 흥분 전도 속도보다 빠르다. (　　)

(2) 시냅스에서 흥분의 전달은 화학 물질의 확산에 의해 일어난다. (　　)

(3) 흥분은 시냅스 전 뉴런의 축삭돌기 말단에서 시냅스 후 뉴런의 가지돌기나 신경 세포체 쪽으로만 전달된다. (　　)

B

11 다음은 역치 이상의 자극을 받은 뉴런에서 일어나는 막전위 변화를 나타낸 것이다.

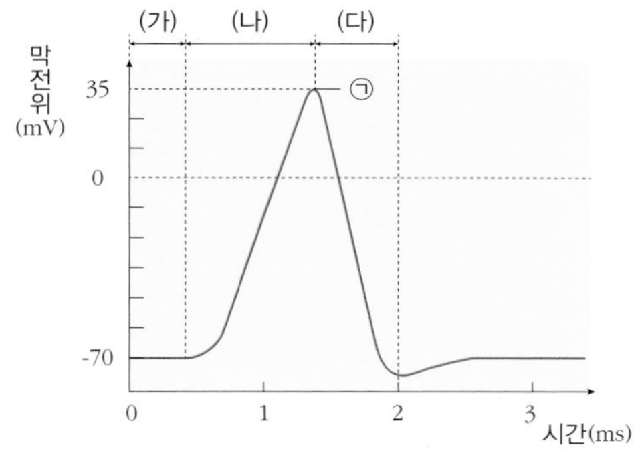

이에 대한 설명으로 옳지 않은 것은?

① ㉠ 의 막전위는 활동 전위이다.
② (가) 는 분극, (나) 는 탈분극, (다) 는 재분극 상태이다.
③ (가) 에서는 ATP 를 이용하여 이온을 이동시킨다.
④ (나) 에서는 Na^+ 이 세포 안으로 확산된다.
⑤ (다) 에서는 K^+ 통로가 닫힌다.

12 다음은 여러 종류의 뉴런을 나타낸 것이다. P 지점에서 동시에 자극을 주었을 때, 흥분이 Q 지점까지 가장 먼저 도달하는 순서대로 등호와 부등호를 이용하여 나타내시오. (단, 약한 자극과 강한 자극은 모두 활동 전위를 발생시킨다.)

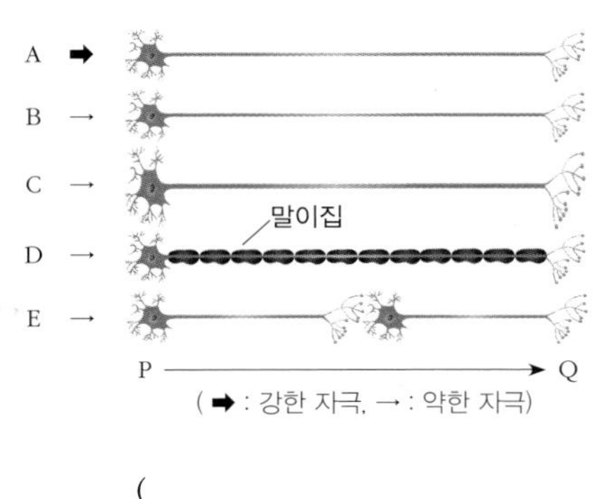

(➡ : 강한 자극, → : 약한 자극)

( )

13 다음은 3 개의 뉴런이 연결된 모습을 나타낸 것이다. (가) 에 역치 이상의 자극을 주었을 때 A ~ F 중 활동 전위가 발생하는 지점을 모두 쓰시오.

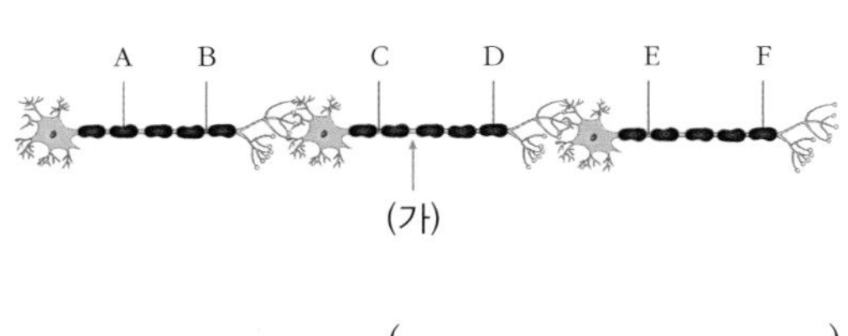

( )

14 뉴런의 축삭돌기에서 한 번의 자극으로 발생한 흥분이 A 를 지나 B 로 전도되었다.

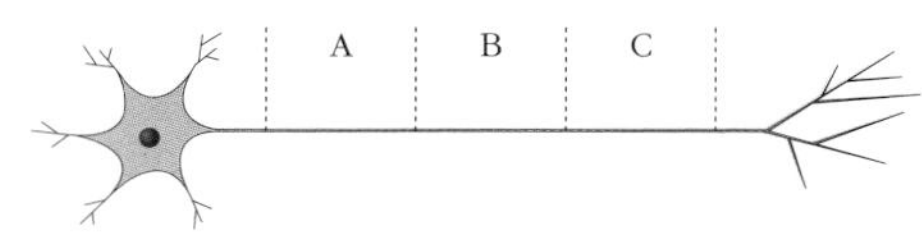

이때 막 안팎의 전하를 바르게 나타낸 것은?

①
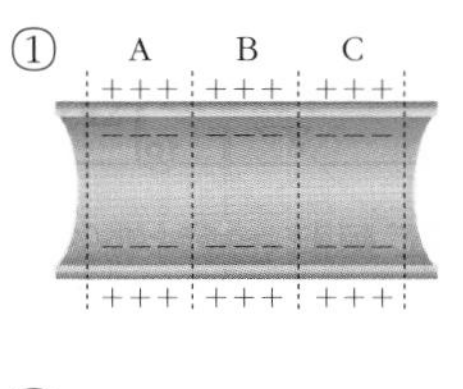

②
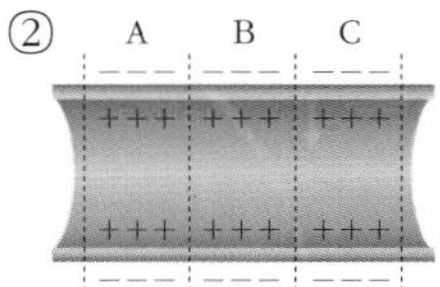

③
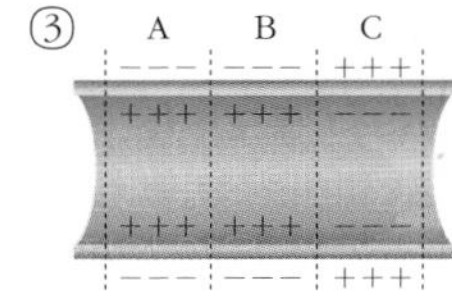

④
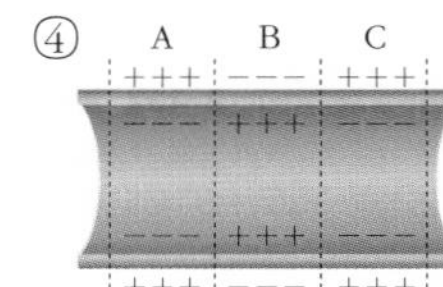

⑤
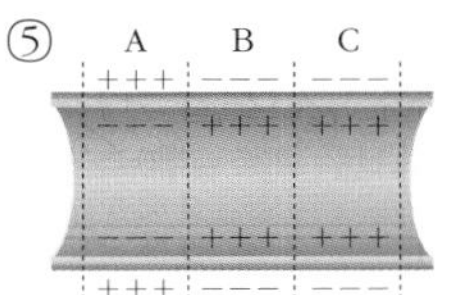

15 다음 표는 뉴런 A ~ D 가 순서 없이 일렬로 연결되어 있는 상태에서 A 와 B 에 각각 역치 이상의 자극을 준 후, 각 뉴런에서 활동 전위의 발생 여부를 조사한 결과이다. 다음 자료를 바탕으로 뉴런의 연결 순서를 차례대로 나열하시오.

뉴런	A	B	C	D
A를 자극	○	○	×	○
B를 자극	×	○	×	×

( ) → ( ) → ( ) → ( )

스스로 실력 높이기

16 다음은 뉴런에 자극을 주었을 때 막전위의 변화를 나타낸 그래프이다.

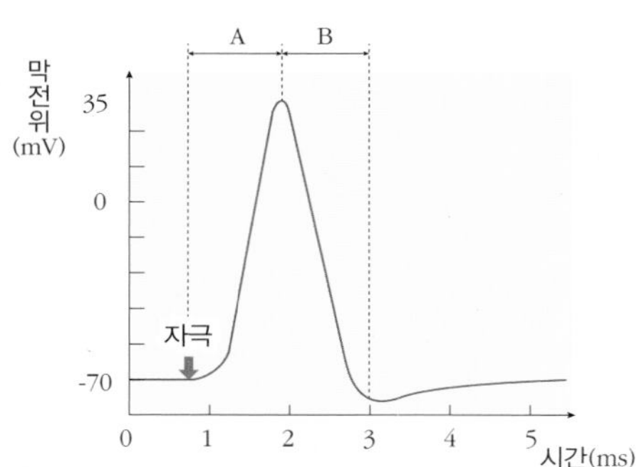

다음은 위 그래프에 대한 설명이다. 괄호 안에 알맞은 단어를 고르시오.

> A 시기에는 ㉠ (K^+ , Na^+)이 ㉡ (유입 , 유출) 되고, B 시기에는 ㉢ (K^+ , Na^+)이 ㉣ (유입 , 유출) 된다.

㉠ (　　　), ㉡ (　　　)
㉢ (　　　), ㉣ (　　　)

17 다음은 시냅스에서 흥분이 전달되는 과정을 모식적으로 나타낸 것이다.

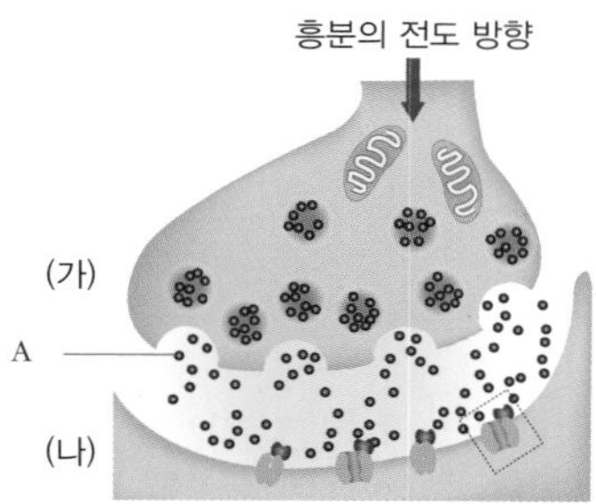

이에 대한 설명으로 옳은 것만을 〈보기〉에서 있는 대로 고른 것은?

〈 보기 〉

ㄱ. 흥분은 (가) 에서 (나) 로만 전달된다.
ㄴ. 물질 A 는 전기적 신호로 (나) 의 세포막을 탈분극시킨다.
ㄷ. 물질 A 는 (가) 에서 역치 이상의 자극으로 흡수된다.

① ㄱ　② ㄴ　③ ㄱ, ㄷ
④ ㄴ, ㄷ　⑤ ㄱ, ㄴ, ㄷ

18 다음 그래프 (가) 는 뉴런에 역치 이상의 자극을 주었을 때 막전위의 변화를, (나) 는 이때의 세포막 안팎으로 이동하는 이온의 투과성을 나타낸 것이다.

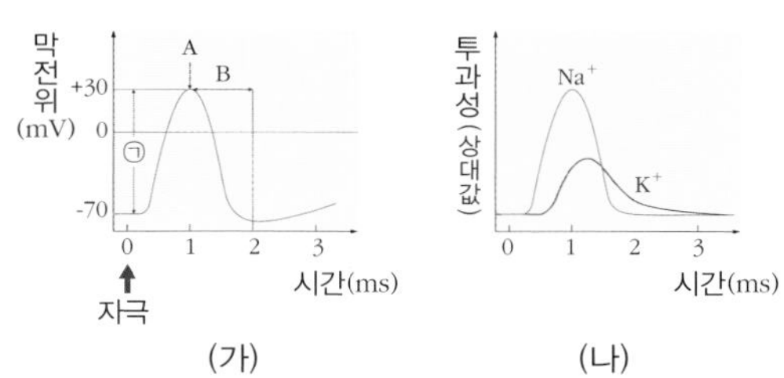

이에 대한 설명으로 옳은 것만을 〈보기〉에서 있는 대로 고른 것은?

〈 보기 〉

ㄱ. 역치보다 큰 자극을 주면 ㉠ 값이 상승한다.
ㄴ. A 시기에 막을 통한 K^+ 의 이동이 최대에 이른다.
ㄷ. 1 ms 일 때 Na^+ 과 K^+ 은 세포막을 경계로 서로 반대 방향으로 이동한다.

① ㄱ　② ㄴ　③ ㄷ
④ ㄱ, ㄴ　⑤ ㄴ, ㄷ

19 다음 그림 (가) 는 어떤 뉴런에 역치 이상의 자극을 1 회 주었을 때의 활동 전위를, (나) 는 (가) 의 어떤 시기에 막전위와 이온 ㉠ 과 ㉡ 의 농도를 나타낸 것이다. (단, 이온 ㉠ 과 ㉡ 은 Na^+ 과 K^+ 을 순서 없이 제시한 것이다.)

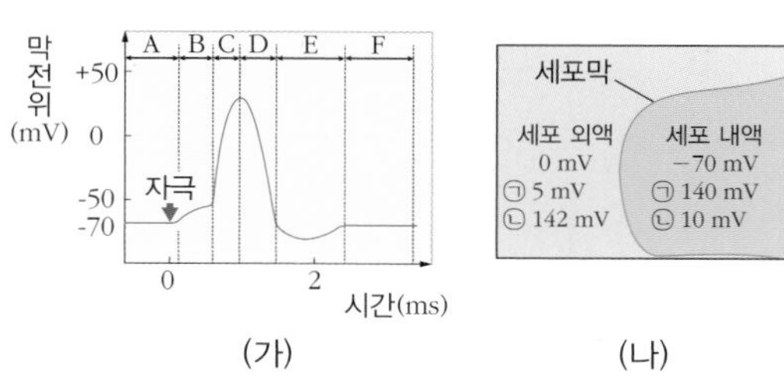

위 자료에 대한 설명으로 옳은 것을 모두 고르시오.

① 구간 A 에서 세포 바깥쪽은 (−), 세포 안쪽은 (+) 로 대전되어 있다.
② ㉡ 은 구간 B 에서 세포 안쪽으로, 구간 C 에서 세포 바깥쪽으로 확산된다.
③ 구간 D 에서 ㉠ 이 이동하는 통로가 열린다.
④ 구간 E 에서 ㉡ 이 이동하는 통로가 열린다.
⑤ F 시기에서 에너지를 이용하여 ㉠ 을 세포 안쪽으로, ㉡ 을 세포 바깥쪽으로 이동시킨다.

20 다음 그림 (가) 는 뉴런 A 를 중심으로 세 개의 뉴런 B ~ D 가 시냅스를 이루고 있는 모습을, 그림 (나) 는 B 에 역치 이상의 자극을 줄 경우 B 와 D 에서만 일어나는 이온의 이동을 나타낸 것이다. (가) 에서 B, C, D 가 어떤 뉴런인지는 표시하지 않았다.

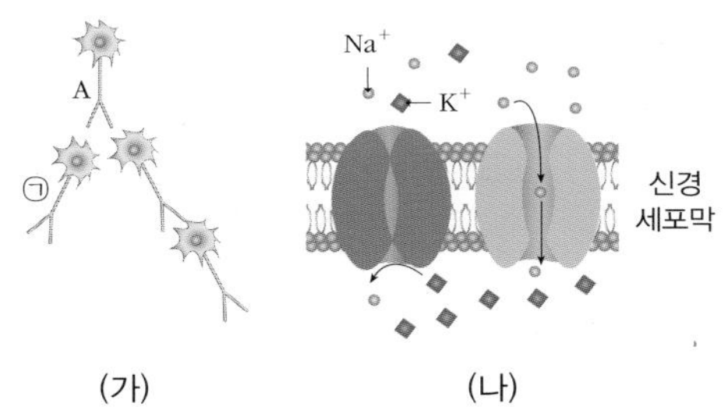

이에 대한 설명으로 옳은 것만을 〈보기〉 에서 있는 대로 고른 것은?

〈 보기 〉

ㄱ. (가) 의 ㉠ 은 뉴런 C 이다.
ㄴ. (나) 에서 이온은 확산에 의해 이동한다.
ㄷ. D 에 자극을 주면 B 에서 (나) 와 같은 반응이 일어난다.

① ㄱ ② ㄴ ③ ㄷ
④ ㄱ, ㄴ ⑤ ㄴ, ㄷ

21 다음 그림 (가) 는 시냅스로 연결된 두 뉴런의 한 지점에 역치 이상의 자극을 준 것을, (나) 는 (가) 의 시냅스에서 흥분이 전달되는 과정을 나타낸 것이다.

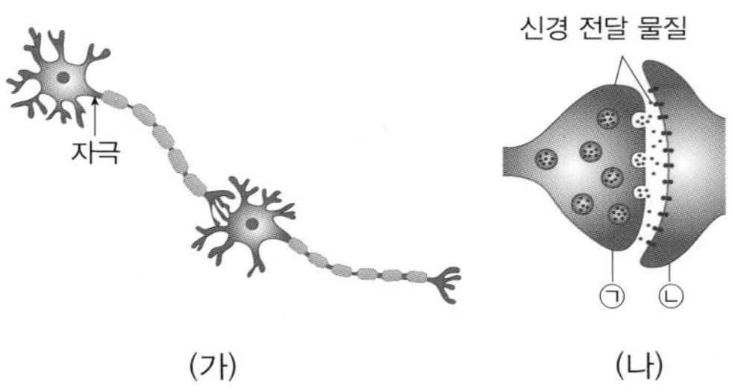

이에 대한 설명으로 옳은 것만을 〈보기〉 에서 있는 대로 고른 것은?

〈 보기 〉

ㄱ. (가) 의 시냅스 전 뉴런은 민말이집 신경이다.
ㄴ. (나) 의 ㉠ 에서 분비된 신경 전달 물질은 ㉡ 의 막 전위를 변화시킨다.
ㄷ. 흥분 전달 속도는 흥분 전도 속도보다 빠르다.

① ㄱ ② ㄴ ③ ㄱ, ㄷ
④ ㄴ, ㄷ ⑤ ㄱ, ㄴ, ㄷ

스스로 실력 높이기

22 다음 그림 (가) 는 신경 A ~ C 를, (나) 는 (가) 의 P 지점에 역치 이상의 자극을 동시에 1 회씩 준 후, Q 지점에서의 막전위 변화를 나타낸 것이다. (나) 의 Ⅰ~Ⅲ 은 각각 A ~ C 의 막전위 변화 중 하나이다. t_1과 t_2는 Ⅰ~Ⅲ 에서 같은 시점을 나타낸 것이다.

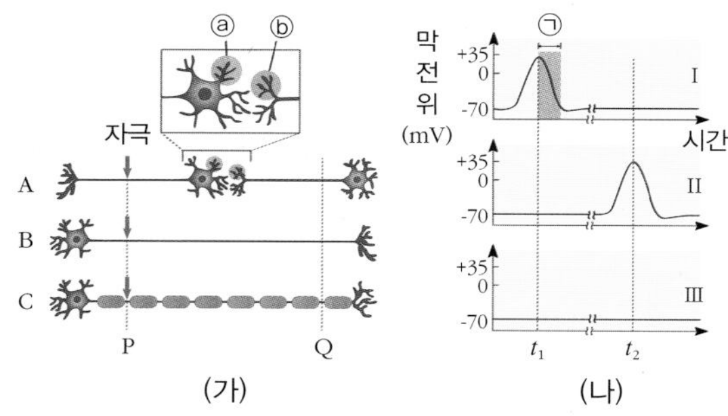

(가) (나)

이에 대한 설명으로 옳은 것만을 〈보기〉 에서 있는 대로 고른 것은?

〈 보기 〉

ㄱ. 시냅스 소포는 ⓐ 보다 ⓑ 에 더 많다.
ㄴ. 구간 ㉠ 에서 K^+ 은 농도 차에 의해 세포 안쪽에서 바깥쪽으로 확산된다.
ㄷ. C 의 막전위 변화는 (나) 의 Ⅰ 에 해당한다.

① ㄱ ② ㄴ ③ ㄱ, ㄷ
④ ㄴ, ㄷ ⑤ ㄱ, ㄴ, ㄷ

23 다음은 역치 이상의 자극을 준 뉴런과 시냅스 후 뉴런의 일부를 나타낸 것이다.

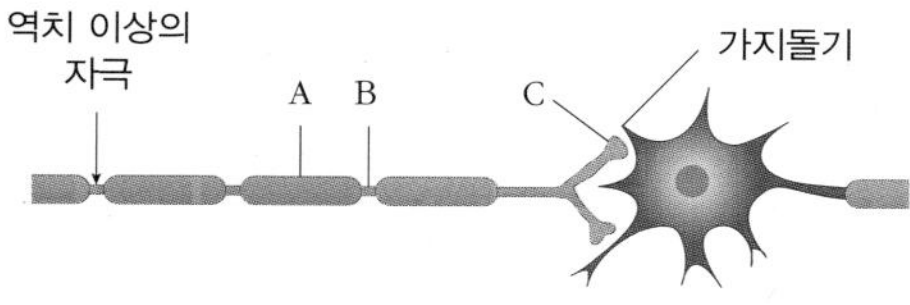

이에 대한 설명으로 옳은 것만을 〈보기〉 에서 있는 대로 고른 것은?

〈 보기 〉

ㄱ. A 에서는 Na^+ 이 유입되어 막이 탈분극된다.
ㄴ. 자극의 세기가 커지면 B 에서 활동 전위의 크기가 증가한다.
ㄷ. C 에서 분비된 신경 전달 물질은 시냅스 후 뉴런의 막 전위를 변화시킨다.

① ㄱ ② ㄴ ③ ㄷ
④ ㄱ, ㄴ ⑤ ㄴ, ㄷ

24 다음 그림 (가) 는 시냅스로 연결된 두 뉴런을, (나) 는 Ⅰ~Ⅲ 의 조건일 때 ㉣ 에서의 막전위 변화를 나타낸 것이다.

(가)

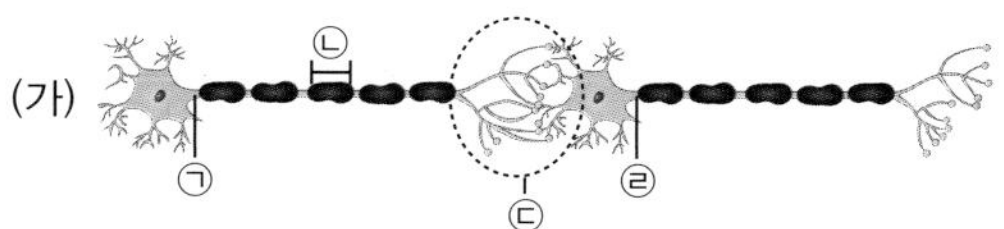

(나)

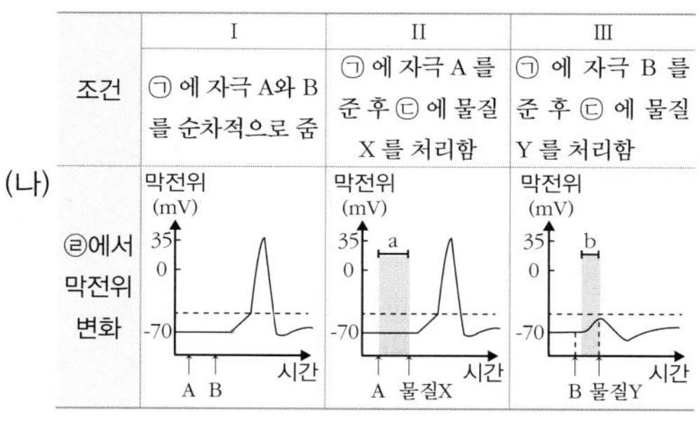

	Ⅰ	Ⅱ	Ⅲ
조건	㉠ 에 자극 A와 B를 순차적으로 줌	㉠ 에 자극 A 를 준 후 ㉢ 에 물질 X 를 처리함	㉠ 에 자극 B 를 준 후 ㉢ 에 물질 Y 를 처리함
㉣에서 막전위 변화	막전위 (mV) 35, 0, -70 / A B / 시간	막전위 (mV) 35, 0, -70 / a / A 물질X / 시간	막전위 (mV) 35, 0, -70 / b / B 물질Y / 시간

이에 대한 설명으로 옳은 것만을 〈보기〉 에서 있는 대로 고른 것은? (단, 자극 A 는 활동 전위를 발생시키지 않는다.)

〈 보기 〉

ㄱ. Ⅰ - 자극 B 에 의해 ㉡ 에서 활동 전위가 발생한다.
ㄴ. Ⅱ - 구간 a 동안 ㉣ 에서 Na^+-K^+ 펌프가 작동한다.
ㄷ. Ⅲ - 구간 b 동안 자극 B 에 의해 시냅스 이전 뉴런의 축삭돌기 말단에서 신경 전달 물질이 분비된다.

① ㄱ ② ㄴ ③ ㄱ, ㄴ
④ ㄱ, ㄷ ⑤ ㄴ, ㄷ

25 다음은 뉴런 (가) ~ (다) 를 나타낸 것이다.

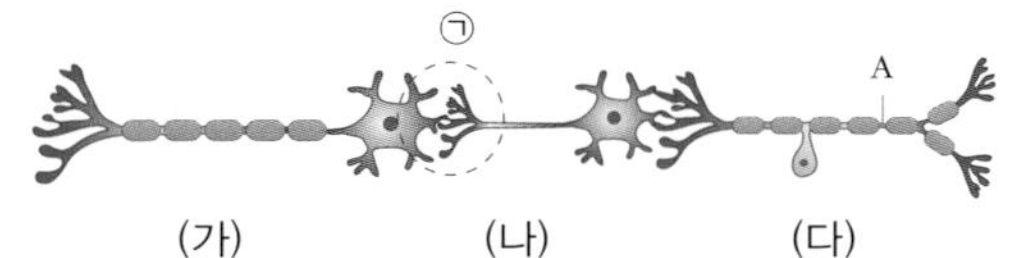

이에 대한 설명으로 옳은 것만을 〈보기〉 에서 있는 대로 고른 것은?

〈 보기 〉

ㄱ. (가) 와 (다) 는 중추 신경계에 속한다.
ㄴ. ㉠ 에 분비된 신경 전달 물질은 (나) 의 축삭돌기 말단을 탈분극 시킨다.
ㄷ. A 지점에 역치 이상의 자극이 주어지면 (다) → (나) → (가) 로 흥분이 전달된다.

① ㄱ ② ㄴ ③ ㄷ
④ ㄱ, ㄴ ⑤ ㄴ, ㄷ

26 다음은 뉴런을 통한 흥분의 이동에 대한 실험이다.

[실험 과정]
(가) 다음 그림과 같이 뉴런의 특정 부위에 역치 이상의 자극을 1 회 주고, A ~ C 에서 시간에 따른 막전위를 측정한다.

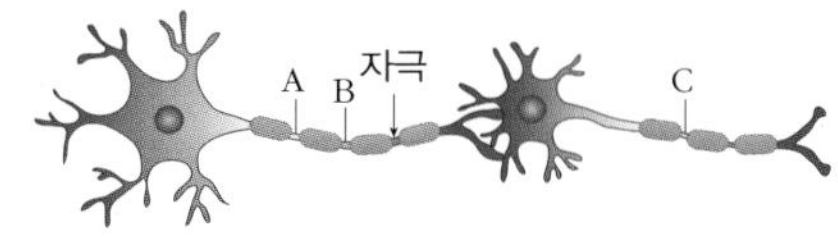

(나) 물질 X 를 뉴런 전체에 처리한 후 (가) 와 동일한 실험을 진행한다.

[실험 결과]
다음은 (가) 와 (나) 의 결과를 나타낸 것이며, ㉠ ~ ㉢ 은 각각 A ~ C 의 막전위 변화 중 하나이다.

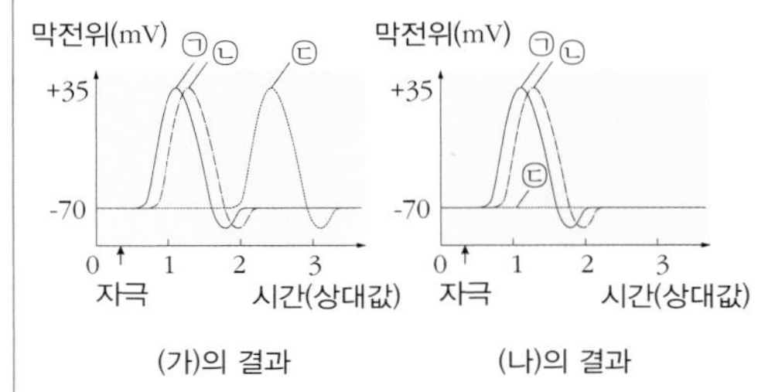

(가)의 결과 (나)의 결과

이 실험에 대한 설명으로 옳은 것만을 〈보기〉 에서 있는 대로 고른 것은?

〈 보기 〉

ㄱ. ㉠ 은 A, ㉡ 은 B, ㉢ 은 C 의 막전위 변화이다.
ㄴ. (가) 에서 B 가 탈분극 상태일 때 C 는 분극 상태이다.
ㄷ. (나) 에서 X 에 의해 흥분 전달이 일어나지 않았다.

① ㄱ ② ㄴ ③ ㄱ, ㄷ
④ ㄴ, ㄷ ⑤ ㄱ, ㄴ, ㄷ

스스로 실력 높이기

심화

27 다음 그림 (가) 는 정상인의 뉴런에, (나) 는 혈액의 K^+ 농도가 정상인보다 높은 환자의 뉴런에 각각 세기가 다른 자극 $S_1 \sim S_3$ 를 가했을 때 시간에 따른 뉴런의 막전위를 나타낸 것이다. (단, 자극의 세기는 $S_1 < S_2 < S_3$ 이다.)

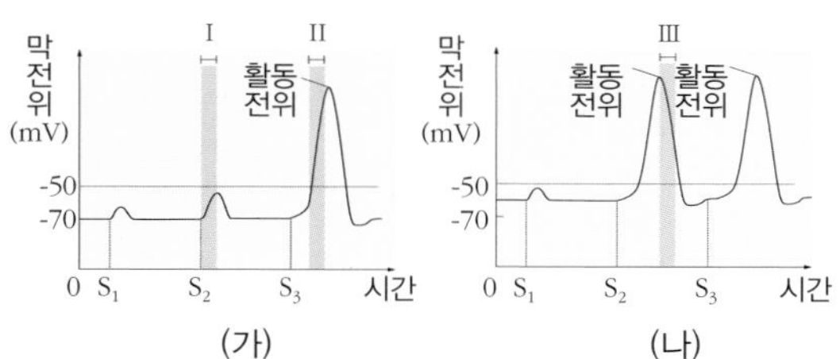

(가) (나)

이에 대한 설명으로 옳은 것만을 〈보기〉 에서 있는 대로 고른 것은?

〈 보기 〉

ㄱ. 단위 시간당 세포막을 통한 Na^+ 이동량은 구간 I 보다 II 에서 많다.

ㄴ. 구간 III 에서 K^+ 은 K^+ 통로를 통해 세포 외부에서 내부로 확산된다.

ㄷ. 뉴런에서 활동 전위를 일으키는 데 필요한 최소한의 자극의 세기는 (가) 보다 (나) 에서 크다.

① ㄱ ② ㄴ ③ ㄷ
④ ㄱ, ㄴ ⑤ ㄱ, ㄷ

28 다음 그림 (가) 는 분극 상태인 뉴런의 축삭돌기 막에서 Na^+-K^+ 펌프를 통한 이온의 이동 방향을, (나) 는 ATP 와 ADP 사이의 전환을 나타낸 것이다.

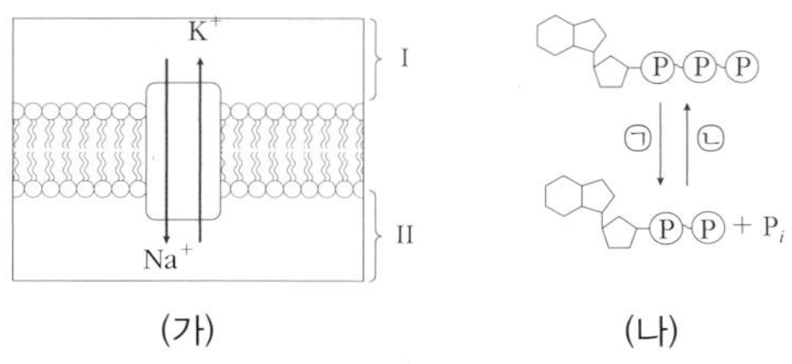

(가) (나)

이에 대한 설명으로 옳은 것만을 〈보기〉 에서 있는 대로 고른 것은?

〈 보기 〉

ㄱ. I 은 II 보다 상대적으로 음(−)전하를 띤다.

ㄴ. (가) 의 Na^+-K^+ 펌프를 통한 이온 이동에는 ㉠ 에서 방출된 에너지가 사용된다.

ㄷ. 세포 호흡을 통해 ㉡ 이 일어난다.

① ㄱ ② ㄴ ③ ㄱ, ㄷ
④ ㄴ, ㄷ ⑤ ㄱ, ㄴ, ㄷ

29 다음 그림은 어떤 사람에게 서로 다른 자극을 주었을 때 랑비에 결절에서 나타나는 막전위 변화를 나타낸 것이다.

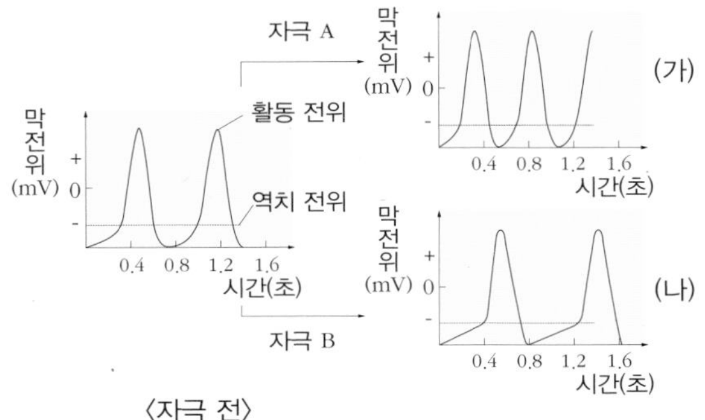

〈자극 전〉

이에 대한 설명으로 옳은 것만을 〈보기〉에서 있는 대로 고른 것은?

〈 보기 〉

ㄱ. 막전위가 0 mV 이상이 되어야 탈분극이 일어난다.
ㄴ. 역치 전위 도달 시간이 달라질 때 활동 전위의 발생 빈도도 변한다.
ㄷ. (나)에서 자극 B의 세기를 높이면 활동 전위의 발생 빈도가 증가한다.

① ㄱ　② ㄴ　③ ㄷ
④ ㄱ, ㄷ　⑤ ㄴ, ㄷ

30 다음 그림 (가)는 민말이집 신경 A와 B를, (나)는 A와 B의 P 지점에 역치 이상의 자극을 동시에 1회 주고 일정 시간이 지난 후 t_1일 때 세 지점 Q_1 ~ Q_3에서 측정한 막전위를 나타낸 것이다. Ⅰ ~ Ⅲ은 각각 Q_1 ~ Q_3에서 측정한 막전위 중 하나이다. 흥분의 전도 속도는 A보다 B에서 더 빠르다.

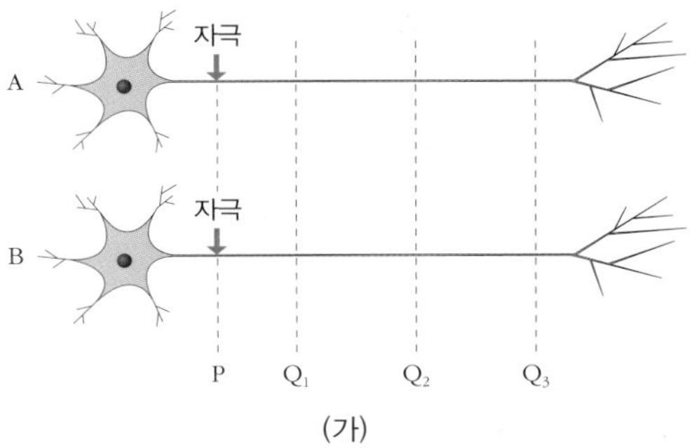

(가)

신경	t_1일 때 측정한 막전위 (mV)		
	Ⅰ	Ⅱ	Ⅲ
A	+30	−54	−60
B	−44	−80	+2

(나)

이에 대한 설명으로 옳은 것만을 〈보기〉에서 있는 대로 고른 것은? (단, A와 B에서 흥분의 전도는 각각 1회 일어났고, 휴지 전위는 −70 mV이다.)

〈 보기 〉

ㄱ. Ⅲ은 Q_3에서 측정한 막전위이다.
ㄴ. t_1일 때 A의 Q_3에서 재분극이 일어나고 있다.
ㄷ. t_1일 때 B의 Q_2에서 Na^+이 세포 밖으로 확산된다.

① ㄱ　② ㄴ　③ ㄱ, ㄴ
④ ㄱ, ㄷ　⑤ ㄴ, ㄷ

20강. 감각 기관

1. 자극의 수용과 반응

(1) 자극의 수용

① **자극** : 생물체에 작용하여 반응을 일으키게 하는 체내외의 환경 변화를 자극이라고 한다.
② **감각 기관** : 자극을 받아들이는 신체의 기관으로, 감각 기관에는 특정 자극만을 수용할 수 있도록 분화된 감각 수용기가 있다.
③ **적합 자극** : 감각 기관의 수용기가 받아들일 수 있는 특정한 자극을 적합 자극이라고 한다.

감각 기관	감각 수용기	적합 자극	감각
눈	망막	빛 (파장 400 ~ 700 nm 의 가시 광선)	시각
귀	달팽이관	음파 (16 ~ 20000 Hz)	청각
	전정 기관	몸의 기울기 (중력)	위치 감각
	반고리관	몸의 회전 (림프의 관성)	회전 감각
코	후각 상피	기체 상태의 화학 물질	후각
혀	맛봉오리	액체 상태의 화학 물질	미각
피부	피부 감각점	접촉, 압력, 열, 화학 물질, 온도 변화	촉각, 압각, 통각, 냉각, 온각

(2) 역치와 실무율

① **역치** : 자극에 대한 반응을 일으킬 수 있는 최소한의 자극의 세기로, 감각 세포마다 역치가 다르며 역치가 작을수록 예민하다.
② **실무율** : 역치 미만의 자극에서는 반응이 나타나지 않고, 역치 이상의 자극에서는 자극의 세기와 관계없이 반응의 크기가 일정하게 유지되는 현상이다.

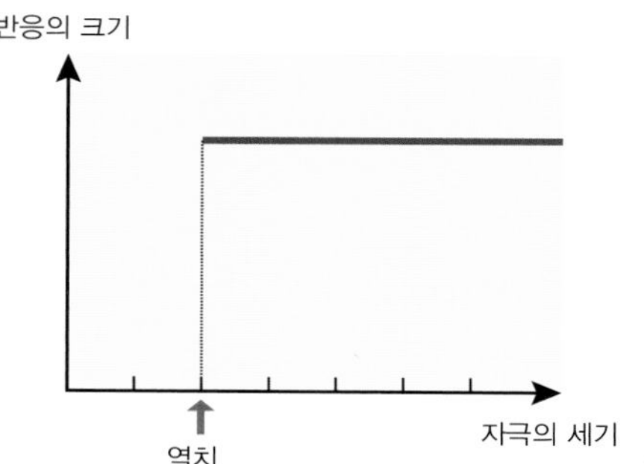

▲ 단일 세포에서의 반응
역치 이상의 자극의 세기에서는 반응의 크기가 동일하므로 실무율이 적용된다.

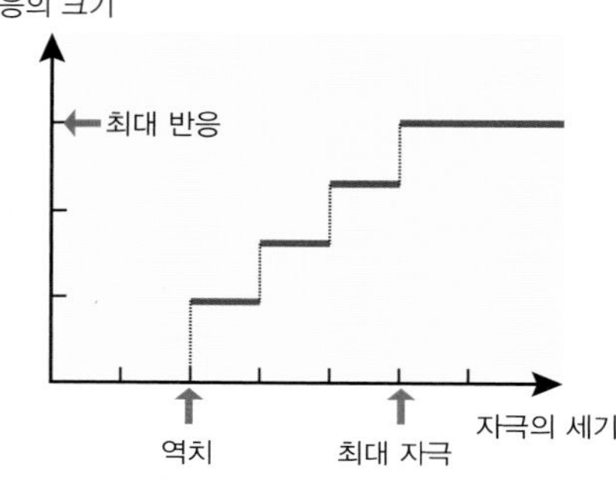

▲ 근육에서의 반응
여러 개의 세포로 이루어진 근육은 근육을 구성하는 세포마다 역치가 달라 자극의 세기가 커질수록 반응의 크기도 커지므로 실무율이 나타나지 않는다.

(3) 베버 법칙 : 감각기에서 자극의 변화를 느끼기 위해서는 처음 자극에 대해 일정한 비율 이상으로 변화된 자극을 받아야 자극의 변화를 느낄 수 있다.

$$K\text{ (베버 상수)} = \frac{R_2\text{ (나중 자극의 세기)} - R_1\text{ (처음 자극의 세기)}}{R_1}$$

⇨ 베버 상수는 감각 기관에 따라 다르며, 그 값이 작을수록 자극의 변화에 예민한 감각기이다.

개념확인 1

특정 감각기가 받아들일 수 있는 특정 자극을 무엇이라고 하는가?

( )

확인+1

감각기가 식별할 수 있는 최소 자극 변화량은 처음 주어진 자극의 세기에 비례한다는 법칙은 무엇인가?

( )

자극의 종류
· 물리적 자극 : 빛, 소리, 전기, 중력, 열 등
· 화학적 자극 : 냄새, 맛 등의 화학 물질

베버 법칙

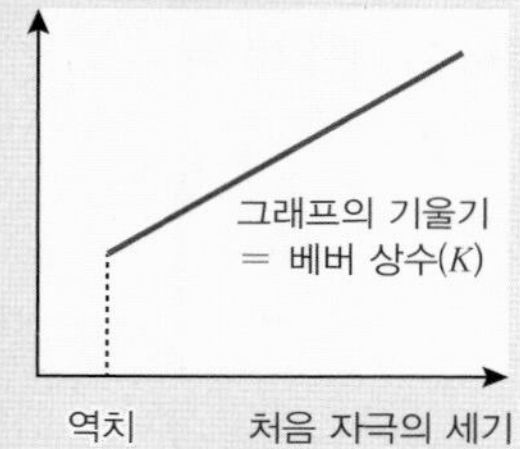

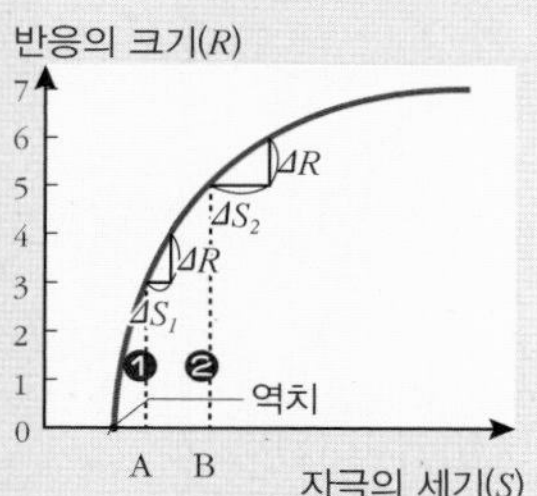

❶ 처음 자극이 약할 때 (A) 자극의 세기가 조금만 달라져도 변화를 느낄 수 있다.
❷ 처음 자극이 강할 때 (B) 자극 변화량이 커야 변화를 느낄 수 있다.

베버 법칙이 적용되는 예
· 밝은 곳보다 어두운 곳에서 촛불이 더 환하게 느껴진다.
· 시끄러운 곳에서는 평상시보다 더 큰소리로 이야기해야 들을 수 있다.
· 사탕을 먹은 후 과일을 먹으면 과일의 단맛이 잘 느껴지지 않는다.

감각기의 순응
감각기에 같은 자극이 계속 주어지면 더는 자극을 느끼지 못하는 현상이다.
예 욕조 물속에 오래 있으면 뜨거운 것을 느끼지 못한다, 시계를 착용한 것을 느끼지 못한다, 옷을 입고 있으면 옷감의 감촉이 느껴지지 않는다 등

미니사전
감각 수용기 특정 자극을 받아들일 수 있는 부위
실무율 [悉 모두 無 없다 律 법 ; All or None law] 역치 이상에서는 최대(All) 반응이 나타나고, 역치 미만에서는 반응이 전혀 없는 (None) 현상

2. 감각 기관 1

(1) 시각기 1

① 눈의 구조와 기능

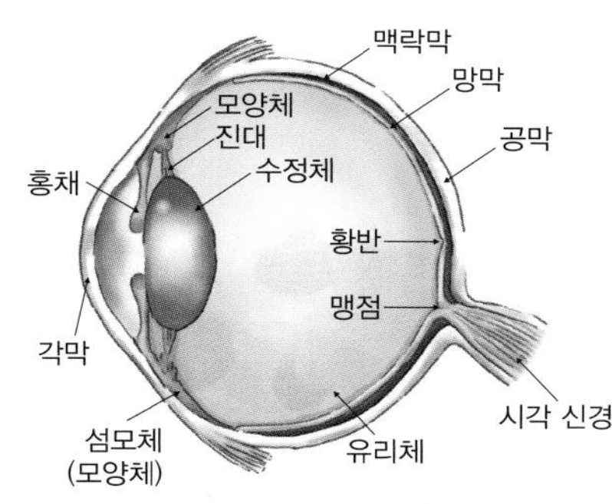

각막	공막의 일부가 변해서 된 것으로 눈의 가장 앞쪽을 싸고 있는 투명한 막
수정체	빛을 굴절시켜 망막에 상이 맺히도록 함
홍채	동공의 크기를 조절하여 눈으로 들어오는 빛의 양을 조절
모양체 진대	진대는 수정체와 모양체를 연결하는 인대로 모양체와 함께 수정체의 두께를 조절
망막	눈의 가장 안쪽에 위치한 막으로 시각 세포가 있어 빛 자극을 수용
맥락막	멜라닌 색소를 함유한 막으로 빛의 산란을 막음
황반	망막의 중심부, 시각 세포가 밀집
맹점	시각 신경이 빠져나가는 곳으로 시각 세포가 없어 상이 맺혀도 보이지 않음
공막	안구를 보호하는 역할을 함

② **시각 세포** : 시각 세포는 빛에 민감한 감광 물질이 있어 빛을 수용한다.

구분	모습	분포	적합 자극	기능	감광 물질
막대 세포		망막의 주변부	0.1 lx 미만의 약한 빛	형태, 명암 식별	로돕신
원뿔 세포		망막의 중앙(황반)	0.1 lx 이상의 강한 빛	형태, 명암, 색깔 식별	요돕신

③ 시각의 성립

- 시각의 성립 경로 : 빛 → 각막 → 수정체 → 유리체 → 망막(시각 세포) → 시각 신경 → 대뇌
- 막대 세포에 의한 시각 성립

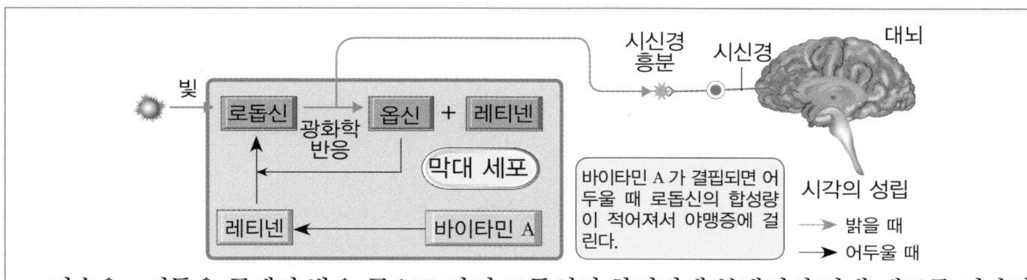

- 명순응 : 어두운 곳에서 밝은 곳으로 가면 로돕신이 한꺼번에 분해되어 막대 세포를 지나치게 자극하여 눈이 부시다가 점차 잘 볼 수 있게 되는 현상
- 암순응 : 밝은 곳에서 어두운 곳으로 가면 로돕신이 분해된 상태로 존재하므로 잘 안 보이다가 로돕신이 합성됨에 따라 차츰 잘 보이게 되는 현상

- 원뿔 세포에 의한 시각 성립 : 원뿔 세포 내의 요돕신이 강한 빛에서 광화학 반응하여 시각 신경을 흥분시킨다.

개념확인 2

정답 및 해설 38쪽

눈에서 시각 세포가 밀집되어 상이 맺히면 선명하게 보이는 곳은 어디인가?

( )

확인+2

물체의 형태와 색깔을 구별하는 시각 세포는 무엇인가?

( )

눈과 카메라의 비교

기능	눈	사진기
빛 차단	눈꺼풀	셔터
빛의 굴절	수정체	렌즈
빛의 양 조절	홍채	조리개
상이 맺히는 곳	망막	필름
빛의 산란 방지	맥락막	어둠상자

감광 물질

빛을 감지하는 색소 단백질로 시각 세포 내에 존재한다.

로돕신

막대 세포에 있는 붉은색을 띤 감광 색소 단백질로 옵신(단백질)과 레티넨(바이타민 유도체)으로 구성된다.

원뿔 세포의 종류

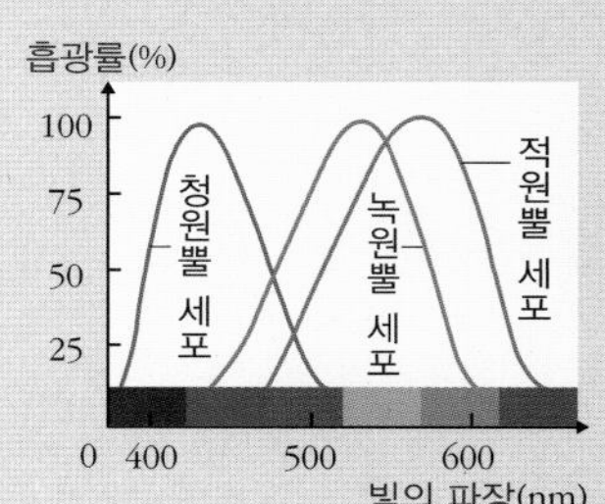

- 색을 감각하는 원뿔 세포는 청원뿔 세포, 녹원뿔 세포, 적원뿔 세포 3 가지가 있다.
- 빛의 파장에 따라 3 가지 원뿔 세포의 빛 흡수율이 다르기 때문에 다양한 색을 구별할 수 있다.
- 3 종류의 원뿔 세포 중 하나라도 이상이 생기면 색맹이 된다.

야맹증

로돕신의 합성이 늦어져 어두운 곳에서 물체를 잘 보지 못하는 증상이다. 로돕신을 합성하는 데 필요한 비타민 A 가 부족하면 야맹증에 걸리게 된다.

(2) 시각기 2

① **원근 조절** : 모양체와 진대의 수축과 이완에 의한 수정체의 두께 조절로 물체의 상이 망막에 정확하게 맺히도록 한다.

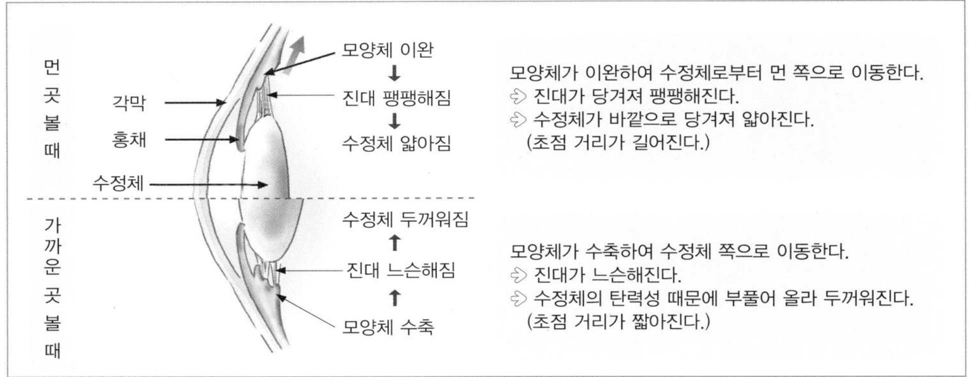

② **명암 조절** : 홍채의 수축과 이완에 의해 동공의 크기를 조절하여 눈으로 들어오는 빛의 양을 조절한다.

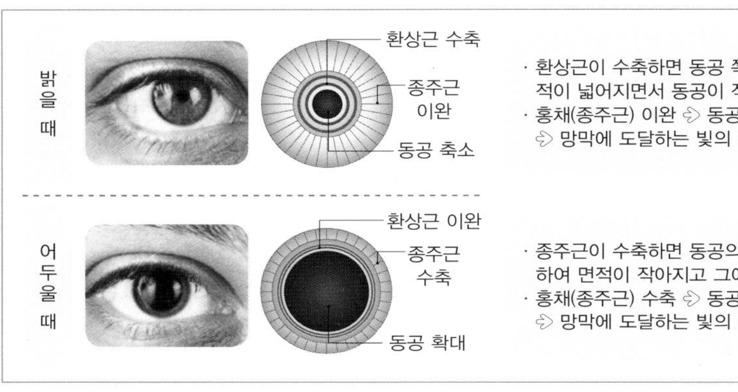

밝을 때
- 환상근이 수축하면 동공 쪽으로 홍채가 확장되어 면적이 넓어지면서 동공이 작아진다.
- 홍채(종주근) 이완 ⇨ 동공 축소 ⇨ 망막에 도달하는 빛의 양 감소

어두울 때
- 종주근이 수축하면 동공의 바깥쪽으로 홍채가 이동하여 면적이 작아지고 그에 따라 동공이 커진다.
- 홍채(종주근) 수축 ⇨ 동공 확대 ⇨ 망막에 도달하는 빛의 양 증가

③ **눈의 시력 이상과 교정**

비교	근시	원시
원인	수정체와 망막 사이의 거리가 정상인보다 길거나 수정체가 정상인보다 두껍다.	수정체와 망막 사이의 거리가 정상인보다 짧거나 수정체가 정상인보다 얇다.
증상	가까운 곳의 물체는 잘 볼 수 있지만, 먼 곳의 물체를 잘 볼 수 없다.	먼 곳의 물체는 볼 수 있지만, 가까운 곳의 물체를 잘 볼 수 없다.
물체의 상	망막의 앞에 맺힌다.	망막의 뒤에 맺힌다.
모식도	빛 수정체 망막 상	빛 수정체 망막 상

개념확인 3

다음 괄호 안에 들어갈 알맞은 말을 고르시오.

밝은 곳에서 어두운 곳으로 들어가면 홍채는 ㉠(수축 , 이완)하고 동공은 ㉡(커진다 , 작아진다).

확인+3

가까운 곳의 물체가 잘 보이지 않는 눈의 이상을 무엇이라고 하며, 어떤 렌즈로 교정해야 하는가?

(　　　　　), (　　　　　)렌즈

진대
수정체와 모양체를 연결하는 인대로, 가느다란 실 같은 구조로 되어 있다.

근시와 원시의 교정 방법

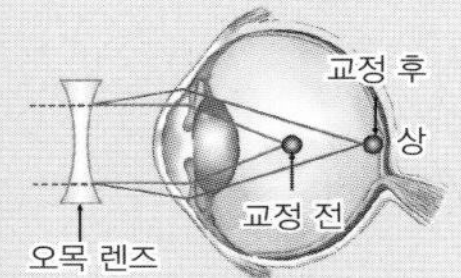

▲ 근시 교정 (오목 렌즈)

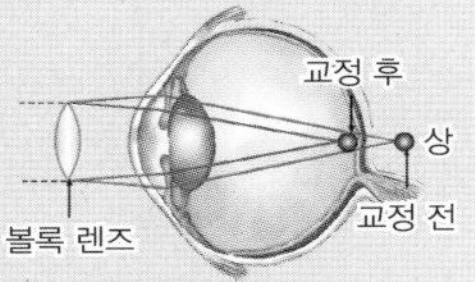

▲ 원시 교정 (볼록 렌즈)

근시와 원시 이외의 눈의 이상
- 난시 : 각막이나 수정체의 표면이 매끄럽지 못하여 빛이 흩어져 상이 여러 개 생기고 겹쳐져 흐릿하게 보이는 눈의 이상으로 난시 보정용 렌즈로 교정한다.
- 노안 : 나이가 들어 수정체의 탄력이 약해져 수정체가 두꺼워지지 않아 가까운 곳의 물체를 잘 보지 못하는 눈의 이상으로 볼록 렌즈로 교정한다.

미니사전

환상근 [環 고리 狀 모양 筋 근육] 동공 주위에 둥글게 분포하는 고리 모양의 근육으로, 수축하면 홍채를 동공 쪽으로 잡아당긴다.

종주근 [縱 늘어지다 走 달리다 筋 근육] 환상근 바깥쪽에 있는 근육으로, 수축하면 홍채를 바깥쪽으로 잡아당긴다.

근시 [近 가깝다 視 보다] 가까운 곳의 물체는 잘 보이지만 먼 곳의 물체는 잘 보지 못하는 눈의 이상

원시 [遠 멀다 視 보다] 먼 곳의 물체는 잘 보이지만 가까운 곳의 물체는 잘 보지 못하는 눈의 이상

4. 감각 기관 3

(3) 청각기 : 음파, 중력 변화, 회전 변화를 감지하는 감각 기관이다.

① **귀의 구조와 기능** : 귀는 외이, 중이, 내이 3 부분으로 구분한다.

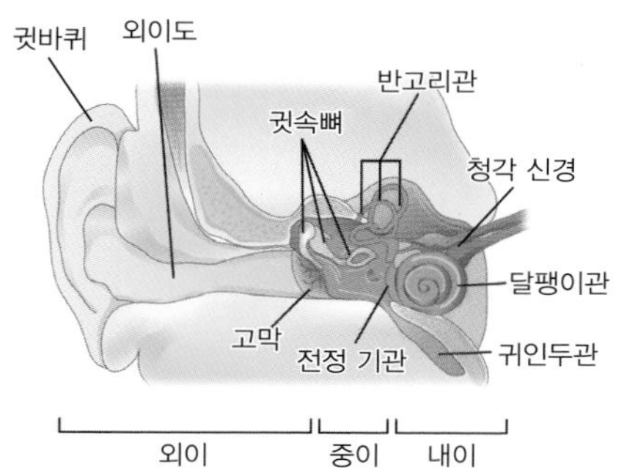

위치	구조	기능
외이	귓바퀴, 귓구멍, 외이도	소리를 모아 중이로 전달
중이	고막	음파에 의해 최초로 진동되는 얇은 막
	귓속뼈	고막의 진동을 증폭시켜 내이로 전달
	귀인두관	중이 속의 압력을 내부와 같게 조절
내이	달팽이관	· 전정계, 고실계, 달팽이세관으로 구성 · 청각 세포가 분포되어 소리 자극을 청각 신경으로 전달
	전정 기관	몸의 위치와 자세 감각을 수용
	반고리관	몸의 이동과 회전 감각을 수용

② **청각의 성립 경로**

음파가 고막 진동 ⇨ 진동이 청소골에서 증폭 ⇨ 달팽이관의 입구(난원창) 진동 ⇨ 달팽이관의 전정계와 고실계 진동 ⇨ 림프의 진동으로 고르티 기관의 기저막 상하 운동 ⇨ 감각모가 덮개막과 접촉하여 휘어지면서 청각 세포 흥분 ⇨ 흥분이 청각 신경을 통해 대뇌로 전달

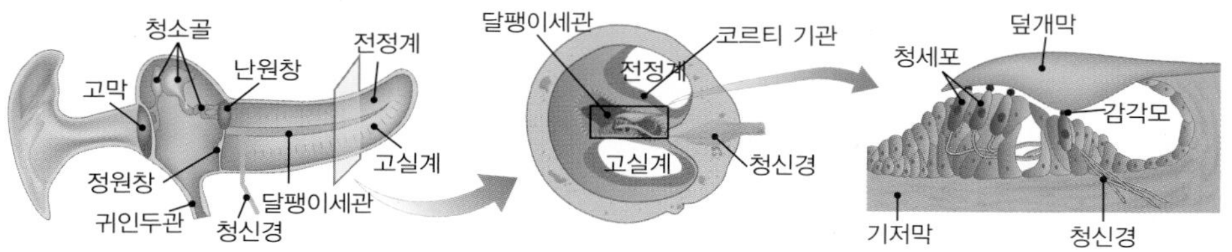

(4) 후각기, 미각기, 피부 감각기

구분	후각기	미각기	피부 감각기
구조	후각상피, 후각 신경, 후각 세포 콧속 천장의 후각상피 속에 후각 세포가 분포한다.	유두, 맛세포, 맛봉오리, 미각 신경 혀의 표면에 있는 작은 돌기인 유두의 양 옆 아래쪽의 맛봉오리 속에 맛세포가 있다.	표피, 진피, 통점, 압점, 촉점, 온점, 냉점 피부의 진피 속에 외부 자극을 받아들이는 감각점이 분포한다.
자극원	기체 상태의 화학 물질	액체 상태의 화학 물질	열, 화학 물질, 압력, 접촉, 온도 변화
성립 경로	기체 상태의 화학 물질 → 후각 상피의 후각 세포 → 후각 신경 흥분 → 대뇌	액체 상태의 화학 물질 → 유두의 맛세포 → 미각 신경 흥분 → 대뇌	자극 → 감각점 → 감각점에 연결된 신경 → 대뇌
특징	· 감각 기관 중 가장 예민하고 쉽게 피로해져 같은 냄새를 오래 맡으면 그 냄새를 느끼지 못하게 된다.	· 혀에서는 단맛, 신맛, 쓴맛, 짠맛, 감칠맛을 느낀다.	· 피부 감각점 : 온점, 냉점, 촉점, 압점, 통점 · 몸의 부위에 따라 분포하는 감각점의 수가 다르다.

개념확인 4

정답 및 해설 38쪽

우리 몸의 평형 감각 기관 2 가지를 모두 쓰시오.

(,)

확인+4

후각기의 자극원과 미각기의 자극원을 순서대로 쓰시오.

(,)

귀의 평형 감각 기관

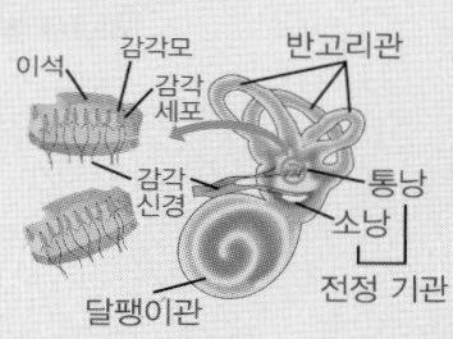

· 위치 감각 : 중력 자극에 따른 전정 기관 내의 이석의 기울기로 몸의 위치와 자세를 감각한다.
· 구조 : 통낭과 소낭으로 구성되며, 그 속에 감각모를 가진 감각 세포층이 있고, 그 위에 이석이 있다.
· 몸이 기울어질 때 : 이석이 감각모를 누름 → 감각 세포 흥분 → 흥분이 소뇌로 전달

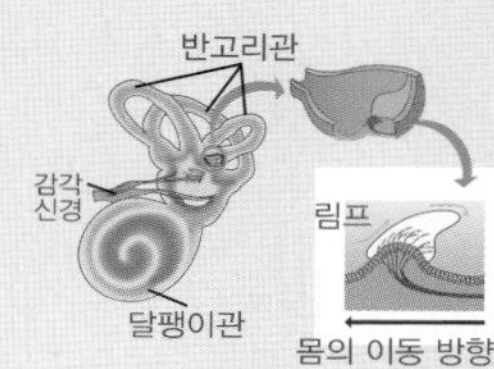

· 회전 감각 : 반고리관 속 림프의 관성에 의해 몸의 이동과 회전 감각을 수용한다.
· 구조 : 3 개의 반고리 모양의 관으로 림프액으로 차 있으며, 그 속에 섬모를 가진 감각 세포가 있다.
· 몸이 회전할 때 : 관성에 의해 림프가 움직임 → 감각모가 휘어짐 → 감각 세포 흥분 → 흥분이 소뇌로 전달

코르티 기관

달팽이세관에 있으며 덮개막, 청각 세포, 기저막으로 구성되고, 청각 신경이 분포한다.

미각이 아닌 맛

· 매운맛은 통각, 떫은맛은 압각의 일종이다.

복합 감각

· '가렵다', '간지럽다' 와 같은 감각은 한 종류의 감각점에 의해 나타나는 현상이 아닌 통각과 압각이 동시에 자극되어 나타나는 현상이다.
· 음식의 맛은 미각기와 후각기, 피부 감각을 통해 받아들인 자극을 대뇌에서 종합적으로 느끼는 것이다.

감각점의 분포 수

감각점	적합 자극	분포 (개/cm²)
통점	열, 화학 물질, 강한 압력	100~200
압점	압력	50
촉점	약한 접촉	25
냉점	낮은 온도로의 변화	6~23
온점	높은 온도로의 변화	3

개념 다지기

01 다음 중 감각 수용기와 적합 자극이 잘못 연결된 것은?

① 망막 - 가시 광선
② 달팽이관 - 음파
③ 반고리관 - 중력
④ 맛봉오리 - 액체 상태의 화학 물질
⑤ 후각 상피 - 기체 상태의 화학 물질

02 다음은 사람의 감각기에 따른 베버 상수를 나타낸 것이다. 다음 중 자극의 변화를 가장 민감하게 느끼는 감각은 무엇인가?

① 시각 : $\frac{1}{100}$
② 촉각 : $\frac{1}{200}$
③ 미각 : $\frac{1}{6}$
④ 청각 : $\frac{1}{7}$
⑤ 온각 : $\frac{1}{5}$

03 눈의 구조에 대한 설명 중 옳은 것은 ○표, 옳지 않은 것은 ×표 하시오.

(1) 각막은 안구를 보호하는 역할을 한다. (　　)
(2) 모양체와 진대는 동공의 크기를 조절한다. (　　)
(3) 수정체는 사진기의 렌즈에 해당하며 빛의 굴절하는 기능을 한다. (　　)

04 다음 중 시각의 성립 경로로 옳은 것은?

① 빛 → 각막 → 수정체 → 망막 → 맹점 → 시각 신경 → 대뇌
② 빛 → 각막 → 유리체 → 수정체 → 황반 → 시각 신경 → 대뇌
③ 빛 → 공막 → 각막 → 수정체 → 유리체 → 시각 신경 → 대뇌
④ 빛 → 각막 → 수정체 → 유리체 → 망막 → 시각 신경 → 대뇌
⑤ 빛 → 공막 → 수정체 → 유리체 → 망막 → 시각 신경 → 대뇌

05

다음 중 원근 조절에 대한 설명으로 옳은 것만을 〈보기〉에서 있는 대로 고른 것은?

〈 보기 〉

ㄱ. 먼 곳을 볼 때 모양체가 이완한다.
ㄴ. 가까운 곳을 볼 때 진대가 느슨해진다.
ㄷ. 먼 곳을 볼 때에는 초점 거리가 짧아지고, 가까운 곳을 볼 때에는 초점 거리가 길어진다.

① ㄱ ② ㄴ ③ ㄷ
④ ㄱ, ㄴ ⑤ ㄴ, ㄷ

06

다음 중 눈의 시력 이상에 대한 설명으로 옳은 것은?

① 근시는 망막의 뒤에 상이 맺힌다.
② 원시는 오목 렌즈, 근시는 볼록 렌즈로 교정한다.
③ 정상인보다 수정체가 두꺼울 때에는 원시에 해당한다.
④ 수정체와 망막 사이의 거리가 정상인보다 길 경우 근시에 해당한다.
⑤ 수정체와 망막 사이의 거리가 정상인보다 짧을 경우 난시에 해당한다.

07

다음 중 청각기에 대한 설명으로 옳지 <u>않은</u> 것은?

① 달팽이관에서 몸의 이동과 회전 감각을 수용한다.
② 외이에서는 소리를 모아 중이로 전달하는 기능을 한다.
③ 귀인두관에서 중이 속의 압력을 내부와 같게 조절한다.
④ 귓속뼈는 고막의 진동을 더 크게 증폭시켜 내이로 전달한다.
⑤ 전정 기관에서 중력 자극에 따른 몸의 위치와 자세를 감각한다.

08

여러 가지 감각기에 대한 설명 중 옳은 것은 ○표, 옳지 않은 것은 ×표 하시오.

(1) 미각 중 매운맛은 통각에 해당한다. ( )
(2) 사람의 감각기 중 후각기의 역치가 가장 크다. ( )
(3) 음식의 맛은 미각기와 후각기, 피부 감각기의 자극이 대뇌에서 종합되어 느끼는 것이다. ( )

유형 익히기 & 하브루타

[유형20-1] 자극의 수용과 반응

다음 그래프는 단일 근육 섬유에 자극을 변화시키면서 반응의 크기를 측정하여 나타낸 것이다. 다음 물음에 답하시오.

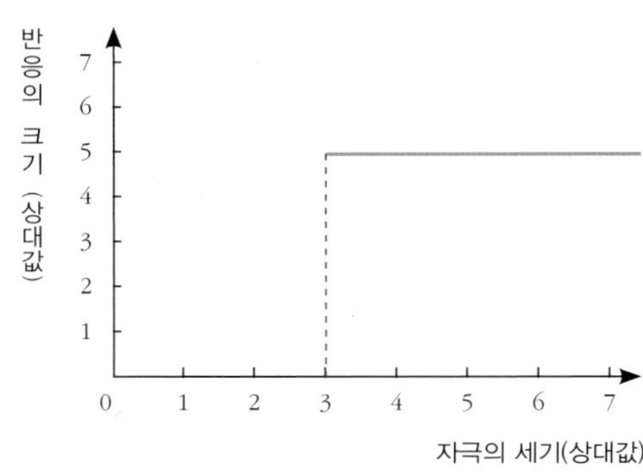

(1) 위 그래프에서 나타난 단일 근육 섬유의 역치는 얼마인가?

( )

(2) 이 그래프가 나타내는 자극과 반응의 법칙은 무엇인가?

( )

01 자극의 세기에 따른 단일 근육 섬유의 반응의 크기가 다음 표와 같이 나타났을 때, 역치(x)의 범위를 바르게 나타낸 것은?

자극의 세기(mV)	10	20	30	40	50
반응의 크기(상대값)	0	0	1	1	1

① 10 mV $< x \leq$ 20 mV
② 10 mV $< x <$ 20 mV
③ 20 mV $< x \leq$ 30 mV
④ 20 mV $< x <$ 30 mV
⑤ 30 mV $< x <$ 50 mV

02 1000 lx 의 빛을 받고 있던 사람이 더 밝아졌다고 느낄 수 있는 최소한의 빛의 세기는 얼마인가? (단, 이 사람의 시각의 베버 상수는 $\frac{1}{100}$ 이다.)

( ) lx

[유형20-2] 감각 기관 1

다음은 사람 눈의 구조를 나타낸 것이다.

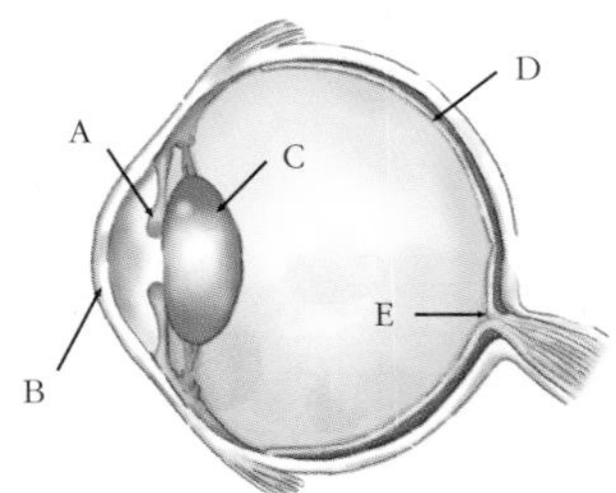

이에 대한 설명으로 옳은 것만을 〈보기〉에서 있는 대로 고르시오.

〈 보기 〉

ㄱ. A 는 홍채로 동공의 크기를 조절하여 눈으로 들어오는 빛의 양을 조절한다.
ㄴ. B 는 D 의 일부가 변해서 생성된 것으로 눈의 가장 앞쪽을 싸고 있는 투명한 막이다.
ㄷ. C 는 사진기의 렌즈에 해당한다.
ㄹ. E 는 망막의 중심부로 시각 세포가 밀집되어 있어 상이 뚜렷하게 맺히는 곳이다.

( )

03

다음 글을 읽고 빈칸에 들어갈 알맞은 시각 세포의 이름을 쓰시오.

망막의 주변부에 분포하며 0.1 lx 미만의 약한 빛을 받아들이는 세포를 ㉠( ) 라고 하고, 0.1 lx 이상의 강한 빛을 받아들이는 세포를 ㉡( )라고 한다.

㉠ : ( ), ㉡ : ( )

04

시각의 성립에 대한 설명 중 옳은 것은 ○표, 옳지 않은 것은 ×표 하시오.

(1) 어두운 곳에서 밝은 곳으로 가면 로돕신이 한꺼번에 분해되어 눈이 부시다가 점차 잘 볼 수 있게 된다. ( )

(2) 밝은 곳에서 어두운 곳으로 가면 요돕신이 분해된 상태가 된다. ( )

(3) 빛을 감지하는 색소 단백질을 감광 물질이라고 한다. ( )

유형 익히기&하브루타

[유형20-3] 감각 기관 2

다음은 물체의 거리에 따른 눈의 상태 변화를 나타낸 것이다.

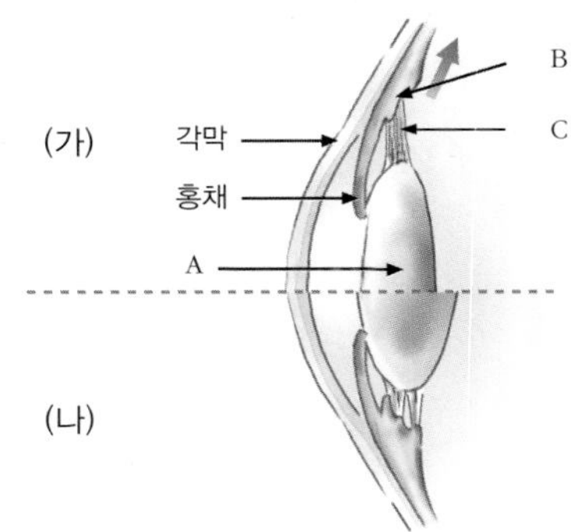

위 자료에 대한 설명 중 옳은 것은 ○표, 옳지 않은 것은 ×표 하시오.

(1) (가) 는 먼 곳을 볼 때, (나) 는 가까운 곳을 볼 때를 나타낸 것이다. ( )

(2) (가) 에서 A 는 B 가 이완하여 얇아진 것이다. ( )

(3) (나) 에서 B 는 수축하여 C 가 팽팽해져 초점 거리가 길어진다. ( )

05 명암 조절에 대한 설명 중 옳은 것은 ○표, 옳지 않은 것은 ×표 하시오.

(1) 밝을 때 환상근은 수축한다. ( )

(2) 어두울 때 종주근이 이완하여 동공이 커진다. ( )

(3) 홍채의 수축과 이완에 의해 동공의 크기를 조절한다. ( )

06 가까운 곳을 보고 있을 때 물체의 상이 맺히는 위치가 오른쪽 그림과 같을 때, ㉠눈의 이상을 무엇이라고 하며, ㉡이때 쓰는 교정 렌즈를 차례대로 쓰시오.

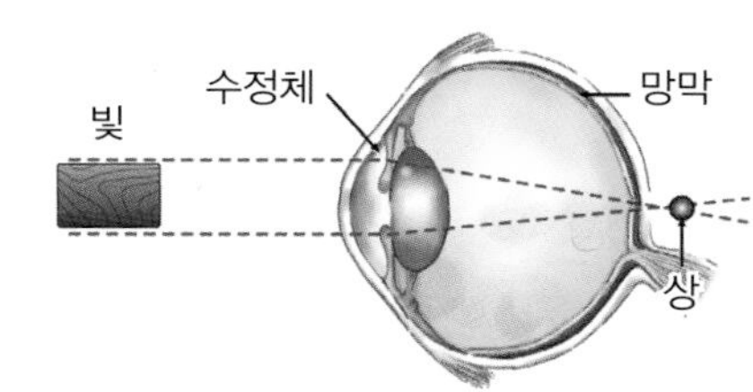

㉠ : ( )

㉡ : ( )

[유형20-4] 감각 기관 3

다음 그림은 사람 귀의 구조를 나타낸 것이다. 다음 설명과 관련이 있는 것을 그림에서 찾아 기호와 이름을 함께 쓰시오.

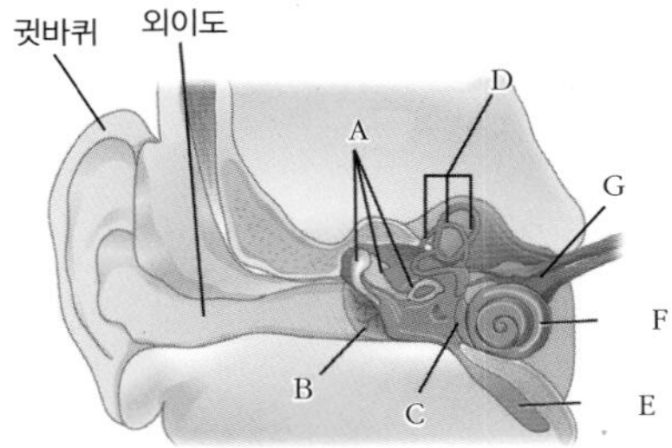

(1) 산에 올랐더니 귀가 먹먹해졌지만 하품을 했더니 다시 괜찮아 졌다.

기호 : (　　), 이름 : (　　　　)

(1) 제자리에서 돌다가 멈추었더니 몸이 계속 도는 것 처럼 어지러웠다.

기호 : (　　), 이름 : (　　　　)

(1) 평균대 위에서 떨어지려고 할 때 팔을 벌려 중심을 잡았다.

기호 : (　　), 이름 : (　　　　)

07

다음 중 후각기와 미각기에 대한 설명으로 옳은 것만을 〈보기〉 에서 있는 대로 고른 것은?

〈 보기 〉

ㄱ. 사람의 감각기 중에서 후각기의 역치가 가장 낮다.
ㄴ. 매운맛은 강한 화학 물질이 혀를 자극하여 통증을 느끼게 하는 것이다.
ㄷ. 냄새와 맛이 대뇌에서 종합되어 다양한 맛을 느낄 수 있다.

① ㄱ　② ㄴ　③ ㄱ, ㄴ　④ ㄴ, ㄷ　⑤ ㄱ, ㄴ, ㄷ

08

다음 글을 읽고 빈칸에 들어갈 알맞은 말을 쓰시오.

피부에 가장 많이 분포되어 있는 감각점은 ㉠(　　　)이고, 높은 온도로의 변화를 느낄 수 있는 감각점은 ㉡(　　　)이다.

㉠ : (　　　　), ㉡ : (　　　　)

창의력&토론마당

01 우주 비행사는 까다로운 신체 검사와 심리 테스트를 거친 후 선발된다. 이후 고된 훈련을 받게 되는데 주요한 훈련 내용은 아래와 같다.

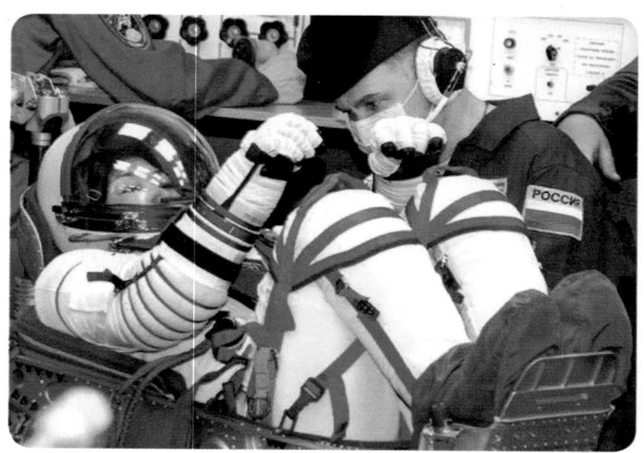

- 원심력 발생 장치에 의한 로켓의 가속도에 견디는 훈련
- 회전 탁자에 서서 상하 좌우의 흔들림에 견디는 훈련
- 한 사람이 겨우 들어갈 만한 공간에 수평 · 수직 · 사방의 3 방향으로 회전하는 장치인 로터에 의해 모든 회전 운동에 견디는 훈련
- 엘리베이터 장치에 의한 무중력 상태에서 견디는 훈련

위 자료를 바탕으로 아래의 물음에 답하시오.

(1) 우주 비행사들이 위와 같은 훈련을 거침으로써 회전 감각과 평형 감각이 향상될 수 있을까? 아니면 회전 감각은 타고나는 것일까? 자신의 생각을 이유와 함께 설명하시오.

(2) 우주에서 눈을 감고 몸을 기울일 때 몸의 기울어짐을 느낄 수 있을지 없을지 자신의 생각을 이유와 함께 서술하시오.

02

다음은 색맹에 대한 설명글과 색맹을 판별하는 테스트이다.

[색맹의 종류]

- 전색맹 : 색상의 식별이 전혀 되지 않아 명암에 의해서만 다소 구별할 수 있다. 빛이 강할 때에는 눈이 부셔 볼 수 없는 현상이 나타난다.
- 적색맹 : 빨강이 아주 어둡게 보여 갈색이나 회색 빛이 도는 황색으로 보이게 된다.
- 녹색맹 : 녹색이 노랑으로 보이며, 채도가 낮은 녹색은 회색에 가깝게 보인다.
- 청황색맹 : 파란 색과 노란 색이 느껴지지 않는 증상으로 이 색맹은 매우 희귀하다.

[색맹 검사표]

두 가지 색을 명도와 채도를 변화시킨 점들의 나열로 구성되며 숫자, 글자 등을 다른 색의 바탕 위에 놓고 구별하는 방법이다.

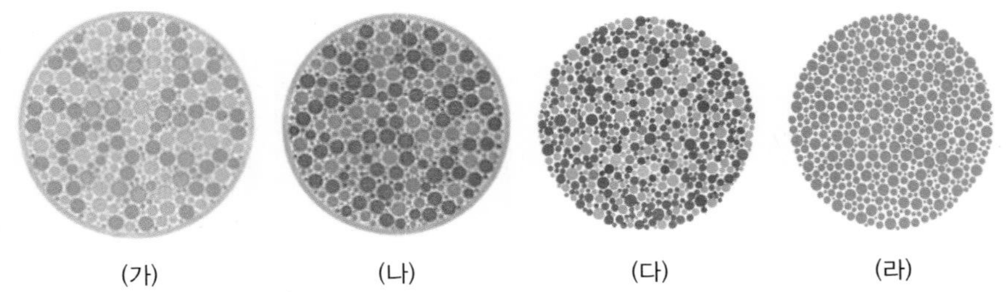

(가) (나) (다) (라)

▲ 색맹 검사표

정상인 사람은 (가) 그림의 숫자를 5 로 읽고, (나) 는 9, (다) 는 2, (라) 는 12 로 읽는다.

[자료 1] A, B, C 세 사람의 색맹 테스트 결과

(○ : 읽을 수 있음, × : 읽을 수 없음)

구분	그림 (가)	그림 (나)	그림 (다)	그림 (라)
A	○	×	×	○
B	×	○	○	○
C	×	×	×	×

[자료 1] 의 세 사람의 색맹 종류를 위 자료를 이용하여 추리 진단해 보고, 그 원인을 설명하시오.

03

다음은 시각과 청각에 의해 받아들인 자극이 전달되는데 걸리는 시간을 비교하기 위한 실험 과정과, 각 과정을 5 회 반복한 결과 값이다. 자료를 바탕으로 다음 물음에 답하시오.

[실험 1]

두 사람이 한 조가 되어 한 사람은 자를 떨어뜨리고, 다른 한 사람은 떨어지는 자를 잡는다. 이때 자의 기준선으로부터 잡은 곳까지의 거리를 측정한다.

[실험 2]

한 사람은 안대를 하고 실험 1 과 같은 실험을 한다. 이때 자를 떨어뜨리는 사람은 떨어뜨리는 동시에 소리를 내어 알려 준다.

[실험 3]

실험 1 과 같은 실험을 하는데, 이때 자를 잡는 사람은 제시된 수학 문제를 머리로 계산하면서 동시에 떨어지는 자를 잡는다.

[실험 결과]

구 분	1 회	2 회	3 회	4 회	5 회
실험 1 에서 자가 떨어진 거리 (cm)	18.1	17.4	14.5	15.0	16.0
실험 2 에서 자가 떨어진 거리 (cm)	24.5	22.0	19.0	17.0	17.5
실험 3 에서 자가 떨어진 거리 (cm)	47.5	45.6	44.5	44.9	42.5

(1) 눈과 귀로부터 받아들인 자극이 전달되어 반응으로 나타나기까지 걸린 시간을 구하고, 이 실험을 통해 알 수 있는 사실을 쓰시오.
(단, 낙하 거리 h(m) $= \frac{1}{2}gt^2$, 중력 가속도(g) $= 10$ m/s^2, t 는 시간(초)이다.)

(2) 위와 같이 자극의 종류에 대한 반응의 빠르기가 다른 이유는 무엇일지 추리하여 쓰시오.

04 시각 정보는 망막의 신경 세포 → 시각 신경 → 시신경 교차 → 시각로 → 시상 → 시각 중추의 순서로 전달된다. 그림은 시각 정보 회로를 포함하는 뇌단면의 모식도이다.

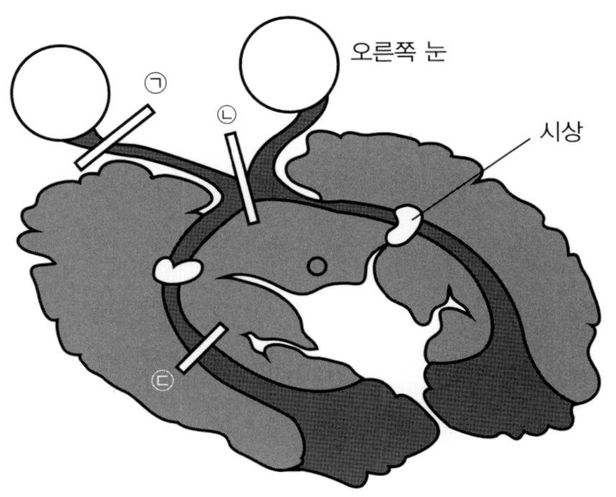

(가) 는 두 눈으로 볼 수 있는 시야를 나타낸다. 오른쪽 시신경이 절단되면 (나) 와 같이 D 부위가 보이지 않고, 왼쪽 시각로가 절단되면 (다) 와 같이 C 와 D 가 보이지 않는다. 그리고 오른쪽 시각로가 절단되면 A 와 B 가 보이지 않는다.

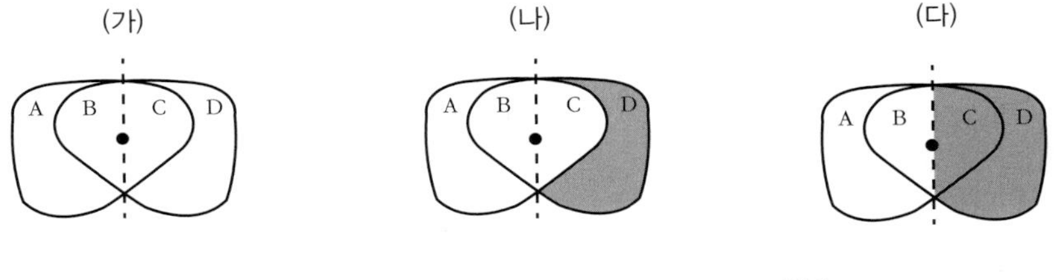

● : 초점
A, B, C : 왼쪽 눈 시야
B, C, D : 오른쪽 눈 시야

이를 근거로 추론한 내용 중 옳지 않은 것은?

① ㉠ 부위가 절단되면 A 가 보이지 않는다.
② ㉡ 부위가 절단되면 B 와 C 가 보이지 않는다.
③ ㉢ 부위가 절단되면 C 와 D 가 보이지 않는다.
④ 왼쪽 시각로는 왼쪽 눈에서 나온 정보의 일부를 지니고 있다.
⑤ 오른쪽 시신경의 일부는 시신경 교차에서 왼쪽 뇌반구로 전달된다.

스스로 실력 높이기

A

01 역치 미만의 자극에서는 반응이 없고, 역치 이상의 자극에서는 반응의 크기가 일정한 현상을 무엇이라고 하는가?

(　　　　　)

02 감각기가 식별할 수 있는 최소 자극 변화량은 처음 주어진 자극의 세기에 비례한다는 법칙은 무엇인가?

(　　　　　)

[03-04] 다음은 사람 눈의 구조를 나타낸 것이다. 다음 물음에 답하시오.

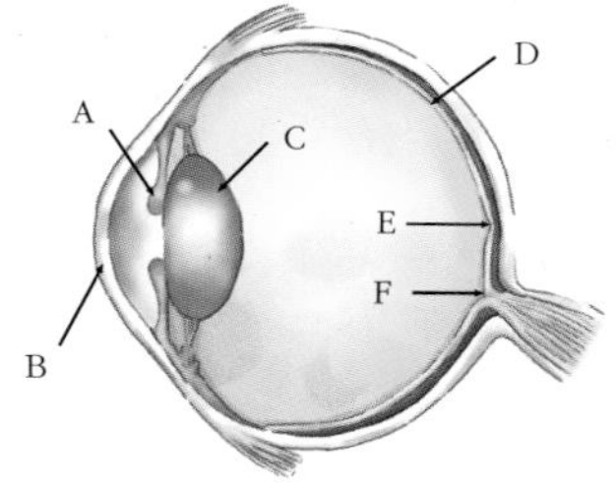

03 시세포가 밀집되어 있어 선명한 상이 맺히는 부위의 기호와 이름을 쓰시오.

기호 : (　　　), 이름 : (　　　　　)

04 빛을 굴절시켜 망막에 상이 맺히도록 하는 부위의 기호와 이름을 쓰시오.

기호 : (　　　), 이름 : (　　　　　)

05 다음 글을 읽고 괄호 안에 들어갈 알맞은 단어를 고르시오.

> 무한이가 책을 보고 있다가 창밖의 먼 산을 바라볼 때, 수정체는 (두꺼워진다 , 얇아진다).

(　　　　　)

06 시각 세포 중 ㉠ 형태와 명암을 식별하는 세포와 ㉡ 형태와 명암, 색깔을 식별하는 세포를 차례대로 쓰시오.

㉠ (　　　　　), ㉡ (　　　　　)

07 수정체와 망막 사이의 거리가 정상인보다 길어 가까운 곳의 물체는 잘 볼 수 있지만, 먼 곳의 물체를 잘 볼 수 없는 눈의 이상을 무엇이라고 하는지 쓰고, 이때 사용되는 교정 렌즈를 쓰시오.

눈의 이상 : (　　　　　)
교정 렌즈 : (　　　　　)

08 다음 중 혀의 미각 세포에서 감각할 수 있는 맛이 아닌 것을 〈보기〉 에서 있는 대로 쓰시오.

〈 보기 〉

ㄱ. 단맛　ㄴ. 쓴맛　ㄷ. 짠맛　ㄹ. 신맛
ㅁ. 매운맛　ㅂ. 감칠맛　ㅅ. 떫은맛

(　　　　　)

09 피부 감각기에 대한 설명 중 옳은 것은 ○표, 옳지 않은 것은 ×표 하시오.

(1) 피부의 표피에 외부 자극을 받아들이는 감각점이 분포한다. (　　)

(2) 피부 감각점의 분포는 몸의 부위마다 다르다. (　　)

(3) 감각점의 분포 밀도는 통점 > 촉점 > 압점 > 온점 > 냉점이다. (　　)

10 다음 중 역치가 가장 낮은 감각 기관은 무엇인가?

① 시각기　② 청각기
③ 후각기　④ 미각기
⑤ 피부 감각기

B

11 손 위에 100 g 의 추를 놓은 후 추를 추가하면서 처음으로 더 무거워졌다고 느낄 때의 추의 무게를 측정하였더니 102.5 g 이었다. 200 g 의 추를 들고 있을 때는 최소 몇 g의 추를 더 들어야 무거워졌다는 것을 느끼겠는가?

( ) g

12 다음 표는 하나의 신경 세포에 전기 자극을 점점 강하게 주었을 때의 반응의 크기를 나타낸 것이다.

자극의 세기 (mV)	10	20	30	40	50	60
반응의 크기 (상대값)	0	0	1	1	1	?

다음 중 위 표에 대한 설명으로 옳은 것은?

① 이 신경 세포의 역치는 20 mV 이다.
② 이 신경 세포는 실무율이 적용되지 않는다.
③ 자극의 세기가 60 mV 일 때 반응의 크기는 1 이다.
④ 근육에 같은 실험을 하면 동일한 결과를 얻을 수 있다.
⑤ 자극의 세기가 100 mV 이상으로 커지면 반응의 크기도 커진다.

13 다음 그래프는 근섬유와 근육의 자극의 세기에 따른 반응의 크기를 각각 측정한 결과이다.

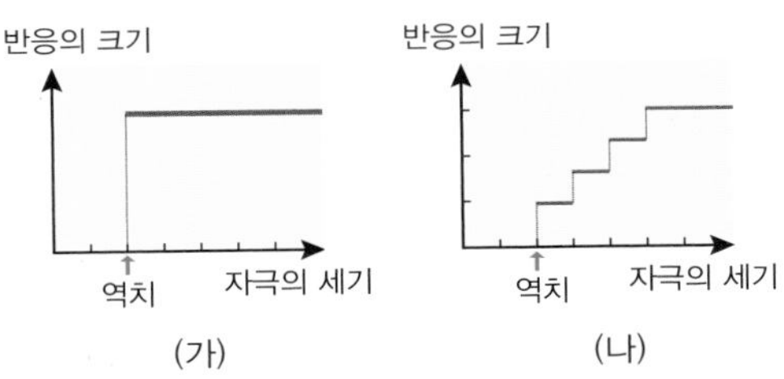

위 자료에 대한 설명으로 옳은 것만을 〈보기〉 에서 있는 대로 고른 것은?

〈 보기 〉
ㄱ. (가) 는 근육, (나) 는 근섬유의 실험 결과이다.
ㄴ. (가) 와 (나) 에서 근육을 구성하는 근섬유는 실무율이 적용되지 않는다.
ㄷ. (나) 에서 반응의 크기가 증가하는 이유는 세포마다 역치가 다르기 때문이다.

① ㄱ ② ㄴ ③ ㄷ
④ ㄱ, ㄷ ⑤ ㄴ, ㄷ

14 다음 그래프는 3 가지 원뿔 세포의 파장에 따른 빛 흡수율을 나타낸 것이다.

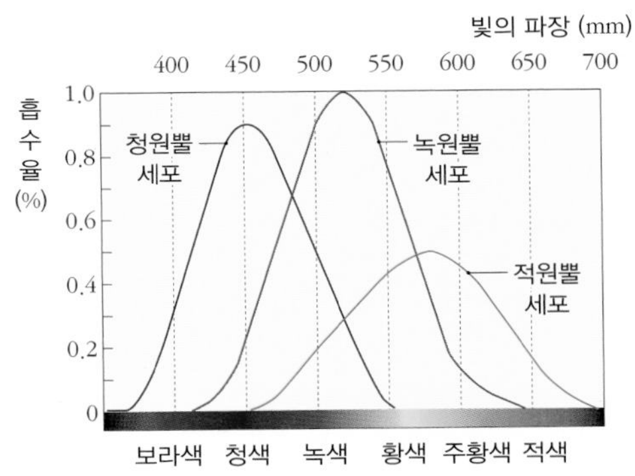

위 자료에 대한 설명으로 옳은 것만을 〈보기〉 에서 있는 대로 고른 것은?

〈 보기 〉
ㄱ. 녹원뿔 세포와 적원뿔 세포의 빛 흡수율이 같으면 물체는 흰색으로 보인다.
ㄴ. 세 원뿔 세포가 모두 빛을 흡수하면 검은색으로 감각한다.
ㄷ. 녹색을 볼 때는 세 가지 원뿔 세포가 모두 반응한다.

① ㄱ ② ㄴ ③ ㄷ
④ ㄱ, ㄷ ⑤ ㄴ, ㄷ

15 다음 그림은 시각 세포에서 일어나는 광화학 반응을 나타낸 것이다.

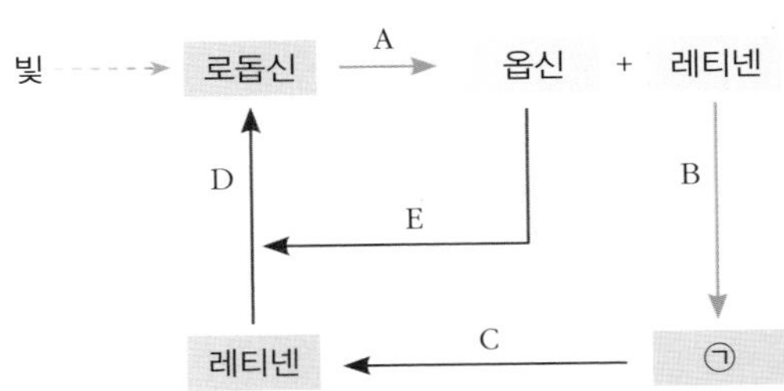

다음 중 위 그림에 대한 설명으로 옳은 것은?

① 어두운 곳에서는 로돕신의 양이 감소한다.
② ㉠ 은 비타민 A 로, 부족하면 야맹증에 걸린다.
③ 위 반응은 원뿔 세포가 활성화되어 생기는 반응이다.
④ 로돕신의 분해로 생긴 레티넨이 시각 신경을 자극한다.
⑤ 어두운 곳에 있다가 갑자기 밝은 곳으로 나올 때 눈이 부신 것은 D 반응과 관련 있다.

스스로 실력 높이기

16 다음 그림은 시력이 안 좋은 무한이가 안경을 착용하여 교정한 상태를 나타낸 것이다.

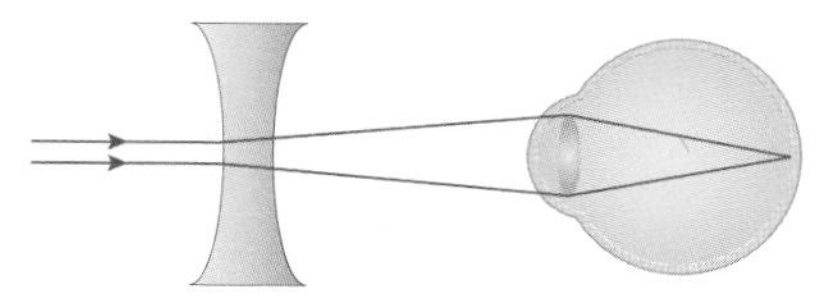

무한이의 눈의 상태에 대한 설명으로 옳은 것만을 〈보기〉에서 있는 대로 고른 것은?

〈 보기 〉

ㄱ. 수정체가 정상인보다 두껍다.
ㄴ. 안경을 착용하지 않으면 가까운 곳의 물체를 잘 볼 수 없다.
ㄷ. 안경을 착용하지 않으면 망막의 뒤에 상이 맺힌다.

① ㄱ ② ㄴ ③ ㄱ, ㄴ
④ ㄱ, ㄷ ⑤ ㄱ, ㄴ, ㄷ

17 다음 그림은 귀의 구조와 귀의 어느 한 부분을 확대한 모습을 나타낸 것이다.

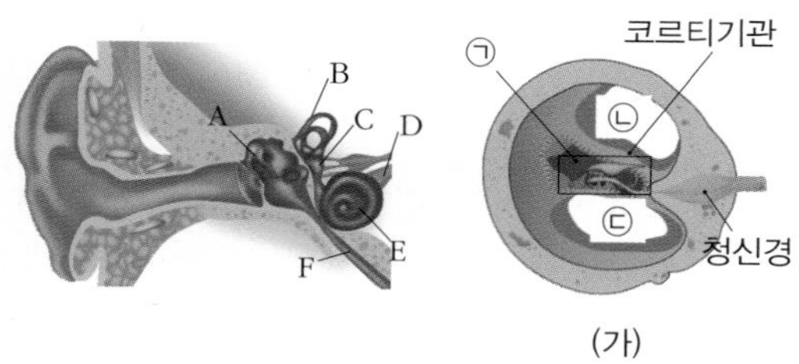

(가)

다음 중 위 그림에 대한 설명으로 옳은 것은?

① A 는 음파에 의해 최초로 진동된다.
② B 와 C 는 평형 감각에 관여한다.
③ (가) 는 C 에 들어있는 기관이다.
④ 음파의 진동은 ㉠ → ㉡ → ㉢ 순서로 전달된다.
⑤ D 는 자극을 소뇌로 전달한다.

18 다음 그림은 회전을 할 때 반고리관 내의 변화를 나타낸 것이다.

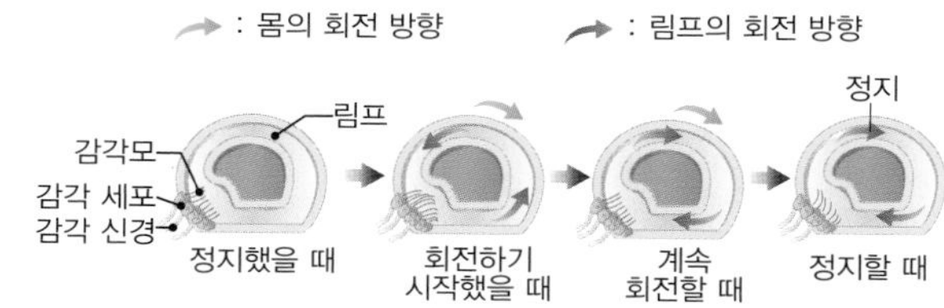

이에 대한 설명으로 옳은 것만을 〈보기〉에서 있는 대로 고른 것은?

〈 보기 〉

ㄱ. 몸의 속도 변화가 클 때 회전 감각도 강하게 느낀다.
ㄴ. 감각모는 운동 상태에 관계없이 몸의 회전 방향과 같은 방향으로 굽는다.
ㄷ. 회전을 시작할 때와 정지했을 때의 림프의 움직임은 관성의 원리이다.

① ㄱ ② ㄴ ③ ㄱ, ㄴ
④ ㄱ, ㄷ ⑤ ㄱ, ㄴ, ㄷ

19 다음 그래프는 온도에 따른 피부 감각 수용기의 반응을 나타낸 것이다.

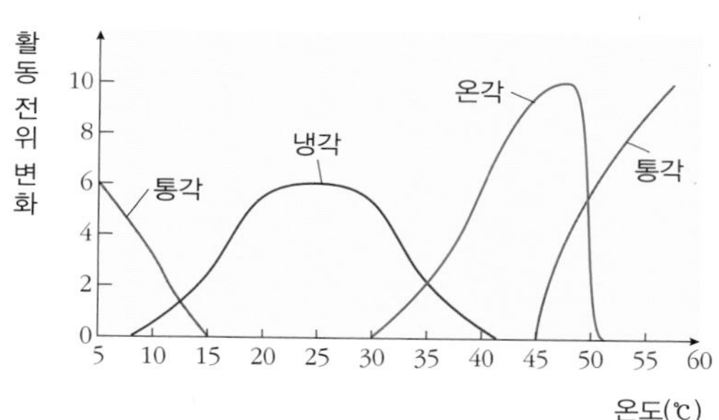

다음 중 위 자료에 대한 설명으로 옳은 것은?

① 0 ℃ 의 얼음물에서는 통증을 느낀다.
② 20 ℃ 에서는 냉점과 온점이 모두 반응할 수 있다.
③ 35 ℃ 부근에서는 온도가 변해도 못 느낀다.
④ 40 ℃ 에서 45 ℃ 로 물의 온도가 올라가도 더 따뜻해진 것을 못 느낀다.
⑤ 60 ℃ 의 고온 자극은 온점의 적합 자극이다.

20 다음은 디바이더의 끝을 피부에 살짝 대어 두 점으로 느끼는 최단 거리를 조사하여 나타낸 것이다.

부위	손가락	손바닥	팔뚝	등	이마	입술
거리(mm)	2.7	10.3	38.4	39.5	17	6.0

다음 중 위 실험 결과에 대한 설명으로 옳지 않은 것은?

① 가장 둔감한 부위는 등이다.
② 촉점의 분포 밀도는 신체 부위에 따라 다르다.
③ 촉점이 가장 많이 분포하는 곳은 손가락이다.
④ 눈을 감고 물체를 식별할 때 손가락보다는 손바닥을 사용하는 것이 정확하다.
⑤ 디바이더의 끝 간격을 5 mm 로 하여 대었을 때 두 점으로 느끼는 부위는 손가락 뿐이다.

C

21 다음 그림은 시력 교정을 받아야 하는 학생 A 와 정상 시력을 가진 학생 B 의 안구 모양을 나타낸 것이다. (단, + 선은 안구의 길이를 비교하기 위해 그려 넣은 것이다.)

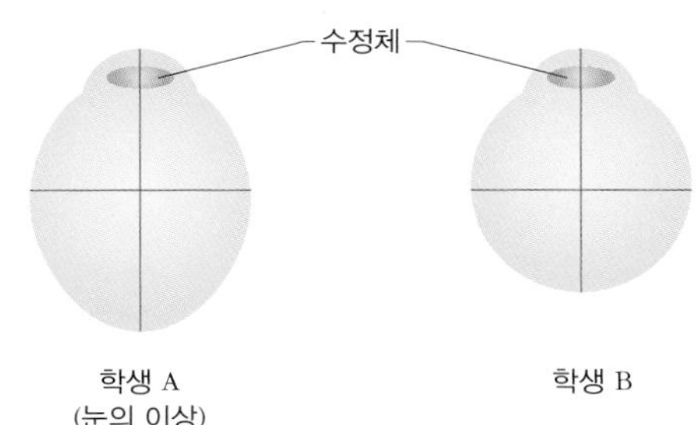

학생 A 의 눈의 상태에 대한 설명으로 옳은 것만을 〈보기〉 에서 있는 대로 고른 것은?

〈 보기 〉
ㄱ. 먼 곳을 볼 때 망막에 선명한 상이 맺히지 않는다.
ㄴ. 시력 교정을 위해 오목 렌즈를 착용해야 한다.
ㄷ. 노안인 사람이 물체를 잘 보지 못하는 원리와 같다.
ㄹ. 어두운 곳으로 갔을 때 동공이 확대되지 않아 잘 보지 못한다.

① ㄱ, ㄴ ② ㄱ, ㄷ ③ ㄴ, ㄹ
④ ㄱ, ㄴ, ㄹ ⑤ ㄴ, ㄷ, ㄹ

22 다음 그림은 사람의 귀의 구조를 나타낸 것이다.

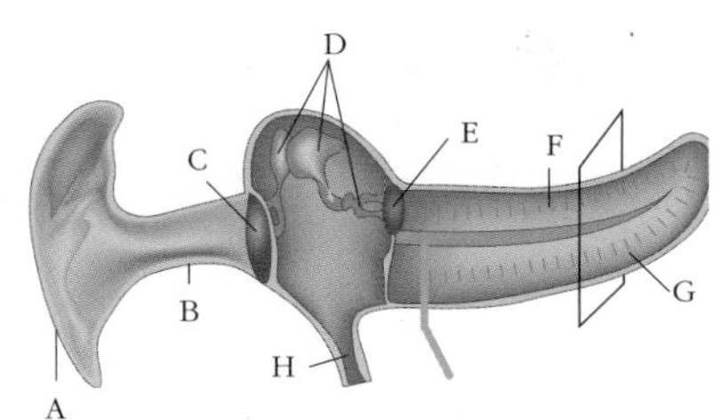

위 그림에 대한 설명으로 옳은 것만을 〈보기〉 에서 있는 대로 고른 것은?

〈 보기 〉
ㄱ. B를 통과한 음파의 전달 경로는 C → D → E → F → G 이다.
ㄴ. B, C, F 에서 음파의 매질은 각각 고체, 기체, 액체이다.
ㄷ. 높은 산에 올라가 귀가 먹먹할 때 침을 삼키면 귀가 뚫려 잘 들리는 것은 H 와 관련이 있다.

① ㄱ ② ㄴ ③ ㄷ
④ ㄱ, ㄷ ⑤ ㄴ, ㄷ

23 사람의 망막에는 시각 세포와 시각 신경이 존재한다. 다음 그림 (가) 와 (나) 는 이들의 위치에 대한 두 가지 가설을 그림으로 나타낸 것이다. 두 가설 중 타당한 것과 그 근거를 바르게 설명한 것으로 옳은 것은?

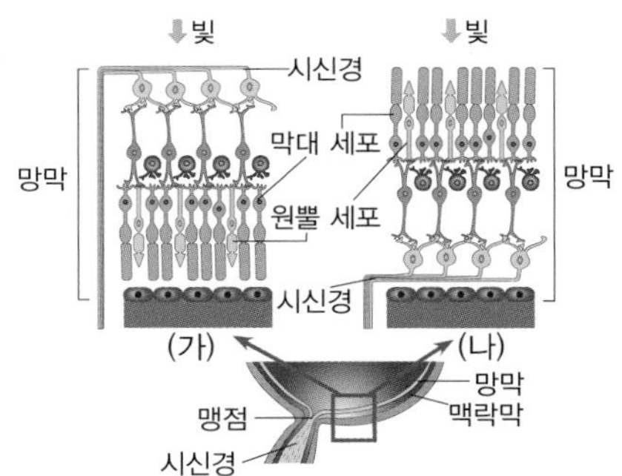

① 상이 맺혀도 볼 수 없는 맹점이 존재하므로 가설 (가) 가 타당하다.
② 상이 가장 선명하게 맺히는 황반이 존재하므로 가설 (가) 가 타당하다.
③ 상이 맺혀도 볼 수 없는 맹점이 존재하므로 가설 (나) 가 타당하다.
④ 상이 가장 선명하게 맺히는 황반이 존재하므로 가설 (나) 가 타당하다.
⑤ 빛의 산란을 막는 맥락막이 있으므로 가설 (나) 가 타당하다.

스스로 실력 높이기

24 다음 표는 같은 종류의 자극에 반응하는 감각 기관에 대하여 자극의 세기를 변화시킬 때, A, B, C 세 사람이 느끼는 반응의 정도를 나타낸 것이다. (단, − 는 반응이 없음을 나타내고, 반응이 강할수록 + 의 수가 많다.)

자극의 세기(상대값) / 사람	11	12	13	14	15	16	17
A	−	−	+	+	+	+	++
B	−	+	+	+	++	++	++
C	−	+	+	+	+	++	++

다음 중 위 자료를 통해 유추할 수 있는 내용으로 옳은 것은?

① A 는 B 보다 자극에 대한 역치가 작다.
② 베버 상수는 B 가 가장 크게 나타난다.
③ 자극의 변화에 가장 민감한 사람은 C 이다.
④ 자극의 세기가 커지면 자극에 반응하는 세포의 수가 증가한다.
⑤ 처음 자극의 세기가 강할수록 자극 변화량이 커야 세기 변화를 느낄 수 있다.

25 다음 그래프는 영희가 어떤 물체를 보고 있는 동안 수정체의 두께 변화를 나타낸 것이다.

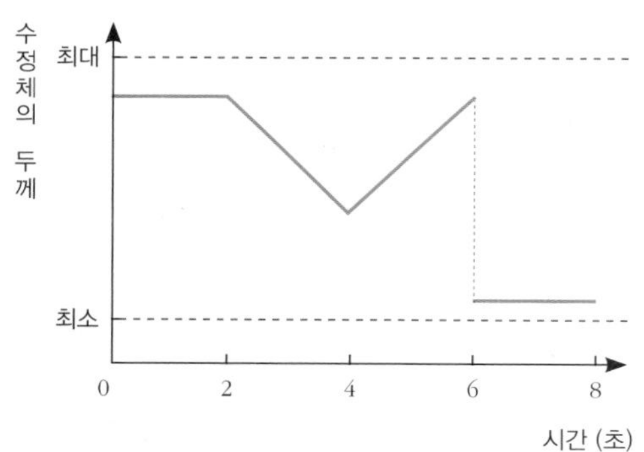

위 자료에 대한 설명으로 옳은 것만을 〈보기〉 에서 있는 대로 쓰시오.

〈 보기 〉

ㄱ. 0 ~ 2 초 사이에는 영희와 물체 사이의 거리가 변하지 않았다.
ㄴ. 2 ~ 4 초 사이에는 물체가 다가오고 있다.
ㄷ. 4 ~ 6 초 사이에는 모양체가 수축한다.
ㄹ. 6 ~ 8 초 사이에는 동공이 확대된 채로 유지되고 있다.

( )

26 다음은 실험을 통해 얻은 베버 상수(K)를 나타낸 것이고, 아래의 표는 처음 자극과 나중 자극이 주어졌을 때 그 변화를 처음 자극 이후 처음으로 느낄 수 있는 자극의 세기를 나타낸 것이다. 다음 빈칸에 들어갈 알맞은 자극의 세기와 자극의 이름을 각각 쓰시오.(단, 단위는 생략한다.)

[한국 생물 올림피아드 기출 유형]

$K_{시각} = \dfrac{1}{100}$, $K_{촉각} = \dfrac{1}{200}$,

$K_{미각} = \dfrac{1}{6}$, $K_{청각} = \dfrac{1}{7}$

주어진 자극의 종류	처음 자극	처음 자극 이후 다시 느낄 수 있는 자극의 세기
청각	49	㉠( )
㉡( )	100	100.5

㉠ ( )
㉡ ( )

심화

27 다음 그래프는 밝은 곳에 있던 사람이 갑자기 어두운 곳으로 들어갔을 때 두 종류의 시세포의 역치 변화를 나타낸 것이다. 다음 물음에 답하시오.

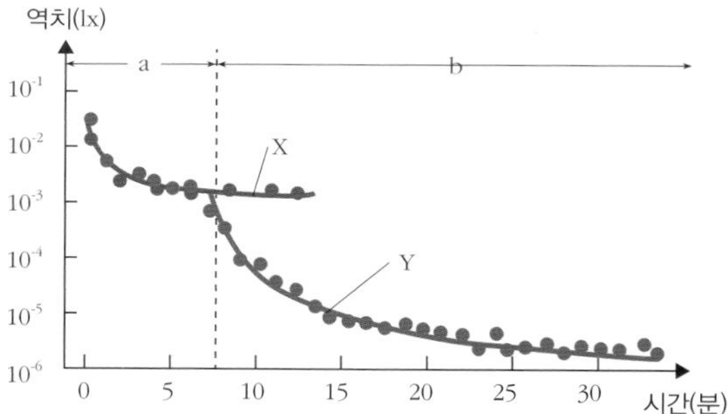

(1) 시세포 X 와 Y 의 이름을 각각 쓰시오.

X : ( )
Y : ( )

(2) a 구간에서는 잘 보이지 않는 이유를 시세포 X 와 Y 를 이용하여 서술하시오.

(3) b 구간에서 사물을 잘 볼 수 있는 원리를 서술하시오.

28 사람의 눈은 수정체 양끝에 있는 모양체의 근육이 자율신경에 의해 수축 · 이완됨으로써 다음과 같이 수정체의 두께가 변화되어 원근 조절이 이루어진다. 그러나 두족류인 오징어 무리는 수정체가 탄력이 없고 두께가 일정하게 고정되어 있다. 오징어 눈이 원근 조절에 따라 상이 잘 보이도록 하는 방법에 대한 가설로 적당한 것은?

[한국 생물 올림피아드 기출 유형]

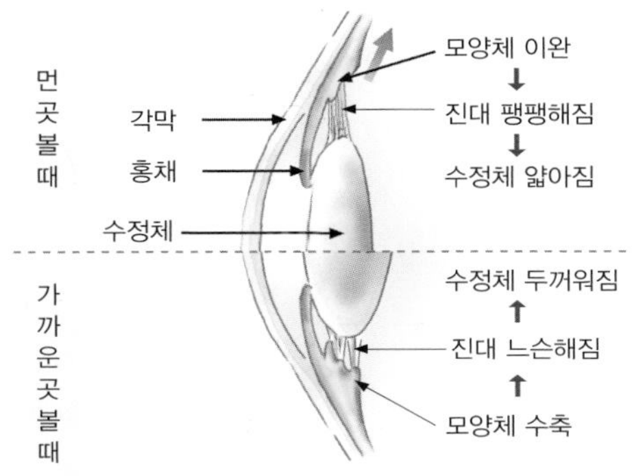

① 물의 굴절을 이용하여 물체를 본다.
② 물체에 가까이 접근하여 물체를 본다.
③ 수정체의 각도를 변화시켜 원근을 조절한다.
④ 수정체와 망막의 거리를 조절하여 초점을 맞춘다.
⑤ 수정체의 크기를 조절하여 초점 거리를 조절한다.

29 제 1차 세계 대전 중의 비행기는 아직 기술이 발달하지 않아 비행의 대부분을 비행사의 시력에 의존하였다. 당시 야간 출격이 예고된 전투기 비행사는 붉은색 고글을 끼고 대기했다고 한다. 그 이유를 시각 세포의 흡수 스펙트럼 자료를 이용하여 설명하시오.

[한국 생물 올림피아드 기출 유형]

30 2,000 lx 의 빛이 나오는 실내에서 500 lx 의 전등을 하나 더 켰을 때, 실내가 밝게 느껴졌다. 같은 실내에서 4,000 lx 의 밝기에 있는 사람이 몇 lx 이상이 되어야 밝아짐을 느낄 수 있으며, 이에 관계된 원리는 무엇인지 쓰시오.

[한국 생물 올림피아드 기출 유형]

21강. 근수축 운동

골격근의 운동

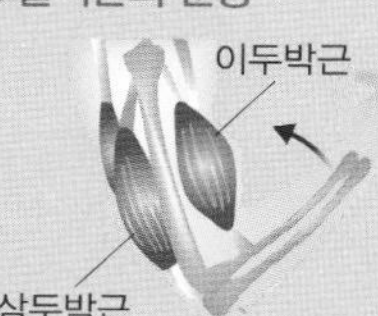

▲ 이두박근이 수축하고 삼두박근이 이완하여 팔을 들어올린다.

▲ 이두박근이 이완하고 삼두박근이 수축하여 팔을 내린다.

근육 조직의 구분

· 근육 세포의 모양에 따라
  - 가로무늬근 : 근육 세포에 가로무늬가 있는 근육
  - 민무늬근 : 근육 세포에 가로무늬가 없는 근육
· 근육의 움직임에 따라
  - 수의근 : 자신의 의지대로 움직일 수 있는 근육
  - 불수의근 : 의지와 관계없이 움직이는 근육

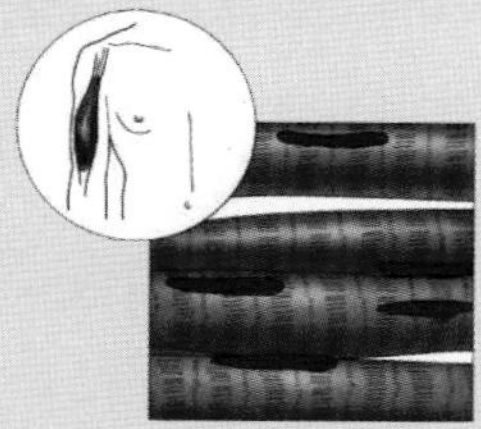

▲ 골격근 뼈에 붙어 운동을 할 수 있는 근육으로 가로무늬근, 수의근이다.

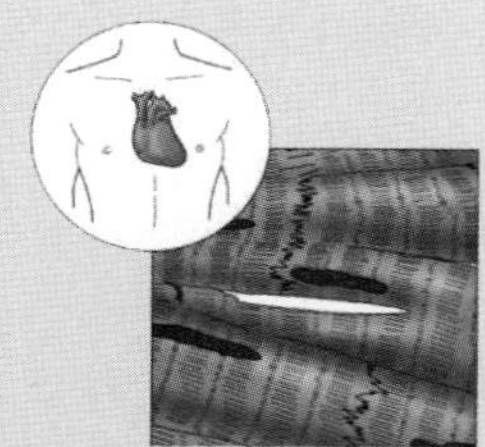

▲ 심장근 심장을 이루고 있는 근육으로 가로무늬근, 불수의근이다.

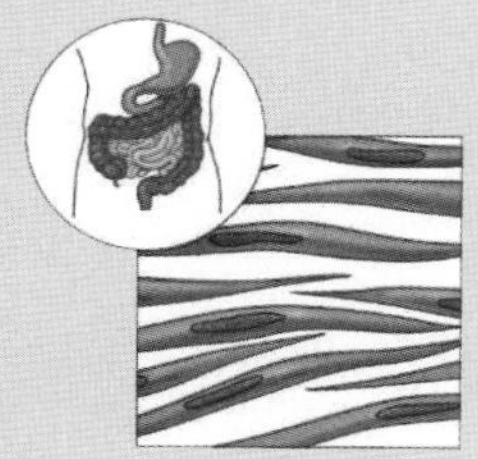

▲ 내장근 심장을 제외한 내장을 이루고 있는 근육으로 민무늬근, 불수의근이다.

1. 골격근의 구조

(1) 골격근의 운동 : 골격근은 뼈에 붙어서 몸을 지탱하거나 의식적인 몸의 움직임에 관여하며, 신경계의 명령에 따라 골격근이 수축 · 이완하여 몸의 움직임이 조절된다.

① 골격근은 운동 뉴런에 의해 조절되며, 골격근의 양끝은 서로 다른 뼈에 붙어있어 골격근이 수축하면 뼈대가 움직인다.

② 뼈대에는 2 개의 골격근이 쌍으로 붙어 있으며, 한쪽 근육이 수축하면 다른 쪽 근육은 이완한다.

(2) 골격근의 구조

① 골격근은 평행하게 배열된 여러 개의 근육 섬유 다발로 구성되어 있으며, 각각의 근육 섬유는 더 가느다란 근육 원섬유로 이루어져 있다.

② 하나의 근육 원섬유에는 근수축의 기본 단위인 근육 원섬유 마디(근절)가 여러 개 반복되어 나타난다.

⇒ 근육 원섬유 마디는 가는 액틴 필라멘트 사이에 굵은 마이오신 필라멘트가 일부분씩 겹쳐 배열되어 있는 구조이다.

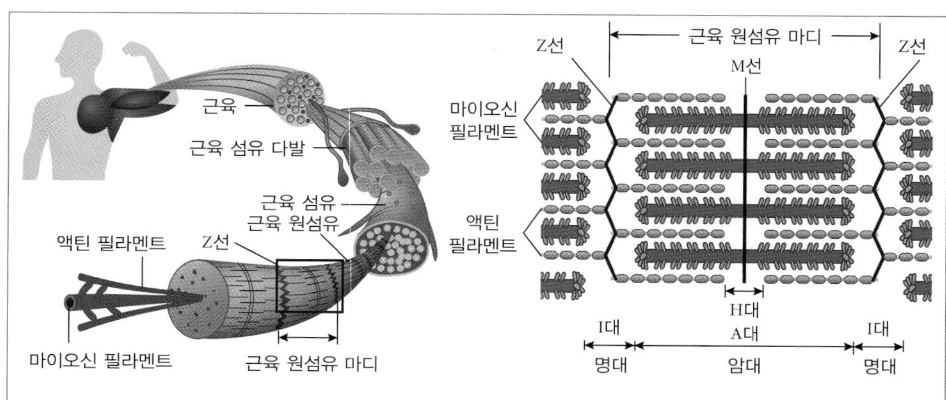

· Z선 : I대(명대) 중앙의 가느다란 선으로 근육 원섬유 마디와 마디를 구분하는 경계선이며 근육 원섬유 마디를 지지해 주는 역할을 한다.
· 근육 원섬유 마디(근절) : 근수축의 기본 단위가 되며 마이오신으로 된 굵은 필라멘트와 액틴으로 된 가는 필라멘트가 일부분씩 겹쳐 배열되는 구조이다.
· I대(명대) : Z선 양쪽으로 액틴 필라멘트만 있어서 밝게 보이는 부분이다.
· A대(암대) : 굵은 마이오신 필라멘트로 인해 어둡게 보이는 부분으로 마이오신 필라멘트 전체 길이와 일치한다.
· H대 : A대 중앙의 약간 밝은 부분으로 마이오신 필라멘트만 존재하는 부분이다.
· M선 : H대 중앙의 가느다란 선으로 진하게 나타나며 마이오신 필라멘트와 연결되어 있어 이를 지지해 주는 역할을 한다.

개념확인 1

근육 원섬유 마디와 마디를 구분하는 경계선을 무엇이라고 하는가?

( )

확인+1

마이오신 필라멘트와 연결되어 있어 이를 지지해 주는 역할을 하는 선을 무엇이라고 하는가?

( )

2. 근수축 과정 1

(1) 근수축 원리 : 액틴 필라멘트가 마이오신 필라멘트 사이로 미끄러져 들어가 근육 원섬유 마디가 짧아지면서 근육이 수축된다.

(2) 활주 필라멘트 모델 (sliding - filament model : **활주설)**

① 근육이 수축하는 동안 액틴 필라멘트가 마이오신 사이로 미끄러져 들어가 근육 원섬유 마디의 길이가 짧아지면서 수축이 일어난다고 설명하는 근수축 이론이다.

② 가는 액틴 필라멘트와 마이오신의 길이는 변하지 않고 두 필라멘트가 마주 보는 방향으로 미끄러져 들어가므로 겹쳐진 부분이 늘어나면서 근육 원섬유 마디는 짧아진다.

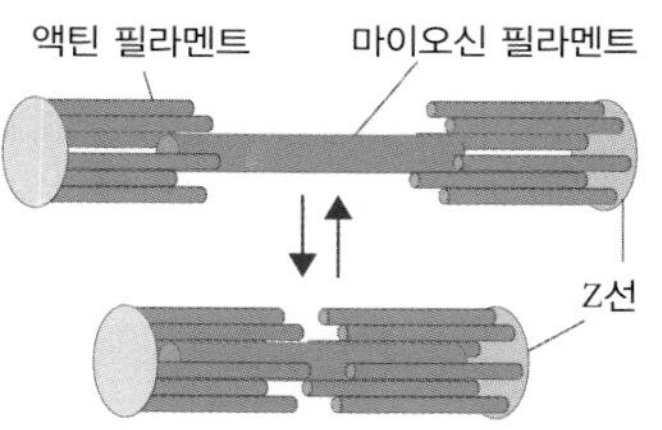

(3) 근수축 과정

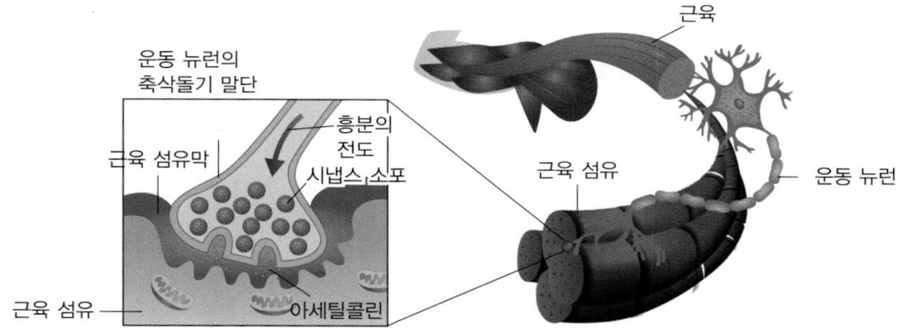

① **운동 뉴런에서 아세틸콜린 분비** : 흥분이 운동 뉴런을 따라 전도되어 활동 전위가 축삭 말단에 도달하면 아세틸콜린이 분비된다.

② **근육 섬유막의 탈분극** : 운동 뉴런 말단에서 분비된 아세틸콜린이 확산되어 근육 섬유막의 수용체와 결합하면 탈분극이 유도되어 활동 전위가 발생한다.

③ **근소포체에서 Ca^{2+} 방출** : 활동 전위가 근육 섬유의 근소포체에 도달하면 Ca^{2+} 통로가 열리고 근소포체에 저장되어 있던 Ca^{2+} 이 세포질로 방출된다.

④ **Ca^{2+} 이 액틴 필라멘트와 결합** : Ca^{2+} 이 액틴 필라멘트에 결합하면 마이오신과 결합할 수 있는 부위가 드러나게 된다.

⑤ **마이오신이 액틴 필라멘트에 결합하여 끌어당김(활주)** : 마이오신은 액틴과 결합하여 액틴 필라멘트를 근육 원섬유 마디의 중심으로 끌어당긴다. 이때 액틴 필라멘트가 미끄러져 들어옴으로써 근수축이 일어나며, 이때 ATP 가 사용된다.

⑥ **근육의 이완** : 활동 전위가 사라지면 세포질 내의 Ca^{2+} 은 근소포체로 능동 수송되며, 액틴 필라멘트에 결합했던 Ca^{2+} 이 사라지면 마이오신 결합 부위가 다시 가려지고 그에 따라 근수축이 종료되고 근육이 이완된다.

근육 섬유

근육 섬유 다발을 이루는 근육 세포로, 근육 섬유는 하나의 세포가 많은 핵을 가진 다핵성 세포이다.

아세틸콜린

동물의 신경 조직에 들어 있는 신경 전달 물질 중 하나로 운동 신경의 말단에서 분비되어 흥분을 근육에 전달하며, 부교감 신경 말단에서도 분비된다.

액틴 필라멘트와 Ca^{2+}

근육이 휴식 상태에 있을 때는 액틴 필라멘트에서 마이오신과 결합하는 부위가 가려져 있지만, Ca^{2+} 이 액틴 필라멘트에 결합하면 마이오신 결합 부위가 노출된다.

개념확인 2 — 정답 및 해설 43쪽

액틴 필라멘트가 마이오신 사이로 미끄러져 들어가 근육 원섬유 마디의 길이가 짧아지면서 수축이 일어난다고 설명하는 근수축 이론을 무엇이라고 하는가? ( )

확인+2

활동 전위가 근육 섬유의 근소포체에 도달하였을 때 방출되는 이온은 무엇인가?

( )

미니사전

근소포체 근육 섬유에 있는 소포체로 칼슘 이온을 저장한다. 근육 섬유의 세포막에 연결된 관을 끼고 발달되어 있어서 근육 섬유막의 탈분극으로 생긴 활동 전위가 근소포체로 깊숙이 잘 전달된다.

3. 근수축 과정 2

(4) 근수축 시 근육 원섬유의 변화 : 근육 원섬유 마디와 I대, H대의 길이는 짧아지고, 액틴 필라멘트와 마이오신 필라멘트, A대의 길이는 변화 없다.

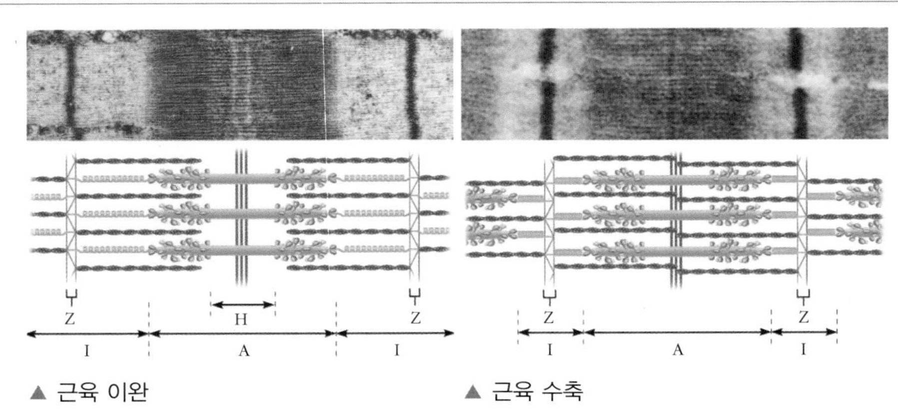

▲ 근육 이완 ▲ 근육 수축

- 근수축 시 액틴 필라멘트와 마이오신 필라멘트의 길이는 변화가 없으며, 액틴 필라멘트가 마이오신 필라멘트 사이로 미끄러져 들어가 액틴 필라멘트와 마이오신 필라멘트의 겹치는 부분이 늘어난다.
- A대(암대)는 마이오신의 길이에 해당하므로, 근수축 시 A대의 길이는 변화가 없다.
- 근수축 시 I대(명대), H대, Z선과 Z선 사이(근육 원섬유 마디)의 길이가 짧아지며, H대는 사라지기도 한다.

근육의 증가
- 성장기에 근육이 증가하는 것은 근육 원섬유 마디(근절)의 길이가 증가하는 것이 아니라 새로운 근육 원섬유 마디가 추가되어 길이가 증가하는 것이다.
- 운동을 통해 근육이 증가하는 것은 근육 원섬유 마디의 폭이 증가하는 것이다.

(5) 마이오신 필라멘트와 액틴 필라멘트의 상호 작용 : 근육 섬유가 탈분극되면 액틴 필라멘트가 마이오신 필라멘트와 결합하는데, 이때 마이오신 필라멘트의 머리가 근수축에 원동력을 제공하는 에너지 반응의 중심이 된다.

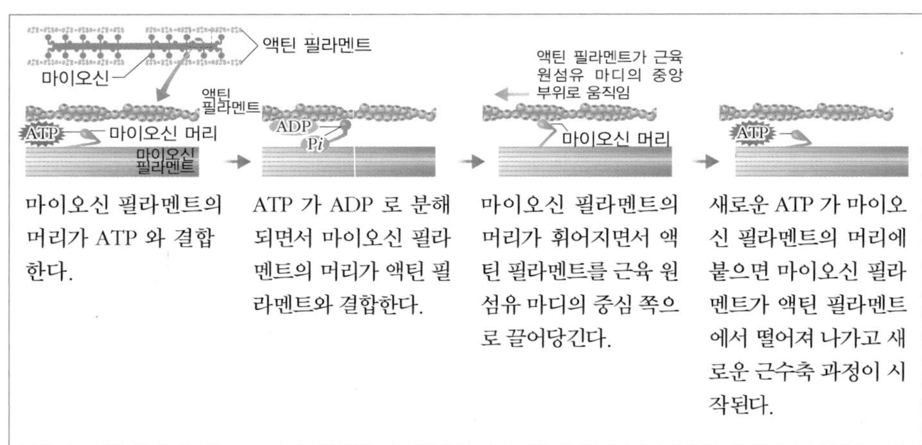

개념확인 3

I대, H대, A대, 근육 원섬유 마디, 액틴 필라멘트, 마이오신 필라멘트 중 근수축 시 짧아지는 것은?

( )

확인+3

근수축에 원동력을 제공하는 에너지 반응의 중심이 되는 부분은 어느 곳인가?

( )

4. 근수축의 에너지원

(1) 근수축 시 에너지의 공급 : 근육 섬유가 반복적인 수축을 하기 위해서는 ATP 가 필요한데, 이 ATP 는 크레아틴 인산과 포도당으로부터 공급된다.

① **저장 ATP** : 각 근육 섬유에는 즉시 사용할 수 있는 ATP 가 저장되어 있는데, 이것은 약 3 초간 수축을 지속할 수 있는 정도이다.

② **크레아틴 인산의 분해** : 저장된 ATP 가 고갈되면 근육에 저장되어 있던 크레아틴 인산이 크레아틴과 인산으로 분해되면서 고에너지 인산을 ADP 에 공급하여 ATP 가 합성된다. 이 과정에 의해 ATP 가 빠르게 합성되지만 지속되는 시간은 약 15 초이다.

③ **포도당의 분해** : 혈액으로부터 흡수한 포도당과, 근육에 저장된 글리코젠이 분해되어 생성된 포도당은 ATP 합성을 위한 에너지원으로 쓰인다.

- 산소가 충분할 때 : 산소 호흡으로 포도당이 산화되어 이산화 탄소와 물로 분해되면서 다량의 ATP 를 합성하여 공급한다.
- 산소가 부족할 때 : 무산소 호흡으로 포도당이 분해되면서 ATP 를 합성한다. 이때 부산물로 젖산이 생성되며, 젖산이 많이 축적되면 근육이 피로해진다.

> 크레아틴 인산 (creatine phosphate)
> 아미노산의 일종인 크레아틴과 인산이 결합한 고에너지 인산 복합체로, 효소에 의해 인산이 분리되어 ADP 를 ATP 로 전환하는 데 이용된다.

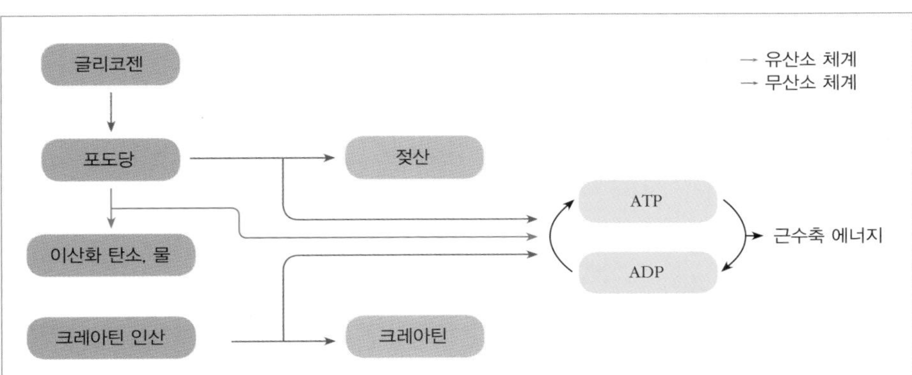

▲ 근수축에 필요한 ATP 에너지의 공급 경로

· 산소 호흡 과정과 무산소 호흡 과정에 의해 생성된 ATP 가 공급되어 근육이 반복적으로 수축할 수 있다. 일정 시간 이상 지속되는 운동에 필요한 ATP 는 대부분 산소 호흡에 의해 공급되며, 포도당뿐 아니라 지방산도 에너지원으로 이용된다.

· 산소 공급 없이 근수축에 필요한 ATP 를 공급하는 과정은 위와 같다. 그러나 무산소 체계에 의한 ATP 공급으로는 운동을 오래 지속할 수 없고, 산소 호흡 과정에 의해 ATP 를 공급받아야 한다.

(2) 근육의 피로와 회복

① 근육 운동 후 피로를 느끼는 것은 근육에 많은 젖산이 축적되고, 글리코젠과 ATP 가 고갈되기 때문이다.

② 피로해진 근육이 휴식을 취하면서 산소가 충분히 공급되면, 젖산의 일부가 산소 호흡으로 분해되고, 이 과정에서 생성된 ATP 를 이용하여 나머지 젖산을 글리코젠으로 재합성하여 피로가 풀린다.

개념확인 4

정답 및 해설 43쪽

근육의 수축에 필요한 직접적인 에너지원은 무엇인가?

( )

확인+4

근육 운동 후 피로를 느끼는 것은 근육에 무엇이 축적되었기 때문인가?

( )

01

골격근의 운동에 대한 설명 중 옳은 것은 ○표, 옳지 않은 것은 ×표 하시오.

(1) 골격근은 뼈에 붙어 운동을 할 수 있는 근육으로 수의근이다. ( )

(2) 골격근은 운동 뉴런에 의해 조절된다. ( )

(3) 뼈대에 붙어 있는 2 개의 골격근은 함께 수축 · 이완 운동을 한다. ( )

02

다음 중 골격근의 구조에 대한 설명을 옳지 않은 것은?

① A대 중앙에 마이오신 필라멘트만 존재하는 부분을 M선이라고 한다.
② 굵은 마이오신 필라멘트로 인해 어둡게 보이는 부분을 A대라고 한다.
③ Z선 양쪽으로 액틴 필라멘트만 있어서 밝게 보이는 부분을 I대라고 한다.
④ Z선은 근육 원섬유 마디와 마디를 구분하는 경계선으로 근육 원섬유 마디를 지지하는 역할을 한다.
⑤ 근육 원섬유 마디는 근수축의 기본 단위로 굵은 필라멘트와 가는 필라멘트가 일부분씩 겹쳐 배열된 구조이다.

03

다음 중 근수축 원리에 대한 설명으로 옳은 것만을 〈보기〉 에서 있는 대로 고른 것은?

〈 보기 〉

ㄱ. 액틴 필라멘트와 마이오신 필라멘트가 관여한다.
ㄴ. 근수축 시 마이오신 필라멘트가 액틴 필라멘트 사이로 미끄러져 들어간다.
ㄷ. 액틴 필라멘트의 길이는 변하지 않고, 마이오신 필라멘트의 길이만 짧아진다.

① ㄱ ② ㄴ ③ ㄷ
④ ㄱ, ㄴ ⑤ ㄴ, ㄷ

04

다음은 근수축의 과정을 차례대로 설명한 것이다. 근수축의 과정에 대한 설명으로 옳지 않은 것은?

① 흥분이 운동 뉴런을 따라 전도되어 활동 전위가 축삭 말단에 도달하면 아세틸콜린이 분비된다.
② 아세틸콜린이 확산되어 근육 섬유막의 수용체와 결합하면 탈분극이 유도되어 활동 전위가 발생한다.
③ 활동 전위가 근육 섬유의 근소포체에 도달하면 Ca^{2+} 통로가 열려 Ca^{2+} 이 방출된다.
④ Ca^{2+} 이 마이오신 필라멘트에 결합하면 액틴 필라멘트와 결합할 수 있는 부위가 드러난다.
⑤ 마이오신은 액틴과 결합하여 액틴 필라멘트를 근육 원섬유 마디의 중심으로 끌어당긴다. 이때 액틴 필라멘트가 미끄러져 들어오면서 근수축이 일어난다.

05 근육이 수축할 때 길이가 변하지 않는 것만을 〈보기〉 에서 있는 대로 고르시오.

〈 보기 〉

ㄱ. A대　　ㄴ. H대　　ㄷ. I대　　ㄹ. 근육 원섬유 마디

(　　　　　　　　)

06 근육 섬유가 탈분극될 때에 대한 설명 중 옳은 것은 ○표, 옳지 않은 것은 ×표 하시오.

(1) 마이오신 필라멘트의 꼬리가 근수축에 원동력을 제공하는 에너지 반응의 중심으로 ATP 와 결합한다. (　　)

(2) ADP 가 ATP 로 분해되면서 마이오신 필라멘트의 머리가 액틴 필라멘트와 결합한다. (　　)

(3) 칼슘 이온이 액틴 필라멘트와 결합하면 마이오신 결합 부위가 노출된다. (　　)

07 근수축 시 에너지의 공급에 대한 설명으로 옳은 것만을 〈보기〉 에서 있는 대로 고른 것은?

〈 보기 〉

ㄱ. 각 근육 섬유에는 즉시 사용할 수 있는 ATP 가 저장되어 있다.
ㄴ. 크레아틴 인산이 크레아틴과 인산으로 분해되면서 ATP 가 합성되지만 그 속도는 느리다.
ㄷ. 산소가 충분할 때 산소 호흡을 통해 포도당이 분해되면서 ATP 를 합성하고, 부산물로 젖산이 생성된다.

① ㄱ　　② ㄴ　　③ ㄷ
④ ㄱ, ㄴ　　⑤ ㄴ, ㄷ

08 다음 중 격렬한 운동을 했을 때 그 양이 증가하는 물질로 옳은 것만을 〈보기〉 에서 있는 대로 고르시오.

〈 보기 〉

ㄱ. 젖산　　ㄴ. 글리코젠　　ㄷ. 크레아틴 인산　　ㄹ. 크레아틴

(　　　　　　　　)

유형 익히기 & 하브루타

[유형21-1] 골격근의 구조

다음은 근육 원섬유의 구조를 간단히 나타낸 것이다 다음 물을에 답하시오.

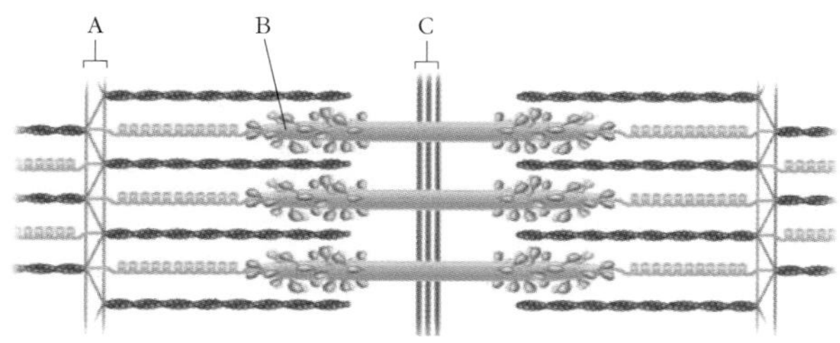

(1) 근육 원섬유 마디와 마디를 구분하는 경계선으로 근육 원섬유 마디를 지지해 주는 역할을 하는 부분의 기호와 이름을 쓰시오.

기호 : ( ), 이름 : ( )

(2) 근육 원섬유 마디의 중심부에 있는 선 구조의 기호와 이름을 쓰시오.

기호 : ( ), 이름 : ( )

(3) 근육 원섬유를 구성하는 B 의 이름을 쓰시오.

( )

01 다음 글을 읽고 빈칸에 들어갈 알맞은 말을 쓰시오.

> 하나의 골격근은 여러 개의 ㉠ ( ) 다발로 구성되어 있으며, ㉠ 은 더 가느다란 ㉡( )로 이루어져 있다.

㉠ : ( ), ㉡ : ( )

02 근육 원섬유를 구성하는 ㉠가는 필라멘트와 ㉡굵은 필라멘트를 각각 쓰시오.

㉠ : ( ), ㉡ : ( )

[유형21-2] 근수축 과정 1

다음은 근육으로의 흥분이 전달되는 과정 중 일부를 모식적으로 나타낸 그림이다.

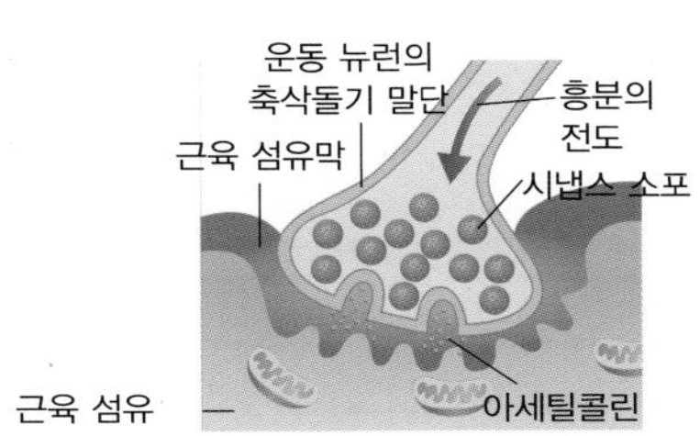

이에 대한 설명으로 옳은 것만을 〈보기〉에서 있는 대로 고르시오.

〈 보기 〉

ㄱ. 흥분이 감각 뉴런을 따라 전도되어 활동 전위가 축삭 말단에 도달하면 아세틸콜린이 분비된다.
ㄴ. 활동 전위가 근소포체에 도달하면 Ca^{2+} 통로가 닫힌다.
ㄷ. 근수축 과정에서는 ATP 가 소모된다.

( )

03

다음글이 설명하는 것이 무엇인지 쓰시오.

근육이 수축하는 동안 액틴 필라멘트가 마이오신 사이로 미끄러져 들어가 근육 원섬유 마디의 길이가 짧아지면서 수축이 일어난다고 설명하는 근수축 이론이다.

( )

04

근육의 증가에 대한 설명으로 옳은 것은 ○표, 옳지 않은 것은 ×표 하시오.

(1) 성장기의 근육 증가는 근육 원섬유 마디의 길이 증가이다. ( )
(2) 운동을 통한 근육 증가는 새로운 근육 원섬유 마디의 생성이다. ( )

유형 익히기 & 하브루타

[유형21-3] 근수축 과정 2

다음 그림은 근육 원섬유 마디를 나타낸 것이다. 다음 물음에 답하시오.

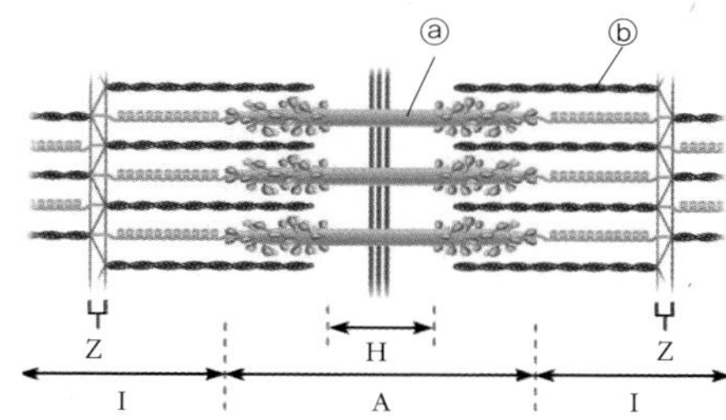

(1) ⓐ 와 ⓑ 가 무엇인지 각각 쓰시오.

ⓐ (   ), ⓑ (   )

(2) 다음 괄호 안에 알맞은 말을 고르시오.

> 근수축시 ㉠(ⓐ , ⓑ) 가 ㉡(ⓐ , ⓑ) 사이로 미끄러져 들어가 겹치는 부분이 늘어나면서 수축이 일어난다.

05 근수축 시 근육 원섬유 마디의 변화에 대한 설명 중 옳은 것은 ○표, 옳지 않은 것은 ×표 하시오.

(1) 암대는 마이오신의 길이에 해당하므로, 근수축 시 A대의 길이는 변화가 없다. (   )

(2) 근수축 시 H대의 길이가 짧아지며 사라지기도 한다. (   )

(3) 근육 원섬유 마디와 I대의 길이는 길어진다. (   )

06 다음 글을 읽고 빈칸에 들어갈 알맞은 말을 쓰시오.

> 근육 섬유막이 ㉠(   )되면, 액틴 필라멘트가 마이오신 필라멘트와 결합하는데, 이때 ㉡(   )의 머리가 근수축에 원동력을 제공하는 에너지 반응의 중심이 된다.

㉠ : (   ), ㉡ : (   )

[유형21-4] 근수축의 에너지원

다음은 근수축에 필요한 에너지를 공급하는 과정의 일부이다.

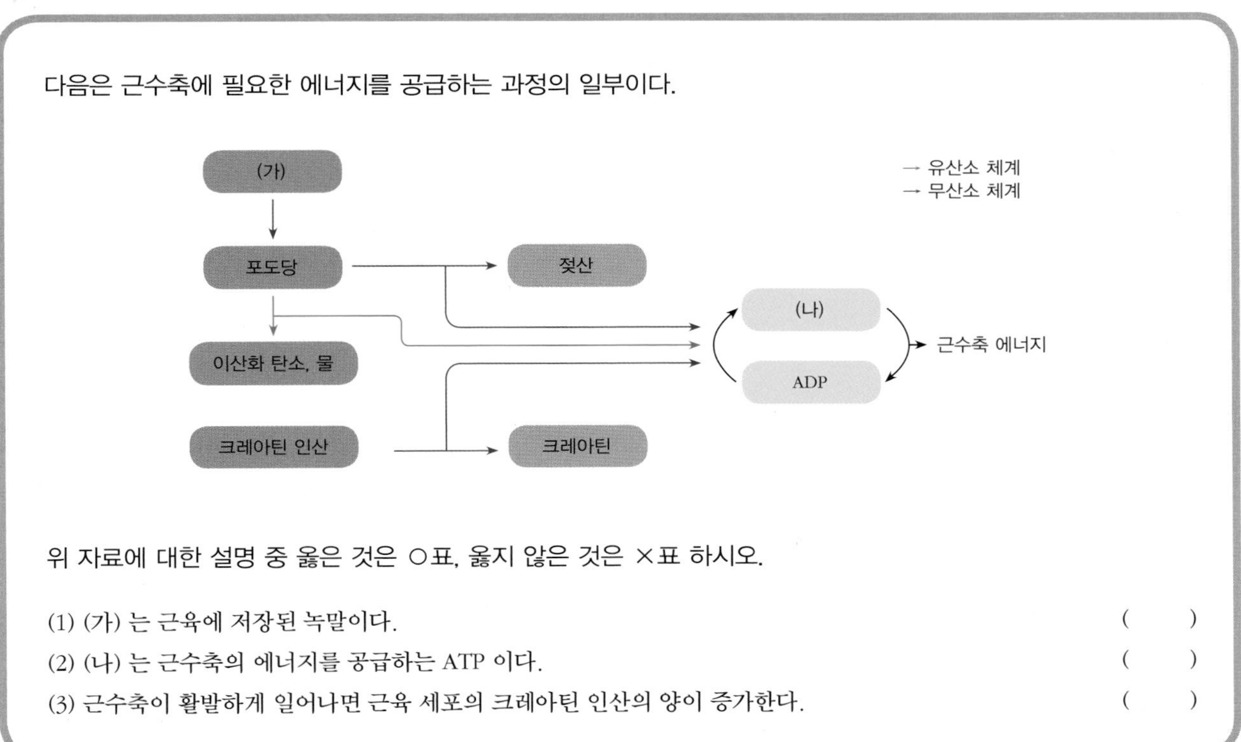

위 자료에 대한 설명 중 옳은 것은 ○표, 옳지 않은 것은 ×표 하시오.

(1) (가) 는 근육에 저장된 녹말이다. ( )
(2) (나) 는 근수축의 에너지를 공급하는 ATP 이다. ( )
(3) 근수축이 활발하게 일어나면 근육 세포의 크레아틴 인산의 양이 증가한다. ( )

07 근수축에 필요한 에너지 공급에 대한 설명으로 옳은 것만을 〈보기〉 에서 있는 대로 고른 것은?

〈 보기 〉
ㄱ. 포도당에서 젖산이 되는 과정은 근육에 산소가 충분히 공급될 때 진행된다.
ㄴ. 크레아틴 인산에서 에너지를 합성하는 과정은 산소가 없는 조건에서도 진행된다.
ㄷ. 근육에 젖산이 많이 축적되면 피로를 느끼게 된다.

① ㄱ ② ㄴ ③ ㄱ, ㄴ ④ ㄴ, ㄷ ⑤ ㄱ, ㄴ, ㄷ

08 다음 글을 읽고 빈 칸에 들어갈 알맞은 말을 쓰시오.

근육 운동 후 피로를 느끼는 것은 근육에 많은 ㉠( )이(가) 축적되고, ATP 와 ㉡( )이(가) 고갈되기 때문이다.

㉠ : ( ), ㉡ : ( )

01 근섬유를 며칠 동안 0 ℃ 의 50 % 글리세롤 용액에 넣어두면 세포막이 파괴되고, 근섬유의 수용성 물질은 모두 빠져 나오지만, 수축 작용과 관련된 세포 골격과 같은 비용해성 물질은 온전하게 남아있다. 이와 같이 처리한 근육세포를 가지고 다음과 같은 조건에서 수축에 따른 장력과 ATP 의 가수분해를 측정하여 다음과 같은 결과를 얻었다. 이에 근거하여 근육세포가 수축하고 이완하는 조건을 설명하시오.

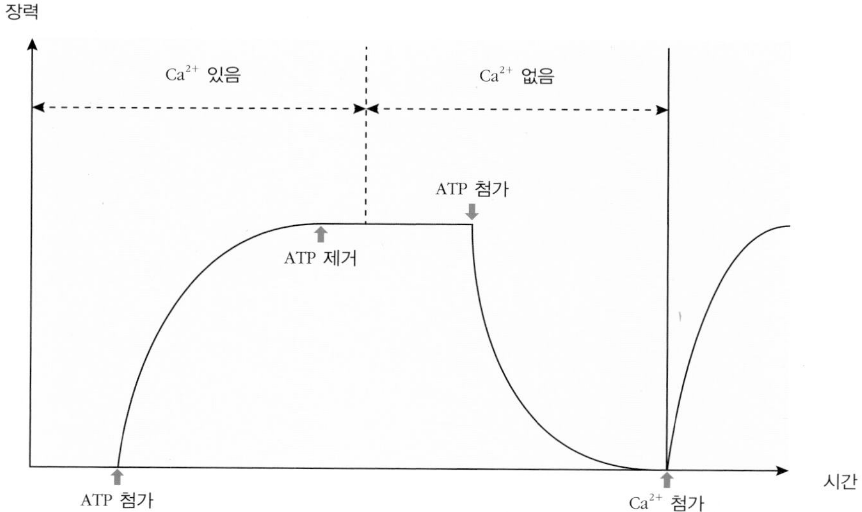

02 근육의 수축 · 이완이 일어날 때에는 근육 원섬유 마디의 길이 변화에 따라 수축 강도가 달라진다. 다음 그래프는 근육 원섬유 마디의 길이 변화에 따른 근육의 수축 강도를 나타낸 것이다.

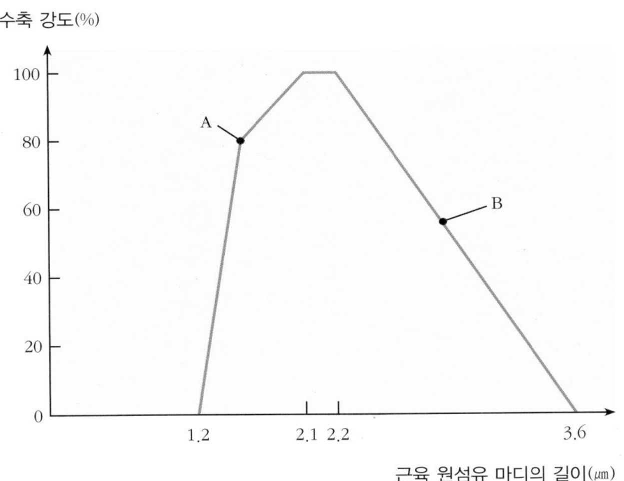

B 에서 A 상태로 될 때 근육 원섬유 마디에서 일어나는 변화를 마이오신 및 액틴 필라멘트와 관련지어 설명하시오.

03 그림은 근육의 수축과 이완 과정 중 근육 원섬유를 구성하는 단백질 필라멘트에서 일어나는 변화를 나타낸 것이다.

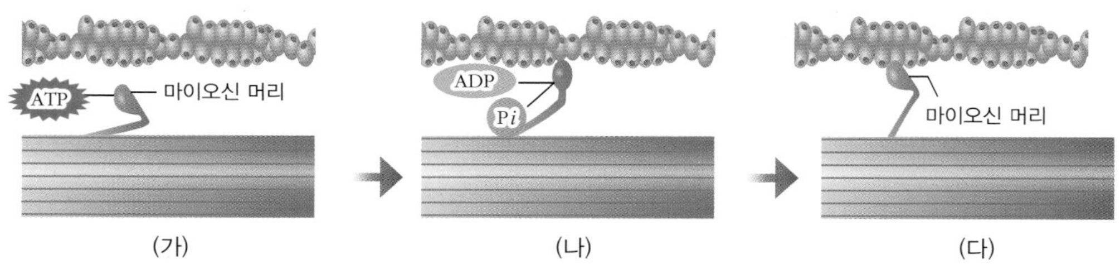

이에 대한 설명으로 옳은 것만을 〈보기〉에서 있는 대로 고르시오.

〈 보기 〉

ㄱ. 마이오신에 ATP 가 결합하면 마이오신이 액틴 필라멘트로부터 분리된다.
ㄴ. (다) 와 같은 변화가 일어나면 근육 원섬유 마디의 길이는 짧아진다.
ㄷ. 마이오신이 액틴 필라멘트를 당기는 힘은 ATP 가 분해되어 공급된 에너지로부터 얻는다.

04

그림은 가벼운 운동을 할 때 운동 초기에 근육에서 소모되는 에너지원의 상대적 비율을 나타낸 것이다. (단, 어느 시각에서도 각 에너지 비율을 합하면 100 % 이다.)

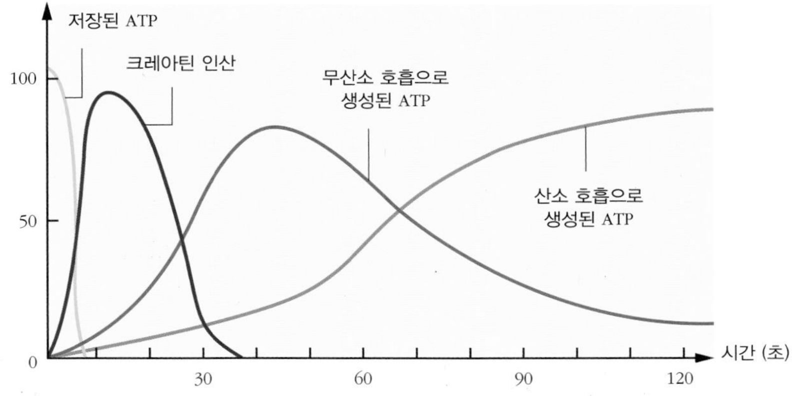

이에 대한 설명으로 옳은 것만을 〈보기〉 에서 있는 대로 고르시오.

〈 보기 〉

ㄱ. 가장 먼저 소모되어 없어지는 것은 크레아틴 인산이다.
ㄴ. 운동 시작 후 20 초 동안 근육 운동에 필요한 대부분의 에너지는 산소 없이도 공급된다.
ㄷ. 운동 지속 시간이 길어지면 무산소 호흡에 의한 ATP 생성은 일어나지 않을 것이다.

스스로 실력 높이기

01 골격근의 운동에 대한 설명 중 옳은 것은 ○표, 옳지 않은 것은 ×표 하시오.

(1) 골격근은 뼈에 붙어 운동을 할 수 있는 근육이다. ( )

(2) 골격근은 가로무늬근이며 불수의근이다. ( )

(3) 뼈대에는 2 개의 골격근이 쌍으로 붙어 있으며, 한쪽 근육이 수축하면 다른 쪽 근육은 이완한다. ( )

02 다음 중 골격근에 대한 설명으로 옳은 것을 〈보기〉에서 있는 대로 쓰시오.

〈 보기 〉

ㄱ. 근육 섬유는 다핵 세포이다.
ㄴ. 운동 뉴런에 의해 조절된다.
ㄷ. 여러 개의 근육 섬유 다발로 구성되어 있다.

( )

03 다음 중 골격근의 구조에 대한 설명으로 옳지 <u>않은</u> 것은?

① 근수축의 기본 단위는 근육 원섬유 마디(근절)이다.
② 각각의 근육 섬유는 더 가느다란 근육 원섬유로 이루어져 있다.
③ 골격근의 가로무늬는 Z선과 M선이 교대로 반복되기 때문이다.
④ 골격근은 평행하게 배열된 여러 개의 근육 섬유 다발로 구성되어 있다.
⑤ 근육 원섬유 마디는 액틴 필라멘트와 마이오신 필라멘트가 일부분씩 겹쳐 배열되어 있는 구조이다.

04 근수축 과정에서 축삭 말단에서 분비되는 물질은 무엇인가?

( )

05 근소포체에서 방출된 Ca^{2+} 은 무엇과 결합하는가?

( )

06 근수축 시 일어나는 변화에 대한 설명 중 옳은 것은 ○표, 옳지 않은 것은 ×표 하시오.

(1) I대의 길이는 짧아진다. ( )

(2) 근육 원섬유 마디의 길이는 변하지 않는다. ( )

(3) 마이오신 필라멘트의 길이는 변하지 않는다. ( )

07 근육 원섬유 마디에 대한 설명으로 옳지 <u>않은</u> 것은?

① Z선에서 Z선까지를 근육 원섬유 마디라고 한다.
② 근육 원섬유 마디는 근수축이 일어나는 기본 단위이다.
③ 근수축이 일어나면 액틴 필라멘트와 마이오신 필라멘트의 길이가 짧아진다.
④ 근수축이 일어날 때 ATP 가 소모된다.
⑤ 근육에 저장된 ATP 가 부족하면 크레아틴 인산을 분해하여 ATP 를 생성한다.

08 근수축 시 에너지 공급에 대한 설명 중 옳은 것은 ○표, 옳지 않은 것은 ×표 하시오.

(1) 근육 섬유가 수축을 하기 위해서는 ATP 가 필요하다. ( )

(2) 각 근육 섬유에는 즉시 사용할 수 있는 ATP 가 없기 때문에 포도당을 분해한다. ( )

(3) 산소가 부족하면 ATP 를 합성할 수 없다. ( )

09 다음이 설명하는 것이 무엇인지 쓰시오.

> 고에너지 인산 복합체로, 효소에 의해 인산이 분리되어 ADP 를 ATP 로 전환하는데 이용된다.

( )

10 근육의 피로와 회복에 대한 설명 중 옳은 것은 ○표, 옳지 않은 것은 ×표 하시오.

(1) 젖산이 축적되고 글리코젠과 ATP 가 고갈되면 피로를 느끼게 된다. ( )

(2) 근육이 휴식을 취하면서 산소가 공급되면 젖산의 일부가 산소 호흡으로 분해된다. ( )

(3) 글리코젠을 젖산으로 재합성시킬 때 발생하는 ATP 로 근육을 회복시킨다. ( )

B

11 다음 중 근육의 종류와 특징을 바르게 짝지은 것은?

① 골격근 - 민무늬근 - 수의근
② 골격근 - 가로무늬근 - 불수의근
③ 내장근 - 민무늬근 - 수의근
④ 내장근 - 가로무늬근 - 불수의근
⑤ 심장근 - 가로무늬근 - 불수의근

12 다음은 골격근의 구조를 나타낸 것이다.

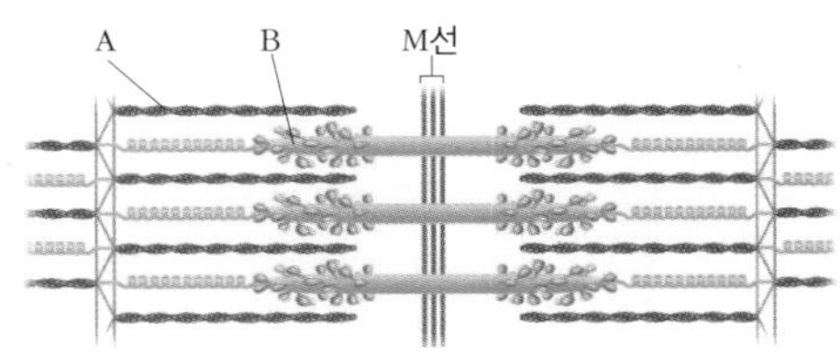

A 와 B 를 구성하는 주요 단백질의 명칭이 바르게 짝지어진 것은?

	A	B
①	액틴 필라멘트	액틴 필라멘트
②	액틴 필라멘트	마이오신 필라멘트
③	마이오신 필라멘트	액틴 필라멘트
④	마이오신 필라멘트	마이오신 필라멘트
⑤	마이오신 필라멘트	글로불린 필라멘트

[13-14] 다음은 골격근의 근육 원섬유의 구조를 모식적으로 나타낸 것이다. 다음 물음에 답하시오.

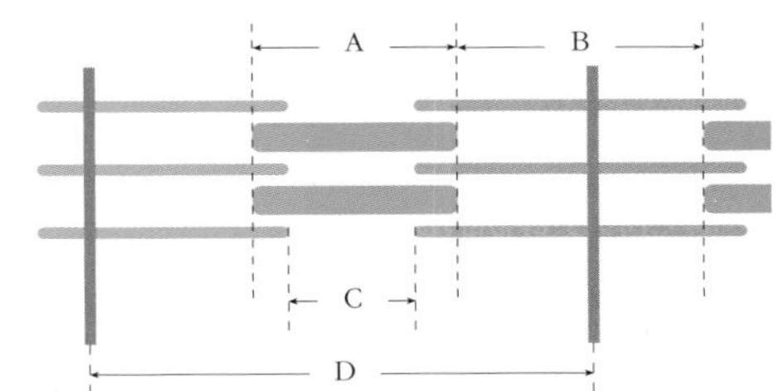

13 근수축의 기본 단위가 되는 것의 기호와 명칭을 쓰시오.

기호 : ( ), 이름 : ( )

14 근수축이 일어날 때 A ~ D 각 구간의 길이의 변화를 구분지어 쓰시오.

감소 : ( )
증가 : ( )
변화 없음 : ( )

스스로 실력 높이기

15 다음은 광학 현미경으로 관찰한 근육의 모습이다.

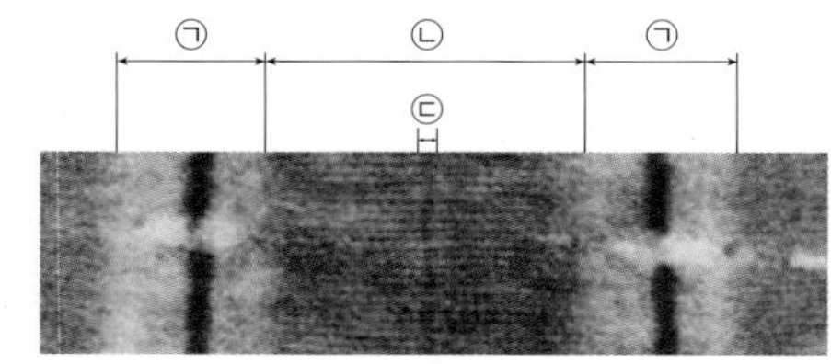

이에 대한 설명으로 옳지 않은 것은?

① ㉠ 은 액틴 필라멘트로 구성된다.
② ㉡ 은 근육 원섬유 마디를 나타낸다.
③ ㉡ 은 액틴 필라멘트와 마이오신 필라멘트로 구성된다.
④ 근수축이 일어나더라도 ㉡ 의 길이는 변하지 않는다.
⑤ ㉢ 은 마이오신 필라멘트만으로 구성된다.

16 다음은 사람의 팔에 있는 근육을 나타낸 것이다.

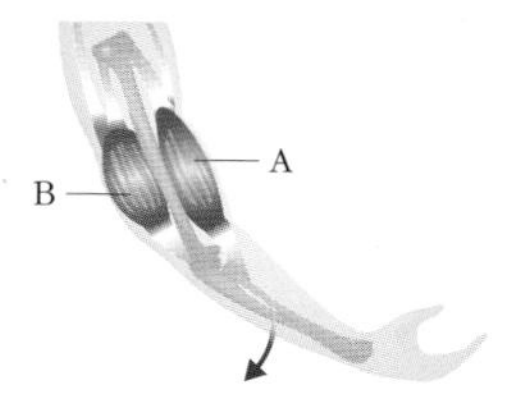

이에 대한 설명으로 옳지 않은 것은?

① A 와 B 는 가로무늬근이다.
② A 와 B 의 양 끝은 같은 뼈에 붙어 있다.
③ A 와 B 는 대뇌의 조절을 받아 수축 · 이완한다.
④ 팔을 들어올릴 때 A 는 수축하고 B 는 이완한다.
⑤ A 와 B 는 수축 · 이완이 서로 반대 작용하여 팔의 뼈를 움직인다.

17 근수축에 대한 설명으로 옳지 않은 것은?

① 골격근은 운동 뉴런의 조절을 받아 수축한다.
② 근수축이 일어날 때 근육 원섬유 마디의 길이가 짧아진다.
③ 근육 운동에 직접 사용되는 에너지는 ATP로부터 공급된다.
④ 근수축이 일어날 때 마이오신 필라멘트와 액틴 필라멘트가 수축한다.
⑤ 뼈에 쌍으로 붙어 있는 골격근 중 하나가 수축하면 다른 하나는 이완한다.

C

21 다음은 이완 상태의 근육 원섬유의 구조를 나타낸 것이다.

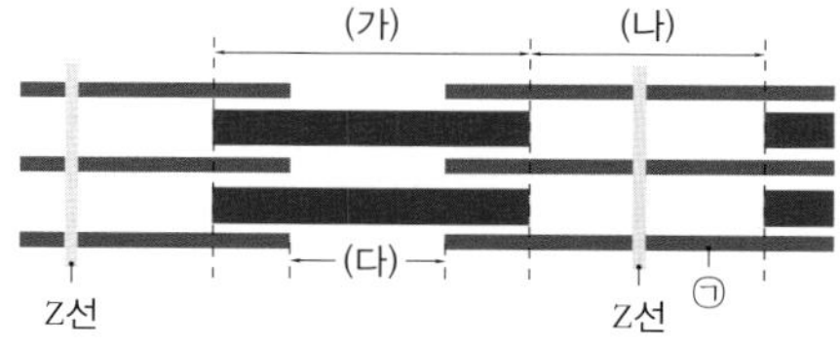

근수축이 일어날 때에 대한 설명으로 옳은 것만을 〈보기〉 에서 있는 대로 고른 것은?

〈 보기 〉
ㄱ. (가) 의 길이는 일정하게 유지된다.
ㄴ. (나) 와 (다) 의 길이는 짧아진다.
ㄷ. 근육 원섬유를 구성하는 성분 ㉠ 의 길이가 짧아진다.

① ㄱ ② ㄴ ③ ㄷ
④ ㄱ, ㄴ ⑤ ㄱ, ㄴ, ㄷ

18 다음 〈보기〉는 근수축이 일어나는 과정을 순서 없이 나열한 것이다.

〈 보기 〉
ㄱ. 근소포체에서 Ca^{2+} 방출
ㄴ. 마이오신 필라멘트가 액틴에 결합하여 액틴 필라멘트를 끌어당김
ㄷ. Ca^{2+} 이 액틴 필라멘트와 결합
ㄹ. 신경 말단에서 아세틸콜린 분비
ㅁ. 근육 섬유막의 탈분극

위 과정을 순서대로 바르게 나열하시오.

(　　) → (　　) → (　　) → (　　) → (　　)

19 근육 섬유의 반복적인 수축을 위해 필요한 에너지가 직접 공급되는 과정으로 옳은 것은?

① 포도당 → 젖산
② 글리코젠 → 포도당
③ ADP + 인산 → ATP
④ ATP → ADP + 인산
⑤ 크레아틴 인산 → 크레아틴 + 인산

20 다음 중 근육 수축의 에너지원이 아닌 것은?

① ATP　② 포도당
③ 크레아틴　④ 글리코젠
⑤ 크레아틴 인산

22 다음은 골격근의 구조를 나타낸 것이다. 골격근의 수축과 이완은 액틴 필라멘트가 마이오신 사이로 미끄러져 들어가고 나오는 활주설로 설명되고 있다.

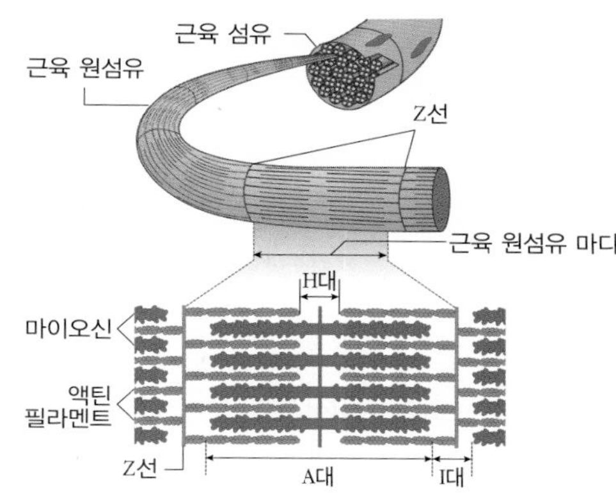

활주설을 지지하는 내용으로 옳은 것만을 〈보기〉에서 있는 대로 고른 것은?

〈 보기 〉
ㄱ. 근수축이 일어날 때 A대의 길이는 변화없고, I대의 길이는 짧아진다.
ㄴ. 근수축이 일어날 때 근육 원섬유 마디와 H대의 길이는 짧아진다.
ㄷ. 근육이 수축했을 때와 이완했을 때 액틴 필라멘트와 마이오신의 길이는 변하지 않는다.

① ㄱ　② ㄴ　③ ㄱ, ㄴ
④ ㄴ, ㄷ　⑤ ㄱ, ㄴ, ㄷ

23 다음은 골격근의 근육 원섬유를 구성하는 단백질 필라멘트를 모식적으로 나타낸 것이다.

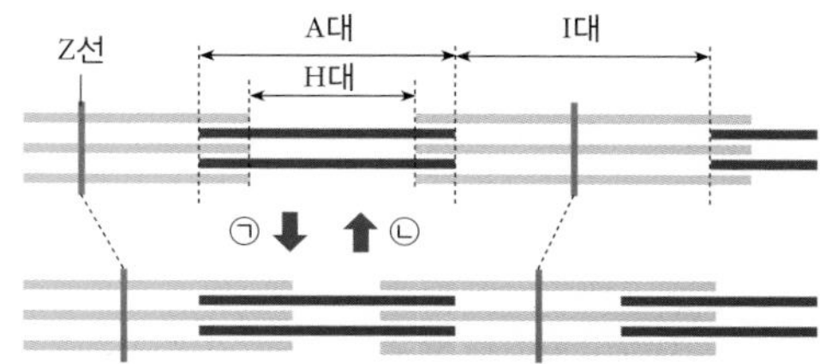

위 자료에 대한 설명으로 옳은 것만을 〈보기〉에서 있는 대로 고른 것은?

〈 보기 〉
ㄱ. ㉠은 수축, ㉡은 이완이다.
ㄴ. ㉠에는 ATP가 필요하고, ㉡에는 ADP가 필요하다.
ㄷ. ㉡이 일어나면 H대와 I대의 길이가 길어지고, A대의 길이는 변화없다.

① ㄱ　② ㄴ　③ ㄱ, ㄷ
④ ㄴ, ㄷ　⑤ ㄱ, ㄴ, ㄷ

스스로 실력 높이기

24 다음은 사람의 팔에 있는 근육과 근육에 분포한 뉴런을 나타낸 것이다.

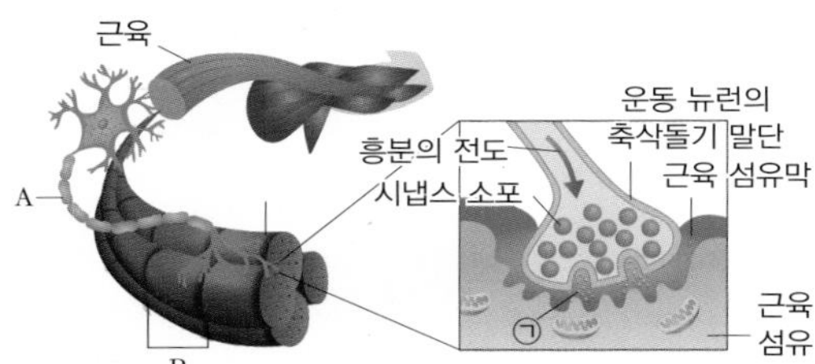

이에 대한 설명으로 옳은 것만을 〈보기〉에서 있는 대로 고른 것은?

〈 보기 〉

ㄱ. A는 원심성 뉴런이며, 자율 신경이다.
ㄴ. A의 말단에서 분비되는 물질 ㉠은 아세틸콜린이다.
ㄷ. ㉠에 의해 근육 섬유막이 탈분극되면 B의 길이가 짧아진다.

① ㄱ ② ㄴ ③ ㄱ, ㄴ
④ ㄴ, ㄷ ⑤ ㄱ, ㄴ, ㄷ

25 다음은 운동 전후에 근육 세포에서 일어나는 에너지의 이동 및 물질의 변화 과정을 나타낸 것이다.

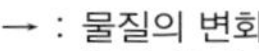

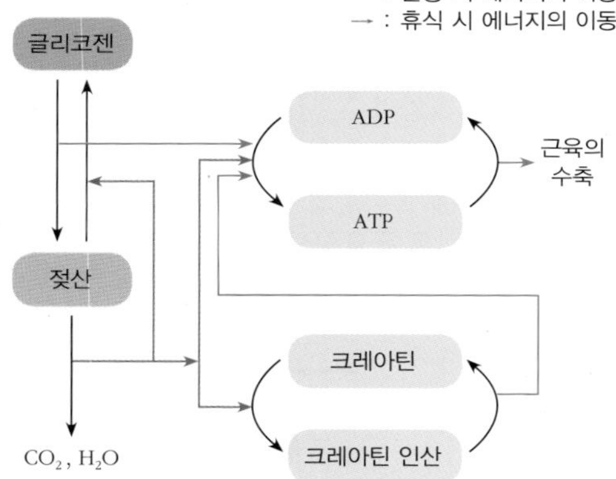

이에 대한 해석으로 옳지 않은 것은?

① 운동할 때는 근육 섬유에 크레아틴이 축적된다.
② 근수축에 필요한 에너지는 ATP로부터 공급된다.
③ 크레아틴이 크레아틴 인산으로 전환될 때는 ATP가 필요하다.
④ 산소가 충분히 공급될 때 글리코젠은 젖산으로 분해되어 ATP를 생성한다.
⑤ 휴식할 때 젖산의 일부는 산소 호흡 과정에 의해 분해되고, 나머지는 글리코젠으로 전환되어 저장된다.

26 다음은 휴식과 운동을 할 때에 근육 섬유 내의 인산 화합물량의 변화를 나타낸 것이다.

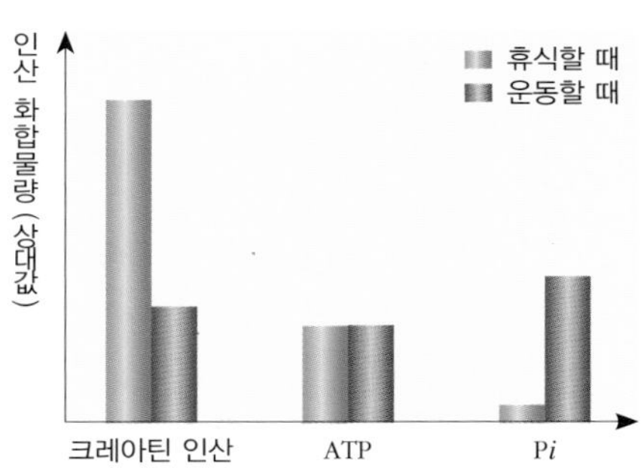

이에 대한 설명으로 옳은 것만을 〈보기〉에서 있는 대로 고른 것은?

〈 보기 〉

ㄱ. 운동하는 동안 근육 섬유 내의 ATP 총량은 감소한다.
ㄴ. 운동 후 휴식을 취하면 크레아틴 인산의 양이 증가한다.
ㄷ. 운동할 때 근수축에 직접적으로 사용되는 에너지는 크레아틴 인산으로부터 공급된다.

① ㄱ ② ㄴ ③ ㄷ
④ ㄱ, ㄴ ⑤ ㄴ, ㄷ

심화

27 갑자기 격렬한 운동을 했을 때 다리가 붓고 근육통이 발생하는 이유를 근수축 에너지의 공급과 관련지어 설명하시오.

28 단거리 달리기와 같이 짧은 시간 동안 폭발적인 힘을 발휘해야 하는 경우, 근육 섬유에서는 산소에 의존하지 않고도 근육 운동이 일어날 수 있다. 그 이유를 근수축의 에너지원과 관련지어 설명하시오.

29 심장의 운동을 담당하는 심장근과 골격근의 유사점 및 심장근과 내장근의 유사점을 각각 한 가지씩 설명하시오.

30 죽은 지 얼마 되지 않은 동물의 근육은 딱딱하게 굳는데, 이를 사후경직이라고 한다. 사후경직이 일어나는 이유를 근수축과 에너지의 관점에서 설명하시오.

22강. 신경계

1. 중추 신경계 1

(1) 중추 신경계

① 뇌와 척수로 구성되어 있다.
② 연합 뉴런으로 구성되어 있으며 감각 뉴런과 운동 뉴런을 연결시키는 역할을 한다.

(2) 뇌

① 대뇌, 소뇌, 간뇌, 중간뇌(중뇌), 뇌교, 연수 등으로 이루어져 있다.
② 중간뇌(중뇌), 뇌교, 연수(숨골)를 합쳐 뇌줄기라고 한다.

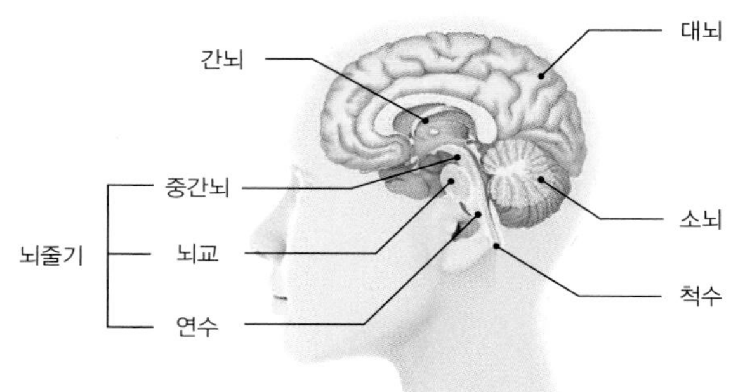

③ 뇌의 구조

대뇌	· 전체 뇌가 차지하는 부분 중 가장 큰 부분으로 주름이 많다. · 좌우 두 개의 반구로 이루어져 있으며 서로 몸의 반대쪽을 통제한다. · 겉질은 신경 세포체가 모인 회색질이며, 속질은 신경 섬유가 모인 백색질이다. · 고등 정신 활동과 감각 및 수의 운동의 중추이다.
소뇌	· 대뇌 다음으로 큰 뇌이며, 몸의 평형을 유지하는 기관으로 대뇌와 함께 수의 운동(근육 운동)을 조절한다.
간뇌	· 대뇌와 중뇌를 연결하는 부분으로 시상과 시상 하부로 구분된다. · 자율 신경계의 중추로서 체온 조절, 삼투압 조절, 혈당량 조절 등 항상성 유지에 중요한 역할을 한다.
중간뇌(중뇌)	· 뇌줄기 중에서 가장 윗부분이며, 눈의 움직임과 청각에 관여하고 소뇌와 함께 평형을 유지하는 역할을 한다.
뇌교(교뇌)	· 소뇌와 대뇌 사이에서 감각 및 운동 정보를 담당하는 곳으로, 연수와 함께 호흡 조절의 역할을 하기도 한다.
연수(숨골)	· 연수에서는 뇌와 척수를 연결하는 신경의 일부가 좌우 교차된다. · 심장, 폐, 혈관 등의 운동을 조절하며, 재채기, 하품, 침, 눈물 등의 반사 중추이다.

개념확인 1

다음 설명은 뇌의 어느 부분에 해당하는지 적으시오.

(1) 전체 뇌가 차지하는 부분 중 가장 큰 부분으로 주름이 많다. (　　　　　)
(2) 자율 신경계의 중추로서 항상성 유지에 중요한 역할을 한다. (　　　　　)

확인+1

중간뇌(중뇌), 뇌교, 연수(숨골)를 모두 합쳐 무엇이라 부르는가?

(　　　　　)

신경계

· 사람의 신경계는 중추 신경계와 말초 신경계로 나뉜다.
· 감각기로부터 외부 정보를 받아들이고 대뇌와 척수에서 분석하여 반응기로 명령을 내보낸다.

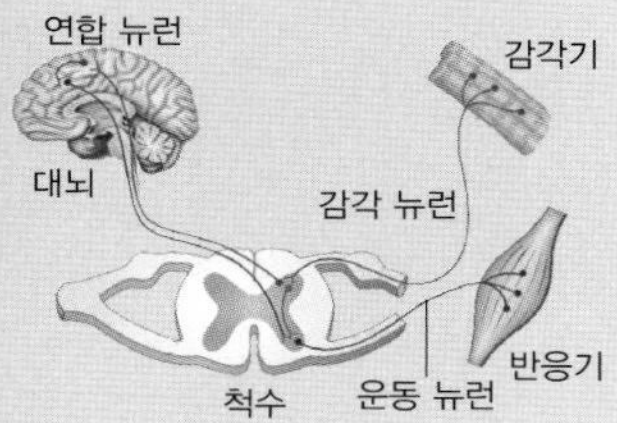

▲ 사람의 신경계

대뇌의 단면

· 대뇌 겉질은 기능에 따라 감각령, 연합령, 운동령으로 나뉜다.
· 감각령 : 감각의 중추로 감각 기관으로부터 정보를 받아 처리한다.
· 연합령 : 고등 정신 작용의 중추로 감각령에 들어온 정보를 종합, 분석, 판단하여 필요한 명령을 운동령으로 전달한다.
· 운동령 : 운동의 중추로 연합령의 명령을 받아 운동이 일어나도록 한다.

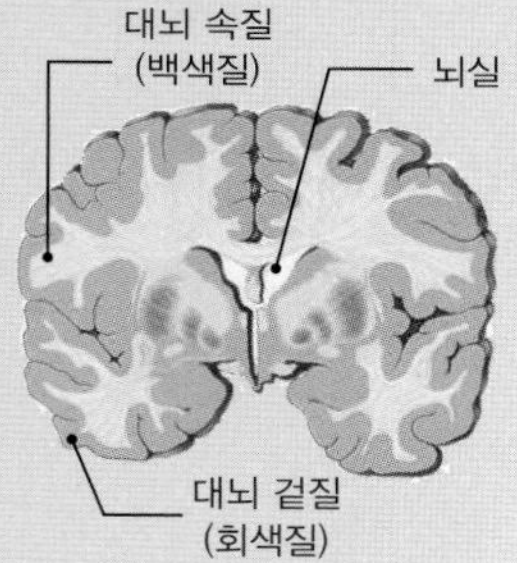

▲ 뇌의 가로 단면

미니사전

수의 운동 [隨 따르다 意 뜻] 자신의 의지대로 할 수 있는 운동으로 대뇌에서 조절한다.

뇌실 [腦 뇌수 室 방] 뇌 정중부에 있는 Y 자 모양의 빈 공간이며 뇌척수액으로 차있다.

2. 중추 신경계 2

(3) 척수

① 연수에 이어진 중추 신경 다발로 뇌와 말초 신경의 중간 다리 역할을 한다.
② 척수는 좌우로 31쌍의 신경 다발이 뻗어 나와, 온몸에 분포한다.
③ 겉질은 신경 섬유가 모인 백색질이며, 속질은 신경 세포체가 모인 회색질이다.

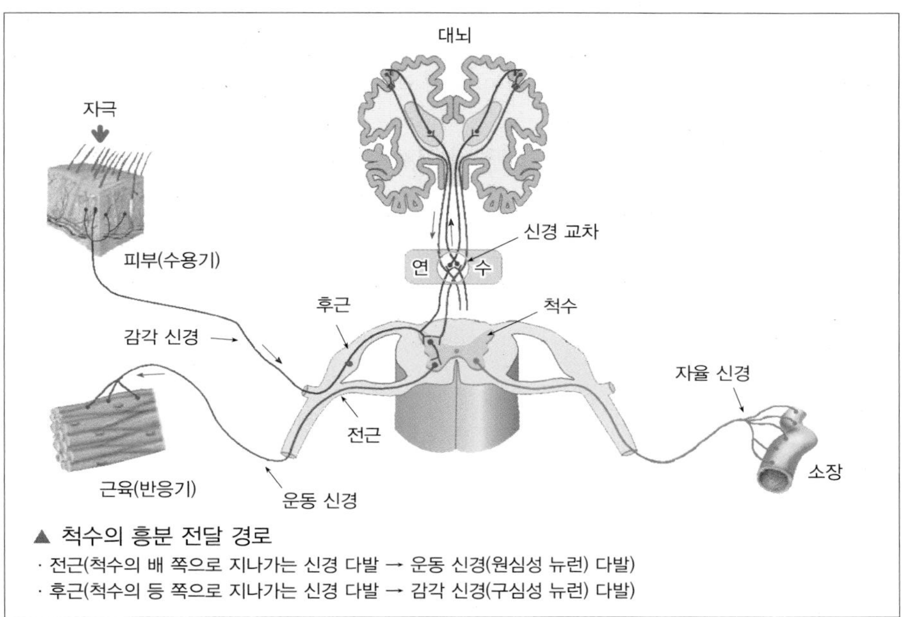

▲ 척수의 흥분 전달 경로
· 전근(척수의 배 쪽으로 지나가는 신경 다발 → 운동 신경(원심성 뉴런) 다발)
· 후근(척수의 등 쪽으로 지나가는 신경 다발 → 감각 신경(구심성 뉴런) 다발)

(4) 흥분 전달 경로

① **조건 반사 (의식적 반응)**
· 대뇌가 중추가 되어 의식적으로 일어나는 반응이다.
· 과거의 경험이 조건이 되어 일어나는 반응이므로 과거 경험에 따라 반응이 달라진다.

자극 → 감각기 → 감각 신경 → 대뇌 → 운동 신경 → 반응기 → 반응

② **무조건 반사 (무의식적 반응)**
· 척수, 연수, 중뇌가 중추가 되어 대뇌를 거치지 않고 일어나는 반응이다.
· 대뇌까지 자극이 전달되지 않기 때문에 반응 속도가 매우 빠르다.
예 척수 반사 : 무릎 반사, 회피 반사(뜨거운 물체나 뾰족한 물체가 몸에 닿았을 때 움츠리기)
연수 반사 : 재채기, 침 분비, 딸꾹질, 하품, 눈물 등
중뇌 반사 : 동공 반사

자극 → 감각기 → 감각 신경 → 척수, 연수, 중뇌 → 운동 신경 → 반응기 → 반응

개념확인 2

정답 및 해설 46쪽

다음에 해당하는 반응의 종류를 적으시오.

(1) 척수, 연수, 중뇌가 중추가 되어 대뇌를 거치지 않아 반응 속도가 빠르다. (　　　　) 반사
(2) 과거의 경험이 조건이 되어 일어나는 반응으로 대뇌가 중추가 된다. (　　　　) 반사

확인+2

연수에 이어진 중추 신경 다발로 뇌와 말초 신경의 중간 다리 역할을 하는 부위는 어디인가?
(　　　　)

● 척추의 구조

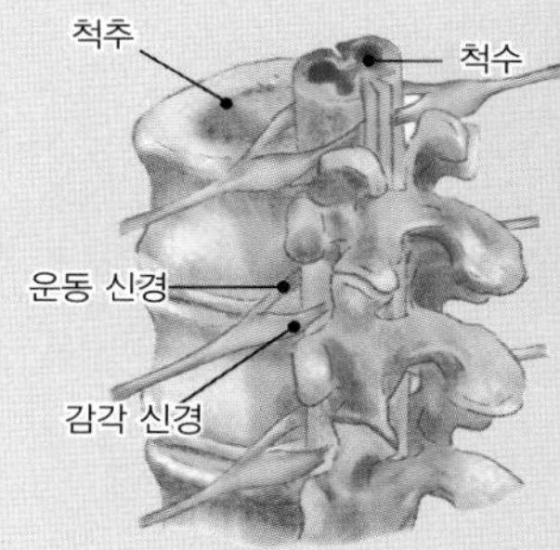

● 파블로프의 실험

(가) 먹이를 주면 침이 나온다. (무조건 반사)

(나) 종소리만 들려주면 침은 나오지 않는다.

(다) 먹이를 줄 때, 종소리를 반복하여 들려준다.

(라) 종소리만 들려주어도 침을 흘린다. (조건 반사)

● 무릎 반사

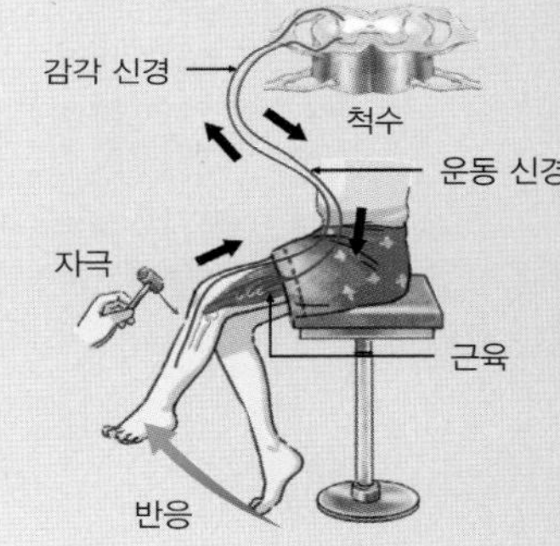

● 동공 반사

중뇌에 의해 주변 밝기에 따라 홍채가 조절되어 동공 반사가 일어난다.
· 밝을 때 :
홍채 이완 → 동공 축소
· 어두울 때 :
홍채 수축 → 동공 확장

▲ 밝을 때

▲ 어두울 때

3. 말초 신경계

① 뇌로부터 나오는 12 쌍의 뇌신경과, 척수로부터 나오는 31 쌍의 척수 신경이 있다.
② 감각, 운동을 담당하는 체성 신경계와 생리 작용을 조절하는 자율 신경계로 구성되어 있다.

(1) 체성 신경계

① 체성 신경계는 몸의 각 부분에 있는 감각 기관의 중추, 그리고 중추와 골격근 사이를 연결하는 신경이며, 운동 신경과 감각 신경으로 구분된다.
② 운동 신경은 원심성이며, 흥분을 중추에서 말단(반응기)으로 전달하여 근육 운동을 일으킨다.
③ 감각 신경은 구심성이며 흥분을 말단(감각기)에서 중추로 전달하여 감각을 일으킨다.

(2) 자율 신경계

① 운동 신경으로만 구성되며 대뇌의 통제를 받지 않고 간뇌, 중뇌, 연수의 통제를 받는다.
② 체성 신경계로부터 분화되어 발달한 신경계로 비교적 독립적으로 작용한다.
③ 자율 신경계는 교감 신경계와 부교감 신경계로 구분하며, 두 신경계는 각각의 기관에 대해서 주로 대항적으로 작용한다.

④ **교감 신경**
· 척수의 가운데 부분에서 나오며, 흥분을 유발하는 반응을 담당한다.
· 신경절 이전 뉴런이 신경절 이후 뉴런보다 짧다.
· 신경절에서는 아세틸콜린, 신경 말단에서는 아드레날린이 분비된다.

⑤ **부교감 신경**
· 중뇌, 연수, 척수의 끝부분에서 나오며, 흥분을 억제하는 반응을 담당한다.
· 신경절 이전 뉴런이 신경절 이후 뉴런보다 길다.
· 신경절과 신경 말단 모두에서 아세틸콜린이 분비된다.

◡ 자율 신경계의 모식도

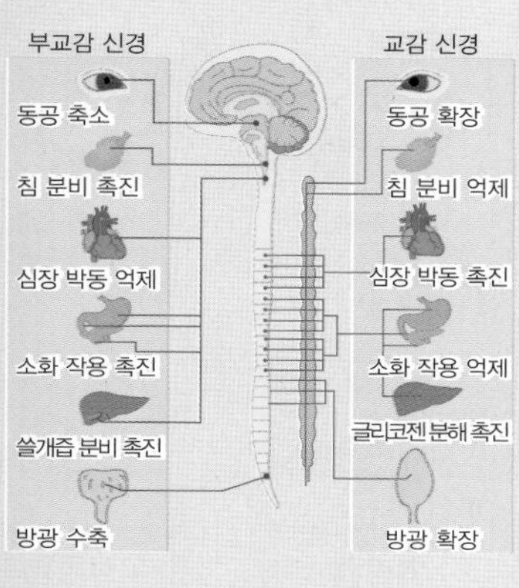

◡ 아드레날린 VS 아세틸콜린
· 아드레날린 : 위기 상황에 대비하기 위해서 분비되는 호르몬으로, 대사 작용을 촉진한다.
· 아세틸콜린 : 부교감 신경을 자극하고 대사 작용을 억제한다.

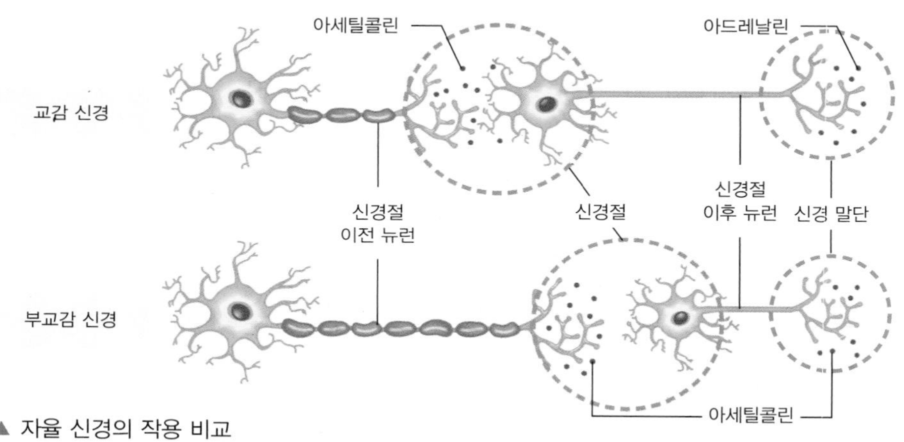

▲ 자율 신경의 작용 비교

미니사전

원심성 [遠 멀다 心 뜻 性 성질] 중추(뇌)로부터 말초(근육 등)에 자극을 전달하는 신경

구심성 [求 구하다 心 뜻 性 성질] 말초의 자극을 중추로 전달하는 신경

대항작용 [對 대하다 抗 대항하다 作用 작용] 상반되는 2가지 요인이 동시에 작용하여 그 효과를 서로 상쇄시키는 작용

개념확인 3

다음 괄호 안에 들어갈 알맞은 단어를 적으시오.

(1) 말초 신경계는 12 쌍의 (　　　　)(와)과 31 쌍의 (　　　　)(으)로 구성되어 있다.
(2) 자율 신경계 중 (　　　　)(은)는 척수 가운데 부분에서 나오며, 흥분을 유발한다.

확인+3

다음 말초 신경계에 대한 설명으로 옳은 것은 ○표, 옳지 않은 것은 ×표 하시오.

(1) 말초 신경계는 체성 신경계와 자율 신경계로 구성된다. (　　)
(2) 교감 신경은 신경절과 신경 말단에서 분비되는 물질이 동일하다. (　　)

4. 신경계 이상 질환

(1) 루게릭병 (근위축성 측삭경화증)

① **원인**

· 뇌의 신경 세포, 특히 운동 신경원의 퇴행이 진행되어 뇌의 신경이 완전히 파괴되어 나타난다.

· 루게릭병은 뇌의 신경 세포뿐만 아니라, 뇌간과 척수의 신경 체계와 전신에 분포하고 있는 수의근 담당 신경 세포까지도 손상된다.

② **증상**

· 초기 증상은 경미한 근육 약화, 근육의 갑작스런 경련, 다리의 경직과 기침을 포함한다.

· 전체적으로 움직임의 능력이 감소하며 음식물을 삼키는 능력이 퇴화한다.

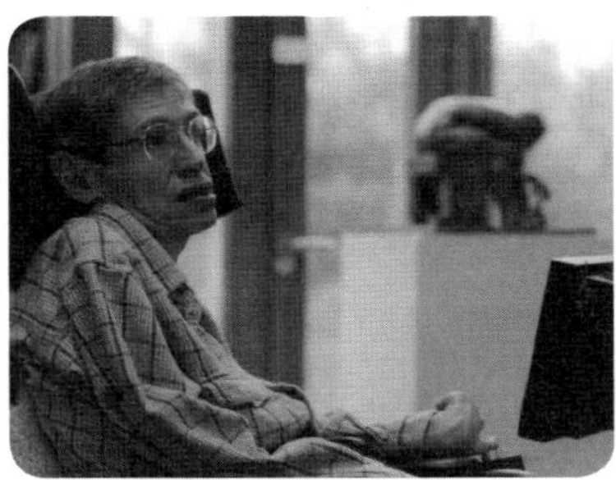

▲ 루게릭병에 걸린 스티븐 호킹

(2) 알츠하이머병

① **원인**

· 유전적 요인이 발병의 40 ~ 50 % 를 차지한다.

· β - 아밀로이드라는 작은 단백질이 과도하게 만들어져 뇌에 침착되면서 뇌세포에 유해한 영향을 주는 것이 발병의 핵심 기전으로 알려져 있다.

② **증상**

· 기억력 감퇴는 병의 초기부터 가장 흔하게 나타나는 증상이다.

· 시공간 파악 능력의 저하가 일어나면 날짜나 요일부터 시작하여 심해지면 연도, 계절, 낮과 밤을 혼동하기도 한다.

· 정신 행동 이상의 경우 성격 변화, 우울증, 망상, 환각 등이 동반된다.

· 병이 진행됨에 따라 대소변 실금이 나타나고 몸의 경직, 보행 장애가 나타난다.

(3) 파킨슨병

① **원인**

· 파킨슨병은 중뇌에 존재하는 도파민 분비 신경 세포의 손상으로 나타나는 질환으로, 신경 세포의 손상이 50 ~ 70 % 정도 일어나면 임상 증상이 나타난다.

② **증상**

· 자세 불안정의 주된 증상은 쉽게 넘어지는 것이다.

· 경직은 관절을 구부리고 펼 때 뻣뻣한 저항을 나타내는 현상이다.

· 운동 완서(동작의 느려짐)는 마비하고는 구분되는 증상으로 움직임은 있으나 느리게 움직이는 것을 의미한다.

▲ 파킨슨병의 특징인 구부정한 등

개념확인 4

정답 및 해설 **46쪽**

베타 아밀로이드라는 작은 단백질이 뇌에 침착되어 나타나는 것으로 기억력 감퇴의 증상을 보이는 신경계 이상 질환의 명칭은 무엇인가? (　　　　　　　)

확인+4

다음 원인으로 발병하는 질환의 명칭을 적으시오.

(1) 뇌의 신경 세포 중 운동 신경원의 퇴행이 진행되어 뇌의 신경이 완전히 파괴되어 나타난다. (　　　　　　　)

(2) 중뇌에 존재하는 도파민 분비 신경 세포의 손상으로 나타난다. (　　　　　　　)

PET 스캔을 통한 정상인과 알츠하이머 환자의 뇌 비교

PET 스캔 결과 보이는 뇌의 색을 통해 뇌의 활성도를 알 수 있다. 알츠하이머 환자의 경우 일반인에 비해 청색 부위가 많은 것으로 보와 뇌의 활동성이 낮은 것을 확인할 수 있다.

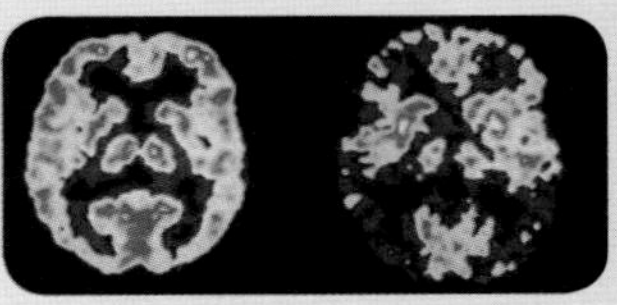

▲ 정상인의 뇌 (좌), 알츠하이머의 뇌 (우)

헌팅턴병

상염색체 우성으로 유전되는 선청성 중추 신경계 질병으로 뇌의 신경 세포를 퇴화시켜 치매를 동반한다.

노인성 치매

· 중추 신경계 이상으로 발병
· 알츠하이머병, 파킨슨병, 헌팅턴병 등이 포함된다.
· 인지 기능, 지각 능력 등 일상생활에 필요한 기본 능력이 소실된다.

미니사전

도파민 [dopamine] 뇌의 신경 세포에서 만들어지는 물질로 세포와 세포 간에 신호를 전달하는데 이용되는 신경 전달 물질 중의 하나이다.

기전 [機 틀 轉 구르다] 일어나는 현상을 의미하는 단어로 의학 용어로만 사용된다.

개념 다지기

01 다음 보기 중 뇌에 포함되지 않는 부위는 어디인가?

① 대뇌 ② 소뇌 ③ 연수 ④ 중간뇌 ⑤ 척수

02 다음 중 뇌의 명칭과 역할이 바르게 짝지어진 것은?

① 간뇌 - 고등 정신 활동과 감각 및 수의 운동의 중추
② 소뇌 - 눈의 움직임과 청각에 관여하고 평형을 유지
③ 대뇌 - 몸의 평형을 유지하는 기관으로 수의 운동을 조절
④ 중간뇌 - 자율 신경계의 중추로서 삼투압 조절과 같은 항상성 유지
⑤ 뇌교 - 감각 및 운동 정보를 담당하는 곳으로, 연수와 함께 호흡 조절

03 흥분 전달 경로 중 과거 경험에 따라 달라지는 반응의 경로를 쓰시오.

자극 → (　　　) → (　　　) → (　　　) → (　　　) → (　　　) → 반응

04 다음 무조건 반사 반응 중 척수 반사에 해당하는 반응은 무엇인가?

① 하품 ② 재채기 ③ 딸꾹질 ④ 무릎 반사 ⑤ 동공 반사

05 감각과 운동을 담당하는 체성 신경계와 생리 작용을 담당하는 자율 신경계로 구성된 신경계를 무엇이라고 하는가?

( ) 신경계

06 다음 중 자율 신경계에 대한 설명으로 옳지 않은 것은?

① 간뇌, 중뇌, 연수의 통제를 받는다.
② 감각과 운동을 담당하는 신경계이다.
③ 교감 신경은 흥분을 유발하는 반응을 담당한다.
④ 부교감 신경은 흥분을 억제하는 반응을 담당한다.
⑤ 교감 신경과 부교감 신경으로 구성되며 두 신경계는 서로 대항적으로 작용한다.

07 신경계 이상 질환 중의 하나로 주요 증상으로는 자세 이상, 떨림, 경직, 운동의 완서가 나타나는 이 질병의 명칭은 무엇인가?

( )

08 다음 중 중추 신경계 이상으로 발병하는 질환이 아닌 것은?

① 루게릭병 ② 파킨슨병 ③ 헌팅턴병
④ 알츠하이머병 ⑤ 페닐케톤뇨증

유형 익히기&하브루타

[유형22-1] 중추 신경계 1

다음 그림은 사람 뇌의 단면을 나타낸 것이다.

이에 대한 설명으로 옳은 것은 ○표, 옳지 않은 것은 ×표 하시오.

(1) A 는 뇌줄기로 중간뇌, 뇌교, 연수를 합쳐 부른다. ( )
(2) B 는 간뇌로 눈의 움직임과 평행 유지의 중추이다. ( )
(3) C 는 대뇌로 겉질은 신경 섬유가 모인 백색질, 속질은 신경 세포체가 모인 회색질이다. ( )

01 뇌의 명칭과 그 역할이 바르게 짝지어진 것을 고르시오.

① 연수 - 항상성 유지에 중요한 중추로 시상과 시상 하부로 구성
② 대뇌 - 몸의 평형을 유지하는 기관으로 수의 운동을 조절
③ 간뇌 - 고등 정신 활동과 감각 및 수의 운동의 중추
④ 소뇌 - 감각 및 운동 정보를 담당하는 곳으로, 연수와 함께 호흡 조절
⑤ 중간뇌(중뇌) - 눈의 움직임과 청각에 관여하고 소뇌와 함께 평형을 유지

02 다음 설명은 뇌의 어느 부분에 해당하는지 적으시오.

(1) 뇌와 척수를 연결하는 신경의 일부가 좌우 교차된다. ( )
(2) 전체 뇌가 차지하는 부분 중 가장 큰 부분으로 주름이 많다. ( )
(3) 뇌줄기 중에서 가장 윗부분이며, 눈의 움직임과 청각에 관여한다.( )

[유형22-2] 중추 신경계 2

다음은 파블로프가 개를 대상으로 실시한 실험이다.

(가)
먹이를 주면 침이 나온다.

(나)
종소리만 들려주면 침은 나오지 않는다.

(다)
먹이를 줄 때, 종소리를 반복하여 들려준다.

(라)
종소리만 들려주어도 침을 흘린다.

이에 대한 설명으로 옳은 것은 ○표, 옳지 않은 것은 ×표 하시오.

(1) (가) 는 무조건 반사, (라) 는 조건 반사에 해당한다. ( )

(2) (가) 의 반응은 대뇌를 거치지 않기 때문에 (라) 의 반응에 비해 반응 속도가 빠르다. ( )

(3) (라) 와 동일 중추 신경계가 관여하는 반응으로는 딸꾹질과 동공 반사가 있다. ( )

03 다음 그림은 척수의 횡단면을 나타낸 것이다. 이에 대한 설명으로 옳은 것은 ○표, 옳지 않은 것은 ×표 하시오.

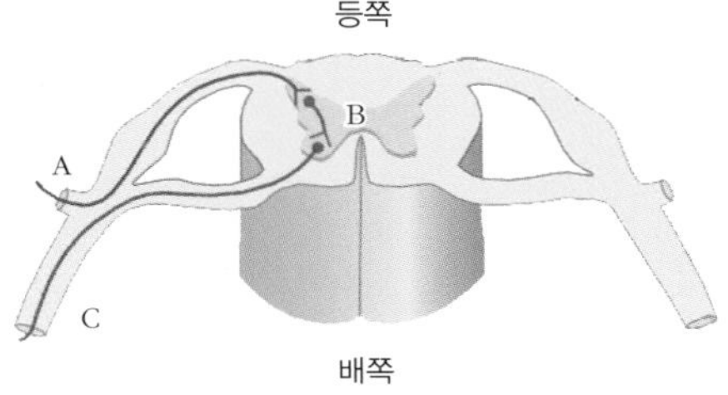

(1) A 는 후근으로 운동 뉴런이다. ( )

(2) B 는 중추로 흥분을 전달한다. ( )

(3) C 는 전근으로 감각 뉴런이다. ( )

04 중추 신경계 중 무조건 반사(무의식적 반응)가 일어나는 곳을 모두 적으시오.

( )

유형 익히기 & 하브루타

[유형22-3] 말초 신경계

다음은 두 가지 자율 신경을 나타낸 것이다.

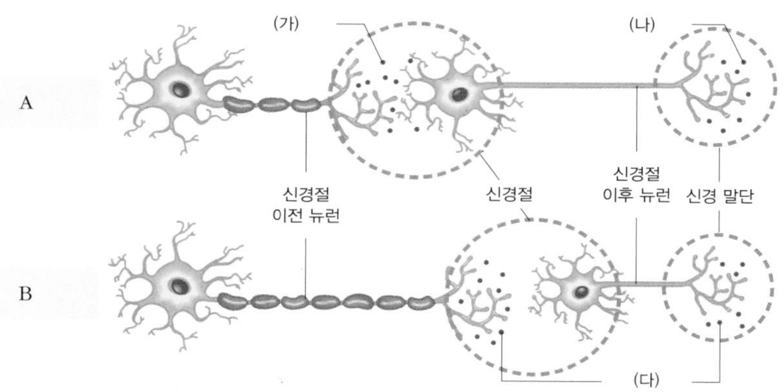

다음 물질의 특성에 대한 설명 중 옳은 것은 ○표, 옳지 않은 것은 ×표 하시오.

(1) (가), (나), (다) 에서 각각 분비되는 호르몬은 아드레날린이다. ( )

(2) A 는 부교감 신경, B 는 교감 신경이다. ( )

(3) A 와 B 는 서로 대항적으로 작용한다. ( )

05 다음 괄호 안에 들어갈 알맞은 단어를 적으시오.

(1) 체성 신경계는 몸의 각 부분에 있는 감각 기관의 중추로서 감각 신경과 ( )으로 구분된다.

(2) 교감 신경의 경우 신경절 이전 뉴런의 길이가 신경절 이후 뉴런의 길이 보다 ( ).

06 다음 그림은 척수와 반응기 사이의 흥분 전달 경로를 나타낸 것이다. 이에 대한 설명으로 옳은 것은 ○표, 옳지 않은 것은 ×표 하시오.

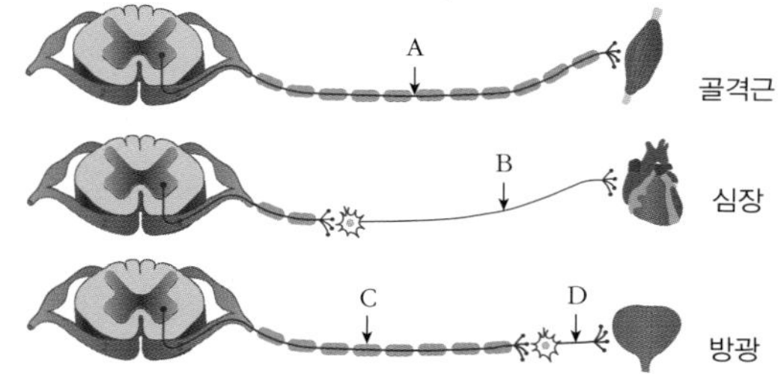

(1) A 는 자율 신경이다. ( )

(2) B 가 흥분하면 심장 박동수는 증가한다. ( )

(3) C 와 D 말단에서 분비되는 물질은 모두 아세틸콜린이다. ( )

[유형22-4] 신경계 이상 질환

다음은 우리 몸에 나타나는 다양한 질병을 나열한 것이다.

〈 보기 〉

ㄱ. 파킨슨병	ㄴ. 루게릭병	ㄷ. 다운 증후군
ㄹ. 헌팅턴병	ㅁ. 알츠하이머병	ㅂ. 터너 증후군

다음 설명에 해당하는 신경계 이상 질환을 〈보기〉 에서 찾아 기호로 쓰시오.

(1) β - 아밀로이드라는 작은 단백질이 과도하게 만들어져 나타난다. (　　)

(2) 주요 증상으로 자세 불안정, 경직, 운동 완서(동작의 느려짐)가 나타난다. (　　)

(3) 뇌의 신경 세포, 특히 운동 신경원의 퇴행이 진행되어 뇌의 신경이 완전히 파괴되어 나타난다. (　　)

07 상염색체 우성으로 유전되는 선천성 중추 신경계 질병으로 뇌의 신경 세포를 퇴화시켜 치매를 동반하는 이 신경계 이상 질병은 무엇인가?

(　　　　)

08 다음 원인으로 발병하는 질환의 명칭을 적으시오.

(1) 중뇌에 존재하는 도파민 분비 신경 세포의 손상으로 나타난다.

(　　　　)

(2) 뇌의 신경 세포 중 운동 신경원의 퇴행이 진행되어 뇌의 신경이 완전히 파괴되어 나타난다. (　　　　)

(3) β - 아밀로이드라는 작은 단백질이 뇌에 침착되어 나타난다. (　　　　)

창의력 & 토론마당

01

다음 그림에서 외부로부터의 자극이 뉴런에 의해 전달되는 경로를 나타낸 것이다.

[과학고 기출 유형]

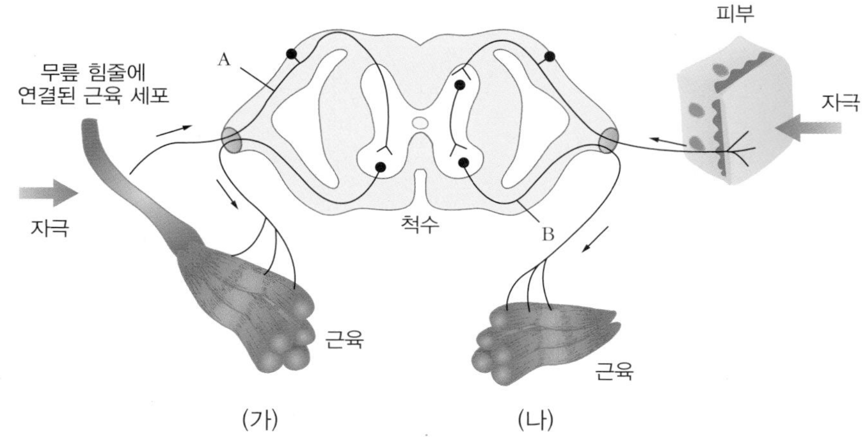

(1) 다음 그림에서 (가) 는 무릎 반사가 일어나는 경로, (나) 는 피부에서 자극이 가해졌을 때 척수 반사가 일어나는 경로를 나타낸 것이다. A 뉴런과 B 뉴런의 명칭은 무엇인지 답하시오.

A 뉴런 : (　　　　　　　　　　), B 뉴런 : (　　　　　　　　　　)

(2) 중추 신경계에 존재하는 4 개 뉴런 a, b, c, d 의 연결 순서를 밝히려는 실험을 다음과 같이 하였다. (단, 4 개의 뉴런은 일렬로 연결되어 있다.)

각 뉴런에 막전위를 측정할 수 있는 미세 전극을 꽂은 후 역치 이상의 자극을 가하여 흥분이 발생된 뉴런을 조사한 결과가 다음과 같았다. (+ : 발생함, − : 발생하지 않음)

자극 받은 뉴런	흥분 발생 여부			
	a	b	c	d
a	+	+	−	−
a, c	+	+	+	+

위 실험 결과로 볼 때, b 뉴런이 자극을 받았을 경우 흥분이 발생하는 뉴런을 모두 골라 기호로 답하시오.

02 다음 그림은 사람의 대뇌 양쪽에 있는 해마(hippocampus)의 위치를 나타낸 것이며 〈자료〉는 해마를 모두 제거한 후에 관찰된 결과를 나열한 것이다.

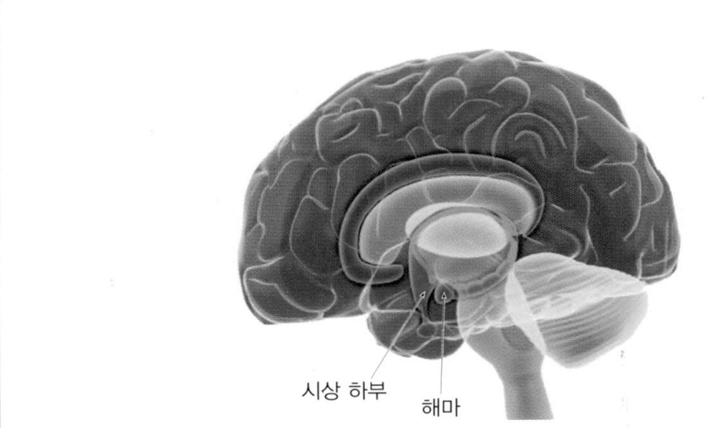

〈자료 : 해마를 모두 제거했을 때 나타나는 증상〉

① 새로운 전화번호를 불러주거나 보여주면 즉시 전화를 걸 수 있다.
② 시간이 걸리기는 했지만 생애 처음으로 자전거 타는 법을 배워서 탈 수 있었다.
③ 수술 이전에 알던 사람들을 모두 기억했다.
④ 수술 이후에 새로 만난 사람들은 몇 분간 기억했으나 며칠 후 다시 만나면 전혀 기억하지 못했다.

위의 관찰을 근거로 학습과 기억에 관련된 해마의 역할에 대해 서술하시오.

창의력&토론마당

03 다음 그림은 정상인이 알츠하이머병에 결렸을 때 나타나는 환자 뇌의 단면을 모식화한 것이다.

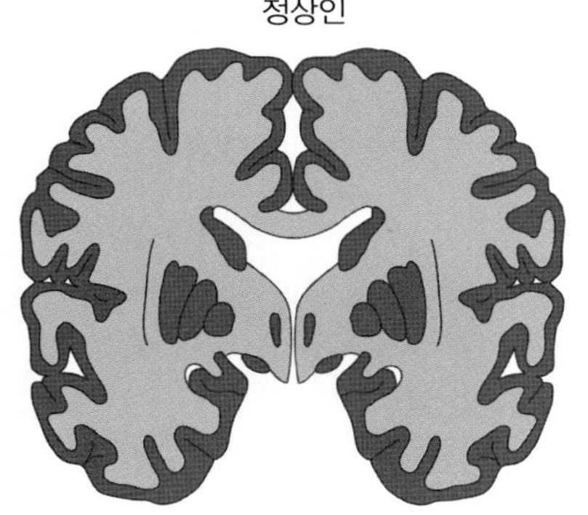

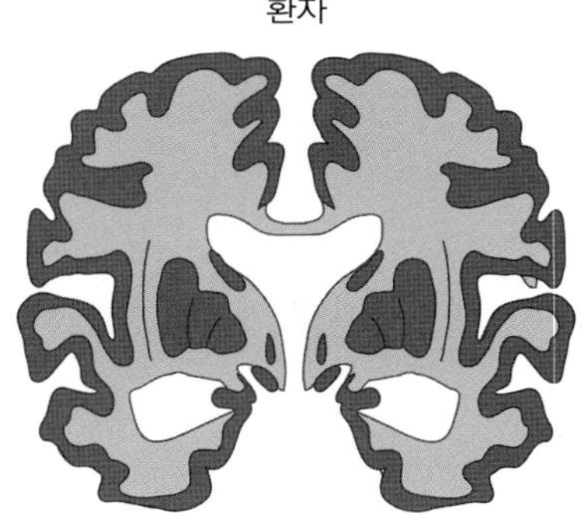

아래의 설명 중 옳은 것과 옳지 않은 것을 나누고, 옳지 않은 것의 이유를 설명하시오.

〈 보기 〉

ㄱ. 뇌실 크기가 작아진다.
ㄴ. 대뇌 속질이 위축된다.
ㄷ. 대뇌 겉질에 β - 아밀로이드가 축적되어 나타난다.
ㄹ. 정상인에 비해 알츠하이머병 환자는 뇌의 활성도가 높아진다.

(1) 옳은 것 : (　　　　　　　　　　), 옳지 않은 것 : (　　　　　　　　　　)

(2) 옳지 않은 이유 :

04

다음 [자료 1] 은 식물인간과 뇌사 상태를 비교 정리한 표이며 [자료 2] 는 존엄사에 관한 법률 중 일부를 정리한 내용이다.

[자료 1] 식물인간과 뇌사 상태의 환자 비교

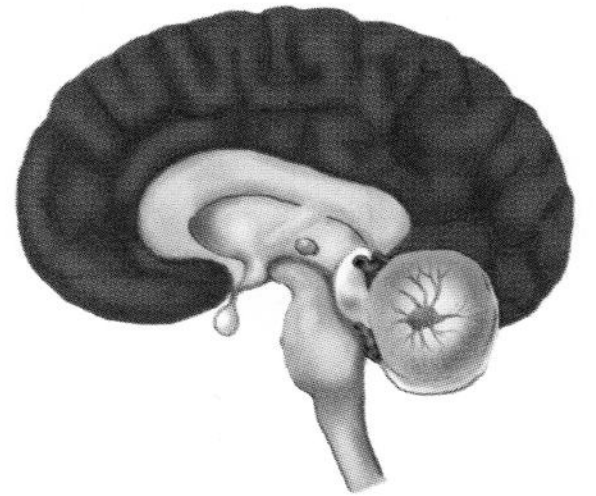

식물인간 뇌

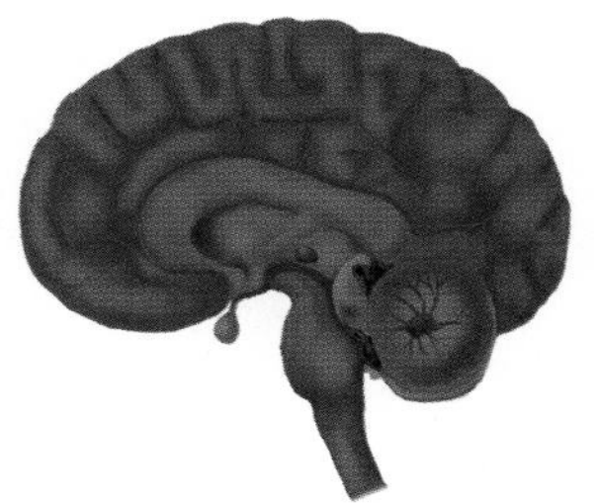
뇌사자 뇌

비교	식물인간 상태	뇌사 상태
손상부위	대뇌의 일부	뇌줄기를 포함한 뇌 전체
기능장애	기억/사고 등 대뇌 장애	심장박동 외 모든 기능 정지
운동장애	목적 없는 약간의 움직임 가능	움직임 전혀 없음
호흡상태	자발적 호흡 가능	자발적 호흡 불가능
경과내용	회복 가능성 있음	필연적 호흡 중지로 인한 사망

[자료 2] 연명치료 중지에 관한 지침(2009) 중 일부 발췌

구분	1 단계	2 단계	3 단계	4 단계
환자 상태	특수 연명 치료 없이 생존 가능		특수 연명 치료로 생존	임종 환자 또는 뇌사 환자
연명치료 중단 여부	− 불가		− 가능 · 가족의 동의 · 윤리 위원회, 가족과 협의 후 결정	

(1) 환자의 장기기증에 있어 식물인간과 뇌사자의 자격이 서로 다르다. 식물인간은 환자의 동의 없이 장기기증의 대상이 될 수 없는 반면 뇌사자는 장기기증이 가능한 이유를 [자료 1] 의 뇌의 기능과 관련지어 적어보자.

(2) 인간의 존엄사는 현재 뇌사자에게만 가능한 제도이다. 인간의 존엄사를 어디까지 허용해야 할지 뇌의 기능과 관련지어 본인의 생각을 적어보자.

스스로 실력 높이기

A

01 중간뇌(중뇌), 뇌교(교뇌), 연수(숨골)을 합쳐서 무엇이라고 부르는가?

( )

02 뇌의 구조 중 대뇌와 중뇌를 연결하는 부분으로 시상과 시상 하부로 구분되는 곳은 어디인가?

( )

03 뇌의 구조 중 뇌와 척수의 신경 일부가 교차되는 곳은 어디인가?

( )

04 연수에 이어진 중추 신경 다발로 뇌와 말초 신경의 중간 다리 역할을 하는 곳은 어디인가?

( )

05 무조건 반사의 중추를 모두 고르시오.

① 간뇌 ② 대뇌 ③ 연수
④ 중뇌 ⑤ 척수

06 흥분 전달 경로에 대한 설명으로 옳은 것은 ○표, 옳지 않은 것은 ×표 하시오.

(1) 조건 반사의 경우 무조건 반사에 비해 반응 속도가 빠르다. ( )

(2) 중뇌 반사는 재채기, 눈물 등과 같은 반응이 포함된다. ( )

07 말초 신경계에 대한 설명으로 옳은 것은 ○표, 옳지 않은 것은 ×표 하시오.

(1) 뇌와 척수로 구성되어 있다. ( )

(2) 자율 신경계는 운동 신경과 감각 신경으로 구분된다. ( )

08 체내에서 이루어지는 자율 신경계의 기능이 바르게 짝지어진 것은?

	①	②	③	④	⑤
구분	호흡	심장 박동	동공	혈압	방광
교감 신경	억제	억제	확대	하강	수축
부교감 신경	촉진	촉진	축소	상승	확장

09 다음 중 자율 신경계에 의해 조절되는 작용이 아닌 것은?

① 소화 ② 호흡 ③ 혈압
④ 호르몬 ⑤ 무릎 반사

10 다음 중 신경계 이상 질환에 대한 설명으로 옳지 않은 것은?

① 모든 신경계 이상 질환은 유전에 의해 나타난다.
② 루게릭병은 뇌의 신경 세포가 파괴되어 나타난다.
③ 알츠하이머병은 일반인에 비하여 뇌의 활동성이 낮다.
④ 파킨슨병은 도파민 분비 신경 세포의 손상으로 나타난다.
⑤ 노인성 치매는 크게 알츠하이머병, 파킨슨병, 헌팅턴병 등을 포함한다.

11 다음 그림은 사람 뇌의 단면을 나타낸 것이다. 각 부분의 역할이 바르게 짝지어진 것은?

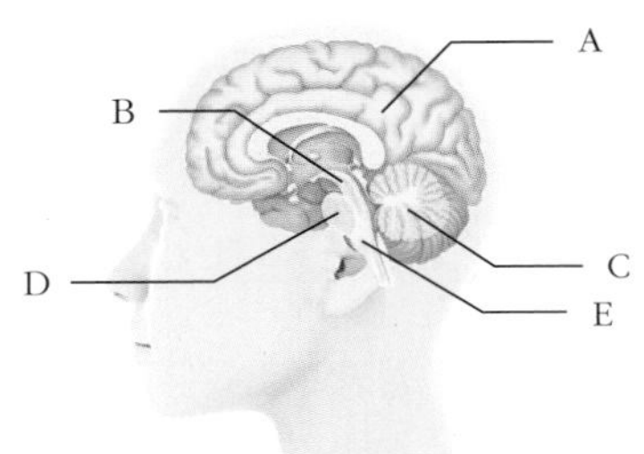

① A 는 감각 및 운동 정보를 담당한다.
② B 는 눈의 움직임과 청각을 담당한다.
③ C 는 겉질에서 고등 정신 기능이 일어난다.
④ D 는 항상성 유지에 중요한 부분이다.
⑤ E 는 몸의 평형 유지를 담당한다.

12 다음 중 중추 신경계에 대한 설명으로 옳은 것은?

① 연수는 온몸에 퍼져 있는 신경이다.
② 감각 신경과 운동 신경으로 구성되어 있다.
③ 대뇌의 명령을 받아 기관의 운동을 조절한다.
④ 감각 기관에서 받은 자극을 뇌에 전달하는 역할을 한다.
⑤ 많은 수의 연합 뉴런이 모여 중추 신경계를 구성하고 있다.

13 다음은 교통사고로 머리를 다친 환자에게서 나타난 증상이다.

> · 정상적으로 호흡이 가능하다.
> · 기억력, 판단력, 사고력에 이상이 없다.
> · 눈에 불빛을 비췄을 때 동공의 변화가 없다.

이 환자에게 이상이 생긴 뇌의 부위는 어디인가?

① 대뇌　② 소뇌　③ 간뇌
④ 연수　⑤ 중간뇌(중뇌)

14 척수에 대한 설명으로 옳은 것을 모두 고르시오.

① 동공 반사가 일어나게 한다.
② 뇌와 말초 신경을 연결해 주는 통로 역할을 한다.
③ 후근은 운동 신경 다발, 전근은 감각 신경 다발이다.
④ 겉질은 축삭돌기가 모여 있는 회색질이며, 속질은 백색질이다.
⑤ 척추의 마디마다 등 쪽과 배 쪽으로 신경 다발이 각각 좌우 한 개씩 나온다.

스스로 실력 높이기

15 아래 반응과 가장 관계 깊은 중추 신경계와 일어나는 반응을 바르게 짝지은 것은?

> 레몬을 생각하면 입안에 침이 고인다. 이것은 과거의 경험으로 레몬의 맛을 기억하고 있기 때문이다.

① 대뇌 - 조건 반사 ② 대뇌 - 무조건 반사
③ 척수 - 조건 반사 ④ 척수 - 무조건 반사
⑤ 연수 - 무조건 반사

16 다음 그림은 신경계의 흥분 전달 경로를 나타낸 것이다.

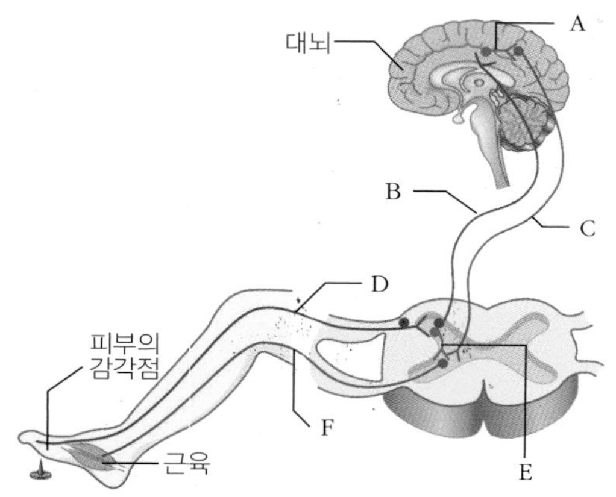

이에 대한 설명으로 옳지 않은 것을 고르시오.

① B, D 는 운동 신경이며 C, F 는 감각 신경이다.
② 압정을 밟아 발을 떼는 반응은 A 를 거치지 않는다.
③ B 가 손상되면 발을 들어올릴 수 있지만 아픔을 느낄 수 없다.
④ F 가 손상되면 아픔을 느낄 수 있지만 발을 들어 올릴 수 없다.
⑤ 압정을 밟았을 때 통증을 느껴 손을 뻗기까지의 반응 경로는 D → B → A → C → F 이다.

17 현이는 방 안에서 공놀이를 하다 어머니가 아끼시는 컵을 깨뜨렸다. 이때 놀란 현이의 체내에서 나타날 수 있는 변화가 아닌 것은?

① 동공이 확대된다.
② 방광이 수축된다.
③ 혈압이 상승한다.
④ 호흡이 거칠어진다.
⑤ 심장 박동이 빨라진다.

18 다음 그림은 3 가지 신경을 구분하는 과정을 나타낸 것이다.

[평가원 유형]

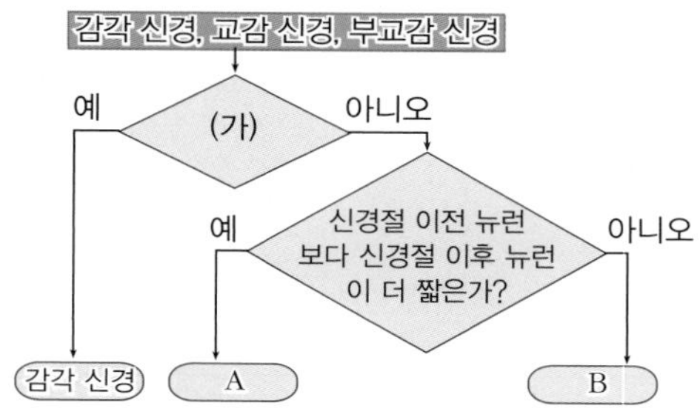

이에 대한 설명으로 옳은 것을 모두 고르시오.

① A 가 흥분하면 동공이 축소된다.
② A 가 흥분하면 혈압이 상승한다.
③ B 가 흥분하면 심장 박동이 촉진된다.
④ B 가 흥분하면 호흡 운동이 억제된다.
⑤ '중추 신경의 명령을 전달하는가?' 는 (가) 의 기준이 될 수 있다.

C

19 다음 그림은 자율 신경을 나타낸 것이다.

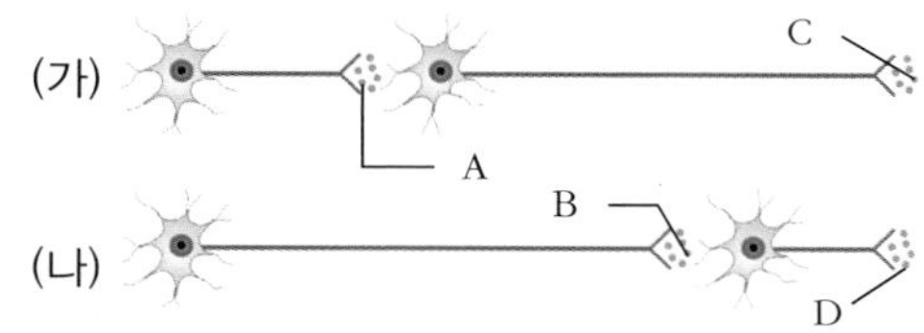

이에 대한 설명으로 옳은 것만을 있는 대로 고른 것은?

① (가) 는 부교감 신경이다.
② (나) 는 교감 신경이다.
③ (가) 에 의해 동공이 축소된다.
④ (가) 와 (나) 는 서로 대항적으로 작용한다.
⑤ (가) 의 A 와 (나) 의 D 에서 분비되는 호르몬은 동일하다.

20 다음은 그림은 사람의 뇌 종단면을, 표는 뇌질환 A, B 의 원인과 주요 증상을 나타낸 것이다.

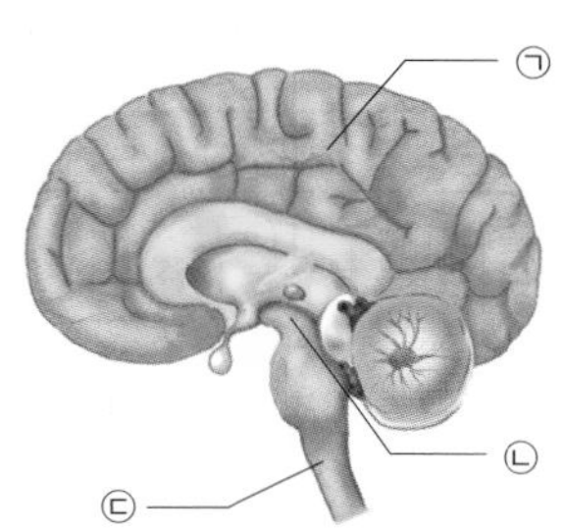

뇌질환	원인	주요 증상
질환 A	신경 세포 사멸	기억력 감퇴
질환 B	도파민 분피 세포 손상	완서, 경직 기억력 감퇴

이에 대한 설명으로 옳지 않은 것을 고르시오. (단, ㉠ ~ ㉢ 은 각각 대뇌, 중뇌, 연수 중 하나이다.)

① 질환 A 는 알츠하이머병이다.
② 질환 B 는 파킨슨병이다.
③ 알츠하이머병은 ㉢ 부위의 손상으로 나타난다.
④ 파킨슨병은 ㉡ 부위의 손상으로 나타난다.
⑤ 헌팅턴병도 질환 A, B 와 공통적인 증상이 나타난다.

21 다음 그림은 독서를 할 때 활성화되는 뇌의 기능적 구조를 나타낸 것이다.

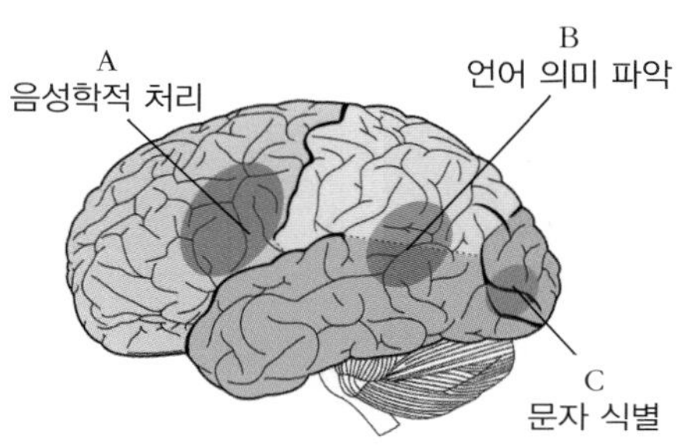

이에 대한 설명으로 옳은 것은?

① 대뇌는 부위에 따라 담당하는 기능이 다르다.
② A 부위가 손상되면 글을 읽을 수 없다.
③ B 부위가 손상되면 청각 기능에 이상이 생긴다.
④ C 부위가 손상되면 말을 이해하지 못한다.
⑤ 독서를 하는 동안 A, B, C 순서로 활성화된다.

22 다음 그림은 대뇌의 기능적 구조를 나타낸 것이다.

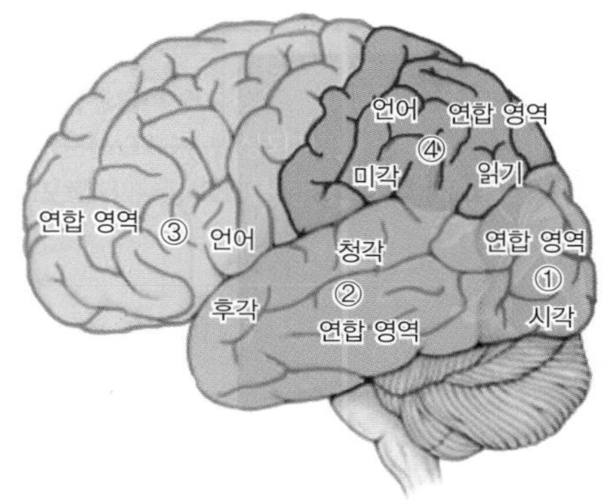

이에 대한 설명으로 옳은 것만을 〈보기〉 에서 있는 대로 고른 것은?

〈 보기 〉

ㄱ. 책을 읽고 이해하기 위해서는 가장 먼저 ④ 번 부위를 거친다.
ㄴ. ② 번 영역에 손상을 입으면 소리를 들을 수 없다.
ㄷ. 후각, 미각, 시각에 대한 자극은 대뇌 전체 활성화를 통해 반응한다.

① ㄱ ② ㄴ ③ ㄱ, ㄴ
④ ㄴ, ㄷ ⑤ ㄱ, ㄴ, ㄷ

스스로 실력 높이기

23 다음 〈보기〉 중 자율 신경의 조절을 받는 근육을 있는 대로 고른 것은?

〈 보기 〉
ㄱ. 횡격막 (호흡 근육)　　ㄴ. 심장근
ㄷ. 홍채(동공 조절 근육)　　ㄹ. 골격근

① ㄱ, ㄷ　② ㄴ, ㄹ　③ ㄱ, ㄴ, ㄷ
④ ㄱ, ㄷ, ㄹ　⑤ ㄱ, ㄴ, ㄷ, ㄹ

[24-25] 다음 그림은 자극의 전달 경로를 나타낸 것이다.

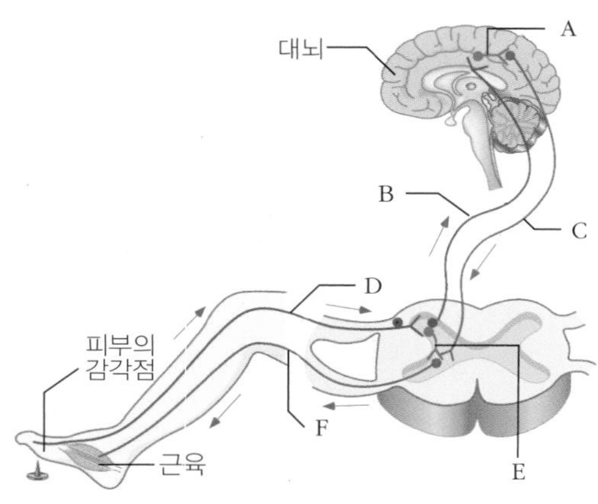

24 위에 대한 설명으로 옳은 것만을 〈보기〉 에서 있는 대로 고른 것은?

〈 보기 〉
ㄱ. D 와 F 는 체성 신경이다.
ㄴ. 압정에 의한 자극은 D → E → F 경로로 전달된다.
ㄷ. 압정에 의한 자극은 대뇌를 거치기 때문에 반응 속도가 느리다.

① ㄱ　② ㄴ　③ ㄷ
④ ㄱ, ㄴ　⑤ ㄱ, ㄴ, ㄷ

25 자극의 전달 경로가 (가) D → E → F 인 경우와 (나) D → B → A → C → F 인 경우를 〈보기〉 에서 골라 바르게 짝지은 것은?

〈 보기 〉
ㄱ. 시험 공부를 한다.
ㄴ. 감기에 걸려 재채기를 한다.
ㄷ. 어두운 곳에 들어가면 홍채가 수축한다.

	(가)	(나)		(가)	(나)
①	ㄱ	ㄴ, ㄷ	②	ㄱ, ㄴ	ㄷ
③	ㄴ	ㄱ, ㄷ	④	ㄱ, ㄷ	ㄴ
⑤	ㄴ, ㄷ	ㄱ			

26 다음 그림은 뇌와 자율 신경에 의한 동공 크기 조절 경로를 나타낸 것이다.

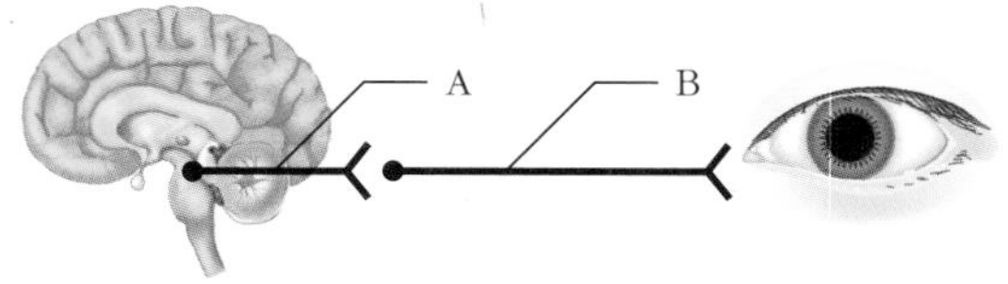

위에 대한 설명으로 옳은 것만을 〈보기〉 에서 있는 대로 고른 것은?

〈 보기 〉
ㄱ. 활성화된 자율 신경은 교감 신경이다.
ㄴ. 뇌줄기 중 하나에 의해 동공 크기가 조절된다.
ㄷ. A 의 말단에서는 아세틸콜린이 분비되고, B 의 말단에서는 아드레날린이 분비된다.

① ㄱ　② ㄴ　③ ㄷ
④ ㄴ, ㄷ　⑤ ㄱ, ㄴ, ㄷ

심화

27 다음 그림은 사람 대뇌의 좌반구 운동령, 우반구 감각령 각각의 단면과 여기에 연결된 사람의 신체 부분을 대뇌 겉질 표면에 나타낸 것이다. A, B, C 는 각각 입술, 손가락, 무릎에 연결된 대뇌 겉질 부위이다.

[평가원 유형]

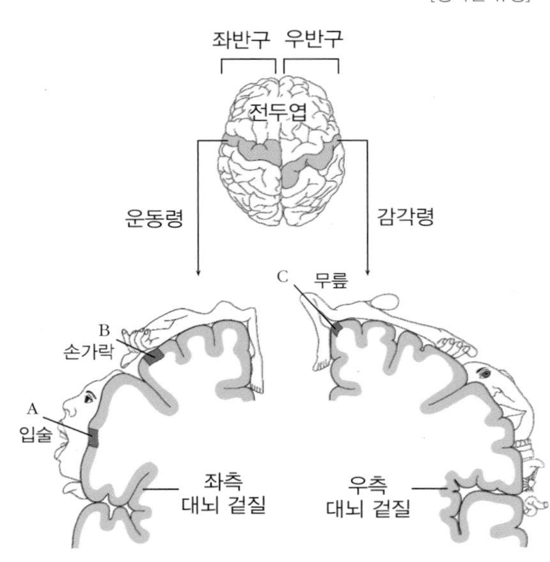

위에 대한 설명으로 옳은 것만을 〈보기〉 에서 있는 대로 고른 것은?

〈 보기 〉

ㄱ. A 가 손상되면 입술을 움직이지 못한다.
ㄴ. B 에 역치 이상의 자극을 주면 오른손의 손가락이 움직인다.
ㄷ. C 에 역치 이상의 자극을 주면 무릎 반사가 일어난다.

① ㄱ ② ㄴ ③ ㄷ
④ ㄱ, ㄴ ⑤ ㄴ, ㄷ

28 다음 그림은 중추 신경계에 속한 A ~ C 로부터 자율 신경을 통해 각 기관에 연결된 경로를 나타낸 것이다. A ~ C 는 각각 연수, 중뇌(중간뇌), 척수 중 하나이다.

[수능 유형]

위에 대한 설명으로 옳은 것만을 〈보기〉 에서 있는 대로 고른 것은?

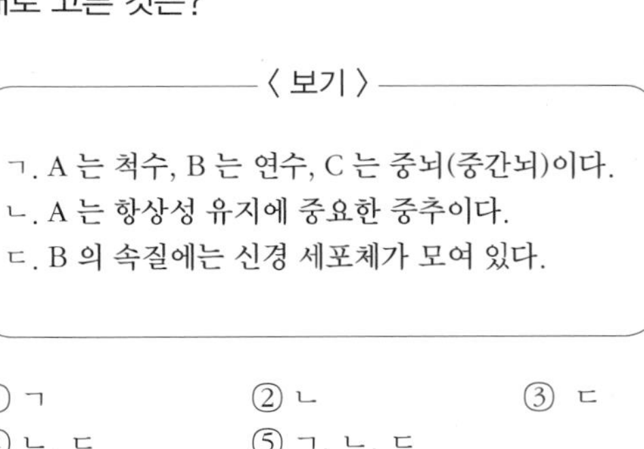

〈 보기 〉

ㄱ. A 는 척수, B 는 연수, C 는 중뇌(중간뇌)이다.
ㄴ. A 는 항상성 유지에 중요한 중추이다.
ㄷ. B 의 속질에는 신경 세포체가 모여 있다.

① ㄱ ② ㄴ ③ ㄷ
④ ㄴ, ㄷ ⑤ ㄱ, ㄴ, ㄷ

29 운전 중 휴대전화 통화를 하는 것이 위험한 이유를 설명하시오.

30 많은 청중들 앞에서 발표할 때 흥분하는 신경과 그 말단에서 분비되는 물질 및 2 가지 이상의 체내 변화를 설명하시오.

23강. 항상성 유지

1. 호르몬

(1) 항상성

① 외부 환경이 변하더라도 체온, 혈당량, pH, 삼투압과 같은 체내 상태를 일정한 범위 내에서 유지하려는 성질을 말한다.
② 신경과 호르몬에 의해 유지된다.

(2) 호르몬의 특성

① 내분비샘에서 생성되어 혈액이나 조직액을 통해 온몸으로 운반되며, 표적기관에만 작용한다.
② 적은 양으로 생리 작용을 조절하며 부족하면 결핍증, 많으면 과다증이 나타난다.
③ 척추동물의 경우 종 특이성이 없어서 항원으로 작용하지 않아 같은 호르몬의 경우 다른 종에서도 같은 효과를 낸다.

(3) 호르몬의 성분에 따른 구분

① **단백질계 호르몬** : 여러 개의 아미노산이 결합한 것으로 수용성 호르몬이다. ⇨ 세포막의 수용체에 결합하여 세포 내 효소를 방출하는 것과 같은 반응을 유도하므로, 단시간에 효과가 나타나지만 지속 시간이 짧다. ㉮ 옥시토신, 항이뇨 호르몬, 인슐린 등
② **스테로이드계 호르몬** : 지질 성분의 독특한 고리 구조를 가지고 있는 호르몬으로 지용성이다. ⇨ 핵 속의 유전자에 직접 작용하여 세포의 단백질 합성을 조절하므로, 효과가 나타나기까지 오랜 시간이 걸리지만 지속 시간이 길다. ㉮ 부신 겉질 호르몬, 성호르몬 등

(4) 신경과 호르몬의 비교

구분	신경계	호르몬
자극 전달 매체	뉴런	혈액
자극 전달 속도	뉴런을 통해 이동하기 때문에 흥분 전달 속도가 매우 빠르다.	분비, 운반, 작용에 시간이 걸리기 때문에 전달 속도가 비교적 느리다.
효과의 지속성	일시적이며 지속 시간이 짧다.	비교적 오래 지속된다.
작용 범위	뉴런이 연결되는 부위에만 작용하므로 작용 범위가 좁다	멀리 있는 기관의 활동을 조절하므로 작용 범위가 넓다.
특징	일정한 방향으로만 자극이 전달된다.	표적 기관에만 작용한다.
전달 방식	시냅스 흥분의 이동	분비 세포 물질 혈관 표적 세포

> **개념확인 1**
>
> 다음 호르몬에 대한 설명으로 옳은 것은 ○표, 옳지 않은 것은 ×표 하시오.
>
> (1) 내분비샘에서 생성되어 혈액을 통해 운반되며, 표적기관에만 작용한다. ( )
>
> (2) 척추동물의 경우 종 특이성이 있어 체내에서 항원으로 작용한다. ( )
>
> **확인+1**
>
> 외부 환경이 변하더라도 체온, 혈당량, pH, 삼투압과 같이 체내 상태를 일정한 범위 내에서 유지하려는 성질을 무엇이라 하는가?
>
> ( )

종 특이성

· 특정 요인이 특정 생물에만 특징적인 반응을 일으키는 현상을 말한다.
· 호르몬은 종 특이성이 없기 때문에 돼지 인슐린을 당뇨에 걸린 사람에게 투약했을 때 사람의 인슐린을 투약했을 때와 같은 효과를 볼 수 있다.

호르몬 성분에 따른 작용 기작

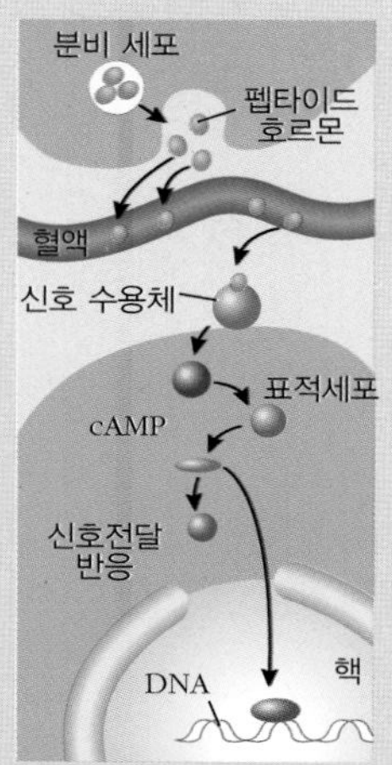

▲ 단백질계 호르몬

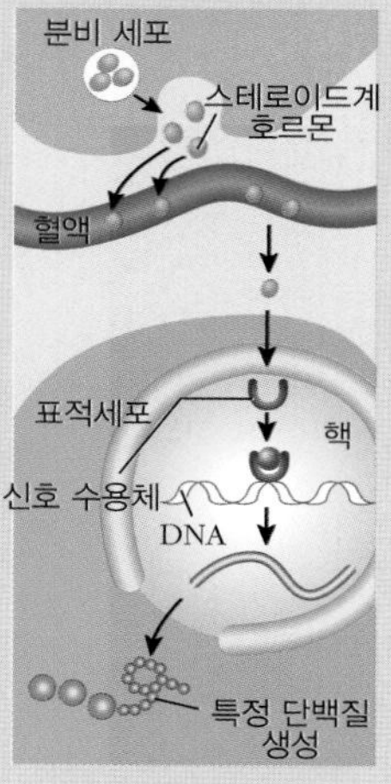

▲ 스테로이드계 호르몬

미니사전

표적기관 [標 나타내다 的 과녁 器官 기관] 특정 호르몬의 작용을 받는 특정한 기관 ㉮ 부신 겉질의 경우 부신 겉질 자극 호르몬의 작용을 받는다.

2. 사람의 내분비샘과 호르몬

(1) 뇌하수체

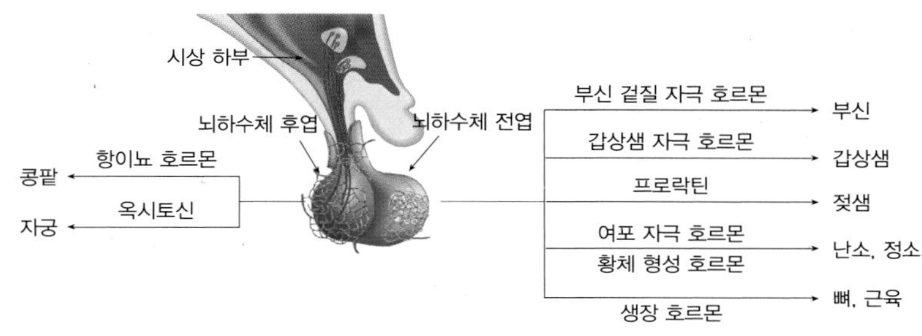

뇌하수체 전엽	생장 호르몬 (GH)	뼈와 근육의 발달을 촉진하여 생장 촉진
	갑상샘 자극 호르몬 (TSH)	갑상샘을 자극하여 티록신 분비 촉진
	부신 겉질 자극 호르몬 (ACTH)	부신 겉질을 자극하여 코르티코이드 분비 촉진
	여포 자극 호르몬 (FSH)	여성에서는 여포 성숙, 남성에서는 세정관 발달
	황체 형성 호르몬 (LH)	여성에서는 배란 촉진, 남성에서는 테스토스테론 분비 촉진
	젖분비 자극 호르몬 (프로락틴)	임신 전후 분비, 젖샘의 발달과 젖 분비 촉진
뇌하수체 후엽	항이뇨 호르몬 (ADH)	콩팥에서 물의 재흡수 촉진, 혈관을 수축시켜 혈압 상승
	옥시토신	분만 시 자궁 수축

(2) 갑상샘, 부신, 이자, 생식샘

갑상샘	티록신		세포 호흡을 빠르게 하여 물질대사를 촉진 ⇨ 체온 상승, 심장 박동 증가 등
	칼시토닌		혈액 속의 Ca^{2+} 의 농도가 높을 때 분비되어 혈액의 Ca^{2+} 을 낮춤
부갑상샘	파라토르몬		혈액 속의 Ca^{2+} 의 농도가 낮을 때 분비되어 혈액의 Ca^{2+} 을 높임
부신 겉질	당질 코르티코이드		단백질이나 지방을 포도당으로 전환시켜 혈당량 증가
	알도스테론 (무기질 코르티코이드)		세뇨관에서 Na^{+} 의 재흡수 촉진
부신 속질	아드레날린 (에피네프린)		간에서 글리코젠을 포도당으로 분해하여 혈당량 증가
이자	α 세포	글루카곤	간이나 근육 세포에 저장된 글리코젠을 포도당으로 분해하여 혈당량 증가
	β 세포	인슐린	혈액 속 포도당을 세포로 이동시키고, 포도당을 글리코젠으로 합성하여 혈당량 감소
정소	테스토스테론		정자의 생산 촉진, 남성의 2 차 성징 발현
난소	에스트로젠		여성의 2 차 성징 발현, 자궁 내벽의 발달 촉진
	프로게스테론		배란 억제, 자궁 내벽을 두껍게 유지

개념확인 2 정답 및 해설 50쪽

다음에 해당하는 호르몬의 종류를 적으시오.

(1) 뇌하수체 후엽에서 분비되며 콩팥에서 물의 재흡수를 촉진한다. ( )

(2) 부신 속질에서 분비되며 간에서 글리코젠을 포도당으로 분해하여 혈당량 증가시킨다. ( )

확인+2

신경 지배를 받으며 혈액을 통해 호르몬을 표적기관으로 운반해 기능을 수행하는 생체 기능 조절계를 무엇이라 하는가?

( )

내분비계

- 신경 지배를 받으며 혈액을 통해 호르몬을 표적 기관으로 운반해 기능을 수행하는 생체 기능 조절계이다.
- 사람의 내분비계는 뇌하수체, 갑상샘, 부신, 이자 등이 있다.

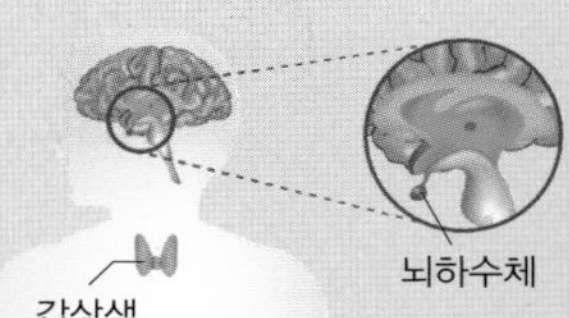

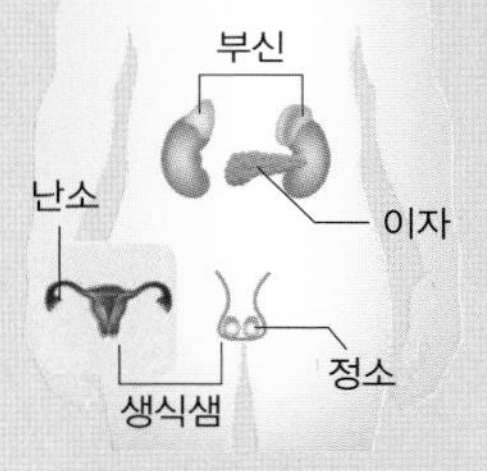

갑상샘

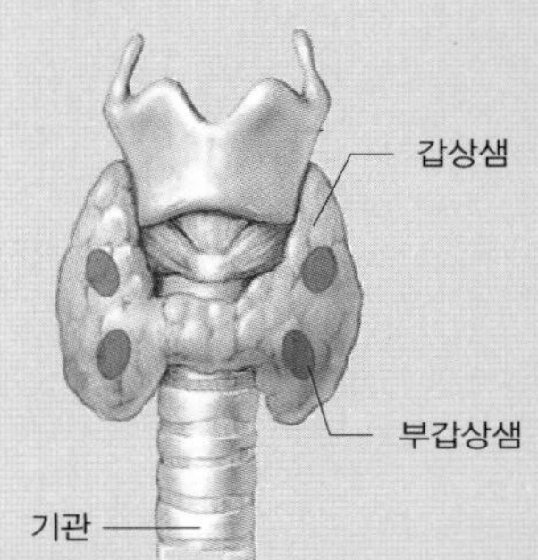

부신

- 콩팥 윗부분을 덮고 있는 내분비계

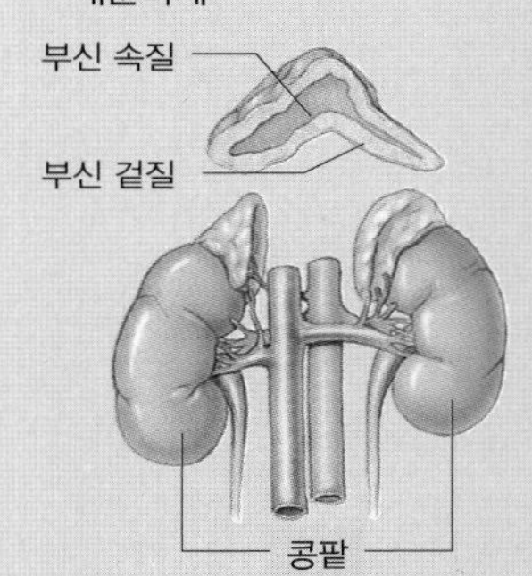

이자

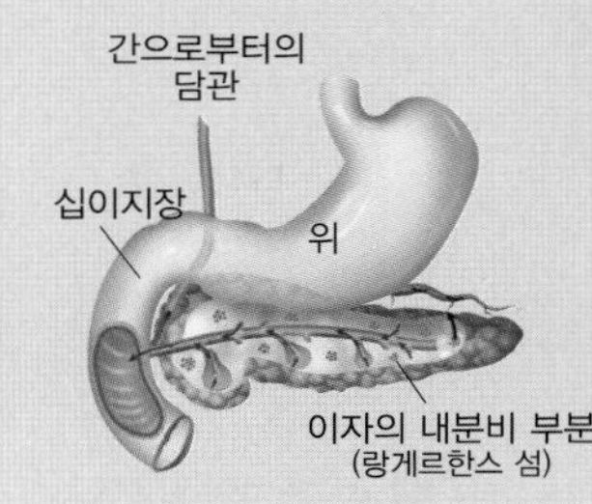

3. 항상성 조절 원리 1

(1) 티록신 분비 조절

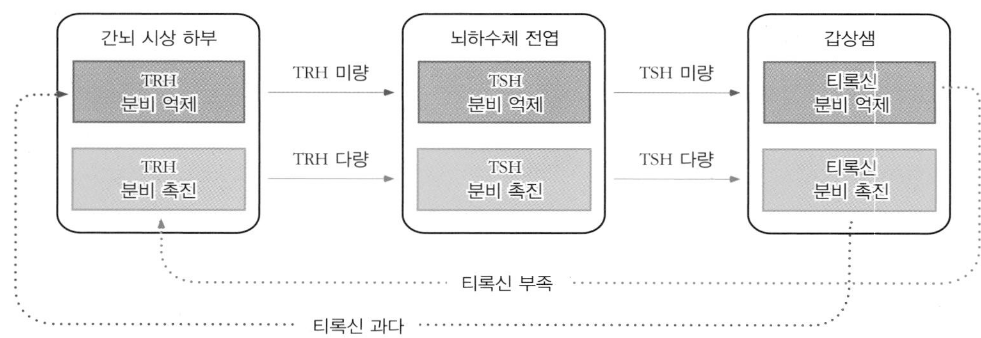

① **티록신 과다 시** : 시상 하부와 뇌하수체 전엽의 작용 억제 → TRH(TSH 방출 호르몬)와 TSH(갑상샘 자극 호르몬) 의 분비 감소 → 갑상샘에서 티록신 분비 감소

② **티록신 부족 시** : 시상 하부와 뇌하수체 전엽의 작용 촉진 → TRH 와 TSH 의 분비 증가 → 갑상샘에서 티록신 분비 증가

(2) 혈당량 조절

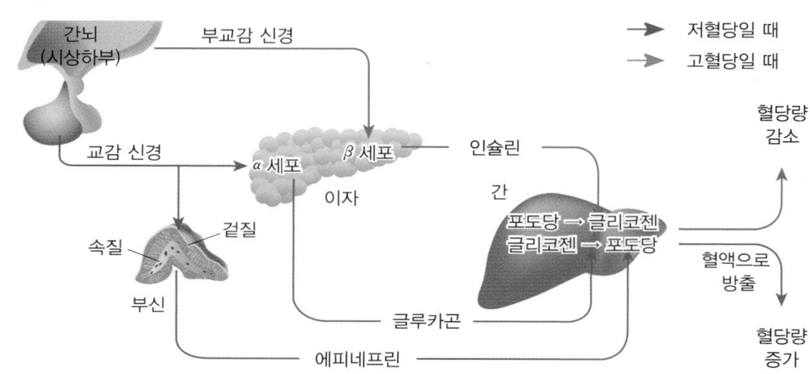

① **인슐린** : 이자의 β 세포에서 분비되며, 간에서 포도당이 글리코젠으로 합성되는 반응을 촉진하여 혈당량을 감소시킨다.

② **글루카곤** : 이자의 α 세포에서 분비되며, 간에서 글리코젠이 포도당으로 분해되는 반응을 촉진하여 혈당량을 증가시킨다.

③ **고혈당일 때** : 부교감 신경 흥분 → 인슐린 분비 증가 → 간에서 포도당을 글리코젠으로 합성 → 세포에서 혈액 속의 포도당 흡수 촉진→ 혈당량 감소

④ **저혈당일 때** : 교감 신경 흥분 → 글루카곤, 아드레날린(에피네프린) 분비 증가 → 간에서 글리코젠을 포도당으로 분해 → 혈액으로 포도당 방출 → 혈당량 증가

개념확인 3

다음 괄호 안에 들어갈 알맞은 호르몬을 적으시오.

(1) (　　　　　)(은)는 이자의 β 세포에서 분비되며, 간에서 포도당이 글리코젠으로 합성되는 반응을 촉진하여 혈당량을 감소시킨다.

(2) (　　　　　)(은)는 이자의 α 세포에서 분비되며, 간에서 글리코젠이 포도당으로 분해되는 반응을 촉진하여 혈당량을 증가시킨다.

확인+3

혈당량 유지의 원리 중 결과가 원인을 억제하는 쪽으로 작용하는 것을 무엇이라고 하는가?

(　　　　　　)

혈당량 유지의 원리

- 음성 피드백 : 결과가 원인을 억제함 ㉠ 티록신의 분비 조절 등
- 양성 피드백 : 결과가 원인을 촉진함 ㉠ 옥시토신에 의한 출산 촉진 과정 등
- 대항 작용 : 한 기관에 서로 반대되는 작용을 하여 일정한 상태를 유지하는 작용 ㉠ 교감 신경과 부교감 신경, 인슐린과 글루카곤(혈당량 조절) 등

혈당량에 따른 호르몬 농도 변화

1. 혈당량 증가 → 인슐린 증가
   - 혈당량이 높아질수록 농도가 증가하는 것은 인슐린이다.
   - 식사 후 체내 혈당량이 증가하면 혈중 인슐린 농도가 증가한다.
2. 혈당량 감소 → 글루카곤 증가
   - 혈당량이 낮아질수록 농도가 증가하는 것은 글루카곤이다.
   - 운동 중에는 체내 혈당량이 감소하여 혈중 글루카곤 농도가 증가한다.

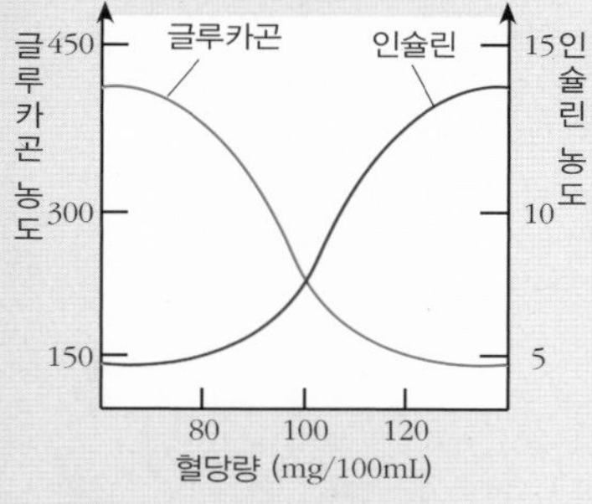

▲ 글루카곤과 인슐린 대항 작용

미니사전

피드백 [feedback] 원인에 의해 나타난 결과가 다시 원인에 작용해 나타난 결과를 줄이거나 늘리는 것을 말한다.

4. 항상성 조절 원리 2

(3) 체온 조절 : 열 발산량과 열 발생량을 조절하여 체온을 일정하게 유지시킨다.

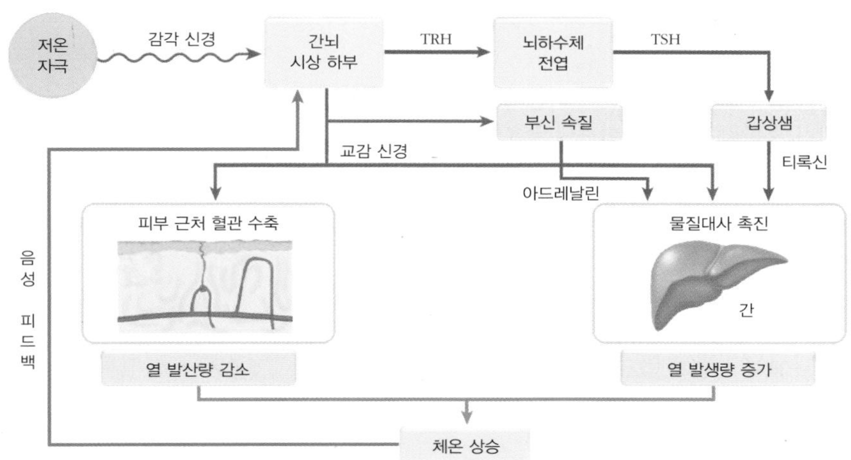

추울 때		더울 때	
열 발생량 증가	· 교감 신경 흥분 → 심장 박동 촉진 · 티록신, 아드레날린 분비 증가 → 간과 근육에서 물질대사 촉진 · 골격근을 수축하여 몸 떨림	열 발생량 감소	· 부교감 신경 흥분 → 심장 박동 억제 · 티록신 분비 감소 → 간과 근육에서 물질대사 억제
열 발산량 감소	· 교감 신경 흥분 → 입모근과 피부 모세혈관 수축 → 땀 분비 억제	열 발산량 증가	· 교감 신경 작용 완화 → 입모근 이완, 피부 모세혈관 확장 → 땀 분비 촉진

(4) 삼투압 조절

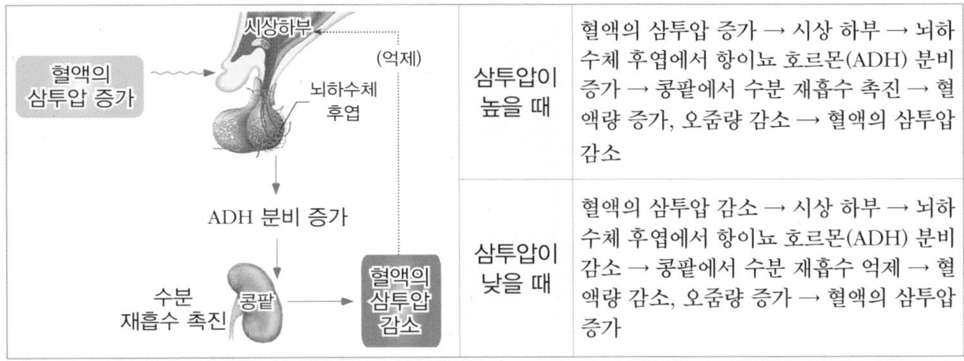

삼투압이 높을 때	혈액의 삼투압 증가 → 시상 하부 → 뇌하수체 후엽에서 항이뇨 호르몬(ADH) 분비 증가 → 콩팥에서 수분 재흡수 촉진 → 혈액량 증가, 오줌량 감소 → 혈액의 삼투압 감소
삼투압이 낮을 때	혈액의 삼투압 감소 → 시상 하부 → 뇌하수체 후엽에서 항이뇨 호르몬(ADH) 분비 감소 → 콩팥에서 수분 재흡수 억제 → 혈액량 감소, 오줌량 증가 → 혈액의 삼투압 증가

개념확인 4

정답 및 해설 50쪽

다음 괄호 안에 들어갈 양의 변화를 선택하시오.

혈액 삼투압 증가 → 시상 하부 → 뇌하수체 후엽에서 항이뇨 호르몬(ADH) 분비 ㉠ (증가 / 감소) → 콩팥에서 수분 재흡수 ㉡ (촉진 / 억제) → 혈액량 ㉢ (증가 / 감소), 오줌량 ㉣ (증가 / 감소) → 혈액의 삼투압 감소

확인+4

다음 체온 조절에 대한 설명으로 옳은 것은 ○표, 옳지 않은 것은 ×표 하시오.

(1) 추울 때 골격근이 수축하여 몸을 떨리게 함으로써 열을 발생시킨다. ( )

(2) 더울 때 입모근을 수축시켜 열 발산량을 감소시킨다. ( )

추울 때와 더울 때 피부 변화

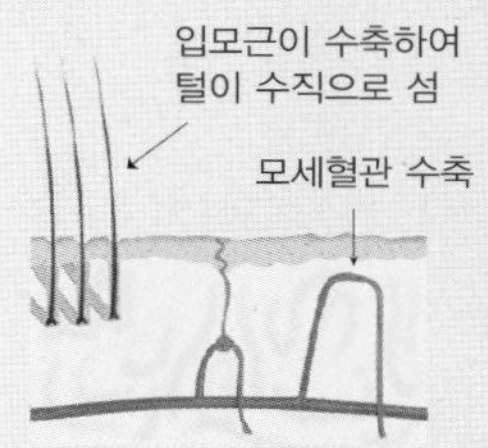

▲ 추울 때의 체온 조절

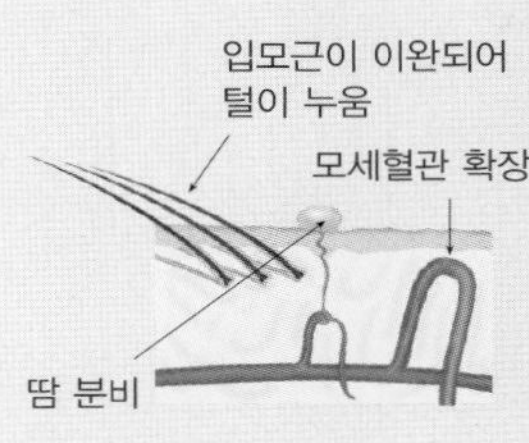

▲ 더울 때의 체온 조절

체내 무기 염류(Na^+) 양 조절

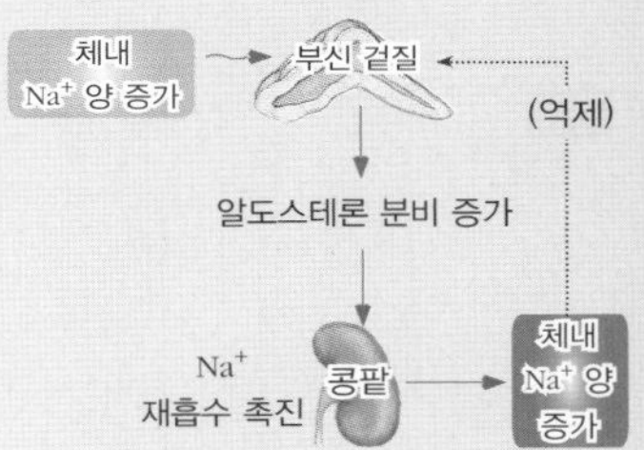

· 체내 Na^+ 부족 시 : 부신 겉질에서 알도스테론 분비 증가 → 콩팥에서 Na^+ 재흡수 촉진 → 오줌으로 배설되는 Na^+ 양 감소 → 체내 Na^+ 양 증가

· 체내 Na^+ 과다 시 : 부신 겉질에서 알도스테론 분비 감소 → 콩팥에서 Na^+ 재흡수 억제 → 오줌으로 배설되는 Na^+ 양 증가 → 체내 Na^+ 양 감소

미니사전

입모근 [立 서다 毛 털 筋 힘줄] 피부 속에 있으며 모근에 붙어 있는 근육. 수축에 의하여 피지선을 눌러 분비를 촉진시키며, 털을 꼿꼿이 바로 서게 한다.

01

다음 중 호르몬에 대한 설명으로 옳지 않은 것은?

① 항상성을 유지하는데 중요하다.
② 혈액을 통해 분비되며 표적 기관에만 작용한다.
③ 생리 작용을 조절하기 위하여 많은 양이 필요하다.
④ 척추동물의 경우 종 특이성이 없어 항원으로 작용하지 않는다.
⑤ 성분에 따라 단백질계 호르몬과 스테로이드계 호르몬으로 구분된다.

02

다음 표에서 신경과 호르몬에 대한 설명이 잘못 짝지어진 것은?

구분	신경계	호르몬
① 자극 전달 매체	뉴런	혈액
② 자극 전달 속도	흥분 전달 속도가 매우 빠르다.	분비, 운반, 작용에 시간이 걸려 비교적 느리다.
③ 효과의 지속성	비교적 오래 지속된다.	일시적이며 빨리 사라진다.
④ 작용 범위	작용 범위가 좁다.	작용 범위가 넓다.
⑤ 특징	일정한 방향으로만 자극이 전달된다.	표적 기관에만 작용한다.

[03-04] 다음에 해당하는 알맞은 단어를 〈보기〉에서 찾아 기호로 쓰시오.

〈 보기 〉

ㄱ. 뇌하수체 전엽　ㄴ. 갑상샘　ㄷ. 부신 겉질　ㄹ. 이자섬　ㄹ. 정소
ㅁ. 생장 호르몬　ㅂ. 옥시토신　ㅅ. 티록신　ㅇ. 프로게스테론

03

호르몬이 분비되는 장소를 적으시오.

(1) 생장 호르몬, 갑상샘 자극 호르몬, 여포 자극 호르몬 등이 분비된다. (　　)
(2) 티록신과 칼시토닌이 분비된다. (　　)

04

호르몬의 종류를 적으시오.

(1) 뼈와 근육의 발달을 촉진한다. (　　)
(2) 세포 호흡을 빠르게 하여 물질대사를 촉진시킨다. (　　)

05

한 기관에 서로 반대되는 작용을 하여 일정한 상태를 유지하는 것으로 인슐린과 글루카곤의 분비가 해당된다. 이 기작은 무엇인가?

( )

06

다음은 고혈당일 때와 저혈당일 때 혈당량 조절 과정을 나타낸 것이다. 괄호 안에 들어갈 신경의 종류와 분비되는 호르몬의 종류를 적으시오.

(1) 저혈당일 때 : ( ) 신경 흥분 → (,) 분비 증가 → 글리코젠을 포도당으로 분해 촉진 → 혈당량 증가

(2) 고혈당일 때 : ( ) 신경 흥분 → ( ) 분비 증가 → 간에서 포도당을 글리코젠으로 합성 → 혈당량 감소

07

다음 중 추울 때 나타나는 체내 변화로 옳지 <u>않은</u> 것은?

① 땀 분비량이 억제된다.
② 입모근과 모세혈관이 수축한다.
③ 열 방출량과 열 발생량이 모두 증가한다.
④ 티록신과 아드레날린 분비량이 증가한다.
⑤ 교감 신경이 흥분하여 심장 박동이 촉진된다.

08

체내 삼투압이 높을 때 관여하는 호르몬은 무엇인가?

① 칼시토닌 ② 항이뇨 호르몬 ③ 프로게스테론
④ 갑상샘 자극 호르몬 ⑤ 당질 코르티코이드

유형 익히기 & 하브루타

[유형23-1] 호르몬

다음은 단백질계 호르몬과 스테로이드계 호르몬에 대한 기작을 나타낸 것이다.

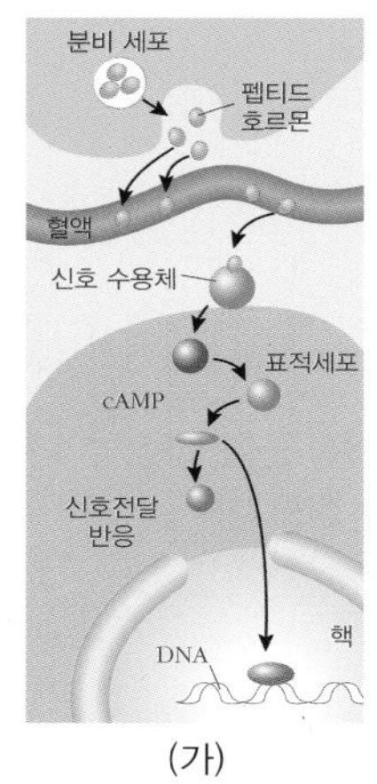

(가)

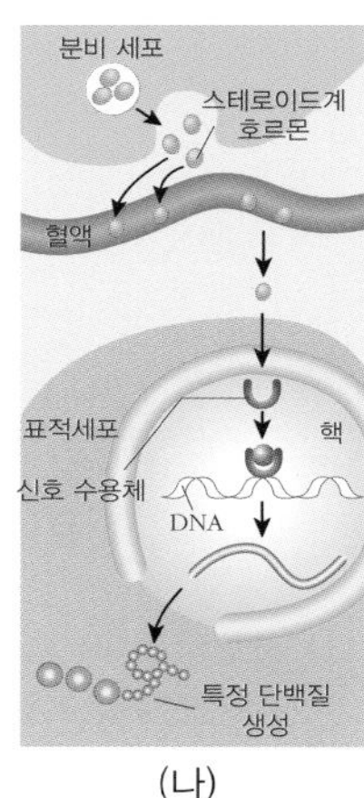

(나)

이에 대한 설명으로 옳은 것은 ○표, 옳지 않은 것은 ×표 하시오.

(1) (가) 는 단백질계 호르몬 (나) 는 스테로이드계 호르몬이다. ( )

(2) (가) 는 지용성 호르몬 (나) 는 수용성 호르몬이다. ( )

(3) (가) 에는 옥시토신, 인슐린 등이 포함되며 (나) 는 부신 겉질 호르몬, 성호르몬 등이 포함된다. ( )

01 다음 중 호르몬에 대한 설명으로 옳은 것을 모두 고르시오.

① 단백질계 호르몬은 지용성이다.
② 스테로이드계 호르몬은 수용성이다.
③ 호르몬은 혈액을 통해 전달된다.
④ 호르몬은 신경계와 달리 멀리 있는 기관의 활동을 조절한다.
⑤ 호르몬은 표적 기관에만 작용하기 때문에 자극 전달 속도가 빠르다.

02 다음 설명에 해당하는 단어를 적으시오.

(1) 특정 호르몬의 작용을 받는 특정한 기관을 말한다. ( )

(2) 특정 요인이 특정 생물에만 특징적인 반응을 일으키는 현상을 말한다. ( )

[유형23-2] 사람의 내분비선과 호르몬

다음은 뇌하수체에 대한 그림이다.

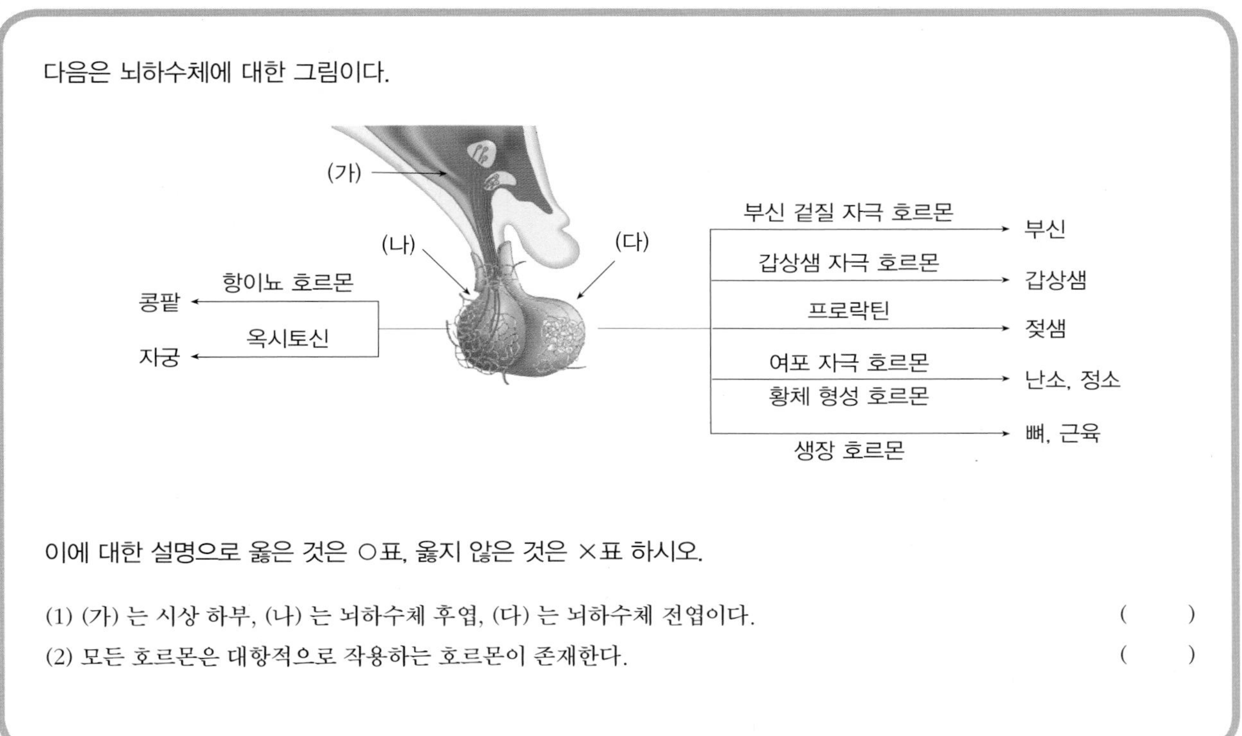

이에 대한 설명으로 옳은 것은 ○표, 옳지 않은 것은 ×표 하시오.

(1) (가) 는 시상 하부, (나) 는 뇌하수체 후엽, (다) 는 뇌하수체 전엽이다. ( )

(2) 모든 호르몬은 대항적으로 작용하는 호르몬이 존재한다. ( )

03

다음 설명에 해당하는 호르몬의 종류를 적으시오.

(1) 혈액 속의 Ca^{2+} 의 농도가 낮을 때 분비되어 혈액의 Ca^{2+} 을 높인다. ( )

(2) 간이나 근육 세포에 저장된 글리코겐을 포도당으로 분해하여 혈당량을 증가시킨다. ( )

04

다음 설명에 해당하는 호르몬이 분비되는 위치를 적으시오.

(1) 여성의 2 차 성징 발현, 자궁 내벽의 발달을 촉진한다. ( )

(2) 세포 호흡을 빠르게 하여 물질대사를 촉진한다. ( )

유형 익히기 & 하브루타

[유형23-3] 항상성 조절 원리 1

다음 그림은 티록신 분비를 조절하는 방식을 나타낸 것이다.

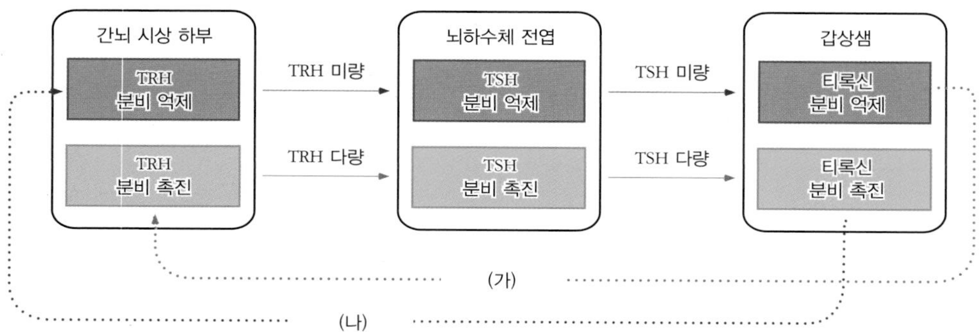

다음 티록신 분비에 대한 설명 중 옳은 것은 ○표, 옳지 않은 것은 ×표 하시오.

(1) (나) 는 티록신이 과다한 경우 (가) 는 티록신 부족한 경우 나타난다. ( )

(2) TSH 의 분비량이 증가하면 티록신의 분비량도 증가한다. ( )

(3) 티록신이 과다하면 시상 하부와 뇌하수체의 호르몬 분비가 촉진된다. ( )

05 대항 작용에 해당하는 것만 〈보기〉 에서 있는 대로 고르시오.

〈 보기 〉

ㄱ. 인슐린과 글루카곤　　ㄴ. 에스트로겐과 프로게스테론

ㄷ. 항이뇨 호르몬과 알도스테론　　ㄹ. 교감 신경과 부교감 신경

( )

06 다음 그림은 혈당량 조절에 대한 과정을 나타낸 것이다. 이에 대한 설명으로 옳은 것은 ○표, 옳지 않은 것은 ×표 하시오.

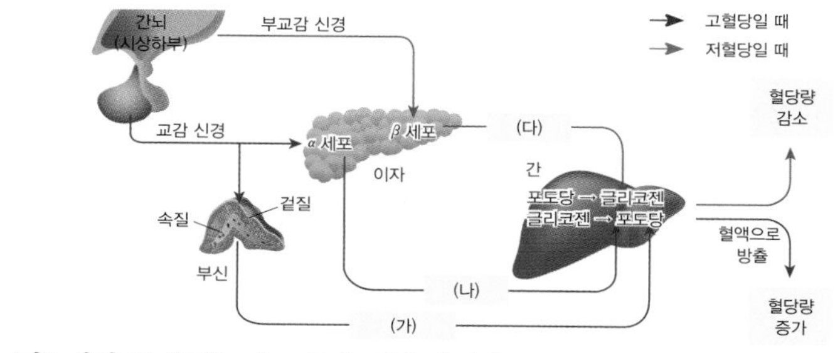

(1) (가) 에서 분비되는 호르몬은 인슐린이다. ( )

(2) 글루카곤과 아드레날린은 대항적으로 작용한다. ( )

(3) 아드레날린과 글루카곤은 모두 혈당량을 증가시키는 작용을 한다. ( )

[유형23-4] 항상성 조절 원리 2

다음 그림 (가) 는 정상인의 혈장 삼투압에 따른 호르몬 X 의 농도를, 그림 (나) 는 1 L 의 물을 섭취한 후 시간에 따른 혈장과 오줌의 삼투압의 변화를 나타낸 것이다. X 는 뇌하수체 후엽에서 분비된다.

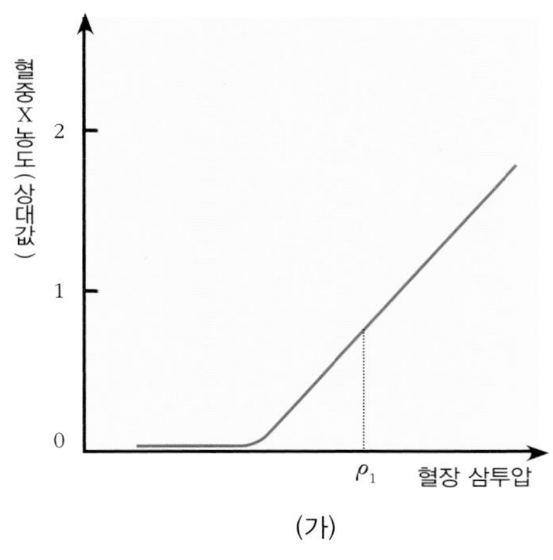

(가)

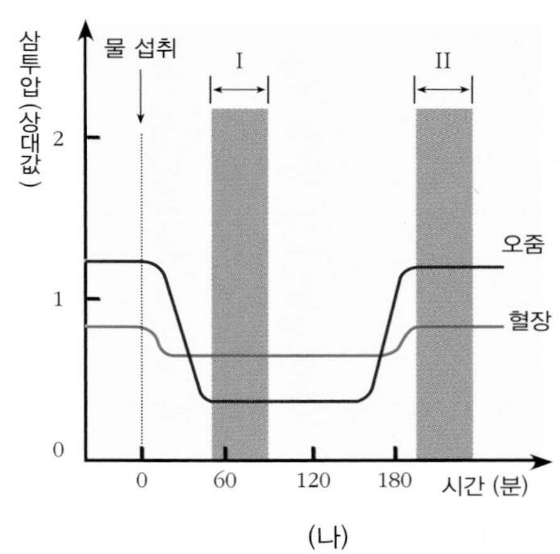

(나)

그림에 대한 해석으로 옳은 것은 ○표, 옳지 않은 것은 ×표 하시오.

(1) p_1 일 때 땀을 많이 흘리면 혈중 X 농도는 감소한다. ( )

(2) 생성되는 오줌의 양은 구간 I 에서보다 구간 II 에서 많다. ( )

07

다음은 우리 몸에서 일어나는 체온 조절 과정에 대한 설명이다. 괄호 안에 알맞은 말을 고르시오.

(1) 추울 때에는 티록신의 분비가 (증가 / 감소)한다.

(2) 피부 모세혈관이 (수축 / 확장)되면 피부를 통한 열 발산량이 증가한다.

(3) 추울 때에는 심장 박동이 ㉠ (촉진 / 억제)되고, 더울 때에는 심장 박동이 ㉡ (촉진 / 억제)된다.

08

혈액 삼투압이 증가한 경우 뇌하수체 후엽에서 분비되는 호르몬 A 와 체내 무기 염류(Na^+)의 양이 감소하여 부신 겉질에서 분비되는 호르몬 B 를 각각 적으시오.

호르몬 A : ( ), 호르몬 B : ( )

창의력&토론마당

01

다음 그림은 혈중 Ca^{2+} 농도에 따른 칼시토닌과 파라토르몬의 작용을 나타낸 것이다.

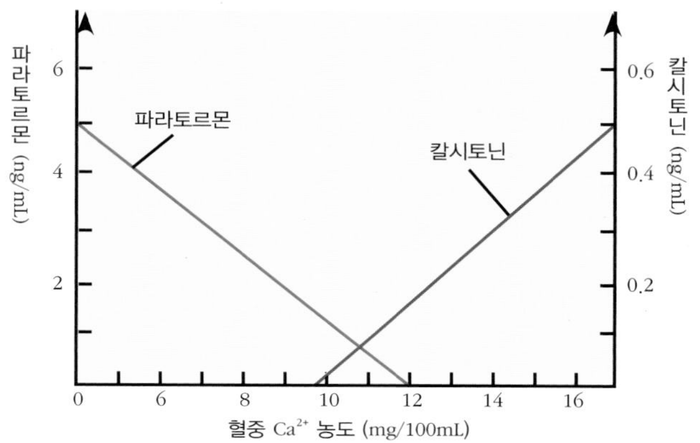

▲ 혈중 Ca^{2+} 농도에 따른 칼시토닌과 파라토르몬의 대항 작용

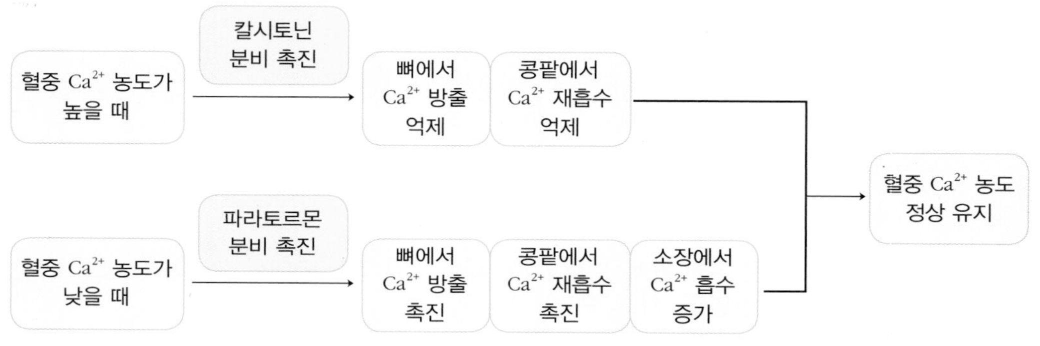

▲ 혈중 Ca^{2+} 농도에 따른 칼시토닌과 파라토르몬 분비량

골다공증은 뼈에 스펀지처럼 작은 구멍이 많이 생기고 골밀도가 낮아지는 질환이다. 호르몬의 양이 어떻게 변화할 때 골다공증에 걸릴 확률이 높아지는지 그 이유와 함께 서술하시오.

02

다음은 당뇨에 관한 설명이다.

당뇨병이란 혈액 속의 포도당의 농도가 정상적으로 조절되지 않아서 생기는 질병으로서 혈당량이 정상인보다 높을 때 나타낸다. 일반적으로 혈액 속에 포도당의 농도가 높으면 혈액의 점도가 높아지고 혈액의 순환이 더디어지게 되는 것으로 알려져 있다. 당뇨병은 크게 제 1 형 당뇨병과 제 2 형 당뇨병으로 분류된다. 제 1 형 당뇨병은 인슐린을 분비하는 이자의 β 세포의 파괴에 의해 인슐린이 결핍되어 생기는 당뇨병이고, 제 2 형 당뇨병은 인슐린 분비 저하와 인슐린에 대하여 세포가 정상적으로 반응하지 못해서 생기는 당뇨병이다. 아래 그래프는 정상인과 이자에 이상이 발견된 당뇨 환자의 식사 후 혈당량과 혈액 내 인슐린의 농도 변화를 나타낸 것이다.

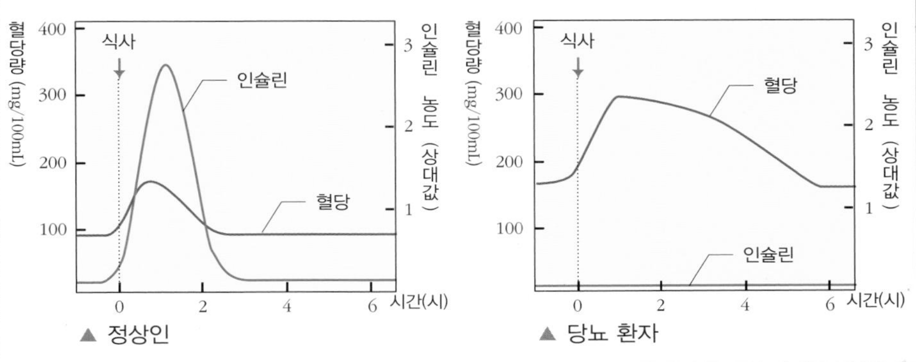

이에 대한 설명으로 옳은 것을 〈보기〉 에서 모두 고르시오.

〈 보기 〉

ㄱ. 이 환자는 이자의 α 세포에 이상이 있다.
ㄴ. 정상인의 경우 인슐린의 분비는 옥시토신처럼 양성 피드백에 의해 조절된다.
ㄷ. 이 환자에게 인슐린을 투여하면 혈당량이 감소할 것이다.
ㄹ. 식사를 하기 전 당뇨병 환자의 혈당량은 정상인보다 낮을 것이다.
ㅁ. 정상인은 혈당량이 증가하면 인슐린의 분비량이 급격히 감소한다.

( )

03

다음은 스트레스에 관여하는 호르몬에 대한 설명이다.

1. 스트레스 반응 조절 호르몬
 · 부신 속질의 두 호르몬(아드레날린과 노르아드레날린)과 부신 겉질의 두 호르몬(당질 코르티코이드와 알도스테론)이 스트레스에 반응한다.
   ⇨ 아드레날린과 노르아드레날린 : 교감 신경 말단에서 분비되는 신경 전달 물질 혹은 부신 속질에서 분비되는 호르몬으로 혈당, 혈압, 호흡률, 대사율을 증가시키는 역할을 한다.
   ⇨ 부신 겉질 호르몬 : 당질 코르티코이드에 의해 혈중 포도당이 증가되고 면역계가 억제되며, 알도스테론에 의해 혈액, 혈압이 상승된다.
 · 부신 겉질은 장기적인 스트레스에 영향을 받으며 부신 속질은 단기적인 스트레스에 영향을 받는다.

2. 원숭이의 계급 사회
 · 원숭이는 계급 사회를 이루어 생활하고 있으며, 그 중 가장 싸움을 잘하는 수컷 원숭이가 대장이 되어 집단을 지배한다. 대장 원숭이는 다른 수컷 원숭이들의 지속적인 도전으로 인해 스트레스를 받아서 호르몬들의 혈중 농도가 변하게 되고 결과적으로 다른 수컷 원숭이들에 비해 수명이 짧아진다.

아래의 설명 중 오랜 시간 대장이었던 수컷 원숭이의 체내 변화로 옳은 것과 옳지 않은 것을 나누고, 옳지 않은 것의 이유를 설명하시오.

〈 보기 〉

ㄱ. 혈액의 양이 감소하고 혈압이 낮아진다.
ㄴ. 혈중 당질 코르티코이드의 농도가 높아진다.
ㄷ. 면역 반응에 관여하는 세포들의 기능이 억제된다.
ㄹ. 신장에서 나트륨 이온과 물의 재흡수가 줄어든다.
ㅁ. 단백질과 지방의 대사를 촉진시켜 체내 혈당량이 증가한다.

(1) 옳은 것 : (　　　　　　　　), 옳지 않은 것 : (　　　　　　　　)

(2) 옳지 않은 이유 :

04

다음은 항이뇨 호르몬(ADH)의 농도와 혈장 삼투압, 혈압 사이의 관계를 표로 나타낸 것이다.

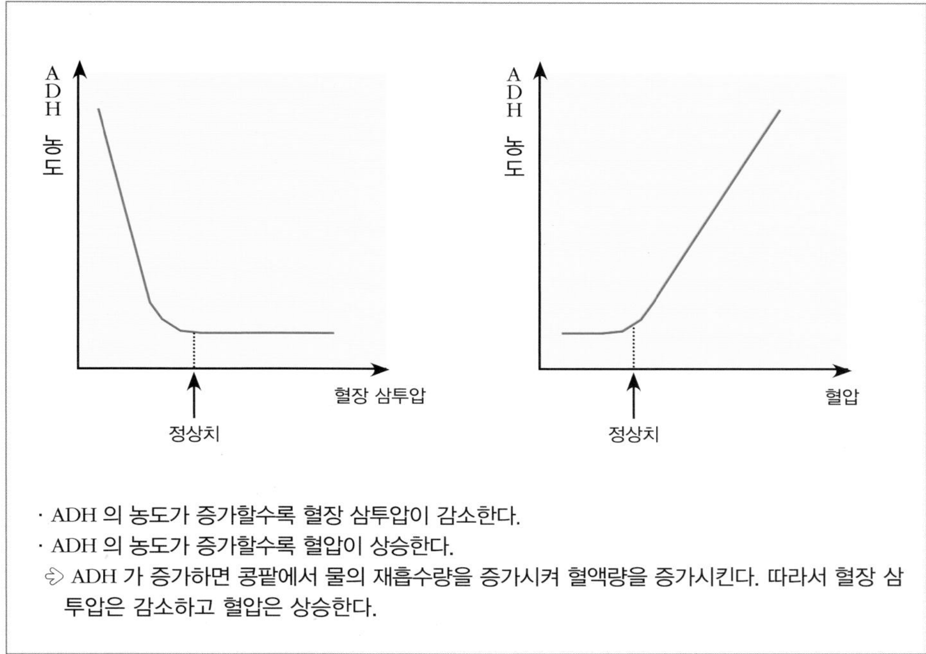

· ADH 의 농도가 증가할수록 혈장 삼투압이 감소한다.
· ADH 의 농도가 증가할수록 혈압이 상승한다.
⇨ ADH 가 증가하면 콩팥에서 물의 재흡수량을 증가시켜 혈액량을 증가시킨다. 따라서 혈장 삼투압은 감소하고 혈압은 상승한다.

(1) ① 물을 많이 마신 경우, ② 생리 식염수를 마신 경우, ③ 소금물을 마신 경우 ADH 분비량, 혈압, 혈장 삼투압은 어떻게 변하는지 적어보자.
① ADH 분비량 : (　　　　　), 혈압 : (　　　　　), 혈장 삼투압 : (　　　　　)
② ADH 분비량 : (　　　　　), 혈압 : (　　　　　), 혈장 삼투압 : (　　　　　)
③ ADH 분비량 : (　　　　　), 혈압 : (　　　　　), 혈장 삼투압 : (　　　　　)

(2) 커피에 든 카페인은 이뇨 작용을 촉진시킨다. 커피를 과다하게 마셔 이뇨 작용이 활발히 일어난 후의 ADH 의 분비량은 어떻게 변화할지 이유와 함께 서술하시오.

스스로 실력 높이기

01 특정 요인이 특정 생물에만 특징적인 반응을 일으키는 현상을 무엇이라고 하는가?

( )

02 적은 양으로 생리 작용을 조절하며 부족하면 결핍증, 많으면 과다증이 나타나는 것은 무엇인가?

( )

03 뇌하수체 후엽에서 분비되며 분만시 자궁 수축을 도와주는 호르몬은 무엇인가?

( )

04 칼시토닌과 대항적으로 작용하며 혈중 Ca^{2+}를 높이는 호르몬은 무엇인가?

( )

05 다음 중 난소에서 분비되는 호르몬을 모두 고르시오.

① 에스트로젠 ② 옥시토신 ③ 파라토르몬
④ 알도스테론 ⑤ 프로게스테론

06 티록신 분비 조절에 대한 설명으로 옳은 것은 ○표, 옳지 않은 것은 ×표 하시오.

(1) 혈중 티록신 농도가 높으면 TSH(갑상샘 자극 호르몬)의 분비가 증가한다. ( )

(2) 티록신 분비는 간뇌의 시상 하부의 조절에 의해 항상성이 유지된다. ( )

07 체내 혈당량 조절에 대한 설명으로 옳은 것은 ○표, 옳지 않은 것은 ×표 하시오.

(1) 체내 혈당량이 높으면 인슐린이 분비된다. ( )

(2) 글루카곤과 아드레날린은 체내에서 서로 대항적으로 작용한다. ( )

08 다음은 혈당량 조절에 관여하는 호르몬의 일부를 나타낸 것이다. A 와 B 에 해당하는 호르몬의 종류를 적으시오.

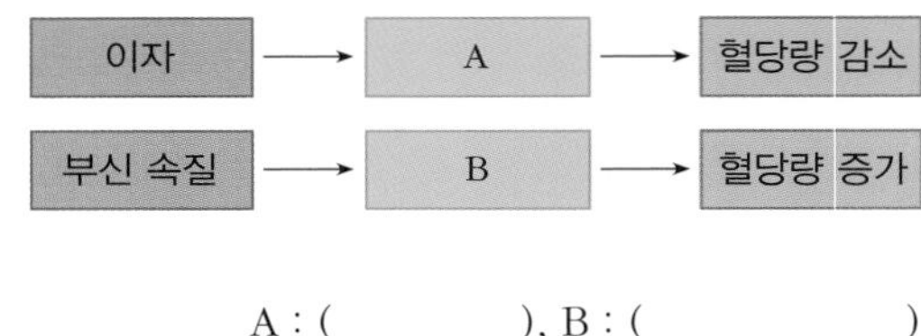

A : ( ), B : ( )

09 체내 무기 염류의 농도가 높을 때 작용하는 호르몬은 무엇인가?

① 티록신 ② 인슐린 ③ 칼시토닌
④ 옥시토신 ⑤ 알도스테론

10 짠 음식을 먹어 체내 삼투압이 증가했을 때 분비량이 증가하는 호르몬은 무엇인가?

( )

11 다음 그림 (가) 와 (나) 는 체내에서 신호가 전달되는 방식을 나타낸 것이다. 이에 대한 설명으로 옳은 것은?

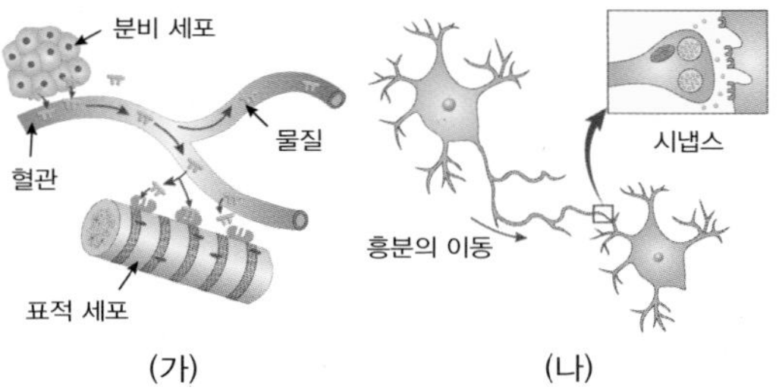

① (가) 는 일시적으로 작용한다.
② (나) 는 표적 기관에만 작용한다.
③ (가) 는 신경계 (나) 는 호르몬이다.
④ (가) 는 (나) 에 비해 작용 범위가 넓다.
⑤ (가) 는 (나) 에 비해 전달 속도가 빠르다.

12 다음 중 호르몬과 그 기능이 바르게 짝지어진 것은?

	호르몬	기능
①	인슐린	티록신 분비 촉진
②	티록신	세뇨관에서 Na^+ 의 재흡수 촉진
③	글루카곤	포도당을 글리코젠으로 합성
④	칼시토닌	혈액의 Ca^{2+} 를 낮춤
⑤	알도스테론	물질대사를 촉진

13 그림은 식사 후 시간 경과에 따른 혈당량 및 호르몬 분비의 변화를 나타낸 것이다. 호르몬 A 와 B 의 명칭을 적으시오. (단, 호르몬 A 와 B 는 모두 이자에서 분비된다.)

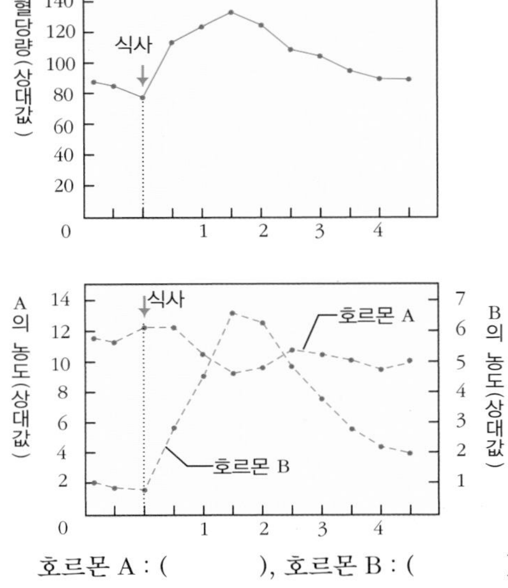

호르몬 A : (   ), 호르몬 B : (   )

14 다음 그림은 뇌하수체에서 분비되는 호르몬 X 와 호르몬 Y 가 표적 기관에 작용하는 과정을 나타낸 것이다.

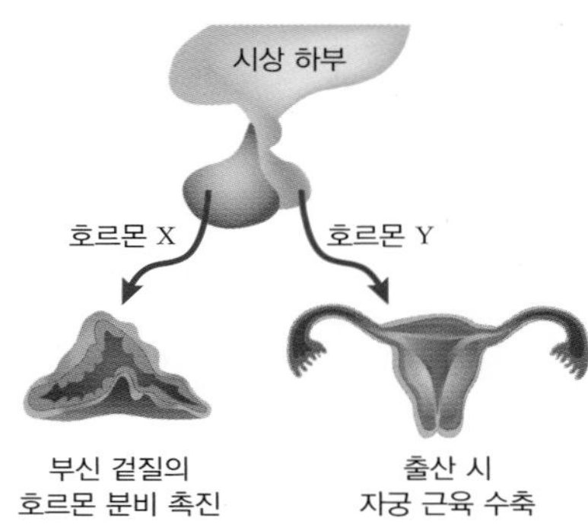

이에 대한 설명으로 옳지 <u>않은</u> 것을 고르시오.

① 호르몬 X 는 ACTH 이다.
② 호르몬 Y 는 옥시토신이다.
③ 호르몬 X 가 증가하면 코르티코이드의 분비량이 증가한다.
④ 호르몬 Y 는 분만 시 증가한다.
⑤ 호르몬 Y 는 신경을 통해 분비된다.

15 그림은 호르몬 A 에 의해 혈당량이 조절되는 과정을 나타낸 것이다.

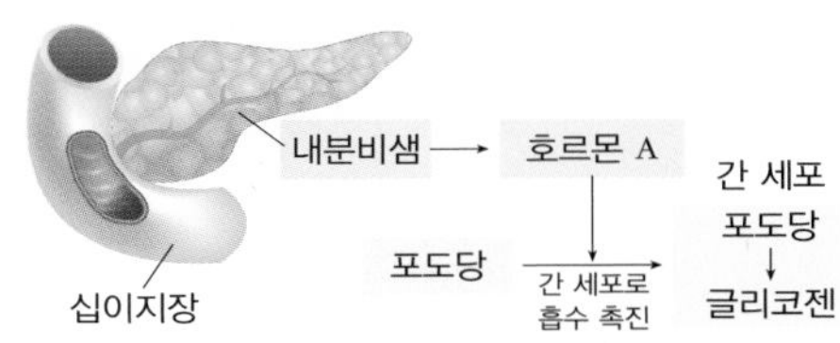

이에 대한 설명으로 옳은 것을 <u>모두</u> 고르시오.

① 호르몬 A 는 인슐린이다.
② 호르몬 A 는 글루카곤이다.
③ 호르몬 A 가 증가하면 체내 혈당량이 감소한다.
④ 정상인은 식사 후 호르몬 A 의 분비량이 증가한다.
⑤ 부신 속질에서 분비되는 아드레날린은 호르몬 A 와 동일한 작용을 한다.

스스로 실력 높이기

16 다음은 사람의 몸에서 일어나는 혈당량 조절 과정을 나타낸 모식도이다.

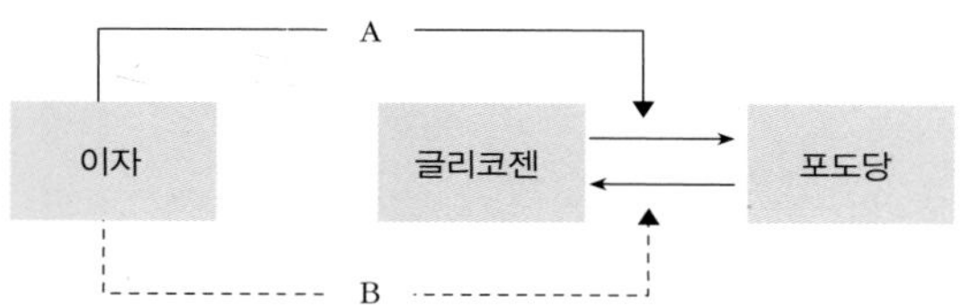

정상적인 사람이 식사를 하고 난 후 분비량이 증가하는 호르몬의 기호와 명칭이 바르게 연결된 것을 고르시오.

① A - 인슐린 ② A - 글루카곤 ③ A - ADH
④ B - 인슐린 ⑤ B - 글루카곤

17 다음 그림은 저온 자극에 대한 뇌하수체와 갑상샘에서 일어나는 피드백 조절 과정을 나타낸 것이다.

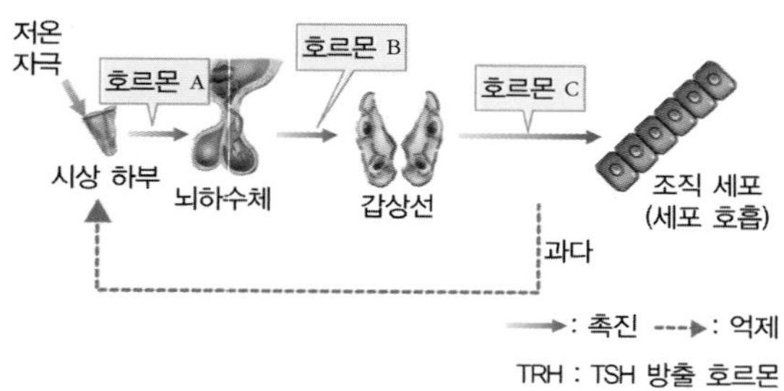

위에 대한 설명으로 옳은 것만을 〈보기〉 에서 있는 대로 고른 것은?

〈 보기 〉

ㄱ. 호르몬 C 가 부족하면 호르몬 B의 분비량이 증가된다.
ㄴ. 호르몬 B 와 C 의 표적 기관은 갑상샘이다.
ㄷ. 호르몬 C 를 매일 혈관에 주사하면 갑상샘에서 호르몬 C 의 분비량이 감소한다.
ㄹ. 혈관에 호르몬 B 를 주사하면 호르몬 A 의 분비량이 증가한다.

① ㄱ, ㄷ ② ㄱ, ㄹ ③ ㄱ, ㄷ, ㄹ
④ ㄴ, ㄷ, ㄹ ⑤ ㄱ, ㄴ, ㄷ, ㄹ

18 다음은 체내의 항상성을 유지하기 위한 과정을 나타낸 것이다.

혈액의 삼투압 → 뇌하수체에서 ADH 분비 → 신장에서 수분 재흡수 → 오줌량
(가) (나) (다) (라)

음식을 너무 짜게 먹고 나니 갈증이 느껴질 때 (가) ~ (라) 의 변화를 바르게 나타낸 것은

	(가)	(나)	(다)	(라)
①	증가	촉진	촉진	감소
②	증가	억제	억제	감소
③	증가	촉진	억제	감소
④	감소	촉진	촉진	증가
⑤	감소	억제	억제	증가

19 다음 그림은 정상인에게 공복 시 포도당을 투여한 후 혈당량 조절에 관여하는 호르몬 X 의 혈중 농도를 시간에 따라 나타낸 것이다. X 는 이자에서 분비된다.

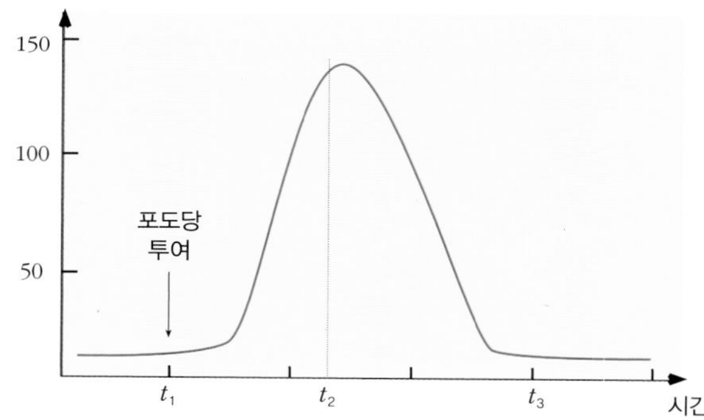

이에 대한 설명으로 옳은 것만을 〈보기〉 에서 있는 대로 고른 것은?

〈 보기 〉

ㄱ. 혈중 인슐린 농도는 t_1 일 때보다 t_2 일 때 더 높다.
ㄴ. 혈당량은 t_2 가 가장 높다.
ㄷ. 호르몬 X 는 β 세포에서 분비되는 인슐린이다.

① ㄱ ② ㄴ ③ ㄷ
④ ㄴ, ㄷ ⑤ ㄱ, ㄴ, ㄷ

20 다음은 갑상샘 기능에 이상이 생긴 어떤 환자의 호르몬 분비 특성을 나타낸 것이다.

> · 혈액 내 갑상샘 자극 호르몬의 농도가 낮다.
> · 티록신 농도가 높아도 갑상샘에서 다량의 티록신을 계속 분비한다.

이에 대한 설명으로 옳은 것만을 〈보기〉 에서 있는 대로 고른 것은?

〈 보기 〉

ㄱ. 세포 호흡이 빨라진다.
ㄴ. 대사율과 체온이 높다.
ㄷ. 아이오딘 섭취가 부족한 경우 나타난다.

① ㄱ ② ㄱ, ㄴ ③ ㄱ, ㄷ
④ ㄴ, ㄷ ⑤ ㄱ, ㄴ, ㄷ

21 오른쪽 그림은 여성의 내분비샘을 나타낸 것이다. 각 내분비샘에서 분비되는 호르몬과 그 기능이 바르게 연결된 것은?

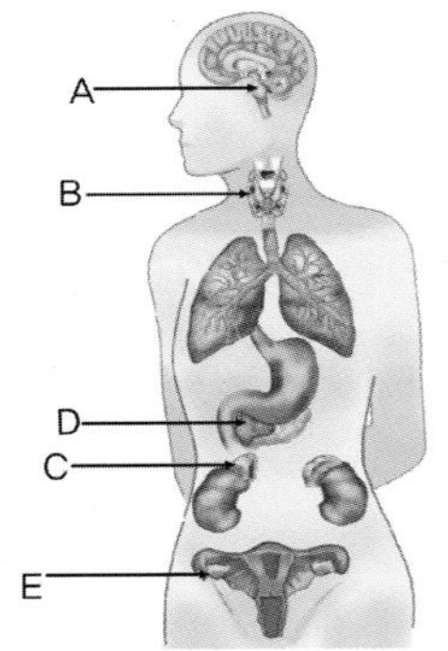

	기호	호르몬	기능
①	A	갑상샘 자극 호르몬	혈당량을 증가시킨다.
②	B	티록신	수분 재흡수 촉진
③	C	부신피질 자극 호르몬	Na^+ 흡수, K^+ 배출
④	D	인슐린	혈당량 감소
⑤	E	알도스테론	여성의 2 차 성징 발현

22 그림 (가) 는 어떤 정온 동물의 위를 냉각시켰을 때 뇌의 온도와 티록신 분비량의 변화를, 그림 (나) 는 시상하부를 냉각시켰을 때 티록신 분비량의 변화를 나타낸 것이다.

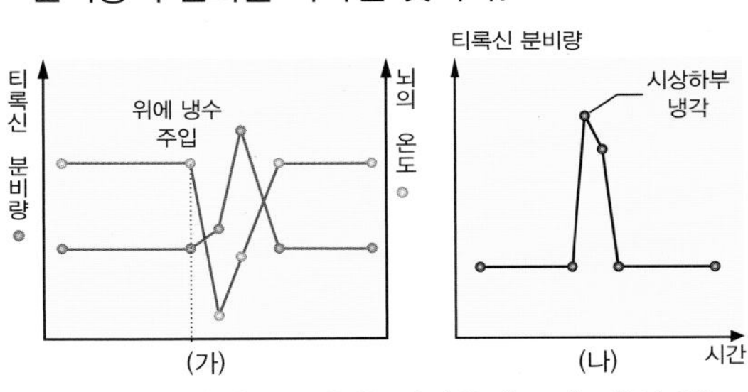

위에 대한 설명으로 옳은 것만을 〈보기〉 에서 있는 대로 고른 것은?

〈 보기 〉

ㄱ. 티록신은 세포 호흡을 촉진한다.
ㄴ. 시상하부는 갑상선의 기능에 영향을 미친다.
ㄷ. 뇌의 온도가 낮으면 갑상선의 분비 기능이 저하된다.

① ㄱ ② ㄴ ③ ㄱ, ㄴ ④ ㄴ, ㄷ ⑤ ㄱ, ㄴ, ㄷ

23 그림 (가) 는 어떤 사람의 글리코젠 저장량 변화를 (나) 는 호르몬에 의해 혈당량이 조절되는 과정을 나타낸 것이다. 이에 대한 설명으로 옳은 것을 모두 고르시오.

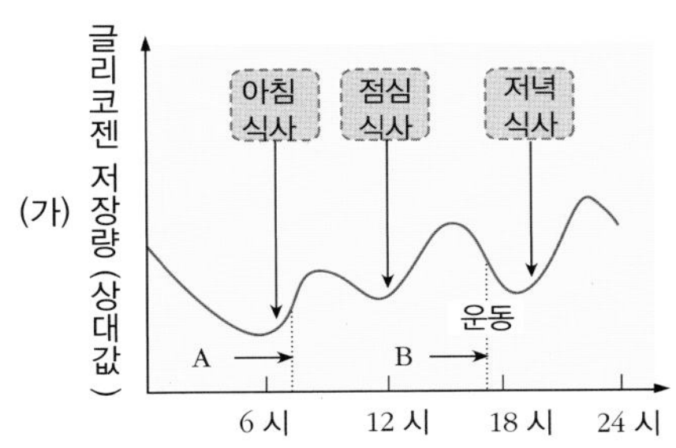

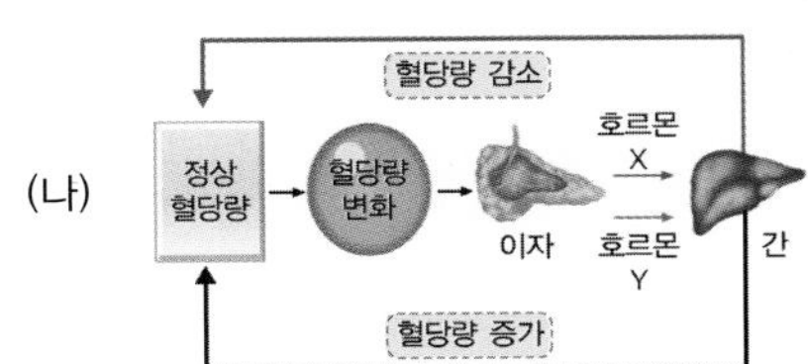

① 구간 A 에서는 호르몬 Y 의 분비가 증가한다.
② 구간 B 에서는 운동으로 인해 포도당이 소모된다.
③ 호르몬 X 에 의해 포도당이 글리코젠으로 전환된다.
④ 혈당량이 정상보다 낮으면 호르몬 Y 의 분비가 감소한다.
⑤ 호르몬 Y 의 분비량이 부족하면 오줌에서 포도당이 검출될 수 있다.

스스로 실력 높이기

24 다음 표는 휴식할 때와 운동할 때 수분의 배출량을 나타낸 것이다.

구분	수분 배출량 (mL / 시간)		
	땀	오줌	계
휴식	10	80	90
운동	490	10	500

위에 대한 설명으로 옳은 것만을 〈보기〉에서 있는 대로 고른 것은?

〈 보기 〉

ㄱ. 땀의 배출량이 많을수록 항이뇨 호르몬의 분비량은 감소한다.
ㄴ. 오줌 속 요소 농도는 휴식할 때보다 운동할 때가 더 높다.
ㄷ. 운동할 때 땀을 흘리는 가장 큰 이유는 체액의 농도를 일정하게 유지하기 위한 것이다.
ㄹ. 운동을 하면 체내 삼투압은 증가한다.

① ㄱ, ㄴ ② ㄴ, ㄹ ③ ㄷ, ㄹ
④ ㄱ, ㄴ, ㄹ ⑤ ㄱ, ㄴ, ㄷ, ㄹ

25 다음은 호르몬의 분비 조절 방식 중 하나를 나타낸 것이다.

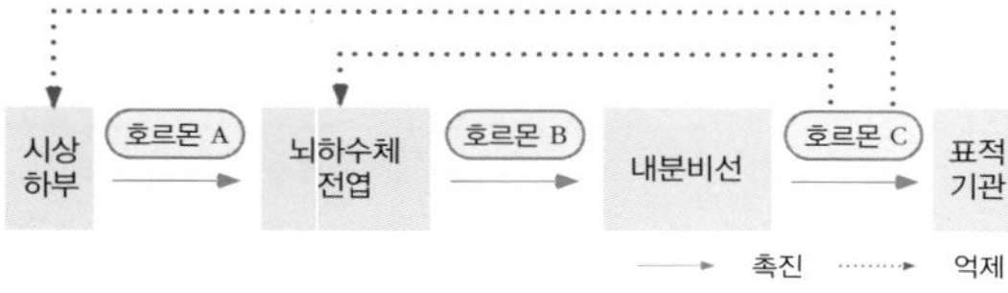

위에 대한 설명으로 옳은 것만을 〈보기〉에서 있는 대로 고른 것은?

〈 보기 〉

ㄱ. 티록신의 분비는 이와 같은 방식에 의해 조절된다.
ㄴ. 호르몬 C 가 과다 분비되면 호르몬 B 의 분비가 증가한다.
ㄷ. 혈관에 호르몬 B 를 주사하면 호르몬 A 의 분비가 증가한다.

① ㄱ ② ㄴ ③ ㄷ
④ ㄴ, ㄷ ⑤ ㄱ, ㄴ, ㄷ

26 다음 그래프는 10 분 간 냉수욕을 하기 전후와 운동 전후의 체온 변화를 나타낸 것이다.

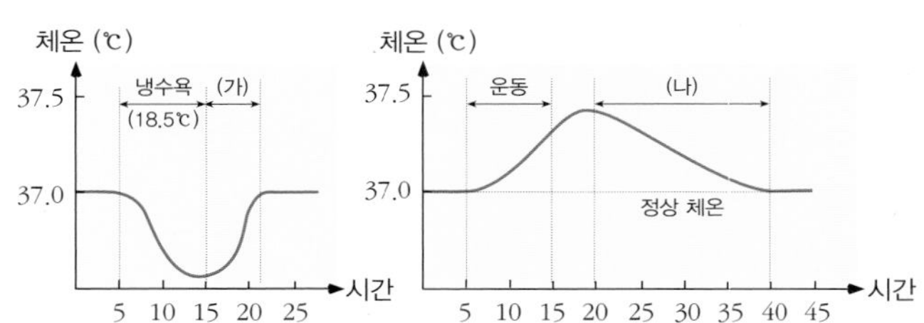

다음 각 그래프에서 표시된 구간에서 나타날 수 있는 현상을 〈보기〉에서 찾아 기호를 쓰시오.

〈 보기 〉

A. 혈당량 감소 B. 물질대사 활발
C. 입모근 수축 D. 입모근 이완
E. 골격근 운동 증가 F. 피부 모세혈관 확장
G. 땀 분비 촉진 H. 티록신의 분비량 증가

구분	(가) 구간	(나) 구간
기호		

심화

27 티록신은 아이오딘이 주성분인 호르몬이다. 아이오딘이 들어 있는 음식을 오랜 시간 과다 섭취한 경우와 섭취하지 못한 경우 일어나는 체내 호르몬의 변화를 아래 단어를 포함하여 설명하시오.

〈 보기 〉

티록신, 피드백, TRH, TSH
갑상샘 기능 항진증, 갑상샘 기능 저하증

① 아이오딘 과다 시 :

② 아이오딘 부족 시 :

28 그림 (가) 는 식사 후 호르몬 A 와 호르몬 B 의 변화량을, (나) 는 어떤 정상인과 환자의 식사 후 경과 시간에 따른 혈당량을 나타낸 것이다. 이 환자는 호르몬 A 와 B 중 하나가 결핍되었다.

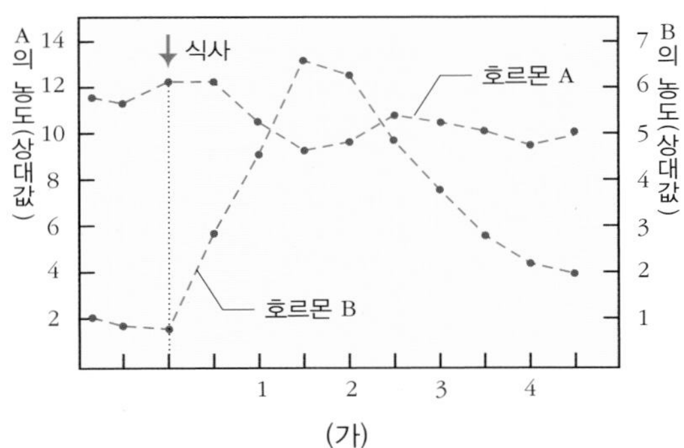

(가)

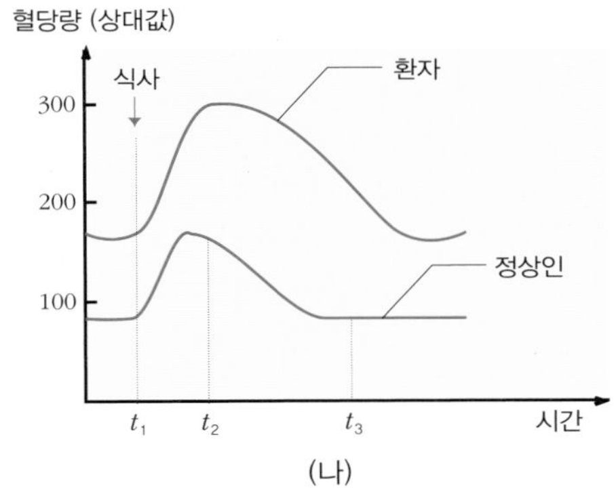

(나)

위에 대한 설명으로 옳은 것만을 〈보기〉 에서 있는 대로 고른 것은?

〈 보기 〉

ㄱ. 환자는 호르몬 A 가 결핍되었다.
ㄴ. 혈중 호르몬 A 의 농도는 t_1 보다 t_2 가 높다.
ㄷ. 혈중 호르몬 B 의 농도는 t_2 가 t_3 보다 높다.

① ㄱ ② ㄴ ③ ㄷ
④ ㄴ, ㄷ ⑤ ㄱ, ㄴ, ㄷ

29 그림은 티록신을 주입한 경우와 뇌하수체를 제거한 경우 변화하는 체내 혈중 TSH 의 농도를 나타낸 것이다.

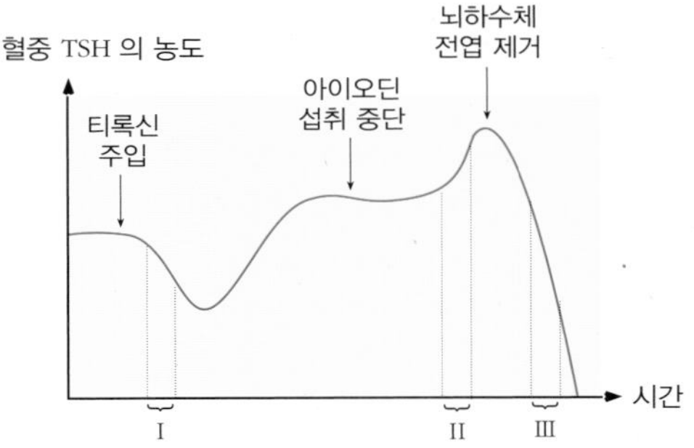

이에 대한 설명으로 옳은 것만을 〈보기〉 에서 있는 대로 고른 것은?

〈 보기 〉

ㄱ. 구간 I 에서 TRH 의 분비가 증가한다.
ㄴ. 구간 II 에서 뇌하수체 전엽의 활성이 증가한다.
ㄷ. 구간 III 에서 물질대사가 활발해진다.

① ㄱ ② ㄴ ③ ㄷ ④ ㄴ, ㄷ ⑤ ㄱ, ㄴ, ㄷ

30 그림은 어떤 사람의 시상 하부에 설정된 적정 체온 변화에 따른 체온 변화를 나타낸 것이다.

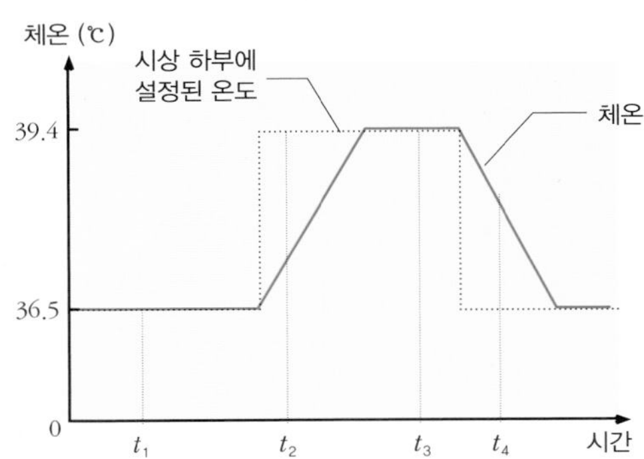

위에 대한 설명으로 옳은 것만을 〈보기〉 에서 있는 대로 고른 것은?

〈 보기 〉

ㄱ. 단위 시간당 근육에서의 열 발생량은 t_1 일 때보다 t_2 일 때 적다.
ㄴ. 단위 시간당 피부 근처 혈관의 혈류량은 t_3 일 때보다 t_4 일 때 적다.
ㄷ. 단위 시간당 피부에서의 땀 생성량은 t_3 일 때보다 t_4 일 때 많다.

① ㄱ ② ㄴ ③ ㄷ
④ ㄴ, ㄷ ⑤ ㄱ, ㄴ, ㄷ

24강. 질병과 병원체

코흐 (Robert Koch, 1843~1910)

· 감염병이 특정한 세균에 의해 일어났는지를 증명하는데 필요한 코흐의 4 대 원칙을 만들었다.

· 코흐의 4 대 원칙

① 병원균은 해당 질병을 앓고 있는 환자나 동물에게서 발견되어야 한다.

② 그 병원균을 순수배양으로 분리해야 한다.

③ 배양한 병원균을 실험동물에 접종했을 때 같은 질병을 일으켜야 한다.

④ 감염된 실험동물에서 다시 같은 병원균을 분리할 수 있어야 한다.

펩티도글리칸(peptidoglycan)

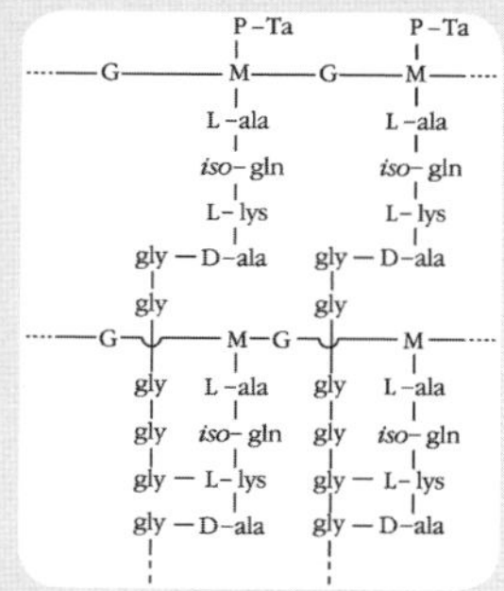

세균의 세포벽 성분으로 다당류로 된 사슬에 비교적 짧은 펩타이드 사슬이 결합한 화합물이다.

미니사전

매개체 [媒 중매 介 끼다 體 몸] 병원균이나 기생 생물을 최종 숙주에게 옮기는 중간 숙주와 같은 생물이나 무생물을 말한다.

인수 공통 전염병 [人 사람 獸 동물 共通 공통 傳染病 전염병] 동물로부터 사람에게 감염되는 병으로 사람과 동물의 양쪽에 중증의 병을 일으킨다. ㉠ 일본뇌염, 브루셀라증, 광견병, 조류 독감, 결핵 등

1. 질병과 병원체

(1) 질병

① 심신의 전체 또는 일부가 일차적 또는 계속적으로 장애를 일으켜서 정상적인 기능을 할 수 없는 상태를 말한다.

② 감염성 질병과 비감염성 질병으로 나눌 수 있다.

(2) 감염성 질병

바이러스 · 세균 · 곰팡이 · 기생충과 같이 질병을 일으키는 병원체가 동물이나 인간에게 전파, 침입하여 질병을 일으킨다. ㉠ 감기, 독감, 식중독, 무좀 등

(3) 감염성 질병의 전파

① 직접 접촉에 의한 감염

· 사람에서 사람으로 감염되는 경우 : 사람에서 사람으로 세균이나 바이러스가 직접 이동하여 감염되는 것이다. 감염자의 재채기나 기침 또는 타액을 통해 감염될 수 있다.

· 산모에서 태아로 감염되는 경우 : 감염된 산모의 태반을 통해 태아에게 바이러스가 전염될 수 있다.

· 동물에서 사람으로 감염되는 경우 : 인수 공통 전염병을 일컬으며, 감염된 동물이 물거나 할퀴는 경우 또는 배설물을 통해 감염될 수 있다.

② 간접 접촉에 의한 감염

· 공기를 통해 감염되는 경우 : 감염된 사람이나 물건과 접촉 후 손을 씻지 않은 상태로 호흡기를 만지면 감염될 수 있다.

· 동물을 통해 감염되는 경우 : 매개체 곤충에 물리거나 쏘여서 감염될 수 있다.

(4) 비감염성 질병

고혈압이나 당뇨와 같이 병원체 없이 일어날 수 있는 질병으로 발현 기간이 길어 만성 질병이 될 확률이 높다. ㉠ 고혈압, 당뇨병, 암 등

(5) 원핵생물과 진핵생물의 비교

원핵생물	진핵생물
· 핵과 막성 세포 소기관이 없다. · 세포의 크기가 비교적 작다. · 펩티도글리칸으로 된 세포벽을 가지고 있다. · 두꺼운 피막을 가지고 있다. ㉠ 세균	· 핵막이 있어 핵이 뚜렷이 구분된다. · 세포의 크기가 비교적 크다. · 막성 세포 소기관을 가지고 있다. ㉠ 원생동물, 곰팡이, 식물, 동물
▲ 세균	▲ 원생동물 ▲ 곰팡이

개념확인 1

다음에 해당하는 질병의 종류를 적으시오.

(1) 바이러스, 세균과 같이 병원체가 동물에게 전파, 침입하여 질병을 일으킨다. ( )

(2) 병원체 없이 일어날 수 있는 질병으로 발현 기간이 길다. ( )

확인+1

다음 중 비감염성 질병에 해당하는 것은?

① 감기 ② 고혈압 ③ 독감 ④ 무좀 ⑤ 식중독

2. 병원체의 종류와 특성 1

(1) 세균 (Bacteria)

· 단세포로 이루어진 미생물로 핵이 없는 원핵생물이다.
· DNA 와 RNA 를 모두 갖고 있으며, 증식과 유전 과정에서 돌연변이가 일어난다.
· 유전 물질과 리보솜, 세포막을 가지고 있어 스스로 효소를 합성하여 물질대사와 증식이 가능하다.

예 세균성 이질, 장티푸스, 콜레라, 매독, 탄저병, 결핵 등

(2) 바이러스 (Virus)

① **특징**

· 세균보다 크기가 작아 광학 현미경으로 관찰할 수 없으며 세포의 구조를 갖추지 못한다.
- 무생물적 특징 : 숙주 세포 밖에서는 단백질과 핵산의 결정체로 존재하며 독자적인 효소가 없어 스스로 물질대사를 하지 못한다.
- 생물적 특징 : 숙주 세포 내에서는 숙주 세포의 물질대사 효소를 이용하여 물질대사를 하고, 유전 물질을 복제하여 증식하며 유전 현상을 나타낸다. 돌연변이가 일어나 다양한 종류로 진화한다.

예 A형 · B형 · C형 간염, 수두, 에볼라, 홍역, AIDS, SARS 등

② **바이러스의 증식 과정**

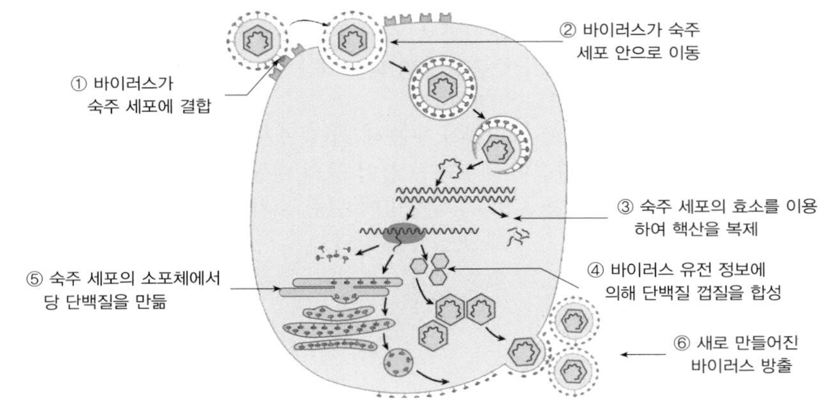

[세균과 바이러스의 비교]

구분	세균	바이러스
공통점	· 병원체이며 유전 물질을 가지고 있다.	
차이점	· 세포 구조를 갖추고 있다. (리보솜, 세포막, 세포벽 등) · 스스로 물질 대사가 가능하다. · 세균에 의한 질병 감염은 항생제를 이용해 치료한다.	· 세포 구조를 갖추지 못한다. · 독자적인 효소가 없어 스스로 물질대사를 할 수 없다. · 바이러스에 의한 질병 감염은 항바이러스제를 이용해 치료한다.

개념확인 2 정답 및 해설 55쪽

다음에 해당하는 병원체의 종류를 적으시오.

(1) 단세포로 이루어진 미생물로 DNA 와 RNA 를 모두 갖는다. ( )

(2) 무생물적 특징과 생물적 특징을 동시에 갖는다. ( )

확인+2

강력한 항생제에 내성을 갖는 박테리아로 MRSA 와 VRSA 가 포함된 박테리아를 무엇이라고 하는가? ( )

세균의 구조

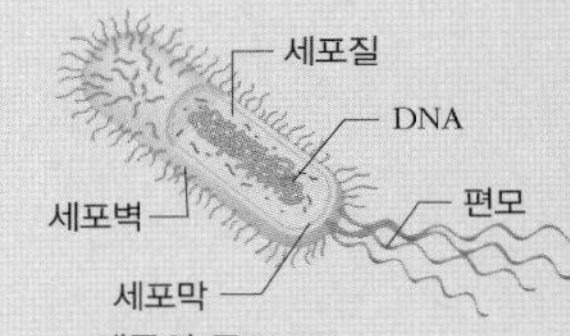

▲ 세균의 구조

· 유전 물질과 리보솜, 세포막을 가지고 있다.

세균의 종류

· 구균 : 구슬처럼 둥근 모양이다. 예 쌍구균, 포도상구균, 연쇄상구균 등
· 간균 : 막대 모양이다. 예 바실루스균, 젖산균, 장내세균 등
· 나선균 : 나선처럼 돌돌 말린 모양이다. 예 콜레라균, 매독균, 헬리코박터피로리균 등

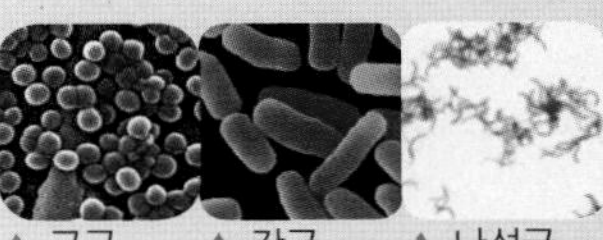

▲ 구균 ▲ 간균 ▲ 나선균

바이러스의 종류

① 핵산의 종류에 따른 분류
· DNA 바이러스 예 B형 간염 바이러스, 아데노 바이러스, 천연두 바이러스 등
· RNA 바이러스 예 HIV 바이러스, 소아마비 바이러스, 인플루엔자 바이러스, 홍역 바이러스 등

② 숙주의 종류에 따른 분류
· 동물 바이러스 예 천연두 바이러스, 홍역 바이러스, 소아마비 바이러스, 인플루엔자 바이러스, 아데노 바이러스 등
· 식물 바이러스 예 담배 모자이크 바이러스, 토마토 바이러스 등
· 세균 바이러스 예 박테리오파지

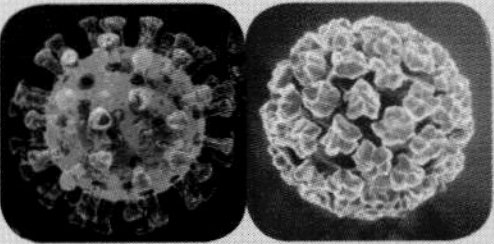

▲ 다양한 종류의 바이러스

후천성면역결핍증(AIDS)

· Human Immunodeficiency Virus(HIV) 감염에 의해 발생한다.

슈퍼 박테리아

· 강력한 항생제에도 내성을 갖는 박테리아
· 1961 년 영국에서 메티실린 내성 황색포도상구균(MRSA)이라는 이름으로 처음 보고되었으며, 1996 년에는 일본에서 반코마이신 내성 황색포도상구균(VRSA)이 발견되었다.

3. 병원체의 종류와 특성 2

질병의 원인이 되는 원생동물

· Plasmodium, 말라리아 원충 (말라리아의 원인이 된다.)

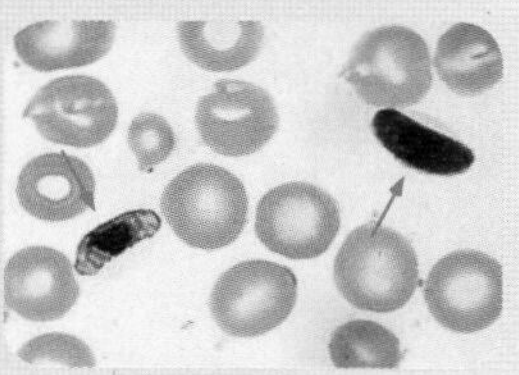

· Trypanosoma, 트리파노소마 (수면병의 원인이 된다.)

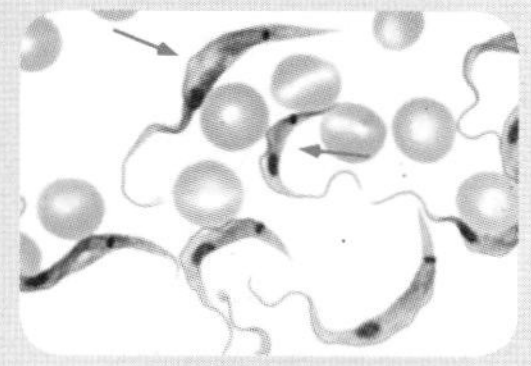

(3) 원생동물

① 단세포 동물의 총칭으로 일반적으로 아메바 등의 육질충류(근족충류), 짚신벌레 등의 섬모충류, 말라리아 원충 등의 포자충류, 트리코모나스 등의 편모충류로 나뉜다.

② 원생동물에 의해 감염되는 질병

· 말라리아 : 말라리아 원충에 감염되어 발생하는 급성 열성 전염병

· 아메바성 이질 : 이질 아메바의 감염에 의하여 생기는 일종의 소화기 전염병

· 수면병 : 아프리카가 주발생지로 파리가 매개하며 트리파노소마 원충의 감염에 의해 발병

(4) 곰팡이

① 대부분의 곰팡이류는 현미경으로 보면 세포가 길쭉하며, 세로로 연결되어 실과 같은 모양을 띄는 균사로 이루어져 있다.

② 곰팡이에 의해 감염되는 질병

· 무좀 : 피부사상균이 발 피부의 각질층에 감염을 일으켜 발생하는 표재성 곰팡이 질환

· 칸디다 질염 : 곰팡이균인 칸디다균에 의해 유발된 질염

질병의 원인이 되는 곰팡이

· Dermatophytes, 피부사상균 (무좀의 원인이 된다.)

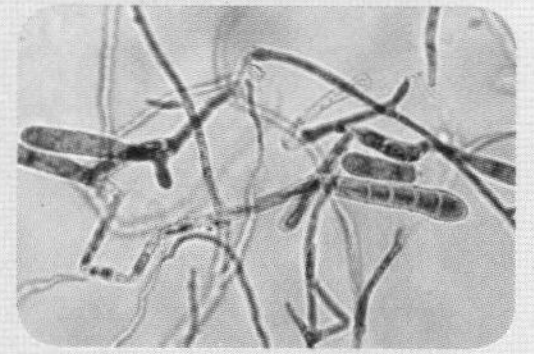

(5) 프라이온 (Prion)

① 단백질(Protein)과 감염(Infection)의 합성어이다. 박테리아나 바이러스 · 곰팡이 등과는 전혀 다른 종류의 질병 감염 인자로, 사람을 포함해 동물에게 감염되면 뇌에 스펀지처럼 구멍이 뚫려 신경 세포가 죽음으로써 해당되는 뇌 기능을 잃게 된다.

② 프라이온에 의해 감염되는 질병

· 광우병 : 프라이온 단백질의 화학 구조에 의해 발생하며, 증상은 소의 뇌에 구멍이 생겨 성격이 포악해지고 정신이상과 거동 불안 등의 행동을 보인다.

· 크로이츠펠트-야코프병(CJD) : 광우병에 걸린 소가 전염시키는 질병이다. 대개 성인에게서 발병하며, 50 대 후반에 발병률이 높다.

프라이온에 감염된 뇌 사진

· 소의 광우병이 사람에게 전염되어 나타난다.

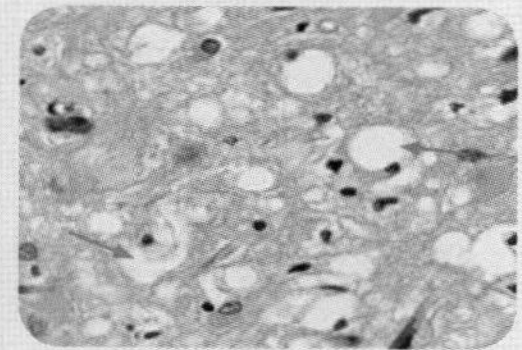

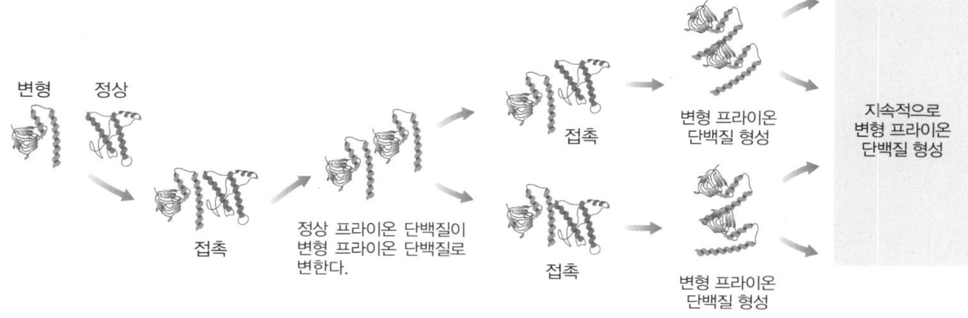

▲ 변형된 프라이온의 연쇄적 변형 기작 변형 프라이온 단백질이 정상 단백질에 비해 구조적으로 안정하다.

개념확인 3

다음에 해당하는 질병의 종류를 적으시오.

(1) 파리가 매개하며 트리파노소마 원충의 감염에 의해 발병한다. ( )

(2) 피부사상균이 발 피부의 각질층에 감염을 일으켜 발생하는 곰팡이 질환이다. ( )

확인+3

단백질(Protein)과 감염(Infection)의 합성어로 박테리아나 곰팡이 등과는 전혀 다른 종류의 질병 감염 인자를 무엇이라고 하는가?

( )

미니사전

표재 [表 겉 在 있다] 표피상에 나타나는 성질을 나타낸다.

4. 질병의 감염 경로와 예방

(1) 감염 경로와 예방법

① 호흡기를 통한 경우

· 기침이나 대화 시 분비되는 타액을 통해 방출된 병원체가 호흡기를 통해 체내로 이입되어 감염된다. ㉠예 결핵, 감기, 독감 등

· 기침 등과 같이 타액이 분비되는 것을 방지하기 위해 마스크를 착용한다.

② 소화기를 통한 경우

· 생선이나 달걀 등과 같은 음식을 날것 그대로의 상태로 섭취할 경우 기생충에 감염될 수 있으며, 상한 음식을 섭취한 경우 식중독에 걸릴 수 있다. ㉠예 기생충, 식중독 등

· 음식물을 세균이 번식할 수 없는 상태에서 보관하며 오래된 음식은 먹지 않는다.

③ 매개체를 통한 경우

· 파리, 모기, 바퀴벌레 등의 곤충을 통해 감염된다. 병원체가 곤충에 묻어 있다가 사람에게 옮겨가 질병을 유발하는 것이다. ㉠예 말라리아, 수면병 등

· 매개가 되는 곤충이 번식하지 못하도록 주변 환경을 청결히 유지한다.

④ 신체 접촉을 통한 경우

· 무좀과 같이 균에 감염된 사람 또는 감염된 사람의 상처 부위 등에 직접적인 신체 접촉을 통해 병원체에 감염된다. ㉠예 무좀, 파상풍 등

· 감염된 사람과의 신체 접촉을 최소한으로 줄이며 감염자는 상처 부위를 지속적으로 소독한다.

(2) 세균 관찰

[실험 과정]

① 받침 유리 위에 10 배 희석시킨 복합 유용 미생물 제재 발효액(EM)을 한 방울 떨어뜨리고 건조시킨다.
② 받침 유리에서 세균이 붙어 있는 면을 위로 하여 알코올램프의 불꽃 속을 빠르게 3 회 통과시켜 세균을 열 고정시킨다.
③ 세균이 붙어 있는 면을 아래로 하고 그 뒷면에 수돗물을 흘려보낸 후 물기를 제거한다.
④ 공기 중에서 말린 다음 덮개 유리를 덮지 않고 현미경의 고배율로 관찰한다.

▲ 세균의 열 고정

▲ 염색하기

[실험 결과]

세균에 따른 그람 염색 결과 그람 음성균과 그람 양성균으로 나눌 수 있다.
⇨ 세균의 세포벽에는 펩티도글리칸이라고 하는 물질이 있어서 매우 단단하다. 세균의 종류에 따라 펩티도글리칸층의 발달 정도가 달라서 그람 양성균은 세포막의 약 80 ~ 90 % 가 펩티도글리칸이고, 그람 음성균은 세포벽의 약 10 ~ 20 % 만이 펩티도글리칸이다.

개념확인 4 　　정답 및 해설 **55쪽**

다음 질병들의 감염 경로를 적으시오.

(1) 결핵, 감기와 같이 분비되는 타액을 통해 방출된 병원체로 감염된다. (　　　　) 를 통한 감염

(2) 말라리아, 수면병과 같이 파리, 모기 등의 곤충을 통해 감염된다. (　　　　) 를 통한 감염

확인+4

세균은 세포벽에 포함된 이것의 발달 정도의 차이에 의해 그람 음성균과 그람 양성균으로 나눌 수 있다. 이것은 무엇인가?

(　　　　　　　)

그람 염색법(Gram stain)

· 그람 양성균 (Gram Positive)

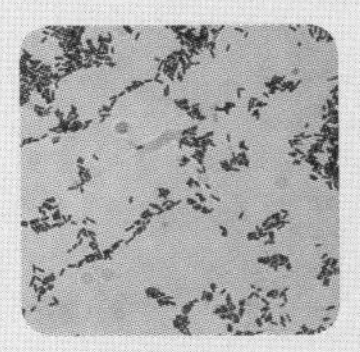

세포막의 약 80 ~ 90 % 가 펩티도글리칸으로 구성

· 그람 음성균 (Gram Negative)

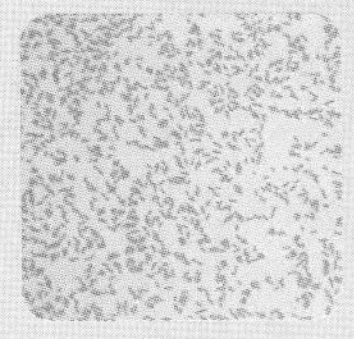

세포막의 약 10 ~ 20 % 가 펩티도글리칸으로 구성

EM 발효액

EM이란 유용 미생물군(Effective Micro-organisms)의 머리글자를 따서 만든 약자로, 미생물(광합성 세균류, 유산균류, 효모균류 등) 80여종을 복합시켜 배양한다.

01

다음 중 질병의 종류가 다른 하나는 무엇인가?

① 결핵 ② 수두 ③ 광우병 ④ 수면병 ⑤ 당뇨병

02

감염성 질병의 전파 방법에 대한 설명으로 옳지 않은 것은?

① 파리, 모기 등은 감염성 질병의 매개체이다.
② 산모에서 태아로의 전염은 일어나지 않는다.
③ 인수 공통 전염병의 경우 동물의 배설물을 통해 감염될 수 있다.
④ 기침 또는 타액은 사람에서 사람으로 감염되는 경우에 해당한다.
⑤ 감염된 사람의 상처 부위를 직접 만지는 경우에도 감염될 수 있다.

03

다음 중 세균의 특징에는 '세', 바이러스의 특징에는 '바' 라고 쓰시오.

(1) 숙주 없이는 독자적인 물질대사가 불가능하다. (　　)
(2) 장티푸스, 콜레라 등이 해당되며 단세포로 이루어져 있다. (　　)
(3) 홍역, AIDS 등이 해당되며 돌연변이가 일어나 다양한 종류로 진화한다. (　　)

04

다음 중 숙주와 바이러스의 종류가 바르게 연결된 것을 모두 고르시오.

① 동물 - 박테리오파지
② 동물 - 인플루엔자 바이러스
③ 식물 - 담배 모자이크 바이러스
④ 식물 - 홍역 바이러스
⑤ 세균 - 아데노 바이러스

05 프라이온에 의해 감염되는 질병으로 광우병이 사람에게 전염되어 나타나는 이 질병은 무엇인가?

( )

06 다음 설명에 해당하는 병원체의 종류를 적으시오.

(1) 단세포 동물의 총칭으로 육질충류, 섬모충류, 포자충류, 편모충류로 나뉜다. ( )

(2) 세포가 길쭉하며, 세로로 연결되어 실과 같은 모양을 띄는 균사로 이루어져 있다. ( )

(3) 사람을 포함해 동물에게 감염되면 뇌에 스펀지처럼 구멍이 뚫려 뇌 기능을 잃게 된다. ( )

07 다음 중 감염 경로와 질병의 종류가 잘못 연결된 것을 고르시오.

① 호흡기를 통한 감염 - 결핵
② 호흡기를 통한 감염 - 독감
③ 소화기를 통한 감염 - 기생충
④ 매개체를 통한 감염 - 수면병
⑤ 신체 접촉을 통한 감염 - 말라리아

08 질병의 예방 방법으로 잘못된 것은?

① 감기에 걸린 사람은 마스크를 착용한다.
② 무좀에 감염된 사람과의 신체 접촉을 최소한으로 줄인다.
③ 여름에는 생선이나 달걀 등을 날것 그대로 섭취하지 않는다.
④ 음식물은 따뜻한 상태에서 보관하며 오래된 음식은 먹지 않는다.
⑤ 매개가 되는 곤충이 번식하지 못하도록 주변 환경을 청결히 유지한다.

유형 익히기 & 하브루타

[유형24-1] 질병과 병원체

감염성 질병과 비감염성 질병에 해당하는 내용을 각각 알맞게 연결하시오.

(1) 감염성 질병 ·

(2) 비감염성 질병 ·

· ㉠ 질병을 일으키는 병원체가 일으킨다.

· ㉡ 병원체 없이 일어날 수 있다.

· ㉢ 직접 또는 간접 접촉을 통해 일어난다.

· ㉣ 만성 질병이 될 확률이 높다.

· ㉤ 고혈압, 당뇨병, 암 등

· ㉥ 감기, 식중독, 무좀 등

01 다음 중 질병에 대한 설명으로 옳은 것은?

① 세균은 진핵생물에 포함된다.
② 바이러스는 원핵생물에 포함된다.
③ 모든 질병은 감염을 통해 일어난다.
④ 고혈압, 암과 같은 질병은 바이러스성 질병이다.
⑤ 심신의 일부가 장애를 일으켜서 정상적인 기능을 할 수 없는 상태를 말한다.

02 다음 질병에 해당하는 질병 감염 경로를 고르시오.

(1) 산모에서 태아로 감염은 (직접 접촉 / 간접 접촉)에 의해 전파된다.
(2) 매개체 곤충에 물리거나 쏘이는 것은 (직접 접촉 / 간접 접촉)에 해당된다.

[유형24-2] 병원체의 종류와 특성 1

다음은 박테리오파지의 증식 과정에 대한 그림이다.

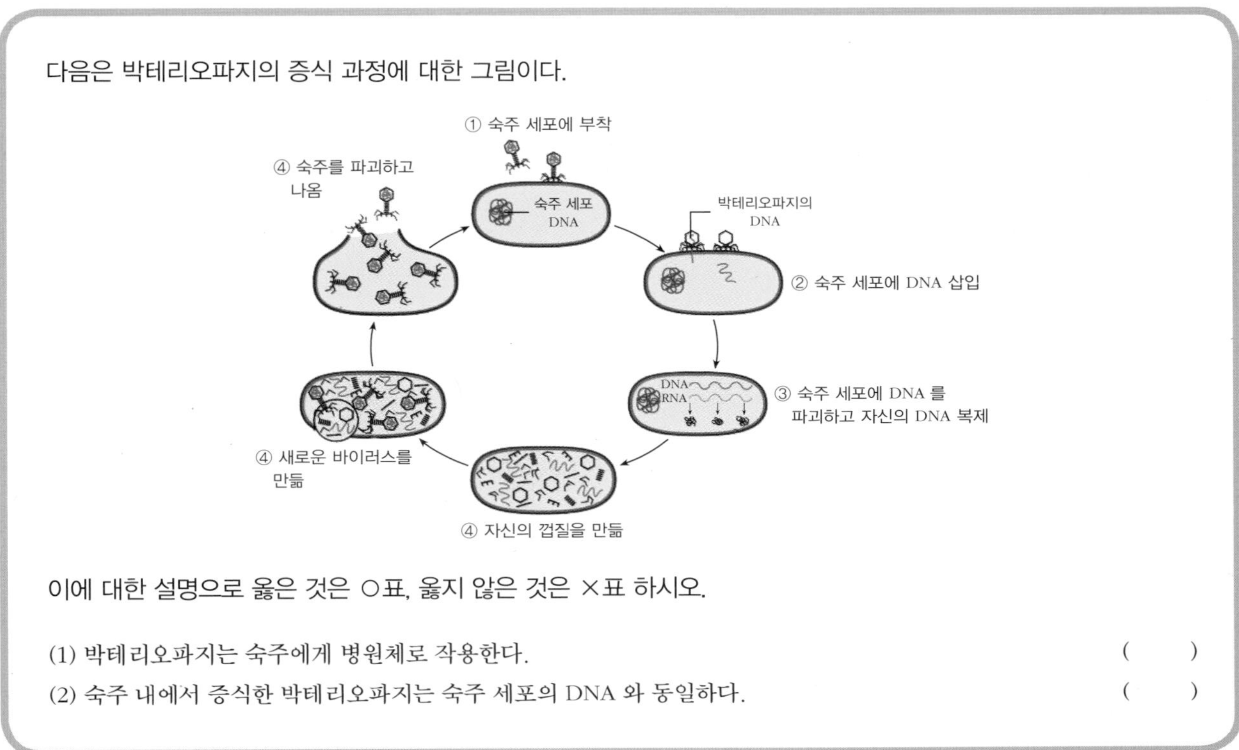

이에 대한 설명으로 옳은 것은 ○표, 옳지 않은 것은 ×표 하시오.

(1) 박테리오파지는 숙주에게 병원체로 작용한다. ( )

(2) 숙주 내에서 증식한 박테리오파지는 숙주 세포의 DNA 와 동일하다. ( )

03

다음 〈보기〉 중 바이러스의 특징에 해당하는 기호를 적으시오.

〈 보기 〉

ㄱ. 항생제를 이용하여 치료한다.
ㄴ. 유전 물질을 복제하여 증식하며 유전 현상을 나타낸다.
ㄷ. 유전 물질과 리보솜, 세포막을 가지고 있어 스스로 물질대사가 가능하다.

( )

04

다음 바이러스들이 기생하는 숙주의 종류(분류군)를 적으시오.

(1) 천연두 바이러스, 홍역 바이러스, 인플루엔자 바이러스 등 ( )

(2) 담배 모자이크 바이러스, 토마토 바이러스 등 ( )

유형 익히기 & 하브루타

[유형24-3] 병원체의 종류와 특성 2

다음 그림은 프라이온의 변형 과정을 나타낸 것이다.

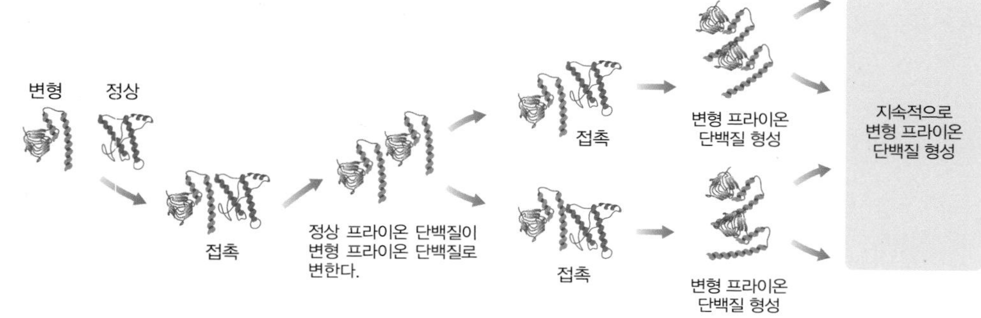

다음 프라이온에 대한 설명 중 옳은 것은 ○표, 옳지 않은 것은 ×표 하시오.

(1) 변형 프라이온은 뇌에 구멍이 생기게 하고 신경 세포의 손상을 초래한다. ( )
(2) 변형 프라이온은 유전 물질을 정상 단백질에 감염시킴으로서 증식한다. ( )
(3) 변형 프라이온은 정상 프라이온에 비해 불안정한 구조를 갖는다. ( )

05 말라리아, 아메바성 이질 등을 일으키며 주로 매개체를 통해 인체에 감염을 일으키는 병원체는 무엇인가?

( )

06 다음 중 질병을 일으키는 병원체에 대한 설명으로 옳은 것은 ○표, 옳지 않은 것은 ×표 하시오.

(1) 무좀은 칸디다균에 의해 감염된다. ( )
(2) 말라리아는 파리를 매개체로 하여 감염된다. ( )
(3) 변형 프라이온은 크로이츠펠트-야코프병의 병원체이다. ( )

[유형24-4] 질병의 감염 경로와 예방

다음 그림은 세균 관찰을 위한 그람 염색법(Gram stain)의 과정을 나타낸 것이다.

[실험 과정]
① 받침 유리에 균주(EM)를 편평하게 펴바른 후 알콜 램프로 살짝 건조시켜 고착시킨다.
② 받침 유리에 크리스탈 바이올렛 염색약을 떨어뜨려 1 분간 염색한 후 흐르는 물로 가볍게 세척한다.
③ 아이오딘 용액을 떨어뜨리고 1 분 후 흐르는 물로 가볍게 세척한다
④ 세척 후 바로 에탄올 95 % 에 담그고 5 초 정도 세척한다.
⑤ 대조 염색 용액인 사프라닌에 1 분 정도 반응시킨 뒤 색의 변화를 확인하며 흐르는 물에 세척한 뒤 건조시킨다.

[실험 결과]

	과정 ②	과정 ③	과정 ④	과정 ⑤
Gram (+) Bacteria	자주색	청자색	청자색	청자색
Gram (−) Bacteria	자주색	청자색	염색약 소실	오렌지−적색

그림에 대한 해석으로 옳은 것은 ○표, 옳지 않은 것은 ×표 하시오.

(1) 그람 염색법을 통해 그람 양성균과 그람 음성균의 구조가 다른 것을 알 수 있다. (　　)
(2) 염색 정도의 차이는 세균의 크기와 관계 있다. (　　)

07

다음 질병들의 감염 경로를 적으시오.

(1) 모기, 바퀴벌레 등의 곤충을 통해 감염된다.

(　　　　　) (을)를 통한 감염

(2) 무좀과 같이 균에 감염된 사람 또는 감염된 사람의 상처 부위 등에 직접적인 신체 접촉을 통해 병원체에 감염된다.

(　　　　　) (을)를 통한 감염

08

다음 〈보기〉 중 질병의 감염을 예방하기 위한 방법에 해당하는 기호를 모두 적으시오.

〈 보기 〉
ㄱ. 호흡기 감염 질병에 걸린 경우 마스크를 착용한다.
ㄴ. 여름철 신선한 생선이나 달걀 등을 날것으로 섭취한다.
ㄷ. 매개체 질병이 많은 지역의 여행을 자제한다.

(　　　　　)

01

다음 [자료 1] 은 페스트에 대한 설명이고, [자료 2] 는 에볼라 출혈열에 대한 설명이다. 다음의 물음에 답하시오.

> [자료 1] 페스트
>
> 중세 유럽에서 가장 큰 규모의 재앙은 페스트였다. 페스트는 1347 년부터 1351 년 사이의 약 3 년 동안 2천만 명에 가까운 사망자를 냈다. 내출혈로 인해 생기는 피부의 검은 반점 때문에 흑사병으로도 불리는 이 병은 쥐벼룩에 의해 전파되는 옐시니아 페스티스(Yersinia pestis)라는 박테리아의 감염으로 발생한다. 이 박테리아에 감염되고 약 6 일간의 잠복기가 지나면 환자는 통증, 기침, 각혈, 호흡 곤란, 고열을 호소하게 되며, 대부분의 환자는 24 시간 내에 사망하게 된다.
>
> [자료 2] 에볼라 출혈열
>
> 에볼라 출혈열은 1976 년에 처음으로 알려진 질병으로 사람과 유인원이 감염되면 전신에 출혈을 동반하고, 치사율이 약 50 % 에 이르는 급성 열성 전염병이다. 이 질병은 에볼라 바이러스에 의해 발생하며, 바이러스에 감염된 사람의 혈액 또는 분비물의 직접적인 접촉이나 바이러스를 포함한 분비물에 오염되어 있는 기구를 통한 간접적인 접촉으로 전파된다. 바이러스에 감염 후 약 2 ~ 19 일의 잠복기가 지나면 환자는 고열과 두통 및 근육통, 심한 피로 및 설사 등의 증세를 보이고, 이후에 피부가 벗겨져 피부와 점막에서 심한 출혈에 의한 쇼크로 사망하게 된다.

환자 A 는 [자료 1] 종류의 병원체에 감염되었고, 환자 B 는 [자료 2] 종류의 병원체에 감염되었다.

(1) 두 환자와 같은 병원체의 감염으로 나타날 수 있는 질병의 종류(제시된 질병 제외)를 각각 두 종류 이상 적어보시오.

A : ______________________

B : ______________________

(2) 항생제를 투여한 결과 A 환자와 B 환자에게서 어떤 결과가 나타날지 두 종류의 병원체 특징을 바탕으로 서술하시오.

02 다음 [자료 1] 은 DNA 바이러스에 대한 설명이고, [자료 2] 는 RNA 바이러스에 대한 설명이다. 다음의 물음에 답하시오.

[자료 1] DNA 바이러스

DNA 바이러스는 DNA 를 유전 물질로 가지고 DNA 중합효소에 의해 유전체를 복제하는 바이러스를 말한다. 아데노 바이러스(adeno virus), 인간유두종 바이러스(Human papilloma virus), 천연두(small pox) 등이 DNA 바이러스에 속한다. DNA 바이러스의 유전체는 RNA 바이러스에 비해 안정한 특징이 있는데 그 이유는 DNA 바이러스가 유전체를 복제할 때 사용하는 DNA 중합효소(DNA polymerase)의 정확성이 RNA 중합효소(RNA polymerase)에 비해 매우 높기 때문에 돌연변이가 일어날 가능성이 낮아지기 때문이다. 이러한 특징 때문에 DNA 바이러스는 RNA 바이러스에 비해 개발된 항바이러스제에 의해 잘 치료되는 경향이 있다.

[자료 2] RNA 바이러스

RNA 바이러스는 RNA를 유전 물질로 가지는 바이러스이다. 주로 단일가닥 RNA 를 가지는 경우가 많고 이중가닥 RNA 를 유전 물질로 가지는 경우도 있다. 로타 바이러스(Rota virus), 인간면역결핍 바이러스(HIV), 인플루엔자 바이러스(Influenza virus) 등이 RNA 바이러스에 속한다. RNA 바이러스의 경우 돌연변이가 생길 확률이 높은데 그 이유는 RNA 바이러스가 주로 사용하는 RNA 중합효소(RNA polymerase)는 RNA 를 복제하는 과정에서 오류가 일어날 확률이 DNA 바이러스에 비하여 높기 때문이다. 따라서 RNA 바이러스는 유전체의 변동이 심하고 바이러스의 단백질 막의 돌연변이가 잘 생겨서 동물의 면역체계를 약화시키기 쉽다. 이 때문에 효율적으로 RNA 바이러스 감염을 치료할 수 있는 항바이러스제를 개발하는 것은 어렵다.

위의 두 바이러스의 차이점을 바탕으로 감기약으로 항바이러스제가 아닌 항생제를 사용하는 이유를 적어보자.

03

다음 [자료 1] 은 인플루엔자 바이러스에 대한 설명이고, [자료 2] 는 천연두 바이러스에 대한 설명이다. 다음의 물음에 답하시오.

> [자료 1] 인플루엔자 바이러스
>
> 인플루엔자 바이러스는 사람, 야생 조류, 돼지 등에 전염될 수 있는데 동물의 인플루엔자 바이러스가 사람에게 전염되기도 한다. 1997 년도 유행했던 조류 독감은 닭과 같은 조류에 전염되던 바이러스가 사람에게 전염되어 나타난 질환인데 치사율이 50 % 에 이를 정도로 매우 위험한 바이러스 질환이었다. 인플루엔자 백신은 인플루엔자 바이러스의 주요 항원으로 이루어진 것으로 항체가 만들어지면 바이러스의 감염을 예방할 수 있다.
>
> [자료 2] 천연두 바이러스
>
> 천연두 바이러스는 사람에게 많은 해를 끼쳤는데, 바이러스에 감염되면 죽거나 곰보 자국과 같은 심한 흉터가 남게 된다. 제너는 안전한 우두법을 개발하였고, 이 방법은 한번 접종으로 평생 예방 효과가 나타나서 천연두 예방에 크게 기여하였다. 현재 미국과 러시아의 질병 통제 센터 외에서는 천연두 바이러스가 멸종된 것으로 알려졌다.

인플루엔자 바이러스와 천연두 바이러스 모두 예방 백신이 개발되었지만, 인플루엔자 바이러스는 매해 겨울마다 지속적으로 발병하는데 반해서 천연두 바이러스는 거의 멸종하였다. 이러한 차이가 나타나는 이유를 서술하시오.

04

다음 [자료 1] 은 B형 간염 바이러스의 구조를 나타낸 것이고, [자료 2] 는 간염과 간암에 대한 설명이다. 다음의 물음에 답하시오.

[자료 1] 간염 바이러스 (Hepatitis B Virus)

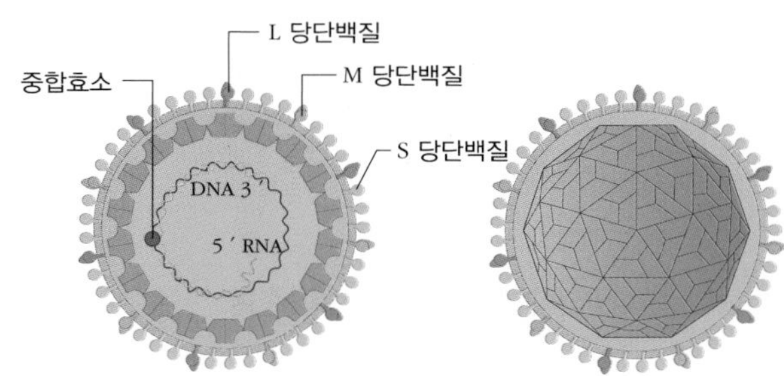

[자료 2] 간염과 간암의 특징

· 간염 : 간세포 및 간 조직의 염증을 의미한다. 간염은 지속 기간에 따라 급성과 만성으로 구분하며, 간염이 6 개월 이상 낫지 않고 진행하는 경우를 만성 간염이라고 한다. 간경변증은 만성 간염에 의하여 장기간에 걸쳐 간세포가 파괴되고 재생하는 과정이 반복되는 과정에서 간에 섬유조직과 재생 결절이 증가하여 유발된다.
· 간암 : 간암이란 간의 대부분을 차지하는 간 세포에서 기원하는 악성 종양을 말한다. 넓은 의미로는 간에 생기는 모든 종류의 악성 종양(예를 들면 간내 담관암)이나 다른 기관의 암이 간에 전이되어 발생하는 전이성 간암까지도 포함한다.

(1) 간염 바이러스는 간암의 원인이 될 수 있을지 서술해 보시오.

(2) 간염 바이러스의 감염 경로와 바이러스가 아닌 병원체의 감염 경로는 어떻게 다를지 서술해 보시오.

스스로 실력 높이기

A

01 세균의 세포벽 성분으로 다당류로 된 사슬에 비교적 짧은 펩타이드 사슬이 결합한 화합물을 무엇이라고 하는가?

(　　　　　　)

02 파리, 모기 등과 같이 감염성 질병을 옮기는 곤충을 무엇이라고 하는가?

(　　　　　　) 곤충

03 단세포로 이루어진 미생물로 핵이 없는 원핵생물의 병원체는 무엇인가?

(　　　　　　)

04 HIV 에 의해 감염되는 질병은 무엇인가?

(　　　　　　)

05 다음 중 바이러스를 병원체로 갖는 질병을 모두 고르시오.

① AIDS　② 매독　③ 홍역
④ 콜레라　⑤ 장티푸스

06 병원체에 대한 설명으로 옳은 것은 ○표, 옳지 않은 것은 ×표 하시오.

(1) 세균은 세포의 구조를 갖추지 못한다. (　　)
(2) 바이러스는 항생제를 사용하여 치료할 수 있다. (　　)

07 무좀, 칸디다 질염과 같은 질병의 병원체는 무엇인가?

(　　　　　　)

08 다음 중 병원체의 종류와 질병이 바르게 연결된 것을 모두 고르시오.

① 원생동물 - 광우병　② 원생동물 - 말라리아
③ 곰팡이 - 야코프병　④ 곰팡이 - 무좀
⑤ 프라이온 - 수면병

09 질병의 감염에 대한 설명으로 옳지 않은 것은?

① 무좀은 표재성 곰팡이 질환이다.
② 말라리아는 급성 열성 전염병이다.
③ 수면병은 바퀴벌레가 매개체 곤충이다.
④ 프라이온에 감염되면 뇌에 구멍이 생긴다.
⑤ 야코프병은 광우병에 걸린 소에게서 전염된다.

10 결핵, 감기, 독감과 같은 질병의 감염 경로는 어떻게 되는가?

( )를 통한 감염

B

11 아래 질병들의 공통점으로 옳은 것은?

감기, 독감, 식중독, 무좀

① 질병을 일으키는 병원체가 동물이나 인간에게 전파, 침입하여 질병을 일으킨다.
② 기침 또는 타액을 통해 감염될 수 있다.
③ 산모의 태반을 통해 태아에게 전염될 수 있다.
④ 파리, 모기, 바퀴벌레 등에 물리거나 쏘여서 감염될 수 있다.
⑤ 사람과 접촉 후 손을 씻지 않은 상태로 호흡기를 만지면 감염될 수 있다.

12 다음 중 원핵생물과 진핵생물의 비교로 옳지 않은 것은?

	원핵생물	진핵생물
①	핵이 없다.	핵이 있다.
②	세포벽이 있다.	세포벽이 있거나 없다.
③	피막을 가지고 있다.	막성 세포 소기관이 있다.
④	세포의 크기가 작다.	세포의 크기가 크다.
⑤	곰팡이가 포함된다.	세균이 포함된다.

13 다음 그림 중 (가) 는 DNA 바이러스를, (나) 는 RNA 바이러스를 나타낸 것이다.

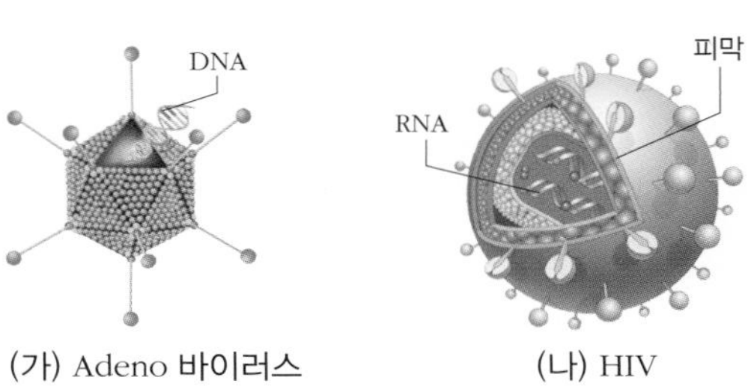

(가) Adeno 바이러스 (나) HIV

(가) 와 (나) 의 공통점으로 옳은 것을 모두 고르시오.

① 세균보다 크기가 작다.
② 핵은 막으로 둘러싸여 있다.
③ 세포의 구조를 갖추지 못한다.
④ 독자적인 효소를 가지고 있다.
⑤ 스스로 물질대사가 불가능하다.

14 다음 그림 (가) ~ (다) 는 세균을 나타낸 것이다.

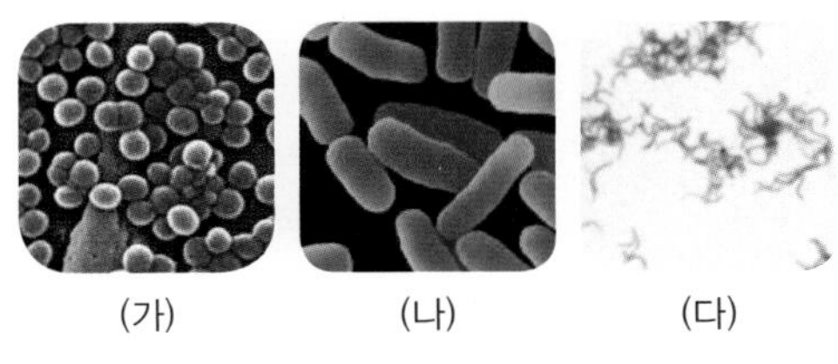
(가) (나) (다)

이에 대한 설명으로 옳지 않은 것을 고르시오,

① (가) 는 쌍구균이 포함된다.
② (나) 는 매독균이 포함된다.
③ (다) 는 콜레라균이 포함된다.
④ (가) ~ (다) 는 모두 핵이 없는 원핵생물이다.
⑤ (가) 는 구균, (나) 는 간균, (다) 는 나선균이다.

스스로 실력 높이기

15 다음 중 세균의 특징에는 '세', 바이러스의 특징에는 '바', 세균과 바이러스의 공통점에는 '공' 이라고 쓰시오.

(1) 단세포로 이루어져 있다. (　　)
(2) 돌연변이가 일어날 수 있다. (　　)
(3) 세포의 구조를 갖추지 못한다. (　　)
(4) 독자적인 효소를 가지고 있지 않는다. (　　)

16 다음은 감염성 질병을 나열한 것이다.

〈 보기 〉

ㄱ. 장티푸스	ㄴ. 결핵	ㄷ. 소아마비
ㄹ. 콜레라	ㅁ. 천연두	ㅂ. 독감

바이러스를 병원체로 하여 감염되는 질병을 <u>모두</u> 골라 기호로 쓰시오.

(　　　　　)

17 다음 〈보기〉 의 질병들의 공통점으로 옳은 것을 <u>모두</u> 고르시오.

〈 보기 〉

SARS, AIDS, 독감, 소아마비

① 감염되면 신경 조직이 파괴된다.
② 다른 사람에게 전염되지 않는다.
③ 항바이러스제를 이용해 치료한다.
④ 식습관과 주변 환경을 통해 미리 예방할 수 있다.
⑤ 돌연변이가 많아 치료약을 개발하는데 어려움이 있다.

18 말라리아와 무좀에 대한 설명으로 옳은 것은?

① 항생제를 이용하여 치료한다.
② 동일한 병원체에 의해 감염된다.
③ 진핵생물인 병원체에 의해 감염된다.
④ 돌연변이가 많아 치료제를 개발하기 어렵다.
⑤ 각각의 병원체는 유전 물질을 가지고 있지 않는다.

19 병원체와 감염 경로가 <u>잘못</u> 연결된 것은?

① 광견병에 걸린 개에게 물려 감염될 수 있다.
② 말라리아는 매개체 모기에 의해 감염될 수 있다.
③ 겨울철보다 여름철에 살모넬라균에 감염되기 쉽다.
④ 임신 중 세균성 식중독에 걸리면 태아도 감염될 수 있다.
⑤ 인플루엔자 바이러스는 기침이나 재채기를 통해 감염될 수 있다.

20 병원체의 감염을 예방하기 위한 생활 습관으로 옳은 것을 <u>모두</u> 고르시오.

① 외출 후엔 손을 깨끗이 씻는다.
② 수돗물은 깨끗하니 바로 섭취한다.
③ 상처가 났을 때에는 반드시 소독한다.
④ 가족끼리는 수건을 공용으로 사용한다.
⑤ 감기에 걸린 경우 깨끗한 산소 흡수를 위해 마스크 사용은 피한다.

C

21 다음 중 인수 공통 감염병이 아닌 것은?

① 일본 뇌염 ② 광견병 ③ 결핵
④ 조류 독감 ⑤ 구제역

22 그림 (가) 와 (나) 는 병원체를 나타낸 것이다.

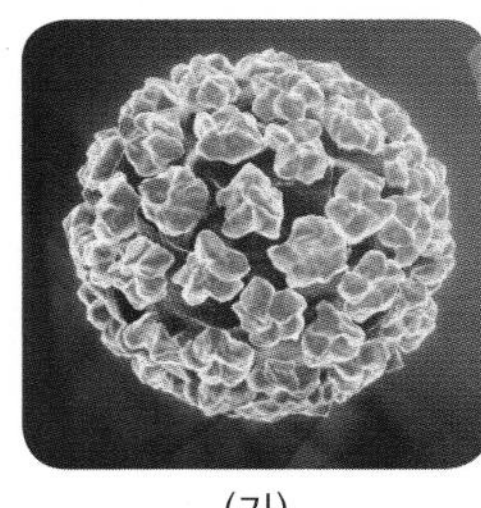
(가)

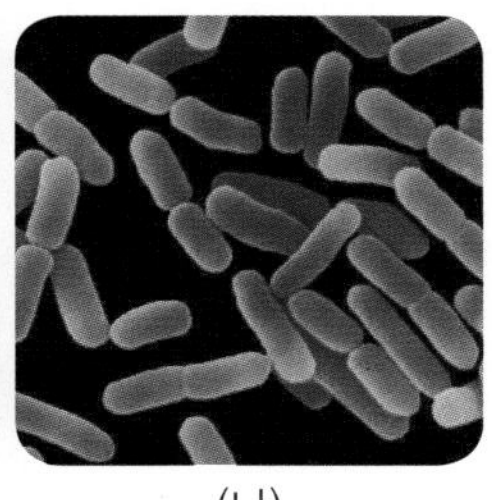
(나)

(가) 와 (나) 의 병원체로 감염될 수 있는 질병이 바르게 연결된 것은?

① (가) : SARS (나) : 탄저병
② (가) : 장티푸스 (나) : 매독
③ (가) : 에볼라 (나) : 홍역
④ (가) : 장티푸스 (나) : 수두
⑤ (가) : 콜레라 (나) : AIDS

23 다음 표는 4 가지 질병의 특징을 나타낸 것이다. A ~ D 의 질병은 각각 칸디다 질염, AIDS, 콜레라, 고혈압 중 하나이다.

질병	병원체	병원체의 특징		
		핵산	핵막	세포막
A	X	–	–	–
B	O	O	O	O
C	O	O	X	X
D	O	O	X	O

A ~ D 에 해당하는 질병을 골라 쓰시오.

A : ( ) B : ( )
C : ( ) D : ( )

24 다음은 질병 A ~ C 를 특징에 따라 분류한 것이다.

A	B	C
말라리아, 수면병	콜레라, 매독	광우병, 야코프병

위에 대한 설명으로 옳은 것만을 〈보기〉 에서 있는 대로 고른 것은?

〈 보기 〉
ㄱ. A 의 질병은 주로 매개체 곤충에 의해 감염된다.
ㄴ. B 의 원인이 되는 병원체는 독자적인 효소가 없어 스스로 물질대사가 불가능하다.
ㄷ. C 는 유전 물질을 이용하여 감염된다.

① ㄱ ② ㄴ ③ ㄷ
④ ㄴ, ㄷ ⑤ ㄱ, ㄴ, ㄷ

스스로 실력 높이기

심화

25 그림 (가) 와 (나) 는 홍역과 식중독의 원인이 되는 병원체를 나타낸 것이다.

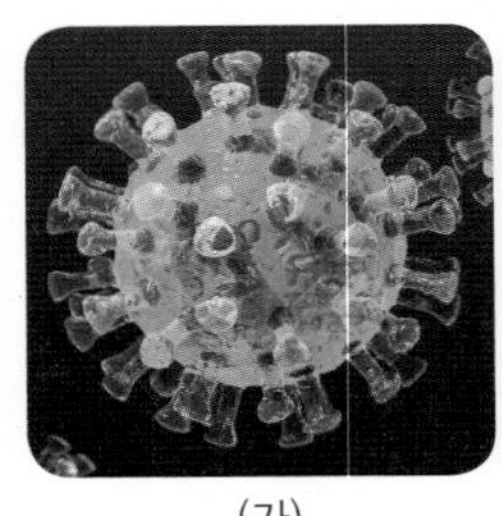
(가)

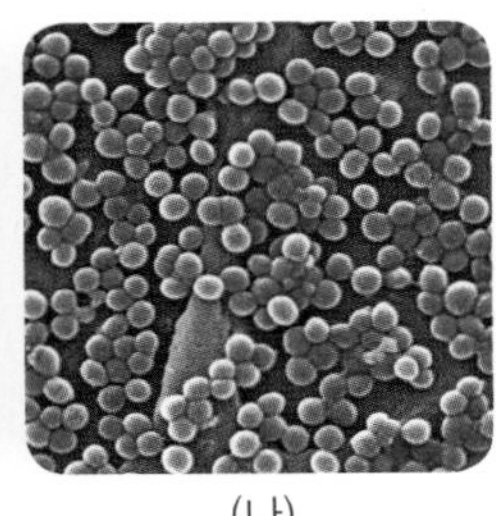
(나)

이에 대한 설명으로 옳지 않은 것을 고르시오.

① (가) 는 RNA 바이러스이다.
② (가) 는 세포의 구조를 갖추지 못한다.
③ (나) 는 항생제를 이용하여 치료한다.
④ (나) 는 광학 현미경으로 관찰할 수 없다.
⑤ (가) 와 (나) 모두 돌연변이가 일어날 수 있다.

26 다음 표는 세균의 증식에 관한 실험이다.

〈실험 과정〉
① 멸균된 배지 A, B, C 를 준비한다.
② 배지 A ~ C 를 각각 아래의 표와 같이 처리한다.

배지 A	배지 B	배지 C
면봉으로 세균을 배지에 묻힘	면봉으로 세균을 배지에 묻힘	씻지 않은 손을 배지에 묻힘
4 ℃ 유지	20 ℃ 유지	20 ℃ 유지

〈실험 결과〉
· 일정 시간이 지난 후 배지 A ~ C 를 관찰하였더니 A 에서는 세균이 관찰되지 않았지만 B 와 C 에서는 세균이 관찰되었다.

위에 대한 설명으로 옳은 것만을 〈보기〉 에서 있는 대로 고른 것은?

〈 보기 〉
ㄱ. 손에도 많은 세균이 살고 있다.
ㄴ. 세균은 고온보다 저온에서 잘 번식한다.
ㄷ. 손을 자주 씻어 세균성 질병을 예방할 수 있다.

① ㄱ ② ㄷ ③ ㄱ, ㄷ
④ ㄴ, ㄷ ⑤ ㄱ, ㄴ, ㄷ

27 그림은 사람의 여러 질병을 임의의 기준에 따라 구분하는 과정을 나타낸 것이다.

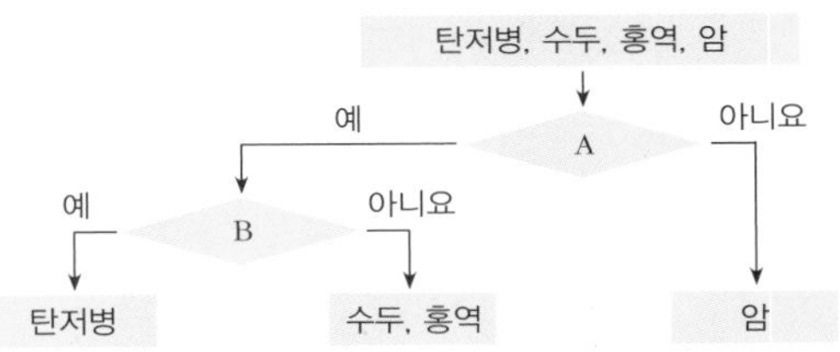

위에 대한 설명으로 옳은 것만을 〈보기〉 에서 있는 대로 고른 것은?

〈 보기 〉
ㄱ. '비감염성 질병인가?' 는 A 에 해당한다.
ㄴ. '스스로 물질대사가 가능한가? 는 B 에 해당한다.
ㄷ. 탄저병의 치료에는 항생제가, 수두와 홍역의 치료에는 항바이러스제가 필요하다.

① ㄱ ② ㄴ ③ ㄷ
④ ㄴ, ㄷ ⑤ ㄱ, ㄴ, ㄷ

28 그림은 폐결핵을 일으키는 병원체 A, 후천성 면역 결핍증을 일으키는 병원체 B, 독감을 일으키는 병원체 C 의 공통점과 차이점을 나타낸 것이다.

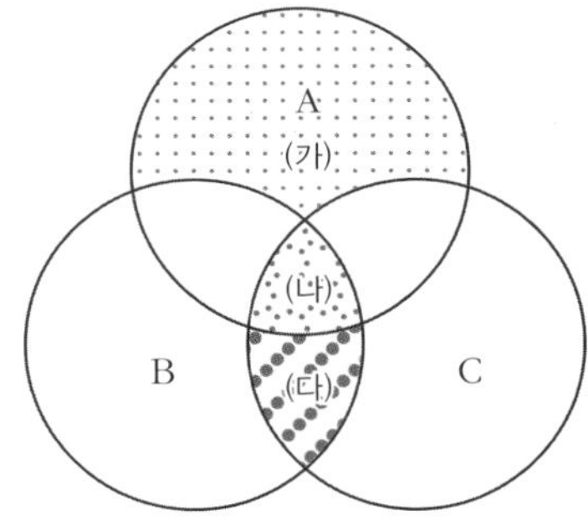

위에 대한 설명으로 옳은 것만을 〈보기〉 에서 있는 대로 고른 것은?

〈 보기 〉
ㄱ. (가) 는 핵을 가지고 있다.
ㄴ. (나) 는 단백질을 가지고 있다.
ㄷ. (다) 는 숙주가 있어야 물질대사를 할 수 있다.

① ㄱ ② ㄴ ③ ㄷ
④ ㄴ, ㄷ ⑤ ㄱ, ㄴ, ㄷ

29 표는 사람의 3 가지 질병 (가) ~ (다) 의 특징을 나타낸 것이다. (가) ~ (다) 는 각각 결핵, 독감, 당뇨 중 하나이다.

질병	병원체	병원체의 특징	
		핵산	세포막
(가)	없음	–	–
(나)	있음	있음	있음
(다)	있음	있음	없음

위에 대한 설명으로 옳은 것만을 〈보기〉 에서 있는 대로 고른 것은?

〈 보기 〉

ㄱ. (가) 는 발현 기간이 길다.
ㄴ. (나) 의 원인이 되는 병원체는 유전 물질을 가지고 있어서 스스로 물질대사가 가능하다.
ㄷ. (다) 의 원인이 되는 병원체는 균사로 이루어져 있다.

① ㄱ ② ㄷ ③ ㄱ, ㄴ
④ ㄴ, ㄷ ⑤ ㄱ, ㄴ, ㄷ

30 표는 질병 A ~ C 의 특징을 나타낸 것이다. A ~ C 는 각각 결핵, 다운 증후군, AIDS 중 하나이다.

특징	A	B	C
다른 사람에게 전염될 수 있다.	O	O	X
병원체가 핵산을 가지고 있다.	O	O	–
질병의 원인이 세포성 병원체이다.	X	O	X

이에 대한 설명으로 옳은 것만을 〈보기〉 에서 있는 대로 고른 것은?

〈 보기 〉

ㄱ. A 는 AIDS 이다.
ㄴ. B 의 치료를 위해서 항생제를 사용한다.
ㄷ. C 는 염색체 돌연변이에 의해 나타난다.

① ㄱ ② ㄴ ③ ㄷ
④ ㄴ, ㄷ ⑤ ㄱ, ㄴ, ㄷ

25강. 몸의 방어 작용

백혈구 종류

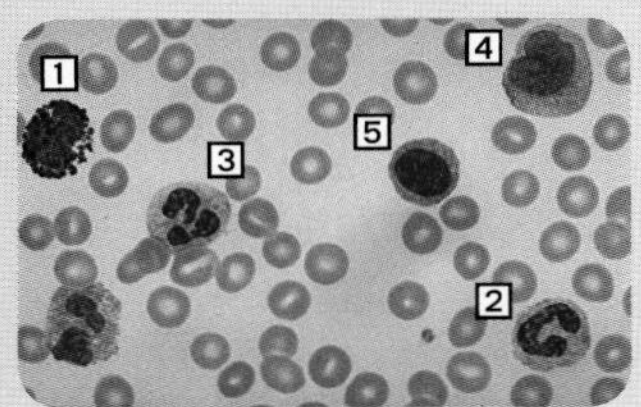

백혈구는 세포 내 과립의 유무와 핵의 염색 정도에 따라 구분이 가능하다.

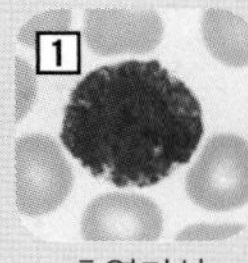
▲ 호염기성 백혈구

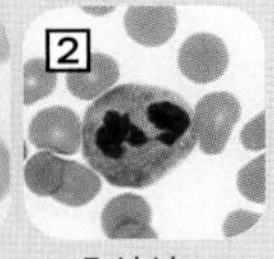
▲ 호산성 백혈구

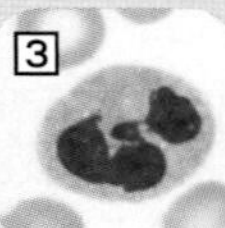
▲ 호중성 백혈구

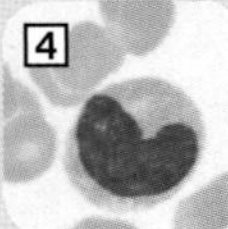
▲ 단핵구

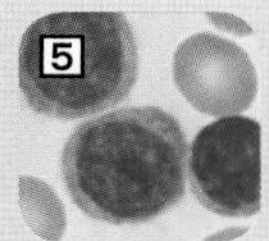
▲ 림프구

1. 면역

(1) 면역계

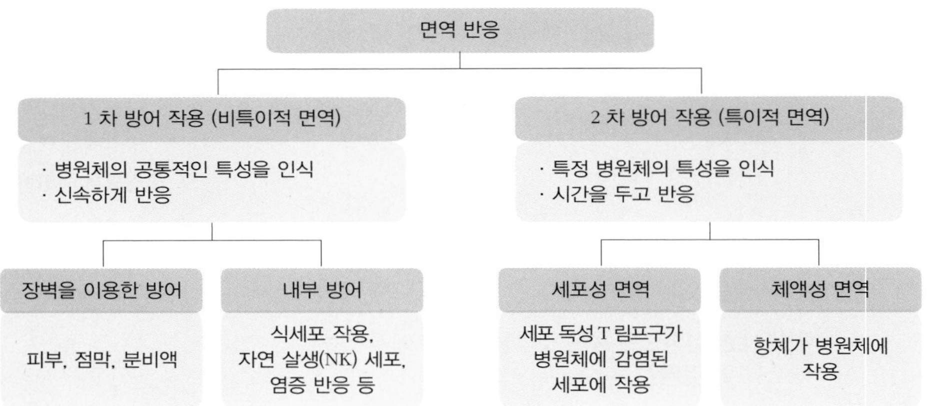

① **1 차 방어 작용 (비특이적 면역, 선천성 면역)**
- 모든 동물에 공통적으로 나타나는 방어 작용을 말한다.
- 병원체의 침입 여부에 관계없이 작동한다.
- 병원체의 공통적인 특징을 인식하여 나타나므로 폭넓게 병원체를 인식한다.
- 외부와 접하는 신체의 부분(물리적인 장벽)을 이용하여 면역 방어 기작을 한다.

② **2 차 방어 작용 (특이적 면역, 후천성 면역)**
- 특정 병원체의 특정 부위만을 인식하여 일어난다.
- 병원체에 노출된 후 활성화되어 침입한 병원체에 대한 방어 작용이 일어난다.
- 사람의 경우 약 1,000만 개의 서로 다른 항원에 특이적으로 반응할 수 있다.
- 자기 물질과 비자기 물질을 구별하여 자신이 가지고 있던 세포는 공격하지 않는다.
- 기억 능력이 있어서 1 차 방어 작용이 일어난 후 동일한 병원체가 침입하면 그 반응이 한 층 빠르고 강하게 일어난다.

(2) 백혈구

① 혈액을 구성하는 세포 중 하나로서 식균 작용을 하여 우리 몸을 방어해 주는 일을 하는 혈구 세포이다.
- 호염기성 백혈구(basophil) : 히스타민 생성
- 호산성 백혈구(eosinophil) : 해독 작용
- 호중성 백혈구(neutrophil) : 식균 작용
- 단핵구(monocyte) : 식균 작용
- 림프구(lymphocyte) : 체액성 면역과 세포성 면역에 관여

미니사전

자연 살생 세포 [Natural Killer Cell] 바이러스에 감염된 세포나 암세포를 직접 파괴하는 면역세포

개념확인 1

정답 및 해설 59쪽

다음에 해당하는 면역 반응의 종류를 적으시오.

(1) 특정 병원체의 특정 부위만을 인식하여 일어나며, 자기 물질과 비자기 물질을 구별한다. (　　　　) 방어 작용

(2) 모든 동물에게서 나타나는 방어 작용으로 폭넓게 병원체를 인식한다. (　　　　) 방어 작용

확인+1

백혈구 중 체액성 면역과 세포성 면역에 관여하는 것은 무엇인가?

(　　　　　　　)

2. 1 차 방어 작용

(1) 장벽을 이용한 방어

① **피부** : 우리 몸의 1 차 방어벽이다.
· 피부 가장 바깥층에 죽은 세포들(각질층)로 단단한 물리적 장벽을 형성하고 있어 대부분의 세균이나 바이러스가 안으로 들어오지 못하게 막는다.
· 피부가 상처, 화상 등의 손상을 입으면 쉽게 감염될 수 있다.

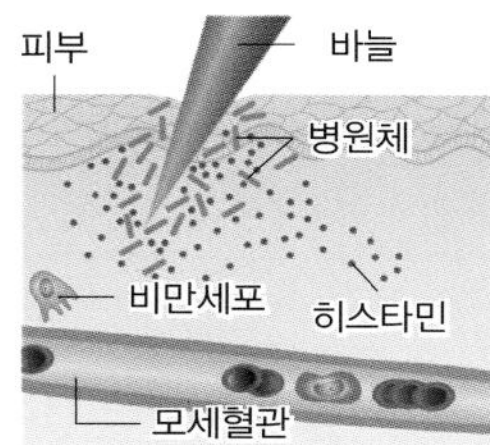

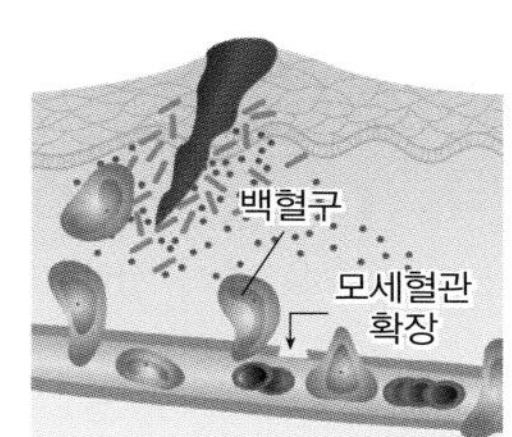

② **점막**
· 눈, 콧속, 호흡기, 소화기 등과 같이 피부로 덮여 있지 않은 부위의 상피세포층은 병원체의 침입에 상대적으로 약하지만, 표면이 점막으로 덮여 보호된다.
· 점막에서 분비되는 점액 물질은 병원체를 잡아 가두는 역할을 하며, 호흡 기관 등의 점막 주변에 분포하는 섬모는 점액에 잡혀 있는 병원체를 몸 밖으로 내보낸다.
· 점액에는 라이소자임이라는 효소가 포함되어 있어 세균을 분해할 수 있다.

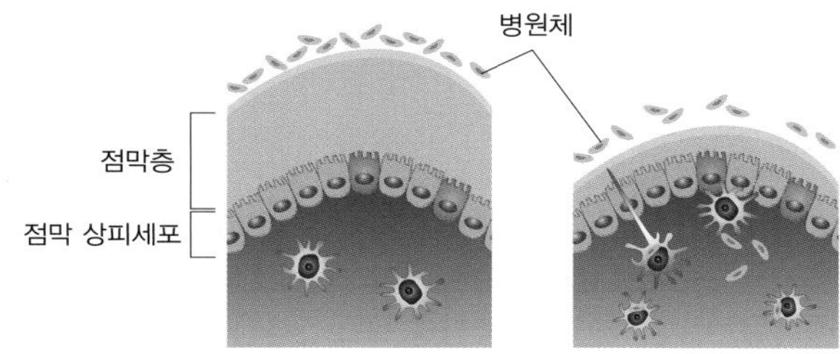

▲ 정상 소화관의 점막(좌), 손상된 소화관의 점막(우)
점막층이 두꺼우면 병원체가 상피세포로 침입하지 못하지만 질병에 의해 점막층이 얇아지면 병원체의 감염이 일어난다.

③ **분비물**
· 눈물이나 침에도 라이소자임이 들어 있어 병원체가 눈이나 입을 통해 침입하는 것을 막는다.
· 피부의 피지샘에서 분비되는 기름 성분이나 땀샘에서 분비되는 땀의 약한 산성 성분은 미생물의 생장을 억제한다.
· 음식물과 함께 들어온 병원체는 위에서 분비되는 위산과 단백질 분해 효소에 의해 제거된다.

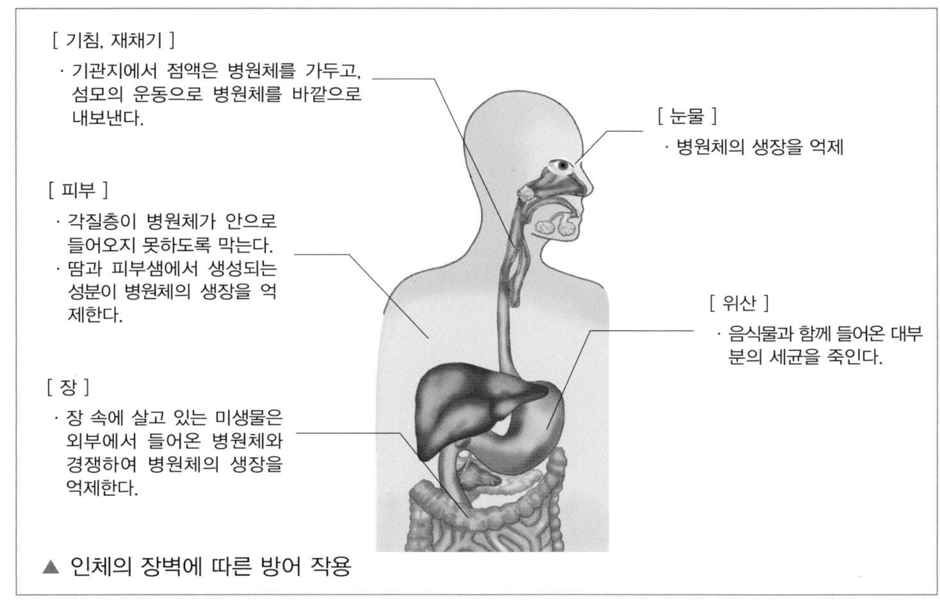

▲ 인체의 장벽에 따른 방어 작용

라이소자임(lysozyme)
· 라이소좀에서 분비하는 효소
· 세균의 세포벽에 작용하여 세포벽(펩티도글리칸)을 분해하는 작용
· 눈물과 같은 조직 분비물과 미생물에서 발견되는 효소로 점액질 및 박테리아 용해성이 있음

- 대식세포의 식균 작용

병원체를 세포 내로 끌어들여 분해 후 다시 세포 밖으로 배출한다.

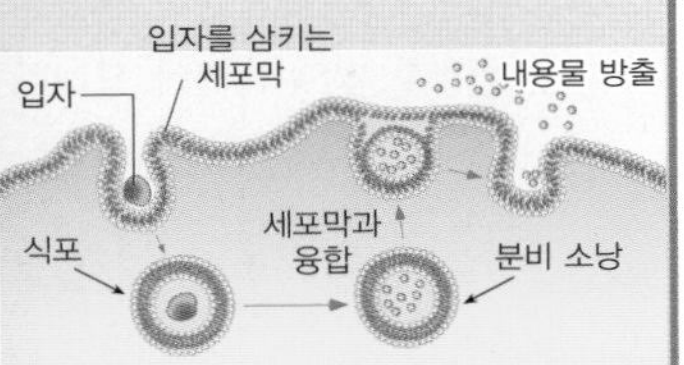

- 위족

먹이 섭취와 이동을 위하여 뻗은 세포의 확장 부위

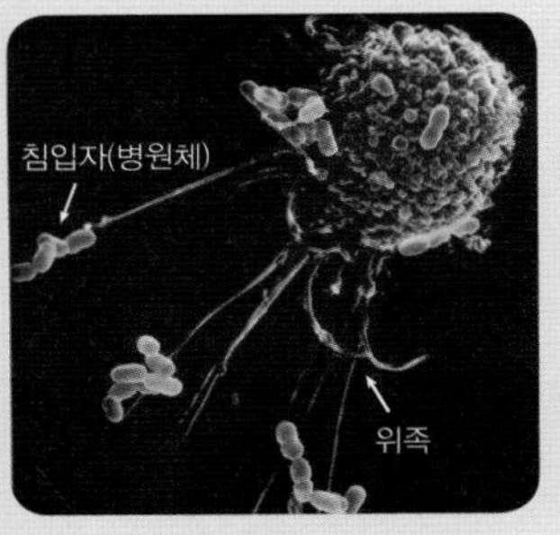

- 보체 단백질의 작용

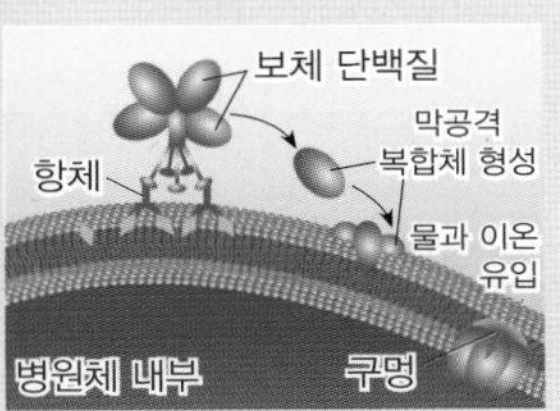

(2) 내부 방어

① 백혈구의 식균 작용

- 식세포 : 무분별하게 침입자(병원체)를 공격하여 잡아먹어 소화하는 백혈구이다.
- 식균 작용(식세포 작용)은 호중성 백혈구와 단핵구로부터 분화된 대식세포가 관여한다.
- 호중성 백혈구 : 식균 작용(식세포 작용)을 하는 백혈구 중에서 수가 가장 많으며, 감염 조직에서 나오는 화학적 신호를 감지하여 감염된 부위에 가장 빨리 모여든다.
- 대식세포 : 림프액을 통해 온몸을 이동하면서 조직에 있는 병원체를 제거하거나 림프절에 자리 잡아 그 곳으로 들어오는 병원체를 제거한다. 세포들을 파괴하기 위해 긴 위족을 뻗어 감염 생물을 잡아 삼킨다.

② 염증 반응

- 감염된 부분에 발적(빨갛게 부어오름), 통증, 발열 등의 증상이 나타나는 것을 말한다.
- 손상된 세포들은 화학 물질을 방출하여 비만세포에 저장된 히스타민을 방출하는 특수한 세포를 자극한다.
- 히스타민은 상처 부위의 모세혈관을 확장시켜 백혈구와 대식세포가 더 많이 모이게 한다.

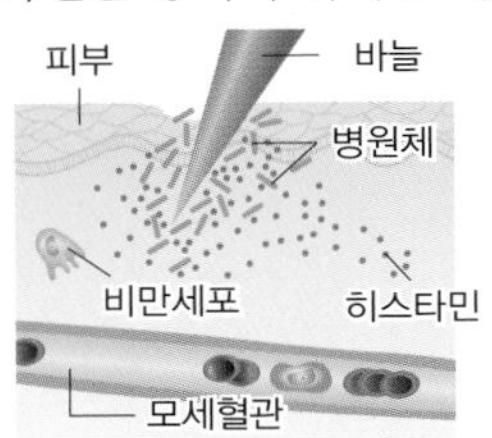

① 상처가 나면 조직의 비만 세포에서 히스타민이 분비된다.

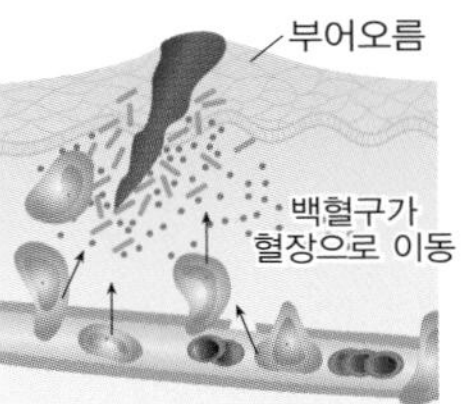

② 모세혈관이 확장되어 백혈구가 상처 부위로 모인다.

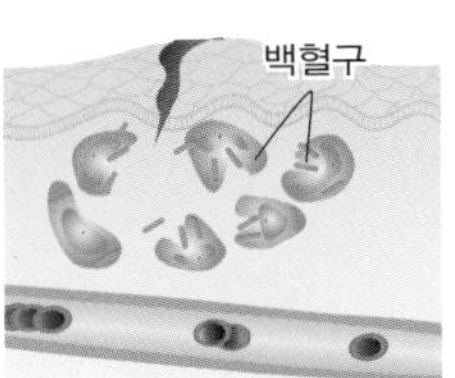

③ 백혈구가 식균 작용으로 병원체를 제거한다.

③ 방어 물질 분비

- 인터페론(interferon) : 바이러스에 감염된 세포에서 분비되는 물질로 주변의 정상 세포에 작용해 항바이러스 단백질 생성을 유도한다.
- 보체 단백질(complement protein) : 평상시에는 혈액에 녹아 아무런 반응을 나타내지 않지만 병원체에 감염되었을 때 병원체의 막에 구멍을 내 병원체 내부로 물과 이온을 유입시켜 부풀어 터지게 하는 역할을 한다.

④ 자연 살생 세포(NK 세포)

- 림프구의 일종으로 병든 세포를 비특이적으로 제거하는 역할을 한다.
- 세포가 바이러스에 감염되거나 암세포로 전환될 때에는 특정 단백질을 만드는 변이가 나타나는데, NK 세포는 체내를 순환하다가 이러한 변이 세포에 달라붙어 화학 물질을 분비함으로써 그 세포를 죽인다.

⑤ 발열 반응

- 정상 범위(36.1 ~ 37.2 ℃)를 넘으면 발열이라고 한다.
- 체온을 높여 세균의 생장을 감소시키며 체세포의 대사 속도를 증가시킨다.

개념확인 2

정답 및 해설 59쪽

다음과 같은 방어 작용이 일어나는 장소를 적으시오.

(1) 점액은 병원체를 가두고, 섬모의 운동으로 병원체를 바깥으로 내보낸다. (　　　　)

(2) 서식하고 있는 미생물은 외부에서 들어온 병원체와 경쟁하여 병원체의 생장을 억제한다. (　　　　)

확인+2

다음 설명에 해당하는 내부 방어 작용을 적으시오.

(1) 감염된 부분에 빨갛게 부어오름, 통증, 발열 등의 증상이 나타나는 것을 말한다. (　　　　)

(2) 병원체를 세포 내로 끌어들여 분해 후 다시 세포 밖으로 배출한다. (　　　　)

3. 2 차 방어 작용

(1) 면역계의 구조

① 림프구

· 백혈구의 한 종류로 B 림프구, T 림프구가 있다.
- B 림프구 : 골수에서 만들어지며 항체를 생산하여 항원을 물리치는 체액성 면역에 관여한다.
- T 림프구 : 가슴샘에서 성숙되며 항원을 인식하여 물리치는 세포성 면역에 관여하며, T 림프구, 보조 T 림프구, 세포 독성 T 림프구 등이 있다.

· 병원균 제거 후 일부 림프구는 기억 B 림프구 형태로 남아 있게 된다. 기억 B 림프구는 수주에서 수년 동안, 때에 따라서 평생 체내에 존재하며 이후 동일한 병원체에 감염되었을 때 바로 반응할 수 있는 능력을 갖게 된다.

② 림프계

· 림프, 림프관, 림프절 등으로 이루어진 순환계이다.
· 병원체는 림프관을 흐르는 림프에 의해 가까운 림프절로 운반되어 제거된다.
· 림프절은 목, 겨드랑이, 사타구니에 특히 많이 분포한다.

(2) 항원 항체 반응

① 항원

· 면역 반응을 일으키는 이물질로 항체 형성을 유도하는 물질이다. 예 세균, 바이러스와 같은 병원체, (일부 사람에게)꽃가루 또는 먼지 등

② 항체

· 항원의 침입 시 항원을 무력화시키기 위해 B 림프구로부터 생성되는 면역 단백질(γ-글로불린)로 구성되어 있다.
· 항체는 2 개의 긴 사슬과 2 개의 짧은 사슬로 구성되어 Y 자형 구조를 갖는다.
· 불변 부위 : 긴 사슬의 아래쪽 부분으로 아미노산 서열이 유사하고 변화가 없다.
· 가변 부위 : 항원이 결합하는 부위가 있는 위쪽 부분으로 항체의 종류마다 모양이 다르다.

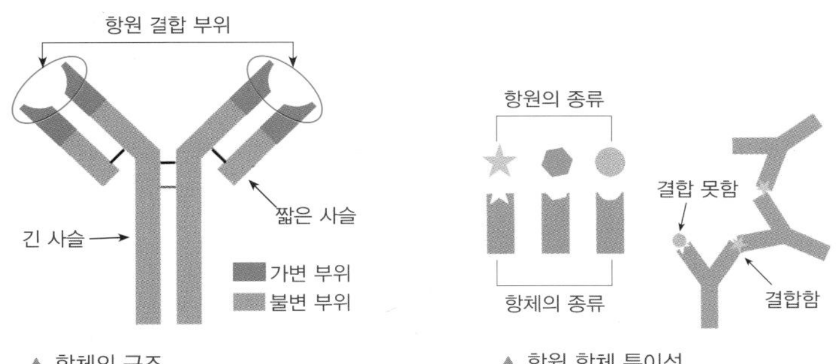

▲ 항체의 구조　　▲ 항원 항체 특이성

③ 항원 항체 반응

· Y 자형 구조 중 항원 결합 부위가 항체마다 다른 모양을 띠기 때문에 항체가 특정 항원하고만 결합하게 되는데, 이를 항원 항체 특이성이라고 한다.

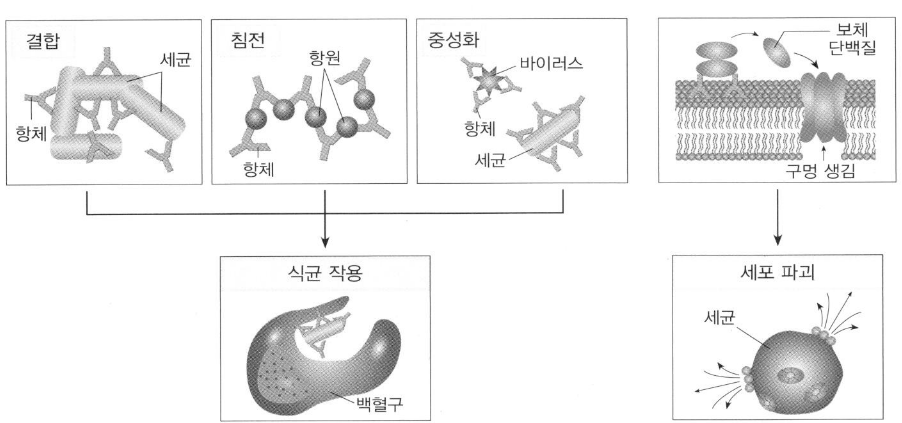

▲ 항체의 여러 가지 작용

림프구의 생성

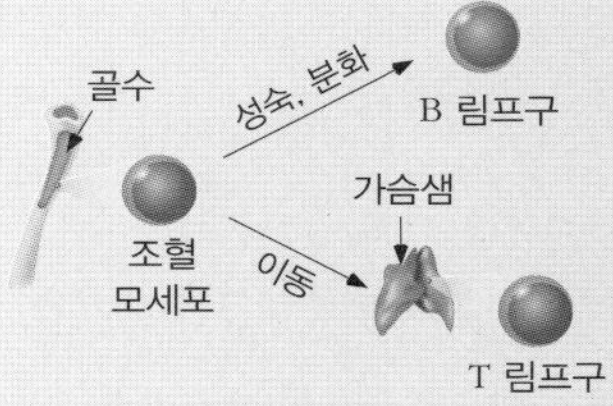

림프계의 구성

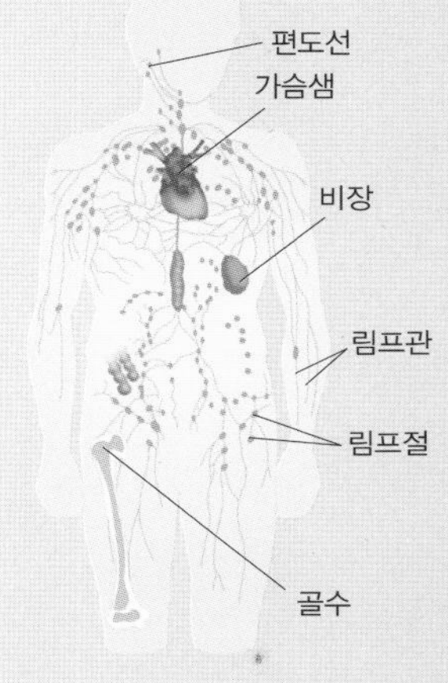

림프

림프관으로 흡수되어 흐르는 인체 내 세포 사이에 존재하는 액체 성분이다.

림프절

생체 내에서 전신에 분포하는 면역기관의 일종으로, 내부에 림프구 및 백혈구가 포함되어 있다.

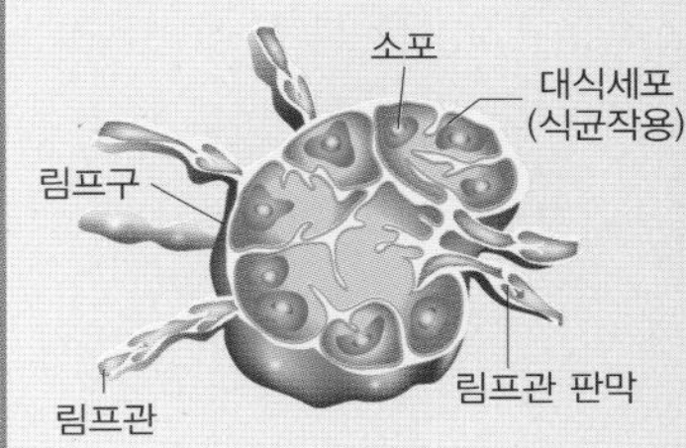

미니사전

B 림프구 [B lymphocyte] 분화, 성숙되는 장소가 골수이기에 골수(Bone marrow)의 첫 글자를 따서 부른다.

T 림프구 [T lymphocyte] 분화, 성숙되는 장소가 가슴샘(흉선)이기 때문에 가슴샘(Thymus)의 첫 글자를 따서 부른다.

(3) 2 차 방어 작용

항원 제시

체내에 병원체가 들어오면 대식세포가 그 병원체를 세포 안으로 끌어들여 소화 후 병원체의 항원 조각을 세포 표면에 제시하는 작용

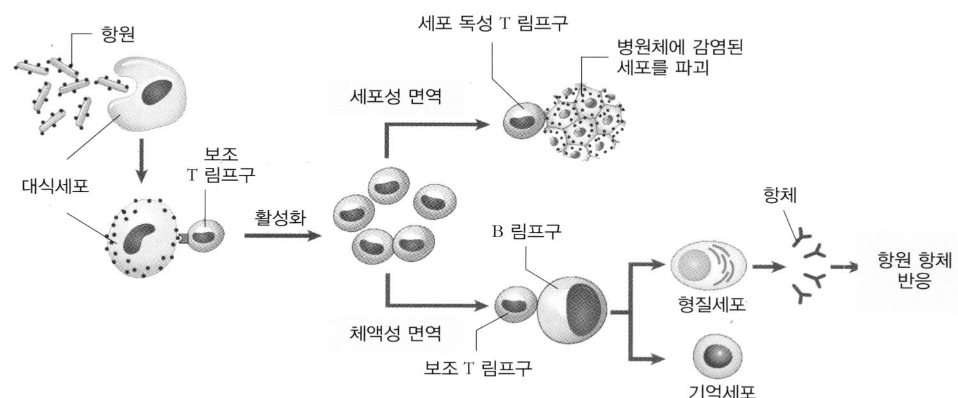

▲ 2 차 방어 작용의 과정 외부에서 침입한 항원 확인 → 항원 제시 → 보조 T 림프구가 항원 종류 인식 후 활성화 → 사이토카인 분비 → 세포 독성 T 림프구와 B 림프구를 활성화 → 2 차 방어 작용이 시작

① **세포성 면역 :** 세포 독성 T 림프구가 관여하는 면역 반응이다.

· 세포 독성 T 림프구가 항원에 감염된 세포나 암세포를 직접 파괴한다.

· 사이토카인에 의해 활성화된 세포 독성 T 림프구는 감염된 세포와 직접 결합하여 화학 물질을 분비해 세포를 파괴한다. 그 후 T 림프구는 감염 세포와 분리되어 다른 세포를 공격할 수 있게 된다.

② **체액성 면역 :** B 세포가 관여하는 면역 반응이다.

· 골수에서 생성된 후 사이토카인에 의해 활성화된 B 림프구가 보조 T 림프구의 도움을 받아 기억세포와 형질세포로 분화된다.

- 형질세포 : 초당 2,000 개 정도의 항체를 분비하며, 이 항체는 체액으로 분비되어 항원을 제거한다. 특정 항원을 기억하며 수명은 매우 짧은 편이다.
- 기억세포 : 항원에 한 번도 노출된 적 없는 B 림프구가 항원에 노출되었을 때 생기는 세포로, 항원이 제거된 후에도 남아 그 항원이 재침입할 시 처음 노출될 때보다 더 빠른 속도로 항체를 생산해 항원에 대응한다.

· 1 차 면역 반응

- 항원이 처음 침입하면 B 림프구는 보조 T 림프구의 도움을 받아 형질세포와 기억세포로 분화하고, 형질세포는 항체를 생성하여 항원을 제거한다.
- 항체가 만들어지기까지 시간이 필요하며, 항체 생성 속도 또한 느리다.

· 2 차 면역 반응

- 같은 항원이 다시 침입하면 기억세포가 신속하게 더 많은 형질세포로 분화하여 다량의 항체를 생성하여 항원을 제거한다.
- 빠르게 많은 양의 항체를 생성한다.

1 차 면역 반응과 2 차 면역 반응

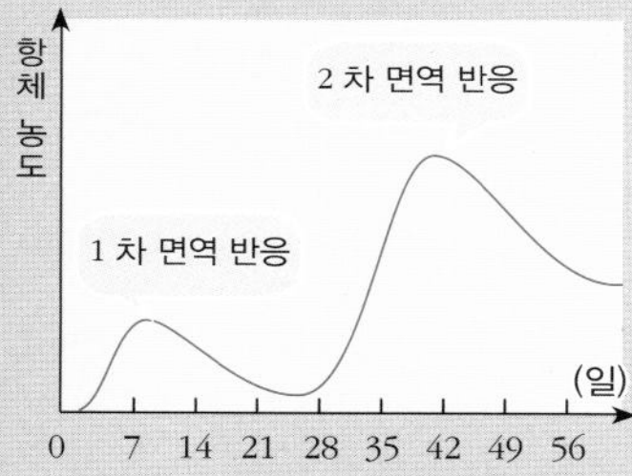

미니사전

사이토카인 [Cytokine] 면역 세포가 분비하는 당단백질을 총칭하는 말이다. 대식세포, 보조 T 림프구 등 여러 유형의 면역 세포에서 분비되며, 면역 기능을 조절한다.

개념확인 3

다음 괄호 안에 들어갈 알맞은 단어를 적으시오.

(1) 항체는 (　　)개의 긴 사슬과 (　　)개의 짧은 사슬로 구성되어 (　　)자형 구조를 갖는다.

(2) 세포성 면역은 (　　　　　　　　　　)가 관여하는 면역 반응이다.

확인+3

다음은 2 차 방어 작용의 과정을 나타낸 것이다. 빈칸에 들어갈 알맞은 과정을 적으시오.

외부에서 침입한 항원 확인 → ㉠ (　　　　　　) → 보조 T 림프구가 항원 종류 인식 후 활성화 → ㉡ (　　　　　　) 분비 → 세포 독성 T 림프구와 B 림프구를 활성화 → 2 차 방어 작용이 시작

4. 인공 면역과 면역 관련 질병

(1) 면역 반응과 인공 면역

① **면역 반응**

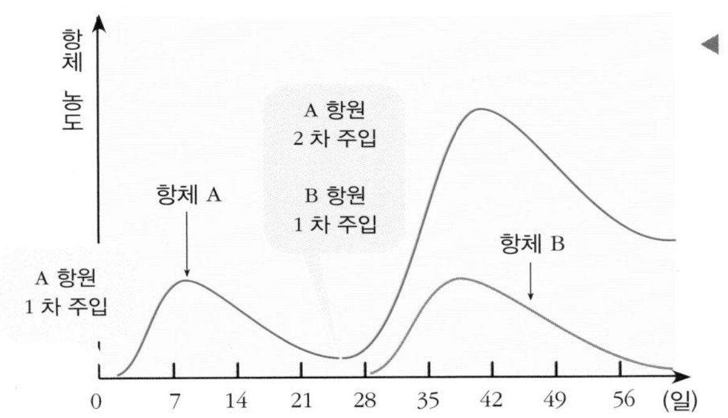

◀ 항원 A 와 항원 B 의 면역반응

· 항원 A 에 대한 1 차 침입 시 : 면역 반응은 상대적으로 긴 잠복기를 갖는다.
· 항원 A 에 대한 2 차 침입 시 : 면역 반응은 잠복기 거의 없이 바로 일어난다.
⇨ 기억세포가 남아 있어 빠르게 다량의 항체를 만들어낸다.
· 항원 A 와 항원 B 를 동시에 주입 시 : 항원 A 에 대해서는 2 차 면역 반응이 일어나지만 항원 B 에 대한 면역 반응은 1 차 면역 반응으로 나타난다.

② **인공 면역**

백신	· 예방의 목적으로 감염 전에 체내에 독성이 제거되거나 약화된 항원을 접종하여 미리 항체를 생산시킴 · 백신을 접종하면 항원 항체 반응에 따라 면역계에 그 항원에 대한 기억세포를 만듦
면역 혈청	· 항원을 동물에 주입하여 동물로부터 항원에 대해 특이적인 항체를 지닌 혈액을 얻음 · 혈액을 분리하여 특정한 항원에 해당하는 면역 혈청을 추출 · 질병에 걸린 사람에게 주사하여 체내에서 항원 항체 반응을 일으켜 병원체 제거

(2) 면역 관련 질병

① **후천성 면역 결핍증(AIDS)**
· 인간 면역 결핍증 바이러스(HIV)에 의해서 막 단백질을 통하여 감염된다.
· 주로 보조 T 림프구를 죽이거나 무력화시켜 면역 결핍이 나타나게 된다.

② **자가 면역 질환**
· 면역 체계가 자기 물질과 비자기 물질을 구분하지 못하고 자기 몸을 구성하는 조직이나 세포를 공격하는 질병을 말한다.
· 류마티스 관절염, 제 1 형 당뇨병(인슐린 의존성 당뇨병), 다발성 경화증, 루프스 등

③ **알레르기**
· 대부분의 사람에게는 반응하지 않는 물질에 대해 면역계가 과민하게 반응하여 과도한 면역 반응의 결과를 나타나게 하는 것을 말한다.

개념확인 4

정답 및 해설 59쪽

면역 체계가 자기 물질과 비자기 물질을 구분하지 못하고, 자기 몸을 구성하는 조직이나 세포를 공격하는 질병의 명칭은 무엇인가?

( )

확인+4

다음은 항체가 만들어지는 속도와 양을 비교한 것이다. 알맞은 부등호를 넣으시오.

(1) 1 차 면역 반응 항체 생성량 ( ) 2 차 면역 반응 항체 생성량
(2) 1 차 면역 반응 항체 생성 속도 ( ) 2 차 면역 반응 항체 생성 속도

개념 다지기

01 다음 중 백혈구에 포함되지 않는 것은 무엇인가?

① 단핵구 ② 림프구 ③ 라이소자임 ④ 호산성 백혈구 ⑤ 호중성 백혈구

02 다음 중 면역에 대한 설명으로 옳지 않은 것은?

① 1 차 방어 작용은 모든 동물에 공통적으로 나타나는 방어 작용이다.
② 1 차 방어 작용은 병원체가 이전에 침입하였는지에 관계없이 작동한다.
③ 2 차 방어 작용은 특정 병원체의 분비물을 인식하여 일어난다.
④ 2 차 방어 작용은 자기 물질과 비자기 물질을 구별하여 일어난다.
⑤ 2 차 방어 작용은 1 차 방어 작용이 일어난 후 동일한 병원체가 침입하면 그 반응이 빠르고 강하다.

03 다음 중 방어 작용의 종류가 다른 것은?

① 피부 각질층 ② 항원-항체 반응 ③ 소화관의 점막층 ④ 위 속 위산 ⑤ 장 속 미생물

04 다음 설명에 해당하는 분비 물질을 적으시오.

(1) 주변의 정상 세포에 작용해 항바이러스 단백질 생성을 유도한다. (　　　　)
(2) 병원체 내부로 물과 이온을 유입시켜 부풀어 터지게 하는 역할을 한다. (　　　　)

05 면역 세포가 분비하는 당단백질을 총칭하는 것으로 대식세포, 보조 T 림프구 등 여러 면역 세포에서 분비되며 면역 기능을 조절하는 단백질을 무엇이라고 하는가?

( )

06 다음 항원–항체에 대한 설명으로 옳지 않은 것은?

① 항원은 면역 반응을 일으키는 이물질이다.
② 항체는 불변 부위와 가변 부위로 구성된다.
③ 항체는 면역 단백질(γ-글로불린)로 구성되어 있다.
④ 항체는 2 개의 긴 사슬과 2 개의 짧은 사슬로 구성되어 있다.
⑤ 항원은 모든 사람에게 독성으로 작용하는 물질만을 말한다.

07 인공 면역 방법 중 하나로 감염 전에 체내에 독성이 제거되거나 약화된 항원을 접종하여 미리 항체를 만드는 것을 무엇이라고 하는가?

( )

08 다음 중 면역계의 이상으로 질환이 아닌 것은?

① 알레르기
② 유행성 결막염
③ 류마티스 관절염
④ 후천성 면역 결핍증
⑤ 인슐린 의존성 당뇨병

유형 익히기 & 하브루타

[유형25-1] 면역

다음 그림은 사람의 면역계를 나타낸 것이다.

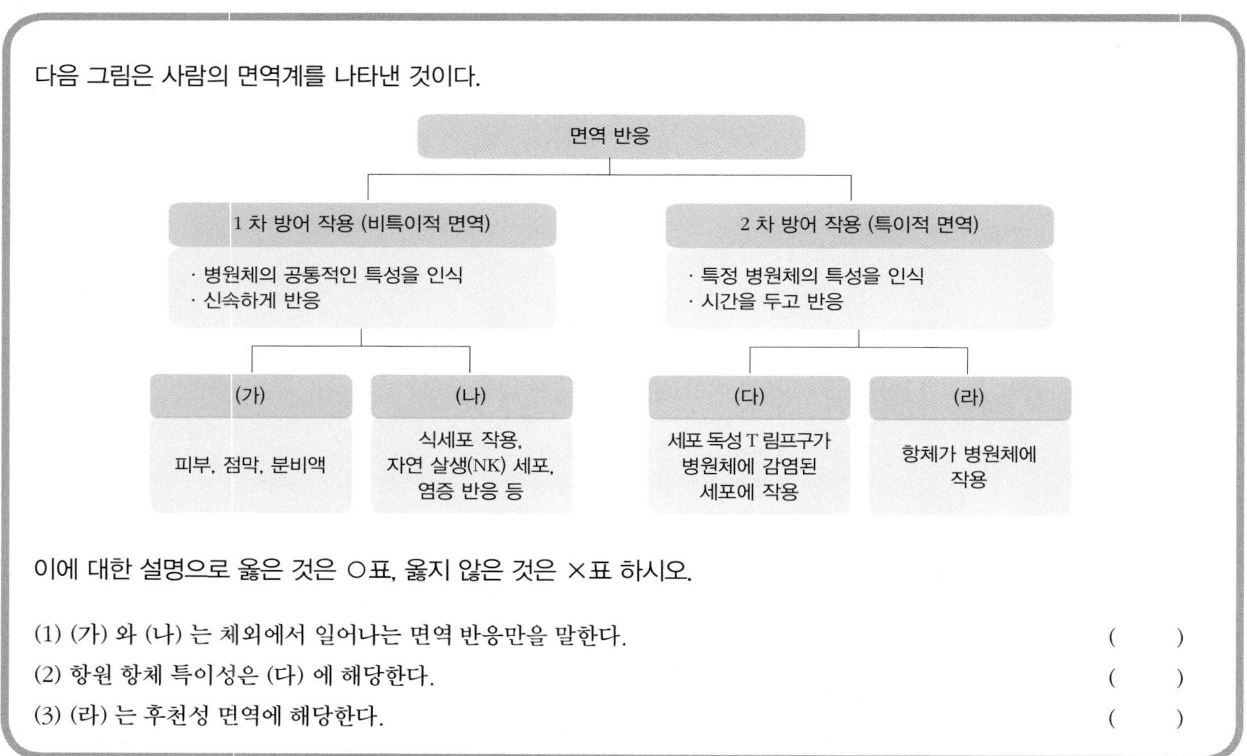

이에 대한 설명으로 옳은 것은 ○표, 옳지 않은 것은 ×표 하시오.

(1) (가) 와 (나) 는 체외에서 일어나는 면역 반응만을 말한다. ( )

(2) 항원 항체 특이성은 (다) 에 해당한다. ( )

(3) (라) 는 후천성 면역에 해당한다. ( )

01 면역 반응에 대한 설명으로 옳지 않은 것은?

① 1 차 방어 작용은 폭넓게 병원체를 인식한다.
② 1 차 방어 작용은 병원체의 침입 여부에 관계없이 작동한다.
③ 2 차 방어 작용은 병원체에 노출된 후 활성화된다.
④ 2 차 방어 작용은 자기 물질과 비자기 물질을 구별하여 일어난다.
⑤ 2 차 방어 작용은 물리적인 장벽을 이용하여 면역 방어 기작을 한다.

02 다음 설명에 해당하는 백혈구의 종류를 적으시오.

(1) 히스타민을 생성한다. ( )

(2) 해독 작용에 관여한다. ( )

(3) 체액성 면역과 세포성 면역에 관여한다. ( )

[유형25-2] 선천적 면역

다음은 내부 방어 중 하나인 염증 반응 기작을 모식화한 것이다.

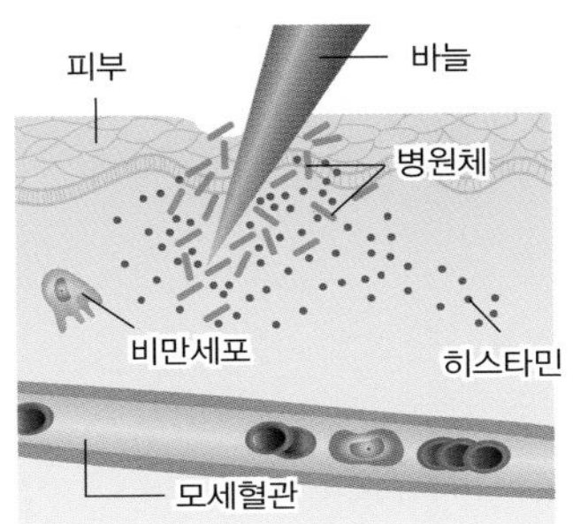

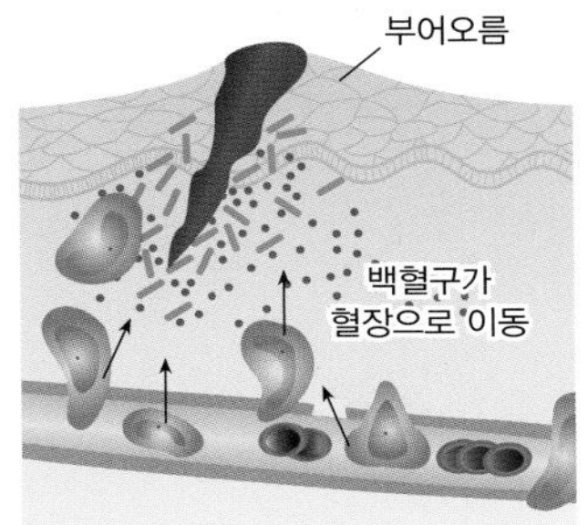

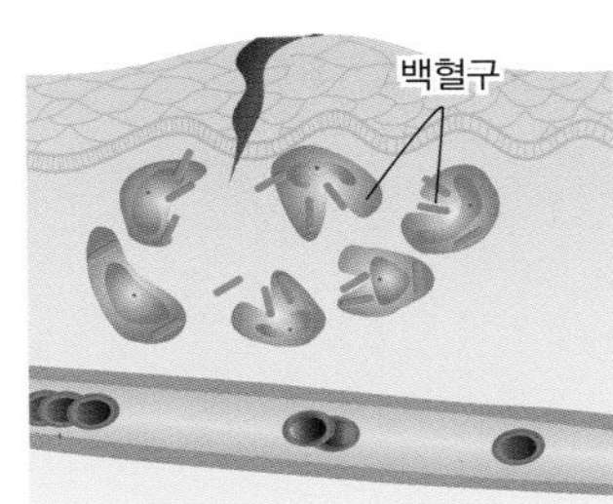

이에 대한 설명으로 옳은 것은 ○표, 옳지 않은 것은 ×표 하시오.

(1) 염증 반응으로 발적, 통증, 발열 등의 증상이 나타난다. ( )

(2) 염증 반응은 침입한 병원체의 종류에 따라 증상이 달라진다. ( )

(3) 손상된 세포는 비만세포에 히스타민을 방출하도록 자극한다. ( )

(4) 분비된 히스타민은 모세혈관을 수축시켜 병원체가 다른 곳으로 이동하지 못하게 막는다. ( )

03 다음 중 물리적 방어에는 '물', 내부 방어에는 '내' 라고 적으시오.

(1) 인터페론을 분비하여 주변의 정상 세포에 작용해 항바이러스 단백질 생성을 유도한다. ( )

(2) 피부의 피지샘에서 분비되는 기름 성분이나 땀샘에서 분비되는 땀의 약한 산성 성분은 미생물의 생장을 억제한다. ( )

(3) 체온을 높여 세균의 생장을 감소시키며 체세포의 대사 속도를 증가시킨다. ( )

04 다음과 같은 작용을 하는 세포의 이름을 적으시오.

- 림프구의 일종으로 병든 세포를 비특이적으로 제거하는 역할을 한다.
- 체내를 순환하다가 변이 세포에 달라붙어 화학 물질을 분비함으로써 그 세포를 죽인다.

( )

유형 익히기 & 하브루타

[유형25-3] 후천적 면역

다음은 2 차 방어 작용을 모식화한 것이다.

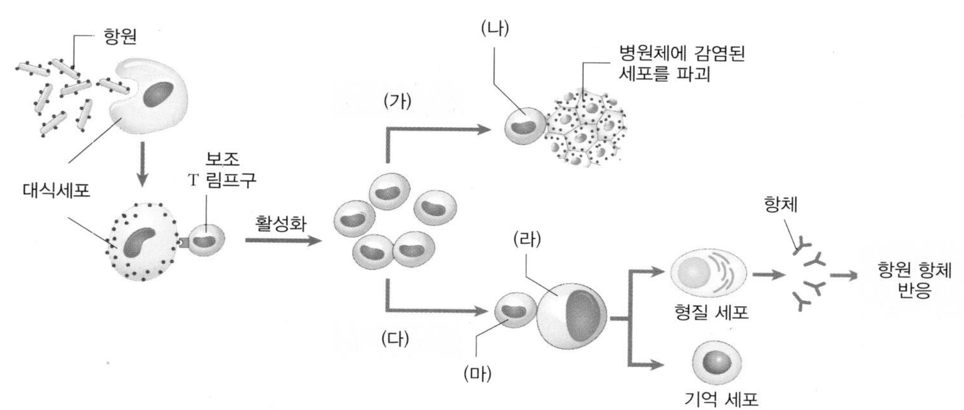

(가) ~ (마) 에 해당하는 림프구의 종류 및 면역의 종류를 적으시오.

(가) : (　　　　　), (나) : (　　　　　　　　　), (다) : (　　　　　), (라) : (　　　　　), (마) : (　　　　　)

05 다음 괄호 안에 들어갈 면역계의 구조를 적으시오.

(1) 림프, 림프관, 림프절 등으로 이루어진 순환계이다. (　　　　　)

(2) 백혈구의 한 종류로 B 림프구, T 림프구가 있다. (　　　　　)

06 항원의 침입 시 항원을 무력화시키며, B 림프구로부터 생성되는 γ-글로불린로 구성되어 있는 것은 무엇인가?

(　　　　　)

[유형25-4] 인공 면역과 면역 관련 질병

다음 그림은 사람의 몸에 항원 A 와 B 가 1 차 침입하였을 때와 4 주 뒤에 항원 B 가 2 차 침입하였을 때 항체의 농도 변화를 나타낸 것이다.

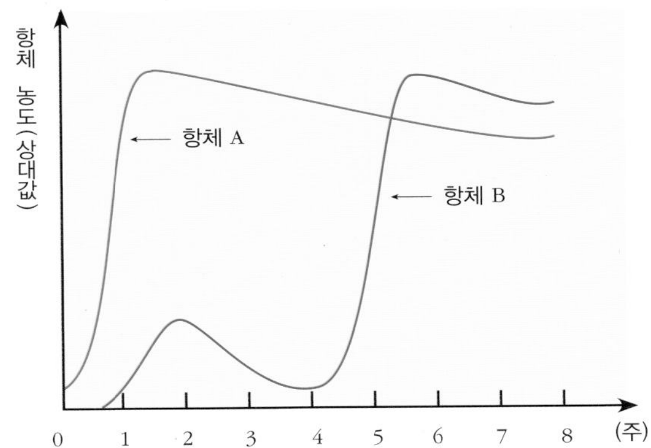

표에 대한 해석 중 옳은 것은 ○표, 옳지 않은 것은 ×표 하시오.

(1) 항원 A 는 과거에 침입한 적이 있다. (　　)

(2) 한 번 만들어진 항체는 소멸하지 않고 혈액 속에 계속 남아 있다. (　　)

(3) 4 주 후 항체 B 와 같은 양상을 보이는 것은 체내에 형질세포가 남아있기 때문이다. (　　)

07

다음 설명에 해당하는 인공 면역의 종류를 적으시오.

(1) 감염 전에 접종하여 면역계에 특정 항원에 대한 기억 세포를 만든다.
(　　　　　)

(2) 질병에 걸린 사람에게 주사하여 체내에서 항원-항체 반응을 일으킨다.
(　　　　　)

08

다음 설명에 해당하는 면역 관련 질병의 명칭을 적으시오.

(1) 면역계가 과민하게 반응하여 과도한 면역 반응의 결과를 나타나게 하는 것을 말한다. (　　　　　)

(2) 바이러스에 의해 감염되며 주로 보조 T 림프구를 죽이거나 무력화시켜 면역 결핍이 나타나게 된다. (　　　　　)

(3) 면역 체계가 자기 물질과 비자기 물질을 구분하지 못하고 자기 몸을 구성하는 조직이나 세포를 공격하는 질병을 말한다. (　　　　　)

01

다음 [자료 1] 은 AIDS (Acqurid immunodeficiencies, 후천성 면역 결핍증) 에 대한 설명이고, [자료 2] 의 표는 그 결과 나타나는 체내 변화를 나타낸 것이다.

[자료 1] AIDS (Acqurid immunodeficiencies, 후천성면역결핍증)

· 원인 및 감염 경로 : HIV-1 과 HIV-2 로 나뉘는 HIV 바이러스에 의해 감염된다. 전 세계적으로 확산되어 HIV 감염을 일으키고 있는 것은 HIV-1 이다. HIV-2 는 주로 아프리카 일부 지역에서 분포되어 있다. HIV 의 감염 경로는 성적인 접촉, 수혈이나 혈액 제제를 통한 전파, 병원 관련 종사자에게서 바늘에 찔리는 등의 사고로 전파되는 경우, 모체에서 신생아에게로의 전파 등이 있다.

· 면역계에 미치는 영향 : 급성 HIV 증후군은 바이러스에 감염된 후 3 ~ 6 주 후에 발생하며 발열, 인후통, 두통, 관절통, 근육통, 구토 등의 증상이 나타난다. 심한 경우 뇌수막염이나 뇌염, 근병증도 동반될 수 있다. HIV 에 처음 감염된 후 조기에 감염이 진단되지 않으면 환자 본인도 감염 사실을 알지 못할 수 있다. 급성 HIV 증후군 시기가 지나면 4 년 ~ 10 년 동안 무증상 잠복기가 지속되는데 이 시기에는 HIV 감염을 의심할 수 있는 특이한 증상이 나타나지 않는다. 겉으로 드러나는 증상은 없지만 무증상 잠복기 동안 HIV 바이러스는 지속적으로 면역세포를 파괴하므로 인체의 면역력이 점차적으로 저하된다. 따라서 면역력이 어느 수준 이하로 떨어지면 건강한 사람에게는 거의 발생하지 않는 여러 종류의 감염성 질환(기회감염)이 발생하고, 보통 사람에게 약하게 나타나는 감염성 질환도 후천성 면역 결핍증 환자에게는 심각한 질병으로 나타나 사망에 이르게 된다.

[자료 2] AIDS 감염 결과 나타나는 체내 변화

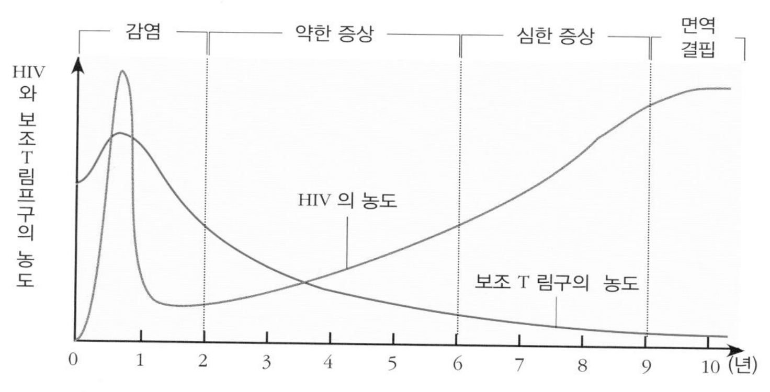

후천성 면역 결핍증에 관한 설명으로 옳은 것을 모두 고르시오.

① HIV 의 유전 정보 물질은 DNA 이다.
② HIV 는 막단백질을 통하여 숙주 세포에 감염된다.
③ AIDS 는 전염성이 강해 공기 중으로 전염되기도 한다.
④ HIV 는 T 세포를 찾아내어 그 세포 안에서 증식하면서 면역 세포를 파괴한다.
⑤ 인간의 몸 안에 살면서 인체의 면역 기능을 파괴하는 HIV 의 특성 때문에 AIDS 환자는 대부분 2 차 감염원으로 인해 사망한다.

02

다음은 알레르기 반응에 대한 설명이다.

· 원인 및 특징 : 알레르기 항원에 처음 노출되면 B 림프구에서 특정한 항체가 생성된다. 생성된 항체들은 비만세포에 결합한다. 이후 같은 알레르기 항원에 다시 노출되면 이 알레르기 항원이 비만세포에 부착된 항체에 결합되고, 비만세포에서 히스타민과 헤파린 같은 알레르기를 유발하는 물질들을 분비한다. 이 물질들은 혈관을 확장시키고 모세혈관의 투과성을 증가시키며, 점액샘을 자극하고 근육을 수축시키는 등의 작용을 한다.

· 나타날 수 있는 질환 : 아토피성 피부염, 기관지성 천식, 알레르기 비염 등

· 알레르기를 일으키는 물질: 일반적으로 꽃가루, 먼지, 곰팡이, 진드기, 특정 음식물(땅콩) 등

· 증상 : 재채기, 가려움, 콧물, 눈물, 호흡 장애 등

· 치료 방법 : 알레르기의 원인 중 하나인 히스타민의 작용을 막는 항히스타민제를 사용

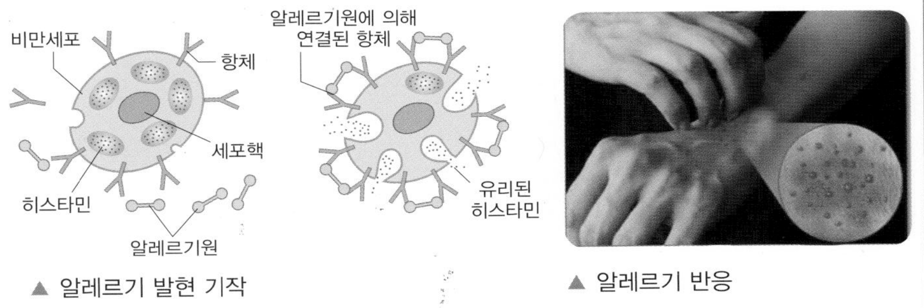

▲ 알레르기 발현 기작

▲ 알레르기 반응

위의 내용을 바탕으로 알레르기가 완치 가능한 질병인지 생각해보고, 알레르기 질병을 치료하는 방법에는 무엇이 있을지 서술해 보시오.

03

다음은 자가 면역 질환에 대한 설명이다.

· 원인 및 특징 : 자가 면역 질환은 다양한 림프구 중에 체내 자기 자신의 분자와 반응하는 수용체를 가지는 림프구에 의해 나타나기도 한다. 즉, 이러한 자가반응성 림프구들이 제거되거나 불활성 되지 않는다면 면역계는 결국 자신의 세포 또는 조직을 공격하게 될 것이다. 하지만 정상의 경우 림프구들이 골수에서 성숙되는 동안 자기반응성이 점검되며 이러한 과정 동안 자기 분자에 특이적인 수용체를 가진 림프구들은 세포 소멸에 의해 죽거나 무반응세포로 변하게 된다. 결과적으로 비자기 분자와 반응하는 림프구만 남게 되고 이러한 과정을 자기관용기작이라고 한다. 만약 자기관용기작이 정상적이지 못할 경우에는 류마티스 관절염과 같은 자가 면역 질환을 유발하게 된다.

· 나타날 수 있는 질환의 종류 : 류마티스성 관절염, 아토피 피부염, 건선, 재생불량성 빈혈, 베체트병, 크론시병, 자가면역성 뇌척수염, 강직성 척추염, 다발성 경화증 등

· 치료 방법 : 자가 면역 질환의 치료란 일반적으로 증상 완화, 기능 보존, 병의 발생 기전의 차단이 치료 목표이다. 스테로이드제, 소염제와 면역억제제, 진통제 등으로 증상을 완화시키고 치료한다.

나타날 수 있는 질환의 종류 중 하나를 선택하여 우리 몸의 어느 부위를 어떻게 공격하고 있는 것일지 원인 및 특징을 바탕으로 서술해 보시오.

04 다음 [자료 1] 은 NK cell(Natural killer cell, 자연 살생 세포) 에 대한 설명이고, [자료 2] 는 암에 대한 설명을 나타낸 것이다.

> [자료 1] NK cell (Natural killer cell, 자연 살생 세포)
> NK 세포는 선천적인 면역을 담당하는 혈액 속 백혈구의 일종으로, 간과 골수에서 성숙하며, '자연 살생 세포' 라고도 한다. 바이러스에 감염된 세포나 암세포를 직접 공격해 없애는 것이 NK 세포의 주 기능이다. 바이러스에 감염된 세포나 암세포는 다른 세포와 달리 세포 표면에 특정 단백질이 줄어드는 등의 이상이 생기는데, NK 세포는 이 이상을 감지해 바이러스에 감염된 세포나 암세포를 인지한다고 알려져 있다. 그 외에도 다른 면역세포의 증식을 유도하는 등의 역할을 하기도 한다.
>
> [자료 2] 항암 치료
> 항암제들은 암 세포가 증식하는 과정의 여러 가지 단계를 방해하여 세포들의 분열을 방해하거나 유전자에 손상을 주어 암 세포가 죽게 만든다. 항암 약물 치료는 정상세포와 암세포에 둘 다 영향을 주지만 암세포들이 일반적으로 정상세포보다 더 빨리 분열하고, 유전자에 손상을 받을 경우 회복하는 능력이 정상세포보다 미약하기 때문에 항암제에 보다 예민하다. 따라서 항암 약물 치료를 적절한 시기에 잘 선택하여 시행하면 정상조직에 과도한 손상을 주지 않고도 암세포들을 선택적으로 죽일 수 있다. 암의 치료를 위해서 개발된 항암제는 매우 많으며 이들 중 서너 가지의 약제를 같이 사용함으로써 약제가 암세포들이 증식하는 과정의 여러 단계를 동시에 방해하여 치료 효과를 증가시킬 수 있다. 이와 같은 치료를 암의 표준 치료라고 한다. 대중매체에서 발표되는 새로운 치료제는 이와 같은 표준 치료를 대체할 수가 없다. 새로이 개발되는 약제는 주로 표준 치료의 효과를 보다 높이기 위해 연구되고 있는 약제들이기 때문이다.

최근 의학계에서는 NK 세포를 항암치료에 이용하고 있다. NK 세포의 특징을 바탕으로 어떻게 암세포를 죽일수 있는지 서술하시오.

스스로 실력 높이기

A

01 우리 몸의 1 차 방어벽은 어디인가?

( )

02 눈물이나 침에 들어있는 효소로 세균의 세포벽을 분해하는 것은 무엇인가?

( )

03 상처 부위의 모세혈관을 이완시켜 백혈구와 대식세포가 더 많이 모이게 하는 물질은 무엇인가?

( )

04 림프구의 일종으로 병든 세포를 비특이적으로 제거하는 역할을 하는 세포는 무엇인가?

( )

05 면역 반응을 일으키는 이물질로 항체 형성을 유도하는 물질은 무엇인가?

( )

06 항체가 특정 항원하고만 결합하는 성질을 무엇이라고 하는가?

( )

07 다음은 2 차 방어 작용의 과정을 나타낸 것이다. 빈칸에 들어갈 림프구의 종류를 적으시오.

> 외부에서 침입한 항원 확인 → 항원 제시 → ㉠ ( )(이)가 항원 종류 인식 후 활성화 → 사이토카인 분비 → ㉡ ( )(와)과 B 림프구를 활성화 → 2 차 방어 작용이 시작

08 병원균이 제거된 후 체내에 존재하며 동일한 병원체에 재감염되었을 때 바로 반응하도록 도와주는 세포는 무엇인가?

( )

09 인공 면역 방법 중 항원을 동물에 주입하여 얻어낸 혈청으로 특정 항원에 대항하는 혈청을 무엇이라고 하는가?

( )

10 면역 반응에 대한 설명으로 옳지 않은 것은?

① 1 차 면역 반응은 긴 잠복기를 갖는다.
② 2 차 면역 반응은 항체 생성 속도가 빠르다.
③ 2 차 면역 반응은 기억세포의 도움을 받는다.
④ 2 차 면역 반응은 형질세포의 분화 속도가 빠르다.
⑤ 1 차 면역 반응은 다량의 항체를 한번에 만들 수 있다.

11 그림 (가) 와 (나) 는 우리 몸의 서로 다른 방어 작용을 나타낸 것이다. 옳은 것을 모두 고르시오.

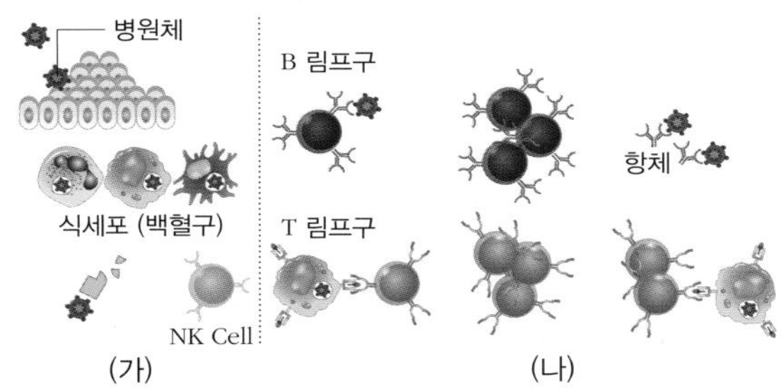

① (가) 는 세포성 면역이고, (나) 는 체액성 면역이다.
② (가) 는 선천성 면역이고, (나) 는 후천성 면역이다.
③ (가) 는 천천히 일어나며, (나) 는 감염 즉시 일어난다.
④ (가) 는 백혈구가 관여하지 않고, (나) 는 백혈구가 관여한다.
⑤ (가) 는 병원체에 상관 없이 일어나며, (나) 는 특정 병원체의 항원을 인식해 일어난다.

12 다음 중 백혈구와 그 역할이 바르게 연결된 것은?

① 단핵구 - 해독 작용
② 호중성 백혈구 - 해독 작용
③ 호염기성 백혈구 - 식균 작용
④ 호산성 백혈구 - 히스타민 생성
⑤ 림프구 - 체액성 면역, 세포성 면역에 관여

13 다음과 같은 물리적 방어 작용에 관여하는 것은 무엇인가?

> · 우리 몸의 1 차 방어벽이다.
> · 손상을 입으면 감염률이 높아진다.
> · 죽은 세포들로 장벽을 형성하여 바이러스의 침입을 막는다.

① 피부 ② 점막 ③ 눈물
④ 위산 ⑤ 미생물

14 다음 중 염증 반응에 대한 설명으로 옳지 않은 것은?

① 1 차 방어 작용에 해당한다.
② 비만세포에서 히스타민을 방출한다.
③ 히스타민은 모세혈관을 수축시킨다.
④ 병원체의 종류에 상관없이 일어난다.
⑤ 발적, 통증, 발열 등의 증상이 나타난다.

15 다음 중 내부 방어에 대한 설명으로 옳지 않은 것은 ?

① 식세포가 식균 작용을 일으킨다.
② 발열 반응을 통해 세균의 생장을 억제한다.
③ 인터페론을 분비해 라이소자임을 생성한다.
④ NK 세포는 병든 세포를 비특이적으로 제거한다.
⑤ 대식세포는 위족을 이용해 감염 생물을 잡아 삼킨다.

16 다음 중 항원과 항체에 대한 설명으로 옳지 않은 것은?

① 항체는 항원-항체 특이성을 갖는다.
② 세균, 바이러스는 대표적인 항원이다.
③ 항체는 항원의 침입에 상관없이 항상 존재한다.
④ 사람에 따라 꽃가루나 음식도 항원이 될 수 있다.
⑤ 항체의 가변 부위에 따라 결합하는 항원의 종류가 다르다.

17 2 차 방어 작용에 대한 설명으로 옳지 않은 것은?

① 세포성 면역에는 T 림프구가 관여한다.
② 체액성 면역에는 B 림프구가 관여한다.
③ 기억세포가 형성되는 것은 체액성 면역이다.
④ 1 차 면역 반응과 2 차 면역 반응의 활성화 속도는 동일하다.
⑤ 세포 독성 T 림프구와 B 림프구는 사이토카인에 의해 활성화된다.

18 다음은 체액성 면역 과정을 모식화한 것이다.

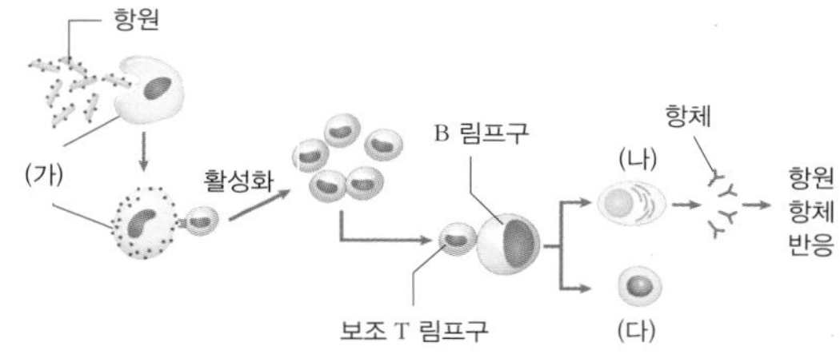

이에 대한 설명으로 옳지 않은 것을 고르시오.

① (가) 는 대식세포이다.
② (가) 는 식균 작용을 한다.
③ (나) 는 세포성 면역에서도 생성된다.
④ (나) 는 형질세포, (다) 는 기억세포이다.
⑤ (다) 에 의해 2 차 면역 반응이 빠르게 일어난다.

19 다음은 면역 반응을 나타낸 것이다.

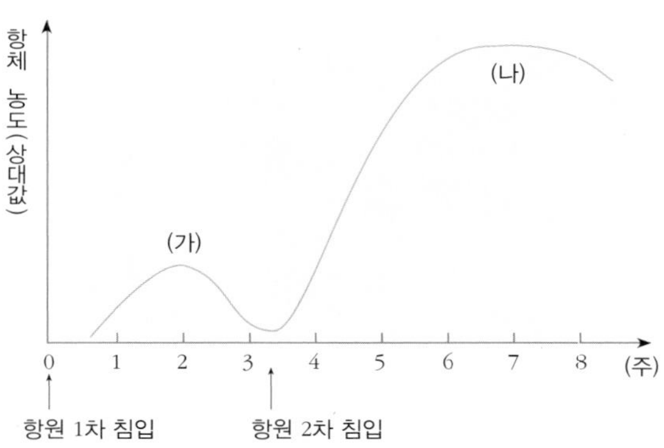

이에 대한 설명으로 옳지 않은 것은?

① (가) 에서 기억세포가 만들어진다.
② (가) 는 1 차 면역 반응이 일어났다.
③ (나) 는 2 차 면역 반응이 일어났다.
④ (가) 와 (나) 에 침입한 항원은 서로 다르다.
⑤ (가) 에서 항체 생성 속도는 (나) 보다 느리다.

20 아래 질환은 면역계 이상으로 발생한다.

류마티스 관절염, 루프스, 제1형 당뇨병

이에 대한 설명으로 옳은 것을 고르시오.

① 질환에 걸리면 면역 결핍이 나타난다.
② 치료를 위해 항히스타민제를 사용한다.
③ 질환에 걸리면 면역계 과민 반응이 나타난다.
④ 바이러스에 의해 면역계에 손상을 입어 나타난다.
⑤ 자기 물질과 비자기 물질을 구분하지 못해 나타난다.

21 다음 중 면역을 담당하는 세포에 대한 설명으로 옳은 것은?

① B 림프구는 가슴샘에서 성숙된다.
② 항원을 인지한 T 림프구는 형질세포가 된다.
③ 대식세포는 항체를 생산하여 면역 작용을 담당한다.
④ 면역 관련 세포는 골수의 줄기세포로부터 생성된다.
⑤ 세포성 면역은 B 림프구가 생성한 항체가 항원과 결합하여 식균 작용을 하는 것을 말한다.

22 그림 (가) 와 (나) 는 체내에서 일어나는 방어 작용이다.

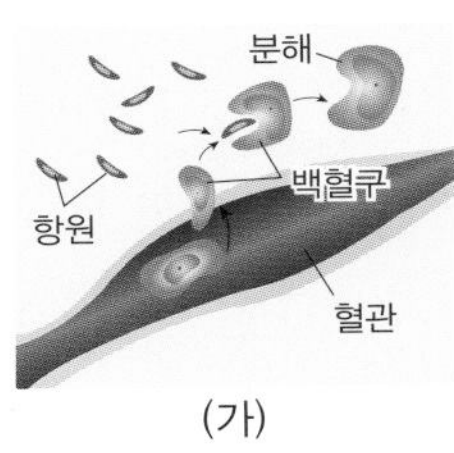

(가)

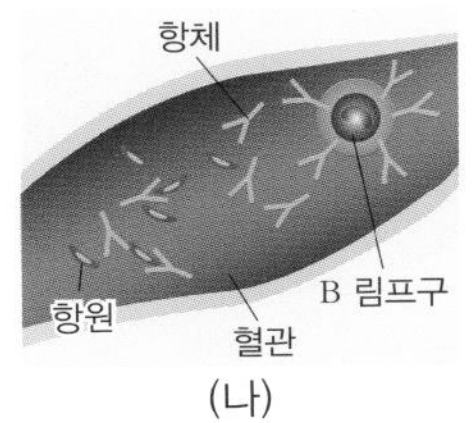

(나)

위에 대한 설명으로 옳은 것은?

① (가) 는 체액성 면역이고, (나) 는 세포성 면역이다.
② (나) 에서 항원은 B 림프구에 의해 직접 제거된다.
③ (가) 에서 백혈구는 항원 항체 특이성을 나타낸다.
④ 인체 내에서 식균 작용을 하는 백혈구는 주로 호중성 백혈구이다.
⑤ B 림프구에서 형성된 항체는 여러 종류의 항원과 결합할 수 있다.

23 다음 괄호 안에 알맞은 말을 고르시오.

(1) 항원이 침입하면 ㉠ (T 림프구/ B 림프구)가 ㉡ (T 림프구/ B 림프구)를 활성화시킨다.
(2) 1 차 면역 반응에서는 ㉠ (B 림프구/기억세포)가 형질세포로 분화하고 2 차 면역 반응에서는 ㉡ (T 림프구/기억세포)가 형질세포로 분화한다.

24 그림 (가) 는 어떤 사람이 꽃가루 X 에 처음 노출되었을 때, (나) 는 동일한 꽃가루에 다시 노출되었을 때 일어나는 반응을 나타낸 것이다.

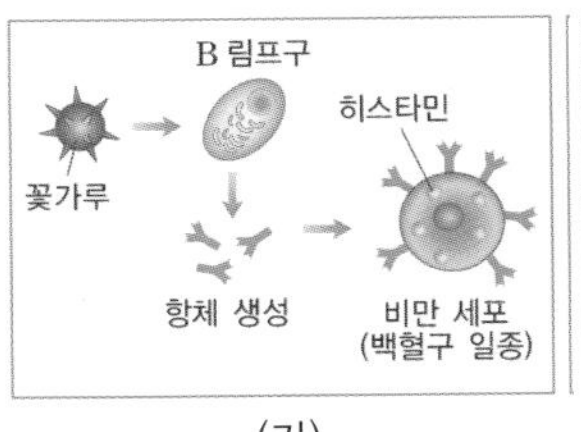

(가)

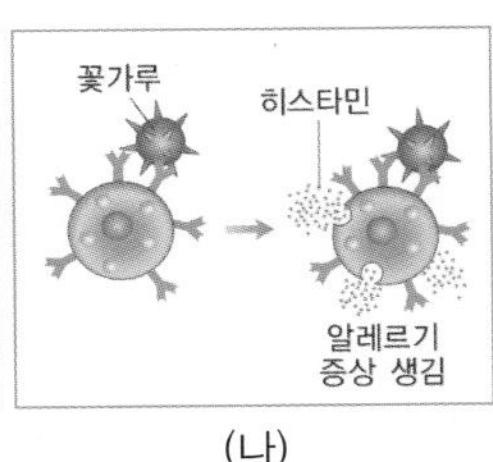

(나)

위에 대한 설명으로 옳은 것만을 〈보기〉 에서 있는 대로 고른 것은?

〈 보기 〉
ㄱ. 알레르기 반응은 감염 즉시 나타난다.
ㄴ. 알레르기의 치료를 위해 항히스타민제를 사용한다.
ㄷ. 꽃가루는 비만세포 표면의 항체와 항원 항체 반응을 일으킨다.

① ㄱ ② ㄴ ③ ㄷ
④ ㄴ, ㄷ ⑤ ㄱ, ㄴ, ㄷ

스스로 실력 높이기

심화

25 그림은 생쥐에 바이러스 X를 감염시킨 후, 생쥐의 체내에서 증식하는 바이러스의 수와 생쥐의 체내에서 생성되는 인터페론 및 항체의 양을 나타낸 것이다.

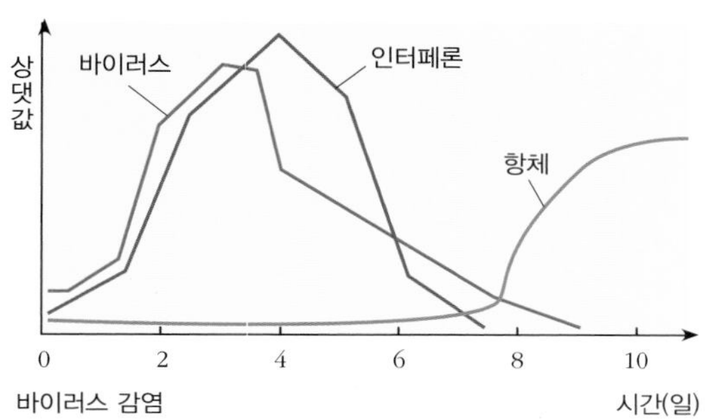

위에 대한 설명으로 옳은 것만을 〈보기〉에서 있는 대로 고른 것은?

〈 보기 〉

ㄱ. 인터페론은 항체를 다량 생산하도록 도와준다.
ㄴ. 인터페론은 직접적으로 바이러스를 없앨 수 없다.
ㄷ. 바이러스 감염 후 10 일 경과 시 면역력이 가장 높다.

① ㄱ ② ㄷ ③ ㄱ, ㄴ
④ ㄴ, ㄷ ⑤ ㄱ, ㄴ, ㄷ

26 다음 그림은 쥐를 이용한 면역 반응 실험이다.

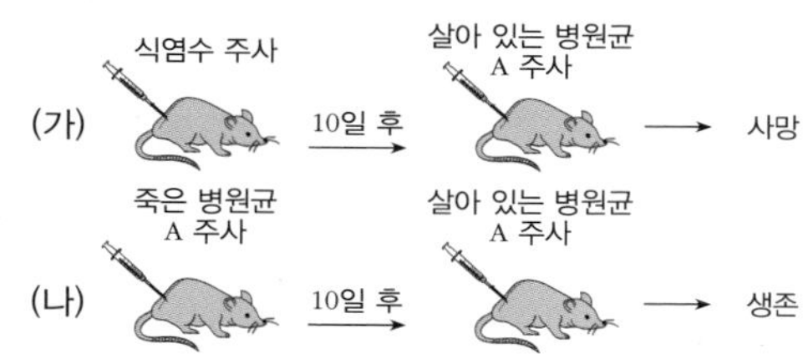

위에 대한 설명으로 옳은 것만을 〈보기〉에서 있는 대로 고른 것은?

〈 보기 〉

ㄱ. (가) 의 혈청을 (나) 에게 주사하여 면역 혈청을 얻을 수 있다.
ㄴ. (나) 에서 죽은 병원균 A 는 백신으로 작용하였다.
ㄷ. 10 일 후 (가) 와 (나) 모두 병원균 A 에 대한 기억세포가 있다.

① ㄱ ② ㄴ ③ ㄷ
④ ㄴ, ㄷ ⑤ ㄱ, ㄴ, ㄷ

27 그림 (가) 와 (나) 는 체내에서 일어나는 방어 작용이다. ㉠ 은 림프구이다.

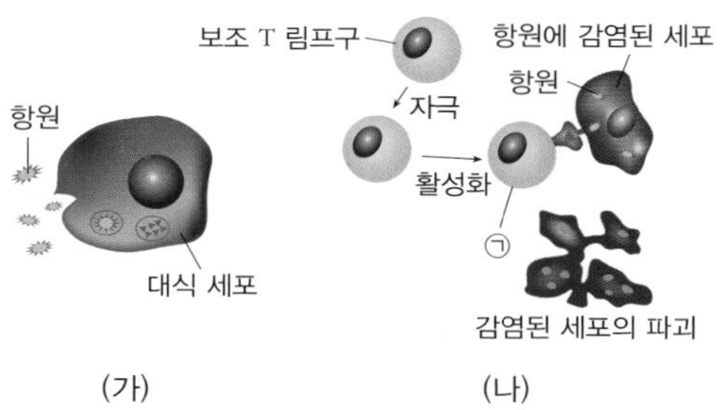

위에 대한 설명으로 옳은 것만을 〈보기〉에서 있는 대로 고른 것은?

〈 보기 〉

ㄱ. ㉠ 은 골수에서 성숙된다.
ㄴ. (나) 는 세포성 면역 반응이다.
ㄷ. (가) 의 반응과 (나) 의 반응은 동시에 일어난다.

① ㄱ ② ㄴ ③ ㄷ
④ ㄴ, ㄷ ⑤ ㄱ, ㄴ, ㄷ

28 다음은 2 차 방어 작용의 과정을 모식화한 것이다.

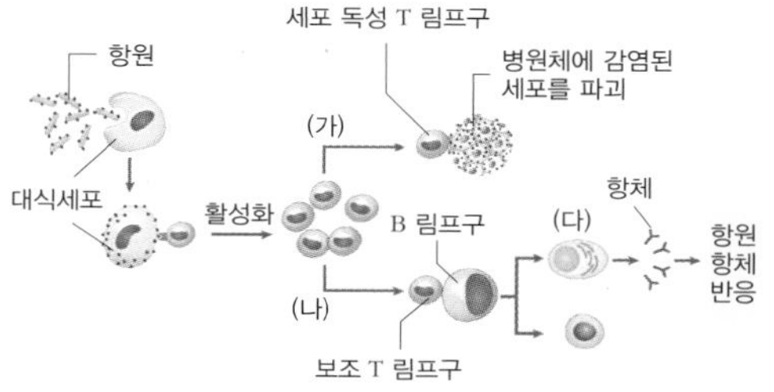

위에 대한 설명으로 옳은 것만을 〈보기〉에서 있는 대로 고른 것은?

〈 보기 〉

ㄱ. (가) 는 체액성 면역이다.
ㄴ. (나) 는 형질세포와 기억세포로 분화할 수 있다.
ㄷ. (다) 는 항원이 재침입하였을 때 빠르게 증식한다.

① ㄱ ② ㄴ ③ ㄷ
④ ㄴ, ㄷ ⑤ ㄱ, ㄴ, ㄷ

29 다음은 항원 A 와 B 의 면역학적 특성을 알아보기 위한 실험이다.

[평가원 유형]

[실험 과정]

· A 와 B 에 노출된 적이 없는 동물 X 에 동일한 양의 A 와 B 를 일정 시간 간격으로 3 회 주사하였다. 그림은 X 에서 A 와 B 에 대한 혈중 항체 농도의 변화를 나타낸 것이다.

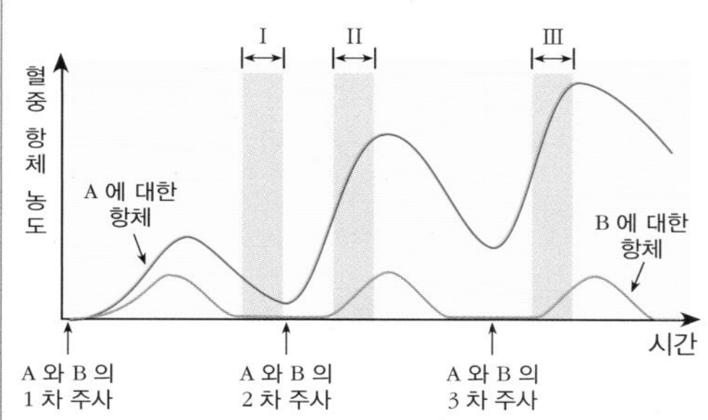

[실험 결과]

· 동물 X 에서 A 에 대한 기억세포는 생성되었고, B 에 대한 기억세포는 생성되지 않았다.

위에 대한 설명으로 옳은 것만을 〈보기〉 에서 있는 대로 고른 것은?

〈 보기 〉

ㄱ. 구간 I 에서는 A 에 대한 기억세포가 존재한다.
ㄴ. 구간 II 에서 B 에 대한 세포성 면역 반응이 일어난다.
ㄷ. 구간 III 에서 A 에 대한 특이적 면역 작용이 일어난다.

① ㄱ ② ㄴ ③ ㄷ
④ ㄴ, ㄷ ⑤ ㄱ, ㄴ, ㄷ

30 다음은 세균 X 에 대한 생쥐의 방어 작용 실험이다.

[수능 유형]

[실험 과정]

(가) 유전적으로 동일하고 X 에 노출된 적이 없는 생쥐 I, II, III 을 준비한다.
(나) I, III 에 생리 식염수를, II 에 죽은 X 를 주사한다.
(다) 1주 후, (나) 의 I, II 에서 혈액을 채취하여 혈청을 분리한 뒤 X 에 대한 항체 생성 여부를 조사한다.
(라) ㉠ (다) 의 II 에서 얻은 혈청을 III 에 주사한다.
(마) 1일 후 I ~ III 을 살아 있는 X 로 감염시킨 뒤, 생존 여부를 확인한다.

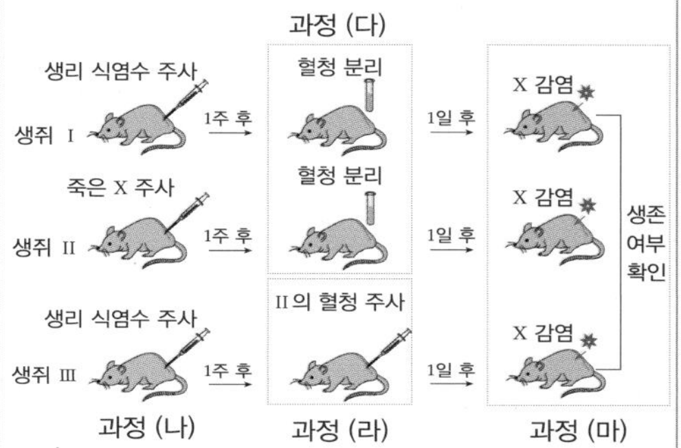

[실험 결과]

생쥐	(다) 에서 항체 생성 여부
I	생성 안됨
II	생성됨

생쥐	(마) 에서 생존 여부
I	죽는다
II	산다
III	산다

위에 대한 설명으로 옳은 것만을 〈보기〉 에서 있는 대로 고른 것은?

〈 보기 〉

ㄱ. ㉠ 에는 X 에 대한 항체를 생산하는 형질세포가 들어있다.
ㄴ. (마) 의 II 에서 X 에 대한 특이적 면역 작용이 일어났다.
ㄷ. (마) 의 III 에서 X 에 대한 항원-항체 반응이 일어났다.

① ㄱ ② ㄴ ③ ㄷ
④ ㄴ, ㄷ ⑤ ㄱ, ㄴ, ㄷ

26강. 항원 항체 반응과 혈액형

1. ABO 식 혈액형 1

(1) ABO 식 혈액형의 발견

① 오스트리아의 병리학자 란트슈타이너(Landsteiner, K)가 1901 년 발견했다.
② 서로 다른 두 사람의 혈액을 섞으면 응집이 되는 경우가 있는 것을 발견했다.
③ 초기 연구에서는 AB 형을 발견하지 못하고 A 형, B 형, O 형 3 가지로 분류하였다.

(2) ABO 식 혈액형

① **응집원과 응집소**

- 사람의 적혈구 막 표면에는 항원으로 작용하는 응집원이 있고, 혈장에는 항체로 작용하는 응집소가 있다.
- 적혈구 표면에 존재하는 응집원의 종류에 따라 A 형, B 형, AB 형, O 형으로 구분한다.
- 응집원(응집소와 반응하여 응집 반응을 일으키는 항원) : 적혈구 표면에 A, B 가 있다.
- 응집소(응집 반응에 관여하는 항체) : 혈장에 α, β 가 있다.

혈액형	A 형	B 형	AB 형	O 형
응집원 (적혈구의 세포막)	A	B	A, B	
	응집원 A	응집원 B	응집원 A, B	없음
응집소 (혈장 내)	β	α		α β
	응집소 β	응집소 α	없음	응집소 α, β

② **혈액의 응집 반응**

- 혈액형이 서로 다른 두 혈액을 섞었을 때, 적혈구끼리 서로 엉겨 혈구 덩어리가 형성되는 것은 항원 항체 반응에 의한 응집 반응이다.
- 응집원 A 는 응집소 α 와, 응집원 B 는 응집소 β 와 응집 반응이 일어난다.

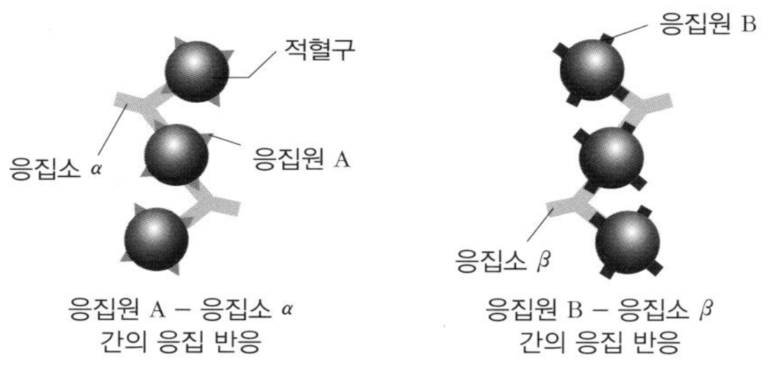

응집 반응
응집 : 적혈구끼리 서로 엉겨 혈구 덩어리를 형성하는 것

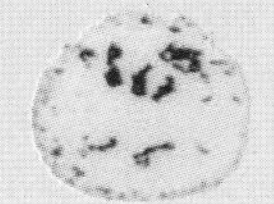
▲ 응집 반응이 일어난 경우

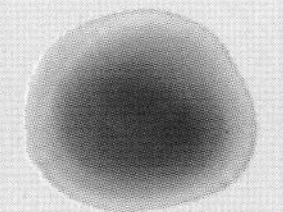
▲ 응집 반응이 일어나지 않은 경우

개념확인 1

다음 ABO 식 혈액형에 대한 설명으로 옳은 것은 O표, 옳지 않은 것은 ×표 하시오.

(1) 항체의 막 단백질에 의해 결정된다. ( )
(2) 응집원에는 A, B 가 있고 응집소에는 α, β 가 있다. ( )
(3) 응집원 A 는 응집소 β 와 항원-항체 응집 반응을 일으킨다. ( )

확인+1

다음 중 체내에 존재하는 응집원과 응집소끼리 바르게 짝지어진 것은?

① A – α ② B – β ③ AB – α ④ AB –없음 ⑤ O – 없음

2. ABO 식 혈액형 2

(3) ABO 식 혈액형 판정

· 항 A 혈청(응집소 α 가 포함된 혈청)과 항 B 혈청(응집소 β 가 포함된 혈청)에 혈액을 떨어뜨려 응집 여부를 통해 혈액형을 판정할 수 있다.

예) 항 A 혈청의 응집소 α 와 응집 반응이 일어나면 혈액 속에 응집원 A 를 가지고 있다는 것을 알 수 있다.(A 형 또는 AB 형)

혈액형	A 형	B 형	AB 형	O 형
항 A 혈청 (B 형 표준 혈청)				
항 B 혈청 (A 형 표준 혈청)				
결과	항 A 혈청에만 응집	항 B 혈청에만 응집	항A 혈청, 항B 혈청 모두 응집	응집 없음

· 항 A 혈청에서만 응집하면 A 형, 항 B 혈청에서만 응집하면 B 형, 항 A 혈청과 항 B 혈청에서 모두 응집하면 AB 형, 모두 응집 반응이 일어나지 않으면 O 형이다.

(4) ABO 식 혈액형과 수혈

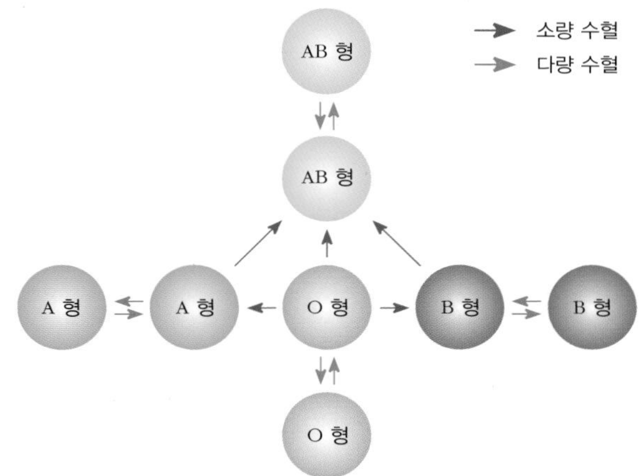

· 수혈을 할 때는 같은 혈액형끼리 수혈하는 것이 원칙으로 한다.

· 수혈하는 사람의 혈액 내 응집원이 수혈 받는 사람의 혈액 내 응집소와 결합하여 응집 반응을 일으키는 관계가 아닌 경우 다른 혈액형 사이에서도 소량 수혈이 가능하다.

예) O 형의 경우 응집원이 없기 때문에 소량의 혈액을 혈액형이 다른 사람에게 수혈할 수 있고, AB 형의 경우 응집소가 없어 혈액형이 다른 사람으로부터 소량의 혈액을 수혈받을 수 있다.

혈액 판정 시약

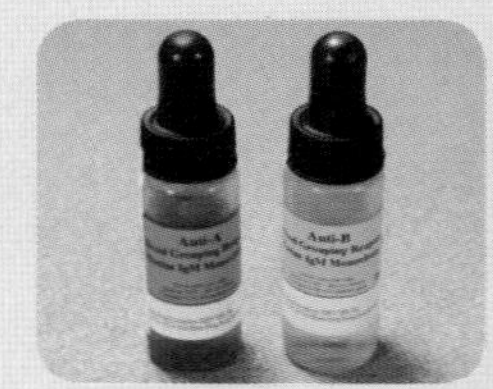

· 항 A 혈청에는 청색 색소를 혼합하여 사용한다. 응집소 α 가 들어 있으므로 B 형 표준 혈청이라고도 한다.

· 항 B 혈청에는 황색 색소를 혼합하여 사용한다. 응집소 β 가 들어 있으므로 A 형 표준 혈청이라고도 한다.

개념확인 2 정답 및 해설 63쪽

다음 설명에 해당하는 혈액형을 적으시오.

(1) 항 A 혈청에만 응집 반응을 보이며 O 형과 A 형에게 수혈받을 수 있다. (　　　)형

(2) 응집원을 가지고 있지 않아 모든 혈액형에게 소량 수혈을 할 수 있다. (　　　)형

(3) 응집소를 가지고 있지 않아 모든 혈액형으로부터 소량 수혈을 받을 수 있다. (　　　)형

확인+2

A 형 혈액형의 혈액이 응집 반응을 일으키는 표준 혈청의 종류를 적으시오.

(　　　　　　　)

미니사전

혈청 [血 피 淸 맑다] 혈액에서 혈구와 피브린을 제외한 액체

3. Rh 식 혈액형

(1) 응집원과 응집소

· Rh^+ 형 : 항 Rh 혈청과 반응 시 적혈구에 Rh 응집원이 있어 응집 반응이 일어난다.
· Rh^- 형 : 항 Rh 혈청과 반응 시 적혈구에 Rh 응집원이 없어 응집 반응이 일어나지 않는다.

혈액형	Rh^+ 형	Rh^- 형
Rh 응집원 (적혈구)	응집원 D	없음
Rh 응집소 (혈장)	없음	Rh 응집원이 들어오면 응집소 δ 가 생성됨

◡ Rh 혈액형
· 사람의 혈액형 중 하나로 1940 년 란트슈타이너와 비너에 의해 발견되었다.
· *Maccus rhesus*(붉은털원숭이)의 적혈구에서 응집원이 발견되어 Rh로 명명되었다.
· 응집원 D는 응집소 δ 와 응집 반응이 일어난다.

(2) Rh 식 혈액형 판정

· 토끼에게 붉은털원숭이의 혈액을 주사하면 토끼의 혈액 속에 붉은털원숭이의 적혈구를 응집시키는 응집소(항체)가 생긴다. 응집소가 형성된 토끼의 혈청(항 Rh 혈청)을 이용하여 이에 대한 응집 반응 여부로 Rh 식 혈액형을 판정한다.

◡ 혈액 판정 시약

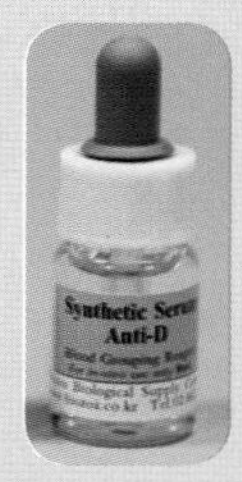

항 D 혈청에는 Rh 형인 사람의 적혈구에 존재하는 응집원 D와 응집하는 응집소 δ 가 들어 있으므로 Rh 형 표준 혈청이라고도 한다.

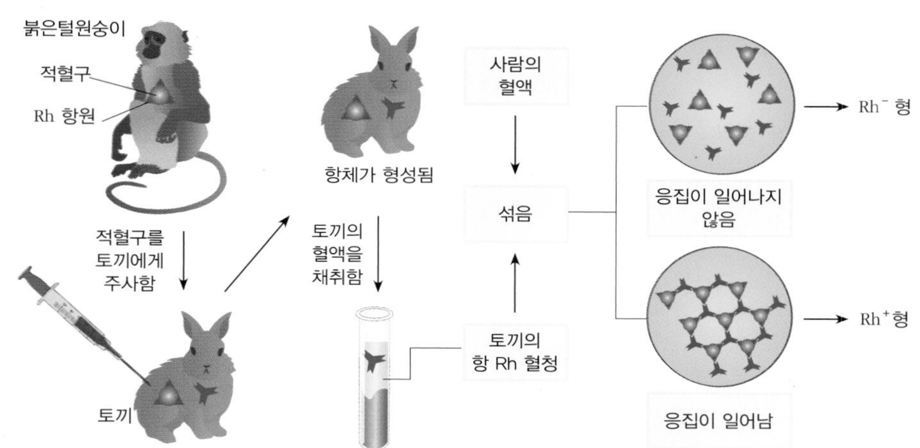

(3) Rh 식 혈액형과 수혈

· Rh 식 혈액형에서 Rh^- 형은 Rh^+ 형에게 수혈할 수 있지만, Rh^+ 형은 Rh^- 형에게 수혈할 수 없다.
· Rh 응집원이 없는 Rh^- 형이 Rh^+ 형의 혈액을 수혈 받을 경우 Rh 응집원에 대한 응집소가 생겨, 나중에 다시 Rh^+ 형 혈액을 수혈 받을 경우 항원 항체 응집 반응에 의해 용혈 현상이 일어난다.

개념확인 3

다음 Rh 형 혈액형에 대한 설명으로 옳은 것은 ○표, 옳지 않은 것은 ×표 하시오.

(1) Rh^- 형은 태어날 때부터 응집소 δ 를 가지고 있다. ( )
(2) Rh^- 형이 Rh^+ 형의 혈액을 재수혈 받을 경우 용혈현상이 일어난다. ( )
(3) Rh^- 형은 Rh^+ 형에게 수혈이 가능하다. ( )

확인+3

Rh 형 혈액형을 확인하기 위해 사용하는 혈청은 무엇인가?

항( ) 혈청

미니사전
용혈 [溶 녹다 血 피] 현상
적혈구가 파괴되어 헤모글로빈이 혈구 밖으로 흘러나오는 현상

4. 적아 세포증

(1) 적아 세포증의 과정

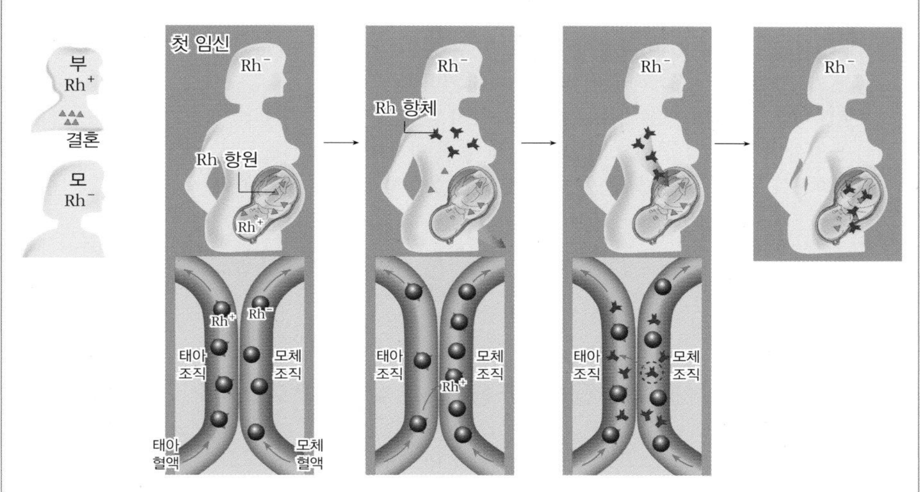

① 혈액형이 Rh^- 형인 어머니가 Rh^+ 형 첫 번째 아이를 임신한다.
② 출산 시 Rh^+ 형인 태아의 혈액이 태반을 통해 모체의 혈액으로 들어온다.
③ 모체가 Rh 응집원에 대한 항체를 만든다.
➪ 모체에 형성된 Rh 응집소는 시간이 지나도 감소하지 않는다.
④ 어머니가 Rh^+ 형 두 번째 아이를 임신한다.
⑤ 모체에서 만들어진 Rh 응집소가 태반을 통해 혈액형이 Rh^+ 형인 태아에게 전달된다.
⑥ 혈액형이 Rh^+ 형인 두 번째 태아의 적혈구가 항체와 응집 반응하여 용혈 현상이 일어난다.
⑦ 혈액형이 Rh^+ 형인 두 번째 태아의 몸속에서 부족한 적혈구를 보충하기 위해 간에서 산소 운반 능력이 없는 미숙한 적혈구(적아 세포)가 생성된다.
⑧ 적아 세포는 적혈구의 기능이 없어 태아는 결국 유산된다.

(2) 적아 세포증의 예방

- 엄마의 몸속에 Rh 항체가 생기지 못하게 해야 한다.
  ➪ 태아의 몸에서 들어온 Rh 응집원을 어머니의 면역계가 인식하여 항체를 생성하기 전에 외부에서 이에 대한 항체(Rh 면역 글로불린)를 넣어 주어 이 응집원을 제거한다.
- Rh 면역 글로불린을 임신 30 주 정도에 투여하고, 출산 직후(72 시간 내) 다시 주사하여 적아 세포증을 예방할 수 있다.

개념확인 4 정답 및 해설 63쪽

다음 Rh형 혈액형에 대한 설명으로 옳은 것은 ○표, 옳지 않은 것은 ×표 하시오.

(1) Rh^- 남자와 Rh^- 여자가 결혼하여 임신하면 아이는 반드시 Rh^- 이다. ( )
(2) Rh 항체는 태반을 통과하지 못하기 때문에 태아에게서는 응집 반응이 일어나지 않는다. ( )
(3) 출산 직전에 Rh 면역 글로불린을 투여하면 적아 세포증을 예방할 수 있다. ( )

확인+4

적아 세포증을 예방하기 위해 임신 시 투여하는 주사의 성분은 무엇인가?

( )

적아 세포증
모체에서 만들어진 Rh 응집소가 태반을 통해 아이에게 전해져 태아의 적혈구가 파괴되는 현상

태아와 모체 사이의 혈액 이동
- 임신 중 태아의 혈액과 모체의 혈액은 서로 섞이지 않지만, 출산 또는 유산 시 태아의 혈액이 모체로 흘러들어갈 수 있다.
- 태반의 상처와 같은 원인에 의해 태아의 혈액이 모체로 흘러들어갈 수 있다.
- Rh 응집소는 ABO 식 혈액형 응집소에 비해 크기가 작아 태반을 통과할 수 있다.

미니사전
적아 [赤 붉다 芽 싹] 세포
적혈구를 만드는 세포로 미성숙의 유핵적혈구이다. 성숙하여 헤모글로빈을 포함하면 적혈구 세포가 된다.

개념 다지기

01 다음 중 혈액형에 대한 설명으로 옳지 않은 것은?

① 란트슈타이너에 의해 처음 발견되었다.
② 초기 혈액형은 A, B, O 3 가지로 분류하였다.
③ AB 형은 혈장 내에 응집소를 가지고 있지 않다.
④ 동일한 두 혈액형을 섞으면 항원-항체 응집 반응이 일어난다.
⑤ ABO 식 혈액형은 적혈구 막 표면에 있는 응집원에 의해 결정된다.

02 다음 각 혈액형에 해당하는 응집원과 응집소를 찾아 기호로 쓰시오.

〈 보기 〉

ㄱ. 응집원 A	ㄴ. 응집원 B	ㄷ. 응집원 없음
ㄹ. 응집소 α	ㅁ. 응집소 β	ㅂ. 응집소 없음

(1) A 형 : (　　　), (2) B 형 : (　　　), (3) AB 형 : (　　　),(4) O 형 : (　　　)

03 다음은 (가) 와 (나) 두 사람의 혈액형 판정 결과이다. 두 사람의 혈액형을 쓰시오.

혈액형	(가)	(나)
항 A 혈청 (B 형 표준 혈청)		
항 B 혈청 (A 형 표준 혈청)		

(가) : (　　　) 형, (나) : (　　　) 형

04 ABO 식 혈액형과 수혈에 대한 설명으로 옳은 것은 ○표, 옳지 않은 것은 ×표 하시오.

(1) 수혈은 같은 혈액형끼리만 가능하다. (　　)
(2) AB 형은 응집원과 응집소를 모두 가지고 있다. (　　)

05

응집원 D 와 응집소 δ 는 어떤 혈액형을 판정하기 위한 것인가?

(　　　)형

06

Rh 식 혈액형에 대한 설명으로 옳은 것은 ○표, 옳지 않은 것은 ×표 하시오.

(1) Rh 형의 응집 반응은 항원-항체 반응이다. (　　)

(2) 붉은털원숭이의 적혈구에 Rh 응집원이 존재한다. (　　)

07

다음 중 적아 세포증에 대한 설명으로 옳지 않은 것을 고르시오.

① 적아 세포는 산소 운반 능력이 없다.
② 적아 세포증은 면역 글로불린을 통해 예방할 수 있다.
③ 모체에서 만들어진 응집소 δ는 태반을 통과할 수 있다.
④ Rh^- 형 어머니와 Rh^- 형 아버지 사이에서는 적아 세포증이 나타나지 않는다.
⑤ Rh^- 형 어머니가 Rh^+ 형 두 번째 아이를 임신 시 몸안에 응집소 δ 가 만들어진다.

08

다음 중 적아 세포증이 나타날 가능성이 있는 경우는?

① Rh^+(부) × Rh^-(모) → Rh^+(자식)
② Rh^+(부) × Rh^-(모) → Rh^-(자식)
③ Rh^+(부) × Rh^+(모) → Rh^+(자식)
④ Rh^-(부) × Rh^+(모) → Rh^+(자식)
⑤ Rh^-(부) × Rh^-(모) → Rh^-(자식)

유형 익히기 & 하브루타

[유형26-1] ABO 식 혈액형 1

다음은 체내 응집원과 응집소에 대한 그림이다.

혈액형	㉠ 형	㉡ 형	㉢ 형	㉣ 형
응집원	A 응집원 A	B 응집원 B	A, B 응집원 A, B	없음
응집소	β 응집소 β	α 응집소 α	없음	α β 응집소 α, β

이에 대한 설명으로 옳은 것은 ○표, 옳지 않은 것은 ×표 하시오.

(1) ㉠ 은 B 형, ㉡ 은 A 형, ㉢ 은 O 형, ㉣ 은 AB 형이다. ( )

(2) 응집원은 혈장 내에 존재하는 항체이며, 응집소는 적혈구 표면에 존재하는 항원이다. ( )

01 다음 중 ABO 식 혈액형에 대한 설명으로 옳지 <u>않은</u> 것은?

① A 형은 적혈구 표면에 응집원 A 를 갖는다.
② B 형은 혈장 내에 응집소 α 를 갖는다.
③ AB 형은 적혈구 표면에 응집원 A 와 응집원 B 가 모두 있다.
④ 적혈구 막 표면에는 응집원이 있고, 혈장에는 응집소가 있다.
⑤ 응집원 A 는 응집소 β 와, 응집원 B 는 응집소 α 와 응집 반응이 일어난다.

02 다음 중 혈액형 응집 반응에 대한 설명으로 옳지 <u>않은</u> 것은?

① 원심분리한 상층액에는 응집원이 존재한다.
② 원심분리 후 가라 앉는 혈구 성분에 응집원이 존재한다.
③ 응집원 A 는 응집소 α 와 항원 항체 응집 반응을 일으킨다.
④ 응집원 B 는 응집소 β 와 항원 항체 응집 반응을 일으킨다.
⑤ 서로 다른 두 혈액을 섞었을 때, 적혈구끼리 서로 엉겨 혈구 덩어리가 형성되는 것은 항원 항체 반응에 의한 응집 반응이다.

[유형26-2] ABO 식 혈액형 2

다음은 수혈 관계도를 모식화한 것이다.

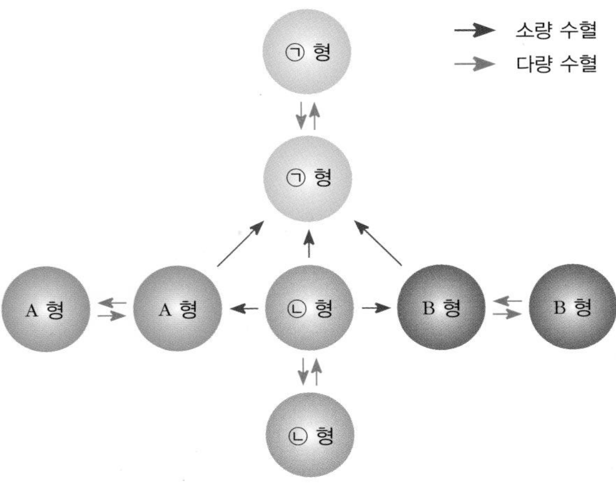

이에 대한 설명으로 옳은 것은 ○표, 옳지 않은 것은 ×표 하시오.

(1) ㉠ 은 AB 형, ㉡ 은 O 형이다. ( )

(2) ㉡ 은 항 A 혈청과 항 B 혈청에 모두 응집 반응이 일어난다. ( )

03

다음 중 혈액형 판정에 대한 설명으로 옳은 것만을 〈보기〉 에서 있는 대로 고른 것은?

〈 보기 〉

ㄱ. 혈청 시약에는 응집소가 포함되어 있다.
ㄴ. AB 형은 응집소가 없어 모든 혈액형에게 소량 수혈할 수 있다.
ㄷ. O 형 혈액은 응집원이 없어 모든 혈액형에게 소량 수혈 받을 수 있다.

( )

04

아래 설명에 해당하는 혈액 판정 시약의 두 가지 이름을 모두 적으시오.

(1) 청색 색소를 혼합하여 사용한다. 응집소 α 가 들어 있다.

(,)

(2) 황색 색소를 혼합하여 사용한다. 응집소 β 가 들어 있다.

(,)

유형 익히기 & 하브루타

[유형26-3] Rh식 혈액형

다음은 Rh 식 혈액형의 판정 과정을 나타낸 것이다.

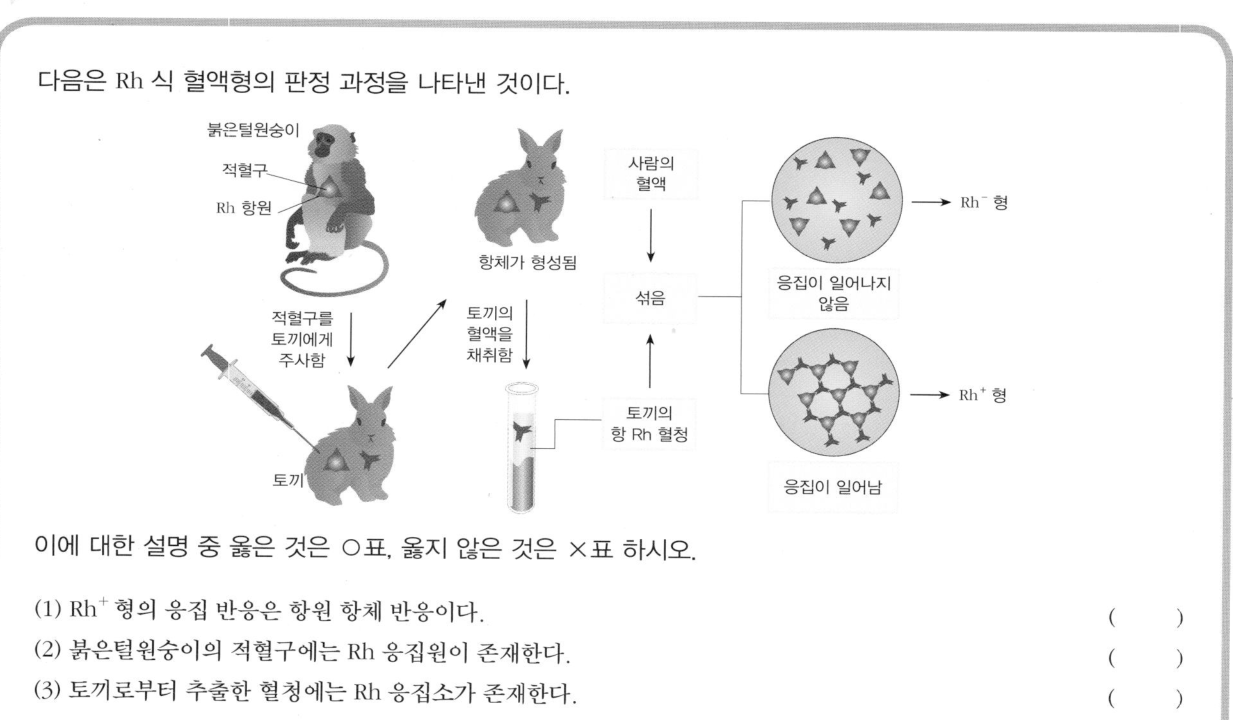

이에 대한 설명 중 옳은 것은 ○표, 옳지 않은 것은 ×표 하시오.

(1) Rh^+ 형의 응집 반응은 항원 항체 반응이다. ( )

(2) 붉은털원숭이의 적혈구에는 Rh 응집원이 존재한다. ( )

(3) 토끼로부터 추출한 혈청에는 Rh 응집소가 존재한다. ( )

05 다음 괄호 안에 들어갈 알맞은 단어를 고르시오.

(1) (Rh^+/Rh^-)형인 사람이 Rh 응집원에 노출되면 Rh 응집소가 생성된다.

(2) Rh^+ 형인 사람의 응집원은 (붉은털원숭이의 응집원 / 토끼의 혈청)과 동일하다.

06 다음 중 Rh 형 혈액형에 대한 설명으로 옳은 것은 ○표, 옳지 않은 것은 ×표 하시오.

(1) 응집소는 태어날 때부터 가지고 태어난다. ( )

(2) Rh 형 사람의 적혈구 표면에는 응집원이 존재한다. ( )

[유형26-4] 적아 세포증

다음 그림은 적아 세포증이 나타나는 과정을 모식화한 것이다.

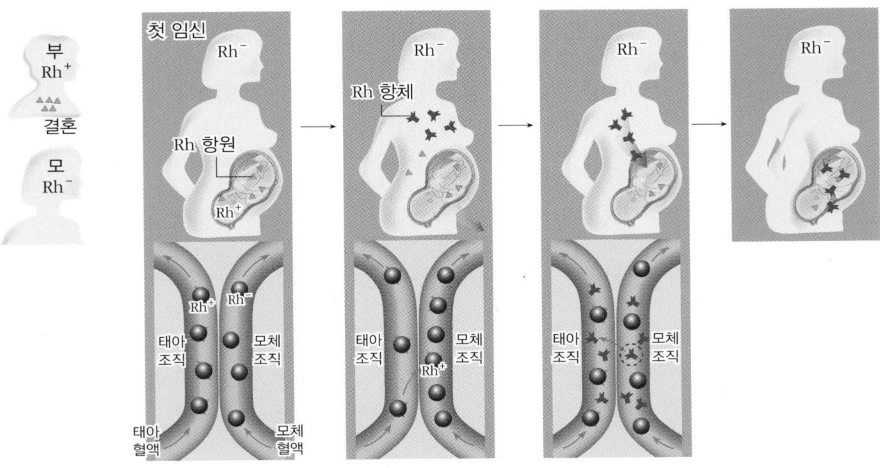

그림에 대한 해석으로 옳은 것은 ○표, 옳지 않은 것은 ×표 하시오.

(1) 모체에 응집소 δ 는 첫 번째 아이의 출산 후 형성된다. ( )

(2) 응집소 δ 는 태반을 통과할 수 있을 만큼 크기가 작다. ( )

07

다음 중 적아 세포증에 대한 설명으로 옳지 않은 것은?

① 어머니가 Rh^- 이며 태아가 Rh^+ 일때 태어날 수 있다.
② 첫 번째 아이의 출산 시 모체의 몸으로 혈액이 들어와 응집소가 형성된다.
③ 두 번째 태아의 태반을 통해 모체의 응집소가 태아에게 이동한다.
④ 태아의 적혈구가 항체와 응집하여 용혈현상이 일어난다.
⑤ 태아의 정상 적혈구가 항원-항체 반응을 막기 위해 과도하게 형성된다.

08

면역 글로불린을 투여하는 이유가 아닌 것은?

① 적아 세포증을 예방하기 위해 투여한다.
② 면역 글로불린은 태반을 통과할 수 있다.
③ 항체는 태반을 이동하는 반면 항원은 이동하지 못한다.
④ 면역 글로불린은 태아에게 항체를 만들어 주는 것이다.
⑤ 항원은 태반을 통과할 수 없기 때문에 출산 중 태아의 혈액으로 항원에 노출이 되기 때문이다.

창의력&토론마당

01 다음 [자료 1] 은 태안반도 기름 유출 사건에 대한 뉴스 일부를 발췌한 것이고, [자료 2] 는 혈액형에 대한 설명이다. 다음의 물음에 답하시오.

[논술 기출]

[자료 1] 태안반도 기름 유출 사건

최근 태안반도 인근 해역에서 원유 유출 사고가 발생했다. 이 사고로 1.5만 톤 정도의 원유가 제한된 해역에 한꺼번에 배출되어 심각한 해양 오염을 일으켰다. 1950 년대 이후 세계적으로 석유의 해상 수송이 증대됨에 따라 사고에 의한 원유 유출 가능성이 커지고 있다.
매년 해양으로 유입되는 기름은 약 300만 톤 정도이며, 이 중 유조선 사고에 의한 양이 40만 톤 정도인 것으로 알려져 있다. 이번에 태안 반도 근처에서 유출된 원유의 양은 매년 해양에 유입되는 양에 비해 미미하지만, 인근 해역의 해양 생물에 미치는 피해는 심각한 수준이다. 만약 이번에 유출된 원유가 전 세계의 해양에 희석될 수 있었다면 피해는 크지 않았을 것이다.

[자료 2] 혈액형 판정

ABO 식 혈액형 중 O 형 혈액은 다른 혈액형과는 달리 누구에게나 수혈이 가능한지 확인하기 위해, 한 통에는 O 형 혈액 1 리터, 다른 한 통에는 AB 형 혈액 1 리터를 넣은 뒤, AB 형 혈액을 O 형 혈액이 있는 통에 모두 넣었다. 두 혈액에서는 응집 반응이 일어날 것이다. 반대로 O 형 혈액을 AB 형 혈액이 있는 통에 모두 넣는 경우를 생각해 보자. O 형 혈액이 누구에게나 수혈이 가능하다면, O 형 혈액을 AB 형에게 수혈한 경우와 같으므로 응집 반응이 없어야 할 것이다. 그러나 두 실험은 모두 같은 정도의 응집 반응을 나타내므로, O 형 혈액을 누구에게나 수혈할 수 있는 것이 아니라는 것을 알 수 있다.
수혈은 같은 혈액형 사이에서 이루어져야 한다. 양쪽 혈액의 혈구와 혈청을 분리하여 서로 교차 반응을 시킨 뒤 적혈구 막에 있는 응집원과 혈청에 있는 응집소가 응집 반응을 일으키지 않을 때에만 수혈을 할 수 있다. 만일 혈액형이 맞지 않아 응집 반응이 심하게 일어나면 생명이 위태로울 수 있기 때문이다. 그러나 위급한 상황이거나 혈액의 공급이 원활하지 않은 경우 수혈하는 혈액이 소량이라는 가정 하에 혈액형을 무시하고 수혈하는 경우도 있다.

(1) 서로 다른 혈액형끼리 소량 수혈이 가능한 경우를 화살표로 표시하시오.

(2) 이 화살표 방향이 가능한 이유와 그 역방향은 소량 수혈이라도 불가능한 이유를 [자료 1] 을 이용하여 각각 설명하시오.

02

다음 주어진 자료를 읽고 물음에 답하시오.

[자료 1] 헌혈 과정
㉠ 헌혈 전 여러 검사를 통해 헌혈할 조건을 갖추고 있는지 판단한다.
㉡ 팔의 위쪽을 고무줄로 묶은 후 아래쪽의 부풀어 오른 혈관 A 에 주사 바늘을 꽂는다.
㉢ 흰색 용액이 들어있는 채혈 봉투에 주사 바늘을 연결한다.
㉣ 주먹을 쥐었다, 폈다를 반복하며 헌혈한다.

[자료 2] 혈액 비중
혈액 비중이란, 일정량의 물의 무게를 1 이라 할 때 같은 양의 혈액의 무게를 말한다. 이것은 적혈구 수량이나, 신체 각 조직에 산소를 운반하는 헤모글로빈의 양에 영향을 받는다. 혈액 비중 검사는 황산구리 용액을 헌혈 기준 농도로 조정한 다음, 이 용액에 혈액을 떨어뜨려 혈액이 뜨고 가라앉는 상태를 보고 헌혈 가능 여부를 판단하는 방법이다. 저비중 판정을 피하려면 철분이 든 음식(육류, 계란, 녹황색 채소, 다시마, 콩, 우유, 멸치 등)을 평소에 자주 먹어 주는 것이 좋다.

(1) 헌혈 전 여러 종류의 검사를 하는데 이 중 혈액 비중 검사에서 혈액이 뜨게 되면 헌혈할 수 없다. 그 이유가 무엇인지 위 자료를 바탕으로 서술하시오.

(2) 혈관 A 에서 채혈을 하는 이유가 무엇인지 혈관의 특징을 이용하여 서술하시오.

03 다음은 봄베이 O 형에 대한 설명이다. 다음의 물음에 답하시오.

봄베이 O 형이란 무엇일까? 봄베이 O 형은 분명히 A 형 또는 B 형 '유전자'를 갖고 있지만 적혈구에는 A 형 또는 B 형 '항원'이 없는 경우다. 그래서 어떤 응집소와도 항원-항체 응집 반응을 보이지 않는다. 따라서 유전자형은 A 또는 B 형이지만 표현형은 O 형이 되는 것이다.

H, A, B 항원의 구조를 살펴보면 A, B 항원은 H 항원이 먼저 만들어진 뒤, 그 위에 A, B 항원이 붙어있는 구조이다. 봄베이 O 형은 어떤 이유에서 H 항원이 만들어지지 않아 다음에 만들어져야 할 A 항원이나 B 항원이 만들어지지 않은 것이다.

O 형 부모 사이에서 A 형 자녀가 태어났다. 제시문을 참고하여 이 현상을 설명하시오.

04 다음 그림은 Rh⁻ 형인 엄마가 Rh⁺ 형인 아이를 임신했을 때 생기는 적아 세포증을 나타낸 그림이다.

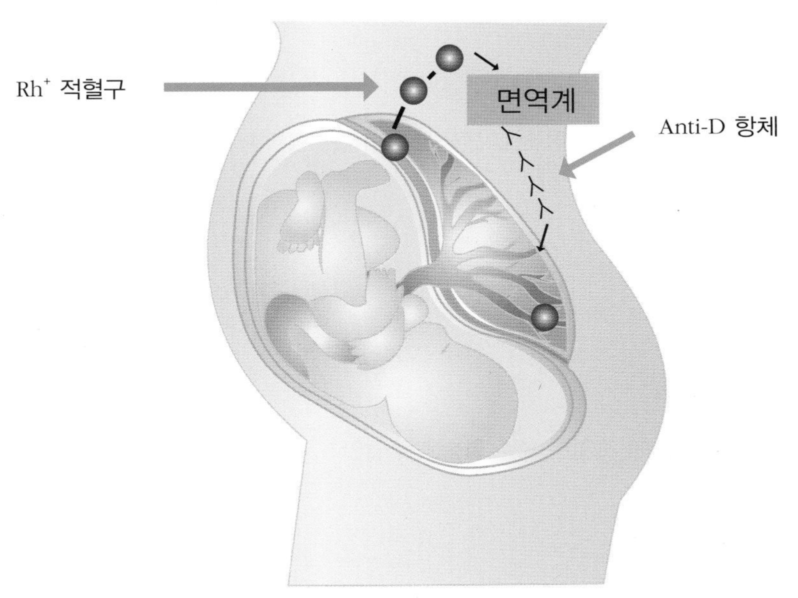

(1) 적아 세포증이 일어나는 이유를 설명하시오.

(2) 두 번째 아이를 정상적으로 낳을 수 있는 방법을 말하시오.

(3) Rh 항체는 모체의 혈액에서 태아에게로 이동하여 아기가 적아 세포증에 걸리게 되지만, 엄마가 A 형이고 아기가 O 형일 경우처럼 ABO 식 혈액형이 다른 경우에는 문제가 없다. 그 이유는 무엇일까?

스스로 실력 높이기

01 적혈구 표면에서 응집 반응을 일으키는 항원을 무엇이라 하는가?

( )

02 혈장에 들어 있으며 응집 반응에 관여하는 항체를 무엇이라고 하는가?

( )

03 응집소 α 가 포함된 표준 혈청은 무엇인가?

( )

04 항 A 혈청과 항 B 혈청 모두에서 응집 반응이 일어나는 혈액형은 무엇인가?

( ) 형

05 소량의 혈액을 모든 혈액형에게 수혈할 수 있는 혈액형은 무엇인가?

( )형

06 Rh형 혈액형의 응집원과 응집소를 적으시오.

응집원 : ( ), 응집원 : ( )

[07-08] 다음은 (가) 와 (나) 의 혈액 판정 결과이다.

구분	항 A 혈청	항 B 혈청
(가)	−	+
(나)	+	−

07 (가) 와 (나) 의 혈액형을 쓰시오.

(가) : ( ) 형, (나) : ( ) 형

08 다음은 (나) 가 (가) 에게 수혈할 수 없는 이유이다. 괄호 안에 들어갈 알맞은 단어를 순서대로 적으시오.

> (가) 혈장 속의 응집소 ( )(이)가 (나) 혈액 속의 응집원 ( )(와)과 항원–항체 응집 반응을 일으킨다.

09 Rh 형 혈액형에 대한 설명으로 옳은 것은 ○표, 옳지 않은 것은 ×표 하시오.

(1) Rh^+ 형은 적혈구 표면에 응집원을 가지고 있다. ( )

(2) Rh 형 혈액형은 ABO 식 혈액형과 달리 Rh^+ 와 Rh^- 사이의 수혈이 자유롭다. ( )

10 모체에서 만들어진 Rh 응집소가 태반을 통해 태아에게 전해져 태아의 적혈구가 파괴 되는 현상을 무엇이라고 하는가?

( )

11 다음은 어떤 환자의 ABO 식과 Rh 식 혈액형을 검사한 결과이다.

A 형 표준 혈청	B 형 표준 혈청	항 Rh 혈청

이 환자에게 수혈해 줄 수 있는 혈액형으로 옳은 것은?

① Rh^+, A 형 ② Rh^+, AB 형 ③ Rh^+, O 형
④ Rh^-, A 형 ⑤ Rh^-, B 형

12 ABO 식 혈액형을 기준으로 할 때 O 형인 사람의 혈액을 받을 수 있는 사람은 누구인가?

① A 형만 ② B 형만 ③ A 와 B 형만
④ O 형만 ⑤ 모두다

13 다음은 학생 50 명의 혈액형 검사 결과이다.

〈 보기 〉
- 항 A 혈청에 응집한 학생 : 25 명
- 항 B 혈청에 응집한 학생 : 22 명
- 항 A 혈청과 항 B 혈청에 모두 응집한 학생과 모두 응집하지 않은 학생의 합 : 21 명

O 형 학생의 수는 몇 명인가?

① 9 명 ② 12 명 ③ 21 명
④ 22 명 ⑤ 25 명

14 그림 (가) 는 어떤 여성의 혈액을 원심 분리하여 실온에 놓아둔 것이고 (나) 는 이 여성의 혈액 검사 결과를 나타낸 것이다.

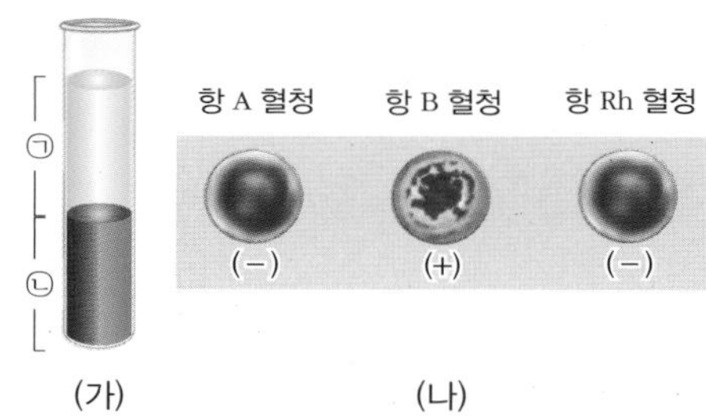

(가) (나)

위에 대한 설명으로 옳은 것만을 〈보기〉 에서 있는 대로 고른 것은?

〈 보기 〉
ㄱ. ㉠ 에는 응집소 α 가 들어 있다.
ㄴ. Rh^+, A 형인 사람에게 수혈해 줄 수 있다.
ㄷ. 이 여성이 Rh^+ 형 아이를 출산한다면 모체에 Rh 응집원이 생성된다.

① ㄱ ② ㄴ ③ ㄷ
④ ㄴ, ㄷ ⑤ ㄱ, ㄴ, ㄷ

15 아래의 그림은 혈액형 판정을 위해 표준이 되는 혈청에 어떤 사람의 혈액을 떨어뜨려 반응시킨 것이다. Rh^+, A 형의 혈액을 가진 사람은 누구인가? (단, (가) : 항 A 혈청, (나) : 항 B 혈청, (다) : 항 Rh 혈청이다.)

(가) (나) (다)

①

②

③

④

⑤

스스로 실력 높이기

16 그림은 세 사람 (가) ~ (다) 의 ABO 식 혈액형에 따른 응집원과 응집소를 나타낸 것이다.

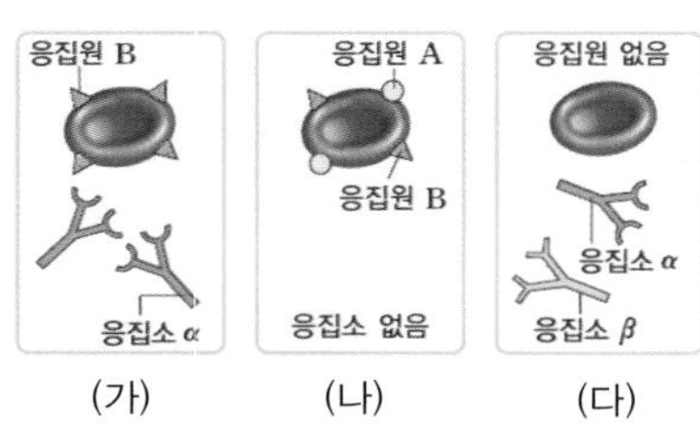

(가) (나) (다)

위에 대한 설명으로 옳은 것만을 〈보기〉 에서 있는 대로 고른 것은?

〈 보기 〉

ㄱ. (가) 는 B 형이다.
ㄴ. 응집소는 혈장에 존재한다.
ㄷ. (나) 의 혈액과 (다) 의 혈액을 섞으면 응집 반응이 일어난다.

① ㄱ ② ㄴ ③ ㄷ
④ ㄴ, ㄷ ⑤ ㄱ, ㄴ, ㄷ

[17-18] 다음 그림은 A ~ C 세 학생의 혈액 판정 결과와 ABO 식 혈액형의 응집원과 응집소를 모식적으로 나타낸 것이다.

[그림 1]

구분	항 A 혈청	항 B 혈청
민호		
유정		
유현		

[그림 2]

응집원	(가) 응집원 A	(나) 응집원 B	(다)	(라)
응집소	(ㄱ)		(ㄴ)	

17 세 학생의 혈장과 혈구에서 각각 관찰할 수 있는 것으로 잘못 연결된 것은?

구분	민호	유정	유현
혈장	㉠	–	㉡
혈구	㉢	㉣	㉤

① ㉠ : (ㄴ) ② ㉡ : (ㄱ) ③ ㉢ : (라)
④ ㉣ : (다) ⑤ ㉤ : (나)

18 [그림 1] 과 [그림 2] 에 대한 해석으로 옳은 것을 모두 고르시오.

① 민호는 유정이에게 혈액을 줄 수 있다.
② 유현이의 혈장에는 응집소 (ㄱ)이 들어 있다.
③ 민호는 응집원 A 와 응집원 B 를 모두 가지고 있다.
④ 유현이는 유정이에게 혈액을 줄 수 있지만 받을 수 없다.
⑤ 민호의 혈청과 유현이의 혈액을 섞으면 응집 반응이 일어나지 않는다.

19 다음 그림은 Rh 식 혈액형의 판정 원리를 나타낸 것이다. 이에 대한 설명으로 옳은 것은?

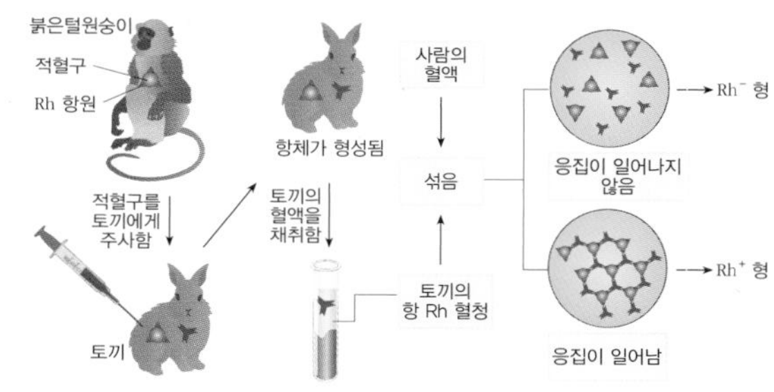

① 토끼에서 채취한 혈액에는 Rh 응집원이 들어 있다.
② Rh^- 형인 사람의 적혈구에는 Rh 응집원이 존재한다.
③ 토끼의 혈청에 응집 반응이 일어나지 않는 사람은 Rh^+ 형이다.
④ 붉은털원숭이의 Rh 응집원은 토끼에게 항원으로 작용하지 않는다.
⑤ Rh^+ 형인 사람은 붉은털원숭이와 동일한 Rh 응집원을 가지고 있다.

20 다음 중 적아 세포증에 대한 설명으로 옳지 <u>않은</u> 것은?

① 첫 번째 Rh^+ 형인 아이는 무사히 태어날 수 있다.
② 첫 번째 출산 때 모체에 Rh 응집소가 생긴다.
③ 두 번째 아기도 Rh^+ 형이면 사산, 유산될 수 있다.
④ Rh^- 형인 모체에게서 Rh^+ 형인 태아가 태어날 때 일어난다.
⑤ 모체와 태아 사이에서 일어나는 일종의 혈액 응고 반응이다.

21 그림 (가) 는 네 사람 (P ~ S)의 혈액 속에 존재하는 ABO 식 혈액형의 응집원과 응집소를, (나) 는 P 의 혈액형 검사 결과를 나타낸 것이다.

사람	P	Q	R	S
응집원				적혈구
응집소	I	⋈	없음	⋈ I

(가)

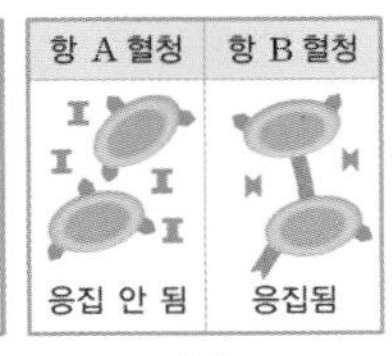

(나)

위에 대한 설명으로 옳은 것만을 〈보기〉 에서 있는 대로 고른 것은?

〈 보기 〉

ㄱ. P 의 혈액형은 A 형이다.
ㄴ. Q 의 응집원은 S 의 응집소와 응집 반응이 일어난다.
ㄷ. R 은 응집소가 없어서 다른 사람에게 소량 수혈이 가능하다.

① ㄱ ② ㄴ ③ ㄷ
④ ㄴ, ㄷ ⑤ ㄱ, ㄴ, ㄷ

22 (가) 는 유정이의 ABO 식 혈액형 판정 결과를, (나) 는 유정이와 환이의 혈액을 서로 혼합했을 때 응집 여부를 나타낸 것이다.

항 A 혈청	항 B 혈청

(가)

	유정이의 혈장	유정이의 혈구
환이의 혈장	−	−
환이의 혈구	+	−

(나)

위에 대한 설명으로 옳은 것만을 〈보기〉 에서 있는 대로 고른 것은?

〈 보기 〉

ㄱ. 유정이는 O 형이다.
ㄴ. 유정이와 환이는 모두 응집소 α 를 가지고 있다.
ㄷ. 유정의 혈장과 환이의 혈구를 섞었을 때 응집원 B 와 응집소 β 가 응집하였다.

① ㄱ ② ㄴ ③ ㄷ
④ ㄴ, ㄷ ⑤ ㄱ, ㄴ, ㄷ

23 그림은 ABO 식 혈액형에 따른 수혈의 관계를 모식도로 나타낸 것이다. 이에 대한 설명으로 옳지 <u>않은</u> 것은?

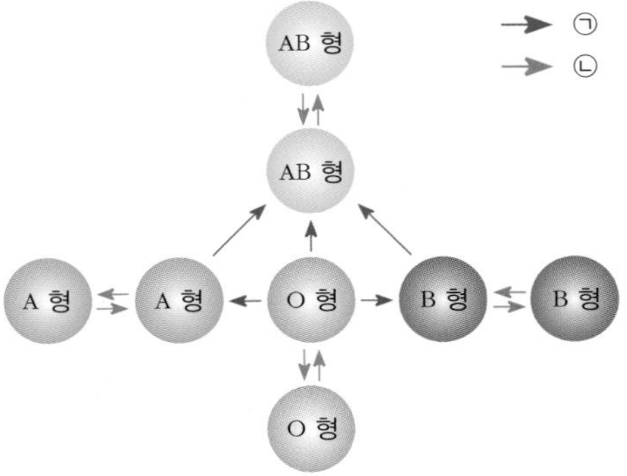

① 응집원은 A, B, AB 세 가지 종류가 있다.
② 혈액형은 A 형, B 형, AB 형, O 형 네 가지가 있다.
③ 응집원은 ABO 식 혈액형을 판정하는 기준이 된다.
④ ㉠ 은 소량 수혈 가능, ㉡ 은 다량 수혈 가능이다.
⑤ 응집소는 항체로 작용하여 응집원과 응집 반응을 일으킨다.

스스로 실력 높이기

24 그림은 (가) 는 유현와 태우의 혈액 판정 결과를, (나) 는 유현와 태우의 혈액을 원심 분리한 결과를 나타낸 것이다.

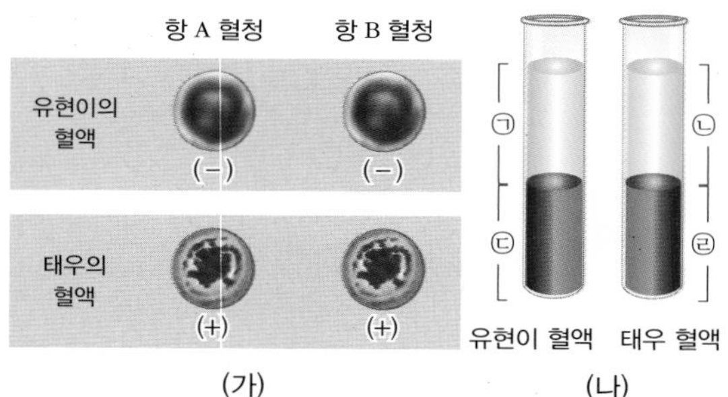

위에 대한 설명으로 옳은 것만을 〈보기〉 에서 있는 대로 고른 것은?

〈 보기 〉

ㄱ. ㉠ 과 ㉣ 을 섞으면 응집 반응이 일어난다.
ㄴ. ㉠ 과 ㉡ 에는 공통으로 응집소 α 가 존재한다.
ㄷ. ㉡ 에는 항 B 혈청에 들어 있는 것과 같은 종류의 응집소가 포함되어 있다.

① ㄱ ② ㄴ ③ ㄷ ④ ㄱ, ㄷ ⑤ ㄱ, ㄴ, ㄷ

25 다음 그림은 민호네 가족의 ABO 식 혈액형 판정 결과를 나타낸 것이다.

구분	항 A 혈청	항 B 혈청
아버지	−	−
민호	+	−
여동생	−	+

위에 대한 설명으로 옳은 것만을 〈보기〉 에서 있는 대로 고른 것은?

〈 보기 〉

ㄱ. 민호는 A 형이다.
ㄴ. 여동생은 아버지에게 수혈할 수 있다.
ㄷ. 어머니는 혈액 속에 응집소 α 와 β 를 모두 가지고 있다.

① ㄱ ② ㄴ ③ ㄷ
④ ㄴ, ㄷ ⑤ ㄱ, ㄴ, ㄷ

26 [결과 1] 은 환이의 혈액 응집 결과를 나타낸 것이고, [결과 2] 의 표는 200 명의 학생 집단을 대상으로 ABO 식 혈액형에 대한 응집원 ㉠ 과 응집소 ㉡ 의 유무를 조사한 것이다. 이 집단에는 A 형, B 형, AB 형, O 형이 모두 있다.

[결과 1]

항 A 혈청	항 B 혈청

[결과 2]

구분	학생 수
응집원 ㉠ 을 가진 학생	79
응집소 ㉡ 을 가진 학생	111
응집원 ㉠ 과 응집소 ㉡ 을 모두 가진 학생	57

이 집단에서 ABO 식 혈액형이 환이와 같은 사람의 수는 몇 명인가?

① 12 명 ② 22 명 ③ 54 명
④ 57 명 ⑤ 67 명

심화

27 그림은 어떤 가족의 혈액형 검사 결과를 나타낸 것이다.

구분	항 A 혈청	항 B 혈청	항 Rh 혈청
어머니	−	+	+
첫째	−	+	−
둘째	+	+	+

위에 대한 설명으로 옳은 것만을 〈보기〉 에서 있는 대로 고른 것은?

〈 보기 〉

ㄱ. 첫째는 혈액 속에 응집소 β 가 있다.
ㄴ. 아버지의 적혈구 표면에는 응집원 A 가 있다.
ㄷ. 첫째 출산 시 어머니의 혈액에 Rh 응집소가 생성된다.

① ㄱ ② ㄴ ③ ㄷ
④ ㄴ, ㄷ ⑤ ㄱ, ㄴ, ㄷ

28 표는 100 명의 학생 집단을 대상으로 ABO 식 혈액형에 대한 응집원 ㉠ 과 응집소 ㉡ 의 유무를 조사한 것이다. 이 집단에는 A 형, B 형, AB 형, O 형이 모두 있다.

구분	학생 수
응집원 ㉠ 을 가진 학생	38
응집소 ㉡ 을 가진 학생	55
응집원 ㉠ 과 응집소 ㉡ 을 모두 가진 학생	27

위에 대한 설명으로 옳은 것만을 〈보기〉 에서 있는 대로 고른 것은?

〈 보기 〉

ㄱ. O 형이 가장 많다.
ㄴ. 항 A 혈청과 항 B 혈청 모두에 응집되는 혈액을 가진 학생은 11 명이다.
ㄷ. 항 B 혈청에 응집되는 혈액을 가진 학생보다 응집되지 않는 혈액을 가진 학생이 많다.

① ㄱ ② ㄴ ③ ㄷ
④ ㄴ, ㄷ ⑤ ㄱ, ㄴ, ㄷ

29 그림은 (가) 의 혈액과 (나) 의 혈액을 원심 분리한 후, 일정량의 혈장을 채취하여 각각 A 형과 B 형의 혈액과 섞어 본 결과이다.

	A 형 혈액	B 형 혈액
(가) 의 혈장	(−)	(+)
(나) 의 혈장	(+)	(+)

(1) (가) 와 (나) 의 ABO 식 혈액형에 대한 다음 표를 완성하시오.

구분	응집원	응집소	혈액형
(가)	①	②	③
(나)	④	⑤	⑥

(2) (가) 와 (나) 의 혈액을 소량이라도 수혈받을 수 있는 사람의 ABO 식 혈액형을 모두 쓰시오.

① (가) : ______________________

② (나) : ______________________

30 혈액형이 B 형, Rh^+인 환이는 B 형 Rh^-인 친구가 응급 수술로 인해 급히 혈액이 필요하다고 하여 수혈해 주었다. 수술은 성공적이었고 Rh^-인 친구는 건강을 회복했다. 그러나 1년 후 다시 Rh^-인 친구가 수술을 받으려 할 때, 의사는 환이에게서는 수혈 받을 수 없다고 하였다. 그 이유는 무엇인가?

인체의 '장기 이식'

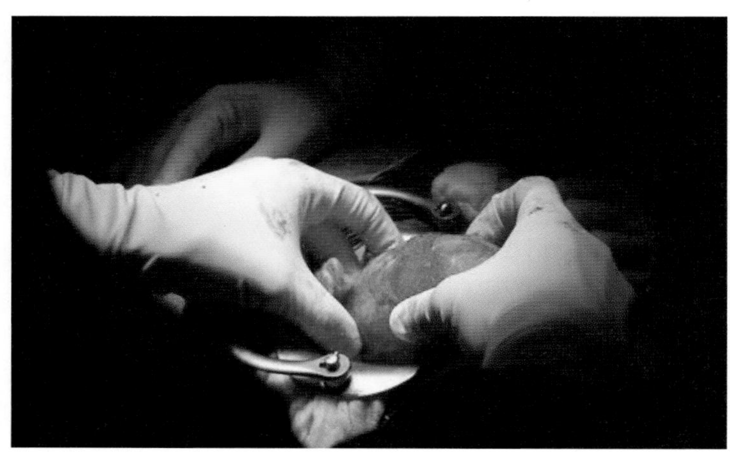

▲ 병든 장기를 새로운 장기로 바꾸는 장기 이식 수술

장기 이식의 역사

병든 장기를 새로운 장기로 바꿔주면 건강이 회복될 것이라는 생각은 오래 전부터 있었다. 기원전 2000 년 이집트에 장기 이식과 관련된 신화가 있고, 기원전 700 년 인도에서도 자기 조직을 이식해 코 성형수술을 한 기록도 남아있다. 11 세기에는 치아이식이, 15 세기에는 피부이식이 시도됐다. 하지만 자기 조직을 이식하는 경우를 제외하면 대부분 실패로 돌아갔다.

근대의학의 여명기라고 할 수 있는 18 세기부터 의학자들은 동물 실험을 통해 이식에 관한 지식을 얻기 시작했다. 영국의 외과의사 존 헌터는 닭의 고환이나 동물의 아킬레스건을 동종끼리 이식했다. 이러한 노력이 축적돼 1880 년에는 각막 이식에 성공했다.

그러나 피부나 각막같이 단순한 조직이 아니라 체내의 장기 같은 기관을 이식하는 것은 20 세기가 될 때까지 불가능했다. 이유는 크게 두 가지다. 첫째, 작은 혈관이라도 막히지 않고 혈액을 통과시킬 수 있게 하는 봉합 기술과 미세 수술 기술이 부족했다. 둘째, 수술 후 이식한 장기가 염증을 일으키며 손상돼 버리는 현상, 즉 '거부반응' 이 생겼다.

이 중 혈관 봉합 기술은 1910 년대에 해결됐다. 동맥을 자르고 이어줄 때 혈관 조직에 상처를 주지 않으면서 잠시 피가 흐르지 않도록 집어주는 가위 모양의 동맥 겸자가 등장했고, 미국의 의학자 알렉시스 캐럴이 서로 이어줄 양측 혈관 단면을 삼각형처럼 만들어 봉합하는 '삼각 봉합법' 을 고안해냈다. 캐럴은 삼각 봉합법을 고안해 동물 이식 실험을 한 공로로 1912 년 노벨 생리의학상을 받았다.

혈관을 이어주는 수술 기술이 확립되자 가장 먼저 이식 수술의 대상으로 떠오른 장기는 신장이다. 신장 이식 수술은 이미 1936 년 러시아의 보로노이가 처음으로 시도했다. 비록 환자는 수술 후 이틀 만에 사망했지만 장기 이식의 역사에서 대단히 중요한 수술로 기록된다. 이후 많은 의사들이 신장 이식 수술에 도전하기 시작했다.

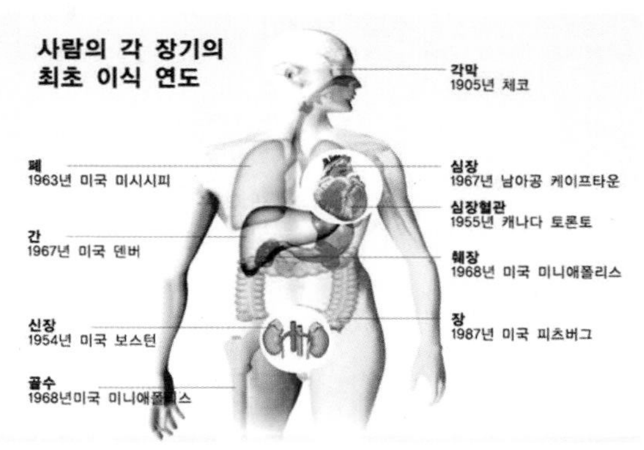

▲ 사람의 각 장기의 최초 이식 연도

신장 이식

신장 조직이 손상되어 회복이 불가능한 상태로 진행된 만성 신부전 환자들은 오줌을 통해 배설되어야 할 노폐물과 수분이 몸 속에 축적되어 피로감, 식욕 부진, 구토증, 호흡 곤란 등이 나타난다. 이런 환자는 일주일에 여러 번 인공 신장기를 이용해야 하므로 시간과 비용 및 심리적 부담이 크기 때문에 신장병을 근본적으로 치료하기 위해서는 다른 사람의 건강한 신장을 이식받는 것이 가장 좋은 방법이다.

그런데 신장을 기증받고자 하는 환자의 수에 비해, 기증되는 신장의 수는 훨씬 적다. 따라서, 신장을 이식받고자 하는 환자들 중에서 일부 환자에게만 우선권을 주어야 하는 등의 사회 문제가 생겨나고 있다. 또한 이식을 받는 환자의 신체적 조건이 다른 사람의 장기나 조직에 대해서 거부 반응을 일으킬 수 있기 때문에 건강한 신장이라고 모두 다 환자에게 이식할 수 있는 것은 아니다. 신장 이식에서의 성공 가능성은 기증자가 환자와 1란성 쌍생아일 경우가 가장 높고, 그 다음으로 좋은 경우가 형제, 자매 등의 가족과 친척이다. 따라서 수요와 공급의 불균형으로 인해 대체 장기나 획기적인 치료법이 나오기 전까지는 신장을 필요로 하는 환자들은 오랫동안 인공 신장기에 의지해야 한다.

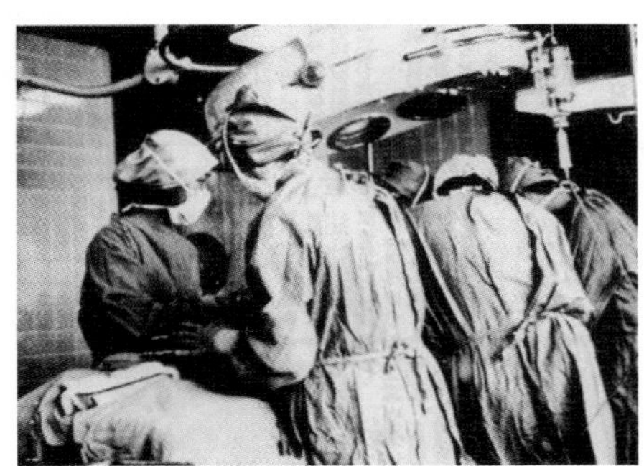

▲ 국내 최초 신장 이식 수술 장면

한편 우리나라에서는 1969 년 3 월 성울 명동의 성모병원에서 처음으로 신장 이식 수술이 시행되었으며 성공하였다. 이는 국내 최초의 장기 이식 수술로, 국내 이식 의학의 바탕이 된 의미 있는 수술이었다.

Q1 신장 이식이 다른 장기 이식보다 먼저 발달한 이유는 무엇인지 서술하시오.

인공 심폐기

심장의 주요 기능은 산소가 많은 신선한 혈액을 몸에 공급하고 이산화 탄소가 포함된 탁한 혈액을 몸 밖으로 내보내는 일이다. 이때 산소와 이산화 탄소의 교환은 폐에서 이루어진다. 만일 심장을 수술한다면 그동안 몸에 필요한 산소는 어떻게 공급해야 할까? 또 폐를 수술할 때는 어떻게 할까?
인공 심폐기는 바로 이런 상황에서 필요한 장치이다. 즉, 폐를 대신해 혈액에 산소를 공급하고 이산화 탄소를 제거하는 목적으로 만들어졌다.

인공 심폐기는 수술 도중 몸의 각 부분에서 돌아오는 정맥혈을 차단하여 심장과 폐로 혈액이 유입되지 못하도록 하고, 이 정맥혈을 체외 순환으로 인공 심폐기로 유입시키게 된다. 인공 심폐기는 폐 역할을 대신하여 정맥혈로부터 이산화 탄소를 제거하고 신선한 산소를 공급하여 동맥혈이 되도록 해준다. 또한 심장 역할을 하는 펌프를 이용하여 일정한 혈압을 만들어 동맥혈을 대동맥으로 직접 연결시켜 모든 정맥혈이 심장과 폐를 경유하지 않고 인공 심폐기를 통해 산소가 풍부한 동맥혈로 되어 대동맥을 통해 온몸 순환을 하게 된다.

인공 심폐기의 원리는 인공 신장과 비슷하다. 하지만 인공 신장의 분리막이 액체 투과 형인데 비해 인공 심폐기의 경우 기체 투과 형이라는 점이 다르다. 초기에 인공 심폐기는 수술을 받는 환자에게만 사용되었지만 막형 인공 심폐기의 기술이 점차 개발됨에 따라 폐렴과 같이 일시적으로 폐의 기능이 떨어질 때에도 이 장치가 사용되기도 한다. 폐렴 환자에게 2 주간 계속 사용된 예가 있지만 현재로서는 영구적으로 폐의 기능을 대행해 주는 장치를 개발하는 것이 중요한 관건 중의 하나라고 볼 수 있다.

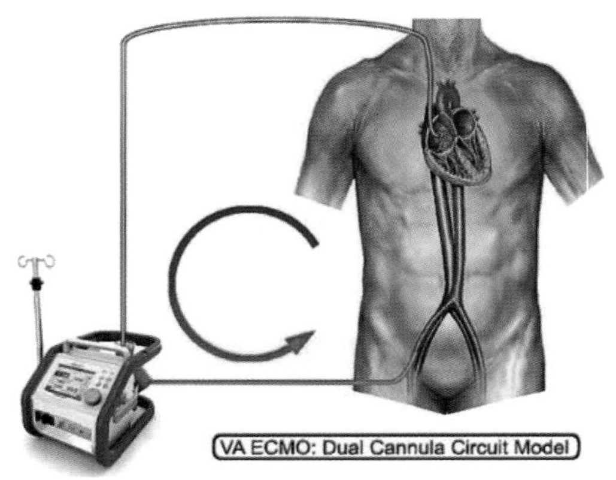

▲ 폐를 대신해 혈액에 산소를 공급해주는 인공 심폐기

Q2 장기 이식을 할 수 있는 미래의 기술에는 무엇이 있을지 서술하시오.

'땅콩 알레르기' 를 가진 아이들이 왜 그렇게 많나요?

PB&J((피넛버터 앤 젤리) 역병

지난 10 년 동안 땅콩알레르기를 가진 취학 연령 아동수가 2 배로 증가했다. 그러나 아직도 과학자들은 땅콩이 왜 그렇게 위험한지, 어떤 이유 때문에 땅콩 알레르기가 그렇게 널리 퍼졌는지 규명하지 못한다.

▲ 땅콩이 들어간 피넛버터 앤 젤리 (PB&J)

이론은 다양하지만, 대부분 면역 체계의 과민 반응을 원인으로 꼽고 있다. 비영리 단체인 '음식 알레르기와 과민증 네트워크(Food Allergy and Anaphylaxis Network)' 대표였던 앤 무노즈풀롱(Anne Munoz-Furlong)은 "면역 체계가 해결해야 할 위협들은 우리 스스로 아주 잘 제거했기 때문에 면역 체계가 뭔가 다른 할 일을 찾는 거예요." 라고 말한다. 그녀는 과거에 비해 요즘 부모들이 자녀에게 가공된 식품을 더 많이 먹이고 있으며, 상당수의 그런 식품들에 땅콩이나 관련 성분이 많이 들어 있다고 말한다. "이런 식품 관련 알레르기 유발 물질들이 우리의 면역 체계를 끊임없이 공격하기 때문에 면역 체계는 계속 알레르기반응을 일으키는 거지요."
실제로 음식 알레르기는 전반적으로 증가 추세라고 한다.

그런데 땅콩은 특히 더 심한 면역 반응을 유발하는 것 같다. 존스홉킨스 대학의 알레르기 전문가인 로버트 우드(Robert Wood)는 그 이유에 대해 "땅콩에는 다른 대부분 음식에서는 발견되지 않는 몇 가지 특이한 단백질이 들어있는데, 이 단백질들의 화학 구조가 강한 면역 반응을 유발할 수도 있다." 고 추정한다.

연구에 따르면, 미국의 땅콩 회사들처럼 땅콩을 볶을 경우 단백질의 구조가 변형되어 훨씬 심한 면역 거부 반응을 일으킬 수 있다고 한다. 중국은 미국보다 땅콩 알레르기 발생률이 낮은데, 중국에서는 전통적으로 땅콩을 삶아 먹기 때문에 단백질 손상이 적다는 것이다. (중국의 식생활 환경은 미국보다 더 오염되어 있기 때문에 사람들의 면역 체계가 전통적인 위협 요소들에 집중하고 있을 것이라는 점도 고려해야 한다.)

Q3 알레르기는 왜 생기는 것인지 면역 체계와 관련지어 서술해 보시오.

Project - 논/구술

땅콩 알레르기를 피할 방법이 있나요?

▲ 알레르기를 일으키는 땅콩

일반적으로 사람의 면역 체계는 땅콩을 안전하다고 판단한다. 그러나 일부 과학자들은 어릴 때부터 땅콩이 든 식품에 지나치게 노출되면 면역 체계가 땅콩을 위험한 것으로 오판하게 될 수도 있다고 주장한다. 땅콩 알레르기가 있는 아이 10 명 중 8 명이 땅콩을 처음 먹었을 때 알레르기 반응을 일으켰다. 심지어 엄마의 자궁 속 또는 모유 수유를 통해 그 전에라도 간접 노출이 될 수도 있다는 것이다. 과학자들은 우리의 면역 체계가 식품 성분들을 무해한 것으로 분류해 내성을 기르도록 하는 데 비타민 D 가 도움이 된다고 생각한다. 비타민 D 는 햇빛을 통해 우리 몸에서 생성된다.

로버트 우드는 밖에서 보내는 시간이 적은 아이들은 비타민 D 가 결핍되고, 결국 아이들의 몸에서 땅콩 단백질을 위험한 것으로 오판하게 될 수도 있다고 주장한다. 자녀를 땅콩으로부터 보호하고자 한다면 부모는 아이들을 밖으로 내보낼 필요가 있을 것이다. 그리고 지나치게 손을 씻지 않도록 하는 것도 고려해 볼 만한 일이다.

Q4 **세계적으로 알레르기 질환이 심해지고 있다. 알레르기 질환이 왜 증가하고 있는지 이유를 서술하시오.**

땅콩을 먹으면 알레르기를 막을 수 있다.

640 명의 어린이들이 4 년 동안 참여한 땅콩 알레르기에 대한 연구 결과가 학술지 "The New England Journal of Medicine" 에 발표되었다.

▲ 알레르기를 일으키는 땅콩

지난 2006 년에 미국과 영국에서 아이가 알레르기 고위험군의 가능성이 높으면 3 세가 되기 전에 땅콩을 먹이지 말라고 권고하였다. 다른 국가들도 이러한 권고안을 따르기 시작했다. 하지만 이들 어린이들이 땅콩 버터를 피하면서 의사들은 이러한 권고안이 적절한지 여부에 대해 확신을 갖지 못하고 있었다. 치명적일 수 있는 땅콩 알레르기가 이들 나라에서 급증하면서 땅콩을 먹지 않고 피하게 되었다. 미국에서 땅콩 알레르기는 1997 년과 2008 년 사이에 세 배 정도 증가했으며 그 비율은 1.4 % 였다. 이스라엘의 경우에는 관련된 환경이 다른 국가들과 달랐고 학생들의 알레르기 비율은 0.17 % 였다. 그렇다면 차이점은 무엇일까? 많은 이스라엘의 아이들이 6 개월이 되면서부터 매우 인기가 많은 밤바(Bamba)라고 불리고 땅콩 크림을 스낵으로 먹는다고 한다.

땅콩을 피해야 하는 합리적인 근거는 간단하다. 음식에 노출되지 않으면 그 음식에 관한 알레르기가 발달할 가능성은 없다. 그리고 의사들은 많이 자란 어린이들의 장내 면역 시스템은 잠재적인 알레르기원에 대해 좀 더 나은 내성을 가질 수 있기에, 새로운 음식에 대해서 신체가 나쁘게 반응할 가능성이 적어진다고 보고 있다. 하지만 땅콩을 완전히 피하는 것, 특히 일부 사람들에게서 알레르기 반응을 일으킬 수 있는 땅콩 단백질을 피하는 것은 극히 어려운 일이다. 지난 2013 년에 Gideon Lack 은 땅콩을 먹은 후에 손과 침에 단백질이 3 시간 정도 남아서 유지된다는 사실을 발견했으며 아이들의 피부는 부모나 나이 많은 형제로부터 아주 적은 양의 땅콩에 노출된다.

연구팀은 아이들을 두 가지 그룹으로 나누었다. 절반은 5 세가 될 때까지 땅콩을 피하도록 했다. 그리고 나머지 절반은 매우 적어도 6 그램 정도를 섭취하도록 했다. 밤바를 주로 먹였지만 이를 싫어하는 아이에게는 부드러운 땅콩 버터를 제공했다. 5 세 정도가 되면 중요한 테스트를 하였다. 지금까지 먹던 것보다 훨씬 많이 섭취하게 했다. 그러자 결과는 확실하였다. 아이일 때 부정적인 피부 테스트 결과를 받은 530 명 아이 중에서 땅콩섭취를 피한 아이 중 14 % 정도가 알레르기 반응을 보였다. 반면에 계속 먹어온 아이 중에는 2 % 가 반응을 보였다. 높은 위험 그룹으로 민감한 어린이 중에서는 땅콩을 피하는 경우에는 35 %, 먹어온 아이 중에는 10 % 가 알레르기 반응을 보였다.

연구를 하는 과정에서 아직 해결하지 못한 문제가 있다. 정기적으로 견과류 음식을 먹지 않았을 때 알레르기가 일어나지 않느냐이다. 연구팀은 이런 문제를 풀기 위해 후속 연구를 하고 있다. 이 연구 결과는 다른 종류의 음식 알레르기원에도 적용할 수 있으며 초기 연구 결과는 긍정적이라고 한다. 호주에서 2013 년에 86 명의 고위험군 아이를 달걀에 노출시키는 연구가 이루어졌다. 달걀을 먹은 아이들이 알레르기 발달 가능성이 적다는 사실을 발견했다.

Q5 땅콩 단백질은 알레르기 질환을 약화시킬 수 있을지 서술하시오.

생태계의 구성과 기능

생태계는 어떻게 만들어질까?

28강. 생물과 환경

1. 생태계

(1) 생태계 : 일정한 공간에 살고 있는 생물 군집과 무기 환경이 유기적으로 밀접한 관계를 맺으며 통합된 계를 뜻한다.

(2) 생태계의 구성 요소

① **생물적 요인** : 생태계 내 모든 생물

	생산자	소비자	분해자
정의	빛에너지를 이용하여 무기물로부터 유기물을 합성하는 생물	다른 생물을 먹이로 섭취해 유기물을 얻는 생물	생물의 사체나 배설물 속의 유기물을 무기물로 분해해 에너지를 얻는 생물
예	녹색 식물, 식물성 플랑크톤 등	1 차 소비자, 2 차 소비자, 3 차 소비자 등	세균, 곰팡이, 버섯 등

② **비생물적 요인(무기 환경)**

- 생물을 둘러싸고 있는 물, 공기, 햇빛, 온도, 토양 등의 자연환경을 뜻한다.
- 생물에게 필요한 물질과 생활 장소를 제공한다.

(3) 생태계의 구성 요소 간의 관계

① 작용 : 무기 환경이 생물 요소에게 영향을 주는 것이다.
② 반작용 : 생물 요소가 무기 환경 요인을 변화시키는 것이다.
③ 상호 작용 : 생물 상호 간에 서로 영향을 주고받는 것이다.

생태계
비생물적 요인
빛
온도
공기
물
토양
작용
반작용
생물적 요인
생산자
소비자
상호 작용
분해자

▲ 생태계 구성 요소 간의 관계

(4) 내성 범위와 최적 조건

① 내성 범위 : 특정한 환경 요인에 대하여 생물이 생존 가능한 범위이다.
② 최적 조건 : 내성 범위 내의 환경 조건 중앙 부근에서 최대치의 생존과 번식을 이룰 수 있는 환경 조건이다.
③ 제한 요인(한정 요인) : 생물이 견딜 수 있는 내성 범위를 벗어나 생물의 생명 활동을 제한하는 환경 조건이다.

생태계
영국의 생물학자 탠슬리가 처음으로 사용한 용어이다.
'생태계(ecosystem)' 라는 말은 그리스어로 집이라는 뜻을 지닌 '오이코스(oikos)' 라는 말로부터 유래되었다.

소비자의 구별
- 1 차 소비자 : 식물을 먹고 사는 초식 동물 (예) 토끼
- 2 차 소비자 : 1 차 소비자를 잡아먹는 생물 (예) 살쾡이
- 3 차 소비자 : 2 차 소비자를 잡아먹는 생물 (예) 호랑이

내성 범위와 최적 조건

최적 조건
최적 범위
최저 조건
최고 조건
내성 범위
제한 요인
제한 요인

- 최고 조건 : 생물이 죽지 않고 버틸 수 있는 최곳값
- 최저 조건 : 생물이 죽지 않고 버틸 수 있는 최젓값

미니사전
무기 [無 없다 機 기계] 환경
물, 공기 따위와 같은 기능이 없는 물질들로 이루어진 환경

개념확인 1

다음 생태계에 대한 설명으로 옳은 것은 ○표, 옳지 않은 것은 ×표 하시오.

(1) 생태계의 구성 요소는 생산자, 소비자, 분해자, 무기 환경의 네 가지 요소로 구성된다. ( )
(2) 1 차 소비자는 2 차 소비자를 잡아먹는 생물이다. ( )
(3) 생산자는 유기물을 무기물로 전환하는 작용을 한다. ( )

확인+1

다음 중 비생물적 요인이 아닌 것은?

① 빛 ② 온도 ③ 물 ④ 곰팡이 ⑤ 공기

2. 생물과 환경의 관계 1

(1) 빛과 생물의 관계

① **빛의 세기와 생물**

· 광합성량은 빛의 세기가 증가하면 증가하지만, 어느 한계에 이르면 더 이상 증가하지 않는다.

· 양지 식물은 보상점과 광포화점이 높아 빛의 세기가 강한 곳에서 더 잘 자라고 음지 식물은 빛의 세기가 약한 곳에서도 잘 자란다.

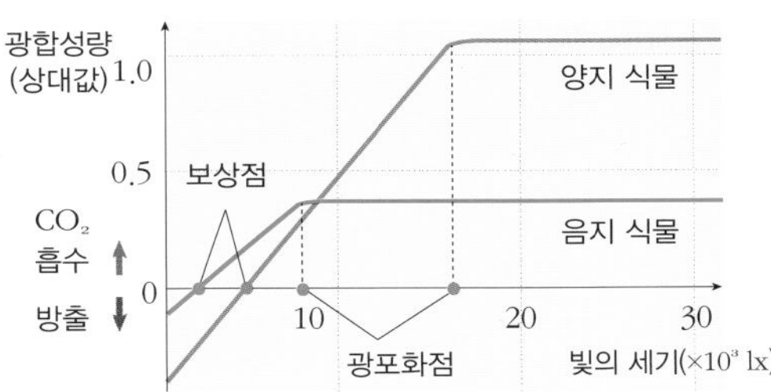

▲ 양지 식물과 음지 식물의 광합성량

② **일조 시간과 생물**

· 광주기성 : 일조 시간에 따라 생물의 행동이 변하는 것. 예 노루는 일조 시간이 짧아지면 생식활동을 한다. 카네이션은 낮이 길어지고 밤이 짧아질 때 개화하는 장일 식물이다. 온대 곤충은 낮이 짧아지는 늦여름과 가을에 동면한다.

③ **빛의 파장과 생물**

· 파장에 따라 물 속을 투과하는 빛의 깊이가 다르며, 이에 해조류가 적응하여 바다의 깊이에 따라 다르게 서식한다.

· 광합성에 파장이 긴 적색광을 주로 이용하는 녹조류는 주로 수심이 얕은 곳에 서식한다.

· 광합성에 파장이 짧은 청색광을 주로 이용하는 홍조류는 수심이 깊은 곳에서도 서식한다.

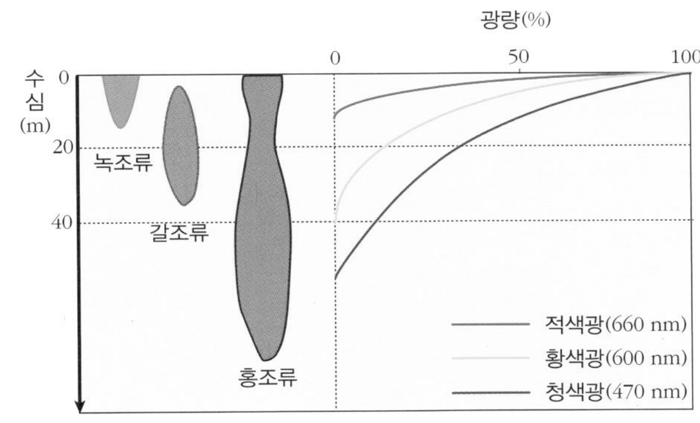

▲ 빛의 파장에 따른 해조류의 분포

③ **굴광성**

· 식물 성장 호르몬의 일종인 옥신에 의해 일어난다.

· 식물이 빛이 비치는 방향으로 굽어 자라는 현상이다.

개념확인 2

정답 및 해설 68쪽

다음에 해당하는 단어를 적으시오.

(1) 일조 시간에 따라 생물의 행동이 변하는 것 (　　　　)

(2) 광합성량이 최대가 되는 최소한의 빛의 세기 (　　　　)

(3) 식물이 빛이 비치는 방향으로 굽어 자라는 현상 (　　　　)

확인+2

파장이 짧은 청색광을 이용하는 해조류의 종류를 적으시오.

(　　　　)

광합성량

· 호흡량 : 세포 호흡을 통해 소모되는 유기물의 양. 빛의 세기가 0 일 때 방출되는 이산화 탄소의 양이다.

· 보상점 : 광합성량과 호흡량이 같을 때의 빛의 세기

· 광포화점 : 광합성량이 최대가 되는 최소한의 빛의 세기

· 총광합성량 : 식물에서 실제 이루어진 광합성의 총량

· 순광합성량 : 총광합성량에서 호흡량을 뺀 양. 보상점 이상의 빛의 세기에서 흡수한 이산화탄소의 양이기도 하다.

개화 시기에 따른 식물 분류

· 장일 식물 : 낮이 길어지고 밤이 짧아질 때 꽃을 피우는 식물. 예 카네이션, 토끼풀 등

· 단일 식물 : 낮이 짧아지고 밤이 길어질 때 꽃을 피우는 식물. 예 국화, 코스모스 등

옥신

· 줄기 끝과 뿌리 끝에서 만들어지는 식물 성장 호르몬의 일종

· 옥신은 햇빛이 비치는 반대쪽으로 이동하며 중력에 의해 아래로 흘러내리므로 햇빛이 비치는 반대쪽이 상대적으로 빨리 자라 굽어지게 된다.

미니사전

일조 [日 해 照 비치다] 시간 하루 중 햇빛이 지상을 비춘 시간

보상 [補 돕다 償 갚다] 점 호흡에 의한 CO_2 방출량과 광합성에 의한 CO_2 흡수량이 같아 겉에서 기체 변화가 없는 것처럼 보일 때의 빛의 세기

3. 생물과 환경의 관계 2

(2) 물과 생물의 관계

① **물과 식물** : 서식 장소의 수분 조건에 따라 건생 식물, 중생 식물, 습생 식물, 수생 식물로 분류한다.

구분	특징	예
건생 식물	수분이 적은 곳에 서식. 물을 흡수하는 뿌리와 물을 저장하는 저수 조직 발달	선인장
중생 식물	뿌리, 줄기, 잎이 알맞게 발달	대부분의 육상 식물
습생 식물	물이 많은 곳에 서식. 뿌리가 중생 식물에 비해 덜 발달	갈대, 골풀
수생 식물	물속이나 물 위에 서식. 뿌리가 잘 발달해 있지 않고, 통기 조직 발달	수련

② **물과 동물**

- 수분 증발을 막기 위해 파충류는 비늘, 곤충류는 키틴질의 외골격으로 피부를 감싼다.
- 육상에 알을 낳는 조류와 파충류는 껍데기로 알을 감싸 수분의 증발을 막는다.
- 육상에 사는 동물은 수분 손실을 줄이기 위해 요산이나 요소 형태로 질소성 노폐물을 배설하고, 물속에 사는 동물은 물에 쉽게 녹는 암모니아 형태로 질소성 노폐물을 배설한다.

(3) 온도와 생물의 관계 : 온도는 생물의 물질대사 속도에 영향을 미치므로 많은 영향력을 가진다.

① **온도와 동물**

- 겨울잠 : 개구리나 뱀 등과 같은 변온 동물은 겨울잠을 잔다.
- 정온 동물은 피하 지방을 두껍게 축적하여 열 손실을 방지한다.
- 베르그만의 법칙 : 정온 동물은 추운 지방으로 갈수록 몸집이 커지는 경향이 있다.
- 알렌의 법칙 : 정온 동물은 추운 지방으로 갈수록 말단 부위가 작아지는 경향이 있다.
- 철새는 계절에 따라 번식지와 월동지를 오가며 서식한다.
- 계절형 : 호랑나비나 물벼룩은 계절에 따라 몸의 크기, 형태, 색이 달라지기도 한다.

② **온도와 식물**

- 겨울눈을 만들어 월동을 한다.
- 낙엽수는 온도가 내려가면 엽록소가 파괴되어 단풍이 들고 열과 수분 손실을 줄이기 위해 잎을 떨어뜨린다.
- 상록수는 잎을 떨어뜨리지 않는 대신 체액의 삼투압을 높임으로써 어는점을 낮추어 세포가 얼지 않도록 한다.
- 춘화 현상 : 가을 보리는 일정 기간 동안 저온 상태를 유지해야 발아하거나 결실을 맺는다.

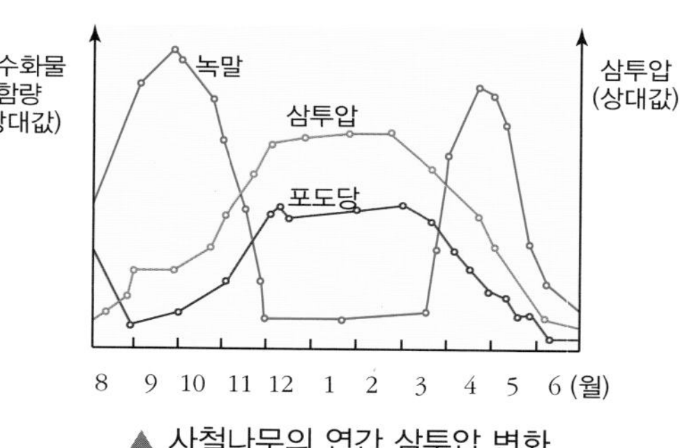

▲ 사철나무의 연간 삼투압 변화

암모니아의 배설

- 암모니아는 단백질을 분해했을 때 생성되는 물질로 그대로는 독성이 있어 무해한 물질로 전환시켜 배설한다.
- 포유류와 양서류는 요소로 전환시킨다.
- 파충류나 조류는 요산으로 전환시킨다.
- 수중생물은 전환시키지 않고 바로바로 몸 밖으로 배출시킨다.
- 암모니아 → 요소 → 요산으로 갈수록 더 농축된 형태이다.

정온동물의 온도 적응

▲ 사막 여우

▲ 북극 여우

지역에 따라 서식하는 여우의 신체적 특징이 다르다.

계절형

- 같은 종이라도 계절에 따라 몸의 크기, 형태, 색이 달라지는 현상

▲ 호랑나비는 봄형이 여름형보다 크기가 더 작고, 색도 연하다.

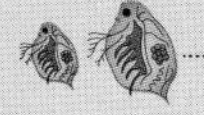
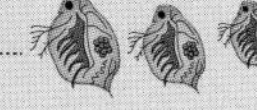
▲ 물벼룩은 7 월 ~ 8 월의 여름형이 겨울형보다 크다.

미니사전

저수 [貯 쌓다 水 물] 조직 식물에서 잎이나 줄기에 수분을 저장해 두는 유연한 조직
통기 [通 통하다 氣 기운] 조직 식물에서 세포 사이에 틈이 많아 공기의 유통과 저장에 적합한 조직
말단 [末 끄트머리 端 끄트머리] 부위 신체의 끄트머리 부위

개념확인 3

다음 괄호 안에 들어갈 알맞은 단어를 적으시오.

(1) 건조한 지역에서 자라는 선인장은 물을 저장하는 (　　　　　)이(가) 발달해 있으며, 잎이 가시로 변해 물의 (　　　　　)(을)를 막도록 적응되어 있다.

(2) 물속에 사는 동물은 (　　　　　)형태로 질소성 노폐물을 배설한다.

확인+3

같은 종이라도 계절에 따라 몸의 크기, 형태, 색이 달라지는 현상은 무엇인가?

(　　　　　　)

4. 생물과 환경의 관계 3

(4) 토양과 생물의 관계

① 토양은 수많은 생물이 살아가는 터전을 제공하고 물질과 에너지를 원활하게 순환시키는 역할을 한다.

② 토양은 입자의 크기, 산성도, 영양 염류의 함류량, 수분 함량, 통기성 등에 따라 생물에 다양한 영향을 미친다.

③ 토양 속 세균 등의 미생물이 동물과 식물의 사체나 배설물을 무기물로 분해하여 무기 환경으로 되돌려 보낸다.

(5) 공기와 생물의 관계

① 산소가 부족한 고산 지대에 사는 사람은 평지에 사는 사람에 비해 적혈구 수가 많다.

② 공기 중 질소 화합물, 황산화물 등의 농도가 높아지면 산성비가 내려 토양이나 식물에 영향을 미친다.

③ 이산화탄소, 메테인 등의 온실 기체 농도가 높아지면 지구 온난화로 기후가 변화하여 생물에 영향을 미친다.

④ 공기의 움직임인 바람은 식물의 증산 작용과 꽃가루, 종자, 포자의 이동에 중요한 역할을 한다.

(6) 생활형 : 비슷한 환경에서 사는 서로 다른 종류의 생물이 모습이나 생활 양식 등에서 나타내는 공통적인 특징

① **동물의 생활형** : 육상 생활과 수중 생활을 겸하는 개구리, 하마, 악어는 종이 다르지만 수면 위로 눈과 콧구멍을 내놓고 생활하는 비슷한 생활형을 가진다.

② **식물의 생활형** : 덴마크의 생태학자 라운키에르는 식물의 겨울눈 위치에 따라 생활형을 분류하였다. 열대 지방은 겨울에도 따뜻하므로 겨울눈이 30 cm 이상인 지상에 존재하는 지상 식물이 많고, 날씨가 온화한 온대 지역에는 지표에 겨울눈이 있는 반지중 식물이 주로 발달해있다. 한대 지역은 겨울이 매우 추워 겨울눈이 얼어버릴 수 있으므로 지상보다 좀 더 따뜻한 땅속으로 겨울눈을 숨겨서 보관하는 지중 식물이 우세하게 나타나는 식이다.

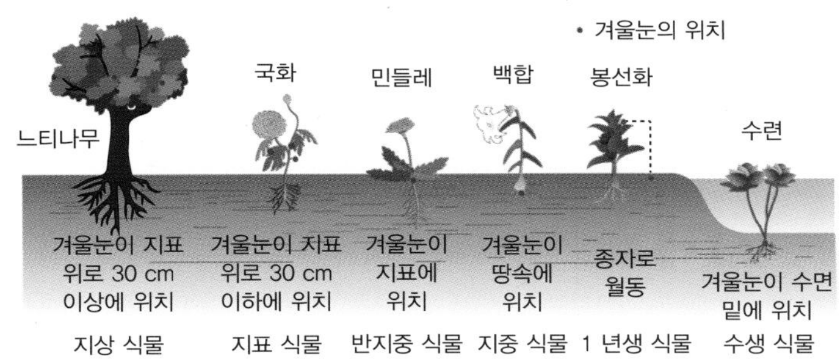

▲ 라운키에르의 식물의 생활형

● 토양에 일어나는 반작용
지렁이가 먹이를 얻기 위해 파는 굴은 토양에 공기를 통하게 해주어 생물이 살기 좋아진다.

● 생활형의 예

▲ 개구리

▲ 하마

▲ 악어

각기 다른 종이지만 비슷한 환경에서 비슷한 행동 양식을 보인다.

개념확인 4 정답 및 해설 68쪽

다음 생물과 환경에 대한 설명으로 옳은 것은 ○표, 옳지 않은 것은 ×표 하시오.

(1) 토양의 산성도는 식물의 성장과 관련이 없다. ( )

(2) 온실 기체 농도가 높아지면 지구 온난화가 가속된다. ( )

(3) 겨울눈이 땅속에 존재하는 식물이 많은 지역은 한대 지역일 가능성이 높다. ( )

확인+4

비슷한 환경에서 사는 서로 다른 종류의 생물이 모습이나 생활 양식 등에서 나타내는 공통적인 특징은 무엇인가?

( )

개념 다지기

01 다음 중 생태계에 대한 설명으로 옳지 않은 것은?

① 소비자는 스스로 유기물을 생산할 수 없다.
② 분해자가 분해한 무기물은 다시 사용할 수 없다.
③ 영국의 생물학자 탠슬리가 처음으로 사용한 용어이다.
④ 생산자는 광합성을 하여 무기물로부터 유기물을 합성한다.
⑤ 생태계의 환경 요인은 비생물적 요인과 생물적 요인이 있다.

02 다음 각 요소에 해당하는 생물을 찾아 기호로 쓰시오.

〈 보기 〉

ㄱ. 민들레	ㄴ. 젖소	ㄷ. 바닷물
ㄹ. 송이버섯	ㅁ. 호랑이	ㅂ. 전나무

(1) 생산자 : (　　　)　　(2) 1 차 소비자 : (　　　)
(3) 2 차 소비자 : (　　　)　　(4) 분해자 : (　　　)

03 다음은 생태계를 구성하는 요소들 간의 관계를 나타낸 것이다. 이에 대한 설명으로 옳지 않은 것을 고르시오.

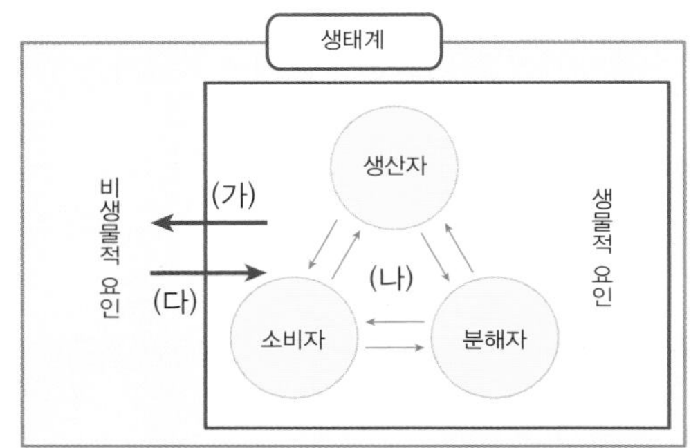

① (나) 는 상호 작용이다.
② 버섯은 생산자에 속한다.
③ 일조 시간이 식물의 개화에 영향을 미치는 것은 (다) 에 해당한다.
④ 지렁이가 먹이를 먹기 위해 토양에 굴을 파며 통기성을 높이는 것은 (가) 에 해당한다.
⑤ 고산 지대에 사는 사람들이 평지에 사는 사람보다 적혈구 수가 많은 것은 (다) 에 해당한다.

04 생물과 환경의 관계에 대한 설명으로 옳은 것은 ○표, 옳지 않은 것은 ×표 하시오.

(1) 빛의 세기가 커지면 커질수록 광합성량은 무한히 늘어난다. (　　　)
(2) 식물의 줄기가 빛이 비치는 방향으로 굽어 자라는 것을 굴광성이라 한다. (　　　)

05 식물의 길이 생장을 촉진하며 빛이 비치는 방향으로 굽어자라게 하는 식물 호르몬은?

( )

06 생물과 환경의 관계에 대한 설명으로 옳은 것은 ○표, 옳지 않은 것은 ×표 하시오..

(1) 계절에 따라 몸의 크기, 형태, 색이 달라지는 것을 계절형이라 한다. ( )

(2) 추운 지방에 사는 동물일수록 몸집이 작아지고 신체 말단 부위가 커진다. ( )

07 다음 중 생물과 환경의 관계에 대한 설명으로 옳지 <u>않은</u> 것을 고르시오.

① 물속이나 물 위에 사는 식물은 뿌리가 잘 발달해 있지 않다.
② 수분이 적은 곳에 사는 식물은 뿌리와 저수 조직이 발달하였다.
③ 곤충의 몸 표면은 키틴질의 껍데기로 덮여 있어 수분 증발을 막는다.
④ 낙타는 땀을 잘 흘리지 않고 농도가 진한 오줌을 배설하여 수분 손실을 최소화한다.
⑤ 산소가 부족한 고산 지대에 사는 사람은 평지에 사는 사람보다 적혈구 수가 적다.

08 다음은 생물이 비생물적 요인에 의해 영향을 받아 나타나는 현상이다.

〈 보기 〉

ㄱ. 가을이 되면 단풍이 들고 낙엽이 떨어진다.
ㄴ. 가을보리는 가을에 씨를 뿌린 후 추운 겨울을 지나야 봄에 씨앗을 맺는다.

〈보기〉 에서 생물에 영향을 미친 것과 동일한 환경 요인의 영향을 받아 나타나는 현상으로 옳은 것은?

① 건생 식물은 저수 조직과 뿌리가 발달하였다.
② 바다의 깊이에 따라 주로 서식하는 해조류의 종류가 다르다.
③ 뱀, 개구리를 비롯한 변온 동물들과 일부 포유류가 겨울잠을 잔다.
④ 동물성 플랑크톤은 밤에 수면 가까이 떠오르고 낮에는 깊은 곳으로 내려간다.
⑤ 특정한 방향으로 빛을 비추어 주었더니 식물이 빛이 비추는 쪽으로 굽어 자랐다.

유형 익히기 & 하브루타

[유형28-1] 생태계

다음은 생태계의 구성 요소에 대한 그림이다.

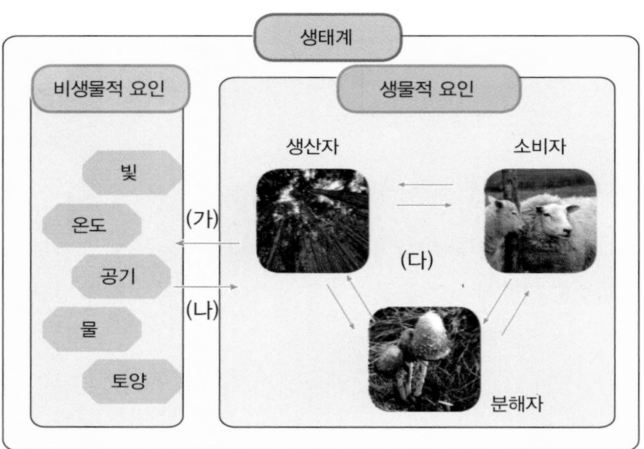

이에 대한 설명으로 옳은 것은 ○표, 옳지 않은 것은 ×표 하시오.

(1) (가) 는 반작용, (나) 는 작용, (다) 는 상호작용이다. ( )
(2) 빛 에너지를 이용하여 무기물로부터 유기물을 합성하는 생물은 분해자이다. ( )

01 다음 중 생태계에 대한 설명으로 옳지 않은 것은?

① 버섯은 분해자이다.
② 일조량이 식물의 광합성량에 영향을 주는 것은 작용이다.
③ 숲의 나무가 하천의 수량에 영향을 주는 것은 반작용이다.
④ 외래종의 도입으로 토착종의 종 수가 감소하는 것은 상호 작용이다.
⑤ 가을에 낮의 길이가 짧아지면 국화꽃이 개화하는 것은 반작용이다.

02 다음 설명에 옳은 것을 선택하시오.

(1) 이끼는 (생산자, 분해자)이다.
(2) 나무가 우거지면 (작용, 반작용)에 의해 숲은 어둡고 습해진다.
(3) 밝은 곳에 있는 식물은 어두운 곳에 있는 식물보다 잎이 (얇다, 두껍다)

[유형28-2] 생물과 환경의 관계 1

다음은 빛의 세기에 따른 광합성량을 나타낸 것이다.

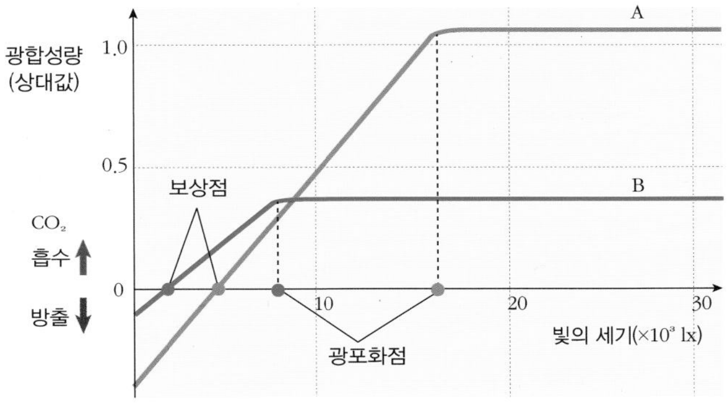

이에 대한 설명으로 옳은 것은 ○표, 옳지 않은 것은 ×표 하시오.

(1) 10000 lx 이하의 약한 빛에서 B 식물이 A 식물보다 잘 자란다. (　　)
(2) 빛의 세기가 크면 클수록 식물의 광합성량이 항상 늘어난다. (　　)

03 다음 중 식물의 광합성에 대한 설명으로 옳은 것만을 〈보기〉에서 있는 대로 고르시오.

〈 보기 〉

ㄱ. 호흡량은 빛의 세기에 따라 달라진다.
ㄴ. 총광합성량은 순광합성량과 호흡량을 합한 것이다.
ㄷ. 보상점 이하의 빛에서는 광합성이 일어나지 않는다.

(　　)

04 다음 설명에 해당하는 용어를 적으시오.

(1) 광합성량과 호흡량이 같을 때의 빛의 세기 (　　)
(2) 광합성량이 최대가 되는 최소한의 빛의 세기 (　　)

유형 익히기 & 하브루타

[유형28-3] 생물과 환경의 관계 2

다음 〈보기〉 는 생물이 비생물적 요인에 의해 영향을 받아 나타나는 여러 가지 현상이다.

〈 보기 〉

ㄱ. 파충류는 단단한 비늘로 피부를 감싼다.
ㄴ. 육상에 알을 낳는 조류와 파충류는 껍데기로 알을 감싼다.
ㄷ. 건조한 지역에 사는 캥거루쥐는 아주 소량의 농축된 오줌을 배설한다.

〈보기〉 와 같은 환경 요소의 영향을 받은 것을 고르시오.

① 사막에 사는 선인장은 잎이 가시처럼 변했다.
② 밝은 곳에 사는 식물의 잎이 어두운 곳에 사는 식물의 잎보다 두껍다.
③ 고도가 높은 곳에 사는 사람은 평지에 사는 사람보다 적혈구 수가 많다.
④ 동물성 플랑크톤은 낮에 수면에서 깊은 곳으로 내려가고 밤에 수면 가까이 떠오른다.
⑤ 봄에 태어난 호랑나비는 여름에 태어난 호랑나비보다 몸의 크기가 작고 색깔도 연하다.

05 각 현상이 어떤 비생물적 요인에 의해 나타난 것인지 〈보기〉 에서 고르시오.

〈 보기 〉

ㄱ. 빛의 세기　　ㄴ. 빛의 파장　　ㄷ. 일조 시간
ㄹ. 온도　　ㅁ. 공기　　ㅂ. 물

(1) 바다에서 서식하는 해조류는 홍조류가 녹조류보다 깊은 곳에서 서식할 수 있다. (　　　)

(2) 물위에 사는 수련은 뿌리가 거의 발달해 있지 않고 통기 조직이 발달해 있다. (　　　)

06 다음 중 생물이 비생물적 요인의 영향을 받아 나타나는 현상에 대한 설명으로 옳은 것은 ○표, 옳지 않은 것은 ×표 하시오.

(1) 음지 식물은 양지 식물보다 보상점과 광포화점이 높아 약한 빛에서도 잘 자란다. (　　　)

(2) 사막 여우는 북극 여우보다 몸집이 작고 말단 부위가 크다. (　　　)

[유형28-4] 생물과 환경의 관계 3

다음 그림은 라운키에르가 식물의 겨울눈의 위치에 따라 생활형을 분류한 것이다.

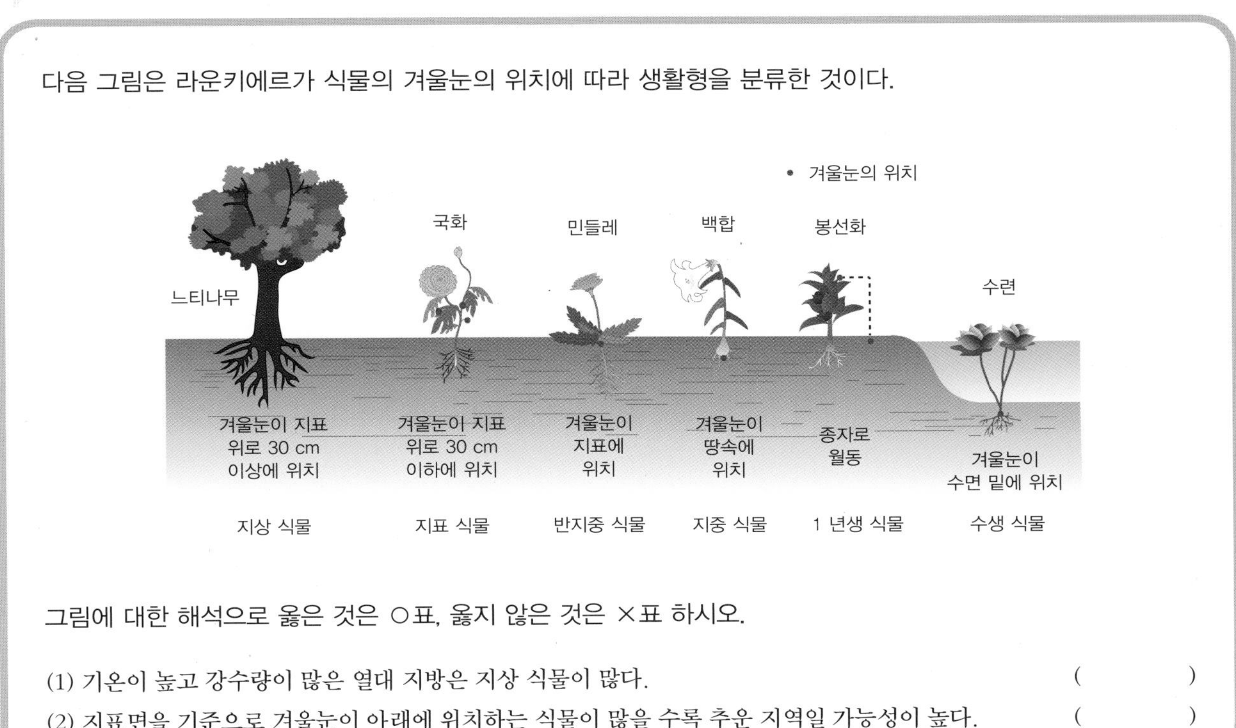

그림에 대한 해석으로 옳은 것은 ○표, 옳지 않은 것은 ×표 하시오.

(1) 기온이 높고 강수량이 많은 열대 지방은 지상 식물이 많다. (　　　)

(2) 지표면을 기준으로 겨울눈이 아래에 위치하는 식물이 많을 수록 추운 지역일 가능성이 높다. (　　　)

07 다음 중 라운키에르가 겨울눈의 위치에 따라 구분한 식물의 생활형이 아닌 것은?

① 지상 식물 ② 수생 식물 ③ 반지중 식물
④ 1년생 식물 ⑤ 다년생 식물

08 다음 중 생활형에 대한 설명으로 옳은 것은 ○표, 옳지 않은 것은 ×표 하시오.

(1) 서로 다른 종이 비슷한 환경에 적응하면서 갖게 된 공통적인 형태나 생활 방식을 말한다. (　　　)

(2) 개구리, 악어, 하마가 수면 위로 눈과 콧구멍을 내놓는 생활 방식은 종의 유사성 때문이다. (　　　)

(3) 생활형을 연구하는 것은 생물의 형태와 생활 방식을 통해 그 서식 지역의 생활 조건을 간접적으로 알 수 있기 때문이다. (　　　)

창의력&토론마당

01 다음 그림은 식물이 빛 쪽으로 굽어 자라는 성질을 확인하기 위해 귀리의 자엽초를 이용한 실험이다. 다음의 물음에 답하시오.

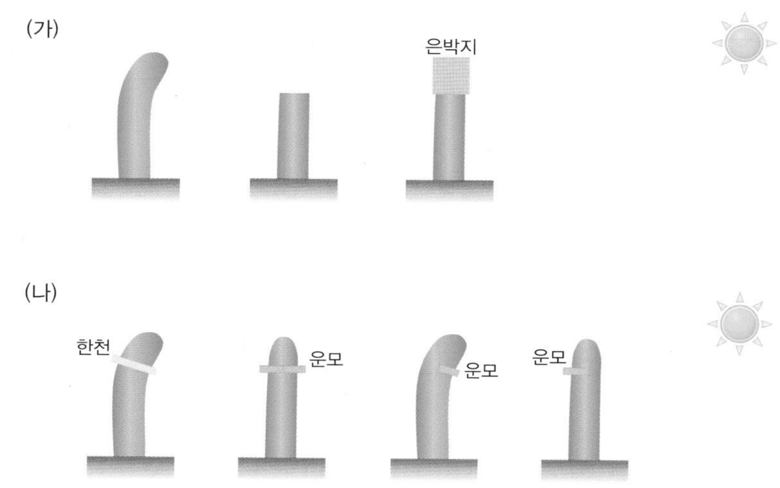

(1) 이것은 식물 생장 촉진 호르몬 중 옥신이라는 물질에 대한 실험이다. (가) 실험에서 유추할 수 있는 옥신의 성질을 서술하시오.

(2) 한천은 우뭇가사리라는 해조류를 주재료로 만든 것으로 액체를 통과시킬 수 있으나 운모는 광물의 한 종류로 액체를 통과시킬 수 없다. 이때 (나) 실험에서 유추할 수 있는 옥신의 특성에 대해 서술하시오.

02

다음은 사철나무의 연간 삼투압 변화와 탄수화물 함량 변화 그래프이다. 물음에 답하시오.

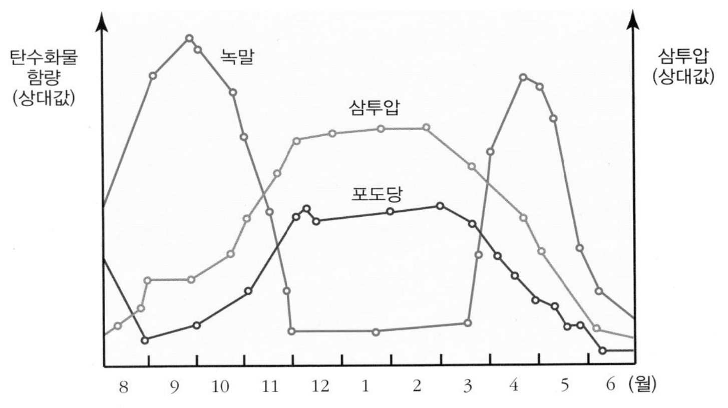

(1) 사철나무의 삼투압이 높아지는 이유를 그래프를 근거로 서술하시오.

(2) 사철나무는 겨울에도 푸른 잎을 지니고 있는 상록수이다. 왜 그럴 수 있는지 그래프를 근거로 서술하시오.

03

다음은 지구 생태계에서 연평균기온과 강수량에 따른 생물들의 분포를 나타낸 그래프이다.

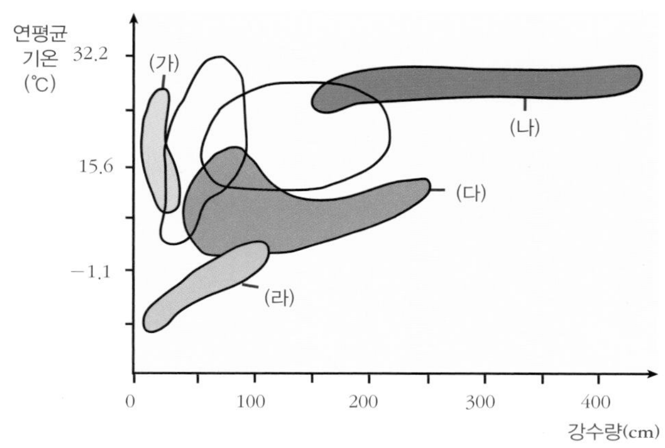

(1) 이에 대한 설명으로 옳은 것만을 〈보기〉 에서 골라 쓰시오.

〈 보기 〉

ㄱ. (라) 에는 온도가 높고 수분이 풍부하므로 농업에 적합하다.
ㄴ. (다) 에는 건조하고 겨울이 춥고 길기 때문에 침엽수림이 발달하고 두꺼운 털을 가진 포유류가 서식한다.
ㄷ. (가) 에는 저수 조직이 발달한 다육 식물 등이 주로 분포한다.

(   )

(2) 다음 사진 속 여우들의 서식지로 가장 적합한 곳을 골라 쓰고, 그 이유에 대해 서술하시오.

(   ) (   )

04

다음 그림은 단일 식물과 장일 식물의 개화를 나타낸 그림이다. 물음에 답하시오

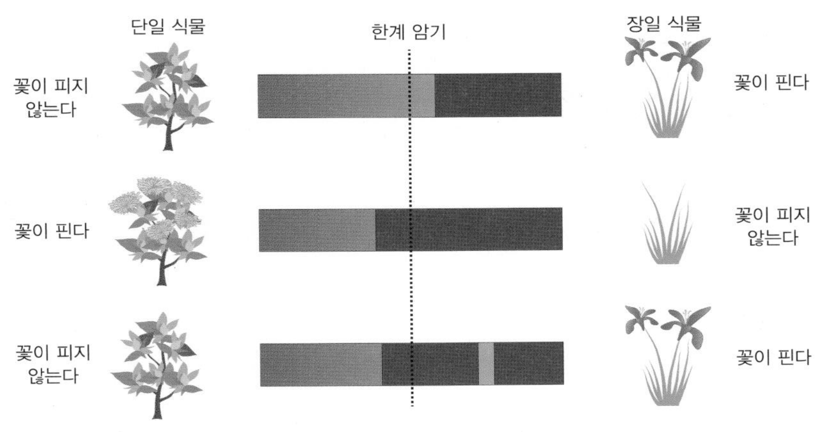

(1) 단일 식물이 꽃이 피는 조건을 설명하시오.

(2) 장일 식물이 꽃이 피는 조건을 설명하시오.

(3) 식물의 개화에 영향을 끼치는 조건은 무엇인가?

스스로 실력 높이기

01 어느 지역에서 생물과 이를 둘러싸고 있는 환경이 밀접한 관계를 맺으며 하나의 계를 이루는 것을 무엇이라 하는가?

( )

02 특정한 환경 요인에 대하여 생존 가능한 범위는 무엇이라 하는가?

( )

03 계절 변화에 따른 일조 시간의 변화나 낮, 밤의 변화에 의해 생물의 행동이 달라지는 현상을 무엇이라 하는가?

( )

04 낮이 길어지고 밤이 짧아질 때 꽃을 피우는 식물은 무엇인가?

( )

05 계절에 따라 몸의 크기, 형태, 색이 달라지는 현상은 무엇인가?

( )

06 식물이 빛 쪽을 향해 굽어 자라는 현상을 무엇이라 하는가?

( )

[07-08] 다음은 생태계 구성 요소 간의 관계이다.

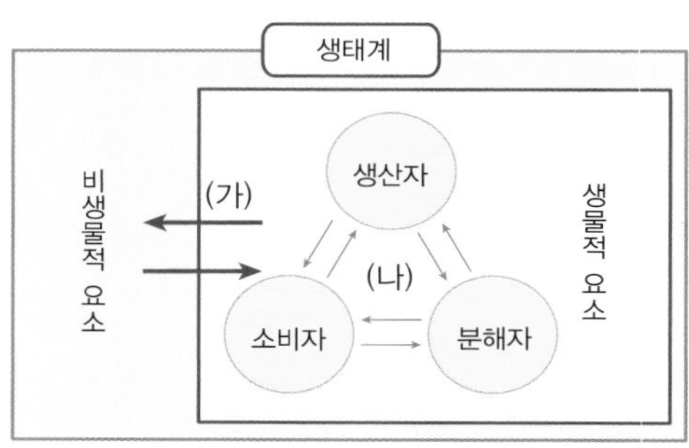

07 (가)와 (나)의 구성 요소 간의 관계로 옳게 이어진 것을 고르시오.

① (가) : 작용, (나) : 반작용
② (가) : 작용, (나) : 상호 작용
③ (가) : 반작용, (나) : 상호 작용
④ (가) : 반작용, (나) : 작용
⑤ (가) : 상호작용, (나) : 반작용

08 다음 생물과 환경의 관계에 해당하는 것을 (가)와 (나) 중에서 선택하여 적으시오.

(1) 식물의 낙엽이 쌓여 토양이 비옥해진다. ( )

(2) 토끼풀의 개체수가 증가하면 토끼의 개체수도 증가한다. ( )

09 생물과 환경의 관계에 대한 설명으로 옳은 것은 ○표, 옳지 않은 것은 ×표 하시오.

(1) 양지 식물은 음지 식물보다 보상점과 광포화점이 높아 강한 빛에서 더 잘 자란다. ( )

(2) 수생 식물은 물을 흡수하는 뿌리와 물을 저장하는 저수 조직이 발달되어 있다. ( )

10 비슷한 환경에서 사는 서로 다른 종류의 생물이 모습이나 생활 양식 등에서 나타내는 공통적인 특징을 무엇이라고 하는가?

( )

B

11 다음 〈보기〉 중 생산자, 소비자, 분해자에 해당하는 기호를 고르시오.

〈 보기 〉

ㄱ. 토양　　ㄴ. 곰팡이　　ㄷ. 벼
ㄹ. 빛　　ㅁ. 공기　　ㅂ. 호랑이

(1) 생산자 (　　　)
(2) 소비자 (　　　)
(3) 분해자 (　　　)

12 풀을 먹고 사는 메뚜기는 개구리에게 먹히고, 개구리는 뱀에게 먹힌다. 다음 중 개구리가 해당하는 단계는?

① 생산자　② 분해자　③ 1 차 소비자
④ 2 차 소비자　⑤ 3차 소비자

13 다음 중 온도에 따른 생물의 적응 현상으로 옳지 <u>않은</u> 것은?

① 개구리, 뱀 등의 동물은 겨울잠을 잔다.
② 온대 활엽수는 가을에 잎을 떨어뜨린다.
③ 기온이 낮아지면 식물 세포는 삼투압을 낮게 유지한다.
④ 가을보리는 어린 싹이 추운 겨울을 보내야 결실을 맺는다.
⑤ 북극 여우는 사막 여우에 비해 몸집이 크고 말단 부위가 작다.

14 다음은 수심에 따른 해조류의 분포이다. 해조류의 분포에 영향을 미치는 환경 요인은?

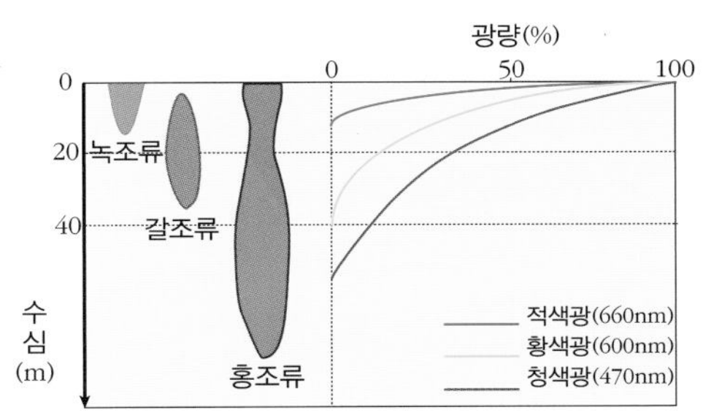

① 빛의 세기　② 빛의 파장　③ 수온
④ 일조 시간　⑤ 산소 농도

15 아래 그림은 어떤 나무에 있는 잎 (가) 와 (나) 의 단면을 나타낸 것이다. 잎 (가) 와 (나) 는 각각 양엽과 음엽 중 하나이다.

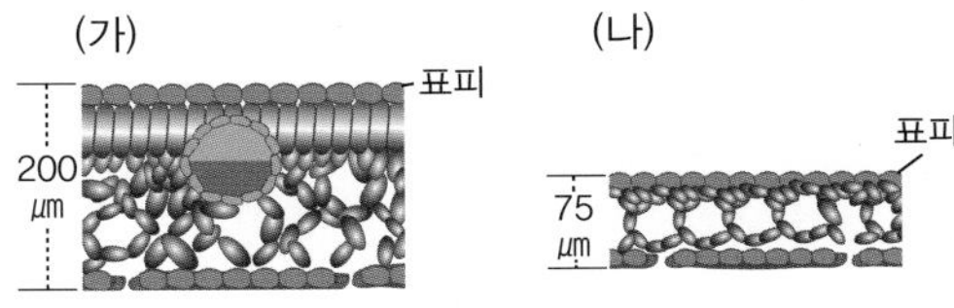

이에 대한 설명으로 옳지 <u>않은</u> 것은?

① (가) 는 양엽, (나) 는 음엽이다.
② (나) 는 (가) 보다 보상점이 낮다.
③ (가) 는 (나) 보다 약한 빛에서 더 잘 자란다.
④ (가) 는 (나) 보다 울타리 조직이 더 발달했다.
⑤ (나) 는 이 나무에서 빛을 잘 받지 못하는 아래쪽에 있다.

16 다음은 각기 다른 지역에서 서식하는 두 종류의 여우에 대해 조사한 자료이다.

구분	(가)	(나)
몸길이	36 ~ 41 cm	50 ~ 60 cm
몸무게	1 ~ 1.5 kg	2.5 ~ 9 kg
생김새		

위에 대한 설명으로 옳은 것은?

① (가) 는 (나) 보다 추운 지방에 서식한다.
② (가) 와 (나) 는 베르그만의 법칙을 따라 적응했다.
③ (가) 와 (나) 의 모습은 빛의 영향을 받아 적응한 것이다.
④ 습한 지방에 사는 동물일수록 (가) 와 비슷한 모습이다.
⑤ (나) 는 (가) 보다 열을 외부로 빠르게 방출하는 데 유리하다.

17 다음 중 같은 환경 요인의 영향으로 일어나는 적응을 모두 고르시오.

① 파충류 등의 변온 동물은 겨울잠을 잔다.
② 낮이 짧아지는 가을이 되면 국화가 개화한다.
③ 곤충류는 키틴질의 외골격으로 피부를 감싼다.
④ 양지 식물과 음지 식물은 보상점과 광포화점이 각각 다르다.
⑤ 고산 지대의 사람은 평지의 사람보다 적혈구 수가 많다.

18 다음은 동물의 질소 노폐물 배출에 대한 설명이다.

> 암모니아는 독성이 있기 때문에 육상 동물은 질소 노폐물을 독성이 적은 요소의 형태로 전환시켜 배설한다. 조류, 곤충류, 대부분의 파충류 등은 물에 잘 녹지 않고 작은 결정체 모양의 요산의 형태로 배설하여 요소를 배설할 때 소모되는 수분의 손실을 최대한 막는다.
> 물이 많은 곳에 사는 동물은 주로 암모니아의 형태로 질소 노폐물을 배설한다. 암모니아는 물에 잘 녹고 세포막을 통해 빠르게 확산되기 때문에 수중 동물은 질소 노폐물을 암모니아의 형태로 주위의 물속으로 확산시켜 빠르게 배설한다.

이것과 관련이 깊은 환경 요인은 무엇인가?

① 빛　② 온도　③ 수분
④ 토양　⑤ 일조 시간

19 다음은 단일 식물인 코스모스를 실험군 5 가지로 분류하여 재배하면서 그림과 같이 명기와 암기의 길이를 다르게 처리한 실험이다.

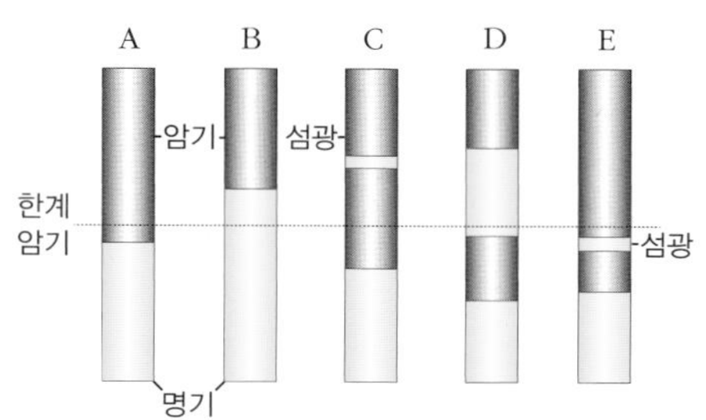

이 그림에서 개화하는 실험군을 옳게 짝지은 것은?

① A, E　② B, D　③ C, E
④ A, B, D　⑤ C, D, E

20 다음 생태계의 구성 요소들 사이의 관계에 대한 설명 중 영향을 주는 쪽이 다른 것은?

① 개구리와 곰이 겨울잠을 잔다.
② 빛의 방향에 따라 식물이 굽어 자란다.
③ 계절이 바뀌면 동물들이 털갈이를 한다.
④ 산의 높이에 따라 식물 군락의 종류가 달라진다.
⑤ 개미는 진딧물로부터 먹이를 얻고, 무당벌레로부터 진딧물을 보호해준다.

C

21 다음 그림은 사철나무의 연간 삼투압 변화를 나타낸 그래프이다.

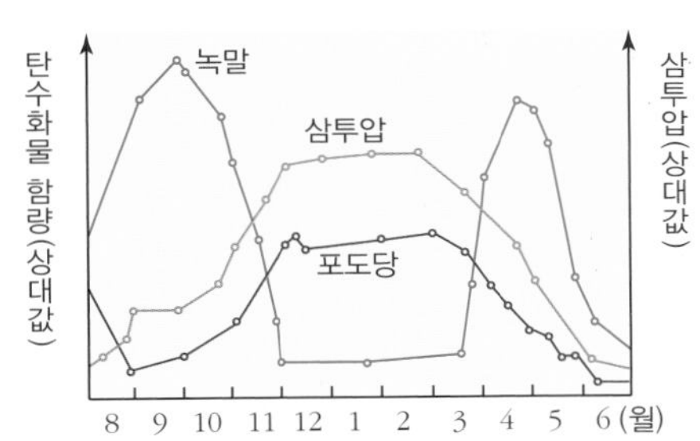

위와 같은 요인의 영향을 받은 것은?

① 수심에 따른 해조류의 분포가 다르다.
② 봄이 다가올 때 토끼풀이 개화한다.
③ 옥수수는 약한 산성 토양에서 더 잘 자란다.
④ 철새는 계절에 따라 적합한 환경을 찾아 이동한다.
⑤ 개구리밥은 뿌리가 거의 발달해 있지 않고 통기 조직이 발달되어 있다.

22 다음은 라운키에르의 겨울눈의 위치에 따른 식물의 생활형 분류이다.

위에 대한 설명으로 옳은 것만을 〈보기〉에서 있는 대로 고른 것은?

〈 보기 〉

ㄱ. 지상 식물이 많은 곳은 따뜻할 가능성이 높다.
ㄴ. 한대 지역에서는 지중 식물과 반지중 식물이 우세하게 나타난다.
ㄷ. 식물의 생활형을 알아봄으로써 지역의 기후 조건을 추측할 수 있다.

① ㄱ ② ㄴ ③ ㄷ
④ ㄴ, ㄷ ⑤ ㄱ, ㄴ, ㄷ

23 그림은 양지 식물과 음지 식물의 광합성량에 대해 나타낸 그래프이다. 이에 대한 설명으로 옳지 않은 것은?

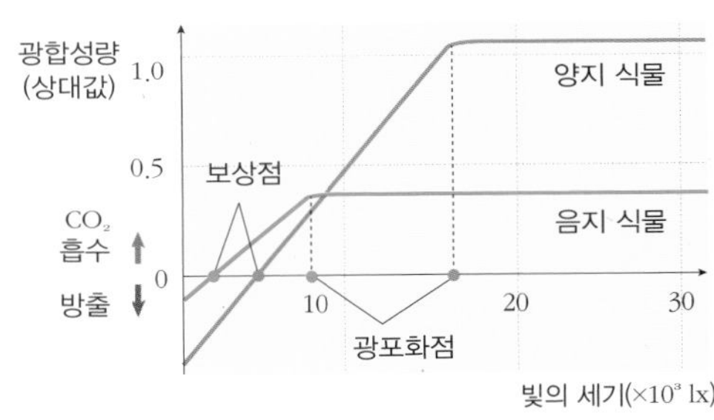

① 양지 식물은 음지 식물보다 보상점이 높다.
② 음지 식물은 양지 식물보다 광포화점이 낮다.
③ 보상점 이하의 빛에서는 광합성이 일어나지 않는다.
④ 광포화점 이상에서는 광합성량이 늘어나지 않는다.
⑤ 순광합성량은 총광합성량에서 호흡량을 뺀 값이다.

스스로 실력 높이기

24 그림은 계절에 따라 몸의 크기, 형태, 색이 달라지는 호랑나비에 대한 그림이다.

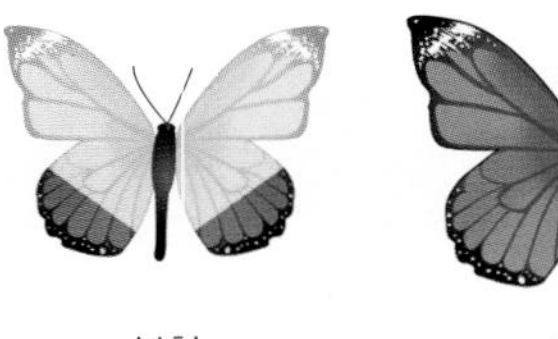

위에 대한 설명으로 옳은 것만을 〈보기〉에서 있는 대로 고른 것은?

〈 보기 〉

ㄱ. 번데기 시절의 빛의 세기와 관련이 있다.
ㄴ. 봄형이 여름형보다 색이 옅고 크기가 작다.
ㄷ. 물벼룩도 같은 이유로 여름형이 크고 겨울형이 작다.

① ㄱ ② ㄴ ③ ㄷ
④ ㄴ, ㄷ ⑤ ㄱ, ㄴ, ㄷ

25 다음은 정온 동물의 몸집과 형태에 대한 법칙이다.

· 베르그만의 법칙 : 추운 지방으로 갈수록 동물의 몸집이 커지는 경향이 있다.
· 알렌의 법칙 : 추운 지방으로 갈수록 동물의 말단 부위가 작아지는 경향이 있다.

주어진 법칙에 맞게 옳은 것을 고르시오.

(1) 사막 여우는 북극 여우보다 귀가 (크다 / 작다)
(2) 북극곰은 열대 지방의 곰보다 몸집이 (크다 / 작다)

26 오른쪽 그림은 사막에 사는 낙타의 모습을 나타낸 것이다. 낙타는 매우 진한 농도의 오줌을 배설하고 혹에 지방을 저장해두고 필요할 때 분해하여 수분과 영양분을 사용한다. 이와 동일한 환경 요인에 영향을 받아 적응한 예를 고르시오.

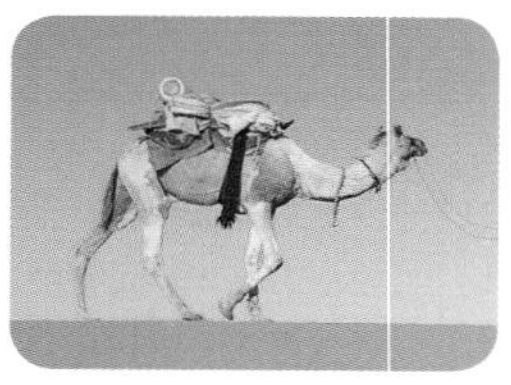

① 식물은 빛이 비치는 쪽으로 굽어 자란다.
② 낙엽수는 가을에 단풍이 들고 낙엽이 진다.
③ 단일 식물은 밤의 길이가 길어지는 가을에 개화한다.
④ 철새는 계절에 따라 살기에 적당한 장소로 이동한다.
⑤ 건생 식물은 뿌리가 잘 발달해 있고 저수 조직이 발달되어 있다.

심화

27 그림은 생태계의 구성 요소간의 관계를 나타낸 것이다.

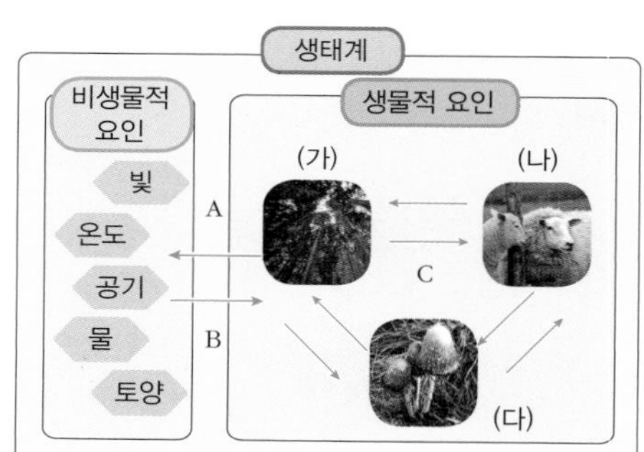

위에 대한 설명으로 옳은 것만을 〈보기〉에서 있는 대로 고른 것은?

〈 보기 〉

ㄱ. 지의류에 의해 바위의 토양화가 촉진되는 것은 A 에 해당한다.
ㄴ. 지렁이에 의해 토양의 통기성이 높아지는 것은 C 에 해당한다.
ㄷ. 흐린 날이 이어져 식물이 성장하지 못하는 것은 B 에 해당한다.

① ㄱ ② ㄴ ③ ㄷ
④ ㄱ, ㄷ ⑤ ㄱ, ㄴ, ㄷ

28 다음 그림은 남아메리카의 다양한 펭귄의 크기와 무게, 서식 분포도이다.

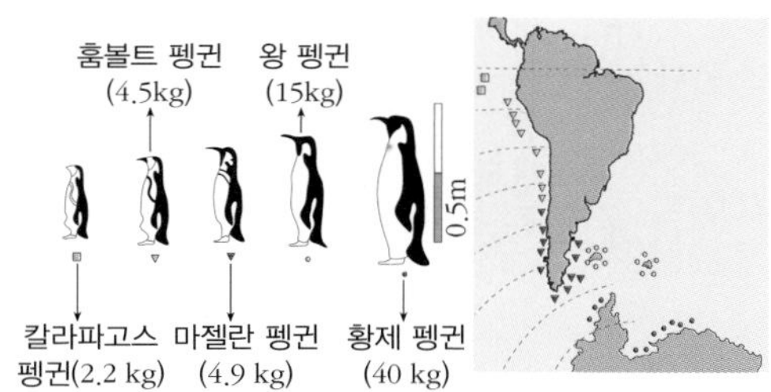

위에 대한 설명으로 옳은 것만을 〈보기〉 에서 있는 대로 고른 것은?

〈 보기 〉

ㄱ. 펭귄의 크기 차이는 온도에 대한 적응의 결과이다.
ㄴ. 부피에 대한 표면적의 비가 클수록 추위에 유리하다.
ㄷ. 낙엽수가 낙엽을 떨어뜨리는 것은 위와 같은 환경 요인에 적응한 결과이다.

① ㄱ ② ㄴ ③ ㄷ
④ ㄱ, ㄷ ⑤ ㄱ, ㄴ, ㄷ

29 표는 빛의 세기에 따른 식물의 광합성량을 단위 시간당 CO_2 출입량으로 나타낸 것이다.

빛의 세기 ($\times 10^3$ lx)

빛의 세기	0	0.5	1	2	3
CO_2 출입량	+15	0	−10	−20	−20

+ : CO_2 방출 − : CO_2 흡수

이에 대한 설명으로 옳은 것을 모두 고르시오.

① 이 식물의 호흡량은 15 이다.
② 이 식물의 보상점은 500 lx 이다.
③ 빛의 세기가 커질 수록 광합성량이 커진다.
④ 500 lx 일 때 식물에서 광합성이 일어나지 않는다.
⑤ 4000 lx 일 때 광합성량은 3000 lx 일 때 광합성량과 같다.

30 다음은 육상에 서식하는 동식물의 적응도를 나타내기 위해 활용할 수 있는 지표이다. 이 지표들은 무슨 요인에 대한 적응도를 나타내는가? 그 이유는 무엇인가?

(가) 오줌의 농도

(나) $\dfrac{\text{뿌리의 질량}}{\text{식물체의 총 질량}}$

29강. 개체군과 군집

1. 개체군 1

(1) 개체군의 밀도

① **개체군** : 한 지역에서 함께 생활하는 동일한 종에 속하는 개체들의 모임을 말한다.
② **개체군의 밀도** : 일정한 공간에 서식하는 개체군의 개체 수로, 출생과 이입에 의해 증가하고, 사망과 이출에 의해 감소한다.

$$\text{개체군의 밀도(D)} = \frac{\text{개체군 내의 개체 수(N)}}{\text{개체군의 생활하는 공간의 면적(S)}}$$

(2) 개체군의 생장 곡선 : 개체군 내의 개체수 변화를 시간에 따라 그래프로 나타낸 것이다.

① **이론적 생장 곡선(J 자 모양)** : 개체가 생식 활동에 아무런 제약을 받지 않고 계속 생식할 경우에 개체 수는 기하급수적으로 늘어날 것이지만 이론상으로만 가능한 곡선이다.
② **실제 생장 곡선(S 자 모양)** : 개체군의 밀도가 높아지면 환경 저항도 증가하여 개체의 생식 활동이 점점 줄어들고, 일정한 수를 유지하게 되는 S 자 모양의 생장 곡선이 나타난다.

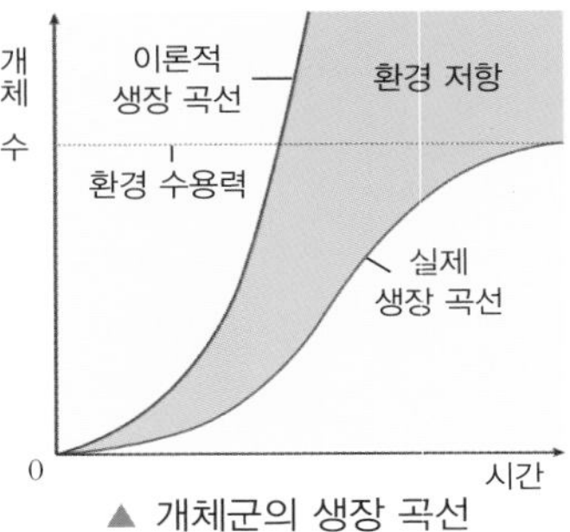

▲ 개체군의 생장 곡선

③ **개체군의 생장률** $= \dfrac{\text{증가한 개체 수}}{\text{단위 시간}}$ = 생장 곡선의 기울기

- 환경 저항과 환경 수용력
  - 환경 저항 : 개체군의 성장을 억제하는 요인으로 먹이 부족, 생활 공간 부족, 노폐물 증가, 천적과 질병의 증가 등이 있다.
  - 환경 수용력 : 한 서식지에 서식할 수 있는 최대 개체 수이다.

(3) 개체군의 생존 곡선 : 출생한 일정 수의 개체에 대해 살아남은 개체 수를 시간 경과에 따라 그래프로 나타낸 것이다.

① Ⅰ **형(사람형)** : 자손을 적게 낳고 어릴 때는 부모의 보호를 받으므로 초기 사망률이 낮고, 노년에 사망률이 높다. 예 사람, 코끼리 등의 대형 포유류
② Ⅱ **형(히드라형)** : 수명에 관계없이 사망률이 일정하여 개체 수가 일정하게 감소한다. 예 다람쥐, 야생 토끼, 히드라 등
③ Ⅲ **형(굴형)** : 아주 많은 수의 알을 낳지만 어릴 때 많이 잡아먹히고 일부만이 생식 가능한 시기까지 살아남으므로 초기 사망률이 높다.
예 굴, 물고기 등

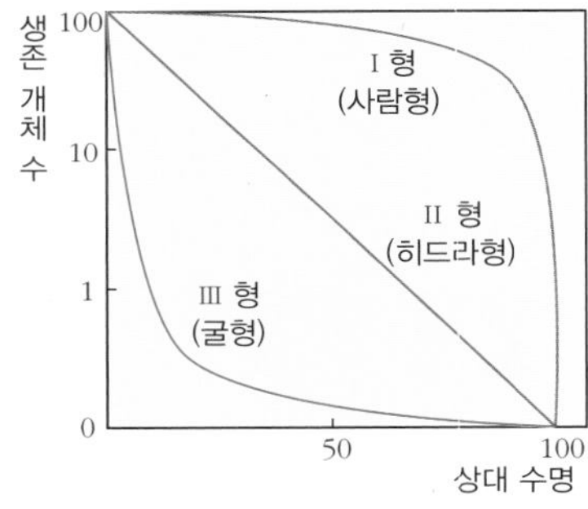

▲ 개체군의 생존 곡선

- 개체군의 생존 곡선
  기존 생존 곡선의 세로축을 생존 개체 수 대신 사망률로 바꾸면 아래와 같다.
  사망률 / Ⅱ 형 / Ⅲ 형 / Ⅰ 형 / 상대 수명

개념확인 1

다음 괄호 안에 들어갈 알맞은 단어를 적으시오.

(1) (　　　　)이란 한 지역에서 생활하는 동일한 종의 개체들로 이루어진 집합이다.
(2) 개체군의 생장 곡선은 이론적으로는 J 자 모양으로 증가해야하지만 (　　　　)으로 인해 실제로는 S 자 모양의 생장 곡선을 이룬다. 이때 증가할 수 있는 개체 수의 최댓값을 (　　　　)이라 한다.

확인+1

다음 생존 곡선에 대한 설명으로 옳은 것은 ○표, 옳지 않은 것은 ×표 하시오.

(1) Ⅰ 형은 Ⅱ 형보다 초기 사망률이 높다. (　　)
(2) 생존 곡선의 세 유형 중 사람의 생존 곡선과 가장 가까운 유형은 Ⅰ 형이다. (　　)

2. 개체군 2

(4) 개체군의 연령 분포

① **연령 분포** : 개체군 내에서 나이(연령)에 따른 개체 수를 나타낸 것이다.

② **연령 피라미드** : 한 개체군을 이루는 개체들의 나이를 모두 조사하여 적은 나이(연령)부터 차례로 쌓아서 만든 것이다. 생식 전 연령 비율을 보면 미래 개체군의 크기 변화를 짐작할 수 있다.

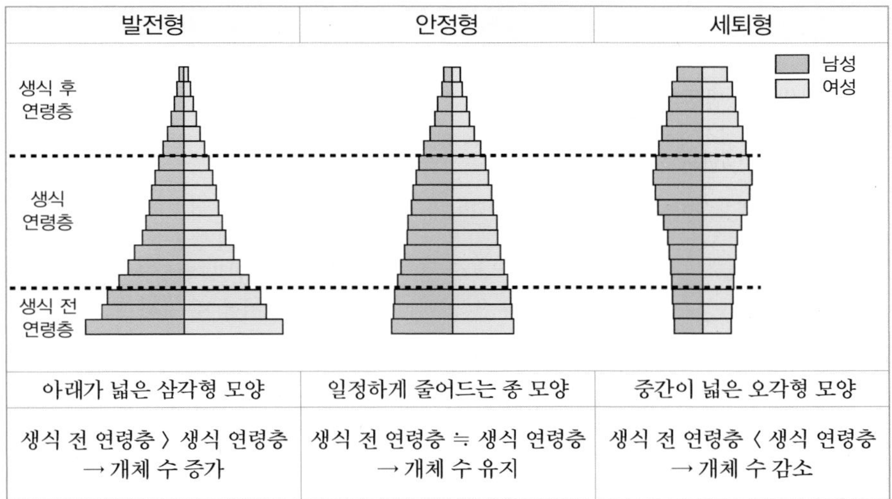

발전형	안정형	세퇴형
아래가 넓은 삼각형 모양	일정하게 줄어드는 종 모양	중간이 넓은 오각형 모양
생식 전 연령층 〉 생식 연령층 → 개체 수 증가	생식 전 연령층 ≒ 생식 연령층 → 개체 수 유지	생식 전 연령층 〈 생식 연령층 → 개체 수 감소

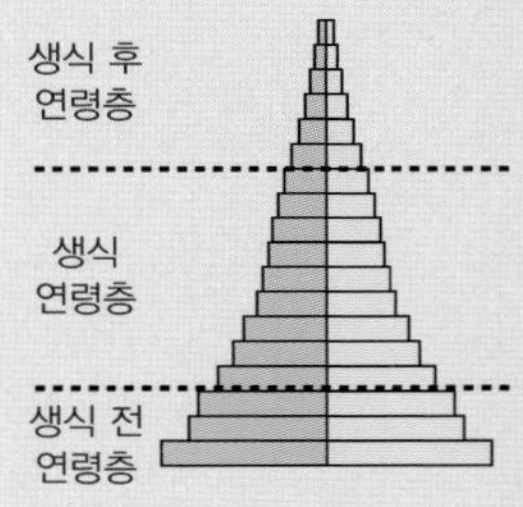

· 밑변 : 개체 수
· 높이 : 연령 분포

(5) 개체군의 주기적 변동

① **계절에 따른 변동, 1 년 주기의 단기적 변동** : 식물성 플랑크톤인 돌말은 계절에 따라 개체수가 변동한다. 빛의 세기가 강하고, 수온이 높고, 영양 염류가 풍부한 이른 봄에 잘 번식하다가, 늦은 봄에는 영양 염류가 너무 적어 개체군 밀도가 급격하게 감소하고, 초가을에는 축적된 영양 염류를 이용하여 돌말 개체군의 밀도가 약간 증가하지만 늦가을에 빛의 세기와 수온이 낮아져 밀도가 다시 감소하는 등 1 년을 주기로 밀도가 변동한다. 비슷한 예로는 물고기의 회귀, 철새의 이동 등이 있다.

② **먹이 관계에 따른 변동, 수년 주기의 장기적 변동** : 동물의 밀도는 환경 요인보다 먹이 관계의 영향을 많이 받으므로 수년 주기로 변동한다. 캐나다의 눈신토끼와 스라소니는 피식자와 포식자의 관계이며 피식자(눈신토끼)의 수가 늘어나면 포식자(스라소니)의 수도 늘어나고, 포식자의 수가 늘어나면 피식자의 수가 줄어드는 등 10 년 주기로 개체 수가 변동한다.

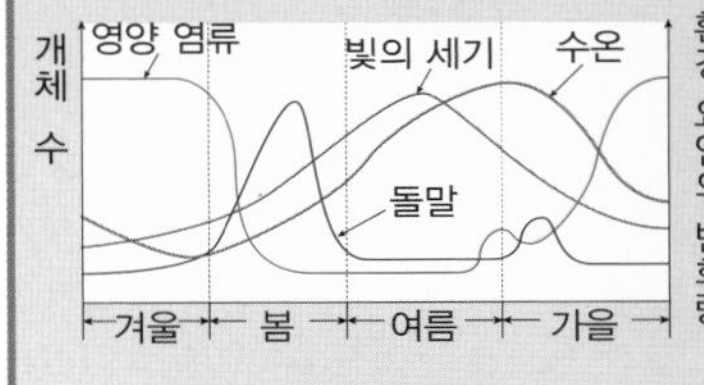

▲ 돌말 개체군의 계절적 변동

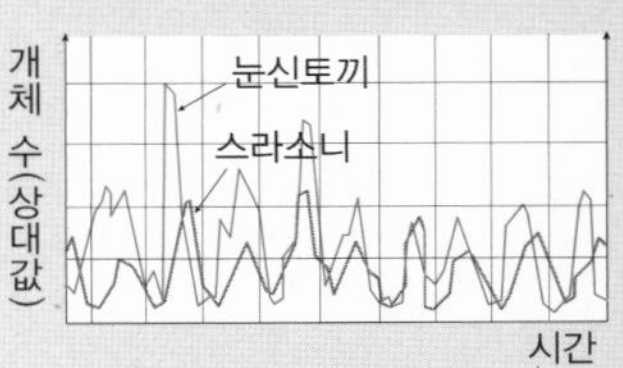

▲ 눈신토끼(피식자)와 스라소니(포식자)의 개체 수 변동

개념확인 2 — 정답 및 해설 72쪽

다음 설명에 해당하는 연령 피라미드의 유형을 적으시오.

(1) 생식 전 연령층의 비율이 높으며 시간이 흐르면 개체 수가 증가할 것이다. (　　　　)

(2) 생식 전 연령층의 비율이 낮으며 시간이 흐르면 개체 수가 감소할 것이다. (　　　　)

(3) 생식 전 연령층에서 생식 후 연령층으로 갈수록 개체 수가 일정하게 줄어들면 개체 수가 유지될 것이다. (　　　　)

확인+2

돌말은 1 년을 주기로 단기적인 개체 수 변동이 일어난다. 무엇에 따라 변하는가?

(　　　　)

미니사전

포식 [捕 잡다 食 먹다] 자 다른 동물을 먹이로 잡아 먹는 동물

피식 [被 당하다 食 먹다] 자 다른 동물에게 먹이로 잡아 먹히는 동물

3. 개체군 내의 상호 작용

(1) 개체군 내의 상호 작용 : 생물은 불필요한 경쟁을 피하기 위해 개체군 내의 질서를 유지하는 다양한 방법을 가지고 있다.

① **텃세(세력권)** : 생활 공간의 확보, 먹이 획득, 배우자 독점 등을 목적으로 일정한 생활 공간을 차지하고 다른 개체의 침입을 적극적으로 막는 것이다.
- 텃세권 : 텃세를 부리는 개체군이 이미 확보한 생활 공간이다.

예 물개, 은어, 까치

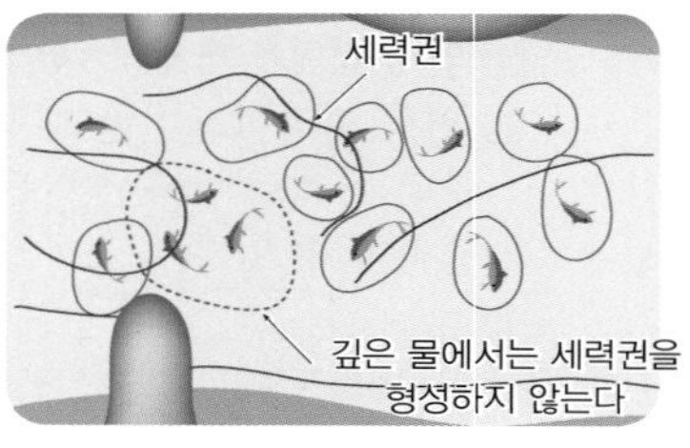

▲ 은어의 텃세(세력권)

② **순위제** : 개체군의 구성원 사이에서 힘의 서열에 따라 먹이나 배우자를 얻을 때 일정한 순위가 결정되는 것을 말한다.
- 매번 경쟁을 하지 않아도 되므로 불필요한 에너지 소비가 줄어든다.

예 닭, 큰뿔양

▲ 리더가 이동 방향을 정하는 기러기

③ **리더제** : 영리하고 경험 많은 한 마리의 개체가 리더가 되어 개체군의 행동을 지휘하는 것이다.
- 리더는 개체군을 위험으로부터 보호하고, 개체군 내 질서를 유지하며 개체군의 이동 방향을 결정하는 역할을 한다.
- 리더를 제외한 나머지 개체들 간에는 순위가 없다.

예 기러기, 늑대, 양

④ **사회생활(분업)** : 생식, 방어, 먹이 획득과 같은 역할에 대해 계급과 업무를 분담하여 생활하는 것이다.

예 꿀벌, 개미

⑤ **가족생활** : 혈연 관계의 개체들이 모여 공동으로 먹이를 구하고 새끼를 양육하는 것이다.

예 사자, 호랑이

구분	특징
텃세(세력권)	일정한 생활 공간을 차지하고 다른 개체의 침입을 적극적으로 막는 행동
순위제	개체들 사이에서 힘의 서열에 따라 먹이나 배우자를 획득하는 체제
리더제	한 개체가 리더가 되어 개체군을 이끄는 체제로 리더를 제외한 나머지 개체들 간에는 순위가 없다.
사회생활(분업)	개체들이 생식, 먹이 활동 등 계급과 업무를 분담하여 생활하는 체제
가족생활	혈연 관계의 개체들이 공동으로 먹이를 구하고 새끼를 양육하는 체제

▲ 개체군 내의 상호작용

개념확인 3

다음 설명에 알맞은 개체군 내의 상호 작용을 쓰시오.

(1) 우두머리 늑대가 늑대 무리의 사냥 시기와 사냥감 등을 정한다. (　　　)
(2) 사자는 새끼가 성장하여 독립할 때까지 어미와 새끼가 무리지어 생활한다. (　　　)
(3) 은어는 얕은 물에서 일정한 생활 공간을 차지하고, 다른 은어가 침입해오면 공격한다. (　　　)

확인+3

다음 중 생식, 방어, 먹이 획득과 같은 역할에 대해 계급과 업무를 분담하여 생활하는 생물은?

① 닭　② 양떼　③ 호랑이　④ 개미　⑤ 기러기

4. 군집 1

(1) 군집의 구성

① **먹이 사슬(먹이 연쇄)** : 개체군 사이의 먹고 먹히는 관계를 직선형으로 나타낸 것이다.

② **먹이 그물** : 여러 개의 먹이 사슬이 서로 얽혀서 복잡한 그물 모양을 이루는 것이다. 먹이 그물이 복잡할수록 환경 변화에 잘 대응할 수 있는 안정한 생태계가 된다.

③ **생태적 지위** : 먹이 지위와 공간 지위를 합한 것이다.

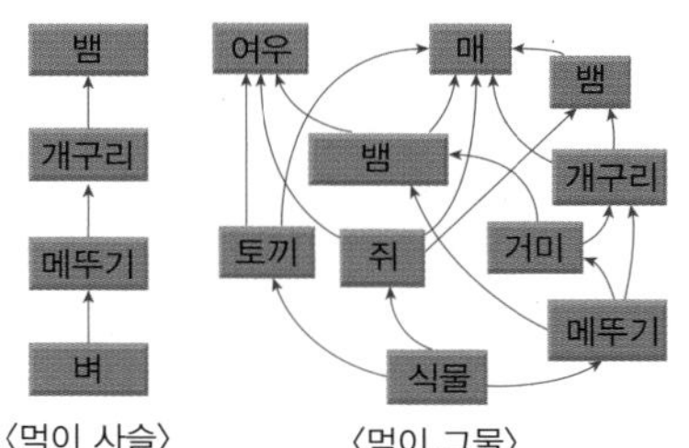

▲ 먹이 사슬과 먹이 그물

- 먹이 지위 : 먹이 사슬이나 먹이 그물에서 각 개체군이 차지하는 위치이다.
- 공간 지위 : 개체군이 생활하는 공간이다.
- 같은 지역에 살고(공간 지위), 비슷한 먹이를 먹는(먹이 지위) 생물일수록 생태적 지위가 비슷하다.

(2) 군집의 구조

① **군집의 종 구성**
- 우점종 : 군집의 성질을 결정하는데 가장 크게 기여하는 중요도가 가장 높은 종이다.
- 희소종 : 우점종보다 개체수가 극히 적은 종이다.
- 지표종 : 특정한 지역이나 환경에서만 볼 수 있는 종이다. 특정 환경을 구별하는 지표가 된다.

② **삼림의 층상 구조**
- 층상 구조 : 삼림과 같이 많은 식물 개체군들로 구성된 군락에서 군집이 수직으로 층이 뚜렷하게 나뉘는 것을 말한다. 높이에 따라 빛의 세기가 다르기 때문에 서로 다른 동식물 군집이 분포한다.

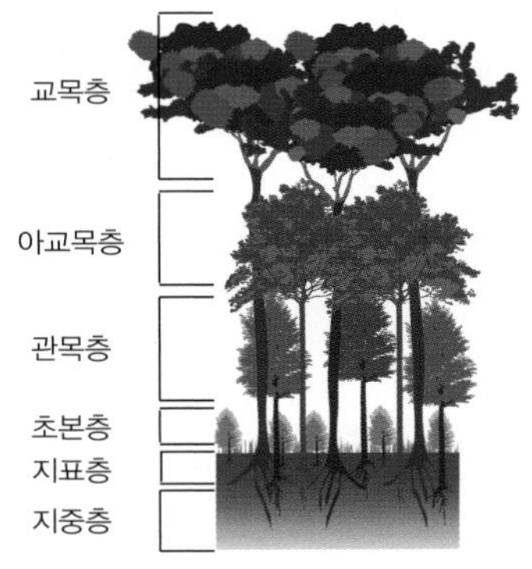

▲ 군집의 층상 구조

광합성층	교목층	광합성이 활발한 높이 8 m 이상의 층
	아교목층	교목층 아래 높이 2 ~ 8 m 인 층
	관목층	교목층 아래에 발달하며 관목의 가지와 잎이 펼쳐져 있는 층
	초본층	군락에서 초본 식물의 잎이 차지하는 층
선태층(지표층)		생산자인 선태류, 분해자인 균류, 소비자인 지네 등이 서식하는 층
지중층		부식질이 많고 균류, 세균류, 지렁이 등이 서식하는 층

개념확인 4 정답 및 해설 72쪽

다음 군집의 구성에 대한 설명으로 옳은 것은 ○표, 옳지 않은 것은 ×표 하시오.

(1) 먹이 그물이 단순할수록 안정한 생태계이다. ( )

(2) 개체군의 생태적 지위는 먹이 지위와 공간 지위를 합한 것이다. ( )

(3) 군집의 성질을 결정하는데 가장 크게 지여하는 개체군(종)을 지표종이라 한다. ( )

확인+4

군집의 층상 구조에서 부식질이 많고 균류나 세균류, 두더지, 지렁이 등이 서식하는 층은 무엇인가?

( )

방형구법을 이용한 우점종 조사
- 방형구 : 군집을 조사하기 위하여 친 특정한 테두리 안의 식물 군락 표본. 보통은 사각형이지만 원형도 있다.
- 방형구 내에 존재하는 종과 개체수를 조사한다.
- 밀도(개체/m^2) = 개체 수 / 단위 면적(m^2)
- 빈도(%) = (특정 종이 출현한 방형구 수 / 조사한 방형구 수) × 100
- 피도 = 특정 종이 점유하는 면적(m^2) / 총 면적
- 상대 밀도(%) = (특정 종의 개체수 / 조사한 모든 종의 개체수) × 100
- 상대 빈도(%) = (특정 종의 빈도 / 조사한 모든 종의 빈도) × 100
- 상대 피도(%) = (특정 종의 피도 / 조사한 모든 종의 피도) × 100
- 중요도 = 상대 밀도 + 상대 빈도 + 상대 피도
- 중요도가 제일 높으면 그 지역의 우점종이다.

대표적인 지표종
- 지의류 : 이산화 황의 오염 정도를 예측할 수 있다.
- 에델바이스 : 고도와 온도의 범위를 예측할 수 있다.

▲ 에델바이스

미니사전

교목 [喬 높다] 높이가 8 m를 넘는 나무

관목 [灌 더부룩이 나다] 높이 2 m 이내의 밑동에서부터 줄기가 갈라져 나는 나무

초본 [草 풀] 목질을 이루지 않는 식물

선태 [蘚 이끼] 관다발 조직이 발달되지 않은 식물

5. 군집 2

(3) 군집의 종류 : 군집은 주로 생산자인 식물 군집의 특성에 따라 구분하는데, 식물의 분포에 영향을 미치는 온도와 강수량에 따라서 크게 4 가지(삼림, 초원, 황원, 수계)로 구분된다.

구분	군집	특징
육상 군집	삼림	강수량 많고 기온이 높은 목본 식물 중심의 대표적 식물 군집 예 열대 우림, 상록 활엽수림, 낙엽 활엽수림, 침엽수림
	초원	강수량 적고 건조한 초본 식물 중심 군집 예 열대 초원(사바나), 온대 초원(프레리)
	황원	강수량이 매우 적고 바람이 강해 식물이 살기 어려운 군집 예 열대 사막, 온대 사막, 툰드라, 해안이나 하구의 사구
수상 군집		물속, 물가 등 물이 풍부한 지역에서 발달하는 군집 예 강, 호수, 늪, 바다

▲ 군집의 종류

(4) 생태 분포 : 환경 요인의 영향을 받아 형성된 군집의 분포이다.

① **수평 분포(위도)** : 위도에 따른 기온과 강수량의 차이에 의해 위도마다 다른 군집이 나타난다.

② **수직 분포(고도)** : 특정 지역에서 고도에 따른 기온의 차이에 의해 수직적으로 다른 군집이 나타난다.

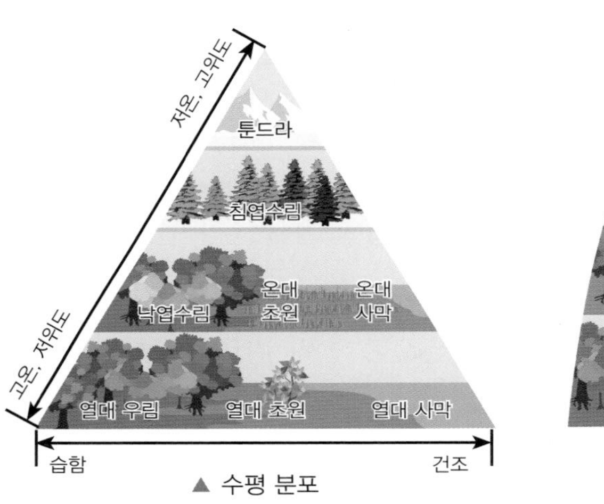

▲ 수평 분포

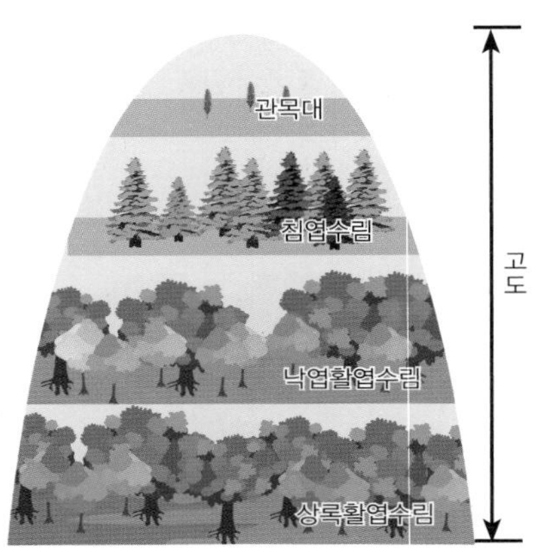

▲ 수직 분포

군집의 종류

▲ 열대 우림(삼림)

▲ 침엽수림(삼림)

▲ 사바나(초원)

▲ 프레리(초원)

▲ 사막(황원)

▲ 호수(수상 군집)

위도와 고도

· 위도 : 지구상에서 적도를 기준으로 북쪽 또는 남쪽으로 얼마나 떨어져 있는지 나타내는 기준

· 고도 : 평균 해수면을 0으로 하여 측정한 물체의 높이

개념확인 5

다음 괄호 안에 들어갈 알맞은 단어를 적으시오.

(1) 군집은 주로 (   )와(과) (   )에 따라서 크게 4 가지로 분류된다.

(2) 환경 요인의 영향에 따라 형성된 군집의 분포는 (   )라 하며, (   )와 수직 분포가 있다.

확인+5

무엇에 따른 기온의 차이로 인해 수직 분포가 생기는가?

(   )

6. 군집 내의 상호 작용

(1) 군집 내의 상호 작용

① **경쟁** : 생태적 지위가 비슷한 개체군이 먹이나 서식지를 두고 싸우는 것이다.
- 경쟁 배타 원리 : 경쟁이 심해지면 한 개체군만 살아남고 다른 개체군은 함께 살 수 없게 된다.

② **분서(나눠살기)** : 생태적 지위가 비슷한 개체군이 생활 공간이나 먹이, 활동 시간 등을 달리하여 경쟁을 피하는 것이다.
- 서식지 분리 : 같은 장소에서 부분적으로 생활 공간을 달리한다.
- 먹이 분리 : 먹이를 다르게 먹는다.

③ **포식과 피식** : 먹이 연쇄를 형성하여 서로의 개체 수 변동에 영향을 미친다. 피식자가 증가하면 포식자(천적)도 증가하고, 포식자가 증가하면 피식자가 감소하여 다시 포식자도 감소하는 과정이 주기적으로 반복된다.

④ **공생** : 두 종류의 개체군이 서로 밀접한 관계를 맺고 함께 살아가는 경우를 말한다.
- 상리 공생 : 두 종이 모두 이익을 얻는다.
- 편리 공생 : 한 종은 이익을 얻지만 다른 한 종은 이익도 손해도 없는 경우를 말한다.

⑤ **기생** : 한 생물이 다른 생물에 붙어살며 피해를 주는 경우를 말한다.
- 숙주 : 양분을 빼앗기거나 살아가는 공간을 내주는 등의 피해를 보는 생물을 뜻한다.

(2) 군집의 천이 : 군집에 살고 있는 우점종 식물의 시간에 따른 변화 과정을 천이라고 한다.

① **1 차 천이** : 토양이 형성되지 않은 맨땅이나 호수(빈영양호)에서 천이가 시작되는 경우를 말한다.
- 극상 : 가장 안정된 군집을 말한다. 모든 천이는 극상 상태를 향해 천이한다.

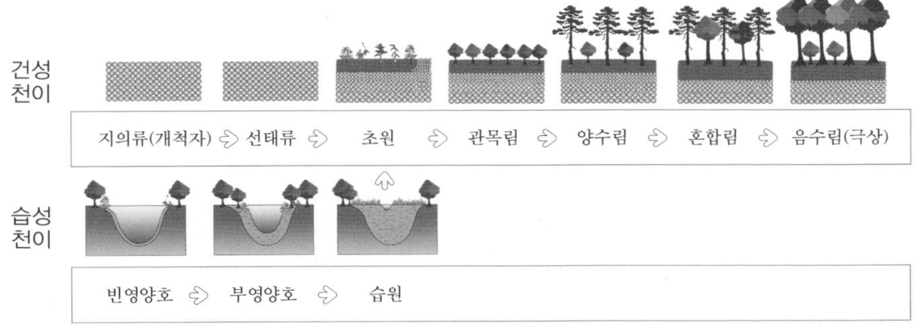

② **2 차 천이** : 이미 형성된 군집이 산불이나 산사태 등과 같은 요인에 의해 파괴된 후 다시 시작되는 경우를 말한다.

산불, 산사태 ⇨ 초원 ⇨ 관목림 ⇨ 양수림 ⇨ 혼합림 ⇨ 음수림(극상)

솔새의 분서

▲ 한 가문비나무에서 위치를 나누어 살아가는 솔새

공생과 기생

공생과 기생은 둘 다 다른 종류의 두 개체군이 서로 밀접한 관계를 맺고 살아가는 상호 작용이지만, 공생은 피해를 입는 개체군이 없는 반면에 기생은 한쪽 생물이 일방적으로 피해를 보는 형태이다.

▲ 말미잘의 찌꺼기를 제거해 주며 보호를 받는 흰동가리(상리공생)

▲ 일방적으로 영양분과 살 공간을 빼앗는 겨우살이(기생)

왜 양수림에서 음수림으로?

숲이 무성해짐에 따라 들어오는 햇빛의 양이 줄어들기 때문에 햇빛을 많이 필요로 하지 않는 음수림으로 바뀐다.

개념확인 6 정답 및 해설 72쪽

다음 군집 내 상호작용에 대한 설명으로 옳은 것은 ○표, 옳지 않은 것은 ×표 하시오.

(1) 피식자의 개체수가 늘어나도 포식자의 개체수는 늘어나지 않는다. ( )

(2) 숙주는 기생 생물에게 양분이나 공간을 내어주는 등의 해를 입는다. ( )

(3) 생태적 지위가 비슷한 두 개체군의 경쟁이 심해지면 공존을 시작한다. ( )

확인+6

어떤 지역의 군집이 시간이 지남에 따라 달라지는 현상은 무엇인가?

( )

미니사전

빈영양호 [貧 부족하다] 물속의 영양 염류 농도가 낮아서 생물 생산력이 낮은 호수

부영양호 [富 부유하다] 물속의 영양 염류 농도가 높아서 생물 생산력이 높은 호수

피도 [被 덮다] 식물이 땅을 덮은 정도

개념 다지기

01

오른쪽 그림은 개체군의 생장 곡선을 나타낸 것이다. 옳지 않은 것은?

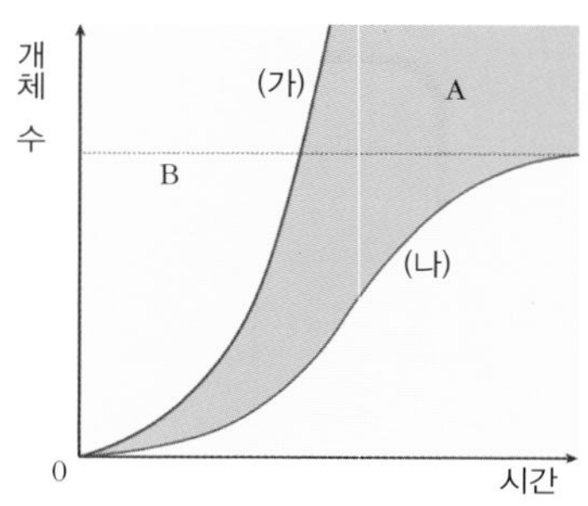

① (가) 는 이론적 생장 곡선이다.
② (나) 는 실제 생장 곡선이다.
③ A 의 예시로는 먹이 부족, 서식 공간 감소 등이 있다.
④ B 는 한 서식지에서 증가할수 있는 개체수의 한계이다.
⑤ 실제 환경에서는 시간이 지날수록 개체수가 증가한다.

02

다음 그림은 3 종의 동물 A ~ C 의 생존 곡선을 나타낸 것이다. 이에 대한 설명으로 옳은 것만을 모두 고른 것은?

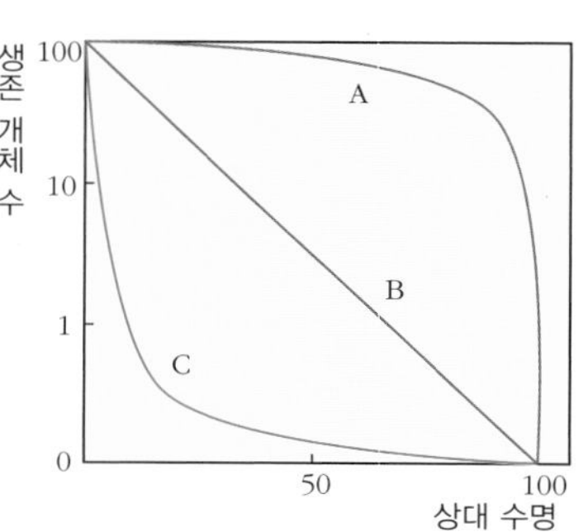

〈 보기 〉

ㄱ. A 는 연령별 사망률이 점차 증가한다.
ㄴ. B 는 유년기 사망률이 다른 종에 비해 높다.
ㄷ. C 는 한 번에 소수의 자손을 낳아 성체가 적다.

① ㄱ　② ㄴ　③ ㄱ, ㄴ　④ ㄴ, ㄷ　⑤ ㄱ, ㄴ, ㄷ

03

뿔의 크기가 비슷한 큰뿔양끼리는 뿔치기를 통해 순위를 가린다. 이와 같은 상호 작용과 가장 관련이 깊은 것을 고르시오.

① 닭은 정해진 순서에 따라서 차례로 먹이를 먹는다.
② 순록은 한 마리의 순록이 전체 무리를 이끌며 이동한다.
③ 여왕벌과 수벌은 생식을 담당하고, 일벌은 먹이를 나르고 침입자를 막는다.
④ 북아메리카의 솔새는 한 나무에 여러 종이 서식하면서 서로 위치를 달리한다.
⑤ 은어는 수심이 얕은 곳에서는 자기 세력을 확보하고 다른 개체의 침입을 막는다.

04

군집에 대한 설명으로 옳은 것은 ○표, 옳지 않은 것은 ×표 하시오..

(1) 먹이 그물이 복잡한 형태일수록 환경 변화에 잘 대응한다. (　　)
(2) 같은 공간에 살고 비슷한 먹이를 먹는 생물일수록 생태적 지위가 비슷하다. (　　)

05 다음 군집의 종에 대한 설명에 해당하는 종을 쓰시오.

(1) 개체수가 가장 적은 종 (　　　　　)
(2) 중요도가 가장 높은 종 (　　　　　)
(3) 특정 군집에서만 발견되는 종 (　　　　　)

06 군집에 대한 설명으로 옳은 것은 ○표, 옳지 않은 것은 ×표 하시오.

(1) 습성 천이에서 극상은 음수림이다. (　　　)
(2) 삼림의 층상 구조에서 교목층보다 초본층으로 갈수록 도달하는 빛의 세기가 강해진다. (　　　)

07 다음 중 군집 내 개체군 간의 상호 작용에 대한 설명으로 옳지 않은 것을 고르시오.

① 일반적으로 피식자 수가 늘어나면 포식자 수도 늘어난다.
② 편리 공생은 한 종은 이익을 얻지만 다른 한 종은 피해를 보는 것이다.
③ 생태적 지위가 비슷한 개체군들이 경쟁을 벌이면 한 개체군만 살아남는다.
④ 생활 공간이나 먹이, 활동 시간 등을 달리하여 경쟁을 피하는 것을 분서라고 한다.
⑤ 두 종류의 개체군이 서로 밀접한 관계를 맺고 함께 살아가는 것을 공생이라고 한다.

08 군집의 2 차 천이 과정에서 출현하는 순서대로 옳게 나열하시오.

〈 보기 〉

ㄱ. 관목림　ㄴ. 음수림　ㄷ. 혼합림　ㄹ. 초원　ㅁ. 양수림

(　　) ⇨ (　　) ⇨ (　　) ⇨ (　　) ⇨ (　　)

유형 익히기 & 하브루타

[유형29-1] 개체군 1

다음은 개체군의 생장 곡선과 생존 곡선의 유형을 나타낸 것이다.

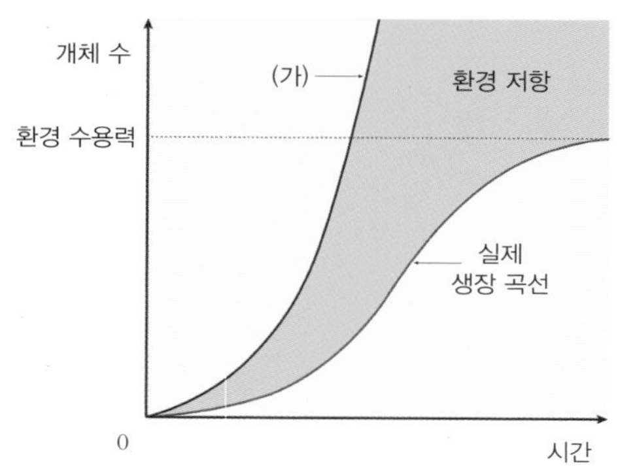

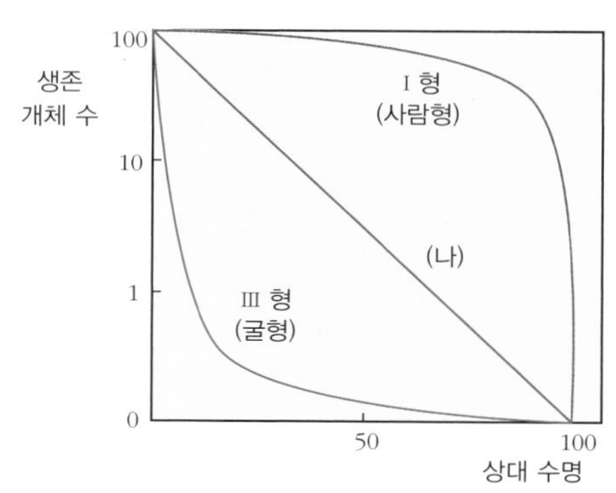

이에 대한 설명으로 옳은 것은 ○표, 옳지 않은 것은 ×표 하시오.

(1) (가) 는 이론적 생장 곡선이다. ( )

(2) (나) 는 초기 사망률이 높아 많은 자손을 낳는다. ( )

01 다음 중 개체군에 대한 설명으로 옳지 않은 것은?

① 일정한 지역에서 일정한 공간을 차지하고 생활하는 같은 종의 무리를 개체군이라 한다.

② 개체군의 생장은 시간의 흐름에 따라 여러 가지 요인에 의해 개체군의 개체 수가 증가하는 것을 말한다.

③ 이론적으로 개체군은 S 자형 곡선으로 생장 곡선을 나타낸다.

④ 한 지역에서 살 수 있는 개체 수의 한계를 환경 수용력이라고 한다.

⑤ 몸집이 크고 수명이 긴 종일수록 초기 사망률이 낮다.

02 다음 설명에 옳은 것을 선택하시오.

(1) 실제 생장 곡선은 (S 자, J 자) 모양이다.

(2) 몸집이 작고 수명이 짧은 종일 수록 초기 사망률이 (높다, 낮다).

(3) 자연 상태에서 한 지역에서 살 수 있는 개체 수의 한계가 (없다, 있다).

[유형29-2] 개체군 2

다음은 온대 지방의 어느 호수에서 계절별 환경 요인의 변화에 따른 돌말 개체군의 변동을 나타낸 것이다.

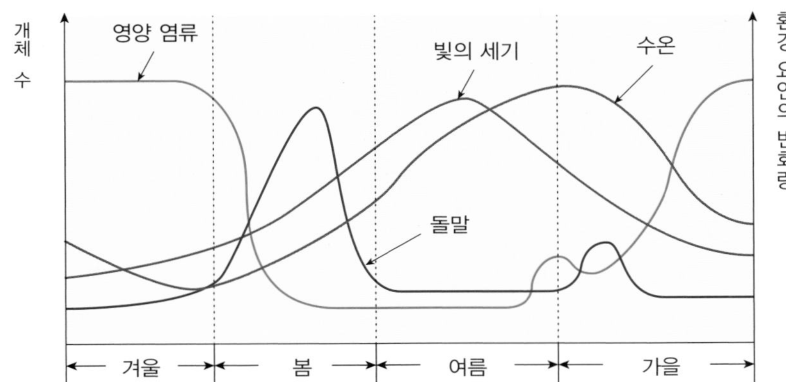

이에 대한 설명으로 옳은 것은 ○표, 옳지 않은 것은 ×표 하시오.

(1) 돌말 개체군이 여름에 잘 자라지 못하는 것은 영양 염류가 부족해서이다. ( )
(2) 돌말 개체군의 생장에 빛의 세기는 큰 영향을 끼치지 않는다. ( )

03 다음 중 개체군의 주기적 변동에 대한 설명으로 옳은 것만을 〈보기〉 에서 있는 대로 고르시오.

〈 보기 〉

ㄱ. 개체군의 단기적 변동에는 외부 환경이 영향을 끼친다.
ㄴ. 포식자가 줄어들면 피식자는 일시적으로 늘어날 것이다.
ㄷ. 계절 변화에 따른 단기적 변동과 피식 포식 관계에 따른 장기적 변동이 있다.

( )

04 다음 설명에 해당하는 연령 분포의 유형을 적으시오.

(1) 생식 전 연령층의 비율이 높다. ( )
(2) 생식 전 연령층과 생식 연령층의 비율이 유사하다. ( )

유형 익히기 & 하브루타

[유형29-3] 개체군 내의 상호 작용

다음은 군집 내 개체군 간의 상호 작용의 예를 나타낸 것이다.

〈 보기 〉

(가) 비슷한 크기의 뿔을 가진 숫양끼리는 뿔치기를 통해 힘의 서열을 가린다.
(나) 호랑이는 분비물을 뿌림으로써 다른 개체의 침입을 경계한다.

〈보기〉 의 (가), (나) 의 상호 작용으로 올바른 것을 고르시오.

	(가)	(나)
①	리더제	사회생활
②	순위제	텃세
③	순위제	리더제
④	가족생활	사회 생활
⑤	사회 생활	텃세

05 각 현상이 어떤 개체군 내의 상호 작용인지 〈보기〉 에서 고르시오.

〈 보기 〉

ㄱ. 텃세　　ㄴ. 순위제　　ㄷ. 리더제
ㄹ. 사회생활　　ㅁ. 가족생활

(1) 사자는 혈연으로 무리지어 사냥과 육아를 공동으로 한다. (　　　)

(2) 사슴은 분비물을 나뭇가지나 풀 같은 곳에 묻혀 다른 개체의 침입을 경계한다. (　　　)

06 다음 중 개체군 내의 상호 작용에 대한 설명으로 옳은 것은 ○표, 옳지 않은 것은 ×표 하시오.

(1) 개체군 내의 상호 작용은 불필요한 경쟁을 줄이기 위함이다. (　　　)

(2) 개체군 크기가 커지면 자원을 차지하기 위한 경쟁이 일어난다. (　　　)

[유형29-4] 군집 1

다음은 군집에 대한 설명이다.

〈 보기 〉

ㄱ. 생물 군집을 이루는 개체군 사이의 서로 먹고 먹히는 관계를 먹이 사슬이라 한다.
ㄴ. 생태적 지위는 군집 내 에너지 필요량과 서식 공간을 나타내는 척도로 사용된다.
ㄷ. 차지하는 넓이나 공간이 큰 생물의 개체군을 그 군집을 대표하는 지표종이라 한다.

옳은 것만을 〈보기〉 에서 있는 대로 고른 것은?

① ㄱ ② ㄴ ③ ㄱ, ㄴ ④ ㄴ, ㄷ ⑤ ㄱ, ㄴ, ㄷ

07 다음 설명에서 ( ) 안에 들어갈 알맞은 말을 쓰시오.

군집 내에서 필요한 에너지와 서식 공간을 나타내는 척도로, 군집 내에서 한 개체군이 차지하는 공간적 위치와 먹이 사슬에서 차지하는 위치를 고려한 개념을 ( )라고 한다.

08 다음 중 군집에 대한 설명으로 옳은 것은 ○표, 옳지 않은 것은 ×표 하시오.

(1) 군집 내 개체 수가 매우 적은 개체군을 희소종이라 한다. ( )
(2) 군집의 중요도는 상대 밀도, 상대 빈도를 합한 값으로 피도는 고려하지 않는다. ( )

유형 익히기&하브루타

[유형29-5] 군집 2

다음 〈보기〉 중에서 군집에 대한 설명으로 옳은 것만을 있는 대로 고른 것은?

〈 보기 〉

ㄱ. 식물 군집은 삼림, 초원, 황원, 수계 등으로 나뉜다.
ㄴ. 삼림은 기온이 높고 강수량이 풍부한 지역에 주로 발달한다.
ㄷ. 툰드라는 강수량이 매우 적고 바람이 강한 초원의 일종이다.

① ㄱ ② ㄴ ③ ㄱ, ㄴ ④ ㄴ, ㄷ ⑤ ㄱ, ㄴ, ㄷ

09 각 설명에 해당하는 군집의 층을 〈보기〉 에서 고르시오.

〈 보기 〉

ㄱ. 교목층	ㄴ. 아교목층	ㄷ. 관목층
ㄹ. 초본층	ㅁ. 지표층	ㅂ. 지중층

(1) 8 m 이상의 나무들이 점유하고 있는 층이다. ( )
(2) 초본 식물의 군집이 차지하는 층 ( )

10 다음 중 군집의 구조에 대한 설명으로 옳은 것은 ○표, 옳지 않은 것은 ×표 하시오.

(1) 생태 분포에서 위도에 따른 분포는 수평 분포라 한다. ( )
(2) 수직 분포는 고도 차이에 의한 강수량의 영향을 받는다. ( )
(3) 초원은 건조한 지역에 형성되는 목본 식물 중심의 군집이다. ( )

[유형29-6] 군집 내의 상호 작용

(가) 그래프는 생물 A ~ C 종을 단독 배양했을 때, (나) 는 A 종과 B 종을 혼합 배양했을 때, (다) 는 A 종과 C 종을 혼합 배양했을 때의 시간에 따른 개체 수 변화를 나타낸 것이다. A 종과 B 종을 혼합 배양했을 때 A 는 시험관 위쪽에, B 는 시험관 아래쪽에 서식하였으며, A 종과 C 종을 혼합 배양했을 때는 A 와 C 가 시험관 전체에 서식하였다.

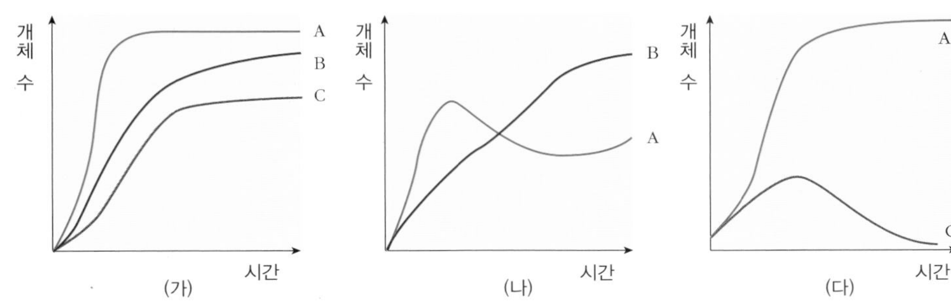

그래프에 대한 해석으로 옳은 것은 ○표, 옳지 않은 것은 ×표 하시오.

(1) 단독 배양 시 A, B, C 모두 S 자형 성장 곡선을 나타낸다. ( )

(2) A 와 B 사이에는 경쟁 배타 원리가 적용된다. ( )

(3) A 와 B 보다 A 와 C 사이에서 생태적 지위가 더 많이 중복된다. ( )

11

다음 중 군집 내의 상호 작용이 아닌 것은?

① 공생 ② 기생 ③ 텃세
④ 분서 ⑤ 포식과 피식

12

다음 중 군집 내의 상호 작용에 대한 설명으로 옳은 것은 ○표, 옳지 않은 것은 ×표 하시오.

(1) 상리 공생 관계에 있는 두 종을 함께 두면 두 개체군의 크기는 모두 감소한다. ( )

(2) 편리 공생 관계에 있는 두 종을 함께 두면 두 개체군의 크기는 모두 증가한다. ( )

(3) 기생 관계에 있는 두 종을 함께 두면 한 개체군의 크기는 증가하고 다른 개체군의 크기는 감소한다. ( )

창의력&토론마당

01

다음 그래프는 개체군 크기를 나타내주는 지표에 따른 멧종다리새 개체군의 동태를 나타낸 것이다.

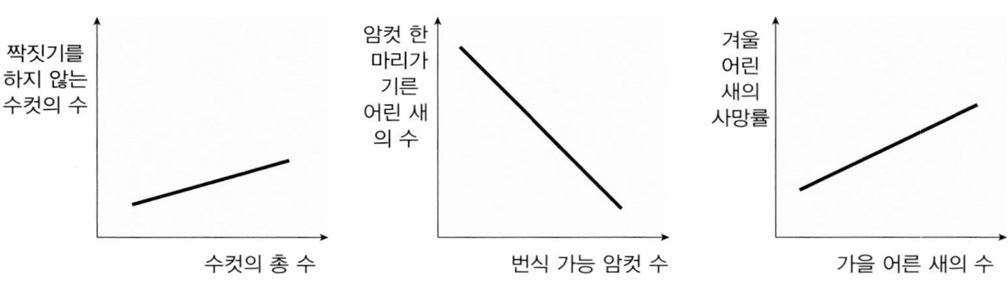

(1) 이 그래프를 근거로 하여 가을에 어른 새의 밀도와 겨울에 어린 새의 생존률 간의 관계에 대해 서술하시오.

(2) 멧종다리 개체군의 생장 곡선을 그리면 어떤 모양이 될 지, 그 근거는 무엇인지 서술하시오.

02

다음 그림은 어떤 지역의 우점종을 알아보기 위해 총 100 개의 방형구를 설치하였을 때 각 방형구에 분포한 식물을 조사한 것이다. 자료는 우점종을 구하기 위해 필요한 내용과 그 조사 결과이다. 중요도는 상대 밀도와 상대 빈도와 상대 피도를 더한 값으로, 중요도가 가장 높은 종이 우점종이다.

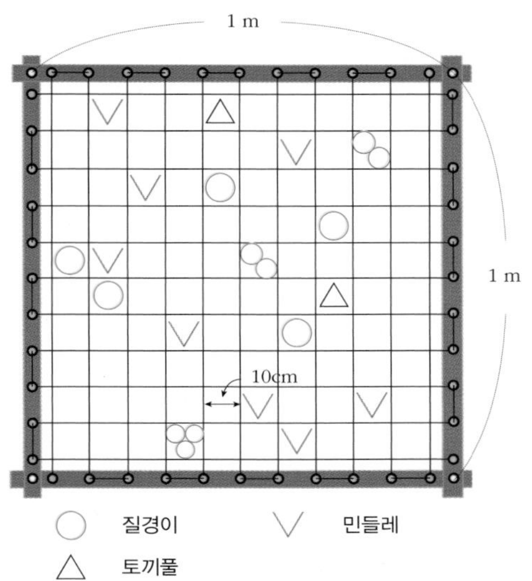

- 밀도(개체/m²) = $\dfrac{\text{개체수}}{\text{단위 면적(m}^2\text{)}}$
- 빈도(%) = $\dfrac{\text{특정 종이 출현한 방형구 수}}{\text{조사한 방형구 수}} \times 100$
- 피도 = $\dfrac{\text{특정 종이 점유하는 면적(m}^2\text{)}}{\text{총 면적}} \times 100$

식물	밀도	빈도	피도 계급	상대 밀도(%)	상대 빈도(%)	상대 피도(%)
질경이	12	8	4	54.5	44.4	50.0
민들레	8	8	3	36.3	44.4	37.5
토끼풀	2	2	1	9.0	11.1	12.5

(1) 이 지역의 우점종은 무엇인가?

(2) 식물 군집의 우점종을 조사하는 데 방형구법을 사용하는 이유는 무엇인가?

03 그림은 자연 생태계(진딧물의 포식자 있음)에서 개미가 있을 때와 개미를 인위적으로 제거했을 때 진딧물의 생존율을 조사하여 그래프로 나타낸 것이고, 표는 포식자가 없는 인위적 환경에서 개미가 있을 때와 개미가 없을 때 진딧물의 평균 몸통 크기(뒷다리 대퇴부 길이)를 조사하여 평균을 나타낸 것이다. (단, 진딧물은 개미에게 당분이 풍부한 단물을 제공한다.)

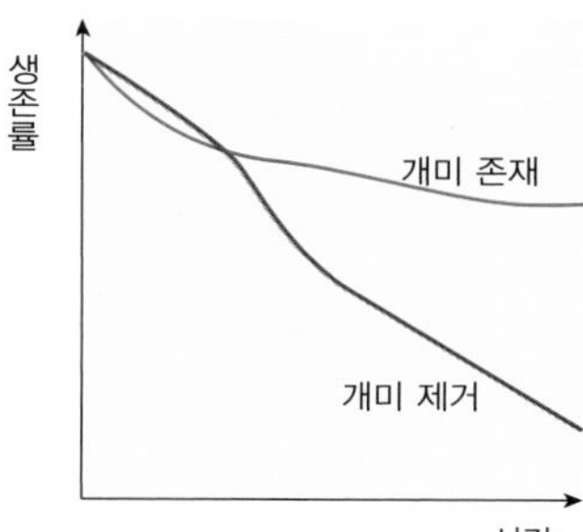

구분	개미 존재	개미 제거
조사 1	0.46	0.49
조사 2	0.44	0.45

단위(mm)

(1) 개미와 진딧물은 무슨 상호 관계를 이루고 있는가?

( )

(2) 자연 생태계에서 진딧물은 개미에게 무엇을 제공하는가? 그리고 무엇을 제공받는가?

04 아래 그래프는 생물 A ~ C 종을 서로 다른 환경에서 시험관에서 배양했을 때의 시간에 따른 개체 수 변화를 나타낸 것이다.

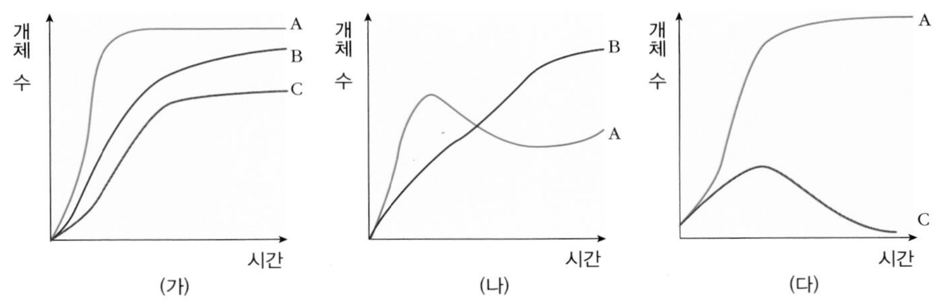

(1) A 와 B 는 개체군 간의 상호작용 중 무엇에 해당되는가?

(2) 세 종 중에 가장 경쟁에 강한 종은 무엇이며 그 이유는 무엇인가?

(3) A 종과 경쟁 배타 원리가 적용되는 종을 고르고 생태적 지위를 이용하여 이유를 설명하시오.

스스로 실력 높이기

A

01 한 지역에서 함께 생활하는 동일한 종에 속하는 개체들의 모임을 무엇이라 하는가?

( )

02 개체군의 밀도가 높아지면 환경 저항도 증가하여 개체의 생식 활동이 점점 줄어드는데 이때 증가할 수 있는 개체 수의 최댓값은 무엇이라 하는가?

( )

03 출생한 일정 수의 개체에 대해 살아남은 개체 수를 시간 경과에 따라 그래프로 나타낸 것을 개체군의 무엇이라 하는가?

( )

04 개체군 내 개체 간의 상호 작용 중 구성원 간에 힘의 서열에 따라 먹이나 배우자 등을 얻을 때 일정한 순위가 결정되는 것을 무엇이라 하는가?

( )

05 생물 군집이 오랜 시간에 걸쳐 변해가는 천이의 마지막 단계에 나타나는 안정된 상태를 무엇이라 하는가?

( )

06 다음 중 개체군에 대한 설명으로 옳은 것은 ○표, 옳지 않은 것은 ×표 하시오.

(1) 자연 상태에서 개체군의 밀도는 항상 일정하다. ( )

(2) 피식자의 수가 먼저 증가하면 포식자의 수도 따라서 증가한다. ( )

07 다음 개체군 내에서 나타나는 상호 작용에 해당하는 것을 고르시오.

늑대 무리에서는 경험 많은 한 개체가 이동 경로와 사냥 시기를 결정하며, 그 외의 개체들은 차이가 없다.

① 텃세 ② 순위제 ③ 리더제
④ 사회생활 ⑤ 가족생활

08 다음 중 군집의 구조에 대한 설명으로 옳은 것은 ○표, 옳지 않은 것은 ×표 하시오.

(1) 군집이 수직으로 층이 뚜렷하게 나뉘는 것은 빛의 세기의 차이 때문이다. ( )

(2) 군집의 성질을 결정하는데 가장 크게 기여하는 개체군(종)은 지표종이다. ( )

09 다음 중 군집의 종류에 해당하지 <u>않는</u> 것은?

① 초원 ② 황원 ③ 수계
④ 삼림 ⑤ 백야

10 다음 〈보기〉 는 습성 천이의 과정을 나타낸 것이다. (가) 와 (나) 에 들어갈 올바른 말을 쓰시오.

〈 보기 〉

빈영양호 ➩ 부영양호 ➩ 습원 ➩ 초원 ➩ 관목림 ➩ (가) ➩ 혼합림 ➩ (나)

B

11 다음 그림은 일정한 공간에서 서식하는 한 개체군의 이론적 생장 곡선과 실제 생장 곡선을 나타낸 것이다. 이에 대한 설명으로 옳지 않은 것은? (단, 이 개체군에서 이입과 이출은 없다.)

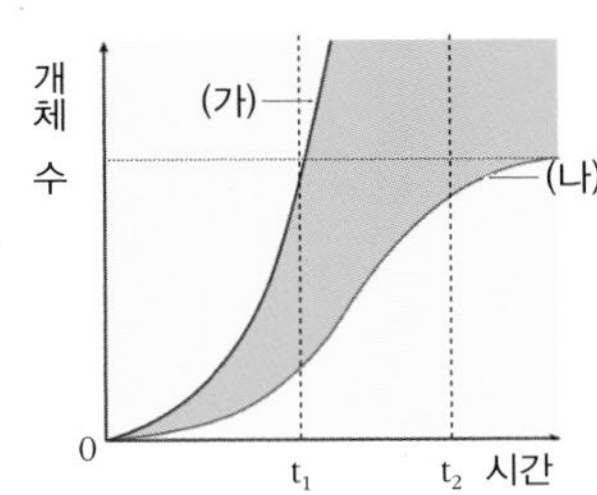

① (가) 는 이론적 생장 곡선이다.
② (나) 실제 환경에서의 생장 곡선이다.
③ (가) 와 (나) 의 차이는 환경 저항 때문이다.
④ t_1 일 때보다 t_2 일 때 실제 개체 수 증가율이 높다.
⑤ (나) 에서 개체 간 경쟁은 t_1 일 때보다 t_2 일 때 심하다.

12 다음은 3 종의 동물 A, B, C 의 생존 곡선을 나타낸 것이다.

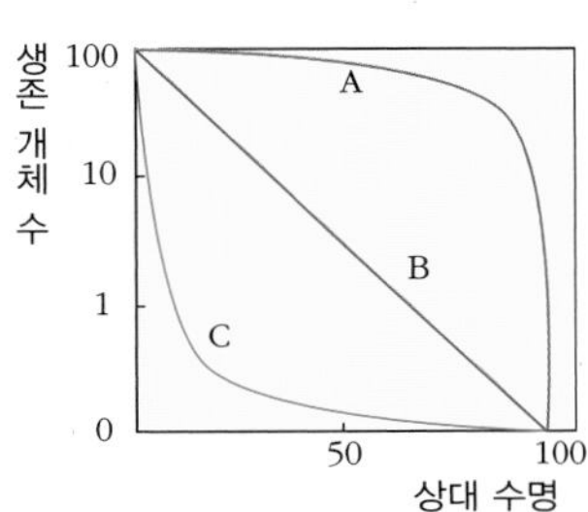

이에 대한 설명으로 옳은 것만을 〈보기〉 에서 있는 대로 고른 것은?

〈 보기 〉

ㄱ. 종 A 는 부모의 보호를 받는 기간이 길다.
ㄴ. 종 B 는 다람쥐 등의 설치류 등에서 볼 수 있다.
ㄷ. 종 C 의 그래프는 몸집이 크고 수명이 긴 종에서 주로 나타난다.

① ㄱ ② ㄴ ③ ㄱ, ㄴ
④ ㄱ, ㄷ ⑤ ㄴ, ㄷ

13 다음 그림은 온대 지방의 계절별 환경 요인의 변화에 따른 돌말 개체군의 변동을 나타낸 것이다.

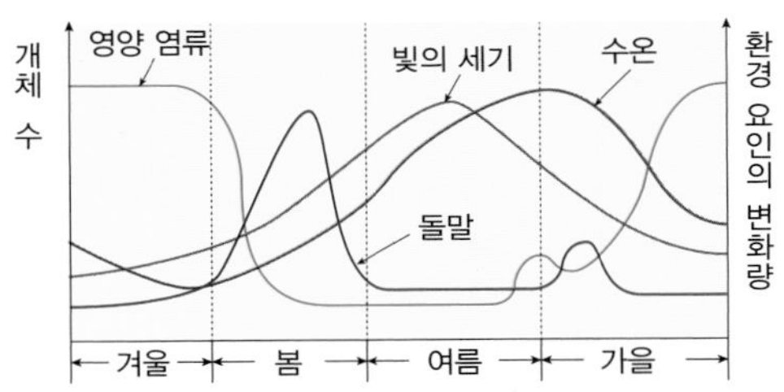

봄이 되어 증가한 돌말 개체군의 크기가 다시 급격히 감소하는 현상과 가장 관련이 깊은 것은?

① 천적의 증가 ② 수온의 상승
③ 빛의 세기의 감소 ④ 생활 공간의 부족
⑤ 영양 염류의 감소

스스로 실력 높이기

14 다음은 어떤 하천에서 은어가 형성한 세력권을 나타낸 것이다.

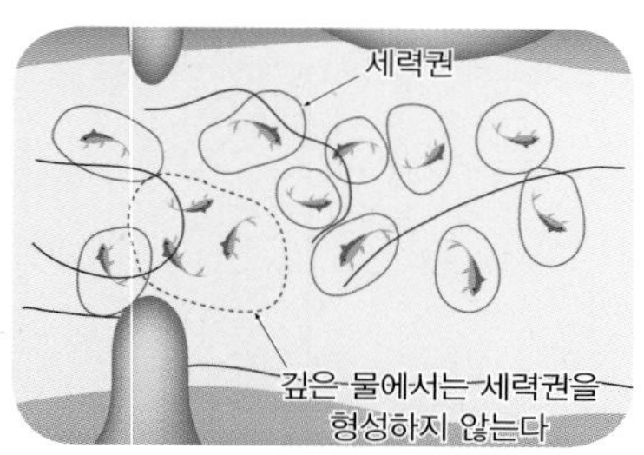

이 자료에 나타난 상호 작용과 가장 관련이 깊은 것은?

① 스라소니는 눈신토끼를 잡아먹는다.
② 개는 배설물로 자기 영역을 표시한다.
③ 사자는 혈연 관계로 무리를 지어 생활한다.
④ 우두머리 기러기는 무리의 이동 방향을 정한다.
⑤ 피라미와 갈겨니는 같은 개울에서 공간을 나눠 생활한다.

15 군집에 대한 설명으로 옳지 <u>않은</u> 것은?

① 지표종의 예시로는 대기 중의 이산화 황 농도에 민감한 지의류 등이 있다.
② 군집 내에서 차지하는 넓이나 공간이 큰 생물의 개체군을 우점종이라 한다.
③ 군집 내에서 여러 개의 먹이 사슬이 복잡하게 얽힌 것을 먹이 그물이라 한다.
④ 어떤 종의 생태적 지위는 먹이 사슬에서 차지하는 위치인 먹이 지위를 뜻한다.
⑤ 생물 군집을 이루는 개체군 사이에 서로 먹고 먹히는 관계를 먹이 사슬이라 한다.

16 육상 생물 군집에 대한 설명으로 옳지 <u>않은</u> 것은?

① 초원은 건조한 지역에 형성되는 초본 식물 중심의 군집이다.
② 수생 군집은 하천, 호수, 강 등 민물 근처의 식물 군집만을 말한다.
③ 삼림은 기온이 높고 강수량이 풍부한 지역에 발달하는 목본 중심의 군집이다.
④ 툰드라는 황원의 일종으로 땅이 항상 얼어있고, 초본류, 지의류, 이끼류만 살고 있다.
⑤ 군집은 크게 온도와 강수량에 따라 구분되는데, 이는 식물 군집에 따라 나누는 것과 비슷하다.

17 다음 그림은 여러 종류의 솔새가 가문비나무에서 활동하는 공간을 나타낸 것이다.

가문비나무

이에 대한 옳은 설명을 <u>모두</u> 고르시오.

① 이 상호 작용의 이름은 텃세다.
② 불필요한 경쟁을 줄이기 위한 것이다.
③ 이 경우는경쟁 배타 원리가 적용된다.
④ 힘의 강약에 따라 사는 위치가 정해진다.
⑤ 피라미와 갈겨니가 서식지를 나눠 사는 것과 비슷하다.

18 다음은 두 종류의 짚신벌레 A, B 를 단독 배양한 경우와 혼합 배양한 경우의 개체수 변화를 나타낸 것이다.

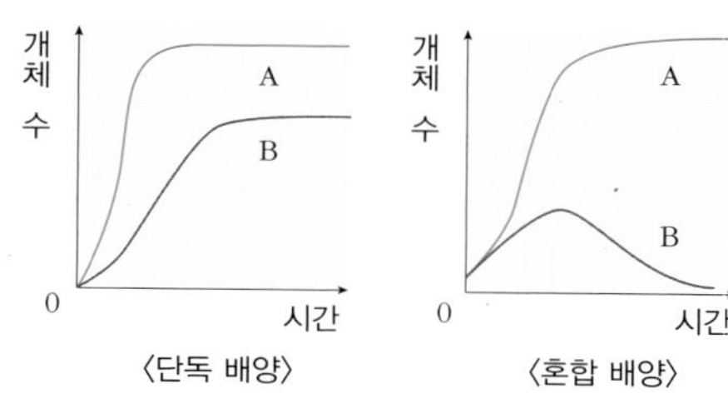

〈단독 배양〉 〈혼합 배양〉

이에 대한 설명으로 옳은 것만을 〈보기〉 에서 있는 대로 고른 것은?

〈 보기 〉
ㄱ. A 종과 B 종은 생태적 지위가 비슷하다.
ㄴ. 단독 배양에서 A 종의 생장 곡선은 이론적 생장 곡선이다.
ㄷ. 혼합 배양에서 경쟁 배타 원리가 적용되었다.

① ㄱ ② ㄴ ③ ㄱ, ㄴ
④ ㄱ, ㄷ ⑤ ㄴ, ㄷ

19 그림은 생물 간의 상호 작용 4 가지를 분류하는 과정을 나타낸 것이다.

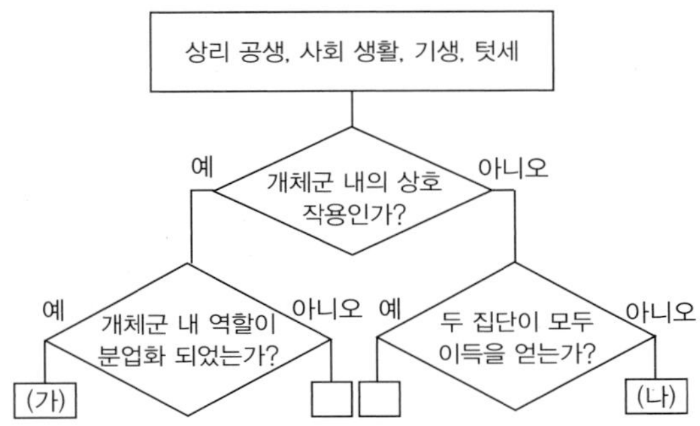

(가) 와 (나) 에 옳게 짝지은 것은?

	(가)	(나)
①	텃세	사회 생활
②	기생	텃세
③	사회 생활	기생
④	상리 공생	기생
⑤	사회 생활	상리 공생

20 표는 종 사이의 상호 작용을 나타낸 것이며, A ~ C 는 각각 기생, 상리 공생, 편리 공생 중 하나이다.

상호 작용	종 1	종 2
A	손해	이익
B	이익	이익
C	이익	(가)

이에 대한 설명으로 옳은 것만을 〈보기〉 에서 있는 대로 고른 것은?

〈 보기 〉

ㄱ. (가) 는 '손해' 이다.
ㄴ. B 는 상리 공생이다.
ㄷ. 개미와 진딧물의 상호 작용은 A 에 해당한다.

① ㄱ ② ㄴ ③ ㄷ
④ ㄱ, ㄴ ⑤ ㄱ, ㄷ

21 그림은 어떤 해안가에 서식하는 두 종의 따개비 A 와 B 의 분포를, 표는 A 와 B 의 특성을 나타낸 것이다.

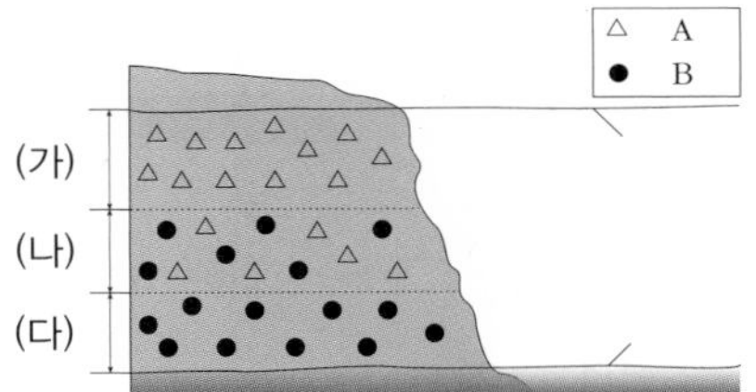

· (다) 에서 (가) 로 갈수록 건조하다.
· A 를 제거해도 B 의 서식 범위는 변하지 않는다.
· B 를 제거하면 A 는 (다) 에도 서식한다.

이에 대한 설명으로 틀린 것은?

① A 는 B 보다 건조한 환경에 강하다.
② (나) 에서 B 는 환경 저항을 받는다.
③ B 를 (가) 로 옮기면 실제 생장 곡선을 그리며 증가한다.
④ A 가 (다) 에 서식하지 않는 것은 경쟁 배타의 결과이다.
⑤ B 를 모두 제거하면 (다) 에서 A 의 개체군 밀도가 증가한다.

22 다음은 어떤 지역의 식물 군집에서 산불이 난 후의 천이 과정을 나타낸 것이다. A ~ C 는 각각 양수림, 음수림, 관목림 중 하나이다.

초원 A B 혼합림 C

이에 대한 설명으로 옳은 것만을 〈보기〉 에서 있는 대로 고른 것은?

〈 보기 〉

ㄱ. B 는 음수림이다.
ㄴ. 2 차 천이를 나타낸 것이다.
ㄷ. 초원의 우점종은 지의류이다.

① ㄱ ② ㄴ ③ ㄷ
④ ㄴ, ㄷ ⑤ ㄱ, ㄴ, ㄷ

스스로 실력 높이기

23 다음은 지구 생태계의 수평 분포에서 연평균 기온과 강수량에 따른 생물들의 분포를 나타낸 것이다.

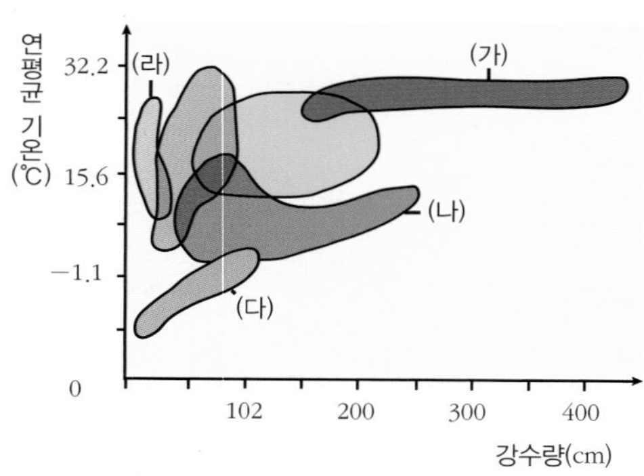

이에 대한 설명으로 옳지 않은 것은?

① (가) 는 열대 우림이다.
② (나) 는 건조하고 겨울이 추워 침엽수가 많다.
③ (다) 에는 툰드라 등이 관찰될 수 있다.
④ (라) 에는 선인장 같은 다육식물이 많다.
⑤ 이 분포도에서 수상 군집을 찾을 수 있다.

24 표는 어떤 식물 군집에서 천이가 진행되는 동안의 시점 t_1 과 t_2 에서 군집 내 식물 종 A ~ C 의 상대 빈도와 상대 밀도를 각각 나타낸 것이다. A 는 음수, C 는 양수이며, 상대 피도는 모두 같다.

(단위 : %)

종	상대 빈도	상대 밀도
A	37	38
B	29	30
C	34	34

〈t_1〉

⇨

종	상대 빈도	상대 밀도
A	63	67
B	16	13
C	21	20

〈t_2〉

위에 대한 설명으로 옳은 것만을 〈보기〉 에서 있는 대로 고른 것은?

〈 보기 〉

ㄱ. 이 군집의 우점종은 B다.
ㄴ. t_1 이 t_2 보다 식물의 종 다양성이 높다.
ㄷ. 천이가 진행되는 동안 지표면에 도달하는 빛의 세기가 감소하였다.

① ㄱ ② ㄴ ③ ㄷ
④ ㄴ, ㄷ ⑤ ㄱ, ㄴ, ㄷ

25 다음은 식물 군집의 층상 구조를 나타낸 것이다.

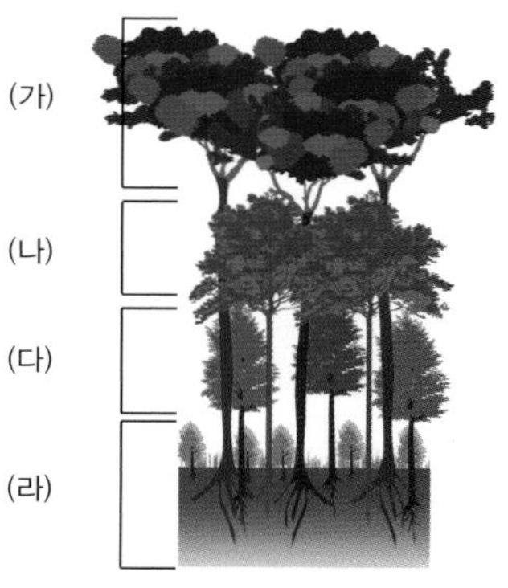

이에 대한 설명으로 옳은 것을 고르시오.

① (가) 는 아교목층, (나) 는 교목층이다.
② (나) 가 가장 많은 빛을 이용한다.
③ (다) 가 (라) 보다 먼저 생성된다.
④ (라) 에는 생산자, 소비자, 분해자가 다양하게 서식한다.
⑤ 층상 구조의 형성에 영향을 미치는 가장 중요한 요인은 토양이다.

26 다음은 어떤 군집에서 피식과 포식 관계인 두 개체군의 시간에 따른 개체 수를 나타낸 그래프이다.

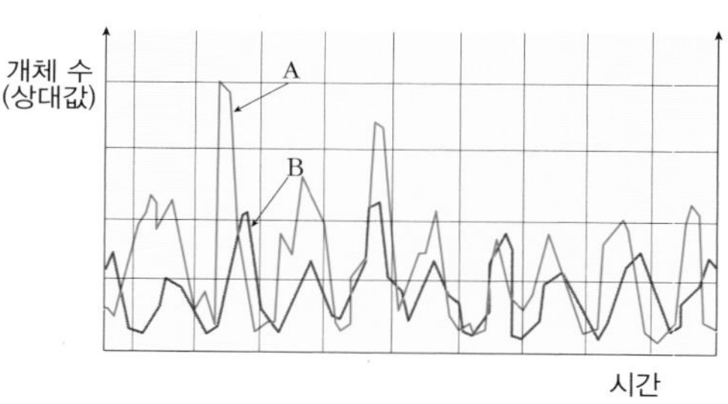

이에 대한 설명으로 옳은 것만을 〈보기〉 에서 모두 고른 것은?

〈 보기 〉

ㄱ. A 가 피식자, B 가 포식자이다.
ㄴ. 두 개체군은 포식과 피식에 의해 크기가 주기적으로 변동한다.
ㄷ. 임의로 사람이 포식자를 사냥하면 피식자의 수가 늘어날 것이다.

① ㄱ ② ㄴ ③ ㄷ
④ ㄱ, ㄷ ⑤ ㄱ, ㄴ, ㄷ

심화

27 다음은 개체군의 연령 분포를 나타낸 연령 피라미드이다.

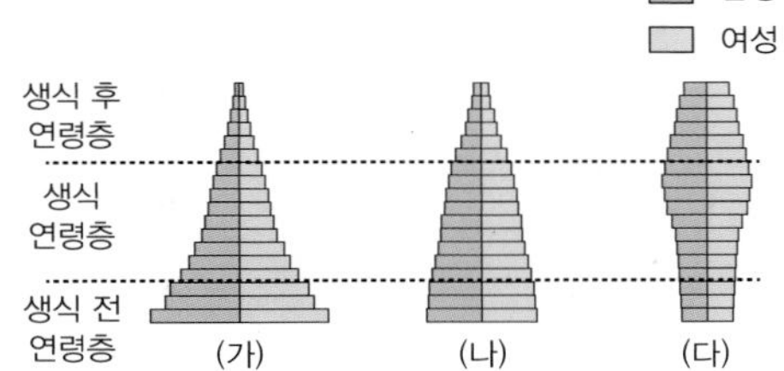

위에 대한 설명으로 옳은 것만을 〈보기〉 에서 있는 대로 고른 것은?

〈 보기 〉

ㄱ. (가) 의 개체수는 증가할 것이다.
ㄴ. (나) 는 (다) 보다 안정적인 개체군을 형성하고 있다.
ㄷ. 연령 피라미드에서 중요시하는 것은 생식 후 연령층의 비율이다.

① ㄱ ② ㄴ ③ ㄱ, ㄴ
④ ㄱ, ㄷ ⑤ ㄱ, ㄴ, ㄷ

28 다음 그림은 개체군의 크기가 비슷한 종 A ~ D 의 생태적 지위를 나타낸 것이다.

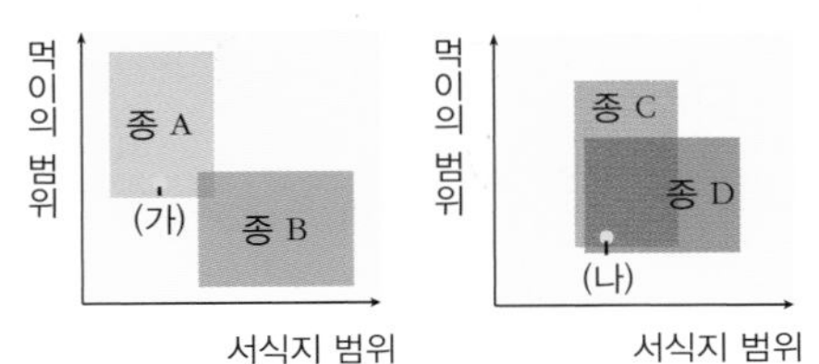

이에 대한 설명으로 옳은 것만을 〈보기〉 에서 있는 대로 고른 것은?

〈 보기 〉

ㄱ. 조건 (가) 에서 종 A 와 종 B 는 먹이로 경쟁한다.
ㄴ. 조건 (나) 에서 종 C 와 종 D 는 경쟁 관계이다.
ㄷ. 종 A 와 종 B 보다 종 C 와 종 D 의 생태적 지위가 더 멀다.

① ㄱ ② ㄴ ③ ㄷ
④ ㄱ, ㄷ ⑤ ㄱ, ㄴ, ㄷ

29 다음은 환경 요인의 영향을 받아 형성된 군집의 생태 분포를 나타낸 것이다.

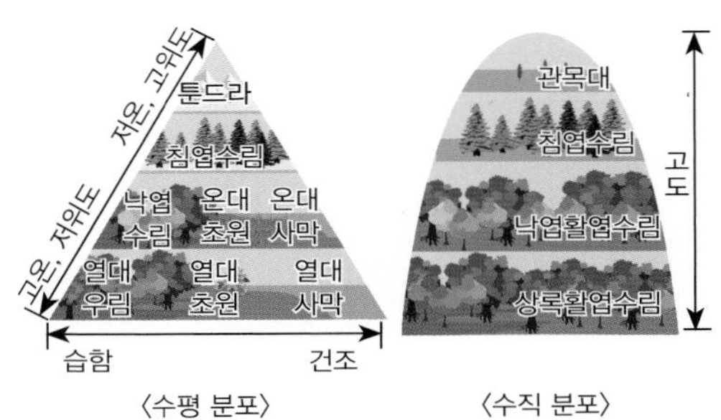

(1) 수평 분포와 수직 분포의 영향을 주는 환경 요인은 각각 무엇인가?

(2) 이러한 생태 분포를 설명할 때 주로 식물을 예로 드는 이유는 무엇인가?

30 다음은 어떤 지역에서 일어난 식물 군집의 천이 과정을 나타낸 것이다.

> 먼 옛날 이곳에는 아무것도 살지 않는 작은 호수가 있었다고 하는데, 서서히 물의 양이 줄어 늪지대가 되었다가 토양이 쌓이면서 초원이 되었다고 한다. 한때 관목림이 생기고 더 큰 나무들이 자라고 있던 때도 있었지만 몇년 전에 큰 산불이 나서 모두 불타버렸고, 지금은 초본들만 무성하게 자라고 있다.

이 자료에서 나타난 천이 과정에 대한 설명으로 옳지 않은 것을 고르시오.

① 습성 천이로 시작했다.
② 지금은 2 차 천이 중이다.
③ 산불 이후 개척자는 초본이다.
④ 외부 요인이 없다면 음수림으로 천이될 것이다.
⑤ 관목림에서 혼합림으로 천이되고 있던 중에 산불이 났다.

30강. 물질 순환과 에너지의 흐름

1. 탄소의 순환

(1) 물질의 생산과 소비 : 생태계가 유지되는 가장 근원적인 에너지는 태양 에너지이다. 생산자는 태양 에너지를 이용하여 무기물을 유기물로 만들고, 소비자와 분해자는 유기물을 무기물로 분해하며 방출되는 에너지를 이용하여 생활한다.

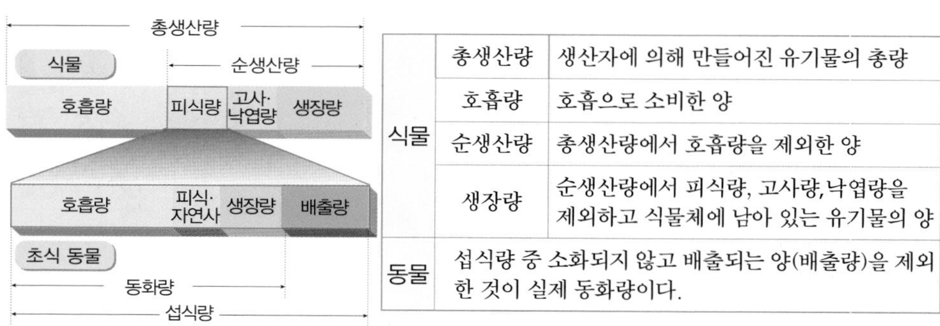

식물	총생산량	생산자에 의해 만들어진 유기물의 총량
	호흡량	호흡으로 소비한 양
	순생산량	총생산량에서 호흡량을 제외한 양
	생장량	순생산량에서 피식량, 고사량, 낙엽량을 제외하고 식물체에 남아 있는 유기물의 양
동물	섭식량 중 소화되지 않고 배출되는 양(배출량)을 제외한 것이 실제 동화량이다.	

▲ 생태계에서 물질의 생산과 소비

(2) 탄소의 순환 : 탄소는 이산화 탄소(CO_2) 형태로 대기 중에 존재하거나 물에 녹아 있으며, 이것이 식물의 광합성에 이용되어 유기물로 합성된다.

① 생산자인 식물이 대기 중의 이산화 탄소를 흡수하여 광합성으로 유기물을 합성한다.
② 생산한 유기물의 일부는 생산자의 몸을 구성하거나, 먹이 사슬을 따라 소비자로 이동한다.
③ 생물의 사체나 배설물 속의 유기물은 분해자에 의해 분해되어 이산화 탄소로 배출된다.
④ 생물이 섭식한 유기물이 호흡 과정에서 분해되어 이산화 탄소로 배출된다.
⑤ 화석 연료 : 일부 유기물은 땅이나 바닷속에 쌓여 석탄이나 석유가 되기도 하는데, 이것은 인간에 의해 연소되어 이산화 탄소 형태로 대기 중으로 돌아간다.

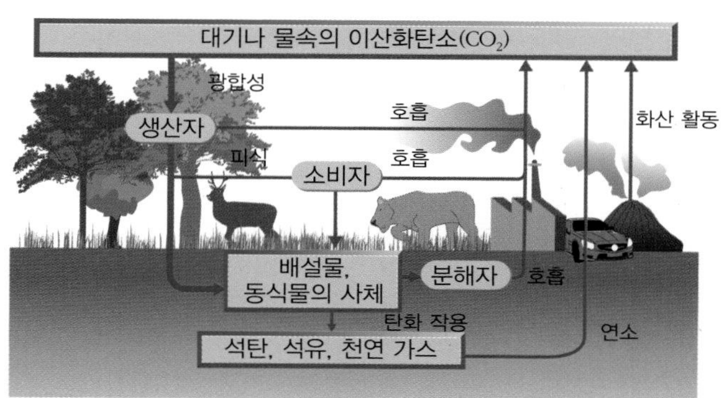

▲ 탄소의 순환

● 총생산량, 동화량, 피식량
· 총생산량 = 순생산량 + 호흡량
· 동화량 = 섭식량 – 배출량
· 식물의 피식량 = 초식 동물의 섭식량

● 천이 단계에 따른 순생산량
천이 초기 단계의 식물 군집은 주로 초본으로 빠르게 성장하기 때문에 순생산량이 많고, 극상에 도달한 안정된 식물 군집은 생장보다는 유지하려는 특성으로 순생산량이 적다.

● 화석 연료와 지구 온난화
화석 연료를 지나치게 소비하면 대기 내의 CO_2 양을 증가시켜 지구 온난화 등의 문제를 일으킨다.

미니사전

피식 [被 당하다 食 먹다] 량
초식 동물에게 잡아먹힌 유기물의 양이다.

고사 [枯 마르다 死 죽다] 량
낙엽으로 떨어지거나 말라죽어 손실된 유기물의 양이다.

개념확인 1

다음 물질의 생산과 소비에 대한 설명으로 옳은 것은 ○표, 옳지 않은 것은 ×표 하시오.

(1) 생태계를 유지할 수 있는 가장 근원적인 에너지는 열에너지이다. (　　)
(2) 순생산량은 생산자에 의해 만들어진 유기물의 총량이다. (　　)
(3) 동물의 섭식량 중 소화되지 않고 배출되는 양을 제외한 것을 동화량이라 한다. (　　)

확인+1

다음 중 생태계에서 탄소가 존재하는 형태가 아닌 것은?

① 석유　② 철광석　③ 식물의 잎　④ 이산화탄소　⑤ 동물의 배설물

2. 질소의 순환

(1) 질소의 순환 : 대기 중의 78 % 를 차지하는 질소이지만 기체 상태의 질소는 식물이 이용할 수 없기 때문에 이용할 수 있는 형태로 바뀌어야 한다.

① 공기 중의 질소를 식물이 쓸 수 있는 이온 형태로 만든다.

· 질소 고정(N_2 ⇨ NH_4^+) : 공기 중의 질소가 질소 고정 세균(뿌리혹박테리아, 아조토박터 등)에 의해 암모늄 이온(NH_4^+)으로 전환된다.

· 공중 방전(N_2 ⇨ NO_3^-) : 번개에 의해 공기 중의 질소가 질산 이온(NO_3^-)으로 전환된다.

· 질화 작용(NH_4^+ ⇨ NO_3^-) : 암모늄 이온이 질화 세균(아질산균, 질산균)에 의해 질산 이온으로 바뀐다.

② 식물이 암모늄 이온, 질산 이온을 흡수하여 질소 화합물로 만든다.

· 질소 동화 작용 : 식물이 뿌리를 통해 흡수한 암모늄 이온(NH_4^+)이나 질산 이온(NO_3^-)의 저분자 물질을 이용하여 고분자 물질인 질소 화합물(단백질, 핵산)로 합성한다. 생성된 질소 화합물은 동물에게 섭취되어 먹이 사슬을 따라 이동한다.

③ 동식물의 질소 화합물이 다시 분해되어 공기 중으로 되돌아간다.

· 탈질소 작용 : 동식물의 사체나 배설물의 질소 화합물은 분해자에 의해 암모늄 이온(NH_4^+)으로 분해되어 식물에게 다시 이용되거나 질산 이온(NO_3^-)으로 전환된다. 이 질산 이온은 토양 속 탈질소 세균에 의해 질소 기체(N_2)가 되는 탈질소 작용이 나타난다.

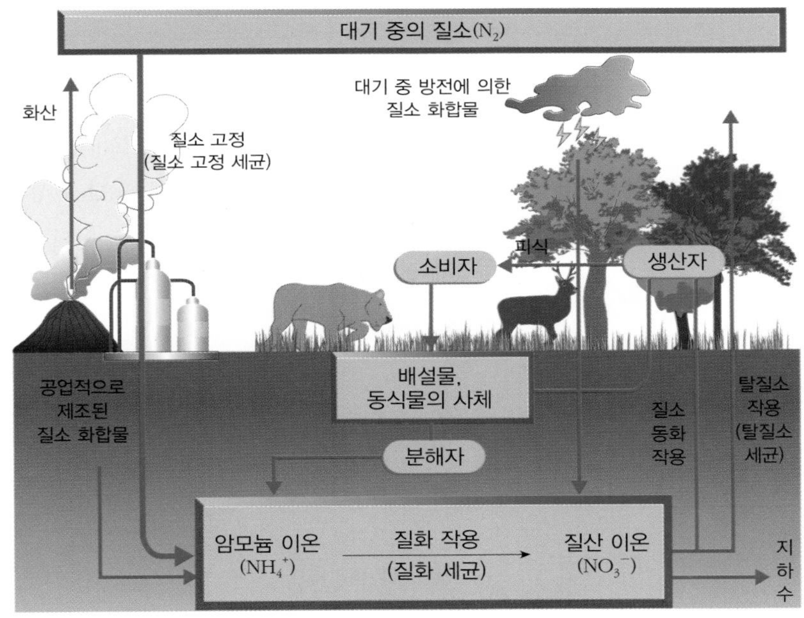

▲ 질소의 순환

> **질소 고정 세균**
> · 뿌리혹박테리아 : 뿌리에 침입하여 뿌리의 조직을 군데군데 크고 뚱뚱하게 만드는 박테리아이다. 공기 중 질소를 식물이 사용할 수 있는 암모늄 이온으로 고정시켜 제공하고, 식물에게서 광합성 양분을 제공받는 방식으로 공생한다.
> · 아조토박터 : 공기 중 질소를 단독으로 고정하는 기능을 가진 호기성 세균으로 토양에서 독립 생활을 한다. 이 세균이 많은 토양은 비옥한 토양이 된다.

> **탈질소 세균**
> 질산 이온을 질소 기체로 만드는 세균을 통틀어 이르는 말이다. 산소 대신에 질산 이온을 이용해서 호흡하기 때문에 탈질소 작용이 일어난다.

> **공업적으로 제조된 질소 비료**
> 식물이 자라는 데 중요한 질소를 1908 년 하버와 보슈가 질소 기체에서 암모니아를 합성하는 데 성공함으로써 많은 농업적 성과를 이룰 수 있었다.

개념확인 2

정답 및 해설 76쪽

다음에 해당하는 단어를 적으시오.

(1) 아조토박터 등의 세균이 공기 중의 질소를 암모늄 이온으로 전환하는 것 (　　　　)

(2) 번개에 의해 공기 중의 질소가 질산 이온으로 전환되는 것 (　　　　)

(3) 토양 속 세균에 의해 암모늄 이온이 질소 기체로 전환되는 작용 (　　　　)

확인+2

식물이 뿌리를 통해 흡수한 저분자 물질을 이용하여 단백질 등 고분자 물질을 합성하는 작용은 무엇인가? (　　　　)

3. 에너지의 흐름

(1) 생태계에서의 에너지 흐름 : 에너지는 순환하지 않고 한쪽 방향으로 흐른다.

① **생산자** : 식물은 광합성을 통해 태양의 빛에너지를 화학 에너지로 전환한다. 일부는 호흡에 사용하여 열에너지로 전환시켜 방출되고, 일부는 유기물에 저장한다.

② **소비자** : 생산자에 의해 저장된 유기물 중 일부가 먹이 사슬을 따라 이동하고, 각 영양 단계에서 호흡을 통해 생명 활동에 사용되거나 열에너지로 전환되어 방출된다.

③ **분해자** : 고사된 식물이나 동물의 사체 등에 포함된 에너지는 분해자의 호흡을 통해 생명 활동에 사용되거나 열에너지로 전환되어 방출된다.

(2) 에너지 효율 : 한 영양 단계에서 다음 영양 단계로 전달된 에너지의 비율을 에너지 효율이라 한다. 영양 단계가 올라갈수록 에너지 효율은 증가한다.

① 영양 단계가 올라갈수록 영양가가 높은 동물성 먹이를 많이 먹는다.

· 고기가 채소보다 소화, 흡수가 잘 되고 같은 부피에서 더 많은 에너지를 낼 수 있다.

② 상위 단계로 갈수록 몸집이 커진다.

· 몸집이 커질수록 단위 무게당 소모하는 에너지양이 감소한다.

$$\text{에너지 효율(\%)} = \frac{\text{현 단계의 에너지 총량}}{\text{전 단계의 에너지 총량}} \times 100$$

(3) 생태 피라미드 : 영양 사슬의 각 영양 단계에 있는 생물의 개체 수, 생물량, 에너지양을 생산자부터 1 차, 2 차, 3 차 소비자 순서로 쌓아올린 것이다.

① 상위 영양 단계로 갈수록 개체 수, 생물량, 에너지량이 감소한다 ⇨ 피라미드 모양이 된다.

② 유기물과 그 속에 저장된 에너지가 각 영양 단계를 거치면서 그 단계 생물의 생장과 호흡 등에 소비되고, 일부만이 다음 단계로 이동한다.

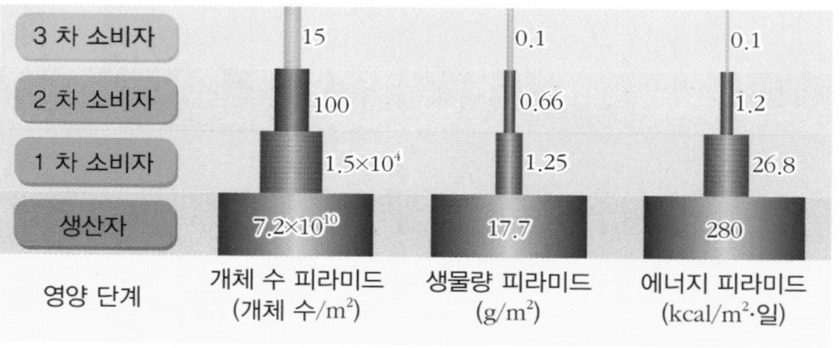

▲ 생태 피라미드

생태계에서의 에너지 전환

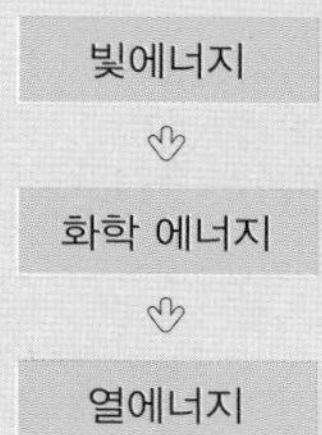

생태계가 유지되기 위해서는 태양 에너지가 계속 유입되어야 한다.

생태계의 에너지 이동 경로

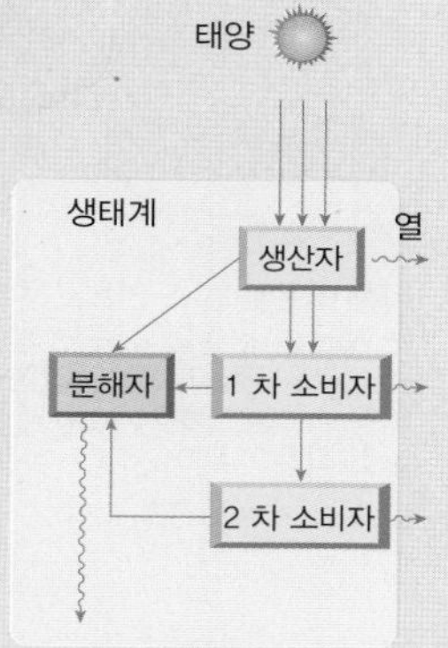

태양의 빛에너지를 공급받아 최종적으로 열에너지로 방출된다.

식물 군집의 생물량

한 식물 군집이 현재 가지고 있는 유기물의 총질량을 생물량이라고 한다.

개념확인 3

다음 괄호 안에 들어갈 알맞은 단어를 고르시오.

(1) 에너지가 먹이 사슬을 따라 이동할 때 (상위 , 하위) 영양 단계로 갈수록 에너지 효율은 증가하고 생물량은 (증가 , 감소) 한다.

(2) 각 단계에서 흡수한 에너지는 일부가 호흡에 의해 (열 , 화학) 에너지로 방출된다.

확인+3

먹이 사슬의 각 영양 단계에 있는 생물의 개체 수, 생물량, 에너지양을 생산자부터 1 차, 2 차, 3 차 소비자 순서로 쌓아올린 것을 무엇이라 하는가?

(　　　　　　　　)

4. 생태계 평형

(1) **생태계의 평형** : 생물 군집의 종류나 개체 수, 물질의 양, 에너지의 흐름이 거의 변하지 않고 안정하게 유지되는 생태계의 상태를 말한다.

① 안정한 생태계는 외적 요인에 의해 평형이 깨지고 회복되는 과정을 끊임없이 반복한다.

② 천이 초기의 생태계보다 후기 단계의 생태계에서 평형을 더 잘 유지한다.

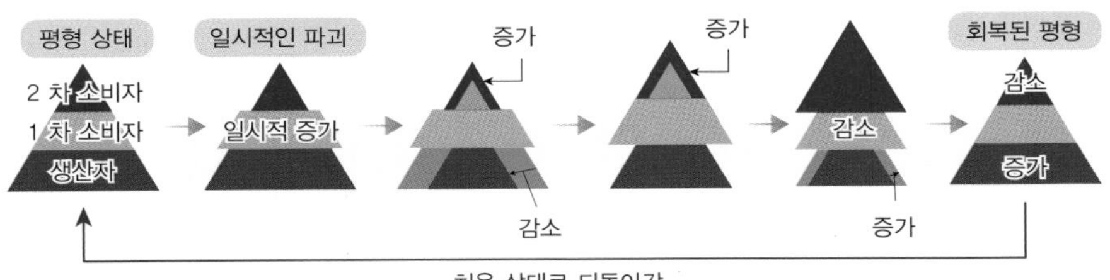

▲ 생태계의 평형이 유지되는 과정

극상 단계의 생태계
종이 다양하고 먹이 그물이 복잡한 극상 단계에서 생태계의 평형을 가장 잘 유지하여 가장 안정한 생태계라 부른다.

(2) 생태계 평형의 유지

① 종 수가 많을수록 평형을 더 잘 유지한다.

② 먹이 그물이 복잡할수록 평형을 더 잘 유지한다.

③ 급격한 환경 변화가 없을수록 평형을 더 잘 유지한다.

④ 물질 순환과 에너지 흐름이 원활할수록 평형을 더 잘 유지한다.

(3) 생태계 평형의 파괴

① **자연 재해** : 지진, 홍수, 산사태, 화산 폭발 등의 자연 재해로 깨진 평형은 자기 조절 능력이 있어 다시 회복한다.

② **인간의 간섭** : 인간의 영향으로 인한 파괴는 평형을 깨뜨릴 뿐만 아니라 생태계의 회복 능력도 약화시킨다.

· 환경 오염 : 급격한 인구 증가와 산업화, 지나친 개발, 화석 연료 소비의 증가 등이 있다.

· 귀화 생물 : 외국에서 들여온 외래종은 포식자가 없고 토종 생물들을 잡아먹어 빠르게 먹이 사슬을 붕괴시킨다.

외래종
번식력이 강한 외래종은 자연 생태계에 유입되어 토종 서식지를 잠식하여 생태계의 균형을 깨고 종의 다양성을 떨어뜨리는 등 심각한 문제를 일으킨다.

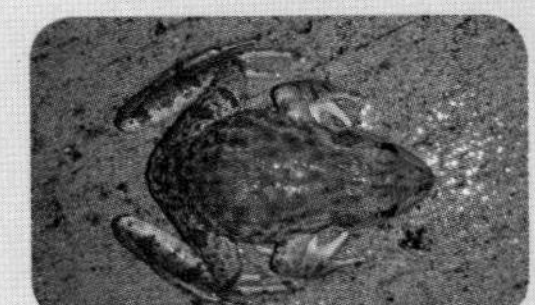
▲ 황소개구리

▲ 블루길

개념확인 4

정답 및 해설 76쪽

다음 생태계의 평형에 대한 설명으로 옳은 것은 ○표, 옳지 않은 것은 ×표 하시오.

(1) 생태계의 평형은 한 번 파괴되면 회복되지 않는다. ( )

(2) 천이 초기의 생태계보다 후기 단계의 생태계에서 평형을 더 잘 유지한다. ( )

(3) 인간의 영향으로 인한 파괴는 생태계의 회복 능력을 약화시킨다. ( )

확인+4

다음 중 생태계 평형 파괴의 요인이 아닌 것은?

① 지진　② 홍수　③ 농약　④ 화력 발전　⑤ 계절 변화

미니사전

귀화 [歸 돌아오다 化 되다] 생물 원래 살던 곳에서 다른 지역으로 옮겨 와 잘 적응하여 자라는 생물

외래 [外 바깥 來 오다] 종 외국에서 들여온 씨나 품종

01 다음 중 물질의 생산과 소비에 대한 설명으로 옳지 않은 것은?

① 생산자는 태양 에너지를 이용하여 무기물을 유기물로 만든다.
② 생산자의 생장량은 순생산량에서 고사량과 피식량을 뺀 것이다.
③ 생산자는 총생산량 중 일부를 호흡에 이용하고 나머지를 저장한다.
④ 생태계 내에서 에너지는 순환하지만, 물질은 한쪽 방향으로 흐른다.
⑤ 한 식물 군집이 현재 가지고 있는 유기물의 총량을 생물량이라 한다.

02 다음은 생태계에서 일어나는 총생산량을 나타낸 모식도이다. (가), (나), (다) 를 각각 옳게 짝지은 것은?

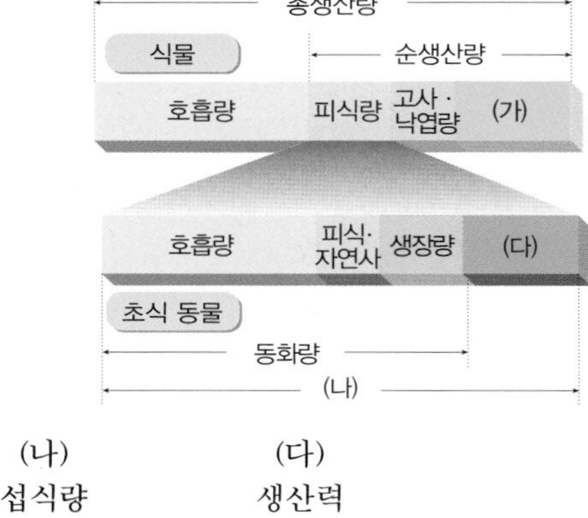

	(가)	(나)	(다)
①	생장량	섭식량	생산력
②	생장량	섭식량	배출량
③	동화량	생산량	배출량
④	생산력	고사량	총생산량
⑤	생산력	생산량	총생산량

03 다음은 생태계에서의 탄소 순환 과정을 나타낸 것이다. (가), (나), (다) 에 해당하는 작용을 차례대로 적으시오.

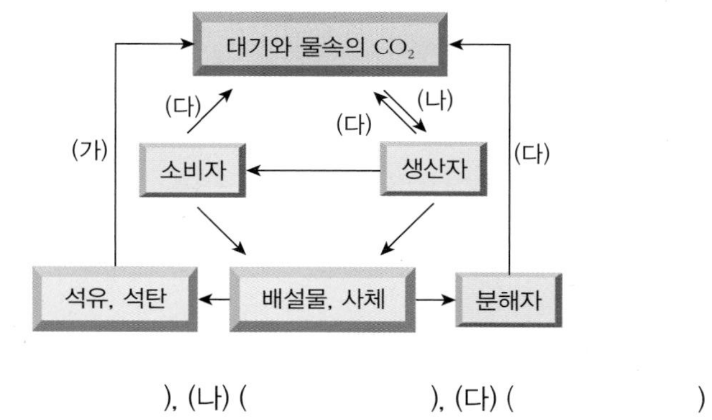

(가) (   ), (나) (   ), (다) (   )

04 탄소의 순환에 대한 설명으로 옳은 것은 ○표, 옳지 않은 것은 ×표 하시오.

(1) 탄소는 유기물을 이루는 주요 원소이다. (   )
(2) 분해자에 의해 분해된 유기물이 육지나 해저에 쌓여 화석 연료가 된다. (   )

05

질소의 순환에 대한 설명으로 옳은 것은 ○표, 옳지 않은 것은 ×표 하시오.

(1) 식물은 대기의 질소를 이용하여 광합성을 한다. ( )
(2) 탈질소 세균은 질산 이온을 질소 기체로 전환시킨다. ( )

06

현 영양 단계에서 다음 영양 단계로 전달된 에너지의 비율은 무엇이라고 하는가?

( )

07

다음 중 에너지 흐름에 대한 설명으로 옳지 않은 것을 고르시오.

① 에너지의 최종 단계는 열에너지이다.
② 생태계에서 에너지의 근원은 유기물의 화학 에너지이다.
③ 생태계가 계속 유지되기 위해서는 태양빛이 꼭 있어야 한다.
④ 생태계에서 물질은 순환하지만 에너지는 순환하지 않고 한쪽으로 흐른다.
⑤ 상위 영양 단계로 갈수록 에너지 총량은 감소하지만 에너지 효율은 증가하는 경향이 있다.

08

다음은 어떤 생태계에서 일어난 개체수 피라미드의 변화를 나타낸 것이다.

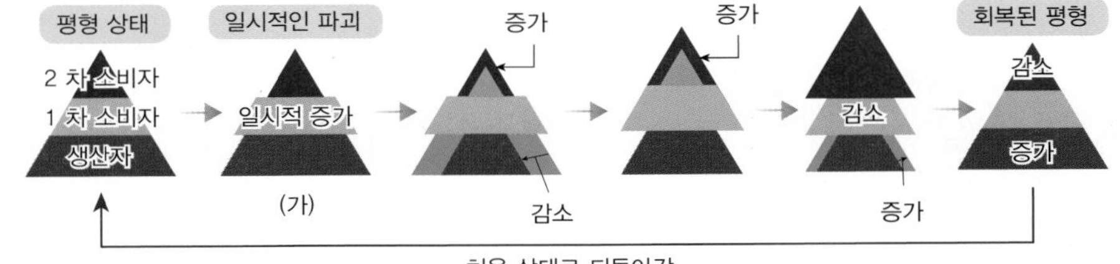

(가) 에 해당하는 생태계의 현상으로 옳은 것은?

① 먹이의 수가 줄어 굶주리는 늑대가 늘었다.
② 번식기를 맞아 토끼의 수가 빠르게 증가했다.
③ 사람들이 도로를 닦기 위해 풀밭을 밀어버렸다.
④ 사냥철을 맞아 사람들이 늑대 사냥 대회를 열었다.
⑤ 작은 불이 나서 생태계 내의 초본 식물의 수가 줄었다.

유형 익히기 & 하브루타

[유형30-1] 탄소의 순환

다음은 생태계에서의 탄소 순환 과정을 나타낸 것이다.

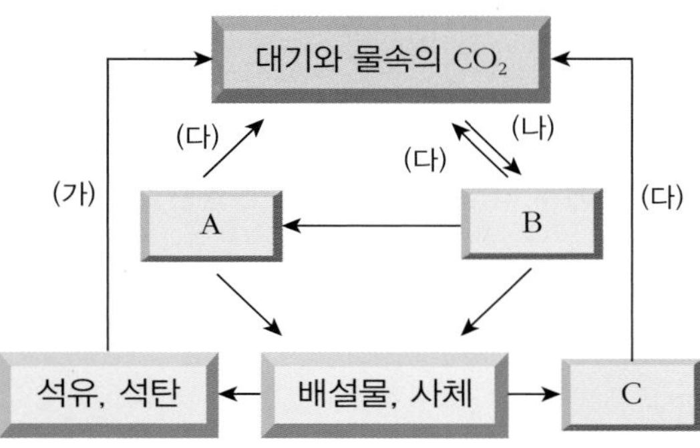

이에 대한 설명으로 옳은 것은 ○표, 옳지 않은 것은 ×표 하시오.

(1) 생물 B 와 C 는 각각 소비자와 분해자이다. ( )
(2) (가) 가 많이 일어나면 지구 온난화가 일어날 가능성이 높아진다. ( )

01 다음 중 물질의 생산과 소비에 대한 설명으로 옳지 <u>않은</u> 것은?

① 총생산량은 호흡량과 순생산량을 합한 것이다.
② 생산자의 피식량이 1 차 소비자의 섭식량과 같다.
③ 생장량은 고사량과 낙엽량을 제외하고 피식량을 포함한다.
④ 1 차 소비자의 섭식량에서 배출량을 제외한 것을 동화량이라 한다.
⑤ 생산자의 총생산량은 태양 에너지의 일부를 이용하여 생산한 것이다.

02 다음 탄소의 순환에 대한 설명으로 알맞은 말을 고르시오.

(1) 대기나 물속의 CO_2 는 생산자의 광합성에 의해 (무기물, 유기물)로 고정된다.
(2) 먹이 사슬을 통해 이동한 탄소의 일부는 (호흡, 광합성)에 의해 CO_2 로 전환된다.
(3) 동물의 사체 중 분해되지 않은 유기물은 땅속에서 석탄, 석유와 같은 화석 연료가 되며, (연소, 탄화)되어 CO_2 의 형태로 대기 중으로 돌아간다.

[유형30-2] 질소의 순환

다음 그림은 생태계에서 일어나는 질소 순환 과정의 일부를 나타낸 것이다.

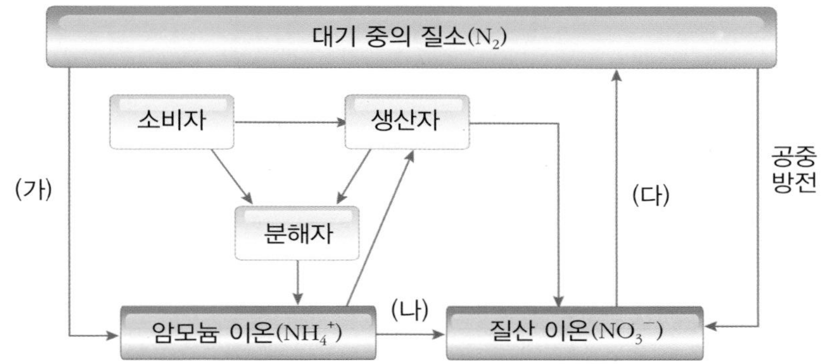

이에 대한 설명으로 옳은 것은 ○표, 옳지 않은 것은 ×표 하시오.

(1) (가) 는 식물에 의해 직접 이루어지는 작용이다. (　　　)
(2) 과정 (다) 에서 탈질소 세균이 영향을 미친다. (　　　)

03

다음 중 질소의 순환에 대한 설명으로 옳은 것만을 〈보기〉 에서 있는 대로 고르시오.

〈 보기 〉

ㄱ. 번개와 같은 공중 방전에 의해 질소 기체에서 질산 이온이 되기도 한다.
ㄴ. 식물은 직접 질소 기체를 이용할 수 없어 뿌리혹박테리아 등의 질소 고정 세균의 도움을 받는다.
ㄷ. 동식물의 사체나 배설물의 질소 화합물은 분해자에 의해 암모늄 이온으로 분해된 후 전부 식물에 의해 재사용된다.

(　　　)

04

다음 설명에 해당하는 용어를 적으시오.

(1) 대기 중의 질소가 세균에 의해 NH_4^+ 으로 전환되는 것 (　　　)
(2) 토양 속의 NH_4^+ 가 질화 세균에 의해 NO_3^- 으로 전환되는 작용 (　　　)

유형 익히기&하브루타

[유형30-3] 에너지의 흐름

다음은 어떤 안정된 생태계에서 영양 단계에 따른 에너지의 이동량을 상댓값으로 나타낸 것이다.

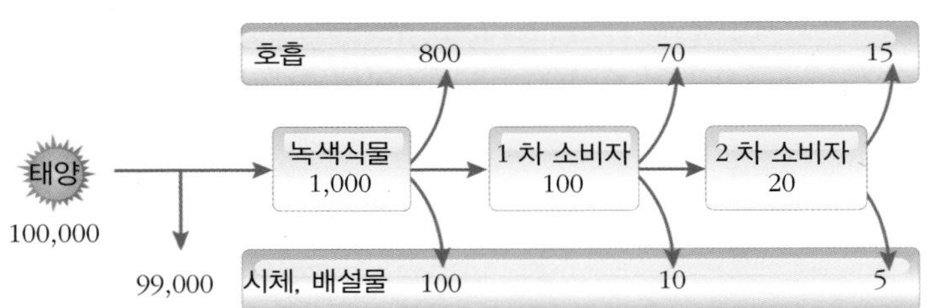

이 생태계에 대한 설명으로 옳은 것만을 〈보기〉 에서 있는 대로 고른 것은?

〈 보기 〉

ㄱ. 호흡으로 소비되는 화학 에너지는 열에너지 형태로 방출된다.
ㄴ. 녹색 식물은 생태계로 입사된 태양 에너지를 모두 이용한다.
ㄷ. 영양 단계가 높아질수록 전달되는 에너지의 효율은 감소한다.

① ㄱ ② ㄴ ③ ㄱ, ㄴ ④ ㄴ, ㄷ ⑤ ㄱ, ㄴ, ㄷ

05 다음 상위 단계로 갈수록 에너지 효율이 증가하는 이유에 대한 설명에서 옳은 것을 선택하시오.

(1) 상위 단계로 갈수록 영양가가 높은 (식물성, 동물성) 먹이를 많이 먹는다.

(2) 상위 단계로 갈수록 몸집이 (커지고, 작아지고), 그럴수록 단위 무게당 소모하는 에너지양이 감소한다.

06 다음 중 에너지의 흐름에 대한 설명으로 옳은 것은 ○표, 옳지 않은 것은 ×표 하시오.

(1) 열에너지는 다시 생태계 내에 흡수되어 사용된다. ( )

(2) 영양 단계가 높아질수록 전달되는 에너지의 양은 감소한다. ( )

(3) 생태계가 유지되려면 태양 에너지가 계속 공급되어야 한다. ( )

[유형30-4] 생태계 평형

다음은 어떤 생태계에서 일어난 개체수 피라미드의 변화를 나타낸 것이다.

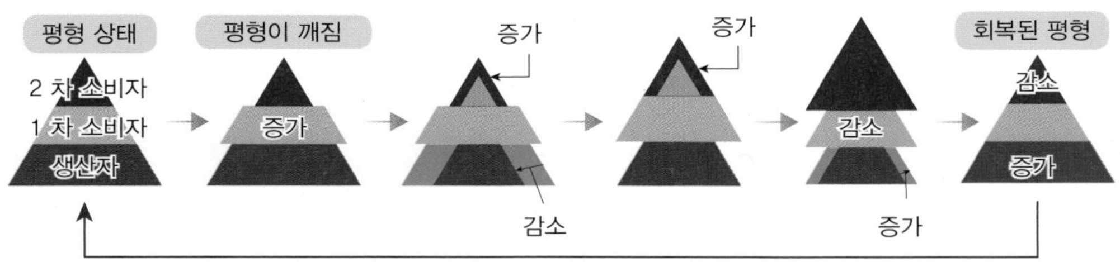

1 차 소비자가 일시적으로 증가한 직후의 현상으로 옳은 것을 <u>모두</u> 고르시오.

① 생산자의 수가 증가한다.
② 1 차 소비자의 수가 감소한다.
③ 2 차 소비자의 수가 증가한다.
④ 생산자의 수가 감소한다.
⑤ 개체수 피라미드가 곧바로 안정화된다.

07 다음 중 자연적으로 생태계의 평형이 깨지는 원인이 아닌 것은?

① 산사태　② 홍수　③ 지진
④ 외래종　⑤ 녹조

08 다음 중 생태계의 평형에 대한 설명으로 옳은 것은 ○표, 옳지 않은 것은 ×표 하시오.

(1) 천이 초기의 생태계가 더 평형을 잘 유지한다. (　　)
(2) 자연 재해로 평형이 깨져도 자기 조절 능력에 의해 회복한다. (　　)

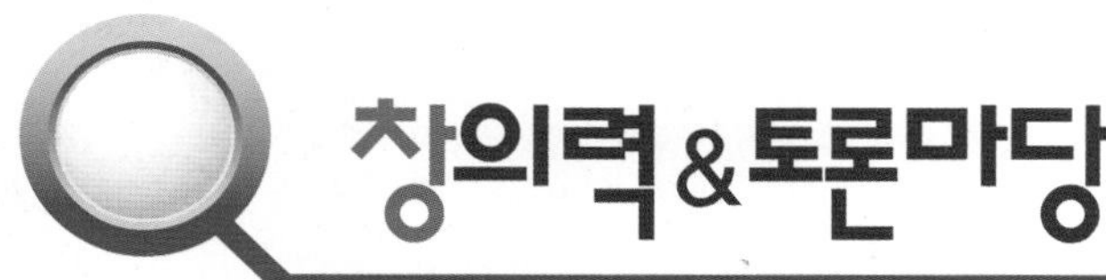

창의력&토론마당

01 다음은 생태계에서의 물질의 생산과 소비를 나타낸 것이다. 다음의 물음에 답하시오.

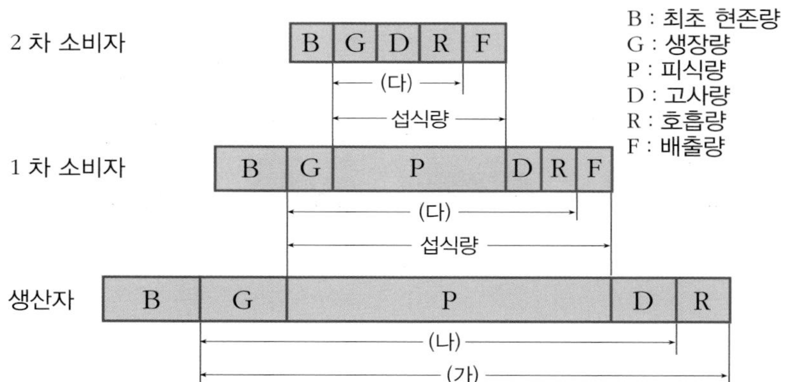

(1) (가), (나), (다) 에 각각 알맞은 용어를 적으시오.

(2) 2 차 소비자의 총 에너지량이 왜 생산자의 총 에너지량보다 적은지 서술하시오.

02

다음은 어떤 초원 생태계의 CO_2 순환량을 측정하기 위한 실험이다.

〈실험 과정〉

(가) 초원 생태계의 일부를 채취하여 실험 설비 A 에는 초원 생태계 상태 그대로, B 에는 초원 생태계에서 식물만을 제거한 토양을 넣는다.

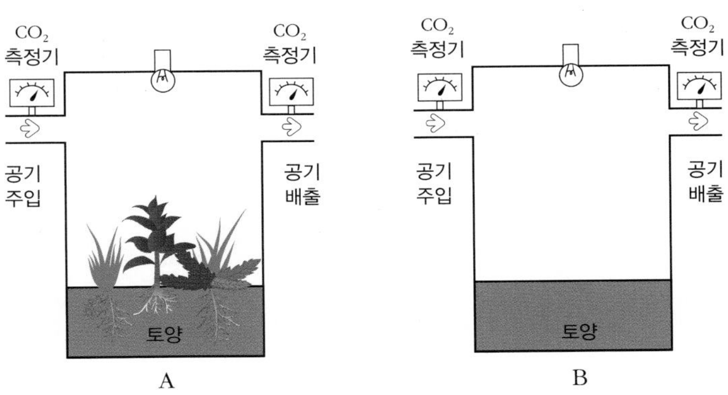

(나) 일정 속도로 A 와 B 에 공기를 주입하고 배출시키면서, 빛이 있는 조건과 빛이 없는 조건에서의 CO_2 유입량과 배출량을 측정한다.

〈실험 결과〉

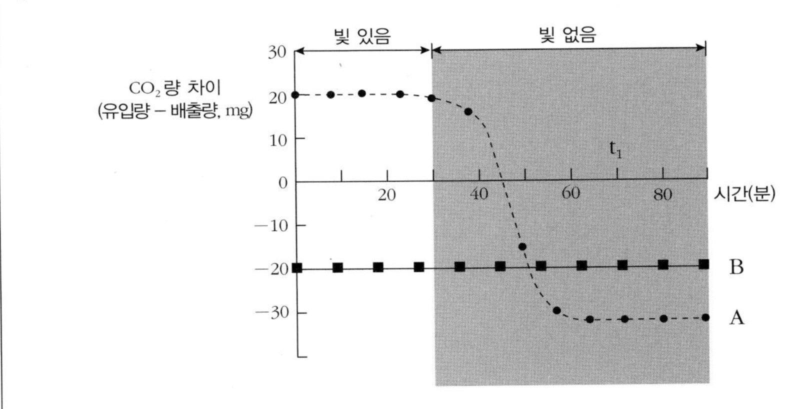

(1) t_1 에서 식물의 순생산량은 얼마인가?

(2) 빛이 충분히 주어질 때, 총생산량은 얼마인지 그래프를 근거로 서술하시오.

03 다음 그림은 변온동물인 메뚜기와 항온동물인 사슴의 먹이 에너지의 이용을 상대값으로 나타낸 것이다. 일정 시간 동안 동화량에 대비한 소비자의 몸을 구성하는 생장량으로 전환된 식량 속의 화학에너지의 양을 생산 효율이라고 한다. 물음에 답하시오.

(1) 사슴과 메뚜기의 생산 효율을 퍼센트(%)로 계산하시오.

(2) 메뚜기와 사슴이 생산 효율 차이가 나는 이유를 변온성과 항온성을 들어 설명하시오.

04 다음은 최초로 인공적인 질소 비료를 합성해내는 데 성공한 하버–보슈법에 대한 설명이다.

> 19 세기말 세계 인구가 급격하게 증가함에 따라 식량 부족에 대한 걱정이 크게 부각되었다. 계속된 작황으로 인해 농토의 질소 함량이 고갈됨에 따라 질소 비료에 대한 수요가 점점 늘어나고 있었고, 이 문제가 해결되지 않으면 세계적인 기아 사태가 일어날 전망이었다. 따라서 공기 중의 질소를 이용하여 비료에 사용되는 질소 화합물을 생산하는 것이 급선무였다. 해결 방법은 1908 년 독일로부터 나왔는데, 화학자 프리츠 하버가 암모니아 합성 원리를 발견한 것이었다. 암모니아 합성은 철 촉매 작용 하에 고온과 고압의 조건에서 이루어진다. 화학자인 카를 보슈는 1913 년에 최첨단 산업 생산 수준으로 하버 공정을 상업화하였다. 이 산업 공정은 20 세기에 농업 생산의 증대와 인구의 팽창을 가져왔다.

(1) 암모니아의 인공적인 합성이 농업 생산을 팽창시킬 수 있었던 이유를 서술하시오.

(2) 하버-보슈법이 발명되고, 질소 비료의 사용이 많아지면서 동시에 많은 부작용들이 생겨나고 있다. 그 이유에 대해 서술하시오.

스스로 실력 높이기

01 순생산량에서 피식량, 고사량, 낙엽량을 제외하고 식물체에 남아 있는 유기물의 양을 무엇이라 하는가?

( )

02 탄소의 순환에서 생산자가 무기물인 이산화 탄소를 유기물로 동화시키는 작용을 무엇이라 하는가?

( )

03 공기 중의 질소를 뿌리혹박테리아나 아조토박터 등이 암모늄 이온으로 전환시키는 작용을 무엇이라고 하는가?

( )

04 생태계를 유지시키는 근원 에너지는 무엇인가?

( )

05 먹이 사슬의 각 영양 단계에 있는 생물의 개체 수, 생물량, 에너지양을 순서대로 쌓아올린 것은 무엇인가?

( )

06 생물 군집의 종류나 개체 수, 물질의 양, 에너지의 흐름이 거의 변하지 않고 안정된 상태를 무엇이라 하는가?

( )

[07-08] 다음은 생태계의 탄소의 순환을 도식으로 나타낸 것이다.

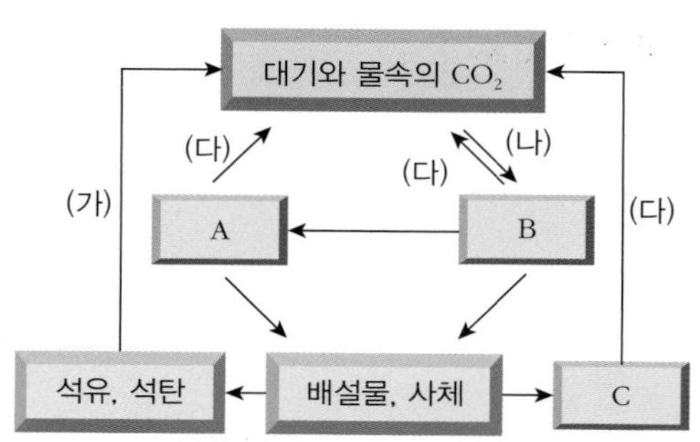

07 이 그림에 대한 설명으로 옳은 것만을 〈보기〉 에서 있는 대로 고른 것은?

〈 보기 〉

ㄱ. (나) 과정은 모든 생물에서 이루어진다.
ㄴ. (다) 과정을 통해 유기물이 무기물로 전환된다.
ㄷ. (가) 과정이 활발해지면 지구 온난화가 일어난다.

① ㄱ ② ㄴ ③ ㄷ
④ ㄴ, ㄷ ⑤ ㄱ, ㄴ, ㄷ

08 A ~ C 에 해당하는 생물적 요인을 각각 쓰시오.

A ( ), B ( ), C ( )

09 물질의 생산과 소비에 대한 설명으로 옳은 것은 ○표, 옳지 않은 것은 ×표 하시오.

(1) 생산자의 순생산량에는 피식량과 고사량은 포함되지 않는다. ( )

(2) 식물의 피식량이 곧 초식 동물의 섭식량이 된다. ( )

10 동식물의 사체나 배설물의 질소 화합물이 분해자에 의해 암모늄 이온으로 분해된 후 토양 속 세균에 의해 질소 기체(N_2)가 되는 작용을 무엇이라고 하는가?

( )

11 다음 중 생태계의 평형에 대한 설명으로 옳지 않은 것은?

① 먹이 그물이 복잡할수록 평형이 더 빠르게 회복된다.
② 사체와 배설물의 분해를 통해 에너지를 얻는 것은 분해자이다.
③ 생태계로 들어오는 태양 에너지는 전부 화학 에너지로 전환된다.
④ 초식 동물의 수가 외부 요인에 의해 늘어나면 식물의 수는 줄어든다.
⑤ 생태계는 외적 요인에 의해 평형이 깨졌다가 돌아오는 것을 반복한다.

12 식물 A 가 광합성을 통해 100 의 유기물을 생산하여 그중 30 을 호흡으로 소비하고 20 만큼의 잎을 동물 B 에게 먹혔다. 다음 중 동물 B 의 섭식량은?

① 10 ② 20 ③ 30
④ 40 ⑤ 50

13 다음 중 에너지 흐름에 대한 설명으로 옳지 않은 것은?

① 물질은 생태계 내에서 순환한다.
② 에너지 효율은 단계가 올라갈수록 높다.
③ 에너지는 순환하지 않고 한쪽 방향으로만 흐른다.
④ 생태계 내의 에너지는 최종적으로 열에너지로 방출된다.
⑤ 각 영양 단계 중에 1 차 소비자가 가진 에너지의 양이 가장 많다.

14 그림은 생태계에서 질소가 순환하는 과정의 일부를 나타낸 것이다.

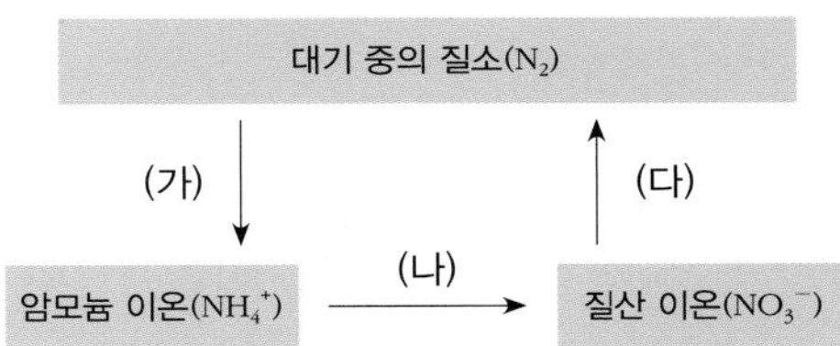

과정 (가) ~ (다) 에 대한 설명으로 옳은 것만을 〈보기〉 에서 있는 대로 고른 것은?

〈 보기 〉
ㄱ. (가) 는 질소 고정이다.
ㄴ. (나) 는 질화 세균이 작용한다.
ㄷ. (다) 는 식물에 의한 작용이다.

① ㄱ ② ㄴ ③ ㄱ, ㄴ
④ ㄱ, ㄷ ⑤ ㄱ, ㄴ, ㄷ

15 그림 (가) 와 (나) 는 각각 서로 다른 생태계에서 생산자, 1 차 소비자, 2 차 소비자의 에너지양을 상대값으로 나타낸 생태 피라미드이다.

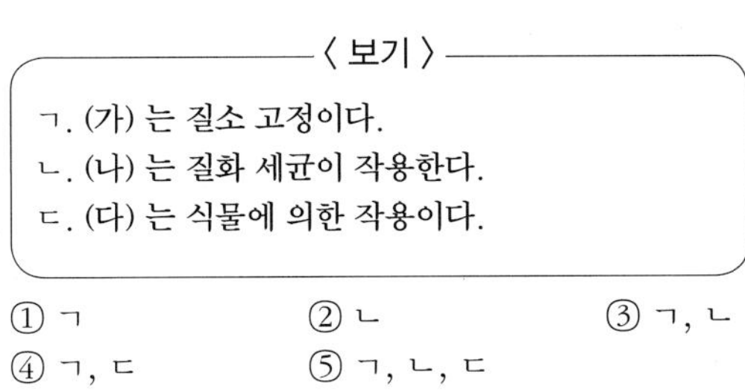

이에 대한 설명으로 옳은 것만을 〈보기〉 에서 있는 대로 고른 것은?

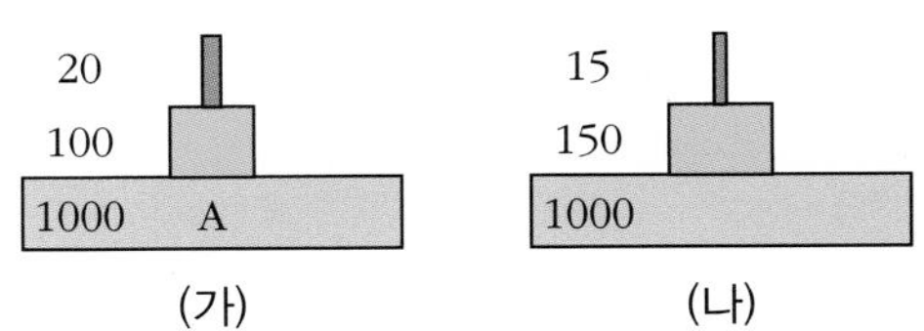
〈 보기 〉
ㄱ. (가) 에서 A 는 1 차 소비자이다.
ㄴ. 2 차 소비자의 에너지 효율은 (나) 에서보다 (가) 에서 높다.
ㄷ. (가) 와 (나) 는 모두 상위 영양 단계로 갈수록 에너지양이 감소한다.

① ㄱ ② ㄴ ③ ㄱ, ㄴ
④ ㄱ, ㄷ ⑤ ㄴ, ㄷ

스스로 실력 높이기

16 그림은 어떤 안정된 생태계에서의 에너지 흐름을 상댓값으로 나타낸 것으로 $E_1 \sim E_3$ 은 에너지양이다.

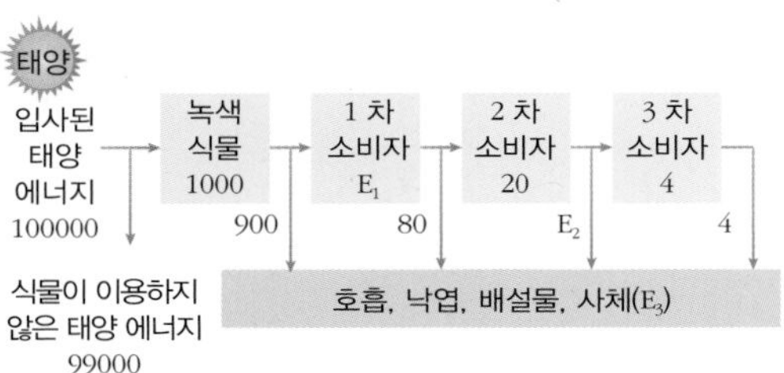

이에 대한 설명으로 옳은 것만을 〈보기〉 에서 있는 대로 고른 것은?

〈 보기 〉

ㄱ. E_2 에 속하는 에너지양은 16 이다.
ㄴ. 3 차 소비자가 1 차 소비자에 비해 에너지 효율이 높다.
ㄷ. 녹색 식물은 생태계로 입사된 태양 에너지를 모두 이용한다.

① ㄱ ② ㄷ ③ ㄱ, ㄴ
④ ㄴ, ㄷ ⑤ ㄱ, ㄴ, ㄷ

17 다음은 어떤 생태계에 서식하는 생산자의 물질 생산을 나타낸 것이다.

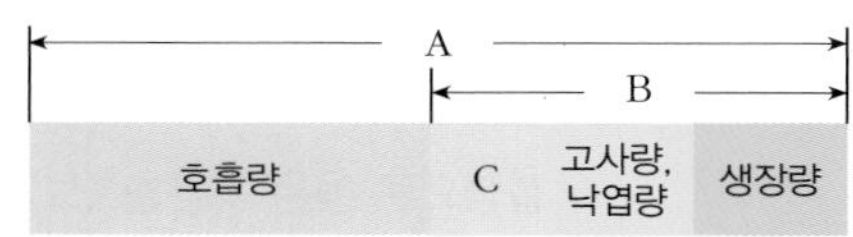

이에 대한 설명으로 옳은 것만을 〈보기〉 에서 있는 대로 고른 것은?

〈 보기 〉

ㄱ. A 는 생태계에 입사된 태양 에너지의 총량이다.
ㄴ. B 는 순생산량이다.
ㄷ. C 는 초식 동물의 동화량이다.

① ㄱ ② ㄴ ③ ㄱ, ㄴ
④ ㄴ, ㄷ ⑤ ㄱ, ㄴ, ㄷ

18 다음은 어느 강에서 일어난 녹조 현상에 대해 조사하여 요약한 내용이다.

원인: 영양 염류 증가, 수온 상승, 강수량 감소
영향: 남세균 과다 증식, 물이 녹색으로 변함, 물고기 떼죽음, ㉠강의 종 다양성 감소
특징: ㉡유속이 빨라지면 남세균의 증식이 억제되어 녹조 현상이 완화됨
*남세균(남조류): 빛을 흡수하여 광합성을 하는 원핵생물

이에 대한 설명으로 옳은 것만을 〈보기〉 에서 있는 대로 고른 것은?

〈 보기 〉

ㄱ. 남세균은 생산자다.
ㄴ. ㉠ 에 의해 생태계가 안정적으로 유지된다.
ㄷ. ㉡ 은 무기 환경이 평형 유지에 도움을 주는 것이다.

① ㄱ ② ㄴ ③ ㄱ, ㄴ
④ ㄴ, ㄷ ⑤ ㄱ, ㄷ

19 다음은 어떤 식물 군집 A 에서 시간에 따른 총생산량과 순생산량을 나타낸 것이다.

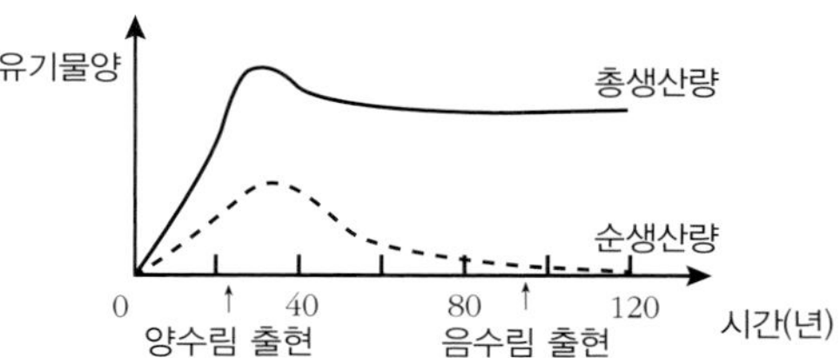

이에 대한 설명으로 옳은 것만을 〈보기〉 에서 있는 대로 고른 것은?

〈 보기 〉

ㄱ. A 는 천이가 진행되었다.
ㄴ. 천이가 진행될수록 총생산량이 높아진다.
ㄷ. 양수림에서보다 음수림에서 순생산량이 높다.

① ㄱ ② ㄴ ③ ㄱ, ㄴ
④ ㄴ, ㄷ ⑤ ㄱ, ㄴ, ㄷ

20 다음은 생태계에서 일어나는 탄소의 순환 과정을 나타낸 것이다. (단, A ~ D 는 생태계의 생물적 요인에 속한다.)

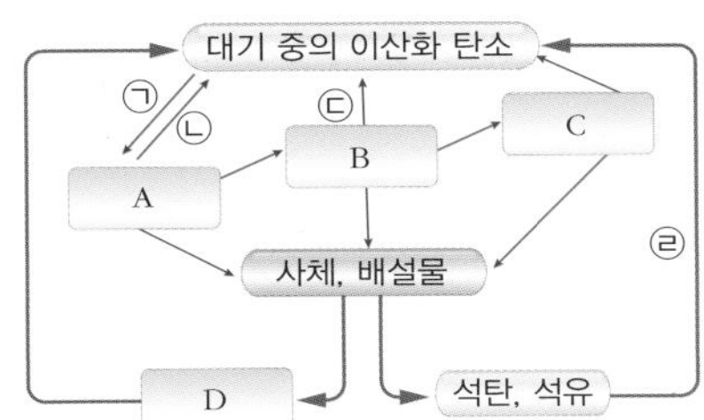

이에 대한 설명으로 옳은 것만을 〈보기〉 에서 있는 대로 고른 것은?

〈 보기 〉

ㄱ. ㉠ 과정을 통해 이산화 탄소가 유기물로 전환된다.
ㄴ. ㉡, ㉣ 과정은 모든 생물에서 공통적으로 일어난다.
ㄷ. D 는 유기물을 무기물로 전환시킨다.

① ㄱ　② ㄴ　③ ㄷ
④ ㄴ, ㄷ　⑤ ㄱ, ㄷ

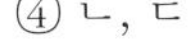

21 그림은 평형이 유지되고 있는 두 종류의 생태계 A 와 B 에서의 먹이 관계를 나타낸 것이다.

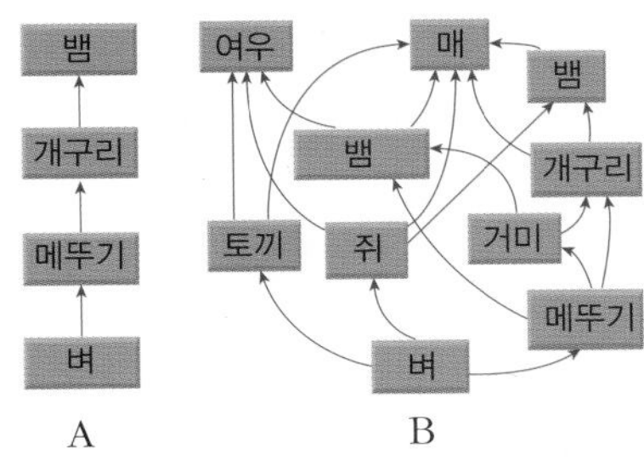

이에 대한 설명으로 옳은 것만을 〈보기〉 에서 있는 대로 고른 것은?

〈 보기 〉

ㄱ. A 보다 B 가 더 안정된 생태계이다.
ㄴ. B 에서 토끼가 없어지면 여우도 없어진다.
ㄷ. A 에서 메뚜기의 수가 일시적으로 늘어나면 벼의 생산량이 줄어들 것이다.

① ㄱ　② ㄴ　③ ㄷ
④ ㄴ, ㄷ　⑤ ㄱ, ㄷ

22 다음은 질소 순환을 나타낸 그림이다.

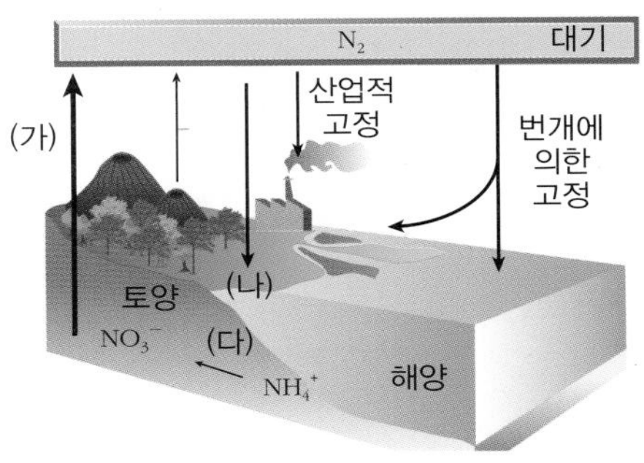

이에 대한 설명으로 옳은 것만을 〈보기〉 에서 있는 대로 고른 것은?

〈 보기 〉

ㄱ. (가) 는 탈질소 작용을 나타낸다.
ㄴ. (나) 는 뿌리혹박테리아나 아조토박터에 의해 일어난다.
ㄷ. (다) 는 질화 세균에 의해 일어난다.

① ㄱ　② ㄴ　③ ㄷ
④ ㄴ, ㄷ　⑤ ㄱ, ㄴ, ㄷ

23 그림은 안정된 생태계의 개체 수 피라미드를 나타낸 것이다. 다음 중 1 차 소비자의 개체 수가 일시적으로 증가하였다가 다시 회복되는 과정을 〈보기〉 에서 골라 순서대로 나열한 것은?

〈 보기 〉

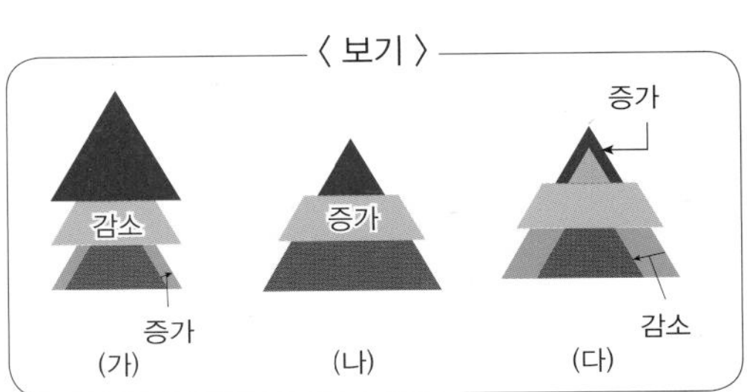

① (가) ⇨ (나) ⇨ (다)
② (가) ⇨ (다) ⇨ (나)
③ (나) ⇨ (가) ⇨ (다)
④ (나) ⇨ (다) ⇨ (가)
⑤ (다) ⇨ (나) ⇨ (가)

스스로 실력 높이기

24 그림은 동일 지역에서 환경 변화에 따른 생태계 구성 요소의 변화를 나타낸 것이다.

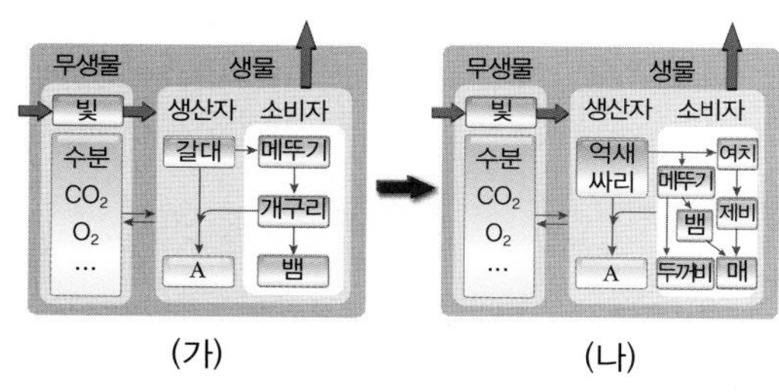

(가) (나)

이에 대한 설명으로 옳은 것만을 〈보기〉에서 있는 대로 고른 것은?

〈 보기 〉
ㄱ. A는 분해자이다.
ㄴ. (나)는 (가)보다 안정된 생태계이다.
ㄷ. (나)에서 제비의 개체 수가 감소하면 여치의 개체 수는 일시적으로 증가한다.

① ㄱ ② ㄴ ③ ㄷ
④ ㄴ, ㄷ ⑤ ㄱ, ㄴ, ㄷ

25 그림 (가)는 생태계에서의 탄소 순환 과정을, (나)는 생태계에서의 질소 순환 과정을 나타낸 것이다. ㉠~㉥은 생물 군집을 나타낸다.

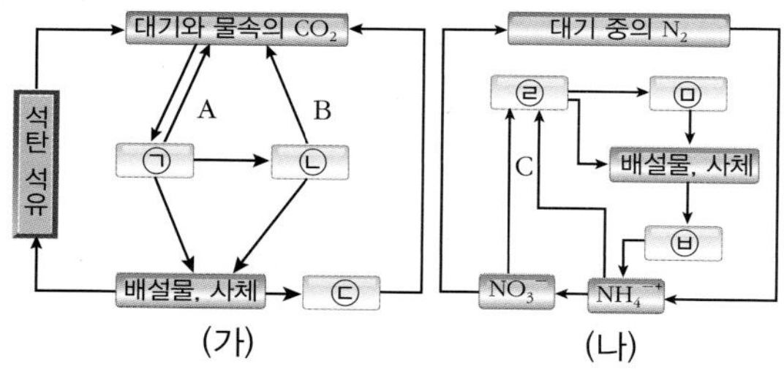

(가) (나)

이에 대한 설명으로 옳은 것만을 〈보기〉에서 있는 대로 고른 것은?

〈 보기 〉
ㄱ. A와 B는 호흡에 의해 일어난다.
ㄴ. 소비자에 해당하는 군집은 ㉡과 ㉤이다.
ㄷ. 질소는 C 과정을 통해 생명체로 흡수되어 질소 기체가 된다.

① ㄱ ② ㄴ ③ ㄱ, ㄴ
④ ㄱ, ㄷ ⑤ ㄱ, ㄴ, ㄷ

26 그림은 생물 종 A~H로만 구성된 어떤 안정된 육상 생태계에서의 먹이 그물을 나타낸 것이다.

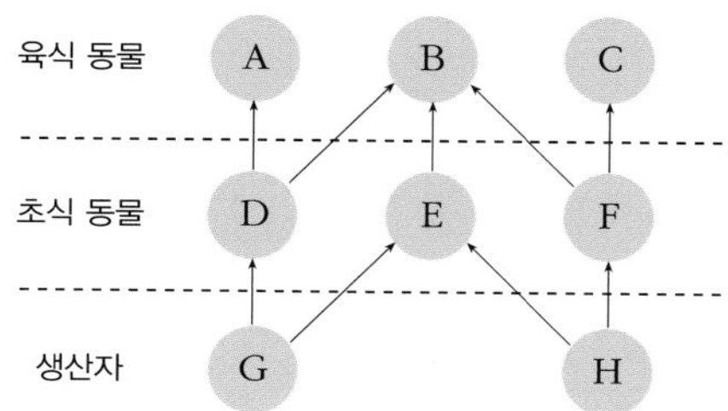

이 생태계에 대한 설명으로 옳지 <u>않은</u> 것은? (단, 이 생태계는 → 로 제시된 포식과 피식만 일어난다.)

① A는 G가 생산한 에너지를 얻는다.
② 멸종되었을 때 생태계의 평형을 가장 빨리 찾을 수 있는 종은 E이다.
③ F의 개체 수가 갑자기 줄어들면 C의 개체 수도 줄어들 것이다.
④ 생산자 중 한 종이 사라지면 적어도 두 종의 동물이 사라질 것이다.
⑤ 초식 동물 중 한 종이 사라지면 반드시 한 종 이상의 동물이 함께 사라진다.

심화

27 그림은 생태계 A~C에서의 총생산량과 호흡량을 조사한 결과를 상대량으로 그래프에 나타낸 것이다. A~C는 각각 안정된 음수림, 초원 생태계, 유기물로 오염된 생태계 중 하나이다.

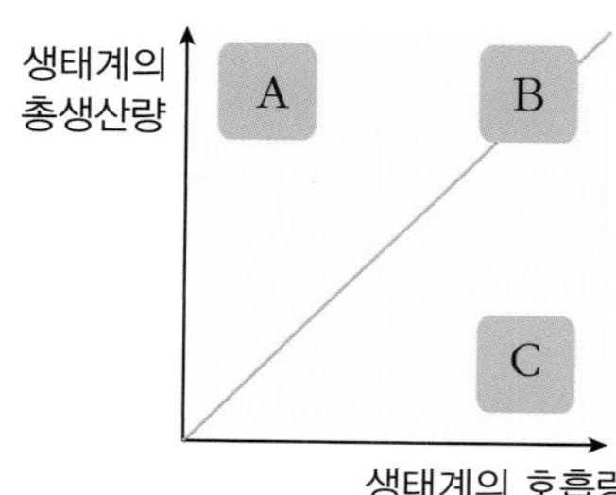

이에 대한 설명으로 옳은 것만을 〈보기〉에서 있는 대로 고른 것은?

〈 보기 〉
ㄱ. 군집의 천이가 극상에 도달한 생태계는 A이다.
ㄴ. 순생산량이 가장 많은 생태계는 B이다.
ㄷ. C는 유기물로 오염된 생태계이다.

① ㄱ ② ㄴ ③ ㄷ
④ ㄱ, ㄷ ⑤ ㄱ, ㄴ, ㄷ

28 그림은 생태계에서의 세 가지 먹이 사슬과 각 먹이 사슬에서의 영양 단계별 에너지양을 상댓값으로 함께 나타낸 것이다.

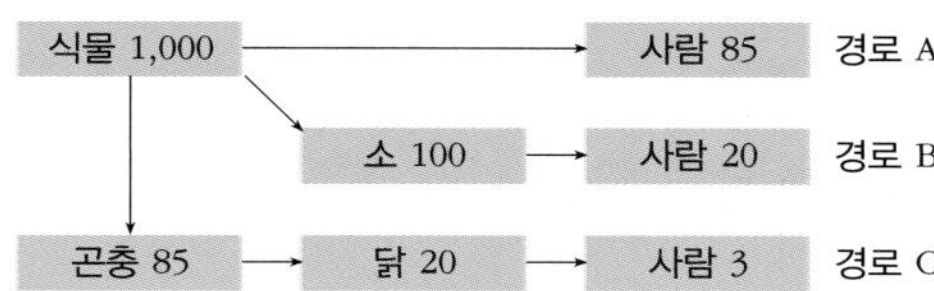

이에 대한 설명으로 옳은 것만을 〈보기〉에서 있는 대로 고른 것은?

〈 보기 〉

ㄱ. 1 차 소비자의 에너지 효율이 가장 높은 경로는 B 이다.
ㄴ. 생산자로부터 사람이 에너지를 얻는 비율이 가장 높은 경로는 C 이다.
ㄷ. 식물이 가진 에너지양이 같을 경우 영양 단계가 높을수록 사람은 많은 에너지를 얻을 수 있다.

① ㄱ ② ㄴ ③ ㄷ
④ ㄱ, ㄷ ⑤ ㄱ, ㄴ, ㄷ

29 그림은 안정된 어떤 생태계의 구성 요소와 이 생태계에서 일어나는 에너지의 흐름을 나타낸 것이다.

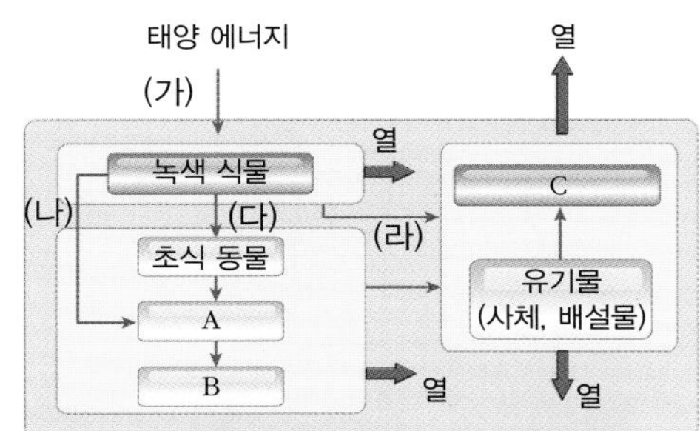

이에 대한 설명으로 옳은 것은?

① A, B, C 는 소비자이다.
② C 로부터 녹색 식물로 에너지가 전달된다.
③ (가) 의 양은 '(나) + (다) + (라)' 의 양보다 크다.
④ C 가 사라지면 이 생태계는 오랫동안 안정적으로 유지될 것이다.
⑤ B 가 사라지면 초식 동물 개체 수의 증가가 감소보다 먼저 나타날 것이다.

30 다음은 어느 지역에서 초원의 생산량과 사슴의 개체수 및 그 포식자의 개체수 변화를 장기간에 걸쳐 조사한 결과를 상대적으로 나타낸 것이다.

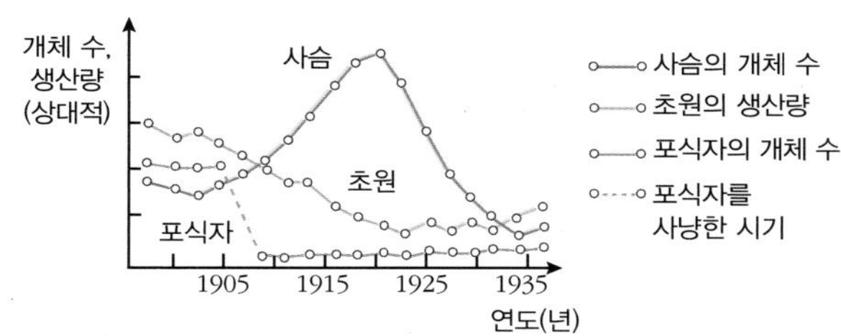

이에 대한 설명으로 옳은 것만을 〈보기〉에서 있는 대로 고른 것은?

〈 보기 〉

ㄱ. 포식자의 인위적 제거는 생태계의 안정성에 도움이 된다.
ㄴ. 1905 년 ~ 1920 년에 초원의 생산량이 감소한 직접적인 원인은 사슴의 개체 수가 증가했기 때문이다.
ㄷ. 1920 년 이후 사슴의 개체 수가 급격히 감소한 것은 먹이가 부족해졌기 때문이다.

① ㄱ ② ㄴ ③ ㄱ, ㄴ
④ ㄱ, ㄷ ⑤ ㄴ, ㄷ

전 세계에 퍼진 '외래 침입종'

외래 침입종 식물 탓에 세계적으로 막대한 손실이 발생하고 있으며 생태계 파괴도 심각한 것으로 나타났다고 영국 일간 가디언과 로이터 통신이 과학 저널 '네이처' 에 실린 논문을 인용해 보도한 바 있다. 네이처에 게재된 논문 '외래 침입종 식물의 교환과 축적' 에 의하면 세계 식물의 3.9 % 에 이르는 1만 3168 종의 외래 침입종 식물이 인류에 의해 자생지를 벗어나 다른 곳으로 퍼져나갔다. 이는 유럽 전체 토종 식물 종 숫자와 맞먹는 수치다. 이번 연구는 세계 481 개 육지와 362 개 섬 지역에서 진행됐다. 논문은 북미 대륙이 가장 많은 외래 침입종 식물을 받아들였으며, 태평양 군도(群島) 지역이 가장 빠른 증가세를 보인 것으로 밝혀졌다.

전 세계적으로 퍼져나간 가장 대표적인 외래 침입종은 아마존 정글에 서식하는 외래 부레옥잠이다. 이 식물은 50 여개 국가에 퍼지면서 토종 식물을 대거 고사시켰다. 일본이 원산지로 막대기 모양의 줄기에 붉은 무늬가 특징인 호장근 역시 북미와 유럽 대륙에 퍼져 토종 생태계를 파괴했다.

로이터는 이전에 진행된 연구에서 미생물과 동식물을 모두 포함한 외래 침입종이 세계 경제에 한 해 동안 1조 4000억 달러(약 1670조 3400억원)의 손해를 입힌 것으로 나타났다고 전했다. 유럽 환경정책연구소(IEEP)도 2008 년 외래 침입종(동식물)으로 유럽이 매년 입는 손실이 120억 유로(약 16조 1455억원)에 달한다고 밝힌 바 있다. 2012 년 발행된 한 연구보고서에서는 부레옥잠이 한 해 중국 생태계에 미친 손실만 11억 달러(약 1조 3124억원)라고 지적하기도 했다.

국내에서도 문제가 적지 않다. 양종철 국립수목원 연구원은 "국내에는 현재 354 종의 외래 침입종 식물이 있는 것으로 조사됐다" 면서 "이중 돼지풀, 가시상추 등 12 개 종이 환경부령에 의해 생태계 교란종으로 지정되어 있다" 고 설명했다.

외래 침입종 – 황소개구리

70 년대 농가 소득을 올리려는 새마을 운동의 한 가지로 큰 기대를 모으면서 미국으로부터 수입되었던 식용개구리가 있었다. 바로 황소개구리이다. 이후 황소개구리가 처음 도입되었던 전남의 한 마을에서 자연 생태계로 확산되었다. 1996 년도에 실시된 국립 환경 연구원의 조사 결과, 강원도의 일부 고지대만을 제외한 전국의 저수지, 하천, 늪 등 91 개 장소에서 그 서식이 확인될 정도로 전국을 그들의 터전으로 장악하였다.

▲ 외래 침입종 – 황소개구리의 올챙이

사실 그동안 많은 외래종이 방사되기도 하고 또 나름대로 우리나라 생태계에 맞게 적응한 종도 있었지만, 황소개구리만큼 화제를 일으키고 생태계를 교란한 종은 없을 것이라 할 정도로 강력한 영향을 끼치고 있다. 그런 이유 때문인지 블루길 큰입베스와 함께 우리나라에서 처음으로 1998 년 2 월 19 일 생태계 교란종으로 지정되었다.

황소개구리의 번식력은 대단하다. 황소개구리의 알은 한 덩어리마다 1 ~ 2만 개씩 된다고 하므로 어마어마하다고 할 수 있다. 더불어 황소개구리는 올챙이의 크기도 크다. 그리고 올챙이 때는 개구리밥 같은 수초, 곤충을 잡아먹는다.

외래 침입종 – 뉴트리아

뉴트리아는 우리 토착종이 아닌 남아메리카 칠레 아르헨티나 등에서 서식하는 초식 습성을 가진 외래종이다. 그러다 1987 년 한 농가에서 모피용 털, 식용 고기를 얻기 위해 불가리아로부터 60 마리를 수입함으로써 문제가 시작되었다. 점차 마리수가 늘기 시작해 절정 땐 15만 마리까지 사육됐고 이로 인해 한때는 축산법상 가축으로 지정됐었다. 하지만 설치류에 대한 반감 때문에 생각보다 수요가 늘지 않아 수지가 맞지 않았고 이 때문에 도산하는 사육 농가가 속출되었고, 뉴트리아는 그와 동시에 방치되기 시작하여 자력으로 탈출, 몰래 방사한 것으로 추정하고 있다. 뉴트리아의 몸길이는 40 ~ 60 cm, 꼬리 길이는 약 20 ~ 40 cm 로 설치목에 속한다. 첫 번째에서 네 번째 손가락 사이에 물갈퀴가 있어 헤엄에 아주 능숙해서 강, 하천 주변에서 군집 생활을 하는 습성을 가진다.

▲ 외래 침입종 – 뉴트리아

사진을 보면 알 수 있듯이 이빨이 아주 강력해 보인다. 만약 문다면 사람 손가락까지 절단 가능할 정도로 대단히 강력해서 보호 장갑 등이 필수이다. 본래는 초식성이지만, 먹성이 좋고 식탐이 강해 한국에 온 뒤로는 곤충까지 잡아먹는 잡식성 동물이 되었다. 풀을 매우 좋아하고 잘 먹지만 먹이가 없어지면 온갖 종류를 가리지 않고 먹는다. 심지어 잉어, 붕어 같은 물고기도 사냥할 정도로 우리 생태계에 잘 적응하고 있다.

이런 지금의 현실과는 달리 처음 뉴트리아가 자연 속에 방사됐을 땐 다들 얼마 못 가 죽을 것이라고 생각했다. 본래 열대지방에서 살던 놈들이 우리나라의 혹독한 겨울은 견디지 못할 것이라고 생각했었다. 하지만 타의 추종을 불허하는 적응력 때문인지 금세 우리나라의 기후에 적응해 버렸고 이때부터 문제가 불거지기 시작했다. 여름철엔 온갖 식물들을 뜯어 먹고 먹이가 없는 가을부턴 갈대와 각종 식물의 뿌리, 곤충을 닥치는 대로 먹기 시작하였다.

뉴트리아의 문제는 생각보다 심각하다. 우선 번식력이 아주 좋아서 한 번 새끼를 배면 보통 10 마리이며 못해도 1 년에 2 회 정도 새끼를 낳는다. 갓 태어난 새끼도 출생한 지 반년만 지나면 임신을 할 수 있다. 이런 번식력으로 주변 밭의 고구마나, 양어장의 치어, 주변 수생식물들을 먹어치우니 생태계가 남아 날 수 있겠는가!

Q1 최근 들어 외래 침입종이 증가하는 추세를 보이는 이유에는 무엇이 있을지 서술하시오.

▲ 배에서 밸러스트 워터(Ballast water)를 내보내는 모습

바다로 침입하는 외래 생물

외래종은 "새로운 생태계에 도입되어 새로운 환경에 서식하는 생물체" 로 규정된다. 외래종은 일반적으로 새로운 환경에서 받는 스트레스 때문에 생존하지 못하거나 다음 세대로 번식을 하면서 번성하지 못하지만, 간혹 새로운 환경에 적응해서 급격히 개체군이 증가함으로 심각한 문제를 일으키는 것도 있다. 그들이 도입된 환경에 미치는 영향은 다양하며 전세계적으로 문제가 되고 있다. 그들은 새로운 먹이 그물을 형성하기도 하고 새로운 질병을 도입하고 토착종과 생태적 지위 경쟁을 하며 유전자 풀을 변화시키기도 한다. 이렇게 그들은 자연 환경뿐만 아니라 인간 사회와 인류의 건강을 위협하게 될 수도 있다.
많은 외래 해양 종들도 세계 도처의 연안해역으로 도입이 되었으며 심각한 문제들을 일으키고 있다. 그 역사는 바다에서 해운업이 시작된 역사와 궤를 같이 하고 있다. 사실상 육상을 통해서 도입되는 외래종보다 바다를 통해 도입되는 종의 범위와 피해는 더 크다고 할 수 있다. 그 이유는 바다는 서식처 간의 장벽이 거의 존재하지 않으며 유생들이 착생하는 범위도 훨씬 넓기 때문이다. 우리나라에서도 육상을 통해 도입된 황소개구리나 베스, 식용달팽이들이 생태계에 엄청난 문제를 일으킨 것으로 인식되어 왔지만 아직까지 해양 생물의 도입에 대한 심각함은 별로 관심을 끌지 않고 있으며 어떤 종이 도입되었는지도 제대로 파악되지 않고 있다. 외래종 문제는 비단 우리 나라에 도입되는 종들의 문제뿐만 아니라 외국에 수출되는 종이 피해를 입히는 경우도 큰 문제가 될 수 있다. 종이 다른 지역에 유입되는 경로는 배의 균형을 잡기 위해 물을 채우는 밸러스트 워터(Ballast water)에 의한 것이 주요인이다.
따라서 현재 밸러스트 워터에 대한 국제적인 규제가 점차 까다로워지고 있다. 우리나라는 외국에 많은 물자를 수출할 뿐만 아니라 해운업으로 외화를 벌어들이기 때문에 소홀한 방비로 우리의 산업에 막대한 피해를 끼칠 수도 있다. 현재 우리나라에서의 해양 외래종에 대한 사례 연구는 극히 미비할 뿐만 아니라 중요성을 인식하지 않고 있기 때문에 외국의 사례를 타산지석으로 삼아 살펴볼 필요가 있다. 국제화와 해양화 시대에 해양 외래종의 영향과 그 해결책의 모색은 우리가 전세계와 함께 고민해야 할 문제이다.

Q2 외래종이 바다를 통해 침입하는 경로의 예로 또 무엇이 있을지 서술하시오.

우리 몸과 미생물의 '공생' 관계

우리 몸과 미생물의 공생

충수는 우리 몸에서 가장 자주 제거되는 인체부위다. 대개 충수는 상황이 위급할 때 제거된다. 주위의 사람들을 둘러보자. 눈이 없는 사람은 아주 드물고, 심장이 없는 사람은 아무도 없다. 그러나 충수가 없는 사람은 꽤 될 것이다. 충수가 없는 사람은 특별히 이목을 끌 정도의 별다른 증상이 없고 뚜렷한 변화가 나타나지도 않는다. 어쩌면 이 글을 읽고 있는 당신도 충수가 없을지 모르겠다. 당신에게 충수가 있든 없던, 궁금하지 않은가? 이렇게 많은 문제를 일으키는 충수가 애초부터 왜 존재하는 것일까?

그 해답은 우리의 장내 미생물, 그리고 우리의 진화와 연관이 있는 것으로 밝혀졌다. 충수의 존재는 우리의 진화 과정에 비춰볼 때만 이해가 된다. 충수는 소장의 말단에 달려 있는 작은 덩어리다. 다른 장기에 비해 아주 작아서 크기가 새끼손가락만하지만 충분히 설명할 가치가 있는 기관이다. 그러나 충수가 무슨 일을 하는지에 관해서는 오랫동안 딱 떨어지는 해답이 없었다. 심장은 혈액을 펌프질한다. 신장은 피를 깨끗하게 거르며 혈압 유지를 돕는다. 폐는 산소를 공급하고 이산화 탄소를 내보낸다. 충수의 경우는, 그냥 매달려만 있다. 충수가 살아있는 사람의 몸에서 처음 제거된 이래, 지난 300 년 동안 충수에는 다양한 재능이 부여되어왔다. 그중에는 신비로운 힘도 있었지만, 대체로 평범한 것들이었다. 면역계 일부일 것이라는 추측도 있었고, 신경의 역할을 할지도 모른다는 생각도 있었다. 또는 호르몬 분비나 근육 기능과의 연관성이 의심되기도 했다. 그러나 오랫동안 가장 지배적인 시각은 충수가 아무 기능도 하지 않을 것이라는 생각이었다. 충수가 남자의 젖꼭지나 고래의 뒷다리 뼈처럼 흔적만 남아 있는 불필요한 과거의 유물이라는 것이다.

그러나 충수가 단순히 시대에 뒤떨어지고 쓸모없이 흔적만 남아 있는 기관이라는 가설에는 언제나 문제점이 있다. 첫째는 충수가 사람을 죽인다는 것이다. 감염된 충수를 제거하지 않으면, 나이에 관계없이 감염자의 약 절반이 목숨을 잃는다. 약 16 명 중 1 명꼴로 급성 충수염에 걸리는데, 충수를 제거하지 않으면 32 명 중 1 명이 충수염으로 사망한다. 만약 역사적으로 약 30 명 중 1 명이 충수염으로 목숨을 잃고, 충수의 크기와 형태의 존재 유무가 유전적 소인에 의해 결정된다면, 크기가 큰 충수의 유전자나 심지어 충수의 존재를 결정하는 유전자는 사라졌을 것이다. 우리를 죽음으로 몰아가거나 쇠약하게 만드는 유전자와 형질은 유전자 풀에 남아 있을 수 없다.

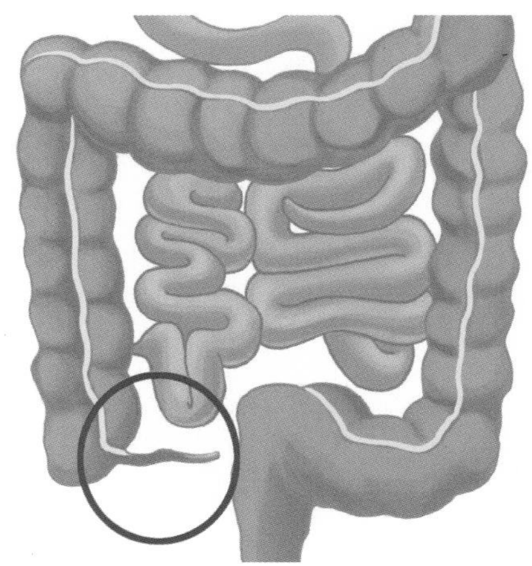
▲ 충수 – 막창자의 아래 끝에 붙어 있는 가느다란 관 모양의 돌기

Project - 논/구술

동굴 생활을 하는 쪽으로 진화하는 어류에서는 눈이 대단히 빠르게 퇴화된다. 눈을 갖고 있는 것은 불필요할 뿐 아니라 비용도 들기 때문이다. 만약 충수를 지니고 있는 것이 비용만 들고 불필요하다면, 충수는 동굴 어류의 눈처럼 사라져야 맞다. 동굴 어류는 눈뿐만 아니라 눈의 신경망까지도 지하로 들어간지 몇 세대 지나지 않아 사라진다. 시각을 담당하는 그 외의 영역도 차츰 줄어든다. 반면, 수백만 명을 죽음으로 몰아간 충수는 존속되고 있다.

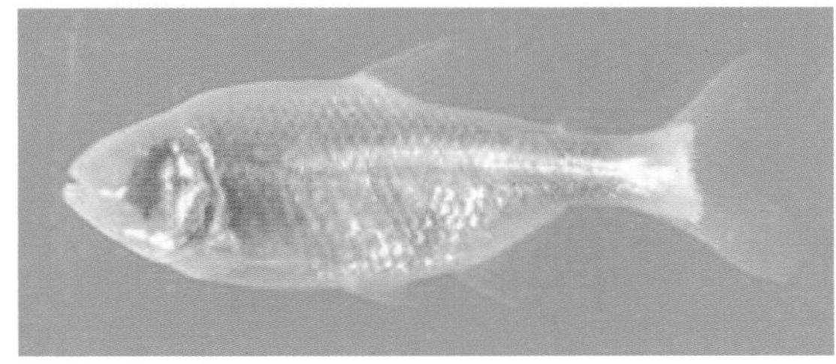

▲ 지상의 멕시코 테트라와 동굴 속 멕시코 테트라. 눈이 없어지고 색이 엷어졌다

이 딜레마의 핵심이자 흥미로운 점은 바로 여기게에 있다. 인간과 일부 유인원은 원숭이 같은 부분의 다른 영장류에 비해 더 발달되고 더 크고 더 정교한 구조의 충수를 갖고 있다. 이는 충수가 우리 조상보다는 현재의 우리에게 더 중요할 수 있다는 것을 암시한다. 이런 유형은 충수가 흔적기관일 때 기대할 수 있는 것과는 상반된 결과다. 이는 어떤 의미로 볼 수 있을까? 오랫동안 쓸모없는 것처럼 보였던 충수가 우리에게 뭔가 중요한 것이거나 적어도 아주 최근까지 중요했을 수 있다는 이야기가 될 것이다. 사실 충수가 더 뚜렷하고 발달된 사람일수록 수명이 더 길고 자녀가 더 많은 편이었다. 이 자손들은 통해 더 뚜렷한 충수를 만드는 유전자도 함께 전달되었을 것이다. 어쩐지 상황은 정반대 방향으로 가고 있는 듯하다. 다른 영장류를 둘러보니, 우리의 최근 진화 역사에서 충수가 어떤 중요한 가치를 지니고 있었다는 결론에 이르게 된다. 그런데 그 가치란 무엇일까?

충수에 관한 더 최근의 이야기에는 독특한 인물이 등장하는데, 그는 쓰레기통과 병 속에 들어간 수많은 충수를 관찰하면서 단서를 찾아냈다. 랜달 볼린저(Randal Bollinger)는 노스캐롤라이나 주 더럼에 위치한 듀크대학의 명예교수이다. 그는 인체에 관해 끊임없이 생각하고 연구했다. 오랫동안 인체는 개량과 발견이라는 두 가지 예술을 위한 캔버스였다. 그는 인체에는 여전히 풀어야 할 수수께끼가 몇 가지 있다는 것을 알고 있었다. 그중 하나가 바로 충수였다. 직업상 볼린저는 수천 개의 충수를 보았다. 그 충수들은 몸속에 있거나 타자 위에 있거나 병 속에 담겨 있었다. 그는 충수를 채우고 있는 세 가지가 면역 조직, 항체, 세균이라는 것을 알고 있었다. 충수에서 문제를 일으키는 것은 세균이다. 충수가 터지면, 소장과 충수에 들어 있던 세균들이 복강으로 쏟아져 나오고, 그 결과 감염이 일어난다.

▲ Randal Bollinger 교수

충수는 소장 자체의 정화 작용으로 제거된 세균들이 자랄 수 있는 공간 역할을 하도록 진화되었다. 충수는 평화로운 뒷골목이었다. 소장 질환으로 깨끗이 씻겨나간 미생물도 이 뒷골목에서 왔다. 이를테면 콜레라는 극심한 구토와 설사를 유발하는데, 그로 인해 인간의 장에 사는 대부분의 세균 집단이 배출된다. 콜레라균은 이 작용에 적응성을 나타낸 것으로 보인다. 이렇게 배출된 콜레라균은 (대개 공공급수시설을 통해) 다른 사람들에게 전염되기 때문이다. 콜레라균은 어떤 화합물을 과도하게 생산함으로써 구토와 설사 반응을 일으키는데, 이 화합물은 실제로는 독소가 아니지만 우리 몸이 엄청난 양의 독소가 있는 것처럼 반응하게 만든다. 이런 상황에서 장에 서식하는 미생물에게는 충수가 안전한 피난처였을 것이다.

때로는 항체가 다른 종을 공격하지 않고 오히려 돕는다는 것, 이유는 알 수 없지만 충수에 항체가 가득하다는 것. 쓸모없어 보이는 기관이 애초에 존재한다는 것도 이상한데 거기에다 인체에서 대단히 큰 비용을 들여 생산하는 항체까지 가득 들어차 있는 것이었다. 그런데 왜 이런 일이 가능할 수 있는지에 관심을 기울인 사람은 아무도 없었다.

Q3 체내 미생물 군집이 생존하려면 체외 미생물 군집의 도움이 절실히 필요한 이유에 대해서 서술하시오.

Q4 미생물이 박멸의 대상이 아니라 운명적인 공존의 관계라는 것을 알 수 있는 것에는 무엇이 있는지 서술하시오.

MEMO

무한상상

세상은 재미난 일로
가득 차 있지요!

무한상상

세페이드

3F. 생명과학(하)

정답 및 해설

윤찬섭
무한상상 영재교육 연구소

〈온라인 문제풀이〉

「스스로실력높이기」는 동영상 문제풀이를 합니다.

http://cafe.naver.com/creativeini

▶ 배너 아무 곳이나 클릭하세요.

세페이드 | 변광성은 지구에서 은하까지의 거리를 재는 기준별이며 우주의 등대라고 불린다.

과학 학습의 지평을 넓히다!

창의력과학의 대표 브랜드 특목고/영재학교 대비

창의력과학 세페이드 시리즈 !

세페이드

3F. 생명과학(하)

정답 및 해설

윤찬섭
무한상상 영재교육 연구소

무한상상

Ⅰ 항상성과 건강

14강. 세포의 생명 활동과 에너지

개념 확인 12~15쪽

1. 물질대사 2. 세포 호흡 3. ③ 4. 연소

3. 답 ③
해설 ① 발광 : 화학 에너지 → 빛에너지
②, ⑤ 광합성, 호르몬 합성 : 화학 에너지 → 화학 에너지 ④ 체온 유지 : 화학 에너지 → 열에너지

확인+ 12~15쪽

1. ㉠ 흡열 ㉡ 발열 2. (1) X (2) O (3) X
3. (1) X (2) O 4. 산소 호흡(유기 호흡)

2. 답 (1) X (2) O (3) X
해설 (1) 세포 호흡은 주로 미토콘드리아에서 일어나지만, 일부 과정은 세포질에서 진행된다.
(3) 세포 호흡에 의해 포도당이 물과 이산화 탄소로 분해되면서 방출되는 에너지의 일부(약 40 %)만이 ATP 에 저장되고, 나머지(60 %)는 열로 방출된다.

3. 답 (1) X (2) O
해설 (1) 광합성은 빛에너지를 흡수하여 이산화 탄소와 물을 포도당으로 합성하는 동화 작용이다.

개념 다지기 16~17쪽

01. ① 02. ②, ④, ⑤ 03. (1) X (2) O (3) X (4) O 04. ④ 05. (1) 기계적 (2) 열 (3) 화학 (4) 빛 06. ④ 07. ⑤ 08. (1) 산 (2) 산 (3) 무 (4) 무

01. 답 ①
해설 ㄱ. 물질대사가 일어날 때에는 에너지의 출입이 반드시 일어나기 때문에 에너지 대사라고도 한다.
ㄴ. 세포를 바탕으로 이루어지며 흡열 반응뿐만 아니라 모든 물질대사 과정은 효소에 의해 반응이 진행된다.
ㄷ. 에너지가 여러 단계에 걸쳐 조금씩 출입한다.

02. 답 ②, ④, ⑤
해설 이화 작용은 복잡하고 큰 물질을 간단하고 작은 물질로 분해하는 반응이다. 이화 작용은 저장되어 있던 에너지가 방출되는 발열 반응이며 세포 호흡과 소화 등이 이에 속한다.
①, ③ 은 동화 작용과 관련이 있다.

03. 답 (1) X (2) O (3) X (4) O
해설 (1) 세포 호흡에 이용되는 유기 영양소를 호흡 기질이라고 한다. 호흡 기질은 주로 탄수화물(포도당)이 이용된다.
(3) 포도당의 분해 결과로 생성된 에너지의 약 40 % 만이 화학 에너지로 저장되고(ATP) 나머지 60 % 는 열에너지로 방출된다.

04. 답 ④
해설 ATP 는 세포 호흡 결과로 생성되는 에너지 저장 물질로, 아데노신(리보스+아데닌)에 3 개의 인산기가 결합된 화합물로, 인산과 인산은 고에너지 인산 결합을 하고 있다.
② AMP 는 아데노신에 인산이 1 개 결합한 화합물이다.
③ ADP 는 아데노신에 인산이 2 개 결합한 화합물이다.

05. 답 (1) 기계적 (2) 열 (3) 화학 (4) 빛
해설 · 기계적 에너지 : 근육 운동, 능동 수송, 발성
· 화학 에너지 : 물질 합성
· 빛에너지 : 발광(반딧불이)
· 열에너지 : 체온 유지
· 전기 에너지 : 발전(전기뱀장어, 전기가오리 등)

06. 답 ④
해설 ㄱ. 광합성은 빛에너지(태양 에너지)를 이용하여 포도당(화학 에너지)을 합성하는 작용을 한다.
ㄴ. 포도당을 이산화 탄소와 물로 분해하여 에너지를 방출하는 것은 세포 호흡의 작용이다.
ㄷ. 세포 호흡은 포도당 속의 화학 에너지를 ATP(화학 에너지)의 형태로 저장하여 생명 활동에 이용할 수 있게 한다.

07. 답 ⑤
해설 ⑤ 포도당이 세포 호흡을 하여 단계적으로 방출한 에너지의 총합은 포도당이 연소하였을 때 방출한 에너지의 총합과 같다.

08. 답 (1) 산 (2) 산 (3) 무 (4) 무
해설 (1), (2) 산소 호흡은 유기물이 완전히 분해되어 ATP 의 생성량이 많다.
(3) 무산소 호흡은 포도당이 완전히 분해되지 못하여 중간 산물이 생성되므로 ATP 의 생성량이 적다.
(4) 발효와 부패는 무산소 호흡의 예이다.

유형 익히기 & 하브루타 18~21쪽

[유형14-1] (1) X (2) O (3) O (4) X
01. ㄷ, ㄹ 02. ㉠ 효소 ㉡ 촉매
[유형14-2] ㄱ
03. (가) 아데노신 (나) AMP (다) ADP (라) ATP
04. ㉠ 40 ㉡ 60
[유형14-3] (1) 포도당, 산소 (2) 이산화 탄소, 물 (3) 광합성
05. ②
06. ㉠ 빛 ㉡ 화학 ㉢ 화학
[유형14-4] (1) O (2) X (3) X (4) O
07. ③, ④
08. ㉠ 중간 산물 ㉡ 부패 ㉢ 발효

[유형 14-1] 답 (1) X (2) O (3) O (4) X

해설

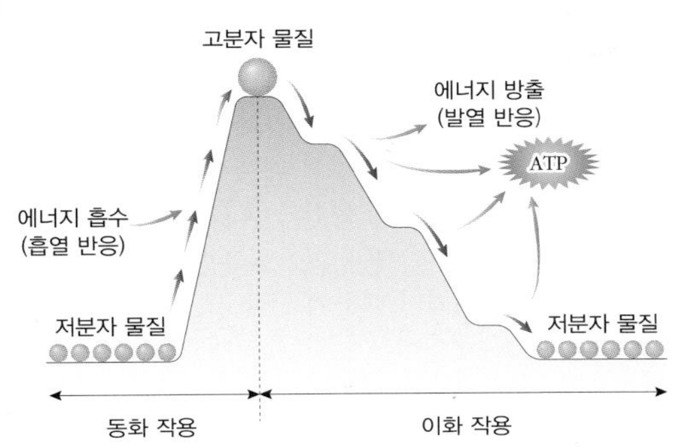

(1) (가) 는 동화 작용으로 간단하고 작은 물질을 복잡하고 큰 물질로 합성하는 반응이다. 광합성은 식물에서만 나타나는 동화 작용이지만, 단백질 · 인지질 · 호르몬 등을 합성하는 작용도 모두 저분자 물질을 고분자 물질로 합성하는 동화 작용에 해당한다.
(2), (3) (가) 작용은 에너지가 흡수되어 생성물에 저장하는 흡열 반응이 일어나고, (나) 작용은 저장되어 있던 에너지를 방출하는 발열 반응이 일어난다.
(4) (나) 작용은 이화 작용으로 이화 작용에서는 에너지가 방출되므로 반응물의 에너지가 생성물의 에너지보다 크다.

01. 답 ㄷ, ㄹ

해설 ㄱ. 반응의 결과로 빛과 열이 발생하는 것은 연소의 특징이다.
ㄴ. 물질대사는 에너지가 여러 단계에 걸쳐 조금씩 출입한다. 반응이 한 번에 매우 빠르게 진행되는 것은 연소의 특징이다.

02. 답 ㉠ 효소 ㉡ 촉매

해설 효소는 생물체 내의 화학 반응 과정에서 반응 속도를 증가시켜주는 생체 촉매이다. 단백질이 주성분으로 온도와 pH 의 영향을 크게 받아, 특정 온도와 특정 pH 에서만 활발하게 작용한다. 물질대사는 효소가 반드시 필요하기 때문에 효소가 적응할 수 있는 체온 범위 안에서 빠르게 진행된다.

[유형 14-2] 답 ㄱ

해설 (가) 는 ATP, (나) 는 ADP 이다.
ㄱ. (가) 는 세포 호흡 결과로 생성되는 에너지 저장 물질인 ATP 로, 세포 호흡은 세포의 미토콘드리아를 중심으로 일어난다.
ㄴ. ㉠ 은 아데닌과 리보스(5탄당)의 결합, ㉡ 은 리보스(5탄당)와 인산의 결합, ㉢ 은 인산과 인산 사이의 고에너지 인산 결합이다. ㉠ 과 ㉡ 같은 대부분의 화학 결합은 2 ~ 3 kcal 의 결합을 가지고 있지만, ㉢ 과 같은 ATP 의 인산 사이의 결합은 7.3 kcal 의 많은 에너지를 함유하고 있어 이를 고에너지 인산 결합이라고 한다.
ㄷ. (가) 와 (나) 에는 모두 아데노신이 있다. 아데노신은 아데닌(염기)과 리보스(5탄당)가 결합한 화합물로, 아데노신에 1 개의 인산이 결합한 물질을 AMP, 아데노신에 2 개의 인산이 결합한 물질을 (나) ADP, 아데노신에 3 개의 인산이 결합한 물질을 (다) ATP 라고 한다.
ㄹ. ADP 와 인산을 결합시켜 ATP 를 합성함으로써 에너지는 저장이 되고, ATP 에 저장된 에너지가 ADP 와 무기 인산으로 분해됨으로써 에너지가 방출된다.

03. 답 (가) 아데노신 (나) AMP (다) ADP (라) ATP

해설

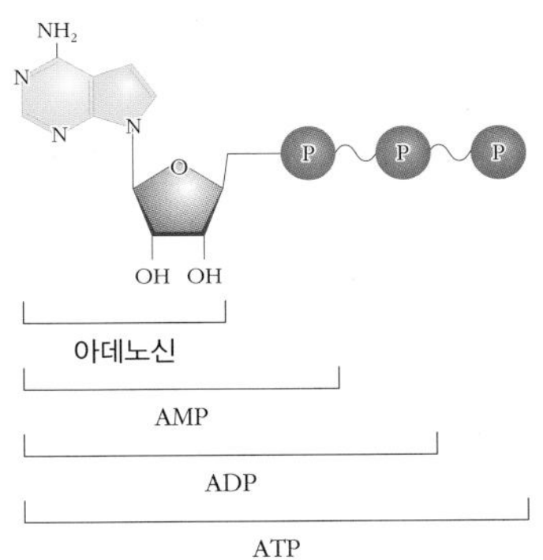

DNA 와 RNA 를 구성하는 염기의 일종인 아데닌과 리보스(5탄당)가 결합한 물질을 아데노신(adenosine)이라고 한다. 아데노신에 인산이 1 개 결합한 물질을 AMP(adenosine monophosphate)라고 하며 아데노신에 인산이 2 개 결합한 물질을 ADP(adenosine diphosphate), 아데노신에 인산이 3 개 결합한 물질을 ATP(adenosine triphosphate)라고 한다.
AMP, ADP, ATP 의 이름에서 phosphate 는 인산염을 뜻하며, phosphate 의 어미에 붙은 mono-, di-, tri- 는 각각 숫자 1, 2, 3 을 의미한다.

04. 답 ㉠ 40 ㉡ 60

해설 포도당의 분해 결과로 생성된 대부분의 에너지는 열에너지로 방출되고, 약 40 % 만이 ATP 에 화학 에너지로 저장된다. 세포 호흡 시 방출된 에너지가 모두 ATP 에 저장되는 것은 아니다.

[유형 14-3] 답 (1) 포도당, 산소 (2) 이산화 탄소, 물 (3) 광합성

해설

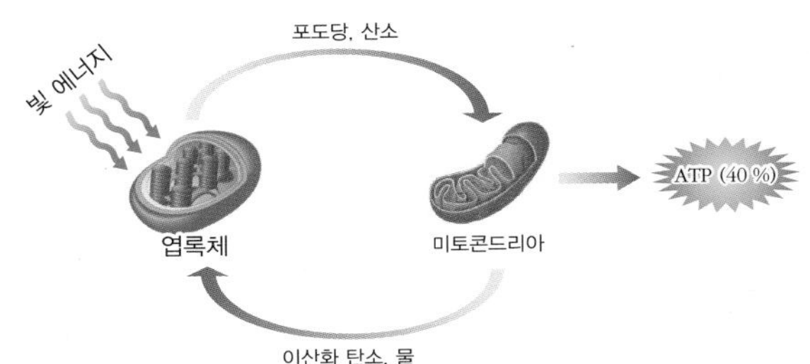

광합성은 이산화 탄소와 물을 빛에너지를 흡수, 이용하여 포도당으로 합성하는 동화 작용으로, 빛에너지를 화학 에너지로 전환하여 저장한다. 호흡은 포도당과 산소를 이용하여 포도당을 이산화 탄소와 물로 분해하면서 에너지를 방출하는 이화 작용이다. 세포 호흡으로 포도당 속 에너지의 일부는 ATP 에 저장되며, ATP 의 에너지는 여러 가지 형태의 에너지로 전환되어 생명 활동에 이용된다.

05. 답 ②

해설 ② 농도 차에 의한 확산 현상은 고농도에서 저농도로 용질 입자가 퍼져나가는 것으로 용질 입자의 분자 운동에 의한 현상이다. 이때에는 ATP 가 소모되지 않는다.
능동 수송은 에너지를 사용하여 농도가 낮은 쪽에서 높은 쪽으로 물질을 이동시키는 작용으로 뉴런의 Na^+-Ka^+ 펌프, 소장 벽에서의 영양소 흡수, 콩팥의 세뇨관에서의 재흡수 등이 이에 포함된다.
⑤ 세포 내에서는 ATP 의 에너지를 이용하여 단백질, 지방 등의 물질 합성이 일어난다. 이때 ATP 의 에너지가 세포 내 영양소의 화학 에너지로 전환된다.

06. 답 ㉠ 빛 ㉡ 화학 ㉢ 화학

해설 광합성은 흡수한 빛에너지를 이용해 포도당을 합성하여 화학 에너지를 만든다. 이후 세포 호흡을 통해 포도당 속 에너지의 일부를 ATP 에 화학 에너지 형태로 저장하며, ATP 의 에너지는 여러 가지 형태의 에너지로 전환되어 생명 활동에 이용된다.

[유형 14-4] 답 (1) O (2) X (3) X (4) O

해설 (1) (가) 는 산소 호흡의 ATP 생성량을 나타낸 것이다. 산소 호흡을 하면 포도당이 완전히 분해되어 이산화 탄소와 물이 생성된다.

(2) (나) 는 무산소 호흡의 ATP 생성량을 나타낸 것이다. 무산소 호흡은 에너지가 아직 많은 중간 산물이 생성되어 유기물이 불완전하게 분해된다.

(3) (가) 는 산소를 이용하여 유기 영양소를 물과 이산화 탄소로 완전히 분해하여 다량의 ATP 를 생산한다. 반면 (나) 와 같은 무산소 호흡은 산소가 부족하거나 없는 상태에서 유기 영양소를 분해하여 ATP 를 생산하는 호흡으로 에너지가 많은 중간 산물이 생성되어 ATP 의 생성량이 적다.

(4) (가) 와 (나) 모두 효소가 필요하며 물질이 분해되는 이화 작용이다.

07. 답 ③, ④

해설 ① 세포 호흡은 효소가 필요하지만 연소 반응에서는 효소가 필요하지 않다.

② 연소는 한 번에 진행되어 반응 속도가 매우 빠르지만, 세포 호흡은 단계적으로 진행되어 반응 속도가 상대적으로 느리다.

⑤ 세포 호흡은 효소의 도움으로 진행된다. 효소는 단백질이 주성분이므로 열로 인해 쉽게 변성이 되기 때문에 세포 호흡은 체온 범위에서만 일어난다.

08. 답 ㉠ 중간 산물 ㉡ 부패 ㉢ 발효

해설 발효와 부패는 모두 무산소 호흡의 예에 해당된다.
무산소 호흡 결과로 생성된 중간 산물이 인간에게 유용한 물질인 경우를 발효라고 하며 알코올 발효와 젖산 발효가 이에 속한다. 무산소 호흡 결과로 생성된 중간 산물이 인간에게 해로운 물질인 경우에는 부패라고 한다.

창의력 & 토론마당 22~25쪽

01

(1) ④

(2) 근육 세포가 산소 호흡을 통하여 에너지를 생산할 때에는 유기물이 완전히 분해되어 물과 이산화 탄소를 생성하고 많은 양의 ATP 를 생성한다. 하지만, 격렬한 운동을 할 때 산소 호흡만으로는 에너지 공급이 충분하지 않기 때문에 무산소 호흡으로 얻은 ATP 를 이용한다. 무산소 호흡은 산소가 없는 상황에서도 유기 영양소를 분해하여 ATP 를 생산하지만, 유기물이 불완전하게 분해되어 중간 산물인 젖산을 생성한다. 이 젖산은 근육에 쌓여 피곤함과 통증을 유발한다.

해설 (1) ① 에너지 소모량이 15 kcal/분 이상이 될 때, 산소 소비량은 더이상 증가하지 않는다.

② 산소 호흡을 할 때 더 많은 양의 에너지가 생성된다.

③ 위 그래프로 젖산 축적량과 운동의 지속 여부는 알 수 없다. 젖산은 피로 물질로 작용하여 근육의 통증과 피로를 유발한다.

④ 운동의 강도가 15 kcal/분 이상이 될 때, 젖산이 축적되기 시작한다. 젖산은 무산소 호흡의 결과로 생성되는 물질이므로 산소 호흡과 무산소 호흡이 함께 일어난다는 것을 알 수 있다.

⑤ 에너지 소모량이 작은 낮은 강도의 운동을 할 때에는 산소 호흡만을 하기 때문에 범위 내에서 산소 소비량이 증가하거나 감소할 수 있으며 젖산은 축적되지 않는다.

(2) 격렬한 운동을 할 때는 산소 호흡만으로는 에너지를 충분히 공급하기가 어렵기 때문에 근육 세포는 무산소 호흡을 통해서도 ATP 를 생산하여 근육 운동에 사용한다. 근육 세포에서 무산소 호흡이 일어나면 포도당이 완전히 분해되지 못하여 젖산이 생성되며, 젖산이 쌓이면 근육이 피로해진다.

02

(1) 무산소 호흡, 원시 지구에는 산소가 없기 때문에 발효와 같은 무산소 호흡(무기 호흡)을 하였을 것이다.

(2) 산소 호흡(유기 호흡)

(3) 산소 호흡을 하는 생물들이 무산소 호흡을 하는 생물들보다 포도당 한 분자로부터 더 많은 에너지를 얻을 수 있게 되므로 경쟁에서 우위를 차지하게 된다.

해설 (1) 최초 원시 생명체는 단세포 생물로, 광합성을 하는 세포 기관이 발달하지 않았다. 또한 그 당시에는 산소가 없어 무기 호흡을 하였을 것이다.

(2) 산소의 등장으로 산소에 민감한 많은 생명체가 멸종하고 진흙이나 토양 속, 동물의 장 속과 같이 산소가 없는 환경에서 살아남아 오늘날까지 남게 되었다. 점차 생물들이 산소에 적응하여 산소를 사용하는 호흡 경로를 발달시킴으로써 산소가 있는 대기에 적응한 생물이 출현하여 산소 호흡을 했을 것이다.

(3) 세포가 포도당을 산소 호흡으로 분해하면, 무산소 호흡으로 분해하여 얻을 수 있는 에너지의 19 배를 얻을 수 있다. 산소 호흡으로 얻는 에너지 효율이 더 높기 때문에 산소 호흡을 하는 생명체들이 생존 경쟁에서 더 우위를 차지하게 된다.

03

(1) A : 30, B : 137.5, C : 75

(2) B, B 가 섭취한 에너지양은 3250 kcal 로 한국인 1 일 영양 권장량에 비해 많은 영양을 섭취하므로, 여분의 에너지가 지방으로 전환되어 저장되므로 비만이 될 가능성이 가장 높다.

(3) C, C 가 섭취한 에너지양은 2600 kcal 로 13 ~ 15 세의 남성의 권장 에너지양에 가장 가깝다.

(4) A, A 가 섭취한 에너지양은 1810 kcal 로 13 ~ 15 세의 여성의 권장 에너지양인 2100 kcal 에 못미친다. 또한 단백질의 섭취량도 적다.

해설 (1) 단백질은 1 g 당 4 kcal 의 열량을 낸다. 따라서 A ~ C 각각의 단백질 에너지량을 4 로 나눈 값이 단백질의 섭취량(g)이 된다. 이 결과 A 는 단백질이 매우 부족하며, B 는 단백질을 과다 섭취한다는 것을 알 수 있다.

(2) 비만은 체중이 표준 체중에 비해 20 % 를 초과할 때를 말하며, 탄수화물이나 단백질을 필요 이상으로 많이 섭취했을

때 주로 나타난다. 탄수화물과 단백질이 체내에서 이용되고 남은 것을 지방으로 전환하여 저장하는 현상이 지속되면 체지방 축적량이 증가하여 비만이 된다. 따라서 음식물을 적당히 섭취하고, 규칙적인 운동을 통하여 에너지 대사의 균형을 이루는 것이 좋다.

(4) 에너지로 소비하는 양보다 양분을 적게 섭취하면 영양 부족이 되어 체중이 감소하고, 질병에 대한 저항성이 떨어지며 성장 장애 등의 이상이 나타난다.

04

(1) 산소의 유입을 막아 효모가 무산소 호흡을 하게 하기 위해서 솜마개로 막는다.

(2) 이산화 탄소, 실험 과정 ④ 에서 이산화 탄소를 흡수하는 성질이 있는 수산화 칼륨 수용액을 넣고 맹관부에 모인 기체의 부피 변화를 관찰하였더니 기체의 부피가 줄어들었다. 그러므로 발효관의 맹관부에 모인 기체는 이산화 탄소이다.

(3) 발효관 Ⅳ, 효모는 음료수 속의 당을 이용하여 무산소 호흡(알코올 발효)을 한다. 따라서 기체가 가장 많이 발생한 발효관 Ⅳ 에 들어 있는 음료수 D 에 가장 많은 당이 들어 있다는 것을 알 수 있다.

해설 (1) 효모는 산소가 있는 환경에서는 산소 호흡을 하여 포도당을 이산화 탄소와 물로 분해한다. 반면에 산소가 없는 환경에서는 포도당을 에탄올과 이산화 탄소로 분해하는 무산소 호흡인 알코올 발효를 한다. 따라서 발효관의 입구를 막아 산소의 유입을 차단하여 효모의 무산소 호흡인 알코올 발효를 유도한 것이다.

(2) 실험 과정 ② 의 결과로 맹관부에 모인 기체의 부피는 점점 증가한다. 이것은 음료수 속의 당을 이용한 효모의 발효가 일어났고, 그 결과로 어떤 기체가 발생한 것이다. 그리고 수산화 칼륨 수용액을 첨가 후 맹관부에서 기체의 부피가 감소했으므로 효모의 발효 결과로 이산화 탄소 기체가 발생하였다는 것을 알 수 있다. 이때, 기체가 가장 많이 발생한 발효관에서는 알코올 냄새를 맡을 수 있는데, 이는 효모가 알코올 발효를 하여 에탄올이 생성되었기 때문이다.

(3) 발효관 Ⅳ 에서 가장 많은 기체가 발생하였다. 음료수에 포함된 당이 많을수록 효모의 발효가 많이 일어나 발생하는 기체의 양이 많다.

스스로 실력 높이기 26~31쪽

01. 물질대사 02. (1) 〈 (2) 〉 03. (1) O (2) X (3) O (4) X 04. ㉠ 호흡 기질 ㉡ 포도당(탄수화물) 05. ATP 06. ㉢, 고에너지 인산 결합 07. ④ 08. ② 09. (가) : 세포 호흡 (나) 연소 10. ③ 11. ①, ⑤ 12. ③ 13. ③ 14. ① 15. ③ 16. ③ 17. ④ 18. ① 19. ① 20. ⑤ 21. ② 22. ④, ⑤ 23. ⑤ 24. ③ 25. ④ 26. ㄴ, ㄹ 27~30. 〈해설 참조〉

02. 답 (1) 〈 (2) 〉

해설

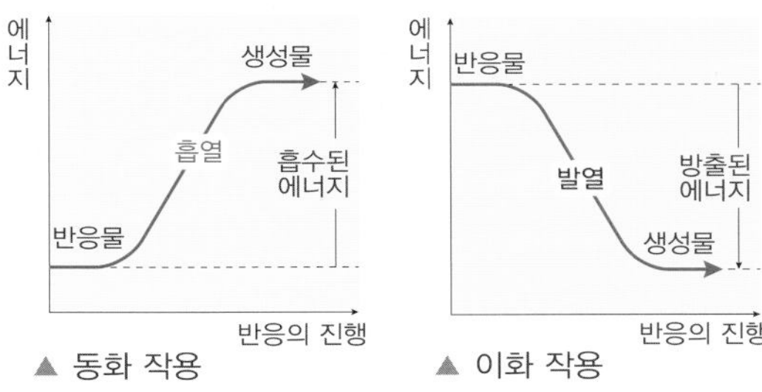

▲ 동화 작용 ▲ 이화 작용

동화 작용에서는 반응물의 에너지가 생성물의 에너지보다 작고, 이화 작용에서는 반응물의 에너지가 생성물의 에너지보다 크다.

03. 답 (1) O (2) X (3) O (4) X

해설 (1) 동화 작용의 예에는 광합성과 단백질의 합성 등이 있다.

(2) 미토콘드리아를 중심으로 일어나는 것은 세포 호흡이다. 세포 호흡은 물질대사 중 이화 작용에 포함되지만, 모든 물질대사가 미토콘드리아를 중심으로 일어나지는 않는다. 대표적으로 광합성은 세포 내 엽록체에서 일어난다. 물질대사는 세포를 바탕으로 이루어진다.

(3) 고분자 물질을 저분자 물질로 분해하는 과정을 이화 작용이라고 하며 이 과정에서는 저장되어 있던 에너지가 방출된다.(발열 반응)

(4) 물질대사가 체온 범위의 온도에서 진행되는 이유는 효소에 의해 반응이 진행되기 때문이다. 효소는 단백질이 주성분으로 열에 약해 온도가 높아지면 변성이 된다.

04. 답 ㉠ 호흡 기질 ㉡ 포도당(탄수화물)

해설 세포 호흡에 이용되는 유기 영양소를 호흡 기질이라고 한다. 주로 포도당(탄수화물)이 이용되지만 단백질과 지방도 소화 과정을 거쳐 흡수된 다음 세포 호흡에 이용된다.

05. 답 ATP

해설 ATP 는 세포 호흡 결과로 생성되는 에너지 저장 물질로 아데노신(리보스+아데닌)에 3 개의 인산기가 결합된 화합물이다. ATP 를 구성하는 인산과 인산은 고에너지 인산 결합을 하고 있어 일반적인 화학 결합보다 더 많은 에너지를 함유하고 있다.

06. 답 ㉢, 고에너지 인산 결합

해설 인산과 인산은 고에너지 인산 결합을 하고 있다. 대부분의 화학 결합은 2 ~ 3 kcal 의 에너지를 가지고 있는데, ATP 의 끝 부분의 2 개의 인산 결합은 각각 7.3 kcal 의 에너지를 함유하고 있어 이를 고에너지 인산 결합이라고 한다.

07. 답 ④

해설 ④ (나) 는 이화 작용으로 세포 호흡 과정을 나타낸 것이다. 세포 호흡 결과로 생성된 에너지는 대부분 열에너지로 방출되고 약 40 % 만이 ATP 에 화학 에너지로 저장된다.

08. 답 ②

해설 ② 능동 수송은 에너지를 이용하여 농도가 낮은 쪽에서 높은 쪽으로 물질을 이동시키는 작용으로 기계적 에너지에 해당한다.

09. 답 (가) : 세포 호흡 (나) 연소

해설 세포 호흡은 단계적으로 진행되어 상대적으로 느리게 일어나며 화학 에너지가 ATP 와 열로 전환된다. 연소는 한꺼번에 진행되어 반응 속도가 매우 빠르며 화학 에너지가 빛과 열로 전환된다.

10. 답 ③
해설 ③ 무산소 호흡은 유기물이 불완전하게 분해되어 에너지가 많은 중간 산물이 생성된다.

11. 답 ①, ⑤
해설 문제에 제시된 그래프는 동화 작용의 에너지 출입을 나타낸 그래프이다.
① 동화 작용은 에너지를 흡수하여 생성물에 저장하는 흡열 반응이다.
② 동화 작용은 저분자 물질을 고분자 물질로 합성하는 과정이다.
③ 동화 작용에서 에너지량은 반응물 < 생성물이다.
④ 물질을 분해하여 세포의 생명 활동에 필요한 에너지를 얻는 과정은 이화 작용이다.
⑤ 광합성, 단백질의 합성 등은 동화 작용의 예이다.

12. 답 ③
해설 ㉠ 은 에너지가 저장되는 반응, ㉡ 은 에너지가 방출되는 반응이다. ADP 와 무기 인산을 결합시켜 ATP 를 합성함으로써 에너지를 저장하고, ATP 에 저장된 에너지가 ADP 와 인산으로 분해됨으로써 에너지를 방출한다.
ㄱ. ㉠ 반응의 결과로 에너지를 저장한다.
ㄴ. 미토콘드리아에서는 세포 호흡으로 방출된 에너지를 이용하여 ATP 를 합성하는 ㉠ 의 반응이 일어난다.

13. 답 ③
해설 ㄱ. (가) 는 포도당을 이산화 탄소와 물로 분해하는 이화 작용을 나타낸 것이다. 이화 작용은 물질을 분해하여 세포의 생명활동에 필요한 에너지를 얻는 과정으로 저장되어 있던 에너지가 방출되는 발열 반응이다.
ㄴ. (나) 는 포도당이 녹말로 합성되는 과정으로, 저분자 물질을 고분자 물질로 합성하는 동화 작용으로 에너지가 흡수되어 생성물에 저장되는 흡열 반응이다.
ㄷ. (가) 는 포도당이 물과 이산화 탄소로 분해되는 세포 호흡과정이다. 빛에너지가 반드시 필요한 과정은 (나)와 같은 동화 작용에 해당하는 광합성이다.

14. 답 ①
해설 ㄱ. 저분자 물질이 고분자 물질로 합성되는 동화 작용을 할 때 ATP 의 에너지가 생성물의 화학 에너지로 저장된다.
ㄴ. 신경 세포의 Na^+ -K^+ 펌프는 에너지를 사용하여 농도가 낮은 쪽에서 높은 쪽으로 물질을 이동시키는 능동 수송으로, 능동 수송은 기계적 에너지에 해당한다.
ㄷ. 전기가오리의 발전세포에서의 에너지 전환은 전기 에너지로의 전환이다.

15. 답 ③
해설 ㄱ. 빛에너지를 흡수하여 포도당과 산소를 만드는 것은 광합성 작용이다. 따라서 (가) 는 식물 세포의 엽록체에서 일어나는 광합성이다.
ㄴ. (나) 는 포도당을 분해하여 포도당에 저장된 에너지를 방출하고 이산화 탄소와 물로 분해하는 세포 호흡이다. 세포 호흡은 세포의 미토콘드리아에서 주로 일어난다. 식물의 잎에서는 광합성과 세포 호흡이 모두 일어난다.
ㄷ. 포도당의 에너지의 일부만이 ATP 로 저장되고(약 40 %) 나머지는 모두 열로 방출된다.

16. 답 ③
해설 문제에 제시된 그림은 반응물이 분해되는 과정이 단계적으로 일어나는 것을 나타낸 것이다.
ㄱ. 자동차 연료의 연소는 고온에서 한번에 매우 빠르게 일어나는 반응이다. 문제에 제시된 그림에서는 소량의 에너지가 단계적으로 방출되지만, 연소는 많은 양의 에너지가 한꺼번에 방출된다.
ㄴ. 엽록체에서 일어나는 광합성은 동화 작용으로 저분자 물질을 고분자 물질로 합성하는 것이다. 문제에 제시된 그림에서는 반응물이 분해되어 생성물이 만들어지는 이화 작용을 나타낸다.

17. 답 ④
해설 ① 연소와 세포 호흡은 모두 산소를 이용한 산화 반응이다.
② 포도당이 체내에서 분해되는 과정을 세포 호흡이라고 하며, 세포 호흡의 결과로 38ATP 와 열에너지가 발생한다.
③ 포도당이 체내에서 분해되어 생성된 기체는 이산화 탄소이다. 이산화 탄소는 배설계가 아닌 호흡계를 통해 날숨으로 배출된다.
④ 세포 호흡은 효소가 필요한 반응이며, 효소는 단백질이 주성분으로 열에 의한 변성이 일어나 체온 범위의 온도에서만 반응이 일어난다.
⑤ 반응물의 종류와 양이 같으면 세포 호흡에서 방출되는 에너지의 총량과 연소에서 방출되는 에너지의 총량은 같다.

18. 답 ①
해설 ② 산소 호흡은 유기물이 완전히 분해되지만, 무산소 호흡은 유기물이 불완전하게 분해된다.
③ 산소 호흡과 무산소 호흡은 물질이 분해되는 이화 작용이다.
④ 인간에게 유용한 중간 산물을 만드는 작용을 발효라고 하며, 발효는 무산소 호흡의 예이다.
⑤ 고온에서 한 번에 진행되며 반응 속도가 빠른 것은 연소이다.

19. 답 ①
해설 ① (가) 는 산소 호흡으로 물질이 분해되는 이화 작용이다. 이화 작용은 저장되어 있던 에너지가 방출되는 발열반응이다.
② (가) 에서 생성된 기체 A 는 이산화 탄소로 광합성에 이용된다.
③ (나) 의 무산소 호흡은 에너지가 많은 중간 산물이 생성되므로 ATP 의 생성량이 산소 호흡을 할 때보다 적다.
④, ⑤ (가) 와 (나) 는 모두 이화 작용으로 효소가 필요하다.

20. 답 ⑤
해설 주어진 화학 반응식은 산소 호흡인 세포 호흡 과정을 나타낸 것이다.
⑤ 세포 호흡은 산소를 필요로 하는 산소 호흡으로 유기물이 완전히 분해되어 중간 산물이 생성되지 않는다. 에너지가 많은 중간 산물이 생성되는 것은 무산소 호흡의 특징이다.

21. 답 ②
해설

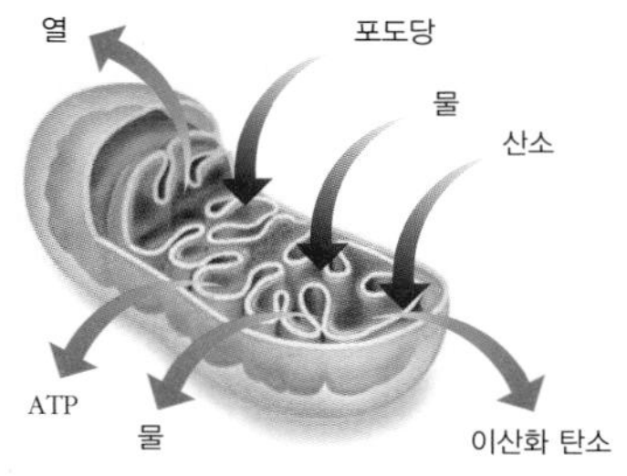

미토콘드리아에서는 유기 영양소를 분해하여 생명 활동에 필요한 에너지를 얻는 세포 호흡이 일어난다. A 는 세포 호흡 과정에서 필요한 기체인 산소이며 B 는 세포 호흡 결과로 생성된 이산화 탄소이다.
ㄱ. 이산화 탄소를 석회수($Ca(OH)_2$)에 통과시키면 앙금(탄산칼슘)이 생성되어 뿌옇게 흐려진다. ($Ca(OH)_2 + CO_2 \rightarrow CaCO_3 + H_2O$) 하지만 A 는 산소로 석회수에 통과시켜도 석회수가 뿌옇게 흐려지지 않는다.

ㄴ. 엽록체에서는 흡수한 빛에너지와 B(이산화 탄소), 물을 이용하여 포도당을 합성하는 광합성 작용이 일어난다.

ㄷ. 미토콘드리아에서 일어나는 세포 호흡은 이화 작용으로 저장되어 있던 에너지가 방출되는 발열 반응이다. 발열 반응에서 반응물의 에너지양은 생성물의 에너지양보다 크다.

22. 답 ④, ⑤

해설 ① 소화계에서 흡수되어 세포 호흡에 이용되는 ㉠ 은 포도당이다. 산화 반응을 할 때 필요한 것은 산소라고 할 수 있다. 산화 반응은 산소와 결합하거나, 전자를 빼앗기는 반응이다.

② ㉡ 은 호흡계에서 공급되어 세포 호흡에 쓰이는 것으로 산소를 의미한다. 발효와 부패는 무산소 호흡의 예로 산소가 부족하거나 없는 상태에서 유기 영양소를 분해하여 ATP 를 생산하는 것이다.

③ 에너지 (가) 의 일부는 열에너지로 방출되고, 일부는 화학 에너지로 저장된다.

④ ATP 에 저장된 에너지가 ADP 와 인산으로 분해되면서 방출하는 에너지는 직접적으로 근육 운동, 체온 유지 , 물질 합성 등의 생명활동에 쓰인다.

⑤ ㉠ 은 포도당, ㉡ 은 산소이므로 포도당은 산소에 의해 산화되어 에너지가 방출되는 발열 반응을 한다.

23. 답 ⑤

해설 ㄱ. 호흡 기질은 세포 호흡에 이용되는 유기 영양소이다. 호흡 기질에는 3 대 영양소인 탄수화물, 단백질, 지방이 모두 이용되며, 그 중 탄수화물(포도당)이 주로 이용된다.

ㄴ. 동물은 생명 활동에 필요한 에너지를 얻기 위해서 외부로부터 영양소를 흡수하고 세포 호흡을 통하여 ATP 를 생성한다.

ㄷ. 소장의 내벽에서 영양소를 흡수할 때에 ATP 를 기계적 에너지로 전환하여 사용한다.

24. 답 ③

해설 ㄱ. (가) 과정은 호흡 기질을 이용하여 생명 활동에 필요한 에너지를 얻는 세포 호흡 과정을 나타낸 것이다. 세포 호흡은 효소가 필요한 반응이지만, 반응이 단계적으로 진행되어 반응 속도가 상대적으로 느린 편이다. 반응이 한 번에 진행되는 것은 연소에 해당한다.

ㄴ. (나) 과정은 ATP 가 ADP 와 무기 인산으로 분해되는 과정이다. 고에너지 인산 결합은 ATP 끝 부분의 2 개의 인산 결합을 나타내는 것으로, ATP 의 고에너지 인산 결합이 끊어져 인산 한 분자를 떨어뜨리고 ADP 가 될 때 약 7.3 kcal 의 에너지가 방출된다.

ㄷ. 세포 호흡에 의해 유기 영양소의 에너지는 ATP 에 화학 에너지 형태로 저장되며, ATP 의 에너지는 여러 가지 형태의 에너지로 전환되어 생명 활동에 이용된다.

25. 답 ④

해설 (가) 는 포도당이 완전히 분해되지 못하고 젖산이 생성되는 근육의 무산소 호흡을 나타낸 것이고, (나) 는 포도당이 완전히 분해되어 이산화 탄소와 물이 생성되는 산소 호흡을 나타낸 것이다.

ㄱ. (가) 와 (나) 는 각각 무산소 호흡과 산소 호흡으로 모두 물질이 분해되는 이화 작용에 해당된다.

ㄴ. 가벼운 운동을 할 때에는 근육 운동에 필요한 에너지는 산소 호흡을 통해 공급이 된다. 하지만 운동의 강도가 높아질수록 근육에 필요한 산소가 충분하게 공급되지 못해 무산소 호흡을 통해 에너지를 얻는다. 따라서 격렬한 운동을 할 때에는 (가) 와 (나) 의 과정이 모두 일어난다.

ㄷ. 젖산은 피로 물질로 작용하여 젖산이 쌓이게 되면 근육이 뭉치고 통증을 유발하게 된다.

26. 답 ㄴ, ㄹ

해설 (가) 는 열에너지와 빛에너지가 발생하는 포도당의 연소, (나) 는 ATP 가 방출되는 포도당의 세포 호흡, (다) 는 열에너지, 빛에너지, 동력 에너지가 생성되는 자동차 연료의 연소를 나타낸 것이다.

ㄱ. (가) 와 (나) 는 모두 포도당의 반응을 나타낸 것이다. 반응물의 종류와 양이 같으면 세포 호흡에서 단계적으로 방출되는 에너지의 총량과 연소에서 방출되는 에너지의 총량은 같다.

ㄴ. (나) 에서 생명 활동에 사용되는 에너지는 40 % 이고, (다) 에서 자동차가 움직이는 데 필요한 동력 에너지는 20 % 이므로 (나) 의 에너지 효율은 (다) 의 두 배이다.

ㄷ. (가) 와 (다) 는 모두 연소 반응으로 반응이 한 번에 매우 빠르게 진행된다.

ㄹ. (가) 와 (다) 는 연소 반응, (나) 는 세포 호흡 반응으로 (나) 의 반응 온도가 가장 낮다.

27. 답 지구 상의 생물이 사용하는 에너지의 근원은 태양의 빛에너지이다. 녹색 식물은 빛에너지를 이용하여 광합성 작용으로 유기물을 합성하고, 광합성을 할 수 없는 동물들은 유기물을 음식 등으로 섭취하여 유기물(유기 영양소)의 화학 에너지를 세포 호흡을 통해 ATP 로 저장한다.

28. 답 유기 영양소가 호흡 기질로 작용하여 유기 영양소 안의 화학 에너지가 세포 호흡을 통해 ATP 에 화학 에너지의 형태로 저장된다. 이 ATP 의 에너지는 여러 가지 형태의 에너지로 전환되어 다양한 생명 활동에 이용된다.

29. 답 ㄴ

해설 ㄱ. A 는 양초의 연소, B 는 싹튼 콩의 호흡 과정을 나타낸 것이다. 물질대사(동화 작용과 이화 작용)는 생물체 내에서 일어나는 화학 반응으로 양초의 연소인 A 는 물질대사에 해당하지 않으며, 싹튼 콩의 호흡 B 는 이화 작용에 해당한다.

ㄴ. 연소와 호흡은 모두 산소가 필요한 산화 반응이며 이산화 탄소를 공통적으로 생성한다. 연소와 세포 호흡으로 생성된 이산화 탄소는 KOH 에 흡수되어 연소와 세포 호흡에 사용된 산소의 부피만큼 용기 내의 압력이 감소하여 KOH 수용액이 관을 따라 상승하게 된다. 연소는 한 번에 반응이 진행되어 매우 빠르게 일어나고, 호흡은 단계적으로 반응이 진행되어 연소보다 상대적으로 반응 속도가 느리다. 따라서 KOH 수용액의 초기 상승 속도는 양초의 연소 A 가 더 빠르다.

ㄷ. 싹튼 콩은 광합성을 하여 포도당을 합성할 수 있지만, 빛이 없는 조건에서는 포도당을 합성할 수 없다. 이 실험은 암실에서 이루어진 것이므로 이 실험에서 싹튼 콩은 포도당을 합성할 수 없다.

30. 답 오렌지 주스, 증류수에는 당이 없어 알코올 발효가 일어나지 않으며, 이산화 탄소가 녹아 있는 탄산 음료는 알코올 발효로 생성되는 이산화 탄소를 정확하게 측정할 수 없어 정교한 결과를 얻기 어렵기 때문에 기체가 무엇인지 확인해 보는 실험에서는 사용하기 어렵다. 따라서 실험에는 당이 많은 오렌지 주스가 가장 적당하다.

해설 효모는 산소가 없을 때 당을 알코올로 분해(발효)하고, 이 결과로 생기는 ATP 를 생명 활동에 이용한다. 효모의 알코올 발효의 화학 반응식은 다음과 같다.

$$C_6H_{12}O_6(\text{포도당}) \rightarrow 2C_2H_5OH(\text{에탄올}) + 2CO_2 + ATP$$

15강. 소화

개념 확인 32~37쪽

1. 주영양소　2. 소화
3. ⑤　4. ①, ③, ⑤

4. 답 ①, ③, ⑤
해설 지방산과 바이타민 A는 지용성 영양소로 융털의 암죽관으로 흡수된다.

확인+ 32~37쪽

1. ㉠ 생리 기능 ㉡ 에너지원　2. (1) O (2) X (3) O　3. 간　4. ㉠ 암죽관 ㉡ 빗장밑 정맥

2. 답 (1) O (2) X (3) O
해설 (1) 혼합 운동은 기계적 소화의 예로 음식물과 소화액을 섞는 운동이다.
(2) 기계적 소화는 음식물을 잘게 부수어 크기를 작게하거나 소화액과 잘 섞이게 도와주는 과정을 뜻한다. 이화 작용은 고분자 물질이 저분자 물질로 분해되는 화학 변화가 일어나는 작용이므로 기계적 소화는 이화 작용에 해당하지 않는다.
(3) 화학적 소화는 효소에 의해서 진행되므로 물질대사 중 이화작용에 속한다.

개념 다지기 38~39쪽

01. ③　02. ④　03. ③, ④, ⑤
04. (1) O (2) O (3) X (4) X　05. (1) 포도당 (2) 지방산, 모노글리세리드 (3) 아미노산
06. ④　07. (1) 모 (2) 모 (3) 암 (4) 모 (5) 암
08. ㉠ 모세혈관 ㉡ 간문맥 ㉢ 간정맥 ㉣ 심장

01. 답 ③
해설 ㄱ, ㄴ 주영양소는 몸을 구성하고, 호흡 기질로 이용되어 에너지를 낼 수 있는 탄수화물, 단백질, 지방(중성 지방)을 말한다. 영양소는 생명에 꼭 필요한 물질로 음식을 통해 얻는다.
ㄷ. 3 대 영양소 중 가장 많은 열량을 내는 것은 지방(중성 지방)으로 1 g 당 9 kcal 의 열량을 내며 탄수화물과 단백질은 1 g 당 4 kcal 의 열량을 낸다.

02. 답 ④
해설 바이타민은 적은 양으로 생리 작용을 조절하며 체내에서 합성되지 않으므로 음식물로 섭취해야 한다. 또한 몸의 구성 성분이 아니며 수용성과 지용성으로 구분된다. 이와 같이 생리 기능을 조절하지만 에너지원으로 쓰이지 않는 물, 무기 염류, 바이타민을 부영양소라고 한다.

03. 답 ③, ④, ⑤
해설 ① 소화 효소의 작용으로 음식물이 분해되는 과정은 화학적 소화에 해당한다.
② 이화 작용은 물질대사의 한 종류로 고분자 물질이 저분자 물질로 분해되는 과정이다.
③ 꿈틀 운동(연동 운동)은 음식물을 이동시키는 운동이다.
④ 씹는 운동(저작 운동)은 음식물을 이로 잘게 부수는 운동이다.
⑤ 혼합 운동(분절 운동)은 음식물과 소화액을 섞는 운동이다.

04. 답 (1) O (2) O (3) X (4) X
해설 (3) 소화샘은 침샘, 위샘, 간, 쓸개, 이자 등으로 구성되며 소화액을 분비하는 기관이다. 식도, 위, 소장 등은 소화관에 해당하는 기관이다.
(4) 음식물 속의 영양소는 분자의 크기가 커서 세포막을 통과할 수 없으므로 소화 과정을 통해 저분자 영양소로 분해되어야 한다.

05. 답 (1) 포도당 (2) 지방산, 모노글리세리드 (3) 아미노산
해설 녹말은 입과 소장에서 각각 침과 이자액의 아밀레이스에 의해 이당류로 분해된 후 소장에서 장액의 말테이스에 의해 포도당으로 최종 분해된다. 단백질은 위에서 위액의 펩신에 의해 폴리펩타이드로 분해된 후 소장에서 이자액의 트립신, 장액의 펩티데이스에 의해 아미노산으로 최종 분해된다. 지방은 소장에서 이자액의 라이페이스에 의해 지방산과 모노글리세리드로 최종 분해된다.

06. 답 ④
해설 ㄱ. 펩신은 단백질의 소화 효소로 단백질을 폴리펩타이드로 분해한다.
ㄴ. 모노글리세리드는 1 분자의 글리세롤과 1 분자의 지방산이 결합한 것이다.
ㄷ. 입의 침샘에서 분비되는 소화 효소는 아밀레이스로, 아밀레이스는 탄수화물의 소화 효소이다. 단백질과 지방은 입에서 기계적 소화는 일어나지만 화학적 소화는 일어나지 않는다.

07. 답 (1) 모 (2) 모 (3) 암 (4) 모 (5) 암
해설 수용성 영양소에 속하는 단당류, 아미노산, 무기 염류, 수용성 바이타민은 융털의 모세혈관으로 흡수되고, 지용성 영양소에 속하는 지방산, 모노글리세리드, 지용성 바이타민은 융털의 암죽관으로 흡수된다.

08. 답 ㉠ 모세혈관 ㉡ 간문맥 ㉢ 간정맥 ㉣ 심장
해설 융털의 모세 혈관으로 흡수된 수용성 영양소는 간문맥을 거쳐 간으로 들어간다. 간에서 일부의 포도당을 글리코젠으로 저장되고 나머지는 혈액과 함께 간정맥, 하대 정맥을 거쳐 심장으로 간다. 심장에서 영양소들은 혈액에 의해 온몸의 조직 세포로 보내져 생명 활동에 쓰이거나 저장된다.

유형 익히기 & 하브루타 40~43쪽

[유형15-1] (1) O (2) X (3) X (4) O
01. ㄹ, ㅁ　02. 중성 지방(지방)
[유형15-2] ㄴ
03. B, D　04. ㉠ 화학적 ㉡ 이화
[유형15-3] ⑤
05. ㉠ 식도 ㉡ 소장
06. ㉠ 아밀레이스 ㉡ 말테이스 ㉢ 라이페이스
[유형15-4] (1) A: 모세혈관, B : 암죽관 (2) ㄱ, ㄷ, ㅁ
07. ㉠ 융털, ㉡ 표면적
08. (1) X (2) O (3) X (4) O

[유형 15-1] **답** (1) O (2) X (3) X (4) O

해설 (1) 호흡 기질은 세포 호흡에 이용되는 유기 영양소로, 포도당(탄수화물)이 주로 이용되며 단백질과 지방도 소화 과정을 거쳐 흡수된 다음 세포 호흡에 이용된다.

(2) 세포의 주요 구성 성분은 단백질로 효소, 호르몬, 항체의 주성분이기도 하다. 탄수화물은 주에너지원으로 쓰여 섭취량에 비해 체구성 비율이 낮다.

(3) 탄수화물은 몸을 구성하는 에너지원이지만, 바이타민은 몸의 구성 성분이 아니다. 따라서 '몸의 구성 성분이다.' 는 (가)에 해당한다.

(4) 바이타민은 미량으로 생리 작용을 조절한다. 또한 일부 바이타민은 효소의 기능을 돕는 보조 인자로 쓰이기도 한다.

01. **답** ㄹ, ㅁ

해설 몸의 구성 성분이면서 에너지원이 되는 물질을 주영양소라고 하고, 에너지원은 아니지만 몸을 구성하거나 생리 기능을 조절하는 물질을 부영양소라고 한다. 주영양소에는 탄수화물, 단백질, 지방이 있으며 부영양소에는 바이타민, 무기 염류, 물이 있다.

ㄴ, ㄷ : 무기 염류에 속하는 무기 영양소이다.

ㄹ : 탄수화물의 다당류 중 한 종류이다.

02. **답** 중성 지방(지방)

해설 지질의 약 95 % 는 중성 지방이고, 나머지는 인지질과 스테로이드이다. 중성 지방은 탄소(C), 수소(H), 산소(O)로 구성되며, 글리세롤 1 분자와 지방산 3 분자가 결합한 화합물이다. 저장 에너지원으로 쓰이며, 1 g 당 9 kcal 의 열량을 내고, 여분의 에너지를 중성 지방으로 저장한다. 피하 지방은 체온 유지에 중요한 역할을 한다.

[유형 15-2] **답** ㄴ

해설 (가) 는 꿈틀 운동(연동 운동), (나) 는 혼합 운동(분절 운동), (다) 는 씹는 운동(저작 운동)으로 모두 기계적 소화이다. ㄱ. (가), (나), (다) 는 모두 기계적 소화에 해당한다. 화학적 소화는 소화 효소의 작용으로 고분자 물질이 저분자 물질로 분해되는 화학적 과정으로, 영양소의 화학적 성질이 변하는 이화 작용에 해당한다. 하지만 기계적 소화는 음식을 잘게 부수어 크기만 작게 하거나, 소화액과 잘 섞일 수 있도록 도와주는 과정을 의미한다.

ㄴ. (나) 는 혼합 운동으로 음식물과 소화액을 섞어주는 운동이다.

ㄷ. (다) 는 씹는 운동으로 음식물을 이로 잘게 부수는 운동이다. 녹말이 이당류로 분해되는 것은 침 속의 아밀레이스라는 효소를 이용하여 이루어지는 화학적 소화에 해당한다.

03. **답** B, D

해설 침샘에서는 탄수화물의 소화 효소인 아밀레이스가 분비된다. 위샘에서 분비되는 위액에는 단백질의 소화 효소인 펩신이 분비되어 단백질의 소화를 돕는다. 이자에서는 아밀레이스, 트립신, 라이페이스 등 3 대 영양소의 소화 효소가 모두 분비된다. 간에서 소화 효소는 생성되지 않지만, 지방을 유화시켜 라이페이스의 작용을 돕는 쓸개즙이 생성된다. 간에서 생성된 쓸개즙은 쓸개에 저장된다.

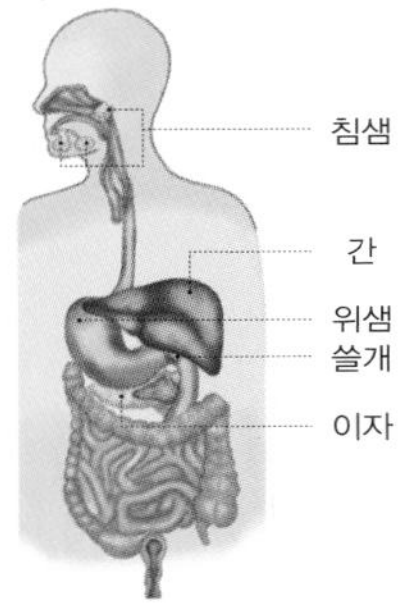

04. **답** ㉠ 화학적 ㉡ 이화

해설 화학적 소화는 소화 효소에 의해 고분자 물질이 저분자 물질로 분해되는 이화 작용으로 화학적 소화가 일어나야 비로소 영양소는 소장벽으로 흡수 가능한 상태가 된다.

반면, 기계적 소화는 음식물이 물리적으로 부수어져 크기만 작아지며 화학적으로는 동일한 물질로 분해되어 소화 효소와의 접촉 면적을 증가시키는 역할을 한다.

[유형 15-3] **답** ⑤

해설

간
쓸개
위
십이지장
이자

① 단백질의 소화가 처음으로 일어나는 장소는 위이다.

② 간에서 합성되는 소화액은 쓸개즙으로, 쓸개즙은 쓸개에 저장되었다가 십이지장으로 분비된다. 하지만 쓸개즙은 소화 효소가 아니다.

③ 위의 위샘에서는 위액이 분비된다. 위액에는 염산, 펩시노젠, 뮤신이 들어있다. 염산은 위에서 분비되는 산으로 음식물의 부패를 방지하고 펩시노젠을 펩신으로 활성화시키는 역할을 한다. 펩시노젠은 펩신으로 활성화되어 단백질을 폴리펩타이드로 분해한다. 뮤신은 단백질로 이루어진 위벽이 염산과 펩신에 의해 손상되지 않도록 위벽을 싸고 있는 점액성 물질이다.

④, ⑤ 이자는 소화가 일어나는 장소가 아니며, 3 대 영양소의 소화 효소를 생성하는 소화샘에 해당한다. 또한 탄산 수소 나트륨을 분비하여 위에서 내려오는 산성 음식물을 중화시키며, 호르몬을 분비하기도 한다.

05. **답** ㉠ 식도 ㉡ 소장

해설 음식물은 소화관을 지나가며 입 → 식도 → 위 → 소장 → 대장 → 항문 순서로 이동한다. 식도에서는 꿈틀 운동(연동 운동)에 의해 음식물이 위로 내려간다.

06. **답** ㉠ 아밀레이스 ㉡ 말테이스 ㉢ 라이페이스

해설 (1) 녹말은 포도당으로 분해될 때 침샘과 이자액에서 분비되는 아밀레이스로 이당류인 엿당으로 분해된다. 엿당은 소장의 상피 세포에서 분비되는 말테이스에 의해 포도당으로 최종 분해된다.

(2) 지방은 이자액의 라이페이스에 의해 지방산과 모노글리세리드로 분해된다.

[유형 15-4] **답** (1) A: 모세혈관, B : 암죽관 (2) ㄱ, ㄷ, ㅁ

해설 (1) 소장의 내벽에는 주름이 많고, 주름 표면에 수많은 융털이 나 있다. 융털의 중앙에는 암죽관이 있고, 그 주위를 모세혈관이 둘러싸고 있다. 단당류와 무기 염류, 수용성 바이타민 등 수용성 영양소는 융털의 모세혈관으로 흡수되고, 지방산, 모노글리세리드, 지용성 바이타민 등 지용성 영양소는 융털의 암죽관으로 흡수된다.

(2) ㄴ. 엿당은 이당류로 탄수화물이 최종적으로 분해가 된 상태가 아니므로 모세혈관으로 흡수되지 않는다.

ㄹ. 비타민 A, D, E, K 는 지용성으로 융털의 암죽관으로 흡수된다.

ㅂ. 중성 지방은 라이페이스에 의해 지방산과 모노글리세리드로 분해된 후 소장 융털의 상피 세포로 흡수된다. 흡수된 지방산과 모노글리세리드는 상피 세포 내에서 지방으로 재합성되고, 콜레스테롤이나 단백질 등과 결합하여 수용성 덩어리가 된 후 암죽관으로 이동한다.

07. **답** ㉠ 융털, ㉡ 표면적

해설 소장 내벽에는 많은 주름이 있고, 주름 표면에 수많은 융털이 나 있다. 따라서 영양소와 접촉할 수 있는 표면적이 넓어져 영양소가 효과적으로 흡수될 수 있다. 소장의 길이는 약 7 m 정도이지만 표면적은 무려 200 m^2 나 된다.

08. **답** (1) X (2) O (3) X (4) O

해설 (1) 지용성 영양소의 이동 경로는 융털의 암죽관 → 림프관 → 가슴 림프관 → 빗장밑 정맥 → 상대 정맥 → 심장 → 온몸이다.

(3) 소장의 융털에서 영양소가 흡수되는 원리는 확산과 능동 수송이다. 능동 수송을 할 때에는 ATP 가 소모된다.

(4) 중성 지방은 지방산과 모노글리세리드로 분해된 후 융털의 상피 세포에서 지방으로 재합성 된 다음 암죽관으로 흡수된다. 지방산과 모노글리세리드는 수용성이 아니므로 단백질에 싸여 이동되어야 하므로 소화되기 전의 큰 지방보다는 분자의 크기가 작은 지방으로 다시 합성된다.

창의력 & 토론마당 44~47쪽

01

(1) C 시험관, 초식 동물(토끼)은 셀룰로스를 분해하는 소화 효소인 셀룰레이스를 가지고 있는 것이 아니라 위 속에 공생하는 세균이 셀룰레이스를 형성한다. 그 결과, 초식 동물은 셀룰로스를 분해할 수 있다.

(2) · 셀룰레이스를 체내에 가지고 있는 달팽이를 대량으로 사육하여 달팽이가 먹이로 사용하는 식물을 이용해 에탄올을 추출할 수 있도록 한다.

· 토끼같은 초식 동물 몸속에 있는 미생물을 대량으로 배양한다. 이 미생물은 셀룰로스를 직접 분해할 수 있기 때문에 식물에서 에탄올을 추출하는 것이 가능해진다.

· 흰개미의 몸속에 있는 미생물을 대량으로 배양하거나, 미생물의 유전자를 파악하여 인위적인 생산을 하여 식물에 적용시킴으로써 에탄올을 얻을 수 있다. 흰개미는 딱딱한 나무를 주식으로 하기 때문에 식량으로 이용되는 옥수수나 곡식류 등을 이용할 필요가 없어 식량난 문제에도 큰 영향을 주지 않는다.

해설 (1) · C 시험관, A 시험관 : 초식 동물인 토끼는 스스로 셀룰로스를 분해하는 소화 효소를 가지고 있는 것이 아니라 위에 들어 있는 미생물이 셀룰로스를 분해하여 그 분해 산물을 흡수하는 것이다. 따라서 C 시험관에서는 베네딕트 반응을 보이지만, A 시험관에서는 셀룰로스 분해가 일어나지 않아 포도당이 형성되지 않으므로 베네딕트 반응을 보이지 않는다.

· B 시험관, D 시험관 : 사람에게는 셀룰로스 분해 효소가 없다. 섭취하는 셀룰로스 일부는 대장에서 서식하는 대장균에 의해 분해되기도 한다. 따라서 사람의 위 분비액이나 위에서 분리한 미생물에 의해서는 셀룰로스가 분해되기 어려우므로 베네딕트 반응은 일어나지 않는다.

(2) 에탄올을 생산하는 가장 중요한 단계는 셀룰로스로 구성된 식물의 세포벽을 파괴하고 방출되는 당류를 발효시키는 것이다. 현재의 기술은 셀룰레이스를 가지고 있어서 식물의 셀룰로스를 소화시킬 수 있는 미생물을 이용하는 것이다. 그 중 대안으로 주목받고 있는 것이 흰개미이다. 흰개미는 나무를 잘 갉아먹는다. 연구진은 흰개미의 소화 기관에서 추출한 미생물이 1,000 여 종류의 나무를 소화하는 데 탁월하다는 사실을 발견했다. 나무에는 섬유 성분이 많이 포함되어 있어 흰개미의 미생물을 잘 배양해 셀룰로스를 분해하면 이를 박테리아가 먹게 되면서 에탄올을 추출할 수 있다.

02

(1) 위에서는 염산이 분비되어 pH 2 정도의 강한 산성을 띤다. 유산균은 강한 산성에서 생존율이 낮기 때문에 캡슐에 싸여 있지 않은 유산균은 대부분 위에서 죽고 소장까지 산 채로 도달하는 유산균의 양은 적다.

(2) 유산균을 싸는 캡슐막은 위에서 소화되지 않는 성분으로 지방이나 다당류 형태의 성분으로 이루어진 얇은 막이어야 한다. 위를 통과한 캡슐에 감싸진 유산균은 소장(십이지장)을 통과하여 대장으로 넘어가면 제 역할을 할 수 있다.

(3) 아침 식사 후에, 밤 사이에 위액은 지속적으로 분비되기 때문에 위의 산성도는 매우 높아지게 된다. 따라서 아침 식사 이전에 유산균이 들어 있는 요구르트를 먹게 되면 위액의 강한 산성에 의해 유산균이 생존할 수 없게 된다.

해설 유산균을 보호하는 지방 성분의 막은 전체 크기가 10 ~ 40 ㎛ 정도이고, 막의 두께는 1 ㎛ 이하이다. 즉, 우리가 혀로 막을 느끼기는 어려운 두께다. 물론 소비자들이 느낄 수 있도록 1.5 mm 정도 두께의 막에 유산균을 포함시킨 제품도 있다. 이 경우에는 요구르트 150 mL 안에 2백 개 이상의 캡슐이 들어있고, 1 개의 캡슐 안에는 2백만 마리 이상의 유산균이 들어있다. 캡슐이라고 해서 내부가 비어 있는 것은 아니다. 캡슐 내부의 중간에는 기포들이 있는데, 여기에 유산균들이 자리하고 있다. 또한 유산균들의 먹이도 포함되어 있다.

03

(1) 긴 소화관을 통해 이동하는 시간이 길어지는 것은 화학적 소화와 기계적 소화가 더 오랜 시간에 걸쳐 많이 일어날 수 있게되고, 증가된 소화관의 표면적은 영양분 흡수를 더 많이 할 수 있게 한다.

(2) 육식 동물의 소화샘인 침샘이나 위샘에서 분비되는 소화액인 침이나 위액은 다른 미생물로부터 보호될 수 있는 환경을 조성하여 상호 공생의 미생물들이 서식하기 좋은 환경을 제공한다.

초식 동물의 맹장은 발효방을 가지고 있어 공생관계에 있는 미생물이 셀룰로스를 분해하기에 좋은 환경을 제공한다.

해설 (2) 대장균에 의한 셀룰로스의 분해가 일어날 때 가스(방귀)가 발생한다. 대장 내 세균은 사람에게 해가 없고 다른 병원성 세균이 자리 잡지 못하도록 하며, 바이타민 B 와 K 등을 만들기도 한다.

04

(1) 혈중 렙틴의 농도가 낮은 사람들은 렙틴 생성에 결함을 가진다. 따라서 규칙적으로 음식을 먹더라도 낮은 수준의 렙틴이 유지된다.

(2) 혈중 렙틴의 농도가 높은데 비만이 발생하는 이유는 시상하부나 지방세포들이 렙틴에 잘 반응하지 않기 때문이다. 이와 같은 현상을 렙틴의 저항성이라고 한다.

(3) 당지수가 높은 음식을 먹게 되면 탄수화물이 빨리 분해되어 혈당치가 상승하게 되므로 빨리 허기가 진다. 하지만 당지수가 낮은 음식을 먹게 되면 탄수화물이 천천히 분해되기 때문에 혈당이 천천히 올라가게 되고 포만감이 오래 유지되는 데 도움이 된다.

해설 유전자 이상으로 렙틴이 부족하여 비만이 되는 경우는 매우 드문 경우이다. 오히려 렙틴의 농도가 지속적으로 높게 유지가 되어서 문제가 발생한다. 렙틴은 지방 조직에서 분비하는 체지방을 일정하게 유지하기 위한 호르몬이다. 렙틴이 뇌에 이르게 되면 체지방률 저하, 음식 섭취량 저하, 혈당량 저하 등을 야기하고, 대사 효율이나 활동량이 증가하여 체중이 서서히 줄어든다.

1994 년 미국 록펠러 대학의 제프리 프리드먼 교수팀은 생쥐 실험을 통해, 이 단백질을 만드는 유전자에 돌연변이가 발생하면 뚱뚱해진다는 사실을 처음 발견했다. 렙틴유전자 또는 렙틴수용체 유전자에 결함이 있는 생쥐는 극도의 비만 상태가 되고, 이어서 당뇨병이 발생한다. 렙틴은 뇌 이외에 여러 가지 말초 조직에도 작용하여 생식이나 면역기능조절, 당지질대사의 조절작용 등 다양한 호르몬 작용을 발휘한다. 현재 렙틴은 지방 조직에서 분비된 후에 뇌에 작용하여 식욕을 억제하고 체내 대사를 활발하게 함으로써, 체중을 감소시키는 호르몬임이 알려져 있다.

사람의 경우 비만인 사람일수록(지방 조직이 많을수록) 혈중 렙틴의 농도가 높은 것으로 나타났는데, 이는 렙틴 작용에 대한 저항성을 나타내는 것이다. 또한 식사의 속도와 렙틴의 분비도 연관이 있다. 천천히 식사(20분 정도)를 하게 되면 렙틴의 도움으로 포만감을 느낄 수 있다. 반면에 단시간에 식사를 마치게 되면 렙틴호르몬이 포만감을 시상하부에 전달하는 시간이 충분하지 못하여 식욕이 계속 생긴다고 한다.

스스로 실력 높이기 48~53쪽

01. (1) X (2) X (3) O 02. ③ 03. ㉠ 기계적 ㉡ 화학적 04. ⑤ 05. 꿈틀 06. 염산(HCl) 07. ① 08. ③ 09. (1) O (2) O (3) X 10. ②, ③ 11. ② 12. ③ 13. ③ 14. ③ 15. B, D, G 16. ④ 17. ⑤ 18. ② 19. ⑤ 20. ③ 21. ⑤ 22. ④ 23. ④ 24. ④ 25. ② 26. ⑤ 27. A, B 28. ③ 29. ㄴ, ㄷ 30. 〈해설 참조〉

01. **답** (1) X (2) X (3) O
해설 (1) 탄수화물은 몸을 구성하며, 주에너지원으로 쓰여 섭취량에 비해 체구성 비율이 낮다.
(2) 탄수화물의 최종 소화 산물은 단당류이다.
(3) 탄수화물과 단백질은 1 g 당 4 kcal 의 열량을 내며, 중성 지방은 1 g 당 9 kcal 의 열량을 낸다.

02. **답** ③
해설 ① 단백질은 몸을 구성하지만 바이타민은 몸의 구성 성분이 아니다.
② 단백질은 호흡 기질로 이용되는 주영양소에 속하지만, 바이타민은 에너지원으로 쓰이지 않으므로 부영양소에 해당된다.
③ 단백질과 바이타민은 모두 생리 작용을 조절한다.
④ 단백질의 최종 소화 산물인 아미노산은 수용성이며, 바이타민은 수용성과 지용성으로 구분된다.
⑤ 효소, 호르몬, 항체의 주성분은 단백질이다.

03. **답** ㉠ 기계적 ㉡ 화학적
해설 음식물이 잘게 부수어지거나 소화액과 섞이는 작용을 기계적 소화라고 하며, 소화 효소에 의해 고분자 물질이 저분자 물질로 분해되는 작용을 화학적 소화라고 한다. 영양소는 화학적 소화가 일어나야 최종적으로 소장 벽으로 흡수 가능한 상태가 된다.

04. **답** ⑤
해설 식도에서는 꿈틀 운동에 의해 음식물을 아래로 내려보내는 기계적 소화가 일어난다.
① 위에서는 위액이 분비되어 단백질의 소화를 돕는다.
② 간에서는 쓸개즙을 생성하여 중성 지방의 소화를 돕는다.
③ 침샘에서는 아밀레이스의 작용으로 탄수화물의 화학적 소화가 일어난다.
④ 소장의 상피 세포에서 말테이스와 펩티데이스가 분비되어 각각 탄수화물과 단백질의 소화를 돕는다.

05. **답** 꿈틀(연동)
해설 꿈틀 운동은 음식물을 항문 방향으로 이동시키는 작용이다.

06. **답** 염산(HCl)
해설 염산은 위에서 분비되는 산으로 위산이라고도 하며 pH 2 ~ 3 의 담황색 액체이다. 염산은 펩시노젠을 펩신으로 활성화시키고, 살균 작용을 하여 음식물의 부패를 방지한다.

07. **답** ①
해설 탄수화물은 입에서 기계적 소화와 화학적 소화가 모두 일어난다. 침 속의 아밀레이스에 의해 녹말이 엿당과 덱스트린으로 분해된다.

08. **답** ③
해설 라이페이스는 이자액에 포함된 지방의 소화 효소이다.

09. **답** (1) O (2) O (3) X
해설 (1) 쓸개즙에는 소화 효소가 없지만 지방을 유화시켜 라이페이스의 소화 작용을 돕는다.
(2) 지방의 화학적 소화는 이자액에 포함되어있는 라이페이스에 의해 소장에서 처음으로 이루어져 지방산과 모노글리세리드로 분해된다.
(3) 대부분의 소화 효소는 중성에서 활성이 최대가 된다. 산성의 환경에서 활발하게 작용하는 효소는 단백질의 소화 효소인 펩신이다.

10. **답** ②, ③
해설 나트륨은 무기 염류로 수용성이다. 따라서 융털 모세혈관으로 흡수되어 간을 통해 심장을 거쳐 온몸으로 이동한다. 바이타민 A, D, E, K 는 지용성으로 모세혈관의 암죽관으로 흡수되어 가슴 림프관을 따라 이동한 뒤 심장을 거쳐 온몸으로 이동한다.

11. **답** ②
해설 영양소의 기능으로는 건강 유지, 체온 유지, 성장, 생활에너지 제공 등이 있다. 산소 운반은 적혈구(헤모글로빈)의 기능이다.

12. 답 ③
해설 ㄱ. 소화 효소는 생체 촉매로 쓰여 활성화 에너지를 낮추어 반응 속도를 빠르게 해주며, 반응이 진행되어도 소모되지 않기 때문에 반복하여 사용할 수 있다.
ㄴ. 특정 소화 효소는 특정 영양소에 대해서만 촉매 작용이 일어나는 기질 특이성이 있다.
ㄷ. 효소의 주성분이 단백질이므로 온도와 pH 의 영향을 받는다. 대부분의 효소는 중성에서 활성이 최대가 되지만 소화 효소는 종류에 따라 최적 pH 가 다르다.

13. 답 ③
해설 녹말의 최종 분해 산물은 포도당, 지방의 최종 분해 산물은 지방산과 모노글리세리드이다.

14. 답 ③
해설 쓸개즙은 간에서 생성되어 쓸개에 저장된 후 십이지장으로 분비된다.

15. 답 B, D, G
해설 · B 는 간으로 중성 지방의 소화를 도와주는 쓸개즙을 생성하지만, 쓸개즙은 소화 효소가 아니다.
· D 는 쓸개로 쓸개즙을 저장하고 십이지장으로 분비하는 기관이다.
· G 는 대장으로 화학적인 소화는 일어나지 않고 물의 흡수가 일어나며 대장의 꿈틀 운동으로 음식물의 찌꺼기가 체외로 배출된다.
· A 는 침샘으로 탄수화물의 소화 효소인 아밀레이스가 생성된다.
· C 는 위로 위샘에는 펩시노젠과 염산이 있다. 염산이 펩시노젠을 소화 효소인 펩신으로 활성화시켜 단백질의 소화를 돕는다.
· E 는 이자로 이자에서 분비되는 이자액에는 3 대 영양소의 소화 효소가 모두 들어있다.
· F 는 소장으로 소장의 상피 세포에서는 말테이스와 펩티데이스가 분비되어 각각 탄수화물과 단백질의 소화를 돕는다.

16. 답 ④
해설 A 는 펩신, B 는 트립신, C 는 펩티데이스, D 는 라이페이스, E 는 아밀레이스, F 는 말테이스이다.
④ 라이페이스는 중성 지방에 바로 작용하여 소화시킨다. 쓸개즙은 지방을 유화시켜 라이페이스의 작용을 돕는다. 비활성화된 상태로 분비되는 효소는 단백질의 효소로, 단백질로 구성된 소화 기관을 보호하기 위해서이다.

17. 답 ⑤
해설 ㄱ. 쓸개즙은 라이페이스의 활성과는 관련이 없다.
ㄴ. 위액에는 염산, 펩시노젠, 뮤신 등으로 이루어져 있다. 염산은 펩시노젠을 활성화시키고, 살균작용을 하며 음식물의 부패를 방지하는 역할을 한다. 펩시노젠은 펩신으로 활성화되어 단백질의 소화에 관여한다. 뮤신은 점액성 물질로 위벽의 손상을 막아주는 역할을 한다. 쓸개즙은 지방의 소화를 돕는 역할을 하므로 위액과 쓸개의 작용은 관련이 없다.
ㄷ. 단백질의 소화는 위와 소장에서 펩신, 트립신 등의 소화 효소에 의해 일어난다. 따라서 쓸개즙이 분비되지 못해도 단백질의 소화는 영향을 받지 않는다.
ㄹ. 쓸개관이 막히면 쓸개즙이 십이지장으로 분비가 원활하게 일어나지 않는다. 쓸개즙은 지방 덩어리를 쪼개어 라이페이스와의 접촉 면적을 넓혀주는 유화 작용을 하므로 담석증에 걸리게 될 경우 지방의 소화가 효과적으로 일어나지 못하게 된다.

18. 답 ②
해설 대장에서는 소화 효소가 분비되지 않아 화학적 소화는 일어나지 않고, 소장에서 흡수되고 남은 물이 흡수된다. 또한 대장균에 의한 셀룰로스 분해가 일어난다.

19. 답 ⑤
해설 ① 하나의 덩어리인 A 보다, 여러 개의 덩어리로 쪼개진 B 의 표면적이 더 크다.
② (나) 그래프의 결과로 A 와 B 가 최종적으로 소화되었을 때 소화 산물의 양은 같다는 것을 알 수 있다.
③ 표면적이 큰 B 는 효소와 접촉할 수 있는 부분이 많으므로 더 빠르게 소화된다.
④ (나) 에서 소화 효소에 의해 A 도 B 와 같은 양으로 분해된 것으로 보아 음식물이 잘게 부서지는 씹는 운동이 일어나지 않아도 소화는 일어난다는 것을 알 수 있다. 다만 이 경우에는 더 많은 시간이 필요하다.
⑤ 과정 Ⅰ 은 치아로 음식물을 부수는 씹는 운동으로 입에서 일어나는 기계적 소화를 나타내므로 A 와 B 는 화학적으로 동일한 물질이다. 과정 Ⅱ 는 소화 효소에 의해 화학적으로 다른 물질로 변한 화학적 소화로 입과 소장에서 일어난다.

20. 답 ③
해설 수용성 영양소는 융털의 모세혈관 → 간문맥 → 간 → 간정맥 → 하대 정맥 → 심장 → 온몸 순서로 이동한다.

21. 답 ⑤
해설 ①, ② D 에서만 보라색이 사라진 것으로 보아 단백질이 펩신에 의해 분해된 것을 알 수 있으며, B 와 D 를 비교하면 펩신은 산성 환경에서 작용한다는 것을 알 수 있다.
③ C 와 D 를 비교하여 펩신은 고온에서 효소의 기능을 상실하여 단백질을 분해하지 못한다는 것을 알 수 있다.
④ D 와 E 를 비교하였을 때, 같은 환경에서 트립신은 작용하지 못하였으므로 펩신과 트립신은 작용하는 환경이 다르다는 것을 알 수 있다. 펩신은 산성 환경인 위에서, 트립신은 약염기성 환경인 소장에서 작용한다.

22. 답 ④
해설 ① 쓸개즙은 지방 유화 작용을 하는 물질로 소화 효소가 아니다.
② 소장으로 분비되는 소화액은 쓸개즙을 비롯하여 이자액, 소장에서 생성되는 장액 등으로 위액의 양보다 더 많다.
③ 대장에서는 주로 수분의 흡수가 일어나지만 대부분의 물은 소장에서 흡수되고, 나머지가 대장에서 흡수된다. 수분이 빠진 음식물 찌꺼기가 대변이며, 이것은 직장의 꿈틀 운동으로 배출된다.
④ 섭취한 물과 소화액에 포함된 물의 대부분은 소장에서 흡수되고, 나머지는 대장에서 흡수된다. 따라서 대장에 이상이 생기면 설사나 변비를 일으킬 수 있다.
⑤ 하루 동안 체내로 섭취하는 물질은 음식물 800 mL 와 물 1200 mL 로 총 2000 mL 이다. 반면 체외로 배출되는 양은 고형 성분 50 mL 와 물 100 mL 로 총 150 mL 이므로 섭취하는 물질의 양보다 적다.

23. 답 ④
해설 ㄱ. 날 쇠고기와 익힌 쇠고기 중 소화가 더 잘 되는 것을 비교하기 위해서는 펩신 용액의 pH 와 쇠고기 조각의 크기가 같은 것끼리 비교를 하면 알 수 있다. 날 쇠고기의 작은 조각은 펩신 용액의 pH 가 1.0 일 때 소화율이 91.6 % 이고, 익힌 쇠고기의 작은 조각은 펩신 용액의 pH 가 1.0 일 때 소화율이 93.0 % 이다. 다른 결과들도 비슷한 양상을 띠며 날 쇠고기 보다는 익힌 쇠고기의 소화율이 더 높다는 것으로, 쇠고기 단백질은 익혔을 때 소화가 더 잘 되는 것을 알 수 있다.

ㄴ. 쇠고기를 여러 번 씹을수록 입에서 일어나는 기계적 소화인 씹는 운동(저작 운동)이 활발하게 일어나 음식물 조각이 잘게 나눠진다. 펩신 용액의 pH 가 같을 때, 작은 조각의 소화율이 큰 조각의 소화율 보다 크기 때문에 여러 번 씹어서 삼킬수록 소화가 더 잘 된다는 것을 알 수 있다.

ㄷ. 이 실험을 통해서 날 쇠고기와 익힌 쇠고기에서 펩신 용액의 pH 와 쇠고기 조각 크기에 따른 소화율을 알 수 있다. 날 쇠고기의 작은 조각에서 가장 소화가 활발히 일어나는 펩신 용액의 pH 는 2.0 이며, 모든 실험의 결과로 펩신 용액의 pH 가 2.0 일 때 소화율이 가장 높게 나타난 것을 알 수 있다. 따라서 펩신의 최적 pH 는 2.0 으로 같은 결과를 나타낸다.

24. 답 ④

해설 ㄱ. 이자액에 포함된 탄산수소 나트륨은 염산에 의해 산성화된 음식물을 중화시키는 역할을 한다. 따라서 염산이 십이지장에 존재할 때 가장 많이 분비된다.

ㄴ. 십이지장 내부가 산성화될 때는 염산이 많이 존재할 때이다. 이자액은 염산이 존재할 때보다 지방이나 단백질이 존재할 때 더 많이 분비된다.

ㄷ. 이자액은 3 대 영양소의 소화 효소, 탄산수소 나트륨 등이 분비된다. 이자액의 성분비는 십이지장에 존재하는 물질의 종류에 따라 다르다.

25. 답 ②

해설 ㄱ. a 의 작용으로 이당류가 단당류로 분해되었다. 이당류에서 단당류로 분해되는 과정에서 필요한 소화 효소는 말테이스이다. b 의 작용으로 다이펩타이드와 트라이펩타이드가 아미노산으로 분해되었으므로, b 는 펩티데이스이다.

ㄴ. 바이타민 B군은 수용성이므로 융털의 모세혈관 (가)를 통해 간으로 이동한 뒤 심장을 거쳐 온몸으로 이동한다.

ㄷ. c 의 작용으로 중성 지방(트라이글리세리드)이 모노글리세리드와 2 개의 지방산으로 분해되었다. 이는 화학적 소화로 라이페이스에 의해 일어난 것이다. 쓸개즙의 지방 유화 작용은 뭉쳐져있는 큰 지방 덩어리들을 작은 지방 덩어리로 쪼개어 소화 효소와의 접촉 면적을 넓혀주는 작용이다.

26. 답 ⑤

해설 ㄱ. 쓸개즙은 큰 지방 덩어리를 작은 지방 덩어리로 분산시켜 소화 효소(라이페이스)와의 접촉 면적을 넓혀주는 유화 작용을 한다. 따라서 라이페이스의 작용을 억제시키는 것이 아니라, 라이페이스에 의한 지방의 소화를 도와주는 역할을 한다.

ㄴ. 중성 지방은 라이페이스에 의해 모노글리세리드와 지방산 2 분자로 분해된 후, 소장 융털의 상피 세포로 흡수된다.

ㄷ. 흡수된 지방산과 모노글리세리드는 상피 세포 내에서 지방으로 재합성되고, 콜레스테롤이나 단백질 등과 결합하여 수용성 덩어리가 된 후 암죽관으로 이동한다.

27. 답 A, B

해설 베네딕트 용액으로 검출할 수 있는 영양소는 포도당으로, 수용성 영양소인 포도당은 모세혈관을 통해 간문맥(B)과 간정맥(A)을 거치기 때문에 A 와 B 에서 관찰할 수 있다.

C 는 지용성 영양소가 이동하는 림프관이다.

28. 답 ③

해설 ① 사료의 구성 성분은 녹말이기 때문에 소화 과정을 거쳐 생성되는 최종 분해 산물은 포도당이다.

② 굶긴 쥐는 혈액 내에 혈당량이 줄어들기 때문에 간에 저장되어 있던 글리코젠을 분해하여 포도당을 생성하고, 이를 간정맥을 통해 내보낸다. 따라서 간정맥(A)이 간문맥(B)보다 혈당량이 높게 측정된다.

③ 소장에서 흡수된 포도당은 사료 속에 들어 있는 녹말이 소화 과정을 거쳐 생성된 것이다.

④ 아이오딘 반응은 녹말을 검출하는 반응이다. B 는 소장에서 녹말이 최종 분해된 포도당이 간으로 이동하는 간문맥이다. 그러므로 다당류인 녹말은 검출되지 않기 때문에 아이오딘 반응이 나타나지 않는다.

⑤ 소장에서 포도당은 수용성 영양소이므로 모세혈관을 통해 흡수되고, 간문맥 - 간 - 간정맥 - 하대 정맥을 거쳐 심장으로 이동하여 온몸으로 운반된다.

29. 답 ㄴ, ㄷ

해설 ㄱ. 암죽관은 일종의 림프관으로, 림프관과 연결된다. 간문맥은 소장의 모세혈관들이 모여 형성된 것이다.

ㄴ. 트립시노젠을 트립신으로 활성화 시키는 효소 X 는 소장의 장액에 포함되어 있는 엔테로키네이스이다. 엔테로키네이스는 십이지장에서 분비되는 단백질 분해 효소로 트립시노젠을 트립신으로 전환시키며, 직접 음식물의 단백질을 분해하지는 않는다.

ㄷ. 지방의 유화에 이용되는 쓸개즙은 간에서 합성되어 쓸개에 저장된다.

30. 답 스테로이드는 지질의 한 종류로, 지질은 소장에서 처음으로 화학적 소화가 일어나기 때문에 위에서는 화학적 성질이 변하지 않고 유지가 되므로 약으로 먹어도 문제가 없다. 하지만 단백질이 주성분인 인슐린을 먹는 약으로 투여하게 되면 위에서 소화가 일어나 소장에서 흡수되기 힘들기 때문에 피하 지방에 주사로 투여한다.

16강. 호흡

개념 확인 54~57쪽

1. 폐포 2. ㉠ 가로막 ㉡ 갈비뼈
3. ㉠ 분압 ㉡ 확산 4. 헤모글로빈

확인+ 54~57쪽

1. ㉠ 인두 ㉡ 기관지 2. ㉠ 상승 ㉡ 하강 ㉢ 커진다
3. 내호흡 4. ①, ④, ⑤

4. 답 ①, ④, ⑤
해설 산소의 분압이 일정할 때에는 이산화 탄소의 분압이 높을수록, pH 가 낮을수록, 온도가 높을수록 헤모글로빈과 산소의 해리도가 증가한다.

개념 다지기 58~59쪽

01. ② 02. ④ 03. (1) X (2) O (3) X (4) O
04. ⑤ 05. (1) 〉, 〉 (2) 〈, 〈 06. ① 07. ④
08. (1) X (2) O (3) O

01. 답 ②
해설 ① 기관은 좌우 기관지로 갈라지고 이는 다시 무수히 많은 세기관지로 갈라지며, 세기관지의 끝은 폐포와 연결되어있다.
② 폐포의 표면에는 모세혈관이 분포해 있어 기체 교환이 일어난다.
③ 폐포는 공기와 접촉할 수 있는 표면적을 넓혀 기체 교환이 효율적으로 일어나도록 한다.
④ 후두는 인두와 기관 사이의 부분으로 성대가 있어 발성과 호흡작용 등의 기능을 담당한다. 후두를 거쳐 들어온 공기의 이동 통로를 기관이라고 한다.
⑤ 폐포는 한 층의 세포로 되어 있어 기체 교환이 용이하게 일어난다.

02. 답 ④
해설 공기의 이동 경로는 코 → 인두 → 후두 → 기관 → 기관지 → 세기관지 → 폐포 이다. 흉강은 흉곽 안의 넓은 공간으로 가슴막(늑막)과 가로막으로 둘러싸인 공간을 뜻하며, 흉강 속에 폐가 있다.

03. 답 (1) X (2) O (3) X (4) O
해설 (1) 가로막의 이완으로 가로막이 상승하여 흉강 내 부피가 감소할 때, 흉강 내 압력이 증가하면 폐는 수축하여 폐의 압력이 대기압보다 높아져 공기가 폐에서 외부로 나가는 날숨이 일어난다.
(2) 들숨이 일어날 때 가로막은 수축하여 하강하고, 날숨이 일어날 때 가로막은 이완하여 상승한다.
(3), (4) 폐는 근육으로 되어있지 않아 스스로 운동하지 못하기 때문에, 갈비뼈와 가로막의 상하 운동으로 흉강의 부피를 조절하여 압력의 변화를 일으켜 공기의 출입이 이루어지도록 한다.

04. 답 ⑤
해설 ㄱ. 흉강 내 압력은 항상 대기압보다 낮다.
ㄴ. 공기는 압력이 높은 곳에서 낮은 곳으로 이동한다.
ㄷ. 폐포 내 압력이 대기압보다 낮으면 들숨, 대기압보다 높으면 날숨이 일어난다.

05. 답 (1) 〉, 〉 (2) 〈, 〈
해설 폐포와 모세혈관 사이에서 이루어지는 기체 교환을 외호흡, 모세혈관과 조직세포 사이에서 이루어지는 기체 교환을 내호흡이라고 한다. 산소 분압은 모세혈관에서보다 폐포에서 더 높기 때문에 산소는 폐포에서 모세혈관으로 확산된다. 모세혈관의 산소 분압은 조직 세포의 산소 분압보다 높기 때문에 산소는 모세혈관에서 조직 세포로 확산된다. 이산화 탄소의 경우 산소와 반대되는 결과가 나타난다. 이와 같이 기체의 교환은 기체의 분압차에 의한 확산 현상으로 이루어진다.

07. 답 ④
해설 산소의 분압이 낮을 때, 이산화 탄소의 분압이 높을 때, pH 가 낮을 때, 온도가 높을 때 산소와 헤모글로빈의 해리도가 증가한다.

08. 답 (1) X (2) O (3) O
해설 (1) 헤모글로빈에 의해 운반되는 이산화 탄소는 약 23 % 이며 대부분이 탄산수소 이온 또는 탄산수소 나트륨의 형태로 운반된다.
(2) 약 7 % 의 이산화 탄소는 혈장에 직접 용해되어 운반된다.
(3) 약 70 % 의 이산화 탄소는 탄산수소 이온 또는 탄산수소 나트륨의 형태로 운반된다. 이산화 탄소가 적혈구 속으로 들어가 탄산 무수화 효소에 의해 물과 결합하여 탄산이 되고, 다시 수소 이온과 탄산수소 이온으로 해리되어 혈장으로 나와 운반되기도 하고, 탄산수소 이온 중 일부는 나트륨과 결합하여 탄산수소 나트륨의 형태로 운반되기도 한다.

유형 익히기 & 하브루타 60~63쪽

[유형16-1] (1) O (2) X (3) O (4) X
01. ㄷ
02. ㉠ 인두 ㉡ 기관 ㉢ 세기관지
[유형16-2] ④
03. ㄱ, ㄷ, ㄹ 04. ㉠ 대기압 ㉡ 낮다
[유형16-3] ④
05. (1) (가) 이산화 탄소 (나) 산소
(2) 폐포 06. (1) O (2) X (3) O
[유형16-4] ②
07. A 08. 40

[유형 16-1] 답 (1) O (2) X (3) O (4) X
해설

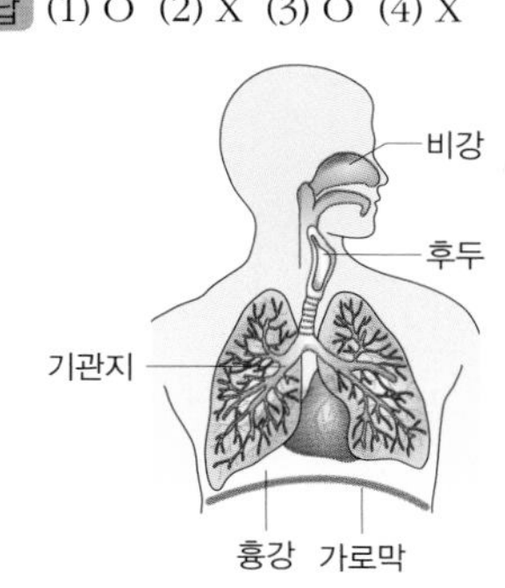

(1) A 는 비강으로 콧털이 나 있어 외부 이물질이 콧속으로 들어오는 것을 방지한다. 또한 점액질이 있어 외부에서 들어온 공기를 일정한 온도와 습도를 갖게 해준다.
(2) B 는 인두와 기관 사이에 있는 부분으로 후두이다. 후두에는 성대가 있어 발성의 기능을 하며 음식물이 기도로 들어가지 않도록 차단하는 역할도 한다. 후두를 거쳐 들어온 공기의 이동 통로로 먼지와 세균을 걸러주는 역할을 하는 곳은 기관이다.
(3) C 는 기관지로 기관의 말단에서 좌우로 갈라진 부분이다. 기관은 무수히 많은 세기관지로 갈라지며 그 끝은 폐포와 연결되어 있다.
(4) D 는 흉강, E 는 가로막으로 가로막이 수축과 이완을 하면서 흉강의 부피를 조절하여 폐에 공기가 드나들게 한다.

01. 답 ㄷ
해설 ㄱ. A 는 심장에서 나와 폐로 들어오는 폐동맥, B 는 폐에서 심장으로 들어가는 폐정맥이다.
ㄴ, ㄷ. C 는 폐포로 폐의 기능적 단위로 폐포의 표면을 모세혈관이 둘러싸고 있어 기체 교환이 일어난다. 한 층의 세포로 되어 있어 기체 교환이 용이하게 일어난다. 폐는 약 3억 ~ 4억 개의 폐포로 구성되어 있어 공기와 접촉할 수 있는 표면적이 넓으므로 기체 교환이 효율적으로 일어난다.

[유형 16-2] 답 ④
해설

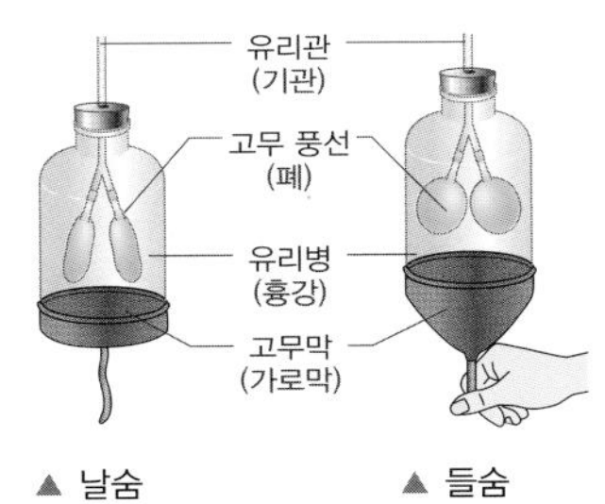

① (가) 는 들숨, (나) 는 날숨에 해당한다.
② 유리관은 기관, 고무 풍선은 폐, 유리병은 흉강, 고무막은 가로막에 해당한다.
③ 고무막을 잡아당기면 유리병 속의 부피가 증가하고 압력이 감소하여 외부 공기가 들어와 고무 풍선이 부풀어 오른다. 반면에 고무막을 놓으면 유리병 속의 부피가 감소하여 압력이 증가하므로 외부로 공기가 나가 고무 풍선이 오므라든다.
④ 고무 풍선에 해당하는 것은 폐로, 근육이 없기 때문에 폐에 의한 호흡 운동은 폐를 둘러싸고 있는 갈비뼈와 가로막의 상하 운동에 의해 일어난다.
⑤ (나) 는 들숨으로, 들숨 때에는 갈비뼈는 상승하고, 가로막은 수축하여 하강한다.

03. 답 ㄱ, ㄷ, ㄹ
해설 ㄱ. 날숨이 일어나기 위해서는 갈비뼈는 내려오고 가로막은 위로 올라가야 한다.
ㄴ. 들숨이 일어날 때는 갈비뼈가 올라가고 가로막은 내려간다. 갈비뼈를 올라가게 하기 위해서는 외늑간근은 수축하고, 내늑간근은 이완해야 한다.
ㄷ. 흉강 내 압력이 낮아지는 때는 들숨이 일어날 때이다. 따라서 내늑간근이 이완한다.
ㄹ. 공기는 압력이 높은 곳에서 낮은 곳으로 흐른다. 따라서 압력이 높은 대기압에서 압력이 낮은 몸 안으로 공기가 들어온다.

04. 답 ㉠ 대기압 ㉡ 낮다
해설 흉강의 부피가 변하여 압력이 변하면 흉강 압력은 폐포 압력에 영향을 준다. 폐포 내압이 대기압보다 낮으면 들숨, 대기압보다 높으면 날숨이 일어난다. 또한 흉강 내압은 항상 대기압보다 낮다. 들숨 때는 흉강 내 압력이 754 mmHg 로 낮아지면 그 영향으로 폐가 팽창되어 폐포 내 압력이 대기압보다 낮아지고 공기가 폐로 들어오며, 날숨 때는 그 반대이다.

[유형 16-3] 답 ④
해설

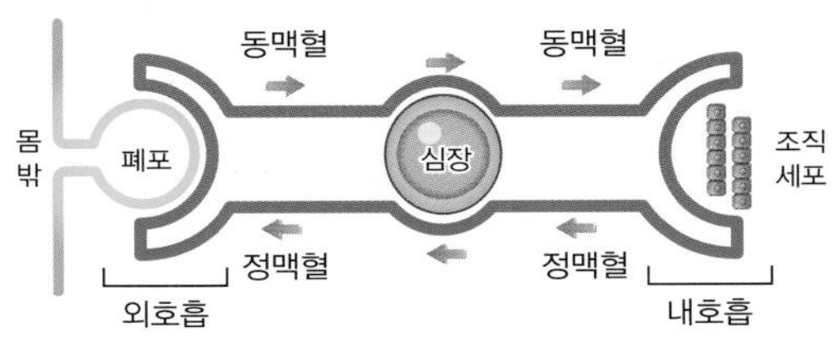

① (가) 는 외호흡 과정으로 폐포와 모세혈관 사이에서 기체 교환이 일어난다.
② (나) 는 내호흡 과정으로 조직 세포와 모세혈관 사이에서 기체 교환이 일어난다.
③ 산소를 전달받은 조직 세포는 세포 호흡을 통해 필요한 에너지를 만들고 생성된 이산화 탄소를 다시 모세혈관으로 이동시키므로 C, D 쪽으로 이동하는 기체는 이산화 탄소이다.
④ 폐로부터 전달받은 산소를 많이 포함한 혈액이기 때문에 A, B 는 동맥혈이다.
⑤ 몸 밖에서 들어온 산소는 폐포에서 모세혈관으로 이동하며 심장을 거쳐 조직 세포로 전달된다.

05. 답 (1) (가) 이산화 탄소 (나) 산소 (2) 폐포
해설

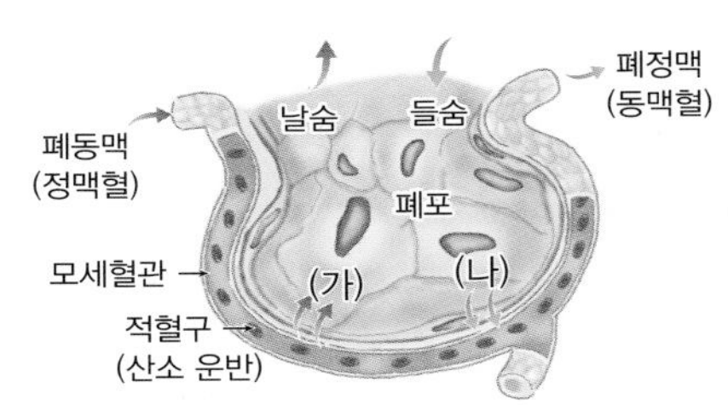

(1) 모세혈관에서 폐포 쪽으로 이동하는 기체 (가) 는 조직 세포에서 세포 호흡 결과 생성된 기체를 밖으로 배출하기 위해서 일어나는 과정이므로 이산화 탄소이다. 폐포에서 모세혈관으로 이동하는 기체 (나) 는 외부에서 들어온 공기로 모세혈관으로 이동하여 조직 세포에 전달되므로 산소에 해당한다.
(2) 기체의 분압이 높은 곳에서 낮은 곳으로 이동하기 때문에 산소 (나) 의 분압은 폐포 쪽이 높고, 모세혈관 쪽이 낮다.

06. 답 (1) O (2) X (3) O
해설 (2) 외호흡은 폐포에서 기체를 교환하는 과정이고, 내호흡은 전달받은 산소를 이용해 조직에서 에너지를 만드는 과정을 포함한다.
(3) 외호흡 결과 폐포에서 모세혈관으로 산소가 이동하게 되고 이 산소는 혈액 속의 적혈구에 의해 조직 세포로 이동한다.

[유형 16-4] 답 ②
해설 ① 산소 분압이 높을 때 산소 포화도는 100 % 에 가깝다.
② pH 가 낮을수록 산소 해리도는 증가한다.
③ 온도가 높을수록 해리도는 증가하고 포화도는 감소한다.
④ 산소 분압이 낮을수록 해리도는 증가하고 포화도는 감소한다.
⑤ 이산화 탄소의 분압이 높을수록 해리도는 증가하고 포화도는 감소한다.

07. 답 A

해설 산소의 분압이 낮을 때, 이산화 탄소의 분압이 높을 때, pH 가 낮을 때, 온도가 높을 때 산소 해리도는 증가하고 포화도는 감소한다. 그래프가 오른쪽으로 이동할수록 이산화 탄소의 분압이 증가하고, pH 가 낮아지고, 온도가 증가한다. 따라서 그래프가 오른쪽으로 이동할수록 산소 해리도가 증가하고, 왼쪽으로 이동할수록 산소 해리도가 감소한다. 따라서 가장 왼쪽에 있는 A 의 산소 해리도가 가장 낮다.

08. 답 40

해설 산소 분압이 40 mmHg 이고 이산화 탄소 분압이 40 mmHg 인 환경에서 헤모글로빈의 산소 포화도는 80 % 이다.

창의력 & 토론마당 64~67쪽

01

(1) 혈액 속에 헤모글로빈의 변형 구조인 메트헤모글로빈의 수치가 높아질수록 헤모글로빈과 산소의 결합이 어려워지므로 산소 포화도가 낮아진다.

(2) 헤모글로빈의 비정상적인 구조 변형에 의해 동맥혈의 산소가 부족해져 동맥 혈액의 색깔이 갈색을 띠게 되고, 백인에게서 이 증상이 나타나게 되면 피부가 푸른 색을 띠게 된다.

(3) · 뇌로 산소 공급이 제대로 이루어지지 않아 나타나는 증상 : 어지러움, 호흡 곤란, 현기증, 집중력 부족

· 세포에 원활한 산소 공급을 하지 못하여 세포 호흡에 어려움을 나타낸 경우에 나타나는 증상 : 소화 불량, 배변 장애

02

①, ⑤

해설 물속에 사는 어류는 아가미로 호흡하는데 이는 산소를 포함한 물이 아가미를 거치면서 아가미 주변의 모세혈관으로 산소가 전달되어 이동하는 과정에 의해 일어난다.

① 제시된 그림에서 아가미 쪽으로 들어오는 혈액은 온몸을 돌고 들어오는 혈액이기 때문에 이산화 탄소의 분압은 높고, 산소의 분압은 낮다. 따라서 D 에서 C 로 혈액이 이동할 때 물에 녹아 있던 산소가 혈관으로 이동하여 점차 산소의 분압이 높아지게 되고 결국 아가미를 거쳐 나가는 혈액은 산소의 분압이 매우 높다.

② 어류는 생활 환경이 물속이기 때문에 호흡 기관인 아가미의 표면은 항상 물에 젖어 있으므로 호흡 기관 표면의 수분을 유지하는데 에너지는 거의 쓰이지 않는다.

③ 물속에 녹아 있던 산소는 물이라는 매개체를 통해 운반되기 쉽기 때문에 모세혈관으로 이동시 많은 에너지가 소비되지 않는다.

④ 건조한 환경에서는 아가미 표면의 수분이 모두 증발하게 된다. 따라서 물속에 녹아 있는 산소를 더 이상 받아들일 수 없어 호흡을 하지 못하게 된다.

모세혈관 내의 혈액이 흐르는 방향과 아가미 내에서 물이 흐르는 방향이 같으면 물에 녹아 있는 산소의 농도와 모세혈관 내 산소의 농도가 같아질 때 산소는 더 이상 이동하지 않게 된다. 따라서 최대 50 % 까지의 산소 농도 밖에 이동하지 못한다. 하지만 혈액의 방향과 물의 방향이 반대이기 때문에 모세혈관으로 이동해 가는 산소의 양을 50 % 이상으로 늘릴 수 있다.

03

옳은 것 : ㄱ, ㄴ 옳지 않은 것 : ㄷ

ㄱ. A 는 고산지대로 이주한 뒤 고산 환경에 대한 적응으로 혈액 내 헤모글로빈 양이 증가하였을 것이다. 헤모글로빈의 양이 증가하여 낮은 산소 분압에서도 이주 전과 동일한 혈액 내 총 산소량을 유지했을 것이다.

ㄴ. 고산지대는 대기압이 낮은 지대로, 동맥혈에 녹는 산소량이 감소되므로 산소 분압 역시 감소된다.

ㄷ. 산소 분압이 낮아져 헤모글로빈의 증가만으로 산소를 보완할 수 없어 심장 박동이 증가하여 산소 부족을 보완하게 된다. 따라서 심장 박동 증가로 필요한 에너지 공급을 위해 미토콘드리아의 수는 증가한다.

해설 사람이 해수면에서 고산지대로 이동하면 전체 대기압이 감소하므로 들이마시는 공기의 산소 분압이 감소한다. 이때 다음과 같은 변화가 나타난다.

1. 호흡이 가빠지고 과도한 호흡이 일어난다. : 산소 분압이 갑자기 낮아졌을 때, 헤모글로빈의 증가로는 산소 부족을 보완할 수 없기 때문에 심장 박동이 증가하여 산소 부족을 보완한다. 심장 박동이 증가할 때 필요한 에너지를 공급받기 위해 미토콘드리아의 수가 증가한다.
2. 조직의 적혈구는 산소에 대한 헤모글로빈의 친화성을 감소시켜 많은 양의 산소가 조직으로 방출되도록 한다.
3. 조직 저산소증에 반응하여 신장은 적혈구조혈인자를 분비한다. 적혈구조혈인자는 골수를 자극하여 헤모글로빈과 적혈구의 생성을 증가시킨다.

따라서 고지대 사람은 해수면에 있는 사람들보다 헤모글로빈의 산소 포화도는 낮지만, 헤모글로빈의 수가 많아 낮은 산소 분압을 보완할 수 있다. 하지만 적혈구의 증가는 혈액의 점도를 높여 폐고혈압을 초래한다.

04

④, ⑤

해설 인도 기러기는 기낭이 있어서 한 방향으로만 공기가 흘러 폐의 효율성이 높다. 또한 헤모글로빈의 산소 친화력이 사람보다 높으며 날개 근육으로 모세혈관이 많이 분포해 산소 공급이 원활하고 날개 근육에는 미오글로빈이 많이 존재한다. 이런 생리적 특성들 때문에 히말라야 산맥을 날아 넘을 수 있다.

*미오글로빈 : 근세포 속에 있는 헤모글로빈과 비슷한 헴(heme)단백질로 적색 색소를 함유하고 있어 조류나 포유류의 근육을 붉게 염색하는 물질이다. 아미노산 잔기 153 개로 이루어지는 단일의 폴리펩티드 사슬과 2 가의 철을 함유하는 1 개의 헴으로 이루어진다.

스스로 실력 높이기 68~77쪽

01. ⑤ 02. ①, ②, ⑤ 03. (가) 기관 (나) 폐 (다) 폐포 04. ② 05. ④ 06. ㄱ, ㄴ, ㄹ 07. ③ 08. ③ 09. ② 10. ④ 11. ①, ⑤ 12. 이산화 탄소 13. ② 14. ③ 15. ④ 16. ④ 17. ㄴ, ㄷ, ㄹ 18. ② 19. ④ 20. (1) O (2) X (3) O (4) X 21. (1) O (2) X (3) O (4) X (5) X 22. ②, ③, ④ 23. ㉡ 24. ①, ③, ⑤ 25. ⑤ 26. ②, ⑤ 27. ② 28. ⑤ 29. ③, ④, ⑤ 30. (1) ① O ② X ③ O, (2) ㄱ, ㄴ, ㄷ, ㄹ

01. 답 ⑤
해설 생물이 호흡을 하는 궁극적인 목적은 조직 세포에서 영양소를 분해하여 에너지를 얻기 위한 것이다.

02. 답 ①, ②, ⑤

해설

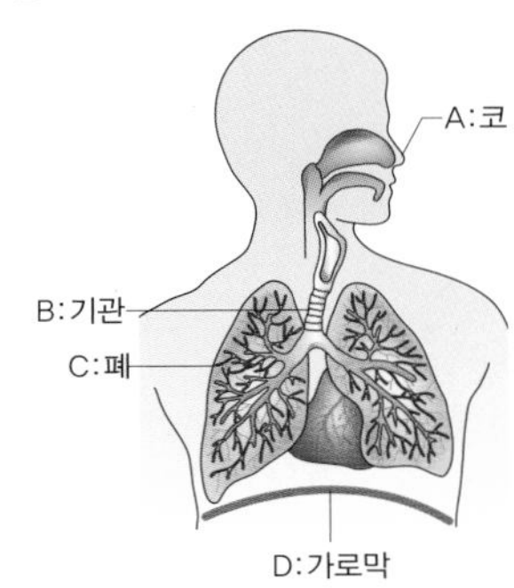

① 코로 숨을 들이마신다.
② 기관은 끈끈한 점액이 있고, 섬모가 있다. 공기 속에 섞여 들어온 먼지나 세균, 이물질을 걸러낸다.
③ 폐는 흉강 내에 있으며, 좌우에 하나씩 1 쌍이 있다.
④ 호흡 운동은 갈비뼈와 가로막의 상하 운동에 의해 일어난다.
⑤ 공기는 코, 기관, 기관지를 거쳐 폐에 도달한다.

03. 답 (가) 기관 (나) 폐 (다) 폐포
해설 (가) 는 기관으로 후두를 거쳐 들어온 공기가 드나드는 통로이다. 기관의 내벽은 섬모와 점액질로 덮여 있어 공기 중의 먼지와 세균을 걸러준다.
(나) 는 폐로 갈비뼈와 가로막으로 둘러싸인 흉강의 안쪽 가슴 부위의 좌우에 하나씩 존재하는 기관으로 수많은 폐포로 이루어져 있다.
(다) 는 폐포로 폐의 기능적 단위이다. 폐포의 표면을 모세혈관이 둘러싸고 있어 기체 교환이 일어난다. 폐는 약 3억 ~ 4억 개의 폐포로 구성되어 있어 공기와 접촉할 수 있는 표면적을 넓게 하여 기체 교환이 효율적으로 일어난다.

04. 답 ②
해설 코에서 공기가 처음 들어가기 때문에 콧속의 비강을 거치게 되고, 기관을 통해 기관지와 세기관지를 거쳐 양쪽의 폐로 들어가게 된다.

05. 답 ④
해설 폐는 수많은 폐포로 이루어져 있어 공기와 접촉할 수 있는 표면적을 넓게 하여 기체 교환이 효율적으로 일어나도록 한다.

06. 답 ㄱ, ㄴ, ㄹ
해설 ㄷ. 폐는 근육이 없기 때문에 스스로 운동하지 못하여 폐에 의한 호흡 운동은 폐를 둘러싸고 있는 갈비뼈와 가로막의 상하 운동에 의해 일어난다.

07. 답 ③
해설

구분	늑간근 (갈비사이근)	갈비뼈	가로막	흉강 내 부피	흉강 내 압력	폐	폐 압력	공기의 이동
들숨 (흡기)	외늑간근 수축 내늑간근 이완	상승	수축 → 하강	커짐	낮아짐	팽창	낮아짐	외부 → 폐
날숨 (호기)	외늑간근 이완 내늑간근 수축	하강	이완 → 상승	작아짐	높아짐	수축	높아짐	폐 → 외부

08. 답 ③
해설 횡격막이 상승하면 폐의 부피가 작아지고 압력이 높아져, 폐에서 외부로 공기가 나간다.(날숨)
① 갈비뼈는 내려간다.
② 흉강 내 압력이 높아지므로 폐 속의 부피는 작아진다.
③ 가로막이 상승하면 폐의 부피가 작아지고 압력이 높아져, 폐에서 외부로 공기가 나간다.
④ 폐 속의 압력이 높으므로 폐 속의 공기가 밖으로 이동한다.
⑤ 폐는 근육이 없어 스스로 운동을 하지 못하므로 폐를 둘러싸고 있는 갈비뼈와 가로막의 상하 운동에 의해 운동한다.

09. 답 ②
해설 ① (가) 에서는 갈비뼈가 상승한다.
② (가) 에서는 외늑간근이 수축하면 갈비뼈가 상승하며, 흉강 내 부피가 증가하여 압력은 낮아지게 되므로 몸 밖의 공기가 폐로 들어오는 들숨이 일어난다.
③ (가) 는 외늑간근이 수축한 상태이다.
④ (나) 는 내늑간근이 수축한 상태이다.
⑤ (나) 에서 갈비뼈가 내려가기 때문에 흉강 내 부피는 감소한다.

10. 답 ④
해설 호흡 운동의 원리를 알아보기 위한 실험에서 유리관은 기관, 고무 풍선은 폐, 유리병은 흉강, 고무막은 가로막에 해당한다. 고무막을 잡아당겼을 때, 유리병 속의 부피가 증가하여 압력이 감소하였으므로 외부 공기가 들어와 고무 풍선이 부풀어 오른다. 이는 들숨에 해당하는 것으로 흉강의 부피는 커지게 된다.

11. 답 ①, ⑤
해설 폐포는 폐의 기능적 단위로 수많은 폐포로 이루어져 있는 것은 공기와의 접촉 면적을 증가시키기 위한 것이다.
① 소장의 융털은 소장 내벽의 표면적을 넓혀 흡수가 용이하게 일어나게 한다.
② 추운 겨울날 창문의 안쪽에 성에가 생기는 것은 온도 차에 의한 상태 변화 현상(승화)이다.
③ 추울 때는 열 발산량을 감소시키기 위해 교감 신경이 흥분하여 입모근과 피부 모세혈관이 수축한다. 이것은 체온을 일정하게 유지시키기 위한 항상성 조절로 피드백 작용에 해당한다.
④ 반투과성 막을 경계로 저농도의 물이 고농도로 이동하는 현상은 삼투압 현상의 특징으로 폐포의 접촉 면적과는 거리가 멀다.
⑤ 기계적 소화 중 음식물을 잘게 부수는 과정은 음식물의 표면적을 넓혀 소화 효소와의 접촉 면적을 증가시키는 역할을 한다.

12. 답 이산화 탄소

해설 날숨에는 조직세포의 호흡 결과 생성된 이산화 탄소가 모세혈관을 통해 이동하여 폐포에서 산소와 교환된 후 몸 밖으로 배출되기 때문에 이산화 탄소의 양이 많다.

13. 답 ②

해설 기체는 분압이 높은 곳에서 낮은 곳으로 이동하므로, 들숨 때에는 폐포의 내압이 대기압보다 낮게 되고, 날숨 때에는 폐포의 내압이 대기압보다 높다. 흉강의 내압은 대기압보다 항상 낮은 상태를 유지한다.

14. 답 ③

해설 ㄱ. A 시기는 흉강 및 폐포의 내압이 감소하고, 특히 폐포의 내압이 대기압보다 낮은 상태이므로 외부에서 공기가 몸 안으로 들어오게 되어 들숨 상태가 된다.

ㄴ. B 시기에는 흉강과 폐포의 내압이 증가하고, 특히 폐포의 내압이 대기압보다 높은 상태이므로 몸 안의 공기가 몸 밖으로 빠져나가게 되어 날숨 상태가 된다. 따라서 이때 갈비뼈는 하강하고, 가로막은 상승한다.

ㄷ. A 시기는 들숨으로 공기가 폐로 들어오며, B 시기에는 날숨으로 폐 안의 공기가 외부로 빠져나간다.

ㄹ. 흉강 내압은 대기압보다 항상 낮으며, 폐포의 내압이 대기압과 비교해 높은 경우에는 날숨 상태, 낮을 경우에는 들숨 상태가 된다.

15. 답 ④

해설 ① 숨을 내쉴 때 외늑간근은 이완하고, 가로막은 이완되어 상승한다.

② 숨을 들이마실 때 외늑간근이 수축하고 가로막도 수축되어 하강한다.

③ 외늑간근은 갈비뼈가 상승할 때, 내늑간근은 갈비뼈가 하강할 때 각각 작용(수축)한다. 가로막은 갈비뼈와 함께 상하 운동을 통해 호흡이 일어나도록 도와준다.

④ 숨을 내쉴 때 내늑간근의 수축으로 갈비뼈는 하강하고 가로막은 상승하므로 흉강 내 부피가 작아진다. 그 결과 흉강 내 압력이 증가하게 된다.

⑤ 숨을 들이마실 때 내늑간근의 이완으로 갈비뼈가 상승하고 가로막은 하강함으로써 흉강 내 부피가 커지게 된다.

16. 답 ④

해설 과식을 하게 되면 복강 내 음식물로 인해 복강(배안)의 부피가 팽창하게 된다. 그 결과 복강과 흉강(가슴안)을 가로지르는 가로막의 상하 운동이 제대로 이루어지지 않게된다. 특히 들숨 상태에서 가로막은 수축하여 복강 쪽으로 하강해야 하는데 복강의 부피 팽창으로 인하여 하강이 어려우므로 호흡에 어려움을 느끼게 된다. 즉, 숨을 들이마실 때 호흡 곤란을 겪게 된다. 따라서 가로막의 수축 운동이 제대로 일어나지 않아 흉강 내 부피 변화의 폭이 작아지게 되고, 결국 흉강 내 압력 변화의 폭도 작아지게 된다.

17. 답 ㄴ, ㄷ, ㄹ

해설 대부분의 동물에서 기체 교환이 일어나는 기관은 포유류, 조류, 파충류는 폐, 양서류는 폐와 피부, 어류는 아가미이다. 기체 교환은 기체의 분압차에 의한 확산 현상에 의해 일어나며, 어류의 경우에는 아가미로 물이 통과하면서 물속에 녹아 있는 산소가 모세혈관으로 이동하게 된다. 따라서 어류는 아가미가 건조해지면 물을 통해 더 이상 산소를 받아들일 수 없기 때문에 호흡 곤란으로 죽게 된다. 양서류의 피부 호흡 또한 축축히 물에 젖은 표면에서 물 속에 녹아 있는 산소가 체내로 이동하기 때문에 피부가 건조해지게 되면 호흡 곤란을 겪게 된다.

18. 답 ②

해설 폐포와 모세혈관, 조직 세포와 모세혈관 사이에서 기체가 교환되는 원리는 분압차에 의한 확산 현상이다.

① 눈은 공기 중의 수증기가 얼음으로 승화하는 과정이므로, 이때 승화열을 방출하게 되어 날씨가 포근하다.

② 물에 떨어진 잉크가 퍼져나가는 것은 잉크 분자들이 물 분자 사이로 퍼져나가는 확산 현상이다.

③ 알코올을 손에 바르면 시원한 것은 알코올이 기화할 때 피부의 열을 흡수하여 증발하기 때문이다.

④ 스케이트날의 압력에 의해 빙판(얼음)의 녹는점이 낮아지게 되어 얼음이 물로 바뀌기 때문에 잘 미끄러지게 된다.

⑤ 짠 음식을 먹고 갈증이 나는 것은 체내 삼투압을 조절하기 위한 우리 몸의 항상성 유지와 관련이 있다.

19. 답 ④

해설 헤모글로빈은 산소 분압이 높은 곳에서는 산소와 쉽게 결합하여 산소헤모글로빈이 되고, 산소 분압이 낮은 곳에서는 산소헤모글로빈이 산소를 쉽게 해리시켜 다시 헤모글로빈으로 되는 성질이 있다. 따라서 헤모글로빈은 산소 분압이 낮을 때, 이산화 탄소 분압이 높을 때, pH 가 낮을 때, 온도가 높을 때 산소와 분리가 활발히 일어난다.

20. 답 (1) O (2) X (3) O (4) X

해설 (1) 공기 중에 산소가 적은 곳은 산소 분압이 낮은 곳으로 혈액 속의 산소 포화량이 급격히 감소하게 된다. 산소와 결합한 헤모글로빈의 양이 감소하는 것이기 때문에 조직 세포에 필요로 하는 충분한 양의 산소가 공급되지 않으므로 호흡의 수를 늘림으로써 최대한 많은 양의 산소를 조직 세포에 공급해 주게 된다. 이 과정이 숨이 가빠지는 현상이다.

(2) 혈액의 산소 포화도는 산소 분압에 영향을 받지만 산소 분압과 산소 포화도는 비례 관계에 있지는 않다.

(3) 혈액이 산소 분압이 높은 폐를 지나게 되면 산소와 헤모글로빈이 많이 결합하게 되어 산소 포화도가 증가하게 된다.

(4) 높은 분압의 산소를 가진 혈액이 산소 분압이 낮은 조직 세포를 지나가게 되면 산소 분압이 낮은 환경에서는 산소 포화도가 감소하므로 많은 헤모글로빈이 산소와 분리된다. 이렇게 분리된 산소는 조직 세포로 이동하게 되고 결국 혈액은 산소의 농도가 낮아지므로 산소 포화도는 감소하게 된다.

21. 답 (1) O (2) X (3) O (4) X (5) X

해설 (1) 흉강의 부피가 변하여 압력이 변하면 흉강 압력은 폐포 압력에 영향을 주어 폐포의 부피 변화를 유도한다.

(2) 폐포 내의 압력이 대기압보다 낮아지면 외부의 공기가 폐속으로 들어오는 들숨이 일어난다.

(3) (가) 에서 (나) 로 될 때는 들숨 상태이므로 외늑간근은 수축, 내늑간근은 이완한다. 또한 갈비뼈는 상승하고 가로막은 수축하여 하강한다.

(4) 흉강의 압력 변화가 폐포의 압력 변화에 영향을 주기 때문에 (나) 에서 (다) 로 될 때 흉강의 내압 증가로 인해 폐포의 내압이 높아지게 된다.

(5) (다)에서 (가)로 될 때 흉강 내 압력은 변화하지 않으며, 폐포 내 압력과 외부 대기압이 같으므로 공기의 이동이 일어나지 않는다.

22. 답 ②, ③, ④

해설 들숨이 일어날 때 압력을 비교하면 $P_{폐포}$ 은 0 mmHg 상태에서 음의 값인 −4 mmHg 까지 낮아진다. 그러면 대기압에 비해 폐포 내 압력이 낮으므로 외부의 공기가 폐 안으로 이동하게 된다. 공기가 폐 안으로 들어올수록 $P_{폐포}$ 은 음의값 −4 에서 다시 0 으로 상승하게 된다. 그리고 $P_{폐포}$ 이 0 mmHg 가 되면 대기압과 압력 차이가 나지 않으므로 더이상 공기의 이동이 일어나지 않는다.

① 들숨이 일어날 때 $P_{폐포}$ 이 -4 mmHg 에서 점점 상승하여 0 mmHg 가 되면 외부 대기압과 같아지면서 공기의 이동이 멈추어 들숨이 끝나게 된다. 따라서 들숨이 끝날 때 $P_{폐포}$ 은 증가한 상태가 된다.

② 폐포 안의 공기 압력은 들숨이 진행되는 동안 음의 값(-4 mmHg)에서 증가하여 0 mmHg 에서 마치게 된다.

③ 숨을 들이쉴 때 가로막이 내려가고 갈비뼈가 올라가므로 흉강의 부피는 증가하고 그 결과 $P_{공간}$ 과 $P_{폐포}$ 는 더욱 낮아진다.

④ 들숨과 날숨에서 공기의 이동은 $P_{폐포}$ 과 $P_{대기}$ 사이의 차이에 의해 결정된다.

⑤ 숨을 내쉴 때는 외늑간근이 이완하고 내늑간근이 수축하며 가로막이 이완을 해서 흉강의 부피가 감소하고 $P_{폐포}$ 은 양의 값으로 증가하게 된다.

23. 답 ㉡

해설 온도가 높아질수록 물에 녹아 있는 산소의 양이 줄어든다. 따라서 물속의 동물들이 아가미로 호흡을 하기 위한 산소의 양이 부족해짐에 따라 산소를 운반할 수 있는 헤모글로빈의 양을 증가시킴으로써 보다 많은 산소를 조직 세포로 운반해야 한다. 따라서 온도에 따른 헤모글로빈의 양은 점차 증가해야 한다.

24. 답 ①, ③, ⑤

해설 ① 산소 분압이 A 지점에서는 40 mmHg 이고 B 지점에서는 100 mmHg 이므로 모세혈관 B 는 A 에 비해 산소 분압이 높다.

② A 는 온몸을 돌고 폐로 들어가는 혈액이므로 조직 세포로부터 이산화 탄소를 받았기 때문에 정맥혈이 흐르고, B 에는 폐로부터 산소를 받았으므로 산소의 농도가 높은 동맥혈이 흐른다.

③ 폐포와 모세혈관 사이의 기체 교환은 기체 분압이 높은 곳에서 낮은 곳으로 확산되어 이루어진다.

④ 주어진 그래프에서 A 에서의 CO_2 분압은 50 mmHg 이고, B 에서는 40 mmHg 이므로 A 에서 B 로 갈수록 10 mmHg 정도 감소된다.

⑤ A에서 B로 이동하는 동안 산소 분압은 60 mmHg(100 mmHg - 40 mmHg) 증가하고, 이산화 탄소 분압은 10 mmHg(50 mmHg - 40 mmHg)감소하였으므로 이동하는 기체의 양은 산소가 이산화 탄소보다 많다는 것을 알 수 있다.

25. 답 ⑤

해설 기체는 기체의 분압이 높은 곳에서 낮은 곳으로 이동한다.

① 혈액이 I 에서 II 로 가면서 조직 세포에 산소를 주고 이산화 탄소를 받으므로, I 에서 II 로 갈수록 혈액의 산소 분압은 낮아지고 이산화 탄소 분압은 높아진다. 따라서 기체 분압이 증가하는 A 는 이산화 탄소이고 기체 분압이 감소하는 B 는 산소이다. I 와 II 지점에서의 기체 A 와 B 의 분압 변화를 비교해 보면, 이산화 탄소인 A 의 분압이 증가한 양은 산소인 B 의 분압이 감소한 양보다 더 적음을 알 수 있다.

② I 의 혈액에서 분압이 높은 기체는 산소이며 이 산소는 모세혈관에서 조직세포로 이동하기 때문에 기체 C 와 기체 B 는 산소로 같은 종류의 기체이다.

③ 조직 세포는 모세혈관으로부터 산소를 받아 에너지를 생성하는데 산소를 소비하고 그 결과로 생성된 이산화 탄소를 모세혈관으로 내보낸다. 따라서 조직 세포에서 모세혈관으로 이동하는 기체 D 는 이산화 탄소이다.

④ 운동을 격렬하게 하면 조직 세포에서의 세포 호흡이 증가하므로 조직으로 공급되는 산소의 양이 증가하게 된다.

⑤ 모세혈관에서 조직 세포로 이동하는 기체는 산소이므로 I 에 흐르는 혈액에는 산소의 분압이 매우 높은 선홍색의 동맥혈이 흐른다. 이 혈액이 조직 세포들에게 산소를 건네주고 이산화 탄소를 받게 되면 이산화 탄소의 농도가 높아지게 되어 검붉은 색의 정맥혈이 흐른다.

26. 답 ②, ⑤

해설 사람은 태아 시절에 특정 헤모글로빈 유전자에 의해서 산소에 대한 친화력이 성인과는 다르다. 제시된 그래프에서 산소의 분압이 같을 때 헤모글로빈의 산소 포화량을 비교해보면 태아의 헤모글로빈은 모체의 헤모글로빈보다 산소에 대한 친화력이 더 높다는 사실을 알 수 있다. 따라서 같은 산소 분압 조건이라도 태아의 헤모글로빈의 산소 결합력이 더 크기 때문에 모체의 혈액에서 운반해온 산소가 태반에서 태아에게로 원활하게 전달될 수 있는 것이다. 태아의 헤모글로빈은 성인과 동일하게 헤모글로빈 1 분자가 최대 4 분자의 산소를 운반한다. 단지 성인의 헤모글로빈보다 산소에 대한 결합력이 더 강하다는 것이 차이점이다.

27. 답 ②

해설 ㄱ. (나) 그래프에서 나타난 것과 같이 pH 가 증가할수록 산소 해리 곡선은 왼쪽으로 이동하고 있다. 즉, pH 가 증가할수록 헤모글로빈의 산소 포화도가 높아지므로 B 방향의 반응이 촉진된다.

ㄴ. A 는 산소헤모글로빈에서 산소가 떨어져 나가 해리되는 과정이고, B 는 산소와 헤모글로빈이 결합하여 산소헤모글로빈을 형성하는 과정이다. 따라서 A 는 조직 세포에서 주로 일어나는 반응이고, B 는 폐포 근처의 모세혈관에서 주로 일어나는 반응이다.

ㄷ. 물질대사 활동이 활발하게 일어나려면 많은 양의 산소가 필요하다. 따라서 조직 세포에 많은 양의 산소를 공급하려면 산소 해리도가 증가하므로 산소 해리 곡선은 오른쪽으로 이동하여야 한다. 또한 물질대사 활동이 활발하면 이산화 탄소가 많이 방출되므로, 이산화 탄소가 물에 녹아 탄산(H_2CO_3)이 되고 탄산은 수소 이온(H^+)과 중탄산이온(HCO_3^-)으로 해리되기 때문에 pH 가 낮아진다. pH 가 낮아지면 헤모글로빈의 산소 포화도가 낮아져 산소 해리 곡선은 오른쪽으로 이동한다.

28. 답 ⑤

해설 산소 분압이 낮아지면 미오글로빈의 산소 포화도는 크게 감소한다. 따라서 심한 운동 등으로 근육 내 산소 분압이 크게 낮아지면 미오글로빈에 저장되어 있던 산소가 대량으로 해리되어 나와 이용된다.

① 동일한 산소 분압 20 mmHg 에서 모체의 산소 포화도는 약 40 %, 태아는 약 60 % 로서 태아의 산소 포화도가 크다. 즉 태아의 헤모글로빈의 산소 결합력이 모체에 비해 크므로 모체에 있던 산소는 태아의 헤모글로빈에게 전달된다.

② 그래프에서 산소 분압이 같을 때 미오글로빈이 헤모글로빈보다 산소 포화도가 높다. 그러므로 미오글로빈이 헤모글로빈보다 산소 결합력이 더 크다. 따라서 폐포에서 헤모글로빈이 운반해 온 산소는 근육 조직에 있는 미오글로빈쪽으로 이동하게 된다.

③ 모체와 태아의 산소 포화도를 비교해 보면, 같은 산소 분압에서 태아의 산소 포화도가 더 높으므로, 태아의 헤모글로빈이 모체보다 산소와의 결합력이 더 크다.

④ 그래프에서 라마는 동일한 산소 분압에서 인간보다 산소 포화도가 더 크므로 라마의 헤모글로빈은 사람보다 산소와 더 잘 결합할 수 있다. 따라서 산소가 희박한 고산 지대에서 더 잘 살아갈 수 있다.

⑤ 산소 분압이 높아질수록 모체와 태아 헤모글로빈의 산소 포화도의 차이가 감소하는 것을 확인할 수 있다.

29. 답 ③, ④, ⑤

해설 ① 제시된 그래프에서 호흡 속도가 빨라지면 폐활량이 증가하므로 호흡 속도가 빨라지면 숨을 깊이 쉰다고 할 수 있다.

② 호흡 속도가 빨라지게 되면 폐활량이 증가하게 된다. 폐활량(호흡 속도)이 증가하는 순서에 따라 산소의 농도를 나열시키면 100 % → 21 % → 92 % 이므로 산소의 농도가 증가함에 따라 호흡 속도나 폐활량의 변화는 관계가 없다고 할 수 있다.

③ 호흡 속도가 빨라지면 폐활량이 증가한다. 폐활량(호흡 속도)이 증가하는 순서에 따라 이산화 탄소의 농도를 나열하면 0 % → 0.03 % → 8 % 이므로 이산화 탄소가 증가함에 따라 폐활량(호흡 속도)이 증가한다고 볼 수 있다.

④ 호흡 속도는 산소의 농도에 비례하는 것이 아니라, 이산화 탄소 농도에 비례하므로 호흡 속도 또는 폐활량 증가는 산소보다 이산화 탄소의 영향을 많이 받는다고 할 수 있다.

⑤ 이산화 탄소의 농도가 증가하면 호흡 속도가 증가하게 되고 결국 폐활량도 증가하게 된다. 따라서 혈액 내 CO_2 의 농도가 높아지면 1 회 호흡 시 드나드는 공기의 양이 증가한다는 사실을 알 수 있다.

30. 답 (1) ① O ② X ③ O (2) ㄱ, ㄴ, ㄷ, ㄹ

해설 (1) ① 평상 시 폐로 출입하는 공기의 양은 1.5 ~ 2 L 사이를 반복하므로 차이는 약 0.5 L 정도이다. 이후 최대로 숨을 들이마셨을 때 약 4 L 의 공기를 흡입할 수 있으므로 평상시보다 약 2 배 가량의 공기를 더 흡입할 수 있다.

② 평상 시에는 숨을 내쉬어도 폐에는 약 1.5 L 의 공기가 남아 있다.

③ 최대한 들이마셨다가 내쉴 수 있는 공기의 최대량은 최대 흡입 시 공기의 양에서 최대 배출시 공기의 양을 뺀 값이다. 따라서 날숨을 통해 최대로 방출할 수 있는 기체의 부피는 약 3.5 L 이다.

(2) ㄱ. 폐로 들어가는 공기의 양이 증가하게 되면 폐의 부피도 증가하게 되고, 공기의 양이 줄어들면 폐의 부피도 감소하게 되므로 폐의 부피 변화를 통해 공기의 양을 측정할 수 있다.

ㄴ. 쉬고 있을 때 호흡량은 쉬고 있을 때 들숨 상태에서 폐의 부피 2 L 와 날숨 상태에서 폐의 부피 1.5 L 의 차에 해당하므로 0.5 L 이다.

ㄷ. 최대로 숨을 내쉬었을 때, 즉 최대 공기를 방출했을 때 (날숨 상태) 폐의 부피가 0.5 L 정도이므로, 약 0.5 L 의 공기가 폐 속에 남아 있는 것으로 볼 수 있다.

ㄹ. 최대 들이마셨을 때 폐의 총 부피는 4 L 정도이고, 평상시 들숨 상태에서 폐의 총 부피는 2 L 정도이므로, 두 부피의 차이는 2 L 정도이다.

17강. 순환

개념 확인 78~81쪽

1. ㉠ 혈구 ㉡ 혈장 2. ㉠ 폐동맥 ㉡ 폐정맥
3. ㉠ 동맥 ㉡ 정맥 4. 폐순환

확인+ 78~81쪽

1. 방어 2. ㉠ 연수 ㉡ 자율
3. ㉠ 판막 ㉡ 근육 ㉢ 심장 4. 빗장밑정맥

개념 다지기 82~83쪽

01. ④ 02. ⑤ 03. (1) O (2) O (3) X (4) O
04. ① 05. ①, ③ 06. ② 07. ⑤
08. (1) O (2) X (3) O

01. 답 ④

해설 적혈구는 헤모글로빈이 있어 붉은색을 띠며, 산소를 운반하는 기능을 한다. 혈액을 응고하는 것은 혈소판의 기능이다. 혈소판은 혈액 응고에 관여하는 효소인 트롬보키네이스가 있어 혈액을 응고하여 과도한 출혈을 막아 준다.

02. 답 ⑤

해설 림프구는 백혈구의 한 종류로서, 이물질이나 병원체에 대항하여 림프구가 항체를 생산해 몸을 보호한다.

03. 답 (1) O (2) O (3) X (4) O

해설 (1) A 는 우심방으로 대정맥과 연결되어 있으며 온몸을 돌고 온 혈액이 들어오는 곳이다.

(2) B 는 좌심방으로 폐정맥과 연결되어 있으며 폐에서 산소를 얻은 혈액이 들어오는 곳이다.

(3) C 는 우심실로 폐동맥과 연결되어 있으며 폐로 혈액을 내보내는 곳이다.

(4) D 는 좌심실로 대동맥과 연결되어 있으며 온몸으로 혈액을 내보내는 곳이다.

04. 답 ①

해설 ㄱ. 심장 박동은 심방과 심실의 규칙적인 수축과 이완 운동으로, 혈액 순환의 원동력이다.

ㄴ. 심장은 다른 기관과 달리 심장 자신의 충격에 의해서 박동이 스스로 일어난다.

ㄷ. 심장 박동의 중추는 연수이고, 심장 박동은 혈중 이산화 탄소의 농도에 따라 자율 신경에 의해 박동 세기와 속도가 조절된다.

05. 답 ①, ③

해설 ① 정맥은 몸의 표면에 분포한다.

② 맥박은 동맥에서 나타나는 특징이다.

③ 동맥은 심장에서 나가는 혈액이 흐르는 혈관으로 심실과 연결된다.

④ 정맥은 혈압이 낮아 혈관벽이 동맥보다 얇고 탄력도 약하다.

⑤ 동맥은 높은 혈압을 견디기 위해 혈관벽이 두껍고 탄력이 강하다. 한 겹의 얇은 세포층으로 되어 있는 혈관은 모세혈관이다.

06. 답 ②
해설 혈류 속도는 동맥에서 가장 빠르고 모세혈관에서 가장 느리다. 동맥은 심장에서 나가는 혈액이 흐르는 혈관으로 혈압이 높으며 혈류 속도 또한 빠르다. 모세혈관은 동맥과 정맥 사이를 이어주는 혈관으로 총단면적이 커서 혈류 속도가 느려 조직 세포와 물질 교환이 효과적으로 일어난다.

07. 답 ⑤
해설 온몸 순환은 좌심실에서 나온 동맥혈이 온몸을 돌면서 조직 세포에 산소와 영양소를 주고, 조직 세포에서 생긴 이산화 탄소와 노폐물을 받아 정맥혈이 되어 우심방으로 들어오는 혈액 순환 과정이다.

08. 답 (1) O (2) X (3) O
해설 (1) 림프는 조직액의 일부가 림프관으로 들어간 것으로 림프구와 림프장으로 구성된다.
(2) 림프구는 백혈구의 일종으로 항체 생성과 면역에 관여한다.
(3) 림프는 림프관의 수축과 근육 운동에 의해 순환이 일어난다. 림프관을 통해 이동하는 림프는 좌우 림프총관에서 모여 이동하다가 좌우 빗장밑정맥에서 혈액과 합류하여 심장으로 들어간다.

유형 익히기 & 하브루타 84~87쪽

[유형17-1] (1) O (2) X (3) X (4) O
01. ② 02. ㄱ, ㄷ
[유형17-2] (1) A, 우심방 (2) D, 좌심실 (3) ㉠ 우심방 ㉡ 우심실 ㉢ 좌심방 ㉣ 좌심실
03. ㄱ, ㄴ 04. ㉠ 이산화 탄소(CO_2) ㉡ 아세틸콜린 ㉢ 억제
[유형17-3] (1) X (2) X (3) X (4) O (5) O
05. (1) 동맥 〉 정맥 〉 모세혈관
(2) 모세혈관 〉 정맥 〉 동맥
06. ㉠ 열리고, ㉡ 닫힌다
[유형17-4] 〈해설 참조〉
07. (나), 온몸 순환
08. ㉠ 조직액 ㉡ 림프 ㉢ 근육

[유형 17-1] 답 (1) O (2) X (3) X (4) O
해설

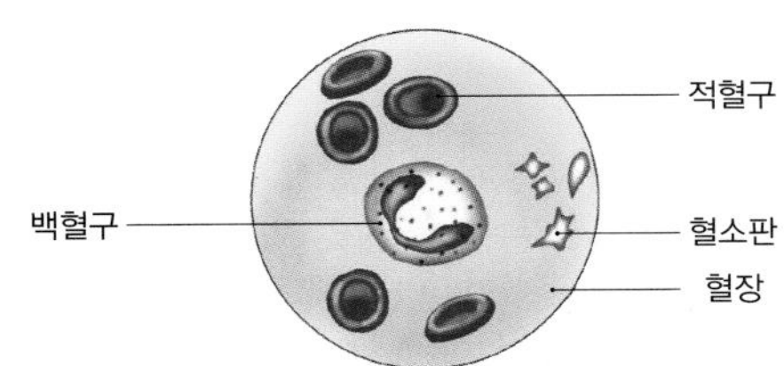

(1) A 는 적혈구로 골수에서 생성되고 간이나 지라에서 파괴된다. 골수는 뼈 속의 조직으로 혈구가 생성되는 장소이며, 지라는 가로막과 왼쪽 신장 사이에 있는 장기로 혈구가 파괴되는 장소이다.
(2) B 는 백혈구로 병원균을 직접 제거하는 식균 작용과, 림프구가 생성한 항체에 의한 면역 작용을 한다. 혈액의 점성과 삼투압 유지에 관여하는 것은 혈장 단백질 중 알부민의 기능이다.
(3) C 는 혈소판으로, 혈소판에 들어있는 혈액 응고에 관여하는 효소는 트롬보키네이스이다. 글로불린은 혈장 단백질의 한 종류로, 항체의 원료로 쓰이는 단백질이다.
(4) D 는 혈장으로 물은 혈장의 약 90 % 를 차지한다. 혈장의 물은 용매로 작용하여 영양소, 산소, 이산화 탄소, 호르몬, 노폐물 등을 운반한다.

01. 답 ②
해설 백혈구는 이물질이나 세균이 들어오면 백혈구가 아메바 운동으로 잡아먹는다. 따라서 세균에 감염되면 백혈구의 수가 증가하여 식균 작용이 활발하게 일어난다.

02. 답 ㄱ, ㄷ
해설 ㄱ. 출혈이 생기면 혈소판의 작용으로 혈액을 응고시켜 출혈을 막는다.
ㄴ. 이물질이나 병원체에 대항하여 항체를 생산하는 것은 백혈구(림프구)이다.
ㄷ. 체내에 이물질이나 세균이 들어오면 백혈구가 아메바 운동으로 세균을 잡아먹는데 이와 같은 작용을 식균 작용이라고 한다.

[유형 17-2] 답 (1) A, 우심방 (2) D, 좌심실
(3) ㉠ 우심방 ㉡ 우심실 ㉢ 좌심방 ㉣ 좌심실
해설 사람의 심장은 2 심방 2 심실로 되어있으며 심방은 심장으로 혈액이 들어오는 부분, 심실은 심장에서 혈액이 나가는 부분이다. 우심방은 대정맥과 연결되어 있으며 온몸을 돌고온 혈액이 들어오는 곳이다. 좌심방은 폐정맥과 연결되어 있으며 폐에서 산소를 얻은 혈액이 들어오는 곳이다. 우심실은 폐동맥과 연결되어 있으며 폐로 혈액을 내보내는 곳이다. 좌심실은 대동맥과 연결되어 있으며 온몸으로 혈액을 내보내는 곳이다. 심장 내에서 혈액의 흐름은 대정맥 → 우심방 → 우심실 → 폐동맥 → 폐 → 폐정맥 → 좌심방 → 좌심실 → 대동맥 순서이다.

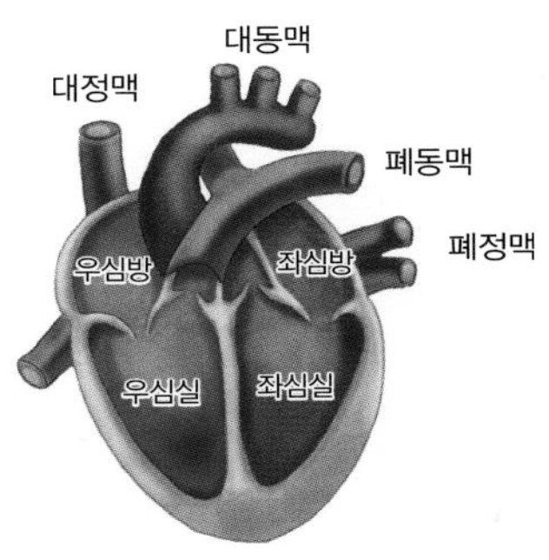

03. 답 ㄱ, ㄴ
해설

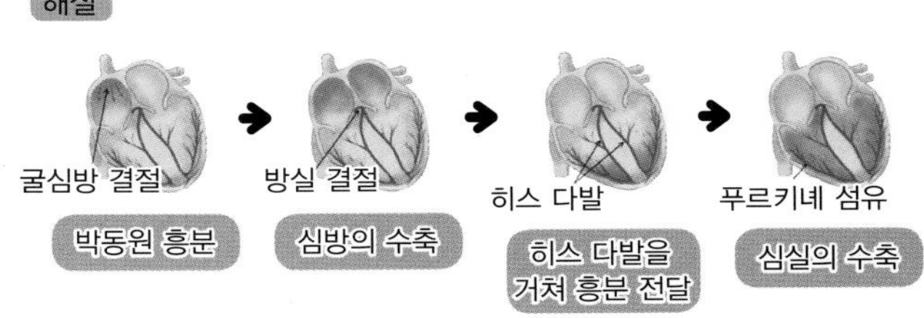

ㄱ. 심장은 다른 기관과 달리 심장 자신의 충격에 의해서 박동이 스스로 일어난다.
ㄴ. 심장 자체에 자극 전도계가 있어서 박동원인 굴심방 결절의 흥분이 좌우 심방과 심실로 전해지면서 스스로 박동한다.
ㄷ. 굴심방 결절의 흥분에 의해 심방이 수축한다.
ㄹ. 방실 결절의 흥분이 히스 다발과 푸르키녜 섬유로 전해져 심실이 수축한다.

04. 답 ㉠ 이산화 탄소(CO_2) ㉡ 아세틸콜린 ㉢ 억제
해설 심장 박동의 중추는 연수이고, 혈중 이산화 탄소의 농도에 따라 자율 신경에 의해 박동의 세기와 속도가 조절된다. 혈중 이산화 탄소의 농도가 감소하면 부교감 신경에서 아세틸콜린이 분비되어 굴심방 결절의 흥분을 억제하여 심장 박동이 억제된다. 반면 혈중 이산화 탄소의 농도가 증가하면 교감 신경에서 아드레날린이 분비되어 굴심방 결절의 흥분을 촉진하여 심장 박동이 촉진된다.

[유형 17-3] 답 (1) X (2) X (3) X (4) O (5) O

해설 (1) 판막(D)이 있는 혈관은 정맥이며, 정맥과 동맥을 연결해주는 혈관은 모세혈관이다. 따라서 A는 동맥, B는 모세혈관, C는 정맥, D는 판막이다.

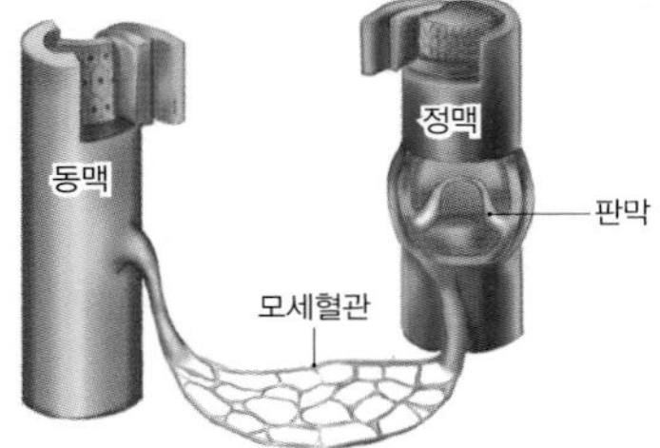

(2) 혈액은 심장에서 나와 동맥을 지나 모세혈관을 거쳐 정맥을 통해 심장으로 들어간다. 따라서 혈액의 이동 방향은 A → B → C 이다.

(3) 동맥(A)은 심장에서 가깝기 때문에 혈압이 높다. 높은 혈압을 견디기 위해 동맥(A)은 정맥(C)에 비해 혈관벽이 두껍고 탄력성이 크다.

(4) 판막(D)은 혈액의 역류를 방지해준다. 정맥에 판막이 필요한 이유는 혈압이 낮아 혈액이 역류할 수 있기 때문이다.

(5) 혈압은 동맥에 가까울수록 높다.

05. 답 (1) 동맥 〉 정맥 〉 모세혈관
(2) 모세혈관 〉 정맥 〉 동맥

해설 (1) 동맥은 높은 혈압을 견디기 위해 혈관벽이 두껍고 탄력이 강하다. 반면에 정맥은 혈압이 낮아 혈관벽이 동맥보다 얇고 탄력도 약하다. 모세혈관은 한 겹의 얇은 세포층으로 되어 있어 조직 세포와 물질 교환이 효과적으로 일어난다.

(2) 모세혈관은 온몸에 그물처럼 퍼져있어 총 단면적이 가장 넓다. 혈류 속도는 혈관의 총 단면적에 반비례하기 때문에 혈류 속도는 동맥 〉 정맥 〉 모세혈관의 순서로 빠르다.

06. 답 ㉠ 열리고, ㉡ 닫힌다

해설 정맥이 심장의 위치보다 아래에 있을 경우에 중력을 이기고 거꾸로 올라가야 한다. 이때 정맥혈을 심장으로 다시 돌아가게 하는 중요한 힘은 근육의 수축과 이에 의한 압력 변화이다. 근육이 수축할 때에는 심장 쪽 판막은 열리고 반대쪽 판막은 닫혀 혈액이 심장쪽으로 흐를 수 있게 한다. 근육이 이완할 때에는 심장 쪽 판막이 닫히고 반대쪽 판막은 열리게 된다.

[유형 17-4] 답 (1) 혈액의 이름 : 동맥혈, 흐르는 혈관 : G, H
(2) 혈액의 이름 : 정맥혈, 흐르는 혈관 : E, F
(3) D → H → J → F → A (4) B → E → I → G → C

해설

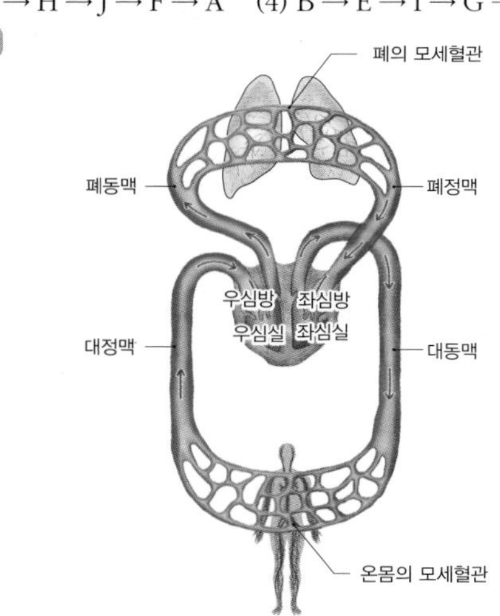

(1) 산소가 풍부한 혈액을 동맥혈이라고 하며, 동맥혈은 대동맥과 폐정맥에서 흐른다. 동맥혈은 선홍빛을 띠며 약산성이다.

(2) 산소가 부족하고 이산화 탄소가 많은 혈액을 정맥혈이라고 하며, 정맥혈은 대정맥과 폐동맥에서 흐른다. 정맥혈은 산소의 농도가 낮고 이산화 탄소의 농도가 높아 암적색을 띤다.

(3) 온몸 순환은 좌심실에서 나온 동맥혈이 온몸을 돌면서 조직 세포에 산소와 영양소를 주고, 조직 세포에서 생긴 이산화 탄소와 노폐물을 받아 정맥혈이 되어 우심방으로 들어오는 혈액 순환 과정이다.

(4) 폐순환은 우심실에서 나온 정맥혈이 폐를 순환한 후 이산화 탄소를 내보내고 산소를 받아 동맥혈이 되어 좌심방으로 들어오는 혈액 순환 과정이다.

07. 답 (나), 온몸 순환

해설 온몸 순환을 할 때 혈액은 온몸의 모세혈관을 지나면서 조직 세포에 산소와 영양소를 공급하고 조직 세포에서 생긴 이산화 탄소와 노폐물을 받는다.
(가) 는 폐순환을 나타낸 것이며, 폐순환을 할 때 혈액은 폐의 모세혈관을 지나면서 폐포로 이산화 탄소를 내보내고 산소를 받아온다.

08. 답 ㉠ 조직액 ㉡ 림프 ㉢ 근육

해설 혈장 성분의 일부가 모세혈관에서 조직 세포 사이로 빠져나온 물질을 조직액이라고 하며, 조직액을 통해 혈액과 조직 세포 사이의 물질 교환이 이루어진다. 조직액의 일부가 림프관으로 들어간 것을 림프라고 하며, 림프는 림프구와 림프장으로 구성된다. 림프구는 백혈구의 일종으로 항체 생성과 면역에 관여하며, 림프장은 액체 성분으로 혈장과 비슷한 성분이지만 단백질 함량이 적다. 림프는 림프관의 수축과 근육 운동에 의해 순환이 일어난다. 림프관을 통해 이동하는 림프는 좌우 림프총관에 모여 이동하다가 좌우 빗장밑정맥에서 혈액과 합류하여 심장으로 들어간다.

창의력 & 토론마당 88~91쪽

01

(1) 동물이 물속으로 들어갔을 때 폐로 가는 혈액을 차단하고, 피부로의 혈류는 그대로 유지하여 물속에서 호흡이 원활하게 일어난다. 따라서 양서류의 서식 환경에 잘 적응할 수 있도록 진화한 것이다.

(2) 심실 사이 구멍이 생기면 우심방으로 들어온 정맥혈이 좌심실의 동맥혈과 섞일 것이기 때문에 산소 함량이 비정상적으로 낮을 것이다.

해설 양서류와 포유류의 심장 형태가 다른 이유는 진화적으로 높아지는 대사량에 따라 강력한 순환계를 구축한 것으로 볼 수 있다. 포유류와 조류는 항온동물로서 체온을 일정하게 유지하기 위해 기본적으로 사용하는 에너지량이 매우 크며, 양서류, 파충류는 체온의 생산을 하지 않으므로 에너지 소모량이 적다. 따라서 많은 에너지를 소모하는 포유류와 조류는 산소와 영양소의 교환이 효율적으로 일어날 수 있는 심장의 구조로 진화하게 되었다고 볼 수 있다.

(1) 양서류의 피부는 항상 물에 젖어 있어야 한다. 이는 양서류가 피부로 호흡하기 때문이며, 또한 기체의 교환이 일어나려면 항상 물이 있어야 하기 때문이다.(사람의 폐포에도 항상 수분이 있다.) 양서류가 피부 호흡을 하는 이유 중 하나는 폐가 주름져있지 않고 원통형이기 때문이다. 또한 개구리는 횡격막이 없어, 턱 아래의 근육으로 풀무질하여 호흡을 한다.

(2) 몸속을 돌고 온 피와 폐를 돌고 온 피가 섞인 채로 계속 순환하게 되면, 동맥혈이 폐로 갈 수도 있고, 정맥혈이 온몸을 돌 수도 있으므로 산소와 영양소의 효율이 떨어지게 된다.

02

(1) 정상인보다 심장 박동이 불규칙하고 빈번하게 일어나고 있다.

(2)

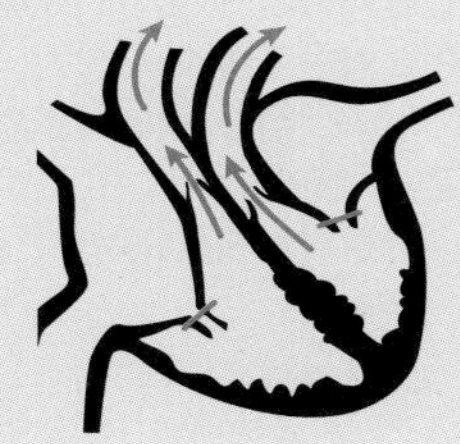

해설 혈액의 흐름은 압력의 차이에 의해 일어나게 된다. 즉 심방이나 심실의 수축으로 압력이 커지면 심방에서 심실로 심실에서 동맥으로의 혈류가 생기게 된다. 또한, 좌심방과 좌심실 사이에는 이첨판, 우심방과 우심실 사이에는 삼첨판, 심실과 동맥 사이에는 반월판이 있어 혈액의 역류를 막게 된다.
(1) 심전도는 심장의 이상을 측정할 때 많이 이용되는데, 박동 주기를 정상인과 비교해 보면 박동이 빈번하게 일어나고 주기도 규칙적이지 않음을 알 수 있다.
(2) t 지점은 심실이 수축한 후, 심실이 이완되기 전이다. 심실이 수축했으므로 좌심실과 우심실의 혈액이 각각 대동맥과 폐동맥으로 빠져나가는 시기가 된다.

03

(1) 심실의 수축이 이루어지기 전에 심방이 완전히 수축하여 혈액을 심실에 가득 채울 수 있도록 하기 위해서이다.
(2) 심장은 다른 근육 기관처럼 규칙적인 운동을 많이 하면 더 강해진다. 심장의 일부 근육이 두꺼워지고, 용량이 커져서 한 번에 더 많은 혈액의 양을 공급할 수 있게 된다.

해설 (2) 심장의 일부 근육이 두꺼워지고 용량이 커진 강한 심장은 더 많은 혈액을 내보낼 수 있을 것이고, 따라서 휴식기에 심박률이 떨어져도 생활하는 데 지장이 없을 것이다.

04

(1) 우리 몸의 심장은 비교적 위쪽에 위치하기 때문에 다리의 혈액이 심장으로 돌아가려면 다리의 정맥에서 혈액이 중력을 거슬러서 올라가야 한다. 정맥의 혈압이 거의 음압인데도 혈액 순환이 가능한 이유는 정맥 내 판막이 혈액의 역류를 막아주고 혈관 주변의 근육이 수축, 이완해줌으로써 혈액을 이동시켜주기 때문이다. 그런데 오래 서 있으면 주변 근육의 수축, 이완 작용이 약해져서 혈액이 심장 쪽으로 잘 이동하지 못하게 된다. 그러면서 혈액이 다리의 정맥에 모여 정맥이 팽창하고, 정맥 주변 모세혈관의 혈압이 높아져 모세혈관 내 혈장 성분이 조직 사이로 퍼져 나가 조직 세포 내 체액의 양이 증가하면서 다리가 붓게 되는 것이다.
(2) 근육의 수축과 이완을 통해 정맥의 혈액을 심장 쪽으로 잘 이동시켜 주어 주변 모세혈관의 혈장이 조직 세포 사이로 빠져 나가 세포와 세포 사이가 늘어나면서 붓는 것을 방지해 준다.
(3) 걷기 운동을 하거나 다리를 주물러주거나 심장보다 높여 주기, 발뒤꿈치를 들었다 내렸다 하여 발목과 종아리 근육을 자극하는 것 등을 통해 근육의 활동을 활성화시켜 정맥에서의 혈액이 심장 방향으로 잘 흐를 수 있도록 하는 방법이 있다.

스스로 실력 높이기 92~99쪽

01. D, 혈장 02. ③ 03. ①, ②, ④ 4. (나), (라)
05. A : 우심방, B : 좌심방, C : 우심실, D : 좌심실
06. ㉢, 이첨판 07. (1) A (2) C (3) B
08. ⑤ 09. ④ 10. ③, ④, ⑤ 11. ④ 12. ③
13. ④ 14. ④ 15. ① 16. ⑤ 17. ② 18. ⑤
19. ㄱ, ㄷ 20. ① 21. A : 트롬보키네이스, B : 칼슘 이온(Ca^{2+}) 22. (1) X (2) X (3) O (4) O (5) X
23. ③ 24. ①, ②, ③ 25. ④ 26. ㄱ, ㄴ, ㄷ, ㄹ
27. (1) (가) : C, (나) : B, (다) : A, (라) : D (2) ① X ② O ③ X ④ O 28. (1) 심방에서 심실로 혈액이 이동한다. (2) 80 (3) 1 29. 〈해설 참조〉 30. (1) X (2) O (3) X

01. **답** D, 혈장
해설 혈장은 물, 혈장 단백질, 무기 염류, 노폐물과 호르몬 등을 포함하고 있다. 혈장의 약 90 % 는 물이 차지하며 물은 용매로 작용하여 영양소, 산소, 이산화 탄소, 호르몬, 노폐물 등을 운반한다.

02. **답** ③
해설 B 는 백혈구로, 백혈구는 체내에 이물질이나 세균이 들어오면 아메바 운동으로 잡아먹는 식균 작용을 한다.

03. **답** ①, ②, ④
해설 혈액의 기능은 크게 운반 작용, 조절 작용, 방어 작용으로 구분할 수 있다. 혈액의 방어 작용에는 체내에 이물질이나 세균이 들어왔을 때 백혈구의 식균 작용, 이물질이나 병원체에 대항하여 림프구가 항체를 생성하는 항체 생성, 출혈이 생겼을 때 혈소판의 혈액 응고 작용 등이 이에 속한다.
③ 혈액의 혈당량과 삼투압 등 항상성을 조절하는 것은 조절 작용에 해당한다.
⑤ 호르몬과 항체, 영양소와 노폐물, 산소 등을 운반하는 것은 혈액의 운반 작용이다.

04. **답** (나), (라)
해설 동맥혈은 산소가 풍부한 혈액으로 폐에서 산소를 받아 심장으로 들어오는 (라) 폐정맥과 산소를 온몸에 전달하는 (나) 대동맥으로 흐른다.

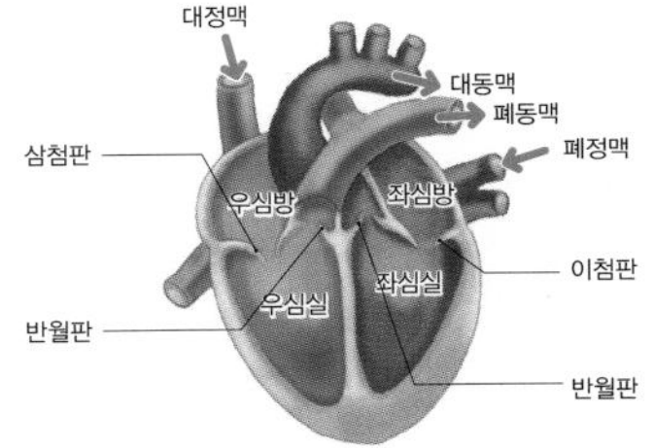

05. **답** A : 우심방, B : 좌심방, C : 우심실, D : 좌심실
해설 심방은 혈액이 들어오는 곳이다. 우심방은 대정맥과 연결되어 온몸을 돌고 온 혈액이 들어오는 곳이고, 좌심방은 폐정맥과 연결되어 폐에서 산소를 얻은 혈액이 들어오는 곳이다. 심실은 혈액을 내보내는 곳으로 우심실은 폐동맥과 연결되어 폐로 혈액을 내보내는 곳, 좌심실은 대동맥과 연결되어 온몸으로 혈액을 내보내는 곳이다.

06. 답 ㄷ, 이첨판

해설 이첨판은 좌심방과 좌심실 사이의 2 개의 판으로 이루어진 판막이다. 우심방과 우심실 사이의 삼첨판과 심실과 동맥 사이의 반월판은 모두 3 개의 판으로 이루어진 판막이다.

07. 답 (1) A (2) C (3) B

해설 A 는 동맥, B 는 모세혈관, C 는 정맥이다.

(1) 맥박은 심장 박동에 따라 동맥이 수축과 이완을 하는 것이다. 심실이 한 번 수축하면 동맥의 맥박도 한 번 뛰기 때문에 맥박수는 심장 박동수와 거의 같다.

(2) 정맥은 심장으로 들어오는 혈액이 흐르는 혈관으로 심방과 연결되어 있으며 몸의 표면에 분포한다.

08. 답 ⑤

해설 ① 총 단면적이 가장 큰 혈관은 모세혈관이다.

② 판막은 혈압이 낮아 생길 수 있는 혈액의 역류를 방지하기 위한 것으로 정맥에 존재한다.

③ 혈액은 동맥 → 모세혈관 → 정맥의 방향으로 흐른다.

④ 심장에서 나가는 혈액이 흐르는 혈관은 동맥으로 동맥의 혈관벽은 높은 혈압을 견뎌야 하므로 두꺼우며 탄력도 강하다. 정맥은 혈압이 낮아 혈관벽이 동맥보다 얇고 탄력도 약하다.

⑤ 동맥에서는 심실의 강한 수축에 의해 혈액이 혈관 벽에 압력을 가하면서 한 방향으로만 이동한다. 정맥에서는 정맥 주변 근육의 수축과 이완에 의해 생긴 압력과 판막의 역할로 혈액이 심장 쪽으로 이동한다

09. 답 ④

해설 폐순환은 우심실에서 나온 정맥혈이 폐를 순환한 후 이산화 탄소를 내보내고 산소를 받아 동맥혈이 되어 좌심방으로 들어오는 혈액 순환 과정이다.

③ 좌심실에서 나온 동맥혈이 온몸을 돌면서 조직 세포에 산소와 영양소를 주고, 조직 세포에서 생긴 이산화 탄소와 노폐물을 받아 정맥혈이 되어 우심방으로 들어오는 혈액 순환 과정은 온몸 순환이다.

10. 답 ③, ④, ⑤

해설 ① 항체를 생성하는 것은 백혈구이다.

② 백혈구는 골수에서 생성된다.

③, ④, ⑤ 조직액은 혈장 성분의 일부가 모세혈관에서 조직 세포 사이로 빠져 나온 물질로, 조직액을 통해 혈액과 조직 세포 사이의 물질 교환이 이루어진다. 대부분의 조직액은 다시 모세혈관으로 흡수되고, 나머지는 림프관으로 들어가 림프가 된다.

11. 답 ④

해설 문제에 제시된 사진은 혈소판이다.

① 헤모글로빈은 적혈구에 포함된 색소 단백질로, 산소를 운반하며 붉은색을 띤다.

② 병원균을 제거하는 식균 작용과, 항체에 의한 면역 작용을 하는 것은 백혈구이다.

③ 혈소판은 핵이 없으며 모양과 크기가 일정하지 않다.

④ 트롬보키네이스는 혈액 응고에 관여하는 효소이다. 상처 부위에서 흘러나온 혈액이 공기와 접촉하면 혈소판이 파괴되어 트롬보키네이스가 방출되면서 혈액 응고 작용을 한다.

⑤ 혈액의 점성과 삼투압 유지에 관여하는 것은 알부민으로 혈장 단백질에 해당한다.

12. 답 ③

해설 ① 효소 작용을 억제하기 위해 저온 처리를 한다.

② 시트르산 나트륨 또는 옥살산 나트륨을 첨가하여 칼슘 이온을 제거한다.

③ 칼슘 이온은 혈소판의 트롬보키네이스와 함께 프로트롬빈을 트롬빈으로 활성화 시키는 작용을 한다. 트롬빈은 파이브리노젠을 파이브린으로 변화시키며, 파이브린은 혈병(피떡)을 만들어 혈액을 응고시키는 작용을 한다.

④ 유리 막대로 저어 점성의 섬유성 단백질인 파이브린을 제거하면 혈액 응고를 막을 수 있다.

⑤ 헤파린이나 히루딘을 첨가하여 트롬빈의 작용을 억제한다.

13. 답 ④

해설 심실 속 혈액이 각각 폐동맥과 대동맥으로 나갈 때는 심장 박동의 수축기에 해당한다. 수축기에는 삼첨판과 이첨판이 닫히고, 반월판이 열린다.

14. 답 ④

해설 ㄱ. 흥분 전달 경로는 굴심방 결절의 흥분 → 심방의 수축 → 방실 결절의 흥분 → 히스 다발과 푸르키네 섬유 자극 → 심실 수축이다.

ㄴ. 부교감 신경이 흥분하면 아세틸콜린이 분비되어 굴심방 결절의 흥분을 억제하여 심장 박동이 억제된다.

ㄷ. 연수는 혈중 이산화 탄소의 농도에 따라 자율 신경에 의해 박동 세기와 속도를 조절한다.

15. 답 ①

해설 ㄱ. A 구간에서는 압박대의 압력이 대동맥의 최고 혈압보다 높아 대동맥이 막히게 된다. 따라서 A 구간에서는 혈액이 흐르지 않으며, 혈관음도 들을 수 없게 된다.

ㄴ. B 구간에서는 압박대의 압력이 대동맥의 혈압보다 높을 때에는 혈액이 흐르지 않고, 압박대의 압력이 대동맥의 혈압보다 낮을 때에는 혈액이 흐른다. 또한 B 구간에서 압박대의 압력은 점점 감소하고 있으므로, 혈압은 최고 혈압과 최저 혈압이 반복적으로 나타난다.

ㄷ. C 구간에서는 압박대의 압력이 대동맥의 혈압보다 작으므로 혈액이 정상적으로 흐르는 구간이다. C 구간에서는 대동맥의 혈압이 증가하고 있으므로 좌심실의 수축기에 해당한다. 따라서 이첨판은 닫히고, 반월판은 열린다.

16. 답 ⑤

해설 모세혈관에서 혈류 속도가 가장 느리기 때문에 조직 세포와의 물질 교환 및 기체 교환이 매우 유리하다.

17. 답 ②

해설 심장(우심실)에서 폐로 들어간 혈액은 산소를 받아 다시 심장(좌심방)으로 들어가게 되며, 심장(좌심실)의 수축에 의해 온몸으로 흘러나가 모세 혈관을 통해 조직 세포와 물질 교환 및 기체 교환을 하고 다시 심장(우심방)으로 들어오는 순환의 과정을 거친다.

18. 답 ⑤

해설 ① 좌심실이 수축할 때 최고 혈압이 나타나고 좌심실이 이완할 때 최저 혈압이 나타난다.

② 모세혈관은 한 겹의 얇은 세포층으로 되어 있고 혈류 속도가 느리기 때문에 조직 세포와 물질 교환이 효과적으로 일어난다.

③ 동맥은 심장에서 나가는 혈액이 흐르는 혈관으로 높은 혈압을 견디기 위해 혈관벽이 두껍고 탄력이 강하다.

④ 좌심실에서 가장 가까운 동맥은 대동맥으로, 최고 혈압과 최저 혈압의 차이는 대동맥에서 가장 크다. 최고 혈압과 최저 혈압의 차이를 맥압이라고 한다.

⑤ 모세혈관은 동맥과 정맥을 이어 주는 혈관으로 한 겹의 얇은 세포층으로 되어있고, 혈류 속도가 가장 느린 혈관이다. 모세혈관

의 혈관벽은 벽의 두께가 매우 얇기 때문에 혈액과 조직액 사이에 물질 교환이 효과적으로 일어난다. 이때, 크기가 큰 적혈구와 혈소판은 모세혈관벽을 빠져나가지 못하고, 크기가 작은 영양소의 일부와 아메바 운동을 하는 백혈구만 모세혈관벽을 통과한다.

19. 답 ㄱ, ㄷ
해설 ㄱ. 정맥에서 혈액 이동은 정맥 주변 근육의 수축과 이완에 의해 생긴 압력과 판막의 역할로 혈액이 심장 쪽으로 이동한다. 따라서 근육 운동을 하면, 운동으로 인해 생긴 압력으로 혈액이 더 빠르게 이동할 수 있다.
ㄴ. 근육이 이완할 때 심장 쪽 판막은 닫히고, 반대쪽 판막은 열리게 되므로 B 가 심장 쪽, A 가 심장 반대쪽 판막에 해당한다.
ㄷ. 근육이 수축할 때 심장 쪽 판막은 열리고 반대쪽 판막은 닫힌다.
ㄹ. 정맥이 심장보다 아래에 있을 경우에 중력을 이기고 거꾸로 올라가야 한다. 이때 정맥에 흐르는 혈액을 다시 심장으로 돌아가게 하는 중요한 힘은 근육의 수축에 의한 압력 변화이다. 판막은 혈액의 역류를 방지하기 위한 것이다.

20. 답 ①
해설 A 는 모세혈관에서 흐르는 혈액, B 는 조직액, C 는 림프관의 림프를 나타낸 것이다.
ㄱ. 혈액에 포함된 백혈구는 아메바 운동으로 모세혈관을 빠져나올 수 있으므로 B(조직액)으로 이동할 수 있다. 따라서 체내에 이물질이나 세균이 들어오면 백혈구는 아메바 운동으로 이물질을 잡아먹는다.(식균 작용)
ㄴ. 조직액의 일부는 다시 혈액으로 돌아가기도 하며, 나머지는 림프관으로 흡수되어 림프가 된다.
ㄷ. 조직액의 pH 가 낮아져 산성화되면 혈액 내 헤모글로빈의 산소 해리도가 증가하므로 혈액에서 조직액으로 이동하는 산소의 양이 증가하게 된다.

21. 답 A : 트롬보키네이스, B : 칼슘 이온(Ca^{2+})
해설 혈액이 응고되는 과정은 다음과 같다.
① 상처 부위에서 흘러나온 혈액이 공기와 접촉하면 혈소판이 파괴되어 트롬보키네이스가 방출된다.
② 트롬보키네이스는 혈장 속의 칼슘 이온(Ca^{2+})과 함께 프로트롬빈을 트롬빈으로 활성화시킨다.
③ 트롬빈은 파이브리노젠을 파이브린으로 변화시키고, 파이브린은 혈병(피떡)을 만들어 혈액을 응고시킨다.

22. 답 (1) X (2) X (3) O (4) O (5) X
해설 (나) 실험의 결과는 다음 표와 같이 나타난다.

시험관	반응	결과
A	저온 처리를 하면 트롬보키네이스, 트롬빈 등의 효소의 작용이 억제되므로 혈액의 응고를 방지할 수 있다.	혈액 응고 방지
B	공기와 접하게 되면 혈소판 내의 트롬보키네이스 효소의 작용으로 혈장에 있는 프로트롬빈이 트롬빈으로 바뀌고, 트롬빈이 다시 파이브리노젠을 파이브린으로 변화시켜 혈구와 엉키면서 혈액이 응고된다.	혈액 응고
C	진공 상태에서는 혈소판이 파괴되지 않기 때문에 혈액 응고 작용이 일어나지 않는다.	혈액 응고 방지
D	시트르산나트륨 또는 옥살산나트륨을 첨가하면 혈장 속의 Ca^{2+} 가 제거되어 혈액의 응고를 방지할 수 있다.	혈액 응고 방지
E	Ca^{2+} 는 트롬보키네이스와 함께 프로트롬빈을 트롬빈으로 활성화시키기 때문에 Ca^{2+} 를 첨가하게 되면 혈액이 응고된다.	혈액 응고

23. 답 ③
해설 B 시기일 때 좌심실의 압력이 대동맥과 좌심방보다 높으므로 이첨판은 닫혀있고, 반월판은 열려있다. 따라서 혈액이 좌심실에서 대동맥으로 흐르게 된다.

시기	압력 비교	혈액 이동	판막 개폐 여부
A	대동맥 > 좌심실 > 좌심방	혈액 이동 없음	이첨판 닫힘 반월판 닫힘
B	좌심실 > 대동맥 > 좌심방	좌심실 → 대동맥	이첨판 닫힘 반월판 열림
C	대동맥 > 좌심실 > 좌심방	혈액 이동 없음	이첨판 닫힘 반월판 닫힘
D	대동맥 > 좌심방 > 좌심실	좌심방 → 좌심실	이첨판 열림 반월판 닫힘

24. 답 ①, ②, ③
해설 ① 최고 혈압은 좌심실이 강하게 수축하며 대동맥으로 혈액이 밀려나가는 시기이므로 B 시기이다.
② B 시기에는 좌심실의 압력이 대동맥보다 높아 반월판이 열려있지만, C 시기로 넘어갈 때 좌심실의 압력이 대동맥보다 낮아지므로 반월판이 닫히게 된다.
③ C 시기는 압력이 대동맥 〉 좌심실 〉 좌심방 순이므로 혈액의 역류를 막기 위해 이첨판과 반월판이 모두 닫혀있다. 따라서 심장에서는 일시적으로 좌심방에서 좌심실로, 좌심실에서 대동맥으로 혈액이 흐르지 않는다.
④ 좌심실이 수축하여 좌심실의 압력이 대동맥의 압력보다 높은 시기는 B 시기이다. 이때 혈액은 좌심실에서 대동맥으로 흐른다.
⑤ C 시기에는 좌심실의 압력이 좌심방보다 높아서 혈액의 역류를 막기 위해 이첨판이 닫혀있지만, D 시기로 넘어갈 때 좌심실의 압력이 좌심방보다 낮아지므로 이첨판이 열려 혈액이 좌심방에서 좌심실로 흐르게 된다.

25. 답 ④
해설 ㄱ. 혈압이 혈장 삼투압보다 높은 동맥쪽 모세혈관에서는 혈장이 모세혈관에서 조직 세포 쪽으로 빠져나온다. 반면 혈압이 혈장 삼투압보다 낮은 정맥쪽 모세혈관에서는 조직액이 모세혈관 속으로 들어간다.
ㄴ. A 는 모세혈관의 혈장 성분이 조직으로 빠져 나가는 양이고, B 는 모세혈관으로 다시 들어오는 조직액의 양이다. 따라서 A 에서 B 를 뺀 값은 모세혈관으로 흡수되지 않은 조직액이 림프관으로 들어가 림프가 되어 이동하는 양을 나타낸 것이다.
ㄷ. (a) 지점에서 조직액의 일부가 모세혈관으로 들어오는 힘은 혈장 삼투압에서 혈압을 뺀 값에 해당한다.
혈장 삼투압 − 혈압 = 20 mmHg − 15 mmHg = 5 mmHg 이다.

26. 답 ㄱ, ㄴ, ㄷ, ㄹ
해설 비만인 사람의 동맥의 혈관벽에 지방 성분이 쌓이면 혈액이 흐르는 단면적이 좁아지면서 혈압이 높아진다.
ㄱ. 혈관벽이 좁아지면 상대적으로 혈압은 증가하게 된다.
ㄴ. 혈구의 구성 성분은 변하지 않는다.
ㄷ. 혈액의 흐르는 양은 좁아진 혈관으로 인해 그 양이 다소 줄어들게 된다.
ㄹ. 높은 혈압에 의해 혈관벽이 파열될 수도 있다.

27. 답 (1) (가) : C (나) : B (다) : A (라) : D
(2) ① X ② O ③ X ④ O

해설 (1) A 시기에는 좌심실의 부피가 증가하므로 좌심방의 수축에 의해 혈액이 좌심방에서 좌심실로 이동하는 (다) 상태이다.
B 시기에는 좌심실의 부피가 최대이므로 압력도 최대 상태이다. 따라서 좌심실이 수축을 시작하는 상태인 (나) 이다.
C 시기에는 좌심실의 부피가 감소하므로 좌심실의 수축에 의해 좌심실의 혈액이 대동맥으로 빠져나가는 (가) 상태이다.
D 시기에는 좌심실의 부피가 최소로 줄어들게 되므로 좌심실의 압력이 가장 낮은 상태가 될 것이며, 이때 심장은 혈액이 온몸을 돌고 심방으로 들어가게 되는 (라) 상태이다.

(2) ① A 시기는 심실이 이완된 상태이다. 심실이 이완될 때는 이첨판과 삼첨판이 열리면서 심방으로부터 심실로 혈액이 들어온다. D 시기에는 이첨판이 닫혀 있다.(심방에서 심실로 혈액이 이동하지 않음)
② 제 1 심음은 심실 수축기에 발생한다. 심실이 수축할 때는 심방으로의 혈액의 역류를 막기 위해 이첨판과 삼첨판이 닫히는데 이때 제 1 심음이 발생한다.
③ 제 2 심음은 심실에서 혈액이 나갈 때 열린 반월판이 닫히면서 나는 소리이다. 따라서 제 2 심음이 발생하고 난 후 혈액은 심방에서 심실로 이동하게 된다.
④ C 시기는 제 1 심음 직후부터 제 2 심음 직전까지의 시기로 심실 수축기에 해당하기 때문에 심실과 연결된 대동맥 사이의 반월판이 열려 혈액이 대동맥으로 흐른다.

28. **답** (1) 심방에서 심실로 혈액이 이동한다.
(2) 80 (3) 1

해설 (1) P 파가 발생한 시기에는 심방의 수축이 일어나고 있으므로 이로 인해 심방의 혈액이 심실로 이동하게 된다.
(2) (가) 그래프에서 심장이 1 회 박동하는데 걸리는 시간은 0.75 초이다. 따라서 1 분(60 초) 동안 심장 박동수는 80 회이다.
(3) 1 회 심장이 박동할 때 심박 출량이 70 mL 이므로 체내에 있는 혈액의 총량인 5.6 L 의 혈액이 모두 체내를 돌려면 심장은 80 회 박동해야한다. 심장이 80 회 박동하는 데 걸리는 시간은 1 분이므로 체내 모든 혈액이 심장을 1 번씩 통과하는 데 걸리는 시간 또한 1 분이다.

29. **답**
(1) · A 는 정맥이며 심장으로 들어오는 혈액이 흐르는 혈관으로 심방과 연결된다.
· 혈압이 낮아 혈관벽이 동맥보다 얇고 탄력도 약하다.
· 혈압이 낮아 혈액의 역류를 방지하기 위한 판막이 존재한다.
· 몸의 표면에 분포한다.
(2) 항응고제로서 혈액을 보관할 때 혈액이 응고되는 것을 방지하기 위함이다.

30. **답** (1) X (2) O (3) X

해설 (1) 포유류는 2 심방 2 심실이지만 심방과 심실 사이에는 혈액의 역류를 방지하기 위한 판막이 있으며, 심방끼리, 심실끼리는 서로 혈액이 흐르지 않기 때문에 정맥혈과 동맥혈이 섞이지 않는다.
(2) 어류의 심장은 1 심방 1 심실이기 때문에 아가미의 모세 혈관에서 산소를 받아들인 혈액이 바로 온몸 모세혈관으로 이동하여 산소를 건네주고, 이산화 탄소를 받은 후 다시 심장으로 들어오게 된다. 이때 기체 교환이 충분하게 이루어지지 않아 혈액에는 산소가 충분하지 않다.
(3) 어류는 혈액이 전체를 순환하는 동안 단 한번 심장을 지나가는 단일 순환을 가지고, 포유류는 폐순환과 온몸 순환으로 분리된 순환 고리를 가지는 이중 순환 구조를 가지고 있다.

18강. 배설

개념 확인 100~103쪽

1. CO_2, H_2O 2. 네프론
3. ④ 4. ㉠ 소화계, ㉡ 순환계

확인+ 100~103쪽

1. ㉠ 간 ㉡ 요소 2. (1) O (2) O (3) X
3. 분비 4. 호흡계

02. **답** (1) O (2) O (3) X

해설 (3) 콩팥 깔때기는 속질 안쪽의 빈 공간으로, 집합관을 통해 운반되어 온 오줌을 일시적으로 저장하였다가, 오줌관을 통해 방광으로 보내는 역할을 한다. 오줌관 끝에 있으며 오줌을 저장하는 주머니는 방광이다.

개념 다지기 104~105쪽

01. ①, ⑤ 02. ②, ④
03. (1) 방광 (2) 요도 (3) 콩팥 (4) 오줌관
04. ① 05. (1) X (2) O (3) O (4) O 06. ②
07. ② 08. (1) 호흡계 (2) 순환계 (3) 소화계

01. **답** ①, ⑤

해설 탄수화물의 구성 원소는 탄소(C), 수소(H), 산소(O)로, 세포 호흡의 결과로 생성되는 노폐물은 물(H_2O)과 이산화 탄소(CO_2)이다. 요소, 요산, 암모니아는 질소성 노폐물에 해당한다.

02. **답** ②, ④

해설 배설을 통해 생명 활동 결과로 생성된 노폐물을 체외로 배출하며, 물과 무기 염류의 배설량을 조절하여 체액의 삼투압과 pH 등을 일정하게 조절하는 항상성 유지를 할 수 있다.

03. **답** (1) 방광 (2) 요도 (3) 콩팥 (4) 오줌관

해설 · 콩팥 : 혈액 속의 노폐물을 걸러내어 오줌을 생성하는 기관이다.
· 오줌관 : 콩팥에서 만들어진 오줌을 방광으로 보내는 통로이다.
· 방광 : 오줌관 끝에 있으며, 오줌을 저장하는 주머니이다.
· 요도 : 방광에 모인 오줌이 몸 밖으로 나가는 통로이다.

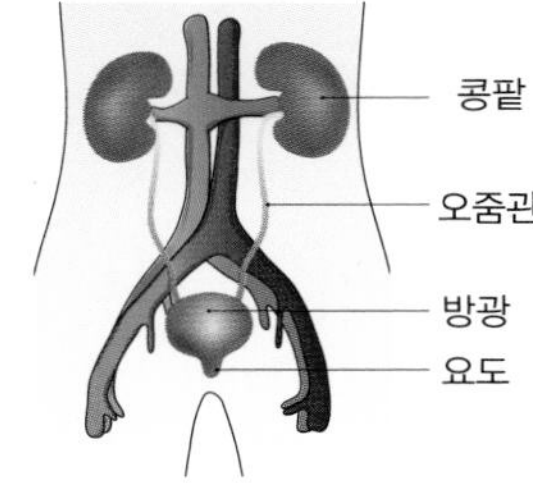

▲ 배설계

04. **답** ①

해설 콩팥의 기본 단위는 네프론이며, 네프론은 말피기 소체(사구체와 보먼주머니)와 세뇨관으로 이루어져 있다.

05. **답** (1) X (2) O (3) O (4) O

해설 (1) 여과는 사구체로 들어온 혈액의 일부가 보먼주머니로 빠져나오는 과정이다.
(2) 크기가 작은 물, 포도당, 아미노산, 무기 염류, 요소, 요산, 크레아틴 등은 여과되지만 분자량이 큰 혈구, 단백질, 지방은 여과되지 않는다.

(3) 사구체로 들어가는 혈관이 사구체에서 나오는 혈관보다 굵어서 사구체 내부의 혈압이 높아 혈액 성분의 일부가 보먼주머니로 여과된다.
(4) 여과를 일으키는 압력은 사구체의 혈압에서 여과를 방해하는 압력인 혈장의 삼투압과 보먼주머니의 압력을 뺀 값에 해당한다.

06. 답 ②
해설 ㄱ. 재흡수 되는 물질은 세뇨관에서 모세혈관으로 이동한다. 모세혈관에서 세뇨관으로 이동하는 과정은 분비에 해당한다.
ㄴ. 포도당과 아미노산은 100 % 재흡수된다.
ㄷ. 요소는 확산에 의해 이동하지만, 확산 현상은 에너지가 소모되지 않는다.

07. 답 ②
해설 분비는 미처 여과되지 않고 모세혈관에 남아 있던 노폐물이 세뇨관으로 이동하는 과정으로 ATP 를 소모하며 물질을 저농도에서 고농도로 이동시키는 능동 수송에 의해 물질이 이동한다.

08. 답 (1) 호흡계 (2) 순환계 (3) 소화계
해설 (1) 호흡계에서는 외호흡을 통해 세포 호흡에 필요한 산소를 흡수하고, 세포 호흡 결과 발생한 이산화 탄소를 방출한다. 또한 내호흡으로 조직 세포에서 산소를 이용하여 영양소를 분해하여 에너지를 얻는다.
(2) 순환계에서는 소장에서 흡수한 영양소와, 폐에서 흡수한 산소를 온몸의 조직 세포로 운반한다. 또한 세포 호흡 결과로 발생한 이산화 탄소와 노폐물을 호흡계와 배설계로 운반한다.
(3) 소화계에서는 음식물 속의 영양소를 체내에서 흡수할 수 있도록 분해하며 소화된 영양소를 소장의 융털로 흡수하고, 흡수되지 않은 물질은 대변으로 내보낸다.

유형 익히기 & 하브루타 106~109쪽

[유형18-1] (1) O (2) X (3) O (4) X
01. ㄱ, ㄴ 02. ㉠ 노폐물 ㉡ 항상성
[유형18-2] ㄱ, ㄴ, ㄷ
03. (가) : 콩팥, (나) : 오줌관, (다) : 방광, (라) : 요도 04. 네프론
[유형18-3] (1) ㉡, 재흡수 (2) ㉠, 여과 (3) ㉢, 분비
05. 20 06. ㉠ 콩팥 깔때기, ㉡ 요도
[유형18-4] (1) X (2) X (3) O
07. ①, ④ 08. ㉠ 배설계, ㉡ 소화계

[유형 18-1] 답 (1) O (2) X (3) O (4) X
해설

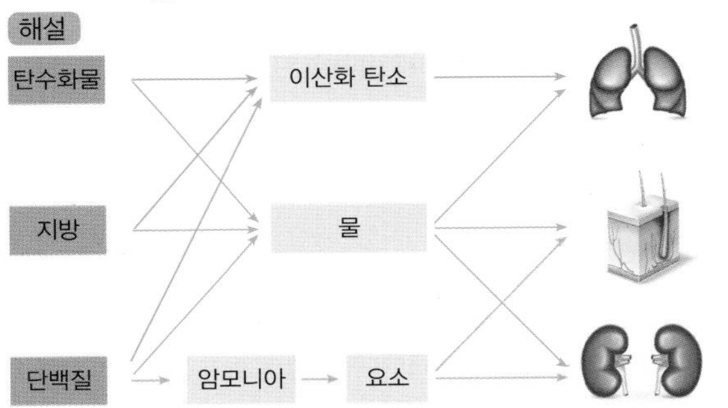

(1) ㉠ 은 3 대 영양소의 공통적인 노폐물로, 폐의 날숨을 통해 배출되는 이산화 탄소이다.
(2) ㉡ 은 3 대 영양소의 공통적인 노폐물이며, 폐, 피부, 콩팥에서 모두 배출되는 물이다. 물은 수증기로 폐에서 날숨으로 배출되기도 하며, 피부의 땀과, 콩팥의 오줌으로 배설되기도 한다.
(3), (4) ㉢ 은 단백질에서만 생성되는 노폐물인 암모니아로, 암모니아는 독성이 강해 체내에 축적되면 세포에 손상을 준다. 따라서 간에서 독성이 거의 없는 요소로 전환되어 오줌과 땀을 통해 배설된다.

01. 답 ㄱ, ㄴ
해설 ㄱ. 탄수화물과 지방의 구성 원소는 탄소(C), 수소(H), 산소(O)이며, 생성되는 노폐물은 이산화 탄소(CO_2)와 물(H_2O)이다.
ㄴ. 암모니아는 단백질이나 핵산과 같이 질소를 포함한 영양소가 분해될 때 만들어진다.
ㄷ. 날숨을 통해 이산화 탄소와 물은 체외로 배출되지만 암모니아는 배출되지 않는다. 암모니아는 간에서 요소로 전환된 후 오줌과 땀을 통해 몸 밖으로 배출된다.

02. 답 ㉠ 노폐물 ㉡ 항상성
해설 배설을 통해 생명 활동의 결과로 생성된 노폐물을 체외로 배출하며, 물과 무기 염류의 배설량을 조절하여 체액의 삼투압과 pH 등을 일정하게 조절하는 항상성 유지를 한다.

[유형 18-2] 답 ㄱ, ㄴ, ㄷ
해설 콩팥은 강낭콩 모양의 암적색 기관으로, 길이는 약 10 cm 정도이며 가로막 아래의 등쪽에 좌우 한 쌍이 존재한다.
ㄱ. 콩팥의 겉부분을 겉질이라고 하며, 모세혈관이 실타래처럼 얽혀있는 사구체와, 사구체를 둘러싸는 보먼주머니, 보먼주머니와 연결된 세뇨관이 분포한다.
ㄴ. 콩팥의 안쪽 부분을 속질이라고 하며, 세뇨관과 세뇨관이 모여 형성된 집합관으로 구성된다.
ㄷ. 콩팥 속질의 안쪽 빈 공간을 콩팥 깔때기라고 하며, 집합관을 통해 이동한 오줌을 일시적으로 저장하였다가, 오줌관을 통해 방관으로 보내는 역할을 한다.

03. 답 (가) : 콩팥, (나) : 오줌관, (다) : 방광, (라) : 요도
해설 노폐물의 배설을 담당하는 기관들의 모임을 배설계라고 하며 콩팥, 오줌관, 방광, 요도 등으로 구성되어 있다.
· 콩팥 : 혈액 속의 노폐물을 걸러내어 오줌을 생성하는 기관이다.
· 오줌관 : 콩팥에서 만들어진 오줌을 방광으로 보내는 통로이다.
· 방광 : 오줌관 끝에 있으며, 오줌을 저장하는 주머니이다.
· 요도 : 방광에 모인 오줌이 몸 밖으로 나가는 통로이다.

04. 답 네프론
해설 네프론은 콩팥을 구성하는 기본 단위로, 콩팥의 한 쪽에는 약 100만 개 정도의 네프론이 존재한다. 네프론은 말피기 소체(사구체, 보먼주머니)와 세뇨관으로 이루어져있다.

[유형 18-3] 답 (1) ㉡, 재흡수 (2) ㉠, 여과 (3) ㉢, 분비
해설

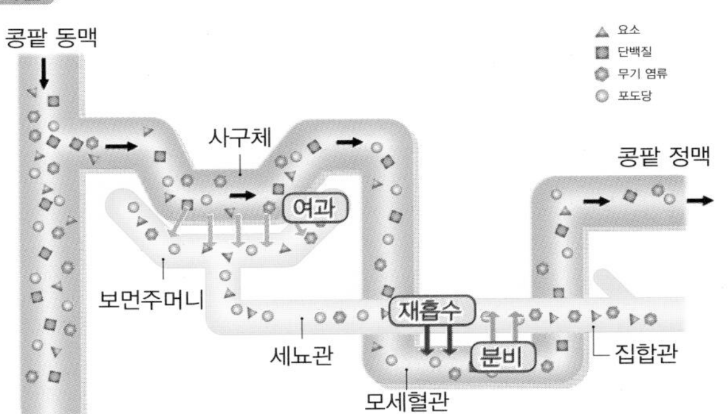

㉠ 여과는 사구체로 들어온 혈액 일부가 압력차에 의해 보먼주머니로 빠져나오는 과정으로, 이때 여과된 여과액을 원뇨라고 한다. 여과 과정에서는 크기가 작은 물질들이 이동하며 분자량이 큰 혈구, 단백질, 지방은 여과되지 않는다. 사구체로 들어가는 혈관이 사구체에서 나오는 혈관보다 굵어서 사구체 내부의 혈압이 높아 혈액 성분의 일부가 보먼주머니로 여과된다.
㉡ 재흡수는 원뇨가 세뇨관을 지나는 동안 여과된 물질 중 우리 몸에 필요한 성분이 세뇨관을 둘러싸고 있는 모세혈관으로 다시 흡수되는 과정이다. 이때 포도당과 아미노산은 100 % 재흡수되며, 물과 무기 염류는 약 90 ~ 99 %, 요소는 약 50 % 재흡수된다. 포도당, 아미노산, 무기 염류는 능동 수송에 의해 이동하고, 요소는 확산 현상, 물은 삼투 현상에 의해 이동한다.
㉢ 분비는 미처 여과되지 않고 모세혈관에 남아 있던 노폐물이 세뇨관으로 이동하는 과정으로 요소와 크레아틴 등이 능동 수송에 의해 이동한다.

05. 답 20
해설 여과는 사구체 안의 혈압에 의해 사구체에서 보먼주머니로 물질이 빠져나가는 것으로, 여과를 일으키는 순여과 압력은 사구체의 혈압에서 여과를 방해하는 압력인 혈장의 삼투압과 보먼주머니의 압력을 빼야 한다.

06. 답 ㉠ 콩팥 깔때기 ㉡ 요도
해설 콩팥에서 여과, 재흡수, 분비 과정을 거쳐 만들어진 오줌은 콩팥 깔때기와 오줌관을 거쳐 방광에 모였다가 요도를 통해 몸 밖으로 나간다.

[유형 18-4] 답 (1) X (2) X (3) O
해설

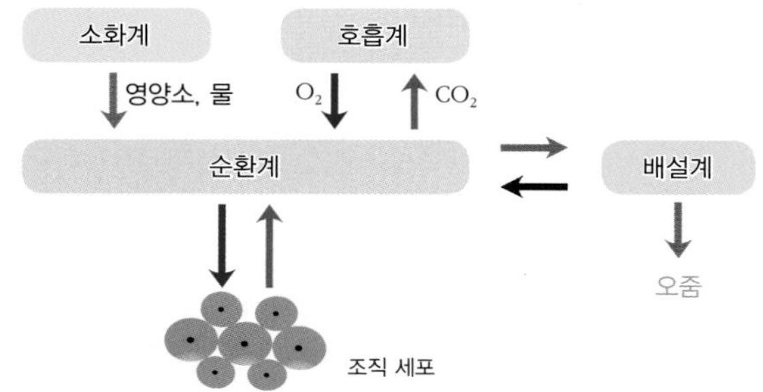

(1) 소화계에서는 음식물 속의 영양소를 체내에서 흡수할 수 있도록 분해한다. 이후 소화된 영양소를 소장의 융털로 흡수하고, 흡수되지 않은 물질은 대변으로 내보낸다. 따라서 ㉠ 은 물과 영양소가 포함된다. 노폐물은 조직 세포에서 세포 호흡의 결과로 생성되며, 순환계가 호흡계와 배설계로 운반하여 몸 밖으로 배출된다.
(2) 호흡계는 외호흡을 통해 세포 호흡에 필요한 산소를 흡수하고, 세포 호흡 결과로 발생한 이산화 탄소를 방출한다. 따라서 ㉡ 은 산소, ㉢ 은 이산화 탄소에 해당한다.
(3) (가) 는 조직 세포에서 세포 호흡 결과로 발생한 이산화 탄소와 노폐물을 운반하는 순환계에 해당하며, (나) 는 세포 호흡 결과로 생성된 질소 노폐물을 걸러 오줌을 만들어 몸 밖으로 배출하는 배설계에 해당한다.

07. 답 ①, ④
해설 ① 순환계는 소화계에서 흡수한 영양소와 호흡계에서 얻은 산소를 온몸의 조직 세포로 운반한다. 또한 세포 호흡 결과로 생성된 노폐물을 호흡계와 배설계로 운반한다.
② 소화관은 입, 식도, 위, 소장, 대장 등이 속한다. 호흡계를 통해 들어오는 기체는 폐포에서 모세혈관으로 이동한다. 수용성 영양소는 소장의 융털의 모세혈관으로 흡수되고, 지용성 영양소는 소장의 암죽관으로 흡수된다.
③ 조직 세포에서 에너지를 만들 때에는 소화계에서 흡수한 음식물의 영양소를 분해하여야 한다. 모든 기관계는 상호 작용을 한다.
④ 세포 호흡 결과로 발생한 이산화 탄소와 노폐물은 호흡계에서 날숨의 형태로, 배설계에서 오줌의 형태로 배출된다.
⑤ 식사를 통해 섭취한 음식물의 찌꺼기가 대변으로 배출되는 것은 소화계의 작용이다. 배설계에서는 혈액 속의 노폐물을 걸러 내어 오줌이나 땀을 생성한다.

08. 답 ㉠ 배설계, ㉡ 소화계
해설 배설계에서는 세포 호흡 결과로 생성된 질소 노폐물을 걸러 몸 밖으로 배출하는 작용을 하고, 소화계에서는 소화된 영양소를 소장에서 ㅈ흡수하고, 흡수되지 않은 물질은 대변으로 배출한다.

창의력 & 토론마당 110~113쪽

01 ㄴ, ㄷ

해설 ㄱ. 사구체에서 여과되는 물질들은 혈장 내 농도에 비례하여 여과된다. 하지만 분자량이 큰 단백질들은 농도와 상관없이 투과되지 않는다.
ㄴ. 알부민의 분자 반경은 3.55 nm 이다. 문제에 제시된 그래프에서 3.55 nm 의 분자 반경의 음전하를 띤 물질은 투과액에서 용질 농도가 0 이다. 따라서 거의 투과되지 못한다.
ㄷ. 락토글로빈의 분자 반경은 2.16 nm 이다. 주어진 그래프에서 용질의 분자 반경이 약 3 nm 이하인 물질은 전하에 관계없이 투과될 수 있다는 것을 알 수 있다.
ㄹ. 포도당의 분자량은 180 으로 락토글로빈보다 작고 전하를 띠지 않는다. 따라서 사구체에서 자유롭게 투과될 수 있다.

02 ㄱ, ㄴ

해설 ㄱ. A 는 분당 여과량이 적을 때에는 모두 재흡수되어 분당 배설량이 0 이지만, 여과량이 커지면 최대 재흡수량인 350 mg/분 을 뺀 만큼 배설이 되다. 따라서 A 의 최대 재흡수량은 350 mg/분 이다.
ㄴ. A 는 여과량보다 배설량이 적은 것으로 재흡수가 능동적으로 일어나는 물질이고, B 는 여과량보다 배설량이 큰 것을 보아 분비가 일어나는 물질이다. 따라서 B 가 A 보다 배설이 더 잘 일어난다.
ㄷ. 사구체 여과율은 분당 여과량을 혈장 농도로 나눈 값에 해당한다. A 와 B 의 사구체 여과율은 모두 125 mL/분 으로 같다.

03 답 : 192
풀이 과정
① 심장은 1 분당 100 회 뛰고, 1 번에 80 mL 의 피를 내보내므로 1 분에 8 L 의 혈액을 온몸으로 보낸다.
② 8 L 의 혈액 중 20 % 만이 콩팥으로 가므로, 1 분 동안 1.6 L 의 혈액이 콩팥으로 간다.

③ 1.6 L 의 혈액 중 60 % 만이 혈장이므로 혈액 1.6 L 중 60 % 인 960 mL(0.96 L)만이 여과가 가능하다.
④ 960 mL 중 20 % 만 여과되므로 1 분당 사구체 여과율은 192 mL/분 이다.

해설 사구체 여과율은 1 분 동안 양쪽 콩팥에 의해 생성되는 여과액의 용량을 뜻한다. 사구체 여과율은 이눌린의 콩팥 청소율로 측정한다. 또한 분당 여과량을 혈장 농도로 나눈 값에 해당한다.

04 ㄴ

해설 크레아티닌은 콩팥에서 여과된 후 재흡수나 재분비가 일어나지 않는 물질이다. 그러므로 여과 후 세뇨관 및 집합관에서 물질량의 비가 거의 변하지 않는다. 따라서 물질량의 비가 거의 변하지 않은 A 가 크레아티닌인 것을 알 수 있다. 물은 여과된 후 거의 재흡수되므로 물질량의 비가 가장 많이 감소한 C 가 물이라고 추론할 수 있다. 요소는 재흡수와 분비가 모두 일어나는 물질이기 때문에 그래프에서 물질량의 비가 감소하는 구간과 증가하는 구간이 모두 존재하므로 B 는 요소인 것을 알 수 있다.

ㄱ. 단위 시간당 $\dfrac{\text{콩팥 동맥을 흐르는 양}}{\text{콩팥 정맥을 흐르는 양}}$

$= \dfrac{\text{단위 시간당 콩팥에 여과되기 전의 물질의 양}}{\text{콩팥에 여과된 후 물질의 양(처음 물질의 양 − 배설량)}}$

이므로, 배설이 많이 되는 물질 A는 분모가 작아져서 그 값이 커지게 된다. B 의 배설량은 A 보다 작으므로,

단위 시간당 $\dfrac{\text{콩팥 동맥을 흐르는 양}}{\text{콩팥 정맥을 흐르는 양}}$ 의 값은 A 가 B 보다 크다.

ㄴ. 항이뇨호르몬은 집합관에서 물의 재흡수를 촉진하는 호르몬이다. 항이뇨호르몬이 결핍되면 물의 재흡수가 감소하므로, C 의 물질량 비는 증가한다.

ㄷ. 1) 사구체 여과율 = 콩팥으로 여과되는 혈장량/분
= 180 L/일 = 180000 mL/24 × 60 분 = 125 mL/분
2) 사구체 여과분율은 0.2 이다.
3) 콩팥을 지나가는 혈장의 양/분

$= \dfrac{\text{사구체 여과율}}{\text{사구체 여과분율}}$

$= \dfrac{125\text{ mL/분}}{0.2} = 625\text{ mL/분}$

따라서 콩팥을 지나가는 혈장의 양은 분당 625 mL 이다.

스스로 실력 높이기 114~121쪽

01. ③ 02. ③ 03. (1) (다), 방광 (2) (라), 요도 (3) (가), 콩팥 04. ㉠ 겉질 ㉡ 사구체(보먼주머니) ㉢ 보먼주머니(사구체) 05. A : 사구체, B : 보먼주머니, C : 모세혈관, D : 세뇨관
06. ㄷ, ㅁ 07. (1) (다), 분비 (2) (나), 재흡수 (3) (가), 여과 08. ⑤ 09. ① 10. ③ 11. ③ 12. ④, ⑤ 13. 이진, 지연 14. ③ 15. (1) 125 (2) 150 16. ③ 17. ② 18. ①, ②, ③ 19. (1) D (2) A 20. ① 21. ⑤ 22. (1) B (2) C 23. ② 24. ① 25. ③ 26. ㄱ, ㄷ, ㄹ 27. ①, ④, ⑤ 28. (1) ㉠ 증가 ㉡ 감소 ㉢ 변화 없음 ㉣ 증가 (2) 〈해설 참조〉 29. (1) 170 L (2) 160 L 30. ②

01. 답 ③
해설 배설은 세포 호흡 결과로 생긴 노폐물을 몸 밖으로 내보내는 작용이다. 체내에 노폐물을 제거함으로써 인체 내 생리 작용이 원활하게 일어나게 되고, 체내 항상성을 유지시킬 수 있다.
③ 산소는 호흡계를 통해 체내로 들어오며, 순환계에 의해 운반된다.

02. 답 ③
해설 3 대 영양소인 탄수화물, 단백질, 지방은 공통적으로 탄소(C), 산소(O), 수소(H)를 포함하고 있기 때문에 공통적으로 물(H_2O)과 이산화 탄소(CO_2)를 생성하게 된다.

03. 답 (1) (다), 방광 (2) (라), 요도 (3) (가), 콩팥
해설 콩팥은 혈액 속의 노폐물을 걸러내어 오줌을 생성하는 기관이며, 오줌관은 콩팥에서 만들어진 오줌이 방광으로 이동하는 통로이다. 방광은 오줌을 저장하는 주머니이며, 요도는 방광에 모인 오줌이 밖으로 나가는 통로이다.

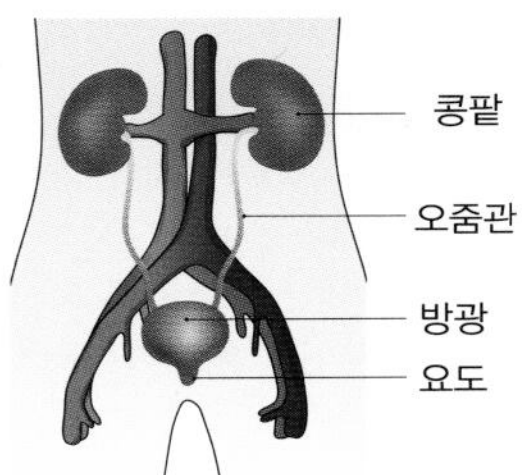

04. 답 ㉠ 겉질 ㉡ 사구체(보먼주머니) ㉢ 보먼주머니(사구체)
해설 사람의 콩팥은 겉질, 속질, 콩팥 깔때기로 구성되어 있다. 겉질은 사구체와 보먼주머니로 된 말피기소체가 주로 분포하고, 속질은 세뇨관과 집합관이 분포한다.

05. 답 A : 사구체, B : 보먼주머니, C : 모세혈관, D : 세뇨관
해설 콩팥 동맥을 통해 콩팥으로 들어온 혈액이 네프론에서 여과, 재흡수, 분비 과정을 거치면서 오줌을 생성한다.

06. 답 ㄷ, ㅁ
해설 A 는 사구체, B 는 보먼주머니로, 물질이 A 에서 B 로 이동하는 과정을 여과라고 한다. 여과는 사구체로 들어온 혈액의 일부가 혈압차에 의해 보먼주머니로 빠져나오는 과정으로 크기가 작은 물질들이 이동하며, 분자량이 큰 혈구, 단백질, 지방은 여과되지 않는다.

07. 답 (1) (다), 분비 (2) (나), 재흡수 (3) (가), 여과
해설 (가) 는 사구체로 들어온 혈액 일부가 압력차에 의해 보먼주머니로 빠져나오는 과정으로, 이때 여과된 여과액을 원뇨라고 한다. (나) 원뇨가 세뇨관을 지나는 동안 여과된 물질 중 우리 몸에 필요한 성분이 세뇨관을 둘러싸고 있는 모세혈관으로 다시 흡수되는 과정이고, (다) 는 미처 여과되지 않고 모세혈관에 남아 있던 노폐물이 세뇨관으로 이동하는 과정이다.

08. 답 ⑤

해설 혈구, 단백질, 지방 등은 분자의 크기가 매우 크기 때문에 혈관 벽을 통과할 수 없다. 따라서 사구체에서 보먼주머니로 여과되지 못해 혈액 속에 그대로 남아있게 된다.

09. 답 ①

해설 여과는 사구체로 들어가는 혈관의 굵기가 사구체에서 나오는 혈관의 굵기보다 굵어서 사구체 내부의 압력이 높기 때문에 일어난다. 물의 재흡수는 삼투 현상에 의해 일어나며, 모세혈관에서 세뇨관으로 이동하는 분비 과정은 에너지를 소비하는 능동 수송에 의해 일어난다

10. 답 ③

해설 (가) 는 영양소를 흡수하는 소화계, (나) 는 기체의 교환에 관여하는 호흡계, (다) 는 배설계에 해당한다.

ㄱ. (가) 에서는 소화 작용이 일어나므로 이화 작용이 일어난다.

ㄴ. (나) 에 해당하는 기관에는 폐, 기관, 기관지, 코 등이 있다. 심장과 혈관은 순환계에 해당한다.

ㄷ. 요소는 오줌과 땀 등을 통해 배설된다.

11. 답 ③

해설 문제에서 제시된 물질대사 과정은 오르니틴 회로로 암모니아를 독성이 약한 요소로 전환시키는 해독 작용이다. 오르니틴 회로는 간에서 진행되며, 진행 과정에 ATP 가 필요하다. 암모니아와 이산화 탄소를 결합시켜 오르니틴을 시트룰린으로, 시트룰린을 아르지닌으로 전환시킨다. 아르지닌은 아르지네이스라는 효소에 의해 오르니틴과 요소로 분해된다.

12. 답 ④, ⑤

해설 ① (가) 는 지용성 영양소가 흡수되는 암죽관이고, (나) 는 수용성 영양소가 흡수되는 모세혈관이다.

② A 는 이산화 탄소로 모세혈관을 통해 폐로 들어가 폐포에서 기체 교환이 일어난다. 따라서 이산화 탄소는 외호흡에 의해 몸 밖으로 배출된다.

③ A 는 이산화 탄소로 이산화 탄소가 과도하게 생성되면 세포액에 녹아 탄산이 되므로 산성이 되어 pH 가 낮아지게 된다.

④ B 인 물과 C 인 요소는 피부와 콩팥을 통해 땀과 오줌으로 배출된다. 물의 일부는 수증기 형태로 폐를 통해 날숨과 함께 배설되기도 한다.

⑤ 암모니아는 간에서 요소로 전환된다. 간에서는 쓸개즙도 생성하여 지방의 소화를 돕는다.

13. 답 이진, 지연

해설 ㉠ 은 사구체로 혈액이 걸러지기 전이므로 단백질, 지방, 포도당, 아미노산 등이 모두 들어있다.

㉡ 은 보먼주머니로 사구체에서 보먼주머니로 여과된 물질들만 들어있기 때문에 분자의 크기가 작은 포도당과 아미노산이 여과된다.

㉢ 은 세뇨관으로 재흡수와 분비가 일어나는데 정상인의 경우 단백질이 포함될 수 없다.

㉣ 은 집합관으로 최종적인 오줌이 형성되어 콩팥깔때기로 전달되는 통로이다.

따라서 서영과 은영은 정상적인 반응이며, 이진은 세뇨관에서 단백질이 검출되었으므로 사구체의 이상으로 인해 고분자인 단백질이 여과되었다는 것을 알 수 있다. 또한 지연은 집합관에서 포도당과 아미노산이 검출되었으므로 세뇨관에서 재흡수가 정상적으로 일어나지 않았음을 알 수 있다.

14. 답 ③

해설 ① 물을 적게 마시면 오줌의 양도 작아진다. 오줌의 양은 A 가 더 많기 때문에 B 보다 물을 더 많이 마신다는 것을 알 수 있다.

② A 의 염분의 농도가 B 보다 높으므로, A 가 B 보다 더 짜게 먹는다.

③ 단백질의 분해 결과로 암모니아가 생성되고, 암모니아는 간에서 요소로 전환된다. A 가 B 보다 암모니아와 요소의 농도가 더 높기 때문에 단백질을 더 많이 섭취한다는 것을 알 수 있다.

④, ⑤ 제시된 자료로 지방과 탄수화물의 섭취량은 알 수 없다.

15. 답 (1) 125 (2) 150

해설 (1) (가) 지점의 콩팥 동맥을 지난 혈액이 사구체를 지나면서 여과가 일어나게 되고 (나) 지점을 지나게 된다. 이때 사구체에서 보먼주머니로 빠져나가 걸러진 물질이 원뇨이므로 (가) 지점의 혈액량에서 (나) 지점의 혈액량을 빼면 여과되어 원뇨가 된 물질의 양을 알 수 있다.

따라서 1200 mL/분 − 1075 mL/분 = 125 mL/분 이다.

(2) (나) 지점의 혈액량이 1075 mL/분 인데, (다) 지점을 지날때는 혈액량이 1199 mL/분 으로 늘어난다. 이는 세뇨관에서 재흡수되는 과정을 거치기 때문이다. 따라서 세뇨관에서 재흡수량은 (다) 지점에서 (나) 지점을 흐르는 혈액량을 뺀 만큼인 124 mL/분 이다. 1 분 동안 여과되는 원뇨의 양이 125 mL 이므로 124 mL 만큼이 재흡수 되므로 실제로는 1 분동안 1 mL 만이 오줌이 된다. 따라서 150 mL 의 오줌이 모이려면 150 분이 걸리게 된다.

16. 답 ③

해설 ① X 의 여과율 그래프가 일정한 기울기로 증가하므로 혈중 X 농도에 비례한다는 사실을 알 수 있다.

② 혈중 농도에 따라 재흡수율의 증가율이 클수록 배설율의 증가율은 작고, 재흡수율의 증가율이 작을수록 배설율의 증가율은 커지므로 서로 상관관계가 있다.

③ 물질 X 의 혈중 농도가 낮을 때는 여과량이 배설량보다 크고, 물질 X 의 혈중 농도가 높을 때는 배설량이 여과량보다 크다. 따라서 물질 X 의 혈중 농도가 높을 때만 오줌 속에 X 의 농도가 사구체에서 여과된 양보다 많을 것이다.

④ 배설율은 혈액 속의 X 의 농도가 증가함에 따라 서서히 증가하다가 일정 수준이 되면 기울기가 급해지며 급격히 증가한다.

⑤ X 의 재흡수율 그래프를 보면 혈중 농도가 증가함에 따라 다소 증가하다가 어느 수준이 되면 증가하지 않게 된다. 따라서 X 의 재흡수는 혈중 X 의 농도에 영향을 받는다고 할 수 있다.

17. 답 ②

해설 혈액 속에 있던 단백질은 분자의 크기가 매우 크기 때문에 사구체에서 보먼주머니로 여과되지 않는다. 따라서 세뇨관의 오줌에는 단백질이 포함되어 있지 않다. 세뇨관의 오줌에 포함된 물질 중 포도당, 아미노산은 100 % 모세혈관으로 재흡수되며, 물과 무기 염류 또한 혈액의 농도에 따라 필요한 만큼 재흡수가 된다. 요소 또한 일부분이 재흡수된다. 그 이유는 세뇨관의 오줌이 집합관 쪽으로 이동할 때는 농도 차에 의해 일어나므로 이때의 농도 차이를 형성하기 위해서 요소 일부분이 재흡수되는 것이다. 하지만 원뇨에서 오줌으로 갈수록 요소의 농도가 높아지는 것은 모세혈관에서 요소를 분비하기도 하고, 세뇨관을 이동하면서 물이 모세혈관으로 재흡수되기 때문이다.

18. 답 ①, ②, ③

해설 (가) 그래프에서 여과량은 혈당량에 비례한다. 즉, 혈액 속에 포도당이 많을수록 여과되는 포도당량도 증가한다. 혈당량이 증가하면 재흡수량도 증가하지만 일정 수준에 도달하면 재흡수량이 일정해진다. 따라서 재흡수량의 그래프에서 여과된 포도당이 모두 재흡수되지 않을 때에는 포도당이 오줌으로 배설된다는 것

을 알 수 있다. 혈당량이 200 mg/100 mL 이하에서는 여과된 포도당이 모두 재흡수되므로 오줌에서 포도당이 검출되지 않는다.

① 정상인의 세뇨관에서 포도당이 100 % 재흡수되므로 오줌으로 배설되는 포도당은 없다. 이는 여과된 포도당량과 재흡수된 포도당량이 같을 때이므로, 혈당량이 100 mg/100 mL 인 경우 정상이라고 할 수 있다.

② 여과된 포도당이 재흡수되지 못하고 남는 양이 배설되므로 여과량에서 재흡수량을 뺀 값에 해당한다.

③ 포도당이 오줌으로 배설되는 증상을 당뇨병이라고 하는데 혈당량이 약 200 mg/100 mL 이상에서는 여과량보다 재흡수량이 적게 나타난다. 따라서 혈당량이 300 mg/100 mL 인 사람은 재흡수되지 못하고 남은 포도당이 오줌으로 배설되므로 당뇨 증세를 보일 것이다.

④ 정상인의 경우 여과된 포도당이 100 % 재흡수되기 때문에 배설된 오줌에서 포도당이 검출되지 않는다.

⑤ 혈당량이 높을수록 포도당의 재흡수량은 증가하지만 일정 수준 이상에서는 포도당의 재흡수가 일어나지 않게 되므로 오줌으로 배설된다.

19. 답 (1) D (2) A

해설 (나) 그래프에서 여과량은 계속 증가하며, 배설량도 a 시점 이후 계속 증가하지만 분비량은 일정하게 유지된다. 따라서 재흡수가 일어나지 않는다는 것을 알 수 있으며 X 의 배설량은 여과량과 분비량의 합인 것을 알 수 있다.

(1) 물질 X 가 분비될 때 X 의 배설량은 여과량과 분비량의 합이다. 따라서 물질 X 는 여과 과정과 분비 과정이 모두 나타난 D 의 경로와 같이 이동하게 된다.

(2) 물질 X 의 분비가 일어나지 않으면 물질 X 의 배설량과 여과량이 같으므로 물질 X 의 이동 방식은 A 와 같이 나타날 것이다.

이동 경로 B 와 C 는 모두 재흡수 과정이 나타나 있어 물질 X 가 이동하는 경로와는 전혀 다르다.

20. 답 ①

해설 ㄱ. 혈관과 심장은 순환계에 해당하며 소장에서 흡수한 영양소와 폐에서 흡수한 산소를 온몸의 조직 세포로 운반한다.

ㄴ. 소화관에서 흡수되지 않은 물질은 대변으로 내보낸다.

ㄷ. 심장은 스스로 운동을 하며, 가로막과 갈비뼈의 운동으로 움직이는 기관은 폐이다.

21. 답 ⑤

해설 A 는 콩팥으로 들어오는 혈액이 흐르는 혈관인 콩팥 동맥, B 는 콩팥에서 나오는 혈액이 흐르는 혈관인 콩팥 정맥, C 는 오줌관에 해당한다.

ㄱ. A 를 통해 들어간 요소는 여과, 재흡수, 분비 과정을 통해 콩팥에서 걸러져 오줌으로 배출되므로, 요소의 농도는 A 가 더 높다.

ㄴ. 체내 삼투압이 높아지면 콩팥의 오줌량이 감소하므로, C 의 오줌 농도는 더 진해진다.

ㄷ. 암모니아는 간에서 요소로 전환되므로 콩팥에서 걸러져 나오는 오줌에서 질소성 노폐물의 농도는 요소가 더 높다.

22. 답 (1) B (2) C

해설 (1) 당뇨는 인슐린 호르몬의 양이 조절되지 않아 혈중 포도당 농도가 높아져 소변으로 포도당을 배출하는 질병이다. 따라서 포도당 검출 반응인 베네딕트 반응을 이용해 당뇨병의 여부를 검사할 수 있다. 베네딕트 용액을 첨가한 뒤 가열하게 되면 포도당이 포함된 용액은 황적색으로 변하게 된다. 따라서 B 는 당뇨병의 가능성이 있다.

(2) 단백질 검출은 5 % 수산화 나트륨 수용액과 1 % 황산 구리 수용액을 이용한 뷰렛 반응을 이용한다. 단백질이 포함된 용액에서는 용액이 보라색으로 변하게 된다. 따라서 C 의 소변에 단백질이 포함되어 있다는 것을 알 수 있다.

23. 답 ②

해설 그림 A 는 여과된 물질이 모두 재흡수되는 것을 나타낸 것이고, 그림 B 는 여과된 물질의 일부만 재흡수되고, 나머지는 오줌으로 배설되는 것을 나타낸 것이다.

ㄱ. 포도당은 (가) 의 자료에 따라 여과는 되지만 모두 재흡수되므로 그림 A 와 같은 형태의 물질 이동을 한다.

ㄴ. (가) 의 자료에 따라 크레아티닌은 여과량보다 배설량이 더 많다. 따라서 그림 A, B 와는 다른 형태의 물질 이동을 한다.

ㄷ. 요소는 여과량의 절반만이 배설되므로, 일부가 오줌에 남아있게 된다. 따라서 그림 B 형태의 물질 이동을 하게 된다.

ㄹ. (가) 의 자료에 따라 여과량이 가장 많은 포도당은 배설되지 않았으며, 크레아티닌과 요소는 여과량이 포도당보다 작지만, 배설량은 포도당보다 더 크다.

24. 답 ①

해설 ㄱ. (나) 의 개구리의 발생 단계별 질소 배설물의 종류 및 구성비를 보면, 올챙이 때에는 주로 암모니아로 배설하고, 개구리 때에는 주로 요소로 배설한다는 것을 알 수 있다.

ㄴ. (가) 의 자료에 따르면, 같은 양의 질소 1 g 을 배설할 때 암모니아로 배설하는 데 필요한 물의 양은 요소 배설에 필요한 것보다 10 배 더 많다. 따라서 같은 양의 질소를 배설할 때 필요한 물의 양은 올챙이가 개구리보다 더 많다.

ㄷ. 올챙이는 물에서만 살고, 개구리는 물과 육지 모두에서 서식한다. 동물이 배설하는 질소성 노폐물의 종류는 동물의 서식지와 관계가 있다. 수분이 풍부한 곳에 사는 동물들은 암모니아의 형태로 배설하여도, 물에 암모니아가 희석되므로 암모니아의 피해를 줄일 수 있다. 수분이 적은 곳에 사는 동물들은 암모니아의 독성을 희석시키지 못해 요소나 요산의 형태로 배설한다.

ㄹ. 올챙이에서 개구리가 되면서 질소 노폐물 중 요소의 비율이 높아진다. 이때 (다) 의 자료에 따르면 올챙이가 개구리로 탈바꿈 과정을 거치면서 요소 합성에 필요한 효소 활성도가 점점 증가하는 것을 알 수 있다. 따라서 요소의 비율과 요소 합성에 필요한 효소의 활성도가 비례한다는 것을 알 수 있다.

25. 답 ③

해설 A 는 물질이 사구체에서 보먼주머니로 여과된 후 모두 재흡수되어 오줌으로 배출되지 않는 물질의 이동 경로를 나타낸 것이고, B 는 물질이 여과된 후 재흡수가 일어나 일부만 오줌으로 배출되는 경우를 나타낸 것이다.

ㄱ. 그래프 (나) 에서 혈당량에 따른 포도당의 배출량은 여과량에서 재흡수량을 뺀 값에 해당한다.

ㄴ. (나) 에서 혈당량이 300 mg/100 mL 이상이면 여과량은 증가하지만 재흡수량은 일정하게 나타나므로 나머지 포도당은 오줌으로 배출된다는 의미이다. 여과량과 재흡수량의 차이만큼 포도당이 오줌으로 배출되는 당뇨 증상이 나타나므로, (가) 의 B 와 같이 포도당이 이동하게 된다.

ㄷ. 혈랑량이 200 mg/100 mL 이하이면 포도당의 여과량과 재흡수량이 같으므로 (가) 의 A 와 같은 방식으로 이동한다.

26. 답 ㄱ, ㄷ, ㄹ

해설 ㄱ. 캥거루쥐의 배설되는 오줌의 비율이 인간에 비해 매우 적은 것은 배설 기관인 콩팥에서 물을 최대한 재흡수하고 있다는 것을 의미한다.

ㄴ. 캥거루쥐의 경우 먹이를 통해 수분 섭취를 하는 양이 적으므로 인간이 먹는 먹이와 비교했을 때 먹이의 수분 함량이 낮다는 것을 알 수 있다.

ㄷ. 캥거루쥐가 오줌으로 수분을 배출하는 양이 매우 적기 때문에 수분 손실량을 최소한으로 줄이고 있음을 알 수 있다. 따라서 캥거루쥐의 서식지가 매우 건조한 환경임을 추리할 수 있다.
ㄹ. 캥거루쥐의 수분 손실 중 가장 큰 비율을 차지하는 것은 증발이다. 털이 달린 동물은 땀샘이 없기 때문에 거의 땀을 흘리지 않음에도 불구하고 증발량이 많다는 것은 호흡을 통해서 수증기 형태로 배출하는 양이 많다는 것을 의미한다. 따라서 캥거루쥐의 대부분의 수분 손실은 숨을 쉬면서 일어난다고 할 수 있다.

27. **답** ①, ④, ⑤
해설 바다표범과 같은 해양 포유류는 해수보다 삼투압이 낮은 저삼투성 혈액을 가지고 있다. 이는 피부를 통해 체액의 물이 빠져나갈 위험이 있다. 따라서 물의 손실을 줄이기 위해 매우 농축되어 삼투압이 높은 오줌을 배설하며, 피하 지방층을 두껍게 하여 체액의 물이 해양으로 빠져나가는 것을 방지한다. 또한, 물을 얻기 위해서는 해수의 농도보다 낮은 체액을 가진 먹이를 선호한다. $\frac{표면적}{부피}$ 의 비율을 낮추어줌으로써 신체 표면과 해수 사이의 접촉 면적을 줄여 물질 교환이 최소한으로 이루어지도록 하기 위해 체구를 늘리도록 진화하였다.

28. **답** (1) ㉠ 증가 ㉡ 감소 ㉢ 변화 없음 ㉣ 증가
(2) 〈해설 참조〉
해설 (2) 간은 독성이 강한 암모니아를 독성이 적은 요소로 전환시킨다. 따라서 간이 제거되면 더이상 혈액 속의 암모니아를 요소로 전환시키지 못하기 때문에 혈액 내 암모니아의 양은 증가하게 되고, 요소의 농도는 낮아지게 된다. 배설은 혈액 속의 요소 및 노폐물을 콩팥을 통해 몸 밖으로 배출하는 것이다. 따라서 콩팥이 제거되면 혈액 속의 요소 및 노폐물을 배설하기가 어려워지므로 혈액 속 요소의 농도는 증가하게 된다. 하지만 암모니아를 요소로 전환시켜주는 간은 정상적인 기능을 하기 때문에 암모니아의 농도는 증가하거나 감소하지 않는다.

29. **답** (1) 170 L (2) 160 L
해설 (1) 1 L에 6 mg 의 이눌린이 포함되어 있을 때 1020 mg 의 이눌린이 걸러지기 위해 필요한 혈액의 양을 구하면 된다.
1 L : 6 mg = x : 1020 mg, x = 170 (L)
(2) 1 L : 8 mg = x : 1280 mg, x = 160 (L)

30. **답** ②
해설 인공 콩팥은 환자의 혈액을 몸에서 빼내어 혈액 속 노폐물과 여분의 수분을 제거한 후 깨끗한 혈액을 다시 몸 안으로 넣어주는 장치로 농도차에 의한 확산 현상을 이용한다. 투석막은 반투과성 막으로 단백질이나 적혈구와 같이 큰 분자는 통과하지 못하고 포도당이나 물, 요소와 같은 작은 물질은 통과하여 혈액으로부터 빠져나올 수 있다. 투석액에는 요소가 없어 혈액 속의 요소가 확산에 의해 농도가 낮은 투석액 쪽으로 빠져나가며, 포도당, 아미노산, 무기 염류 등의 농도는 혈액과 투석액이 같아 우리 몸에 필요한 성분들은 빠져나가지 않는다.
① 단백질은 혈액에 존재하지만 분자의 크기가 크기 때문에 투석막을 통해 이동할 수 없다.
② 요소는 혈액에는 있으나 투석액에는 거의 없다. 따라서 농도가 높은 혈액에서 투석액으로 요소가 확산되고 반대 방향으로는 이동이 일어나지 않는다.
③, ④ 포도당은 혈액과 투석액의 농도가 같으므로 한 방향으로만 일어나는 이동 현상은 일어나지 않는다.
⑤ 혈액 중 요소는 투석액 쪽으로 확산되므로 투석이 끝나면 혈액의 요소 농도가 투석액으로 이동하여 투석액보다 혈액의 요소 농도가 더 낮다.

19강. 자극의 전달

개념 확인 122~125쪽

1. 뉴런 2. ㉠ 음전하 ㉡ 양전하 3. 전도 4. 전달

확인+ 122~125쪽

1. 연합 뉴런 2. 탈분극 3. 도약 전도
4. ㉠ 축삭, ㉡ 시냅스 소포

개념 다지기 126~127쪽

01. ④ 02. ②, ④ 03. (1) X (2) O (3) O (4) X
04. ⑤ 05. ② 06. ② 07. ③
08. (1) O (2) X (3) X

01. **답** ④
해설 ㄱ. 신경 세포체는 핵과 세포질로 구성되며, 뉴런의 물질대사와 생장 및 영양 공급에 관여한다. 핵이 있으므로 유전 물질이 존재한다.
ㄴ. 가지돌기는 신경 세포체에서 뻗어나온 짧은 돌기로, 감각기나 다른 뉴런으로부터 자극을 받아들인다.
ㄷ. 축삭돌기는 신경 세포체에서 뻗어나온 긴 돌기로, 다른 뉴런이나 반응기로 자극을 전달하며 말이집의 유무에 따라 말이집 신경과 민말이집 신경으로 구분한다.

02. **답** ②, ④
해설 ① 원심성 뉴런은 중심으로부터 멀어지려는 성질로 운동 뉴런에 해당한다.
② 구심성 뉴런은 먼 곳에서 중심으로 가까워지려는 성질로 감각 뉴런에 해당한다.
③ 축삭돌기가 길게 발달한 것은 운동 뉴런의 특징이다. 감각 뉴런은 가지돌기가 길게 발달되어 있고, 그 끝이 감각기에 분포한다.
④ 신경 세포체가 작으며, 신경 세포체가 축삭돌기의 한쪽 옆에 붙어 있는 것은 감각 뉴런의 특징이다.
⑤ 중추 신경을 이루는 것은 연합 뉴런으로, 연합 뉴런은 감각 뉴런과 운동 뉴런을 연결하며, 그 사이에서 흥분을 중계하고 정보를 처리한다.

03. **답** (1) X (2) O (3) O (4) X
해설 (1) 흥분의 전도는 자극을 받은 뉴런에서 활동 전위가 생성됨으로써 시작되며 분극, 탈분극, 재분극의 순서로 일어난다.
(4) 탈분극 때에는 뉴런이 역치 이상의 자극을 받아 Na^+ 통로가 열려 Na^+ 이 빠르게 세포 안쪽으로 확산되어 막전위가 상승하는 현상이다.

04. **답** ⑤
해설 Na^+-K^+ 펌프는 ATP 를 소모하여 Na^+ 은 세포 바깥쪽으로, K^+ 은 세포 안쪽으로 이동시킨다. 이와 같이 농도 기울기에 역행하여 저농도에서 고농도로 에너지를 이용하여 물질을 이동시키는 것을 능동 수송이라고 한다.

05. **답** ②

해설 흥분의 전도는 뉴런의 특정 부위에 탈분극이 일어나면 세포 안으로 유입된 Na^+ 이 옆으로 확산되면서 연속적으로 탈분극을 일으켜 흥분이 전도된다.

06. 답 ②
해설 말이집 신경의 말이집은 절연체 역할을 하므로, 랑비에 결절에서만 흥분이 발생하는 도약 전도가 일어나기 때문에 말이집 신경이 민말이집 신경보다 흥분 전도 속도가 빠르다. 또한 축삭의 지름이 클수록 전도 속도가 빠르다.

07. 답 ③
해설 ③ 신경 전달 물질이 확산되면 시냅스 후 뉴런의 가지돌기나 신경 세포체의 세포막에 있는 수용체와 결합한다. 신경 전달 물질의 수용체는 가지돌기와 신경 세포체에만 있고, 축삭돌기 쪽에는 없다.

08. 답 (1) O (2) X (3) X
해설 (1) 시냅스 소포는 축삭돌기 말단에만 있으며, 신경 전달 물질의 수용체는 가지돌기와 신경 세포체에만 있다. (2) 유입된 Na^+ 이 양방향으로 확산되어 뉴런 내에서 흥분은 양방향으로 전도되지만, 뉴런 사이의 흥분은 시냅스 전 뉴런의 축삭돌기 말단에서 시냅스 후 뉴런의 가지돌기나 신경 세포체 쪽으로만 전달된다. (3) 흥분의 전도는 Na^+ 의 확산으로 막전위가 바뀌는 전기적인 형태로 일어난다. 반면 흥분의 전달은 화학 물질인 신경 전달 물질의 확산에 의해 이루어지므로 흥분의 전기적 전도보다 속도가 느리다.

유형 익히기 & 하브루타 128~131쪽

[유형19-1] (1) O (2) O (3) X (4) X (5) O
01. (1) B, 연합 뉴런 (2) A, 감각 뉴런
(3) C, 운동 뉴런 02. 민말이집 신경
[유형19-2] ㄷ 03. ㉠ 능동 수송, ㉡ 확산
04. (1) Na^+ (2) ㉠ 양, ㉡ 음 (3) 활동
[유형19-3] (1) X (2) O (3) X
05. ④ 06. ㉠ A, ㉡ D
[유형19-4] (1) X (2) O (3) X (4) O
07. ③ 08. C, D, E, F

[유형 19-1] 답 (1) O (2) O (3) X (4) X (5) O
해설

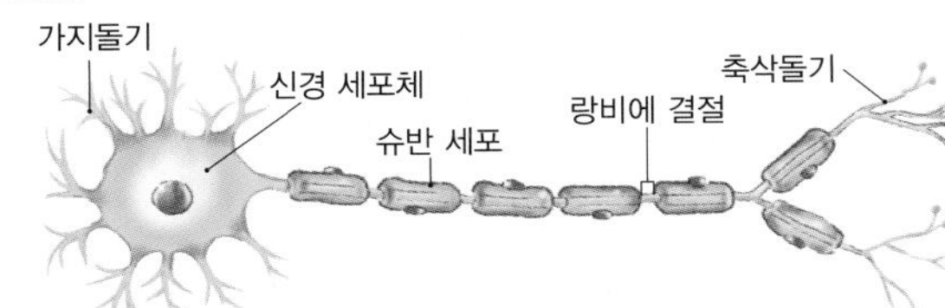

(1) A 는 가지돌기로 신경 세포체에서 뻗어나온 짧은 돌기이며 감각기나 다른 뉴런으로부터 자극을 받아들인다.
(2) B 는 신경 세포체로 핵과 세포질로 구성되며, 뉴런의 물질대사와 생장 및 영양 공급에 관여한다.
(3) C 는 슈반 세포로 말이집 신경에서 축삭을 둘러싸고 있는 세포이다. 이 세포는 축삭에 영양을 공급하고 말이집 형성에 관여한다. 슈반 세포는 미엘린이라는 지질 성분으로 되어 있어 절연체의 역할을 하기 때문에 전도는 일어나지 않는다.
(4) D 는 말이집 신경에서 말이집과 다음 말이집 사이에 축삭이 드러나 있는 부분으로 랑비에 결절이라고 한다. 이 부분에서 도약 전도가 일어난다.
(5) E 는 축삭돌기로 신경 세포체에서 뻗어 나온 긴 돌기이며, 다른 뉴런이나 반응기로 자극을 전달한다.

01. 답 (1) B, 연합 뉴런 (2) A, 감각 뉴런 (3) C, 운동 뉴런
해설 (1) 뇌, 척수와 같은 중추 신경을 이루는 뉴런은 연합뉴런으로, 감각 뉴런과 운동 뉴런을 연결하며 그 사이에서 흥분을 중계하고 정보를 처리한다.
(2) 구심성 뉴런은 먼 곳에서 중심으로 가까워지려는 성질로, 감각 뉴런은 감각기에서 받아들인 자극을 중추 신경으로 전달하기 때문에 구심성 뉴런이라고 한다.
(3) 운동 신경을 이루며, 중추 신경의 명령을 반응기에 전달하는 뉴런을 운동 뉴런이라고 한다.

02. 답 민말이집 신경
해설 신경은 축삭돌기의 말이집 유무에 따라 말이집 신경과 민말이집 신경으로 구분한다. 뉴런의 축삭돌기에 말이집이 없는 신경을 민말이집 신경이라고 하며, 축삭돌기가 말이집으로 싸여 있는 신경을 말이집 신경이라고 한다. 말이집 신경에서는 도약 전도가 일어나므로 흥분 전도 속도가 민말이집 신경보다 빠르다.

[유형 19-2] 답 ㄷ
해설 (가) 는 분극, (나) 는 탈분극, (다) 는 재분극 상태의 막전위를 나타낸다.
ㄱ. 분극은 뉴런이 자극을 받지 않았을 때의 상태로 Na^+-K^+ 펌프가 ATP 를 소모하여 Na^+ 은 세포 바깥쪽으로, K^+ 은 세포 안쪽으로 이동시킨다. 그 결과 세포막을 경계로 뉴런 안쪽은 음전하, 바깥쪽은 양전하를 띠고 있는 상태가 된다.
ㄴ. 탈분극은 뉴런이 역치 이상의 자극을 받아 Na^+ 통로가 열려 Na^+ 이 빠르게 세포 안쪽으로 확산되어 막전위가 상승하는 현상이다. 이때 Na^+ 은 확산 현상으로 이동하는 것이므로 에너지가 필요없다.
ㄷ. 재분극은 탈분극이 일어났던 부위에서 Na^+ 통로가 닫히고 K^+ 통로가 열려 K^+ 이 세포 바깥쪽으로 확산되어 원래의 막전위 상태로 돌아가는 현상이다.

03. 답 ㉠ 능동 수송 ㉡ 확산
해설 이온의 이동 방법
· Na^+-K^+ 펌프 : ATP 에너지를 이용하여 Na^+ 은 세포 밖으로, K^+ 은 세포 안으로 이동시킨다. (능동 수송)
· 이온 통로(Na^+ 통로와 K^+ 통로) : 이온의 농도 차이에 의해 이온이 이동한다. (확산)

04. 답 (1) Na^+ (2) ㉠ 양, ㉡ 음 (3) 활동
해설 탈분극은 뉴런이 역치 이상의 자극을 받아 Na^+ 통로가 열려 Na^+ 이 빠르게 세포 안쪽으로 확산되어 막전위가 상승하는 현상이다. 이때 Na^+ 의 확산으로 세포 안쪽의 막전위가 상승하여 세포 안쪽은 양(+)전하, 세포 바깥은 음(−)전하를 띠게 되며, Na^+ 의 유입에 의해 나타나는 막전위를 활동 전위라고 한다.

[유형 19-3] 답 (1) X (2) O (3) X
해설 (1) (가) 과정에서는 자극에 의해 뉴런의 한 부위에서 Na^+ 이 유입되어 탈분극이 일어난다.
(2) Na^+ 이 확산되어 탈분극이 이웃한 막 부위로 퍼져 나가 새로운 활동 전위를 일으킨다. 이때 유입된 Na^+ 이 양방향으로 확산되므로 뉴런 내에서 흥분은 양방향으로 전도된다.

(3) 활동 전위가 지나온 부위의 막은 K^+ 의 유출로 재분극 된다. 이후 탈분극과 재분극의 과정이 다음 막 부위에서도 반복되어 활동 전위가 축삭돌기의 말단까지 이동한다.

05. 답 ④

해설 말이집 신경에서는 흥분의 전도가 랑비에 결절에서 다음 랑비에 결절로 건너뛰듯이 일어나는데 이를 도약 전도라고 한다. 말이집은 절연체 역할을 하여 랑비에 결절에서만 흥분이 발생하므로 말이집 신경은 민말이집 신경보다 흥분 전도 속도가 빠르다.

06. 답 ㉠ A, ㉡ D

해설 도약 전도를 하는 말이집 신경이 민말이집 신경보다 흥분의 전도 속도가 빠르며, 축삭의 지름이 클수록 흥분의 전도 속도가 빠르다.

[유형 19-4] 답 (1) X (2) O (3) X (4) O

해설 (1) (가) 는 축삭돌기의 말단, (나) 는 시냅스 후 뉴런의 가지돌기나 신경 세포체에 해당한다. 흥분은 (가) 에서 (나) 방향으로만 전달된다.

(2) 한 뉴런의 축삭돌기 말단은 다른 뉴런의 가지돌기나 신경 세포체와 접속하고 있는데, 이 접속 부위를 시냅스라고 한다. 시냅스를 이루는 두 뉴런은 맞닿아 있지 않고, 약 20 nm 정도의 간격을 두고 떨어져 있는데, 이를 시냅스 틈이라고 한다.

(3) A 는 시냅스 소포로, 신경 전달 물질이 들어있다. 시냅스 소포는 축삭돌기 말단에만 존재한다.

(4) B 는 신경 전달 물질이며, 신경 전달 물질의 수용체는 가지돌기와 신경 세포체에만 있고, 축삭돌기 쪽에는 없다. 따라서 흥분은 시냅스 전 뉴런의 축삭돌기 말단에서 시냅스 후 뉴런의 가지돌기나 신경 세포체 쪽으로만 전달된다.

07. 답 ③

해설 ㄱ. 신경 전달 물질은 시냅스 전 뉴런으로 다시 흡수되거나, 효소에 의해 분해되어 시냅스 후 뉴런으로 흥분이 계속 이동하지 못하도록 한다.

ㄴ. 아세틸콜린, 아드레날린, 글루타메이트 등이 대표적인 신경 전달 물질로 뉴런에서 분비되어 인접한 다른 뉴런이나 반응기 등에 신호를 전달하는 화학 물질에 해당한다.

ㄷ. 신경 전달 물질의 분해 산물은 시냅스 전 뉴런으로 흡수되어 신경 전달 물질로 재합성된다.

08. 답 C, D, E, F

해설 한 뉴런 내에서는 흥분이 양방향으로 전도되어 (가) 에 자극을 주면 C 와 D 모두에 활동 전위가 발생한다. 뉴런과 뉴런 사이에서는 흥분이 시냅스 전 뉴런의 축삭돌기 말단에서 시냅스 후 뉴런의 가지돌기나 신경 세포체 쪽으로만 전달되기 때문에 A 와 B 로는 흥분이 전달되지 않고, E 와 F 로는 흥분이 전달된다.

창의력 & 토론마당 132~135쪽

01

Na^+ 통로는 닫혀 있는 상태에서 K^+ 통로가 천천히 닫혀 열려 있는 시간이 길어지면서 K^+ 이 계속 유출되기 때문이다.

02

단일 근육 섬유는 실무율이 적용되어 역치 이상의 자극에서 반응의 크기가 일정하게 나타나고, 근육은 근육 섬유로 이루어진 조직이므로 근육 섬유마다 역치값이 각각 다르기 때문에 자극의 세기가 커지면 반응하는 세포의 수가 많아져 반응의 크기도 커지기 때문에 실무율이 적용되지 않는다.

해설 여러 개의 세포가 모인 근육조직이나 신경다발에서는 자극의 세기 변화를 식별할 수 있으므로 실무율을 따르지 않는다. 왜냐하면 근육이나 신경다발을 이루는 각각의 세포들은 반응하는 역치가 다 다르고, 자극의 세기가 증가할수록 반응하는 세포 수도 증가하므로 반응의 크기도 이에 따라 증가하게 되기 때문이다.

03

(1) 단계적 전위는 자극의 크기에 따라 그 크기가 비례하여 변화하지만 활동 전위는 자극의 크기에 따라서 역치 미만의 경우에는 발생하지 않고, 역치 이상의 경우에만 발생한다.

(2) A : ㄷ, B : ㄴ, C : ㄱ

해설 (2) [그림 1] 에서 다발성경화증 환자의 말이집이 파괴된 지점을 알 수 있다. 또한 랑비에 결절에 Na^+ 통로가 밀집되어 있다는 것을 알 수 있다.

[그림 2] 에서 가지돌기 (가) 에 자극을 주면 랑비에 결절 (나) 에서 정상적으로 활동 전위가 생성된다는 것을 알 수 있다. A 지점은 (나) 에서 생성된 활동 전위가 정상적으로 전달되어 A 에는 (나) 와 같은 모양의 활동 전위가 발생한다. B 지점은 말이집이 제거된 위치로 Na^+ 통로가 존재하지 않으므로 새로운 활동 전위는 생성되지 않고, A 에서 발생한 전위가 전달된다. 이와 같은 전위를 단계적 전위라고 하는데, 단계적 전위에 의해 유도되는 작은 전류는 막을 따라 전달되는 과정 중에 세포 밖으로 누전되어 발생 지점으로부터 거리가 멀어짐에 따라 쉽게 소멸된다.

따라서 B 지점의 막전위는 A 지점보다 낮게 나타난다. C 지점에서는 단계적 전위로 유실된 전위가 역치를 넘기지 못하면 활동 전위를 생성할 수 없다. 외부 자극은 (가) 에서만 주었으므로 C 지점에서는 막전위가 변하지 않는다.

04

신경 전달 물질은 시냅스 전 뉴런으로 다시 흡수되거나 효소에 의해 분해되어 시냅스 후 뉴런으로 흥분이 계속 이동하지 않도록 하는데, 마약은 신경 전달 물질이 재흡수되는 것을 막아 시냅스 후 뉴런으로 흥분이 계속 이동하게 되거나 그 양이 과도하게 많아지게 만들어 지나친 흥분과 환각 증상을 일으킨다.

해설 다양한 신경 전달 물질은 시냅스에 서로 다른 효과를 발휘하여 행동, 정서, 인지 등에 서로 다른 결과를 유발한다. 시냅스 전달의 종결은 신경 전달 물질의 재흡수와 분해에 의해 이루어지는데 마약은 시냅스 전 뉴런으로 신경 전달 물질이 흡수되는 통로를 차단하여 시냅스 틈에 신경 전달 물질이 남아 있게 한다. 코카인과 암페타민은 아드레날린의 재흡수를 느리게 하여 아드레날린의 작용을 지속시킨다. 아드레날린의 재흡수의 지연으로 흥분을 전달받는 수신 뉴런은 오랜 시간 동안 활성화된 채로 있게 된다. 반면 리튬은 노르아드레날린의 재흡수를 가속화시켜 기분을 더 우울하게 만들기도 한다. 이와 같이 뇌에서 노르아드레날린을 증가 또는 감소시키는 약물은 개인의 기분과 큰 상관이 있다.

스스로 실력 높이기 136~143쪽

01. C, 슈반 세포 02. B, 신경 세포체 03. A, 가지돌기 04. ① 05. (1) O (2) O (3) X 06. ㉠ 음, ㉡ 능동 수송 07. 활동 전위 08. ㉠ 말이집, ㉡ 도약 전도 09. 시냅스 10. (1) X (2) O (3) O 11. ⑤ 12. D 〉 C 〉 A = B 〉 E 13. C, E 14. ④ 15. C → A → D → B 16. ㉠ Na^+, ㉡ 유입, ㉢ K^+, ㉣ 유출 17. ① 18. ③ 19. ③, ⑤ 20. ④ 21. ② 22. ⑤ 23. ③ 24. ⑤ 25. ③ 26. ④ 27. ① 28. ⑤ 29. ② 30. ①

01. 답 C, 슈반 세포
해설 슈반 세포는 말이집 신경에서 축삭을 둘러싸고 있는 세포로, 축삭에 영양을 공급하고 말이집 형성에 관여하여 신경을 재생하는 세포이다.

02. 답 B, 신경 세포체
해설 신경 세포체는 핵과 세포질로 구성되며, 뉴런의 물질대사와 생장 및 영양 공급에 관여한다.

03. 답 A, 가지돌기
해설 가지돌기는 신경 세포체에서 뻗어 나온 짧은 돌기로, 감각기나 다른 뉴런으로부터 자극을 받아들인다.

04. 답 ①
해설 척추동물의 감각 신경과 운동 신경은 말이집 신경에 해당한다. 따라서 청각, 후각, 피부, 근육 신경은 모두 말이집 신경에 해당한다.

05. 답 (1) O (2) O (3) X
해설 (3) 운동 뉴런은 운동 신경을 이루며 중추 신경의 명령을 반응기에 전달하기 때문에 중심으로부터 멀어지려는 성질이 있어 원심성 뉴런이라고 한다. 구심성 뉴런은 먼 곳에서 중심으로 가까워지려는 성질로, 감각 뉴런은 감각기에서 받아들인 자극을 중추 신경으로 전달하기 때문에 구심성 뉴런이라고 한다.

06. 답 ㉠ 음 ㉡ 능동 수송
해설 분극 상태는 뉴런이 자극을 받지 않았을 때 세포막을 경계로 안쪽은 음(−)전하, 바깥쪽은 양(+)전하를 띠고 있는 상태이다. 이때 Na^+-K^+ 펌프가 ATP 를 소모하여 Na^+ 은 세포 바깥쪽으로 K^+ 은 세포 안쪽으로 이동시키는데, 이때는 농도의 기울기에 역행하여 이동시키는 것으로 에너지를 소모하는 능동 수송이 일어난다.

07. 답 활동 전위
해설 탈분극은 뉴런이 역치 이상의 자극을 받아 Na^+ 통로가 열려 Na^+ 이 세포 안쪽으로 빠르게 확산되며, 이때 세포 안쪽의 막전위가 상승하는 현상을 말한다. Na^+ 의 확산으로 세포 안쪽은 양(+)전하, 세포 바깥쪽은 음(−)전하를 띠게 되며, Na^+ 의 유입으로 막전위는 약 +35 mV 까지 상승한다. 이러한 막전위를 활동 전위라고 한다.

08. 답 ㉠ 말이집 ㉡ 도약 전도
해설 말이집 신경에서 흥분의 전도가 랑비에 결절에서 다음 랑비에 결절로 건너뛰듯이 일어나는 것을 도약 전도라고 한다. 말이집은 미엘린이라는 지질 성분으로 되어 있으므로 열이나 전기를 전달하지 않는 절연체 역할을 하여 도약 전도가 일어나기 때문에 말이집 신경이 민말이집 신경에 비해 흥분이 빠르게 전달된다.

09. 답 시냅스
해설 한 뉴런의 축삭돌기 말단은 다른 뉴런의 가지돌기나 신경 세포체와 접속하고 있는데, 이 접속 부위를 시냅스라고 한다. 시냅스를 이루는 두 뉴런은 맞닿아 있지 않고, 약 20 nm 정도의 간격을 두고 떨어져 있는데, 이를 시냅스 틈이라고 한다.

10. 답 (1) X (2) O (3) O
해설 (1) 시냅스에서 흥분의 전달은 화학 물질의 확산에 의해 일어나고, 흥분의 전도는 뉴런의 자극으로 발생한 흥분으로 이온들의 이동을 통해 전기적으로 일어난다. 따라서 흥분의 전달 속도는 흥분의 전도 속도보다 느리다.

11. 답 ⑤
해설 ⑤ (다) 는 재분극 상태로 탈분극이 일어났던 부위에 Na^+ 통로가 닫히고 K^+ 통로가 열려 K^+ 이 세포 바깥쪽으로 확산되어 원래의 막전위 상태로 돌아가는 현상이다.

12. 답 D 〉 C 〉 A = B 〉 E
해설 흥분의 전도 속도는 말이집 신경이 민말이집 신경보다 빠르다. 따라서 말이집이 있는 D 가 가장 먼저 Q 에 도달한다. 또한 축삭의 지름이 클수록 흥분의 전도 속도가 빠르며 자극의 세기가 역치값 이상이 되면 자극의 세기와 관계없이 흥분 전도 속도는 같다. 따라서 A 와 B 의 속도는 같으며, 축삭의 지름이 큰 C 는 A 와 B 보다 전도 속도가 빠르다. E 의 경우 2 개의 뉴런으로 구성되어 있는데, 뉴런과 뉴런 사이에서 일어나는 흥분의 전달은 화학 물질인 신경 전달 물질의 확산으로 일어나 전기적 전도보다 느리게 일어나므로 E 가 반응이 Q 까지 가장 늦게 도달한다.

13. 답 C, E
해설 한 뉴런 내에서 흥분은 양방향으로 전도되고, 시냅스 전 뉴런의 축삭돌기 말단에서 시냅스 후 뉴런의 가지돌기나 신경 세포체 쪽으로만 전달된다. D 와 F 는 말이집에 해당하므로 C 와 E 에 활동 전위가 발생한다.

14. 답 ④
해설 흥분이 A 를 지나 B 까지만 전도되었으므로, C 는 흥분이 전도되지 않은 분극 상태로 세포막 안쪽은 음(−)전하, 바깥쪽은 양(+)전하를 띠고 있는 상태이다. A 는 자극을 받아 탈분극이 일어난 뒤, 재분극이 일어나므로 세포 안쪽은 음(−)전하, 바깥쪽은 양(+)전하를 띤다. B 는 A 에서 자극을 전도받아 탈분극이 일어나므로 세포 안쪽은 양(+)전하, 세포 바깥쪽은 음(−)전하를 띠게 된다.

15. 답 C → A → D → B
해설 A 를 자극하였을 때 C 에서만 활동 전위가 발생하지 않았으므로 C 는 A 보다 앞에 위치한 뉴런이다. B 를 자극하였을 때 B 에서만 활동 전위가 나타났으므로 B 가 가장 마지막에 위치한 뉴런이다. 따라서 뉴런의 순서는 C → A → D → B 가 된다.

16. 답 ㉠ Na^+ ㉡ 유입 ㉢ K^+ ㉣ 유출
해설 A 시기는 탈분극 시기로, 뉴런이 역치 이상의 자극을 받아 Na^+ 통로가 열려 Na^+ 이 세포 안쪽으로 확산되어 막전위가 상승한다. B 시기는 탈분극이 일어났던 부위에 다시 Na^+ 통로가 닫히고 K^+ 통로가 열려 K^+ 이 세포 바깥쪽으로 확산되어 원래의 막전위로 되돌아가는 재분극 시기에 해당된다.

17. 답 ①

해설 ㄱ. 흥분은 시냅스 전 뉴런의 축삭돌기 말단에서 시냅스 후 뉴런의 가지돌기나 신경 세포체 쪽으로만 전달된다.

ㄴ. 물질 A 는 화학 물질인 신경 전달 물질이다. A 는 시냅스 소포 안에서 시냅스 틈으로 분비되어 가지돌기나 신경 세포체의 세포막에 있는 수용체와 결합하면 Na^+ 통로가 열려 세포 안쪽으로 Na^+ 이 유입되어 탈분극을 일으킨다.

18. 답 ③

해설 자극 후 Na^+ 의 막투과성이 증가하는 것은 세포 안쪽으로 다량 유입된 것을 의미하며, 재분극이 일어나는 동안 K^+ 의 막투과성이 높은 것으로 K^+ 의 유출에 의해 재분극이 일어난다는 것을 유추할 수 있다.

ㄱ. 역치보다 더 큰 자극을 주어도 ㉠ 값은 일정하다. 단일 세포의 경우 역치 이상의 자극에서는 자극의 세기와 관계없이 반응의 크기가 항상 일정한데, 이를 실무율이라고 한다.

ㄴ. A 시기는 탈분극 시기로 Na^+ 통로가 열려 Na^+ 이 빠르게 확산되는 시기이다. (나) 그래프를 보면 A 시기(1 ms)에 Na^+ 의 투과성이 최대에 이른다. K^+ 의 투과성이 최대에 이르는 시기는 A 보다 늦게 나타난다.

ㄷ. (나) 그래프에서 1 ms 일 때 Na^+ 의 투과성은 내려가고, K^+ 의 투과성은 상승 중에 있다. 즉, Na^+ 은 세포 바깥쪽에서 안쪽으로 확산되고, K^+ 은 세포 안쪽에서 바깥쪽으로 확산된다.

19. 답 ③, ⑤

해설 ① A 는 분극 상태로 세포 바깥쪽은 (+), 세포 안쪽은 (−)로 대전되어 있다.

② 세포 내액이 −70 mV 인 상태는 휴지 전위 상태로 (나) 는 분극 상태의 막전위인 것을 알 수 있다. 분극 상태에서는 세포 안쪽은 K^+ 이 많고, 바깥쪽은 Na^+ 이 더 많이 분포되어 있으므로 ㉠ 은 K^+, ㉡ 은 Na^+ 이다. Na^+ 은 탈분극 때 세포 안쪽으로 이동한다. B 와 C 는 모두 막전위가 상승하고 있는 탈분극 시기이다.

③ D 는 재분극 시기로 Na^+ 통로가 닫히고 K^+ 통로가 열려 K^+ 이 세포 바깥쪽으로 확산되어 원래의 막전위 상태로 돌아가려는 상태이다.

④ 구간 E 는 재분극이 끝나가는 시기이다. Na^+ 이 이동하는 통로는 자극을 받았을 때 열린다.

⑤ 구간 F 는 다시 분극 상태로 회복된 것으로 Na^+-K^+ 펌프가 ATP 를 소모하여 Na^+ 은 세포 바깥으로, K^+ 은 세포 안으로 능동수송시킨다.

20. 답 ④

해설 ㄱ. (나) 는 탈분극 시기를 나타낸 것이다. (가) 에서 B 에 자극을 주었을 때, B 와 D 만 탈분극이 일어난다고 하였으므로 B 와 D 는 서로 접속하고 있으며, D 는 B 보다 더 뒤에 위치한 뉴런인 것을 알 수 있다. 따라서 (가) 의 ㉠ 은 뉴런 C 에 해당한다.

ㄴ. (나) 에서 Na^+ 은 확산에 의해 이동한다.

ㄷ. 흥분은 시냅스 전 뉴런의 축삭돌기 말단에서 시냅스 후 뉴런의 가지돌기나 신경 세포체 쪽으로만 전달되므로 시냅스 후 뉴런인 D 의 자극은 B 로 전달되지 않는다.

21. 답 ②

해설 ㄱ. (가) 는 슈반 세포가 축삭을 둘러싸고 있는 말이집 신경이다.

ㄴ. ㉠ 은 축삭돌기 말단, ㉡ 은 신경 세포체나 가지돌기의 세포막에 해당한다. 축삭돌기 말단의 시냅스 소포에 들어 있는 신경 전달 물질은 시냅스 틈으로 분비되어 확산에 의해 다음 뉴런에 도달하여 신경 세포체나 가지돌기의 세포막을 탈분극시켜 흥분이 전달된다.

ㄷ. 흥분 전달은 화학 물질의 확산에 의해 일어나므로 축삭에서 일어나는 흥분의 전기적 전도보다 속도가 느리다.

22. 답 ⑤

해설 ㄱ. ⓐ 는 가지돌기, ⓑ 는 축삭돌기의 말단이다. 시냅스 소포는 축삭돌기 말단에만 있다.

ㄴ. 구간 ㉠ 은 재분극이 일어날 때로 Na^+ 통로는 대부분 닫히고, K^+ 통로가 열려 K^+ 이 농도 차에 의해 세포 안쪽(고농도)에서 바깥쪽(저농도)으로 다량 확산되어 나간다.

ㄷ. A 와 B 는 민말이집, C 는 말이집 신경으로 말이집 신경의 전도 속도가 가장 빠르므로 탈분극이 가장 먼저 일어난 Ⅰ 이 C 에 해당한다. A 는 뉴런 내에서 양방향으로 전도가 일어나지만, 흥분은 시냅스 전 뉴런의 축삭돌기 말단에서 시냅스 후 뉴런의 가지돌기나 신경 세포체 쪽으로만 전달되므로 다음 뉴런으로 전달이 일어나지 않는 Ⅲ 에 해당한다. 따라서 B 는 Ⅱ 에 해당한다.

23. 답 ③

해설 ㄱ. A 는 말이집으로 슈반 세포의 세포막이 길게 늘어나 축삭을 여러 겹으로 감싸고 있는 것이다. 말이집은 미엘린이라는 지질 성분으로 되어 있어 절연체 역할을 하기 때문에 전도가 일어나지 않으므로 탈분극도 일어나지 않는다.

ㄴ. 역치 이상의 자극에서는 자극의 세기와 관계없이 반응의 크기가 항상 일정한데, 이를 실무율이라고 한다.

ㄷ. 축삭돌기 말단에서 분비된 신경 전달 물질은 시냅스 후 뉴런의 가지돌기나 신경 세포체의 세포막에 있는 수용체와 결합한다. 이후 시냅스 후 뉴런의 Na^+ 통로가 열려 세포 안쪽으로 Na^+ 이 유입되어 탈분극이 일어나 흥분이 전달된다.

24. 답 ⑤

해설 Ⅰ 에서 A 자극 이후 ㉣ 에서 막전위의 변화가 없으므로 A 는 역치 미만의 자극인 것을 알 수 있다. Ⅱ 에서 A자극을 준 후 축삭돌기 말단에 X 를 처리하였더니 ㉣ 에서 막전위가 변한것으로 물질 X 는 신경 전달 물질 분비를 촉진하는 작용을 한다는 것을 알 수 있다. Ⅲ 에서 자극 B 를 준 이후 물질 Y 를 처리하였더니 역치 미만의 자극이 전달되었으므로 물질 Y 는 신경 전달 물질의 분비를 억제하는 작용을 한다는 것을 알 수 있다.

ㄱ. ㉡ 은 말이집으로 미엘린이라는 지질 성분으로 되어 있어 절연체 역할을 하기 때문에 전도가 일어나지 않는다.

ㄴ. a 구간은 분극 상태로 뉴런이 자극을 받지 않았을 때이다. 분극 상태에서는 Na^+-K^+ 펌프가 ATP 를 소모하여 Na^+ 은 세포 바깥쪽으로, K^+ 은 세포 안쪽으로 이동시키는 능동 수송이 일어난다.

ㄷ. b 구간에서는 막전위가 상승하였다. 따라서 축삭돌기의 말단으로 흥분의 전도가 일어나고, 이 전도로 인해 축삭돌기 말단에서 신경 전달 물질이 분비된다.

25. 답 ③

해설 ㄱ. 신경 세포체의 위치와 말이집의 유무에 따라 (가) 는 운동 뉴런, (나) 는 연합 뉴런, (다) 는 감각 뉴런이다. 중추 신경계를 이루는 것은 (나) 연합 뉴런이며, (가) 와 (다) 는 말초 신경계를 이룬다.

ㄴ. ㉠ 은 시냅스를 나타낸 것으로, 신경 전달 물질은 축삭돌기 말단에서 시냅스 후 뉴런의 가지돌기나 신경 세포체 쪽으로만 전달된다.

ㄷ. (다) 는 감각 뉴런으로 자극을 중추 신경으로 전달하는 역할을 한다. 따라서 (다) 의 A 지점에 자극이 주어지면, (나) → (가) 로 흥분이 전달된다.

26. **답** ④

해설 ㄱ. 자극은 축삭돌기를 따라 전도되므로 B 에서 가장 먼저 탈분극이 일어나고 A 가 뒤이어 일어난다. 따라서 B 는 ㉠, A 는 ㉡ 에 해당한다. 시냅스 후 뉴런으로의 자극 전달은 신경 전달 물질의 확산으로 일어나기 때문에 전도보다 속도가 느리다. 따라서 (가) 의 실험 결과로 가장 느리게 탈분극이 일어난 ㉢ 이 C 에 해당한다.

ㄴ. (가) 에서 B(㉠)가 탈분극 상태일 때 C 에 해당하는 ㉢ 은 막전위의 변화가 없으므로 분극 상태인 것을 알 수 있다.

ㄷ. 실험 (나) 에서 물질 X 를 처리한 이후 C 로의 자극이 전달되지 않았으므로 물질 X 는 시냅스에서 신경 전달 물질의 확산을 방해하는 역할을 한 것을 알 수 있다.

27. **답** ①

해설 ㄱ. 구간 Ⅰ 에서는 자극 S_1 으로 역치에 도달하지 못하였고 활동 전위가 일어나지 않았으므로 탈분극이 일어나지 않은 상태이다. 따라서 Na^+ 은 Na^+-K^+ 펌프에 의해서만 이동한다. 반면 Ⅱ 는 활동 전위가 일어난 탈분극 상태로 Na^+-K^+ 펌프 뿐만 아니라 Na^+ 통로가 열리므로 Na^+ 의 이동량은 Ⅰ 보다 Ⅱ 에서 더 많다.

ㄴ. Ⅲ 은 재분극이 일어나는 구간으로 K^+ 통로가 열려 K^+ 이 세포 안쪽에서 바깥쪽으로 확산된다.

ㄷ. 뉴런에서 활동 전위를 일으키는 데 필요한 최소한의 자극 세기는 (가) 에서는 S_3 이고, (나) 에서는 S_2 이므로 (나) 보다 (가) 에서 더 크다.

28. **답** ⑤

해설 분극 상태에서는 Na^+-K^+ 펌프로 ATP 를 소모하여 Na^+ 은 세포 바깥쪽, K^+ 은 세포 안쪽으로 이동시키므로 Ⅰ 는 세포 안쪽, Ⅱ 는 세포 바깥쪽에 해당한다.

ㄱ. 분극 상태에서는 세포막을 경계로 안쪽이 음(−)전하, 바깥쪽이 양(+)전하를 띠고 있는 상태이다.

ㄴ. Na^+-K^+ 펌프는 농도 기울기에 역행하는 작용을 하므로 에너지가 필요하다. 따라서 ATP 를 분해하여 ADP 로 전환되는 과정에서 방출되는 에너지(7.3 kcal)가 필요하다.

ㄷ. 세포 호흡은 포도당이 체내에서 필요한 에너지의 형태로 전환되는 것으로 ATP 를 생성한다.

29. **답** ②

해설 ㄱ. 막전위가 역치 전위 이상이 되면 탈분극이 일어난다.

ㄴ. 자극 A 의 결과로 활동 전위의 발생 빈도가 증가하였고, 자극 B 의 결과로 활동 전위의 빈도가 감소하였다. 두 자극에 의해 막전위 변화가 역치 전위에 도달하는 시간을 비교해 보았을 때 (나) 보다 (가) 가 더 빠르므로, 역치 도달 시간이 빨라지면 활동 전위의 발생 빈도가 늘어난다는 것을 알 수 있다.

ㄷ. 자극 B 는 활동 전위의 발생 빈도를 감소시키는 역할을 한다.

30. **답** ①

해설 (나) 의 자료를 바탕으로 Ⅰ ~ Ⅲ 이 각각 일어난 위치를 유추해야 한다. B 의 막전위를 시간상으로 나타내면 아래와 같다.

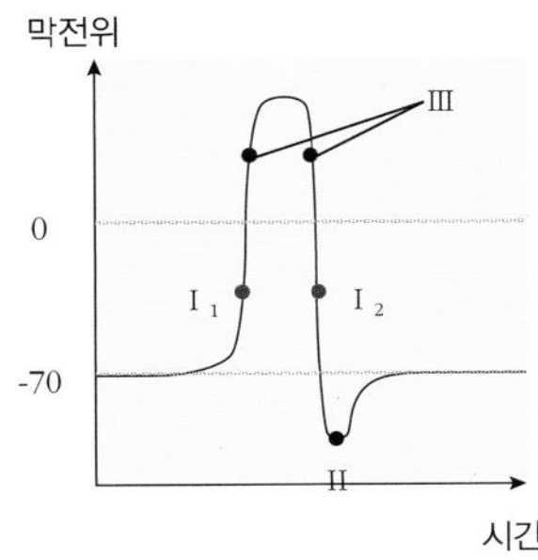

· Ⅱ 는 과분극(재분극)인 상태이므로 흥분 전도가 끝나가는, 즉 가장 먼저 자극을 받은 지점이다.

· Ⅰ 이 $Ⅰ_1$ 인지 $Ⅰ_2$ 인지 알 수 없으므로 2 가지의 경우를 구한다.

	$Q_1 \rightarrow Q_2 \rightarrow Q_3$
$Ⅰ_1$ 인 경우	Ⅱ → Ⅲ → $Ⅰ_1$
$Ⅰ_2$ 인 경우	Ⅱ → $Ⅰ_2$ → Ⅲ

A 의 막전위를 시간상으로 나타내면 아래와 같다.

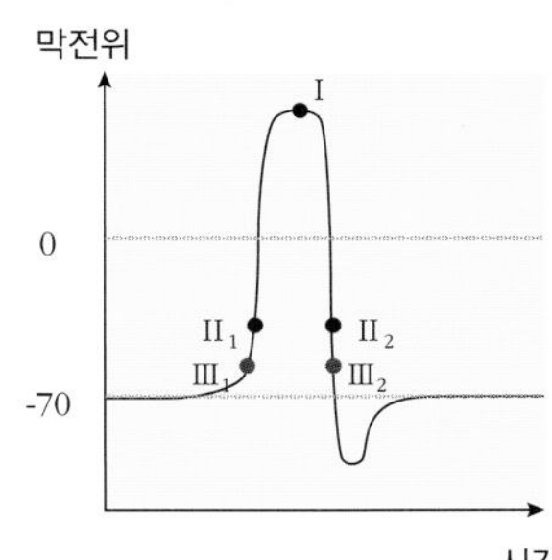

· A 의 막전위는 Ⅱ 와 Ⅲ 의 상태와 상관없이 항상 Ⅰ 이 가운데에 위치하므로 B 의 결과와 종합하였을 때 막전위가 일어난 위치 $Q_1 \rightarrow Q_2 \rightarrow Q_3$ 는 Ⅱ → Ⅰ → Ⅲ 의 순서인 것을 알 수 있다.
($Ⅱ_2$ → Ⅰ → $Ⅲ_1$)

ㄱ. Q_1 은 Ⅱ, Q_2 는 Ⅰ, Q_3 는 Ⅲ 에서의 막전위이다

ㄴ. 신경 A 의 Q_3(Ⅲ) 는 막전위가 상승하기 시작한 탈분극 상태이다.

ㄷ. 신경 B 의 Q_2(Ⅰ) 는 재분극 중이므로 K^+ 이 세포 밖으로 확산된다. Na^+ 의 농도는 항상 세포 밖이 더 높기 때문에 Na^+ 의 확산은 항상 세포 밖에서 안으로만 일어난다.

20강. 감각 기관

개념 확인 144~147쪽

1. 적합자극 2. 황반
3. ㉠ 수축 ㉡ 커진다 4. 전정 기관, 반고리관

확인+ 144~147쪽

1. 베버 법칙 2. 원뿔 세포 3. 원시, 볼록
4. 기체 상태의 화학 물질, 액체 상태의 화학 물질

개념 다지기 148~149쪽

01. ③ 02. ② 03. (1) X (2) X (3) O 04. ④
05. ④ 06. ④ 07. ① 08. (1) O (2) X (3) O

01. 답 ③
해설 반고리관은 몸의 회전을 감지하는 감각 수용기로 적합 자극은 림프의 관성이다.

02. 답 ②
해설 베버 상수는 감각 기관에 따라 다르며, 그 값이 작을수록 예민한 감각기이다. 따라서 촉각이 자극 변화에 가장 예민하고, 온각이 자극 변화에 가장 둔하다.

03. 답 (1) X (2) X (3) O
해설 (1) 각막은 공막의 일부가 변해서 된 것으로 눈의 가장 앞쪽을 싸고 있는 투명한 막이다. 안구를 보호하는 역할을 하는 것은 공막이다.
(2) 모양체와 진대는 수정체의 두께를 조절한다. 동공의 크기는 홍채가 조절한다.

04. 답 ④
해설 빛은 각막을 지나 수정체에 의해 굴절되어 유리체를 통과하고 망막에 있는 시각 세포를 흥분시키는데, 시각 세포에는 빛에 민감한 감광 색소 단백질이 있다. 빛에너지에 의해 감광 색소 단백질이 분해되면서 생기는 변화가 시각 세포를 흥분시키고, 이 흥분이 시각 신경을 거쳐 대뇌로 전달되면 시각이 성립된다.

05. 답 ④
해설 ㄷ. 먼 곳을 볼 때는 수정체가 바깥으로 당겨져 얇아지면서 초점 거리는 길어지고, 가까운 곳을 볼 때는 수정체의 탄력성 때문에 수정체가 부풀어 올라 두꺼워지면서 초점 거리가 짧아진다.

06. 답 ④
해설 ① 근시는 망막의 앞에 상이 맺힌다.
② 원시는 볼록 렌즈, 근시는 오목 렌즈로 교정한다.
③ 정상인보다 수정체가 두꺼운 경우 근시에 해당한다.
⑤ 난시는 각막이나 수정체의 표면이 매끄럽지 못하여 생기는 눈의 이상이다. 수정체와 망막 사이의 거리가 정상인보다 짧을 경우는 원시에 해당한다.

07. 답 ①
해설 달팽이관은 청세포가 분포하여 소리 자극을 청각 신경으로 전달하는 기능을 한다. 몸의 이동과 회전 감각을 수용하는 기관은 반고리관이다.

08. 답 (1) O (2) X (3) O
해설 (1) 매운맛은 통각, 떫은맛은 압각의 일종에 해당한다. (2) 역치가 작을수록 예민하고 클수록 둔감하다. 후각기는 감각 기관 중 가장 예민하고 쉽게 피로해진다.
(3) 음식의 맛은 미각기와 후각기, 피부 감각을 통해 받아들인 자극을 대뇌에서 종합하여 느끼는 것이다.

유형 익히기 & 하브루타 150~153쪽

[유형20-1] (1) 3 (2) 실무율
01. ③ 02. 1010
[유형20-2] ㄱ, ㄷ
03. ㉠ 막대 세포, ㉡ 원뿔 세포
04. (1) O (2) X (3) O
[유형20-3] (1) O (2) O (3) X
05. (1) O (2) X (3) O
06. ㉠ 원시, ㉡ 볼록 렌즈
[유형20-4] (1) E, 귀인두관 (2) D, 반고리관
(3) C, 전정 기관
07. ⑤ 08. ㉠ 통점, ㉡ 온점

[유형 20-1] 답 (1) 3 (2) 실무율
해설 역치는 자극에 대한 반응을 일으킬 수 있는 최소한의 자극의 세기이다. 단일 세포에서는 역치 이상의 자극의 세기에서는 반응의 크기가 동일하므로 실무율이 적용된다. 실무율이란 역치 미만의 자극에서는 반응이 나타나지 않고, 역치 이상에서는 자극의 세기와 관계없이 반응의 크기가 일정하게 유지되는 현상이다.
(1) 문제에 제시된 그래프에서 자극의 세기가 3 일 때 반응이 나타났으므로 역치값은 3 이된다.
(2) 단일 세포에서는 실무율이 나타나지만, 여러 개의 세포로 이루어진 근육은 근육을 구성하는 세포마다 역치가 달라 자극의 세기가 커질수록 반응의 크기도 커지므로 실무율이 나타나지 않는다.

01. 답 ③
해설 역치는 반응을 일으키는 최소한의 자극의 세기로, 표에서 20 mV 에서는 반응이 없고 30 mV 에서 처음 반응이 나타났으므로 역치는 $20\ \text{mV} < x \leq 30\ \text{mV}$ 가 된다. 표로 묻는 역치의 경우는 역치를 범위로 표시하여야 한다.

02. 답 1010
해설

$$K\text{ (베버 상수)} = \frac{R_2\text{ (나중 자극의 세기)} - R_1\text{ (처음 자극의 세기)}}{R_1}$$

즉 $\frac{1}{100} = \frac{x - 1000}{1000}$ 이므로 나중 자극의 세기(x)는 1010 lx 이다.

[유형 20-2] 답 ㄱ, ㄷ

해설 A 는 홍채, B 는 각막, C 는 수정체, D 는 망막, E 는 맹점에 해당한다.
ㄱ. 홍채는 동공의 크기를 조절하여 눈으로 들어오는 빛의 양을 조절하는 역할을 한다.
ㄴ. 각막은 공막의 일부가 변해서 된 것으로 눈의 가장 앞쪽을 싸고 있는 투명한 막이다. 망막은 눈의 가장 안쪽에 위치한 막으로 시각 세포가 있어 빛의 자극을 수용하는 역할을 한다.
ㄷ. 수정체는 사진기의 렌즈에 해당하며 빛을 굴절시켜 망막에 상이 맺히도록 한다.
ㄹ. 맹점은 시각 신경이 빠져나가는 곳으로 시각 세포가 없어 상이 맺혀도 보이지 않는다. 시각 세포가 밀집되어 있는 부분은 황반이다.

03. 답 ㉠ 막대 세포 ㉡ 원뿔 세포
해설 막대 세포는 망막의 주변부에 약 1 억 3000만 개 정도 분포하며 0.1 lx 미만의 약한 빛을 감지하고, 원뿔 세포는 망막의 중앙부 황반을 중심으로 약 700만 개 정도 분포하여 0.1 lx 이상의 강한 빛을 감지한다.

04. 답 (1) O (2) X (3) O
해설 (1) 어두운 곳에서 밝은 곳으로 가면 로돕신이 한꺼번에 분해되어 막대 세포를 지나치게 자극하여 눈이 부시다가 점차 잘 볼 수 있게 되는 현상을 명순응이라고 한다.
(2) 밝은 곳에서 어두운 곳으로 가면 로돕신이 분해된 상태로 존재하므로 잘 안보이다가 로돕신이 합성됨에 따라 차츰 잘 보이게 되는데 이러한 현상을 암순응이라고 한다. 요돕신은 원뿔 세포에 포함된 감광 물질이다.

[유형 20-3] 답 (1) O (2) O (3) X
해설 A 는 수정체 B 는 모양체, C 는 진대이다.
(1) (가) 는 먼 곳을 볼 때, (나) 는 가까운 곳을 볼 때의 상태이다.
(2) 먼 곳을 볼 때는 모양체가 이완하여 수정체로부터 먼 쪽으로 이동하며, 진대가 당겨져 팽팽해진다. 그 결과 수정체가 바깥쪽으로 당겨져 얇아지며 초점 거리가 길어진다.
(3) 가까운 곳을 볼 때는 모양체가 수축하여 수정체쪽으로 이동하며, 진대가 느슨해져 수정체의 탄력성 때문에 부풀어 올라 두꺼워진다. 따라서 초점 거리는 짧아진다.

05. 답 (1) O (2) X (3) O
해설 (1) 밝을 때 환상근이 수축하면 동공 쪽으로 홍채가 확장되어 면적이 넓어지면서 동공이 작아진다.
(2) 어두울 때 종주근이 수축하면 동공의 바깥쪽으로 홍채가 이동하여 면적이 작아지고 그에 따라 동공이 커져 망막에 도달하는 빛의 양이 증가하게 된다.

06. 답 ㉠ 원시 ㉡ 볼록 렌즈
해설 원시는 수정체와 망막 사이의 거리가 정상인보다 짧거나 수정체가 정상인보다 얇을 때 나타나는 시력 이상으로 물체의 상이 망막의 뒤에 맺혀 먼 곳의 물체는 잘 볼 수 있지만, 가까운 곳의 물체를 볼 수 없다. 이때는 볼록 렌즈를 이용하여 시력을 교정한다.

[유형 20-4] 답 (1) E, 귀인두관 (2) D, 반고리관
(3) C, 전정 기관
해설 (1) 귀인두관은 중이 속의 압력을 내부와 같게 조절하는 기관이다. 귀가 먹먹해지는 이유는 중이와 외이의 압력이 다르기 때문이다. 하품을 하거나 침을 삼키면 귀인두관의 목구멍 쪽의 입구가 열려 외부와 공기 출입이 생겨 고막 내외부의 압력이 같아지게 된다.
(2) 반고리관은 몸의 이동과 회전 감각을 수용한다.
(3) 전정 기관에서 몸의 위치와 자세 감각을 수용한다. 전정 기관과 반고리관을 평형 감각 기관이라고 하며 달팽이관과 함께 내이를 이룬다.

07. 답 ⑤
해설 ㄱ. 감각 기관 중 가장 예민하고 쉽게 피로해지는 것이 후각이다. 역치가 작을수록 예민하고 클수록 둔감하다. 따라서 후각기의 역치가 가장 낮다.
ㄴ. 매운맛은 통각, 떫은맛은 압각의 일종이다.
ㄷ. 음식의 맛은 미각기와 후각기 등이 받아들인 자극을 대뇌에서 종합하여 느끼는 것이다.

08. 답 ㉠ 통점 ㉡ 온점
해설 통점은 약 100~200(개/cm^2) 로 가장 많이 분포한다. 온점은 높은 온도로의 변화를 적합 자극으로 받아들인다.

창의력 & 토론마당 154~157쪽

01
(1) 어느 정도의 감각 능력은 타고난다. 하지만 훈련을 통해 능력이 개선되고 향상될 수 있다. 따라서 우주비행사를 뽑을 때 적응 능력이 뛰어난 사람을 뽑기도 하지만 지속적인 훈련을 통해 그 능력을 발달시키기도 한다.
(2) 우주에는 중력이 없기 때문에 적합 자극이 중력인 전정 기관이 작용하지 않으므로 몸이 기울어진 것을 전혀 느끼지 못한다.

02
A 녹색맹 : 원뿔 세포 가운데 녹색 빛을 감지하는 원뿔 세포가 없거나 기능이 약하여 적색과 녹색을 구분하지 못하기 때문에 나타난다.
B 적색맹 : 원뿔 세포 가운데 적색 빛을 감지하는 원뿔 세포가 없거나 기능이 약하기 때문에 나타난다.
C 전색맹 : 원뿔 세포의 기능이 전혀 없어서 모든 색을 구별하지 못한다.

03
(1) 시각에 의한 반응 : 0.18 초
청각에 의한 반응 : 0.2 초
⇨ 시각에 의한 반응이 청각에 의한 반응보다 더 빠르다.
(2) 청각을 통해 자극이 대뇌로 전달되어 반응기로 보내지는 경로가 시각을 통해 자극이 전달되어 반응되기까지 경로에 비해 길기 때문이다. 여러 개의 뉴런이 자극 전달 과정에 참여할수록 자극의 전달 속도는 더욱 느려지게 된다.

해설 (1) 5 회 평균 낙하 거리가 실험 1 에서는 0.162 m, 실험 2 에서는 0.2 m, 실험 3 에서는 0.45 m이므로 각각 공식

에 대입하여 t 를 구하면 자극이 전달되어 반응으로 나타나기까지 걸린 시간이 된다. 실험 1 에서는 0.18 초, 실험 2 에서는 0.2 초, 실험 3 에서는 0.3 초가 된다.

04 ②

해설

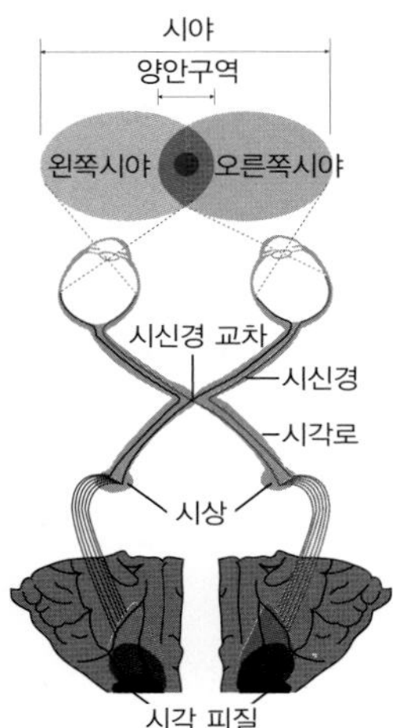

오른쪽 시각로를 절단했을 때, A 와 B 가 보이지 않는다고 했으므로 왼쪽 눈에서 오는 시각 정보 A 가 교차하고 있음을 추론할 수 있다. 시각 신경으로 들어온 시각 정보의 일부는 같은 쪽의 대뇌로 전달된다. 하지만 시각 정보의 다른 일부는 시각 신경을 교차해서 반대쪽 대뇌 시각 피질로 전달된다. 양안 구역은 오른쪽과 왼쪽 시야가 겹치는 시야의 중앙부로 물체가 3 차원적으로 인식되는 곳이다. 한눈의 시야에만 보이는 영역을 단안 구역이라고 하며 물체는 2 차원적으로 지각된다.

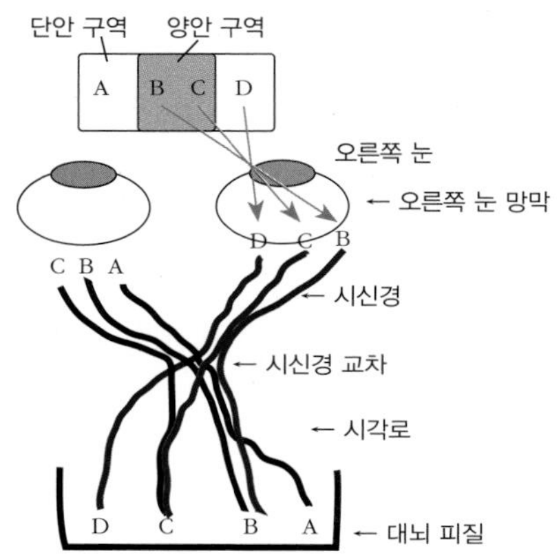

① 문제의 (나) 에서 오른쪽 시신경이 절단되면 D 가 보이지 않는다고 했으므로, 왼쪽 신경인 ㉠ 부위가 절단 되면 A 가 보이지 않을 것이다.
② 위 그림을 참고하여 ㉡ 이 절단되면 교차 전달되는 A 와 D 의 정보가 대뇌 피질로 전달되지 않음을 알 수 있다.
③ 문제의 (다) 에서 왼쪽 시각로가 절단되면 C, D 가 보이지 않는다고 하였다. ㉢ 이 왼쪽 시각로이므로 C, D 가 보이지 않을 것이다.
④ 위 그림을 참고하면 왼쪽 시각로는 C, D 의 정보를 담고 있다. 그 중 C 의 실선은 왼쪽 눈에서 나온 정보(A, B, C)의 일부이다.
⑤ 그림에서 볼 수 있듯이 오른쪽 시신경의 정보 B, C, D 중 C, D 는 왼쪽 뇌반구로 교차 전달된다.

스스로 실력 높이기 158~163쪽

01. 실무율 02. 베버 법칙 03. E, 황반
04. C, 수정체 05. 얇아진다 06. ㉠ 막대 세포, ㉡ 원뿔 세포 07. 근시, 오목 렌즈 08. ㅁ, ㅅ
09. (1) X (2) O (3) X 10. ③ 11. 5 12. ③
13. ③ 14. ③ 15. ② 16. ① 17. ②
18. ④ 19. ① 20. ④ 21. ① 22. ④
23. ① 24. ④ 25. ㄱ, ㄷ 26. ㉠ 56, ㉡ 촉각
27 ~ 30. 〈해설 참조〉

01. 답 실무율
해설 역치 이상에서는 최대 반응이 나타나고 역치보다 낮은 자극에서는 반응이 전혀 나타나지 않는 현상으로, 단일 근섬유나 단일 신경 섬유 등에서 실무율이 적용되고, 여러 개의 세포로 이루어진 근육이나 신경 다발에서는 실무율이 나타나지 않는다.

02. 답 베버 법칙
해설 감각기에서 자극의 변화를 느끼기 위해서는 처음 자극에 대해 일정한 비율(베버 상수) 이상으로 변화된 자극을 받아야 한다.

03. 답 E, 황반
해설 황반은 시세포(원뿔 세포)가 밀집되어 있어 가장 선명한 상이 맺힌다.

04. 답 C, 수정체
해설 수정체는 빛을 굴절시켜 망막에 상이 맺히도록 하며, 사진기의 렌즈와 같은 역할을 한다.

05. 답 얇아진다
해설 먼 곳을 볼 때 모양체는 수정체로부터 먼 쪽으로 이동하여 진대가 당겨져 팽팽해지고, 수정체는 바깥으로 당겨져 얇아진다.

06. 답 ㉠ 막대 세포 ㉡ 원뿔 세포
해설 막대 세포는 망막의 주변부에 약 1 억 3000만 개 정도 분포하고 있으며 0.1 lx 미만의 약한 빛을 적합 자극으로 하여 형태와 명암을 식별한다. 원뿔 세포는 망막의 중앙인 황반을 중심으로 약 700만 개 정도 분포하며 0.1 lx 이상의 강한 빛을 적합 자극으로 하여 형태와 명암, 색깔을 식별한다.

07. 답 근시, 오목 렌즈
해설 근시는 가까운 곳의 물체는 볼 수 있지만, 먼 곳의 물체를 잘 볼 수 없는 눈의 이상으로 수정체와 망막 사이의 거리가 정상인보다 길거나, 수정체가 정상인보다 두꺼울 때 나타난다. 이때 빛을 퍼지게 하는 오목 렌즈를 이용하여 물체의 상이 망막에 맺히게 조절한다.

08. 답 ㅁ, ㅅ
해설 매운맛은 통각, 떫은맛은 압각의 일종이다.

09. 답 (1) X (2) O (3) X
해설 (1) 감각점은 피부의 진피에 분포한다. 감각점은 신경 말단이 특수하게 분화하여 만들어진 것이다.
(3) 감각점의 분포 밀도는 통점 〉 압점 〉 촉점 〉 냉점 〉 온점이다.

10. 답 ③

해설 후각은 역치가 가장 낮아 가장 예민하여 피로해지기 쉬운 감각 기관이다.

11. 답 5

해설 베버 법칙에 따르면 처음 자극의 세기에 대해 일정 비율 이상 변화된 자극을 받았을 때 자극의 변화를 감각한다.

$$K\,(\text{베버 상수}) = \frac{R_2\,(\text{나중 자극의 세기}) - R_1\,(\text{처음 자극의 세기})}{R_1}$$

$\frac{102.5 - 100}{100} = 0.025$ 이므로,

$\frac{x - 200}{200} = 0.025$ 이다. 따라서 x = 205(g) 이다.

따라서 처음 200 g 의 추에서 최소 5 g 의 추를 더 들어야 무거워진 것을 느낄 수 있다.

12. 답 ③

해설 ① 역치는 반응을 일으키는 최소한의 자극 세기로 이 신경 세포의 역치는 20 mV 초과, 30 mV 이하이다.
② 이 신경 세포는 실무율이 적용되어 역치 미만의 자극에서는 반응이 나타나지 않고, 역치 이상의 자극에서는 자극의 세기에 관계없이 반응의 크기가 일정하게 나타난다.
③, ⑤ 이 신경 세포는 실무율이 적용되므로 자극의 세기가 역치 이상일 때 반응의 크기는 모두 1 로 나타난다.
④ 근육은 여러 개의 신경 세포가 모인 것으로 실무율이 성립되지 않으므로 다른 결과가 나타나게 된다.

13. 답 ③

해설 ㄱ. (가) 는 역치 이상의 자극에서 반응의 크기가 일정한 단일 세포에서의 반응으로 근섬유의 반응이고, (나) 는 근육의 실험 결과이다.
ㄴ. (가), 근섬유의 반응 에서는 역치 이상의 자극의 세기에서 반응의 크기가 동일하므로 실무율이 적용된 것이고, (나), 근육의 반응 에서는 자극의 세기가 커질수록 반응의 크기도 커지므로 실무율이 나타나지 않는다.
ㄷ. 근육을 구성하는 근섬유(세포)마다 역치가 다르기 때문에 자극이 커질수록 반응하는 세포의 수가 많아지므로 어느 정도까지는 반응의 크기가 계단식으로 증가한다.

14. 답 ③

해설 ㄱ. 녹원뿔 세포와 적원뿔 세포의 빛 흡수율이 같을 때는 물체의 색이 황색으로 보일 때이다.
ㄴ. 색을 검은색으로 감각할 때는 세 원뿔 세포가 모두 빛을 흡수하지 못할 때(흡수율이 0 일 때)이다.
ㄷ. 녹색을 볼 때 세 원뿔 세포의 빛 흡수율은 다르지만 모두 반응을 한다.

15. 답 ②

해설 A 과정에서 발생한 변화가 시각 신경을 흥분시켜 대뇌에 전달한다. 로돕신은 빛을 받으면 옵신과 레티넨으로 분해된다. 레티넨은 바이타민 A 의 유도체이며, C, D, E 과정은 어두울 때 진행된다.
① 어두운 곳에서는 옵신과 레티넨이 결합하여 로돕신이 합성되므로 밝은 곳에 있을 때보다 로돕신의 양은 더 많다.
③ 로돕신에 의해 빛이 수용되는 반응은 막대 세포에서 진행된다.
④ 로돕신이 분해될 때 생기는 변화가 시신경을 자극한다.
⑤ 어두운 곳에 있다가 갑자기 밝은 곳으로 가면 로돕신이 한꺼번에 다량 분해되어 눈이 부시게 된다. 따라서 로돕신이 분해되는 반응은 A 와 관련 있다.

16. 답 ①

해설 무한이는 오목 렌즈로 교정을 하였으므로 근시에 해당한다.
ㄱ. 근시는 수정체와 망막 사이의 거리가 정상인보다 길거나, 수정체가 정상인보다 두꺼울 때 나타난다.
ㄴ. 안경을 착용하지 않으면 가까운 곳의 물체는 잘 볼 수 있지만, 먼 곳의 물체를 잘 볼 수 없다.
ㄷ. 안경을 착용하지 않으면 망막의 앞에 상이 맺힌다.

17. 답 ②

해설 ① A 는 귓속뼈로 고막의 진동을 증폭시키는 역할을 한다.
② B 는 반고리관, C 는 전정 기관으로 각각 몸의 위치 감각과 회전 감각에 관여하여 몸의 평형을 유지한다.
③ (가) 는 E 달팽이관의 단면을 나타낸 것이다.
④ ㉠ 은 달팽이세관, ㉡ 은 전정계, ㉢ 은 고실계이다. 음파는 달팽이관의 전정계, 고실계, 달팽이세관으로 전해지므로 음파의 진동이 전달되는 경로는 ㉡ → ㉢ → ㉠ 이다.
⑤ D 는 달팽이관에서 수용한 자극을 대뇌로 전달한다.

18. 답 ④

해설 ㄱ. 정지 상태에서 회전을 시작하거나 회전을 하다가 갑자기 멈추는 것과 같이 몸의 속도 변화가 클 때 감각모가 많이 굽고 그에 따라 회전 감각이 강하게 느껴진다.
ㄴ. 감각모는 림프의 회전 방향으로 굽는데, 회전을 시작할 때는 림프가 몸의 회전 방향과 반대 방향과 회전하므로 감각모도 몸의 회전 방향의 반대 방향으로 굽는다.
ㄷ. 반고리관에서 회전 감각은 림프의 관성에 의한 움직임으로 성립된다. 관성은 현재 상태를 유지하려는 현상이다.

19. 답 ①

해설 ① 0 ℃ 의 얼음물에서 냉각은 나타나지 않고 통점이 흥분하여 통증으로 느낀다.
② 20 ℃ 에서는 냉각은 나타나지만 온각은 나타나지 않는다.
③ 35 ℃ 부근에서 처음보다 온도가 낮아지면 냉각, 처음보다 온도가 높아지면 온각이 나타난다.
④ 40 ℃ ~ 45 ℃ 에서 온각이 나타나므로 물의 온도 변화를 느낄 수 있다.
⑤ 60 ℃ 의 고온에서는 통각이 작용하므로 뜨거운 물에서는 통증이 느껴진다.

20. 답 ④

해설 ① 두 점으로 느끼는 최단 거리가 가장 먼 부위는 등이다. 이는 등에 감각점이 가장 적게 분포한다는 의미이므로 조사한 부위 중에서는 등이 가장 둔감하다.
② 신체 각 부위에서 두 점으로 느끼는 최단 거리는 모두 다르다. 이는 감각점의 분포가 신체 부위별로 다르기 때문이다.
③ 촉점이 가장 많이 분포한다는 것은 디바이더의 두 편 사이의 간격이 가장 짧은 부분이므로 손가락이다.
④ 손가락보다 손바닥이 더 둔한 곳이므로 눈을 감고 물체를 식별할 때는 손가락을 사용하는 것이 더 정확하다.
⑤ 손가락은 디바이더의 끝을 두 점으로 느끼는 최단 거리가 2.7 mm 이므로 디바이더를 5 mm 로 하면 두 점으로 느끼지만, 그 외의 부분들은 두 점으로 느끼는 최단 거리가 6 mm 이상이므로 모두 한 점으로 느낀다.

21. 답 ①

해설 ㄱ. 학생 A 는 수정체와 망막 사이의 거리가 정상 시력을 가진 사람보다 길어서 먼 곳을 볼 때 상이 망막의 앞에 맺히는 근시이다.

ㄴ. 근시인 A 는 시력 교정을 위해 오목 렌즈를 착용하여 상이 망막에 정확하게 맺히도록 해야 한다.
ㄷ. 노안은 수정체의 탄력이 약해져서 물체를 볼 수 있는 최단 거리인 근점이 길어져서 가까운 물체를 잘 보지 못하는 눈의 이상이다.
ㄹ. 어두운 곳으로 갔을 때 동공이 확대되는 것은 반사 작용에 의한 것으로 안구의 길이와 직접적인 관련이 없다.

22. 답 ④
해설 A 는 귓바퀴, B 는 외이도, C 는 고막, D 는 청소골, E 는 난원창, F 는 전정계, G 는 고실계, H 는 귀인두관이다.
ㄱ. 외이도를 통과한 음파는 고막 → 청소골 → 난원창 → 전정계 → 고실계로 전달된다. 고막은 음파에 의해 진동하고, 청소골에서 음파를 증폭시키며, 전정계와 고실계는 림프의 진동으로 전달된다.
ㄴ. B(외이도)를 통과할 때 음파의 매질은 공기(기체)이고, C(고막)에서는 막의 흔들림으로 바뀌므로 매질은 고체이며, F(전정계)에서는 림프의 진동으로 바뀌므로 매질은 액체이다.

23. 답 ①
해설 가설 (가) 의 경우 시각 신경이 모여 나가는 부위에는 시각 세포가 존재할 수 없어 맹점의 존재를 설명할 수 있지만, 가설 (나) 의 경우 시각 신경이 모여 나가는 부위라 하더라도 시각 세포가 존재할 수 있어 맹점의 존재를 설명하기 어렵다. 따라서 시각 신경이 모여 나가는 맹점에는 시각 세포가 없어 상이 맺혀도 볼 수 없다는 내용을 포함한 ① 번 가설이 타당하다고 할 수 있다.
② 시각 세포가 밀집되어 있는 황반이 존재하는지는 (가) 와 (나) 모두에서 알 수 없다.
⑤ 빛의 산란을 막는 맥락막은 (가) 와 (나) 모두에서 나타나고 있다.

24. 답 ④
해설 ① A 는 자극의 세기가 13 일 때 반응이 나타났고, B 는 12 일 때 반응이 나타났으므로 역치는 A 보다 B 가 작다.
②, ③ 베버 상수는 처음 자극에 대해 자극의 변화를 느끼는 최소한의 자극의 변화량의 비를 나타내는 것이다. 하지만 이 실험은 처음 자극의 세기에 따른 반응을 알아보는 실험이 아니므로 베버 법칙을 설명하기는 어렵다. 그러나 역치가 A 보다 작은 B 와 C 를 비교해 보면 역치는 같지만, B 는 15 가 되었을 때 반응의 크기가 커졌고, C 는 16 일 때 반응의 크기가 커졌으므로 B 가 자극의 변화에 가장 민감하다고 할 수 있다. 따라서 베버 상수도 B 가 가장 작을 것으로 추정하는 것이 타당하다.
④ 사람에 따라 반응이 나타나는 자극의 세기는 다르지만 자극의 세기가 커지면 반응이 강하게 나타난다. 따라서 여러 개의 세포로 구성된 감각 기관에서 자극에 따른 반응의 원리는 실무율이 적용되지 않으며, 자극의 세기가 커지면 자극에 반응하는 세포의 수가 증가한다는 것을 유추할 수 있다.
⑤ 처음 자극의 세기에 따른 반응을 알아보는 실험이 아니므로 베버 법칙을 설명하기는 어렵다.

25. 답 ㄱ, ㄷ
해설 ㄱ. 0 ~ 2 초 사이에는 수정체의 두께 변화가 없으므로 영희와 물체 사이의 거리에는 변화가 없다.
ㄴ. 2 ~ 4 초 사이에는 수정체의 두께가 점점 얇아지고 있으므로 영희와 물체와의 거리가 멀어질 때이다.
ㄷ. 4 ~ 6 초 사이에는 수정체의 두께가 다시 두꺼워지고 있으므로 물체와 영희의 사이가 가까워질 때이다. 모양체는 수축하여 진대가 느슨해지고 수정체는 두꺼워지게 된다.
ㄹ. 6 ~ 8 초 사이에는 수정체의 두께가 얇아진 상태로 유지되어 있으므로 물체와 영희와의 거리가 먼 상태로 유지된 것이다. 동공은 빛의 밝기와 관련이 있으므로 이 자료로 동공의 크기는 알 수 없다.

26. 답 ㉠ 56 ㉡ 촉각
해설
㉠ $K_{청각} = \frac{1}{7} = \frac{x - 49}{49}$ 이므로, 처음 자극 이후 다시 느낄 수 있는 자극의 세기는 56 이다.

㉡ $\frac{100.5 - 100}{100} = \frac{1}{200}$ 이므로, ㉡ 에서 주어진 자극의 종류는 촉각이다.

27. 답 (1) X : 원뿔 세포, Y : 막대 세포
(2) X 는 원뿔 세포로 역치 미만의 빛이기 때문에 반응하지 못하고, Y 는 막대 세포로 밝은 곳에서 분해되어 있던 로돕신이 합성되는 데 시간이 걸리기 때문에 잘 보이지 않는다. (3) 막대 세포의 역치가 낮아지고, 빛에 의해 합성된 로돕신이 분해되면서 시각이 성립하기 때문이다.
해설 (1) X 는 10^{-3} lx 이하의 약한 빛은 감각하지 못하고 역치가 높으므로 원뿔 세포이며, Y 는 약한 빛까지도 감각할 수 있고 역치가 낮으므로 막대 세포에 해당한다.
(2) 그래프 a 구간은 처음 어두운 곳에 들어가면 역치가 높아 잘 보이지 않게 되는 구간이다. 밝은 곳에서 갑자기 어두운 곳으로 가면 처음 몇 분 동안은 잘 보이지 않는다. 이 구간에서 원뿔 세포는 역치보다 약한 빛이므로 반응하지 못한다. 또한, 막대 세포에서 빛을 수용하려면 로돕신이라는 색소 단백질이 필요한데, 로돕신은 밝은 곳에서 옵신과 레티넨으로 분해되어 있기 때문에 갑자기 어두운 곳으로 가면 먼저 로돕신이 합성되는 시간이 걸려 잘 보이지 않는 것이다.

28. 답 ④
해설 오징어의 눈은 카메라와 같이 수정체(렌즈)의 두께가 일정하게 고정되어 있다. 카메라에서는 물체의 원근에 따라 렌즈가 앞뒤로 움직여 필름에 정확한 초점이 맺히도록 조절한다. 즉, 물체가 가까이 있을수록 렌즈와 필름 사이를 멀게 하여 초점을 맞춘다. 오징어의 눈은 수정체가 앞뒤로 이동하는 대신 망막의 위치를 이동시켜 초점을 맞춘다.

29. 답 암반응의 작용시 로돕신이라는 물질이 필요하며, 로돕신이라는 물질은 빛에 대한 반응성이 매우 크다. 어두운 곳에서는 이 로돕신이라는 물질이 합성되고, 이 물질이 있어야 잘 볼 수 있다. 막대 세포는 498 nm(초록색, 파란색) 부근의 파장의 빛에 가장 민감하고, 640 nm(붉은색) 이상의 파장에서는 완전히 빛을 감지하지 못한다. 즉 붉은색 고글을 쓰면 붉은빛만 들어오므로 합성된 로돕신이 분해되지 않는다. 따라서 야간 비행 시 어둠 속에서 물체를 더 잘 봐야 하기 때문에 로돕신의 분해를 막아줄 수 있는 붉은색 고글을 끼고 대기하다가 야간 비행을 한다.

30. 답 5,000 lx, 베버 법칙
해설 베버 법칙은 감각기에서 자극의 변화를 느끼기 위해서는 처음 자극에 대해 일정한 비율 이상으로 변화된 자극을 받아야 자극의 변화를 느낄 수 있다는 것을 말한다.

$$K\text{(베버 상수)} = \frac{R_2\text{(나중 자극의 세기)} - R_1\text{(처음 자극의 세기)}}{R_1}$$

이므로 $\frac{2,500 - 2,000}{2,000} = \frac{1}{4}$, $\frac{x - 4,000}{4,000} = \frac{1}{4}$ 이다.
따라서 x = 5,000 lx 이다.

21강. 근수축 운동

개념 확인 164~167쪽

1. Z선 2. 활주 필라멘트 모델(활주설)
3. I대, H대, 근육 원섬유 마디 4. ATP

확인+ 164~167쪽

1. M선 2. Ca^{2+}
3. 마이오신 필라멘트의 머리 4. 젖산

개념 다지기 168~169쪽

01. (1) O (2) O (3) X 02. ① 03. ① 04. ④
05. ㄱ 06. (1) X (2) X (3) O 07. ① 08. ㄱ, ㄹ

01. 답 (1) O (2) O (3) X
해설 (3) 뼈대에는 2 개의 골격근이 쌍으로 붙어 있으며, 한쪽 근육이 수축하면 다른 쪽 근육은 이완한다.

02. 답 ①
해설 A대 중앙의 약간 밝은 부분으로 마이오신 필라멘트만 존재하는 부분을 H대라고 한다. M선은 H대 중앙의 가느다란 선으로 진하게 나타나며 마이오신 필라멘트와 연결되어 있어 이를 지지해주는 역할을 한다.

03. 답 ①
해설 ㄴ. 근수축 시 액틴 필라멘트가 마이오신 필라멘트 사이로 미끄러져 들어가 근육 원섬유 마디의 길이가 짧아지면서 근육이 수축된다.
ㄷ. 액틴 필라멘트와 마이오신 필라멘트의 길이는 변하지 않고 두 필라멘트가 마주보는 방향으로 미끄러져 들어가므로 겹쳐진 부분이 늘어나면서 근육 원섬유 마디가 짧아지는 것이다.

04. 답 ④
해설 ④ Ca^{2+} 은 액틴 필라멘트에 결합하며, 이때 마이오신과 결합할 수 있는 부위가 드러나게 된다.

05. 답 ㄱ
해설 근육 원섬유 마디와 I대, H대의 길이는 짧아지고, 액틴 필라멘트와 마이오신 필라멘트, A대의 길이는 변화 없다.

06. 답 (1) X (2) X (3) O
해설 (1) 마이오신 필라멘트의 머리가 근수축에 원동력을 제공하는 에너지 반응의 중심이 된다.
(2) ATP 가 ADP 로 분해되면서 마이오신 필라멘트의 머리가 액틴 필라멘트와 결합한다.

07. 답 ①
해설 ㄴ. 크레아틴 인산이 크레아틴과 인산으로 분해되면서 고에너지 인산을 ADP 에 공급하여 ATP 가 합성된다. 이 과정에서 ATP 는 빠르게 합성되지만 지속되는 시간은 약 15 초이다.
ㄷ. 젖산이 생성되는 것은 무산소 호흡을 할 때이다. 산소가 부족할 때 무산소 호흡을 통해 포도당이 분해되면서 ATP 를 합성하고, 부산물로 젖산이 생성된다.

08. 답 ㄱ, ㄹ
해설 격렬한 운동을 하면 에너지가 많이 필요하므로 크레아틴 인산이 분해되어 크레아틴 양이 증가한다. 또한, 격렬한 운동 시 산소가 부족하므로 포도당이 무산소 호흡에 의해 분해되어 젖산이 생성되어 근육에 축적된다.

유형 익히기 & 하브루타 170~173쪽

[유형21-1] (1) A, Z선 (2) C, M선
(3) 마이오신 필라멘트
01. ㉠ 근육 섬유, ㉡ 근육 원섬유
02. ㉠ 액틴 필라멘트, ㉡ 마이오신 필라멘트
[유형21-2] ㄷ 03. 활주 필라멘트 모델(활주설)
04. (1) X (2) X
[유형21-3] (1) ⓐ 마이오신 필라멘트, ⓑ 액틴 필라멘트
(2) ㉠ ⓑ, ㉡ ⓐ
05. (1) O (2) O (3) X
06. ㉠ 탈분극, ㉡ 마이오신 필라멘트
[유형21-4] (1) X (2) O (3) X
07. ④ 08. ㉠ 젖산, ㉡ 글리코젠

[유형 21-1] 답 (1) A, Z선 (2) C, M선 (3) 마이오신 필라멘트
해설 A 는 명대 중앙의 가느다란 선으로 근육 원섬유 마디와 마디를 구분하는 경계선인 Z선이다. Z선은 근육 원섬유 마디를 지지해주는 역할을 한다.
B 는 마이오신 필라멘트이며 C 는 M선이다. M선은 H대 중앙의 가느다란 선으로 진하게 나타나며 마이오신 필라멘트와 연결되어 있어 이를 지지해 주는 역할을 한다.

01. 답 ㉠ 근육 섬유 ㉡ 근육 원섬유
해설 골격근은 팽팽하게 배열된 여러 개의 근육 섬유 다발로 구성되어 있으며, 각각의 근육 섬유는 더 가느다란 근육 원섬유로 이루어져 있다.

02. 답 ㉠ 액틴 필라멘트 ㉡ 마이오신 필라멘트
해설 근육 원섬유는 가는 액틴 필라멘트와 굵은 마이오신 필라멘트가 일부 겹쳐서 배열되어 있으며, 근수축의 기본 단위인 근육 원섬유 마디가 반복적으로 나타난다.

[유형 21-2] 답 ㄷ
해설 ㄱ. 흥분은 운동 뉴런을 따라 전도되어 활동 전위가 축삭 말단에 도달하면 아세틸콜린이 분비된다.
ㄴ. 활동 전위가 근육 섬유의 근소포체에 도달하면 Ca^{2+} 통로가 열리고 근소포체에 저장되어 있던 Ca^{2+} 이 세포질로 방출된다.
ㄷ. 마이오신은 액틴과 결합하여 액틴 필라멘트를 근육 원섬유 마디의 중심으로 끌어당긴다. 액틴 필라멘트가 미끄러져 들어옴으로써 근수축이 일어나며, 이때 ATP 가 사용된다.

03. 답 활주 필라멘트 모델(활주설)
해설 근수축이 일어날 때 마이오신 필라멘트와 액틴 필라멘트의 길이는 변하지 않고 액틴 필라멘트가 마이오신 필라멘트 사이로 미끄러져 들어가 겹치는 부분이 증가하여 근육이 수축한다는 이론이다.

04. 답 (1) X (2) X

해설 (1) 성장기에 근육이 증가하는 것은 새로운 근육 원섬유 마디가 추가되어 길이가 증가하는 것이다.
(2) 운동을 통해 근육이 증가하는 것은 근육 원섬유 마디의 폭이 증가하는 것이다.

[유형 21-3] 답 (1) ⓐ 마이오신 필라멘트 ⓑ 액틴 필라멘트
(2) ㉠ ⓑ, ㉡ ⓐ

해설 근수축 시 액틴 필라멘트와 마이오신 필라멘트의 길이는 변화가 없으며, 액틴 필라멘트가 마이오신 필라멘트 사이로 미끄러져 들어가 액틴 필라멘트와 마이오신 필라멘트의 겹치는 부분이 늘어난다.

05. 답 (1) O (2) O (3) X

해설 (3) 근육 원섬유 마디와 I대, H대의 길이는 짧아지고, 액틴 필라멘트와 마이오신 필라멘트, A대의 길이는 변화가 없다.

06. 답 ㉠ 탈분극 ㉡ 마이오신 필라멘트

해설 ATP 가 ADP 로 분해되면서 마이오신 필라멘트의 머리가 액틴 필라멘트와 결합한다. 마이오신 필라멘트의 머리가 휘어지면서 액틴 필라멘트를 근육 원섬유 마디의 중심 쪽으로 끌어당긴다. 새로운 ATP 가 마이오신 필라멘트의 머리에 붙으면 마이오신 필라멘트가 액틴 필라멘트에서 떨어져 나가고 새로운 근수축 과정이 시작된다.

[유형 21-4] 답 (1) X (2) O (3) X

해설 (1) (가) 는 근육에 저장된 글리코젠이다.
(3) 근수축이 활발하게 일어나면 크레아틴 인산은 크레아틴으로 분해되므로 근육 세포에 크레아틴 인산의 양은 감소한다.

07. 답 ④

해설 ㄱ. 포도당이 젖산으로 분해되는 과정은 산소가 부족할 때 일어난다.
ㄴ. 크레아틴 인산으로 에너지를 합성하는 과정은 크레아틴 인산이 분해될 때 나오는 고에너지 인산을 ADP 에 공급하여 ATP 를 합성하는 과정으로 산소가 없어도 진행된다.
ㄷ. 무산소 호흡 결과로 생성되는 젖산은 피로의 원인이 되는 물질이다.

08. 답 ㉠ 젖산 ㉡ 글리코젠

해설 근육 운동 후 피로를 느끼는 것은 근육에 많은 젖산이 축적되고, 글리코젠과 ATP 가 고갈되기 때문이다. 피로해진 근육이 휴식을 취하면서 산소가 충분히 공급되면, 젖산의 일부가 산소 호흡으로 분해되고, 이 과정에서 생성된 ATP 를 이용하여 나머지 젖산을 글리코젠으로 재합성하여 피로가 풀린다.

창의력 & 토론마당 174~177쪽

01 ATP 존재하에서 Ca^{2+} 이 있으면 수축하고, Ca^{2+} 이 없으면 이완한다.

해설 근수축에는 ATP 와 Ca^{2+} 이 필요하며 Ca^{2+} 의 농도가 근수축의 장력을 조절하는 역할을 한다. 휴지기가 있는 근섬유에서 모든 Ca^{2+} 은 근소포체 내부에 흡수되어 있으며, 근섬유가 자극을 받으면 근소포체로부터 Ca^{2+} 이 방출되어 근절의 굵은 필라멘트와 가는 필라멘트에 확산된다. 그리고 가는 필라멘트의 구성 성분인 칼슘수용 단백질인 트로포닌과 결합함으로 인해 마이오신과 액틴 사이에 작용이 시작되어 근섬유의 운동이 시작된다. 운동이 끝나면 Ca^{2+} 은 다시 근소포체 속으로 환수되어 근육이 이완된다.

02 B 에서 A 상태로 될 때는 액틴 필라멘트가 마이오신 필라멘트 사이로 미끄러져 들어가 근육 원섬유 마디의 길이가 짧아진다.

해설 B 는 근육 원섬유 마디의 길이가 길고, A 는 B 보다 근육 원섬유 마디의 길이가 짧다. 이것은 근육이 수축할 때 액틴 필라멘트가 마이오신 사이로 미끄러져 들어가기 때문이다.

03 ㄱ, ㄴ, ㄷ

해설 (가) 에서 마이오신이 ATP 와 결합하면 마이오신과 액틴 필라멘트가 분리된 상태가 된다.
(나) 에서 ATP 가 ADP 와 인산으로 분해되면 마이오신의 형태에 변화가 생겨 액틴 필라멘트와 결합하여 다리를 형성한다.
(다) 에서 ADP 와 인산이 마이오신으로부터 떨어지면서 에너지가 공급되면 마이오신의 형태가 변화하면서 액틴 필라멘트를 끌어당기게 되어 액틴 필라멘트가 마이오신 사이로 미끄러져 들어가며 이때 근육 원섬유 마디의 길이는 짧아지게 된다.

04 ㄴ

해설 ㄱ. 가장 먼저 소모되는 것은 저장된 ATP 이다.
ㄴ. 운동 시작 후 20 초 동안은 저장된 ATP 를 사용하고 크레아틴 인산으로부터 인산을 공급받아 ATP 를 재합성하여 근육 운동에 이용하며, 무산소 호흡으로 생성된 ATP 를 일부 사용한다. 따라서 운동 시작 후 20 초 동안 운동에 필요한 대부분의 에너지는 산소 없이도 공급 된다.
ㄷ. 운동 지속 시간이 길어지면 산소 호흡에 의해 생성된 ATP 에 많이 의존하여 운동에 필요한 에너지를 공급받지만, 무산소 호흡도 계속되어 근육 세포에 젖산이 축적된다.

스스로 실력 높이기 178~183쪽

01. (1) O (2) X (3) O 02. ㄱ, ㄴ, ㄷ 03. ③
04. 아세틸콜린 05. 액틴 필라멘트 06. (1) O (2) X (3) O 07. ③ 08. (1) O (2) X (3) X 09. 크레아틴 인산 10. (1) O (2) O (3) X 11. ⑤ 12. ② 13. D, 근육 원섬유 마디 (근절) 14. 감소 : B, C, D / 증가 : 없음 / 변화 없음 : A 15. ② 16. ② 17. ④ 18. ㄹ - ㅁ - ㄱ - ㄷ - ㄴ 19. ④ 20. ③ 21. ④ 22. ⑤ 23. ③ 24. ④ 25. ④ 26. ②
27 ~ 30. 〈해설 참조〉

01. 답 (1) O (2) X (3) O
해설 (2) 골격근은 가로무늬가 있는 가로무늬근이며, 자신의 의지대로 움직일 수 있는 수의근이다.

02. 답 ㄱ, ㄴ, ㄷ
해설 근육 섬유는 근육 섬유 다발을 이루는 근육 세포로 하나의 세포가 많은 핵을 가진 다핵성 세포이다. 골격근은 운동 뉴런에 의해 조절되며, 골격근의 양 끝은 서로 다른 뼈에 붙어있어 골격근이 수축하면 뼈대가 움직인다.

03. 답 ③
해설 ③ 골격근에 가로무늬가 나타나는 이유는 어둡게 보이는 A대와 밝게 보이는 I대가 교대로 반복되기 때문이다.

05. 답 액틴 필라멘트
해설 Ca^{2+} 이 방출되어 액틴 필라멘트와 결합하면 마이오신 필라멘트와 결합할 수 있는 부분이 드러난다.

06. 답 (1) O (2) X (3) O
해설 근육 원섬유 마디와 I대, H대의 길이는 짧아지고, 액틴 필라멘트와 마이오신 필라멘트, A대의 길이는 변화 없다.

07. 답 ③
해설 ③ 근수축이 일어날 때 액틴 필라멘트와 마이오신 필라멘트의 길이는 변화가 없다.

08. 답 (1) O (2) X (3) X
해설 (2) 각 근육 섬유에는 즉시 사용할 수 있는 ATP 가 저장되어 있는데, 이것은 약 3 초간 수축을 지속할 수 있는 정도이다.
(3) 산소가 부족할 때는 무산소 호흡으로 포도당이 분해되면서 ATP 를 합성한다. 이때 부산물로 젖산이 생성되며, 젖산이 많이 축적되면 근육이 피로해진다.

09. 답 크레아틴 인산
해설 저장된 ATP 가 고갈되면 근육에 저장되어 있던 크레아틴 인산이 크레아틴과 인산으로 분해되면서 고에너지 인산을 ADP 에 공급하여 ATP 가 합성된다. 이 과정에 의해 ATP 가 빠르게 합성되며 지속되는 시간은 약 15 초이다.

10. 답 (1) O (2) O (3) X
해설 (3) 피로해진 근육이 휴식을 취하면서 산소가 충분히 공급되면, 젖산의 일부가 산소 호흡으로 분해되고, 이 과정에서 생성된 ATP 를 이용하여 나머지 젖산을 글리코젠으로 재합성하여 피로가 풀린다.

11. 답 ⑤
해설 골격근은 가로무늬근이고 자신의 의지대로 움직일 수 있는 수의근이며, 내장근은 민무늬근으로 의지와 관계없이 움직이는 불수의근이다.

12. 답 ②
해설 B 는 굵은 마이오신 필라멘트이며 A 는 가는 액틴 필라멘트이다. 근육 원섬유 마디는 가는 액틴 필라멘트 사이에 굵은 마이오신 필라멘트가 일부분씩 겹쳐 배열되어 있는 구조이다.

13. 답 D, 근육 원섬유 마디 (근절)
해설 근육 원섬유 마디는 가는 액틴 필라멘트 사이에 굵은 마이오신 필라멘트가 일부분씩 겹쳐 배열되어 있는 구조로, 근절은 Z선과 Z선 사이, 즉 D 이다.

14. 답 감소 : B, C, D / 증가 : 없음 / 변화 없음 : A
해설 A 는 암대인 A대, B 는 액틴 필라멘트로 이루어진 명대인 I대, C 는 A대 중 마이오신 필라멘트만으로 이루어진 H대, D 는 근육 원섬유 마디이다. 근수축이 일어날 때는 I대, H대, 근육 원섬유 마디의 길이는 짧아지고, A대의 길이는 변하지 않는다.

15. 답 ②
해설 ㉠ 은 I대, ㉡ 은 A대, ㉢ 은 H대이다.
② ㉡ 은 굵은 마이오신 필라멘트로 인해 어둡게 보이는 A대(암대)로 마이오신 필라멘트 전체 길이와 일치한다.

16. 답 ②
해설 골격근은 운동 뉴런에 의해 조절되며, 골격근의 양 끝은 서로 다른 뼈에 붙어있어 골격근이 수축하면 뼈대가 움직인다. 뼈대에는 2 개의 골격근이 쌍으로 붙어 있으며, 한쪽 근육이 수축하면 다른 쪽 근육은 이완한다.

17. 답 ④
해설 ④ 근수축이 일어날 때 마이오신 필라멘트와 액틴 필라멘트의 길이는 변하지 않고, 액틴 필라멘트가 마이오신 필라멘트 사이로 미끄러져 들어간다.

18. 답 ㄹ - ㅁ - ㄱ - ㄷ - ㄴ
해설 근수축 과정은 다음과 같다.
운동 뉴런 말단에서 아세틸콜린 분비 → 근육 섬유막의 탈분극 → 근소포체에서 Ca^{2+} 방출 → Ca^{2+} 이 액틴 필라멘트와 결합 → 마이오신은 액틴과 결합하여 액틴 필라멘트를 근육 원섬유 마디의 중심으로 끌어당김(활주) → 근육 수축

19. 답 ④
해설 근수축 운동에 필요한 직접적인 에너지원은 ATP 이며, ATP 가 ADP 와 인산으로 분해될 때 방출되는 에너지가 근수축에 이용된다.

20. 답 ③
해설 근육 수축의 에너지원은 ATP, 포도당, 글리코젠, 크레아틴 인산이 있으며, 크레아틴은 크레아틴 인산의 분해 산물이다.

21. 답 ④
해설 (가) 는 마이오신 필라멘트와 액틴 필라멘트가 겹쳐 있는 A대, (나) 는 액틴 필라멘트만 있는 I대, (다) 는 A대 중 마이오신 필라멘트로만 이루어진 H대이다.
ㄱ. 근수축이 일어나도 마이오신 필라멘트와 액틴 필라멘트 자체의 길이는 변하지 않는다. 따라서 마이오신 필라멘트의 길이와 일치하는 A대(가)는 근수축이 일어나더라도 길이가 변하지 않는다.
ㄴ. 근수축이 일어나면 액틴 필라멘트와 마이오신 필라멘트가 겹치는 부분이 증가하므로, 액틴 필라멘트로만 이루어진 I대(나)와 마이오신 필라멘트로만 이루어진 H대(다)의 길이는 짧아진다.
ㄷ. 근수축이 일어날 때 마이오신 필라멘트와 액틴 필라멘트의 길이는 변하지 않는다.

22. 답 ⑤
해설 근수축이 일어날 때 근육 원섬유 마디와 I대, H대의 길이는 짧아지고 액틴 필라멘트와 마이오신 필라멘트, A대의 길이는 변화가 없다. 액틴 필라멘트가 마이오신 필라멘트 사이로 미끄러져 들어가 근육 원섬유 마디가 짧아지면서 근육이 수축된다.

23. 답 ③
해설 ㄱ. 근육 원섬유 마디의 길이가 짧아지는 ㉠ 은 수축이고,

다시 길어지는 ㉡ 은 이완이다.
ㄴ. ㉠ 과정에는 ATP가 ADP 와 인산으로 분해되면서 방출되는 에너지가 필요하며, ㉡ 과정에서는 ATP 의 결합이 필요하다.
ㄷ. 근육 이완이 일어날 때 근육 원섬유 마디, H대, I대는 다시 길어지고 A대의 길이는 변화없다.

24. 답 ④
해설 ㄱ. A는 운동 뉴런이다. 운동 뉴런은 원심성 뉴런이며, 체성 신경에 속한다.
ㄴ. 운동 뉴런의 말단에서 분비하는 신경 전달 물질은 아세틸콜린이다.
ㄷ. 아세틸콜린에 의해 근육 섬유막이 탈분극되면 근수축이 일어나 B 근육 원섬유 마디의 길이가 짧아진다.

25. 답 ④
해설 ④ 산소가 충분히 공급될 때는 포도당을 이산화 탄소와 물로 완전 분해하는 세포 호흡에 의해 ATP 를 생성한다.

26. 답 ②
해설 ㄱ. 운동하는 동안 근육 섬유 내의 ATP 총량은 크레아틴 인산이나 글리코젠의 분해 등에 의해 ATP 를 계속 합성하여 공급하기 때문에 일정하게 유지된다.
ㄴ. 운동 후 휴식을 취하면 근육에 축적되었던 젖산이 산소 호흡에 의해 분해되면서 ATP 를 생성하고, 이 ATP 의 인산을 크레아틴에 전달하여 크레아틴 인산을 재합성한다.
ㄷ. 운동할 때 근수축에 직접 사용되는 에너지는 ATP 로부터 공급된다.

27. 답 격렬한 운동으로 근육에 산소가 부족해지면 포도당이 젖산으로 분해되는 젖산 발효를 통해 근육에 필요한 ATP 를 공급하게 된다. 그 결과 근육에 젖산이 축적되어 다리가 붓고 근육통이 발생하게 된다.
해설 근육에 젖산이 축적되면 삼투에 의해 물이 흡수된다. 그 결과 근육이 부어 신경을 압박하므로 쥐가 나거나 통증을 일으킨다.

28. 답 근육 운동을 시작한 후 약 10 초 정도의 짧은 시간 동안에는 저장된 ATP, 크레아틴 인산, 무산소 호흡에 의해 ATP 를 생성하여 근육 운동에 필요한 에너지를 공급하기 때문에 산소 없이도 운동을 지속할 수 있다.

29. 답 심장근은 골격근과 같은 가로무늬근이므로 강한 수축을 할 수 있다. 또한 심장근은 내장근처럼 쉽게 피로해지지 않고 지속적으로 운동할 수 있으며, 대뇌가 아닌 연수의 조절을 받아 자율 신경에 의해 운동이 되는 불수의근이다.
해설 심장근은 심장에서만 발견되는 근육으로, 가로무늬근으로 되어 있어 강한 수축을 하면서도 내장근처럼 강한 수축을 지속할 수 있는 특수한 근육이다. 또한 내장근과 마찬가지로 불수의근이므로 우리 의지에 따라 조절되지 않는다.

30. 답 죽은 후에는 세포 호흡이 일어나지 않아 ATP 가 공급되지 않는다. 마이오신 필라멘트와 액틴 필라멘트가 결합된 상태에서 마이오신 필라멘트에 ATP 가 결합해야 이들의 결합이 떨어져 근육이 이완되는데, ATP 가 공급되지 않으므로 근육은 수축된 상태로 유지되어 딱딱하게 굳는 것이다.

22강. 신경계

개념 확인 184~187쪽

1. (1) 대뇌 (2) 간뇌 2. (1) 무조건 (2) 조건
3. (1) 뇌신경, 척수 신경 (2) 교감 신경
4. 알츠하이머병

확인+ 184~187쪽

1. 뇌줄기 2. 척수
3. (1) O (2) X 4. (1) 루게릭병 (2) 파킨슨병

3. 답 (1) O (2) X
해설 (2) 교감 신경은 신경절에서 아세틸콜린, 신경 말단에서 아드레날린을 분비한다. 신경절과 신경 말단에서 동일한 물질이 분비되는 것은 부교감 신경이며, 아세틸콜린이 분비된다.

개념 다지기 188~189쪽

01. ⑤ 02. ⑤ 03. 감각기, 감각 신경, 대뇌, 운동신경, 반응기 04. ④ 05. 말초 06. ②
07. 파킨슨병 08. ⑤

01. 답 ⑤
해설 중추 신경계는 뇌와 척수로 구성되어 있으며 뇌는 대뇌, 소뇌, 간뇌, 중간뇌(중뇌), 뇌교(교뇌), 연수(숨골)로 이루어져 있다. 중추 신경계는 연합 뉴런으로 구성되어 있으며 감각 뉴런과 운동 뉴런을 연결시키는 역할을 한다.

02. 답 ⑤
해설 ① 간뇌 - 자율 신경계의 중추로서 삼투압 조절과 같은 항상성 유지
② 소뇌 - 몸의 평형을 유지하는 기관으로 수의 운동을 조절
③ 대뇌 - 고등 정신 활동과 감각 및 수의 운동의 중추
④ 중간뇌 - 눈의 움직임과 청각에 관여하고 평형을 유지

03. 답 감각기, 감각 신경, 대뇌, 운동신경, 반응기
해설 과거의 경험이 조건이 되어 일어나는 반응으로 과거 경험에 따라 반응이 달라지는 것은 조건 반사(의식적 반응)이다. 조건 반사는 대뇌가 중추가 되어 의식적으로 일어난다.

04. 답 ④
해설 무조건 반사에는 척수 반사, 연수 반사, 중뇌 반사가 포함된다. 척수 반사에는 무릎 반사, 회피 반사 등이 포함되며 연수 반사는 재채기, 침 분비, 딸꾹질, 하품, 눈물 등이 포함된다. 중뇌 반사에는 빛의 밝기에 따라 홍채가 조절되는 동공 반사가 포함된다.

05. 답 말초
해설 뇌로부터 나오는 12 쌍의 뇌신경과, 척수로부터 나오는 31 쌍의 척수 신경이 있으며 감각, 운동을 담당하는 체성 신경계와 생리 작용을 조절하는 자율 신경계로 구성되어 있다.

06. 답 ②

해설 감각, 운동을 담당하는 신경계는 체성 신경계로 자율 신경계는 체내 생리 작용을 조절하는 역할을 한다.

07. 답 파킨슨병
해설 파킨슨병은 중뇌에 존재하는 도파민 분비 신경 세포의 손상으로 나타난다. 병의 주요 증상은 몸의 자세 이상, 떨림, 경직, 운동 완서(동작의 느려짐) 등이 있다.

08. 답 ⑤
해설 ⑤ 페닐케톤뇨증은 유전자 돌연변이에 의해 발병하는 단백질 대사 이상 증후군으로 분해되지 못한 페닐알라닌이 뇌에 축적되어 경련 및 발달 장애를 일으킨다.

유형 익히기 & 하브루타 190~193쪽

[유형22-1] (1) O (2) X (3) X
01. ⑤ 02. (1) 연수 (2) 대뇌
(3) 중간뇌(중뇌)
[유형22-2] (1) O (2) O (3) X
03. (1) X (2) O (3) X
04. 척수, 연수, 중뇌
[유형22-3] (1) X (2) X (3) O
05. (1) 운동 신경 (2) 짧다
06. (1) X (2) O (3) O
[유형22-4] (1) ㅁ (2) ㄱ (3) ㄴ
07. 헌팅턴병 08. (1) 파킨슨병
(2) 루게릭병(근위축성 측삭경화증)
(3) 알츠하이머병

[유형22-1] 답 (1) O (2) X (3) X
해설 (1) 뇌는 대뇌, 소뇌, 간뇌, 중간뇌(중뇌), 뇌교, 연수 등으로 이루어져 있는데 그 중에서도 중간뇌(중뇌), 뇌교, 연수(숨골)를 합쳐 뇌줄기라고 한다.
(2) B 는 간뇌로 시상과 시상 하부로 구성되며 자율 신경계의 중추로서 삼투압 조절과 같은 항상성을 유지한다.
(3) C 는 대뇌로 겉질은 신경 세포체가 모인 회색질이며, 속질은 신경 섬유가 모인 백색질이다.

01. 답 ⑤
해설 ① 연수 - 뇌와 척수를 연결하는 신경의 일부가 좌우 교차
② 대뇌 - 고등 정신 활동과 감각 및 수의 운동의 중추
③ 간뇌 - 자율 신경계의 중추로서 삼투압 조절과 같은 항상성 유지
④ 소뇌 - 몸의 평형을 유지하는 기관으로 수의 운동을 조절

02. 답 (1) 연수 (2) 대뇌 (3) 중간뇌(중뇌)
해설 (1) 연수에서 뇌와 척수를 연결하는 신경의 일부가 좌우 교차된다.
(2) 대뇌는 전체 뇌가 차지하는 부분 중 가장 큰 부분으로 주름이 많으며 고등 정신 활동과 감각 및 수의 운동의 중추이다. (3) 중간뇌(중뇌)는 뇌줄기 중에서 가장 윗부분이며 눈의 움직임과 청각, 몸의 평형에 관여한다.

[유형22-2] 답 (1) O (2) O (3) X
해설 (1) (가) 는 척수, 연수, 중뇌가 중추가 되어 대뇌를 거치지 않고 일어나는 반응인 무조건 반사이며, (라) 는 과거의 경험이 조건이 되어 일어나는 조건 반사에 해당한다.
(2) 무조건 반사의 경우 대뇌를 거치지 않기 때문에 조건 반사에 비해 반응 속도가 빠르다.
(3) (라) 의 반응의 경우 종소리만 들려도 기억으로 인해 이 자극이 연수로 전달되어 침을 분비하게 만드는 조건 반사이다. 딸꾹질은 연수 반사에 해당하고, 동공 반사는 중뇌 반사에 해당한다.

03. 답 (1) X (2) O (3) X
해설 (1) A 는 척수의 등쪽으로 지나가는 후근으로 감각 기관으로부터 자극을 전달받는 감각 뉴런이다.
(2) B 는 척수로 뇌와 말초 신경의 중간 다리 역할을 통해 흥분을 전달한다.
(3) C 는 척수의 배쪽으로 지나가는 전근으로 대뇌의 명령을 전달하는 운동 뉴런이다.

04. 답 척수, 연수, 중뇌
해설 무조건 반사의 중추로는 척수, 연수, 중뇌가 있으며 각각은 다음과 같은 역할을 한다.
척수 반사 : 무릎 반사, 회피 반사(뜨거운 물체나 뾰족한 물체가 몸에 닿았을 때 움츠리기),
연수 반사 : 재채기, 침 분비, 딸꾹질, 하품, 눈물 등
중뇌 반사 : 동공 반사

[유형22-3] 답 (1) X (2) X (3) O
해설 (1) (가), (다) 에서 분비되는 호르몬은 아세틸콜린이며, (나) 에서 분비되는 호르몬은 아드레날린이다.
(2) A 는 교감 신경, B 는 부교감 신경이다.
(3) 교감 신경과 부교감 신경은 서로 대항적으로 작용한다.

05. 답 (1) 운동 신경 (2) 짧다
해설 (1) 체성 신경계는 몸의 각 부분에 있는 감각 기관의 중추로서 감각 신경과 운동 신경으로 구분된다.
(2) 교감 신경의 경우 신경절 이전 뉴런의 길이가 신경절 이후 뉴런의 길이 보다 짧다. 반면 부교감 신경의 경우 신경절 이전 뉴런의 길이가 신경절 이후 뉴런의 길이 보다 길다.

06. 답 (1) X (2) O (3) O
해설 (1) A 는 골격계에 분포하는 신경으로 체성 신경계이다. (2) B 는 신경절 이전 뉴런의 길이가 신경절 이후 뉴런의 길이 보다 짧은것으로 보아 교감 신경임을 알 수 있다. 따라서 교감 신경에 의해 심장 박동수는 증가한다.
(3) C 와 D 의 경우 신경절 이전 뉴런의 길이가 신경절 이후 뉴런의 길이 보다 길기 때문에 부교감 신경이다. 따라서 C 와 D 말단에서 분비되는 물질은 모두 아세틸콜린이다.

[유형22-4] 답 (1) ㅁ (2) ㄱ (3) ㄴ
해설 (1) 알츠하이머병은 β - 아밀로이드라는 작은 단백질이 과도하게 만들어져 나타난다.
(2) 파킨슨병의 경우 주요 증상으로 자세 불안정, 경직, 운동 완서(동작의 느려짐)가 나타난다.
(3) 루게릭병은 뇌의 신경 세포, 특히 운동 신경원의 퇴행이 진행되어 뇌의 신경이 완전히 파괴되어 나타난다.

07. 답 헌팅턴병
해설 상염색체 우성으로 유전되는 선청성 중추 신경계 질병으로 뇌의 신경 세포를 퇴화시켜 치매를 동반하는 신경계 이상 질병은 헌팅턴병이다. 알츠하이머병, 파킨슨병, 헌팅턴병 등은 대표적 노

인성 치매 중 하나로서 인지 기능, 지각 능력 등 일상생활에 필요한 기본 능력이 소실된다.

08. 답 (1) 파킨슨병 (2) 루게릭병(근위축성 측삭경화증)
(3) 알츠하이머병

해설 (1) 파킨슨병은 중뇌에 존재하는 도파민 분비 신경 세포의 손상으로 나타난다.
(2) 루게릭병은 뇌의 신경 세포 중 운동 신경원의 퇴행이 진행되어 뇌의 신경이 완전히 파괴되어 나타난다.
(3) 알츠하이머병은 β - 아밀로이드라는 작은 단백질이 뇌에 침착되어 나타난다.

창의력 & 토론마당 194~197쪽

01

(1) A 뉴런 : 감각 뉴런, B 뉴런 : 운동 뉴런

(2) b

해설 (1) A 뉴런의 경우 근육 세포에서 받아들인 자극이 척수로 전달될 수 있도록 자극을 전달하는 뉴런이므로 감각 뉴런이다. B 뉴런은 척수에서 내린 자극이 근육 운동이 일어날 수 있도록 전달하는 운동 뉴런이다.

(2) 뉴런이 연결되어 있을 때, 자극은 한 뉴런의 축삭돌기 말단에서 다른 뉴런의 수상돌기 쪽으로만 전달된다. 따라서 자극 받은 뉴런이 a 일 때, 자극이 전달되어 흥분된 뉴런은 a 와 b 이므로 a 뉴런의 축삭돌기 끝에 b 의 수상돌기가 연결되어 있으며 c 와 d 뉴런은 순서는 알 수 없지만 a 뉴런의 앞쪽에 연결되어 있음을 알 수 있다. a 와 c 를 동시에 자극했을 때는 a, b, c, d 가 동시에 흥분되므로 c 의 축삭돌기 말단에 d 의 수상돌기가 연결되어 있음을 추리할 수 있다.
따라서 c - d - a - b 의 순서로 뉴런은 연결되어 있다. 이렇게 연결되어 있는 b 뉴런에 자극을 주게 되면 b 의 축삭돌기 말단과 연결된 뉴런은 없기 때문에 오로지 b 뉴런만 흥분하게 된다.

02

해마는 단기 기억을 장기 기억으로 전환시키는 역할을 한다.

해설 자료 ① ~ ④ 를 분석해 보면 다음과 같은 사실을 알 수 있다.
① 단기 기억은 정상이다.
② 절차 기억(오랜 기간의 숙련을 통해 형성된 기억)을 형성할 수 있다.
③ 장기 기억은 정상이다.
④ 단기 기억을 장기 기억으로 전환시키지 못한다.
따라서 4 가지 사실을 바탕으로 해마의 역할은 단기 기억을 장기 기억으로 전환시키며, 장기 기억이 저장되는 장소는 해마가 아닌 대뇌 피질임을 확인할 수 있다.

03

(1) 옳은 것 : ㄷ, 옳지 않은 것 : ㄱ, ㄴ, ㄹ

(2) 해설 참조

해설 ㄱ. 뇌실은 그림의 뇌 정중부에 있는 Y 자 모양의 빈 공간이며 뇌척수액으로 차있는 공간이다. 따라서 뇌실은 크기가 커진다.
ㄴ. 대뇌 겉질은 회백색으로 그림에서 진한색으로 표시된 영역이다. 환자에서 대뇌 겉질이 위축된 것을 알 수 있다.
ㄹ. 정상인에 비해 알츠하이머병 환자는 뇌의 전체적인 면적이 작아지며 활성도가 낮아지는 것을 알 수 있다.

04

(1) 식물인간의 경우 손상된 부분이 대뇌의 일부이기 때문에 스스로 호흡하는 것 이외에도 움직임이 가능하다. 그러므로 식물인간의 경우에는 환자의 동의 없이 장기기증이 불가능하다. 하지만 뇌사자는 뇌줄기를 포함한 뇌 전체가 손상되어 스스로 호흡할 수 없다. 그러므로 뇌사자의 경우에는 환자의 동의 없이 장기기증이 가능하다.

(2) 〈예시 답안〉 식물인간의 경우에 스스로 호흡은 가능하지만 언제 깨어날지 모르는 혼수상태이다. 얼마나 시간이 필요한지도 불확실한 상태에서 고액의 병원비를 부담하는 것은 가족에게 부담이 될 수 있기 때문에 식물인간에게도 가족의 의사를 반영해 존엄사를 허락해야 한다.

스스로 실력 높이기 198~203쪽

1. 뇌줄기 2. 간뇌 3. 연수(숨골) 4. 척수
5. ③, ④, ⑤ 6. (1) X (2) X 7. (1) X (2) X
8. ③ 9. ⑤ 10. ① 11. ② 12. ⑤ 13. ⑤
14. ②, ⑤ 15. ① 16. ① 17. ② 18. ①, ③
19. ④, ⑤ 20. ③ 21. ① 22. ② 23. ③
24. ④ 25. ⑤ 26. ⑤ 27. ④ 28. ③
29~30. 〈해설 참조〉

01. 답 뇌줄기
해설 중간뇌(중뇌), 뇌교(교뇌), 연수(숨골)을 합쳐서 뇌줄기라고 한다.

02. 답 간뇌
해설 간뇌는 대뇌와 중뇌를 연결하는 부분으로 시상과 시상 하부로 구분되며 자율 신경계의 중추로서 삼투압 조절과 같은 항상성을 유지한다.

03. 답 연수(숨골)
해설 연수는 뇌와 척수의 신경 일부가 교차되는 곳으로 심장, 폐, 혈관 등의 운동을 조절하며, 재채기, 하품, 침 눈물 등의 반사 중추이다.

04. 답 척수
해설 척수는 연수에 이어진 중추 신경 다발로 뇌와 말초 신경의 중간 다리 역할을 한다. 척수는 좌우로 31 쌍의 신경 다발이 뻗어 나와, 온몸에 분포한다.

05. 답 ③, ④, ⑤
해설 무조건 반사는 대뇌를 거치지 않고 빠르게 반응하는 것으로 연수, 중뇌, 척수가 관여한다.

06. 답 (1) X (2) X
해설 (1) 조건 반사의 경우 대뇌를 거치는 반응으로 무조건 반사에 비해 반응 속도가 느리다.
(2) 중뇌 반사는 동공 반사가 있다.

07. 답 (1) X (2) X
해설 (1) 뇌와 척수로 구성되어 있는 것은 중추 신경계이다. 말초 신경계는 감각, 운동을 담당하는 체성 신경계와 생리 작용을 조절하는 자율 신경계로 구성되어 있다.
(2) 자율 신경계는 운동 신경으로만 구성되며, 교감 신경계와 부교감 신경계로 구분한다.

08. 답 ③
해설 교감 신경이 흥분하면 호흡과 심장 박동은 촉진, 혈압은 상승, 방광은 확장된다.

09. 답 ⑤
해설 무릎 반사는 척수 반사에 해당하며 중추 신경계의 영향을 받는다.

10. 답 ①
해설 많은 신경계 이상 질환은 유전에 의해 나타나지만 후천적으로 나타나는 질병도 있다.

11. 답 ②
해설 ① A 는 대뇌로 겉질에서 고등 정신 기능이 일어난다.
② B 는 중뇌로 눈의 움직임(안구 운동)과 청각에 관여한다.
③ C 는 소뇌로 몸의 평형 유지를 담당한다.
④ D 는 뇌교로 감각 및 운동 정보를 담당하며 호흡에 관여한다.
⑤ E 는 연수로 신경의 일부가 좌우 교차된다.

12. 답 ⑤
해설 ① 온몸에 퍼져 있는 신경은 척수이다.
② 감각 신경과 운동 신경으로 구성 된 것은 체성 신경계이다.
③ 대뇌의 명령을 받아 기관의 운동을 조절하는 것은 운동 뉴런이다.
④ 감각 기관에서 받은 자극을 뇌에 전달하는 역할을 하는 것은 감각 뉴런이다.

13. 답 ⑤
해설 호흡 및 정상적인 사고는 가능하나 동공 반사가 일어나지 않는 것으로 보아 동공 반사의 중추에 손상이 일어난 것을 알 수 있다. 체내의 동공 반사의 중추는 중간뇌(중뇌)이다.

14. 답 ②, ⑤
해설 ① 동공 반사의 중추는 중간뇌(중뇌)이다.
③ 후근은 척수의 등쪽으로 지나가는 신경 다발로 감각 신경, 전근은 척수의 배쪽으로 지나가는 신경 다발로 운동 신경이다.
④ 척수는 대뇌와 반대로 겉질은 백색질이며 속질이 축삭돌기가 모여있는 회색질이다.

15. 답 ①
해설 레몬을 생각하는 것만으로 입에 침이 고이는 것은 과거의 경험이 바탕이 되는 조건 반사이다. 조건 반사는 대뇌가 반응의 중추가 된다.

16. 답 ①
해설 B, D 는 후근인 감각 신경이며 C, F 는 전근인 운동 신경이다.

17. 답 ②
해설 교감 신경이 흥분하면 나타나는 반응이다. 교감 신경이 흥분하면 호흡과 심장 박동은 촉진, 혈압은 상승, 방광은 확장된다.

18. 답 ①, ③
해설 A 는 부교감 신경, B 는 교감 신경이다.
교감 신경이 흥분하면 호흡과 심장 박동은 촉진, 혈압은 상승, 방광은 확장된다. 반면 부교감 신경이 흥분하면 호흡과 심장 박동은 억제, 혈압은 하강, 방광은 축소된다.
(가) 는 운동 신경과 감각 신경을 구분하는 기준이다.

19. 답 ④, ⑤
해설 (가) 는 교감 신경, (나) 는 부교감 신경이다.
A, B, D 는 아세틸콜린, C 는 아드레날린이다.
①, ② 신경절 이전의 뉴런의 길이 비교를 통해 (가) 는 교감 신경,
③ (나) 는 부교감 신경인 것을 알 수 있다. 동공은 부교감 신경이 흥분하면 축소된다.

20. 답 ③
해설 ㉠ 은 대뇌, ㉡ 은 중뇌, ㉢ 은 연수이다.
질환 A 는 신경 세포의 사멸로 나타나는 알츠하이머병이며, 질환 B 는 도파민 분비 세포의 이상으로 나타나는 파킨슨병이다.
③ 알츠하이머는 대뇌의 이상으로 나타나기 때문에 ㉢ 부위가 아닌 ㉠ 부위의 이상으로 나타난다.
⑤ 헌팅턴병 역시 노인성 치매의 한 종류로 기억력 감퇴가 공통적으로 나타난다.

21. 답 ①
해설 ②, ④ C 부위가 손상되면 글을 읽을 수 없다.
③ B 는 언어의 의미 파악이므로 글을 읽을 수 있으나 뜻을 파악하지 못한다.
⑤ 독서를 하는 동안 가장 먼저 활성화되는 부분은 C 이다.

22. 답 ②
해설 ㄱ. 책을 읽고 이해하기 위해서는 가장 먼저 시각적 영역을 거친다. 따라서 ① 번 영역이 우선적으로 활성화된다.
ㄴ. ② 번 영역은 청각과 후각을 담당하는 부위로 손상을 입으면 소리를 들을 수 없다.
ㄷ. 후각, 미각, 시각은 담당하는 부위가 각각 다르므로 자극에 대한 부위만 활성화된다.

23. 답 ③
해설 골격계에 분포하는 신경은 체성 신경이다. 골격근을 제외한 횡경막, 심장근, 홍채는 자율 신경의 조절을 받는다.

24. 답 ④
해설 A, E : 연합 뉴런 B, D : 감각 뉴런 C, F : 운동 뉴런
ㄱ. D 와 F 는 체성 신경계이다.
ㄴ, ㄷ. 압정에 의한 자극은 대뇌를 거치지 않는 척수 반사로 D → E → F 경로로 전달되며 빠르게 일어나는 것이 특징이다.

25. 답 ⑤
해설 (가) D → E → F 는 무조건 반사 중 척수 반사의 경로를 나타낸 것이며, (나) D → B → A → C → F 는 조건 반사의 경로를 나타낸 것이다.
ㄱ. 대뇌를 사용하는 조건 반사에 해당된다.

ㄴ,ㄷ. 대뇌를 거치지 않는 무조건 반사에 해당한다.

26. 답 ⑤
해설 ㄱ. 신경절 이전 뉴런의 길이가 신경절 이후 뉴런의 길이보다 짧은 것으로 보아 교감 신경임을 알 수 있다.
ㄴ. 동공은 뇌줄기에 해당하는 중간뇌(중뇌)에 의해 조절된다.
ㄷ. 교감 신경의 신경절에서는 아세틸콜린, 신경 말단에서는 아드레날린이 분비된다.

27. 답 ④
해설 좌반구는 몸 오른쪽 감각이나 운동에 관여하며, 우반구는 몸 왼쪽의 감각이나 운동에 관여한다.
ㄱ. A 가 손상되면 운동령의 영향을 받아 입술의 감각이 아닌 입술의 운동 능력이 사라진다.
ㄴ. 좌반구와 우반구의 신경은 연수에서 교차되어 서로 반대쪽을 담당하기 때문에 B 에 역치 이상의 자극을 주면 오른쪽의 손가락이 움직인다.
ㄷ. 무릎 반사는 척수가 중추가 되는 반응이다.

28. 답 ③
해설 ㄱ. 심장 박동을 부교감 신경으로 조절하는 A 는 연수, 방광을 교감 신경으로 조절하는 B 는 척수, 안구 운동(동공 반사)을 부교감 신경으로 조절하는 C 는 중뇌이다.
ㄴ. A 연수는 심장, 폐 등의 운동을 조절하며, 재채기, 하품, 침, 눈물 등의 반사 중추에 중요한 역할을 한다. 항상성 유지에 중요한 중추는 간뇌이다.
ㄷ. 척수의 속질은 신경 세포체가 많이 존재하는 회색질이고, 척수의 겉질은 백색질이다.

29. 답 대뇌에 동시의 자극이 주어졌을 때 반응 시간은 한가지 자극이 주어졌을 때에 비하여 길어진다. 따라서 운전 중 휴대전화를 사용하게 되면 시각적 자극 외에 청각 및 지각 활동들이 자극이 되어 적용되기 때문에 반응 속도가 느려진다. 따라서 휴대전화를 사용하지 않을 때에 비해 반응 속도가 느려져 위급한 상황에 빠르게 대처할 수 없다.

30. 답 청중들 앞에서 발표하면 체내에서는 교감 신경이 흥분한다. 교감 신경은 신경절에서는 아세틸콜린을 분비하며 신경절 말단에서는 아드레날린을 분비한다. 교감 신경의 흥분으로 인한 체내 변화에는 심잠 박동 증가, 동공 확대, 소화 억제, 혈압 상승, 방광 확장 등이 있다.

23강. 항상성 유지

개념 확인 204~207쪽

1. (1) O (2) X 2. (1) 항이뇨 호르몬 (2) 아드레날린
3. (1) 인슐린 (2) 글루카곤
4. ㉠ 증가 ㉡ 촉진 ㉢ 증가 ㉣ 감소

1. 답 (1) O (2) X
해설 (2) 척추동물의 경우 종 특이성이 없어서 항원으로 작용하지 않아 같은 호르몬의 경우 다른 종에서도 같은 효과를 낸다. 따라서 돼지 인슐린을 당뇨에 걸린 사람에게 투약했을 때 사람의 인슐린을 투약했을 때와 같은 효과를 볼 수 있다.

확인+ 204~207쪽

1. 항상성 2. 내분비계
3. 음성 피드백 4. (1) O (2) X

4. 답 (1) O (2) X
해설 (2) 더울 때 체내에서는 부교감 신경이 흥분하여 심장 박동이 억제되며, 티록신 분비 감소를 통해 간과 근육에서 물질대사를 억제시킨다. 입모근이 이완되며, 피부 모세혈관이 확장되고 땀 분비가 촉진된다.

개념 다지기 208~209쪽

01. ③ 02. ③ 03. (1) ㄱ (2) ㄴ
04. (1) ㅁ (2) ㅅ 05. 대항 작용
06. (1) 교감, 글루카곤, 아드레날린
(2) 부교감, 인슐린 07. ③ 08. ②

01. 답 ③
해설 적은 양으로 생리 작용을 조절하며 많으면 과다증, 적으면 결핍증이 나타난다.

02. 답 ③
해설 신경계의 경우 뉴런을 통해 전달되며 일시적이며 지속 시간이 짧다. 반면, 호르몬은 분비, 운반, 작용에 시간이 걸리기 때문에 전달 속도가 비교적 느린 반면 지속 시간이 길다.

03. 답 (1) ㄱ (2) ㄴ
해설 (1) 뇌하수체 전엽 : 생장 호르몬, 갑상샘 자극 호르몬, 여포 자극 호르몬 등이 분비된다.
(2) 갑상샘 : 티록신과 칼시토닌이 분비된다.

04. 답 (1) ㅁ (2) ㅅ
해설 (1) 뇌하수체 전엽에서 분비되는 생장 호르몬은 뼈와 근육의 발달을 촉진하여 생장을 촉진한다.
(2) 갑상샘에서 분비되는 티록신은 세포 호흡을 빠르게 하여 물질대사를 촉진시키며 그 결과 체온 상승, 심장 박동 증가 등이 나타난다.

05. 답 대항 작용
해설 ① 음성 피드백 : 결과가 원인을 억제하는 방향으로 작용한다.
② 양성 피드백 : 결과가 원인을 촉진하는 방향으로 작용한다.
③ 대항 작용 : 한 기관에 서로 반대되는 작용을 하여 일정한 상태를 유지하는 작용이다.

07. 답 ③
해설 열 방출량은 감소하고 열 발생량은 증가한다.

08. 답 ②
해설 체내 삼투압이 증가한 경우 시상 하부에서 뇌하수체 후엽에서 항이뇨 호르몬(ADH) 분비량을 증가시킨다. ADH 의 분비가 증가하면 콩팥에서 수분 재흡수가 촉진되며, 혈액량의 증가, 오줌량의 감소를 통해 최종적으로 체내 삼투압이 감소된다.

유형 익히기 & 하브루타 210~213쪽

[유형23-1] (1) O (2) X (3) O
01. ③, ④ 02. (1) 표적 기관 (2) 종 특이성
[유형23-2] (1) O (2) X
03. (1) 파라토르몬 (2) 글루카곤
04. (1) 난소 (2) 갑상샘
[유형23-3] (1) O (2) O (3) X
05. ㄱ, ㄹ 06. (1) X (2) X (3) O
[유형23-4] (1) X (2) X
07. (1) 증가 (2) 확장 (3) ㉠ 촉진 ㉡ 억제
08. 호르몬 A : 항이뇨 호르몬, 호르몬 B : 알도스테론(무기질 코르티코이드)

[유형23-1] 답 (1) O (2) X (3) O
해설 (가) 는 단백질계 호르몬으로 여러 개의 아미노산이 결합한 수용성 호르몬이다. 세포막의 수용체에 결합하여 세포 내 효소를 방출하는 것과 같은 반응을 유도하므로, 단시간에 효과가 나타나지만 지속 시간이 짧다. 예 옥시토신, 항이뇨 호르몬, 인슐린 등.
(나) 는 스테로이드계 호르몬으로 지질 성분의 독특한 고리 구조를 가지고 있는 지용성 호르몬이다. 핵 속의 유전자에 직접 작용하여 세포의 단백질 합성을 조절하므로, 효과가 나타나기까지 오랜 시간이 걸리지만 지속 시간이 길다. 예 부신 겉질 호르몬, 성호르몬 등이 있다.

01. 답 ③, ④
해설 ① 단백질계 호르몬은 수용성이다.
② 스테로이드계 호르몬은 지용성이다.
③ 호르몬은 혈액을 통해 전달되며 신경계는 뉴런을 통해 자극이 전달된다.
④ 호르몬은 혈액을 통해 온몸을 조절하며 신경계와 달리 멀리 있는 기관의 활동을 조절한다.
⑤ 호르몬은 표적 기관에만 작용하지만 혈액을 통해 분비, 운반되기 때문에 자극 전달 속도가 신경계에 비해 느리다.

02. 답 (1) 표적 기관 (2) 종 특이성
해설 (2) 특정 요인이 특정 생물에만 특징적인 반응을 일으키는 현상을 종 특이성이라고 한다. 호르몬은 종 특이성이 없기 때문에 돼지 인슐린을 당뇨에 걸린 사람에게 투약했을 때 사람의 인슐린을 투약했을 때와 같은 효과를 볼 수 있다.

[유형23-2] 답 (1) O (2) X
해설 (2) 인슐린과 글루카곤은 대표적인 대항 작용 호르몬이다. 그러나 대부분의 호르몬은 대항적으로 작용하기보다는 피드백적으로 작용한다.

03. 답 (1) 파라토르몬 (2) 글루카곤
해설 (1) 파라토르몬은 부갑상샘에서 분비되며 혈액 속의 Ca^{2+} 의 농도가 낮을 때 분비되어 혈중 Ca^{2+} 을 높인다.
(2) 글루카곤은 이자의 α 세포에서 분비되며 간이나 근육 세포에 저장된 글리코젠을 포도당으로 분해하여 혈당량을 증가시킨다.

04. 답 (1) 난소 (2) 갑상샘
해설 (1) 여성의 2 차 성징 발현, 자궁 내벽의 발달을 촉진하는 호르몬은 에스트로젠으로 난소에서 분비된다.
(2) 세포 호흡을 빠르게 하여 물질대사를 촉진하는 호르몬은 티록신이다. 티록신은 갑상샘에서 분비되어 체온 상승, 심장 박동 증가 등을 촉진시킨다.

[유형23-3] 답 (1) O (2) O (3) X
해설 (3) 티록신이 과다하면 시상 하부와 뇌하수체 전엽에서 TSH 의 분비가 억제된다.

05. 답 ㄱ, ㄹ
해설 ㄴ. 에스트로젠은 여성의 2 차 성징 발현, 자궁 내벽의 발달을 촉진하는 호르몬이며 프로게스테론은 배란 억제, 자궁 내벽을 두껍게 유지하는 호르몬이다.
ㄷ. 항이뇨 호르몬은 콩팥에서 물의 재흡수를 촉진하는 호르몬이며 알도스테론은 콩팥에서 Na^{+} 의 재흡수를 촉진하는 호르몬이다.

06. 답 (1) X (2) X (3) O
해설 (1) (가) 에서 분비되는 호르몬은 아드레날린이다.
(2) 글루카곤과 아드레날린은 대항적으로 작용하지 않는다.
(3) 아드레날린과 글루카곤은 모두 혈당량을 증가시키는 작용을 한다. 글루카곤은 이자의 α 세포에서 분비되며 아드레날린은 부신 속질에서 분비된다.

[유형23-4] 답 (1) X (2) X
해설 혈장 삼투압에 따른 뇌하수체 후엽에서 분비되는 호르몬 X 는 항이뇨 호르몬(ADH)이다.
(1) 땀을 흘리면 체내의 물이 빠져나가 혈장 삼투압이 땀을 흘리기 전보다 높아진다. 혈장 삼투압이 높아지면 항이뇨 호르몬(X)의 농도가 높아지므로 p_1 일 때 땀을 많이 흘리면 혈중 X 의 농도는 증가한다.
(2) 물을 섭취하고 60 분이 지난 후인 구간 Ⅰ은 물의 섭취로 인해 혈장 삼투압이 낮아지면 항이뇨 호르몬의 분비량이 감소하여 콩팥에서 수분 재흡수가 억제된다. 그 결과 오줌 생성량이 증가하여 오줌 삼투압이 낮아진다. 구간 Ⅱ 에서 구간 Ⅰ에 비해 오줌의 삼투압이 높은 것은 구간 Ⅰ에서 배출되는 오줌의 양이 증가하면서 항이뇨 호르몬의 분비량도 증가하여 오줌의 양이 점점 줄어들었기 때문이다. 그러므로 생성되는 오줌의 양은 구간 Ⅰ이 구간 Ⅱ 에서보다 많다.

07. 답 (1) 증가 (2) 확장 (3) ㉠ 촉진 ㉡ 억제

해설 (1) 추울 때에는 교감 신경이 흥분하여 심장 박동이 촉진되며 티록신 분비가 증가한다.
(2) 더울 때에는 피부 모세혈관이 확장되어 피부를 통한 열 발산량이 증가한다.

창의력 & 토론마당 214~217쪽

01

파라토르몬은 뼈에서 Ca^{2+} 이 방출되는 것을 촉진하기 때문에 파라토르몬이 과다하게 분비될 때 골다공증에 걸릴 확률이 증가한다.

해설 골다공증은 뼈를 형성하는 무기질과 기질이 과도하게 감소하여 뼈에 스펀지처럼 작은 구멍이 많이 생기게 되고 이로 인해 골밀도가 감소하는 질환이다.

02

ㄷ

해설 ㄱ. 정상인은 혈당량이 높아지면 인슐린이 분비되어 혈당량을 낮추어준다. 환자의 경우 식사 후에도 인슐린이 분비되지 않는 것을 볼 수 있다. 체내에서 인슐린이 분비되는 곳은 α 세포가 아닌 이자의 β 세포이다.
ㄴ. 정상인의 경우 인슐린의 분비량이 증가하여 혈당량이 낮아지면 인슐린의 분비량이 다시 낮아지는데, 이것은 혈당량이 정상 수준으로 낮아짐에 따라 대항 작용에 의해 조절되는 것이지 계속적으로 호르몬의 양이 증가하는 양성 피드백의 조절은 아니다.
ㄷ. 환자는 혈당량이 높은 상태를 유지하고 있으므로 포도당을 글리코젠으로 전환시켜주는 호르몬인 인슐린을 투여하면 혈당량이 감소할 것이다.
ㄹ. 당뇨병 환자의 경우 식사 전에도 정상인에 비해 인슐린의 분비량이 낮다. 따라서 식사를 하기 전에도 당뇨병 환자의 혈당량은 정상인에 비해 높은 수치를 보인다. ㅁ. 식사 후 약 30분이 지나면 탄수화물이 소화 효소에 의해 포도당으로 분해되어 혈액 속으로 흡수되면서 혈당량이 증가하게 된다. 이때 정상인의 경우 즉각적으로 이자에서 인슐린의 분비량이 증가되어 여분의 포도당을 글리코젠의 형태로 저장한다.

03

(1) 옳은 것 : ㄴ, ㄷ, ㅁ, 옳지 않은 것 : ㄱ, ㄹ
(2) 해설 참조

해설 (2) ㄱ. 혈액의 양이 증가하고 혈압이 상승한다.
ㄹ. 부신 겉질의 알도스테론의 증가로 콩팥에서 나트륨 이온과 물의 재흡수가 증가한다.

04

(1) ① 감소, 하강, 증가
② 변화 없음, 변화 없음, 변화 없음
③ 증가, 상승, 감소
(2) 커피를 많이 마시게 되면 이뇨 작용에 의해 수분이 평상시보다 많이 빠져나가게 되고 혈장 삼투압이 높아지게 된다. 혈장 삼투압이 높아지면 ADH 의 분비가 증가되고 콩팥에서 수분 재흡수를 촉진시켜 체내 부족한 수분을 보충한다.

해설 (1) 생리 식염수는 우리 몸과 농도를 같게 제조한 것으로 혈관 내에 직접 들어와도 삼투압의 변화를 일으키지 않는다.

스스로 실력 높이기 218~223쪽

1. 종 특이성　2. 호르몬　3. 옥시토신
4. 파라토르몬　5. ①, ⑤　6. (1) X (2) O
7. (1) O (2) X　8. A : 인슐린, B : 아드레날린
9. ⑤　10. 항이뇨 호르몬　11. ④　12. ④
13. 호르몬 A : 글루카곤, 호르몬 B : 인슐린
14. ⑤　15. ①, ③, ④　16. ④　17. ①
18. ①　19. ⑤　20. ②　21. ④　22. ③
23. ②, ③　24. ②　25. ①
26. (가) 구간 : B, C, E, H (나) 구간 : A, D, F, G
27. 〈해설 참조〉　28. ③　29. ②　30. ③

06. 답 (1) X (2) O
해설 (1) 혈중 티록신 농도가 높으면 TSH(갑상샘 자극 호르몬)의 분비가 감소하여 분비되는 티록신의 양을 감소시킨다.

07. 답 (1) O (2) X
해설 (2) 글루카곤은 이자에서 분비되며 아드레날린은 부신 속질에서 분비된다. 두 호르몬이 분비되는 기관은 다르지만 모두 혈당량을 증가시키는 작용을 한다.

08. 답 A : 인슐린, B : 아드레날린
해설 A 의 경우 혈당량이 감소하는 것으로 보아 인슐린이다. 혈당량을 증가시키는 B 는 글루카곤과 아드레날린이 있지만 글루카곤은 이자에서 분비되기 때문에 B 는 아드레날린이다.

09. 답 ⑤
해설 체내 무기 염류(Na^+)가 증가하면 알도스테론의 양이 감소하여 콩팥에서 Na^+ 의 재흡수를 억제하고 오줌으로 배설되는 Na^+ 의 양을 증가시킨다.
갑상샘에서 분비되는 칼시토닌은 혈액 속의 Ca^{2+} 의 농도가 높을 때, 분비되어 Ca^{2+} 의 농도를 낮추지만, 체내 무기 염류의 양은 Ca^{2+} 가 Na^+ 보다 작기 때문에 체내 무기 염류의 농도가 높을 때는 알도스테론이 더 큰 역할을 한다.

11. 답 ④
해설 (가) 는 호르몬의 신호 전달 방식, (나) 는 신경계다. 신경계는 뉴런에 의해 자극이 전달되므로 전달 속도가 호르몬에 비해 빠르지만 지속 시간은 일시적이다. 신경계는 뉴런으로 연결되는 부위에만 작용하기 때문에 호르몬에 비해 작용 범위가 좁다.

12. 답 ④
해설 ① 인슐린 : 포도당을 글리코젠으로 합성하여 혈당량을 감소시킨다.
② 티록신 : 세포 호흡을 빠르게 하여 물질대사를 촉진시킨다.

③ 글루카곤 : 간이나 근육 세포에 저장된 글리코겐을 포도당으로 분해하여 혈당량을 증가시킨다.
⑤ 알도스테론 : 세뇨관에서 Na+ 의 재흡수를 촉진시킨다.

13. 답 호르몬 A : 글루카곤, 호르몬 B : 인슐린
해설 식사 후 혈당량이 증가함에 따라 함께 증가하는 호르몬 B 는 인슐린이며 대항적으로 감소하는 호르몬 A 는 글루카곤이다. 글루카곤은 혈당이 감소되면 간에 저장되어 있던 글리코겐을 분해하여 혈당량을 증가시키며, 인슐린은 포도당을 글리코겐으로 전환하거나 포도당 산화를 촉진시켜 혈당량을 감소시킨다.

14. 답 ⑤
해설 호르몬 X 는 뇌하수체 전엽에서 분비되는 부신 겉질 자극 호르몬(ACTH)으로 부신 겉질을 자극하여 코르티코이드 분비를 촉진한다. 호르몬 Y 는 뇌하수체 후엽에서 분비되는 호르몬으로 옥시토신이다.
⑤ 옥시토신은 분만 시 분비되는 호르몬으로 신경이 아닌 혈액을 통해 분비된다.

15. 답 ①, ③, ④
해설 ② 호르몬 A 는 인슐린이다.
⑤ 부신 속질에서 분비되는 아드레날린은 호르몬 A 와 대항 작용을 하는 글루카곤과 동일한 작용을 한다.

16. 답 ④
해설 A 와 B 는 모두 이자에서 분비되는 호르몬이다.
A 는 글리코겐을 포도당으로 분해하는 과정에 작용하므로 혈당량을 높이는 글루카곤이다.
B 는 포도당을 글리코겐으로 합성하는 과정에 작용되므로 혈당량을 감소시키는 인슐린이다. 식사 후에는 혈당량이 증가하기 때문에 혈당량을 감소시켜 주어야 한다.
따라서 포도당을 글리코겐으로 합성하는 과정을 촉진하는 인슐린의 분비량이 증가해야 한다.

17. 답 ①
해설 호르몬 A : TRH, 호르몬 B : TSH, 호르몬 C :티록신
ㄱ. 호르몬 C 가 부족하면 뇌하수체에서 호르몬 B 의 분비가 촉진된다.
ㄴ. 호르몬 B 의 표적 기관은 갑상선이고 호르몬 C 의 표적 기관은 간, 근육 등과 같은 기관이다.
ㄷ. 혈액내 호르몬 C 의 농도는 항상 일정한 수준으로 유지되려는 성질이 있다. 따라서 호르몬 C 를 매일 주사하면 혈액 내 호르몬 C 의 농도가 증가하여 이를 감소시키려는 작용이 일어나므로 뇌하수체에서 호르몬 B 의 분비가 억제되어 결국 갑상선에서 호르몬 C 의 분비량이 감소하게 된다.
ㄹ. 혈관에 호르몬 B 를 주사하면 호르몬 C 의 분비량이 증가한다. 따라서 호르몬 C 의 농도를 낮추기 위해 시상 하부의 기능이 억제되어 호르몬 A 의 분비량은 감소하게 된다.

18. 답 ①
해설 너무 짠 음식을 먹게 되면 체내 삼투압이 높아진다. 따라서 뇌하수체 후엽에서 항이뇨 호르몬(ADH)의 분비량이 증가하여 콩팥에서 수분의 재흡수가 증가하게 되고 결과적으로 오줌량이 적어지게 된다.

19. 답 ⑤
해설 포도당이 투여된 이후 호르몬 X 의 양이 증가하기 때문에 호르몬 X 는 인슐린이다.
ㄱ. 혈중 인슐린 농도는 t_1 일 때보다 t_2 일 때 더 높다.
ㄴ. 혈당량의 농도와 인슐린의 농도는 비례한다. 따라서 혈당량은 호르몬 X 의 농도가 가장 높은 t_2 에서 가장 높다.
ㄷ. 인슐린은 이자의 β 세포에서 분비된다.

20. 답 ②
해설 ㄱ, ㄴ. 티록신을 분비하는 갑상샘 자극 호르몬의 농도가 낮은 상태에서도 티록신이 지속적으로 분비되고 있기 때문에 체내 축적된 티록신의 농도가 높다. 따라서 세포 호흡과 세포 호흡 결과 나타나는 대사율이 높다.
ㄷ. 티록신은 아이오딘이 주성분인 호르몬이다. 그러므로 아이오딘 섭취량이 부족한 경우 혈액 내 갑상샘 자극 호르몬의 분비량이 증가한다. 그러나 혈액 내 갑상샘 자극 호르몬의 농도가 낮은 것으로 보아 아이오딘 섭취량이 부족하여 나타난 증상은 아니다.

21. 답 ④
해설 A : 뇌하수체, B : 갑상선, C : 부신, D : 이자, E : 난소
① 뇌하수체에서 분비되는 호르몬 중 갑상샘 자극 호르몬은 갑상샘을 자극하여 갑상선에서 호르몬의 분비가 촉진되도록 한다.
② 갑상샘에서 분비되는 티록신은 세포 호흡을 촉진하고 물질대사도 활발하게 한다.
③ 부신에서는 무기질 코르티코이드, 당질 코르티코이드, 아드레날린(에피네프린) 이 분비된다. 알도스테론(무기질 코르티코이드)는 Na^+ 흡수와 K^+ 배출을 촉진한다. 당질 코르티코이드와 아드레날린은 혈당량을 증가시키는 기능을 한다.
④ 이자에서는 인슐린과 글루카곤이 분비되는데 서로 대항작용을 한다. 글루카곤은 혈당량을 증가시키고, 인슐린은 혈당량을 감소시킨다.
⑤ 난소에서는 에스트로젠과 프로게스테론이 분비된다. 이 호르몬은 2 차 성징을 발현시키는 역할을 한다.

22. 답 ③
해설 ㄱ. 뇌의 온도가 낮아질 때 티록신의 분비량이 촉진되어 온도를 회복하므로 티록신은 세포 호흡을 촉진하여 열을 발생시키는 것을 알 수 있다.
ㄴ. 티록신은 갑상선에서 분비되는데 시상 하부의 온도 변화에 따라 티록신의 분비량 변화가 즉각 일어난 것은 시상하부에 의해 갑상선의 기능이 조절되기 때문이다.
ㄷ. 뇌의 온도가 낮으면 갑상선의 분비 기능이 촉진되어 티록신의 분비량이 증가한다.

23. 답 ②, ③
해설 호르몬 X 는 혈당량이 감소되는 것으로 보아 인슐린, 호르몬 Y 는 혈당량이 증가하는 것으로 보아 글루카곤이다.
① 구간 A 에서는 글리코겐 저장량이 증가하므로 포도당을 글리코겐으로 전환하여 혈당량을 낮추어주는 호르몬 X 의 분비가 증가한다.
② 구간 B 에서는 운동으로 인해 포도당이 소모되고, 그에 따라 혈당량이 낮아져서 호르몬 Y 의 분비가 증가하여 글리코겐을 포도당으로 전환하게 된다.
③ 호르몬 X 는 간에서 혈액내 포도당을 글리코겐으로 전환시켜 혈액 내 포도당의 양(혈당량)을 감소시킨다.
④ 호르몬 Y 는 혈당량을 증가시키므로 혈당량이 정상보다 낮을 때 분비가 촉진된다.
⑤ 호르몬 X 의 분비량이 부족해지면 글리코겐으로 전환되는 포도당의 양이 줄어들기 때문에 혈액 내 포도당의 양(혈당량)이 증가하게 되고 결국 오줌 속에도 포도당이 섞여 나오는 증상을 보인다.

24. 답 ②

해설 ㄱ. 운동을 하면 땀으로 배출되는 양이 10 에서 490 mL/시간 으로 늘어난다. 따라서 체내의 다량의 수분이 땀을 통해 배출되므로 항이뇨 호르몬의 분비량이 증가하여 체내로 수분이 재흡수되는 양을 증가시킨다.

ㄴ. 운동을 하면 다량의 수분이 땀을 통해 배출되므로 오줌을 통한 수분 배출량이 줄어든다. 따라서 오줌 속의 요소의 농도는 휴식할 때보다 운동할 때가 더 높다.

ㄷ. 운동할 때 땀을 많이 흘리는 가장 큰 이유는 열을 발산시키기 위한 것으로 주로 체온을 유지하는 역할을 한다.

ㄹ. 운동을 하면 땀을 통해 체내 수분이 외부로 빠져나가므로 체내 삼투압이 증가하게 된다.

25. 답 ①

해설 ㄱ. 피드백 조절에 의해 호르몬 C 가 과다할 때는 호르몬 A 와 B 의 분비가 억제되고, 호르몬 C 가 부족할 때는 호르몬 A 와 B 의 분비가 촉진된다. 뇌하수체 전엽 호르몬의 조절을 받는 내분비선에 티록신이 있다.

ㄴ. 호르몬 C 가 과다 분비되면 시상하부와 뇌하수체 전엽의 기능이 억제되어 호르몬 A 와 B 의 분비가 감소한다.

ㄷ. 혈관에 호르몬 B 를 주사하면 호르몬 C 의 분비량도 증가한다. 이에 따라 시상 하부의 기능이 억제되어 호르몬 A 의 분비는 감소한다.

26. 답 (가) 구간 : B, C, E, H (나) 구간 : A, D, F, G

해설 (가) 구간은 정상보다 체온이 낮은 상태이므로 입모근이 수축하여 열 발산량을 감소시키고, 골격근 운동이 증가하여 열 발생량을 증가시킨다. 또한 갑상선에서 세포 호흡을 촉진시키는 호르몬인 티록신의 분비량이 증가하게 되어 세포 호흡을 통해 조직 세포의 물질대사가 활발해져 열 생성량을 증가시킴으로써 체온을 높인다.

(나) 구간은 정상보다 체온이 높은 상태이므로 체온을 낮추기 위해 열 발생량을 감소시키고 열 발산량은 증가시키게 된다. 따라서 티록신의 분비량이 감소하여 세포의 물질 대사가 억제되고 혈당량이 감소하여 세포로의 포도당 공급을 줄인다. 또한 피부의 모세혈관이 확장되고 입모근이 이완하며 땀 분비가 촉진되어 열 발산량을 증가시킨다.

27. 답 ① 아이오딘을 오랜 시간 과다 섭취하게 되면 체내 누적된 티록신이 많아진다. 티록신 증가 시 피드백 작용에 의해 시상 하부에서 분비되는 TRH 와 뇌하수체 전엽에서 분비되는 TSH 의 분비가 억제되며 지속적으로 티록신이 과다한 경우 갑상샘 기능 항진증이 나타나게 된다.

② 아이오딘을 오랜 시간 섭취하지 못하게 되면 체내에 티록신이 부족해진다. 티록신 감소 시 피드백 작용에 의해 시상 하부에서 분비되는 TRH 와 뇌하수체 전엽에서 분비되는 TSH 의 분비가 과다하게 증가되며 지속적으로 티록신이 부족한 경우 갑상샘 기능 저하증이 나타나게 된다.

28. 답 ③

해설 식사 후 증가하는 양으로 보아 호르몬 A 는 글루카곤, 호르몬 B 는 인슐린이다. 환자는 식사 후 체내 혈당량이 정상인에 비해 높은 것으로 보아 포도당을 글리코젠으로 합성하는 인슐린에 이상이 있는 것을 알 수 있다.

ㄱ. 환자는 호르몬 B 인슐린이 결핍되었다.

ㄴ. 호르몬 A 는 혈당량이 증가하면 분비가 감소한다. t_2 보다 t_1 에서 혈당량이 낮기 때문에 호르몬 A 의 분비량이 t_2 보다 t_1 에서 많다.

ㄷ. 호르몬 B 는 혈당량이 감소하면 분비가 감소한다. t_2 보다 t_3 에서 혈당량이 낮기 때문에 t_2 보다 t_3 에서 호르몬 B 의 분비량이 적다.

29. 답 ②

해설 ㄱ. 티록신이 주입된 이후 구간인 I 에서는 체내 티록신의 양이 증가하기 때문에 TRH 의 분비가 감소한다.

ㄴ. 아이오딘의 섭취가 중단되면 체내 티록신의 농도가 감소한다. 따라서 구간 II 에서는 티록신을 증가시키기 위해 뇌하수체 전엽의 활성이 증가한다.

ㄷ. 뇌하수체 전엽이 제거되면 TSH 의 분비가 중단된다. 따라서 갑상샘 호르몬인 티록신의 분비가 감소되고 물질대사가 억제된다.

30. 답 ③

해설 시상 하부에 설정된 적정 체온이 현 체온보다 높을 경우엔 몸 밖으로의 열 발산을 억제한다. t_1, t_3 의 경우 설정 온도와 체온이 비슷하여 체내 변화가 크지 않으며 t_2 는 설정 온도가 높아 추울 때이며 t_4 는 설정 온도가 낮아 더울 때이다.

ㄱ. 근육에서의 열 발생량은 체온보다 설정 온도가 높을 때 증가하므로 t_1 보다 t_2 에서 높다.

ㄴ. 피부 근처 혈관의 혈류량은 추울 때 혈관이 수축되어 감소되고, 더울 때 혈관이 확장되어 땀분비를 촉진하면서 혈류량은 증가한다. 따라서 t_4 일 때가 t_3 일 때보다 혈류량이 많다.

ㄷ. 피부에서의 땀 생성량은 t_3 에서는 체온과 비슷하여 땀 생성량이 평소와 같지만 t_4 는 더울 때의 신체 변화이기 때문에 땀 생성이 촉진된다. 따라서 땀 생성량은 t_4 가 t_3 보다 많다.

24강. 질병과 병원체

개념 확인 224~227쪽

1. (1) 감염성 질병 (2) 비감염성 질병
2. (1) 세균(박테리아) (2) 바이러스
3. (1) 수면병 (2) 무좀 4. (1) 호흡기 (2) 매개체

확인+ 224~227쪽

1. ② 2. 슈퍼 박테리아
3. 프라이온 4. 펩티도글리칸

개념 다지기 228~229쪽

01. ⑤ 02. ② 03. (1) 바 (2) 세 (3) 바
04. ②, ③ 05. 크로이츠펠트-야코프병
06. (1) 원생동물 (2) 곰팡이 (3) 프라이온
07. ⑤ 08. ④

01. 답 ⑤
해설 ⑤는 비감염성 질병이며 ①~④는 모두 감염성 질병이다.
① 결핵은 세균에 의해 감염된다.
② 수두는 바이러스에 의해 감염된다.
③ 광우병은 프라이온에 의해 감염되어 사람에게서는 크로이츠펠트-야코프병으로 나타난다.
④ 수면병은 트리파노소마 원충의 감염으로 감염된다.

02. 답 ②
해설 바이러스의 경우 그 크기가 작아 산모의 태반을 통해 산모에서 태아로 전염될 수 있다.

04. 답 ②, ③
해설 ① 세균 - 박테리오파지
④, ⑤ 동물 - 홍역 바이러스, 아데노 바이러스

05. 답 크로이츠펠트-야코프병
해설 광우병은 프라이온 단백질의 화학 구조에 의해 발생하며, 증상은 소의 뇌에 구멍이 생겨 정신 이상과 거동 불안 등의 행동을 보인다. 이 광우병이 사람에게 전염되어 나타나는 질병은 크로이츠펠트-야코프병으로 대개 성인에게서 발병하며, 50 대 후반에 발병률이 높다.

06. 답 (1) 원생동물 (2) 곰팡이 (3) 프라이온
해설 (1) 원생동물은 단세포 동물의 총칭으로 일반적으로 아메바 등의 육질충류(근족충류), 짚신벌레 등의 섬모충류, 말라리아 원충 등의 포자충류, 토리코모너스 등의 편모충류로 나뉜다.
(2) 대부분의 곰팡이류는 현미경으로 보면 세포가 길쭉하며, 세로로 연결되어 실과 같은 모양을 띄는 균사로 이루어져 있다.
(3) 프라이온은 단백질(Protein)과 감염(Infection)의 합성어이다. 박테리아나 바이러스 · 곰팡이 등과는 전혀 다른 종류의 질병 감염 인자로, 사람을 포함해 동물에게 감염되면 뇌에 스펀지처럼 구멍이 뚫려 신경 세포가 죽음으로써 해당되는 뇌기능을 잃게 된다.

07. 답 ⑤
해설 말라리아는 파리, 모기, 바퀴벌레 등의 매개체 곤충을 통해 감염된다. 병원체가 매개체 곤충에 묻어 있다가 사람에게 옮겨가 질병을 유발한다.

08. 답 ④
해설 음식물을 세균이 번식할 수 없는 상태에서 보관하며 오래된 음식은 먹지 않는다.

유형 익히기 & 하브루타 230~233쪽

[유형24-1] (1) ㉠, ㉢, ㉥ (2) ㉡, ㉣, ㉤
01. ⑤ 02. (1) 직접 접촉 (2) 간접 접촉
[유형24-2] (1) O (2) X
03. ㄴ 04. (1) 동물 (2) 식물
[유형24-3] (1) O (2) X (3) X
05. 원생동물 06. (1) X (2) X (3) O
[유형24-4] (1) O (2) X
07. (1) 매개체 (2) 신체 접촉 08. ㄱ, ㄷ

[유형24-1] 답 (1) ㉠, ㉢, ㉥ (2) ㉡, ㉣, ㉤
해설 (1) 감염성 질병 : 바이러스 · 세균 · 곰팡이 · 기생충과 같이 질병을 일으키는 병원체가 동물이나 인간에게 직접 또는 간접적으로 전파, 침입하여 질병을 일으킨다. 감기, 독감, 식중독, 무좀 등이 해당한다.
(2) 비감염성 질병 : 고혈압이나 당뇨와 같이 병원체 없이 일어날 수 있는 질병으로 발현 기간이 길어 만성 질병이 될 확률이 높다. 고혈압, 당뇨병, 암 등이 해당한다.

01. 답 ⑤
해설 ① 세균은 원핵생물에 포함된다.
② 바이러스는 생물에 포함되지 않는다.
③ 질병은 병원체의 감염을 통해 일어나는 감염성 질병과 병원체 없이 일어나는 비감염성 질병으로 나뉜다.
④ 고혈압, 암과 같은 질병은 비감염성 질병이다.

02. 답 (1) 직접 접촉 (2) 간접 접촉
해설 (1) 산모에서 태아로 감염은 직접 접촉에 의해 전파된다. 직접 전파의 종류에는 사람에서 사람으로 감염, 산모에서 태아로 감염, 동물에서 사람으로 감염 등이 있다.
(2) 매개체 곤충에 물리거나 쏘이는 것은 간접 접촉에 해당되며 간접 전파의 종류에는 공기를 통한 감염과 매개체 곤충에 물리거나 쏘이는 것에 의한 감염 등이 있다.

[유형24-2] 답 (1) O (2) X
해설 박테리오파지는 세균을 숙주로 이용하는 바이러스이다.
(1) 박테리오파지는 숙주 세포 내에서 증식한 후 숙주 세포를 파괴하므로 병원체로 작용한다.
(2) 숙주 내에서 증식한 박테리오파지의 DNA 와 숙주 세포의 DNA 는 서로 다르다.

03. 답 ㄴ
해설 ㄱ. 항생제를 이용하여 치료하는 것은 세균성 질병이다. 바이러스성 질병은 항 바이러스제를 이용하여 치료한다.
ㄴ. 바이러스도 숙주 세포 안에서는 유전 물질을 복제하여 증식하며 유전 현상을 나타낼 수 있다.

ㄷ. 유전 물질과 리보솜, 세포막을 가지고 있어 스스로 물질대사가 가능한 것은 세균이다. 바이러스는 세포의 구조를 갖추지 못한다.

04. 답 (1) 동물 (2) 식물

해설 (1) 동물에 기생하는 동물 바이러스의 종류로는 천연두 바이러스, 홍역 바이러스, 소아마비 바이러스, 인플루엔자 바이러스, 아데노 바이러스 등이 있다.

(2) 식물에 기생하는 식물 바이러스의 종류로는 담배 모자이크 바이러스, 토마토 바이러스 등이 있다.

[유형24-3] 답 (1) O (2) X (3) X

해설 (1) 변형 프라이온은 뇌에 스펀지처럼 구멍이 뚫려 신경세포를 사멸시킴으로써 해당되는 뇌 기능을 잃게 한다.

(2) 변형 프라이온은 바이러스나 세균과 달리 유전 물질을 가지고 있지 않다. 따라서 유전 물질을 감염시키는 것이 아니라 접촉에 의해 증식한다.

(3) 변형 프라이온이 정상 프라이온과 접촉하여 수가 늘어나는 것으로 보아 변형 프라이온이 정상 프라이온에 비해 안정한 구조를 갖는다는 것을 알 수 있다.

05. 답 원생동물

해설 단세포 동물의 총칭으로 일반적으로 아메바 등의 육질충류(근족충류), 짚신벌레 등의 섬모충류, 말라리아 원충 등의 포자충류, 트리코모너스 등의 편모충류로 나뉜다. 원생동물에 의해 감염되는 질병으로는 말라리아 (말라리아 원충에 감염되어 발생하는 급성 열성 전염병), 아메바성 이질 (이질 아메바의 감염에 의하여 생기는 일종의 소화기 전염병), 수면병 (아프리카가 주 발생지로 파리가 매개하며 트리파노소마 원충의 감염에 의해 발병) 등이 있다.

06. 답 (1) X (2) X (3) O

해설 (1) 무좀은 피부사상균이라는 곰팡이에 의해 감염된다. 칸디다균은 칸디다성 질염의 병원체이다.

(2) 말라리아는 말라리아 원충에 감염된 동물의 피를 흡혈한 모기를 매개체로 하여 감염된다.

(3) 변형 프라이온에 감염되면 소에게서는 광우병이, 사람에게서는 크로이츠펠트-야코프병이 나타난다.

[유형24-4] 답 (1) O (2) X

해설 세균의 구조에 따라 염색되는 위치 및 정도에서 차이를 나타낸다.

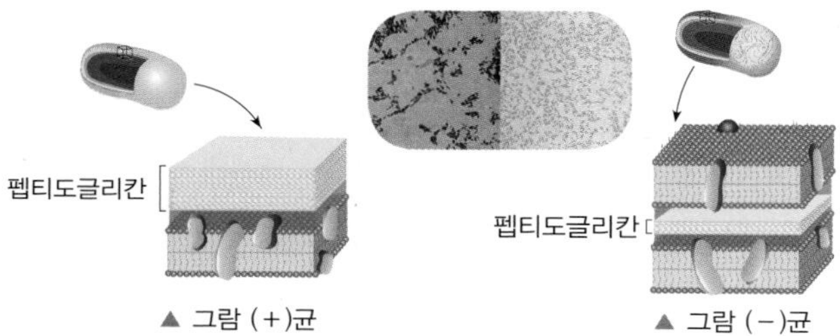

▲ 그람 (+)균 ▲ 그람 (−)균

07. 답 (1) 매개체 (2) 신체 접촉

해설 (1) 매개체를 통해 감염되는 질병으로는 말라리아, 수면병 등이 있다. 매개체 질병은 파리, 모기, 바퀴벌레 등의 곤충에 병원체가 묻어 있다가 사람에게 옮겨가 질병을 유발한다.

(2) 신체 접촉을 통해 감염되는 질병으로는 무좀, 파상풍 등이 있다. 균에 감염된 사람 또는 감염된 사람의 상처 부위 등에 직접적인 신체 접촉을 통해 병원체에 감염될 수 있다.

08. 답 ㄱ, ㄷ

해설 ㄱ. 호흡기 감염 질병에 걸린 경우 마스크를 착용하여 병원체가 타액을 통해 타인에게 전달되는 것을 방지한다.

ㄴ. 여름철에는 음식이 상하기 쉬우니 아무리 신선한 생선이나 달걀이라도 날것으로 섭취하지 않는다.

ㄷ. 아프리카 등과 같이 파리, 모기와 같은 매개체 전염 질병이 많은 지역의 여행을 자제한다.

창의력 & 토론마당 234~237쪽

01

(1) A : 폐렴, 결핵, 콜레라, 탄저, 장티푸스 등
B : 조류독감, 풍진, 천연두, AIDS, 중증급성호흡기증후군(SARS) 등

(2) A 환자는 일정 수준 이상의 치료 효과가 나타나지만 B 환자에게서는 치료 효과를 기대할 수 없다. 항생제의 경우 주로 세균의 세포벽 합성 또는 아미노산 생성을 억제하는 메커니즘을 가지고 있기 때문이다.

해설 (1) [자료 1] 은 세균성 질병을 의미하며, [자료 2] 는 바이러스성 질병을 의미한다.

(2) 항생제는 일반적으로 박테리아의 증식을 억제하는 의약품이다. 1대 항생제로서는 페니실린 계열 약품들(아목시실린, 암피실린 등)이 있다. 페니실린 계열의 항생제는 주로 박테리아의 세포벽 합성을 억제하는 메커니즘을 가지고 있다. 세균의 세포벽은 펩티도글리칸이라는 다당류와 아미노산의 합성체로 되어있는데 페니실린 계열의 항생제는 아미노기가 세포벽과 연계되는 것을 차단한다. 그 외에는 박테리아의 단백질 합성을 차단하는 아미노글리코사이드 계열이 있다. 박테리아의 리보솜의 아미노산 생성을 차단하는 항생제로 대표적으로는 스트렙토마이신, 카나마이신 등의 종류가 있다.

항바이러스제는 항생제보다 종류와 기전이 적다. 바이러스 자체가 쉽게 변이가 일어나기 때문에 항바이러스제를 개발하여도 유전자 구조를 변형시켜 약효가 제대로 발휘를 못하는 경우가 많다. 항바이러스제는 바이러스 내의 유전 물질의 종류(DNA, RNA, 역전사 메커니즘)에 따라 달리 사용한다. 과거 항바이러스제는 감염된 숙주 세포의 DNA 와 함께 전체 세포를 사멸시키는 기작이었으나 효과에 비해 부작용이 너무 심해 지금은 바이러스가 숙주 세포 내로 침입할 때 또는 자신의 유전 물질을 복제 시도할 때에 쓰이는 효소들의 활성을 억제하는 기작을 사용한다. 또한 바이러스가 복제를 하는 중에 염기서열을 유사 염기 물질로 처리하여 더 이상 바이러스가 복제하지 못하게 하는 기작을 사용한다.

02

200여 개 이상의 서로 다른 종류의 바이러스가 감기를 일으키는데 그중 30 ~ 50 % 가 리노 바이러스(Rhino virus), 10 ~ 15 % 가 코로나 바이러스(Corona virus)이다. 이 두 바이러스는 RNA 바이러스에 속하며 매해 새로운 돌연변이를 만들어낸다. 따라서 변형을 예측할 수 없기 때문에 항바이러스제로는 치료가 불가능하다. 항생제를 이용하는 이유는 바이러스 감염으로 인해 약해진 면역체계를 틈타 감염될지도 모르는 세균성 감염에 대비하기 위함이다.

03 인플루엔자와 천연두 바이러스 모두 예방 백신이 개발되었지만 천연두 바이러스만 멸종한 이유는 바이러스가 돌연변이를 만드는 능력에 차이가 있기 때문이다.
[자료 1]에서도 언급하였듯이 동물의 인플루엔자 바이러스는 사람에게도 전염이 가능할 수 있을 정도로 다양한 돌연변이를 만들 수 있는 것으로 보아 RNA 바이러스인 것을 알 수 있다. 따라서 인플루엔자 백신을 통해 바이러스의 주요 항원에 대한 항체를 만들더라도, 이 항체의 영향을 받지 않는 돌연변이 항원을 갖는 인플루엔자 바이러스가 생겨 멸종하지 않을 수 있다.
반면 [자료 2]에서 천연두 바이러스는 면역이 평생 유지된다고 했는데, 이것을 통해 천연두 바이러스가 돌연변이를 잘 일으키지 않는다는 점을 유추할 수 있다. 천연두 바이러스는 DNA 바이러스로 주요 항원의 변이가 자주 생기는 돌연변이를 만드는 능력이 약할 것이다. 따라서 백신의 접종에 의해 만들어진 항체를 피할 수 있는 돌연변이가 잘 생기지 않고, 예방 백신을 통해 바이러스가 멸종하게 되었을 것이다.

04 (1) 간염 바이러스로 인한 만성 간염을 예방하지 못하면 간암이 발생할 수 있다.
(2) 〈예시답안〉 곰팡이성 질병인 무좀과 비교해 보면 곰팡이성 질병은 피부의 직접적인 접촉에 의해 질병이 감염될 수 있다. 그러나 바이러스성 질병의 경우에는 혈액 또는 체액을 통해 감염될 수 있다.

해설 (1) 우리나라 간암 환자 70 % 는 B형 간염 바이러스 때문에, 10 % 는 C형 간염 바이러스 때문에 암이 발생한다. 간염 바이러스는 간염을 유발하여 간세포에 손상을 주는데(급성 간염), B형 간염 환자의 경우는 대부분이, C형 간염 환자의 경우는 반 정도가 특별한 치료 없이도 완전 회복되거나 자연 치유된다. 그러나 일부 감염자는 간염 증상은 없지만 바이러스를 계속 가지고 있는 만성 간염이 된다. 오랜 시간 바이러스가 계속 퍼지게 되면 간세포가 점점 더 파괴되어 정상이 아닌 조직(반흔 조직)으로 대치 되게 되는데(만성 간염), 지속적 손상과 반흔 조직으로의 대치 과정이 반복되면 간경변증으로 진행되고, 결국 간암이 발생할 수 있다.
(2) B형 간염 바이러스의 경우 모자간 수직 감염, C형 간염 바이러스의 경우는 수혈이 가장 중요한 감염 경로이다. 아래는 간염 바이러스의 몇 가지 감염 경로이다.

- 감염된 어머니의 혈액 속에 있는 바이러스가 출산 혹은 출산 직후 자녀를 감염(모자간 수직 감염)
- 오염된 혈액제제를 수혈 받거나 혈액 투석 받을 때
- 오염된 날카로운 기구, 바늘, 칼에 의한 시술 (문신, 귀걸이, 피어싱 등)
- 오염된 주사기 공동 사용

스스로 실력 높이기 238~243쪽

1. 펩티도글리칸 2. 매개체 3. 세균(박테리아)
4. AIDS(후천성면역결핍증) 5. ①, ③
6. (1) X (2) X 7. 곰팡이 8. ②, ④ 9. ③
10. 호흡기 11. ① 12. ⑤ 13. ①, ③, ⑤
14. ② 15. (1) 세 (2) 공 (3) 바 (4) 바
16. ㄷ, ㅁ, ㅂ 17. ③, ⑤ 18. ③ 19. ④
20. ①, ③ 21. ⑤ 22. ① 23. A : 고혈압, B : 칸디다 질염, C : AIDS, D : 콜레라 24. ①
25. ④ 26. ③ 27. ④ 28. ④ 29. ③ 30. ⑤

01. 답 펩티도글리칸
해설 세균의 세포벽 성분으로 다당류로 된 사슬에 비교적 짧은 펩타이드 사슬이 결합한 화합물을 펩티도글리칸이라고 한다.

02. 답 매개체
해설 파리, 모기, 바퀴벌레 등과 같이 감염성 질병을 옮기는 곤충을 매개체 곤충이라고 한다.

03. 답 세균(박테리아)
해설 세균(박테리아)는 단세포로 이루어진 미생물로 핵이 없는 원핵생물의 병원체이다.

04. 답 AIDS(후천성면역결핍증)
해설 AIDS 는 Human Immunodeficiency Virus(HIV) 감염에 의해 발생한다

05. 답 ①, ③
해설 매독, 콜레라, 장티푸스는 세균(박테리아)에 의해 감염되는 질병이다.

06. 답 (1) X (2) X
해설 (1) 세균은 단세포로 이루어진 미생물로 핵은 없지만 세포 구조는 갖추고 있다.
(2) 바이러스는 항바이러스를 사용하여 치료할 수 있으며 항생제는 세균을 치료하기 위해 사용된다.

07. 답 곰팡이
해설 곰팡이는 무좀, 칸디다 질염과 같은 질병의 병원체로 세포가 길쭉하며, 세로로 연결되어 실과 같은 모양을 띠는 균사로 이루어져 있다.

08. 답 ②, ④
해설 광우병과 크로이츠펠트-야코프병은 프라이온에 의해 감염되며, 원생동물에 의해 감염되는 질병으로는 말라리아, 수면병, 아메바성 이질 등이 있다. 곰팡이는 무좀과 칸디다 질염의 원인이 되는 병원체이다.

09. 답 ③
해설 수면병은 아프리카에서 주로 발병하며 파리가 매개가 되는 질병이다.

10. 답 호흡기

해설 결핵, 감기, 독감과 같은 질병은 기침이나 대화 시 분비되는 타액을 통해 방출된 병원체가 호흡기를 통해 체내로 이입되어 감염된다.

11. 답 ①
해설 감기, 독감, 식중독, 무좀은 질병을 일으키는 병원체가 동물이나 인간에게 전파, 침입하여 질병을 일으키는 감염성 질병이다.

12. 답 ⑤
해설 원핵 생물에는 세균이 포함되며, 진핵생물에는 원생동물, 곰팡이, 동물, 식물이 포함된다.

13. 답 ①, ③, ⑤
해설 바이러스의 경우 세균보다 크기가 작아 광학 현미경으로 관찰할 수 없으며 세포의 구조를 갖추지 못한다. 또한 바이러스는 생물학적 특징과 무생물학적 특징을 모두 가지고 있는데 생물학적 특징은 숙주 세포 내에서는 물질대사가 가능하며, 유전 물질을 복제하여 증식하며 돌연변이가 일어날 수 있는 것이다. 반면 무생물학적 특징으로는 숙주 세포 밖에서는 단백질과 핵산의 결정체로 존재하며 스스로 물질대사를 하지 못하는 것이 있다.

14. 답 ②
해설 (가) 는 구균, (나) 는 간균, (다) 는 나선균이다.
① 구균은 구슬처럼 둥근 모양이며, 쌍구균, 포도상 구균, 연쇄상 구균 등이 포함된다.
② 매독균은 나선균에 포함된다. 간균은 막대 모양이며, 바실루스균, 젖산균, 장내세균 등이 포함된다.
③ 나선균은 나선처럼 돌돌 말린 모양이며, 콜레라균, 매독균, 헬리코박터피로리균 등이 포함된다.
④ 세균은 핵이 없는 원핵생물이다.

15. 답 (1) 세 (2) 공 (3) 바 (4) 바
해설 (1) 세균은 단세포로 이루어진 미생물로 핵이 없는 원핵생물이다. 유전 물질과 리보솜, 세포막을 가지고 있어 스스로 효소를 합성하여 물질대사와 증식이 가능하다. 세균성 질병으로는 세균성 이질, 장티푸스, 결핵 등이 있다.
(2) 세균과 바이러스 모두 유전 물질을 복제하여 증식하며 유전 현상을 나타낸다. 따라서 모두 돌연변이가 일어날 수 있지만 바이러스의 경우 숙주 세포 없이는 증식이 불가능하다.
(3), (4) 바이러스는 세균보다 크기가 작아 광학 현미경으로 관찰할 수 없으며 세포의 구조를 갖추지 못한다. 숙주 세포 밖에서는 단백질과 핵산의 결정체로 존재하며 독자적인 효소가 없어 스스로 물질대사를 하지 못한다. 바이러스성 질병으로는 간염, 수두, 에볼라, 홍역, AIDS, SARS 등이 있다.

16. 답 ㄷ, ㅁ, ㅂ
해설 세균성 질병으로는 세균성 이질, 장티푸스, 콜레라, 매독, 결핵 등이 있으며 바이러스성 질병으로는 소아마비, 천연두, 독감, 간염, 수두, 에볼라, AIDS, SARS 등이 있다.

17. 답 ③, ⑤
해설 〈보기〉 에 주어진 질병은 모두 바이러스에 의한 질병이다.
① 감염되어 신경 조직에 구멍이 생기는 병원체는 프라이온이며 나타나는 질병은 소에게서는 광우병, 사람에게서는 크로이츠펠트-야코프병이다.
② 바이러스를 병원체로 갖는 질병들로 타인에게 전염되는 전염성 질병이다.
④ 식습관 조절로 감염 경로를 막을 수 없다.

18. 답 ③
해설 ① 항생제를 치료약으로 사용하는 것은 세균성 질병이다.
② 말라리아는 원생동물을 병원체로 가지며, 무좀은 곰팡이가 병원체가 된다.
③ 원생동물과 곰팡이는 모두 핵과 핵막을 가지고 있는 진핵생물이다.
④ 돌연변이가 많아 치료제의 개발이 어려운 것은 바이러스성 질병(특히 RNA 바이러스)이다.
⑤ 원생동물과 곰팡이는 진핵생물로 유전 물질을 가지고 있어 이를 통해 증식한다.

19. 답 ④
해설 ④ 세균은 크기가 크기 때문에 모체의 태반을 통과할 수 없다.

20. 답 ①, ③
해설 ② 물은 항상 끓여서 섭취한다.
④ 가족끼리도 감염의 위험이 있으므로 수건과 같은 직접 접촉하는 물건은 개인으로 사용한다.
⑤ 감기에 걸린 경우 타액을 통해 전염의 위험이 있기 때문에 항상 마스크를 사용한다.

21. 답 ⑤
해설 인수 공통 감염병은 동물과 사람에게서 모두 나타날 수 있는 질병이다. 구제역은 소에게서만 나타나는 질병이다.

22. 답 ①
해설 (가) 는 바이러스, (나) 는 세균(간균)이다.
세균성 질병으로는 세균성 이질, 장티푸스, 콜레라, 매독, 탄저병, 결핵 등이 있으며 바이러스성 질병으로는 간염, 수두, 에볼라, 홍역, AIDS, SARS 등이 있다.

23. 답 A : 고혈압, B : 칸디다 질염, C : AIDS, D : 콜레라
해설 A 는 병원체가 없는 것으로 보아 비감염성 질병이다. 비감염성 질병은 고혈압, 당뇨, 암 등이 포함되며 발현 기간이 길어 만성 질병이 될 확률이 높다.
B 는 핵산, 핵막, 세포막을 모두 가지고 있는 곰팡이성 질병이다. 무좀, 칸디다 질염 등이 포함되며 곰팡이의 구조는 세로로 연결되어 실과 같은 모양을 띄는 균사로 이루어져 있다.
C 는 핵산만 가지고 있는 바이러스이다. 바이러스는 숙주 세포 밖에서는 독자적인 효소가 없어 스스로 물질대사를 하지 못한다. 바이러스성 질병으로는 간염, 수두, 에볼라, 홍역, AIDS, SARS 등이 있다.
D 는 핵산과 세포막은 가지고 있지만 핵막을 가지고 있지 않은 세균이다. 세균은 단세포로 이루어진 미생물로 핵이 없는 원핵생물이다. 세균성 질병의 예로는 세균성 이질, 장티푸스, 콜레라, 매독, 탄저병, 결핵 등이 있다.

24. 답 ①
해설 ㄱ. A 의 질병은 원생동물에 의해 감염되는 질병으로 주로 매개체 곤충에 의해 감염된다. 말라리아, 수면병 외에도 아메바성 이질이 포함된다.
ㄴ. B 의 원인이 되는 병원체는 세균으로 독자적인 효소를 가지고 있어 스스로 물질대사가 가능하다.
ㄷ. C 는 프라이온으로 유전 물질을 가지고 있지 않아 접촉으로 정상 프라이온 단백질을 변형 프라이온 단백질로 변형시킨다.

25. 답 ④
해설 (가) 는 홍역 병원체인 RNA 바이러스이며 (나) 는 식중독의 병원체인 세균이다.
④ 크기가 작아 관찰할 수 없는 것은 바이러스이다.

26. 답 ③

해설 ㄱ. 씻지 않은 손을 배지에 묻힌 후 배양한 결과 세균이 관찰된 것으로 보아 손에도 많은 세균이 살고 있는 것을 알 수 있다.

ㄴ. 동일한 조건으로 배양한 배지 A 와 B 를 비교한 결과 4 ℃ 에서는 세균이 자라지 않았지만 20 ℃ 에서는 세균이 자란 것으로 보아 세균은 저온에서 번식하지 못하는 것을 알 수 있다.

ㄷ. 씻지 않은 손에서 세균이 자란 것으로 보아 공공장소 등 사람이 많은 곳을 방문한 후에는 손을 씻어 청결을 유지하는 것이 중요한 것을 알 수 있다.

27. 답 ④

해설 ㄱ. 탄저병, 수두, 홍역은 세균과 바이러스와 같은 병원체에 의해 감염되는 감염성 질병이며, 암은 병원체 없이 일어날 수 있는 질병으로 발현 기간이 길어 만성 질병이 될 가능성이 높다. 따라서 A 에 해당하는 질문은 '감염성 질병인가?' 가 된다.

ㄴ. 탄저병의 경우 세균에 의한 감염이며, 수두와 홍역은 바이러스에 의한 감염이다. 따라서 B 는 세균성 감염과 바이러스성 감염을 분류하는 항목인 '스스로 물질대사가 가능한가?' 가 된다.

ㄷ. 세균성 질병인 탄저병은 항생제를 이용하여 치료하며 바이러스성 질병인 수두와 홍역은 항바이러스제를 이용하여 치료한다.

28. 답 ④

해설 A 는 세균에 의한 감염, B 와 C 는 바이러스에 의한 감염이다.

ㄱ. (가) 는 세균성 질병만이 가지고 있는 특성이며, 세균은 핵이 없다.

ㄴ. (나) 는 세균과 바이러스의 공통적인 특성이며, 세균은 세포막과 세포벽에, 바이러스는 껍질에 단백질을 포함하고 있다.

ㄷ. (다) 는 바이러스만의 특성이며, 바이러스는 독자적인 효소를 가지고 있지 않아 숙주 세포의 효소를 이용하여 물질대사가 가능하다.

29. 답 ③

해설 ㄱ. (가) 는 병원체가 없는 것으로 보아 비감염성 질병인 당뇨이다. 비감염성 질병은 발현 기간이 길어 만성으로 될 가능성이 높다.

ㄴ. (나) 는 핵산과 세포막을 모두 가지고 있는 세균성 질병인 결핵이다. 세균은 독자적인 효소를 가지고 있어서 스스로 물질대사가 가능하다.

ㄷ. (다) 는 세포막을 가지고 있지 않기 때문에 바이러스성 질병인 독감이다. 바이러스는 숙주의 효소를 이용하여 물질대사가 가능하며 돌연변이가 일어나는 특징을 가지고 있다. 균사로 이루어진 병원체는 곰팡이성 질병이며 대표적으로는 무좀이 포함된다.

30. 답 ⑤

해설 ㄱ. A 는 세포성을 띠고 있지 않기 때문에 독자적인 효소가 결핍된 바이러스성 질병 AIDS 이다.

ㄴ. B 는 세균성 질병인 결핵으로 세균성 질병의 치료를 위해서는 항생제가 필요하다.

ㄷ. C 는 전염성이 없으며 병원체가 아니므로 염색체 돌연변이에 의한 다운 증후군이다.

25강. 몸의 방어 작용

개념 확인 244~249쪽

1. (1) 2 차 (2) 1 차 2. (1) 기관지 (2) 장
3. 2, 2, Y (2) 세포 독성 T 림프구 4. 자가 면역 질환

확인+ 244~249쪽

1. 림프구 2. (1) 염증 반응 (2) 식균 작용
3. ㉠ 항원 제시 ㉡ 사이토카인 4. (1) < (2) <

개념 다지기 250~251쪽

01. ③ 02. ③ 03. ②
04. (1) 인터페론 (2) 보체 단백질 05. 사이토카인
06. ⑤ 07. 백신 08. ②

01. 답 ③

해설 백혈구는 혈액을 구성하는 세포 중 하나로서 식균 작용을 하여 우리 몸을 방어해 주는 일을 하는 혈구 세포로 호염기성 백혈구, 호산성 백혈구, 호중성 백혈구, 단핵구, 림프구가 있다. 라이소자임은 라이소좀에서 분비하는 효소이다.

02. 답 ③

해설 2 차 방어 작용은 특정 병원체의 특정 부위를 인식하여 일어난다.

03. 답 ②

해설 ①, ③, ④, ⑤ 는 1 차 방어 작용 (비특이적 면역)에 해당하는 방어 작용이지만 ② 는 2 차 방어 작용 (특이적 면역)에 해당하는 방어 작용이다.

04. 답 (1) 인터페론 (2) 보체 단백질

해설 (1) 인터페론은 주변의 정상 세포에 작용해 항바이러스 단백질 생성을 유도한다.

(2) 보체 단백질은 평상시에는 혈액에 녹아 아무런 반응을 나타내지 않지만 병원체에 감염되었을 때 병원체 내부로 물과 이온을 유입시켜 부풀어 터지게 하는 역할을 한다.

05. 답 사이토카인

해설 사이토카인은 면역 세포가 분비하는 당단백질을 총칭하는 것으로 대식세포, 보조 T 림프구 등 여러 면역 세포에서 분비되며 면역 기능을 조절하는 단백질이다.

06. 답 ⑤

해설 면역 반응을 일으키는 이물질로 항체 형성을 유도하는 물질로 주로 세균, 바이러스와 같은 병원체가 해당하지만 일부 사람에게 있어서는 꽃가루 또는 먼지 등도 알레르기성 항원으로 작용한다.

08. 답 ②

해설 결막염 중 일부는 면역계 질병(알레르기 반응)으로 나타나기도 하지만 유행성 결막염은 바이러스에 의해 감염되는 질환이다.

유형 익히기 & 하브루타 252~255쪽

[유형25-1] (1) X (2) X (3) O
01. ⑤ 02. (1) 호염기성 백혈구
(2) 호산성 백혈구 (3) 림프구
[유형25-2] (1) O (2) X (3) O (4) X
03. (1) 내 (2) 물 (3) 내
04. 자연 살생 세포 (NK 세포)
[유형25-3] (가) 세포성 면역 (나) 세포 독성 T 림프구
(다) 체액성 면역 (라) B 림프구
(마) 보조 T 림프구
05. (1) 림프계 (2) 림프구 06. 항체
[유형25-4] (1) O (2) X (3) X
07. (1) 백신 (2) 면역 혈청
08. (1) 알레르기 (2) 후천성 면역 결핍증
(3) 자가 면역 질환

[유형25-1] 답 (1) X (2) X (3) O
해설 (가) 는 장벽을 이용한 방어, (나) 는 내부 방어, (다) 는 세포성 면역, (라) 는 체액성 면역이다.
(1) (가) 는 체외에서 일어나는 면역 반응, (나) 는 체내에서 일어나는 면역반응을 말한다.
(2) 항원 항체 특이성은 체액성 면역인 (라) 에 해당한다. (3) (다) 와 (라) 는 후천성 면역에 해당한다.

01. 답 ⑤
해설 물리적인 장벽을 이용하여 일어나는 면역 방어 기작은 1 차 방어 작용이다.

02. 답 (1) 호염기성 백혈구 (2) 호산성 백혈구 (3) 림프구
해설 호염기성 백혈구 : 히스타민을 생성
호산성 백혈구 : 해독 작용
림프구 : 체액성 면역과 세포성 면역에 관여
호중성 백혈구, 단핵구 : 식균 작용

[유형25-2] 답 (1) O (2) X (3) O (4) X
해설 (2) 염증 반응은 1 차 방어 작용으로 침입한 병원체의 종류에 관계없이 나타난다.
(4) 분비된 히스타민은 모세혈관을 확장시켜 아메바 운동을 하는 백혈구가 병원체 근처로 모이도록 돕는다.

03. 답 (1) 내 (2) 물 (3) 내
해설 내부 반응에는 식균 작용, 염증 반응, 방어 물질 분비, 자연 살생 세포, 발열 반응 등이 있다.
(1) 인터페론의 분비는 방어 물질 분비에 해당한다.
(2) 피부의 피지샘에서 분비되는 기름 성분이나 땀샘에서 분비되는 산성 성분은 물리적 방어 작용에 해당한다.
(3) 체온을 높이는 것은 발열 반응에 해당한다.

[유형25-3] 답 (가) 세포성 면역 (나) 세포 독성 T 림프구
(다) 체액성 면역 (라) B 림프구
(마) 보조 T 림프구
해설

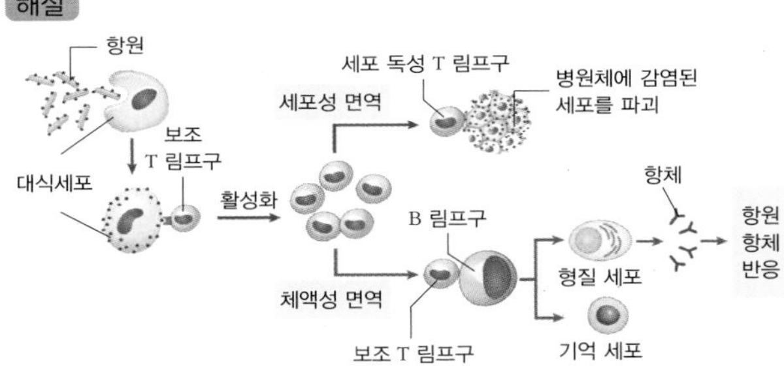

05. 답 (1) 림프계 (2) 림프구
해설 (1) 림프계는 림프, 림프관, 림프절 등으로 이루어진 순환계이다.
(2) 림프구는 체액성 면역과 세포성 면역에 관여하는 백혈구의 한 종류로 B 림프구, T 림프구가 있다.

06. 답 항체
해설 항원의 침입 시 항원을 무력화시키기 위해 B 림프구로부터 생성되는 면역 단백질(γ-글로불린)로 구성되어 있다. 항체는 2 개의 긴 사슬과 2 개의 짧은 사슬로 구성되어 Y 자형 구조를 갖는다.

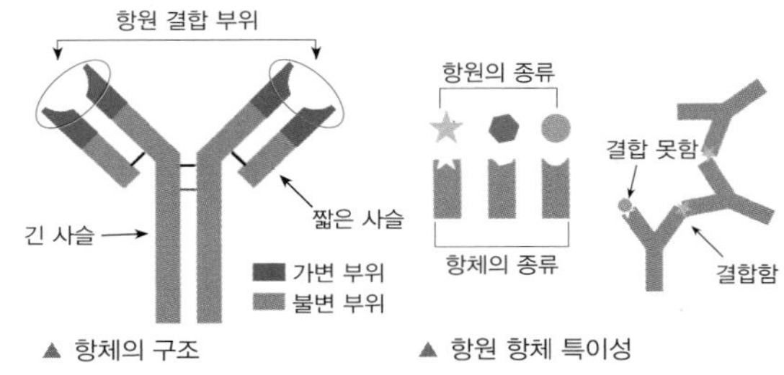

▲ 항체의 구조 ▲ 항원 항체 특이성

[유형25-4] 답 (1) O (2) X (3) X
해설 (1) 항체 A 의 농도가 침입 직후 증가하는 것으로 보아 항원 A 가 과거에 침입한 적이 있다는 것을 알 수 있다. 체내에 항원 A 에 대한 기억세포를 가지고 있기 때문에 0 주에서 항체 A 의 양이 항체 B 보다 빠르게 증가한 것이다.
(2) 항체 B 의 변화를 통해 항체가 지속되지 않는 것을 알 수 있다. 한 번 만들어진 항체는 종류에 따라 다르지만 소멸 후 일정 시간 동안 기억세포로 남는다.
(3) 4 주 후 항체 B 의 양이 빠르게 증가한 것은 체내에 기억세포가 남아있기 때문이다.

07. 답 (1) 백신 (2) 면역 혈청
해설 (1) 예방의 목적으로 감염 전에 체내에 독성이 제거되거나 약화된 항원을 접종하여 미리 항체를 생산시키는 것으로 백신을 접종하면 항원 항체 반응에 따라 면역계에 그 항원에 대한 기억 세포를 만든다.
(2) 항원을 동물에 주입하여 동물로부터 항원에 대해 특이적인 항체를 지닌 혈액을 얻은 후 혈액을 분리하여 특정한 항원에 해당하는 면역 혈청을 추출한다. 이를 질병에 걸린 사람에게 주사하여 체내에서 항원 항체 반응을 일으켜 병원체를 제거할 수 있다.

08. 답 (1) 알레르기 (2) 후천성 면역 결핍증(AIDS)
(3) 자가 면역 질환
해설 (1) 알레르기는 대부분의 사람에게는 반응하지 않는 물질에 대해 면역계가 과민하게 반응하여 과도한 면역 반응의 결과를 나타나게 하는 것을 말한다.
(2) 후천성 면역 결핍증은 인간 면역 결핍증 바이러스(HIV)에 의해서 감염된다. 주로 보조 T 림프구를 죽이거나 무력화시켜 면역 결핍이 나타나게 되고 면역력 부족으로 사망하는 질병이다.

(3) 자가 면역 질환은 면역 체계가 자기 물질과 비자기 물질을 구분하지 못하고 자기 몸을 구성하는 조직이나 세포를 공격하는 질병을 말한다.

창의력 & 토론마당 256~259쪽

01 ②, ④, ⑤

해설 ① HIV 의 유전 물질은 RNA 이다.
③ AIDS 는 공기중으로 감염되는 질병이 아니라 체액 등과 같은 물질을 통해서 감염된 후 감염자의 면역 시스템을 파괴한다.

02 알레르기는 원인 물질을 제거하는 방법을 이용하여 완치할 수 있다. 꽃가루나 집먼지 진드기에 대해서 내성을 키워줄 수 있다. 알레르기 질환은 과도한 면역반응 때문에 생겨나는 것인데 이런 과도한 면역반응을 억제해서 내성을 키워주는 방법이다.

03 〈예시 답안〉 자가 면역 질환은 우리 몸의 백혈구가 감염이나 질병을 일으키는 미생물로부터 우리 몸을 보호해주는 것이 아니라 역으로 우리 몸의 조직이나 장기를 공격하면서 일어나는 질환이다.
류마티스성 관절염은 백혈구가 관절 부위로 이동하여 활액 조직을 공격하여 활액염을 일으키게 되면서 나타나는 질병이다. 류마티스성 관절염의 증상으로는 관절 부위가 붓고 열이 나며, 통증과 함께 주변 조직이 말랑말랑한 감을 느끼게 된다.

04 〈예시 답안〉 NK 세포를 이용한 항암치료의 경우 NK 세포의 억제 수용체의 기능을 차단하여 그 활성을 증진시키는 것에 초점이 맞춰져 있다. 타인의 NK 세포를 이식받게 되면 기증자의 NK 세포가 수혜자의 MHC class I 을 인식하지 못해(유전자가 달라서) 활성억제를 받지 않게 되는데 환자의 암세포가 MHC class I 을 발현하는 경우에 자신의 NK 세포는 암세포를 인식하지 못하지만 이식받은 동종 NK 세포는 암세포를 공격하므로 효과적일 수 있다.

해설 우선 긴 촉수를 갖고 있는 외부 물질이 체내에 침입했을 때 이를 감지하여 면역계에 경고 신호를 보내는 역할을 하는 세포인 수상돌기 세포가 이 촉수를 이용하여 암세포를 감지하여 NK 세포에게 알려준다. 이처럼 암세포의 존재를 전달받은 NK 세포가 암세포를 발견하면 세포막 융해 단백질과 페르포린으로 암세포에 구멍을 내고, 암세포에 수분과 염분을 투입하여 암세포를 팽창시켜 파괴시키거나 단백질 분해효소를 투입하여 DNA 를 절단하여 암세포를 축소시켜 파괴시키기도 한다. 이러한 점 때문에 NK 세포를 이용한 항암치료도 이루어지고 있다. NK 세포의 장점은 항암치료로 인한 부작용을 최소화할 수 있다. 암 환자들이 가장 힘들어하는 항암 치료는 구토나 무기력, 세포 손상 등을 일으키는데, NK 세포를 투여하면 이러한 부작용을 줄일 수 있다. 하지만 아직까지 NK 세포는 대부분 작은 암세포나 종양에만 효과를 보이고 있다. 이러한 NK 세포는 나이가 들수록 점차 그 능력이 감소하게 된다. 또한 NK 세포는 스트레스에 매우 취약하기 때문에 우리가 외부로부터 스트레스를 받게 되면 NK 세포의 수는 급감하게 되는데, 반대로 스트레스 지수를 낮추고, 자주 웃게 되면 NK 세포의 수와 그 활동량은 증가하게 된다고 한다.

스스로 실력 높이기 260~265쪽

1. 피부 2. 라이소자임 3. 히스타민
4. 자연 살생 세포 5. 항원 6. 항원 항체 특이성
7. (1) 보조 T 림프구 (2) 세포 독성 T 림프구
8. 기억세포 9. 면역 혈청 10. ⑤ 11. ②, ⑤
12. ⑤ 13. ① 14. ③ 15. ③ 16. ③
17. ④ 18. ③ 19. ④ 20. ⑤ 21. ④
22. ④ 23. (1) ㉠ T 림프구, ㉡ B 림프구 (2) ㉠ B 림프구, ㉡ 기억세포 24. ④ 25. ② 26. ② 27. ④
28. ④ 29. ⑤ 30. ④

01. 답 피부
해설 피부는 우리 몸의 1 차 방어벽으로 손상을 입으면 감염률이 높아진다. 죽은 세포들로 장벽을 형성하여 바이러스의 침입을 막는다.

02. 답 라이소자임
해설 라이소좀에서 분비하는 효소로 세균의 세포벽에 작용하여 세포벽(펩티도글리칸)을 분해하는 작용을 한다. 눈물과 같은 조직 분비물과 미생물에서 발견되는 효소로 점액질 및 박테리아 용해성을 가지고 있다.

05. 답 항원
해설 면역 반응을 일으키는 이물질이고 항체 형성을 유도하는 물질로 주로 세균, 바이러스와 같은 병원체가 해당하지만 일부 사람에게 있어서는 꽃가루 또는 먼지 등도 알레르기성 항원으로 작용한다.

08. 답 기억세포
해설 기억세포는 항원에 한 번도 노출된 적 없는 세포가 항원에 노출되었을 때 생기는 세포로, 항원이 제거된 후에도 남아 그 항원이 재침입할 시 처음 노출될 때보다 더 빠른 속도로 항체를 생산해 항원에 대응한다.

09. 답 면역 혈청
해설 면역 혈청은 항원을 동물에 주입하여 얻어낸 혈청으로 특정 항원에 대항하는 방법으로 질병에 걸린 사람에게 주사하여 체내에서 항원-항체 반응을 일으켜 병원체를 제거한다.

10. 답 ⑤

해설 ⑤ 2 차 면역 반응은 기억세포를 가지고 있어 1 차 면역 반응에 비해 다량의 항체를 한번에 만들 수 있다.

11. 답 ②, ⑤

해설 ① (가) 는 1 차 방어 작용이고, (나) 는 2 차 방어 작용이다.
③ (가) 는 병원체의 종류에 관계 없이 일어나기 때문에 감염 즉시 일어나며, (나) 는 병원체의 종류에 따라 다르게 일어나기 때문에 반응 속도가 느리다.
④ (가) 와 (나) 모두 일부 반응에서 백혈구가 관여한다.

12. 답 ⑤

해설 호염기성 백혈구 : 히스타민 생성
호산성 백혈구 : 해독 작용
호중성 백혈구, 단핵구 : 식균 작용,

13. 답 ①

해설 피부는 우리 몸의 1 차 방어벽으로 피부 가장 바깥층에 죽은 세포들(각질층)로 단단한 물리적 장벽을 형성하고 있어 대부분의 세균이나 바이러스가 안으로 들어오지 못하게 막는다.

14. 답 ③

해설 ③ 히스타민은 모세혈관을 이완시켜 백혈구가 병원체 주변으로 이동하는 것을 돕는다.

15. 답 ③

해설 인터페론은 바이러스에 감염된 세포에서 분비되는 물질로 주변의 정상 세포에 작용해 항바이러스 단백질 생성을 유도한다.

16. 답 ③

해설 항체는 항원이 침입하면 천천히 증가했다 일정 시간이 지나면 감소한다. 대신 기억세포가 항원이 제거된 후에도 남아 그 항원이 재침입할 시 처음 노출될 때보다 더 빠른 속도로 항체를 생산해 항원에 대응하도록 한다.

17. 답 ④

해설 항원이 제거된 후에 기억세포가 남아 2 차 면역 반응은 1 차 면역 반응에 비해 활성화 속도와 양이 모두 증가한다.

18. 답 ③

해설 (가) 는 대식 세포, (나) 는 형질세포, (다) 는 기억세포이다. (나) 는 체액성 면역에서 생성되어 항체를 형성한다.

19. 답 ④

해설 ④ (가) 에서 항체가 감소한 뒤 (나) 에서 그 양이 빠르게 증가한 것으로 보아 동일한 병원체가 재침입 한 것을 알 수 있다.

20. 답 ⑤

해설 질병들은 자가 면역 질환을 나열한 것이다.
①, ④ 후천적 면역 결핍증은 HIV 에 의해 면역계에 손상을 입어 나타나며, 질환에 걸리면 면역 결핍이 나타난다.
②, ③ 알레르기의 치료를 위해 항히스타민제를 사용하며, 질환에 걸리면 면역계 과민 반응이 나타난다.

21. 답 ④

해설 ① B 림프구는 골수에서 생성, 성숙된다.
② 형질세포는 B 림프구에서 분화되어 만들어진다.
③ 대식세포는 식세포 작용을 통해 면역 작용을 담당한다.
⑤ 세포성 면역은 세포 독성 T 림프구가 관여하는 면역 반응이다.

22. 답 ④

해설 ① (가) 는 식균 작용이고, (나) 는 체액성 면역이다.
② (나) 에서 항원은 형질세포에서 만들어진 항체에 의해 제거된다.
③ (가)에서 백혈구는 병원체에 특이성을 보이지 않는다.
⑤ B 림프구에서 형성된 항체는 항원 항체 특이성에 의해 특정 종류의 항원과만 결합한다.

24. 답 ④

해설 ㄱ. 알레르기 반응 역시 항원 항체 반응이기 때문에 2 차 방어 작용에 속한다. 따라서 감염 즉시 일어나지 않는다.

25. 답 ②

해설 ㄱ. 인터페론은 바이러스에 감염된 세포에서 분비되는 물질로 항체 생산을 도와주지는 않는다.
ㄴ. 인터페론은 1 차 방어 작용으로 직접적으로 바이러스를 없앨 수 있다.
ㄷ. 면역력은 항체의 수가 가장 높은 바이러스 감염 후 10 일 경과시 가장 높다.

26. 답 ②

해설 ㄱ. (가) 의 식염수는 항체를 생성하지 못하기 때문에 (가) 의 혈청을 (나) 에게 주사해도 면역 혈청을 얻을 수 없다.
ㄴ. 10 일 후 (나) 에게 병원체 A 를 주사해도 죽지 않는 것으로 보아 (나)에서 죽은 병원균 A 는 백신으로 작용하였다.
ㄷ. 10 일 후 생존해 있는 (나) 에게만 병원균 A 에 대한 기억세포가 있다.

27. 답 ④

해설 (가) 는 식균 작용, (나) 는 세포성 면역, ㉠ 은 세포 독성 T 림프구이다.
ㄱ. 세포 독성 T 림프구는 가슴샘에서 생성, 성숙된다.
ㄴ. (나) 는 항원에 직접 붙어 항원을 제거하는 세포성 면역 반응이다.
ㄷ. (가) 의 반응과 (나) 의 반응은 동시에 일어난다.

28. 답 ④

해설 (가) 는 세포성 면역, (나) 는 체액성 면역, (다) 는 형질세포이다.
ㄴ. (나) 는 형질세포와 기억세포로 분화할 수 있다.
ㄷ. (다) 는 항원이 재침입하였을 때 빠르게 증식하여 항체를 더 많이 만들어낸다.

29. 답 ⑤

해설 ㄱ. 구간 II 에서 A 에 대한 항체가 더 많이 증가한 것으로 보아 A 에 대한 기억세포가 존재하는 것을 알 수 있다.
ㄴ. 구간 II 에서 B 에 대한 세포성 면역 반응이 일어난다.
ㄷ. 구간 III 에서 B 에 대한 항체는 증가하지 않고 A 만 다량 증가한 것으로 보아 A 에 대한 특이적 면역 작용이 일어난것을 알 수 있다.

30. 답 ④

해설 ㄱ. 혈청은 혈장에서 얻으므로 혈청에는 형질세포가 없다.
ㄴ, ㄷ. (마) 의 II와 III 에서 생존한 것으로 보아 X 에 대한 특이적 면역 작용과 항원 항체 반응이 일어난 것을 알 수 있다.

26강. 항원 항체 반응과 혈액형

개념 확인 266~269쪽

1. (1) X (2) O (3) X　2. (1) A (2) O (3) AB
3. (1) X (2) O (3) O　4. (1) O (2) X (3) X

01. **답** (1) X (2) O (3) X
해설 (1) 적혈구 표면에 존재하는 응집원의 종류에 따라 A 형, B 형, AB 형, O 형으로 구분한다.
(3) 응집원 A 는 응집소 α 와, 응집원 B 는 응집소 β 와 항원 항체 응집 반응을 일으킨다.

03. **답** (1) X (2) O (3) O
해설 (1) Rh^- 형은 Rh 응집원에 노출되어야 응집소 δ 를 생성한다.

04. **답** (1) O (2) X (3) X
해설 (2) Rh 항체는 ABO 식 혈액형과 달리 태반을 통과할 수 있다. 때문에 태아에게서 항원-항체 응집 반응이 일어나 적아 세포증이 나타난다.
(3) Rh 면역 글로불린을 임신 30 주 정도에 투여하고, 출산 직후 (72 시간 내) 다시 주사하여 적아 세포증을 예방할 수 있다.

확인+ 266~269쪽

1. ④　2. B 형 표준 혈청
3. D　4. Rh 면역 글로불린

개념 다지기 270~271쪽

01. ④　02. (1) ㄱ, ㅁ (2) ㄴ, ㄹ (3) ㄱ, ㄴ, ㅂ
(4) ㄷ, ㄹ, ㅁ　03. (가) B (나) AB
04. (1) X (2) X　05. Rh　06. (1) O (2) O
07. ⑤　08. ①

01. **답** ④
해설 ④ 동일한 두 혈액형을 섞으면 혈액 내 존재하는 응집원과 응집소가 같아 항원 항체 응집 반응이 일어나지 않는다.

03. **답** (가) B (나) AB
해설 (가) 는 항 B 혈청에서만 응집 반응을 보였기 때문에 응집원 B 를 가지고 있는 것을 알 수 있다. 따라서 (가) 는 B 형이다. (나) 는 항 A 혈청과 항 B 혈청에 모두 응집 반응을 보였으므로 혈액 속에 응집원 A 와 응집원 B 를 모두 가지고 있다. 따라서 (나) 는 AB 형이 된다.

04. **답** (1) X (2) X
해설 (1) 대량 수혈은 같은 혈액형끼리만 가능하지만, 소량 수혈의 경우 응집소가 존재하지 않는 일부 혈액형에서도 가능하다.
(2) AB 형은 응집원 A, B 를 모두 가졌지만 응집소 α, β 는 가지고 있지 않다.

05. **답** Rh
해설 Rh^+ 형 혈액형은 적혈구에 응집원 D 를 가지고 있으며, 혈장에 응집소는 가지고 있지 않다.

07. **답** ⑤
해설 ⑤ Rh^- 형 어머니가 Rh^+ 형 첫 번째 아이를 임신 시 몸 안에 응집소 δ 가 만들어지게 되고 두 번째 아이를 임신하면 만들어진 응집소 δ 가 아이를 공격한다.

08. **답** ①
해설 ① Rh^+ 인 아버지와 Rh^- 인 어머니 사이에서 Rh^+ 인 아이가 태어날 경우 적아 세포증이 나타날 수 있다.

유형 익히기 & 하브루타 272~275쪽

[유형26-1] (1) X (2) X　01. ⑤　02. ①
[유형26-2] (1) O (2) X
03. ㄱ　04. (1) 항 A 혈청 , B형 표준 혈청
(2) 항 B 혈청 , A형 표준 혈청
[유형26-3] (1) O (2) O (3) O
05. (1) Rh^- (2) 붉은털원숭이의 응집원
06. (1) X (2) O
[유형26-4] (1) O (2) O
07. ⑤　08. ④

[유형26-1] **답** (1) X (2) X
해설 (1) ㉠ 은 응집원 A 와 응집소 β 를 가지고 있는 A 형, ㉡ 은 응집원 B 와 응집소 α 를 가지고 있는 B 형, ㉢ 은 응집원 A 와 응집원 B 를 모두 가지고 있으며 응집소를 가지고 있지 않은 AB 형, ㉣ 은 응집원은 가지고 있지 않으나 응집소 α 와 응집소 β 를 모두 가지고 있는 O 형이다.
(2) 응집원은 적혈구 표면에 존재하는 항원이며, 응집소는 혈장 내에 존재하는 항체이다.

01. **답** ⑤
해설 응집원 A 는 응집소 α 와, 응집원 B 는 응집소 β 와 응집 반응이 일어난다.

02. **답** ①
해설 원심 분리 후 상층액에는 혈장이 존재하며 가라앉은 부분에는 혈구 성분이 포함되어 있다. 따라서 혈장에는 응집원이 아닌 응집소가 존재하며 혈구 성분에 응집원이 존재한다.

[유형26-2] **답** (1) O (2) X
해설 (1) ㉠ 은 모든 혈액형으로부터 소량의 수혈을 받을 수 있기 때문에 혈장 속에 응집소가 없는 것을 알 수 있다. 따라서 AB 형이 된다. ㉡ 은 모든 혈액형에게 소량의 혈액을 수혈해 줄 수 있는 것으로 보아 혈액 속 적혈구 표면에 응집원이 존재하지 않는 것을 알 수 있다. 따라서 ㉡ 은 O 형이다.
(2) ㉡ 은 적혈구 표면에 응집원을 가지고 있지 않는다. 따라서 항 A 혈청과 항 B 혈청에 포함된 응집소 α 와 응집소 β 에서 모두 응집 반응이 일어나지 않는다.

03. **답** ㄱ

해설 ㄱ. 혈청 시약에는 응집소가 포함되어 있다. 항 A 혈청에는 응집소 α 가 포함되어 있으며, 항 B 혈청에는 응집소 β 가 포함되어 있다.
ㄴ. AB 형은 응집소가 없어 모든 혈액형에게 소량 수혈받을 수 있다.
ㄷ. O 형은 응집원이 없어 모든 혈액형에게 소량 수혈이 가능하다.

04. 답 (1) 항 A 혈청 , B형 표준 혈청
(2) 항 B 혈청 , A형 표준 혈청
해설 (1) 항 A 혈청에는 청색 색소를 혼합하여 사용한다. 응집소 α 가 들어 있으므로 B 형 표준 혈청이라고도 한다.
(2) 항 B 혈청에는 황색 색소를 혼합하여 사용한다. 응집소 β 가 들어 있으므로 A 형 표준 혈청이라고도 한다.

[유형26-3] 답 (1) O (2) O (3) O
해설 (1) Rh^+ 형의 응집 반응은 항원(응집원 D) 항체(응집소 δ)에 의한 항원-항체 응집 반응이다.
(2) 붉은털원숭이의 적혈구에는 Rh 응집원이 존재한다.
(3) 붉은털원숭이의 혈액을 토끼에게 주입하여 형성된 혈청이기 때문에 토끼로부터 추출한 혈청에는 Rh 응집소가 존재한다.

05. 답 (1) Rh^- (2) 붉은털원숭이의 응집원
해설 (1) Rh^- 형인 사람이 Rh 응집원에 노출되면 Rh 응집소가 생성된다.
(2) Rh^+ 형인 사람의 응집원은 붉은털원숭이의 응집원과 동일하다. 토끼의 혈청의 경우 Rh 형 혈액형의 응집소를 포함하고 있다.

06. 답 (1) X (2) O
해설 (1) Rh 형 혈액형의 응집소는 항원에 노출된 후에 생성된다. 따라서 태어날 때는 체내에 Rh 형 응집소가 존재하지 않는다.
(2) Rh 형 사람의 적혈구 표면에는 응집원 D 가 존재한다.

[유형26-4] 답 (1) O (2) O
해설 (1) 응집소 δ 는 첫 번째 아이의 출산 시 침입한 응집원 D 에 의해 형성된다.
(2) 응집소 δ 는 ABO 식 혈액형의 응집소와는 달리 태반을 통과할 수 있을 만큼 크기가 작다.

07. 답 ⑤
해설 혈액형이 Rh^+ 형인 두 번째 태아의 몸속에서 부족한 적혈구를 보충하기 위해 간에서 산소 운반 능력이 없는 미숙한 적혈구(적아 세포)가 생성된다.

08. 답 ④
해설 태아의 몸에서 들어온 Rh 응집원을 어머니의 면역계가 인식하여 항체를 생성하기 전에 외부에서 이에 대한 항체(Rh 면역 글로불린)를 넣어 주어 이 응집원을 제거한다. Rh 면역 글로불린을 임신 30 주 정도에 투여하고, 출산 직후(72 시간 내) 다시 주사하여 적아 세포증을 예방할 수 있다.

창의력 & 토론마당 276~279쪽

01
(1) 해설 참조
(2) 서로 다른 혈액형 사이의 소량 수혈은 (1) 번의 답과 같이 수혈이 가능하다. 예를 들면 O 형의 혈액은 AB 형의 혈액에 수혈이 가능하다. 태안 반도에서 유출된 원유가 전 세계의 대양에 희석되었다면 피해를 줄일 수 있는 것과 같이 O 형 혈액 속의 응집소는 AB 형인 사람의 체내에 수혈되면 희석되어서 응집 반응이 적게 나타나므로 수혈이 가능하다.
반대로 AB 형의 혈액을 O 형에게 수혈할 수는 없다. 유출된 원유가 태안 인근 지역에 한정되어 있어서 희석되지 못한 상태로 머물러 있었기 때문에 인근 지역에 심각한 피해를 일으켰듯이 AB 형의 응집원이 O 형인 사람의 체내로 들어올 때, O 형인 사람의 응집소가 희석되지 못한 상태, 즉 농도가 높은 상태로 응집 반응을 나타내기 때문에 응집 반응이 많이 일어나 수혈 받은 사람이 위험한 상황에 놓이게 된다. 또한 AB 형 혈액의 응집원 A, B 가 항원으로 작용하여 O 형인 사람의 몸에서 항체, 즉 응집소를 많이 만들어 내기 때문에 응집 반응이 더 많이 일어나게 된다.

해설
(1)

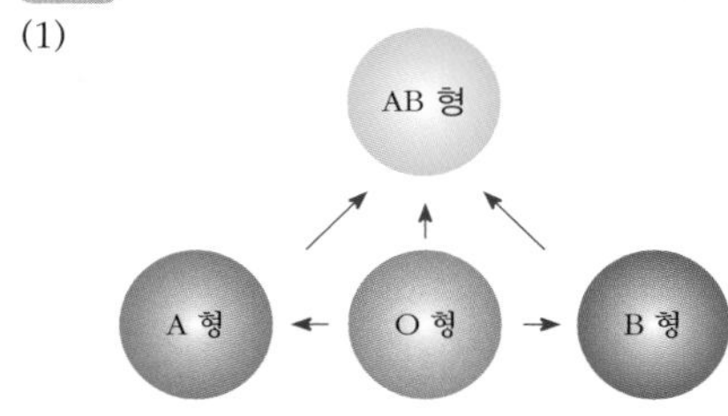

02
(1) 혈액을 황산구리 용액에 떨어뜨렸을 때 비중이 낮아 뜨게 되면 적혈구의 수가 상대적으로 적은 것이므로 산소의 운반이 제대로 이루어지지 않아 빈혈 증상이 나타나기 쉽기 때문이다.
(2) 혈관 A 는 정맥이므로, 보통 피부 가까이에 분포하며, 혈압이 낮기 때문에 혈액의 역류를 방지하기 위한 판막이 있다.

03
봄베이 O 형은 A, B 항원에 대한 유전자가 존재하면서도 H 항원이 형성되지 않아서 A, B 항원이 만들어지지 않았기 때문에 표현형 상으로 O 형과 같이 표현된다.
부모 중 한 명은 정상적인 O 형이고(유전자형 OO) 나머지 한 명이 유전자 A 와 B 를 모두 갖는 봄베이 O 형인 경우(유전자형 OAOB), 이들 사이에서 태어나는 자녀들은 유전자형 OOA 또는 OOB 를 가지게 된다. 정상적인 O 형인 부모에게서 정상적인 O 유전자가 자녀에게 전달되므로 H 항원은 정상적으로 만들어지게 되고, OA 봄베이 유전자를 전달받은 자녀의 경우, A 항원에 해당하는 물질이 만들어져 H 항원에 결합하게 되므로 이 경우 A 형의 혈액형으로 표현된다. 또한 OOB 유전자형을 갖게 된 자녀의 경우에도 정상적인 O 유전자가 있으므로 B 항원이 형성되어 혈액형이 B 형으로 표현된다.

04 (1) 임신 후기나 분만 시에 아기의 Rh 응집원이 모체로 전해지면 모체 내에 응집소(항체)가 형성되고 둘째 아기를 임신하였을 때 태반을 통해 항체가 전달되어 아기의 적혈구를 파괴하게 된다.

(2) 임신 30 주일 때와 첫 아기를 출산한 직후(72 시간 내)에 태아의 몸에서 들어온 Rh 응집원을 어머니의 면역계가 인식하여 항체를 생성하기 전에 이 응집원을 제거해주는 주사(Rh 면역 글로불린)를 맞는다.

(3) ABO 식 혈액형의 응집소는 크기가 커서 태반을 통과하지 못하나 Rh 응집소는 크기가 작아 태반을 통해 태아에게로 확산되기 때문이다.

해설 (2) Rh^- 형인 엄마가 Rh^+ 형인 아이를 임신했을 때 임신 후기나 분만 시에 아기의 Rh 응집원이 모체로 전해지면 모체 내에 응집소(항체)가 형성된다. 첫째 아이는 무사히 낳을 수 있더라도 둘째 아이를 임신하였을 때 모체 내에 생긴 항체는 크기가 작아 태반을 통해 항체가 전달되어 아기의 적혈구를 파괴하여 미숙한 적혈구만 남게 되는 적아 세포증으로 아이는 유산된다. 때문에 임신 30 주일 때와 출산 직후(72 시간 내)에 태아의 몸에서 들어온 Rh 응집원을 어머니의 면역계가 인식하여 항체를 생성하기 전에 이 응집원을 제거해주는 주사(Rh 면역 글로불린)를 맞으면 적아 세포증을 예방할 수 있다.

스스로 실력 높이기 280~285쪽

01. 응집원 02. 응집소 03. B형 표준 혈청
04. AB 05. O 06. D, δ 07. B, A 08. α, A
09. (1) O (2) X 10. 적아 세포증 11. ⑤ 12. ⑤
13. ② 14. ① 15. ① 16. ⑤ 17. ① 18. ①, ②, ④ 19. ⑤ 20. ⑤ 21. ② 22. ③ 23. ①
24. ① 25. ① 26. ③ 27. ②
28. ④ 29~30. 〈해설 참조〉

04. **답** AB
해설 항 A 혈청과 항 B 혈청 모두에서 응집 반응이 일어나는 혈액형은 응집원 A 와 응집원 B 를 모두 가지고 있는 AB 형이다.

05. **답** O
해설 O 형은 적혈구 표면에 응집원을 가지고 있지 않기 때문에 소량의 혈액을 모든 혈액형에게 수혈할 수 있다. 반면 AB 형은 혈액 속에 응집소를 가지고 있지 않기 때문에 모든 혈액형에게 소량 수혈 받을 수 있다.

06. **답** D, δ
해설 Rh 형 혈액형은 응집원 D 와 응집소 δ 를 갖는다. 그러나 응집소 δ 는 ABO 식 응집소와는 달리 처음에는 가지고 있지 않다가 응집원이 침입한 이후에 형성된다.

07. **답** B, A
해설 (가) 는 항 B 혈청에 응집하였기 때문에 응집원 B 를 가지고 있는 B 형이다. (나) 는 항 A 혈청에 응집하였기 때문에 응집원 A 를 가지고 있는 A 형이다.

08. **답** α, A
해설 (가) 혈장 속의 응집소 α 가 (나) 혈액 속의 응집원 A 와 항원 항체 응집 반응을 일으키기 때문에 (가) 는 (나) 에게 수혈해 줄 수 없다.

09. **답** (1) O (2) X
해설 (1) Rh^+ 형은 적혈구 표면에 응집원 D 를 가지고 있다.
(2) Rh 형 혈액형 역시 ABO 식 혈액형과 마찬가지로 응집원과 응집소가 존재하기 때문에 Rh^+ 와 Rh^- 사이의 수혈이 아래 그림과 같이 가능하다.

11. **답** ⑤
해설 A 형 표준 혈청에는 응집소 β 가 들어 있으며, B 형 표준 혈청에는 응집소 α 가 들어 있다. 제시된 환자의 경우 A 형 표준 혈청에서만 응집 반응을 보였기 때문에 응집소 α 를 가지고 있는 B 형인 것을 알 수 있다. 또한 항 Rh 혈청에서 응집 반응이 없기 때문에 환자는 Rh^- 이다.

12. **답** ⑤
해설 수혈을 할 때는 혈액을 주는 사람의 응집원이 혈액을 받는 사람의 응집소와 응집 반응이 일어나서는 안 된다. O 형에는 응집원 A, B 두 종류가 모두 없기 때문에 어떠한 혈액형의 사람에게 주어도 응집 반응이 일어나지 않는다. 하지만 O 형 혈장에 응집소 α 와 β 가 있어 다른 혈액형의 응집원과 응집 반응을 일으킬 수 있으므로 소량의 수혈만 가능하다.

13. **답** ②
해설 항 A 혈청에 응집한 학생은 응집원 A 를 가지고 있는 A 형 또는 AB 형이며, 항 B 혈청에 응집한 학생은 응집원 B 를 가지고 있는 B 형 또는 AB 형이다.
따라서 A 형 + AB 형 = 25 명, B 형 + AB 형 = 22 명, AB 형 + O 형 = 21 명이 된다.
위 3 가지 경우를 모두 합산하면 A 형 + B 형 + O 형 + 3 AB 형 = 68 명이 된다. 처음 조사 대상이 50 명이기 때문에 68 명에서 50 명을 뺀 18 명이 2(AB 형)임을 알 수 있다.
따라서 AB 형은 9 명, O 형은 12 명, A 형은 16 명, B 형은 13 명이 된다.

14. **답** ①
해설 이 여성은 Rh^-, B 형이다.
㉠ 에는 응집소 α 가 들어 있으며 응집소 δ 의 여부는 알 수 없다.
㉡ 에는 응집원 B 가 포함되어 있다.
ㄱ. ㉠ 에는 응집소 α 가 들어 있다.
ㄴ. Rh^+, A 형에게는 ABO 식 혈액형이 달라 수혈해 줄 수 없다.
ㄷ. 이 여성이 Rh^+ 형 아이를 출산한다면 모체에 Rh 응집원이 아닌 Rh 응집소가 생성된다.

15. **답** ①
해설

구분	항 A 혈청	항 B 혈청	항 Rh 혈청
응집소 종류	응집소 α	응집소 β	응집소 δ

Rh^+, A 형을 가진 사람은 응집원 A 와 Rh 응집원을 가지고 있다. 따라서 응집소 α 를 포함한 항 A 혈청을 섞으면 응집 반응이 나타나야 한다. 또한 Rh^+ 응집원을 가지고 있으므로 Rh 응집소를 가지고 있는 항 Rh 혈청과 혈액을 섞었을 때 응집 반응이 일어나야 한다.

16. 답 ⑤
해설 ㄱ. 응집원 B 를 가지고 있는 (가) 는 B 형이다.
ㄴ. 응집소는 혈장에 응집원은 적혈구 표면에 존재한다.
ㄷ. (나) 의 혈액과 (다) 의 혈액을 섞으면 (나) 의 응집원과 (다) 의 응집소에 의해 항원 항체 응집 반응이 일어난다.

17. 답 ①
해설

구분	민호	유정	유현
혈장	(ㄱ), (ㄴ)	-	(ㄱ)
혈구	(라)	(다)	(나)

[그림 2] 는 응집원과 응집소 모식도이다. 응집원 A 의 모양을 보면 이 응집원 A 와 결합할 수 있는 (ㄱ) 은 응집소 α 가 된다. (나) 는 응집원 B 이고 (ㄴ)은 이 응집원과 결합이 가능한 응집소 β 가 된다.
예를 들어 혈액형이 B 형인 경우 적혈구 표면에는 응집원 B 가 있다. 혈장 속에 응집소 β 가 들어 있으면 항원 항체 반응에 의해 혈액이 응집되므로 응집소 α 가 들어 있다. 따라서 O 형인 민호는 응집원이 없는 적혈구 (라) 가 되고, 혈장에는 응집소 α 와 응집소 β 를 가지고 있다. AB 형인 유정이는 적혈구 표면에 응집원 A 와 응집원 B 를 가지고 있고, 혈장에는 응집소가 없다. B 형인 유현이는 응집원 B 와 응집소 α 를 가지고 있다.

18. 답 ①, ②, ④
해설 ① 민호는 O 형이므로 응집원 A 와 B 가 모두 없다. 그리고 유정이는 AB 형이므로 응집소 α 와 β 가 없다. 따라서 민호의 혈액을 유정이에게 수혈했을 때 응집 반응이 일어나지 않으므로 수혈할 수 있다. 하지만 O 형 혈장에는 응집소 α, β 가 모두 있기 때문에 AB 형의 혈구에 있는 응집원 A, B 와 응집 반응이 일어날 수 있으므로 소량의 수혈만이 가능하다.
② B 형인 유현이의 혈구에 있는 응집원 B 와 응집 반응을 일으키지 않아야 하므로 응집소 (ㄱ) 이 들어 있다.
③ 민호는 O 형이므로 적혈구 표면에 응집원을 가지고 있지 않다.
④ AB 형인 유정이는 응집원 A 와 B 를 모두 가지고 있어 B 형인 유현이에게 수혈을 하면 B 형의 응집소 α 와 응집 반응이 일어나기 때문에 수혈할 수 없다. 하지만 반대로 응집원 B 가 들어 있는 유현이의 혈액을 응집소가 없는 유정이에게 수혈할 경우 응집 반응이 일어나지 않기 때문에 수혈이 가능하다.
⑤ 혈청이란 혈장에서 혈장 단백질인 파이브리노젠이 제거된 것을 말한다. 따라서 O 형 민호의 혈청에는 응집소 α 와 β 가 모두 들어 있다. 이 혈액을 B 형인 유현이의 혈액과 섞으면 혈구에 있는 응집원 B 와 민호의 응집소 β 가 응집 반응을 일으키게 된다.

19. 답 ⑤
해설 ① 토끼에서 채취한 혈액에는 Rh 응집원이 아닌 응집소가 들어 있다.
② Rh^- 인 사람의 적혈구에는 Rh 응집원이 존재하지 않는다.
③ 토끼의 혈청에 응집 반응이 일어나지 않는 사람은 Rh 응집원이 없는 사람으로 Rh^- 이다.
④ 토끼의 혈액에는 Rh 응집원이 없기 때문에 붉은털원숭이의 Rh 응집원은 토끼에게 항원으로 작용한다.
⑤ 토끼에게 붉은털원숭이의 혈액을 주사하면 토끼의 혈액 속에 붉은털원숭이의 Rh 응집원에 대한 응집소가 생성된다. 이 응집소가 포함된 혈청을 이용하여 Rh 혈액형을 판정하는데 이 혈청에 응집 반응을 보이는 혈액형의 경우 혈액 속에 Rh 응집원을 포함하고 있으므로 Rh^+ 가 되며 붉은털원숭이와 동일한 응집원을 가지고 있음을 알 수 있다.

20. 답 ⑤
해설 Rh^- 인 어머니에게서 Rh^+ 형인 태아가 생길 경우, 모체 내에 Rh 응집소가 형성되어 두 번째 태아의 적혈구와 응집 반응이 일어나 적아 세포증이 유발된다. 따라서 혈액 응고 반응이 아닌 항원 항체 응집 반응이다.

21. 답 ②
해설 ㄱ. (나) 에서 항 A 혈청에는 응집 반응이 일어나지 않고, 항 B 혈청에만 응집 반응이 일어났으므로 P 는 B 형임을 알 수 있다. P 가 B 형이므로 다른 응집원을 가진 Q 는 A 형, 응집원 A 와 B 를 모두 가지고 있는 R 은 AB 형, 응집원이 없는 S 는 O 형이다.
ㄴ. Q 는 A 형이므로 응집원 A 와 응집소 β 를 갖는다. S 는 O 형이므로 응집원은 없으며 응집소 α 와 β 를 모두 갖는다. Q 의 응집원 A 는 S 의 응집소 α 와 만나 응집 반응이 일어난다.
ㄷ. R 은 AB 형으로 응집소가 없으나 응집원 A 와 B 를 모두 가지고 있어 다른 사람에게 수혈이 불가능하다.

22. 답 ③
해설 ㄱ. 유정이는 A 형이다.
ㄴ. 유정이는 A 형이므로 응집소 α 가 아닌 응집소 β 를 가지고 있다. 환이의 혈장과 유정이의 혈구는 응집 반응이 일어나지 않았으므로 환이는 응집소 β 를 가지고 있다. 따라서 유정이와 환의는 모두 응집소 β 를 가지고 있다.
ㄷ. 유정이의 혈장과 환이의 혈구를 섞었을 때 응집원 B 와 응집소 β 가 응집하였다.

23. 답 ①
해설 ① ABO 식 혈액형의 응집원으로는 응집원 A 와 응집원 B 두 종류가 있다.
② 혈액형은 A 형, B 형, O 형, AB 형 네 종류가 있다.
③ 적혈구 막 표면에 있는 응집원에 따라 혈액형의 종류가 나누어진다. 응집원 A 만 있으며 A 형, 응집원 B 만 있으면 B 형, 응집원 A 와 B 가 둘다 있으면 AB 형, 응집원 A 와 B 가 둘 다 없으면 O 형이라고 한다.
④ 동일한 혈액형끼리는 다량 수혈이 가능하지만, AB 형 또는 O 형과 같이 예외의 경우에서는 소량 수혈만 가능하다.
⑤ 응집원은 항원으로 작용하여 혈장에 있는 응집소와 응집 반응을 일으킨다.

24. 답 ①
해설 유현이는 응집원이 없는 O 형, 태우는 응집원 A 와 B 를 모두 가진 AB 형이다.
㉠ 에는 응집소 α, β 가 모두 포함되어 있다.
㉡ 에는 응집소가 포함되어 있지 않다.
㉢ 에는 응집원이 포함되어 있지 않다.
㉣ 에는 응집원 A 와 B 가 모두 포함되어 있다.
ㄱ. ㉠ 과 ㉣ 을 섞으면 응집소 α, β 와 응집원 A, B 가 응집 반응을 일으킨다.
ㄴ. ㉡ 에는 응집소 α 가 존재하지 않는다.
ㄷ. ㉡ 에는 응집소가 없다.

25. 답 ①
해설 ㄱ. 민호는 항 A 혈청에서 응집 반응을 보였기 때문에 혈액 속에 응집원 A 를 가지고 있는 A 형이다.
ㄴ. 아버지는 O 형이며 여동생은 B 형이다. 따라서 아버지는 여동생에게 수혈해 줄 수 있지만 여동생은 아버지에게 수혈할 수 없다.
ㄷ. 어머니는 AB 형으로 혈액 속에 응집소를 가지고 있지 않다.

26. 답 ③
해설 환이의 혈액은 항 A 혈청과 항 B 혈청에서 모두 응집 반응을 보이지 않았으므로 O 형이다.
[결과 2] 에서 응집소 ㉡ 을 가진 학생에서 응집원 ㉠ 과 응집소 ㉡ 을 모두 가진 학생을 빼면 응집소 α 와 β 를 모두 가지고 있는 O 형의 수를 알 수 있다. 따라서 111 명 − 57 명 = 54 명이므로 O 형은 54 명이 된다.

27. 답 ②
해설 어머니의 혈액형은 Rh^+, B 형, 첫째 혈액형은 Rh^-, B 형, 둘째의 혈액형은 Rh^+, AB 형이다.
ㄱ. 첫째는 항 B 혈청에 응집 반응이 나타났기 때문에 응집소 α 를 가지고 있는 B 형이다.
ㄴ. 둘째는 어머니에게 없는 응집원 A 를 가지고 있기 때문에 아버지가 응집원 A 를 가지고 있는 AO 또는 AB 형이 된다.
ㄷ. Rh 응집소는 Rh^- 형의 체내에 Rh 응집원이 들어올 경우 형성된다.

28. 답 ④
해설 응집원 ㉠ 을 가진 학생에서 응집원 ㉠ 과 응집소 ㉡ 을 모두 가진 학생을 빼면, 응집원 A 와 B 를 모두 가지고 있는 AB 형을 구할 수 있다. 따라서 38 명 − 27 명 = 11 명이므로 AB 형은 11 명이 된다. 응집소 ㉡ 을 가진 학생에서 응집원 ㉠ 과 응집소 ㉡ 을 모두 가진 학생을 빼면 응집소 α 와 β 를 모두 가지고 있는 O 형의 수를 알 수 있다. 따라서 55 명 − 27 명 = 28 명이므로 O 형은 28 명이 된다. 응집원 ㉠ 과 응집소 ㉡ 을 가진 학생이 A 형 또는 B 형이 되기 때문에 A 형과 B 형은 27 명 또는 {100 명 − (27 명 + 11 명 + 28 명)} = 34 명 중 하나가 된다.
ㄱ. O 형은 28 명으로, 두 번째로 많다.
ㄴ. AB 형은 11 명이다.
ㄷ. 응집원 B 를 가진 학생 수는 B 형과 AB 형의 합이다. 이는 A 형 또는 B 형의 수인 27 명과 34 명 중에 AB 형 11 명을 더한 수이고 두 경우 모두 50 을 넘지 않기 때문에 응집원 B 를 갖지 않는 학생 수가 더 많은 것을 알 수 있다.

29. 해설
(1)

구분	응집원	응집소	혈액형
(가)	응집원 A	응집소 β	A형
(나)	응집원 없음	응집소 α, β	O형

(가) 와 (나) 의 혈액을 원심 분리하여 위의 상층액을 사용하였기 때문에 응집 반응에 관여된 것은 항체(응집소)이다. (가) 의 혈액의 경우 A 형의 혈액에서는 응집 반응을 보이지 않았지만 B 형의 혈액에서는 응집 반응을 보였기 때문에 응집소 β 를 가지고 있는 A 형임을 알 수 있다. (나) 의 혈액의 경우 A 형 혈액과 B 형 혈액에서 모두 응집 반응을 보였기 때문에 응집소 α, β 를 모두 가지고 있는 O 형인 것을 알 수 있다.
(2) ① A 형, AB 형 ② A 형, B 형, AB 형, O 형

30. 답 Rh 혈액형의 수혈의 경우 항체 즉, 응집소 δ 가 생성되기 전이라면 한 번은 수혈이 가능하다. 하지만 한 번 응집소가 생성된 경우, 수혈을 해주는 경우 수혈된 혈액이 응집 반응을 일으켜 환자가 죽게 된다. 그러므로 Rh^- 환자의 경우에는 수혈 전 반드시 체내에 Rh 응집소의 존재 유무를 먼저 확인하여야 한다. 특히 ABO 식 혈액형의 응집소는 선천적으로 가지기 때문에 혈액형이 다른 경우 다량의 수혈은 위험하지만 문제에서 모두 B 형으로 같다고 했으므로 첫 번째 수혈은 아무런 문제가 없고 두 번째 수혈의 경우 Rh 혈액형이 다르므로 환자의 체내에 생성된 응집소로 인해 문제가 발생할 수 있다.

27강. Project 3

논/구술 286~291쪽

Q1 신장은 우리 몸에 두 개가 있기 때문에 다른 장기에 비해 제공자를 얻기 쉽다. 또한, 내장 뒤에 위치해 있기 때문에 비교적 쉽게 떼어낼 수 있다. 그리고 상대적으로 긴 동맥과 정맥, 요로를 이어주면 되기 때문에 다른 장기에 비해 수술이 쉽다.

Q2 [예시답안] 3D 프린트 기술이 요즘 각광받고 있다. 이 기술은 주로 현재는 플라스틱이나 금속 같은 단단한 소재를 대상으로 하고 있다. 하지만 점차 다양한 소재를 대상으로 하는 기술로 발전 중에 있다. 그 대상으로 살아 있는 세포가 될 수 있다.
현실적으로 세포 하나하나를 벽돌처럼 쌓는 일은 어렵기 때문에 대안으로 제시되는 방법은 세포를 포함한 젤리 같은 성분을 적층 방식으로 쌓는 것이다. 그렇게 해서 일단 원하는 모양을 만든 다음 세포를 증식, 분화시켜 3 차원적인 조직을 만드는 것이다.
카네기 멜론 대학의 아담 파인버그 교수연구팀은 3D 프린터에 적합한 젤리 형태의 소재를 개발했다. 이들이 개발한 FRESH (Freeform Reversible Embedding of Suspended Hydrogels)은 세포를 지지할 수 있는 일종의 젤리 같은 하이드로젤을 출력하는 것으로 인체의 온도에서 녹는 젤리를 사용해서 높은 온도에서 세포가 죽는 일을 방지한다.
이 바이오 3D 프린터는 동시에 높은 해상도로 혈관 같이 원하는 물체를 출력할 수 있다고 한다. 현재는 심장 세포를 포함하지 않았지만, 앞으로 연구는 살아있는 심장 세포를 배양해서 수축하는 근육을 만드는 연구를 진행할 예정이라고 한다.

Q3 알레르기란 면역 체계가 꽃가루나 땅콩 같은 물질들을 외부의 것으로 정확하게 인식을 하나, 마치 그것이 해로운 것처럼 인식하여 그것에 대항하는 잘못된 반응을 일으키는 현상이다. 세균이나 바이러스 같은 것을 몸 안에서 공격해야 하는 면역 체계[1)]가 몸에 그다지 해롭지 않은 물질들에 대해서 지나치게 반응함으로써 염증을 일으키는 과민 반응이다. 일반적으로 집 먼지 진드기, 꽃가루, 음식물, 애완동물의 털이나 비듬, 땅콩, 화학 물질 등이 알레르기 반응을 일으키는 것으로 알려져 있다. 이러한 알레르기를 유발하는 물질을 '알레르겐[2)]'이라고 한다.

해설 1) 면역 체계 : 감염을 막기 위해 유기체의 내부에서 병원체와 종양 세포를 찾아내 제거하는 과정을 말한다. 면역 체계는 바이러스와 기생충을 비롯한 다양한 종류의 병원체를 감지하여 이를 유기체의 정상 세포 및 조직으로부터 구분해 낸다. 병원체는 진화를 통해 유기체 내부에 적응하며, 숙

주를 감염시키기 위한 새로운 방법을 끊임없이 찾아내기 때문에 이들을 완벽하게 감지해내는 것은 어려운 일이다.

2) 알레르겐 : 정상인 사람은 꽃가루를 흡입해도 아무런 이상이 일어나지 않지만, 꽃가루병 환자는 특정한 꽃가루를 흡입하면 심한 호흡곤란 발작을 일으킨다. 이것은 그 환자가 이전에 접한 꽃가루에 의하여 항체가 생성되어 있기 때문에 꽃가루의 재침입으로 항원 항체 반응을 일으키기 때문이다. 그러나 임상적으로 알레르겐의 존재가 증명되지 않은 알레르기성 질환도 있다. 침입 경로에 따라 흡입성·접촉성·식품성·약제성·기생성·곤충 등의 종류로 분류된다. 흡입성 알레르겐에는 실내의 먼지, 꽃가루, 공중에 부유하는 진균류(곰팡이 등), 동물의 털이나 피부의 부스러기, 의복의 부스러기 등이 있다.

Q4 알레르기 질환이 증가하는 이유

첫째, 위생 상태가 나빠서가 아니라 오히려 이전보다 개선되었기 때문이다. 인체는 체내로 침투하는 세균과 싸우기 위해 면역 체계를 만드는데 현대에는 위생 상태가 좋아져 세균 감염이 줄고, 특별히 할 일이 없어진 면역 체계가 병원체도 아닌 알레르겐과 엉뚱하게 맞서 싸우기 때문이다.

둘째, 주거 환경의 변화 때문이다. 자연 친화적인 주거 공간에 '인공 소재' 들이 침투하면서 알레르기 질환이 시작된 것이다. 최근 알레르기 환자의 증가도 아파트의 증가와 밀접한 관계가 있다. 겨울에 속옷만 입고 지낼 정도로 난방 온도가 높아, 사람만 살기 좋아진 게 아니라 집 먼지와 진드기 등 알레르겐이 서식하기에도 환경이 좋아졌기 때문이다.

셋째, 새로운 알레르기 유발 물질, 즉 알레르겐의 등장이다. 주위를 둘러보면 천장은 석고보드, 벽은 페인트 그리고 책상, 의자, 컴퓨터, 냉장고 등 모든 가구에 플라스틱 소재가 사용된다. 우리가 먹는 음식에도 방부제, 산화 방지제, 인공 감미료, 식용 색소 등 각종 식품 첨가물이 들어 있다.

수천 년, 수만 년간 자연에 익숙해져 있던 사람이 갑자기 등장한 '인공 소재' 들을 적군으로 알고 공격하는 것이 바로 알레르기 반응이다. 그래서 흔히 '거지에게는 알레르기나 아토피성 피부염이 없다' 는 말을 하는 것이 이 때문이라 할 수 있다.

Q5 〈예시답안〉 피부에 단백질 패치를 붙여 내성을 높일 수 있게 된다면 내성을 가진 환자들은 우연히 땅콩을 먹게 되었을 때 일어날 수 있는 반응을 두려워할 필요가 없게 될 것이다. 이러한 노출 치료법이 생명을 위협하는 알레르기 예방에 있어 전체적인 경향을 바꿀 수 있을 것이다.

Ⅱ 생태계의 구성과 기능

28강. 생물과 환경

개념 확인 294~297쪽

1. (1) O (2) X (3) X
2. (1) 광주기성 (2) 광포화점 (3) 굴광성
3. (1) 저수조직, 증발 (2) 암모니아
4. (1) X (2) O (3) O

1. **답** (1) O (2) X (3) X

해설 (1) 생태계는 생산자, 소비자, 분해자의 생물적 요소와 비생물적 요소인 무기 환경으로 구성된다.

(2) 2 차 소비자가 1 차 소비자를 잡아먹는 생물이다.

(3) 생산자는 빛에너지를 이용하여 무기물을 유기물로 합성하는 작용을 한다.

4. **답** (1) X (2) O (3) O

해설 (1) 토양의 산성도에 따라 식물의 성장에 영향을 미친다.

확인+ 294~297쪽

1. ④ 2. 홍조류 3. 계절형 4. 생활형

1. **답** ④

해설 ④ 곰팡이는 분해자 중의 하나로 생물적 요소이다.

개념 다지기 298~299쪽

01. ② 02. (1) ㄱ, ㅂ (2) ㄴ (3) ㅁ (4) ㄹ
03. ② 04. (1) X (2) O 05. 옥신
06. (1) O (2) X 07. ⑤ 08. ③

01. **답** ②

해설 ② 분해자가 분해한 무기물은 무기 환경으로 환원되어 다시 생산자가 사용함으로써 순환한다.

02. **답** (1) ㄱ, ㅂ (2) ㄴ (3) ㅁ (4) ㄹ

해설 (1) 생산자는 무기물에서 유기물을 합성할 수 있는 생물로 식물이 이에 해당한다.

(2) 1 차 소비자는 생산자를 먹이로 섭취해 유기물을 얻는 생물로 초식동물 등이 이에 해당한다.

(3) 2 차 소비자는 1 차 소비자를 먹이로 섭취하므로 육식동물이 이에 해당한다.

(4) 분해자는 생물의 사체나 배설물 속의 유기물을 무기물로 분해하므로 세균, 곰팡이, 버섯 등이 이에 해당한다.

03. **답** ②

해설 (가) 는 생물이 비생물적 요인에 영향을 주므로 반작용이고, (나) 는 생물들 간에 서로 영향을 주고받는 것이므로 상호 작용이다. (다) 는 비생물적 요인이 생물에 영향을 미치는 것이므로 작용이다.
② 의 버섯은 분해자에 속한다.

04. 답 (1) X (2) O
해설 (1) 광합성량이 최대가 되는 최소한의 빛의 세기인 광포화점을 넘긴 후에는 최대 광합성량으로 일정하게 유지된다.

05. 답 옥신
해설 식물의 길이 생장을 촉진하며 빛이 비치는 방향으로 굽어 자라는 굴광성을 이루게 하는 식물 호르몬은 옥신이며, 줄기 끝과 뿌리 끝에서 만들어진다.

06. 답 (1) O (2) X
해설 (1) 계절에 따라 몸의 크기, 형태, 색이 달라지는 것을 계절형이라 한다.
(2) 추운 지방에 사는 동물일수록 체온을 유지하기 위해 몸집이 커지고 신체 말단 부위가 작아지는 경향이 있다.

07. 답 ⑤
해설 ⑤ 산소가 부족한 고산 지대에 사는 사람은 낮은 산소 분압의 공기에서 산소를 효과적으로 이용할 수 있도록 적응하여 평지에 사는 사람보다 적혈구 수가 많다.

08. 답 ③
해설 보기는 온도에 영향을 받는 생물의 적응 현상이다.
① 건생 식물은 물이 부족한 환경에서 저수 조직과 뿌리가 발달했다.(물과 생물의 관계)
② 바다의 깊이에 따라 닿는 빛의 파장이 달라지기 때문에 해조류의 서식 범위가 달라지는 것이다.(빛과 생물의 관계)
④ 밤에 수면 가까이 떠오르고 낮에는 깊은 곳으로 내려가는 동물성 플랑크톤은 일조 시간에 따라 생물의 행동이 변하는 광주기성을 나타낸다.(빛과 생물의 관계)
⑤ 식물이 빛이 비추는 방향으로 굽어 자라는 것은 빛의 영향을 받는 굴광성이다.(빛과 생물의 관계)

유형 익히기 & 하브루타 300~303쪽

[유형28-1] (1) O (2) X
01. ⑤ 02. (1) 생산자 (2) 반작용 (3) 두껍다
[유형28-2] (1) O (2) X
03. ㄴ 04. (1) 보상점 (2) 광포화점
[유형28-3] ①
05. (1) ㄴ (2) ㅂ 06. (1) X (2) O
[유형28-4] (1) O (2) O
07. ⑤ 08. (1) O (2) X (3) O

[유형28-1] 답 (1) O (2) X
해설 (1) (가) 는 생물이 무기 환경에 영향을 주는 것이므로 반작용이고, (나) 는 무기 환경이 생물에 영향을 주는 것이므로 작용이다. (다) 는 생물들끼리 서로 영향을 주고받는 것이므로 상호작용이다.
(2) 빛 에너지를 이용하여 무기물로부터 유기물을 합성하는 생물은 생산자이다.

01. 답 ⑤
해설 ⑤ 가을에 낮의 길이가 짧아지는 것은 일조 시간이 줄어드는 환경의 변화이고 이것이 국화꽃이 개화하도록 영향을 주는 것이므로 작용이다.

02. 답 (1) 생산자 (2) 반작용 (3) 두껍다
해설 (1) 이끼는 빛 에너지를 이용하여 무기물로부터 유기물을 합성하므로 생산자이다.
(2) 생물인 나무가 우거지는 것이 숲이라는 환경에 영향을 주는 것이므로 반작용이다.
(3) 밝은 곳은 일조량이 많아 광합성을 더 많이 할 수 있으므로 밝은 곳에 있는 식물은 어두운 곳에 있는 식물보다 잎이 두껍다.

[유형28-2] 답 (1) O (2) X
해설 (1) 10×10^3 lx 이하의 약한 빛에서 B 식물의 광합성량이 A 식물의 광합성량보다 많으므로 B 식물이 A 식물보다 잘 자란다.
(2) 빛의 세기가 계속해서 커져도 식물의 광합성량은 일정량 이상으로 올라가지 않는다.

03. 답 ㄴ
해설 ㄱ. 호흡량은 식물이 살아가기 위한 에너지를 소모하는 것으로 빛의 세기의 영향을 받지 않는다.
ㄴ. 낮에는 광합성과 호흡이 함께 일어나므로 총광합성량은 순광합성량과 호흡량을 합해야 한다.
ㄷ. 보상점 이하의 빛에서는 광합성량이 호흡량보다 적을 뿐 광합성은 일어난다.

[유형28-3] 답 ①
해설 보기의 현상들은 생물이 물에 대해 적응한 결과이다.
② 빛의 세기에 영향을 받아 적응한 결과이다.
③ 산소 농도(공기)에 영향을 받아 적응한 결과이다.
④ 빛의 일조 시간에 영향을 받아 적응한 결과이다.
⑤ 온도에 영향을 받아 적응한 결과이다.

05. 답 (1) ㄴ (2) ㅂ
해설 (1) 파장이 짧아 깊은 곳까지 투과할 수 있는 청색광을 광합성에 이용하는 홍조류는 파장이 길어 깊은 곳에 투과하기 힘든 적색광을 광합성에 이용하는 녹조류보다 깊은 곳에 서식할 수 있으므로 빛의 파장에 의한 적응이다.
(2) 물 위에 사는 수련은 수분이 많아 뿌리가 거의 발달해 있지 않고 통기 조직이 발달해 있으므로 물에 의한 적응이다.

06. 답 (1) X (2) O
해설 (1) 음지 식물은 양지 식물보다 보상점과 광포화점이 낮아 약한 빛에서도 잘 자란다.

[유형28-4] 답 (1) O (2) O
해설 (1) 기온이 높고 강수량이 많은 열대 지방은 겨울에도 따뜻하므로 겨울눈을 땅속으로 숨길 필요가 없다. 따라서 겨울눈이 30 cm 이상의 지상에 존재하는 지상 식물이 많다.
(2) 생활형은 비슷한 환경에서 비슷한 모습이나 생활 양식을 가지는 것이다. 따라서 겨울눈이 얼지 않도록 지표면이나 땅속에 겨울눈을 보호하는 식물이 많은 곳일수록 추운 지역일 가능성이 높다.

07. 답 ⑤
해설 라운키에르가 겨울눈의 위치에 따라 구분한 식물의 생활형은 지상 식물, 지표 식물, 반지중 식물, 지중 식물, 1 년생 식물, 수생 식물로 다년생 식물은 포함되지 않는다.

08. 답 (1) O (2) X (3) O

해설 (2) 개구리, 악어, 하마는 종이 전혀 다르지만 육상과 수중을 오가는 비슷한 환경에서 살기 때문에 비슷한 형태로 적응한 생활형이다.

창의력 & 토론마당 304~307쪽

01

(1) 귀리의 자엽초는 빛이 비추는 방향을 향해 굽어지는 굴광성이 있는데, 줄기 끝부분을 자르거나 은박지로 빛이 비추어지지 않게 가리자 굽어 자라지 않았다. 따라서 식물이 굽어자라게 만드는 옥신이 줄기 끝에서 빛을 받았을 때 생성된다는 것을 알 수 있다.

(2) 한천은 액체를 통과시킬 수 있고 운모는 통과시킬 수 없다. (나) 실험에서 한천을 끼워넣은 자엽초는 굽어자랐지만, 운모를 전체적으로 끼워넣었거나 빛이 비추는 반대쪽에 끼워넣은 자엽초는 굽어자라지 않았고, 빛이 비추는 쪽에 끼워넣은 자엽초는 굽어자랐다. 따라서 식물을 자라게 하는 옥신은 빛이 비치는 반대 방향으로 이동한다는 것을 알 수 있다.

02

(1) 사철나무는 겨울이 다가오면 녹말을 포도당으로 분해하는데 녹말은 삼투압에 영향을 미치지 않지만, 녹말이 포도당으로 전환되면 물에 녹아 세포액의 농도가 높아져 삼투압이 높아진다.

(2) 포도당의 농도가 높아짐으로써 세포액의 삼투압이 높아지면 세포액의 어는점이 낮아져서 추운 겨울에도 줄기와 뿌리가 얼지 않고 보호될 수 있다.

03

(1) ㄴ, ㄷ

(2) (가), (라)

왼쪽의 여우는 몸집이 작고, 귀를 비롯한 말단 부위가 큰데 이것은 베르그만과 알렌의 법칙에 따라 더운 지방에 사는 정온 동물의 특징이므로 (가) 지역에 살 가능성이 가장 높다.

오른쪽의 여우는 반대로 몸집이 크고 귀를 비롯한 말단 부위가 작은데 이것은 추운 지방에 사는 정온 동물의 특징이므로 (라) 지역에 살 가능성이 가장 높다.

해설 (1) (가) 는 기온이 높고 낮음이 뚜렷하고 강수량이 극도로 적으므로 사막 지대이고, (나) 는 연평균 기온이 30 ℃ 내외를 고르게 오가고 강수량도 많으므로 열대 지방이다. (다) 는 비교적 고르게 퍼져있지만 15 ℃ 를 넘지 않는 연평균 온도와 많지 않은 강수량을 가지고 있으므로 북방 침엽수림 지대이고, (라) 는 영하에 가까운 낮은 기온과 낮은 강수량을 가지고 있으므로 한대 지역에 가깝다는 것을 알 수 있다.
따라서 ㄱ. (라) 는 온도가 낮고 수분이 부족해 농업에 적합하지 않다.

04

(1) 한계 암기 이상의 어둠을 처리했으나 중간에 섬광을 처리한 세 번째 실험에서 개화가 일어나지 않는 것을 보았을 때 한계 암기 이상의 시간 동안 암기가 지속되어야 한다.

(2) 한계 암기 이상의 어둠을 처리했으나 중간에 섬광을 처리한 세 번째 실험에서 개화가 일어나는 것을 보았을 때 한계 암기 이하의 시간 동안만 암기가 지속되면 된다.

(3) 단일 식물과 장일 식물 모두 암기가 지속되는 시간에 의해 개화가 조절된다.

스스로 실력 높이기 308~313쪽

01. 생태계 02. 내성 범위 03. 광주기성
04. 장일 식물 05. 계절형 06. 굴광성 07. ③
08. (가), (나) 09. (1) O (2) X 10. 생활형
11. (1) ㄷ (2) ㅂ (3) ㄴ 12. ④ 13. ③ 14. ②
15. ③ 16. ② 17. ②, ④ 18. ③ 19. ①
20. ⑤ 21. ④ 22. ⑤ 23. ③ 24. ④
25. 크다, 크다 26. ⑤ 27. ④ 28. ④
29. ①, ②, ⑤ 30. 〈해설 참조〉

01. 답 생태계
해설 어느 지역에서 생물과 이를 둘러싸고 있는 환경이 밀접한 관계를 맺으며 하나의 계를 이루는 것은 생태계이다.

02. 답 내성 범위
해설 특정한 환경 요인에 대하여 생존 가능한 범위는 내성 범위이다.

03. 답 광주기성
해설 계절 변화에 따른 일조 시간의 변화나 낮, 밤의 변화에 의해 생물의 행동이 달라지는 현상은 광주기성이다.

04. 답 장일 식물
해설 낮이 길어지고 밤이 짧아질 때 꽃을 피우는 식물은 장일 식물이다.

05. 답 계절형
해설 계절에 따라 몸의 크기, 형태, 색이 달라지는 현상은 계절형이다.

06. 답 굴광성
해설 식물이 빛 쪽을 향해 굽어 자라는 현상은 굴광성이다. 굴광성은 줄기 끝과 뿌리 끝에서 만들어지는 식물 성장 호르몬의 일종인 옥신에 의해 일어난다.

07. 답 ③
해설 (가) 는 생물이 비생물적 요인에 영향을 주는 것이므로 반작용이다.
(나) 는 생물들 간에 서로 영향을 주고받는 것이므로 상호 작용이다.

08. 답 (1) (가) (2) (나)
해설 (1) 식물의 낙엽이 쌓여 토양이 비옥해지는 것은 생물이 비생물적 요인인 토양에 영향을 주는 것이므로 반작용인 (가) 이다.
(2) 토끼풀의 개체수가 증가하면 토끼의 개체수도 증가하는 것은 생물이 생물에게 영향을 끼치는 것이므로 상호 작용인 (나) 이다.

09. 답 (1) O (2) X
해설 (1) 양지 식물은 음지 식물보다 보상점과 광포화점이 높으므로 강한 빛에서 더 많은 광합성을 할 수 있다.
(2) 수생 식물은 물속이나 물 위에 서식하므로 뿌리가 잘 발달해 있지 않고, 통기 조직이 발달되어 있다.

10. 답 생활형
해설 비슷한 환경에서 사는 서로 다른 종류의 생물이 모습이나 생활 양식 등에서 나타내는 공통적인 특징은 생활형이다.

11. 답 (1) ㄷ (2) ㅂ (3) ㄴ
해설 생산자는 빛 에너지를 이용하여 무기물로부터 유기물을 합성하는 생물이므로 식물인 벼이고, 소비자는 다른 생물을 잡아먹음으로써 유기물을 섭취하여 살아가는 생물이므로 동물인 호랑이이다. 분해자는 생물의 사체나 배설물에 포함된 유기물을 무기물로 분해하여 살아가는 생물이므로 곰팡이이다. 이외의 보기들은 모두 비생물적 요소인 무기 환경에 속한다.

12. 답 ④
해설 빛 에너지를 이용하여 무기물로부터 유기물을 합성하는 생산자는 풀이고, 풀을 섭취하여 살아가는 메뚜기는 1 차 소비자이다. 따라서 1 차 소비자인 메뚜기를 섭취하여 살아가는 개구리는 2 차 소비자에 해당한다.

13. 답 ③
해설 ③ 기온이 낮아지면 식물 세포는 삼투압을 높게 유지함으로써 어는점을 낮춰 줄기와 뿌리가 쉽게 얼지 않도록 보호한다.

14. 답 ②
해설 수심에 따라 해조류의 분포에 차이가 나는 것은 빛의 파장에 따른 수심의 투과량과 관련이 있다. 파장이 짧은 청색광은 수심이 깊은 곳까지 투과할 수 있으므로 청색광을 이용하여 광합성을 하는 홍조류는 깊은 수심까지 분포할 수 있고, 파장이 긴 적색광은 수심이 얕은 곳까지만 투과할 수 있으므로 적색광을 이용하여 광합성을 하는 녹조류는 얕은 수심까지만 분포할 수 있다. 따라서 해조류의 분포에 영향을 미친 환경 요인은 빛의 파장이다.

15. 답 ③
해설 ③ (가) 는 (나) 보다 보상점이 높으므로 (나) 가 (가) 보다 약한 빛에서 더 잘 자란다.

16. 답 ②
해설 ① (나) 가 (가) 보다 추운 지방에 서식한다.
② 베르그만의 법칙은 추운 지방으로 갈수록 몸집이 커진다는 것이므로 추운 지역에 사는 (나) 가 몸집이 더 크고, 사막 지역에 사는 (가) 가 더 작다. 따라서 베르그만의 법칙을 따라 적응했다.
③ (가) 와 (나) 의 모습은 온도의 영향을 받아 적응한 것이다.
④ 온도의 영향을 받은 것으로 습도와는 상관없다.
⑤ (가) 가 (나) 보다 말단 부위의 크기가 크므로 열을 외부로 빠르게 방출하는 데 유리하다.

17. 답 ②, ④
해설 ② 와 ④ 는 빛의 영향을 받은 적응이다.
① 은 온도의 영향을 받은 적응이다.
③ 은 물의 영향을 받은 적응이다.
⑤ 는 공기의 영향을 받은 적응이다.

18. 답 ③
해설 주어진 질소 노폐물 배출에 대한 설명은 서식 환경의 수분에 영향을 받은 적응이다.

19. 답 ①
해설 코스모스는 단일 식물로, 한계 암기 이상의 암기가 지속되어야 개화한다. 따라서 A 와 E 실험군이 개화한다.
B 와 D 실험군은 한계 암기 이하의 암기를 가지므로 개화하지 않고, C 의 경우에는 한계 암기 이상으로 암기를 가지지만 중간에 섬광으로 인해 한계 암기 이상으로 암기가 지속되지 않았기 때문에 개화하지 않는다.

20. 답 ⑤
해설 ① ~ ④ 는 무기 환경이 생물에 영향을 끼치는 작용이고, ⑤ 는 생물 사이에서 영향을 주고받는 상호 작용이다.

21. 답 ④
해설 주어진 그래프와 ④ 는 온도의 변화에 따른 식물의 적응 방식이다.
① 은 빛의 파장(빛)에 따른 적응
② 는 일조 시간(빛)에 따른 적응
③ 은 토양의 산성도에 따른 적응
⑤ 는 물의 영향에 따른 적응

22. 답 ⑤
해설 보기의 설명 모두 생활형에 대한 옳은 설명이다.

23. 답 ③
해설 보상점 이하의 빛이라도 광합성은 일어난다. 단지 식물이 살아가기 위한 호흡량이 광합성량보다 많아서 겉으로 보기에는 CO_2 를 흡수하지 못하는 것으로 보인다.

24. 답 ④
해설 ㄱ. 호랑나비의 계절형은 번데기 시절의 온도와 관련이 있다. 봄형은 번데기 시절 온도가 낮아 물질대사가 활발하지 못했기 때문에 색소 합성과 세포 분열이 느려 색이 연하고, 크기가 작다.

25. 답 (1) 크다 (2) 크다
해설 (1) 알렌의 법칙에 따라 사막 여우는 북극 여우보다 말단 부위인 귀가 크다.
(2) 베르그만의 법칙에 따라 북극곰은 열대 지방의 곰보다 피하 지방층이 두껍고 몸집이 크다.

26. 답 ⑤
해설 낙타와 ⑤ 는 수분의 영향에 적응한 결과이다.
① 은 빛의 방향에 적응한 결과이다.
② 와 ④ 는 온도의 영향에 적응한 결과이다.
③ 은 일조 시간(빛)에 적응한 결과이다.

27. 답 ④
해설 A 는 생물이 비생물적 요인에 영향을 주는 것이므로 반작용, B 는 비생물적 요인이 생물에 영향을 주는 것이므로 작용, C 는 생물 간의 영향이므로 상호 작용이다.

ㄱ 과 ㄴ 은 반작용, ㄷ 은 작용이다.

28. 답 ④

해설 ㄴ. 부피에 대한 표면적의 비가 작을수록 추위에 유리하다.

29. 답 ①, ②, ⑤

해설 ③ 광포화점을 넘으면 빛의 세기가 커져도 광합성량은 늘어나지 않는다.

④ 500 lx 일 때 광합성량과 호흡량이 같아 겉으로만 CO_2 출입량이 없어 보일 뿐 광합성은 일어나고 있다.

30. 답 오줌의 농도는 질소 노폐물을 배설할 때 얼마나 수분을 절약하는 가에 대한 것이고, 식물체의 총 질량 대비 뿌리의 질량은 식물체가 수분을 얻기 위해 뿌리 조직을 얼마나 발달시켰는가에 대한 것이므로 이 지표들은 수분에 대한 적응도를 나타내기 위해 활용할 수 있는 지표이다.

29강. 개체군과 군집

개념 확인 314~319쪽

1. (1) 개체군 (2) 환경 저항, 환경 수용력
2. (1) 발전형 (2) 쇠퇴형 (3) 안정형
3. (1) 리더제 (2) 가족생활 (3) 텃세
4. (1) X (2) O (3) X
5. (1) 온도, 강수량 (2) 생태 분포, 수평 분포
6. (1) X (2) O (3) X

01. 답 (1) 개체군 (2) 환경 저항, 환경 수용력

해설 (2) 개체군의 생장 곡선은 환경 저항으로 인해 실제로는 S자 모양의 생장 곡선을 이루고, 이때 증가할 수 있는 개체수의 최댓값을 환경 수용력이라 한다.

03. 답 (1) 리더제 (2) 가족생활 (3) 텃세

해설 (1) 한 개체가 앞으로의 계획을 정하여 무리를 이끄는 것은 리더제이다.

(2) 혈연 관계끼리 무리를 이루고 함께 생활하는 것은 가족생활이다.

(3) 일정한 세력권을 가지고 다른 개체의 침입을 막는 것은 텃세(세력권)이다.

04. 답 (1) X (2) O (3) X

해설 (1) 먹이 그물이 복잡할수록 안정된 생태계이다.

(3) 군집의 성질을 결정하는 데 가장 크게 기여하는 개체군(종)은 우점종이다.

05. 답 (1) 온도, 강수량 (2) 생태 분포, 수평 분포

해설 (1) 군집은 주로 생산자인 식물 군집의 특성에 따라 구분하는데, 식물의 분포에 영향을 미치는 온도와 강수량에 따라서 나뉘어진다.

(2) 환경 요인의 영향에 따라 형성된 군집의 분포는 생태 분포이며, 수평 분포와 수직 분포가 있다.

06. 답 (1) X (2) O (3) X

해설 (1) 피식자의 개체수가 늘어나면 포식자의 개체수도 늘어난다.

(3) 경쟁 배타 원리에 따라 패배한 개체군은 경쟁 지역에서 사라진다.

확인+ 314~319쪽

1. (1) X (2) O 2. 계절 변화 3. ④ 4. 지중층

5. 고도 6. 군집의 천이

01. 답 (1) X (2) O

해설 (1) Ⅰ 형은 출생 수가 적고 부모의 보호를 받아 초기 사망률이 가장 낮다.

02. 답 계절 변화

해설 돌말은 영양 염류와 온도에 영향을 받는데 온도와 영양 염류는 계절에 따라 주기적으로 변동된다.

03. 답 ④
해설 생식, 방어, 먹이 획득과 같은 역할에 대해 계급과 업무를 분담하는 사회생활을 하는 생물은 개미이다.
① 닭은 순위제이다.
②, ⑤ 양과 기러기는 리더제이다.
③ 호랑이는 가족생활이다.

개념 다지기 320~321쪽

01. ⑤ 02. ① 03. ① 04. (1) O (2) O
05. (1) 희소종 (2) 우점종 (3) 지표종
06. (1) O (2) X 07. ② 08. ㄹ, ㄱ, ㅁ, ㄷ, ㄴ

01. 답 ⑤
해설 ⑤ 실제 환경에서는 환경 저항이 있어 일정한 시점부터 개체 수가 일정하게 유지된다.

02. 답 ①
해설 그림에서 A 는 I 형(사람형), B 는 II 형(히드라형), C 는 III 형(굴형)이다.
ㄴ. 유년기 사망률이 다른 종에 비해 높은 것은 C 이다. B 는 사망률이 수명 전반에 걸쳐 일정하다.
ㄷ. C 는 많은 수의 알을 낳지만 대부분이 어릴 때 잡아먹히기 때문에 초기 사망률이 높다.

03. 답 ①
해설 큰뿔양은 뿔치기를 통해 개체군의 구성원 사이에서 힘의 서열을 나누는 순위제를 하고 있다. 보기 중에서 같은 순위제를 택하고 있는 것은 ① 의 닭이다.
② 한 마리의 순록이 리더가 되어 무리를 이끄는 리더제이다.
③ 여러 역할에 계급과 업무를 분담하는 사회생활(분업)이다.
④ 서로 위치를 달리하여 생활하는 분서(나눠살기)다.
⑤ 자기 세력권 내에 다른 개체를 들이지 않는 텃세(세력권)이다.

04. 답 (1) O (2) O
해설 (1) 먹이 그물은 복잡한 형태일수록 환경 변화에 잘 대응할 수 있는 안정된 생태계이다.
(2) 생태적 지위는 먹이 사슬이나 먹이 그물에서 각 개체군이 차지하는 위치인 먹이 지위와 개체군이 생활하는 공간인 공간 지위가 합쳐진 것이므로 같은 공간에 살고 비슷한 먹이를 먹는 생물들은 생태적 지위가 비슷하다.

05. 답 (1) 희소종 (2) 우점종 (3) 지표종
해설 (1) 개체수가 가장 적은 종은 희소종이다.
(2) 중요도가 가장 높은 종은 개체수가 많고 넓은 면적을 차지하여 군집을 대표하는 종인 우점종이다.
(3) 특정 군집에서만 발견되어 그 군집을 다른 군집과 구별해주는 종은 지표종이다.

06. 답 (1) O (2) X
해설 (1) 모든 군집에서의 극상은 음수림이다.
(2) 삼림의 층상 구조에서 교목층보다 초본층이 더 아래에 있다. 도달하는 빛의 세기는 아래쪽에 있을수록 나무와 풀에 가려져 약해지므로 교목층에서 초본층으로 갈수록 도달하는 빛의 세기는 약해진다.

07. 답 ②
해설 ② 편리 공생은 두 개체군 중 하나는 이득을 얻되 다른 하나는 아무런 이득도 피해도 보지 않는 것을 뜻한다. 따라서 다른 한 종이 피해를 보는 것은 편리 공생이 아니라 기생이다.

08. 답 ㄹ, ㄱ, ㅁ, ㄷ, ㄴ
해설 군집의 2 차 천이 과정은 이미 1 차 천이 과정에서 토양이 생성되었기 때문에 진행 과정이 빠르다.
초원 → 관목림 → 양수림 → 혼합림 → 음수림의 순서로 천이된다.

유형 익히기 & 하브루타 322~327쪽

[유형29-1] (1) O (2) X 01. ③
02. (1) S자 (2) 높다 (3) 있다
[유형29-2] (1) O (2) X 03. ㄱ, ㄴ, ㄷ
04. (1) 발전형 (2) 안정형
[유형29-3] ② 05. (1) ㅁ (2) ㄱ
06. (1) O (2) O
[유형29-4] ③ 07. 생태적 지위 08. (1) O (2) X
[유형29-5] ③ 09. (1) ㄱ (2) ㄹ
10. (1) O (2) X (3) X
[유형29-6] (1) O (2) X (3) O
11. ③ 12. (1) X (2) X (3) O

[유형29-1] 답 (1) O (2) X
해설 (2) (나) 는 연령대에 대비해 사망률이 일정하므로 초기 사망률이 높다는 것은 틀렸고, 지나치게 많은 자손을 낳지 않는다.

01. 답 ③
해설 ③ 이론적인 개체군 생장 곡선은 환경 저항이 없어 J 자 모양이다.

[유형29-2] 답 (1) O (2) X
해설 (2) 돌말 개체군의 생장에 영향을 미치는 요인은 빛의 세기, 수온, 영양 염류 3 가지이다.

[유형29-3] 답 ②
해설 (가) 서열의 순위를 가르는 순위제이다.
(나) 자신의 서식지를 정하고 타 개체의 침입을 막는 텃세이다.

05. 답 (1) ㅁ (2) ㄱ
해설 (1) 혈연으로 무리지어 생활하는 가족생활이다.
(2) 다른 개체의 침입을 경계하는 텃세이다.

[유형29-4] 답 ③
해설 ㄷ. 차지하는 넓이나 공간이 큰 생물의 개체군을 그 군집을 대표하는 우점종이라 한다.

08. 답 (1) O (2) X
해설 (2) 군집의 중요도는 상대 밀도와 상대 빈도와 상대 피도를 합한 것이다.

[유형29-5] 답 ③
해설 ㄷ. 툰드라는 황원의 일종이다.

10. 답 (1) O (2) X (3) X
해설 (2) 수직 분포는 고도에 따른 기온 차이의 영향을 받는다.
(3) 초원은 건조한 지역에 형성되는 초본 식물 중심의 군집이다.

[유형29-6] 답 (1) O (2) X (3) O
해설 (2) A 와 B 는 후에 함께 성장하므로 경쟁 배타 원리가 아닌 분서를 이루어냈으리라는 것을 짐작할 수 있다.

11. 답 ③
해설 ③ 텃세는 개체군 내의 상호 작용에 속한다.

12. 답 (1) X (2) X (3) O
해설 (1) 상리 공생 관계에 있는 두 종을 함께 두면 두 개체군 모두 크기가 증가한다.
(2) 편리 공생 관계에 있는 두 종을 함께 두면 한 개체군의 크기만 증가한다.

창의력 & 토론마당 328~331쪽

01

(1) 어른 새의 밀도가 높을수록 어린 새의 생존률이 낮아진다.

(2) 실제적 생장 곡선의 모양인 S 자 모양이 될 것이다.

해설 (1) 수컷의 총 수가 늘수록 짝짓기를 하지 않는 수컷의 수가 늘어나고, 또한 번식 가능한 암컷의 수가 늘어날수록 암컷 한 마리가 기르는 어린 새의 크기가 줄어든다. 더불어 어른 새의 수가 많을수록 어린 새의 사망률이 늘어나는 것을 포함해 어른 새의 수가 많을수록 어린 새의 생존률이 낮아진다는 것을 짐작할 수 있다.
(2) 멧종다리 개체군에서 어른 새의 수가 많아질수록 어린 새의 생존률이 낮아지는 것은 개체군의 수가 늘어날수록 서식지 공간 부족과 먹이의 양이 줄어듦에 따라 환경 저항이 증가하기 때문이다. 따라서 실제적 생장 곡선인 S 자 모양으로 그려질 것이다.

02

(1) 질경이

(2) 식물 군집의 모든 개체수를 헤아릴 수 없기 때문에 일정한 구역을 표본으로 정하여 그 구역 내의 밀도, 빈도, 피도를 조사함으로써 구역의 군집을 유추할 수 있다.

해설 (1) 중요도는 상대 밀도와 상대 빈도, 상대 피도를 합한 값이므로 질경이는 148.9, 민들레는 118.2, 토끼풀은 32.6 이다. 따라서 이 군집의 우점종은 중요도가 가장 큰 질경이이다.

03

(1) 상리 공생

(2) 자연 생태계에서 진딧물은 개미에게 당분이 풍부한 단물을 먹이로써 제공하고, 그 대신으로 진딧물은 개미로부터 무당벌레 등의 포식자들에게서 보호를 제공받는다.

04

(1) 분서

(2) B

(3) C 종
A, B, C 는 모두 한 번씩 경쟁이 일어난 것으로 보아 생태적 지위가 비교적 비슷한데, 종 A 와 B 는 (나) 에서 분서가 일어난 반면 (다) 에서는 시간이 지날수록 종 A 의 개체 수는 증가하고 종 C 의 개체 수는 감소하므로 종 A 와 C 는 경쟁 배타 원리가 적용되어 종 A 만 살아남았음을 알 수 있다.

해설 (1) 초반에 종 A 의 생장 곡선이 급격히 내려갔다는 것은 종 A 와 종 B 의 생태적 지위가 비슷하여 경쟁이 일어났었다는 것을 뜻한다. 하지만 시간이 지난 후 A 의 생장 곡선이 다시 증가하는 것으로 보아 경쟁 배타 원리가 일어난 것은 아니고, 종 A 와 종 B 는 분서를 이루어낸 것으로 유추할 수 있다.
(2) (나) 에서 종 A 와 B 가 한 번 경쟁이 일어났을 때 종 B 는 비교적 생장 감소가 많이 일어나지 않았지만, 종 A 는 급격한 감소를 보였다. 따라서 종 B 가 종 A 보다 경쟁에 강하다는 것을 알 수 있다. (다) 에서는 종 A 와 종 C 가 경쟁이 일어났는데, 종 C 가 완전히 생장하지 못하게 된 것으로 보아 경쟁 배타 원리가 적용되어 종 A 가 승리한 것을 알 수 있다. 따라서 종 B 가 가장 경쟁에 강하다.

스스로 실력 높이기 332~337쪽

01. 개체군 02. 환경 수용력 03. 생존 곡선
04. 순위제 05. 극상 06. (1) X (2) O 7. ③
08. (1) O (2) X 09. ⑤ 10. (가) 양수림 (나) 음수림
11. ④ 12. ③ 13. ⑤ 14. ② 15. ④ 16. ②
17. ②, ⑤ 18. ④ 19. ③ 20. ② 21. ③
22. ② 23. ⑤ 24. ④ 25. ④ 26. ⑤ 27. ③
28. ② 29. 〈해설 참조〉 30. ⑤

01. 답 개체군
해설 한 지역에서 함께 생활하는 동일한 종에 속하는 개체들의 모임은 개체군이다.

02. 답 환경 수용력
해설 개체군의 밀도가 높아지면 환경 저항도 증가하여 개체의 생식 활동이 점점 줄어들 때 증가할 수 있는 개체 수의 최댓값을 환경 수용력이라고 한다.

03. 답 생존 곡선
해설 출생한 일정 수의 개체에 대해 살아남은 개체 수를 시간 경과에 따라 그래프로 나타낸 것은 개체군의 생존 곡선이다.

04. 답 순위제
해설 개체군 내 개체 간의 상호 작용 중 구성원 간에 힘의 서열에 따라 먹이나 배우자 등을 얻을 때 일정한 순위가 결정되는 것은 순위제이다.

05. 답 극상
해설 생물 군집이 오랜 시간에 걸쳐 변해가는 천이의 마지막 단계에 나타나는 안정된 상태는 극상이다.

06. 답 (1) X (2) O
해설 (1) 자연 상태에서 개체군의 밀도는 계절에 따라 단기적, 또는 먹이 관계에 따라 장기적으로 주기적 변동이 일어난다.

07. 답 ③
해설 위험에 대처하거나 먹이를 얻을 때 영리하고 경험 많은 한 마리의 개체가 리더가 되어 개체군의 행동을 지휘하고 그 외의 개체들 간에는 순위가 없는 것은 리더제이다.

08. 답 (1) O (2) X
해설 (1) 높이에 따라 빛의 세기가 다르기 때문에 수직으로 군집의 층이 뚜렷하게 나뉜다.
(2) 군집의 성질을 결정하는 데 가장 크게 기여하는 개체군(종)은 우점종이다.

09. 답 ⑤
해설 군집의 종류는 주로 생산자인 식물 군집의 특성에 따라 삼림, 초원, 황원, 수계 총 4 가지로 크게 구분할 수 있다. 백야는 위도 약 48° 이상의 고위도 지방에서 한여름에 태양이 지평선 아래로 내려가지 않아 밤에 어두워지지 않는 현상을 일컫는 것으로 군집의 종류가 아니다.

10. 답 (가) 양수림 (나) 음수림
해설 천이의 과정은 관목림 - 양수림 - 혼합림 - 음수림의 순서로 이루어지는데, 이것은 숲이 무성해지면서 빛을 많이 필요로 하는 양수보다 적은 빛에서도 잘 살 수 있는 음수가 더 잘 자라기 때문이다.

11. 답 ④
해설 ④ t_1 일 때보다 t_2 일 때 실제 생장 곡선의 기울기가 더 작으므로 실제 개체 수 증가율이 낮다.
⑤ t_1 일 때보다 t_2 일 때 환경 저항이 큰 것은 개체 간 경쟁이 심하기 때문이다.

12. 답 ③
해설 ㄷ. 종 C 의 그래프는 몸집이 작고 수명이 짧은 굴, 알을 낳는 물고기 등에게서 주로 나타나는 그래프이다. 종 C 는 아주 많은 수의 알을 낳지만 어릴 때 많이 잡아먹히고 일부만이 생식 가능한 시기까지 살아남으므로 초기 사망률이 높다.

13. 답 ⑤
해설 돌말 개체군은 수온과 영양 염류, 빛의 세기에 생장의 영향을 받는다. 영양 염류가 풍부하고 빛의 세기가 강하며 수온이 높아지는 봄에 개체수가 증가한다. 여름에도 빛의 세기가 강하고 수온이 높지만, 영양 염류가 부족하여 개체 수가 감소한다.

14. 답 ②
해설 은어가 형성한 세력권은 개체군 내의 상호 작용 중 텃세(세력권)이다.
① 군집 내의 상호 작용 중 하나인 피식과 포식이다.
③ 개체군 내의 상호 작용 중 하나인 가족 생활이다.
④ 개체군 내의 상호 작용 중 하나인 리더제이다.
⑤ 군집 내의 상호 작용 중 하나인 분서(나눠살기)이다.

15. 답 ④
해설 ④ 생태적 지위는 먹이 사슬이나 먹이 그물에서 각 개체군이 차지하는 위치인 먹이 지위와 개체군이 생활하는 공간인 공간 지위를 합한 것이다. 같은 지역에 살고(공간 지위), 비슷한 먹이를 먹는(먹이 지위) 생물일수록 생태적 지위가 비슷하다.

16. 답 ②
해설 수생 군집은 바다의 해수 군집도 함께 포함한다.

17. 답 ②, ⑤
해설 여러 종류의 솔새가 가문비나무에서 활동하는 공간을 나눠서 서식하는 것은 분서이다.
① 이 상호 작용은 군집 내에서 일어나는 분서이다.
② 분서는 불필요한 서식지 경쟁을 줄이기 위해서 이루어진다.
③ 분서는 생태적 지위가 비슷한 개체군이 생활 공간이나 먹이, 활동 시간 등을 달리하여 경쟁을 피하는 것이다. 경쟁 배타 원리는 개체군끼리 경쟁을 하여 한 개체군만 살아남고 다른 개체군은 함께 살 수 없게 되는 것을 말한다.
④ 분서는 주로 종에 따라 먹이나 생활 공간, 활동 시간을 나눠 경쟁을 피한다.
⑤ 피라미와 갈겨니가 서식지를 나눠 사는 것도 분서이다.

18. 답 ④
해설 ㄴ. 단독 배양에서 이루어진 생장 곡선은 모두 환경 저항을 받아 실제 생장 곡선인 S 자 모양을 이룬다.

19. 답 ③
해설 (가) 개체군 내의 상호 작용인 것은 텃세와 사회 생활이고, 그 중 개체군 내의 역할이 분업화된 것은 사회 생활이다.
(나) 개체군 내의 상호 작용이 아닌 것은 상리 공생과 기생이고, 그 중 두 집단이 모두 이득을 얻지 않는 것은 기생이다.

20. 답 ②
해설 A 는 기생, B 는 상리 공생, C 는 편리 공생이다.
ㄱ. 편리 공생은 이득이 없을 뿐 손해는 아니다.
ㄷ. 개미와 진딧물의 상호 작용은 상리 공생으로 B 에 해당한다.

21. 답 ③
해설 ③ B 를 (가) 로 옮기면 건조한 환경 저항을 이기지 못해 생장하지 못할 것이다.

22. 답 ②
해설 A 는 관목림, B 는 양수림, C 는 음수림이다.
ㄱ. B 는 양수림이다.
ㄷ. 초원의 우점종은 초본 식물이다.

23. 답 ⑤
해설 ① (가) 는 연평균 기온이 고르게 30° 내외로 높고 강수량도 비교적 많으므로 열대 우림인 것을 유추할 수 있다.
② (나) 는 강수량이 적고 온도가 주로 낮은 때가 많으므로 북방침엽수림인 것을 알 수 있다.
③ (다) 는 매우 춥고 건조한 지역이므로 툰드라가 나타난다.
④ (라) 는 고온 건조하므로 사막이다. 사막에는 선인장 같은 다육식물이 많다.
⑤ 이 분포도는 연평균기온과 강수량에 따른 분포를 나타낸 것이므로 수상 군집을 찾을 수 없다.

24. 답 ④
해설 ㄱ. 지역의 우점종은 A 이다.
ㄴ. 식물의 종 다양성이 높다는 것은 한 종에 지나치게 치우쳐져

생장하지 않았다는 뜻이다. 따라서 우점종(A)의 비율이 더 적은 t_1 이 t_2 보다 종 다양성이 높다.

ㄷ. 식물이 많아질수록 비추어지는 햇빛의 양이 줄어들기 때문에 지표면에 도달하는 빛의 세기가 감소한다.

25. 답 ④

해설 ① (가) 가 교목층, (나) 가 아교목층이다.
② (가) 가 가장 많은 빛을 이용한다.
③ (라) 가 먼저 생성된 후 (다) 가 생성된다.
⑤ 층상 구조의 형성에 영향을 미치는 가장 중요한 요인은 빛의 세기이다.

26. 답 ⑤

해설 ㄱ. A 종의 수가 늘어나면 B 종의 수도 늘어나므로 A 종이 피식자, B 종이 포식자이다.

27. 답 ③

해설 ㄷ. 연령 피라미드에서 중요시하는 것은 생식 전 연령층의 비율이다.

28. 답 ②

해설 ㄱ. 조건 (가) 는 종 A 의 생태적 지위 구간에 속하지만 종 B 의 생태적 지위 구간에는 속하지 않으므로 먹이 경쟁이 일어나지 않는다.
ㄷ. 종 A 와 종 B 보다 종 C 와 종 D 간의 생태적 지위에서 겹치는 구간이 더 많으므로 생태적 지위가 더 가깝다.

29. 답 (1) 수평 분포는 위도에 따른 기온과 강수량의 차이에 영향을 받고, 수직 분포는 고도에 따른 기온의 차이에 영향을 받는다.
(2) 식물은 움직이지 않기 때문에 조사하기도 쉽고, 지역 기후에 영향을 많이 받기 때문이다.

30. 답 ⑤

해설 ⑤ 관목림에서 양수림으로 천이되고 있던 중에 산불이 난 것이다.

30강. 물질 순환과 에너지의 흐름

개념 확인 338~341쪽

1. (1) X (2) X (3) O
2. (1) 질소 고정 (2) 공중 방전 (3) 탈질소 작용
3. (1) 상위, 감소 (2) 열　4. (1) X (2) O (3) O

1. 답 (1) X (2) X (3) O

해설 (1) 생태계가 유지되는 가장 근원적인 에너지는 태양 에너지이다. 생산자는 태양 에너지를 이용하여 무기물을 유기물로 만들고, 소비자와 분해자는 유기물을 무기물로 분해하며 방출되는 에너지를 이용하여 생활한다.
(2) 순생산량은 생산자에 의해 만들어진 유기물의 총량인 총생산량에서 호흡으로 소비한 호흡량을 제외한 양이다.

3. 답 (1) 상위, 감소 (2) 열

해설 (1) 에너지가 먹이 사슬을 따라 이동할 때 상위 영양 단계로 갈수록 에너지 효율은 증가하고 생물량은 감소한다.
(2) 생태계의 에너지는 각 단계에서 호흡에 의해 열에너지로 변환된다.

4. 답 (1) X (2) O (3) O

해설 (1) 생태계의 평형은 외적 요인에 의해 평형이 깨지고 회복되는 과정이 끊임없이 반복된다.

확인+ 338~341쪽

1. ②　2. 질소 동화 작용
3. 생태 피라미드　4. ⑤

1. 답 ②

해설 ② 철광석은 철 원소로 이루어진 무기물이다.

4. 답 ⑤

해설 ⑤ 계절 변화는 자연 현상의 하나일 뿐으로 생태계의 평형을 파괴하지 않는다.

개념 다지기 342~343쪽

01. ④　02. ②　03. (가) 연소, (나) 광합성, (다) 호흡
04. (1) O (2) X　05. (1) X (2) O
06. 에너지 효율　07. ②　08. ②

01. 답 ④

해설 ④ 생태계 내에서 순환하는 것은 물질이고, 에너지가 한쪽 방향으로 흐른다.

02. 답 ②

해설 (가) 식물의 순생산량에서 피식량과 고사·낙엽량을 제외한 것은 생장량이다.
(나) 식물의 피식량은 초식 동물의 섭식량과 같다.

(다) 초식 동물의 섭식량에서 동화량을 제외한 것은 소화, 흡수하지 못한 배출량이다.

03. 답 (가) 연소, (나) 광합성, (다) 호흡
해설 (가) 석유와 석탄 안에 있는 탄소는 연소를 통해 대기와 물 속의 이산화 탄소가 된다.
(나) 대기와 물 속의 이산화 탄소는 생산자인 식물의 광합성을 통해 유기물로 저장된다.
(다) 생물의 배설물과 사체는 분해자를 통해 분해(호흡)되어 대기와 물 속의 이산화 탄소가 된다.

04. 답 (1) O (2) X
해설 (2) 분해자에 의해 분해되지 않은 유기물이 땅이나 바닷속에 쌓여 석유나 석탄 등의 화석 연료가 된다.

05. 답 (1) X (2) O
해설 (1) 식물은 대기의 질소를 직접 이용할 수 없어 뿌리혹박테리아나 아조토박터 등의 질소 고정 세균이 변환시킨 암모늄 이온을 이용한다.

07. 답 ②
해설 ② 생태계에서 에너지의 근원은 태양의 빛에너지이다.

08. 답 ②
해설 (가) 는 생태계의 개체들 중에서 1 차 소비자의 수가 일시적으로 증가하는 현상이다.
① 1 차 소비자의 수가 줄어 서서히 감소 단계를 향해가고 있는 2 차 소비자이다.
② 1 차 소비자, 즉 생산자인 풀을 먹고 살아가는 초식 동물인 토끼가 일시적으로 빠르게 증가하므로 (가) 에 해당한다.
③ 인간의 개입으로 인해 생산자인 풀이 감소한다.
④ 인간의 개입으로 인해 2 차 소비자인 늑대의 수가 감소한다.
⑤ 불이라는 외부 요인에 의해 생산자인 초본 식물의 수가 감소한다.

유형 익히기 & 하브루타 344~347쪽

[유형30-1] (1) X (2) O 01. ③
02. (1) 유기물 (2) 호흡 (3) 연소
[유형30-2] (1) X (2) O
03. ㄱ, ㄴ 04. (1) 질소 고정 (2) 질화 작용
[유형30-3] ① 05. (1) 동물성 (2) 커지고
06. (1) X (2) O (3) O
[유형30-4] ③, ④ 07. ④ 08. (1) X (2) O

[유형30-1] 답 (1) X (2) O
해설 생물 A 는 소비자, 생물 B 는 생산자, 생물 C 는 분해자이다. (가) 는 연소, (나) 는 광합성, (다) 는 호흡이다.
(1) 생물 B 는 이산화 탄소를 받아들여 광합성을 하는 생산자이고 C 는 배설물과 사체의 유기물을 분해하여 대기로 돌려보내는 분해자이다.
(2) 석유, 석탄 등의 화석 연료의 연소가 많이 일어나면 대기 내의 CO_2 양을 증가시켜 지구 온난화의 문제를 일으킨다.

01. 답 ③
해설 ③ 생장량은 순생산량에서 고사량과 낙엽량, 그리고 피식량도 제외한 양이다.

[유형30-2] 답 (1) X (2) O
해설 (가) 는 질소 고정, (나) 는 질화 작용, (다) 는 탈질소 작용이다.
(1) (가) 는 대기 중의 질소를 식물이 이용할 수 있는 이온으로 고정시키는 질소 고정으로 뿌리혹박테리아 등의 질소 고정 세균이 이루는 작용이다.

03. 답 ㄱ, ㄴ
해설 ㄷ. 동식물의 사체나 배설물의 질소 화합물은 분해자에 의해 암모늄 이온으로 분해된 후 일부는 식물에 재사용되고 일부는 탈질소 세균에 의해 공기 중 질소 기체가 되며 일부는 땅 속에 남아 석탄이나 석유 등의 화석 연료가 된다.

[유형30-3] 답 ①
해설 ㄴ. 문제에 주어진 그림을 보면, 입사되는 태양 에너지의 양은 100,000 이지만, 녹색 식물은 그 중 1,000 에 해당하는 태양 에너지만 이용한다.
ㄷ. 영양 단계가 높아질수록 전달되는 에너지의 양은 감소하지만 효율은 증가한다.

06. 답 (1) X (2) O (3) O
해설 (1) 생태계에서 에너지는 순환하지 않고 한쪽 방향으로 흐르므로 열에너지는 다시 생태계 내에 흡수되지 않는다.

[유형30-4] 답 ③, ④
해설 ① 포식자인 1 차 소비자의 수가 증가하였으므로 생산자의 수는 감소한다.
② 1 차 소비자가 일시적으로 증가한 직후이므로 감소하지 않는다.
⑤ 2 차 소비자의 개체 수가 늘어나고 생산자의 수가 감소하여 다시 1 차 소비자의 수가 줄어들고 또 2 차 소비자의 수가 줄어들고 생산자의 수가 늘어난 후에야 개체 수 피라미드가 안정화된다.

07. 답 ④
해설 ④ 외래종은 인간에 의해 외부 생태계에서 들여와 마땅한 천적이 없이 생태계를 파괴하는 것으로 자연적으로 깨지는 원인이 아니다.

08. 답 (1) X (2) O
해설 (1) 천이 말기의 극상 단계의 생태계가 더 평형을 잘 유지한다. 극상 단계의 생태계는 종이 다양하고 먹이 그물이 복잡하므로 생태계의 평형을 가장 잘 유지하여 가장 안정한 생태계라고 부른다.

창의력 & 토론마당 348~351쪽

01 (1) (가) : 총생산량, (나) : 순생산량, (다) : 동화량
(2) 생산자가 생산한 총 에너지량 중에서 일부는 생산자의 호흡에 쓰이고 나머지의 일부를 소비자가 섭식하는 것이기 때문이다.

해설 (1) (가) 는 생산자가 광합성을 통해 생산한 유기물의 총량으로 총생산량이고, (나) 는 총생산량에서 호흡량을 뺀 값이므로 순생산량이다. (다) 는 섭식량에서 배출량을 뺀 값이므로 소비자의 동화량을 뜻한다.

02

(1) −10 mg

(2) 빛이 충분히 주어질 때, 총생산량은 호흡량과 순생산량을 합한 것이므로 총생산량은 50 mg 이다.

해설 실험 결과의 그래프에서 A 는 식물의 호흡량과 광합성량, 미생물의 호흡량에 따른 그래프이고, B 는 미생물의 호흡량에 따른 그래프이다.
(1) t_1 에서는 토양만 있는 B 의 경우보다 10 mg 만큼의 배출량이 더 많다. t_1 의 경우 빛이 전혀 없어 식물이 광합성을 하지 못하고 호흡은 계속 이루어지므로 식물의 순생산량은 마이너스이다. 따라서 t_1 에서 식물의 순생산량은 −10 mg 이 된다.

03

(1) 메뚜기 34 % 사슴 2 %

(2) 사슴은 내온성 동물이기 때문에 체온을 일정하게 유지하는 데에 많은 에너지를 소모하여 세포호흡의 사용량이 크고 생산 효율이 낮다. 반면에 메뚜기는 외온성 동물이기 때문에 체온을 유지시키기 위한 세포호흡이 필요하지 않아 보다 높은 생산효율을 가진다.

해설 (1) 생산 효율을 식으로 나타내면

$$\text{생산 효율} = \frac{\text{생장량}}{(\text{섭식량} - \text{배출량})} \times 100$$

이 식에 맞추어 메뚜기와 사슴의 생산 효율을 계산하면 다음과 같다.

$$\text{메뚜기} = \frac{85}{500 - 250} \times 100 = 34\ \%$$

$$\text{사슴} = \frac{54}{5000 - 2300} \times 100 = 2\ \%$$

04

(1) 식물이 자라는 데에는 질소가 반드시 필요한데 식물은 공기 중의 질소를 직접 이용할 능력이 없어 질소 고정 세균이나 공중 방전 등의 방법으로 제공되는 질소 이온이 항상 부족했다. 그러나 암모니아의 인공적인 합성으로 인위적으로 질소 화합물을 얻어 비료로 사용하면 다량의 질소를 식물에게 공급할 수 있으므로 농산물의 생산량이 대폭 증가하였다.

(2) 원래 질소 화합물이 부족한 것이 일반 생태계의 모습이었는데 인간의 개입으로 지나치게 많은 질소 화합물이 유입되어 농산물이 흡수하지 못한 여분의 질소 화합물이 생태계로 흘러감으로써 토양이 산성화 되고 생각지 않은 식물이 나타나거나, 강의 부영양화 등의 부작용이 발생한다.

스스로 실력 높이기 352~357쪽

01. 생장량 02. 광합성 03. 질소 고정
04. 태양 에너지 05. 생태 피라미드
06. 생태계의 평형 07. ④ 08. A : 소비자
B : 생산자 C : 분해자 09. (1) X (2) O
10. 탈질소 작용 11. ③ 12. ② 13. ⑤
14. ③ 15. ⑤ 16. ③ 17. ② 18. ⑤ 19. ①
20. ⑤ 21. ⑤ 22. ⑤ 23. ④ 24. ⑤ 25. ③
26. ⑤ 27. ③ 28. ① 29. ③ 30. ⑤

01. 답 생장량
해설 순생산량에서 피식량, 고사량, 낙엽량을 제외하고 식물체에 남아 있는 유기물의 양은 생장량이다.

02. 답 광합성
해설 탄소의 순환에서 생산자가 무기물인 이산화 탄소를 유기물로 동화시키는 작용은 광합성이다.

03. 답 질소 고정
해설 공기 중의 질소를 뿌리혹박테리아나 아조토박터 등이 암모늄 이온으로 전환시키는 것은 질소 고정이다.

04. 답 태양 에너지
해설 생태계를 유지시키는 근원 에너지는 태양 에너지이다.

05. 답 생태 피라미드
해설 먹이 사슬의 각 영양 단계에 있는 생물의 개체 수, 생물량, 에너지양을 순서대로 쌓아올린 것은 생태 피라미드이다.

06. 답 생태계의 평형
해설 생물 군집의 종류나 개체 수, 물질의 양, 에너지의 흐름이 거의 변하지 않고 안정하게 유지되는 상태를 생태계의 평형이라고 한다.

07. 답 ④
해설 (가) 는 연소, (나) 는 광합성, (다) 는 호흡이다.
ㄱ. (나) 과정은 대기나 물속의 이산화 탄소를 고정하는 것으로 생산자인 녹색 식물에서만 이루어진다.
ㄴ. (다) 과정은 생물이 호흡을 통해 유기물을 이산화 탄소와 물로 분해하며 에너지를 얻는 과정이다.

09. 답 (1) X (2) O
해설 (1) 생산자의 순생산량 안에 피식량과 고사량, 생장량이 포함된다.

11. 답 ③
해설 ③ 식물은 생태계로 들어오는 태양 에너지의 일부만을 이용하여 광합성을 하여 화학 에너지로 전환한다.

12. 답 ②
해설 식물의 피식량은 초식 동물의 섭식량과 같으므로 B 동물의 섭식량은 20 이다.

13. 답 ⑤

해설 ⑤ 각 영양 단계 중에 상위 단계로 올라갈수록 가진 에너지의 양이 줄어드므로 생산자가 가진 에너지의 양이 가장 많다.

14. **답** ③

해설 (가) 는 질소 고정, (나) 는 질화 작용, (다) 는 탈질소 작용이다.

ㄷ. (다) 는 질산 이온을 질소 기체로 탈질화 시키는 것이므로 탈질소 세균에 의해 일어나는 작용이다.

15. **답** ⑤

해설 ㄱ. (가) 에서 A 는 생산자이다.

ㄴ. (가) 의 2 차 소비자의 에너지 효율은 $\frac{20}{100} \times 100 = 20\ \%$ 이고, (나) 의 2 차 소비자의 에너지 효율은 $\frac{15}{150} \times 100 = 10\ \%$ 이다. 따라서 (가) 의 2 차 소비자의 에너지 효율이 더 높다.

16. **답** ③

해설 ㄱ. 2 차 소비자의 보유 에너지는 일부가 3 차 소비자에게 피식되고 나머지는 호흡을 통해 열에너지로 전환되므로 3 차 소비자의 에너지양 4 와 E_2 를 더하면 20 이 되어야 한다. 따라서 E_2 의 에너지양은 16 이다.

ㄴ. 1 차 소비자의 에너지 효율은 녹색식물의 에너지양 1000 중 100 을 피식하였으므로 $\frac{100}{1000} \times 100 = 10\ \%$ 이고, 3 차 소비자의 에너지 효율은 2 차 소비자의 에너지 20 중에서 4 를 피식하였으므로 $\frac{4}{20} \times 100 = 20\ \%$ 이다. 따라서 3 차 소비자의 에너지 효율이 1 차 소비자보다 높다. 에너지 효율은 영양 단계가 올라갈수록 증가한다.

ㄷ. 녹색 식물은 생태계로 입사된 태양 에너지의 일부만을 이용한다.

17. **답** ②

해설 ㄱ. A 는 식물이 생태계에 입사된 태양 에너지의 일부만을 이용하여 광합성을 통해 화학 에너지로 전환시킨 총생산량이다.

ㄷ. C 는 식물의 피식량으로 동물에겐 섭식량이며 섭식량에서 배출량을 제외해야 동화량이다.

18. **답** ⑤

해설 ㄴ. ㉠ 은 생태계의 평형 유지를 어렵게 만드는 현상이다.

19. **답** ①

해설 ㄴ. 천이가 진행되는 초반에는 총생산량이 높아지다가 극상 상태인 음수림으로 천이되면서 총생산량이 일정하게 안정화되었다.

ㄷ. 극상 상태인 음수림에서는 생장보다는 유지하려는 경향이 크므로 천이가 진행 중인 양수림처럼 순생산량이 높지 않다.

20. **답** ⑤

해설 ㉠ 은 광합성, ㉡, ㉢ 은 호흡, ㉣ 은 연소이다.

ㄴ. ㉡ 은 호흡으로 모든 생물에서 공통적으로 일어나는 과정이 맞지만 ㉣ 은 석탄과 석유가 에너지로 태워져 이산화 탄소로 전환되는 연소 과정으로 생물에서는 일어나지 않는 작용이다.

21. **답** ⑤

해설 ㄴ. B 는 다양한 먹이 사슬이 연결되어있는 먹이 그물의 형태로 생태계의 평형을 유지하는 성질이 A 보다 더 높다. 토끼가 없어지더라도 여우는 쥐와 뱀 등의 다른 생물을 먹을 수 있으므로 없어지지 않는다.

23. **답** ④

해설 1 차 소비자의 수가 일시적으로 증가하여 생태계의 평형이 일시적으로 깨지는 경우로 (나) 가 가장 먼저 나와야 한다. 1 차 소비자가 증가했으므로 1 차 소비자를 잡아먹고 사는 2 차 소비자의 수도 증가할 것이고, 1 차 소비자에게 잡아먹히는 생산자의 수는 감소할 것이므로 다음 순서는 (다) 이다. 포식자인 2 차 소비자의 수가 늘어나고 먹이인 생산자의 수는 줄어들어 일시적으로 늘어났던 1 차 소비자의 수가 다시 줄어들면서 생산자의 수는 증가하고 2 차 소비자의 수는 감소하므로 마지막은 (가) 이다.

따라서 (나) ⇨ (다) ⇨ (가) 의 순서로 이루어진다.

25. **답** ③

해설 ㉠, ㉣ 은 생산자, ㉡, ㉤ 은 소비자, ㉢, ㉥ 은 분해자이다.

A, B 는 호흡, C 는 질소 동화 작용이다.

ㄷ. 질소는 C 과정을 통해 이온의 형태로 생명체로 흡수되는 것은 맞지만, 질소 기체가 되는 것이 아니라 질소 화합물(단백질, 핵산)이 된다.

26. **답** ⑤

해설 초식 동물 중에 E 의 경우에는 유일한 포식자인 B 가 E 말고 D 와 F 도 먹기 때문에 E 종이 사라진다고 해도 B 는 사라지지 않을 것이다.

27. **답** ③

해설 A 는 총생산량이 높고 호흡량이 적으므로 한창 천이가 진행되고 있는 초원 생태계이다.

B 는 총생산량과 호흡량이 둘 다 높게 유지되고 있으므로 안정된 음수림이다.

C 는 호흡량은 많지만, 총생산량 자체는 많지 않은 것으로 보아 유기물로 오염된 생태계이다.

ㄱ. 군집의 천이가 극상에 도달한 생태계는 B 이다.

ㄴ. 순생산량이 가장 많은 생태계는 총생산량이 높지만 호흡량이 적은 A 이다.

28. **답** ①

해설 ㄱ. 1 차 소비자의 에너지 효율은 소가 10 으로 가장 크다.

ㄴ. 생산자로부터 사람이 에너지를 얻는 비율이 가장 높은 경로는 바로 식물을 섭취하는 A 경로이다.

ㄷ. 식물이 가진 에너지양이 같을 경우 사람은 영양 단계가 낮을수록 많은 에너지를 얻을 수 있다.

29. **답** ③

해설 ① A, B 는 소비자가 맞지만, C 는 분해자이다.

② C 는 분해자이므로 마지막 유기물의 에너지를 분해해 사용할 뿐 녹색 식물로 에너지를 전달하지 못한다.

④ C 가 사라지면 사체나 배설물을 처리할 분해자가 없으므로 오랫동안 생태계가 혼란에 빠질 것이다.

⑤ B 가 사라지면 초식 동물을 잡아먹고 B 에게 잡아먹히는 A 의 수가 늘어나므로 초식 동물의 개체 수는 감소가 먼저 일어날 것이다.

30. **답** ⑤

해설 ㄱ. 포식자의 인위적 제거는 생태계의 안정성에 도움이 되지 않는다는 것을 그래프를 통해 알 수 있다. 포식자를 사냥한 이후에 사슴의 수가 급격하게 증가하고 초원의 생산량은 감소한다.

31강. Project 4

논/구술 358~363쪽

Q1

최근 외국 여행객이 증가하면서 허가 없이 외래종을 도입하는 경우가 발생하게 되어 외래 침입종이 가속화되고 있을 것으로 보인다. 또한, 중국 등 신흥국가 주도하에 국제 무역량이 늘고 있는 것도 이유가 될 수 있을 것이다.

Q2

외래종의 침입 경로로는 운하가 있다. 역사적으로 운하는 인위적으로 두 개의 서로 다른 생태계를 연결시켜 왔다. 1825 년 미국의 이리 운하는 허드슨 강과 오대호를 연결했다. 두 수중 생태계는 비슷한 다양성을 가지고 있었고 양쪽으로 침입한 생물 종의 수는 비슷했다. 반면 수에즈 운하는 훨씬 더 다양한 생태계를 가진 인도양과 상대적으로 그렇지 못한 지중해를 연결시켰다. 결과적으로 지중해에서는 인도양으로부터의 수많은 침입종이 발견되었다.

Q3

[예시답안] 온 국민을 공포에 떨게 했던 메르스. 또 현재 브라질에서 발생한 소두증에 이르기까지 예방약과 치료제가 나오기 무섭게 새로운 미생물이 변이와 변종을 거듭하고 있다. 이런 단면만을 볼 때 세균은 박멸의 대상이 분명하다. 그렇지만 인간은 미생물과 공존하지 않고는 살아가지 못한다.

신체의 보존을 위하여 쉬지 않고 음식을 섭취하듯 몸속의 미생물들 또한 나무와 풀과 흙먼지와 공기 속에 있는 외부 미생물들의 도움을 끊임없이 필요로 하고 있다. 근래 들어 미생물로 병을 고치는 미생물 치료제가 속속 개발되어 활용되고 있다. 이런 연구는 질병의 원인이 세균의 감염이 아닌 미생물 군집의 이상에서 온다는 관점에서 출발한다. 체내 미생물의 다양성 감소로 특정 세균들의 개체수가 늘어난다는 것이다. 항생제에 많이 노출된 사람이면 체내 미생물체가 영향을 받아 알레르기성 천식이나 염증성 장질환 같은 질병의 노출이 쉬워진다는 연구결과는 이미 많이 알려져 있다. 그러므로 항생제 치료보다 미생물 군집의 다양성을 지원하는 방법이 더 효과적인 치료법이라는 것에 초점을 맞추는 연구가 활발하게 이루어지기를 기대한다.

Q4

[예시답안] 해로운 미생물을 죽이지 않고 이로운 미생물로 변화시키는 EM(Effective Microorganisms ; 유용미생물군)의 발견은 인간이 친환경적으로 살아갈 수 있는 획기적인 사건이라고 할 수 있다.

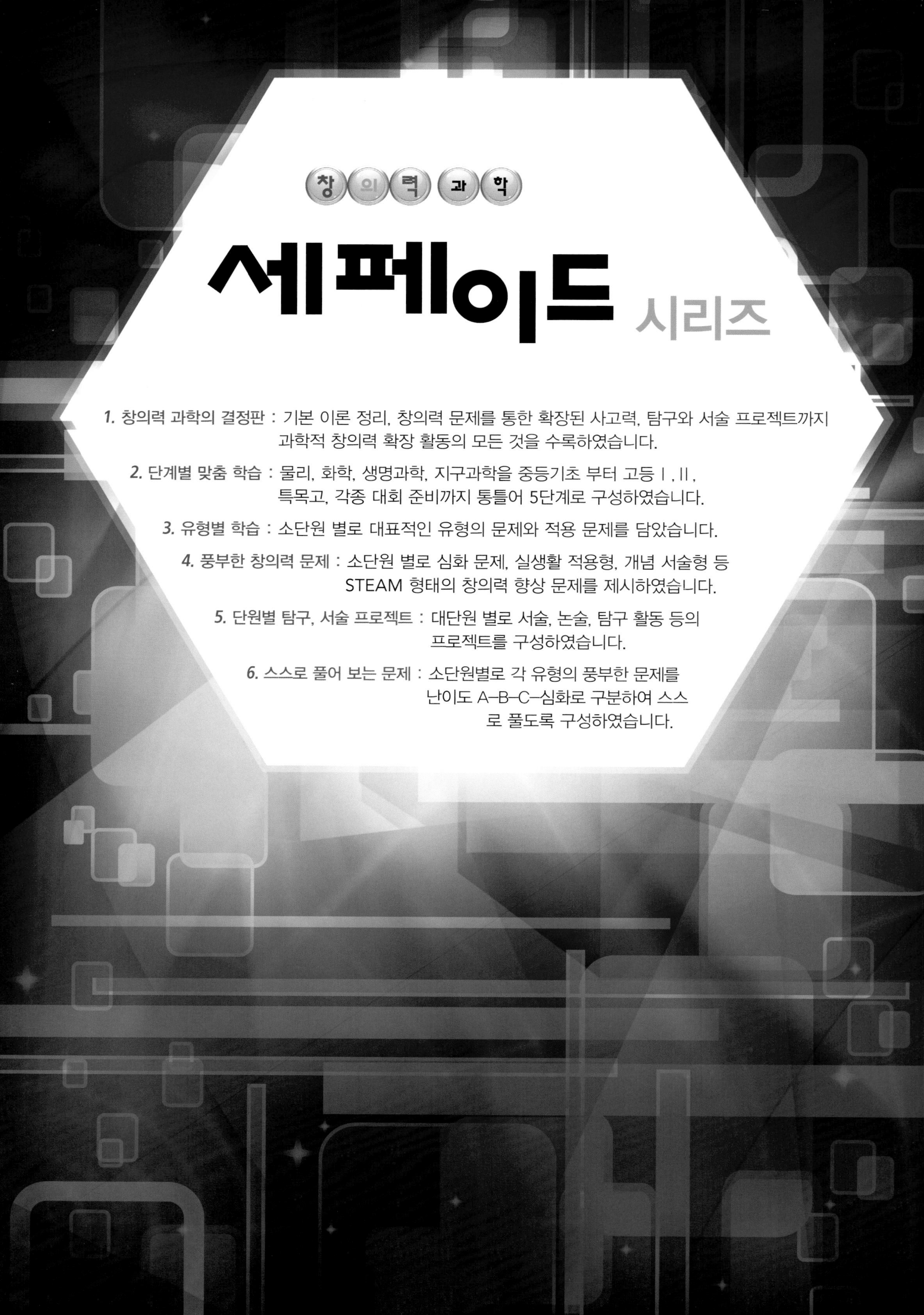
창 의 력 과 학
세페이드 시리즈
1. 창의력 과학의 결정판 : 기본 이론 정리, 창의력 문제를 통한 확장된 사고력, 탐구와 서술 프로젝트까지 과학적 창의력 확장 활동의 모든 것을 수록하였습니다.
2. 단계별 맞춤 학습 : 물리, 화학, 생명과학, 지구과학을 중등기초 부터 고등 Ⅰ, Ⅱ, 특목고, 각종 대회 준비까지 통틀어 5단계로 구성하였습니다.
3. 유형별 학습 : 소단원 별로 대표적인 유형의 문제와 적용 문제를 담았습니다.
4. 풍부한 창의력 문제 : 소단원 별로 심화 문제, 실생활 적용형, 개념 서술형 등 STEAM 형태의 창의력 향상 문제를 제시하였습니다.
5. 단원별 탐구, 서술 프로젝트 : 대단원 별로 서술, 논술, 탐구 활동 등의 프로젝트를 구성하였습니다.
6. 스스로 풀어 보는 문제 : 소단원별로 각 유형의 풍부한 문제를 난이도 A-B-C-심화로 구분하여 스스로 풀도록 구성하였습니다.

무한상상

세상은 재미난 일로
가득 차 있지요!
세페이드 동산에 잘 오셨어요!
잠 좀 깨우지 않기!

무한상상